安全引领　文化铸安

第五届企业安全文化优秀论文选编

（2023）

上

应急管理部宣传教育中心
《企业管理》杂志社　编

企业管理出版社

EMPH ENTERPRISE MANAGEMENT PUBLISHING HOUSE

图书在版编目（ＣＩＰ）数据

安全引领　文化铸安 . 第五届企业安全文化优秀论文
选编：2023. 上 / 应急管理部宣传教育中心《企业管理》
杂志社编 . —北京：企业管理出版社，2024. 8.
　　ISBN 978-7-5164-3127-6

　　Ⅰ . X931-53

中国国家版本馆 CIP 数据核字第 20249T326X 号

書　　名：安全引领　文化铸安：第五届企业安全文化优秀论文选编（2023）上
書　　号：ISBN 978-7-5164-3127-6
作　　者：应急管理部宣传教育中心　《企业管理》杂志社
特约策划：唐琦林
责任编辑：杨慧芳
出版发行：企业管理出版社
经　　销：新华书店
地　　址：北京市海淀区紫竹院南路 17 号　　　　　邮　　编：100048
网　　址：http://www.emph.cn　　　　　　　　　电子信箱：314819720@qq.com
电　　话：编辑部（010）68420309　　　　　　　发行部（010）68701816
印　　刷：北京亿友数字印刷有限公司
版　　次：2024 年 8 月第 1 版
印　　次：2024 年 8 月第 1 次印刷
开　　本：880mm×1230mm　　　1/16 开本
印　　张：34 印张
字　　数：1021 千字
定　　价：580.00 元（上、下册）

编审委员会

前　言

在"十四五"规划的新征程中,随着我国全面进入高质量发展阶段,党和国家把安全生产提升到了新的高度,要求在坚持人民至上、生命至上的基础上,进一步统筹好发展和安全两件大事。也就是要求:发展必须是有高水平安全保障的高质量发展,安全必须具备达到高质量发展要求的高水平安全保障能力。

在二十届三中全会上,习近平总书记就推进国家安全体系和能力现代化作出重要指示。他指出:"国家安全是中国式现代化行稳致远的重要基础。必须全面贯彻总体国家安全观,完善维护国家安全体制机制,实现高质量发展和高水平安全良性互动,切实保障国家长治久安。"

在衡量企业整体安全建设成效时,安全文化建设的水平和取得的进步始终是最重要的标准之一。从当前党和国家对安全工作提出的要求和安全形势看,我国企业安全文化建设依然有很大的提升空间,依然有许多爬坡过坎的艰巨任务需要完成。要找到安全文化工作与一流企业的差距和进一步提升的空间,首先就要做好企业安全文化的总结提炼与评估工作。

为了认真贯彻党和国家在安全发展方面的战略部署和习近平总书记关于安全生产的一系列重要论述,全面落实新《安全生产法》,将"安全第一、预防为主、综合治理"作为贯穿安全生产工作的治本之策,扎实有效地推进安全宣传"五进"工作,落实企业安全生产主体责任,着力普及安全知识、培育安全文化,增强安全保障与应急安全管理能力,通过总结发布我国企业安全文化培育的最新实践成果,更好地发挥企业优秀安全文化的引领示范作用,促进企业安全文化建设水平迈上新台阶,应急管理部宣传教育中心联合国务院国有资产监督管理委员会主管的《企业管理》杂志社,在成功举办前四届论文征集的基础上,于2023年5月至9月开展了"第五届企业安全文化优秀论文征集活动"。

自本届全国企业安全文化论文征集和评选活动以来,共收到千余家企业提交的1756篇论文,通过初审、复审、专家评审等流程,最终评选出一等奖52篇、二等奖129篇、三等奖191篇,主办方从中精选出269篇具有代表性的优秀论文,汇编成《安全引领　文化铸安:第五届企业安全文化优秀论文选编(2023)(上、下册)》(以下简称《论文选编》),由企业管理出版社出版发行。

《论文选编》反映了现阶段我国企业安全文化的水平和发展特点,突出体现了我国企业安全文化建设深度融入国家安全和国民经济发展的大局。《论文选编》中的企业安全文化实践案例注重理论与实践相结合,更加凸显了安全文化在中国式现代化建设与高质量发展中发挥的重要作用,以及安全文化在落实全员安全生产责任制、安全风险分级管控和隐患排查治理双重预防机制、安全生产标准化、信息化建设及安全生产投入保障等方面具有的理念引导、思想保障、行为规范的基础性作用。《论文选编》中企业安全文化实践案例覆盖了众多的行业,既包括电力、煤炭、冶金、化工、建筑、矿山、交通等国家重点监管的高危行业,也包括先进制造的新兴产业领域。这些实践案例涉及的题材十分丰富,涵盖了企业安全文化体系的构建与完善、安全文化管理创新、安全制度文化建设、安全文化宣教与培育、安全文化品牌建设、安全文化影响力构建与传播、安全文化与生产管理的融合等各个方面的内容。可以说,《论文选编》汇集了当前我国新时代企业安全文化建设的最新实践成果,是我国各行业企业安全文化工作者不断探索创新取得的新成绩。

应急管理部宣传教育中心和《企业管理》杂志社高度重视论文征集活动,对《论文选编》工作进行了指导和帮助。主办方邀请应急管理部宣传教育中心党总支书记、主任王月云担任编委会主任,应急管理部宣传教育中心领导多次组织权威专家就论文评审和文集编辑开展研讨。《企业管理》杂志社组织精干力量,为论文评审、出版协调提供了坚实保证。同时,论文征集工作也得到了企业界的广泛支持,中国石油化工集团有限公司、中国能源建设集团有限公司、中国华润有限公司、中国广核集团有限公司、中国石油天然气集团有限公司、海尔集团公司、中国华能集团有限公司、国网青海省电力公司、中国国家铁路集团有限公司、国家电网有限公司、国家能源投资集团有限责任公司、招商局集团有限公司、中国兵器工业集团有限公司、中国建筑集团有限公司、哈尔滨电气集团有限公司、国投集团、航空工业集团、中国电子集团、晋能控股集团等大中型企业积极组织推荐高质量的论文。《论文选编》在出版付梓之际,也得到了企业管理出版社有关领导和编辑同志的大力支持。在此,向所有为本书付出心血和努力的同志们表示感谢!

建设更高水平平安中国,有效构建新安全格局,是新时代的安全主题,更是民族复兴伟业新征程的安全保障。由此,安全文化论文征集活动和《论文选编》工作将更加深刻领会"健全国家安全体系"和"增强维护国家安全能力"的精神实质,深入学习贯彻习近平总书记关于应急管理的重要论述,充分认识安全文化工作对实现中国式现代化和发展新质生产力具有的重要支撑作用,坚持高质量发展和高水平安全良性互动,牢牢把握"建立大安全大应急框架"给企业安全文化实践带来的新机遇、新挑战,全力防范化解重大安全风险,加快推进应急管理体系和能力现代化,以高水平安全服务高质量发展,以新安全格局保障新发展格局,并以此作为创造性开展安全文化工作的出发点和着力点,真正做到把安全发展理念落实到企业经营管理全过程。希望广大安全生产从业者要进一步提高政治站位,严把安全关口,履行安全防范主体责任,以安全文化论文征集活动为契机,持续加强安全文化建设,努力实现安全、高质量、可持续发展,为全面建设社会主义现代化国家和实现中华民族伟大复兴提供坚强安全后盾。

编　者

2024 年 6 月

目 录

一等奖

二等奖

目录

一等奖

基于"4M"新型风险屏障预控系统下的安全文化建设与实践

国能浙江余姚燃气发电有限责任公司　袁海波　范永江　徐仁虎　刘建刚

摘　要：生产安全风险得到控制并始终处于可承受范围,确保人员、设备和环境免受伤害或破坏,是发电企业正常运营并保持旺盛生命力的基础。结合发电企业生产现场的客观实际,通过实践研究,将事故逆向思维(事故致因)和风险预控的正向思维(屏障控制)相结合,国能浙江余姚燃气发电有限责任公司建立了"4M"(物、人、环、管)新型风险屏障预控系统。企业安全文化建设的最终目标是防止事故、抵御灾害、维护健康,它代表了企业和员工的根本利益。本文重点介绍了"4M"新型风险屏障预控系统的内涵及基于"4M"新型风险屏障预控系统下的安全文化建设与实践的有效路径。

关键词：安全文化建设；"4M"新型风险屏障预控系统

国能浙江余姚燃气发电有限责任公司坚持以安全生产为基础,以文化建设为纲领,秉承燃机安全文化底蕴,牢固树立"以人为本,安全第一,警钟长鸣"的安全思想,构建了"以人为本、领导推动、全员参与、管教结合"的安全文化建设体系,创设了基于"4M"新型风险屏障预控系统下"安全理念文化"内化于心、"安全制度文化"固化于制、"安全行为文化"实化于行、"安全物态文化"外化于基的全方位安全文化氛围。持续推进安全文化建设研究与实践,引导员工从"要我安全"向"我要安全""我会安全"转变,促进安全生产管理水平稳步提升。

一、"4M"新型风险屏障预控系统的内涵

实施风险预控管理并持续改进安全、质量、生态环保、职业健康绩效的管理体系,可使企业实现长治久安。基于国内外各类先进事故致因理论、核电防护屏障理论、"4M"安全管理及系统工程理论等理论,结合发电企业生产现场的客观实际及实践,将事故逆向思维(事故致因)和风险预控的正向思维(屏障控制)相结合,国能浙江余姚燃气发电有限责任公司建立了基于安全管理"4M"(物、人、环、管)要素的新型风险屏障预控系统,结构模型如图1所示。

"4M"新型风险屏障预控系统的核心理念:在安全生产过程中,风险无处不在,通过各道屏障有机结合、系统防范,就会减少或消除4M屏障的漏洞、

缺失,就能有效阻断风险穿透路径或降低风险,从而避免事故的发生。

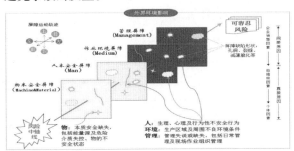

图1　"4M"屏障系统理论典型结构模型

在"4M"新型风险屏障预控系统中,物、人、环、管四大因素分别构成了事故致因与风险屏障,互为一体、互为依存、互为转化。当对事故致因进行治理、控制时,风险屏障的作用是将不利转为有利;反之,有利转为不利时,一定是事故致因、屏障遭到破坏。

(一)物的屏障

物的屏障,即设备设施本质安全屏障,对应物的不安全状态及其风险控制。事故预防的首要任务是控制这些物的不安全状态,建立物的安全屏障,包括通过技改、维护等手段直接消除、替代、限制的那些具有高度危险能量或危险介质的设备、设施,确保这些设备或设施处于本质安全状态。

(二)人的行为屏障

人的行为屏障,即防人因失误屏障,对应人的不安全行为及其风险控制。事故的发生,80%以上由

人的不安全行为造成，因此，我们认为在进行物的屏障控制的同时，必须把防人因失误作为主要日常风险管控工作对象，建立人的行为屏障。行为屏障的建立，主要是通过树立意识、提升技术技能、开展工作安全分析、实行标准化作业、团队配合、吸取他人经验与教训、总结个人事务等系列活动来完成。

（三）作业环境屏障

作业环境屏障，即人与物的媒介空间条件，对应企业生产现场作业环境与企业人文环境的不良条件风险控制。各类人与活动的媒介空间及其外部客观环境是影响和导致事故发生的外在因素之一。在确保物的安全及自身行为安全的基础上，企业应积极提供良好的安全、环保、健康作业环境，建立良好活动媒介空间及其外部环境屏障，防范事故发生。

（四）管理屏障

管理屏障，即组织与管理机制屏障，对应管理失误或缺失风险控制。在所有事故因素中，最不易发现、危险最大的是潜在的系统性组织或机制隐患，即企业的管理失误或缺失。管理问题往往会系统性导致人、物、环境局部屏障或整体失控，触发事故发生。正确组织和实施生产，建立标准机制及管理屏障就显得尤为重要，这也是任何屏障建立的基础与前提。

二、安全文化建设与实践

安全文化建设以健康工作和职业安全为出发点和落脚点，是企业健康发展的安全基础。"一切为了人"的人本观念是安全文化建设的基本准则，是安全物态文化、制度文化、行为文化、精神文化的最终落脚点。

（一）以人为本，开展教育培训和活动，将"安全理念文化"内化于心

"以人为本"是企业安全文化建设的核心理念，培育安全文化理念、氛围是安全管理工作的重要内容。以人为本的安全管理理念和自觉遵章守纪的价值观念的形成，对于企业的安全管理和长治久安具有积极的促进作用。

1. 加强员工安全教育培训，提升员工的安全技能

一是安全教育培训的常态化。新员工入职前，必须参加三级安全教育培训，考核合格后，方可正式上岗。经常性地举办消防技能培训、安全知识培训、安全责任意识培训，安全培训覆盖率达100%。

二是安全教育培训方式多样化。充分利用媒体、书刊、板报、会议宣传安全生产法律法规、安全常识、事故警示及安全典型事迹。

三是安全教育培训内容专题化。针对不同的工种与岗位，有针对性地进行生产安全、消防安全、交通安全、职业病安全、急救知识技能等方面的专题培训。

2. 积极开展安全文化活动，提高员工的安全管理能力

一是积极开展"安全生产月"和"安全生产万里行"活动。紧紧围绕"安全生产月"活动主题，强化红线意识，促进安全发展，对安全责任进行分解、细化，认真落实，把隐患消灭在萌芽状态，筑牢安全生产根基。

二是定期开展自查自纠活动。通过作业点互查、违章案例分析、安全防范措施制定等形式，提高员工安全风险防控能力。将安全问题整改与绩效考核挂钩，将自查自纠问题数量、整改完成效果、安全监管职责落实到具体考核，有效促进了安全检查整改机制的有效运作，持续提升了现场安全管控水平。

三是实时开展纵向到边、横向到底、全面覆盖、不留死角的拉网式、全方位的安全隐患排查活动，即"六查"活动，一查风险屏障预控系统运行情况；二查安全生产过程中各环节的危险源和安全控制点；三查设施设备；四查生产现场安全环境状况及承包商施工现场安全状况；五查员工情绪中存在的隐患；六查安全防护措施落实。通过监督、检查、落实和考核，各种安全隐患消灭在萌芽状态。

四是创新开展"安康杯"竞赛活动。通过班组讨论、选题，拍摄了《我是技能高高手——燃气轮机阀门传动信号强制操作》《我是技能高高手——叉车绕杆运货》等多个以安全为主题的微电影，增强了员工的安全意识，有效促进了安全绩效大幅提升。

五是开展"质量信得过班组"及"班组QC活动"。把"零违章、零缺陷、零事故"作为班组工作中心，强化班组安全管理，增强了班组的凝聚力、战斗力。2021年《降低高压给水泵耗电量》获得集团QC成果一等奖。

（二）强基固本，健全和完善安全管理制度体系，将"安全制度文化"固化于制

一是健全和完善安全管理制度。制度是企业安

全文化的重要组成部分,对企业组织和员工的安全行为产生规范性、约束性。公司坚持"一岗双责,党政同责,齐抓共管"的原则,健全和完善全员安全生产责任制,明确各岗位的安全职责、安全工作标准以及履职清单,确保安全生产每一环节都有章可循,有据可依,形成了"事事有人抓、事事有人管"的良好工作氛围。

二是层层签订《安全目标责任书》。公司将安全目标、安全责任分解到各个岗位,建立了层层有目标、条块有指标、人人有责任的全方位、全过程安全管理体系,安全生产工作实现了制度化、规范化、标准化。

三是落实对承包商的安全管理制度,与公司合作的承包商实现了企业管理文化相通相融。通过安健环文化系统的深入实施,确保承包商与公司"文化一致、认知一致、管理一致、标准一致、执行一致",有效发挥承包商自主管理、制度管理的主动性。

（三）警钟长鸣,加强日常培训和应急演练,将"安全行为文化"实化于行

企业的安全生产行为文化是企业安全文化的动态部分,主要是规范行为,提高人员安全操作技能和自我保护能力,预防并控制事故的发生。警钟长鸣,严格要求安全操作,加强安全技能训练和突发性事故处理,要求员工"应知""应会""能行",逐步建立起自我约束、自我完善、持续改进的安全生产工作机制。

一是实施隐患全过程规范化管理。隐患排查治理始终贯彻动态管理、闭环管理、分类管理。按照排查、登记、上报、监控、整治、评价和销号程序,按照"风险预控"流程,强化风险闭环管理。通过编制标准作业风险管控措施、有针对性开展非标准作业和"新技术、新工艺、新设备、新材料"应用的动态风险辨识,实现风险预控全覆盖。对重大隐患建立管控档案,并定期更新和公布隐患排查治理情况,让公司各级人员了解隐患发生情况,掌握控制隐患的安全措施,从而有效控制风险,消除隐患危害。

二是实施安全应急管理。成立以董事长为组长的公司应急管理领导小组,下设9个应急处置工作组,分管现场处置、技术支持、医疗救护、消防保卫、后勤保障、新闻发布、善后处置等工作,形成了事事有人管、层层重落实的应急管理机制。同时,实现应急演练常态化。通过紧急疏散演练、现场突发事件演练、安保突发事件演练等专业技能演练,强化了员工遇到突发事件的应急反应能力和事故处理能力。

三是安全检查工作常态化。加强员工行为规范建设,落实《风险管控卡》《四不伤害卡》《安全文化手册》等安全管理要求,定期对员工的现场作业情况、安全行为习惯进行抽查,及时纠正不安全行为。通过定期开展现场安全检查,对发现的问题下发安健环整改通知单,每周、每月进行整改情况通报,组织验收,结合整改情况给予奖励、考核,确保闭环管理,实现持续改进,做到防微杜渐。

四是全员参与风险预控。结合机组年度计划检修和绿色发电计划项目的实施,针对施工组织方式不同、高处作业密集、交叉作业集中、作业人员多的特点,将风险要素逐级分解、落实责任,确保风险全过程受控,实现本质安全。

五是遵照"闭环管理"原则,借助网络平台,定期召开三级安全网络会议,会上通报安全生产指标的完成情况,对近期安全工作进行要求和部署,有效保证企业三级安全网的运作。践行安全制度文化。通过对规章制度、操作规程及安全知识的学习,落实到管理、经营、生产、后勤等各个层面,确保各级员工"知其责""能履责""会履责""履好责",从而保证安全责任制的有效落实。

（四）加大投入,加强基础设施设备建设,将"安全物态文化"外化于基

安全物态文化是形成安全理念文化和安全行为文化的条件,可以反映企业领导的安全认识和态度,体现科学安全管理的理念,折射出行为文化的成效。

一是进行设施设备改造。根据设备现状评价和故障模式评估,加强机组检修策划,强化检修文件包、检修工艺卡、作业指导书和重大项目"三措"管控,健全技术监督手段,完善设备可靠性管理,细化检修质量管控,保证程序文件覆盖率达到100%,质检点验收合格率达到100%,实现机组修后"零"缺陷启动。如两台机组的全预混"DLN2.6+低氮燃烧器"技术改造,成为国内首家、全球第二家9FA级燃气发电机组,实现启停全过程不冒黄烟、NOX排放低于20mg/Nm^3（国家标准为50mg/Nm^3）的最先进环保燃气轮机机组。新型燃烧器更能适应天然气热值的变化,大幅提高了机组安全运行性能,提升

了设备安全运行可靠性水平。同时也加大了环保新技术的使用，设备设施整洁、靓化、环保。

二是全面加强安防系统建设。实施《基于厂内5G+的安全作业监视研究项目》，与地方移动公司联合实施"5G+智慧电厂"项目，进一步力促公司生产运营模式由集约化管控逐步向具备智能化、信息化的运营中心模式转变，不断提升企业竞争力。文化网络建设进一步提升，网络办公、OA系统、腾讯通的开发，让办公更加方便快捷；SAP系统的不断完善，让办理工作票更加流畅；星级班组建设网站的开通、合理化建议网站的启用，形成了开放式的企业文化交流平台。

三是加强作业现场定置管理、安全隔离和临时安全防护设施标准化设置，重点做好大件起吊、防高空坠物和坠落、受限空间作业、防火防爆等管控措施的落实，提高人员职业安全和健康防护用品配置标准。

四是优化现场办公环境。借助"找抓促"的契机，全面改善员工工作环境，现场地面、墙面全部粉刷，控制室门面重新装修，标识和标志色标清晰、人员着装统一整洁，现场办公环境实现了整体提升。

三、结语

安全是员工最大的福祉，是企业兴旺发展的基本保障。国能浙江余姚燃气发电有限责任公司牢记红线意识、坚守底线思维，充分发挥智能化优势，构建基于"4M"新型风险屏障预控系统下的安全生产长效机制，将丰富的安全文化根植于基、固化于制、内化于心、外化于行，持续提升了安全管理水平，实现了企业安全生产长治久安，这一实践对于同类型企业安全文化建设，具有典型的借鉴和指导意义。

理论实际相结合　　实践总结再提升
深耕企业安全文化成长土壤

哈尔滨电气集团有限公司　汝洪涛　陈琦峰　宋云柯

摘　要：党的二十大作出的一系列重大部署，为哈尔滨电气集团有限公司（以下简称哈电集团）加快高质量发展指明了前进方向，也对安全生产工作提出了更高的要求。新发展阶段，作为有着70余年历史，见证了中华人民共和国装备制造业发展历程的"老企业"，哈电集团正处于产业发展的机遇期、转型升级的关键期、创建一流的攻坚期。准确把握安全生产面临的形势任务，扎实做好安全生产各项工作，最关键的是深入落实习近平总书记的重要指示，最重要的是在安全生产上坚持真抓实干、动真碰硬，不搞形式、不走过场，最根本的是厚植理念、制度、环境、行为协调共进的企业安全文化。通过多年的实践和积累，哈电集团总结了一套关于安全生产责任落实的经验做法，为高质量建设具有全球竞争力的世界一流装备制造企业提供了平稳的安全发展环境，奠定了坚实的安全生产基础。

关键词：安全文化；理念；制度；环境；行为

一、引言

哈电集团是我国建设最早的发电设备研究制造基地，在"一五"期间苏联援建的156项重点建设项目的6项的基础上，以1951年陆续开始建设的哈尔滨"三大动力厂"（电机厂、锅炉厂、汽轮机厂）为主体发展壮大，是中央管理的关系国家安全和国民经济命脉的国有重要骨干企业，被誉为"共和国装备制造业的长子"，从诞生的第一天起，就肩负着"承载民族工业希望，彰显中国动力风采"的历史使命。经过70多年的发展积淀，哈电集团形成了以水电、核电、煤电、气电、风电、船舶动力装置、电气驱动设备、电力工程总承包等为主，涵盖发电设备研究制造、工程建设和制造服务的产业布局。1951年至2022年，哈电集团累计生产发电设备超过4.8亿千瓦，产品装备了海内外60多个国家和地区的800余座大中型电站，累计创造200余项"共和国第一"，所属主要机械制造企业7家，其中安全生产标准化一级企业5家，全国安全文化示范企业3家，国家级绿色工厂5家。

二、以深入学习贯彻习近平总书记关于安全生产的重要论述作为领导干部树牢安全发展理念的最有力抓手

（一）高度重视习近平总书记关于安全生产重要论述的学习贯彻

哈电集团始终将安全环保工作摆在最为突出的位置，集团公司党委理论学习中心组始终将习近平总书记关于安全生产的最新指示批示精神作为"第一议题"，并在第一时间组织跟进学习。每年组织各级理论学习中心组和广大干部职工集中学习习近平总书记关于安全生产重要论述、观看《生命重于泰山》电视专题片等视频。公司安委会会议、安全工作会议的第一项议题必是集团公司总经理带领员工学习习近平总书记关于安全生产的重要论述和指示批示精神。经过多年的持续学习和宣贯，安全发展理念已深入人心，良好履行安全生产职责已成为干部职工的行为准则。

（二）厚植企业安全文化，提升干部职工责任感和使命感

哈电集团上下时刻保持如履薄冰、如临深渊的高度警觉，以时时放心不下的责任感，坚决克服骄傲自满、盲目乐观、麻痹思想，坚决摒弃厌战情绪、侥幸心理、松劲心态，在思想上厚植哈电集团"以人为本，生命至上"安全文化理念及"合格员工、合规企业，和美生活、和谐社会"安全观，在良好开展"安全生产月""安全生产法宣传周"等固定动作的基础上，创新开展"谁对自己的生命负责"主题大讨论、安全生产教育培训视频大赛、绿色安全微视频大赛、安全隐患随手拍等全员性安全文化活动，发布并组织学习《员工绿色安全行为手册》《事故警示教育材料》《优秀安全管理实践案例》等，营

造了浓厚的安全文化氛围，切实提升了干部职工做好安全生产工作的主人翁责任感和使命感。

（三）高度重视安全教育培训实效性，狠抓关键人员和重点人群安全教育培训

哈电集团公司每年年初制定针对性强的安全生产培训计划，根据装备制造业特点，确定不同培训主题和培训要求。重点加强企业主要负责人和新任职领导人员等关键人员安全理念、法治意识、责任意识的培养，开展安全生产法律法规和安全生产主体责任等集团级专题培训，并对企业主要领导人员的掌握安全生产法律规定的企业主要负责人安全生产七项职责情况开展当面问答考试。针对企业安全管理提升难点、风险隐患整治堵点，邀请行业安全专家，开展现场咨询。针对危险作业人员、特种设备操作人员、安全生产管理人员等重点人群，开展滚动安全培训，并采取闭卷考试、随机抽查问答、现场行为观察等方式，避免安全教育培训流于形式。

三、构建安全生产长效机制，强化安全生产制度落实

（一）构建"一岗一清单"的全员安全生产责任体系

"一岗一清单"是企业安全生产责任体系建立是否完善的基本评价标准。哈电集团根据安全生产法律法规及最新要求，3年2次修订《哈电集团职业健康安全、节能环保责任制管理办法》，建立了《集团公司总部各部门安全生产责任清单》《企业安全生产主体责任清单》《员工岗位职责清单》，明确了从集团公司党委书记、董事长直至基层一线岗位员工等各级各类人员的安全生产职责，并在集团公司领导人员安全生产责任书中明确其年度安全生产重点工作职责，全员签订安全生产责任书，实施责任清单制管理，织密织实安全生产责任网络。

（二）构建安全生产制度体系

安全生产制度是企业及员工开展安全生产工作的根本要求，有着强制约束作用，较为完备的安全生产制度体系，是企业高质量安全发展的基本保障。哈电集团建立了基础制度——《职业健康安全管理规定》，专项制度——《安全生产费用管理办法》《生产安全事故报告和调查处理条例》等、专业制度——《危险化学品安全管理条例》《境外安全生产管理办法》等相结合的安全生产制度体系，为高质量开展安全生产工作提供了制度支撑。

（三）构建双重预防机制和应急救援机制

安全生产工作能否抓得住、抓得牢，风险分级管控和隐患排查治理双重预防机制建设是关键，应急救援机制建设是保障。为此，哈电集团发布实施《危险源辨识、风险分级管控体系操作指南》，每年组织全员开展风险辨识评价，集团公司提级管理13项较大安全风险作为集团内部重大安全风险实施管控，绘制《哈电集团安全风险地图》，明确企业风险管控责任领导、责任人员、风险管控措施、应急措施等，并定期对风险分级管控情况及降低风险的物防、技防措施项目投入情况进行监督，2020—2023年累计投入安全生产费用2.1亿元，确保了安全风险始终能控、受控、在控。2022年，哈电集团在辨识安全风险的基础上，建立集团级综合应急预案3项、专项应急预案6项、企业级综合应急预案近30项、专项应急预案100余项、现场处置方案1000余项，并每半年组织较大安全风险场所全覆盖实战应急演练，切实提高了应急响应能力和员工知险化险避险能力。

（四）统筹策划"十四五"安全生产目标任务

准确把握安全生产发展趋势，契合国家经济建设战略安排，合理配置企业各项资源，对能够抓好安全生产工作具有全局和长远影响。哈电集团在充分总结分析上一个五年安全生产经验和不足的基础上，结合实际对形势任务进行全面论证，发布《哈电集团"十四五"安全生产发展规划》，明确"建成零事故本质安全型企业集团"的"十四五"安全生产总体目标，制定实施"12345"安全生产重点任务，即树牢安全发展理念、夯实两个责任、推进三个能力再提升、实现四个转变、提升五大安全基础管理水平。按照规划任务和国家最新要求细化分解年度安全生产重点工作，并定期对阶段性目标的完成情况进行总结评价，及时实施变更管理，确保总体规划目标和任务的顺利实现。

四、强化安全管理队伍建设，营造积极向上安全环境

（一）奖罚分明促进安全意识主动增强

哈电集团持续探索确保企业安全生产主体责任落实到位、确保全员安全生产职责履行到位的方法和手段，开展具有哈电特点的安全环保综合考评，研究制定《哈电集团安全环保综合考评方案》并不断优化，建立了由35项集团总部安全生产履责清单和

136项企业安全环保履责清单组成的考评标准。为确保真实掌握和跟踪企业安全环保责任履行情况，哈电集团采取每年两次综合考评和日常监督相结合的方式，持续强化全员安全生产责任落实、公司安全生产规章制度执行及年度安全生产重点工作推进情况的监督。将考评结果作为公司年度安全生产奖惩的重要依据，与企业领导班子的年终绩效直接挂钩，并在公司安委会、安全工作会议上对履职不到位的企业和领导人员点名通报，每年评选安全生产优秀企业、安全生产先进个人和哈电安全卫士，2021年、2022年两年来共发放奖励70余万元。通过综合考评及奖惩激励，各所属企业安全生产主体责任真正得到了落实，安全生产突出问题隐患得到深入整治，本质安全水平有了极大提升。

（二）多措并举加强安全管理队伍建设

一支职责明、能力强、有担当、敢作为，善于评价风险、整治隐患、应急救援的安全管理人才队伍，是企业杜绝生产安全事故发生的最大资源。截至2022年12月，哈电集团配备专职安全管理人员150余人，其中本科及以上学历110人，注册安全工程师31人。为持续提升安全管理人员的能力和素质，哈电集团建立了包含内外部专家共40余人的安全环保专家库，开展专家帮扶、专项帮扶、企业结对帮扶，协助能力水平后进企业提升管理能力、培养安全管理人才，并定期组织安全管理人员交流研讨和调研对标，使其开阔视野、增长见识。为吸引更多优秀员工从事安全生产工作，哈电集团建立注册安全工程师激励政策，给予一次性奖励和高薪资待遇，充分调动了员工报考注册安全工程师的积极性和增强了投身安全管理事业的意愿。

五、健全完善双重预防机制体系，强化安全生产行为自主管控

（一）重视年度安全生产重点工作的督导评价

哈电集团根据党中央、国务院决策部署，结合公司战略规划和年度重点工作安排，每年下发年度安全生产重点工作清单、领导人员年度重点安全生产职责清单、年度重点关注建设项目和安全生产措施项目清单、年度重点关注问题隐患清单等，实施履职尽责清单制管理。集团内各企业根据各项清单，细化分解完善本单位重点任务，形成上下贯通、步调一致的履职工作计划，确保重点工作和重点关注事项不遗漏。哈电集团通过综合数据采集平台、安全环保信息化管理系统等，每月跟踪各企业工作推进落实情况，并组织专家对推进落实情况和已完成项目的实施效果进行督导和评价，确保年度安全生产工作按期高效高质量地落实落地。

（二）着力推进安全风险隐患专项整治

企业要想长治久安，则隐患排查治理就不能有丝毫松懈。哈电集团内的企业大部分始建于二十世纪五六十年代，部分工艺布局和设备设施距本质安全要求仍有差距。为杜绝重大生产安全事故的发生，集团充分汲取国内外重大事故教训，结合自身实际，每年制定安全风险隐患专项整治检查计划，邀请行业专家对各企业重大安全风险、重大事故隐患开展深入排查整治。近几年，哈电集团组织开展了机械行业重大事故隐患、老旧厂房建筑和设备设施、高层火灾风险和消防设施、起重设备和起重工艺安全、危化品和危废物安全、燃气管道和动火作业场所安全、建筑施工和相关方安全、产品运输安全、境外项目安全等近20项次安全专项整治，年均查改问题隐患2000余项。集团公司滚动更新重点关注问题隐患清单和制度措施清单，组织隐患整治"回头看""百日清零行动"等，持续加大对整治后重复出现安全隐患的处罚力度，对安全隐患整治不彻底、落实"举一反三"排查整治要求不到位、相同问题隐患在企业内重复发生的单位，严格执行安全生产"一票否决"制度，确保问题隐患得到根治。2020年至今，哈电集团未发生一般及以上生产安全责任事故，轻伤事故率控制在0.4‰以下。

（三）组织关键环节和关键时期监督检查

哈电集团正处于高速发展阶段，把握住关键环节和关键时期的安全生产，是保持良好安全生产绩效的关键。集团公司开展新业务、新企业"四不两直"和"飞行检查"，明确相关方安全生产准入标准，制定建设项目五方（建设单位、施工单位、监理单位、使用单位、安全生产监督管理单位）安全生产责任要求，持续督促集团内企业持续加强对新并购企业、分子公司及新改扩建项目的监督管理。集团公司提前策划春节、两会、五一、国庆等关键时期和节假日监督检查安排，由集团公司领导带队深入企业一线开展监督检查，并以随机抽查、夜班突击检查、异地企业电话抽检等方式，对各企业应急值班值守、节假日白班夜班作业情况进行监督，确保了关键环节和关键时期安全生产工作的顺利开展。

（四）注重安全环保综合管控、协同治理

新发展阶段，安全生产、环保低碳工作结合得愈加紧密，一些由环保设备设施引发的生产安全事故为安全生产工作敲响了警钟。哈电集团坚持安全生产、环保低碳工作同步研究、同步部署、同步管控，出台《哈电集团"十四五"节能环保发展规划》《哈电集团碳达峰实施方案》《绿色车间创建和考评标准》，以构建三维度绿色低碳制造体系（建设绿色工厂、推进绿色产品设计、打造绿色供应链）为切入点，提升企业环保低碳和本质安全水平，截至 2023 年一季度，集团内 7 家主要机械制造企业已全部通过绿色工厂审核。哈电集团持续加大节能减排投入力度，因地制宜建设厂房屋顶光伏发电项目和绿色照明系统，加大高能耗电机、空压机、锅炉等改造力度，加强重点用能设备监督监控，持续优化绿色低碳能源结构。2022 年与 2020 年相比，哈电集团万元产值综合能耗、万元产值二氧化碳排放量分别大幅下降 11.83% 和 16.06%。哈电集团实施安全、环境风险综合管控、协同治理，高度重视水性漆的推广和应用，降低了挥发性有机物排放和油漆桶、漆渣等危险废物的产生，在改善作业环境的同时，减少了生产安全事故、环境污染事故和职业病危害事故发生的可能，一举多得、同步提升，得到了干部职工的高度认可。

六、结语

习近平总书记强调"人命关天，发展决不能以牺牲人的生命为代价""安全生产必须警钟长鸣、常抓不懈，丝毫放松不得，否则就会给国家和人民带来不可挽回的损失"，字字句句饱含了大国领袖的利民情怀和为民情怀，为统筹发展和安全、提升安全发展水平、做好安全生产工作指明了前进方向，提供了根本遵循。

哈电集团通过长久的安全文化创建和积累，用实践进一步印证了干部职工能够主动履行职责、安全管理能力和本质安全水平能够持续提升、全员安全生产责任能够落实落地，也印证了安全文化真正内化于心、固化于制、外化于行、实化于行是关键。哈电集团提升安全文化水平的探索和实践脚步永不停歇、常抓不懈、久久为功，使全体员工能够把安全知识和生产实践紧密结合，充分调动和发挥了广大干部职工的积极性、主动性、创造性，真正形成了适合企业高质量发展的安全内生动力，因此建成零事故本质安全型哈电集团的目标定能顺利达成。

自上而下　还是自下而上

——海尔集团 139 安全管理体系实践与创新

海尔集团　侯　君　刘汉昭　刘　政

海尔集团创立于 1984 年,多年来持续稳定发展,已成为在海内外享有较高美誉和较强竞争力的大型国际化企业集团。海尔集团始终以用户为中心,兼收并蓄,创新发展,自成一家。2023 年,海尔集团在全球设立了十大研发中心、71 个研究院、35 个工业园、138 个制造中心和 23 万个销售网点。作为全球唯一的物联网生态品牌,连续 5 年进入最具价值全球品牌 100 强,连续 14 年稳居"欧睿国际全球大型家电品牌零售量"第一名,全球营业收入达 3506 亿元,品牌价值达 5123.06 亿元。

海尔集团借鉴国外先进的管理方法,创造了 OEC 模式,即由目标系统、日清系统和激励机制共同组成的管理模式。"以人为本,人是目的"的安全经营策略,强调了安全是责任,更是敬业精神。

一、安全观念迭代升级

海尔集团从 1984 年创建以来经历了 6 个战略发展阶段,即名牌战略、多元化战略、国际化战略、全球化品牌战略、网络化战略、生态品牌战略。每一次的战略调整都展示出海尔蜕变成长的过程,安全文化观也伴随着企业的发展不断迭代升级。

海尔集团创始人张瑞敏先生诠释安全之重要性:安全像空气一样的价值,有了你没有感受,没有也就什么都没有了。

海尔集团董事局主席、首席执行官周云杰认为:安全就是守土有责,守土有方,保障员工安全是管理者的第一责任。

（一）创新安全发展理念

海尔精神激励海尔安全人创新创业,海尔作风要求海尔安全人以用户为中心。海尔全球品牌文化也指导海尔安全文化逐步走向世界舞台中央。

近年来海尔安全通过模式制度不断优化,创新创造多项多类安全专利、安全模式和安全标准。

（二）海尔集团新的安全观

红绿灯:定方向、定目标、定规则,原来抓零事故,现在抓零隐患,结合国家最新法律法规及政策解读,快速转化为内部行动准则。

指挥棒:明确底线、及时预警、立即纠偏,明确各级单位的行动底线,触线即停。事前、事中、事后全流程安全管控信息化体系,风险可防可控。

加油站:全面赋能,持续升级对外、资源协同及整合对内、标准及体系管理。

二、139 安全管理体系的建立

海尔集团以观念创新为先导、以战略创新为方向、以组织创新为保障、以技术创新为手段、以市场创新为目标,建立了海尔集团新的安全文化。

一是安全最优先,安全是一切工作的前提,既是从上到下又是从下到上。

二是人单合一,人人安全。

三是保障每一名员工创客的健康安全,家庭幸福是我们的责任底线。

（一）139 安全管理体系的内涵

139 安全管理体系:"1"个核心目标（安全零事故）;"3"个关键达成因素（零死角、零违章、零隐患）;9 个支撑保障体系（全员、全面、全流程、事前、事中、事后、不发生、及时发现、及时闭环）。

（二）安全管理体系架构特点

一是安全组织架构严格按照最新《中华人民共和国安全生产法》及政府相关部门指导,从上至下,由集团层、基层到工厂班组,配置合规专业的安全管理人员,组织无漏洞,安全有保障。

二是安全管理架构的特点是安全专业委员会与安全业务委员会相结合。安全委员会既有专业监管指导,又有主体业务实践创新。安全业务委员会是指各生产主体安全总监下的安全团队,聚焦三现（现场、现物、现人），研究现场安全管理与技术，形成本地专用化安全方案，负主体安全管理责任。安全专业委员会自下而上，由消防、生产等8类专业与当地园区安全委员会组成，主要负责安全法律法规解读、安全标准转化、与政府及相关优秀方案对接，具有专业领导与监管作用。

（三）升级优化和完善体系实施方式

在搭建完善的组织架构基础上，不断升级优化适用性安全程序体系，自上而下共制定集团级安全体系文件89部类，产业级安全体系文件182部类。基层工厂结合集团产业专业指导及当地特点自下而上地制定专属区域的安全规章。海尔的安全管理既有严肃性、一致性，又非一刀切、呆板化。海尔安全管理奖惩机制显著特点是对上严格严肃，对下自主教育。

在安全发展的现阶段，倡导者与管理者的安全意识履职是区域安全的重要因素，通过制度手段加强对管理者安全尽职效果的考评（影响管理者的直接收入与晋升），即安全牵领头羊模式。

海尔安全持续探索素质管理阶段，2023年创新《诚信积分安全运营模式》，借鉴交通12分制，通过智能化大数据与每名创客管理者的安全行为链接，用诚信积分代替基层处罚，通过高素质创客与时俱进的安全创新模式引领新的安全管理体系。

三、139安全管理体系的实践与创新

（一）全员参与安全责任承诺

按照安全人区合一责任分工，全员签订安全责任承诺书（在年初或上岗前），明确安全上的责任、义务、管理范围，人人知安全，人人守安全。

（二）全方位实施"四维"管理

1.建立"四维"安全网络

以"消防安全零火险、生产安全零伤害、职业健康零损害、特情防控零漏洞、环保安全零违规、能源安全零事故、食品安全零违规、公共安全零抱怨"为横轴，用全员、全域、全时安全管理覆盖为纵轴，以时间、空间线为推进路线，建立"四维"安全网络，实现安全管理精细化、过程化和有效化。

2."四维"安全精细化管理

安全组织体系与安全职责搭建中，安全体系运营保障尤为重要。海尔安全采用"四维"安全管理，即将时间线（日、周、月、季、年），空间线（全员、全时、全域），专业线（生产、消防、环境等）和针

对线（资源专家库方案），四线合一，安全管理科学有效。

（三）聚焦四大关键项目，夯实安全生产管理体系实施

1.责任压实，强化红线意识

实施责任落实"三全"（全员、全面、全流程），"三查"（自查、互查、专查），自上而下、人区合一的安全管理模式。

2.科技赋能，创新安全监管

实行安全管理数字化升级、本质化安全建设、安全科技化工具配备。

3.机制创新，强化主体责任

实施"一把手"工程、安全诚信积分、安全人员分级分类测评。

4.团队建设，建立安全保障

安全管理团队实现年轻化、专业化，打通发展通道（安全管理通道、专业通道），实现三化配置（场景化、专业化、智能化）。

（四）安全管理机制创新

1.安全双通道职业发展模式

器利而信众，人胜则功成。海尔安全人长期以来养成"十个一"海尔安全精神，筑牢海尔安全发展。安委会的专业制度和安全创客职业发展双通道，让用心敬业的安全人看到更大的职业发展空间。

2.安全动态化运营

本质化、专业化、标准化、认证化、智慧化卓越运营的安全体系通过"人N合一"、全员安全行动、智能安全、本质安全模式构建基层安全认同。

3.安全双七条履职

抓住企业负责人的思维与行动是安全管理的关键。每月通过对工厂总经理的专项要求、安全培训、安全引导、安全管理评价，促进总经理安全履职。执行总经理每月一次安全夜查、每月一次约谈辅导、每月一项安全六新、每周一次安全例会、每周一次安全学习、每周一次安全联检、每天现场隐患治理（双重预防机制）。

4."人N合一"自主安全管理

建立岗位自主安全模式，人人做区域安全主人。

目标：全员、全过程、全方位、全天候的零隐患、零违章、零死角，HSE&6S全面升级。

导向：人人都管事、时时有人管、时时安全、事事安全。

目的：全员应知应会、应干应管、应关应创。

切入：人单合一模式下人区合一，HSE&6S 全面达标。对安全生产负责、对 6S 环境负责、对设备运行负责、对物料合规负责、对人员状态负责、对工艺安全负责对防疫安全负责、对行为规范负责、对隐患关差负责、对现场改善负责。

5. 员工创客亲情安全管理

安全亲情管理：用家人的热情关怀焕发创客的安全意识，以现场家人亲情寄语营造安全氛围，探索新的安全管理模式。利用亲情、爱情对员工呼唤、感召，增强员工安全意识，提升安全觉悟，消除安全隐患。

6. 面向基层创客的最美安全守护者评比

执行月度工厂级—产业园区级—集团级安全评比，让每一名海尔安全贡献者都能被看到。安全专业最强、隐患关差最快。围绕用户最近、服务效果最优，强化一线员工参与安全管理，强化安全管理人员专业能力和服务意识。

7. 基层管理者的安全行动是安全保障的关键

为了保障公司安全生产，提升班组长 HSE&6S 管理水平，根据国家相关法律法规，结合海尔的内部安全特点，得出班组长安全八必做：每日班前安全一分钟、员工情绪管控心情晴雨表、班组安全员每日巡检培训教育、班组员工行为安全观察与审核六步设备非正常运行与应急事件监督管控、班组长安全员佩戴袖标、班组 HSE&6S 全员责任交接、班组 HSE 全员交互联检、班后安全"6S 大脚印"优劣分享。

8. 季节专项性全员安全宣贯

每年 6 月安全月、11 月消防月，全员参与活动。在各领域各单位利用信息化及相关形式投放安全生产月的主题宣传标语，用隐患随手拍、安全主题演讲、安全画中话等形式，加强安全文化宣传，提高全员安全意识素质。

9. 安全项目计划性管理

根据集团年度安全重点工作计划，划分 12 个月 54 个周专题，安全周期性管理。细分安全主题以培育、认证、专题、专项形式引导全员抓住安全管理重点，保障全员、全时、全域安全。

10. 年度安全表彰与目标承诺

安全管理需要阶段性的表彰与鼓励，海尔认为保障全年安全零隐患就是安全人最大的荣耀与贡献，幕后英雄更需要被记住。

制定并实施海尔特色的最佳安全领导力、五星安全工匠、最佳安全总监、五星安全创客等杰出安全工作者的表彰方案。

11. 加强安全六个能力建设

围绕 139 安全体系，加强安全 6 个能力建设：口碑创美誉度、团队竞争力、基础标准化、重点部位数字化、零级安全风险隐患、创新改善升级。

（五）安全数字化管理应用

1. 首创 139 云平台安全管理

减少 60% 数据统计报表，用大平台大数据方案运营。让优秀的安全创新管理在集团内快速传播复制，让优秀的安全方案快速应用。

2. 建立消防物联网系统

建立全域的消防预防培训预警应急复盘方案。安全重点部位、重点设备安全预警监控系统，确保重大安全隐患智能化与人工双重管理保险。

3. 建立智能化安全培训中心

建立智能化安全体验中心，设有 14 个项目（六大展示区，八大体验区，包含 VR、仿真模拟、伤害体验、知识学习等），从学习、动手、体验、互动、实操等方面进行安全培训，全面提升全员安全专业技能、安全风险识别及管理能力。

4. Hi 巧匠学习培训智慧平台应用

Hi 巧匠是海尔集团的移动课程学习平台，员工可以在海尔技术技能学院进行线上学习，同时它还具有学习记录、课程表查看和课后考试检测的功能。平台可进行差异化、个性化培训，如新员工三级安全培训、在职员工个性化培训、设备持证上岗培训以及特种设备、特种作业预前培训等，实现了全员在线培训、在线考试、在线承诺、在线发证等。

5. 海尔安全六新技术应用

通过新技术、新材料、新工艺、新能源、新设备、新系统的六新技术，颠覆了传统安全管控模式，实现了本质化的安全迭代升级。

海尔集团在安全管理上追本溯源，用脚踏实地的精神创造安全环境，建立国际行业安全工作引领标准，为世界安全管理模式推进注入了力量。

基于事故分析的承包商安全文化建设"国投方案"

国家开发投资集团有限公司　马朋青　徐友良　田文明　伊力亚尔·艾尼瓦尔　万又铖

摘　要：近年来，各行业涉及承包商的生产安全事故多发频发，成为各行业安全管理的痛点和难点。经统计，国家开发投资集团有限公司（以下简称国投集团）近10年来涉及承包商的生产安全事故已达到集团事故总数的80%，死亡人数占总死亡人数的85%。深入推进承包商安全文化建设是事故预防的重要基础工程，国投集团从安全理念文化、安全制度文化、安全行为文化和安全物态文化四个方面采取了一系列举措，形成"国投方案"并推广实施。

关键词：生产安全；事故；承包商；安全文化

一、研究背景

随着我国经济的快速发展和用工制度的不断变革，承包商队伍在生产用工中扮演着日益重要的角色。他们不仅有效弥补了企业劳动力资源的不足，还为企业的持续发展和产能提升作出了突出贡献。然而，随着承包商队伍的壮大，其安全生产问题也逐渐凸显出来，频繁发生的安全事故不仅给企业和员工带来了巨大的损失，也严重制约了企业的稳定发展，承包商安全文化建设因此显得尤为重要。强化承包商的安全意识和安全行为，不仅能够提升外包工程的整体安全水平，还能从根本上减少安全事故的发生，保障企业的长远利益和社会的和谐稳定。

二、承包商总体情况

截至2021年12月底，国投集团所属投资企业共有外委承包商665家，合计38060人，承包商主要承担的业务如表1所示。

表1　承包商从业类型统计表

类型	主要业务	承包商数量（家）	承包商人数	
			合计（人）	占比（%）
工程建设	新、改、扩建工程施工	200	27439	72
生产运维	生产、仓储、运输、设备安装与调试、设备操作、维修与维护保养	338	9725	26
后勤保障	保洁、绿化、餐饮等	127	896	2
合计		665	38060	100

其中，工程建设类承包商人数近2.75万人，占总承包商人数比高达72%，主要负责新、改、扩建工程施工业务。

三、承包商事故分析

我们运用主次图梳理统计了国投集团近10年来发生的16起承包商事故，如图1所示。

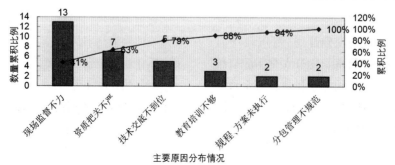

图1　国投集团近10年承包商安全事故发生原因数据分析图

分析数据可知，现场监督不力、资质把关不严、技术交底不到位、教育培训不够等占比超过了80%，是导致承包商事故发生的直接原因，根本原因在于承包商所处的环境、利益需求、人员素质等不同于企业，并呈现出明显的差异性，而这种差异性也使承包商安全管理成为日常安全管理的一个"短板"环节。要想从根本上促进承包商安全管理"短板"的快速加长，就要深入推进承包商安全文化建设，强化承包商安全意识，规范作业现场管理，建立承包商安全管理长效机制，从而减少各类安全事故的发生。

四、管理路径

国投集团以问题为导向，以目标为牵引，从安全理念、安全制度、安全行为和安全物态四个方面推动集团所属企业明确对策措施，进一步推进承包商安全文化体系建设，确保承包商严格执行企业相关标准，纠正不安全习惯和行为，树立良好的行为准则，促进全员HSE意识的不断增强，形成良好的安全文化氛围。

（一）强势注入文化理念，严把承包商准入关

国投集团深知安全文化在承包商安全管理中的重要性，所以充分发挥其安全文化的核心影响力，通过多样化的信息传播和沟通途径，确保承包商全面理解并接受企业的安全价值观、愿景、使命及具体项目的安全目标，以期望对承包商产生积极的影响。为了进一步巩固这一理念，国投集团将承包商纳入其整体的安全管理体系中，使承包商在沉浸于企业深厚的安全文化氛围时，能自然地认同并遵循国投集团的安全规章和制度。国投集团从源头入手，将"五个审查"的安全理念强势注入承包商资质、业绩、人员设备、体系等多个方面，把好入口关，筑牢承包商安全管理的基础。

1.单位资质审查

企业招投标部门审核承包商营业执照、施工资质证书、安全生产许可证、安全信誉、主要负责人资格证书等，存在超出经营许可范围、不满足最低资质要求、挂靠或出借资质行为的禁止准入；承包商对口主管部门复核，确保入场承包商与中标单位为同一单位、确保资质满足要求。

2.队伍业绩审查

企业招投标部门审核承包商队伍施工业绩和信誉，因发生安全事故被政府部门、协会组织等纳入黑名单的禁止准入；审核承包商所在地安监部门或上级主管部门提供的近3年安全施工记录，对3年内发生较大及以上安全事故、最近1年内发生死亡事故或未提供施工记录的承包商做评审扣分处理。

3.人员能力审查

企业对口主管部门审查承包商作业人员数量、劳动合同、社会保险、年龄、健康状况及持证信息，关键岗位非本单位人员、资质不符、健康状况不适合特定作业、60周岁以上（特殊岗位50岁以上）人员禁止入场，要对项目负责人、安全管理人员等关键岗位人员，通过面试审查、实操验证等形式进行安全素质能力测评并形成记录，不符合要求的人员禁止入场。

4.入场设备审查

企业对口主管部门审核承包商设备台账，相应工器具、安全防护设施、安全用具能否满足安全施工要求，是否做到物账一致，杜绝存在缺陷的机具入场使用；涉及定期试验的工器具、绝缘用具、施工机具、安全防护用品，要审核是否具备检验、试验资质部门出具的合格检验报告，不符合要求的设备工器具禁止入场。

5.管理体系审查

涉及矿山、金属冶炼、建筑施工、运输单位和危险物品的生产、经营、储存、装卸及超过100人的外包项目必须设置专职安全管理机构，专职安全生产管理人员应不少于员工总数的2%；承包商主管部门审核承包商安全生产责任制、安全管理制度、操作规程及应急预案等管理体系要素，不符合要求的要补充完善并经过审核后才可入场。

加强施工过程中的动态审查，尤其是对施工过程中的新增队伍、新增人员、新增工器具，要按照"入场前"的标准进行审查。企业在招标采购阶段要根据项目危险性设置安全权重，并将"五个审查"融入评分标准，进行量化评分。

（二）健全安全制度体系，明确约束控制准则

1.提升责任落实有效性

企业梳理自外包项目采购文件编制到承包商离厂评价全过程的管理任务，制定工作岗位职责清单，按照"谁主管、谁负责""谁引进、谁负责"原则，分解落实到具体的责任部门和责任人，每年对相关责任制的落实情况进行量化考核并形成记录，考核结果与个人年度绩效挂钩。

2.严控分包管理

按照住建部印发的《建筑工程施工发包与承包违法行为认定查处管理办法》，严格审核外包项目是否存在违法发包、转包、违法分包等行为。建立分包商安全管理制度，督促企业对分包单位的安全资质、安全管理能力、人员资格等进行审查。

3.规范合同约束

发挥合同或安全协议约束作用，主要内容要包含：双方权利义务、工作范围、安全责任界定，企业安全制度规程告知，企业提出的确保施工安全的组织、安全、技术措施及现场考核规定，有关事故报告、调查、统计、责任划分的规定，对承包商人员进行安全教育，终止施工特殊条款，承包商不得擅自将工程转包、分包的规定等内容。

4.制定针对性检查标准

细化"通用＋专项"检查内容，加大对承包商施工现场"违章指挥、违章作业、违反劳动纪律、超出施工范围、脱离施工区域"惩处力度，建立曝光机制，做到发现一起、纠正一起、考核一起、处罚一起，每周至少开展一次承包商安全检查工作，企业分管负责人要参加，主要负责人每月至少参加一次，并留存检查记录，做好闭环管理。

（三）规范安全行为，加强过程监督

1.开展针对性教育培训

项目开工前，企业要对承包商作业人员进行安全培训，内容包括企业管理要求、相应制度标准和操作规程、风险识别及管控措施、应急处置、安全应知应会等，考试不合格者淘汰；对承包商管理人员，每季度要开展一次安全考试，不合格者给予一次补考机会，再次不合格即淘汰更换。根据承包商工作内容制定专属培训计划，实现"干什么、就学什么、考什么"，通过培训提升承包商能力素质。

2.严格技术交底

项目开工前，企业对承包商人员进行入场前安全技术交底，提供现场作业范围、地下管线资料、主要危险因素、防范措施及应急处置措施等信息；在各个工序施工前，承包商要对特殊作业、危大工程等高风险作业开展安全分析，针对工作过程中存在的危险点及风险预控措施等要向作业人员进行安全技术交底，发生变更要重新交底。

3.提升骨干人员稳定性

企业要按照合同约定对承包商关键岗位人员严

格管理，施工单位项目经理、技术负责人、安全管理人员、特种作业人员、特种设备人员，监理单位总监、总监代表、专业监理工程师、设计现场负责人一律不得擅自更换，如确需更换，应经得企业同意，且拟更换人员应为承包人同等或以上资质。

4."五必须"程序管理

按照"五必须"程序加强程序执行，施工作业前必须编制安全作业规程、施工方案（含"三措一案"，即组织措施、技术措施、安全措施、应急预案），安全作业规程及施工方案必须按照规定进行审批或论证，施工作业前必须进行方案交底和安全技术交底，施工过程中必须按规程、方案和交底施工，上道工序完成后必须经验收合格后才可进入下道工序。

5.严肃考核追责

发生一起承包商负主要责任的一般事故，企业暂停该承包商在集团采购平台公开招标以外采购项目的成交资格；发生1起较大及以上事故或连续发生亡人事故，停止该承包商采购成交资格2年。对企业发生的承包商生产安全责任事故，国投集团会按照企业自身事故进行考核评价和责任追究。

（四）突出物态文化建设，优化作业环境

1.严格区域管理

运用信息管理系统统计人员到岗、离场情况，跟踪承包商员工在场内的行动轨迹，控制误闯入非承包商作业区域的行为。要完善警示标志管理，在厂区和生产车间划定人员及车辆指定通道和指定路线通行，在检维修、施工、吊装等作业现场设置警戒区域和安全标志；在检修现场的坑、井、洼、沟、陡坡等场所设置围栏和警示灯；在厂内道路设置限速、限高、禁行等标志。

2.严格特殊作业管理

全面排查特殊作业票证审批是否规范、是否无票证作业、危险点分析是否全面、预控措施落实是否到位、监护人是否到岗到位，是否随意扩大作业范围、是否严格履行工作许可手续，特殊时段是否提级管控、是否擅自变更安全措施等事项。要抽查现场作业人员是否正确掌握每项任务的作业流程、风险识别及预防措施，要确保作业人员正确使用安全器具、正确佩戴劳动防护用品。

3.施行双重监护

企业要对在本行业、本板块发生过死亡事故和危大工程及从事特殊作业的承包商和分包商的节假日及夜间等特殊时段、重大危险源等危险区域作业、交叉施工及重复性违章等，实行双重监护，承包商监护人负责作业本职管理工作、企业监护人全过程旁站监督安全措施执行情况。要对现场监护人进行现场环境、作业流程、施工方案、安全措施专项培训，考试合格后方可上岗，要将现场违章与监护人挂钩考核，强化监督监护效果，杜绝"稻草人"现象。

五、结语

推动企业及承包商建立完善的安全文化体系，形成以文化主导行为、行为主导态度、态度决定结果、结果反映文化的安全管理模式，从而使得承包商员工在科学文明的安全文化主导下创造良好的安全生产管理环境。安全文化理念的渗透逐渐改变全体员工的行为，使其将安全生产管理逐步内化为自觉的规范行动。2022年，国投集团历史上首次实现承包商"零事故、零伤亡"，取得了良好的实践效果。

水厂安全文化建设的重要性与措施探析

苏州工业园区清源华衍水务有限公司　张　荣　刘　奇　倪绍斌　孔毅超　李　明

摘　要：水厂作为水资源的重要保障单位，其安全文化建设对于保障水资源的安全具有重要意义，是保障水资源安全和人民生命财产安全的重要环节。本文从水厂安全文化建设的重要性、现状和存在的问题等方面进行了探讨，并提出了一些具体的建设措施和策略，以期为水厂安全文化建设提供参考和借鉴。

关键词：水厂；安全制度；安全文化

一、引言

水资源是人类生存和发展的基础，水厂作为保障水资源安全的重要单位，直接关系国计民生，是国家大安全战略的重要节点，其安全制度文化建设对于保障水资源的安全具有重要意义。

安全文化是人类在从事生产活动中所创造的安全生产和安全生活的思想观念、行为方式、物质形态等的总和。安全文化是安全生产方针、政策、愿景、目标的集中呈现，是安全生产管理体系的最高层次。一个良好的安全文化能够使员工自觉遵守安全规范，强化员工的安全意识和安全行为，有效预防和控制事故的发生。安全文化是一个系统，是企业安全理念、安全管理制度、群体安全意识和安全行为习惯的综合反映，主要包括安全理念文化、安全制度文化、安全行为文化和安全物质文化4个层面。

某水厂将安全文化建设列为生产工作的第一要务，按照"从源头到龙头"的服务理念对工程、管网、生产进行全过程安全监管，建立了"1+2+10"TSM安全文化体系。该体系由3个部分组成，"1"表示一条主线，即安全优先；"2"表示两个基本点，即以人为本和预防为主；"10"表示10个要素，包括安全领导力、目标管理、责任制度、风险识别、安全培训、安全控制、事故管理、应急准备、安全检查和改善。

本文旨在研究水厂安全文化建设的重要性、现状及存在的问题，并提出相应的解决措施，以期为水厂安全制度文化建设提供参考。

二、水厂安全文化建设的重要性

随着社会的发展和人们对水质安全的关注度增加，水厂必须加强安全文化建设，以确保供水的安全和可靠。

（一）高度重视安全理念体系的建设

水厂致力于创建深厚的、有底蕴的安全文化体系，在"无危则安，无缺则全"的安全理念统领之下，通过凝聚全员智慧，渗透管理精髓，逐步形成既符合企业生产经营实际，又具有特色亮点的安全文化理念体系，通过制度激励等形式，持续增强员工的责任感和安全意识。培养员工遵守规则、严守纪律的习惯，使其在工作中始终保持高度的警惕性，提高事故防范和应急处理能力。

（二）深化完善水厂管理制度体系

通过建立科学的管理制度，明确各部门的职责和权限，实现工作的协调与合作，提高生产效率和管理水平。同时，建立健全的安全培训机制，加强员工的技能培训和安全意识教育，提高员工的专业素质和对安全风险的识别能力。

（三）水厂高度重视安全环境建设

除了通过加强内部教育培训，增强干部员工安全意识，完善目视化标识来创建良好的内部安全氛围之外，也要高度重视与社会公众的沟通。水质安全是人们生活的基本需求，人们对水质的质量和供水的可靠性要求越来越高。通过建立健全安全文化外部沟通氛围，加强水厂的监管和自我管理，提高水质监测和检测的透明度，有效彰显企业社会责任的同时，增强公众对水质安全的信心，维护社会稳定和公共安全。

（四）水厂高度重视安全行为的培育与引导

一方面通过组织举办各类技能竞赛形式，提升员工安全技能水平；另一方面通过加强承包商管理，不断强化外部员工安全意识和技能水平。

（五）保障水资源的安全

水厂作为水资源的保障单位，其安全文化建设对于保障水资源的安全至关重要。建立完善的安全文化，有助于水厂有效预防和应对各类安全事故，从而确保水资源的供应安全。

通过制定安全管理制度、加强安全培训、建立安全检查和监测机制及加强与相关部门的合作，水厂能够有效预防和应对各类安全事故，确保水资源的供应安全。

（六）增强水厂员工的安全意识

水厂员工是保障水资源安全的关键力量，因此增强员工安全意识对于水厂的安全制度和文化建设至关重要。通过加强员工的安全意识培养，水厂可以有效减少事故的发生，提高员工的应急处理能力，进而确保水资源的安全供应。

在水厂的安全制度中，培养员工的安全意识是非常重要的。水厂管理层应该加强对员工的安全教育和培训，提高他们对安全问题的认识和重视程度。通过定期举办安全培训班和演练活动，员工可以了解并熟悉各类安全事故的处理方法和预防措施，从而提高自身的应急处理能力。

加强对员工的安全意识引导。管理层可以通过制定安全规章制度并明确责任，使员工明白安全意识是每个人的责任。同时，定期召开安全例会和安全知识宣传，提高员工对安全问题的认知和重视，使他们在工作中始终保持高度警惕，遵循安全操作规程，杜绝安全隐患。

建立奖励机制来激励员工的安全意识。例如，对于积极参与安全培训和演练的员工可以予以表彰和奖励，激励他们更加重视和关注安全问题。同时，那些发现并及时上报安全隐患的员工也应该得到及时的表彰和奖励，水厂应鼓励他们积极参与安全管理，共同保障水资源的安全供应。

水厂员工是保障水资源安全的重要力量，强化员工的安全意识对于水厂的安全制度文化建设至关重要。通过培养员工的安全意识，水厂可以减少事故的发生，提高员工的应急处理能力，确保水资源的安全供应。

综上，水厂安全文化建设是确保供水安全的重要环节。只有通过加强安全意识教育、完善管理体系、提高社会公众信任度，才能建立起一个可靠、安全的供水系统，保障人民的饮水安全，从而实现真正意义上的"大安全"。

三、水厂安全文化建设的现状

在中国，水厂安全制度文化建设已经取得了一定的进展，但仍存在一些挑战和问题。

水厂安全文化建设已经成为水厂管理的重要组成部分。水厂管理者和工作人员逐渐意识到安全问题的重要性，所以加强了安全制度的建设和执行。他们通过建立安全管理体系、规范操作流程、加强人员培训等措施，提高了水厂的安全管理水平。

水厂安全文化的建设也取得了一定的成果。通过开展各类安全宣传教育活动，水厂管理者和工作人员的安全意识得到了提高，逐渐形成注重安全、文明生产的工作态度和行为习惯，增强了对安全事故的预防和应对能力。

四、水厂安全文化建设存在的问题

一些小型水厂或者农村水厂的安全文化建设相对滞后，存在安全隐患。这些水厂往往缺乏相关的技术和经验，其安全管理的指导和支持需得到加强。一些水厂管理者和工作人员对安全意识的重视程度不够，存在侥幸心理和敷衍态度，容易忽视安全制度的执行和落实。首先，对安全制度文化建设的重视程度不够。一些水厂对安全制度文化建设的重要性认识不足，把安全制度文化建设放在次要位置，缺乏长远的安全文化战略思维。其次，安全制度文化建设缺乏科学性和系统性。一些水厂缺乏科学的制度规定和培训体系，容易导致员工安全意识薄弱，无法有效应对各类安全风险，从而引发安全事故。最后，员工安全意识薄弱。部分水厂的员工安全意识薄弱，对安全制度的执行不到位，水厂缺乏对员工安全意识的培养和强化，容易导致安全事故的发生。

五、解决措施

第一，建立安全价值观。水厂应明确安全文化在其发展中的重要地位，制定安全政策，并通过内部宣传和培训等方式，使员工形成正确的安全价值观。第二，加强安全教育培训。水厂应定期组织安全培训，提高员工对安全知识和操作规程的了解和掌握程度，培养员工的安全意识和安全技能。第三，健全安全管理机制。水厂建立完善的安全管理制度和流程，明确责任和权限，加强安全监督和检查，及时发现和解决安全隐患。第四，加强安全沟通和参与。水厂应鼓励员工积极参与安全管理，建立健全的安全沟通机制，畅通员工报告安全问题的渠道，共同维护安全环境。第五，建立安全激励机制。水厂可以通过奖励制度、表彰先进、安全制度文化建设活动等方式，激励员工主动参与和贡献于安全工作。

六、效果评估

某水厂是一家位于中国某城市的水务公司，负责供应城市居民和企业的饮用水和工业用水。该水厂建立了一套完善的安全管理制度，包括安全生产责任制、安全操作规程、事故应急预案等。这些制度对员工的工作行为、安全操作流程和应急响应进行了明确的规定，从而确保了供水过程的安全性。

该水厂非常重视安全文化建设。开展安全培训和宣传活动，强化了员工对安全问题的意识和责任感。同时，建立了安全文化的标准和准则，确保员工在工作中遵守安全操作规程。

该水厂实行了严格的安全奖励制度，设立了安全绩效评估体系，将安全作为员工绩效考核的重要指标之一。凡是在工作中积极遵守安全规范、参与安全培训并提出安全改进建议的员工，都能获得相应的奖励和荣誉。

该水厂建立了科学有效的安全监督机制：设立安全环保管理委员会，负责对公司安全生产及环境保护的监督管理工作；遵守《安全生产法》和其他有关安全生产的法律法规，加强安全生产管理；建立健全全员安全生产责任制和安全生产规章制度，加大对安全生产资金、物资、技术、人员的投入保障力度；改善安全生产条件，加强安全生产标准化、信息化建设；构建安全风险分级管控和隐患排查治理双重预防机制，健全风险防范化解机制，提高安全生产水平，确保安全生产。为保证委员会具有广泛性，安委会委员包括安委会主任、副主任、秘书、各部门负责人、一线员工代表、工会代表、妇女代表等。安全环保管理委员会制定公司安全生产投入清单，并监督使用。

七、结语

水厂通过安全文化建设促进了"1+2+10"TSM安全文化体系落地，成功地构建了一种安全意识高、安全行为规范的企业文化，有效地提升了园区供水供应和污水处理的安全性和可持续发展能力。安全意识的普及和安全技能的提升，使得员工能够及时发现和解决安全隐患，降低了事故发生的风险。同时，完善的安全管理制度和措施，保障了水厂的正常运营和可持续发展，促进了安全文化体系实现良性运转，这种安全文化的落实不仅符合中国的法律法规，也体现了企业的社会责任和价值观。

通过对该水厂的案例分析，我们可以得出如下启示和建议。首先，企业应重视安全文化的建设，加强员工的安全意识和责任感培养。其次，建立严格的安全奖励制度，激励员工积极参与安全工作。最后，建立科学有效的安全监督机制，及时发现和解决安全隐患。

水厂安全文化建设是一个长期的过程，需要组织的高层领导高度重视并给予支持。通过建立良好的安全价值观、加强安全教育培训、健全安全管理机制、加强安全沟通和参与及建立安全激励机制等措施，水厂可以逐步形成良好的安全文化，保障员工的人身安全和组织的财产安全。同时，组织还应定期评估安全制度文化建设的效果，及时调整和改进安全管理措施，持续改善安全工作。通过这些措施的实施，水厂的安全保障水平得以提升，从而确保了水资源的安全供应。

参考文献

俞彪.企业安全文化构建及安全管理系统运营论述[J].产业科技创新，2023,5(02)：98-100.

"四位一体"安全文化模式探索

中车青岛四方机车车辆股份有限公司　刘元好　崔久龙　潘龙涛

摘　要：为提升全级次企业安全文化建设水平，中车青岛四方机车车辆股份有限公司（以下简称中车四方）积极探索"四位一体"安全文化管理模式，为推进母子公司安全文化的一体化融合与提升提供了参考。

关键词：四位一体；集团公司；母子公司；安全文化；体系搭建

一、"四位一体"安全文化框架

中车四方坚持以文化引领安全生产持续提升为指导，以提高"物本安全"和"人本安全"为主线，以构建人、机、环境和谐统一为基础，努力转变思想观念、规范安全行为、健全管理制度、营建安全环境，用安全文化铸造安全盾牌，形成"内化于心、固化于制、优化于源、外化于行"的文化惯式，全面打造"平安四方""和谐四方"。通过探索和创建"自上而下、自下而上"双向联动的安全文化体系，努力实现以文化驱动管理、以管理保障安全、以安全促进发展的良性发展模式，如图1所示。

图1　"四位一体"安全文化体系示意图

二、安全理念建设

以安全理念文化为魂，使安全理念和责任意识"内化于心"。中车四方全面对标梳理698项法律法规等各类强制性要求，以安全第一、以人为本的价值观，秉承高度的社会责任感，将安全理念植入企业发展全过程。一是从公司董事长到各部门主要负责人带头开讲"安全大讲堂"；二是将公司安全理念纳入新入职人员三级安全教育，入职第一课讲安全使安全理念深入人心；三是持续建设巩固安全文化宣传平台，通过微信公众号、生产现场宣传栏等宣传安全文化理念，树立安全先进典型；四是完善全员安全生产责任制、安全文化手册等标准，将安全理念纳入企业文化建设、宣传内容；五是从过程和结果两个层面实施全级次、全覆盖的安全生产等级评价，从领导意识、责任对标、制度完善、体系输出等角度明确管理规定、工作要求、载体模板等，提升全公司员工对安全理念的识标、学标、用标能力。

三、安全制度建设

以安全制度文化为本，使安全规律和安全管理"固化于制"。

（一）安全标准体系建设

规章制度：建立以主制度、36个子制度、400多项安全操作规程为支撑的涵盖组织构架、目标管理、源头控制、培训教育、运行保障、隐患排查、信息管理、应急救援、责任追究、持续改进10个子体系的安全基础管理制度体系（图2）。

图2　安全基础管理制度体系

在按工种、设施建立专门安全技术操作规程的基础上，中车四方在编制作业指导书、作业要领书、设备操作规程等文件时同步辨识危险源、提出管控措施，实现安全操作标准的现场全覆盖。

（二）安全责任体系建设

牢固树立红线意识，严守安全底线，在保障专职安全管理人员配备的基础上，按照"分级管理、分线负责"的原则制定岗位安全职责，探索建立分专业委员会，建立工艺技术、基建装备施工、电气、机械、道路交通、燃爆、职业安全7个分专业安全生产委员会，发挥专业优势，落实安全分线负责原则，做到全员、全过程、全方位安全责任化，建立和完善横向到边、纵向到底的安全责任体系与各司其职、合力监管的安全监管体系。

（三）全员安全责任承诺

层层分解安全生产指标，构建三级目标管控体系，中车四方总经理与各单位负责人、各单位负责人与班组长层层签订安全生产目标管理责任书，全员签订安全承诺书（图3），定期开展安全生产责任考核，严格安全指标过程监控，保证目标达成。

图3　安全承诺书

（四）安全生产风险分级管控与隐患排查治理"两个体系"建设

中车四方"两个体系"（图4）建设按照省级标杆企业模式推进。从2016年4月启动安全生产风险分级管控与隐患排查治理"双体系"建设以来，对生产经营全过程始终按照全员参与识别、专业把关审定、分级点检管控的思路实施风险分级管理。同时，按照全覆盖、全层次、重视薄弱环节、重视重点领域的要求，通过领导带队检查、中层领导值班检查、各类专项检查等常态化开展隐患识别与治理，实施闭环管理。

图4　"两个体系"逻辑图

（五）应急管理体系建设

中车四方建设应急管理体系（图5），成立以党政主要负责人为主任的应急管理委员会，建立应急管理专家库及专兼职应急队伍、物资、装备、技术等应急保障。分类分级建立了包括总体应急预案、专项应急预案、现场处置方案在内的各类安全生产应急预案64项，并按计划组织开展应急培训、演练、评估与完善工作。同时，建立应急指挥中心，融合视频监控、应急接警、应急指挥等功能，通过应急演练提升员工实战应急能力和第一时间的救人能力。

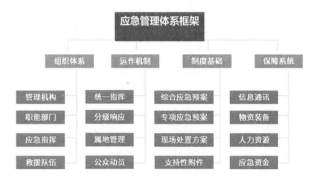

图5　应急管理体系框架

四、安全物态建设

以安全物态文化为基，使设备设施、作业环境"优化于源"。

（一）打造本质安全环境

中车四方依法足额提取、使用安全生产费用，近年每年投入安全生产费约8000万元，用于安全技术提升、安全管理、劳动保护、应急管理、安全培训等，持续提升现场本质安全度。同时，按照精益安全"三定"、物料"四定"原则，实施精益安全管控模式，对设计、采购、施工、验证、投用、点检、维修全流程全寿命周期进行安全保障，实现传统生产到"工位制节拍化＋工艺流程优化＋工艺布局优化"转变。生产环境、作业岗位均符合国家、行业安全技术标准，生产装备运行可靠，在同行业内处于领先地位（图6）。

图 6 安全环境展示

（二）建设现场安全文化阵地

各部门设置宣传栏定期宣传安全知识，传播安全文化。车间厂房利用墙壁、展板等介绍危险源、管控措施，宣传安全理念和知识。班组设立管理看板，设安全管理板块，目视化现场危险源分布。中车四方各部门都设立了安全文化廊、安全角、安全展示区等安全文化阵地（图7）。

图 7 安全文化阵地展示

（三）安全文化建设成果丰硕

中车四方设置职工书屋、书橱，配置足量的安全生产书籍、音像资料和省级以上安全生产知识传播的报纸、杂志。其安全生产工作多次受到地方政府、行业、集团等的宣传报道，其安全文化建设、安全生产标准化、班组管理等工作多次被地方政府和集团认可并推广，同时，中车四方多次荣获上级工会、共青团等授予的安全生产荣誉表彰。

五、安全行为建设

以安全行为文化为根，使操作要领和行为准则"外化于行"。在提炼安全生产"红线"违章行为、安全生产禁令（共12条）和员工安全生产行为规范（共25条）的基础上，中车四方近年再次梳理"个人作业站位、起重作业、登高作业、叉车作业、焊接作业、电气操作、施工现场和施工个人安全防范"等易发高风险违章行为，新增安全生产禁令90条，通过印制宣传册、劳动竞赛、专项教育宣传、严格违章考核标准等推动禁令推广落地。

中车四方制定员工培训管理制度及安全生产培训管理实施细则，以"红线意识"、全员安全生产责任制为重点，积极鼓励班组探索自主学习，编制员工安全知识教材、安全应知会材料、风险告知卡等，持续巩固全员安全常识、安全知识、安全意识"三识保障"（图8），提升全员安全素养。

图 8 安全素养"三识保障"图

六、建设成效

（一）创新了安全文化管理模式

"四位一体"安全文化模式以安全文化为引领，将现代安全管理理论融入企业管理中，更加明确了企业安全管理做什么、怎样做及怎样做才能取得更好成效的思路，构建了以理念为基础、以制度为抓手、以物态为重点、以行为为主线的现代安全文化建设的基本途径和系统方法，为企业提供了一套可复制、可推广的安全管理模式。

（二）夯实了安全基础管理

"四位一体"安全文化模式通过法规识别、对标检查、评价改进等措施，涵盖了安全生产标准化、职业健康安全管理体系、双重预防体系及企业现代管理等的基本要求，保障了安全绩效的持续提升。

（三）提升了安全管理绩效

"四位一体"安全文化模式工作的开展，有效促进了中车四方安全基础管理的提升。中车四方取得"全国安全文化建设示范企业"荣誉称号，入选应急管理部企业安全文化最佳实践案例。在巩固公司本部通过应急管理部成立后的首次全国安全生产标准化一级企业达标认证成果基础上，全级次子公司通过ISO45001体系认证，生产型子公司全部通过国家安全生产标准化认证。

（四）提升了安全文化建设水平

建立了权责清晰的安全责任体系，强调决策层与管理层的互相监督、控制作用，实行党政同责、一岗双责和全员责任制，形成了党委主导、行政主体、部门联动、员工参与的工作格局，真正将安全文化统一落实到了各部门、各子企业，为实现安全管理稳步提升提供了坚实的保障。

强责担当　以身作则
做新时代核安全文化的坚定践行者

中国核工业二三建设有限公司　李启彬

摘　要：安全文化意在提倡从文化的层面上研究安全规律，加强安全管理，营造浓厚的安全氛围，强化员工的安全价值观，建立起安全、可靠、和谐、协调的环境。本文重点阐述了核安全文化的基本动作要领和安全理念，要求领导者树立卓越安全文化的高标准期望，并以自身行为做表率，发挥领导者的模范作用，成为确保核安全的坚定屏障。

关键词：核安全文化；基本动作要领；责任落实；领导示范

安全是核工业的生命线，也是中核集团的企业核心价值观。中核集团工业二三建设有限公司（以下简称二三公司）在卓越安全文化基本原则的基础上，高度重视安全文化体系建设，坚持四位一体的安全文化建设原则，并将其归纳成核安全文化提升三年行动"863"基本动作要领，即领导八个坚持、全体员工六个做到、组织三大法宝。它要求各级领导干部充分发挥表率示范作用，切实增强安全生产责任意识。领导者必须认识到，核安全不仅仅是一种规定或标准，更是一种价值观，是每个人都需要内化于心、外化于行的行为准则。他们必须以身作则，通过自身的言行来传递这种安全文化，让员工深刻感受到安全的重要性。

一、高度重视安全理念，经营中坚持六个做到

安全是企业一切工作的首要条件，二三公司高度重视安全理念的引领作用，从提升安全领导力着手，从法定职责出发，围绕统筹安全与发展，要求领导干部始终要做到六个坚持。

一是要始终做到安全是企业的生命线、安全是核工业的生命线，能打败二三公司的只有安全和质量。

二是要始终坚持做到改革与创新。

三是始终做到高标准、严要求。

四是始终做到推动业务领域主体责任。

五是始终做到安全是最好的效益。

六是始终做到核安全文化蓝色透明。

安全是企业发展的基石和前提，而这六个坚持不仅是领导者在推动企业发展过程中必须坚守的准则，更是企业安全文化的核心。领导者通过坚守这六个坚持，能够确保企业在追求经济效益的同时，始终保持对安全的重视和投入，从而为企业的长远发展提供坚实的保障。领导者通过"强责担当，以身作则"，始终做到六个坚持，做新时代核安全文化的坚定践行者，不仅能够有效提升企业的安全管理水平，还能够推动企业文化的健康发展，为企业的可持续发展奠定坚实的基础。

二、高度重视四位一体的安全文化体系建设

安全制度体系建设是保障安全管理有效落实的核心支撑。二三公司由党委会、总办会、安委会对重大安全事项及改革进行决策部署，建立起一套合理、公正的安全决策机制，通过各类标准化推进、集约化管理、信息化建设等措施，提升企业的安全管理水平（图1）。

（一）三会：强化安全生产理念，审议决策部署安全环保重要事项

一是决策部署。每年一季度安委会对公司年度安全总体目标、责任书考核指标、标准化建设情况、重点工作、改革措施、政策进行研讨、部署、决策，并制定行动措施。

二是安全议题审议。安委会审议安全议题，包括安全机构改革（撤销平台安全质量管理机构）、总经理分管安全、职能线建设、人员配备、安全投入、责任考核及兑现、正向激励及TOP重点任务等。

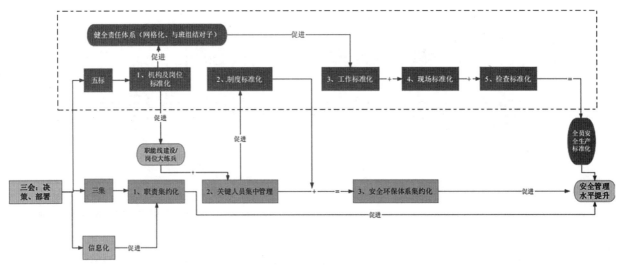

图1 四位一体的安全文化体系

三是强化安全生产理念。党委会/中心组开展安全学习，听取安全形势分析汇报，学习习近平总书记关于安全生产的重要论述及中核集团党组安全指示等。各层级都是第一责任人，安全管理要常态化对标先进，勇于刀刃向内自我革命。

四是走深走实网格化管理。从安委会主任开始，建立网格化责任田，每季度必须对责任田项目开展"三个一"工作，即讲一堂安全课、参加一次早班会、开展一次安全检查。各层级领导干部均与班组结对子，倾听一线声音，解决一线问题。

（二）五标：系统策划标准化建设，促进全员标准化常态化

一是机构/岗位标准化为梯队培养奠定了基础。二三公司发布了组织机构设置及人员配备管理要求，积极参与中核集团、股份安全活动，提供智力支持。

二是制度标准化。二三公司在管理时要求制度直达基层，建立了安全环保蓝本程序，并有效减少了安全体系的冗余度和不符合性。

三是工作标准化，提高自主达标效率。二三公司以岗位为基础，建立业务职责与安全责任、安全工作任务的对应关系，形成岗位安全工作任务清单及标准化工作清单，并纳入责任书考核。

四是现场标准化全覆盖。二三公司以《建设工程安全生产标准化实施指南》为基础，根据工程类型补充完善现场标准化图册（六册）。

五是系统完善双重预防机制，借助信息化实现检查标准化。通过明确风险与隐患的链接关系、隐患排查与治理的链接关系，根据施工现场作业类型，编制安全检查表，确保安全检查不漏项、不留死角，

确保双重预防机制落实、落细。

（三）三集：标准化与信息化建设促进集约化管理

得益于机构及岗位标准化，职能线建设与关键人员集中管理实现结合，促进了制度标准化的产生。按项目类型建立制度标准化，再和关键人员集中管理结合，开展安全环保体系集约化，民用项目体系建立体系的周期，在体系管理得以保持情况下，推动现场可能存在的一类安全屏障缺陷的隐患排查与治理。

以多项目管理为核心，信息化系统自动统计分析各项目安全体系运行中的数据和问题，并进行预警、推送、闭环管理情况监控，取消平台安全管理机构打下的业务基础，实现职责集约化。

（四）信息化助力安全管理效能提升

二三公司以中核集团安全标准化12个要素为基础，持续完善安全智慧化信息系统，建立了高风险作业数据库、隐患排查数据库、经验反馈数据库、班组数据库等共计19个信息系统模块，实现了预防性、主动性经验反馈。

以安全智慧化为手段，二三公司创建了总部安全生产协同指挥中心，利用大数据集成实现了对各项目云监督、车辆安全实时监控、AI人工智能隐患识别（督促人员自觉规范安全行为）及预警等。

通过BIM技术与安全管理融合，二三公司实现了方案可视化交底、可视化风险辨识，以及可视化监督管控。

（五）推进标准化建设，实现隐患排查表单化，打通隐患排查最后一公里

持续推进各类标准化，针对现场实体一类安全

屏障缺陷的隐患排查,推动现场各工作环境隐患排查,分专业制定检查清单,通过对安全监管人员的培训,降低对一线安全监督人员的要求,提高检查的专业性,同时根据表格化检查,抓取各类事故隐患数据,开展根本原因分析,从而查找管理类隐患,促进共性事故隐患的治理。

为有效提升"双重预防"机制及安全生产整体

预控能力,二三公司结合现阶段"双重预防"短板问题,实现隐患排查表单化,其具体流程如下:由工程部门导入周施工作业计划,形成作业清单;安全区域组长根据施工作业的风险点,通过智慧化信息系统以表单化的形式向区域安全员下达每日排查任务,形成风险排查清单,开展全覆盖式检查(图2)。

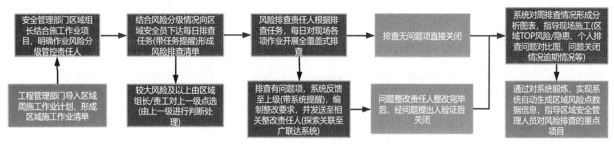

图2 隐患排查表单化流程

(六)健全领导责任体系,夯实一线班组建设

根据中核集团党组决策部署及核建"2345"发展思路,二三公司系统深入推进班组建设,组织从班组标准化实施、考评,到班组长能力需求识别、专项培养、注册考核、能力评估等多个维度全面策划班组建设各层级领导干部与班子结对子,倾听一线声音,解决一线问题,将班组22条安全行动措施归纳分类融入班组活动、班前会、班组检查三类规定动作,提高班组安全管理效能。

(七)加强培训提升技能水平,重视安全人员岗位标准化,系统策划安全职能线建设

公司从资源流(储备和调配)、能力流、任务流、信息流四个方面开展职能线建设。

1. 资源流

总监:核电项目、系统项目及达到一定规模的民用项目设安全总监,安全总监为项目副总级别。

机构:项目设HSE部,A类项目(核电项目、系统项目)分三个室,即管理室、监督室、环境职业健康室。

岗位:HSE培训工程师、HSE体系工程师、HSE体系运行工程师、安全监督工程师、区域监督组长、专业安全员、安全员。

储备:开展年度岗位后备人员培养,一个岗位储备多个后备人员。

调配:干部调配有建议权,其余人员有调配权,按照线上安全职能线调配流程实施。

2. 能力流

能力流分为知识能力和技能培养,以期知行合一。

能力流从"能力需求—课程矩阵—考核实践"三个方面实施安全职能线培养体系。

以标准化岗位为基础,识别岗位能力需求(分为基础知识、专业知识、管理技能三个模块),建立岗位培训课程矩阵清单。专业知识以安全管理工作按模块划分,如区域监督安全员,能力需求为吊装作业、高处作业隐患识别及整改要求,则必培课程为《起重吊装作业安全标准指南》和《高处作业安全标准指南》,课程内容主要为作业安全标准流程、正确做法及常见错误。

课程学完后紧跟书面考核、实践考核。实践考核主要是到现场识别隐患。

3. 任务流

安全总监和安全环保体系人员集中管理,在蓝本体系建立、集团标准编制、体系评估、履职督导、标准化评审及咨询服务等方面统筹集中使用。

系统谋划年度重点工作任务,调研时与基层充分沟通任务的必要性、重要性。每个重点工作任务形成专项实施方案或行动计划,与安全总监充分沟通关键节点,确保任务的可执行性。

4. 信息流

信息流既包括自上而下的信息流也包括自下而上的信息流。

自上而下：公司月度办公会做风险预警，安委会做整体形势分析，月度安全会议做重点工作纠偏。

自下而上：安全智慧化信息系统全面系统地传递信息。安全网格化，及时传递信息。规范信息报送流程，业务线和安全线分别报送，需要公司向上报送信息，公司层级各部门形成协同报送机制，主控部门向上报送，其他部门协同知晓。

（八）业务职能领域安全履职保障安全

1. 机构改革，取消平台安全管理机构，促进三管三必须履职

全面落实法人管项目，撤销核能、系统事业部平台的安全质量管理机构，公司董事长直接与项目经理签订安全生产责任书。事业部平台只保留本部安全生产责任制、环保责任制、应急预案，进一步落实"三管三必须"。实施业务部门"三管三必须"安全履职及业务职能领域安全生产标准化建设情况汇报机制，获得股份公司肯定后并在股份公司推广。

2. 明确各部门主要安全职责

二三公司将安全生产标准化要求融入各业务部门的具体业务工作中，明确各部门主要安全职责，不断完善业务职责与业务工作对应的关系，不断健全全员安全生产责任制和"一岗位一清单"，形成覆盖各层级、各岗位"横向到边、纵向到底"的安全责任体系。

三、结语

在核安全文化的塑造和提升过程中，领导者的参与和践行至关重要。正如俗话所说，"村看村，户看户，群众看干部"，领导的重视和示范效应能够产生巨大的影响力，从而推动核安全文化的深入人心。当领导者从自身做起，将核安全理念内化于心、外化于行时，他们不仅能够为全体员工树立榜样，更能够激发团队成员对核安全文化的认同感和责任感。

领导层的"强责担当，以身作则"，不仅能够带动整个组织形成积极的核安全文化氛围，更能够培养出一大批具有核安全意识的领导者、管理者和工作者。这些人员在各自的岗位上，以核安全为准则，相互协作，共同推进核安全文化的全面发展。正是他们之间的交融与配合，使得核安全文化得以在企业中落地生根，并逐渐形成了一个包罗万象、富有生命力的安全管理体系。

因此，提升企业的安全管理水平，领导者的参与和践行不可或缺。只有领导者真正将核安全文化融入日常工作和决策中，才能确保企业的安全管理体系不断完善，为企业的长远发展提供坚实的保障。

道虽迩，不行不至；事虽小，不为不成。核安全文化提升永远在路上……

参考文献

[1] 陈琪. 核工程建造阶段核安全文化体系建设与管理实践 [J]. 核安全，2023(03)：16-21.

[2] 常腾宇，张玮. 核安全文化建设示范基地浅析和思考 [J]. 核安全，2022(02)：84-89.

[3] 张力. 核安全文化的发展与应用 [J]. 核动力工程，1995，(05)：443-446.

[4] 严新虹. 以核安全文化为核心的企业文化建设实践 [J]. 核安全，2022，21(06)：114-115.

[5] 王彦翔. 核安全文化在核电检维修领域的应用 [J]. 劳动保护，2022(12)：46-47.

[6] 顾健. 贯彻核安全文化"四种意识" [J]. 国防科技工业，2022(04)：46-47.

构建"六坚持六提升"安全文化体系
推进新时代安能三工程局高质量安全发展

中国安能集团第三工程局有限公司　房万勇　刘　炼

摘　要："六坚持六提升"安全文化体系，即坚持安全氛围体系建设，提升安全工作影响力和感染力；坚持责任体系建设，提升安全管理执行力和管控力；坚持预控体系建设，提升安全管理防范力和保障力；坚持全员安全培训，提升干部职工操作力和创造力；坚持紧抓安全管理，提升安全生产监督力和作用力；坚持完善制度体系，提升安全管理引导力和表现力。

关键词：安全文化；安全管理；体系建设

统筹发展和安全是我们党治国理政的一个重大原则。

中国安能集团第三工程局有限公司（以下简称安能三工程局）主动对标杜邦安全管理理念，构建"六坚持六提升"安全文化机制，推进安全制度体系、安全工艺体系、员工安全行为体系等的建设，促进了安全管理水平不断提升，安全文化氛围不断浓厚，开创了高质量安全发展的新局面。

一、坚持安全氛围建设，提升安全工作影响力和感染力

安能三工程局聚焦新焦煤"文化重塑"工作核心，牢固树立"以奋斗者为本、长期艰苦奋斗"的核心价值观，将安全文化理念与杜邦安全管理理念深度融合，满足员工精神文化需求，促进企业健康发展。

（一）革新安全生产理念

围绕"安全是最大的政治、安全是最大的发展、安全是最大的效益"核心理念，构建"理念引领是灵魂，行为规范是根本，素质提升是动力，安全管理是中枢"四大安全文化"砥柱"，安能三工程局先后提出"你是安全的，我就是幸福的"等安全理念，职工结合自身专业特性及岗位实际撰写安全寄语，制作成宣传牌板，让职工"看得见、摸得着"，营造出浓郁的安全文化氛围。

（二）开展安全文化活动

制订年度安全活动规划方案，组织开展"安全活动月""技术比武""党员身边无事故""班组长节"等活动，动员职工积极参与，不断丰富内容、创新形式、注重实效、提高质量，培育和塑造富有吸引力和感染力的安全文化活动品牌。

（三）打造安全文化平台

凝练杜邦安全文化精义，建立杜邦安全管理系列宣传专栏；在办公区域设立"安全文化长廊"，形成涵盖安全知识教育、安全警示教育等多个板块的安全文化阵地；制作关于行为安全教育、安全知识宣传的"小胖子讲安全""小马虎违章记"等自编自导的微视频宣传片40期，浏览数达20万次，以寓教于乐的形式深化了安全文化建设。

二、坚持责任体系建设，提升安全管理执行力和管控力

安能三工程局以推进企业安全治理体系和治理能力现代化相关要求为抓手，通过建立健全全员安全生产责任制、强化安全责任落实、构建"强化员工直接参与管理"机制，形成全员参与、全员履责的安全责任体系，推动安全生产责任落实从重结果惩治向重风险管理转变，扎实提升安全生产管控力和执行力。

（一）健全安全责任体系

按照《中华人民共和国安全生产法》中的"健全全员安全生产责任制"基本要求和安全生产"三必管"原则，对安全生产责任制进行修订修编，扣紧压实全方位、全过程安全生产责任链条，做到凡事有人负责、凡事有章可循、凡事有据可查、凡事有人监督，进一步明确了主体责任和监管责任。

（二）强化安全责任落实

坚持"管行业必须管安全、管业务必须管安全、管生产经营必须管安全"和"谁主管、谁负责"的原则，制定"辖区管理"机制，将各作业区域进行责任划分，根据现场作业特征进行现场监管和督导，有效强化各级干部责任落实，做到"有人作业的地方就有干部监管"，保证安全生产有序进行。

（三）夯实全员安全责任

围绕"管理提升、意识攀升、思维跃升"的目标导向，选树试点单位开展"人人都是班组长""人人都是吹哨人"和"人人都是创效者"活动，引导职工在参与活动过程中不断增强获得感和成就感，促进杜邦安全管理理念与自主安全管理模式深度融合。

三、坚持预控体系建设，提升安全管理防范力和保障力

安能三工程局按照"关口前移、超前治理、源头治理"的原则，完善安全风险分级管控和事故隐患排查治理工作机制，抓现场、抓过程、抓变化，及时掌握苗头性、倾向性、预警性信息，坚决杜绝各类重大隐患和安全事故的发生。

（一）健全安全风险分级管控机制

制订完善安全风险分级管控工作制度、重大安全风险管控措施实施工作方案、安全风险分级管控机制考核实施方案等，构建由安全监察部督导协调、各部门负主体责任、全员参与"双预控"组成的工作机制，形成地面、井下各有侧重、联动预控的"预控＋"管理模式。

（二）强化安全风险辨识

每月组织排查并制定针对性管控措施，确保各类安全风险在可控范围之内。针对现场工艺、工序变化等因素，积极开展专项辨识工作，近年来开展专项辨识33次，辨识出低风险310条、较大风险137条、一般风险332条，均制定相关管控措施并明确责任划分，树牢了全员风险防范意识。

（三）深化隐患排查治理

坚持"事故可控、隐患可防"的原则，实行隐患"分级管理"制度；分管领导每旬组织分管领域的隐患排查；各级干部日常带班中发现的隐患统一上传至信息平台，分类筛选后下发至责任单位整改闭合；各岗位及时处理发现的隐患并登记于隐患排查台账，便于对现场安全生产环境研判分析。

四、坚持全员安全培训，提升干部职工操作力和创造力

安能三工程局建立"培训体系化、培训实用化、培训实战化"的培训模式，推动安全培训由"平面化"走向"立体化"，让每位员工在干中学、学中干，不断提高政治素质、岗位素质、业务素质。

（一）细化岗位流程培训

推行岗位作业流程标准化管理，编制发放"岗位作业流程标准卡"4000余张，实行"一周一抽考、一月一评比"岗位作业流程标准化考评模式，选树各工种"模范标兵"，做到"以战促学、以学帮战"，规范职工操作行为。

（二）坚持必知必会抽考

将《中华人民共和国安全生产法》等法律法规作为必知必会内容，每周组织抽考100~150名干部职工，不断强化干部职工的法治观念，提升安全生产工作水平。

（三）丰富安全培训形式

构建"外部培训"程序化、"理论培训"系统化、"西铭讲堂"多样化、"实操培训"现场化、"案例培训"通俗化矩阵，靶向提升干部职工政治素质、安全素质、管理素质和文明素质，由各部门负责人、"技术大拿"等作为讲师，每月讲授2~3堂安全公开课；各部门分管领导结合自身特长，每旬联络班组进行1~2次实操技能培训，提升岗位职工操作标准和工作效率。

五、坚持紧抓安全管理，提升安全生产监督力和作用力

安能三工程局践行"良好的安全就是一门好的生意"的杜邦安全管理理念，围绕"安全管理本质化"工作要求，夯基础、强管理，促进安全管理水平逐步达到"安能领先、省内领先、行业领先"。

（一）积极推进标准化达标创建

确定动态达标规划、循环、考核、公告、复盘、奖惩、整治"七要点"，每月月底根据生产衔接制定下月规划，逐项集中整治；每月组织业务科室联合检查验收，推行安全结构工资、动态处罚等多种考核，采用授"金牌"、挂"黄牌"方式奖优罚劣，提升班组的标准化建设意识。

（二）加大工程质量整治力度

实行开掘工作面"工程质量可追溯制"管理，将工程质量管理责任压实到班组和岗位；坚持隐患

"回购"管理,责令班组限期整改;每月进行安全生产标准化交叉检查,推动安全生产标准化动态达标和安全管理水平持续提升。

（三）健全行为治理管控模式

建立行为治理10项制度,明确"三条红线"(事故、严重违章、违章超指标)、"五条高压线"(管理过失导致事故、违章指挥、违章培训不到位、隐患代替违章、未完成抓"三违"指标),利用违章结构性分析和动因分析,每月精准锁定10~15项"重点不安全行为"进行专项整治;每15天开展一期"一般违章人员"培训活动,开展"业务辅导＋心理疏导"培训,对违章人员进行行为纠正和意识纠偏;在井口建立"安全健康服务中心",定期组织关键岗位、管理干部进行心理辅导,帮助违章人员塑造安全心智、筑牢安全意识。

六、坚持完善制度体系,提升安全管理引导力和表现力

安能三工程局构建"程序化"管理模式,促进员工形成"8小时外与8小时内安全同等重要"的安全意识;实行"清单化"安全检查,提高各级干部安全监管效率;开展"精准化"安全培训,营造全员参与学习氛围,切实发挥杜邦安全管理的引导力。

（一）建立健全安全管理手册

根据杜邦安全管理理念,修订安全考核、行为治理等7个板块、91项安全管理制度,作为安全工作的纲领和标准;以表格化安全确认和现场跟班写实为主线,汇编6个专业、45个工种的现场安全管理流程标准,形成《管理手册》;以安全管理制度、规程措施、应急预案等6个板块为基础,汇编《程序文件》,形成"直线型"与"高效性"兼备的安全管理模式。

（二）建立健全员工行为手册

将岗位作业流程标准化标准、安全确认标准、安能行为规范准则等作为教材,制定52个井下关键岗位和特殊工种岗位操作"五严禁、五必须",汇编1007项岗位操作风险并形成《员工行为手册》,促进职工扎实掌握岗位操作标准,遏制不安全行为的发生。

（三）建立健全考核评价标准

将"三基"建设考核与杜邦安全管理考核相结合,每月对各单位安全生产任务完成情况、安全生产标准化建设情况、行为治理开展情况、班组建设情况等进行动态抽查和集中检查,将检查结果作为评价依据,鼓励各单位持续完善安全管理机制,提升安全管理工作水平。

杜邦安全理念认为,安全是一种具有战略意义的商业价值,不仅能够提高企业生产率、收益率,而且有益于企业建立长久的品牌效应。安能三工程局将杜邦安全理念生动融入日常安全生产工作中,取得了积极的成效,必将更好地保障企业在新时代新征程上奋楫扬帆、行稳致远。

基于安全文化的安全检查制度建设

晋能控股装备制造集团金鼎山西煤机制造公司安全监察部　郎会斌　许　锋

摘　要：安全检查是预防和控制安全风险的重要手段，是保障企业安全生产的基本环节。安全文化是指在企业中形成和发展的关于安全理念、安全制度、安全行为和安全环境的共同价值观和行为规范，是影响企业安全水平和安全绩效的重要因素。本文探讨了安全文化与安全检查制度建设之间的关系，并提出了完善安全检查制度的对策。

关键词：安全文化；途径；方法

安全文化对安全检查制度有着深刻的指导作用，可以为安全检查提供理论依据、制度保障、行为动力和环境支持。因此，基于安全文化的安全检查制度建设是提升企业安全管理水平的必然选择。

一、安全文化与安全检查制度建设

（一）安全文化内涵

根据不同的层次和维度，企业的安全文化可以划分为以下四个方面。

1. 安全理念文化

企业理念文化是指企业对于安全工作的价值取向、目标追求、责任认同和态度表现等方面的共识和信念，是企业安全文化的核心和灵魂。例如，"人人有责、人人参与"的"零事故"理念、"以人为本"的"人性化"理念、"预防为主"的"预防性"理念等都属于安全理念文化。

2. 安全制度文化

安全制度文化是指企业为了规范和约束员工的安全行为而制定和实施的各种规章制度、标准规范、操作程序等方面的内容，是企业安全文化的载体和保障。例如，企业的安全管理组织结构、职责分工、考核评价、奖惩激励等方面的制度都属于安全制度文化。

3. 安全行为文化

安全行为文化是指企业员工在日常工作中遵守和执行各项安全规定、规范和程序所表现出来的行为方式和习惯，是企业安全文化的体现和实践。例如，员工是否按照操作规程进行作业，是否佩戴个人防护用品，是否参与培训教育，是否主动报告隐患等。

4. 安全环境文化

安全环境文化是指企业为了创造和维护一个良好的物质环境和精神环境而采取的各种措施和活动所形成的氛围和风貌，是企业安全文化的背景和条件。例如，企业的安全设施、设备、标识、标语等方面的物质环境，以及企业的安全气氛、风气、信任、沟通等方面的精神环境。

（二）安全文化对安全检查制度的指导作用

安全文化是安全检查制度的内在动力和外在支撑，可以从以下四个方面对安全检查制度产生影响。

1. 安全理念决定安全检查的根本目的

安全理念是企业对于安全工作的价值取向和目标追求，是安全检查制度的指导思想和价值基础。只有树立正确的安全理念，才能明确安全检查的根本目的，即保护员工的生命健康、预防和控制安全风险、提高企业的安全水平和绩效。如果缺乏正确的安全理念，安全检查就会变成一种形式主义即走过场，或者成为一种压力和负担，从而失去其本质意义。

2. 安全制度确保安全检查的系统性、规范性

安全制度是企业为了规范和约束员工的安全行为而制定和实施的各种规章制度、标准规范、操作程序等，是安全检查制度的载体和保障。只有建立健全完善的安全制度，才能保证安全检查的系统性、规范性，即按照统一的标准、程序和方法进行安全检查，避免随意性、盲目性和片面性。如果缺乏有效的安全制度，安全检查就会变成一种无章可循、无法可依、无法可执行的空中楼阁，从而失去其可操作性。

3. 安全行为保证安全检查的落实性

安全行为是企业员工在日常工作中遵守和执行各项安全规定、规范和程序所表现出来的行为方式和习惯，是安全检查制度的体现和实践。只有培养良好的安全行为文化，才能保证安全检查的落实性，即所有员工都能积极主动地参与到安全检查中来，按照要求完成自己的职责和任务，并及时采取整改措施。如果缺乏良好的安全行为文化，安全检查就会变成一种无人问津、无人重视、无人执行的摆设，从而失去其有效性。

4. 安全环境为安全检查提供硬件保障

安全环境是企业为了创造和维护一个良好的物质环境和精神环境而采取的各种措施和活动所形成的氛围和风貌，是安全检查制度的背景和条件。只有营造良好的安全环境文化，才能为安全检查提供硬件保障，即提供必要的设施、设备、资料等物质条件，以及良好的气氛、风气、信任、沟通等精神条件。如果缺乏良好的安全环境文化，安全检查就会变成一种无所依托、无所借鉴、无所支持的孤岛，失去其持续性。

（三）安全文化对安全检查的影响

1. 安全文化对安全检查具有指导作用

首先，安全文化激发员工的安全意识和自觉性，使员工能够主动参与安全检查，及时发现和解决问题。其次，安全文化有助于提高员工的安全知识水平，使其能够了解和掌握安全检查的相关技能和方法，从而更好地履行职责。最后，安全文化可以促进企业员工之间的良好沟通和协作，共同推进安全检查工作。

2. 安全文化推动现场安全检查

安全文化作为企业安全生产的核心理念，可以指导安全检查的方向和重点。在安全文化的引领下，企业能够明确安全检查的目的和意义，制定合理的检查计划和流程，确保检查工作全面和深入地推进。及时发现并纠正生产过程中的安全隐患，防止安全事故的发生。

3. 安全文化促进安全检查的有效性

安全文化的建设可以增强企业员工的安全意识和提高技能水平，使得员工能够积极参与安全检查工作，形成群防群治的局面。同时，安全文化能够约束员工的行为，减少不安全行为的发生，提高检查效果。

二、完善安全检查制度的对策

（一）树立全员安全理念文化

安全理念是安全检查制度的指导思想和价值基础，是安全检查的动力源泉。要树立全员安全理念文化，就要使所有员工都认识到安全工作的重要性和必要性，树立"安全第一"的思想，把安全工作作为一种责任和义务，而不是一种负担和压力。具体措施包括以下几项。

一是加强安全教育和培训，增加员工的安全知识和提高员工的技能，增强员工的安全意识和责任感。二是建立健全安全激励机制，通过表彰、奖励、晋升等方式，鼓励和激发员工的积极性和主动性，促进员工参与安全检查。三是建立健全安全沟通机制，通过会议、报告、建议等方式，及时传递和反馈安全信息，增进员工之间的信任和协作，从而形成良好的安全氛围。

（二）健全规范安全检查制度文化

安全制度是安全检查制度的载体和保障，是安全检查的操作指南。一是制定完善的安全检查制度，明确安全检查的目标、内容、方法、频率、责任、流程等方面的要求，形成一套科学合理的安全检查体系。二是加强对安全检查制度的宣传和培训，使所有员工都熟悉和掌握各项安全检查规定、规范和程序，消除对安全检查制度的误解和抵触。三是加强对安全检查制度的监督和执行，通过考核评价、审计监察、问责追责等方式，确保所有员工都严格按照规定进行安全检查，并及时纠正和处理违反规定的行为。

（三）强化安全行为文化培育

安全行为是安全检查制度的体现和实践，是安全检查的执行力量。一是建立健康的竞争机制，通过比较、竞赛、排名等方式，激发员工之间的竞争意识和进取精神，促进员工提高自己的安全水平。二是建立有效的反馈机制，通过调查、评估、分析等方式，及时了解和评价员工的安全行为表现，并给予适当的肯定和批评，促进员工改进自己的安全行为。三是建立严格的问责机制，通过奖惩、处罚、追责等方式，对员工的优秀或不良的安全行为进行奖励或惩戒，督促员工负起自己的安全责任。

（四）营造良好安全环境文化

安全环境是安全检查制度的背景和条件，是安全检查的支持力量。一是加强安全设施、设备、标识、标语等方面的建设和维护，提高企业的安全条件和水平，消除或减少安全隐患和风险。二是加强安全气氛、风气、信任、沟通等方面的培养和维护，营造企业的安全文化氛围，增强员工的安全信心和满意度。

（五）具体措施

安全文化作为企业安全生产的核心，对安全检查的有效性有着重要的影响。通过明确安全文化在指导安全检查方向、促进检查有效性等方面的作用，企业可以采取加强安全培训、推进安全文化建设等措施来提高安全检查的效果，从而保障企业安全生产工作的持续稳定发展。

安全文化建设具体可以采取以下措施。一是加强安全培训。通过开展各种形式的安全培训，增强员工的安全意识和提高员工的技能水平，培养员工对安全问题的敏感性和应对能力。二是推进安全文化建设。制定安全规章制度、宣传标语、企业文化墙等形式，营造浓厚的安全文化氛围，使员工能时刻感受到企业对安全的重视和支持。三是加强监管。通过建立完善的安全监管机制，加强对企业各个环节的安全检查和管理。四是鼓励员工积极参与安全管理，提出改进意见和建议，不断完善安全管理体系建设。

三、结语

本文从安全文化的角度分析了安全检查制度建设的问题和对策，认为安全文化对安全检查制度有着深刻的指导作用，可以为安全检查提供理论依据、制度保障、行为动力和环境支持。因此，基于安全文化的安全检查制度建设是提升企业安全管理水平的必然选择。本文提出了树立全员安全理念文化、健全规范安全检查制度文化、强化安全行为文化培育、营造良好安全环境文化等四个方面的对策建议，希望能对企业完善安全检查制度有所帮助。当然，本文只是一个初步的探讨，还存在许多不足之处，需要进一步地研究和完善。

参考文献

［1］李强．安全文化视角下的安全检查制度研究［J］. 中国安全生产科学技术，2020, 16(2)：12-17.

［2］王浩．推进安全生产标准化建设，营造安全文化氛围［J］. 黑龙江科学，2021(11)：12-13.

［3］张立新．安全文化引领　规范安全检查［J］. 中国安全生产科学技术，2019, 15(9)：12-15.

［4］杨凤英．安全文化与安全检查制度关系研究［J］. 安全与环境学报，2021, 21(3)：58-62.

培育"四重四力"安全文化，白银公司打造国网安全新阵地

国网甘肃省电力公司白银供电公司　冯　侃　范雪峰　吴兆彬　金　珑　张成杨

摘　要： 国网甘肃省电力公司白银供电公司（以下简称国网白银公司）通过旗帜领航、系统监督、争先创优和深耕"党建+"，持续强化党组织"四重四力"，全面提升安全文化浸润的力量，厚植安全文化氛围、强化员工安全意识，构筑安全生产的心理防线，全面提升安全文化素质，提出了电网企业开展安全警示教育活动的对策建议。

关键词： 电网企业；四重四力；安全文化

国网白银公司以习近平新时代中国特色社会主义思想为指导，深入学习贯彻党的二十大精神，全面推进落实总体国家安全观、能源安全新战略，牢固树立国网公司"十大核心安全理念"，以"五种意识""六个坚持"为引领，积极探索安全文化与安全生产相融并进的切入点、发力点、落脚点，寻求电力能源企业安全文化建设最佳途径，领导重视、上下同心，已经逐步建立起完善的安全文化体系，安全文化氛围浓厚、员工安全意识不断强化、"我要安全、人人安全、公司安全"的安全文化氛围逐渐形成。以"和谐守规、安全有我"为核心理念的安全文化体系已经成为建设"一体四翼"高质量发展的、全面推进具有中国特色国际领先的能源互联网企业的强大助力。

一、以文化引领为切入点，提升安全"软实力"

（一）提炼理念，入心入脑

国网白银公司安全文化建设经历了一个从不自觉到自觉、从零散活动到逐步建立健全活动机制的过程。经过不断探索和实践，在公司党政工团齐抓共管下，国网白银公司总结提炼出安全理念、安全愿景、安全使命、安全目标等一套安全文化理念体系，形成"四重四力"安全管理模式。通过"党建+安全"系列活动，在一线职工中广泛开展安全文化内容渗透教育，常态化开展班组"周四安全日安全文化学习活动"，真正让员工把"看得到，听得到，感受得到"的安全文化"说出来、写出来、做出来、用出来"，让安全文化入心入脑入行。

（二）优化环境，营造氛围

国网白银公司注重从"心"开始、以"情"入手，让"安全第一"成为全员的基本遵循和行为自觉。国网白银公司充分利用了视觉感知的引导作用，在办公区域、供电所和变电站等基层单位悬挂安全理念宣传牌；利用牌板、电子显示屏、OA公告、手机短信平台、微信公众号等展示和宣传安全文化知识；建设安全文化长廊，推进安全文化视觉化、直观化、感性化，安全文化随处可见，职工们耳濡目染，营造出了浓厚的安全文化氛围。

（三）多措并举，助力安全

国网白银公司紧密结合实际，不断创新安全文化活动方式方法。经过多年的实践，形成了"文艺联欢会演""欢乐巡线行""军事化素质拓展训练""生日送蛋糕祝福"等有影响的安全文化活动；同时，每年开展安全文化主题征文、微视频征集，以及安全文化书法、绘画摄影展、文明平安家庭、青年安全示范岗评选等形式多样的安全文化系列活动，不断提高职工的安全价值观、家庭平安幸福观，增强身为电力职工的自豪感、荣誉感，从而汇聚家企合力，助力公司安全生产。

二、以"四重"管理为支撑点，夯实安全"硬根基"

（一）重统筹规划，打造白银建设模式

国网白银公司在深入调研、广泛参与的基础上，确立"四力铸文化魂、双升强安全盾"的安全文化建设路径，围绕"和谐守规、安全有我"核心安全

理念，抓实班组和现场"两个落脚点"，全面开展党建引领、载体融合、宣教浸润、知行合一"四项文化落地工程"，打造安全文化凝聚力、传播力、传承力和执行力，力争实现全员安全素养和现场安全管控水平"两个提升"，推动全员从"要我安全"到"我要安全、我会安全、我能安全"转变，以安全文化"软实力"，筑牢安全生产"硬支撑"。经过一年实践已经证明，这是一条符合国网白银公司实际且切实有效的安全文化建设方法体系。

（二）重浸润传播，激活群众参与动能

国网白银公司强化党建引领，深化"党建＋安全生产"工程，创新开展"浸润式"安全文化落地实践，通过安全文化"入眼、入耳、入心、入行"，活用阵地，有效融合多种安全文化传播载体，开展丰富多彩的群众性安全文化活动，通过传统艺术、卡通形象、数字技术与安全文化相结合的形式，普及安全知识、提升应急技能，进一步扩大安全文化宣传覆盖面、影响度、渗透力，不断增强全员安全意识，以文化力量助推本质安全建设向纵深发展，丰富多彩、灵活多样的安全文化宣教活动深入人心，有效激活了群众参与的动能。

（三）重刚柔相济，倍增体系建设效能

国网白银公司以"六个坚持"安全工作准则为指引，紧密围绕国网甘肃省电力公司"37814"工作思路，在省公司"123456"安全管理体系建设路径指引下，充分发挥"先行先试、示范引领"作用，围绕"标准健全、体系完善、协调融合；恪守标准、规范行为、提升素养；严谨高效、持续改进、不断优化"工作方针，推动形成契合实际、运转顺畅、自我迭代的"1+42+13+N"安全管理体系，实施全员、全业务流程标准化管理，顺利完成了启动、培训、策划、体系建设、体系实施、检查评价、拾遗补阙完善等7个阶段的工作。通过全员辨识法律法规、规章制度和技术标准，识别修订736项规章制度、485个岗位规范、799项技术标准，为标准化工作提供了技术支撑和基础保障，使公司各岗位标准业务开展合法合规、精益求精。国网白银公司顺利通过安全管理体系示范性验收，标志着该公司安全管理体系落地实践开启了新篇章。同时，中国电力企业联合会标准化评价组对国网白银公司进行"标准化良好行为企业"现场评价，公司成功获评5A级"标准化良好行为企业"。

（四）重对标求进，提升企业品牌形象

国网白银公司的一项安全文化成果被中国电力设备管理协会评定为"2022年度全国电力行业安全文化精品工程"，作为获奖单位，国网白银公司受邀参加中国电力设备管理协会安全文化精品工程交流会并进行发言。国网白银公司安全文化实践案例《文化"浸润"铸就安全之盾》入选《国有企业党建发展报告（2022）》蓝皮书第三部分"实践篇"，在此基础上，公司成功入围应急管理部主办的企业安全文化最佳实践案例征集活动和中安协举办的全国安全文化建设示范企业评选。其安全文化建设品牌效应不断显现，企业品牌形象显著提升。

三、以"四力"管理为落脚点，强化安全"真功夫"

（一）党建引领聚焦安全文化凝聚力，先锋模范筑牢安全文化底线

以安全文化价值体系为底线，深入落实安全生产要求，坚持政治理论学习与安全生产学习"两手抓"，严格执行现场标准化作业，推动安全生产工作制度化、标准化、规范化。发挥党建在安全生产建设中的引领作用，开展片区"学思行"党建联建专项督导调研活动，领导班子深入基层班组、工作现场进行实地调研185人次。充分发挥党员在安全生产活动中的模范作用，以"关键少数"示范带动"绝大多数"，开展"党旗引领·安全入心"活动，设立党员安全生产责任区、安全生产示范岗，做到党员帮带管安全、党员干部主动查纠违章、党支部带头督察安全。开展党员输电线路通道隐患治理专项行动，党员参与隐患治理30余次共64项，故障抢修18次。营造正确舆论导向，全面开展"安全讨论"活动。围绕"安全生产·青年当先"六方面安全生产主题，开展班组安全大讨论180次，各专业部门深入参加并进行专业指导51次，以安全大讨论为载体转变员工安全认知，培养员工的自觉执行力、行为习惯及对企业的归属感和认同感。安全文化已经成为企业凝聚力量的精神纽带。

（二）载体融合激活安全文化传播力，多元并举营造安全文化氛围

开展"观影促安全"活动，组织观看《生命重于泰山》等专题宣教片3010人次，警钟长鸣，举一反三查找分析薄弱环节。组织开展"平安白供·安全有我"主题作品展，共收集主题征文135篇，摄影、

书法、绘画、剪纸等文艺作品 148 件,并将优秀作品编制成册在全公司范围内学习。全面开展"安全三问"快问快答安全活动,形成固化宣传视频 17 期,试点开展安全预知训练活动,制作宣教视频一部,编写《白银公司安全文化实践活动》和《白银公司安全文化建设指引手册》各一册,拍摄安全文化建设宣传视频两部。开展"温暖亲情"传播,厚植"家"文化,开展 6 期"幸福家庭建设之同心童语'抒'安全"活动,将幸福家庭建设和安全文化建设相结合,引导安全文化落地进家庭。

(三)宣教浸润赋能安全文化传承力,全员参与厚植安全文化底蕴

以厚植安全文化底蕴为目标,组建安全讲师柔性团队,深入开展反违章安全巡回宣讲 28 场次,将安全理念融入管理链条、转化为行动自觉。开设党政"一把手"话安全、"安全大讲堂"公开课、"安康杯"安全知识竞赛、"青安大讲堂"等系列活动,解读安全理念、法律法规,分享安全生产典型经验。组织开展"三个一"专题学习活动 14 场次,"五问三问"安全大讨论 17 场次,安全咨询日活动 6 场次。常态开展"两个案例"及人身事故安全警示教育,利用公司安全警示教育基地各类展板、事故视频、体感设备、虚拟 VR 等模块开展"强体感、增意识、履职责"安全警示教育 42 期共 700 余人次,全员安全意识得到进一步强化,实现安全理念入眼、入耳、入脑、入心。

(四)知行合一彰显安全文化执行力,尽职履责巩固安全文化成效

从精细管理入手,以隐患治理为突破、以制度执行为约束,以标准化作业为抓手,规范员工行为,

提高员工执行力。开展"安全承诺"宣誓活动,共计 68 名安全管理人员、1200 余名一线人员进行宣誓并签订安全承诺书,以仪式感唤醒员工安全生产责任感与使命感。开展"双重预防"行动,全面落实安全监督重点工作任务,开展"零容忍"专项行动、安全隐患大排查大整治,防范化解安全生产领域各种风险隐患 1908 项。狠抓"反违章"执行。通过"四不两直＋远程视频"安全督查方式,查纠 4633 个作业现场发现 296 起违章事故,下发安全督查通报 8 期,追责 152 人。分专业、分类别编制印发安全提醒卡 2841 张,将"我的安全我负责、他人的安全我有责"安全理念融入作业现场,督促各级人员随身携带、随时查看。

四、结语

滴水穿石非一日之功,安全文化建设只有起点,没有终点,安全文化建设永远在路上。国网白银公司将始终保持"抓铁有印,踏石有痕"的工作作风,秉承"创新、绿色、高效、卓越"的企业精神,勇于探索,敢于创新,不断丰富安全文化建设的内涵,强化运行保障机制,为打造特色鲜明的安全文化乘势而上、勇往直前!

参考文献

[1]汪苏闽.浅谈安全管理与企业文化 [J].中小企业管理与科技 (下旬刊),2021(06):13-14+17.

[2]潘武龙.在安全文化建设中发挥党建引领作用的思考 [J].安全、健康和环境,2021,21(07):58-60.

[3]李少军.电力企业安全生产管理体系探究 [J].电力安全技术,2022,24(11):1-3.

企业安全文化建设实践与探索

中国电力工程顾问集团华北电力设计院有限公司　朱志宏　任　晴

摘　要：本文从国家、行业对企业安全文化建设的有关要求，中国电力工程顾问集团华北电力设计院有限公司（以下简称华北院）安全文化建设的经验做法与成效及如何推进企业安全文化建设的启示等方面进行了较详细的阐述，对企业如何开展安全文化建设具有一定的指导和借鉴作用。

关键词："四位一体"；"十二个到位"；"两大建设"；"234"工程建设；"大安全"；"本质安全"

安全生产是企业的永恒主题，企业要高质量发展离不开安全生产，而安全生产受益于安全文化，安全文化已成为企业文化的重要组成部分，并起着越来越重要的作用。华北院按照国家、行业有关要求，坚持从理念、制度、行为、环境4个层面入手，构建"四位一体"①安全文化建设新格局。

近年来，为贯彻落实习近平总书记关于安全生产的重要论述和重要指示批示精神，华北院系统围绕"十二个到位"②、扎实推进"两大建设"③，积极开展安全文化建设，努力营造安全生产氛围。通过开展内容丰富、形式多样的"安全文化建设年""安全生产月"等系列活动，并与安全生产专项整治三年行动、安全生产提升年行动、安全管理强化年行动等有机结合，进行了富有成效的探索和实践，安全文化建设取得了明显成效，推动了华北院安全管理各项工作的稳步提升，为公司持续高质量发展提供了坚实保障。同时，通过全体员工的广泛参与，企业安全文化逐步融入员工思想深处，激发了员工的积极性、主动性、创造性，真正做到内化于心、固化于制、外化于行、优化于环，为促进公司安全文化理念推广落地，达到筑牢安全生产防线起到了积极的推动作用，实现了以文化促管理、以管理促安全、以安全促发展的目的。

一、国家、行业对企业安全文化建设的有关要求

国务院安全生产委员会印发关于《"十四五"国家安全生产规划》的通知（安委〔2022〕7号）第九部分（一）提高全民安全素质提出要加快推进企业安全文化建设。

国务院安委会办公室印发的《关于大力推进安全生产文化建设的指导意见》指出，要坚持与企业安全生产标准化建设相结合，积极开展企业安全文化建设培训，加强基层班组安全文化建设。

国家能源局关于印发《电力安全文化建设指导意见》的通知（国能发安全〔2020〕36号）第二部分实施路径从六个重点工程和十个主要任务方面给出了具体的指导意见。

二、华北院安全文化建设经验做法与成效

华北院安全文化建设总体思路：以习近平新时代中国特色社会主义思想为指导，深入学习贯彻习近平总书记关于安全生产的重要论述，牢固树立"安全管理是第一生产力、第一管理"的理念，在全公司范围内大力实施安全生产"234"④工程建设，扎实构建公司"大安全"管理体系，切实提升"本质安全"管理能力；按照"四位一体"总体要求，强化示范、以点带面、创新载体、营造氛围，多措并

---

① 四位一体：安全理念、安全制度、安全行为、安全环境。

② 十二个到位：安全认识到位，风险识别与管控到位，制度体系建设到位，安全措施落实到位，有效刚性培训到位，资源配置到位，安全管理组织与能力到位，动态监督检查到位，奖惩机制落实到位，应急管理与应急处置到位，经验教训的总结、吸取、分享到位，安全文化建设到位。

③ 两大建设：大安全管理体系和本质安全管理能力建设。

④ "234"工程建设：推进"两大建设"，即固"三基"，强"四化"。"三基"：基层、基础、基本功；"四化"：专业化、标准化、数字化、精细化。

举开展安全文化建设,建立健全安全生产长效机制,进一步推动安全生产管理提升,为公司高质量发展保驾护航。

（一）内化于心,育理念之魂

2019年,华北院结合"安全文化建设年"活动,为深入总结、提炼符合企业核心价值观的安全理念和行为准则,形成安全文化成果,经公司党委统一部署,以党建工作为指引,对企业安全文化建设有关政策精神、行业规范、示范企业开展安全文化建设情况进行了深入调研,并周密策划、精心组织,在全公司范围内面向一线员工开展了公司安全理念和行为准则征集活动。经作品筛选和成果评审,最终提炼形成了公司"安全理念和行为准则"成果,并正式向全体员工发布实施。同时通过公司"安全文化"专栏、企业文化展厅、电梯间电子屏、专题微信等方式,积极传播公司安全理念和行为准则,为公司凝聚安全文化力量提供了有力的抓手。

2020年,为促进公司"安全理念和行为准则"推广落地,华北院对公司门户网站"安全文化"专栏更新改版,将安全文化专栏打造成集安全管理资料、安全文化交流、风险与隐患反馈、事故案例警示于一体的综合性安全文化宣传阵地,以平台为载体,进一步推进安全文化建设。

（二）固化于制,强管理之基

文化理念是灵魂,制度管理是保证。安全文化理念最终要通过各项安全规章制度来承载和固化。近年来,华北院按照两级集团要求,围绕"十二个到位",加快推进"两大建设",推动安全生产领域系统性、适应性变革,不断强化QHSE管理制度体系建设,发布实施了一系列管理制度,并重点加强对新业务、新领域、新模式的体系支撑,不断规范公司在质量、环境和安全方面的管理流程,如制定并发布了《安全生产履职督查实施办法》《安全生产责任制一岗一清单管理办法》《安全生产奖励金考核实施办法》《中小型工程总承包项目安全生产管理表单化工作指南》《公司投建营（开发投资）项目安质环管理工作指南》等30余项安全管理制度,为规范安全生产管理、深化安全文化建设扎牢了根基。

（三）外化于行,固素质之本

安全生产的决定性因素是人,员工的安全素质是保障安全生产的核心所在。为引导员工将安全文化理念上升到品格、外化为行为,华北院开展了形式多样、内容丰富的各类活动。

1. 举办安全生产主题知识竞赛

为增强全员的安全生产意识,提升公司安全生产管理能力,营造良好的安全生产氛围,推进公司持续高质量发展,华北院结合安全月活动,举办了"落实全员安全责任,促进企业安全发展"的安全生产主题知识竞赛活动。同时,各项目部也经常性举办安全主题知识竞赛、演讲比赛、技能比武等活动。活动的频繁举办对强化全员安全意识、普及安全知识、传播安全义化、提升安全管理水平起到了积极的作用。

2. 开展"安全宣传咨询日"活动

每年6月16日,公司本部及各总承包项目部广泛开展多种形式的"安全宣传咨询日"活动,结合公司和各项目特点印发了各种安全宣传材料,组织现场答题,宣传安全生产方针政策、法律法规和基本安全常识,营造了良好的宣传氛围,使广大一线员工和承（分）包方施工人员深受教育。

3. 组织公共安全体验

为更好地传播公共安全知识,强化员工安全意识,增强员工应对各种灾害和突发公共安全事件的能力,公司结合实际,组织相关管理人员及新入职员工到海淀公共安全馆、朝阳公共安全馆进行安全体验活动。

4. 创新安全管理方法

2021年,华北院建成并全面推行智慧安全监管系统应用;同时,各总承包项目大力开展智慧工地建设,其中,大唐万宁项目成功斩获首届电力建设工程智慧工地管理成果一等奖。华北院建立并全面推行安全生产"飞行巡检"机制,针对重点项目、关键环节组织外部专家进行"四不两直"飞行检查,通过专业检查及时发现现场事故隐患,并针对问题组织开展专家培训。

为进一步加强公司级安全生产风险管控,强化危大工程安全管理,及时防范化解较大及以上安全生产风险,华北院建立了工程总承包项目安全生产风险分析例会机制,每月度、季度定期召开会议,加强对公司总承包项目的安全生产监管。

5. 开展应急演练活动

为强化公司员工的消防安全意识,增长消防法规知识和提高应急处置能力,提升安全管理人员的综合素质,安全月期间华北院本部组织开展了消防培训及消防应急演练活动，对常规灭火设备、灭火毯的使用进行了实操演练，并通过使用消防帐篷进行了模拟火灾的应急演练，对公司进一步做好消防安全工作起到了积极的促进作用。

各项目部按照公司要求，结合项目特点及高风险作业，广泛深入开展重点突出、针对性强的应急演练，提升应急预案实用性和可操作性，强化应急处置方案的适用性和有效性。

6.组织开展特色安全文化活动

2023年，为大力宣扬公司安质环文化，充分发挥模范标杆作用，华北院创新性地建立了"安全卫士讲安全"学习交流平台，以身边人讲身边事的形式让安全文化活动更接地气。公司每月组织开展一场"安全卫士讲安全"系列宣讲活动，获得公司2022年度荣誉称号的10位"安全卫士"作为授课讲师，他们每场确定一个主题，结合生产业务实践，从不同专业领域，对安全管理工作进行经验交流分享。在"安全卫士讲安全"系列宣讲活动开班仪式上，华北院分管领导出席仪式并作动员讲话。

（四）优化于环，筑安全之堤

人的行为受环境影响很大，环境安全是安全生产的重要保障。企业如果注重营造良好的安全作业环境和安全文化氛围，大家互相影响，就会减少事故。

每逢重要节日或重大活动，华北院严格执行公司领导带班、部门负责人轮流值守的工作机制，节前组织对公司本部办公场所用电、防火、防疫、防盗等安全隐患进行全面排查和整治，确保公司办公大楼各项工作安全稳定运行，员工平安度假。广大员工高度认可这一节日安全文化，并积极参与安全自查。各项目部结合项目实际特点，分别开展了项目经理带队安全检查和隐患排查治理，对查出的隐患问题及时进行闭环整改，严格落实安全生产责任，从根本上消除事故隐患，筑牢安全生产防线。

华北院在每年"世界环境日"期间，积极组织开展绿色环保主题活动，充分利用新闻媒介、内部网站、电子屏幕等形式广泛宣传，开展知识竞赛、问卷调查、主题征文等形式多样的活动，促进公司全员环境保护意识的增强。

三、如何推进企业安全文化建设的启示

优秀的安全文化是企业发展稳定的基石，也是创造良好安全生产环境的前提条件。企业安全文化建设必须以人为本、全员参与，树立和培养正确的安全理念和行为习惯，使安全成为员工日常工作和生活的自然要求。

安全文化是企业文化的重要组成部分，企业在开展安全文化建设时，必须把握和处理好以下六方面的关系：一是安全文化与企业文化的关系；二是安全文化与安全管理的关系；三是安全理念与安全生产的关系；四是安全文化建设与思想政治工作的关系；五是职能部门与生产部门的关系；六是健全机制与监督考核的关系。

为有效推进企业安全文化建设，应着重做好以下四方面的工作：一是坚持齐抓共管，这是推进安全文化建设的前提条件；二是强化教育培训，这是推进安全文化建设的重要手段；三是营造浓厚氛围，这是推进安全文化建设的重要载体；四是强化制度约束，是推进安全文化建设的有力保证。

安全文化建设，是一项持之以恒的系统工程，不是一蹴而就的，没有统一的模式和现成的道路可循。只有在实践中不断探索创新、总结提高，才能持续推进企业安全文化建设工作，才能不断打造本质安全，助力企业行稳致远，最终实现企业的安全愿景。

安全无小事，责任大于天。华北院全员将会以永远在路上的决心，凝聚企业安全发展的信心，始终坚持"生命至上、人民至上"，全力打好安全生产攻坚仗，为公司高质量发展和加快建设一流标杆企业保驾护航。

"同心圆"本质安全文化修炼模式

国投中煤同煤京唐港口有限公司　吉学斌　陈晓军　于志健　王静尚　曹　磊

摘　要： 国投中煤同煤京唐港口有限公司（以下简称国投京唐港）以贯彻习近平总书记关于安全生产的重要论述和重要指示批示精神为主线，牢固树立"以人为本、生命至上"的安全理念，坚持安全文化建设是公司基础工程、生命工程、效益工程的思想，坚持理念创新、教育引导，积极践行"文化引领、制度先行、理念统一、执行有力、落实到位"的工作思路，构建了具有国投京唐港特色的"同心圆"本质安全文化修炼模式。

关键词： 安全文化；安全理念；班组安全管理

国投京唐港成立于 2005 年 6 月 16 日，由国投交通控股有限公司（股比 27%）、中国中煤能源股份有限公司（股比 21%）、晋能控股煤业集团有限公司（股比 20%）、唐山港口实业集团有限公司（股比 20%）、唐山港集团股份有限公司（股比 12%）五家股东出资组建，注册资本 9.7 亿元。国投京唐港主要承担山西、陕西、内蒙古西部等地煤炭中转业务，是国家为缓解"北煤南运"压力和应对大秦铁路扩能分流的配套主体。公司现拥有 4 个靠泊能力为 10 万吨级的专业化煤炭泊位，先后荣获"全国安全文化建设示范企业""全国四星级中国绿色港口""全国企业班组文化建设示范单位""交通运输部安全生产标准化一级企业""河北省 2021 年度及 2022 年度应急管理与安全生产先进单位""河北省安全生产诚信 A 级企业"等荣誉称号。

一、"同心圆"本质安全文化修炼模式简述

"同心圆"本质安全文化修炼模式（图 1）以文化为内核，始终坚持"以人为本、安全第一、预防为主、综合治理"十六字指导方针，牢固树立"风险预控、闭环管理、全员参与、持续改进"十六字核心理念，以"明确指导思想、完善制度体系、重抓风险预控、强化终端管控、注重素养炼化、培育文化活力"为主要内容进行全方位系统修炼，力求实现"人物环管文"的系统提升，进而逐步趋近本质型、恒久型安全目标，打造公司安全文化建设特色模式。

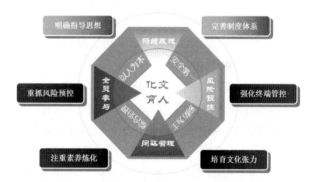

图 1　"同心圆"本质安全文化修炼模式

二、"同心圆"本质安全文化修炼模式内涵

管理变革，理念先行。在贯彻"以人为本、安全第一、预防为主、综合治理"十六字指导方针的基础上，公司结合自身实际，提出了"风险预控、闭环管理、全员参与、持续改进"十六字核心理念。"双十六字"方针与理念，贯穿公司安全管理工作指导的始终。同时，"修炼"是一个长期的、持续的过程，是文化的潜移默化，是管理的落地生根，是素养的持续提升。

（一）以人为本

"生命只有一次，健康是人生之本，安全就是最大的人本"，安全工作首先是为了保障人的生命和身体健康不受威胁。安全管理工作要想真正落到实处，关键在人；补短扬长、激活潜能，引导正能量发挥作用，提倡"人本化"管理，是国投京唐港安全管理"以人为本"的核心主张。

（二）安全第一

明确了安全在生产经营中的重要地位，即必须

把安全放在第一位。当安全与生产进度、质量效益及其他活动发生冲突与矛盾时，必须把安全放在首位，绝不能以牺牲人的生命、健康、财产损失为代价换取发展和效益。

（三）预防为主

明确了安全生产管理的重心所在，即安全工作的重点是预防事故，而不是处理事故。要关口前移、完善风险预控体系，建立起预识、预警、预控机制，并以隐患排查治理和关键风险点控制为重点，不断完善事故的预先防范措施。

（四）综合治理

明确了安全生产的根本途径，即安全生产工作不只是安全部门的事，而是所有部门共同的责任。应综合运用法律、经济、行政等手段，充分发挥职工、社会、舆论的监督作用，从责任、制度、培训等多方面着力，形成标本兼治、齐抓共管的格局。

（五）风险预控

依托公司安健环管理体系，构建"12321"全系统风险预控管理体系；抓好"四个关键"风险管控，即关键时间、关键部位、关键作业、关键人员的安全管理；立足班组、立足岗位、立足现场，强化"三标三控"（"三标"即管理标准、岗位标准、作业标准，"三控"即一班一控、一人一控、一事一控）终端管控落地模式。

（六）闭环管理

闭环管理是PDCA管理模式的精髓和实质。其基本原理是运用系统论的观点和方法，按照时间和工作顺序，通过引入过程反馈机制，实现整个管理链条的闭环衔接。安全管理就是按照"计划—落实—检查—奖罚—反馈"的安全管理程序，把安全要素整合串联成一个环环相连的工作流程，在任何一个环节都达到制度落实、人员落实、责任落实、工作落实、管理落实、奖罚落实，使安全管理过程和管理行为自始至终构成连续封闭的回路。

（七）全员参与

明确安全是任何一级管理者的底线，安全管理责任是任何一级管理者首先要履行的第一责任。明确安全管理不只是安监部门的事，各生产部门都是安全生产的第一责任主体，员工也是安全生产的第一责任人；明确安全工作需要发动所有员工，只有人人重视安全，人人监督安全，自主自发地去执行，企业安全管理才有生命力。

（八）持续改进

"持续改进"是精益管理思想最重要的理念。安全管理不是一蹴而就的事，而是伴随着制度完善、技术发展、设备优化、环境优化、员工素质提升而不断优化、持续提升的过程。改进是涉及每一个人（从最高的管理部门、管理人员到工人）、每一环节的连续不断地改进。

三、"同心圆"本质安全文化修炼模式实践

（一）统一认知，明确安全工作的指导思想

本质安全修炼是一项全员工程，只有全员统一认知，形成明确而稳定的核心指导思想，才能引领安全管理工作稳步向前发展并形成长效机制。国投京唐港明确提出了"文化为内核，理念为导向，制度为基础，预控为重点，素养为根本"的指导思想，以此统一全员认知，统领安全管理工作的方方面面，并成立了安全文化建设推行领导小组，形成了主要领导亲自抓、分管领导重点抓、职能部门具体抓的管理模式，各部门将文化建设任务分解到班组、员工，搭建了公司、部门、班组、员工四级安全文化组织保障体系。

（二）科学求实，完善精确制导的制度体系

安全生产规章制度是企业安全生产管理的标准和规范，是国家安全生产法律法规的延伸，是企业合规合法经营的前提和基础。国投京唐港建立了全员安全生产责任制，健全了"三个必须"监管责任和属地主体责任机制，层层压实安全责任，建立并完善了包括系统管理、风险管理、安健环文化建设与教育培训、现场管理、设备设施管理、检查与整改、职业健康管理、相关方管理、应急管理和事故管理共计90项制度；深入开展了承包商安全管理年和承包商安全管理深化年活动，固化活动成果，强化承包商自主管理能力提升；积极使用交通公司安健环信息系统，不断提升安全管理信息化水平。同时，为了将各项管理要求和标准"精确制导"到岗位，"精准管控"到每件事，国投京唐港全面优化了《岗位安全操作规程》《作业指导书》《标准维修工单》《岗位行为安全管理手册》等各类标准化文件，并推行实施了NOSA体系、《港口企业安健环管理标准》，成为全国港口行业唯一一家首次评审就达NOSA四星级的企业，也是交通运输部安全标准化一级达标企业。

（三）重抓风险预控，构建"12321"风险预控体系

国投京唐港以"风险无处不在、一切风险均可预控、一切隐患均可消除、一切事故均可避免"为风险管理理念，系统构建了"12321"风险预控体系（图2），即以风险评估为一个核心，以高风险作业管控和不安全行为管控为两个抓手，以承包商安全管理、现场管理和应急管理三大管理要素为重点，以全面隐患排查和事故预警为保障，以信息化平台为依托，落实全系统风险管理；深入开展双重预防机制建设，切实把风险控制在隐患形成之前，把隐患消灭在事故发生之前。

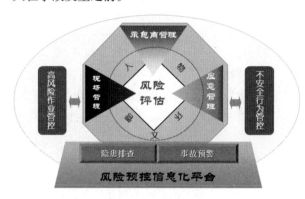

图2 "12321"风险预控体系模型

（四）强化终端管控，推行"6S全员自主管理"班组建设品牌模式

班组作为企业管理的终端，是安全生产的直接主体，是一切制度要求的落实执行者，其日常安全管理工作的好坏，直接关系到现场作业安全及质量。为了强化终端管控，国投京唐港推行"班组自组织、人员自驱动、能力自成长、行为自规范、过程自控制、问题自改善"的"6S全员自主管理"班组建设品牌模式（图3，图4），打造班组安全自主化新品牌。

建立和完善了"例会过程管控、信息化即时反馈、台账追溯和透明化管理"四大平台，形成了"公约机制、活力机制、轮值机制、赛场机制、分享机制、评议机制、荣誉机制、链锁机制、积分机制、透明机制"十大机制，创新运用了"案例法、小课法、对标法、比武法、标准法、5S法、目视法等十大方法作为班组的主要管理方法，形成了"模式集、案例集、小课集、标准集、故障集、改善集和文化集"七大知识库。

图3 "6S全员自主管理"班组建设品牌模式

图4 "6S全员自主管理"谱系图

（五）以人为本，建立日常化素养炼化系统

员工安全素养修炼，是一场全员参与安全管理的实践过程。公司始终坚持"以人为本"和"全员参与"理念，建立日常化素养炼化系统，创新培训管理机制、植入习惯养成机制、完善行为激励机制，从思想意识层面、知识技能层面和行为评价层面，全方位培养"要安全、会安全、能安全"的本质安全型员工。

1. 创新开展"体验培训"

国投京唐港安全体验培训中心是全国专业煤炭港口首个集教育培训、安全体验、智能仿真于一体的安全培训体验中心，共设置六大体验区，涵盖坠落防护及有限空间救护体验、消防设施体验、VR灭火及地震自救逃生等12个体验模块，通过VR等科技手段，以真实体验加深员工对安全知识的深切认识，达到"十次说教，不如一次体验"的效果，切实提升了安全培训效果，实现了公司安全培训模式的有效创新升级，促使员工从"要我安全"向"我要安全"自觉转变。

2. 创新开展"每月一主题"

国投京唐港以月度重点安全管理工作为基础，开展了事故警示月、防汛应急月、隐患排查治理月、承包商安全管理月、消防安全月和安全生产月等"每月一主题"系列活动，建立完善了红榜宣传表彰机制，加强正向引导激励，鼓励全员参与隐患排

查治理。

3. 创新推进"三人行"安全特攻队专题活动

2023年6月开始，国投京唐港组织开展"三人行"安全特攻队专题活动，成立了192个"三人行"安全特攻队，每队3至5人，成员轮值担任队长，实现了现场作业的区域、人员、环节的全覆盖，持续强化安全管理现场互保联保，提升现场安全管控能力。

（六）文化为魂，培育本质安全文化张力

安全文化是企业在安全管理中形成的理念、行为、环境、物态条件的总和，体现为每一个人、每一个单位、每一个群体对安全的态度、思维程度及采取的行动方式。安全文化是安全生产及管理的灵魂，对安全生产的影响具有惯性和持久性。浓厚的安全文化，能促使人们在生产活动中自觉地、主动地采取安全行为，化解安全风险，保障安全生产。

本质安全文化建设就是要本着系统思考、追根溯源、本质改进的原则，重塑安全理念与价值观，创新安全管理思路与方法，不断提升人的安全素养，持续优化安全管理制度和环境，充分营造良好的安全氛围。国投京唐港在安全管理中，特别强调"双十六"方针与理念的引领作用，重塑安全观念，创新管理思路，优化管理方法，挖掘员工潜能，激发组织活力，真正突显文化的驱动作用及化育功能；充分挖掘公司内部宣传方面的人才资源，组建了公司宣传小分队、安全生产志愿者队伍。此外，员工还自发组织成立了摄影爱好者协会、影音编辑工作小组等群团组织，每月出版一期《安健环简报》，积极开展安全文化宣传工作。员工自导自演的班组建设微电影《成功的港湾》，入选了清华大学继续教育学院组编的"央企培训教学30部剧"，并成为"中央企业班组长岗位管理能力资格认证远程培训"的案例课程。

五、结语

"路虽远，行则将至；事虽难，做则必成"，国投京唐港将持续坚持以习近平新时代中国特色社会主义思想为指导，牢固树立安全发展、绿色发展理念，注重以人为本，充分发挥一线员工的创造性和自主性，拓展安全文化建设的辐射作用，持续"打造行业领先的专业煤码头安全管理模式"。

开展安健环管理体系建设
探索企业安全文化培育新手段

国投电力控股股份有限公司　滕志远

摘　要： 国投电力控股股份有限公司（以下简称国投电力）建立了安健环管理体系，在体系建设过程中不断实践，探索培育企业安全文化理念的新手段。该体系坚持以安全文化为引领，建立健全科学规范、运行有效的安全制度，创建了健全的横向到边、纵向到底的安全责任系统，即以风险为核心的预防体系、以人为本的职业健康管理体系，深化行为文化建设，提升安全培训效能，注重科技兴安，提升本质安全水平。国投电力不断总结提炼，逐渐形成了员工共享的人本理念、融合理念、责任理念、风险理念等理念体系。

关键词： 安健环管理体系；安全文化理念；培育

一、引言

《中华人民共和国安全生产法》指出，安全生产工作应当以人为本，坚持人民至上、生命至上，把保护人民生命安全摆在首位，树牢安全发展理念，坚持安全第一、预防为主、综合治理的方针，从源头上防范和化解重大安全风险。以习近平新时代中国特色社会主义思想为指导，大力加强企业安全文化建设，是企业建立健全安全生产长效机制、提升安全管理水平、防范安全事故发生的重要举措。

国投电力坚定践行安全发展理念，主动落实企业主体责任、社会责任，坚持开展安健环管理体系建设，将体系建设作为安全管理的重要抓手。在体系建设过程中不断实践、探索企业安全文化理念培育的新手段，形成被企业员工广泛认同的安全理念。

二、国投电力安健环管理体系建设的核心内容

（一）坚持安全文化引领，建立健全科学规范、运行有效的安全制度体系

安全文化是安全管理工作的重要指针。企业安全生产规章制度是企业内部建立和维护安全生产秩序的重要法则，是企业员工安全生产的行为准则，也是企业安全文化核心理念的载体。

国投电力高度重视安全文化建设，将制度完善作为管理的有效抓手，在制度文化建设方面稳步推进。国投电力自2014年开始建立安健环管理体系，在不断总结开展安全生产标准化、职业健康管理体系、NOSA五星体系、班组建设等国内外先进安全

管理经验的基础上，历经体系创建和二次提升两个阶段，最终形成了以"风险预控、系统管理、全员参与、持续改进"为基本原则的安健环管理体系。该体系在横向上采取"1+3"的总体布局，包括一组公共要素和火电、水电、新能源三组行业要素，在纵向上包括《体系导则》《管理手册》《管理标准》《评估手册》。体系内容基本涵盖了发电企业安全管理的所有内容，可作为国投电力投资企业安全管理的重要指导性文件。国投电力所属各企业自觉整合原有安全制度标准，将体系标准和实际工作深度融合，完成体系标准本地化改造。

（二）建立健全横向到边、纵向到底的安全责任体系

建立健全全员安全生产责任制并保证安全生产责任制的落实是生产经营单位的法定职责，"党政同责，一岗双责""三管三必须"已成为国家对安全工作的基本要求。安全生产责任制作为国投电力安健环管理体系的重要要素之一，包含了安全生产责任制的建立、沟通、监督考核等内容。所属各企业建立了从主要负责人到基层岗位的全员安全生产责任制，并根据法律法规、岗位职责等变化因素不断对其进行更新。企业开展"提高安全领导力""党员先行"等活动，坚持抓关键少数，推进党员、领导干部岗位安全责任制落实，带动全员履职尽责。企业创新岗位安全生产责任制测量评价方法，采用日常监督、定期评价、综合评价等方式实现对全员岗

位责任制落实情况的监督。对照安全生产责任制清单，对每一岗位的安全生产责任制进行赋分，采取自上而下逐级考核的方式，由上级人员对直属下级的履职情况进行评价。将监督检查、隐患排查、事故事件、工作总结等发现和暴露的问题作为日常评价的依据，企业根据实际情况定期对照责任清单进行监督评价，日常评价结果和定期评价结果作为各岗位安全生产责任制履职情况综合性评价的输入，其综合评价结果会应用于评优、评先、兑现安全绩效奖的发放等工作。

（三）建立以风险为核心的预防体系

安全风险管理是国投电力安健环管理体系的核心思想，一切工作的开展均基于风险考虑。通过全员、全方位、全过程开展危险源辨识和风险评估，预先采取分类梳理、分级管控、分层落实及动态管控，国投电力实现了安全风险的可控在控，达到了一切事故都可以预防的目的。各企业建立安全风险管理机制，制定安全风险评估工作方案，将安全风险管理培训纳入年度安全培训计划，分层次、分阶段组织员工进行培训，组织所有岗位人员、承包商人员；邀请外部专家开展安全风险评估工作，通过自下而上辨识、自上而下评价的方式，辨识并评估潜在的风险并制定控制措施；针对辨识出的安全风险，视情况进行分类梳理、分级管控、分层落实；逐一落实厂级、部门、班组和岗位的管控责任，将风险控制措施纳入"两票"风险预控卡去落实；每年根据人员、设备、环境和管理因素的变化更新风险数据库。风险评估的结果可用于作业过程控制、人员培训、应急管理、制度修编、管理职责优化、作业环境改善等，它也是安全监督检查、隐患排查的重要依据。

（四）建立以人为本的职业健康管理体系

建立和实施职业健康管理体系是所有员工建立以人为本理念、贯彻"安全第一、预防为主"方针的过程。国投电力成立以主要负责人为组长的职业健康管理工作领导小组，全面负责职业病防治工作，职业健康管理工作领导小组下设工作组，配备专职职业健康管理人员。国投电力为员工缴纳工伤保险，确保员工享受工伤保险待遇。做好年度预算，保障职业病防治所需的资金投入，落实职业病防护设施"三同时"管理。每年制定职业健康工作计划，落实职业病危害告知、职业病危害因素监控检测、职业

病防治教育培训、职业健康体检、劳动防护管理、职业病危害项目申报等制度措施。国投电力落实职业病防治主体责任，为员工创造符合国家职业卫生标准和要求的工作环境，保证员工职业卫生安全。

（五）建立具有国投电力特色的安健环管理评估体系

国投电力安健环管理体系建设分为五个阶段：一星经验驱动、二星监督引导、三星标准引领、四星自主管理、五星文化管理。国投电力组织对投资企业开展体系外部评审，进行评星定级。制定体系评估标准，创新建立了"静态＋动态"的体系评审方法：静态主要是听汇报、查资料、查记录、实物核对；动态主要是访谈、考问、考试、实操等方式，突出实际检验。评审结果判断综合运用了PDCA微观要素评分和宏观星级特征指标核定，确保评价结果客观公正。基于发现及观察，运用"根因分析法"进行系统分析，找出深层次的管理原因并提出建议，促进被评审企业持续提升安健环管理水平。

三、多措并举推动体系标准落地，立足实践培育安全文化理念

（一）加强安全领导力建设，践行有感领导

安全文化建设是一把手工程，领导层对待安全的态度对企业安全文化的形成有重要的影响作用。国投电力主要负责人高度重视安全文化在安全管理工作中的引领作用，在多个场合强调安全文化体系建设工作，通过在制度文化和行为文化上的率先垂范，推动干部员工的安全意识整体增强。各级领导以自己的言行让员工看到、听到和感受到自己对安全的重视。

（二）以人为本，注重安全氛围营造

文化建设需要以人为本。为了给员工创造良好的安全文化建设氛围，国投电力建立了体系提升激励机制，针对不同企业管理现状制定了差异化的体系提升目标，并将其纳入了企业年度目标责任书的考核奖励内容。企业层层传导压力，建立多种工作机制推进体系建设，如任务清单机制、部门经理负责制、要素负责人工作机制、监督检查机制、体系内审机制等，推动人人参与体系建设，人人关注安全。

（三）深化行为文化建设，提升安全培训效能

行为文化关系一线生产安全。国投电力高度重视员工行为引导和技能提升，通过组织体系宣贯诊

断、安全技能大赛、大型应急演练、主题安全演讲、体系建设培训班等活动，自主开发安全教育学习平台，建设多功能安全体验馆，不断创新安全培训形式和载体，通过培训，培养员工的责任感和行为习惯，树立其正确的安全价值观。

（四）注重科技兴安，提升本质安全水平

设备技术的本质安全水平关系企业安全生产大局。国投电力高度重视设备技术的本质安全水平，依法提取和使用安全生产费用，规范配置安全生产设施，加大设备维护、改造力度，改善工作环境，推广应用各种新技术、新设备，不断提高设备设施的本质安全水平，在提升生产效率的同时，有效降低安全生产风险。

（五）内外结合体系评审，推动安全文化建设水平稳步提升

每年通过体系评审对体系的合规性、适宜性、充分性和有效性进行评估。除了对要素进行评审外，还对企业安全领导力、履职尽责、交流沟通、风险管控、持续改正、纠正预防等方面进行重点评价，对人员自主管理意识按照标准做事习惯、系统管理思维等进行访谈、观察。体系评审的同时，也检验了安全文化建设水平，达到了以评审促建设的目的。

四、体系建设过程形成的安全管理理念

企业员工在体系建设过程中经历了"耳听""上手""入心""融魂"过程，实现了从被动说教、执行，到感受体系的好处，再到自觉运用体系理念去解决问题的变化，形成了良好的工作氛围。国投电力不断总结提炼，逐渐形成了员工共享的安全价值观和安全理念，具体内容如下。

（1）人本理念。永远把人的安全放在第一位，仁者爱人，授人以渔，培育内生动力。

（2）融合理念。以安健环管理体系为中心，多体系融合、与实际工作深度融合。

（3）责任理念。领导干部以身作则，全体员工共同参与，各司其职、各尽其责。

（4）风险理念。逐步强化员工风险意识，将风险管理意识转化为员工的共同认识和自觉行动，保障企业风险管理目标的实现。

（5）规矩理念。无规矩不成方圆，建立体系标准、学习体系标准、执行体系标准，在这一过程中员工逐步养成按照标准做事的习惯，追求合法合规。

（6）持续改进理念。坚持持续改进的PDCA工作程序，持续提升安健环管理绩效，追求卓越。

（7）系统管理理念。国投电力安健环管理体系有12个管理单元、41个要素，各单元要素之间既是独立的，又有着内在的联系，在开展安全工作时应提高站位，着眼全局，消除管理壁垒，实现系统联动，构筑多重风险管控防线。

五、企业安全文化建设成果

国投电力安健环管理体系对于规范企业安全管理、提高管理效率、稳定安全生产形势发挥了重要的作用。自2020年开展体系提升工作以来，国投电力连续三年无人身事故发生，安全理念深入人心，安全文化卓有成效，6家企业获得"全国安全文化示范企业"称号，两家企业获得"电力安全文化精品和优秀工程"称号。各企业在体系建设过程中形成了各具特色的安全文化良好实践的经验。

雅砻江公司二滩电厂提炼出"遵从法规、风险预控、持续改进"的安健环理念及"精智运行、精益检修、精细水工"的生产管理模式。坚持开展NOSA讲堂200多期，讲堂内容丰富，氛围轻松，领导率先垂范，人人自发上讲台。

国投北疆电厂创新推出《个人安全手册》，以亲情文化浸润为切入点，以安全管理前置为落脚点，实现了安全事前预防管理、双重预防机制及安全生产责任制高质量落地。

国投华夏电力本着"文化源于企业用于企业，源于职工用于职工"的原则，提炼出"从严、从实、从新"的"三从"安全理念，建立健全安全生产诚信机制，积极履行企业社会责任，树立良好社会形象。

六、结语

开展安健环管理体系建设是国投电力培育企业安全文化的重要抓手和关键途径，体系建设的过程就是安全文化理念形成的过程。国投电力用体系的制度标准规范行为，将安全管理行为固化为工作机制，将工作机制升华为安全管理理念，将安全管理念积淀成安全文化。

对企业安全文化建设效果评估方式的探讨

山西长平煤业有限责任公司　张文青

摘　要：随着我国国有企业改革步伐的不断加快，国企参与市场竞争的力度也越来越大，国企管理创新更是势在必行。习近平总书记要求：坚持社会主义市场经济的改革方向，核心问题是处理好政府和市场的关系，使市场在资源配置中起决定性作用和更好发挥政府作用。社会主义市场经济建设是改革开放的体制机制保障，而市场经济的一个重要特点就是企业文化建设。再加上全球能源市场激烈竞争的格局，这些都要求我们主动创新内部管理模式，以文化兴企，但实际上不少企业只停留在创造文化的浅层阶段。干部职工是否认可，是否真正反映了全员的行为习惯等，都是需要我们关注的核心问题，唯有建立正确的安全文化建设评估方式，才能摆脱为了建设文化而宣扬文化的怪圈。

关键词：国有企业改革；安全文化建设；效果评估方式

企业安全文化领域的一个常见问题是，核心理念都挂在了墙上，做的时候却是另外一回事，知与行成了"两张皮"，所以我们必须让"两张皮"变成"一张皮"，建立切实有效的文化建设评估机制，验证文化建设的各项措施、手段是否有效，并按照"PDCA"逻辑不断改进，实现管理水平的螺旋式上升。

一、企业安全文化如何转化成安全绩效

以山西长平煤业有限责任公司（以下简称长平公司）为例，其"两长"安全文化体系分为核心理念、基本法则、践行体系三大部分，每一个部分都在发挥作用，但最为核心的一点是"文化即业务"。在文化与业务的关系上，一般企业都会经历3个阶段。第一阶段，文化是文化，业务是业务，两者不太相干；第二阶段，文化促进业务，这个阶段里文化跟业务还不完全地合二为一；第三阶段，文化建设达到比较高的境界、阶段，文化即业务，两者是一体两面、合二为一的，文化是做业务的发心和方式，业务是文化的呈现和结果。

而长平公司的初衷就是，摈弃单一依靠刚性约束与监督检查的传统安全管理思路，拓展和升华安全管理模式，积极探索更高层次的文化管理模式。按照"服从—认同—内化"的过程推动安全文化建设，将安全管理从有形的刚性控制转化为柔性的自我规范，将安全理念由指令性的固化模式转化为人本性的自主意识，将安全行为由被动的机械操作转化为主动的创新创造，实现以文化推进管理、以文化管控安全，不断开创安全工作的新局面。

二、评估安全文化建设效果的具体路径

安全文化建设是否有效、是否走样、是否流于形式，评估的基本标准就是落实程度。抓落实，既是一种领导行为，也是一种重要的领导方法和安全文化建设的基本要求。落实是决策的生命，是加快发展、科学发展、和谐发展的关键。任何一项决策的实施、工作的推进和任务的完成，都是抓落实的结果。没有落实，再好的思路也是一纸空文，再理想的目标也难以实现，再正确的政策措施也不会发挥应有的作用。抓落实也要讲方法，一样的政策、一样的环境、一样的条件，落实的结果出现"两重天"的现象并不少见。

三、推进安全文化建设落实的主要抓手

（一）抓领导，领导抓

领导者不仅是决策的主体，更是抓落实的主体。因此，要充分发挥领导者在抓落实中的"第一推动力"作用，主要领导负总责，分管领导重点抓，主管部门集中抓，相关部门配合抓，干部群众支持抓，上齐下顺、同心同德、聚力合心。主要领导抓合力、聚群力。一要做到"四个支持"，即中心工作全面支持、重点工作全力支持、日常工作主动支持、棘手工作热情支持。二要做到"四多四少"，即少一点排斥与拆台，多一分理解和宽容，少一点挑剔与苛求，多一分坦诚和关心，少一点掩饰与冷漠，多一分真诚和热情，少一点牢骚与埋怨，多一分体恤和谅解。

三要做到"四个不因",即不因年纪大、资格老而忽视尊重、支持和友情,不因工作干得好而提过分的要求,不因困难矛盾多而影响工作,不因人际关系难处理而忽视主动交往。

（二）抓思想，思想抓

所谓抓思想、思想抓，就是要端正各级干部干事创业的思想，使之树立正确的政绩观，带着感情为人民群众办实事、解难事。没有正确的政绩观，就会偏离抓落实的正确方向，就会在抓落实的表象下损害群众的利益。要坚持把抓落实的出发点放到为党、为民造福上，而不是树立自身形象、为自己的升迁铺路；坚持把抓落实的落脚点放到办实事、求实效上，而不是追求表面政绩，搞华而不实、劳民伤财的"形象工程""政绩工程"；坚持把抓落实的着力点放到打好基础、立足现实、着眼长远上，而不是盲目攀比、竭泽而渔、急功近利。对人民群众有感情、善待百姓是干好工作、抓好落实的基础。只有带着感情抓落实，才会真正做到珍惜民力、集中民智、问策于民、造福于民、取信于民，进而使干部群众一心思发展、谋发展、促发展、抓发展。

（三）抓典型，典型抓

典型示范，解剖麻雀是老传统，也是一个被实践证明非常有效的工作方法。抓典型可以使人们学有榜样、比有参照、赶有目标。一个优秀的领导干部总是善于运用典型推动各项工作的落实。领导要站在全局的高度，结合中心工作，集中抓一些有影响、有带动力的典型。领导要切实做到"三个善于"。一是善于发现典型。要经常深入基层，深入群众，倾听群众意见，注意发现基层工作和人民群众中的闪光点，把最具有说服力和代表性的人和事挖掘出来。二是善于培养典型。对挖掘出来的典型，要进行扶持、引导，达到抓一点带一片的目的。三是善于推广典型。要及时做好典型经验的总结转化、解剖分析工作，形成思路，把典型的经验变成面上的做法。抓典型、典型抓要注意典型的适用性，不搞一刀切，典型一定要有血有肉、可学可敬。

（四）抓重点，重点抓

抓重点、重点抓，就是要求我们抓工作时要分清轻重缓急，正确处理一般、重点与重中之重的关系，抓好那些制约、影响、决定全局的主要矛盾和矛盾的主要方面。一是抓大事。要在统筹兼顾的基础上，集中精力抓要事，全力以赴攻难事，时刻把工作重点放在心上、握在手中，重点重抓，抓出亮点，抓出成效。要从事务圈子中解脱出来，抓住各项工作的"牛鼻子"，集中充足的人力、充分的物力、充裕的财力、充沛的精力进行重点解决。二是抓战略。要在吃透上情的基础上，对全局性的发展问题进行科学分析研究，拿出发展战略、推进战略、机动战略。三是抓关键。要善于在推进落实中权衡利弊、比较分析、总结得失，抓住决策落实中的关键问题，以卓有成效的新思路、新措施、新工作带动各项工作任务落实。

（五）抓具体，具体抓

抓具体、具体抓，就是要弄清具体情况、研究具体招法、分析具体变化、解决具体问题，关键是要求具体之真、务具体之实、增具体之效，切实做到"三个具体"。一是任务具体。要搞好任务分解，明确具体分工，责任落实到单位、具体到个人。二是标准具体。一个地方、一个单位、一个干部抓落实的成效怎样，归根到底要看他们的工作是否让人民群众满意。坚持这一标准，就要求我们经常深入到群众中去，用各种有效的方式真诚地倾听群众的意见，以实际成效取信于民。三是考核具体。要对从任务分解到任务完成的全过程进行监督检查和考核。在检查和考核过程中，既要发现、纠正问题，又要总结、推广经验。要建立和完善奖惩措施，表扬奖励先进，批评惩戒落后。

（六）抓反复，反复抓

抓反复、反复抓，就是持之以恒，在经常落实上下苦功、做硬功。认识的规律决定了我们抓工作落实不可能一步到位，必然有一个反复的过程，每经历一次反复，工作落实的程度就会更深一步。在工作落实中抓反复、反复抓，要始终保持"三股劲"：一是一抓到底的狠劲，二是一着不让的韧劲，三是一丝不苟的严劲。"三股劲"合一不断抓反复、反复抓，才能真正把工作推进到位。

（七）抓细节，细节抓

对企业安全文化建设而言，有了大战略、大思路、大决策之后，细节就至关重要了。所谓抓细节、细节抓，就是要以精益求精的态度，切实抓好牵连大事的"小事"和关系全局的"细节"，把小事当成大事来干，把小节当作大节来抓。不抓细，就成就不了大事；不抓细，小事就会影响大事；不抓细，工作就落实不到位。在抓落实的过程中，要正确处理"抓大事"与"抓小事"的关系，注重从细节抓起。对具体的工作，要见微知著，杜绝粗枝大叶，切忌好高骛远，严禁大而化之，始终坚持细、严、紧、实的工作理念。对工作落实的数量、质量、时限、进程等，都要根据实际情况进行严格的限定，使每一项目标都有工作班子、工作方向、工作标准，以确保落实效果。

（八）抓难点，难点抓

热点、难点问题是推进落实中难度最大、最敏感、最棘手的问题，也是安全管理中最大的制约因素。任何工作的落实，如果在难点问题上没有及时突破、在热点问题上没有有效掌控，那么抓落实就是一句空话。因此，热点难点问题的攻坚克难是抓落实的核心，更是领导者领导工作时必须着力抓的地方。各级领导时常遇到各种矛盾和问题的焦点，如果一个热点、难点问题得不到及时解决或解决不当，便会严重阻碍和影响整体工作的顺利进行。抓难点、难点抓，要在敏感、敏锐、敏捷上下功夫。在见事上要敏感，在思想上要敏锐，对落实中的各种问题反应要敏捷，善于"一叶知秋"。在抓工作落实上，要有战略性眼光，善于敏锐地捕捉、冷静地对待、妥善地处理热点、难点问题。要敢于迎难而上、敢于动真碰硬、敢于较真落实，不回避矛盾、不绕道而行、不推三阻四，迅速从发展中抓住主要矛盾的核心，抓住核心中的突出环节，突破一点，解决一片。

（九）抓超前，超前抓

所谓抓超前、超前抓，就是要牢固树立时间观念、树立进度观念、树立超前意识，保证工作目标如期完成、超前完成。提前谋划、尽早部署是被实践证明了的抓落实的有效方法。古往今来，施大计、办大事、谋良策，都体现了一个"早"字。凡事预则立，不预则废。推进一项工作、完成一项任务、办好一件实事，必须有超前性、预见性和前瞻性，不能推着走、干着看、议着干，"临时抱佛脚"肯定干不好。抓超前、超前抓，有一点至关重要，就是时刻把握工作进度，做到心中有数。对在落实过程中碰到的"卡壳问题"，要集中攻坚，扫除障碍。要说一句，是一句，句句算数；干一件，成一件，件件落实。

（十）抓制度，制度抓

抓制度、制度抓，就是要以制度和机制作保障，从根本上解决不敢抓落实、不想抓落实、不会抓落实的问题，使事有专管之人、人有专管之责、时有限定之期，形成全方位、多层次的督查落实体系，促进工作落实的科学化、规范化和制度化。没有具体的制度和机制、没有必要的检查和措施、没有完善的激励和约束机制，再好的愿望、再好的部署、再好的目标也会流于形式。要建立健全和完善有关制度，把责任、标准、进度层层分解，落实到人，奖章要挂在具体人的脖子上，板子要打到具体人的屁股上。要真正把工作落实与政绩考核、干部选拔任用结合起来，以实绩论英雄，把敢不敢抓落实、善于不善于抓落实作为评价干部的一个重要标准，旗帜鲜明地为想干事、敢干事、会干事的干部撑腰鼓劲，努力营造一种昂扬向上、干事创业的良好氛围。

电网企业安全文化建设探索与研究

国网山东省电力公司 陈 晶 王 博 张 立 肖文文

摘 要：随着科技的不断进步，人们生活水平的不断提升，社会各界对电力的需求逐渐增大，不管是工业领域，还是生活领域，都对电力系统提出了更高的要求。为了保证电力系统安全稳定和可靠运行，构建先进的安全文化体系就成为新时代电网企业健康、可持续发展的必然要求。为此，本文对电网企业安全文化体系建设措施进行了深入研究，以供大家参考。

关键词：电网企业；安全文化；路径；方法

电力行业作为国家公用事业、基础行业，在我国经济发展、社会进步，以及未来的可持续发展中起着重要作用。电力行业有五大特性，即实时性、系统性、科技性、高危性和社会性，这些属性决定了电力系统必须保证安全、稳定、可靠地运行。因此，构筑以"人人讲安全，公司保安全"为公司安全愿景的安全文化体系，对促进企业安全、健康发展具有极其重要的意义。

一、电网企业安全文化建设工作的现状

电网企业始终坚持安全生产方针和安全理念，强化安全生产管理与监督，系统推进安全文化建设，这一举措取得了阶段性成果，奠定了良好的工作基础。结合收集的资料及各项数据和调研过程，对照《电力安全文化建设指导意见》及优秀企业的实践经验后发现，电网企业安全文化还存在着不小差距："安全是文化"的思路未能达成普遍共识；安全文化的氛围尚未形成体系；各单位安全文化建设存在不平衡不充分、安全文化与安全生产"两张皮"的现象；安全文化"以文化人"的作用发挥不充分，直接表现在公司系统安全管理水平仍然不高，现场违章仍未杜绝，员工安全意识、安全行为、防范能力、安全习惯等还未完全培育。为此，我们需要进一步从更高目标、更高层级推动公司安全文化建设向系统性、高质量发展前进。

二、电网企业安全文化体系建设的重点

（一）转变观念，从思想和行动两方面高度重视安全文化建设

《电力安全文化建设指导意见》指出，"安全是文化"。安全文化是企业文化的一项重要内容，广大干部职工要充分认识安全文化建设对促进安全生产工作的重要推动和保障作用，转变观念，将安全文化建设与生产经营工作同部署、同推进，群策群力共同实现文化促进、文化强安。

（二）系统谋划，积极有序推进安全文化建设

安全文化建设非一日之功，需要按照《电力安全文化建设指导意见》指出的全面系统、整体协同、形式多样等三项原则，系统策划、稳步构建安全文化体系，努力实现文化建设从夯基垒台到示范引领的跨越进步。

（三）全员参与，共同营造安全文化氛围

全体干部职工既是安全文化建设的参与者，也是实践者。建设中要注重全面提高干部职工的素质和能力，通过持之以恒的企业安全文化建设来教育和引导广大职工筑牢安全底线、强化安全意识、规范安全行为，真正实现安全文化理念内化于心、外化于行，即渗透融入员工灵魂深处并表现在员工的日常工作习惯中。

三、电网企业加强安全文化建设的路径与方法

电网企业安全文化体系的建设模式，可从精神文化、安全制度、安全行为、安全环境4个方面入手。

（一）培育富有企业特色的安全精神文化

1.理论基础

安全精神文化是群体层面安全思想、情感、意志、信仰、价值观的总和。精神文化是安全文化的灵魂，是制度文化、行为文化和环境文化的基础，也是安全生产的精神指向。培育安全精神文化，强化政治引领、思想引导、风尚引航，可以形成全体职工共鸣共振的内在安全性格、外在安全风貌。

2.培育路径

（1）政治引领塑造安全文化红色内核。坚持人民至上、生命至上，深入学习习近平总书记关于安全生产的重要论述和指示批示精神，引导全体职工深刻领会"两个至上"的内涵，树牢安全发展理念，坚守底线、不碰红线，切实将习近平总书记关于安全生产的重要论述和指示批示精神转化为抓好安全生产工作的行动指南、强大力量、生动实践。

充分发挥党的政治优势、组织优势和群众工作优势，发动基层党组织和广大党员干部带头扛起安全生产的政治责任，以党员先锋模范带动全员安全履职尽责。深入开展"党支部书记在现场""党员带头不违章、党员带头查违章、党员身边无违章"等特色实践，深化党员责任区、党员示范岗等载体建设，推动党建工作与安全工作同频共振、融合创效。

（2）思想引导筑牢安全文化意识基础。各级党政主要负责人亲自动员部署，围绕安全发展方针政策、法规制度、辩证关系、教育培训、重点任务等讲授安全课，突出价值导向，引导各级人员在安全发展问题上始终保持思想清醒、意志坚定。

在办公室悬挂全家福、张贴亲人寄语、录制安全叮咛等方式，记录家属真诚的祝福、温馨的提醒，让每一名员工都能感到家庭的亲切与温馨，让员工把对家庭、对亲人的责任感转换为落实安全要求的责任和自觉，构建企业、家庭与员工个人安全共同体。

用好反向警示教育手段，通过集中观看警示教育片，开展"假如我是当事人"、实景式事故体验等主题活动，对典型事故、违章案例再剖析、再反思，帮助员工深刻体会事故、违章行为的危害性，引导员工知敬畏、明底线、守规矩，增强员工主动安全意识。

（3）风尚引航构建安全文化共建格局。全员参与是安全执行力的有力保障，它要求充分发挥员工参与安全管理的主动性，鼓励全员"吹哨"，自觉排查身边的安全风险隐患，积极提报安全合理化建议，及时制止身边的不安全行为，主动传播公司安全文化理念，汇聚全员智慧，凝聚安全共识。

发掘树立安全生产先进典型事迹和人物，收集一线故事，推广典型经验，弘扬先进事迹，提炼可借鉴、可复制的安全成果和经验，宣传展现勇担重担、敢打敢拼的精神风貌，树立为民服务保供电的良好形象，传播榜样力量。

（二）培育富有特色的安全制度

1.理论基础

如果把安全比作一条河，那么安全文化就是河床，制度标准则是河堤。安全制度是安全文化落地的有效保障，如果缺乏制度的土壤，安全文化就只能止于墙上和口号书册上，口号喊得再响也终究只是口号，落不到实处，无法对员工的行为产生影响。企业倡导什么样的文化，就需要有相应的制度做保障，并在制度中呈现企业的文化诉求。

2.培育路径

（1）健全制度体系。对照国家《安全生产法》等安全法律法规、国网公司《安全工作规定》等制度规范，全面梳理公司的制度标准，查找管理漏洞，消除安全盲区，按照全职责、全业务、全流程"三全覆盖"标准，建立现行有效的规程制度清单，明确关键环节的控制要求。坚持目标导向、问题导向、结果导向，持续增强制度的针对性、实效性、可操作性，发挥制度体系的作用。

（2）规范制度执行。各级领导人员带头学习、传达、落实上级部门的安全规章制度，带头研究、部署、推进安全制度建设，形成"用制度管人、按制度办事"的标准流程。加强安全制度落实情况监督，发现问题及时纠正，对执行不力、落实不好、问题突出的员工严肃处理、追责问责，督促员工主动落实制度管理要求，切实打通安全落实"最后一公里"。

（三）示范引领安全行为

1.理论基础

安全行为是指在精神文化的指导下，人们在生活和生产过程中的安全行为准则、思维方式、行为模式的表现，即人的行为都必须遵守规范和原则。行为层既是精神层的反映，又对精神层产生影响。企业行为规范的建立和执行，应充分体现安全承诺，不得违反安全承诺内容。对于电力企业而言，各级领导者、管理者和员工都应该牢固树立安全理念，切实增强安全责任意识和风险意识。

2.培育路径

（1）坚守行为规范。就各层级行为规范而言，领导干部要做好尚谋、尚导、尚实，即统筹全局、善于引导、勤政务实；管理人员要能当、能备、能登、能同,即独当一面、全程防控、敢于创新、联防共保;基层员工要做到从严、从实、从精、从细,即做到严守规程、实事求是、操作精准、细处着手。

(2)制定有效措施。就各层级细化落实安全行为措施而言,领导层要通过落实"带头实践、决策领导、本质安全、善于倾听、合理质疑、持续提升"六项措施,强化行为落实。管理层要通过落实"示范推进、建立制度、持续改进、风险管控、奖惩并举、沟通协作"六项措施,强化行为落实。执行层要通过落实"理解实践、持续改进、生命无价、安全习惯、遵守制度、四不伤害"六项措施,强化行为落实。

(四)营造和谐安全环境

1. 理论基础

安全文化是实现安全生产的灵魂,而稳定健康的安全环境是企业安全文化落地的关键要素。倡导安全文化的目的是创造更加安全健康的生产环境和工作氛围,通过安全环境营造和安全文化熏陶,让安全文化理念内化于心、外化于行,进而让员工增强安全意识,改善安全行为,提升安全能力。

2. 培育路径

(1)打造安全文化"硬环境"。开展公司安全文化建设,需要将公司安全管理的各种特色做法和典型经验展示出来,夯实安全文化"硬环境",这是一种潜移默化的安全文化植入方式,公司安全形象首先要从打造一流的内部安全环境展开。一是专门打造与公司安全理念相适应的安全文化阵地,二是营造井然有序的工作环境,让员工充分享受工作环境带来的秩序感与融入感,进而促进工作现场安全。

(2)提升安全文化"软环境"。加强安全文化建设,不仅要强化安全硬件设施建设,也要着力安全"软环境"建设,着力加强思想教育,改善职工安全心智,着力打造亲情安全文化,在安全文化建设中注重发挥"慈母心、夫妻爱、手足情、子女盼"的独特作用,把亲情融入安全文化之中,建立良好的、系统化的传播渠道,选树典型、多措并举促进员工增强安全意识,推动"要我安全"到"我要安全"的转变,进而丰富安全文化载体,促进安全文化传播,打造安全文化品牌。

"观乎天文,以察时变;观乎人文,以化成天下。"电力企业安全文化的积淀绝非一朝一夕,但安全文化一旦形成,则可对企业的安全生产工作产生长久、深厚、可持续的促进功能。也只有当企业安全文化建设走上健康的快车道,电力安全文化评价标准和相关管理制度进一步完善,电力企业才能真正探索出高质量、高水平、高技术的安全文化建设实践,借安全文化传播安全理念,营造安全文化氛围,真正实现"以文化促安全,以安全促稳定,以稳定促发展"的格局。

四、结语

建设安全文化体系,涉及领域众多,影响深远。在时代进步、科技更新的大背景下,人们对电力的需求不断增大,而且标准也逐渐提高。加强电力企业管理,要从各方面入手,要严格按照规章制度,健全安全文化建设组织体系,建立健全工作长效机制,创新载体、注重实效,营造浓厚的安全文化氛围,提升安全文化软实力,实现公司和员工的本质安全。

参考文献

[1]刘铁民. 应急体系建设和应急预案编制 [M]. 北京: 企业管理出版社,2004.

[2]李爽,曹庆仁. 煤矿企业安全文化影响因素的实证研究 [J]. 中国安全科学学报,2009,19(11): 37-45.

[3]张恩波,张永钢. 宁钢安全文化建设与管理实践 [A]. 浙江省安全生产论文集 (2018). 杭州: 浙江工商大学出版社,2019: 345-350.

[4]常云海. 企业安全文化建设体系构建研究 [J]. 化工安全与环境,2015(01): 15-17.

[5]邱成. 安全文化的发展回顾及探讨 [J]. 安全,2017,38(6): 1-4.

[6]王凌虹. 企业安全生产标准化与安全文化建设结合实施模式探讨 [J]. 中国安全生产科学技术,2013,9(04): 161-165.

[7]姜伟. 浅谈安全文化在安全生产标准化工作中的体现 [J]. 石化技术,2018,25(09): 214.

[8]郭成栋. 企业安全文化发展阶段模型研究 [J]. 现代商贸工业,2013(24): 144-145.

"四化四促"筑牢朔黄铁路公司安全金鼎

国能朔黄铁路发展有限责任公司机辆分公司 周鹏飞

摘 要：本文对国能朔黄铁路发展有限责任公司机辆分公司（以下简称机辆公司）在安全文化建设过程中取得的成果进行了深入探讨和研究。机辆公司坚持"安全第一，预防为主，综合治理"的安全方针，通过不断完善各项规章制度，建立健全全员安全生产责任制、安全操作规程及岗位安全培训，牢固树立了生产岗位第一责任人意识。

关键词：安全文化；重载铁路；人员管理；制度建设；宣传阵地

机辆公司作为我国西煤东运铁路大通道——朔黄铁路的"火车头"单位，主要承担着朔黄铁路上的重要运输任务，负责交/直流电力机车、内燃机车的运用、维修管理和各机务联合运输单位机车的综合管理。在如此复杂的运营环境中，安全文化的建立和推广显得尤为关键，它不仅能提升安全管理效率，还能降低事故风险，保障员工生命安全。机辆公司通过实践，使国内重载铁路领域首次尝试将安全文化建设纳入企业运营之中，该实践具有重要的示范意义和推广价值。

一、聚焦"可视化"，促进理念认知

（一）加强宣传

机辆公司将安全文化建设融入日常工作中的每一个环节，针对不同季节的特性，有针对性地开展了防寒和防汛知识竞赛，推动员工积极学习并实际应用安全知识。此外，机辆公司在每年6月的安全生产月定期举办系列安全活动，通过主题活动的形式，让全体员工参与其中，深化对安全生产的理解，确保安全知识得以内化为员工的实践技能。

（二）贯穿新媒体

通过网络平台、安全小课堂，机辆公司定期发布安全知识和普及安全文化，系统进行安全文化宣传，使得安全不单是印于纸上的一条条安全制度，而是变成了一个个鲜活的事例和视频，不但让员工增强了对安全工作的信任、加大了对安全工作的投入，也提高了企业安全文化宣传的效果，为企业的安全文化建设注入了新的活力。

（三）营造安全警示环境

"人民至上，生命至上""安全第一，预防为主，综合治理"，这些安全警示标语延伸到了生产现场。机辆公司安全大道上展示的62幅员工自创的安全漫画、颜色分明的安全风险区域，强烈地提醒着员工保障安全的重要性，警示着员工作业规范的重要性，有效地促进了生产一线的安全。

一系列安全文化建设与宣传，促使员工将安全理念渗透到日常生活之中，让每一位员工都能从内心深处去感受，并将安全意识深深地烙印在自己的心中，为企业的长远发展奠定坚实的安全基础。

二、打造"重载化"，促进行业融入

（一）细化安全红线

机辆公司努力打造国内独一无二的"重载特色"安全文化建设阵地，保障重载列车的安全运行，更好地发挥能源保供的"压舱石""稳定器"作用。为保证两万吨列车安全运行，机辆公司认真梳理并细化了安全红线，形成了包含133个项点的《两万吨重载列车机车故障安全导向清单》。以创新驱动安全生产为主题，积极开展了重载列车动力学、重载列车操纵、乘务员教育培训及重载列车安全管控等方面的技术研究，化解重载列车存在的安全风险，不断提高重载列车运行品质。

（二）融入重载安全理念

机辆公司以"我因重载而生，重载因我而升"为发展信念，组建了两万吨平稳操纵技术攻关组，积极探索列车运行规律，不断创新操纵方法。为便于乘务员快速掌握新的操作方法，机辆公司将操纵要点编制成"两万吨操纵歌"，加快乘务员的培养；不断优化两万吨列车操纵办法，将列车操纵推向模式化、精细化，使两万吨列车长大下坡道区段车钩平均受力控制在 1000 千牛以内，为公司的重载列车安全开行奠定了坚实的基础。

（三）严格重载安全培训

针对重载列车乘务员梯队培养，机辆公司严格执行重载乘务员培养管理办法，遵循"先从控后主控，先空车后重车"的原则进行列车操纵练习，并对每一趟列车操纵进行考核评价，倡导"能者上、庸者下"的理念，提升两万吨乘务员驾驶重载列车的安全性和专业性。

机辆公司通过不断地创新和实践，将安全重载文化融入运输生产，创造了重载列车零事故的好成绩。其重载特色安全文化建设经验和建设方法对于全国乃至全世界的铁路重载运输安全管理提升都具有重要的启示和借鉴意义。

三、实行"制度化"，促进习惯养成

（一）标准化体系建设

面对复杂多变的生产环境，机辆公司以完善的安全标准作为保障安全生产的基础，这不仅对安全生产标准化体系建设的长足发展予以了支持，更是全体员工深化安全生产实践的根本。

机辆公司秉着坚持"标准到位、责任到位、执行到位、考核到位"的管理原则，完成了《安全生产标准化（第二版）》的修订工作，同时邀请外部专家进行专业评审，以增强其实用性和科学性，使各生产各环节严格遵守相关的安全生产法律法规和标准规范，减少了不确定性和人为错误，使标准化体系能够更好地指导生产活动，使分公司的安全生产基础更为坚实，管理水平得到了进一步提升。

总体来看，机辆公司建立健全安全生产标准化体系，不仅深化了安全文化建设的实践，更实现了安全生产和安全文化建设的深度融合。安全文化不再仅仅停留在口号和理论层面，而是通过具体的标准化体系，真正融入了每一个生产环节，影响着每一位员工，成为推动安全生产不断前进的动力。

（二）实施双控机制

双控机制，即风险分级管控和隐患排查双重治理机制，是机辆公司在安全管理实践中的核心措施，也是安全文化建设中的重要环节。一直以来，机辆公司在人、机、环、管 4 个方面开展危险源辨识及风险分级管控。2023 年，该公司针对通用设备、机务维护、房屋建设、给排水系统、供暖设施、食堂运营、公寓管理及汽车驾驶等 8 个具有不同程度风险的工作任务进行了专项风险识别。在识别过程中，分公司对每一项风险可能导致的后果和发生的可能性，进行了精细的风险评估，以严谨科学的态度，划分出重大风险、较大风险、一般风险和低风险 4 个等级，辨识出各类风险 551 项，分别制定对应的风险控制措施。这一系列的风险管理工作，对分公司在安全管理的精细化和科学化方面具有重要意义。

（三）加强承包商管理

承包商管理一直是安全管理的薄弱点，频繁发生的安全事故暴露出对承包商进行安全管理的关键性和紧迫性。机辆公司在安全文化建设的实践中，将承包商管理视作整体安全文化体系的重要环节。为深入推进承包商安全文化的全面覆盖，实现承包商管理精细化、系统化，机辆公司专门制定了一套翔实的承包商安全管理手册，该手册主要涵盖了相关国家法律法规和 5 项安全管理办法，涉及 5 个章节的施工安全管理要求，并包含 17 份相关安全管理附件，其中就包括特种作业审批等重要文件，为承包商提供了明确、精细的安全操作和管理指引。

这一系列的规章制度和详尽要求，保障了承包商在施工过程中的安全稳定，同时也将机辆公司的安全文化建设成功地延伸至承包商管理，展现了该公司对安全生产的坚定决心和系统治理的能力。

四、实行"表单化"，促进安全认同

（一）以行为信条架起安全桥梁

为基层一线班组、所队设立"一卡一表一单"，引导员工将安全责任落实"到岗、到人、到位"，固化员工行为，促进员工安全习惯养成，确保安全生产的过程管控行为目标一致、可量化评价。"一卡"即《安全任务卡》，将各基层所队的安全目标分解成各项具体的安全任务，细化到各个岗位，让指标分解落实到具体责任人。"一表"即《安全习惯行动表》，针对各个岗位的安全任务，每个人制定自身的安全习惯行动表，将行动落实到人。"一单"即《安全之星表彰单》，每季度末针对员工安全习惯行动表的践行情况进行综合打分，将每季度综合得分前三的员工列入《安全之星表彰单》的名单内，并给予表扬。

（二）以深度融合转变安全行为

组织各基层党组织针对安全文化提升、风险管控、违章整治等业务领域存在的问题，给安全生产提出"金点子"。开展载体建设服务安全生产，组建镇威彝革命老区扶贫攻坚党员突击队、重点工程建

设党员突击队、党员服务队，通过党建与生产相融合来确保重点工程提前建成投产。

（三）以价值认同增加安全"温度"

以徽效尤，基于现场作业多、技能要求高的特点，提炼"工作要安全，两票是关键""上有老，下有小，事故一出全完了""停电验电接地线，保命措施最关键""省事作业简一时，赶时作业误终生"等朗朗上口的安全警句，将统一的价值理念转化为具体的安全提醒。以情动人，从个人、家庭、企业等角度出发，营造"我要安全"的浓郁的安全生产工作氛围，使全体员工在意识上、理念上同频共振，提高员工对企业文化理念和各项工作要求的认可度、一致性，实现员工对安全理念的认可认同。

五、取得成效

"思想转变＋行为改善＝神美"。通过安全文化宣讲、安全文化上墙、特色活动牵引等多种形式，员工的安全意识得到强化，员工真正认识到了安全的重要性，实现了从"要我安全"到"我要安全"的转变。此外，着力推进价值理念、文化宣贯、行为信条在机辆公司的具体落地，形成了上下统一的思想认识和价值取向。

"固化行为＋队伍建设＝形美"。通过岗位胜任能力评价、安全技能培训、制定团队目标、个人习惯行动表等方式，安全理念被细化为可量化的行为标准，员工的安全行为变成行为习惯、形成肌肉记忆，学习意识从"被动"向"主动"转变，技能水平从"不会干活"向"干好活"转变，现场作业从"习惯性违章"向"规范化作业"转变。整个公司初步形成了"人人讲安全、事事为安全、时时想安全，处处要安全"的良性工作局面，员工的行为改善和习惯养成得以实现，切实提升了机辆公司员工队伍的整体素质。

"入心入行＋执行建设＝绩优"。2022年，由机辆公司安全质量监察室牵头的安全文化建设领导小组正式挂牌，领导小组编撰的《安全文化手册》评审通过，并印刷成册。2023年4月10日，机辆公司荣获"全国安全文化示范企业"称号。自安全文化建设以来，机辆公司取得的成果较为显著，以2023年上半年为例，共发现处理各类隐患1094件，同比增加397件；发生机车故障12件，故障延时398分钟，占全年控制目标的21.1%，较去年同期减少9件，故障延时减少120分；杜绝了责任铁路交通一般C类及以上事故、责任员工死亡事故、火灾爆炸事故、公共突发事件，截止到2023年4月30日，实现安全生产6281天。

供电企业"一制五化"五星同心安全文化建设与实践

国网山东省电力公司宁阳县供电公司　徐　涛　樊海吉　赵爱云

摘　要： 安全文化作为企业文化的重要组成部分，是引领企业高质量发展的根基和动力，是实现企业安全生产长治久安的制胜法宝。建立"一制五化"五星同心安全文化体系，可充分发挥文化的激励、导向、凝聚、辐射功能，形成全员认同并自觉执行的良好局面，实现"人人讲安全、公司保安全"，促进企业安全管理水平提升。

关键词： 安全文化；"一制五化"；全员认同；安全管理

习近平总书记强调，文化自信是一个国家、一个民族发展中最基本、最深沉、最持久的力量。国网山东省电力公司宁阳县供电公司（以下简称国网宁阳）严格执行国家安全生产法规、国家能源局安全生产要求，始终坚持"和谐、守规"的核心价值理念，"安全第一、预防为主、综合治理"的安全生产方针，"安全于责、预防于微、治理于严"的安全管理理念，"交泰咸宁、至安臻阳"的安全愿景，创新性地建立了"一制五化"五星同心安全文化体系模型，全力化解安全风险，为推动公司安全治理体系和治理能力现代化提供了价值引领力、文化凝聚力、精神推动力。"一制五化"五星同心安全文化体系得到行业高度认可，国网宁阳先后荣获"全省电力行业安全生产先进单位""全国安全文化示范企业""全国'安康杯'竞赛优胜单位""中安协班组委优秀成果"等多项荣誉。

一、"一制五化"五星同心安全文化体系内涵

"一制"即"安全责任制"，聚焦安全管理顶层建设，旨在形成"全岗位、全过程、全周期"的安全责任意识。

"五化"即"亲情化、标准化、多元化、信息化、示范化"五个维度，聚焦安全文化基础建设，旨在提高安全基础水平，增强安全管理质效。

"一制"与"五化"相辅相成、相互贯通，"一制"是"五化"的核心源动力，"五化"是"一制"的体系支撑，一体五翼，五级联动，协同发力，由内向外辐射能量，由外向内凝聚合力，共同营造稳定的安全文化环境（图1）。

图1　"一制五化"五星同心安全文化体系模型

二、"一制五化"五星同心安全文化建设实践

（一）落实"责任制"，构建安全管控保障体系

1. 修订安全责任清单，健全安全责任制度

按照"每年一小编，三年一修编"原则，高质量完成45个机构、541个岗位的安全责任清单修编，完善安全管理体系建设。夯实领导班子"两个清单"（安全生产责任清单、安全生产工作清单），开展领导和中层干部安全履职晾晒、手抄安规等活动，强化全员履职尽责。

2. 推行"一把手带头讲安全"，细化安全管理任务

实施"开门讲安全"制度，一把手带头讲授"开工第一课"。推行"安全生产每月一讲"，安委会成员轮流讲解专业安全管理情况、安全工作计划。建立安全生产责任制，政府与公司、公司与各单位层

层签订安全责任书。

3.建立安全生产检查制度，强化安全排查治理

建立安全生产检查制度8项，严格落实"重大事故隐患排查专项行动"，全量隐患纳入"一个库"管控。创新"管理、责任、监督、保障"四个工作体系，健全"横向到边，纵向到底"的排查体系，促进安全管理精细化、规范化。

4.创新安全管理体系，增强风险辨识能力

创新建立HSE安全管理体系，遵循策划（Plan）、执行（Do）、检查（Check）及行动（Action）的PDCA闭环模式（图2），通过"关口前移"安全管理机制，完善"事前两道关、事中三把锁、事后两回顾""232"模型管控外包外协队伍控制策略，不断降低作业风险，促进企业安全发展。

图2　PDCA闭环模式

（二）巩固"亲情化"，打造安全管理特色模式

1.积极开展"安全知识进家庭"，凝聚安全作业力量

开展安全知识进家庭活动，家属督促员工熟记安全知识。组织家属参加员工班前安全宣誓、观摩重大工程施工现场，定期召开家属座谈会，安排家属观看安全警示片，警示员工遵章守纪，在员工家庭营造相互支持的浓厚氛围。

2.积极开展"亲人寄语"四个篇章，发挥安全警示作用

开展"亲人寄语"活动，划分"父母的嘱托""爱人的叮咛""孩子的期盼""员工的承诺"四个篇章，把亲情、关爱融入整个安全文化，引导员工充分认识自身对企业和家庭的重要性，形成职工、家属、企业共保安全的良好局面。

3.积极开展"家庭助安"，营造安全生产氛围

精心制作家庭"安心卡"和"安全护身符"，组织237对夫妻签订了《安全文化进家庭承诺书》并签署家庭寄语。通过抓学习、抓宣传，形成浓厚的

家庭安全氛围，涌现出一批夫妻"学安全标兵""学安全状元"。

（三）落实"标准化"，提高现场安全管理质量

1.实施"双重管理"新型模式，提升安全生产能力

大力培育"严细实新"安全文化，实行专职安全员所在单位和安监部"双重管理"新型模式；深化应用"两有六全"智慧型安全生产风控平台，实现作业全程有监督、关键节点有许可、作业计划全在线、队伍人员全准入、安全监督全覆盖、现场作业全可视、风险隐患全管控、应急预警全感知。

2.实施"党建+安全"创新活动，凝聚攻坚强大合力

创新实施"党员就是安全员"主题实践，开展"一树四带七个一"载体活动，即树立党员安全一面旗，党员带头遵章守纪、带头提醒不安全行为、带头制止违章、带头发现处理隐患，开展一次主题安全党日活动、讲授一次安全党课、举办一次安全巡回授课、划分一个党员示范区、建立一个党员安全岗、提出一条安全建议、设立一项党员防违章专项奖。

3.实施"四不两直"安全督查，强化刚性执行能力

常态开展"四不两直"安全检查，综合运用"现场+远程"双督察，推行违章"交警式"刚性管理，确保"作业全程有监督"，杜绝严重违章；加强责任清单滚动修订和执行评价，与"教育培训、专业管理、监督检查、奖惩考核"相结合。

（四）服务"多元化"，积极践行社会安全责任

1.安全文化"进机关"，做大"专家化"服务队伍

开展"安全文化+安全案例"专题交流，不断提高机关人员安全素质。结合专业特长和区域特色，依托"专家化"服务活动，做大"专家化"服务队伍，提升服务创新的主动性，着力打造安全特色机关文化。

2.安全教育"进校园"，做好"定向化"服务内容

组织126名专业人员到学校开展隐患排查和安全教育，发放安全用电三字经，每年组织宁阳实验小学、现代小学等学校学生参观公司安全文化展厅，到施工现场接受安全培训，实现安全用电"教育一个学生、带动一个家庭、促进整个社会"的良好效果。

3.安全业务"进企业"，做实"精准化"服务责任

成立14支"彩虹共产党员服务队"，开展"电

保姆"星级服务,为大客户建立"一对一、点对点"专项服务机制。在安全工程中提供"前期上门、中期跟踪、后期回访"服务,实现安全流程高效畅通。按照安全业务分类建立安全网络群、隐患排查群、风险监控群,为客户提供故障报修、业务咨询等一站式服务。

4. 安全走访"进农村",做优"走心化"服务帮扶

加大农村电力设施改造力度,设立安全文化墙,发放《农村安全用电读本》。每年坚持"入户检查",帮助整改隐患 786 项。结合"善小"志愿行动,建立"留守儿童""留守老人"档案 65 个,开展入户走访、义务帮扶、节日慰问活动,创造良好的安全用电环境。

5. 安全检查"进社区",做亮"套餐化"服务特色

一是上门服务安全餐。建立健全客户档案,定期开展用电设施、应急电源等安全检查,将客户信息核查与安全检查融合推进,发现隐患及时协助整改。二是排忧解难助力餐。组织党支部到人员密集广场集市设置宣传台,讲解安全用电常识,零距离开展贴心服务。

(五)推广"信息化",提升安全生产科技水平

1. 依托"五大环节",推进安全管理信息化建设

持续加强"人、机、料、法、环"五大环节建设,提炼"内化于心、外化于行、固化于制、融化于情"的安全实践,建成高标准安全文化展室;公司领导、专业管理人员践行"现场+远程视频"双督察,实现了对设备重点部位、检修施工现场 24 小时不间断监控,提升了科技防护和安全操作水平。

2. 依托智能模块,提升安全业务信息化水平

在无人值守变电站安装电子围栏,提高了变电设备监控水平;广泛使用智能安全工器具库房,提高安全工器具使用标准和管理水平;应用安监管理一体化平台,有效整合了各项安全管理工作模块,实现了安监业务信息管理制度化、规范化、专业化。

3. 依托电子监控,强化安全场所信息化标准

建成高标准应急指挥中心,为防范和应对大面积停电、自然灾害等突发事件提供坚强保障;实现公用车辆 GPS 监控,全天候全方位对车辆行驶路线和速度进行监测,有效保证了行车用车安全。

(六)引领"示范化",巩固安全文化建设成果

1. 建立经验交流活动,增强员工安全意识

积极开展安全文化建设经验交流活动,与泰安圣奥化工有限公司建立长效交流机制,强化了员工安全意识,实现了员工"要我安全"到"我要安全"的思想转变。

2. 发挥安全展室作用,实现企业和员工"双赢"发展

充分发挥安全文化展室作用,形成以保障力、管控力、执行力、凝聚力、学习力、亲和力"六力体系"为内容的安全预控体系,将人企同心、干群同心、人人同心的"三同"理念和亲人寄语、亲人关爱、亲人监督的"三亲"理念融入安全管理工作中,提炼出员工、妻子、父母、子女"四位一体"的安全管控模式,形成了一套全员参与安全机制(图 3),实现了企业和员工"双赢"发展。

图 3　全员参与安全机制

3. 优化安全文化体系,发挥示范和引领作用

不断创新安全文化体系,总结典型经验做法,推广安全管理理念,每年自查安全文化体系落地措施、激励执行情况。2017 年,国网宁阳荣获"全国安全文化示范企业"称号,2021 年通过国家级复审,2020 年荣获全国"安康杯"竞赛优胜单位,公司班组安全管理法获评中安协班组委优秀成果,为各行业安全文化建设发挥了示范和引领作用。

三、结语

国网宁阳通过"一制五化"的建设培育了供电企业特色安全文化,将安全生产工作提升至安全文化建设,将安全文化素养转化为守规实践,将守规行为贯穿于风险管控、隐患治理和现场作业全过程,深化凝聚安全文化渗透力,形成强大安全文化融合力,不断提升安全文化影响力,以安全文化建设夯实安全生产基础,为公司高质量发展提供文化源泉。

参考文献

[1] 张运东, 王春娟, 薛红, 等. 国家电网有限公司安全文化建设指引手册 2023[M]. 北京: 中国电力出版社, 2023.

[2] 王凯. 以人为本构建人身安全立体防线 [J]. 电网安全技术, 2022, 24(06): 76–78.

"信息化＋五化"融合模式助推中建安全文化提升

中建数字科技有限公司　鲁　健　孙辰光　王晓宏　乔　佳　韩　楠

摘　要： 随着建筑行业的快速发展，从业人员数量急剧增加，安全管理形势日趋严峻，安全监管人员、劳务作业人员的安全意识亟待增强。在此背景下，本文重点介绍了中建数字科技有限公司（以下简称中建数科）如何构建"信息化＋五化"融合模式，助推企业安全文化建设，从而增强从业人员的安全意识，提升企业安全管理水平。

关键词： "信息化＋五化"；安全文化建设

中建数科坚持以集团信息化专业规划为指引，在高质量完成中建集团"136"工程建设的基础上，重点聚焦"智慧＋"产品、平台服务及软件开发、云计算及数字化服务、智能装备、信创业务、咨询规划等核心业务板块，持续积聚高端人才、培育核心技术、打造成熟产品，塑强企业品牌，实现可持续发展，为中国建筑实现"一创五强"目标贡献专业力量。

在安全文化建设上，中建数科深入贯彻习近平总书记关于安全生产的重要指示精神，牢固树立红线意识，坚持"安全第一，预防为主"的方针，落实企业安全主体责任，不断强化隐患排查治理，构建了"信息化＋五化"线上、线下双体系融合发展的安全管理模式，实施安全文化建设"规范化、标准化、清单化、信息化、可视化"双体系建设，强化安全责任落实、信息平台建设、安全风险防控等重要工作，推动了企业安全管理能力持续提升。

一、信息化助推安全文化建设规范化

建立信息化中建智慧安全平台以及建立安全文化阵地，构建规范的安全文化体系。一是充分发挥信息化平台的资源整合优势，将自主学习、知识搜索、教育培训融于一体，重点提供专业化、全面化、智能化的安全知识学习内容；二是及时了解行业动态，掌握安全监管最新管理要求，信息化平台为企业管理层、操作层提供定制化安全学习内容；三是信息化平台为公司提供专业化、定制化的专业学习培训资源，包括法规解读、标准规范、制度文件、安全强音、警钟长鸣、继续教育等六大内容；四是根据实际需求在信息化平台提供调整分类功能，制定

安全文化体系建设实施方案，同时在试点单位由专家及技术小组成员现场一对一指导，确保试点单位建设扎实推进；五是以试点单位建设经验为参照，公司全面开展安全文化建设，以此推动公司实现安全管理规范化。

二、信息化助推安全体系管理标准化

1. 按照"横向到边、纵向到底"的管控原则，全面落实安全分级管控责任

横向到边，每个层级对应相应的设备、工艺、消防、物料、外协管理人员，定期进行风险管控措施落实检查及隐患排查。对照指导手册、作业活动清单及设备设施清单，按照标准，从人、物、环、管4个方面，采用定量评价法及定性评价法，全面开展危险源辨识评估和定级，辨识风险点和危险源，层层落实安全管控责任。

纵向到底，公司严格执行"党政同责、一岗双责"的要求，认真落实领导班子及管理处室包片督导检查工作，依据风险等级纵向对应划分公司、生产厂，加强安全体系标准化建设。

2. 打通信息屏障，实现数据共享

一是打通集团和下属各企业、各项目之间数据的屏障，通过业务数据电子化，信息实时传递，落实监管目标，实现集团层面与项目管理者信息沟通的扁平化监管；二是实名制管理，将安全施工、安全管理等数据实时上传至平台，平台将信息整理归类，统一管理；三是监管人员根据监管权限配置平台各不同参数的报警触发条件，通知相应管理人员，实现不同部门的智慧安全预警和科学执行决策。

通过智慧安全预警、智慧决策执行及图像人工

智能技术,实现平台业务信息智能采集分级、危险信息预警、智慧处理,最终形成以新技术为核心的全新主动监管方式,将监管工作从局部的、被动的抽查变为全局的、主动的监管,做到了事前预警、事中控制和事后总结,实现了信息化助推安全管理标准化目标。

三、信息化助推安全隐患管理清单化

中建智慧安全平台提供网格化安全管理数字平台,解决重大安全风险辨识不到位,风险防控措施交底不明,风险点位巡查缺失,风险巡查责任不清、要点不明等突出管理问题。

1.网格化安全管理单元,形成安全风险巡查责任清单,突出管理要点

网格化安全管理以"划网格—识风险—定标准—录信息—布点位—查风险—除隐患—促履职"为主要管理步骤,旨在突出重点、明确责任,畅通风险分级管控和隐患排查治理双重预防机制,做到安全风险全面辨识、风险点位全面覆盖、重点部位全面巡查、问题隐患全面整改。

2.创新安全检查监管方式,信息化提高企业安全生产水平

机械化换人,自动化减人。搭建智慧安全平台,部署物联网传感器、AI高清摄像头、自动化数据分析模型等,以机械化的生产代替人工作业、以自动化控制减少人为操作,实现隐患自动识别、风险预警、报表自动生成等功能,大幅提高企业安全生产水平。

四、信息化助推安全学习管理机制化

1.建立学习激励机制,激发员工学习热情

中建智慧安全平台为每一个板块的学习和阅读设置了积分机制,并且提供不同层级的积分排名,通过自主选择不同层级的组织关系,实现了查看积分和导出不同单位、项目部管理人员学习积分的详细表格,为各单位掌握本单位人员的学习情况提供便利。根据积分情况,设计了在线奖励机制,按照人员的积分情况,可以将本人的学习积分兑换为购书优惠券、阅读有偿资源的代金券等奖励物品,通过学习激励机制激发广大员工的学习热情。

2.实施考核评比机制,确保全员学习目标落实

一是制定学习目标,要求一线作业人员每周至少三天有学习记录,每月至少十五天有学习记录。二是借助中建智慧安全平台中的安全指数板块,对人员学习情况进行考核。每周对个人、项目开展考核并生成个人、项目安全指数,并对相关人员和项目进行考核评比,每月生成公司、工程局安全指数,对相关单位进行考核评比,对学习情况良好的单位进行表扬,对履职不到位的个人、项目、公司、工程局进行通报批评。

五、信息化助推安全文化学习主动化

中建数科于2020年12月完成"学习强安"核心功能版块的开发,并在部分项目进行试点;2021年3月在中建一局发展公司、中建三局北京公司所有施工项目启动公司级试点;2021年12月,正式启动中工程局级上线应用;截至2023年,中建智慧安全平台已经在中建一局、中建二局、中建三局、中建四局、中建五局、中建六局、中建七局、中建八局、中建新疆建工、中建科工、中建交通、中建安装、中建港航局、中建装饰、中建科技、中建国际、中建西勘院、中建西南院共计18家局级单位上线应用,覆盖全国所有省份10000多个在建项目,1500多个公司、分公司等层级的管理部门,用户总量近20万人,日活跃用户数达到10万余人。

当前"学习强安"资源库由中建集团和中建下属公司共同进行维护,有效收纳全集团优势学习资源,包含了安全头条、安全强音、法规标准、制度文件、警钟长鸣、继续教育等多个子板块,涵盖了行业最新安全资讯,提供了最专业的标准规范和制度文件,收纳各类学习资源超过10万余项,学习课时超过100万课时,学习资料超过10T,呈现了最全面的安全培训资源,集成的智能搜索引擎实现知识快速查找,致力于打造一站式学习服务平台,有效强化了人员的安全意识和安全业务能力,真正实现了"我安全、你安全、安全在中建"的目标。

"学习强安"模块内容丰富。一是提供了安全新闻头条和安全类重要领导人讲话及会议精神等重要内容,管理人员在第一时间可以了解安全管理的最新要求;二是提供了视频教育学习和讲义相结合的立体化培训资料,使用者可以在线进行留言,对课程中的问题和发布者或者讲师进行直接沟通,随时解决学习中存在的问题;三是整合了安全警示教育视频《防线》系列视频、安全事故新闻报道、安全事故动画解析、事故调查报告等内容。通过观看安全事故案例,大家及时了解管理过程中各类隐患的管理重点及措施。

中建智慧安全平台提供了综合性学习资源，切实解决了使用单位对于安全学习的需求，实现了信息化助推安全文化学习主动化。据线下统计，2023年使用单位的人员主动安全知识学习率从最早的2.8%提升至85%，一方面是由于平台资源的不断补充，切实解决了试点项目的使用需求，另一方面是"学习强安"版块的优势吸引了使用者逐步从其他学习途径转向中建智慧安全学习平台，目前平台使用者学习积分累计高达300万分，各类资源的浏览时长高达200万小时，折合至使用单位，平均每人学习时间达到了500小时，这是以往通过现场授课及各公司分散组织开展学习所达不到的。在调研中发现，使用单位项目部对安全警示案例的使用率大幅提升，原来在编制各类安全员的过程中，手边安全警示案例的资源不足，造成对各类施工过程的安全管控预估不足、制定的安全应急预案及施工方案中存在诸多漏洞、管理人员的安全意识不足等问题，通过学习平台的资源学习过程被逐步改善。

六、建设成效

中建数科通过整合中建集团优势资源，建立中建智慧安全平台，为所有人员提供了高品质学习资源。通过制度要求相关人员达到一定的学习频次，同时通过安全指数考核人员的学习积分情况，利用积分排名促进人员主动学习，改变了当前安全学习形式主义、缺乏核心、针对性不强的局面。从当前的使用情况来看中建智慧安全平台中的"学习强安"功能极大地提升了人员学习积极性，形成了主动学习安全知识的良好氛围。

中建智慧安全平台已投入数千万元，完成了系统建设及推广使用工作，推广范围涵盖中建旗下全部建筑企业，涵盖所有建筑从业人员。同时搭设了专用服务器集群及数据库。组建了覆盖集团各级用户的运维体系，可以提供长期、及时、全面的技术支持和服务，有效地保证了系统安全、稳定、高效运行及功能及时更新发布。

"信息化＋五化"融合模式助推安全文化建设，在强化人员履职，项目管理实现智慧化，提升主动安全监管等方面都发挥着重要意义。

参考文献

［1］陈勇.坚持"一创五强"推进国际化发展[J].建筑设计管理,2020,37(08)：69-70.

［2］崔俊阁.加强建筑企业安全文化管理的思考[J].建筑工人,2020,41(12)：18-20.

核电工程持续保持卓越安全文化建设成效的措施

中国核电工程有限公司　马新朝　田利民　刘　伟　张宜顺　李金生

摘　要： 核电工程项目已实现了安全标准化分级达标，建设并巩固了优秀的安全文化建设成效，如何保持卓越文化建设的成效、减少安全事故是社会关切的重点。本文提出了持续优化 6S 管理制度和体系、培育学习型组织、营造逆宜的文化环境等方法，并优化形成了安全文化效果评价改进、对经典案例进行剖析警示教育增强质量安全意识、进行人员行为观察、及时考核激励引领、安全文化交流与企业 ESG 效能展示、对标行业及国内外部标杆等有效措施，这些措施均能有效保持卓越安全文化的建设成效。方法和措施的总结，可以为企业和社会建设良好安全文化提供借鉴。

关键词： 核电工程；安全文化；成效；措施

一、引言

核电工程项目要经过安全生产标准化达标，无论是达标Ⅰ级还是Ⅱ级，都要认真进行安全文化建设及评估，在分级达标的基础上，须持续建设卓越安全/核安全文化。在加强内外部安全事故教训、经验反馈、总结施工现场的各类安全风险防控、未遂事件经验教训的过程中，核电工程项目要以 PDCA 循环为基调，以安全风险分级管控及事故隐患排查治理为基本方法，持续开展安全/核安全文化建设。各参建项目部均需按照工程进展、施工进度控制计划在每年年初制定安全文化建设方案，对全年的安全/核安全文化建设工作进行安排，召开启动会并成立领导及工作层组织机构，通过体系建立、体系验证、安全/核安全文化培训及宣贯、安全/核安全文化手册编制、安全/核安全文化主题活动、安全/核安全文化评估改进等工作的开展，项目部安全/核安全文化建设不断创新，建立一种"超出一切之上的观念"的安全氛围，并持续保持核安全文化建设成效。

二、保持卓越安全文化的方法

分析卓越安全文化的特点及其组成要素，针对现场项目部的现状进行对标诊断，找出安全文化建设中的薄弱环节，采取闭环控制、单因素整改和 PDCA 方法保持安全文化良好状态。为此，主要应从以下几个方面入手开展工作。

（一）持续优化 6S 管理制度和体系

项目部全面推进 6S（整理、整顿、清扫、清洁、素养、安全）体系建设，完善配套管理制度，并不断优化和精细化安全管理体系与制度，形成书面管理程序文件和操作规范，在实施过程中要统一定置化标准，科学实用地系统化谋划，按 6S 顺序和标准组织推进、定置化；不断现场改善、优化人文环境，提高生产效率，减少浪费，提升员工归属感和素养核心，促进和改善员工的思维和行动方式，培养员工良好习惯，提升其素质，用质量和安全促进工程建设。

（二）培育学习型组织

培育学习型组织，要持续学习安全文化的基本原则（表1，共三个类别、十项基本原则），要覆盖全员，实现个人、领导、组织对安全的承诺，在组织中持续学习安全、技术管理等方面的知识，从责任意识、风险意识、质量意识、预防措施等几个方面进行系统培训，持续灌输安全理念、培育安全文化。

表1　卓越安全文化的基本原则和分类

个人责任	领导责任	组织责任
1. 安全人人有责	4. 领导做安全的表率	7. 认识核技术的独特性
2. 培育质疑的态度	5. 建立组织内部高度信任	8. 识别并解决问题
3. 沟通关注安全	6. 决策体现安全第一	9. 倡导学习型组织
		10. 构建和谐的公众关系

施工安全技术、管理知识、继续教育培训是安全/核安全文化建设的智能基础保证。项目部在卓越安全文化理念的指导下，全面建立学习型组织，持续进行管理培训、技术及技能相结合培训，不断强化责任意识、安全意识及质量意识，覆盖全体管理人员及施工、劳务人员。组织管理培训让每位员工都有机会更好地理解项目的各项管控制度，了解核安全法等法律法规在项目工程建设中的应用情况，结合实际案例理解核安全文化的要求及相关知识；使各级班组熟练掌握操作技能，规范作业；用质量和安全保证现场施工秩序正常、质量安全环保目标可控。

（三）营造适宜的安全文化环境

从个人、领导、组织3个类别，按横向到边、纵向到底的原则分层次、按梯队地在全项目中建设和营造卓越核安全文化的工作氛围。通过核安全文化制度和程序宣讲、质量文化宣传，从形象文化、行为文化、精神文化各个层次进行核安全文化培育，讲好核安全文化历程、发展等范例，形成优秀的核工程建设安全文化良好实践和故事，用案例剖析的方式吸引和打动工程建设人。通过开展核安全文化知识竞赛、辩论赛、演讲比赛等各类主题活动，形成"人人讲安全，人人重安全"的氛围，树立核安全文化典范、全方位营造"人人懂安全，个个重视安全"的良好核安全文化氛围，创造适宜的工作环境。

用良好的核安全文化影响核工程建设的所有参建人员，使员工能规范并保持良好的工作精神状态，充分应用防人因失误工具和方法，按程序按规程作业，不确定时暂停，制定技术处理措施处置相应的异常等不合格现象，确保工作质量，从而保证操作设备、核设施的安全。项目部领导层及管理层要高度关注安全、持续思考安全，鼓励支持员工从态度改变行为，从行为改变习惯，形成良好的文化意识和责任意识，不断提升项目部员工整体的安全理念。

三、有效提升措施

（一）安全文化效果评价改进

对核安全文化进行调研评估，采取问卷调查和调研，针对核安全文化特点、表征及作业活动等情况，从个人、领导、组织不同层次进行问卷调查，如核安全文化概念理解、核安全文化意识、核安全文化弱化的征兆、培训的开展效果、程序执行情况、安全意识、事故事件报告机制的理解等方面有针对

性地组织全体人员参与问卷调查及评估工作，问卷调查结果进行分析评估，保持强项；对发现的弱项进行分析，制定针对性的纠正措施和预防措施，层层PDCA持续改进，不断提升文化的影响力，持续提高项目部的核安全文化水平。

项目部制定安全文化评价需求和问卷调查表，编制《安全文化评估工作管理程序》，安全监督人员汇总调查表中学员对培训的意见与建议，填写效果评价表，持续改进和完善安全文化的营造和安全文化管理水平。一方面促进培训教师提升培训课件质量，使其更具吸引力；另一方面优化并激发职工的安全学习意愿和渴望安全知识的热情，使其更能适应现场的工程施工，这是强化培训效果的有效途径。

建立健全防人因失误管理及根本原因分析方法的运用系统，解决核安全文化评估工作认识层面较浅、不能客观地评价核安全文化水平的问题。强化内部评估并邀请外部单位对核安全文化水平评估，找到项目部核安全文化建设的弱项，有针对性地制定整改提升措施。

（二）对经典案例进行剖析，警示教育增强质量安全意识

在工程管理过程中时刻以质量安全为核心，并对质量安全环保经典案例进行警示教育，严格落实"管理执行，行为自律，监督约束，有效激励，持续改进"的要求，用血的教育警示相应的干系人，减少违章、减少人因失误，只有这样才可保持安全/核安全文化建设的显著成效。

1. 质量警示案例

全项目全过程应着重对影响安全功能的各类子项、关键工序、重要设备等施工建造的质量缺陷和事件进行警示，做好阶段性总结、警示和剖析，通过剖析警示，找出根本原因，通过对缺陷的产生和事故链薄弱环节的分析，警示本单位本项目多些警醒、多些关注，减少类似缺陷和事故的重复发生。例如，控制关键影响工程质量的因素，典型案例之一就是2016年江西丰城发电厂三期11.24冷却塔施工平台坍塌，造成73人死亡、2人受伤，直接经济损失10197.2万元，这就是工程质量控制不足引起的特大安全责任事故。质量案例警示，可提升相关施工人员的技术，增强相关人员的质量敬畏意识、安全意识，认识到"安全是今天的事，质量是全过程的事"，认识到持续保持安全文化良性循环的重要性。

2. 安全事故警示

2001 年某核电工程，管道班在 2KXK754 房间的一个地坑安装核级管道，铆工配合焊工完成安装管道并实施焊接监护。该管道采取背部充氩保护手工氩弧焊，焊前充 Ar ≥ 99.99% 纯氩气，充气 4 ~ 5 秒后，焊工下地坑侧身仰卧准备焊管，该焊工请监护铆工调节焊机电流。监护人调好焊机电流返回作业点，并在告诉焊工调好焊机电流的信息时，发现焊工已无音讯，经抢救最终因吸入氩气过量窒息而亡。充氩焊工窒息死亡事故的直接原因是，焊工在无监护人的情况下进入 2KXK754 房间焊接区域，而施工区域未设置并开启吸气措施，由于 $Ar\rho > O_2\rho$，也未按照受限空间的安全管理要求进行管理，因此，地坑狭小下部严重缺氧而造成焊工氩气窒息。这是未遵守安全管理规定造成的安全事故。

用典型案例可以警示作业人员对作业安全条件进行整改并预防事故发生，充分应用"防、救、戒"管理理念，从而达到遵守工艺规程、规范自己的行为、减少安全事故和隐患发生的目的。

（三）进行人员行为观察

安全观察是一种创新的安全管理方法，有助于改进员工的行为模式，减少不安全行为，降低事故事件的发生概率，减少财产损失。行为观察的作用主要体现在增强安全意识、强化安全行为、中止不安全行为，减少不安全行为引起的行为变化、塑造安全文化、发现安全作业中的"障碍和缺陷"，修正维护体系、流程的不足之处，促进基层员工与参与安全监督检查人员及各级管理人员的有效融合、体现领导对安全的支持等方面。同时，随着行为观察的推行和深入，事故事件发生的概率得以降低，互动的安全交流可促进人员劳动效率的不断提高。因此，各施工承包商应大力推行行为观察，行为观察的关注点应集中在人的不安全行为和行为规范。

行为安全观察是依据行为纠正原理形成的安全管理工具，它能对观察到的结果进行分类报告，并对统计数据进行分析，从统计数据中发现管理的薄弱环节，为安全管理体系的持续改进提供数据支撑。

（四）及时考核激励引领

采取正向激励和反向惩处的方式引领安全文化建设和水平保持，对于遵守安全管理规程、应用防人因失误取得的卓越成效和先进人或事进行激励和奖励，采取三个零容忍的管理办法约束工程现场的质量行为，严格施工方案的执行等，三个零容忍即弄虚作假零容忍、违规补焊零容忍、隐瞒不报零容忍，对违反该规定的一棒出局，设置黑名单进行控制、限制入场；同时，设置征信信誉积分制，促使良性事件持续保持。在工程现场出入口、办公区、走廊等区域，设置信息通报展板，通报各类先进、警示各种后进，引领积极向上的工作氛围，持续保持卓越的安全文化建设成果。

（五）安全文化交流与企业 ESG 效能展示

项目应充分应用先进的管理理论和前沿管理方法，发挥企业的社会责任，充分实施 ESG 改善，在理解和应用"霍桑效应"的基础上，关注项目的发展及人文风貌，充分宣传企业安全文化和安全文创资料，可以实施科普入校园、入社区、入景区，或将职工家属及社会相关供应链引入项目现场，通过展板、现场参观、座谈感悟等方式了解、熟悉企业，了解核电工程及核设施，建设良好的社会环境，将工程项目的建设放置在显著位置，用社会满意和批评的方式促进职工行为的有效改善。这样，可促进项目部人员各类言行的规范，使好的氛围持续向更好的氛围发展，"美美与共、锦上添花"，促进安全文化的再次提升和不断提升。

（六）对标行业及国内外部标杆

在安全文化建设方面，不断地与跨行业、跨地区、跨企业及国内标杆单位和团体、协会等单位合作，放眼看世界，吸收经典安全文化的建设方法，借鉴这些优秀企业的成功做法，应用他们的良好实践，融合于本单位的实际，应用创新理论发展本项目的安全文化建设，促进安全文化的持续保持和提升。

四、结语

要确保安全/核安全文化平稳运行和有效保持，必须明确安全文化的内涵和持续有效保持的重点和方法，不断优化和提升管理措施，保证制度和体系运行有效，规范作业；要营造适应工程现状的卓越核安全文化氛围并建立持续性学习组织，用安全文化引领，在实施活动过程中进行行为观察，减少人因失误和习惯性不良做法，杜绝重复发生质量问题和建造安全事件，实现质量安全环保目标，持续实施 6S 管理提升和标准化精细化管理，这样可在充分保持卓越质量安全环保目标的基础上持续领先。

强化"四项核心修炼"提升安全文化

中国能源建设集团南方建设投资有限公司 程泽峰 梁友文

摘　要：中国能源建设集团南方建设投资有限公司（以下简称中国能建南方建投公司）通过强化党组织安全文化"四项核心修炼"，有力促进了企业各项工作安全稳定高质量发展。

关键词：政府监管；安全文化；安全管理；尽职免责；履职记录

中国能建南方建投公司通过旗帜领航、系统监督、争先创优和深耕"党建+"，持续强化党组织"四项核心修炼"，全面提升安全文化浸润的力量。

一、实施旗帜领航修炼，提升安全文化的导向功能

在思想政治工作中突出安全工作的基础地位，坚持党政工团齐抓共管原则，围绕安全生产和安全文化建设开展"情义无价"活动。

"情"是带着解决生产一线实际困难的真情，着力解决吃住行等日常所需"不够丰富"、设备器具不够支撑等问题。"义"是明确生产人员和党员团员的安全生产和安全文化工作的责任，把义务和权利对等起来，用法治思维推动安全文化可持续发展。"无"即常态开展"无事故、无违章、无设备隐患"活动，激发员工强烈的安全意识，做到防微杜渐。"价"即树立正确的安全价值观，通过安全理念、安全规则学习和执行，树立员工人民至上、生命至上等具有家国情怀的安全价值观，以安全价值观促进政治立场正确、政治信仰坚定。

建筑业是一个仅次于矿山行业的事故多发行业，为提高施工企业安全管理的有效性，中国能建南方建投公司视安全为施工企业生存的前提，组成由施工企业的组织层面、成员的思想层面构成的多维的安全管理体系。根据行业特色提炼出具有建筑企业特色的安全文化，立足于公司内部，利用各种渠道将其渗透到员工的工作和生活中去，融进员工的意识中，激发全体成员高度的责任感、使命感、强化员工对企业文化的接受、理解和认同，极大地促进了全公司的安全生产和安全施工，使施工企业的安全生产充满活力和动力。

二、实施系统监督修炼，强化安全文化的约束功能

中国能建南方建投公司发挥党委、党支部、党员的相应职能，开展安全生产"三级保障、四级监督"工作。一是党委负责监督方向。通过党委会审议职代会和专业会议报告，监督安全精神、安全制度、安全资金是否落实，监督在干部考核、选拔中公司是否把安全生产工作业绩作为重要内容。通过党支部和党支部书记的述职，监督安全职责落实情况和安全监督执行情况。制定党组织安全监督保障月度计划表，统计党组织各级监督人的具体工作任务和任务执行情况。二是党支部负责监督组织。在支部范围内把不同岗位的党员分配到不同的任务领域，监督相应职责人员的工作是否到位。同时，深入了解班组及生产现场安全生产情况，监督反馈安全生产中存在的问题，并对整改措施、过程和效果进行全程跟踪监督。三是党小组负责监督实施。负责监督班组生产现场危险点、危险源是否明确提出，班组安全文件、安全简报、事故通报学习是否及时到位。四是党员负责监督落地。党员按照监督保障轮值表监督上岗，对生产施工作业实施全过程监督，并在生产任务结束后对当天监督保障工作进行小结，将发现的问题汇总上报党小组。基层党组织同步建立"三评"机制，支部对党小组查评，党小组对党员比评，党员轮值负责人对施工作业现场点评，层层强化安全生产监督责任。

公司强制对新上岗工人进行日常安全知识和本工种安全知识的培训并进行量化考核，不定期开展员工自救互救常识培训工作，强化广大员工的安全生产意识，增强员工现场自救互救知识的能力。公

司有针对性地对项目部负责人、施工员、技术员、专职安全管理员等项目作业人员开展安全知识水平、业务管理能力和安全教育培训，还对预拌混凝土、塔吊司机、高空作业、井下机电安装等特殊工种人员进行分类安全培训。特别是同煤新苑项目工程的集中施工点塔吊众多，针对这一情况公司安全文化部门专门制定了塔吊安全操作规程发放给操作司机，安检部门还制作了安全操作幻灯片，在施工间隙利用午饭后的一个小时组织塔吊司机进行现场塔吊操作学习。

要求员工树立安全第一的思想，实施公司、项目、班组三级安全教育，使每个员工都能熟知国家有关安全生产的方针、法律法规、标准、工地的安全制度、本工种的安全操作规程等，做到心中有数、安全生产，使安全培训从课堂走向了施工现场。同时，职能管理部门加强对三级安全教育培训的检查和指导，确保安全培训工作扎实有效，实现安全教育全员、全过程、全覆盖，激发"人"在安全发展中的主导作用。

三、实施争先创优修炼，增强安全文化的激励功能

中国能建南方建投公司各级党组织通过开展创先争优活动，充分发挥安全文化的激励功能。一是开展争当"安全卫士"示范岗活动。围绕思想政治素质、安全责任意识、实操动手能力、业务创新能力等方面制定评选标准，开展"四保"安全竞赛、安全技能比武练兵等，在生产现场广泛开展党员"三比"竞赛，对优者命名，使"安全卫士"党员示范岗成为保障安全的一面旗帜。二是开展争创"安全典范"责任区活动。以相关党支部为主体，明确"三保四无"要求，明确每月政治理论学习、组织生活等抓安全教育的任务，明确春秋检、隐患排查治理、防汛抢险等工作中党组织监督保障作用等，制定评选标准，使"安全典范"责任区成为党员集体落实安全责任的示范标杆。三是实施"一卡一档"痕迹管理和"一岗一亮"现场管理。各层级人员深入生产作业现场要佩戴监督保障卡，建立"三级保障、四级监督"档案，在生产作业现场的危险点、危险源及施工作业点周边环境等重要部位设立党员安全监督岗，党员在生产现场亮身份。

安全生产管理中那些看起来微不足道的细节，让每一名员工从心理产生安全意识并转换成自觉的

安全习惯，知道什么应该做，应该怎么去做，这正是安全生产中的关键所在。安全文化氛围如细雨润无声地影响着每个人，它的创建既包括硬件设施（如安全文化长廊、牌板等）建设，又包括安全文化的软环境建设。公司注重加大安全设施投入力度，在各施工作业单位导入安全标识、安全色、安全形象标识等将安全行为准则符号化、视觉化、标准化，形象地传达企业的安全理念和标准，激发了员工的安全动力。

四、实施"党建+"修炼，拓展安全文化的凝聚功能

一是针对安全生产专业实际，确立"党建+安全生产"支部联创项目，通过专业管理部门与一线支部间的联创共建，着力解决制约电网规划编制、隐患治理等难题，将党建"软任务"变成"硬指标"。二是开展"党建+安全文化进现场"。在生产现场悬挂安全警示标语，开展"安全家书送亲人""家属安全嘱托到现场"活动，与职工家属共筑安全防线。三是开展"党建+安全文化宣传"工作。在施工现场进场口，按照统一要求设置具有安全内容的五牌一图，在施工区域的醒目位置将安全核心理念等制作成标语、牌板广为宣传，并根据施工要求在主要施工部位、作业点和危险区域及主要通道口精心设计制作统一的安全警示牌和安全标志，把安全宣传教育宣贯到实处，从而有效杜绝了重大事故的发生。利用内部刊物开设专栏刊登安全故事、漫画、案例等下发给各单位，从了解员工最真实的安全需求入手，提炼出诚信、责任、道德等相关内容的安全理念在员工中进行普及，并将之体现在日常行为中，搭建"人人想安全"的工作平台，从更深的文化层面激发员工"我要安全"的本能意识，精心营造安全文化氛围。

安全责任，重于泰山。责任对于工作岗位中的每个人来说就是爱岗敬业、忠于职守，牢固树立安全意识。中国能建南方建投公司引入人性化管理思想，引导员工把安全责任、家庭责任和社会责任联系在一起，靠自身的一种规范约束力，用强烈的安全思想支配安全行为，进而达到规范操作之目的。通过班前会、安全事故警示录、安全演讲、安全论文撰写、安全知识竞赛、安全理念宣传等形式，让职工在活动中领悟安全之理，强化员工"安全重于一切"的思想理念，使员工进一步对安全理念有了形

象的认识。另外，通过树立正面或反面的典型案例教育，引导员工正确处理安全与生产、安全与幸福、安全与家庭的关系，进而做到按章作业、正规操作和上标准岗、干标准活。在班组中悬挂员工全家福，用浓浓亲情提醒员工注意安全，强化全员责任意识，认识到责任是安全工作中最重要的元素，从而营造关注安全、珍爱生命的氛围，使安全理念深入人心，提高了员工对安全的认知，并将安全贯穿到日常工作和行为中，达到了安全宣传教育的目的，形成更加良好的安全氛围，有利于强化安全生产，提高安全水平。

五、建设成效

中国能建南方建投公司的安全文化符合施工企业的思想、文化、经济等基础条件，适合施工企业的地域、时域的需求，它传递着施工企业关于安全的目标、方针及实施计划等信息，宣传了安全管理的成效，使之更直观具体，更生动形象，更贴近现实生活与工作，更易为施工企业全体成员所认知、所理解和接受。中国能建南方建投公司的安全文化以其内容的针对性、表达方式的渗透性、参与对象的广泛性和作用效果的持久性形成施工企业的安全文化环境与氛围，使全体成员耳濡目染，起到直接的和潜移默化的导向作用，从而影响每个成员的思想品德、工作观念的正确形成，无形地约束着施工企业全体成员的行为。

参考文献

［1］周培国，李彦明 . 国内外安全生产监管模式的对比分析 [J]. 郑州轻工业学院学报，2013，14(2)：80-83.

［2］叶永峰，顾智世 . 中日安全生产监管体系的比较分析 [J]. 安全与环境工程，2012，19(2)：98-102.

"一本三力四化"安全文化建设模式

山西煤炭运销集团盛泰煤业有限公司安全环保中心　崔进孝　焦海军　郑建勤　郭鑫煜　李志宏

摘　要：安全是煤矿发展的永恒主题，深入开展安全文化建设活动，用文化力提升约束力，让安全生产的法律法规和企业规章制度规范员工的心智模式和行为模式，从而促进安全生产可持续发展，可以为实现矿井本质安全提供有力保障。

关键词：安全素质；文化建设；本质安全

习近平总书记指出，文化自信，是更基础、更广泛、更深厚的自信，是更基本、更深沉、更持久的力量。近年来，山西煤炭运销集团盛泰煤业有限公司安全环保中心（以下简称盛泰煤业）坚持把安全文化建设作为一项长期性、战略性任务，与中心工作同部署、同规划、同考核，大力推进"一本三力四化"安全文化建设，即坚持以人为本理念，深化理念的感染力、行为的同化力、机制的渗透力"三力"举措，持续打造守规尽责文化、齐抓共管文化、安全自律文化、事故反思文化"四种文化"，助推矿井实现安全高效和谐稳定发展。

一、以人为本，一枝一叶总关情

以人为本，体现的是矿井对职工群众的人文关怀。盛泰煤业深入贯彻习近平总书记关于"发展决不能以牺牲安全为代价"的重要论述，坚决守住底线、不越红线，将以人为本的安全理念融入体制机制、安全管理、落实执行等方方面面。

（一）强化安全理念引领

安全文化建设的执行者和参与者都是员工群众这一主体，要正确把握人的本性特征，遵循安全管理的基本规律，推行人情化、人性化理念，做到尊重员工、理解员工、关心员工、爱护员工，最大限度地调动员工参与安全管理、履行安全职责、排查安全隐患、维护安全大局的积极性和创造性，形成人人讲安全、全员保安全的良性局面。坚持管教结合，通过灌输、引导、警示等手段，做好思想教育工作。坚决克服以罚代管、以罚代教等简单粗放的工作模式，形成依法科学管理、以德感化的教育机制。

（二）改善工作生活条件

管理者面对面、心贴心地与员工进行情感上的交流和心灵上的沟通，叩响员工的心门，关心其所思所想所盼，及时发现和改进组织内部存在的问题，帮助员工卸下思想上的包袱，做好自我调节，找到工作生活、事业家庭的平衡点。对员工做出的成绩及时给予表扬鼓励，使之内心产生一种成功的愉悦情感；对员工个人及家庭中发生的困难或不幸，及时给予关注和开导，帮助他们走出困境。建立员工生日档案，制作生日贺卡祝福，送上生日蛋糕和生日餐。丰富业余生活，组织开展丰富多彩的文化体育活动，培养员工多方面的兴趣爱好，陶冶情操，提振士气。安排员工旅游、疗养，调节或消除工作压力。以可亲、可爱、可敬的人文情怀，架起企业与员工的"连心桥"，使大家在企业里不仅找到了工作，更找到了"家"的温暖，实现了心中的梦想。

（三）打造特色宣教阵地

运用心理学的原理和方法，帮助员工建立健康的心智模式，使员工在工作中能够做出适应性反应，提高耐烦能力。通过微博、微信公众号等媒体传播心理健康知识，关爱员工健康成长。开设心理咨询—情绪疏导室，聘用心理咨询师为员工及其家庭成员提供心理帮助，对他们进行有效的心理疏导和调节，为他们的身心健康"护航"，及时缓解或消除烦躁、苦闷等消极情感，减轻精神疲劳，增加对挫折的承受力。让员工轻松、愉快、理智和冷静的基础上，更加开朗和进取，形成理性平和、积极向上的心态，在社会生活和人际关系中能够应付自如，游刃有余。从心智的源头涵养安全理念，忍耐不良环境的刺激，增加对工作的掌控度，增强对安全隐患的洞察力，杜绝"三违"行为，带着快乐去工作。

二、丰富底蕴，"三力"齐发聚合力

盛泰煤业从理念、行为、机制三个方面入手，将安全文化建设有效地渗透到安全生产全过程。

（一）强化理念的感染力

通过对本企业的发展历程、改革现状清晰深刻的解读和对企业未来的展望，从中发掘出企业的优秀文化积淀，梳理出能够使企业走到今天的成功要素，归纳出企业的优秀文化基因。密切关注员工群体的思维模式及行为模式，如员工对企业的期望、愿景的认同与落实企业战略等一系列问题的思考，把握企业文化核心的脉络，从而总结提炼出以"企业精神"为核心的企业文化理念，描绘组织愿景，让大家看到工作的前景，倡导和强化系统的企业文化。把企业文化理念内化于心、外化于行，使广大员工真正做到把安全作为最大价值取向，并将安全文化建设纳入企业文化和经营战略，形成党、政、工、团齐抓共管，协同推进企业文化建设的和谐局面。

（二）强化行为的同化力

通过班前宣讲、班后回顾、案例分析等向员工灌输"违章作业等于自杀，违章指挥等于杀人，对违章不制止等于见死不救"等安全观念，正确树立"高严细实"的工作作风，坚定自信"安全事故是可以预防的"。高，就是对工作要高起点、高标准、高效率，不畏惧、不敷衍、不打折扣，争创一流，勇攀高峰；严，就是严格、严谨、严密，不放纵、不懈怠、不走样，中规中矩，一丝不苟；细，就是细心、细致、细节，不存侥幸、不走过场、不留隐患，精耕细作，精益求精；实，就是真实、扎实、务实，不含糊、不迁就、不走捷径，脚踏实地，追求实效。勇于担责，忠诚履职，让"高严细实"的工作作风成为我们鲜明的个人品行。无论任务多重、时间多紧，都要高字引领，细字为先，严字当头，实字托底，把规程、规范、措施、标准落实到现场，把保安全、防事故、查隐患、堵漏洞工作做高、做严、做细、做实，对安全隐患早发现、早排除、早整改，防患于未然。心无旁骛，守住自己的原则，不受眼前的干扰，不贪多求快，不跳违章的"陷阱"，不做"以身试法"的冒险，将精益求精的工匠精神融入每一个环节，把每一件事都做到最好，在磨砺中绽放生命的光华。

（三）强化机制的渗透力

强化安全生产制度建设，以形成责权明晰、运作有序、相互沟通、互相保证的安全责任体系。完善经济激励和制约机制，对各专业、各岗位层层分解任务并签订安全生产责任状，建立安全生产奖励基金制度。坚持以人为本，全面推行精细化管理，通过扎实细致的工作，实现操作无失误、系统无缺陷、设备无事故、管理无漏洞的"四无"目标。

三、一脉相承，"四种文化"强使命

（一）持续打造守规尽责文化

通过推进安全文化建设，确立全体员工共同认可的安全目标和安全价值观，引导全体员工树立正确的安全态度和自觉规范的安全行为。面对自己的弱点，敢于砍掉"多余的枝丫"，戒除内心的功利心、浮躁心，与业已形成的习惯性违章的陋习决裂，法有所禁，坚决不为。对身边的违章违规现象，敢于拒绝，敢于制止，敢于现场"纠错"，善于行为纠偏，从细微的异常中发现问题，做到"不伤害自己，不伤害他人，不被他人伤害，保护他人不受伤害"，真正实现对"三违"零宽容、零容忍，纵深防御不安全和安全事故。

（二）持续打造齐抓共管文化

根据安全生产"一岗双责"的要求，制定每个工作岗位的"岗位工作说明书"，用书面形式对企业各类岗位的工作性质、工作任务、责任、权限、工作内容和方法、工作环境和条件设定等作出具体管理要求，使员工了解公司对该岗位任职资格条件和组织的目标、自己在组织中的作用，促使员工各司其职，目标一致地做好自己的本职工作。要求各岗位人员按时做好自己该做的事情并做出成果，每名员工每天下班前都要根据"岗位说明书"和其他工作任务，对完成情况例行检查，进行"每日一清"，达到"日事日毕，日清日高"，不断提高安全生产管理水平。

（三）持续打造安全自律文化

从讲政治的高度把好安全关，狠抓各项安全制度落实，以"勤抓""细抓""实抓""长抓"，推进员工行为养成和制度落地。不断完善安全生产管理手段，以严格的安全生产规章和程序为指南，达到人、机、物、环、管的高度统一，形成上下同欲、知行合一的企业安全文化。最大限度地减小生产安全事故风险，落实各级人员安全生产责任制，把制度规范和自我约束有机地结合起来，既敢抓敢管、狠抓严管，又要使员工在规范中做到行为养成。把遵守公司各项安全规章制度确定为每个员工最基本的价值观念，激发每个员工的安全工作积极性。

（四）持续打造事故反思文化

坚持"四个看待"原则，即把历史上的事故当成今天的事故看待、把别人的事故当成自己的事故看待、把小事故当成大事故看待、把未遂事故当成事故看待，促使职工牢记事故教训，坚决克服麻痹思想、厌战情绪、侥幸心理、松劲心态，时刻绷紧安全生产这根"弦"，以"一失万无"的心态，确保安全生产"万无一失"。

四、结语

煤矿安全文化的创建，是一个由认识到实践、由表及里、由浅入深、从感性认识升华到理性认识的发展过程。从完善安全文化阵地、强化安全文化氛围、丰富安全文化载体、提炼安全文化理念、安全文化全员的认同、领导推动到全员参与和全方位的渗透，需要我们付出经年累月的心血和努力。要求我们各级管理人员和全体员工提高安全素养，规范安全行为，在本质安全文化建设上练好基本功，夯实基础工作。逐步形成具有本企业特色、能够引领员工奋发向上、促进企业安全发展的企业安全文化，构建稳定和谐、长治久安的安全生产喜人局面，激励广大员工始终保持干事创业的精神状态，以热忱、主动、负责的主人翁态度忘我工作，砥砺奋进新征程，建功立业新时代，用智慧和汗水谱写中国梦和劳动美的精彩篇章。

参考文献

［1］王梅.企业文化在现代企业管理中的作用[J].中国集体经济,2020(25)：48-49.

［2］沙海琴.现代企业文化创新对企业管理创新的影响模式[J].中国市场,2020(09)：80-81.

"136"安全管理模式下磁窑沟煤业安全文化建设模式探析

山西河曲晋神磁窑沟煤业有限公司　李　霞　雷焱云　赵　耀　王　虎　薛　龙

摘　要： 在晋能控股集团"136"安全管理模式指导下，山西河曲晋神磁窑沟煤业有限公司（以下简称磁窑沟煤业）从构建安全理念体系、设计特色安全行为文化活动、建设安全物态文化等三方面进行探索安全文化建设模式，取得了初步效果，通过植入"融安"等一系列全新的安全文化建设视角和方法，整理提炼，将安全文化建设升华为一种特色模式，具有一定的创新价值和意义。

关键词： "136"安全管理模式；安全文化建设；"融安"

"136"安全管理模式是晋能控股集团贯彻习近平新时代中国特色社会主义思想，对长期安全生产工作实践经验的总结和理论探索的成果。从整体效果来看，该模式具有一定的先进性、系统性、科学性，对提升企业本质安全水平具有十分重要的指导和现实意义。

其中，"1"代表着一种安全文化。安全文化是安全管理的最高境界，是现代化本质安全型企业建设的灵魂，更是企业安全发展的"精神引擎"。肖丹认为，煤矿安全文化建设是以文化为载体，是煤矿企业在长期生产经营活动中逐渐形成的或人为塑造的安全生产价值观和安全生产行为准则，构建以思想意识和行为习惯为基础，借助文化的影响力、激励力、约束力和导向力对企业各级管理者和广大职工的安全理念进行制约，从而实现煤矿生产安全[1]。茹晋阳认为，先进的安全文化是煤炭企业生存和发展的灵魂；是推动企业经济效益发展的强大动力；是企业文明程度和发展水平的重要标志；是改变煤矿企业形象的有效手段；是提升煤矿社会地位的坚强保证[2]。

本文通过对煤矿安全文化建设问题的分析，探索在"136"安全管理模式指导下的安全文化建设模式，全方位挖掘企业安全发展的文化元素和文化内涵，使其成为可复制、可推广的标准化模式。

一、煤矿安全文化建设问题分析

（一）安全文化建设浮于形式

在煤矿企业中，安全文化建设并没有引起足够重视，很大一部分企业的安全文化建设浮于形式，安全文化形同虚设。此外，有些企业虽建设了安全文化，但是其安全文化依然停留在纸面上。

（二）安全文化建设深度不够

在实际工作中，大部分的煤矿企业对安全文化建设的深度不够，有的煤矿企业只重视安全物态文化方面的建设，将主要精力投入技术装备系统升级改造中；有的煤矿企业则是以安全制度方面的建设作为落实安全文化的方法；甚至有的煤矿企业将安全精神文化有关的文娱活动与安全文化建设画等号。

（三）安全文化建设方法单一

实践中，有的煤矿企业的安全文化建设还单纯地停留在安全理念的灌输和宣传教育上，不能很好地探索创新方法，而有的煤矿企业只是单纯地求新求异，从而阻碍了安全文化的建设。

二、煤矿安全文化建设具体模式探索

（一）构建安全理念体系

1. 提炼理念

安全文化建设是煤矿企业安全生产管理体系中的重要环节，其中安全理念的构建是煤矿安全文化建设的核心，煤矿安全文化的形式化问题产生的一种重要原因在于未能深度提升安全理念[3]。磁窑沟煤业在安全理念建设方面进行积极探索，在晋能控股集团"136"安全管理模式的指引下，结合自身管理特色，提炼核心安全理念（安全价值观、安全愿景、安全使命、安全目标），其中安全价值观为安全是"1"，其他是"0"。在核心安全价值观的指引下，结合磁窑沟煤业管理痛点，制定基本安全理念（安全培训理念、安全道德理念、安全管理理念、安全行为理念）。通过制定安全培训理念"融心"，让受教育者实现发自内心的改变；通过制定安全道德理念"融德"，让员工意识到"违章就是作恶，守纪就是行善"；通过制定安全管理理念"融爱"，形成"安全管理是严肃的爱"的认识，让安全管理由冰冷坚硬变成温情脉脉；通过制定安全行为理念"融行"，让遵章守纪成为行为习惯。通过"融心""融德""融爱""融行"构建"融安"理念模型（图1），形成安全理念体系。

图1　磁窑沟煤业"融安"理念模型

2.安全理念宣贯、培训

煤矿企业安全文化建设需要注重安全理念的宣传，使安全理念深入每位员工的心[4]。通过创意排版、色彩设定、主次分明等方式编制安全理念宣贯手册，从视觉上吸引员工注意力，从而获得员工的好感和认可，让安全理念深刻地烙印在员工的脑海中。设计安全理念渗透宣贯活动，如诵读渗透、培训渗透、媒体渗透、案例渗透、党工团渗透等，把安全理念根植到每个职工心中，使安全理念普遍为广大职工所认知、认同和接受，把安全理念内化为职工的安全价值取向和安全追求，真正实现安全理念"内化于心"的目标，做到内心认同、内在驱动。

（二）设计特色安全行为文化活动

安全文化活动是激发员工安全自主学习与改进的有效手段，同时还可提高员工对安全事务的参与积极性，起到营造企业安全氛围、强化员工安全行为等目的。可以说，优秀的安全文化活动，展示的是企业、员工的安全风采，积淀下来的是属于一个企业的安全文化[5]。在企业安全文化的建设过程中，

目前最常用的手段主要是举办安全行为文化活动，它是实现安全文化建设和水平提升的一种载体和形式，通过提炼和完善特色安全行为文化活动（图2），可以有效推动安全文化建设。

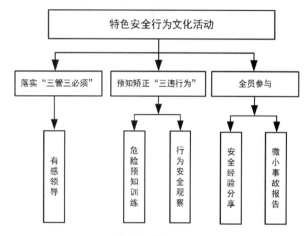

图2　特色安全行为文化活动

磁窑沟煤业设计特色安全行为文化活动从落实"三管三必须"、预知矫正"三违行为"、全员参与3个维度设计了5种形式的活动，分别是有感领导、危险预知训练、行为安全观察、安全经验分享、微小事故报告。

有感领导是企业在落实"三管三必须"方面抓住"关键少数"的一种活动，它是指各级领导干部立足本岗位的职责、管理权限和工作业务，以自己的言行展现对安全工作的重视，让员工听到、看到和感受到领导在关心员工安全、高标准践行安全价值观，引领员工共同做好安全工作。有感领导活动的开展可助推各级管理者以身作则、率先垂范，引领做好安全生产工作。

危险预知训练、行为安全观察，是企业在预知矫正"三违行为"方面对传统说教、惩罚手段的突破，是创新式的管理。通过危险预知训练活动的开展，作业班组可以针对生产特点和作业全过程，以危险因素为对象，预知主要危险，制定对策，使安全教育培训由训转变为练。通过行为安全观察活动的开展，各级管理者、安全管理人员可以充分把握员工的作业安全情况，肯定和加强安全行为，纠正不安全行为，防止不安全行为再次出现，拉近员工距离，指导员工提高安全绩效。

员工参与是企业安全管理取得成功的关键，是决定安全文化建设成功与否、水平高低的体现，安全经验分享、微小事故报告可以体现全员参与安全

文化活动的情况。通过安全经验分享活动的开展，当事人将自己亲身经历的或所了解的身边的人经历的事件教训和安全经验做法总结出来，在一定范围内进行讲解，使事件教训得到分享，安全经验做法得到推广，员工由被动地听转变为主动地参与分享。通过微小事件报告，班组共享微小事件信息（轻微伤害事件和虚惊事件），共同讨论、形成对策，防止事件重复发生或演变成事故。

特色安全行为文化活动的开展可先试点，在试点单位拍摄教学示范宣传片，进一步全矿推广，当然，活动实施过程中也要善于总结，解决好遇到的问题，不断优化，循序渐进，最终形成管理制度，并常态化开展，有效助推安全文化建设。

（三）建设安全物态文化

1.设计企业安全形象识别系统

设计企业安全形象标识、企业安全宣传主题色及主要配色，规范磁窑沟煤业宣传产品设计的色调，提升企业安全宣传产品辨识度及宣传产品设计质量，有利于标准化宣传。通过视觉效果的传播，告诉员工什么安全，什么危险，为什么这样做安全、那样做就不安全，为什么这种情况、这种场所危险，什么行为被禁止，什么行为被鼓励，什么地方、什么设备是危险的，怎样做可规避风险，什么情况下应如何使用哪些安全设施、设备，遇到突发事件时应如何应对、如何有效地自救逃生等。通过简捷、清晰、易懂的形式，一目了然地指引，受众的个人行为变成了一种群体的规范的安全行为。

2.编制安全文化手册

汇总磁窑沟煤业安全文化建设成果，命名安全文化建设模式，编制安全文化手册。安全文化手册的编制就是要使每位员工都能深刻领会安全文化的内涵，通过卓有成效的安全文化实践，把安全理念内化为员工的价值追求，外化为员工的行为准则，融入

矿井的安全管理制度，落实到日常工作的方方面面。

3.营造安全氛围

通过设计磁窑沟煤业安全文化墙或安全文化走廊，宣传公司的安全理念、安全文化建设模式、特色安全活动、安全形象标识、安全政策和目标，让员工了解和掌握公司对安全的要求，形成一种共识和思维方式，引导员工遵守相关规章制度，帮助员工养成正确的安全行为和习惯，从而实现安全生产工作的整体推进。

三、结语

经过上述三方面的安全文化建设，不断完善和丰富安全理念文化、安全行为文化和安全物态文化，推动安全文化作用力的凝聚，可以形成一个"我想安全、我要安全、我会安全、我能安全"的良好氛围和"不能违章、不敢违章、不想违章"的自我管理和约束机制，从而实现由人管人、制度管人向文化管人的转变，逐步形成以文化为引领、自律为根本、班组考核为核心、现场管理为重点，全员互动的特色安全文化模式，凝心聚力，共创新高。

参考文献

[1]肖丹.系统论在建设煤矿本质安全文化中的应用[J].中国安全生产科学技术,2013,9(01)：146-150.

[2]茹晋阳.浅析煤矿安全文化的重要性[J].现代工业经济和信息化,2014,4(02)：100-101+104.

[3]卜素,才艺姗.安全文化视角下的煤炭企业安全理念的提升与完善[J].煤矿安全,2021,52(05)：260-264.

[4]刘殿利.创新安全文化建设,提升安全工作活力[J].东方企业文化,2018(S2)：34-35.

[5]顾蓓,张宝林,郑羽莎,等.北京市安全文化示范企业创建经验连载—安全活动—展示风采积淀文化[J].劳动保护,2020(12)：40-42.

基于偏差正常化的企业安全文化体系
问题分析和对策研究

国投生物科技投资有限公司　王岚峰　林海龙　刘劲松　杨　楠

摘　要： 本文提出了企业安全生产中存在偏差正常化的情况，指出了它的演变过程和常见形式，这是一种客观存在的现象；立足于企业安全文化体系建设，对照企业安全生产中的常见问题，从规章制度、人员执行、日常管理、安全领导力4个维度对偏差正常化的影响因素进行了分析；指出通过建立学习型组织团队和科学务实的安全文化组织管理能够有效延缓企业偏差正常化的情况；在建章立制、管理执行、安全领导力建设等方面提出具体可行的对策建议和措施。

关键词： 偏差正常化；安全文化；安全领导力；学习型组织

在一个孤立系统里，如果没有外力做功，其总混乱度（熵）会不断增大。这是热力学第二定律的一种表述方式，因此热力学第二定律又被称为"熵增定律"。热力学第二定律指明了自发过程的方向——事物会自发地向混乱、无序的方向发展。

在企业安全生产的过程中，"熵增"的情况也同样存在，这是一种不以人的意志为转移的客观存在的现象。如果我们忽视安全，或者没有有效地组织管理，那么所有人都有可能面临事故的威胁，成为安全"熵"的受害者。

一、偏差正常化

安全"熵增"的具体表现形式为"偏差正常化"，即经过长期发展，个体或团体逐渐接受较低的绩效标准，直至将低标准视为常态的现象[1]。

现实中，偏差正常化往往是从绕开标准操作程序，走捷径快速完成工作或临时变更记录缺失等情况开始。这些变化通常不明显，看似无足轻重，很容易被忽视。如果没有出现明显的不良后果，"新办法"就取代"老方法"，逐渐形成"可以这么办"或"目前没有出现任何问题"的共识。原有程序方法的好处就被人们忽略。随着时间的推移，这个过程反复发生，环境逐步发生改变并恶化，进而造成偏差正常化。偏差正常化严重违反了安全风险管理程序，是导致严重事故发生的重要因素之一。近几年危化行业发生的典型安全事故都足以说明这个问题。

偏差正常化的现象可以渗透到安全生产的各个方面，并对企业安全文化体系构建起着潜移默化的长期负面影响。安全检查的结果通常表现为操作不规范、操作执行与制度规定"两层皮"、变更管理存在严重缺陷、风险评估不全面、培训流于形式效果差、出现人员"三违"现象等形式，这些问题的出现均表明偏差正常化现象的存在。

二、安全文化体系中的影响因素

安全文化是安全理念、安全意识及在其指导下的个人和组织管理行为的总和。良好的企业安全文化能够在制度规程规定之上形成一种对全体员工的无形约束和行为自觉，是企业安全管理追求的终极目标。安全文化体系建设的滞后或偏差会导致企业员工无法树立正确的安全理念、拥有较强的安全意识，也就无法形成安全行为自觉，导致各项管理手段的效果大打折扣，进而促成偏差正常化的形成。笔者具体从制度规程、人员执行、日常管理和安全领导力建设4个维度对偏差正常化形成的影响因素进行了分析（图1）。

（一）制度规程不健全

制度规程是企业安全文化建设的基础，制度规程不健全主要包含制度规程缺失和制度规程制定不合理两个方面。制度规程的缺失导致具体的某项工作活动无章可循，工作活动只能依据参与人员的指示和经验进行，增加了因流程不合理、风险管控不到位而发生事故的概率。制度规程制度不合理的主要原因在于未"实事求是"，即制度规程的制定和细化并未建立在企业实际存在或已改变的风险的基础上，制度规程多却不切实际，未关注到真正的风险，且对风险缺少有效的管控措施和处理流程。现实表现为制度规程照搬照抄和不及时修订。这种情况在企业中非常常见，实质上同样造成了人员作业的无章可循，更深层次的弊端在于削弱了制度规程的权威性。制度规程不健全为安全生产偏差正常化创造了重要的基础条件。

图1　偏差正常化影响因素分析

（二）人员执行出现偏差

人员行为管理是企业安全文化建设的核心内

容。人员执行的偏差既有外在管理因素，又有内在主观因素。

1.人员职责不明确

员工的安全职责规定了各个岗位所肩负的安全生产责任和义务，它是员工安全行为的先导。职责的缺失或分工不明确导致员工责任的缺失，制度执行缺少依据，也就缺少对个人安全行为的约束，容易造成"事不关己，高高挂起"的"管理真空"现象。现实工作中表现为全员安全责任制未全覆盖，已有职责分工或工作任务分工不明确。

2.存在不安全心理

人的行为由心理决定，行为是心理的外在体现。人的不安全心理会直接导致人员操作走捷径或偏离规定流程。不安全心理可分为侥幸心理、省能心理、冒险心理、大意心理、逆反心理5种，其中侥幸心理和省能心理是造成偏差正常化最常见的心理因素（表1）。研究统计结果表明，88%的生产安全事故是由人的不安全行为引起的[2]，一起人为事故的背后往往是多种不安全心理因素交错的结果。

表1　不安全心理的分类

不安全心理	具体含义
侥幸心理	基于以往的经验，认为自己的方法不会出问题
省能心理	单纯地为了怕麻烦、省力气而走捷径
冒险心理	在不确定其中风险的前提下，盲目相信自己的判断
大意心理	没有意识到规定步骤的存在，只好按自己的想法操作
逆反心理	出于个人感觉的偏差，故意不按规定操作

（三）日常管理不完善

1.教育培训缺少实效

教育培训在企业方方面面的管理中起着统一思想、统一行动的重要作用，是安全文化建设的重要抓手。在笔者看来，教育和培训是有本质区别的，教育侧重意识层面，解决"想不想"的问题；培训侧重技能方面，解决"会不会"的问题。安全意识教育的缺失，导致的结果是"无知者无畏"；而技能培训方面的缺失，导致的结果则是规定和操作不能得到很好的执行。两者相辅相成，缺一不可。如果将教育和培训相混淆，员工的安全教育培训需求点和侧重点找不准，培训的效果自然会大打折扣。此外，评估教育培训效果的指标不在于开展教育培训的次数，只有参加培训的人员的行为发生改变才说明教育培训的有效性。

2.变更管理被忽视

人往往习惯于规律的、既成不变的事物，但企业生产过程中，风险随时变化却是常态，只不过是大与小的区别。变更管理是识别变化风险并加以控制的有效切入口。但现实中不少企业一方面生产作业的计划性差，临时性、变更性的作业频繁多发，另一方面面对临时变更作业又往往忽视或者轻视变更管理，对于风险的变化不敏感，将变更管理的过程当作烦琐的程序进行简化甚至省略。前面提到偏差正常化的表现之一就是变更记录出现不全的情况。

3.监督与考核未发挥作用

对于企业的安全文化建设而言，"监督+考核"是推动所有工作的关键抓手，是工作落实的"指挥棒"。一种情况是安全监督和考核的缺失，致使工作流程的执行效果缺少基本的验证和约束，现实中最常见的表现形式为工作落实"虎头蛇尾",重视发文件,却不进行过程落实监督;安全考核形式化,未与绩效相挂钩,形同虚设,或采用"大锅饭"的方式,"你好我好大家好",严重背离奖惩分明的考核基本原则。另一种情况是安全监督和考核体系不健全,工作部署内容未动态纳入日常检查内容,未建立逐级监督和抽查机制;考核内容设置、权重分配不合理,考核监督不严格,无法对安全管理和员工的作业行为起到推动、纠偏、激励作用。随着时间推移,"劣币驱逐良币",企业安全管理逐渐滑向偏差正常化的错误轨道。

(四)安全领导力的不足

构建积极安全文化的关键要素在于企业管理者有效的领导力[4]。安全领导力是管理者促使积极变化的发生、指引他人主动完成安全任务并实现安全目标的能力。这里的管理者并非仅限于企业领导层,而是包含各层级拥有管理职能的人员,但其发挥的作用存在明显区别,通常职位越高,影响力越大[3]。高层管理者对安全的态度和决策直接影响到企业中间管理层的安全态度和行为,进而对企业基层管理人员产生影响,最终将对所有员工的安全态度和安全行为产生影响。这种情况也就是我们通常所说的"上行下效"。杜邦公司认为,建立安全文化需要有感领导力,有感领导就是管理层通过实际行动尊重员工的福利和安全。各级领导和管理人员安全领导力的缺乏或不足,都将对企业员工的安全态度和安全行为及企业内安全资源配置产生长期的负面影响,这是导致企业安全事故发生的根本原因[3]。笔者认为,这也是我国《安全生产法》明确企业主要负责人必须履行的具体安全生产职责的内在原因之一。

现实中,安全领导力的缺乏或不足通常表现为以下几个方面。

1. 安全生产摆位不正

企业管理层尤其是领导层不能正确处理好安全生产与经营发展的关系,凡事以"经济效益"为中心,忽视"安全效益",或者重视安全仅停留在表面,通常表现为"说起来重要,做起来次要,忙起来不要",从根本上削弱了安全管理的严肃性和权威性。

2. 安全愿景、价值观不明确

企业管理层未树立鲜明的安全愿景和清晰的安全理念,从而员工缺少为之奋斗的集体安全目标和共同遵守的安全价值观、行为规范。企业安全制度规定也缺少了一份说服力。

3. 缺少担当,责权利不平衡

即便在明确安全职责的情况下,管理者面对理顺管理流程问题和员工"三违"现象,也秉持"多一事不如少一事"的心态,不能主动作为和及时制止。其深层次的原因在于责权利的失衡。职责与利益的失衡,易导致安全职责落实形式化;职责与权力的失衡,易导致安全监管无效化。

三、安全文化体系建设的改进对策

优良安全文化的塑造与推动建立学习型组织一脉相承,因此必须保持开放的心态、反思与自我扬弃并持续改进。依据杜邦安全文化建设划分阶段,当前我国绝大多数企业的安全生产仍处于依赖严格监督的阶段,要想从严格监督阶段过渡到自主管理阶段乃至团队管理阶段,就必须不断夯实安全文化体系建设的关键基础(表2)。

表2 改进提升方案

提升方面	具体内容	执行原则
建章立制	建立完善的制度规程修订程序,制定制度规程修订计划,定期开展制定(修订)工作	写我所做 做我所写
	从法律法规的合规性、现场风险的依从性和操作的标准化等三方面完善制度规程内容,尽量减少笼统要求类的制度条款,力求简练、明确、无歧义	
	让企业的一线员工参与制度规程修订,提升员工对制度规程的文化认同感	
管理执行	建立岗位安全责任制,明确个人职责	知行合一 以行为先
	基于需求,开展共识教育和技能培训,以行为改变为标准评估教育培训有效性	
	加强现场作业的计划性,建立规范的变更管理流程并有效执行	
	建立健全安全专业监督检查机制,提升监督队伍素质,探索党建、纪检融合监督	
	建立安全考核体系,与绩效相挂钩,奖惩分明,动态纠偏	

续表

提升方面	具体内容	执行原则
安全领导力建设	明确企业的安全愿景，感召员工为共同愿景奋斗	领导作则 持之以恒
	树立科学的企业安全理念，建立团队的安全价值观，对维护团队价值观的行为给予奖励	
	各级领导摆正安全生产与经营发展的关系，作出安全承诺，以身作则，为员工树立遵章守纪的榜样	
	勇担责任、挑战现状，下大力气改善企业的不良氛围，解决久而未决的隐患问题	
	维护组织、员工责权利平衡，使机构、员工主动对所承担的工作和共同目标负责	
	畅通上下沟通渠道，倾听下属心声，鼓励员工说出或解决企业存在的问题	

（一）建章立制方面

企业应建立完善的制度规程修订程序，每年对制度规程进行合规性和符合性回顾，制定制度规程修订计划，年内开展制定（修订）工作。制度规程的修订应着重从法律法规的合规性、现场风险的依从性和操作的标准化等三方面入手，以简练、明确、无歧义为基本准则，将制度条款细化，尽量减少笼统要求类的说法，提高其可操作性。更为重要的是，企业制度规程的制定和修订不能脱离企业的一线员工，要让这些执行者参与进来，写我所做，做我所写，才能真正提升员工对制度规程的文化认同感。

（二）管理执行方面

建立岗位安全责任制，明确个人职责；基于需求，开展共识教育和技能培训，以行为改变为标准评估教育培训有效性；加强现场作业的计划性，建立规范的变更管理流程并有效执行，突出变更管理和作业环境的风险辨识，坚决做好风险防控准备工作，针对高风险作业或特殊时期风险作业实施旁站监督机制；建立健全安全专业监督检查机制，提升监督队伍素质，探索党建、纪检融合监督；建立安全考核体系，与绩效相挂钩，奖惩分明，动态纠偏，发挥其安全文化建设指挥棒的作用。

（三）安全领导力建设方面

安全领导力建设可以引入学习型组织管理理念，具体体现在共启愿景，激励人心，以身作则，勇担责任、挑战现状，使众人行，开放式沟通等方面。

共启愿景：明确企业的安全愿景，感召员工为共同愿景奋斗。

激励人心：树立科学的企业安全理念，建立团队的安全价值观，对维护团队价值观的行为给予奖励。

以身作则：各级领导摆正安全生产与经营发展的关系，作出安全承诺，言行一致，通过实际行动，为员工树立遵章守纪的榜样，维护安全生产的权威性。

勇担责任、挑战现状：正确认识并勇于承担自身岗位的安全责任，下大力气改善企业的不良氛围，解决久而未决的隐患问题。

使众人行：维护组织、员工责权利平衡，使机构、员工主动对所承担的工作和共同目标负责。

开放式沟通：畅通上下沟通渠道，开展合理化建议征集，倾听下属的心声，鼓励员工说出或解决企业存在的问题。

实践证明，安全水平的高低是一个企业综合管理成效的具体体现之一。优良安全文化的形成绝非脱离企业文化和领导力而能够独立完成的，需要整个企业高效的组织管理作为支撑。

四、结语

借由"热力学第二定律"，我们可以正确认识到企业安全文化体系建设中偏差正常化是客观存在的。在了解其影响因素的基础上，通过打造学习型的组织团队，采取科学有效的安全文化组织管理，是可以达到延缓安全向混乱、无序演变，进而推动企业"逆熵"成长，实现企业的持续健康安全发展的目的。

参考文献

[1]美国化学工程师协会化工过程安全中心.工业过程中灾难性事故的预警信号[M].王艳芳，张晓华，陈春燕，等.译.北京：化学工业出版社，2018.

[2]HEINRICH H, PETERSEN W D. Industrial accident prevention[J]. Social Service Review, 1950,5(2)：323–326.

[3]杜学胜，王恩元，凌利，等.企业安全领导力研究进展[J].中国安全科学学报，2010,20(2)：130–136.

[4]Cooper M D. Improving safety culture–a practical guide[M]. Applied Behavioral Sciences Hull,2001.

"四位一体"安全治理模式的探索与实践

易普力股份有限公司　周桂松　罗非非　王东武　胡冬梅　卢　影

摘　要: 民爆行业是易燃易爆高危行业,安全工作是头等大事,不仅直接影响企业的稳定发展,更直接关系员工的生命安全,安全文化是安全管理工作的重要指针。因此,民爆行业必须把安全文化建设工作摆到重中之重的关键位置。易普力股份有限公司(以下简称易普力)通过构筑"四位一体"安全治理模式,即文化润安、责任守安、管理强安、技术兴安,持续提升本质安全水平,将安全打造为企业第一品牌、第一管理、第一生产力。

关键词: 四位一体;责任约束;管理治标;技术治本;文化引领

党的二十大报告中提出要"建设更高水平的平安中国",民爆行业作为"能源行业的能源,基础工业的基础",安全发展始终是行业高质量发展的第一要务。易普力作为民爆行业的龙头企业和央企代表,一直是践行安全发展理念的先锋队与排头兵。党的十八大以来,易普力统筹发展和安全,坚持以人为本、以防为上,通过构筑"四位一体"安全治理模式,持续提升本质安全水平,将安全打造为企业第一品牌、第一管理、第一生产力,为打造平安中国贡献民爆之智。

易普力"四位一体"安全治理模式,是基于安全风险管理的基本理论,结合了易普力民爆产品的高风险性和生产、服务的高危险性的实际情况,是理论与实践的统一体,是指导易普力分(子)公司、项目部安全生产管理工作的方法论。此模式的创建,目的是全面落实企业安全生产的主体责任,防止各类生产安全事故的发生,实现"零事故、零伤害、零污染"的目标。

易普力安全治理模式的核心内涵是"四位一体、系统治理"。它将安全治理从管理治标、技术治本、责任约束、文化引领4个维度来进行功能划分,从而推动企业组织的执行力、生产力、控制力和影响力提升,同时在落实上采取全员、全流程、全要素、全周期的系统治理原则,进而实现文化润安、责任守安、管理强安、科技兴安的安全综合治理效果。

易普力"四位一体"安全治理模式,从安全治理的方法路径和价值导向上着手,以"四梁八柱"作为框架支撑,坚持"四全"系统性治理,将安全理念、制度、环境和行为进行有机融合、层层推进,由抽象到具体,实现了以"四位一体"的安全治理理念为指导中心,安全行为、安全管理、安全制度、安全教育、安全环境紧紧环绕的安全综合治理模式,为易普力的和谐巨轮扬帆,为易普力的伟业长久增辉。

一、模式提出的背景

易普力于1993年随三峡水利枢纽工程上马而成立,是中国能源建设集团二级企业,是工业和信息化部重点扶持的民爆龙头。易普力公司上市重组后,管理难度更大、业务链条更长、集团对其的期待也更高,延续传统经验化安全管理模式,逐渐暴露出以下问题。

一是随着规模不断扩大,业务点多面广,涉危涉爆人员数量急剧增加,管理力量分散,风险管控难度加大。

二是管控链条长,本部不能有效监督、及时发现和快速解决基层安全管理问题,基层不规范安全现象突出。

三是基层班组作为最小生产单元,部分员工年龄偏大、学历偏低,安全的基层、基础、基本功亟待加强。

因此在新时代、新形势、新要求下,需要公司更加注重系统思维的运用,统筹发展和安全,探索新型安全治理模式,为打造平安企业提供可复制的系统解决方案。

二、安全治理的思路

易普力"四位一体"安全治理模式的具体内容

包含以下几点（图1）。

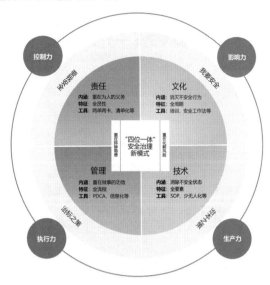

图1　"四位一体"安全治理模式图

（一）内修方正，立足高远

从全员、全流程、全要素、全周期入手，协调责任、管理、技术、文化在安全生产治理模式中的定位和功能，运用系统科学的方法分析和解决安全问题，从总体与局部中、从要素的联系与结合中找出规律、建立秩序，建设文化润安、责任守安、管理强安、技术兴安"四位一体"安全治理模式。

（二）外修圆通，追求高效

通过安全责任建设，强调人人都是本岗位的安全第一责任人，促使每位员工履行安全义务，形成安全的"控制力"；通过安全文化浸润，让安全理念形成行为习惯，减少人的不安全行为，扩大安全的"影响力"；通过安全技术探索，从、人、机、料、法、环、测等方面全面降低系统风险，减少物的不安全状态，一次把事情做对，提高安全的"生产力"；通过安全管理创新，以"零伤害、零事故、零污染"为目标，提升安全管理效率，提升安全的"执行力"。四轮驱动，形成高效循环管理模式。

（三）协同联动，标本兼治

责任是管理的基础，责任制的建立明确了管理的对象与内容，追责问责确保了管理过程的作用与成效，形成了"要我安全"的压力。管理是责任落地的保障，通过开展组织、规划、指导、检查、决策活动，达到防范事故的目的。责任与管理相得益彰，共同织密防范事故的防护网，形成近期的"治标之策"。

技术是改善生产工艺、改进生产设备、控制生产因素不安全状态、预防和消除危险因素的科学武器和有力手段，它可消除物的不安全状态，有效降低系统安全风险。文化可以凝聚人的安全意识，通过安全文化影响人、培养人、改造人，达到"我要安全"的目的，有效减少了人的不安全行为。技术与文化相辅相成，共同构筑降低风险的防火墙，形成长期的"治本之策"。

（四）远近结合，攻防兼备

以责任与管理为"防"，绷紧自律之弦，守住安全红线，保护当前来之不易的安全成绩；以科技与文化为"攻"，不断创新以本质安全为特征的新产品、新技术、新装备，输出安全文化品牌服务，提高长期防范化解安全风险的能力。攻防兼备、长短兼顾、四位一体，以高水平安全守护高质量发展。

三、模式探索的经验

作为民爆行业的创新者与引领者，易普力"四位一体"安全治理模式的建立既是基于对历史经验教训的充分总结，更是对行业发展方向与企业成长目标的科学前瞻，这是贯穿易普力发展历程的安全之道，在安全治理模式方面迈出了极具创新性的一步（图2）。

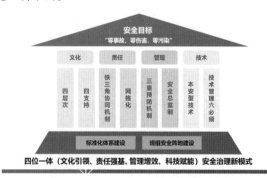

图2　"四位一体"安全治理新模式的"四梁八柱"构建

（一）文化润安，四位一体强化安全文化引领作用

易普力高度重视安全文化在安全管理当中的引领作用，不断增强安全文化自觉，坚定安全文化自信，把安全文化建设作为安全生产工作的文化引领、价值导向、思想指南，持续培育集安全理念文化、制度文化、行为文化和环境文化于一体的安全文化体系，搭建以员工培塑、安全监控、考核改进、信息传播为内容的安全文化支撑系统，构建了"四层次四支持"的安全文化体系（图3），指引企业全员在思想上绷紧"安全弦"，在制度上关好"安全阀"，

在行为上系牢"安全带",在环境上突出"安全味",在长期的安全文化培育过程中,在各层级各部门逐渐形成了强大的安全文化场。

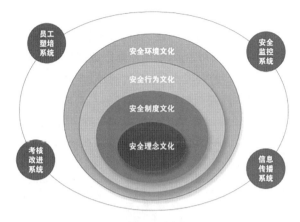

图3 "四层次四支持"安全文化体系

1.覆盖全员的"员工塑培系统"

易普力充分运用集团股份公司安全在线教育平台,持续组织开展安全生产教育培训与考核;抓住班组长这个"火车头"和安全内训师这个"牵引机",开展了一系列班组长和安全内训师的培训,保证了安全文化体系的宣贯与落地。

2.持续优化的"考核改进系统"

总结过去8年安全文化建设经验,形成了一套具有易普力特色的安全文化建设评价体系,从组织、理念、制度、环境、班组等9个方面提炼出63项指标,明确评价程序、评价等级,形成安全文化建设评价长效机制,促进所属单位安全文化建设水平持续提升。

3.实时纠偏的"安全监控系统"

抢抓民爆行业"工业互联网+安全生产"发展机遇,利用物联网、大数据、人工智能、边缘计算、数字孪生等新一代信息技术,围绕民爆物品生产、仓储、运输、爆破施工等全过程应用场景,打造国内首个安全生产智能化监管平台,提升了安全生产的快速感知、超前预警、联动处置等能力,解决了民爆行业在风险防控、隐患排查治理、安全生产监测预警、安全监管、安全生产标准化等方面存在的短板。

4.准确高效的"信息传播系统"

在企业网站开辟安全文化专栏,传递国家、行业、企业相关安全文化建设动态信息,共享各单位安全文化建设经验等;通过微信平台,报道建设过程中的先进经验、先进人物和先进事迹;编辑《安全工作简报》并下发至各所属单位,传递安全管理信息和安全文化建设情况。

(二)责任守安,强化干部员工知责履责尽责能力

安全无小事,责任大于天。易普力在公司安全生产管理中始终坚持"安全第一、预防为主、综合治理"的总方针,坚持"三管三必须""党政同责、一岗双责、齐抓共管、失职追责""谁主管、谁负责"的总原则。在管理架构上通过不断强化生产、技术、安全"铁三角"的安全协调监管效能(图4),让企业的安全管理效应实现最优化。

图4 生产、技术、安全"铁三角"

易普力高效落实全员安全责任制,不断完善健全企业安全生产责任制,强化安全红线、底线教育,形成了横向到边、纵向到底的无死角网格化管理体系,同时也形成了强大的安全约束力。同时,通过层层签订责任书的形式,形成贯穿经营全过程的安全责任链条,使人人成为本岗位的安全生产第一责任人。此外,在组织架构上分级分层进行责任明晰,将安全责任与绩效直接挂钩,有效保证全体干部员工知责履责尽责。

领导层面,强调"头雁效应",要求领导不断提升安全领导力,发挥他们在安全方面的率先垂范作用。

管理层面,以三重风险预防机制为基础,不断强化生产、技术、安全"铁三角"的协同能力和效率,加强风险预控和隐患排查能力,提升安全监管效能。

基层层面,以网格化安全管理为基础,强化自保、互保、包保机制。健全两单两卡,让员工做到"知风险、明职责、会操作、能应急"。

(三)管理强安,加强标准化体系化管理能力

易普力高度重视安全管理能力建设,持续建设和实施大安全管理体系,从顶层设计入手,系统搭建和推进"大安全、大应急"管理体系,持续强化"本质安全"管理能力建设。通过QHSE体系建设实施,将产品安全、员工健康与安全、生产安全、生态环境安全有机结合,并逐步融入应急管理、防灾减灾、安全标准化管理等新内容、新要求,形成行业内较

为科学、专业、系统的大安全管理体系。

同时，持续夯实基层网格化安全责任体系。在厘清综合监管部门与专业管理部门职能职责基础上，将各部门"职责清单"细化为推进"234"工程建设的"任务清单"，实现从"明责"向"履责"转变，充分发挥各专业管理部门夯实本系统"安全三基"的建设主力军作用，建立"横向到边、纵向到底"的立体化安全管控网格。

1. 健全管理体系，提升管理功效

易普力不断完善管理体系，围绕"十二个到位"，扎实推进"234"工程建设和安全生产提升行动，并通过包含安全责任落地工程、制度标准建设工程、安全绩效提升工程、分包穿透管理工程、安全文化建设工程在内的"五大工程"推动体系的有效落地。

2. 不断总结标准化安全监管探索经验

构建"三重"预防机制，动态贯穿，识风险于萌发之时，控隐患于成灾之前。采取领导下沉基层督导、综合检查、专职安全总监巡查，动态掌握和防控生产一线风险状况。单位负责人要严格三违人员"过五关"，主动督促"反违章"落实落地。安全生产管理人员要穿透式、经常化地开展督查巡查，严格问题隐患整改闭环和督验。

3. 推动基层编制SOP

为有效提升一线现场标准化操作水平，易普力鼓励基层根据岗位特点编制自身SOP，将安全质量要求精细到每个动作，使员工一次就把事情做对，同时将SOP与班组学习、岗位考核、对标改进等结合起来，使员工真正做到知行合一。

4. 创新专职安全总监派驻制与巡查制

为提升现场生产安全风险管控能力和隐患排查能力，易普力创新专职安全总监派驻制与巡查制，提升安全风险管控水平。

5. 纳入体系，实时监控

所有外委项目都由主管工程师和外委单位共同进行危险源辨识、风险评估，制定预控措施和安全卡控重点。在过程监管中，利用本安管理信息系统实时管控各种隐患和危险源。

6. 多措并举，重点管控

执行施工例会制度，分公司每月组织施工单位召开施工安全质量分析会，基层工队每周组织外委单位召开周例会。实行施工约谈制度，定期与重点施工项目和发生严重安全问题的项目经理约谈对话。落实项目包保负责制，重要施工项目成立专项盯控小组，确保工程安全顺利竣工。

（四）科技兴安，持续提升设备设施本质安全水平

科技是第一生产力，安全是第一品牌力。易普力不断引进创新本安型技术，以技术管理"六必须"（图5）作为方针规范，抢抓民爆行业"工业互联网+安全生产"的发展机遇，在市场开发层面，不断创新完善以本质安全为特征的新产品、新技术、新装备等民爆创新谱系，有力提升了企业产品及品牌的竞争力。

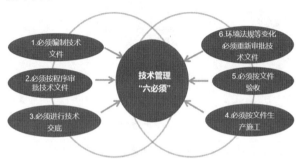

图5　技术管理"六必须"

在安全生产层面，易普力利用物联网、大数据、人工智能、边缘计算、数字孪生等新一代信息技术，围绕民爆物品生产、仓储、运输、爆破施工等全过程应用场景，打造国内首个安全生产智能化监管平台，提升了安全生产的快速感知、超前预警、联动处置等能力，解决了民爆行业在风险防控、隐患排查治理、安全生产监测预警、安全监管、安全生产标准化等方面存在的短板。

此外，持续推进"数字化工厂"建设，不断推动民用爆炸物品生产线向自动化、数字化、智能化与少人无人方向迈进。

同时，为了充分应对技术创新带来的风险，易普力针对新设备、新工艺与安全技术薄弱环节形成公司级技术标准，严格落实技术管理"六必须"要求，充分发挥技术保障安全的作用。凭借在安全技术创新和管理方面的突出表现，易普力连续四次获得由安全生产协会颁发的"安全科技进步奖"。

四、实践取得的成效

（一）员工违章现象大幅减少

一方面，实施覆盖全员的"安全管控十大工作法"，采用"宣讲、培训、训练、强化、固化"等多种手段，把员工的被动行为转变为自觉行为；另一方面，通过大数据、人工智能等技术，构建涵盖人、

物与环境等 20 余种智能分析算法模型,实现了安全管理由事后监管向事前预警的转变。通过以上两个转变,生产作业现场违章现象大幅减少,作业人员逐步养成了良好的行为习惯,经统计习惯性违章减少了 70%。

（二）安全管理效率显著提升

通过信息化手段规范安全管理内容与流程,易普力实现了安全生产标准化管理,信息收集、整理和分析更加真实、完整、及时,减少基层单位重复性安全报表约 80%,为安全管理的系统提升带来了便捷,为领导决策提供了有力支撑。

（三）安全文化品牌充分彰显

公司通过搭建安全文化交流平台,组织开展安全文化现场交流,形成交流互鉴、共同提高的良好氛围。2022 年—2024 年公司所属 4 家单位获得"全国安全文化建设示范企业"称号,7 家单位获得"省级安全文化建设示范企业"称号;3 个班组及 3 名班组长获得"全国安全管理标准化班组与班组长"称号,公司安全品牌进一步闪亮。

广西电信："六位一体"安全文化体系

中国电信股份有限公司广西分公司　郑宗任　刘洪兵　杨召江　刘洪灿　龙晓峰

摘　要：中国电信股份有限公司广西分公司（以下简称广西公司）针对通信运营企业生产组织的特点，运用党建引领和党的群众路线，充分调动党政工、员工和员工家属的力量，保障安全生产工作在组织上和员工具体作业上的落实，构建起了"六位一体"的安全文化体系，并在实践中取得了良好的成效。

关键词：党建引领；群众路线；安全文化

广西公司构建起了组织架构体系、责任体系、应急保障体系、风险控制体系、教育培训体系、监督保证体系"六位一体"的安全文化体系，创新安全管理工作方式方法，全面提升了公司的安全生产管理水平。

一、提高认识，明确分工，建立安全文化组织体系

（一）提高思想认识

提高思想认识是做好任何工作的基础和先导。广西公司主要领导把创建安全文化建设示范企业作为落实以人为本、提升企业管理水平的重要手段，持之以恒，常抓不懈。认真学习《全国安全文化建设示范企业评价标准（修订版）》，在统一思想的基础上，结合实际，成立了党政领导任组长的领导小组，对照各项要求提出了落实方案，每项工作都明确了负责的领导班子成员，选定部门为牵头部门，明确完成时间和创建标准。在提高认识、统一思想的同时，建立工作机制，明确提出要把创建工作放到与抓日常安全、抓日常生产、抓日常经营同等重要的位置，同安排、同落实、同检查，对创建活动的各项工作做到"四定"，即定任务、定标准、定责任人、定完成时间，各牵头部门定期汇报创建活动开展情况，对于没有按时、保质保量完成创建任务的部门、单位和个人，广西公司将按照相关制度追究责任，以确保高标准开展创建活动，高质量落实各项任务。

（二）健全安全管理规章制度

广西公司制（修）订《中国电信广西公司安全生产管理办法》《中国电信广西公司安全生产应急救援预案》等86项相关规章制度与工作方案，实现对公司所有业务领域的全覆盖，使得安全管理工作有规可依。

二、提炼愿景，传播理念，建立安全文化理念体系

卓越的安全文化是企业安全理念愿景有效传播、规范运作的结晶。2011年以来，广西公司通过多种形式发动职工，保证全员参与，先后提炼出"打造本质安全健康型电信企业"的安全愿景、"安全生产零事故，发生事故零效益"的安全理念、"隐患当成事故查"的安全管理理念、"零事故、零伤害"的安全奋斗目标，以及覆盖全公司14个基层单位、职工的安全理念、愿景，在安全理念的统领下，构建起了独具广西公司特色的安全理念文化体系。

广西公司先后投入专项资金，以理念展牌、看板、内部报纸等形式将安全理念、职工个人安全理念愿景布置在生产、办公场所的醒目位置，并利用广播、板报等，宣贯企业安全理念愿景，使员工时时处处都能把理念愿景看在眼里、记在心上，营造了传播安全理念的浓厚氛围。

坚持开展安全理念实践典型评选活动，运用各种形式开展评选安全生产标杆支局、安全生产标兵活动，广泛宣传自觉实践安全理念的先进典型，使职工潜移默化，耳濡目染，学有榜样，赶有目标。通过选树典型，忠诚实践安全理念的典型人物成了职工心中的楷模，用职工身边具体的人和事来反映理念、把抽象的理念"故事化""具体化"，使职工心灵产生了共鸣。

三、建章立制，完善标准，夯实安全文化标准体系

安全制度是企业安全文化物化的结果，是保证安全生产目标实现的基础。广西公司建立健全各级领导和职工安全责任制度，明确各级人员在安全生产中的责任、义务和权力。建立安全办公制度、安全例会制度、隐患排查闭合整改制度、安全风险抵押金制度、安全绩效考核奖惩办法等规章制度，特别是制订安全检查隐患排查整改制度，坚持月度检查、季度互查和年度安全生产工作达标考评检查，支局（班组）岗位每天对所辖区域进行检查，对查出的问题按"谁主管，谁负责"的原则进行整改和闭环管理，及早发现并消除隐患。2023 年 8 月共健全、修订、完善了《广西公司安全生产管理制度汇编》（含 41 个制度）一部，各项规章制度 25 个。安全风险预控管理体系整合编制了《中国电信广西公司安全生产风险分级管控管理办法》和《中国电信广西公司安全生产风险管控和隐患排查治理双重预防机制建设规范》，共涉及管理程序及各项规章制度 38 个。通过建立健全安全制度保证体系，广西公司整合完善安全工作标准和安全考核机制，夯实了安全管理基础。

四、保障投入，上下联动，塑造安全文化物质体系

为消除人和物的不安全状态，近年来，广西公司不断加大安全投入，加强质量标准化建设，强化人员安全行为养成，努力营造人机和谐、本质安全的软硬件环境。

坚持"安全、标准、整洁、实用"的原则，科学制定支局安全生产标准化达标规划和措施，有效推进支局安全生产标准化建设。在开展支局标准化建设达标的基础上，开展支局安全生产标准化定级创建工作。针对装移维、线路作业、交通安全等易发事故的源头进行治理，创造性地制定了装移维作业安全生产 7 个标准化动作、线路作业安全生产 7 个标准化动作和行车安全 7 个标准化动作，并严格执行，有效遏制高处坠落、触电和交通安全事故的发生。对支局环境进行美化、靓化；全面实施定置化管理，对通道、设备、各类设施、物品物件、各类标识的设置、安装、着色等进行规范统一。

广西公司切实改善安全生产条件，在各生产岗位、通信机房、仓库、营业厅的要害岗位和重点场所，安装悬挂重点管控区域提示牌、四色分布图和各种安全警示标识等。安装监视监控系统，对主要部位进行 24 小时监控。在分析年度危险源辨识与评价、各单位动态辨识、隐患排查信息的基础上，制定并实施年度职康安全管理方案项目，消除安全隐患，改善安全作业环境。

五、自我加压，强化考核，落实安全文化责任体系

（一）明确安全管理责任

广西公司安全管理日常工作由安委会纵向统筹安委办开展，各级安委办横向推进安监职能部门落实，省公司安监职能部门纵向协调各分公司安监职能部门具体实施；安监职能部门按照"谁主管，谁负责""管业务必须管安全、管生产经营必须管安全"的原则，明确安全生产责任，细化安全管理职责，做到了各司其职、各负其责；各单位均设立安全员，安全生产责任制覆盖全部岗位和全体员工、运营管理全过程，形成纵向到底、横向到边的安全管理责任体系。

（二）层层签订安全责任书

公司安委办与 14 个市分公司、23 个重点部门签订了安全目标责任书，明确各部门安全生产职责、目标及奖惩办法；公司总经理与各部门、各地市分公司签订安全生产责任书；各地市分公司与各部门、区县分公司签订安全生产责任书；各基层单位与所属员工 100% 完成安全生产责任书签订。

（三）聘用员工家属安全监督员

广西公司聘用 7200 多位员工的家属为安全监督员，以家企安全活动日、家属安全监督员座谈会、晨会互动、作业现场抽查等方式，让员工家属参与到公司的安全生产工作中，使员工家属理解、支持和监督公司的安全生产工作，以亲情互动共筑安全底座，助力公司安全文化建设。

六、关口前移，源头控制，锻造安全文化培训体系

为提升职工安全技术素质，广西公司实行三级培训考核制度，主要采取了以下措施。一是落实年度培训计划，引导基层利用晨会安全教育和业余培训时间，组织职工重点学习安全体系文件、法律法规等内容。二是从源头上把好安全关，由广西公司通信工程建设和云网运营管理部门审核，实行人员准入制，不符合准入标准不能上岗，职工必须全部经过培训合格后上岗，单位主要负责人、安全管理人员、特殊工种作业人员一律经培训考核、持证上岗。三是强化要害工种和岗前培训，做到脱产培训正规化、业余培训多样化，以增强培训的针对性和实效性。四是大力开展岗位练兵、技术比武活动，不断提高职工的实际操作能力。五是激发基层自主培训的热情，让职工在工作时间学习实际操作，在业余时间学习理论知识。职工学习之后参加考试，成绩与其安全奖挂钩，这一方法取得了明显的效果。广西公司在安全文化建设方面的有益探索和实践，为企业的发展注入了强劲活力。

2017 年以来，广西公司每年举办安全生产技能竞赛，以"实操技能比武＋理论知识竞赛＋互动体验"的方式丰富活动内容。其中，实操比武以消防安全技能为主，分为原地着装、水盘拼接、就地灭火、佩戴呼吸器通过模拟火场等多个消防安全实操环节；理论竞赛分为笔试、现场抢答等多个环节。同时，在活动现场设置心肺复苏实操讲解、高处坠落体验、火灾模拟逃生屋等沉浸式安全体验活动和安全文化展示，营造了浓厚的安全教育氛围。

七、结语

推进群防群治的安全文化体系建设后，安全生产机制建设得到进一步完善，员工队伍的安全生产思想观念得到进一步强化，安全生产基础能力得到进一步提升，全员安全生产责任得到进一步落实，安全生产隐患得到及时排查和治理，有效防范了安全生产事故的发生。

参考文献

[1] 罗云，赵一归. 企业安全文化建设 [M]. 北京：煤炭工业出版社，2018.

[2] 宋晓婷，赵学斌，孙玉保，等. 安全生产管理 [M]. 北京：中国石化出版社，2021.

[3] 史银. 党建引领安全文化建设在国有施工企业的管理运用 [J]. 中外企业文化，2023(04)：64-66.

[4] 景杰，刘庆训，杜雪娇，等. 坚持党建引领夯实安全生产构建以"党建"为核心的安全文化机制 [C]//《中国电力企业管理》党建创新实践（2021）. 国网黑龙江省电力有限公司鹤岗供电公司，2022：3.

[5] 潘武龙. 在安全文化建设中发挥党建引领作用的思考 [J]. 安全、健康和环境，2021，21(07)：58-60.

[6] 林英. 用党建引领企业安全文化建设 [J]. 企业文明，2018(09)：69-70.

[7] 张悦. "零伤害"安全文化建设的探索与实践 [J]. 中国煤炭工业，2022(07)：57-59.

以"4413 安全工作法"为抓手培育特色安全文化

中建三局集团（浙江）有限公司　王延波　齐从月　杨　诚　陈向红　吴　航　黄子懿

摘　要：建筑施工行业有着危险因素多、交叉作业频繁的特点，安全管理工作流程向来烦琐，执行效率低，管理过于形式化。在此背景下，中建三局集团（浙江）有限公司（以下简称浙江公司）通过对大量优秀管理方法的总结归纳，得出了"4413 安全工作法"。

关键词：安全管理；安全文化

我国建筑业发展迅速，但施工安全形势长期严峻，建筑业被公认为是最危险的生产性行业之一。应急管理部的统计数据表明，建筑业 79% 的事故致因与"人的不安全行为"有关。不安全行为的影响因素多样、产生机理复杂，使行为管控成为施工安全管理中最大的难题。

浙江公司是世界 500 强企业上市公司——中国建筑的子公司，具备规划设计、投资开发、基础设施、房建工程"四位一体"全产业链优势，在综合高端建造、基础设施建设投资、产业园区开发、城市综合开发、水务环保、建筑工业化等领域积累了丰富的投资建设经验。浙江公司作为中建三局第三建设工程有限责任公司"双总部"来打造，为杭州市本地注册企业，是中建三局为抢抓长三角区域一体化国家战略机遇而打造的深耕浙江、辐射华东地区的综合发展平台。

浙江公司一直秉承"安全第一，客户满意，效益至上，现金为王"的经营方针，而安全第一则是该十六字经营方针的基石。过去，安全管理软弱无力，安全人员思想落后，安全生产氛围较差，因此公司通过提出安全管理工作方法，规定安全管理必须动作，实现了安全生产长治久安。

一、"4413 安全工作法"安全文化探索

浙江公司始终牢固树立科学的安全观，将安全发展贯穿于生产经营管理全过程，不断增强自身红线意识，持续提高自身底线思维，结合前阶段安全管理特点，总结安全工作模式的弊端，形成了一套贯穿企业、项目、劳务、班组的安全管理工作方法，即"4413 安全工作法"。"4413 安全工作法"代表着浙江公司安全文化建设的"四个安全账本、四铁工作精神、十三个到位"。

四个安全账本：责任账扛不起、形象账丢不起、经济账赔不起、亲情账还不起。

四铁工作精神："铁嘴皮"安全生产天天讲月月讲；"铁面孔"不徇私情，不怕得罪人，不怕丢面子，不怕撕破脸皮；"铁手腕"狠抓基础管理工作，常常检查，查漏补缺；"铁心肠"严格执行相关制度，严肃问罪。

十三个到位：责任制落实到位、人员安排到位、工人三级教育落实到位、班前喊话到位、重大风险识别到位、技术方案编制到位、技术交底执行到位、隐患整改追讨到位、应急预案交底并落实到位、重大方案落实旁站到位、重大设备使用和装备吊装跟班到位、与政府职能部门交流到位、关键意识强化到位。

"4413 安全工作法"的三项内容相辅相成，彼此扶持，也可以说三者是串联的：四个安全账本即后果，扛下了责任、丢失了形象、赔偿了经济、亏欠了亲情；四铁工作精神即安全管理工作的应有态度；十三个到位即具体的管理措施。

二、牢固树立安全四本账的理念

（一）营造安全氛围

浙江公司建立全员安全文化体系，利用安全生产月、月度教育大会、班组长周培训会、每日班前教育会，对分包管理人员和作业人员正向引导，宣贯国家及上级单位的要求，通报全国各地典型事故案例，讲述当日工作安全注意要点，建立曝光栏与表彰栏，树立典型，烘托比学赶超的安全氛围。

（二）提高思想站位

新《安全生产法》第三条明确规定，管行业必须管安全、管业务必须管安全、管生产必须管安全。对于管理者，要坚守"不以牺牲安全来生产"的底线，

各岗位要明确自身安全责任，将"一岗双责"落到实处，人人各司其职、共同监管，树立好"人人都是安全员，个个都是监督岗"的思想觉悟。浙江公司推动项目全员参与安全工作，积极开展"行为安全之星"和"平安班组"评选活动，向安全生产工作有正面导向的分包单位管理人员、作业人员分发表彰卡，使用表彰卡可到指定地点兑换等值物品，正向激励一线人员对安全的重视。同时，项目部利用班组长周培训开展"班组长上台讲安全"活动，每个班组长在会上轮流对上周的安全生产工作做总结，通报管理过程中的难点痛点，相互交流，以谈促管，以提升每一位一线管理者的安全思想觉悟。

（三）做好理念宣传

牢固树立安全四本账的理念，将四本账的内核融入企业文化和项目管理工作当中，无论是企业的安全文化宣传栏上、项目的工作理念上还是会议室、办公桌上的宣传标牌，都将四本账的内容彰显出来。理念宣传，是对集体的一种警示，使所有人对其达到一种共性认知，当每个人都从内心认可了四本账的理念，四本账就不再是空泛的标语。理念宣传不一定要"高大上"，它通常是用通俗、快捷的方式，直观的感受进行传播，比如班前教育口号"你安全，我安全，安全在中建"，就契合了中建安全文化，直白地体现出对安全管理的追求。

三、培养四铁工作精神

（一）完善全员教育机制

四铁工作精神的培养离不开安全生产教育培训，浙江公司建立健全安全培训教育制度，严格落实培训教育工作，普及安全知识并倡导企业安全文化。为了端正各岗各人员的安全工作态度，使其掌握基本安全生产知识，浙江公司规定新入职员工必须经过3个月的安全轮岗，并且接受不少于32学时的各类安全教育培训。与施工生产相关岗位人员，必须进行3个月的安全岗位实习。同时，对于新提任的项目关键岗位人员，浙江公司还制定了安全岗位工作经历的制度，以此来增强各岗位人员安全意识。积极开展各类安全教育本身就是对四铁精神的贯彻，浙江公司就是要在各类场合面对不同分供方、人员，时时讲、处处讲、天天讲、月月讲，练就一番"铁嘴皮"，让安全深入人心。

（二）落实监督检查机制

浙江公司牢固树立安全发展理念，制定详细的安全生产监督检查制度，该制度体现出检查方式多、覆盖面广、针对性强的特点。创新成立"雷霆卫士"安全纠察队，鹰眼出巡排查隐患，雷霆出击追讨整改。公司层面每季度开展安全大检查，分支机构层面每月开展月度安全检查，项目部每周开展安全周检查；针对行业高发事故类别，开展专项安全检查；季节变换节点，开展季节性安全检查；重要节日前后开展节前检查和节后复工检查；中建三局根据"四不两直"原则不定期开展飞行突击检查。各类安全检查是贯彻执行"安全第一，预防为主，综合治理"方针的重要措施，尤其是领导带班检查和企业检查，充分证明了企业和法人对于安全生产的重点关注，尤其凸显了"铁手腕"的精神内涵。

（三）严格执行奖惩机制

奖惩制度是"铁面孔"和"铁心肠"的工作方针，对认真开展安全工作、执行相关章程的单位和人员给予一定奖励，对漠视安全、不落实相关安全职责的单位和人员给予责任追究。浙江公司每年与各单位签订安全生产目标责任书，将考核结果作为奖惩依据，对荣获各项安全荣誉的项目和个人进行表彰奖励，同时建立项目领导班子安全工作档案，作为其评优、晋升的重要条件。

四、十三个到位的落实

（一）责任制落实到位

提高思想站位，落实全员安全生产责任。安全生产的主体责任人是企业，企业安全生产的首要工作就是建立健全全员安全生产责任制。企业每年编制各级领导、司属各部门年度安全生产工作清单，明确安全责任，强化安全生产管理，重点推进各级责任制落实和责任落地，以免责任断层。

（二）人员安排到位

积极推进安监体系建设，完善安全监督岗位。各级单位设立安监部门，设置安全监督岗位。公司安监部与人资部门联动，积极为项目配备专职安监人员，充实安监队伍，保证安全生产平稳运行，对符合考证要求的人员报考安全C证、注册安全工程师证，使安监队伍具备专业性、合规性。所有项目配备副经理级安全总监，提高总监话语权。

（三）工人三级教育落实到位

根据公司安全生产教育培训制度，新入场作业人员必须进行公司、项目、班组三级教育。以往的入场三级教育流于形式、教育内容没有针对性，没有达到安全理念深入人心的目的。公司编制了施工人员入场安全教育手册，手册里包含入场须知、安全生产基本知识、企业相关安全文化理念等，详细地介绍了企业安全生产相关规章制度、入场作业人员享有哪些权利并需要履行哪些义务、项目作业环境特点和危险因素等。此外，手册规范了施工人员入场流程，安监部收集施工人员个人信息资料（身份证、特种作业人员证件、体检报告等），筛选出超龄、体检指标不合格人员并直接清退，开展教育并组织安全教育考试，对考试成绩合格者发放入场教育合格帽贴，施工人员必须持帽贴才能到综合办录入门禁并办理入场作业手续。

（四）班前喊话到位

每日作业人员入场作业前，必须接受项目管理人员或班组长班前教育。为了避免班前喊话的造假、流于形式，喊话人员必须使用智慧工地平台发起喊话，拍摄喊话照片，使用水印相机录制喊话视频，发送到项目班前喊话群中。浙江公司每日监督项目班前喊话开展情况，对未发起喊话、喊话不合规的项目给予提醒，次周进行通报。

（五）重大风险识别到位

浙江公司对危大工程实施监管，根据行业相关规定，编制了公司危大工程分级判定标准。标准分一、二、三级，安监部根据判定标准，结合现场实际施工阶段，提前识别重大危险源，每周在固定时间上报次周重大危险源监控台账。

（六）技术方案编制到位

技术方案编制严格依据相关法律法规、现行标准，及政府单位和上级部门文件要求，结合安全、环境、质量管理要点及工程特点，合理安排施工顺序、布场，达到时效性、经济性、安全性的施工目的。

（七）技术交底执行到位

技术方案经审批通过后，技术部及时组织项目管理人员、分包单位负责人、班组长开展技术交底会，强调施工要点，结合现场实际情况对方案关键工艺流程进行讨论，对冲突点提出应对措施，及时纠偏。

（八）隐患整改追讨到位

各层级安监部对发起的隐患监督整改，定人、定时、定措施，将整改要求层层下传，直至班组，明确各人员相关责任，确保隐患及时整改销项，按期限完成闭环。

（九）应急预案交底并落实到位

浙江公司各层级分别建立综合应急预案、专项应急预案与现场处置方案，完善应急体系建设，每季度开展一次应急预案交底与应急演练。

（十）重大方案落实旁站到位

项目危大工程实施前，在中建智安平台危大工程板块发起流程，上传施工方案、安全技术交底及验收准备，项目关键岗位必须参加关键环节旁站和验收，上传旁站验收照片，施工结束后项目经理组织关键岗位和分供方进行联合验收。

（十一）重大设备使用和装备吊装跟班到位

起重机械设备安装、附墙、顶升、拆卸等关键作业过程，项目生产经理、技术负责人或安全总监等领导带班，设备工程师、安全工程师等共同实施旁站监督管理。租赁安装单位必须安排相关技术人员和安全管理人员现场旁站监督。

（十二）与政府职能部门交流到位

公司严格执行属地政府主管部门管理要求，积极开展互动交流，组织参与建筑青工技能比武大赛，以及"送清凉""以球会友""安康杯"知识竞赛等各类活动，从而加深与政府职能部门的联动。

（十三）关键意识强化到位

在办公区、生活区的醒目位置，设置企业信条、安全标语宣传牌、宣传横幅，电子屏轮流滚动播放安全生产警示教育片，在企业的微信公众号发布和传达上级单位安全会议精神等，从而提高岗位人员安全生产积极性，强化全员安全意识。

五、"4413安全工作法"实施及成效

（一）组建雷霆卫士纠察队

贯彻"安全第一，客户满意"的经营方针，落实"4413安全工作法"，致力于打造具有公司特色的一流职业化安监团队，为加速实现"跨入千亿平台，迈向集团三甲"的目标提供安全保障，特组建公司"雷霆卫士"纠察队。

"雷霆卫士"纠察队队长由项目安全总监担任，对项目安全监督检查工作负责，分配各组任务，统领日常工作的开展。根据施工区域划分和成立区域检查组，每组包含一名总包安全员和相关分包单位安全员，各小组对负责范围内的安全监督检查工作负责（图1）。

配备特有安全装备的安监人员区别于其他管理人员，安全装备能提高其在班组、作业人员面前的威慑力。为此，应加强总分包安监人员联动，使安监

团队更加专业，及时发现和消除事故风险，为公司高质量发展提高安全支撑。

图 1　区域纠察组机制

（二）应急救护取证

为响应"人人讲安全，个个会应急"主题，浙江公司成立了"雷霆三实"救援队，覆盖公司机关、项目部、分包单位人员及新入职员工开展应急救护取证。

浙江公司在武汉市首届基层应急救援力量技能大比武中勇摘桂冠，全体员工在面对突发事件时的反应力得到提升。全员取证不仅增强了自身应急安全意识、丰富了救护知识，更彰显了浙江公司的央企风范和履行社会担当的勇气。

（三）行为安全之星和平安班组建设

通过正向激励手段，强化作业人员安全意识，培养员工良好的安全行为，从"被动安全"向"主动安全"转变，为探索新时代建筑产业工人队伍管理新举措，逐步建立班组互助机制，强化班组建设，进而培育优质的专业班组，项目开展发放行为安全表彰卡，举办"争当行为安全之星""建设平安班组"活动。项目管理人员每天不定时巡查各班组、作业人员安全行为是否得当，对遵章守纪、作业行为安全的人员发放奖励卡。奖励卡可用于兑换相应奖品，也是评选"行为安全之星"和"平安班组"的依据；对坚持遵章守纪、保证安全行为并能够起到安全示范作用的一线作业人员发放表彰卡，每月获得表彰卡最多的三名作业人员，当选本月"行为安全之星"；按月对现场施工班组的日常安全行为和整体作业情况进行综合评价，结合班组内作业人员表彰卡获取的情况，积极配合项目安全管理工作的态度，班组内安全生产氛围的浓厚，评选出"平安班组"。

活动的开展使公司的奖惩机制有效落地，正向

激励了一线人员对安全的重视，营造出浓厚的比学赶超的安全氛围，也使员工成功地实现了从"要我安全"向"我要安全"的转变。

（四）信息化平台建设

为使安全管理业务标准化、流程化，通过数字化技术实时监控、预警生产活动中的风险，进一步促进各岗位的安全履职，全面提升企业、项目的安全管理水平，浙江公司大力推广使用"中建智安平台""智慧工地平台""云筑智联平台"，通过 PC 端、手机端，实时监控项目安全生产情况。

平台建设以安全履责管理为主线、以全员考核为抓手，围绕"你安全，我安全，安全在中建"的安全管理理念，通过信息化手段，设立体系建设、安全检查、危大工程、学习强安、应急指数等板块。针对企业安全管理特色，上线班前教育、隐患统计分析、项目及人员指数考核应用，倒逼全员安全履职。

平台收集国家规范、行业部委、企业的各项管理要求和工作标准，建立安全头条、安全强音及参考文件资讯库。将教育培训与自主学习融合，大力推广优秀讲师授课视频课件，传播相关国家、企业政策方针，为企业员工提供学习渠道，全面提升企业安全管理水平。

利用移动终端和智慧监控，实时采集抓取项目安全管理数据，便于企业过程帮扶，达到项目安全管理行为统一、管理记录完整、管理过程可控、现场履职能力提升的目标，利用大数据、智能预警实现安全管理智能化、可视化，提升施工现场安全运营能力。

六、结语

"4413 安全工作法"的普及，一定程度上规范了安全监督岗位人员的管理动作，从用手记录安全、用嘴讲安全，转移到必须执行的规定动作，对于强化安全岗位人员管理安全，督促各级人员参与安全，使安全管理持续走深走实，对于全体员工安全意识的增强有重要的促进作用，为企业树立了优秀的形象，增强了企业的竞争活力。

构建"1332"安全文化体系
促进矿井高质量发展

安徽恒源煤电股份有限公司任楼煤矿　丁三红　张平虎　毛玉军

摘　要： 安徽恒源煤电股份有限公司任楼煤矿（以下简称任楼煤矿）认真贯彻落实习近平总书记关于安全生产的重要论述和重要指示批示精神，强化红线意识，坚守底线思维，构建"1332"安全文化体系：树牢"一个理念"，坚持"三个强化"，提升"三基"水平，进行"两个建设"，为矿井安全发展提供了有力的支撑和保证，确保了安全目标的实现。

关键词： 安全管理；安全理念；安全文化

任楼煤矿隶属于皖北煤电集团公司，是国家"八五"期间重点建设的国有大型现代化矿井，位于淮北市濉溪县南坪镇。矿井始建于1985年，1997年12月30日正式投产，现核定生产能力240万吨/年，属于国家一级安全生产标准化矿井。任楼煤矿的煤种为优质气煤、1/3焦煤，具有"三低两高"的特点：低硫、低磷、低灰，高发热量、高挥发，被誉为"绿色煤炭"。矿井建有与生产能力相配套的年入洗原煤240万吨的选煤厂，一座机组容量为 $2 \times 6MW$ 的煤矸石综合利用电厂。

任楼煤矿是安徽淮北矿区灾害程度最高的矿井之一，属煤与瓦斯突出矿井，井下水、火、瓦斯、煤尘、顶板等重大灾害危险俱全，安全管理难度非常大。近年来，任楼煤矿认真贯彻落实习近平总书记关于安全生产的重要论述和重要指示批示精神，强化红线意识，坚守底线思维，构建"1332"安全文化体系：树牢"一个理念"，坚持"三个强化"，提升"三基"水平，进行"两个建设"，为矿井安全发展提供了有力的支撑和保证，确保了安全目标的实现。

一、树牢一个理念：安排任何工作首先考虑安全

任楼煤矿牢固树立"安排任何工作首先考虑安全"的理念，坚持"一切为安全让路"，把安全工作摆到"高于一切、重于一切、先于一切、影响一切"的位置，所有工作首先要确保安全工作、所有投入首先要保证安全投入、所有责任首先要落实安全责任、所有业绩首先要考核安全业绩。

为了使安全理念根植于心，任楼煤矿利用晨会、安全办公会、党委中心组学习会等时机，全面传达贯彻习近平总书记关于安全生产工作的重要论述和重要指示批示精神及上级部门相关安全规章制度及"安排任何工作首先考虑安全"的理念。制作安全宣传横幅分别悬挂于井口、工厂主要道路、生产楼等显著位置，开设了广播、网站、宣传大屏等宣传平台的专题栏目，营造了安全生产良好氛围。运用微信群、抖音平台等新兴媒介手段，依托"平安任楼"微信公众号，不断丰富宣传形式，以理念指导行动、以思想约束行为，从源头上消除不安全意识和行为，做到"知行合一"。

二、坚持三个强化：强化制度保障、强化风险防控、强化科技兴企

（一）强化制度保障

本着"制度日趋完善、现场便于操作、安全实效明显"的原则，修订完善《任楼煤矿安全生产责任制》，形成"人人有责、各尽其责"的责任体系；汇编机电、运输、通防等各项制度，确保生产有规可依；规范辅助运输管理，确保关键工序安全可靠；强化安全监控作用，印发《任楼煤矿工业视频反"三违"及警示教育》规定，把反"三违"视频作为警示案例进行播放，形成震慑作用，引导职工从反"三违"向防"三违"转变。严格落实全员安全生产责任制，分专业、分系统、分时段地量化分解安全目标任务，逐级签订安全目标责任书，保证人人有责、人人负责。职能科室重点在"技术、指导、质量"方面落实责任，做到对规程措施技术严把关，对疑难

问题现场多指导，对工程质量严考核。生产区队围绕"任务、措施、责任"抓好安全生产，先明确工作任务和性质，再确定技术要求和安全措施，最后层层落实安全责任，有效解决"干什么、怎么干、谁负责"的问题。

（二）强化风险防控

矿井始终坚持"把安全风险挺在隐患前、把隐患排查挺在事故前"的风险管控理念，始终把安全风险"前置化"防控作为重要抓手，把风险化解在隐患前面、把隐患消除在事故前面，不断完善风险分级管控和隐患排查治理双重预防机制，做到防患于未然。建立健全矿井、专业、科区、班组和岗位五级安全隐患排查网络，形成点、线、面结合的隐患排查体系。坚持重大灾害超前、区域、综合治理。加大瓦斯治理力度，编制瓦斯综合治理"一矿一策、一面一策"，通过开采保护层、预抽煤层瓦斯，提高瓦斯治理效果。制定《任楼煤矿断层超前探查与地质预报补充管理规定》，变过断层为治断层。新采区进行地面三维地震、地面电法勘探控制，坚持物探超前探查、钻探验证的防治水原则，建成地下水动态监测系统，实现水位、水温等长期动态观测。采掘工作面支护结合矿井实际状况进行支护设计，针对地质构造带、破碎带、应力集中区等区域进行了补强支护设计，建立健全顶板在线监控系统，确保顶板管控到位。

（三）强化科技兴企

从智能化、信息化矿井建设发力，借助大数据预警，健全智能矿井安全生产和监管体系，大力推进"机械化换人、自动化减人、智能化无人"智能化矿山建设，以装备升级带动生产系统和劳动组织优化，促进了矿井转型升级和高质量发展。开展钻掘一体化、水力压裂等新工艺；使用无机复合砂浆等新材料；引进智能化掘进作业线、自动化钻探作业线等新装备。完成矿井综合自动化控制平台、"电子封条"建设及双万兆环网终验；建成 $8_2$55智能化3.0采煤工作面、$7_2$64风巷智能化掘进工作面；安装722台高清摄像仪，构建起"矿山天眼系统"；实现地面35KV变电所、-720中央变电所"机器人"巡检、Ⅱ5_1、Ⅱ$_2$架空乘人装置无人值守、矿井远端漏电试验集控。出台《"8630"创新体系建设实施办法》，在网上开设"智慧任楼、创客空间"管控平台，对合理化建议、五小科技、CIA持续改进等六种创新

载体，实现网上自主申报、评审自动流转、积分量化排序、项目双重激励、成果固化推广，为矿井的安全、高效发展提供源动力。

三、提升"三基"水平：抓基层、打基础、练基本功

"三基建设"是强基固本、长治久安的治本之策，是巩固企业前沿阵地、解决基础工作薄弱、提升员工素质的根本之路。任楼煤矿持续抓基层、打基础、练基本功，为矿井安全生产提供了坚实的保障。

（一）抓基层

围绕"智能矿山"建设，以"保障安全生产、提升效率效益"为中心，大力推行"本安型、精益型、双效型、创新型、和谐型"五型班组创建，坚持月度考核，季度表彰。严格执行班队长选拔任用标准和程序，新提任班队长全部实行公推公选。完善班前会、交接班、走动式纪实管理记录等13项班组管理制度，持续规范班组行为。深入推行"讲、接、分、查、教、验、评"安全管理七字诀，即班前讲评、现场交接、人员分工、走动管理、示范教学、作业验收、班后评估，把"安排任何工作首先考虑安全"落在实处。实施一班组一品牌，每个班组通过设计专业的标识，形成具有任楼特色的"班组品牌"；加强党组织在班组建设工作中的政治引领作用，实行"党小组＋班组"双组融合，推动党建在基层实践融入中心工作。

（二）打基础

始终坚持"动工必优、返工必究、一次达标"的质量理念，运用"抓重点、做亮点、定节点"的管理方法，不断提高施工质量，巩固提高国家一级安全生产标准化管理体系水平。坚持系统主抓、基层创建、专业检查、安监督查、严格奖惩的工作思路，以点带面，整体推进，创建"精品工程""本安系统"。成立安全生产标准化管理体系领导小组，分16个专业组进行推进，安全生产标准化管理体系考核工资占月度工资总额的30%，根据考核结果进行月度兑现，把标准化渗透到每个岗位、每个环节、每道工序。编制《任楼煤矿安全生产标准化手册》，加强采、掘、机、运、通等7个专业工作规范，提高标准化水平。充分利用监控视频，逐步完善"视频＋"检查模式，实现标准化远程动态检查。坚持"自己的安全自己管、依靠别人不保险"的自主管理理念，推进风险预知、安全确认、安全站位、流程作业、应急处置"五

位一体"的岗位作业标准,有机融合生产现场人、机、环、管主要因素。

(三)练基本功

牢固树立"培训不到位是重大安全隐患"的培训理念,构建任楼特色的"12345"优质培训工作体系,打造"线上网络培训平台、线下特色培训中心"两大平台,创新"技术比武＋培训、导师带徒＋培训、创新工作室＋培训"三个载体,突出"基础与专项相结合、需求与应用相结合、理论与实操相结合、练习与考试相结合"四个结合,夯实"责任体系保障、教师队伍保障、教学资源保障、专项经费保障、考核机制保障"五项保障。以班队长及以上管技人员为培训对象,以煤矿"一规程四细则"及施工作业措施为学习内容,常态化开展法规标准"素质登高工程"。建成 VR 教室和安全警示教育情景体验室,组织全员开展安全警示教育情景体验,建成真实场景的 150 米模拟巷道综合实操场地。采取周比武、月表彰、季总结办法,构建"大培训"工作格局,坚持培训与业务相结合、实操与比武相补充,做到长流水不断线。

四、进行"两个"建设

(一)执行力建设

坚持"雷厉风行、令行禁止"的原则,以"零容忍"的态度对待各类违法违章行为,以铁心肠、铁面孔、铁手腕推动工作落实。秉承"认真只能把事情做对、用心才能把事情做好"的工作理念,持续完善《任楼煤矿强化干部作风建设的规定》,严格执行《任楼煤矿管技人员问责实施细则》,加强干部作风日常动态督查。推出《作风建设刚性执行问责清单》,从安全管理、掘进攻坚、重点工程、节点考核、负面清单 5 个方面制定 20 条问责清单。矿每月至少开展一次干部作风督查,重点聚焦跟值班、请销假、落实矿和上级安全生产决策部署、阶段性安全生产重点工作完成情况。将安全综合考核结果作为管技人员奖惩和选拔任用的重要依据,提高其安全履职能力。

(二)"家"文化建设

建立基层员工"面对面交流管理、心连心沟通感情"的交流谈心机制,主动搭建与职工沟通联系的桥梁,让广大职工建言献策,融入企业管理之中。尽力解决困扰职工的问题和难点,拉近管理者与职工之间的距离,形成坚不可摧的利益与命运"共同体"。开展亲情微视频、亲情微寄语、亲情微宣教"三亲三微"活动和夸自己、夸同事、夸团队"三夸"活动,成立"抖音"协会,弘扬正能量,提振精气神,大力营造"用心工作、潜心学习、开心生活"的环境氛围。制作工伤成本、"三违"成本、不文明成本微视频,使用微信群、微信公众号、电子屏幕等现代媒体平台广泛开展宣教。大力开展群安岗、青安岗、协安岗,以及"巾帼心向党、奋斗新征程""情牵一线、感知艰辛"职工家属井下探岗体验活动,做到人人关注安全、处处重视安全、全员参与安全。实施"三维矩阵"员工关爱办法,精心设计传统节日"家"文化建设方案,开展区队"一家人"凝聚力行动计划,不断增强职工的幸福感、安全感、归属感,逐步将矿井打造成平安之家、温馨之家、奋进之家,推动全矿上下心往一处想、劲往一处使,开创安全发展新局面。

五、结语

安全生产只有起点没有终点,我们永远在路上。任楼煤矿通过构建"1332"安全文化体系,使安全理念逐步深入人心、安全制度不断完善、安全行为日趋规范、安全环境动态达标、安全管理水平显著提升,矿井实现了安全生产五周年,截至 2023 年 9 月 20 日安全生产 1961 天。在今后的工作中,任楼煤矿将对安全文化建设做进一步的有益探索,不断创新安全文化建设的形式和载体,持续推陈出新,使安全文化常抓常新、充满生机和活力,为矿井高质量发展提供坚实的保障。

大型军工企业基于"5+4+3"全员安全工作法的安全文化建设

北重集团质量安全环保部　李建平　赵　辉　李美霞　李金山　张　杨

摘　要：安全生产是军工企业发展的永恒主题，是一切工作的基础。对军工企业的发展而言，抓好安全生产工作至关重要。为进一步加强事故隐患监督管理，防止和减少事故发生，保障企业员工生命及公司财产安全，根据"安全生产法"等法律、行政法规和应急管理部令第 16 号《安全生产事故隐患排查治理暂行规定》的相关规定，基于国家要求的风险分级管控和隐患排查治理双重预防机制，北重集团制定了"5+4+3"全员安全工作法，即网格化管理五双法、风险防控四步法和隐患排查三步法，为同类企业防控安全风险建设良好安全文化氛围提供了一种新思路。

关键词："5+4+3"全员安全工作法；多重预防；隐患排查治理；风险防控

一、"5+4+3"全员安全工作法的提出

安全生产以保护员工生命安全和健康为基本目标，关系企业平稳健康发展，关系员工家庭幸福。如何保障安全生产对于大型军工企业来说是一个非常重要的课题。同时，安全文化建设也是企业安全生产管理的一个重要组成部分，良好的安全文化对军工企业的安全生产具有促进作用。

如何有效落实习近平总书记关于安全生产的重要论述和重要指示批示精神？如何创新推进安全风险预控管理体系建设？在长期安全文化积淀的基础上，北重集团认真总结和学习借鉴先进安全管理经验，探索创建了一套适应军工企业需求的管理科学、应用简便、行之有效的"5+4+3"全员安全工作法。

二、"5+4+3"全员安全工作法的构架

（一）网格化管理五双法

网格化管理五双法即"手把手"培训、"手牵手"风控、"手拉手"排查、"手携手"监督和"手挽手"应急。一是"手把手"培训，指按照企业不同车间、不同班组分别自上而下地开展"一对一"或"一对多"培训带徒模式，一层级一层级地有效贯通培训内容，形成上下一致的安全技能和知识储备。二是"手牵手"风控，指组建企业安全生产专家队伍，加强注册安全工程师培养使用，对取得注册安全工程师的人员每人分配一至两个车间进行风险常态化识别和有效管控，并对基层一线反映的安全问题进行答疑解惑，进一步发挥专业人员的安全督导作用；同时班组与班组之间、车间与车间之间实行"结对子"风控模式，形成常态化经验交流，互相帮扶进行风险识别和管控。三是"手拉手"排查，指各车间技术人员、职能人员、班组人员和车间一线员工联合制定隐患排查方案，定期排查现场作业隐患，查找工艺流程、操作规程中的盲区漏点，严厉打击"三违""三超"，严格闭环归零，实现全领域、全过程、全员隐患排查动态化、常态化、规范化。四是"手携手"监督，指党政工团等职能部门联合参与基层一线安全生产工作，日常工作中要为基层"送服务、送技术"，进一步帮助一线单位按照"20 防"及"人、机、料、法、环、测、运、急、制"九个防控要素落实管控要求，并形成"联合检查、联合监督、联合指导、联合服务"长效机制。五是"手挽手"应急，指做好全员参与应急演练，实现班组互动、车间联动、部门协同，强化基层一线应急处置能力，营造人人熟悉应急演练流程的良好安全文化氛围。

（二）风险防控四步法

第一步是以员工个体为单位全面梳理和细化各岗位工序、工艺流程，以及各类辅助作业过程及活动。北重集团要求各单位、各部门针对不同岗位的实际情况和具体要求进行梳理、明确和细化，包括梳理本车间、本班组工艺流程；梳理工艺流程里包含的所有工作内容；细化每个职工的工作内容，明

确每个工作内容所需设备、工具、物料、器具、劳动防护用品、工作环境等。第二步是在全面梳理员工作业活动内容的基础上，针对所有涉及的设备、工具、物料、器具、劳动防护用品、工作环境等逐项进行风险辨识，辨识内容要逐项逐条地对照物料理化特性、设备危险特性、工具安全特性、环境异常特性等。第三步是在风险全面识别的基础上，以各类风险为顶事件绘制事故树图，将造成顶事件触发的所有底事件进行系统分析，并形成清单。而后针对每一项底事件，细化和量化有效的管控措施。第四步是将以上风险辨识和管控措施完善到"一人一册"和单位风险辨识清单中，将所有管控措施全部纳入工艺或安全技术规程，做到能量化的量化，且具有可检查性，并对各车间领导、班组长、职工开展业务培训，使其做到风险防控应知应会。

（三）隐患排查三步法

在前期各岗位梳理出的风险辨识基础上，采用综合检查、专业检查、季节性检查、节假日检查、日常检查等方式进行隐患排查。第一步是针对设备设施、人员行为、安全管理三个方面开展隐患排查，并具体细化检查的要求和判定标准，设备方面一要排查基础设施的完善性，避免生产设备造成的问题引发安全隐患；二是生产设备要及时更新维修，提高设备运行稳定性，避免设备运行隐患的出现。人员方面要进一步强化全员安全意识，积极开展安全生产宣传活动，加大安全意识培训力度，增强全员安全隐患排查意识。管理方面一要贯彻执行安全生产法律法规、规章制度、规程标准的贯彻执行情况；二要按照"三管三必须"原则，完善落实全员安全生产责任制，各单位建立自上而下、全员参与的安全隐患排查制度，从领导层到基层员工，从业务主管部门到安全生产管理部门均应有效参与，建立以领导层为主导、业务主管部门现场主要负责、安全管理部门监督指导、各部门全员参与的网格化安全管理体系。第二步是按照明确的岗位、班组、车间等隐患排查频次和隐患排查方案，按照规定频次开展隐患排查并进行记录。第三步是将查出的隐患及时形成闭环，做到管理归零和技术归零，扎实有效开展风险隐患再辨识再排查再整治，并形成长效机制，适时对隐患排查方案和频次进行完善，反向推进风险再辨识和隐患排查再提升，切实保障生产安全。

三、"5+4+3"全员安全工作法的实施

根据"5+4+3"全员安全工作法要求，严格按照网格化管理五双法、风险防控四步法和隐患排查治理三步法，全面分析工艺流程、作业过程涉及的物料、设备、工具、环境等可能存在的风险，系统梳理车间各层级、各类隐患排查治理计划和排查表单，并严格贯彻执行，确保不遗漏任何隐患问题，杜绝事故发生。以企业一线109车间为试点，成立"5+4+3"建设领导小组，布置任务与分工。同时，利用各种形式进行深入宣传发动，使车间职工进一步清晰"5+4+3"全员安全工作法的有关内容。

（一）网格化管理五双法实施情况

一是"手把手"安全培训网格化（图1）。车间组建主任为一级培训师，支部书记、副主任为二级培训师，作业区负责人、职能组长为三级培训师，各作业区内班长为四级培训师的培训模式。以加热、挤压、模修、热处理、机械班和职能室组为区域单元，实现自上而下"一对一"或"一对多"的培训带徒模式，一层级一层级地有效贯通培训内容，形成上下一致的安全技能和知识储备。

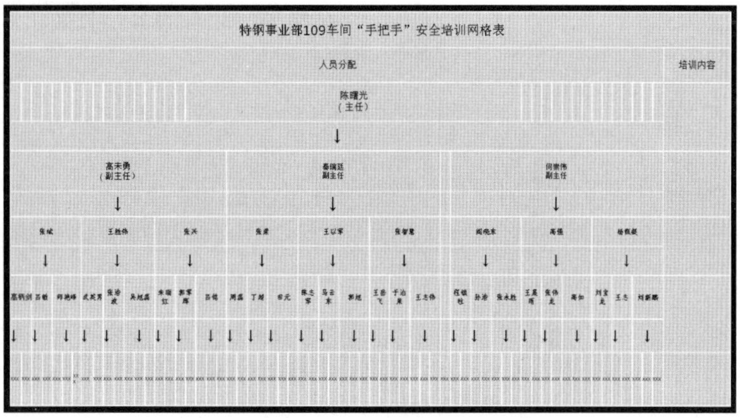

图1　"手把手"安全培训网格设计表单

二是"手牵手"安全风控网格化（图2）。首先，车间内部以安全员为牵头，作业区之间、班组之间定期实行"结对子"风控模式，形成常态化经验交流与风险识别长效机制。其次，车间积极主动与兄弟车间开展"结对子"风控识别活动，全面深度对车间存在的风险隐患进行排查。

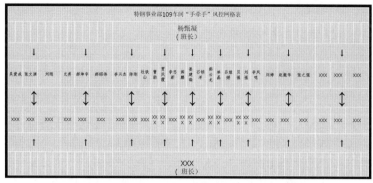

图2　"手牵手"安全风控网格设计表单

三是"手拉手"安全排查网格化（图3）。车间制定以领导班子、技术人员、机电人员、职能人员、安全员及现场作业区主管为主要成员的团队，每周对现场的工艺流程、操作规程中的盲区漏点进行隐患排查，同时每天通过视频监控和现场巡查对"三违"和"三超"进行检查，对出现的违章作业严格闭环归零，实现全领域、全过程、全员隐患排查动态化、常态化、规范化。

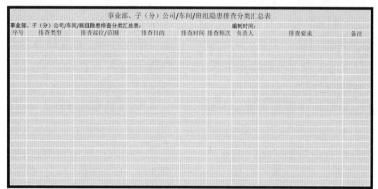

图3　"手拉手"安全排查网格设计表单

四是"手携手"安全监督网格化。为进一步提升安全监督的全覆盖性，一方面密切配合党政工团等职能部门组织或参与的一线安全监督活动，提升车间应急处置能力。另一方面车间内部建立以党员和年轻技术人员为团队的安全监督长效机制，充分发挥党员和年轻技术人员的安全主观能动性。

五是"手挽手"安全应急网格化（图4）。针对不同作业区风险隐患种类，建立班组应急演练长效机制，实现班组互动，强化基层一线应急能力，营造人人熟悉安全应急演练流程的良好氛围。

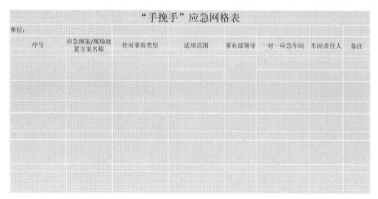

图4　"手挽手"安全应急网格设计表单

（二）险防控四步法实施情况

（1）以车间员工个体为单位全面梳理细化车间各岗位工序、工艺流程及各类辅助作业过程和活动。针对不同岗位实际情况和具体要求进行梳理、明确和细化，包括梳理车间、班组工艺流程；梳理工艺流程里包含的所有工作内容；细化每个职工工作内容，明确每个工作内容所需设备、工具、物料、器具、劳动防护用品、工作环境等，完成车间工艺过程和作业活动及设施、设备的辨识统计分析。

（2）在全面梳理员工作业活动内容的基础上，针对所有涉及的设备、工具、物料、器具、劳动防护用品、工作环境等逐项进行风险辨识，辨识内容要逐项逐条对照物料理化特性、设备危险特性、工具安全特性、环境异常特性等。

（3）在风险全面识别的基础上，以各类风险为顶事件绘制事故树图，将造成顶事件触发的所有底事件进行系统分析，并形成清单。而后针对每一项底事件，细化和量化有效的管控措施。

（4）从技术措施、管理措施、培训教育措施、个体防护措施、应急处置措施五个方面调查现有的管控措施。将风险辨识和管控措施完善到"一人一册"和单位风险辨识清单中，将所有管控措施全部纳入工艺或安全技术规程，做到能量化的量化，且具有可检查性，并对车间管理人员、班组长、职工开展学习培训，做到风险防控应知应会。

（三）隐患排查三步法实施情况

（1）针对车间设备设施、人员行为、安全管理三个方面开展隐患排查，设备方面一是要排查基础设施的完善性，避免由于生产设备造成的问题出现安全隐患；二是生产设备及时更新维修，提高设备运行稳定性。人员方面要进一步强化全员安全意识。积极开展安全生产宣传活动，加大安全意识培训力度，增强全员安全隐患排查意识。管理方面一要贯彻执行安全生产法律法规、规章制度、规程标准的贯彻执行情况；二要按照"三管三必须"原则，完善落实全员安全生产责任制，建立自上而下、全员参与的安全隐患排查制度。

（2）按照明确的车间、班组、岗位等隐患排查频次和隐患排查方案，按照规定频次开展隐患排查

并进行记录。

（3）对查出的隐患及时形成闭环，做到管理归零和技术归零，扎实有效开展风险隐患再辨识再排查再整治，并形成长效机制，适时对隐患排查方案和频次进行完善，反向推进风险再辨识和隐患排查再提升，切实保障安全生产。

四、"5+4+3"全员安全工作法的效果

通过一线车间的践行实施，"5+4+3"全员安全工作法已初步取得实效，各车间对风险点进行有效的分级管控，真正做到了预防关口前移，并逐项落实在具体行动中，有力保障了军工企业的安全生产。

一是"人"的安全意识进一步增强。"5+4+3"全员安全工作法得到了员工的认同并入脑入心。全体员工自觉履行安全责任，安全意识明显增强，由过去"要我安全"的被动管理，转化为"我要安全"的自觉行动。

二是设备设施的安全运行水平进一步提高。通过全面梳理排查工艺流程中的设备危险特性，逐项、逐部位规范完善了风险管控措施至员工"一人一册"，为军工企业的安全生产提供了强有力的技术支撑。

三是安全管理得到进一步加强。通过全体员工的共同努力，安全文化建设步入渐进发展的轨道，针对不同岗位梳理安全风险及应对措施，使员工更加清晰不同岗位及流程的隐患排查频次、责任人及检查重点。

四是企业整体形象进一步提升。通过科学化的管理手段，员工在安全文化的熏陶下，掌握了有关安全生产的专业知识和技能并做到熟练应用于实践，员工素质不断提升，安全行为逐渐养成，能进一步为军工企业的安全生产保驾护航。

参考文献

[1] 满江月. 组织层面安全文化与职工安全文化相关性研究 [D]. 唐山：华北理工大学,2021.

[2] 杨金玉. 浅谈企业安全生产文化建设 [J]. 经济研究导刊,2015(22)：24-25.

[3] 江军伟. 企业安全生产文化建设的探索与实践 [J]. 国际援助,2021(20)：19-20.

过程控制抓关键　精细管理保安全
扎实推进"零事故、零伤亡"安全文化建设

本钢集团有限公司　任瑞忠　孙德佳　刘锡亭　史国旗

摘　要：企业最重要的资源是人力资源，人是生产过程中最活跃的要素，是安全生产的实践者，安全文化的核心是"人"。企业要实现"零事故、零伤亡"的目标，必须坚持以人为本，树立安全"一失万无"的风险意识，努力构建以"零事故、零伤亡"为核心理念的安全文化，充分发挥安全文化的导向、约束、激励、凝聚和辐射功能，为企业安全生产提供强有力的文化支撑。

关键词：安全管理；安全文化

本钢集团有限公司（以下简称本钢）前身是创建于1905年的本溪湖煤铁公司。2010年，在辽宁省委、省政府的主导下，本钢完成与北钢的合并重组，组建成立了本钢集团有限公司。2021年10月，本钢完成与鞍钢集团的重组，成为鞍钢集团控股子公司。本钢现有在职员工6万人，拥有板材公司、北营公司、矿业公司三大钢铁主业板块，同时正在全面整合构建多元产业板块。目前，本钢具有年产2000万吨优质钢材的生产能力，拥有亚洲最大单体的露天铁矿——南芬露天矿，拥有东北地区最大容积的4747立方米高炉和国内首条最大宽幅2300mm热连轧生产线。与韩国POSCO合资组建的本钢浦项冷轧厂的工艺技术达到世界领先水平。本钢三冷轧厂能够提供国内最宽幅、最高强度汽车用冷轧板和最高强度汽车用热镀锌板。

为贯彻落实新《安全生产法》要求，依据鞍钢集团2023年安全工作要点，本钢从夯实安全基础、强化风险管控、提升综合能力三个维度入手，提出"四抓""四管""四提升"的工作思路和"四个转型"的工作方法，着力解决工作不严不实、风险失管漏管、履职缺位错位三个方面的突出问题。

一、"四抓""四管""四提升"工作思路

（一）狠抓四方面管理，夯实基础，着力解决安全工作不严不实问题

1. 加强安全理念，抓安全理论学习

一是党委理论学习中心组，以党的二十大精神、习近平总书记关于安全生产的重要指示批示精神为

主要内容，开展专题学习；二是深入研讨二十大报告中关于安全生产的新要求、新部署，制定改进措施，形成评价报告；三是各级领导班子认真吸取公司内部和同行业的典型事故教训，开展事故原因分析讨论，以案为鉴，做好举一反三。

2. 落实安全责任，抓安全综合考评

一是围绕全年安全防火工作要点和当期重点任务，本钢制定考评标准，每季度对各子公司进行安全绩效综合考评；二是充分发挥内部安全专家团队专业技术优势，组织内部专家对相关单位专项风险防控能力进行评价，指导基层单位精准拆弹、精准排雷。

3. 提升安全技能水平，抓安全教育培训

一是从制定培训计划、审核培训教案、健全培训档案、逢培必考和闭卷考试各环节入手，全面从严安全教育培训，杜绝"走过场"问题；二是逐级建立安全教育培训正向激励机制，提高职工参与安全教育培训的积极性、主动性；三是完成安全教育培训题库更新完善工作，体现全员参与、自下而上的原则，让一线员工参与题库更新工作，确保试题具有实用性。

4. 抓安全生产标准化

一是设立安全生产标准化达标晋级基本目标和奋斗目标，力争更多单位步入安全生产标准化一级企业行列；二是对照《企业安全生产标准化建设定级办法》等标准，完成内部自评，查找差距和不足，将安全生产标准化融入安全管理的各个环节；三是

根据安全标准化晋级和复审的实际,通过与先进单位对标学习,提前发现问题、解决问题,确保晋级和复审的通过率。

（二）管控四方面风险,完善管理,着力解决安全防火风险失管漏管问题

1. 管控重大安全风险

一是系统梳理现存重大危险源和较大以上安全风险,形成改进计划并严格按计划组织实施;二是对重大危险源、高陡边坡等重点部位开展安全评估,形成改进计划并严格按计划组织实施。

2. 管控火灾事故风险

一是全面转变两支专职消防队职能,梳理完善各项管理流程,全面实现规范运行;二是全面落实《危险化学品企业特殊作业安全规范》（GB30871—2022）的相关要求,强化动火作业前置审批、过程监管、结束确认全流程管理,坚决防范火灾事故。

3. 管控人的不安全风险

一是完成视频监控清单更新工作,制定视频监控加装计划并严格按计划实施;二是进一步细化完善安全监控系统安装和使用管理制度,对生产操作、工程施工现场开展视频检查和录像倒查;三是严格落实违章扣分、连带责任考核等措施,驱动各级领导干部和业务部门主动反违章,形成合力。

4. 管控违法违规风险

一是对照安全生产相关法律法规,系统评价本单位制度建立、机构设置等是否合法合规,全面完成整改工作;二是全面强化安全生产费用计提和使用管理,确保安全生产费用依法足额计提、规范使用,切实解决制约安全生产的突出问题;三是严把工程建设项目设计、审核、验收关,严格落实安全、消防、职业卫生"三同时"。

（三）提升四方面能力,补齐短板,着力解决安全履职缺位错位问题

1. 提升安全履职能力

一是采取座谈交流等方式,广泛听取基层管理人员对当前安全工作的建议和意见,进一步转变工作作风;二是规范安全工作会议,党政主要领导每季度组织召开安全防火专题会议,每月召开安委会办公室会议,统筹安委会各部门解决制约安全生产的突出问题。

2. 提升相关方安全监管能力

一是严把相关方安全准入关,业务主管部门、安全监管部门对相关方单位安全资质条件进行联审,坚决把资质不符、条件不具备及顶名挂靠的相关方单位拒之门外;二是强化相关方安全教育培训,所有相关方人员必须经过业主单位安全教育培训,相关方人员考试合格后方可入场。

3. 提升隐患排查治理能力

一是全面梳理尚未销号的隐患问题,形成隐患治理清单,遵循"减存量、控增量、动态清零"的总方针,每月动态开展隐患再排查工作,确保隐患总量不断下降;二是紧盯重点环节和重点部位,开展重大危险源、民爆物品、危险化学品、高温熔融金属、危险介质、建筑施工及检维修、危险作业等专项检查。

4. 提升综合应急救援能力

一是分层级开展综合预案、专项预案及现场处置方案的系统梳理和全方位评估,认真查找风险辨识、响应程序、应急措施、应急队伍、应急装备器材等方面存在的不足;二是制定全年应急预案演练计划,以及应急管理人员和应急救援人员培训计划,严格按计划开展演练和培训。

二、"四个转型"的工作方法

（一）狠抓安全理念的深植与落地生根,实现由传统宣贯向注重安全思维模式的转型

1. 理念的产生与员工达成共识同步是基础

在"安全第一"和"零死亡、零伤害"的理念指导下,坚持问题导向,通过与员工沟通讨论达成共识,提出"零轻伤、零伤害"的安全生产目标,确立了"事故是可以避免和预防的""三违和隐患就是事故"等理念,坚持用先进理念统一人心,改变员工思维模式。

2. 把理念渗透到制度标准的每个条款中是关键

按照"理念指导制度、制度支撑理念"的思路,在制定的一系列制度标准中渗透理念,发挥理念的辐射作用。在制定"三违"辨识标准管理办法时,坚持"三违和隐患就是事故"的理念,制定了"三违"和隐患按照事故程序进行责任追究的管理办法,有效地预防了事故发生。

（二）全员参与,实现由领导指令管理向全员共识管理转型

1. 制度标准制定全员参与

把文件制定的过程当作学习和宣传的过程、统一思想的过程,使各级人员都能对制度有深刻的理

解。比如，本钢在修订《安全绩效考核办法》时，广泛征集基层员工的意见和建议，并组织专题会议审议，形成初稿后再召集各个层面反复讨论，为贯彻执行打下了坚实基础。

2. 安全管理全员参与

鼓励全员参与安全质量标准化精品示范区方案的设计、讨论、创建，并通过对色彩、光感问卷调查，发动全员参与"艺术品"标杆工程，人人动脑筋、人人想办法；同时，通过开展真人真事小品演出、家属安全恳谈会、给亲友发安全慰问信等多种活动，争取员工的亲朋好友对安全生产工作的支持。

（三）以过程控制精细化为抓手，实现由传统安全管理向现代科学管理转型

在实践的基础上，通过总结提炼，提出了过程控制精细化管理"687"模式，即通过"6"个过程控制、"8"个支撑体系、"7"种精细化技术手段，实现安全管理的转型升级。

"6"个过程控制就是过程系统、节点、程序、流程、岗位、创新控制。其中，过程节点控制抓要害，使复杂的安全管理简单化。通过全员预测预想和集中讨论，总结出了"三违"辨识管理办法，有效地预防了零敲碎打事故。

"8"个支撑体系包括"心·Xin"（心、新、信、欣、馨）文化体系、团队素质提升体系、制度保障体系等。其中，管理信息化体系，通过建立的安全生产管理信息化平台，可自动生成10种分析结果，自动提示告知10项管理建议和防范措施，最终自动生成考核结果、汇总报表和工资表，实现了安全生产"一键化"管理。

"7"种精细化管理技术包括"5E"（每个人、每件事、每一处、每一物、每一时）全生命周期管理技术、工程心理学技术、价值工程技术等。通过建立员工人体几何尺寸、性格爱好等11万余个人体生理尺寸数据库，员工岗位人机工程180余项优化，实现了人适机、机宜人。特别是对57名习惯操作手为左手、228名佩戴眼镜的特殊员工，进行了岗位调整，做到了人岗相适。

（四）建立安全长效机制，实现抓安全由"硬"管理向刚柔并济转型

通过落实"人事物"三维立体化的安全责任体系，坚持"六序""八制"工作闭环管理，做到了安全管理始终可控、在控和能控。

首先，在安全管理中实行正激励管理办法。每月对完成学习任务、无"三违"的员工予以奖励，对没有完成的员工不奖也不罚。正激励的引导方法，让员工人人都能接受，促进了员工的安全自主管理。

其次，坚持安全制度执行的"零容忍"和刚性管理。每月对管理人员抓"三违"、员工背诵安全应知应会等进行严格检查，严格考核兑现；对违反"三违"辨识流程的管理人员按程序进行亲情帮教培训，经过学习考试、思想认识到位后方可上岗；在安全考核中，杜绝"人情分"的同时保证公平公正公开。坚持亲情化管理，让"三违"人员心服口服，做到知行合一。

三、安全文化建设成效

本钢在长期的安全生产实践中开展的安全文化建设取得了显著成效。

第一，将安全理念视为安全管理的基石，通过提升安全领导力的方式，自上而下进行安全理念的引导。

第二，不断深化完善安全管理体系，确保安全管理的方针、目标、法规制度的贯彻执行。在落实国家安全标准化制度的同时，结合自身生产实际，不断细化完善各项细则，为安全生产保驾护航。

第三，坚持以人为本的原则，为干部员工创建良好的安全工作环境。一方面，高度重视员工职业健康，建立完善的员工健康档案。另一方面，将安全培训作为员工的最大福利，定期开展教育培训和考核评审，全面强化了员工的安全意识和技能。

第四，坚持科技兴安，不断提升企业本质安全水平。本钢注重利用先进的智能化设备设施，对工作环境中的高危因素进行实时监测与控制。智能化的安全管理方式不仅提高了管理的时效性，而且显著降低了不安全因素的发生概率，为员工的健康提供了有力保障。充分利用智能监控数据进行综合分析，针对分析结果提出精准有效的管控措施，提升了安全管理的重视程度，而且增强了员工的安全管理意识，让企业形成了人人关注安全的良好氛围。

经过干部员工共同的不懈努力，本钢的安全文化建设取得了阶段性的成果，为安全管理工作做了有效指引，实现了安全管理的精准化和高效化，有效地保护了职工的生命健康，切实维护了广大职工的合法权益。未来，本钢将继续加强安全文化建设，不断提升安全管理水平，为企业的可持续发展提供坚

实保障。

公司下属的板材热连轧厂、北营能源总厂、矿业南芬选矿厂、本钢浦项公司等单位荣获"省级安全文化建设示范企业"荣誉称号。矿业公司炸药厂通过了"国家安全生产标准化一级企业"评审。

四、结语

通过企业文化管理进行企业管理是管理的最高境界，利用"零事故、零伤亡"的安全文化进行企业安全生产管理同样是企业管理者不变的追求。安全文化的核心是"人"，安全管理的核心是"预防"，要坚持以人为本，营造浓厚的安全文化氛围，加强安全文化理念的宣传，使职工在心理、思想和行为上形成自我安全意识。同时，要加强安全知识、规则意识和法治观念的宣传，提高各级管理层的安全文化素质，营造"团队精神"，使"严守规程"成为全体职工的基本素养，使"零事故、零伤亡"成为企业在安全生产上的基本理念，从而切实有效地推进企业的安全发展。

浅议当前企业安全生产管理状况及安全文化建设策略研究

北京市中企安环信息科学研究院 郭仁林 刘三军 富延雷 许 闯

摘 要： 做好安全生产工作、推动企业安全发展，是我国企业实现高质量发展、培育世界一流企业品牌的门槛和前提。党的十八大以来，广大企业遵守法律法规，持续强化安全生产管理，安全生产能力持续提升，有效促进了我国安全生产形势的持续好转。然而，随着我国对企业安全生产工作要求的持续提高，企业安全生产管理也出现了不适应、不稳定、不可持续等新的问题，安全文化建设应如何发挥好引领、推动安全生产管理水平持续提升的作用？本文将就此进行分析研讨并提供改进策略，以供企业实践参考。

关键词： 安全生产管理；高质量发展；安全文化建设

一、当前企业安全生产管理的总体情况

近两年来，中国安全产业协会安全文化专委会选择对数十家安全文化建设较为优秀的企业开展了一些调研，与各级管理者和员工开展了一些访谈和座谈，尽管仍不尽深入，但也反映出许多情况。

一方面，随着党的号召和相关法律法规体系的健全完善，以及部分企业推动高质量发展、培育世界一流企业的实践探索，企业对安全生产工作的重视程度得到大幅提升，安全发展、安全第一等理念越来越成为企业经营发展的定盘星，安全生产规章制度体系日益健全，安全教育培训课程越来越丰富，安全生产监督管理越来越严格，安全设备设施越来越完善，最重要的是各级管理者和劳动者的安全意识、安全技能较以前大幅提升，促进了企业安全生产能力持续提升，为我国企业安全生产形势的持续好转做出了应有的贡献。

另一方面，在安全管理绩效提升的同时我们也应看到，企业安全生产管理不扎实、不稳定的问题仍然较为显著，如少数或极少数违章现象屡禁不止，小工程、小建设项目承包商的安全管理水平较低，部分设备设施老化引发跑冒滴漏现象较为普遍，有的安全生产隐患屡查屡犯……此外，有的企业迎检任务较重，频繁应对各种检查，准备各种资料、报表、台账，真正抓现场安全管理时反而受到影响。更令人担忧的是，部分安全生产管理人员长期处于较为紧张、疲惫的工作状态，对一线安全管理效果心里没底、怕出问题等。

上述情况仅反映纳入调研名单的企业的情况。从近年来发生的安全生产事故尤其是重大事故来看，恐怕还要从另外一个视角思考问题，即非传统高危行业企事业单位的安全管理，如人员高度聚集的医院和居民社区、独立经营的小餐饮企业、为学校等事业单位提供施工服务的最底层分包商等，相关事故充分暴露了非传统高危行业的安全风险。由此，笔者也提出一个令人担忧的问题，除了高危行业、规范运行的国有和民营企业，在数量更为广大的企业群体中，究竟有多少企业能够较为完整、有效地按照安全生产法律法规的要求做好安全生产工作。

二、当前企业安全生产管理状态的判断

如何以安全文化的视角审视这些问题并加以解决呢？借鉴杜邦安全文化曲线对当前企业安全生产的阶段加以分析，可以将企业大体分为三种状况。

第一种，极少数特别优秀的企业已经进入"自主管理阶段"或"团队管理阶段"，他们的安全生产管理体系专业、管理程序成熟、设备设施本质安全性较高、员工安全技能娴熟、全员主动参与安全、团队学习分享安全的能力很强。调研发现这类企业是存在的，但需要注意的是，即便是这些企业，其安全文化的完善性、引领性、驱动性也不尽相同，因而能够居于这种较高水平的文化支撑也大相径庭。例如，核电领域安全文化的体系性相对较为健全，从核安全的理念、原则到管理体系、程序文件再到具

体管理工具层面，体系性、逻辑性、实操性都很强，因此安全/核安全文化建设优秀的企业，更容易保持安全生产管理的高水平稳定状态。再如，智慧化、智能化程度较高的新型企业，由于设备设施先进，自动化程度高，员工队伍素质高、人数少，易于形成人才团队，因此这类企业安全生产管理的高水平，往往更得益于设备设施的本质安全性和人才团队的安全意识。那么，这类企业安全管理能否持续保持高水平呢，是不是他们就天然能够形成很好的安全文化呢？恐怕还是要分析。具有安全文化自觉的团队，无疑会总结凝练自己的安全文化，并推动其一直传承下去，但如果缺乏安全文化自觉，简单地认为文化会自然形成、自然传承，恐怕也存在安全文化缺失的风险，进而在十年之后设备设施出现局部或整体老化时，人才队伍也已几经调整，则安全管理能否保持高水平，也是存疑的。

第二种，大多数传统高危行业企业、国有及国有控股企业及部分优秀民营企业，仍处于"严格监管阶段"。其基本特征是，企业按照中央的要求和国家法律法规的规定，不断增强安全生产意识，强化安全生产责任，健全安全生产规章制度体系，严格监督各层级的执行，在日益严密的考核监督下，企业安全生产绩效大幅提升。然而，企业安全生产的主要动力仍然来自"外部"，如监管部门、上级单位、追责机制和严格考核，来自"内部"的驱动力仍然不强。因此，该类型的企业，安全生产绩效对安全监管的压力保持较高弹性，监管压力较高时安全生产绩效相对更好，监管压力一旦下滑安全生产绩效就有可能下滑。从近年来一些优秀的央企、国企旗下企业的安全生产一般事故或较大事故的发生情况来看，这一相关性关系应当是存在的。从企业视角看，"一把手"高度重视安全生产工作，期望推动各层级员工尤其是作业人员能够树立"我要安全"的意识，严格按章作业，避免出现"三违"现象。但从执行效果来看，高管层、中管层、基层管理人员是否都能正确对待并严格履行好安全生产责任，恐怕还不能一概而论地讲都可以做到，应当说，如果他们不能很好地做到，就可能在安全文化传导的通道上出现了一些"阻滞"效应，恰恰是这些"阻滞"，可能从生产管理、设备管理、人员管理等各方面造成安全文化建设的"干扰性信号"，导致安全文化"虚化"。缺乏足够的实质上的"员工自主安全意识""群体安全意识"，就会使得企业安全生产管理在"严格监管阶段"里面打圈圈，难以跳跃升级到新的水平。

第三种，较多的中小型、小微型企业及非传统高危行业的企事业单位的安全生产管理水平恐怕仍处于"本能反应阶段"，受制于安全生产法律法规提升的要求，正在向"严格监管阶段"转变。北京丰台长峰医院"4·18"重大火灾事故、宁夏银川富洋烧烤店"6·21"特别重大燃气爆炸事故等一系列安全生产事故，暴露出相当多的非传统高危行业的企事业单位安全文化仍处于"自发"与"半自觉"状态，这些企事业单位的安全认知缺口和实践经验缺口都很大，在营业、工程施工、生产运营等过程中，对安全生产仍缺乏系统的认知和完整的管理。笔者判断，处于这一状况的企事业单位与处于前两种状况的企业相比，数量是远超的。虽然每个企业的风险看似很小，但这只是个认知错误，因为即便是小微企业甚至是个体经济，都无法避免高危作业、高危物品的使用，比如，任何企事业单位都可能有施工工程业务，任何餐饮商户都可能涉及燃气储罐、一氧化碳等有毒气体排放等，任何单位的设备维护都可能涉及动火、用电等特种作业及特种设备，而这些情况，对于认知和管理水平较低的单位而言，其发生事故的可能性、后果的严重性，都是难以估量的。

三、加强企业安全文化建设的策略

面对上述三种状况，如何增强文化自觉、文化自信，培育强有力的企业安全文化，引领推动我国企业安全生产工作全面、高质量、可持续发展，从当前来看，应着重强调"八强"。

（一）强导向

安全价值导向即安全在企业经营管理全部工作中的地位，直接决定着企业安全生产工作的强度和水平。党的十八大以来，党中央高度重视安全生产工作，习近平总书记就安全生产工作做出了一系列重要论述，安全生产法律法规、标准规范持续健全提升，为我国整个经济社会的安全发展树立了清晰而强大的安全价值导向，通过强化政治压力、法律压力、舆论压力、经济压力、道德压力等一系列手段，形成高强度的监管压力，引领、推动和促使我国企业确立"零死亡、零事故"的目标，有力地带动了相当多的企业尤其是大中型企业安全生产绩效的快速提升。然而，如何将安全发展的强大价值导向传导给中小微企业和非传统高危行业的企事业单位，使更广大的企事业单位的安全管理水平迅速赶上来，进而促进全社会的企事业单位安全价值导向、安全管理水平全面、均衡地得以提升？这就需要加强对中小微企业和非传统高危行业的企事业单位的安全生产工作进行研究，全面树立安全第一、预防为主的方针，全面树立"零伤害、零事故"的目标，全面提升其安全生产水平，必须实现更高水平的安全生产，安全生产工作的目标也将从"零死亡、零事故"提升至"零伤害、零违章、零职业病"的新高度。唯有如此，安全生产工作才能避免停滞在被动"挨打"、疲于应付的阶段，才能进一步创新提升，从不发生事故、保证人员不受伤害提升到保证不再出现违章，甚至不再发生职业病，实现更高水平的管理。这是推动高危行业企业全面提升安全管理水平的导向。

（二）强体系

安全生产管理体系是安全生产工作的基础性支撑，企事业单位安全生产管理的专业性、稳定性总体上依靠安全生产管理体系。当前，企业尤其是高危行业的企业安全管理体系五花八门，有的是 HSE、EHS、SHE、QHSE 管理体系，也有的是 NOSA 体系、杜邦体系及安全生产风险管理体系、安全生产标准化管理体系，还有行业特有的核安全管理体系、航空 SMS 管理体系、化工行业的过程安全管理体系，有的企业为了适应监管和检查的需要同时执行两三套安全管理体系，由于体系之间具有差异性，需要多次大量重复填写相关记录、台账及报送资料，这就为基层一线车间班组和安全管理部门带来了极大的困扰。要坚持一张蓝图绘到底一个体系管到位，就要学会做加减乘除，让企业安全管理逐步进入"高级运算""综合运算"阶段，以行业要求或企业相对有效的安全管理体系为基石，积极吸收借鉴不同管理体系的要素、程序和工具，不断丰富、优化并培育适应企业经营发展需要且更加行之有效的特色安全管理体系，为高危行业企业构建扎实可靠的安全管理"法治"基石。同时，应关注中小微企业和非传统高危行业的企事业单位，引导它们构建基于安全生产风险全面管控的、高度实用的简约型安全生产管理体系，帮助其全面识别生产运营过程中的安全生产风险，有效管控特殊作业、特种设备操作等关键风险，推动第三种企事业单位安全管理的能力

有效提升。

（三）强技能

调研反映，由于我国企业安全生产管理要求的不断提升、一线编内人员学历的提升而动手能力变弱，以及实际作业的劳务人员的年龄老化，因此基层一线的安全技能与企业的要求差距较大。例如，化工企业安全生产管理进入制度化、规范化阶段后，许多企业要求一线人员开展 HAZOP（危险与可操作性）分析，要求特殊作业人员必须持证上岗、精熟操作，如果能够不折不扣地执行，将会极大提升作业安全基础。然而在实际工作中，许多人员学习能力不足，培训时就没有学懂，操作练习时有老师引导还可以，一旦回到岗位上就走了样，如果车间班组没有下决心推动，再好的管理工具也无法执行下去。因此，要把增强技能作为当前安全文化建设和安全管理工作的主要方面之一，切实提升企业安全培训的质量，促进员工扎实掌握、熟练应用安全作业知识技能，夯实现场安全作业的能力支撑。

（四）强投入

在高质量发展时代，安全成为企业最基础的效益，没有安全的效益必然被丢进历史的垃圾堆，因而，安全投入必然被视为保持和增强企业核心竞争力的战略性投资。近年来，尽管越来越多的企业按照法律法规的要求，对安全生产给予较为充足的投入，然而，仍然存在大量的企业对安全生产投入的重视和保证力度不足等问题。例如，一家 2010 年左右投产的化工企业，设备设施逐步出现老化，该企业在设备设施的主体部分更新改造上投入较为过硬，但在辅助性的零部件采购上就难以确保质量过硬了，这就造成许多影响设备设施系统性、本质性安全的不安全因素，成为造成设备跑冒滴漏、隐患四伏的根源之一。再如个体防护装备方面，2022 年国务院安委会督查发现，有的建筑企业的安全帽居然过期十年还在使用，有的安全监理佩戴的安全帽还是"三无"产品。此外，还有的企业经营效益很好但员工工资多年不涨，大量优秀的一线作业员工尤其是主操等关键岗位人员流失，在岗员工中熟练人员占比日益减少，一线作业安全风险频发，安全管理部门每天的检查如履薄冰，虽然不是法定的安全生产经费投入不足，但却是更大的"安全"投入不足。

针对上述情况，一是要基于本质安全需要对高危行业的企业设备设施进行全生命周期资产保全管

理,对安全设备设施实施全面、系统、常态化管理与监督,确保安全设备设施实时有效、可靠。二是对安全培训课程与设备设施保持高强度投入。三是对安全技术投入不手软。回首企业改革发展历程,相当多的企业安全账欠债太多,要算好安全账和成本账、产量账、利润账之间的关系,确保企业在安全基础上的发展,顺应我国高质量发展的时代要求和国际企业 ESG 管理的趋势。

(五)强激励

激励机制是安全价值导向最直接的体现。调研发现,多数处于严格监管阶段的企业安全激励较为片面,重惩罚、重罚款、重处分,但表扬、奖励、指导严重不足,这就造成了许多员工对安全管理的不满甚至"敌视";多数尚未进入严格监管阶段的企业负激励形同虚设,对屡次违反安全生产底线的行为不仅施以铁拳重罚,还把严肃批评搞成了走过场……这二者都是不可取的。企业无论是处于哪个阶段,要做好安全生产管理,都必须赏罚分明,清晰地画出安全底线、安全标线;都必须调动广大员工的积极性、主动性,促进全员主动参与安全管理,这势必需要建立专业合理、行之有效的安全激励机制。要把底线画清,切实保证"严禁"类的行为一旦出现必然严惩不贷。在此基础上,要进一步强化正负激励、硬软激励、物质与精神、个体与团体、内部与外部的搭配和协调,形成安全导向明确、性质清晰、对象分类、手段丰富的安全荣誉管理体系。同时,应把安全绩效表现作为企业评先表彰的基础性指标加以衡量,安全管理绩效不良的单位或个人不能参与表彰或视情况对其减分,以扩展安全激励的溢出效应。

(六)强人才

由于安全监管要求提升较快、幅度较大,目前无论是安全管理专业人员队伍,还是各级管理者、技术人员队伍的安全能力,甚至是基层管理者的基础管理能力,都存在较大缺口。要解决这一难题,就要强化人才观念,建立以安全为核心要求之一的人才素质模型,大力培育本质安全型人才队伍。一是把安全素质和管理绩效作为安全发展、高质量发展时代培养、考察和选拔任用干部的核心指标之一,

要求企业各层级管理人员必须过"安全领导力"这个关口,确保每个领导者、直线责任和属地责任的担当者确实具备安全生产责任心和履责能力。二是激发技术人才的专业安全意识,促进技术人员把安全设计融入技术发展、设备设施更新改造的进程,形成技术对本质安全的可靠支撑。三是强化基层管理者的管理技能,引导其掌握带队伍、管安全的要领精髓,形成强有力的一线班组战斗力。四是注重培养内部安全专家队伍,影响带动全员更加重视安全。

(七)强班组

班组是安全生产的第一线。当前的班组安全管理要做到以下几方面。一是要营造浓厚氛围,对三违行为零容忍,划清安全作业行为底线。二是强基固本,每个岗位都要把安全管到位,以标准化为基础,常态化地开展技能教育培训、考试考核、教育引导,推动专业安全,干什么工作精通什么安全。三是严格执行奖惩激励,用好安全激励工具。四是要培育明亮而温暖的班组文化,保证团结互助、温馨和谐、学习分享、共同进步、彼此信赖。

(八)强觉悟

安全生产的重视与成效,归根到底源于企业各层级的安全文化觉悟。首先,要持续提升领导者、管理者和员工的觉悟,推动企业领导班子始终重视安全生产,做到真抓实干,在总体上把握住安全第一的价值导向;促进各级管理者把管安全作为管好一切工作的前提,提高在安全条件下做好经营管理工作的本领;促进广大员工把安全作为自身的权益保障,做到熟知风险、精通流程、娴熟操作、熟练应急。其次,还应提升承包商管理者的觉悟和广大劳动者的觉悟,让承包商透彻理解并感知到安全是赚取利润的前提,这是帮助企业赢得更多业务的核心竞争力和文化品牌。最后,广大企业要以高度的社会责任感,推动劳务工大众的安全素质提升,以通俗易懂的形式为各行各业一线劳务工提供更多基础性安全培训,并且在工作中加以引导和规范,推动广大劳务工安全意识和技能迈上新的更高的台阶,成为具有高度安全素质的新型工人。

以安全理念为主导　创新企业安全文化

中国海诚国际工程投资总院有限公司　谷新房

摘　要：安全文化，乃是企业文化的一个关键组成元素，在企业的层面扮演着极为重要的角色。从企业的角度来看，安全生产直接涉及企业的健康发展，不容忽视。而从员工的角度来看，安全事宜关系到生命安危，是人类的首要需求，不可轻视。党的二十大报告中指出，以新安全格局保障新发展格局。这意味着，对于企业而言，安全管理文化建设刻不容缓。本文从安全文化理念体系、安全文化大格局和特色安全文化活动三个角度对中国海诚国际工程投资总院有限公司（以下简称海诚总院）的企业创新安全文化展开论述。

关键词：安全文化；创新安全管理；中国海诚

海诚总院改制更名前称为中国轻工国际工程设计院，其历史可追溯到 1953 年成立的中国轻工业北京设计院，现隶属于中国轻工业集团公司。经过中国轻工业建设工程总公司的划转并入、设备制造和进出口贸易的战略调整，海诚总院已成为工程建设领域提供岩土勘察、园林景观、设备制造、机电安装、装饰装修、国内外贸易、房地产开发、物业管理等全过程、全方位、多功能服务的大型工程科技公司。

2022 年，海诚总院坚持稳中求进的工作总基调，认真落实保利集团、保利中轻的各项决策部署，聚焦"党建提升年""客户年""创新年""精益年""执行年"，扎实做好"稳增长、防风险、抓改革、促创新、强党建"各项工作，在此期间，经营业绩稳中有升，改革发展稳健有序。海诚总院发挥工艺核心优势，大力发展全过程工程咨询业务，全面整合企业资源，并加强数字化和"双碳"业务研究，既抓好传统轻工业，又抓好新能源新材料、环保等新兴产业，业务量均稳步增长。2022 年全年实现新签订单 99.23 亿元，较上年上升 49.36%。

多年来，在不断壮大的同时，海诚总院一直根据"以人为本、安全第一"的生产方针指导生产经营活动。在安全文化建设方面，海诚总院始终将安全文化放在首位，不断积累安全管理经验，形成了独具"海诚特色"的安全管理文化，从而达到以安全理念为核心，保障员工安全的目的。

一、加强组织领导，构建安全文化理念体系

为深化企业安全文化建设，夯实安全生产基础，提高安全管理水平，预防和减少安全生产事故，推进海诚总院安全生产长效机制建设，海诚总院全面按照安全生产法律法规的要求，在公司内部开展了安全文化建设活动。值得一提的是，海诚总院将安全文化建设作为企业文化建设的重要内容，采取了一系列积极措施。

为配合安全文化建设，公司成立了项目安全委员会和安全文化建设领导小组，全面指导安全生产和安全文化建设工作。这两个组织的成立，为安全文化建设提供了强有力的组织支持和保障。

同时，海诚总院秉承着"以人为本、安全第一、保护环境、可持续发展"的安全生产理念，构建了具有"海诚特色"的安全文化体系。不断增强员工的安全责任意识，创新管理理念，加强教育培训，营造安全文化氛围，完善安全防范措施，不仅推动了安全文化体系的建设，而且坚决防范了各类生产安全事故的发生，进一步提高了公司的安全水平。

二、坚持久久为功，形成安全文化大格局

（一）构建安全文化矩阵，营造安全文化氛围

在建设内部安全文化的过程中，海诚总院采取了多项措施，营造出"生命至上、安全发展"的企业安全文化氛围。这些措施包括利用信息技术、线上线下相结合的培训教育方式，开展全员安全教育培训等。

通过建设安全培训区、可视化展板、安全体验厅等各种设施，海诚总院创建了安全文化矩阵。通过图片、书籍、模拟等方式，员工了解了岗位安全、安全操作方法、危险识别、安全设备设施布局等知识。事实证明，这些措施有效地强化了工人的安全

意识，营造了安全文化氛围。

例如，安全培训室和文化长廊帮助工人了解工作场所安全的重要性。在各种办公场所和项目施工现场安装了可视化展板，时刻提醒工人注意安全作业。工地上的安全体验室让工人们亲身体验安全设备的作用，如安全帽、安全带等，也让工人学习了应对触电、碰撞和急救等知识。

此外，海诚总院还利用 BIM 技术打造了 VR 体验馆，将先进的科学技术与项目施工危险点风险分析相结合，增强工人的安全意识。通过亲身体验，工人们对不同风险的潜在危害有了更深刻的认识，从而有效增强了自身的基本安全意识。

（二）明确职责分工，促进安全文化发展

为确保海诚总院及其下属企业切实履行安全生产职责，明确各岗位在安全管理中的权力和责任，落实"党政同责、一岗双责、失职追责"的要求，公司采取了一系列措施。根据实际情况，公司制定了各岗位安全管理权力清单和责任清单，各下属企业根据海诚总院的权力清单和责任清单，制定了项目公司内部安全管理的权力清单和责任清单。

通过建立和维护这些清单，包括首席执行官和总经理在内的管理团队和每位员工都充分了解了各自岗位的权力和责任。这种明确而彻底的问责制确保每个相关人员都清楚自己的角色、责任所在及在出现故障时应承担的责任，并确保严格执行安全生产问责制。

海诚总院还高度重视隐患排查工作，编制了"隐患和控制措施清单"，并将其制作成口袋书，分发给各生产基地的管理人员。这一举措的目的是确保每一位人员都能掌握安全管理知识，主动识别潜在的安全风险，并采取必要的措施，以实现"人人参与安全管理，处处确保安全"的目标。

（三）依托亲情纽带，拓展安全文化广度

海诚总院积极寻求安全管理的创新方法和突破，特别是在安全培训方面，推出了"家庭纽带"的独特新模式。作为"安全生产月"活动的一部分，海诚总院采取了一系列举措来加强员工与家人之间的联系。首先，公司各部门记录了员工的家庭住址和家庭情况。然后，组织由安全部、工会和共青团组成的"亲情式"访问小组走访职工家庭。在走访过程中，职工亲属录制了视频短片，表达了对员工安全生产工作的祝福和叮咛。

通过这些视频短片，为在外职工和留守家属之间架起了一座爱的桥梁。亲属们的问候和祝福传递着温暖和关怀，并将安全意识灌输到工人们的心中。这也增强了工人们的信心，使他们从被动态度转变为主动参与，更加重视安全问题，并始终遵循安全第一的原则。这一举措有效扩大了安全文化的影响，取得了显著成效。

三、设置特色活动，让安全文化深入人心

（一）举行安全仪式，积极践行安全承诺

仪式化是企业安全文化建设不可或缺的关键一环。海诚总院通过组织各种安全仪式活动，让员工意识到安全责任。活动包括安全宣誓仪式，员工在仪式上向组织和家人作出庄严的安全承诺。此外，在安全岗位和工作场所举行每日、每周和每月的安全宣誓仪式，让员工承诺安全生产。在一年一度的"安全生产月"开幕式上布置安全生产工作安排也是海诚总院的安全工作要点。这一系列仪式化的活动通过宣传依法治企、遵章守纪，营造出了"人人重视安全、人人关注安全"的良好氛围，积极宣传并强化了安全意识，努力确保"百年大计，质量第一""安全第一，预防为主，综合治理"等意识在每一个人的内心深植，在海诚总院每一个角落落地生根。

（二）组织安全知识竞赛，加强安全技术

提高工作场所的安全技能是减少工伤事故的关键。海诚总院通过举办安全知识竞赛，成功地提高了员工的安全知识水平，逐步营造了重视安全知识的文化氛围，这对降低事故风险起到了重要作用。通过组织不同层次的安全知识竞赛，将竞赛范围扩大到各项目公司的管理人员、调度人员、主要施工管理人员、安全专员和生产工人。这不仅提高了参赛者的职业安全知识水平，还激发了他们的安全工作热情，促使他们成为职业安全领域的"专家"。此外，优秀答题员工还树立了先锋榜样，激发了其他员工积极参与安全生产的意愿，真正实现了安全知识入脑入心。

（三）举办安全主题演讲，提高安全认知

工人不仅是工程建设的中坚力量，也是奋战一线的"战士"。尊重所有劳动者是海诚总院的优良传统。在安全文化建设中，海诚总院非常重视产业工人的声音，认为他们对安全工作的看法更加生动、丰富，值得特别表扬和尊重。为了让产业工人有机会分享他们的观点和经验，海诚总院举办了一系列职业安全主题演讲。这些活动让工人们有机会畅所欲言，与管理层互动，分享他们对安全的心声。这些发自肺腑的声音表达了产业工人的真实感受和最迫切的需求，引起了所有从业人员的广泛共鸣。因此，安全生产问题在所有参与者的心中扎下了根，成为每个人追求的共同目标。

（四）开展"安全卫士"评选，规范安全实践

传统的安全管理往往以惩罚为主，以阻止任何违规行为的发生，而新时代的安全管理则以"正能量"为主，可以取得更加切实的效果。海诚总院积极开拓安全管理新思路，为每个施工项目精心评选"安全卫士"。根据日常安全生产行为考核结果，发放"安全行为表扬卡"，可兑换相关积分。没有获得月度或季度"安全卫士"的产业工人也可以用所得积分兑换洗衣液或牙刷牙膏等生活用品。

这种方式既满足了产业工人的生活需求，又调动了他们规范安全行为的积极性，激发了他们争当"安全卫士"的热情，使他们能够主动确保安全生产工作得以顺利进行。

四、结语

经过多年的安全文化建设，海诚总院及其下属公司的安全生产活动得到了众多利益相关方的支持和认可。征途正未有穷期，海诚总院虽然在建设"安全文化企业"方面做了许多有益的尝试，但从建设"安全文化"的长远角度来看，海诚总院的历程还处于尝试摸索阶段。在各级领导和相关部门的指导下，海诚总院将不断学习和探索，深入理解安全生产、安全文化，力争做科技型工程行业的模范企业，为整个科技型工程行业安全发展添光加彩。

参考文献

［1］韩瑜，汪帮平，王贤敏．以安全文化为引领 创新安全管理理念——武汉交通工程建设投资集团有限公司安全文化建设纪实［J］.中国安全生产，2018，13(05)：66-67.

［2］吴成玉．基于安全行为的企业安全文化建设［J］.劳动保护，2021(11)：46-47.

［3］柳光磊，刘何清，阮毅，等."十四五"时期的企业安全文化建设的思考［J］.安全，2021，42(04)：32-37.

［4］孙艳复，秦浩凯，邓高峰．探究电力企业安全文化建设及评价指标体系构建［J］.广西电业，2019(04)：41-44.

安全幸福家文化建设

颐中烟草（集团）有限公司　孙明明　孙新海　李绍坚　蔡晓刚　周成誉

摘　要：颐中烟草（集团）有限公司（以下简称颐中集团）坚持将安全管理与中华优秀传统文化相结合，创建安全幸福家文化，员工、家庭、企业形成共同体，一人安全，亲情注入，全家幸福，家人的关怀最贴心、最暖心、最幸福，家人的一句话胜过培训的千言万语。通过对安全幸福家文化建设的研究，颐中集团提出了一番叮嘱语、一张展示板、一次开放日、一项安全提案、一份温馨提示"五个一"安全文化体系，给出了领导支持、制度建设、安全教育、激励机制的安全文化建设途径，为企业安全文化建设提供了参考。

关键词：安全管理；安全幸福家；安全文化建设；员工归属感；家属认同感

颐中集团的前身是青岛烟草集团公司，组建于1994年。1995年6月，青岛烟草集团公司实施现代企业制度改革，正式更名为颐中烟草（集团）有限公司。2006年8月，山东卷烟工业企业实施管理体制改革，颐中集团成为山东中烟工业有限责任公司（以下简称山东中烟）的全资子公司，由原来以卷烟生产经营为主转变为以卷烟配套材料加工为主的多元化企业。目前颐中集团主营业务涵盖卷烟配套材料生产、烟草机械设备生产、新型烟草产品与装备研制、香精香料研发生产、烟草物流，兼营酒店、物业等非烟产业。

习近平总书记在视察山东曲阜市时指出了"一个国家、一个民族的强盛，总是以文化兴盛为支撑的，中华民族伟大复兴需要以中华文化发展繁荣为条件"，为传承弘扬中华优秀传统文化指明了方向。将中华优秀传统文化与企业安全文化相衔接，赋能企业高质量发展是一项重要课题。安全文化建设是企业管理的重要组成部分，涉及企业的安全生产、员工归属感及家属认同感等多个方面[1-5]。颐中集团在严守烟草行业"两个至上"共同价值观的同时，更加重视增强员工的安全感和幸福感，探索建立了一种与中华优秀传统文化相结合的安全文化——安全幸福家文化。

一、安全幸福家文化建设的内涵及重要性

安全幸福家文化建设是指在企业内部建立一种以安全为核心，以员工幸福为目标的企业文化。这种安全文化要求企业在经营管理过程中，始终把员工的安全和幸福放在首位。企业和家庭双方通过如下方式携手共建：企业制定一系列的规章制度、培训体系、激励机制等措施，使员工在工作中能够感受到企业的关爱；家属应与员工保持良好沟通，了解员工岗位风险点，经常叮嘱员工时刻注意安全。以此增强安全意识和提升安全素养，预防各类生产安全事故，从而提高员工的工作效率、降低员工流失率、营造幸福和谐的企业安全氛围。

在企业管理中，安全幸福家文化建设主要包含以下几层含义。

（一）保障员工生命安全和身体健康

安全幸福家文化建设的核心是保障员工的生命安全和身体健康。若生产过程中缺乏有效的安全技防和管理措施，将给员工带来较大的安全隐患和健康风险。通过安全幸福家文化建设，加强家属对员工岗位风险点的了解，通过"安全寄语""安全家书"等方式，强化员工安全意识，促进员工从思想和行为上实现从"要我安全"向"我要安全"转化，从而有效减少安全事故的发生，保障员工的生命安全和身体健康。

（二）提高企业形象和竞争力

安全幸福家文化建设不仅关乎员工的生命安全和身体健康，更关系到企业的长远发展和企业形象。通过安全幸福家文化品牌建设，颐中集团的管理水平和服务质量将进一步提高，核心竞争力将进一步增强，企业的品牌形象和市场竞争力也将进一步提升。

（三）促进企业发展和社会和谐稳定

安全幸福家文化建设不仅有利于员工及企业，

同时也有利于社会和谐稳定。企业在安全文化建设方面做得好，不仅可以强化员工的安全意识，还可以提升工作效率和生产力，更可以为企业节约成本和资源，推动企业的可持续发展。同时，良好的安全文化，可以有效减少事故发生，为社会和谐稳定作出贡献。

二、安全幸福家文化体系

颐中集团深入学习贯彻习近平总书记关于安全生产的重要论述和重要指示批示精神，坚持"安全第一、预防为主、综合治理"的方针，紧紧围绕集团公司安全生产的目标和任务，有效结合中华优秀传统文化，唱响弘扬安全文化的主旋律，开辟安全亲情教育新阵地，建设安全幸福家文化，为颐中集团高质量发展提供精神动力和文化支撑。

颐中集团印发安全幸福家文化建设活动方案，通过企业和家庭携手共建，增强员工安全意识，提升员工安全素养，预防各类生产安全事故发生，健全安全生产长效机制。活动包含"五个一"活动，即一人安全，亲情注入，全家幸福，人家企（员工个人、家庭、企业）三方互动，用全方位参与的新形式，打造具有颐中集团特色的安全文化。

（一）一番叮嘱语

每一名员工都是一个家庭的支柱，家人的叮嘱最温馨、最幸福。安全寄语、安全家书作为员工家属对员工的亲情温馨叮嘱，能够更好地促进员工从思想和行为上实现"要我安全"向"我要安全"的转化。颐中集团积极宣传动员广大员工家属参与安全寄语、安全家书征集活动。安全寄语可以是当地传统方言表述的亲情语，内容通俗易懂、温馨幸福；安全家书采用手写书信或短视频的形式。2022.7.27—2023.12.05最终收集安全寄语723份、安全家书797份，共1520份。员工及家属积极参与、踊跃投稿，企业与家庭在安全意识方面达成共鸣。通过父母的期盼、爱人的嘱托、孩子的要求，颐中集团对员工进行潜移默化的影响，让员工在生活和工作中更加关注自身安全，并逐步投入自我安全行为意识中去。

（二）一张展示板

向在安全寄语、安全家书活动中获选的员工家属征集其本人生活照片，附上员工家属亲情寄语后设计安全幸福家文化宣传展板。展板共设计横竖两版，在车间、班组、宣传栏、电子屏等显著位置进行展示，并精心设计宣传PPT，层层进行宣讲。颐中集团在内部营造温馨幸福的安全氛围，让安全亲情温馨提醒融入员工的工作和生活中。

（三）一次开放日

积极组织开展内容丰富、形式多样、以安全幸福家文化为主题的"员工家属开放日"活动，邀请员工家属通过现场参观、座谈交流，了解企业生产经营情况，掌握员工所在岗位的工作情况，增进员工家属对企业及员工的理解和支持，并借此向员工家属宣传"员工安全、家庭幸福"的企业安全文化，共同促进企业安全幸福家文化建设。

（四）一项安全提案

发动员工及家属积极参与安全提案活动，提出合理化建议。建立提案评审及反馈奖励机制，对具有代表性的、能降低安全风险的提案经评审后采纳和实施，再推广并予以表彰奖励。通过安全提案活动，员工及家属达成了"员工安全、家庭幸福"共识，形成了员工自主管理的模式。

（五）一份温馨提示

家庭是幸福的港湾，安全是幸福的源泉。结合工作实际，通过向员工家属送达一份温馨提示，充分发挥员工家人的亲情作用，对员工多提醒、多叮嘱，增强广大员工的安全意识，颐中集团将"员工安全、家庭幸福"的安全意识厚植于员工心中，进一步筑牢了安全堡垒。

三、安全幸福家文化建设的途径

（一）领导重视和支持

安全幸福家文化建设得到了领导的重视和支持。颐中集团的主要领导作为发起人十分重视安全文化建设工作，将其作为企业发展的重要战略，制定相应的安全政策和措施，明确责任分工和工作流程。要求各所属单位加强组织，坚持党政同责、齐抓共管，主要负责人亲自抓，工会、宣传部门共同参与，认真谋划部署，层层落实责任，精心组织实施，分解细化任务。同时，加强对工作推进的监督和检查，对安全文化建设给予足够的经费和人力资源支持，确保工作的顺利开展。

（二）与安全管理制度相结合

安全幸福家文化建设需要建立健全相关安全管理制度和流程。颐中集团根据自身实际情况和发展需求，制定相应的安全管理规章制度和操作规程，明确各项安全管理工作的具体要求和标准，建立健全了安全管理体系和应急预案。颐中集团将安全幸福家文化建设与日常安全生产工作紧密结合起来，引导员工参加"五个一"活动。

（三）加强员工安全教育和培训

安全幸福家文化建设需要做好员工安全生产教育和培训。为此，颐中集团定期组织各类安全培训和演练活动，增强员工的安全意识和提高自我保护能力。同时，采用更加温馨柔和的教育方式和手段对员工进行教育，如观看家属嘱托视频、发放温馨提示书等方式，让员工更加深入地形成"我要安全"的自主安全意识，对违章操作、违章作业主动说"不"。

（四）建立激励机制和奖惩制度

安全幸福家文化建设需要建立激励机制和奖惩制度。颐中集团根据员工的安全表现和工作贡献，设立相应的奖励机制。同时，对违反安全管理规定的行为进行追责问责，形成了纪律约束力和震慑力。

四、结语

安全幸福家文化建设是企业安全管理的重要组成部分，是安全文化建设的创新表现形式，对于提高员工的工作效率、降低员工流失率、增强员工安全意识、提升家属认同感、营造和谐的企业氛围具有重要意义。颐中集团积极创新活动形式，丰富活动内容，推动活动不断深入，在"五个一"活动的基础上，指导各所属单位做到"规定动作做到位，自选动作加创新"，活动内容只做加法，不做减法，并将活动内容在《泰山·颐中》报和"泰山颐中"微信公众号中以不同形式进行专题报道。未来，颐中集团仍将以安全幸福家文化为契机，通过建立健全安全生产制度体系、营造和谐的企业氛围、实施激励奖励机制，全面推进安全文化建设，为员工打造一个安全、幸福的工作环境。

参考文献

［1］林柯成，裴旭东.A采油厂安全文化建设研究［J］.云南化工，2017，44(10)：3.

［2］曹永军.Y公司安全文化建设研究［D］.西安：西安科技大学，2015.

［3］谢小川，章清.安全文化强基固本 全员参与科学发展——培育良好的企业安全文化是企业安全发展的必由之路［J］.中国盐业，2021(2)：10.

［4］李友成.创建人本安全文化——海洋石油工程股份有限公司安全文化建设案例［J］.现代职业安全，2011(11)：78-81.

［5］安红昌.职工安全文化研究［J］.工业安全与环保，2019，045(007)：54-56.

南方电网珠海供电局："六个一"安全文化体系建设

广东电网有限责任公司珠海供电局　曹安瑛　林　超　黄国泳　刘　颖　黄杰辉

摘　要：人的本质安全是建设本质安全型企业的核心。本文以本质安全人培塑为导向，研究人的安全行为规范与管理，创新性地提出一套从根源解决不安全行为和员工参与度不高的自主安全管理模式，推动员工实现从"要我安全"到"我要安全"的观念大转变，大力推动本质安全人建设。

关键词：安全行为；"六个一"；安全文化体系

广东电网有限责任公司珠海供电局（以下简称珠海供电局）"六个一"安全文化模式既是长期安全实践的总结，也是安全生产的行动指南，实现了"党建引领—理念驱动—制度保障—系统支撑—文化赋能—行为本安"安全闭环管控功能；"六个一"既是安全管控的6个关键要素，又是安全文化建设的愿景目标、任务内容、路径方法，各要素相互支撑、相互作用、相互促进，构成完整、协同、有生命力、开放式的安全文化建设模式。珠海供电局"六个一"企业安全文化模式包括坚持一个转型升级的安全文化物质基础、深化一个强基固本的安全文化工作法、打造一个适应高质量发展的安全文化队伍、筑牢一个培根铸魂的安全文化工程、践行一个可防可控的先进安全文化理念、完善一个科学实用的安全文化标准体系，如图1所示。

图1　安全文化模式架构

一、安全文化

（一）安全文化建设目标

珠海供电局安全文化建设主要从5个方面展开。

1. 高站位推进安全文化建设

积极响应"社会主义是干出来的"伟大号召，贯彻落实习近平总书记关于安全生产的指示批示精神，始终坚持以安全文化工作思路来谋划、以安全文化工作部署来展开、以安全文化工作举措来制定、以安全文化工作建设成效来检验安全文化建设工作。

2. 高标准推进安全文化建设

坚持科学态度、科学思维、科学方法，遵循安全文化建设的规律和特点，以物的安全状态、环境的安全条件、人的安全行为为目标，按照安全文化建设的阶段性要求，通过系统的思维、方法、举措，形成一系列标准化体系。

3. 高层次推进安全文化建设

安全风险、隐患、事故预控的方式决定着安全文化建设成效的层次。推进安全文化建设就是要牢固树立超前预防预控的思想，让理念文化建设挺在制度文化建设的前面，让风险管控挺在隐患出现的前面，让专业化管理挺在单一管理的前面，让隐患治理挺在事故发生的前面，让事故反思挺在事故重复发生的前面，让应急演练挺在救援处置的前面，最终实现安全管控由隐患治理、事故处置转变为风险预控。

4. 高水平推进安全文化建设

对标学习国内外先进的安全文化模式，把好理念、好做法、好方法、好措施与公司安全管控实际相融合，形成本质安全思维模式和本质安全行为模式，推动安全管控的升级转换。

5. 高境界推进安全文化建设

牢固树立"管理一方、守土有责"的思想，自觉做安全文化建设的宣传者、践行者、推动者，充分调动一切积极因素,把"六个一"安全文化模式建设成为员工和企业的幸福工程。

（二）安全文化建设模式

珠海供电局的安全文化建设旨在打造安全管控新模式,塑造安全文化新品牌,培育安全发展新动力,实现员工幸福、企业发展、社会和谐。依据国家标准、行业标准、企业实际,突出规范性、针对性、实效性,通过安全文化建设的理念、制度、管理、实践创新,实现"人、机、物、管、环"的根本性变革。"六个一"既是安全管控的6个关键要素,又是安全文化建设的愿景目标、任务内容、路径方法,各要素相互支撑、相互作用、相互促进,构成了完整、协同、有生命力、开放式的安全文化建设模式。

1. 筑牢一个培根铸魂的安全文化工程

按照《中共中央 国务院关于推进安全生产领域改革发展的意见》,把安全文化建设作为党建工作的重要内容,创新"党建＋安全"落地实践,健全完善"党政同责、一岗双责、齐抓共管、失职追责"的安全生产责任体系,将党建工作考核指标科学量化,实行积分管理,分类定标、分层纪实、分色预警,精准评价党员作用发挥,助推安全责任有效落地。开展党员"安全生产五带头"等活动,党员带头"学、讲、做、考、查",充分彰显其先锋模范作用,不断将党建的组织优势、群众优势、政治优势转化为安全文化建设的工作新优势。

2. 践行一个可防可控的先进安全文化理念

用先进的安全理念诠释安全、驱动安全、提升安全、保障安全,形成安全管控的新思路,经过广泛征求意见,总结提炼,形成了安全核心价值观、安全生产方针、安全生产理念、安全信仰、安全方略、安全信条、安全准则、安全责任等。针对不同层级形成了决策层面的安全理念、管理层面的安全理念、执行层面的安全理念,通过开展安全文化理念的宣贯和学思践悟,安全理念成为全体员工的价值追求,以理念的高站位开辟安全管控的新境界。

3. 完善一个科学实用的安全文化标准体系

安全质量标准化体系是安全文化建设的管理支撑,要将安全质量标准化管理贯穿于安全生产全过程、全方位、全员。在理念驱动和制度保障的基础上,依据工艺系统可靠性定律,查找出生产装置中潜在的危险、危害、非匹配、非本质因素,通过安全防护建设、关键参数变量三区控制、本质化升级改造、消除系统中存在的非匹配、非本质化因素,达到工艺系统科学匹配化,工艺系统能够长期处于本质安全化状态;依据法律法规、标准、规范完善设备设施安全防护、保护、隔离,以及通过设备设施技术改造升级和关键参数管控,提升设备设施固有安全的本质化程度,有效保障生产装置安全、平稳运行,弥补人为疏漏造成的事故,达到设备设施长期处于本质安全状态。始终坚持"一张蓝图绘到底",在安全文化建设的工作规划、机构设置、考核评估、检查验收方面形成一系列与之配套的管理办法,保证安全文化建设工作的导向性、连续性和稳定性,推动安全文化建设质量标准化持续发展。

4. 坚持一个转型升级的安全文化物质基础

高质量发展为安全文化建设指明了前进方向,把走高质量发展之路纳入珠海供电局整体发展战略,更加注重科技创新,更加注重质量效益动能变革,更加注重全要素生产率提高,更加注重科学技术保安。坚持"安全投入先于一切、坚持安全装备多于一切、坚持安全设施优于一切、坚持安全监控早于一切",充分利用现代互联网、物联网、云计算、大数据、人工智能等新型技术助推生产组织方式的根本性变革,逐步实现公司长周期安全高质量发展的新目标。

5. 深化一个强基固本的安全文化工作法

班组建设是安全文化的基础工程和战略工程,要不断提升对"四五六"班组工作法的认识,在挖掘提炼好经验、好做法的基础上,进一步赋予安全、工作、学习、活动"四个定位"的新内涵,进一步丰富安全、学习、节约、和谐、创新"五型企业"创建的新内容,进一步完善组织建设、制度保障、风险管控、教育培训、文化赋能、考核评价"六大体系"的新机制,激活安全文化建设的创新主体,以全员干事创业的热情为安全文化建设增添新活力。对现有的安全文化行为养成系统进行梳理完善,通过全面推进准军事化管理、"6S"工作法,以行为养成和岗位安全操作规程、班前会、手指口述、师带徒、学习型组织建设为抓手,全面推进员工岗位精准培训、"安全好伙伴"结对帮教法、创新工作室建设和比学赶帮超活动,强化"要我安全"向"我要安全、我们都安全"转变的全员安全意识。

6. 打造一个适应高质量发展的安全文化队伍

安全文化建设的最终目的是实现全员的意识本

安和行为本安，打造一个适应高质量发展的人才队伍是安全文化建设的关键。牢固树立人才是第一资源的观念，把教育培训作为员工最大的福祉，创新理论培训、实操培训、现场培训、技能鉴定、评估考核"五位一体"的教育培训机制，形成"人人思进、个个争先、全员素能持续提升"的工作局面。发挥引领示范作用，不断筑实"基层组织建设、基础工作、基本功"的三基工程，全力打造"管理、技术、技能"三支高素质专业化人才队伍，不断加强学习型组织建设，实现"要我培训"向"我要培训"、"要我学习"再向"我要学习"转变的全员学习理念。

二、实施效果

（一）各项指标稳重提升

"六个一"安全文化体系里面蕴含着"严、细、实、深"的安全管理内涵，与本质安全建设的内在要求是完全一致的。得益于安全文化建设，广大干部职工从思想上做到了由"要我安全"到"我要安全"的观念转变，工作消极被动的人少了，违章作业的人少了；电网设备安全隐患（缺陷）和各类事件少了，自觉遵章守纪的人多了，重视安全技能学习的人多了，安全"精品"工程多了，人员安全素质和公司经营指标得到明显提升，截止2023年底，珠海供电局连续安全运行3541天，创历史新高。

（二）团结协作产生凝聚力和战斗力

"六个一"安全文化体系建设及实践以来，由于业绩考核机制、项目跟踪机制、党群共建机制三大机制的全方位实施，极大地促进了广大干部员工

干事创业的热情。为了解"六个一"安全文化体系的实施效果，2021年—2023年珠海供电局分两次共计发出调查问卷450份，95.45%的被调查中层干部及93.42%的普通职工认为"六个一"安全文化体系的建设与实践"非常有必要"或者"有必要"；89.39%的中层干部和90.35%的普通员工认为所在部门或支部开展的系列活动做到了"六个一"；在评价"六个一"安全文化体系的建设与实践对生产经营工作是否有促进时，94.44%的中层干部和94.74%的普通员工选择了"有促进"，96.97%的中层干部和89.47%的普通员工觉得"六个一"安全文化体系的建设与实践对自己的工作开展有帮助。

（三）企业价值充分彰显

"六个一"安全文化体系建设及实践以来，珠海供电局先后荣获"全国文明单位""先进集体""安全生产先进集体""重点项目建设先进单位""学雷锋活动示范点""党建示范点""工人先锋号"，以及南方电网公司"先进集体""文明单位标兵""行风政风免评单位"等多项荣誉称号。

三、结语

安全生产事关企业发展全局，安全文化建设是实现长治久安的重要支撑和保障。珠海供电局在多年实践探索中逐步形成了"六个一"安全文化体系，取得了一些成绩，但是安全管理是一个动态的过程，永无止境。珠海供电局将继续努力，大胆探索，全面建设本质安全型企业，为公司实现长治久安和营造平安、健康、和谐的发展环境保驾护航。

构建"321"工作体系
全方位促进安全文化落地生根

国网青海省电力公司　喇　青　赵启元　商志飞　段　伟　王正仓

摘　要：安全文化的核心是以人为本，这就需要将安全责任落实到企业全员的具体工作中，通过培育员工共同认可的安全价值观和安全行为规范，形成与企业安全生产相融合的安全文化，在企业内部营造自我约束、自主管理和团队管理的安全文化氛围，最终实现持续改善安全业绩、建立安全生产长效机制的目标。本文具体介绍了国网青海省电力公司（以下简称青海电力）通过构建"321"工作体系，全方位促进安全文化落地生根的实施背景、内涵和做法以及实施效果。

关键词：安全文化；"321"工作体系；三股力量；两个机制；一组目标

一、构建"321"工作体系，全方位促进安全文化落地生根的实施背景

党的十八大以来，以习近平同志为核心的党中央高度重视安全生产，把安全生产纳入全面建成小康社会和全面深化改革的总体布局，作为推进国家治理体系和治理能力现代化的重要内容。

（一）安全文化传播是安全文化建设的关键基础

安全生产依赖技术措施只能保证基本安全，要实现本质安全目标，必须激发员工"关注安全、关爱生命"的本能意识，从"要我安全"变为"我要安全"，必须进行广泛教育宣传，在全体员工中形成安全意识的共同认知，即安全价值观，从而促进安全行为普遍规范化，才能保持安全文化活力。

（二）安全文化传播是国家电网公司高质量发展的重要前提

国家电网公司要实现"一体四翼"战略布局，确保安全是最重要的前提和基础。没有安全，就没有优质服务和效率效益，更谈不上高质量发展。必须通过建立有效的安全文化传播体系，引导干部职工树立和践行正确的安全价值观，全力夯实安全生产基础，为电网企业可持续高质量发展奠定基石。

（三）安全文化传播是青海公司安全治理体系现代化的重要抓手

青海地区辖域广泛、地理结构复杂、人口分布不均匀，供电区域点多面广，公司员工、外协员工等参与工作的人员结构复杂，文化差异大。随着今年来公司新型电力系统建设工作的稳步推进，安全文化仅靠传统的悬挂标语、举办讲座、组织考试等传播方式，无法适应公司清洁能源产业高地的定位要求，因此必须建设符合青海地域特色、满足公司各类员工需求的安全文化传播体系，增强安全文化的引领力、执行力、创新力，以满足青海电力日益提高的安全生产要求。

为此，安全文化传播的内容建设，应在传统的制定安全文化标准、开展安全文化主题活动、推行安全文化口号、成立安全文化小组、加强安全文化宣传和培训等基础上，导入"自上而下的引领意识、自下而上的传播责任意识"，充分运用新媒体技术，创造一批上接天线、下接地气的安全文化作品，浸润员工心田，营造良好的安全舆论氛围，不能使安全文化传播高质高效、安全生产基稳本固。

二、构建"321"工作体系，全方位促进安全文化落地生根的内涵和做法

青海电力坚持以习近平总书记关于安全生产的重要论述为引领，针对青海自然环境、电网规模、人员素质等实际情况，以做到强化"三股力量"，建强"两个机制"，聚焦"一组目标"为重点，打造321"安全文化传播工作体系，不断加强全体员工对安全工作的重要性认识，取得了一定的工作成效。"321"安全文化传播工作体系具体内容如下（图1）。

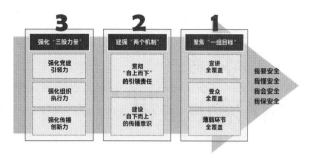

图1　"321"安全文化传播工作体系

（一）强化"三股力量"，增强安全文化传播势能

"三股力量"即党建引领力、组织执行力、传播创新力（图2）。

图2　"三股力量"的内容

1. 坚持旗帜领航，强化党建引领力

党建优势是国有企业的根本优势，党组织力量是国有企业最可信赖的力量。充分发挥党建引领力，是深化安全文化传播的重中之重。

（1）抓实主题教育，压紧各级安全责任。学习贯彻习近平新时代中国特色社会主义思想主题教育，牢固树立安全发展理念和安全红线意识，企业始终把保障人民群众生命安全作为初心和使命，做好"抓党建、转作风、明责任、保平安"红色引领保障安全活动。

（2）强化党建引领，凝聚安全文化合力。深化"党建+安全"工程建设，发挥党委"头雁效应"，将安全文化建设纳入领导干部安全述职的内容；各级党组织利用"三会一课"、主题党日等载体，以安全课、安全日等方式学安全、议安全、促安全、保安全；织密补强共产党员"岗区队"建设，扎实开展"党员身边无违章""党员亮身份、作表率"等活动，让"我要安全"内化于心、外化于行，成为全体员工的自觉意识和行为准则。

（3）支部联创联建，引领共筑本质安全。依托组织体系系统设计联创载体，突出安全生产和业务帮扶管理特点，通过业务核对、完善制度、优化流程，依托党组织把政府职能部门的要求和上下级专业部门的管理工作串联起来，形成省公司职能部门和地市公司党支部联创组织体系，截至2023年8月30日建成116支党员突击队、2687个党员示范岗，帮扶各级队伍提升本质安全水平。

2. 坚持以人为本，强化组织执行力

人是安全管理的主体，也是被管理的客体。只有通过机制保障，调动员工内生动力、约束员工不良意识，安全文化才能持续深化传播。

（1）深挖基层需求，把握文化建设方向。强化正向激励，调动"我要安全"的意识。2021年、2022年先后两次组织开展安全文化建设调研，走访基层班组126个，收集意见建议275项。以员工的内在需求为基础，编制安全文化建设提升方案，明确四类12项安全文化建设指标，纳入月度安全综合评价，实现评价标准、评价方式、结果运用等关键环节全把控，提升全体员工对安全文化建设的认同感，增强员工"我要安全"的意识，使员工自觉执行安全规章制度，自愿加入安全文化传播队伍，引导基层单位围绕公司总体建设目标开展工作。

（2）建强管控机制，确保安全文化落地。加大管控力度，深耕"我要安全"的意识。编制安全责任清单基本知识和履责要点题库，为领导干部、本部专责、基层单位管理人员、一线班组分层分级制定安全责任清单应知应会套餐，以考促学完成全公司9120人的网络大学推送培训、考试。各单位以制度为保障建强安全文化传播队伍，充分调研安全文化传播客体的内在需求，主动研究各项载体落地的有效办法，严格把控各类安全文化传播载体建设成效，杜绝浮于表面、没有落地的无效宣传，确保安全文化传播责任层层传导、层层落实。

（3）拓展学习方式，深耕我要安全意识。聚焦学用结合，优化基层班组教育培训主体，在常态集中学习的基础上，定期由基层员工结合工作实际提出需求，层层落实推进，解决基层员工最迫切的安全规章制度及技能知识需求，确保知识应用到实践工作中。推广以班组微讲堂、伙伴讲堂、典型经验圆桌交流会、警示教育影片、"比学赶超"小竞赛等多种形式深耕安全文化。创新安全日活动方式，在落实安全日"规定动作"的基础上，采用"回顾问答"方式，每次安全活动均对以往学习内容进行回顾，以知识要点的问答、个人感悟交流等方式，切实强化活动效果，重视知行合一、真学真行，以"润物细无声"的方式根植安全意识,营造"我要安全"的良好氛围。

3.坚持工匠精神,强化传播创新力

安全文化传播既要在传统文化的传播方式上精益求精,也要在载体内容形式上不断创新,才能适应不同人群的需求,提升安全文化传播覆盖面。

(1)丰富安全文化传播内容。围绕安全理念践行落地,从企业关怀、唤醒员工主人翁意识等角度遴选安全文化动漫、微电影、歌曲等特色作品。强化安全文化传播,统筹策划开展安全文化示范企业、示范集体、示范人物建设,弘扬安全文化建设先进事迹,坚持对内对外宣传与实践载体相结合,多维度拓展宣传渠道。组织开展"安全学习周"、优秀安全文化展播、"安全知识竞赛"等多种活动,强化全员安全意识,让安全文化理念根植于心。

(2)创新安全文化传播形式。在充分运用悬挂横幅、播放电子标语、多媒体演示、网站与刊物宣传、口袋书等手段和形式的基础上,创新安全文化传播互动平台,对内通过微信群、个人短信、青电安全 App 定期推送安全风险管控提醒、先进防控经验、典型违章等内容;对外通过 H5、微信公众号等为用户提供安全用电知识等在线服务。运用数字技术、动漫、影视等艺术手法,增强安全文化的传播力和感染力,并积极组织各类微视频比赛、安全动漫作品展评、安全微电影展评等传播活动,营造了浓郁的安全文化氛围。

(二)建强"两个机制",增强安全文化传播本能

"两个机制"即"自上而下"的引领责任和"自下而上"的传播意识(图3)。

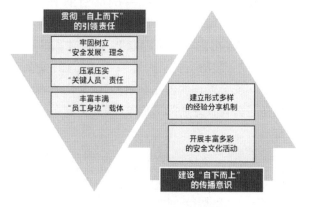

图3 "两个机制"的内容

1.贯彻"自上而下"的引领责任

自上而下的安全传播是安全文化建设的基础,完备的顶层设计和强有力的责任落地,是推动安全文化落地的本源动力。

(1)牢固树立"安全发展"理念。宣贯新《安全生产法》等法律法规,落实《国家电网公司安全工作规定》等安全规章制度,依法合规抓好安全管理工作。组织成立22个安全文化作品创作小组,分析拆解系统内外典型违章和事故案例,拍摄安全警示教育系列片,立足实际,出版发行具有青海特色的安全文化读本与歌曲,以正能量引导基层员工人人自主保安全,20余部优秀文化作品先后入选国网安全文化展厅。青海电力建立由63名专家组成的柔性团队,扎实开展"专业保安全"等主题活动,安全讲师团深入基层一线"讲制度、讲规矩、讲执行",截至2023年8月30日,累计授课28627人次,以文化认同助推员工安全意识增强。

(2)压紧压实"关键人员"责任。健全省市县各级领导班子"两个清单",压紧压实主要负责人安全第一责任、分管领导"一岗双责",规范开展年度安全述职,以"关键少数"履责带动全员履责。各单位结合公司"一把手"讲安全课活动要求,通过现场会议、视频会议、新媒体网络平台等方式,由安全生产第一责任人为本单位干部职工讲一堂安全课。开展开年第一会"议安全"、开年第一课"讲安全"活动;每年安全月,董事长带头发表安全署名文章、组织"一把手"讲安全课;领导班子率先垂范,带头开展专题安全日、安全知识竞答等活动,为全体员工遵章守纪做出了表率。

(3)丰富丰满"员工身边"载体。把尊重员工、理解员工、关爱员工作为基本出发点,在省公司建立安全文化阵地,在各地州广泛建设安全警示教育室和安全文化长廊,以有温度、接地气、能共情的安全文化,提升全员对安全工作的思想共识和行为自觉。汇编《基层单位领导干部及管理人员履职手册》《基层单位一线人员履职手册》《落实企业安全主体责任手册》《安全生产知识应知应会手册》,方便员工快速掌握安全文化基本要求。分级分类抓实安全培训、专业技能培训和岗位适应性培训,常态化开展《国家电网公司安全工作规定》调考,实现全员安全等级评价全覆盖。

2.培育建设"自下而上"的传播意识

营造良好的安全文化氛围,使员工不是被动地参与安全文化传播,而是从解决自身内在需要出发,

形成良性的安全文化传播环境。

（1）建立形式多样的经验分享机制。组织开展电力安全文化征文活动，通过网络、报刊和新媒体等多种形式，向广大基层单位展示电力安全文化优秀作品。依托职工创新平台，组织班组安全生产创新经验分享，紧密结合工作实际，交流公司在安全生产方面开展的实际经验和取得的优秀成果。通过广泛的交流，展示和分享现场安全控制的典型经验，提高现场安全控制的水平。加强公司系统内典型违章案例的复盘与学习，通过主题座谈活动，对本单位在开展反违章工作过程中的先进经验和典型做法进行提炼和总结，强化反违章工作管理。

（2）开展丰富多彩的安全文化活动。结合"安全生产月"活动，开展安全生产知识竞赛、班组安全文化交流、安全文化宣传等活动，基层单位围绕典型事故事件案例制作系列漫画、短视频、小游戏等安全作品。征集以安全生产为主题的漫画、书法、摄影等文化作品，在各地市公司巡回展出，集中体现公司职工安全文化建设成果。开展安全生产故事会，由基层工作人员选取实际工作中的真实经历，情景再现隐患的发现、上报、治理再到获得奖励的全过程，激发员工的广泛共鸣。采用"案例述学""模拟事故分析会""专题安全讨论会"等多种形式，开展标准化班组安全活动展示，加强互动交流，强化员工安全意识。

（三）聚焦"一组目标"，增强安全文化传播动能

聚焦安全文化传播质效双提升，以"事后向事前转变、分散向系统转变、被动向主动转变、传统向数字转变"为导向，以实现"三个覆盖"为目标，引导员工"我要安全、我懂安全、我会安全、我保安全"。

1. 聚焦宣讲全覆盖

坚持"各级领导带头讲、理论专家深度讲、典型模范巡回讲"三讲并举，建立多维度、常态化的安全宣讲教育机制，通过不同人员从不同角度讲安全文化，员工从不同视角理解安全文化，对安全文化形成全面的理解。

2. 聚焦受众全覆盖

针对青海地域广、人员分散的特点，开发青电安全App，搭建手机课堂、微信微课堂、安规在线考试等平台，促使员工随时随地自我学习、自我评估；面对地点偏远地区，采取"工作现场微课堂"等培训形式，确保安全文化宣传内容受众全覆盖。

3. 聚焦薄弱环节全覆盖

针对县公司安全基础薄弱、偏远班站安全执行力不足、外包人员安全意识薄弱等问题，坚持开展"一月一主题""四不两直"安全督察活动，督察完毕后形成视频点评片，在全公司范围内广泛、反复学习，"以案为例、以案为例、以案明纪、以案促改"，有力增强了反违章工作的执行力和震慑力，取得了较好的培训成效。

三、构建"321"工作体系，全方位促进安全文化落地生根的实施效果

（一）经济效益方面

通过构建"321"工作体系，公司有了健康的安全文化氛围，保障了良好的安全生产秩序，能够有效防止事故的发生，从而避免了事故带来的各种损失，间接增加了公司的经济效益。当今各行各业事故频发，造成的人员伤亡、财产损失数量巨大，使人们的劳动成果毁于一旦，经济效益也就无从谈起。因此，安全永远是第一位的，是不可替代的，安全文化对公司的生存和发展具有不可替代的作用，全方位促进安全文化落地生根，必将为公司创造更大的经济效益。

（二）社会效益方面

构建"321"工作体系，一方面，有助于提高员工的安全思想境界，有助于识别和处理"物的不安全状态""环境的不安全因素"、约束"人的不安全行为""管理的不安全作为"；另一方面，安全文化是公司安全管理的内在基础，安全文化的落地生根塑造了公司良好的品牌形象，提升了公司的社会声誉。

大型国有建筑企业安全文化建设创新实践

中国十九冶集团有限公司　李　萍　潘必义　欧成华　叶忠勤　周彬辉

摘　要： 本文阐述了建筑企业实施安全文化建设的重要性和必要性，并从安全精神文化、安全制度文化、安全行为文化、安全物质文化等4个方面系统阐述了大型国有建筑企业实施安全文化建设的思想理念和创新方法，从而为广大建筑企业开展安全文化建设提供借鉴。

关键词： 建筑企业；安全管理；安全文化建设；创新实践

一、引言

随着我国经济社会的发展和城市化进程的加速，建筑行业在国民经济中的支柱地位越来越重要。然而，新中国成立以来，尽管国家和行业主管部门针对建筑业出台了一系列法律法规和严格管控措施，但依然没有改变建筑行业生产安全事故高发多发的状况，这些事故给人民生命财产带来了巨大损失，也给行业发展带来了重大负面影响。因此，在强化政府监管职能发挥的同时，加强市场主体建筑企业的安全管理能力建设就显得尤为重要。当前，我国多数建筑企业都将主要精力放在了强化对施工生产现场的管理，但在企业安全文化建设方面的关注和投入就较少，而结果就是安全管理绩效进入了一个瓶颈期，因此如何破局就成了当务之急。方东平等通过研究提出了安全文化的定义，阐述了安全文化的内涵，明确了安全文化是对安全的理解和态度，或是处理安全问题的模式和规则[1]。杨璐璐研究得出结论，安全文化是一个循序渐进的过程，同时也是企业安全生产的有力保障，能有效提高安全生产绩效[2]。开展企业安全文化建设就是通过创造一种良好的安全人文氛围和协调的人机环境，引导员工主动遵章守纪，养成良好的安全行为习惯，减少人的不安全行为对企业安全管理带来的困扰。本文以大型国有建筑企业为研究对象，从安全精神文化、安全制度文化、安全行为文化、安全物质文化等4个方面探讨其在安全文化建设方面的创新实践，以期为建筑同行开展安全管理工作提供借鉴。

二、安全精神文化建设

安全精神文化是安全文化的内核，是指为全体成员所共同遵守、用于指导和支配人们安全行为的以价值观为核心的意识观念的总称，包括人们对安全的认识、态度、理想信念、道德规范、价值观念和心理行为习惯等各种意识形态。对于国有建筑企业而言，我们首先要认识到国有企业的三大责任，也就是政治责任、经济责任和社会责任，要站在强化党对国有企业领导、切实履行三大责任的高度来实施企业的安全精神文化建设。

一是，按照习近平总书记的要求，牢固树立"人民至上、生命至上，人命关天，发展决不能以牺牲人的生命为代价"的安全发展理念。

二是，牢固树立"一岗双责，党政同责"的理念，强化党委和行政在企业安全生产工作中的协同作用。

三是，深刻认识发展和安全的辩证统一关系，坚持统筹发展和安全，将安全发展理念摆在企业治理和改革发展的突出位置，坚决反对重生产经营、轻安全生产的行为。

四是，坚持安全生产系统观念，牢固树立"三管三必须"的理念，做到管行业必须管安全，管业务必须管安全，管生产经营必须管安全。

五是，坚持法治思维，将《宪法》《刑法》《安全生产法》等国家法律、部门规章作为企业开展安全生产工作的准绳和标准。

六是，坚持"安全第一，预防为主，综合治理"的安全生产方针，对于安全生产具体工作坚持以事前、事中管理为主，从事后管理为辅，努力推动企业向本质安全发展。

七是，坚持安全生产是红线、底线、高压线，任何组织和人员都不能超越，一旦违法违规，相关人员必定要受到严厉处罚。

八是，坚持安全就是效益的理念，深刻认识到不出安全事故就是为企业直接创造经济效益，管好安全可以更好地促进企业生产经营工作，提升企业的品牌形象、竞争力，推动企业高质量健康发展。

九是，牢固树立"从零开始，向零奋斗"的企业安全管理目标导向，在企业生产经营过程中，坚持以"零事故"为奋斗目标和毕生追求。

十是，牢固树立"以人为本""安全生产人人有责"的思想，坚持将保护企业职工和广大从业者、参与者的生命健康财产安全作为企业安全生产工作的出发点和落脚点，切实履行企业的社会责任。

对于安全生产精神文化的建设，建筑企业要高度重视，要将其作为企业文化建设的重要组成部分，并根据企业发展战略，历史沿革和业务特点，提炼出具有企业鲜明特点的企业安全精神文化，并加以宣传和传承，不断强化广大员工的安全理念和意识。

三、安全制度文化建设

安全制度文化是企业安全文化体系的重要组成部分，它以国家安全相关法律法规、部门规章、行业标准规范、地方性法规和部门规定、上级单位管理制度、企业发展战略等为依据建立起来的、员工共同遵守的安全制度体系、安全操作规程及随之建立起来的企业管理体制、机制。它是安全理念文化转化为安全行为文化和物质文化的重要纽带，是安全理念文化固化于制度的具体体现。对于大型国有建筑企业安全制度文化建设而言，企业需要做好以下几个方面的重点工作。

一是，要做好国家、地方法律法规、部门规章的精准识别。就是要在成百上千涉及安全生产的法律法规和部门规章中，精准识别出跟企业生产经营息息相关的法规和规章，特别是跟建筑企业生产经营强相关的章节和条款。对于建筑企业而言，要重点关注《安全生产法》《建筑法》《消防法》《劳动法》《道路交通安全法》《职业病防治法》《工会法》等国家法律，以及《国务院关于特大安全生产事故行政责任追究的规定》《安全生产许可证条例》《生产安全事故报告和调查处理条例》《危险化学品安全管理条例》《建设工程安全生产管理条例》等行政法规。

二是，要做好上级单位安全生产相关制度文件的识别、学习和研究。对于大型国有企业，不仅仅要掌握、贯彻直接上级单位的制度文件，还要往上延伸到省级国资委及国务院国资委层面。

三是，要在学习研究国家法律法规、部门规章及上级制度文件的基础上，结合企业业务特点、发展战略，系统建立企业的安全生产规章制度体系。制度体系可以按照制度、办法、细则分三级进行建立。管理制度必须覆盖职业健康安全、应急管理、交通安全、消防安全、特种设备安全、安全生产责任制、安全奖惩、生产安全事故责任追究等方面。务必通过系统、全面的安全生产制度体系和运行机制建设，建立并规范企业的安全生产秩序，压实全员安全生产责任。

四是，要根据国家和地方法律法规、部门规章、管理规定，上级制度文件、管理要求的变化，以及企业的发展战略、机构、业务调整情况，与时俱进做好企业安全生产相关制度文件的制定、修订和完善工作，确保企业的规章制度文件不掉队、不落后、不断代、可执行。

四、安全行为文化建设

安全行为文化既是安全理念文化的反映，也是安全制度文化固化于形的具体体现，它是安全文化的有机组成部分，居于安全文化的中间层。它是在安全理念文化引领和安全制度文化约束下，员工在生产经营活动中的安全行为准则、思维方式、行为模式的表现，安全行为文化存在于企业开展安全管理的各个环节。对于大型国有建筑企业而言，其在安全管理操作层面，要重点开展好以下工作。

一是，企业各级党组织和行政组织要把安全生产纳入重要议事日程，形成强有力的安全生产工作组织领导和约束激励机制。企业各级党委、董事会和经理层应当以召开党委会、董事会和总经理办公会的形式，按照有关议事规则和职责权限，对本公司涉及"三重一大"的安全生产事项进行集体决策；要将学习习近平总书记关于安全生产的重要论述及批示指示作为党委理论学习中心组学习第一课题，将研究决策安全生产事项作为企业"三会"的规定动作；还要发挥好各级安委会的指导协调、监督检查、巡查考核的作用，形成齐抓共管的上下合力。各级党组织、行政组织要将安全绩效纳入对下级组织、人员考核（考察）的重要内容，对出现生产安全事故的组织和人员，要严格按照企业规章制度进行严肃追责处理。

二是，企业要建立领导干部带班检查制度，各级领导干部要按照"三管三必须"的要求，带头落实自身安全生产责任。要带头在大会上讲安全,在基层落实安全、督促安全、服务安全,要深入一线帮助项目部、厂站解决影响安全生产工作的具体问题、深层次问题,切实提升企业的安全管理绩效。

三是,安全生产管理要实施 PDCA 循环管理,突出目标导向。对于大型建筑企业而言,它们要将企业安全管理放到企业战略层面进行思考,要编制三年、五年发展规划,并按照年度实施管理。企业要在年初制定当年度的安全管理目标,拟定年度安全生产重点工作,并以正式文件的形式发布。还要将年度安全生产目标进行分解,与下属机构签订年度安全管理目标责任书,并以之为依据,在年底对下属单位实施年度安全生产考核及奖惩。同时,企业要将安全管理目标纳入项目(厂站)经济责任合同(目标责任书),实施严格的考核兑现,激励基层单位在做好安全生产工作的前提下,更好更快地完成各项经济指标和管理目标。

四是,建筑企业要参照矿山、金属冶炼和危化品企业对安全生产条件定期进行安全评价,一般每 3 年进行一次安全评价,以确保企业的安全生产条件符合安全生产法规定及国家、行业的最新管理要求。

五是,要按照属地政府要求和企业标准,推行安全生产标准化建设及标准化工地(车间)创优创奖全覆盖工作,不断提升企业安全管理水平。

六是,要基于企业工程项目(厂站)业务特点、所在区域气候地质特点,全面推行"双控"机制建设,最大限度降低安全生产风险,防范和遏制安全事故的发生。

七是,要建立"3+1"(公司、分子公司、项目部三级经营主体 + 劳务班组)安全教育培训体系,强化全员安全意识和安全理论,提升技能;推广安全晨会制度,采用报账制加大安全投入、管控力度,开展月度、季度、专项安全检查,加大对项目、厂站现场安全隐患的排查力度,确保打通安全生产"最后一公里"。

八是,要组织开展安全论坛、安全行为之星、党员身边无事故、工会劳动保护监督、项目观摩活动、安全隐患举报奖励等专题活动,设置党员先锋岗、安全生产示范岗等,进一步增强员工的安全意识,提升企业的安全生产氛围。

五、安全物质文化建设

企业安全物质文化是指整个生产经营活动中所使用的保护员工身心安全与健康的工具、原料、设备设施、工艺、护品护具等安全器物,它是安全文化的根本保障和基础。就建筑企业安全物质文化建设而言,其最基本的要求就是做到安全投入到位、安全措施配置到位。对于大型国有建筑企业而言,要重点在以下几个方面开展好安全物质文化建设。

一是,要强化企业办公楼宇的选型和配置,既要保证基本的办公条件,具备条件的单位还要通过配置篮球场、乒乓球台、健身器材、游泳池、小型图书馆等,让办公楼宇具备一定的运动、休闲、娱乐功能,保证企业所有办公人员能够安全健康、心情愉悦地办公。

二是,要以标准化建设为目标,强化工程项目现场办公区、生活区及生产区的建设。具体而言,需要做到三个方面的工作。第一方面,工程现场要采用围挡器材实施封闭管理,办公区、生活区要与生产区进行有效分隔,办公、生活板房要使用打包厢房或者符合标准规范的板房结构,并配置空调等控温设备;第二方面施工区要做好大型临时设施的规划,加大防尘降噪措施的投入,确保形成硬化的环形道路,还要保证所有的钢筋加工棚、木工加工房、库房、值班房、遮阳棚等设施的安全、可靠、节能、环保,努力提升广大从业人员的工作幸福指数;第三方面,要强化技术方案和施工工艺的革新,积极推广"四新技术",实施机械化减人、智能化换人,减少管理人员和建筑工人在钢筋绑扎、模板支设、脚手架搭设、起重吊装等各个环节的安全风险,不断提升企业的安全管理水平。

三是,要加大科技投入力度,积极打造"信息化、数字化、智能化"新型建筑企业,通过人工智能建设,在智慧工地,BIM、GIS 技术上不断突破,积极推动装配式、虚拟仿真施工、远程监控管理等技术攻关;以信息技术、物联网技术为手段,以项目集中管理系统为平台,进一步加强对项目现场"人、材、机、服务"的互联互通,形成视觉、听觉、感知的智能融合,不断提升企业的项目智慧建造水平和本质安全管理水平。

六、未来展望

建筑行业高危而重要,抓好建筑企业安全生产工作难度颇大而使命光荣,开展建筑企业安全文化建设十分必要、意义深远。这需要我国广大建筑行业的从业者凝心聚力、踔厉奋发，继续深挖建筑企业安全文化建设的本质内涵，持续地总结经验和教训，通过管理创新、技术创新和模式创新等手段，不断提升我国建筑企业的安全文化建设水平和安全管理成效，为推动我国建筑行业高质量安全发展提供强有力的保障。作为我国建筑行业排头兵、主力军的大型国有建筑企业，更应该大步向前，不断加强安全文化建设，形成具有自身特色的安全文化体系，在为本企业可持续高质量发展提供坚强保障的前提下，强力引领中国建筑业的发展。

参考文献

［1］方东平, 陈扬. 建筑业安全文化的内涵、表现、评价与建设 [J]. 建筑经济, 2005(02)：41–45.

［2］杨璐璐. 建筑企业项目安全文化建设研究 [D]. 邯郸：河北工程大学, 2015.

电力领域的安全文化——可持续性与社会责任

国网松原供电公司　张　航　于滨硕　李治明　徐　策　李庆轩

摘　要：随着中国电力行业的快速发展和能源转型,电力供需紧张和安全风险成为亟待解决的问题。电力领域的安全文化是确保电力系统安全运行的基础。本文以习近平新时代中国特色社会主义思想为基础,提出了新时代电力领域安全文化的概念,以及在可持续性和社会责任方面的要求,并详细论述了电力领域实现可持续性和社会责任的路径,指出了加强电力领域的安全文化建设对实现中国的文化自信、文化强国目标具有重要意义。

关键词：电力;安全文化;社会责任;可持续性

一、引言

近年来,我国电力领域经历了快速发展和深刻变革,电力成为支撑国家经济社会发展的重要基础设施。然而,随着电力供需结构的调整、能源转型的推进及能源安全形势的复杂化,我国电力领域也面临着日益严峻的挑战。一方面,电力需求的不断增长给电力系统的运行带来了巨大压力。随着工业化和城市化进程的加快,我国电力需求不断攀升。特别是在新兴行业的快速崛起和人民生活水平不断提高的背景下,电力供应的稳定性和可靠性面临巨大考验。电力供需矛盾的加剧,不仅会导致电力系统的过载运行,还可能引发供电紧张甚至是停电事故,从而直接影响社会经济的正常运转。另一方面,电力系统的安全风险不容忽视。电力领域作为高度复杂的系统,涉及发电、输配电、电力设备和能源资源等多个环节,存在着自然灾害、人为失误、设备故障等多种风险因素。这些风险因素的存在,给电力供应的稳定性和安全性带来了巨大挑战。一旦发生故障、事故或安全事件,不仅会造成巨大经济损失,还可能对人民群众的生命财产安全造成严重影响。此外,电力领域在能源转型过程中面临着新的挑战,例如新能源的大规模接入、分布式能源的普及及电动汽车的快速发展,给电力系统的规划、运营和管理带来了全新的要求和挑战。

面对种种挑战,电力领域的安全文化显得尤为重要。安全文化是一种价值观和行为准则,涵盖了组织、人员和技术等多个层面。在电力领域,安全文化的建设意味着要树立安全第一的理念,强化安全生产责任,增强安全意识,提高技能水平,加强安全管理和监督。只有建立和发展安全文化,才能有效应对电力领域面临的挑战,确保电力供应的可持续性和社会责任的履行。因此,本文重点阐述电力领域的安全文化在可持续发展和社会责任方面的作用,并提出相应的策略和建议,通过深入研究电力领域的安全文化问题,为电力行业的健康发展和全面提升电力系统的安全水平提供有益的启示和借鉴。

二、新时期的电力安全文化

电力安全文化是在习近平新时代中国特色社会主义思想指导下,以安全生产为核心,以人民群众的生命财产安全为宗旨,以安全管理理念和行为准则为基础,以安全责任意识和安全意识的培养为关键,通过全员参与、全过程管理和全面提升,推动电力领域安全风险的防控与管理,确保电力供应的可持续性和社会责任履行的一种文化。

习近平新时代中国特色社会主义思想对电力安全文化提出了明确要求。习近平总书记指出,"安全第一,预防为主",强调了安全生产在国家治理体系和治理能力现代化中的重要地位。在电力领域,安全文化的定义和实践必须与习近平新时代中国特色社会主义思想相结合,将其贯彻落实于电力安全管理的各个环节。首先,在可持续性方面,电力安全文化要求坚持以人为本,注重人与自然的和谐发展。习近平新时代中国特色社会主义思想强调了绿色发展、生态文明建设,提出了"绿水青山就是金山银山"的理念。电力安全文化应积极引导电力企业从传统能源向清洁能源转型,加强节能减排,推动可再生能源的利用，提高能源资源的利用效率，实现电力供应的可持续性发展。其次，在社会责任方面，电力安全文化要求充分发挥电力企业的社会责任意识和担当精神。习近平新时代中国特色社会主义思想强调了共同富裕、民生改善，提出了"人民对美好生活的向往必须得到满足"的目标。电力企业应当主动承担社会责任，提供稳定可靠的电力供应，推动能源资源的公平分配，积极参与公益事业，为社会经济发展和人民群众的幸福生活作出贡献。

三、可持续性与电力领域的安全文化

（一）电力安全与企业的可持续发展

电力领域的安全文化是确保电力企业可持续发展的重要保障，它涵盖了组织、人员和技术等多个层面。

首先，推动全员参与，强调安全第一。电力企业应该将安全作为全员共同关心和参与的重要议题，树立安全第一的理念，强化员工的安全责任意识。通过开展安全培训和教育活动，增强员工的安全意识，提高员工的技能水平，并激励员工积极参与安全管理工作。此外，建立安全文化评价机制，定期对员工的安全行为进行评估，为员工提供正向激励和奖励，形成全员参与的安全文化氛围。

其次，推动技术创新，建立文化自信。电力企业应积极自研、引进和应用先进的安全技术手段，掌握核心技术，提高电力系统的安全性和可靠性。例如，利用物联网、大数据和人工智能技术，建立智能化的安全监测和预警系统，实现对电力设备、供应链和能源供应的实时监控和管理。同时，加强对新能源、分布式能源和电动汽车等新兴领域的安全技术研究，解决相关的安全隐患，确保清洁能源的安全稳定供应。掌握了电力领域的安全核心技术就意味着电力企业能够实现自主创新，不用再依赖于外部技术支持。这种技术引领能力的提升将提高电力行业在国际竞争中的优势地位，推动电力企业的可持续发展，进一步增强其文化自信。

（二）电力安全与中国经济的可持续发展

电力领域的安全文化突破了技术和管理层面，上升到了一种文化认同和文化自觉。通过弘扬电力领域的安全文化，中国电力企业能够展现出自主创新和自主发展的能力，在确保电力企业发展可持续性的同时，为中国经济的绿色低碳发展和人民群众的美好生活作出贡献。

首先，加强能源效率和节能减排。电力领域的安全文化天然包含着节约能源、减少能源浪费、提高能源利用效率的要求。通过加强能源管理和监测，推广先进的节能技术和设备，优化电力系统的运行和调度，减少能源的消耗和排放。同时，加强对能源消费者的教育和引导，增强公众的节能意识，推动节能减排的社会共识和行动。

其次，推动安全新能源的应用进入新层次。相比传统能源，新能源具有低碳排放和可再生性的优势，在环境安全和能源保障安全方面也具有天然优势；同时新能源可以建立分布式的能源系统，在能源传输方面也更加安全。加大新能源的应用和使用范围，完全契合电力领域的安全文化，对保障中国经济绿色可持续发展具有重要意义。因此，电力企业在安全文化创建过程中，应该积极宣传清洁能源的重要性和优势，提高公众对清洁能源的认知和支持度。通过开展公众教育活动、参与社区环保项目等方式，促进社会对清洁能源的接受和参与。同时，建立与公众的沟通渠道，倾听公众的意见和反馈，增强社会参与感。这样可以构建良好的社会氛围和共识，形成广泛的清洁能源应用和推广合力，为中国经济的可持续发展打下坚实基础。

四、社会责任与电力领域的安全文化

（一）电力安全与民生发展

电力领域的安全文化对于民生发展具有重要意义，它直接关系到人民群众的生活质量和幸福感。为了助力民生发展，一定要做到"三个必须"。一是必须确保电力供应的安全、稳定和可靠，满足人民群众的基本用电需求。通过加强电力设备的维护和管理，提高电力系统的可靠性和韧性，减少停电和电力事故的发生。同时，加强电力系统的调度和运行管理，提高电力供应的可调度性和灵活性，确保人民群众的用电需求得到及时满足。二是必须确保电力价格在安全合理范围内调控。要根据电力生产成本、市场供需状况和社会承受能力等因素，制定科学合理的电力价格政策，避免价格过高给人民群众带来负担，同时保证电力企业的合理收益，保障电力行业的可持续发展。三是必须加强电力服务的安全和提升便利性。电力领域的安全文化关注人民群众对电力服务的需求和体验，通过提升服务质量和便利性，满足人民群众在生活、工作和社会交往中对电力的各项需求。要加强电力服务的监督和评估，推动电

力企业提升服务水平,提供高效、便捷、可信赖的电力服务。同时,推动智能电网的建设和应用,提供智能化的电力服务,满足人民群众对能源的个性化需求。

(二)电力安全与国家总体安全

电力是国家经济社会发展的重要支撑,关系到国家的能源安全、经济安全和社会稳定,对保障国家总体安全具有十分重要的意义。

首先,加强电力系统的安全监测和预警。电力领域的安全文化强调"预防第一",因此建立健全的安全监测和预警机制是应有之义。通过实时监测电力系统的运行状态、设备运行参数和安全风险等关键指标,及时发现潜在的安全隐患和风险。同时,建立科学准确的预警模型和预警指标体系,对电力供应的可靠性、供需平衡、电网运行等关键方面进行预警,为决策者提供及时、准确的信息支持,为电力系统的安全运行提供保障。

其次,加强电力设施和关键信息的保护。电力领域的安全文化不仅重视意外事故防范,还把防止破坏放在了重要位置。要加强对电力设施和关键信息的保护,防范恶意攻击、破坏和窃取行为。建立健全的安全保护体系,加强对电力设施的物理防护和网络安全保障,提高电力系统的抗灾能力和抗攻击能力。同时,加强对电力系统的监控和管理,及时发现和处置安全事件,保护电力系统的稳定运行和关键信息的安全。

最后,加强电力安全国际合作。电力领域安全文化重视开放包容,应积极参与国际合作,加强与其他国家和国际组织的交流与合作,共同应对电力领域的安全挑战。加强信息共享与交流,学习借鉴国际先进经验和技术,提高电力系统的安全管理和运行水平。同时,加强国际合作机制的建立和完善,共同应对跨国电力安全威胁,保障电力供应的安全可靠性。

五、结语

新时代文化可培养和增强国家和民族的文化自信。通过弘扬中国电力领域的安全文化,推动中国文化从"中国制造"向"中国创造"、从"中国速度"向"中国品质"的转变,可不断增强国家和民族的自豪感和自信心。未来,在电力领域的安全文化研究中,我们应更加注重传承中国传统文化、加强科技创新、加强国际交流与合作及建立多元化的电力领域的安全文化。通过这些努力,推动电力行业的可持续发展,履行电力行业的社会责任,展示中国电力行业的实力和文化自信,为实现中国的电力强国目标作出贡献。

基于"四化三提升"照镜式"安全画像"的企业安全文化管理创新与实践

宁夏隆鼎电力有限公司 张舜博 冯建华 张红武 王 勇

摘 要：安全是公司的生命线！近年来，随着社会经济的高速发展，公司的安全生产变得越来越重要。作为施工类产业单位的宁夏隆鼎电力有限公司（以下简称隆鼎公司），多年来，虽然始终严管严抓，紧盯"预、防、控、改"关，但安全工作仍不尽如人意，违章也屡禁不止。针对存在的问题，隆鼎公司多年来不断探索，坚持目标导向、问题导向、结果导向，保持斗争精神，紧盯目标、直面问题，采取治本之策，着力从根本上解决问题，探索出照镜式"安全画像"的企业安全文化，使公司在安全工作中认清自我，扬长补短，发现问题，解决问题，标本兼治。通过这一安全文化引领，公司安全基础不断夯实，本质安全水平不断提升。

关键词：营造；照镜式"安全画像"安全文化；夯实安全基础；提升本质安全

一、引言

近年来，电力企业特别是施工类企业安全事故时有发生，究其显性原因主要是隐患排查整治和风险防控不到位，深究隐性原因则主要是安全管理基础不牢固，目标导向、问题导向、结果导向的安全文化营造不深入，人员履职和安全责任落实不到位、安全系统治理缺失等。

安全工作没有问题就是最大的问题，不能及时发现问题就是大问题。安全工作只有实事求是、摸清家底，正确全面认识自我，不怕丑、不怕问题，才能有效解决问题，实现安全管控水平提升。隆鼎公司针对安全文化具有不可估量的精神感召力的特点，通过不断实践，不断求索，凝练形成了基于"四化三提升"的照镜式"安全画像"的企业安全文化，自实施以来，2022年各类违章同比大幅下降，安全管理水平快速提升。通过营造安全文化，把安全管理理念根植于员工内心深处，遵章守纪成为自觉行动，隆鼎公司安全管理再添风采。

二、探索出照镜式"安全画像"的企业安全文化

（一）实施背景

一是全面落实党和国家安全工作要求的客观需要。是落实党中央、国务院决策部署、践行"人民至上、生命至上"的必然要求，是坚持"人民电业为人民"、落实国家《安全生产法》《刑法修正案（十一）》等重要法律法规的必然要求。

二是贯彻国家电网公司安全管理内在需要。国网公司2023年安全生产工作的意见要求的牢固树立人民至上、生命至上理念，始终坚持铁腕治安、科技保安、管理强安、改革促安，保持严抓严管主基调，不断夯实基层基础，持续推进公司安全生产的治理体系和治理能力现代化。

三是强化公司安全管理的刚性需要。近年来，公司安全违章屡禁不止，巡查督查暴露出的管理问题，深层次地反映出安全工作在思想认识、责任落实、机制体制、基层基础等方面存在薄弱环节，公司安全管理短板亟需提升和完善。

（二）实施思路

照镜式"安全画像"的企业安全文化以"企业主体责任发挥，强化履行安委会职责，贯彻落实安全管理要求"为目标，提出照镜式"安全画像"管理创新。"安全画像"管理创新根据产业单位不同的安全管理特点，从安全履责、日常工作、工作穿透力、公共安全管理、应急体系建设、安全文化建设、安全事件等方面进行工作评价，基于"一家一像"的原则对各部门画像。画像具备对象差异化、成果形象化、角度多维化、评价数据化的特点。通过画像结果，画像单位可以了解安全管理的薄弱环节，不断完善安全管理机构、健全落实安全管理制度、强化人员安全技能意识，提升安全管理水平，实现本质安全目标。"安全画像"创新是安全管理依

法合规治安、标本兼治、管理下沉的具体实践。

同时,该项目还存在一定不足,需要继续探索和与时俱进及适度调整。

(三)主要做法

建立一套安全管理体系的综合评价分析方法,精准、全面地分析各单位的薄弱环节,为各部门安全管理提升改进方向提供指导性意见,为隆鼎公司层面掌握安全管理体系落实情况提供参考依据。评价结果以数据化为特点,以事实为依据,根据安全巡查、月度安全评价、违章、安全奖惩等数据做分析。

1. 探索"安全画像"

(1)思路。2021年6月,基于公司现状和安全管理发展需要,隆鼎公司以安全管理"目标导向、问题导向、结果导向"为指导,实施了"安全画像"管理创新,该创新将安全管理的红线指标、三年行动、双预、应急、安全培训教育等全部纳入大体系中进行评价分析,能帮助画像单位精准查找管理问题,改进管理方法,提升安全水平。"安全画像"管理创新根据安全管理特点和重点任务,基于"一家一像"的原则对各部门单位进行画像,核心内容为对象差异化、成果形象化、角度多维化、评价数据化,实现了可分析可比较,短板易见(图1)。

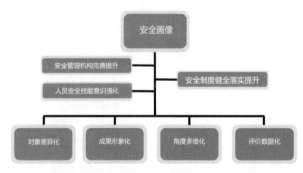

图1 "安全画像"管理创新核心内容

(2)完成2021安全画像。2021年10月,隆鼎公司根据下属二级单位进行同类型单位评比,围绕年度安全生产工作任务、事故事件、专项行动、"四个管住"、安全履责、安全文化建设、安全费、现场施工管理等方面设置评价指标,完成评价指标数据收集,并根据各单位指标数据排名,获得最终评价得分。2021年12月,形成各单位最终的"安全画像",通过正式文件下发整改。

(3)结果应用。本部应用:为公司及时掌握各单位安全管理实际情况提供依据,解决了安全生产领域监管系统多、数据量庞大、数据分析不深入等

问题,实现了安全管理数据化、可视化,通过了解各单位的安全管理症结,为公司作出下一步安全管理决策提供依据。

基层单位(部门)应用:通过同类型单位数据化评比,指导、帮助各单位实现安全管理症结的内视诊断,为相关确保项目安全实施提供依据,为相关管理制度完善、机构完善提供方向,实现快速补强安全短板,扭转不利局面,平稳安全态势。

2. 建章立制过程

2021年,"安全画像"的初步应用取得良好效果,得到了基层单位积极的正面反馈。通过对2021年"安全画像"工作的总结分析,隆鼎公司进一步明确了工作思路,规范了工作管理流程。

为固化工作成果,将"安全画像"工作制度化、规范化,在前期广泛征求各部门、基层单位意见的基础上,2022年10月经公司党总支会议、2022年安委会审议通过,隆鼎公司正式印发《宁夏隆鼎电力有限公司安全画像管理实施细则(试行)》。

(1)制定目的。为常态化开展"安全画像"工作,将综合评价各单位安全工作制度化、规范化,持续巩固画像成果。"安全画像"旨在通过建立一套安全管理综合评价分析方法,简洁、精准、全面地分析各单位的薄弱环节,为隆鼎公司各基层单位安全管理提升改进提供指导性帮助,为隆鼎公司提供管理各单位的参考思路。

(2)职责分工。隆鼎公司安全生产委员会、安监部及其专业部门和各二级单位负责画像提交、审核和结果的整改落实,将"安全画像"的薄弱环节列入单位的年度安全重点工作任务。

3. 指标管理

(1)画像指标分为减分指标、加分指标、评价指标三类,评价指标进行动态管理调整,具备对象差异化、角度多维化、评价数据化等特点。

(2)减分指标主要对各单位责任性安全事件、违规管理行为进行减分。

(3)加分指标主要对受到上级单位及地市级政府表彰加分及公司临时工作安排落实较好、取得实效的单位进行加分。

(4)评价指标根据设计、施工、物业、临时机构4种类型单位的不同安全任务、业务权重进行设置,从安全履责、安全日常工作、工作穿透力、公共安全、应急建设、安全文化建设6个维度,设置

一级指标、二级指标。所设指标按年度重点工作安排等内容予以适当调整。

（5）评价指标采用100分制，评价采取客观数据为主、主客观评价结合的原则。客观评价标准主要来自数据分析，主观评价依据主要为隆鼎公司各二级单位工作开展的准确性、及时性、完整性等因素。评价指标具体分值根据不同单位类型的任务权重、重要程度进行科学调整。

4. 工作组织

隆鼎公司安委会、安监部及其专业部门，根据年度安全管理的工作思路、方向、任务编制各单位年度画像初版评价指标，开展数据提取、汇总分析，根据各单位数据排名进行评分，确定"优、良、中、差"4个评分等级，经过安委会审议后印发，促使各单位对照标准落实工作、尽职履责。

5. 成果应用和推广

（1）画像基于"一单位一年度一画像，各自成像"的原则对隆鼎公司各二级单位进行分析式点评。

（2）画像的评价结果作为年度安全综合评价、安全考核、评优评先的重要依据，对排名靠前、靠后的单位进行奖惩。

（3）隆鼎公司各二级单位根据画像结果，针对安全管理的薄弱环节制定整改思路、措施，工作报告经本级安委会审核后上报隆鼎公司安监部，并在次年安全重点工作任务中进行重点安排。

6. 评价指标体系介绍

"安全画像"评价指标体系（图2）具有安全履责、安全日常工作、工作穿透力、安全公共管理、应急体系建设、文化环境建设六个维度，设置加减分指标。

（1）安全履责方面，包括4项二级指标，总分15分，根据工作组织开展情况进行评分。

（2）安全日常工作方面，包括6项二级指标，总分31分，根据工作组织开展情况进行评分。

（3）工作穿透力方面，包括5项二级指标，总分23分，根据工作组织开展情况进行评分。

（4）公共安全管理方面，包括4项二级指标，总分11分，根据工作组织开展情况进行评分。

（5）应急体系建设方面，包括2项二级指标，总分8分，根据工作组织开展情况进行评分。

（6）文化环境建设方面，包括5项二级指标，总分12分，根据工作组织开展情况进行评分。

（7）加减分指标。减分指标，包括4项二级指标：安全责任事故、事件和违规行为、遵章现场、其他安全贡献等。对安全责任性事件事故和违章进行扣分。对公司安全生产和应急工作受到国网公司、自治区政府和有关单位表彰或者其他特殊贡献；公司临时安排安全生产工作落实较好或积极配合公司工作，取得良好效果的；被上级评为遵章现场个数等进行加分等。

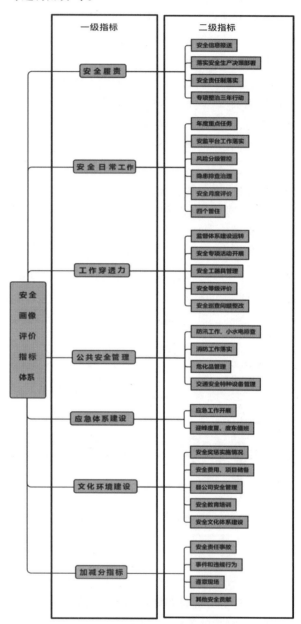

图2　"安全画像"评价指标体系

7. 动态调整评价指标

在2021年"安全画像"指标的基础上，围绕年度重点工作等进行维护。主要在双重预防机制、安全大检查、大排查大整治、"1+37+8"措施、安全巡查、检验设备排查、危化品、消防灭火、施工队安全管理等方面进行了新增，并对其他原指标评价内容进行了较大幅度修改，确保以数据评价为主，对生产任务较轻的单位加大了管理方面的分值。

2022年新增8项一级指标：违章行为、落实安全生产决策贯彻部署、安全专项活动开展情况、安全工器具管理、安全体系与文化建设、奖惩、其他工作落实较好或积极配合公司工作取得良好效果的。同时，通过明确制度，新增安全专项重点工作时，同步纳入"安全画像"评价范围，动态调整分值，同年11月再发布一次年度评分指标，每年12月底至次年1月15日，公司安监部组织专人开展数据提取、汇总分析，开展评分和评价工作，印发评价通报。

三、取得的成效

通过照镜式"安全画像"的企业安全文化管理创新实施，公司安全工作及时以画像的形式得以形象、直观地展示，有力推进主体责任和监督责任落地，各部门单位实时知悉安全管理的薄弱环节，针对性制定整改提升措施，不断提升安全管理水平，实现本质安全目标。

"安全画像"创新是安全管理依法合规治安、标本兼治、管理下沉的具体实践。2022年，隆鼎公司同业对标获得"国网宁夏电力施工类企业"第一名，全年打造无违章现场29个，违章同比下降88%，安全文化有力助推良好安全生态营造，极大地夯实了安全管理基础。

四、结语

安全管理只有起点没有终点。唯有实事求是和不断创新，才能久久为功，筑牢底线和红线。通过多年探索，隆鼎公司安全管理照镜式"安全画像"的企业安全文化已经落地生根，有力推进公司安全发展。今后，隆鼎公司将持续求索，不断创新，发展和弘扬安全文化，实现"我们要安全"的真正转变。

深化企业安全文化建设　推动铁路高质量发展

中国铁路南宁局集团有限公司柳州工务机械段　陈　奎　李振松　韦立朝　黄　洋　杜　哲

摘　要：本文通过对铁路工务机械段安全管理现状的总结分析，引入企业安全文化建设的必要性，查找分析当前存在的问题和不足，从而就如何深化安全文化建设制定了具体、完善、操作性强的实施措施，以安全文化建设助推职工与企业命运共同体的构建，形成全员参与行动，主动抓安全、保安全，消除事故安全隐患，确保铁路安全稳定高质量发展的局面。

关键词：安全文化建设；命运共同体；铁路安全；高质量发展

一、引言

铁路建设领域的各类安全管理制度逐步完善，安全生产技术水平也在不断提高，但落实到实际安全生产中，安全事故仍时常发生。通过调查研究能够发现，大多数事故都属于责任事故，直接原因都是人的不安全行为。因此，想要进一步提升铁路建设领域的安全管理水平，必须推进铁路建设领域的安全文化建设，而制约安全文化建设的重要因素就是执行力不足，故推进铁路建设领域安全文化执行力的提升，就必须对其影响因素进行分析，找出薄弱环节，为铁路建设领域的安全文化建设寻找提升措施。

中国铁路南宁局集团有限公司柳州工务机械段（以下简称柳州工务机械段）主要负责南宁局集团公司管辖范围内线路清筛、换枕、换轨、换岔大修，桥梁、隧道、路基病害整治，大机综合维修和钢轨打磨等施工维修任务，全段共有干部职工1526人，由于大修、维修施工点多分散，车间、班组沿线流动施工，全段约81%的职工远离段部，常年分散在全局各条线路上，施工条件艰苦，生活枯燥乏味。正所谓"山高皇帝远""天高任鸟飞"，工务机械段对基层的管理存在一定缺陷和短板，现场车间、班组自主管理力量薄弱，造成队伍凝聚力和向心力差，职工安全素质参差不齐难以提升，违章违纪问题居高不下，稍有不慎就有可能发生铁路安全事故，严重影响全段安全生产的稳定和发展。

为深入分析安全文化建设的制约因素，柳州工务机械段开展了广泛的安全文化调查，通过梳理近年来铁路事故案例发现，绝大多数事故都是人为违章作业造成的，所以说在企业生产过程中抓住了"人"的问题就是抓住了关键，只有这样安全工作面临的问题才能迎刃而解，而安全文化建设正是解决这个问题的重要保证。安全文化建设就是要打破传统安全管理的局限，从理念上、制度上、行为上、物态上去塑造职工，发挥文化治理效能，追求最佳安全状态的要求、意愿和氛围，从根本上实现工作方法由"偏重治标"向"标本兼治"转变，真正打牢夯实安全管理基础，牢牢把握安全工作的主动权，以保障安全为最终目的。

二、铁路建设领域安全文化建设存在的问题

（一）职工对安全文化建设的重要意义认识不到位

柳州工务机械段在调查中发现，一些职工存在"安全是领导的事，是整个单位的事，不是我一个人的事""安不安全对我影响不大"的错误观念，对安全工作缺乏科学的认知，尚未认识到安全的重要性，认为企业的安全与自身关系不大，自己落实领导要求就可以了。还有一些职工没有牢固树立和坚持"安全第一"的思想，对安全、对规章缺乏敬畏之心，侥幸心理和麻痹思想严重作祟，对违章违纪所造成的严重后果包括生命的代价、身体的伤残、经济的损失、名誉的影响等不清楚、不惧怕，在干部盯控不到位的地方、监控摄像头拍不到的地方仍是铤而走险、违章蛮干、不执行作业标准。这些职工仍停留在"要我安全"的被动遵守阶段，在抓安全工作、落实安全要求上不自觉、不主动，没有发自内心认识到铁路安全文化建设的重要意义，没有积极投身参与，职工与企业命运共同体还没有建立起来，不能实现集全员之力保安全的目标。

（二）安全文化建设与中心工作结合不够紧密

安全文化建设的初衷和目的都是保障铁路安全

万无一失。从调查情况来看，一些部门组织对安全文化建设的目标和指导思想认识不足，认为这是安全管理之外的附加工作，在安全文化建设推进过程中形式大于内容、过程大于结果，对其实质内涵、目的效果思考不多，对理念建立、文化引导、精神鼓励等重视程度不够，甚至将安全文化建设简化成文体活动组织，过分追求表现形式，不注重实际效果，认为硬件设施到位、文化活动开展了，安全文化建设工作就是到位的，没有认真检视对职工安全理念、安全素养、作业习惯上的改变和提升，没有总结安全文化建设对整个安全管理工作的积极影响，也没有长期坚持对职工潜移默化的引导，导致一些安全文化建设工作"水过鸭背"、效果不好。

（三）安全文化建设的载体和形式相对单一

现场基层思想对安全文化建设重视不够，行动上想法不多、缺乏创新，就如何更好地开展安全文化建设思考不深，致使安全文化建设"照本宣科"，在载体和形式上不够丰富。当前，柳州工务机械段以创建"全路一流标准化工机段"为目标，以标准化、规范化建设为抓手，推动企业安全文化建设，明确了"强化车间组织生产、严格班组闭环管控"重要举措和"六大安全"重要项点，也在线下线上开展了安全形势宣讲、安全警示教育、安全生产运动会、安全宣誓承诺、安全竞赛活动、安全文化建设等，但这些内容中的很多部分都是传承下来的固定动作，职工感觉不新鲜，兴趣不高，参与不足，取得的效果也不理想。

（四）车间、班组安全文化建设推进滞后

主要是工务机械段车间、班组沿线流动施工，以车为家，远离段部，安全文化建设受场地、环境限制，加上现场施工生产任务繁重，职工休息休假不足，参与安全文化建设精力有限，一些车间、班组新组建，管理力量还相对薄弱，安全文化建设基础较差，专业科室干部又无法全程督导，导致车间、班组在推进安全文化建设过程中打折扣、搞变通、忙应付、完任务，基层安全文化建设与段要求还存在一定差距。

三、铁路建设领域安全文化建设的改进措施

上述调查结果能够看出，安全文化建设的制约因素集中在员工思想认识不清晰、班组文化建设不全面、安全文化建设与工作的结合不协调及安全文化建设载体不充分几个方面，柳州工务机械段针对

性地提出改进措施，系统性地提升了安全文化建设水平。

（一）注重安全教育引导，厚植安全文化理念

一是扎实开展安全学习教育。通过安全形势宣讲、党支部"三会一课"、班组政治学习等形式，职工全面系统学习贯彻习近平总书记关于安全生产的重要论述和对铁路安全工作的重要指示批示精神，认真学习领会国铁集团、集团公司、工务机械段不同时期的安全工作要求。经过教育和引导，职工始终牢记安全是铁路的政治红线和职业底线，牢固树立"安全第一"的思想不动摇，对安全、对规章心存敬畏，真正明白"上面是如何要求""自己应当怎么做"，建立起"安全生产靠大家共同努力"的导向，牢记自身利益与企业密不可分，一荣俱荣、一损俱损，切实做到在思想上重视、在行动上落实，主动落实岗位职责，积极投身保安全工作，确保全段安全持续稳定可控。二是构建安全文化理念体系。围绕"创建全路一流标准化工机段"的工作目标，动员全段干部职工深入查摆不良安全理念、安全认知和现场作业陋习，征集意见建议，提炼攻关措施，培育"关口前移，超前防范，综合治理"的安全理念、"强化车间组织生产，严格班组闭环管控"的管理理念、"干部'时时放心不下'，职工'在岗一分钟，安全六十秒'"的责任理念、"让标准成为习惯，让习惯符合标准"的作业理念，形成符合铁路工务机械段实际的安全文化体系。三是加强安全文化宣传推广。拍摄完成《柳州工务机械段企业安全文化建设纪实》专题片，在段微信公众号专题推送，在全段车间、班组LED显示屏等循环播放，营造浓厚的安全文化氛围。组织召开安全文化建设现场会、开展安全文化知识专题培训、编制安全文化建设宣传提纲、制作安全漫画等形式，广泛做好安全文化建设的宣传普及，让示范车间、班组上台分享经验做法、获得成效，让职工真正理解企业安全文化的内涵。

（二）健全完善管理制度，规范生产作业行为

一是完善全员安全生产责任制。围绕《安全生产法》、上级关于全员安全生产责任制的编制要求，结合本单位人事变动、机构调整、施工项目变化等实际，全面修订全员安全生产责任制，着力解决安全责任落空、职责交叉不清、与实际不相符、安全责任难落实等问题，充分调动各层级、各岗位的主观能动性，积极推动安全工作落实。二是完善安全生产规章制度。在标准化规范化建设基础之上，开展规章制度专项清查整治工作，集中排查清理还在使

用的"土规定""土办法"，着力解决规章制度不接地气、难以理解、操作性不强、违背基本规章、宽于上级制度等问题，重点细化完善安全生产责任制、安全管理及事故责任追究、双重预防机制、职工奖惩、干部履职等安全管理重要制度，充分做好编制前的调研论证，以确保各项管理制度科学有效、简便实用。三是完善作业指导书和岗位流程图。专业科室骨干组成联合团队，结合最新的施工管理文件要求，重新修订机械清筛、勾机换枕、换岔、换轨、大机维修、钢轨打磨、桥隧路基病害整治等施工的作业指导书，对施工关键环节、高风险环节作出更加具体、精准的描述，便于现场抓好执行。同时，建立完善全段防护员、驻站联络员、大机司机、轨道车司机、线路工等36个主要工种岗位作业流程图、岗位操作具体内容和标准、岗位安全风险提示卡，明确岗位作业标准、风险项点和防控措施，细化考核评价指标，加大考核奖励力度，让职工明白"应该怎么干、按什么流程干、干到什么标准"，切实做到有标可依。四是抓好规章制度、作业标准的教育培训。制作"必知必会"规章知识、"一次作业标准"、应急处置微课、安全事故动画演示，将现场典型违章问题拍摄剪辑成短视频，在各车间开展巡回教育培训，定期组织职工到"三室一廊"（安全警示室、安全教育室、急救体验室、安全文化走廊）接受"洗礼"，推动职工将遵章守纪变成习惯。

（三）推进安全成果固化，提高安全治理水平

一是提高车间、班组自主管理能力。围绕"强化车间组织生产，严格班组闭环管控"的管理理念，在提高车间、班组自主管理能力上持续发力，重点抓好车间与班组职责分工、关键岗位作用发挥、施工方案编制执行、风险辨识研判和管控、安全技术交底、人员素质提升、关键环节卡控、奖惩机制落实等工作，切实提高车间、班组整体管理水平。二是抓好"六大安全"宣贯执行。按照国铁集团"守底线、抓重点、控关键、防风险"的安全工作要求，总结历年大修施工安全管理的经验，梳理施工列车作业运用、施工防护及跨线、夜间及复线作业、高空深井作业、机具材料、消防六大安全重点工作，逐项细化制定72条防范措施，并动态修订完善，组织学习贯彻，指导现场有针对性地进行管控风险。三是严抓严管跨线行为。始终把人员上道跨线作为工务机械段安全管理的重要项点，在铁路跨线"六字令"执行、人员跨线"五禁止、四必须"的基础上，全面实施上道跨线先汇报后联系制度，明确人员跨线流程和纪律，坚持每日施工方案布置会安全宣誓承诺制度，让职工牢记"未经同意、无防护，未联系，不上道跨线"，从而有效防范人员违章上道跨线。

（四）坚持严管厚爱并施，激发职工奋斗热情

一是优化激励机制。把职工自我价值实现与企业发展目标结合起来，构建企业与职工命运共同体，抓好绩效考核的落实，岗位绩效考核分配充分考虑各车间劳动条件、强度不一等问题，阶段工作量动态变化等因素，突出责任风险、工作贡献、技能标准、劳动强度、艰苦程度等要素差异，重点向安全关键岗位、苦累脏险岗位、高技能岗位倾斜，合理拉开收入差距，形成"岗位靠能力、收入靠贡献"的薪酬分配导向，逐步解决干与不干、干多干少、干好干坏"三个一样"的问题。二是注重奖罚并重。完善企业管理制度，突出奖罚并重，一方面是对干部工作失职履职不作为、职工"两违"的情形进行严肃追责考核，对干部职工警示警醒，把严格的要求贯穿安全生产全过程；另一方面对发现安全隐患的有功人员、竞赛晋级等进行通报表扬和奖励，注重奖励的形式、扩大奖励效应，形成以点带面，营造爱岗敬业、履职尽责的良好氛围。

（五）发挥示范引领作用，深化安全文化建设

一是推进安全文化示范点建设。以标准化、规范化车间、班组建设为载体，选树一个车间、一个班组作为安全文化建设示范点，从安全理念文化、安全制度文化、安全行为文化、安全物态文化上进行专业指导和资金支持，制定具体操作方案，帮助基层推动安全文化建设，建成管理精细、安全可控、质量优良、团结奋进的先进车间和班组，在全段范围内推广实施。二是发挥先进示范引领作用。以争当"星级"党员、争当"金牌"工人、创岗建区、"青创先锋"创新创效大赛、"双标对标·青年小班制"积分竞赛等为载体，为职工学标对标提供多种形式、多方面的平台，大力培养选树杨瑶、蓝勇、袁玉春、吴军利、申极忠及女子大机组等模范人物和安全生产先进集体，使广大干部职工学有榜样、赶有目标，使整个机械段形成"学先进、赶先进、争先进"浓厚氛围。

四、结语

必须深刻认识企业安全文化建设的重要性和必要性，全面深入推进企业安全文化建设，不断提升安全治理能力和治理水平，构建职工与企业更加牢固的命运共同体，凝聚全员之力维护铁路安全持续稳定局面，充分发挥工务机械段在工务系统的重要作用，推动铁路企业的高质量发展。

助力全业务核心班组建设的安全文化工作体系优化与实践

国网山东省电力公司潍坊供电公司　林凡勤　黄明洁　马世琳　田　佳　冯　祥

摘　要：持续优化安全文化工作体系，形成"我要安全"责任矩阵、"我懂安全"储能矩阵、"我会安全"保护矩阵、"我保安全"防控矩阵交织发力的良好局面，坚决守住安全生产"生命线"，为建设具有中国特色且国际领先的能源互联网企业提供精神动力和安全支撑。

关键词：班组建设；安全文化体系；中国特色国际领先的能源互联网企业

一、实施背景

（一）深化国网公司安全文化建设的客观要求

2020 年 7 月，国家能源局编制印发《电力安全文化建设指导意见》，提出"安全是文化"。国网公司开展"文化铸魂、文化赋能、文化融入"专项行动，提出"十大理念"。作为安全文化建设的排头兵，国网山东省电力公司潍坊供电公司（以下简称潍坊供电）必须吃透安全文化的核心要义，全面营造"我要安全、人人安全、公司安全"的良好氛围。

（二）优化改进安全文化工作体系的自觉行动

随着电网和企业发展进入新时期，安全文化也逐步实现由"自然本能"的低维阶段向"自主管理""团队互助"的高维阶段跨越提升，这一发展趋势对优化改进安全文化工作体系提出急切要求，需要潍坊供电结合工作实际，不断优化改进安全文化工作体系，推动安全文化建设落地实践并走深、走实。

（三）推进全业务核心班组建设的必然选择

"十三五"以来，潍坊供电电网设备规模快速增长，电网设备运维检修任务量大幅增加，外包业务量不断增长，基层班组人员持续流动，出现业务职能空心化问题；管理性、事务性工作的占比增加，班组成员获得感、荣誉感不强。这些都亟须公司切实做好安全文化建设工作，有效形成安全文化广泛共识，进而推进全业务核心班组建设，提升班组员工安全作业能力。

二、主要做法

（一）优化安全意识"主动锤炼"体系，打造"我要安全"责任矩阵

1. 强化"链条联动"，锤炼"知责"意识

（1）强化精准知责，编制全员安全责任清单。开展安全责任清单动态滚动修编，并将交通消防、有限空间作业、危化品管理等典型工作内容纳入重点修编范畴，进一步健全全业务核心班组安全责任体系。建立备案审查制度，严厉惩处未落实"一班组一清单、一岗位一清单"要求、建设施工安全责任清单缺失不全、履责要求或记录内容不完善等 7 项典型问题，提升清单修编质量和标准。

（2）强化精准宣贯，全面抓好"四个结合"。将安全责任清单与安全教育培训、安全风险管控、监督检查巡查、绩效奖惩激励相结合，全力推进安全责任清单落实执行。制作安全责任清单便携"桌牌""便携笔记本"，真正让每一名员工都知道、理解自己岗位的安全责任内涵，做到入脑入心。

2. 加强"纵横协同"，锤炼"履责"意识

（1）加强横向专业协同，全面履行监督职责。每周公示监督计划和风险管控计划，严格履行监督职责，严肃查处各类违章行为。成立技改、基建项目包保工作组，公司领导、专业管理部门、实施机构管理人员分层分级对项目实行全过程安全包保，做到"风险不结束、包保不撤出"。

（2）加强纵向监督协同，全面落实各级安全责任。健全三级安全网，严格执行每月安全网例会制度，确保三级安全网管理工作到底到边。开展"安

全双问"和安全述职，公司领导、部门负责人在市县一体周会议上开展"网络问安全"，每周对班组长开展"随机问安全"，引导全员算好"五笔账"，督促保证体系履职尽责。

3. 突出"巡查纠察"，锤炼"督责"意识

（1）突出主体责任落实，开展市县一体安全生产巡查。坚持"管专业必须管安全"的原则，成立由安监、设备、营销、建设、调控、通信等人员构成的安全专家库，全面推行市县一体安全生产巡查机制，对全业务核心班组开展安全生产重点工作督导指导。

（2）突出"三化管控"，全面加强违章纠察管理。分专业、分类别地制定输变配、基建、业扩等专业安全督查项目，制定标准化监督卡模板，做到"一个专业一个模板，一类工作一个模板"。坚持"智慧化"监督管控，加强"两体系一平台"建设应用，积极实现安全监督由传统化向全天候、全方位、全覆盖的数字化转型。

4. 深化"前后共促"，锤炼"问责"意识

（1）开展违章模拟事故分析，将"问责"放在事前。组织开展"违章模拟事故分析"，针对上级公司下发的典型违章、公司通报的习惯性违章，通过安全分析会、班组大讲堂、专题安全日活动等形式开展违章模拟事故分析模拟违章发生过程、分析违章可能导致的后果、研究事故（事件）防范措施，确保基层真正严格管控风险、治理违章、落实安全管理责任。

（2）全面落实"四不放过"，严肃事后追责问责。将安全指标完成情况和事故责任处理意见纳入市县一体化绩效考核，细化奖惩激励标准，统一考核统计口径，严格执行安全生产"一票否决"制，严肃追究责任履行不到位、隐患排查不彻底、防控措施不得力等失职失责行为。

（二）优化安全能力"自主淬炼"体系，打造"我懂安全"储能矩阵

1. 构建安全培训"两项机制"，淬炼安全基础

（1）创新"分层分级分专业"培训机制。组织市县各单位建立冬季培训"1+7"安全专业培训模块。开展班组长培训，重点培训安全法规制度、安全会议精神等内容。强化班组人员培训，重点培训运行规程、安全规程、安全技术管理标准和验收规范等，切实提升员工安全作业能力。强化一线作业人员技能培训，着重抓好全业务核心班组长、站所长、"三种人"培训，重点讲解《安规》"十不干"等安全制度规范，强化员工安全红线底线思维。

（2）创新"干学结合"培训机制。坚持干什么学什么、缺什么补什么，结合专业和岗位实际，科学编制"菜单式"培训课程，确保学得会、用得上。建立"理论＋实操"安全培训新模式，在安全培训基地、安全警示教育示范点建立并推广 VR 体验、仿真培训、技能实训、安全体感等新型培训。组建安全讲师团，围绕安全生产重点工作，打造贴近基层、贴近一线、贴近实际的宣讲课程，开展内部宣讲和巡回宣讲活动。

2. 搭建安全培训"二维载体"，淬炼培训质效

（1）"党建引领"学安全。持续开展"支部书记在现场"活动，持续开展"两日＋两课"日常教育，将安全培训纳入组织生活，用组织生活强化安全学习，实现党建知识与安全技能双提升。持续开展"党员兼职安全员"活动，切实发挥党员先锋模范作用，带动和强化全员安全生产意识和业务技能。

（2）"活动推动"保安全。邀请经验丰富的退休专家到一线班组讲授安全课，以身边人、身边事、身边物讲述安全故事，带动年轻职工增强安全信念。开展"人人上讲堂、个个是专家"安全大讲堂活动，推广线上"大讲堂"、网络直播"大讲堂"、工作现场"大讲堂"等灵活方式，提高员工参与积极性，促使员工成为安全生产的行家里手。

（三）优化安全氛围"高度凝练"体系，打造"我会安全"保护矩阵

1. 实施"三可管理"，凝练守护安全的现场氛围

（1）实施安全标准"可视化"管理。实施计划初期至检修收工的全过程作业风险管控，严格执行"一板五卡"，将安全措施落实到票、卡中，实现生产作业安全管控标准化、制度化、流程化。实施工器具"四定"管控，即定配、定量、定编、定置。

（2）实施现场风险"可感化"管理。研制智能接地线、智能安全围栏、安全准入人脸识别和违章自动查纠系统，使用"电子监护人"，健全"两有六全"平台，精准提升现场作业安全管控能力和事故防范水平。

（3）实施作业行为"可监督"管理。严格执行"六到位一规范"，强化现场作业风险点辨识分析和过程管控，规范开展现场督查工作。深化现场作业安全

管控平台的应用,全面实现运检一、二类作业现场关键风险点许可,做到对安全措施、安全交底等关键节点的全面管控。

2. 倡导"双向奔赴",凝练关注安全的家庭氛围

(1)安全奔赴,同心同向进家庭。开展大走访,在春秋检等重点工作时段开展员工家庭走访,帮助员工消除后顾之忧。举行"亲情助安"座谈会,通过讲解安全重要性、违章危害等内容,提高员工家属安全认知。

(2)亲情奔赴,守望相助融安全。开展"亲情看电力"活动,邀请员工家属进现场,激发员工认同感、归属感、价值感和幸福感。制作音视频"全家福"桌牌,以二维码的方式记录家属嘱托,时时提醒员工牢记"安全责任=家庭责任"。开展送安全家书活动,使用传统的方式表达家人内心最真挚的情感。

(四)优化安全习惯"深度铸炼"体系,打造"我保安全"防控矩阵

1. 铸炼安全风险"应控必控"盯防习惯

(1)列清单,隐患排查"全覆盖"。深入分析上级公司年度安全工作会议精神和公司年度安全生产工作实施方案,为班组梳理19项基础管理类风险隐患排查项目清单;结合电气试验、输变配设备检修等作业活动和变压器、电力电缆等设备设施,梳理57项生产现场类风险隐患排查项目清单。

(2)建机制,各类隐患"全管控"。建立风险隐患分层分级排查管控机制,按照"谁主管、谁负责"的原则,分解落实"两个清单",分层分级组织排查。建立重大安全隐患信息报告机制,引导公司员工自觉上报发现的潜在危险源或各种不安全事件。综合运用输电线路远程监控、智能护线管控平台、现场作业安全监控中心等互联网工具,开展多维度智能管控。

2. 铸炼综合治理"改必改好"攻坚习惯

(1)建立"周推进、月分析、季汇报"机制。"市县一体"周推进,协调解决防控治理过程中的困难问题。"两会一报"月分析,对当月隐患治理情况进

行专项汇报、分析和评价,动态调整治理计划,协调解决资金、装备等问题。"安全小结"季汇报,研究解决重点难点问题,督促各专业、各班组严控工作进度、确保事故隐患得到按期治理。

(2)分级治理,提高隐患整改质效。对于一般事故隐患和安全事件隐患,原则上必须立查立改;因客观因素无法立即整改的,列明整改期限和措施计划;对于专业班组难以独立整改的隐患,充分发挥专业部门"协调员"职能,各部门共同参与整改;对于难以解决的危急隐患,通过安委会设立的绿色通道进行上报决策;对于发现的Ⅰ、Ⅱ类重大隐患,立即采取防止隐患发展的控制措施,防止事故发生。

三、实践成果

(一)"大安全"工作格局形成合力

潍坊电力形成了党委统一领导、党政共同负责、分管领导具体落实、基层单位贯彻执行、全体员工共同参与的工作协作网,实现"专业协同、责任共担、文化共建、品牌共创"的工作格局,形成提升本质安全水平的工作合力。2023年4月10日,公司获得"2022年度全国安全文化建设示范企业"荣誉称号。

(二)"会安全"能力大幅提升

随着安全文化体系实践深入推进,员工思想观念、工作作风和思维方式有了新突破,企业文化和安全生产高度融合,全员共保安全的凝聚力、使命感更强。各个作业领域安全行为规范的细化,有力地促进了员工提升安全技能、养成安全习惯。

(三)安全生产局面持续稳定

安全文化建设为公司安全生产注入强大的文化"正能量",潍坊电力实现了"安全教育不落空、安全意识不滑坡、安全责任不缺失、安全管理不缺位、安全监督不削弱、安全事故不发生"的目标,现场违章数量连续三年降幅30%,电网设备事件压降50%,连续17年被评为"国网山东省电力公司先进单位"。

基于"党建＋物资管理＋安全"
构建物资专业特色安全文化

国网甘肃省电力公司物资事业部　陈　军　冯　亮　唐占彪　王科祖　贺　皎

摘　要：基于"党建＋物资管理＋安全"的安全文化，以提升安全生产管理系统化、岗位作业行为规范化、设备设施本质安全化水平为目标，国网甘肃省电力公司物资事业部充分发挥安全文化引领作用，形成党建与物资业务管理、安全监督相融合的局面，从精神、制度、行为、物质4个维度，打造和谐守规的安全文化，形成符合物资专业特色和发展模式的安全文化体系，并结合组织保障、队伍能力、电网设备安全质量管控等方面全面实施，与专业管理有效融合，让安全文化深入各个层级，为企业安全生产平稳运行提供了重要保证（图1）。

关键词：安全文化体系；物资管理；安全监督；质量管控

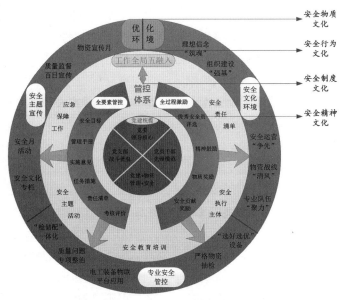

图1　安全文化建设模型

一、党建统揽全局，坚定安全精神文化引领

（一）坚持党建引领作用，筑牢物资专业安全文化根基

聚焦党建引领，落实党委"第一议题"制度，深入学习安全生产重要论述，严抓领导人员履职评价，推动党建和安全同责联动。开展"党建＋安全生产"工程，将安全融入物资全业务链，贯穿工作全过程，使职工保持"我要安全"的紧迫感、责任感。将安全与党建同部署、同检查、同监督，推动党建与物资安全深度融合、同频共振[1]。

（二）强化战斗堡垒作用，建强物资管理基层组织体系

强化组织保障固安全，在评标基地、检测基地、特高压等电网建设现场建立临时党支部，将党组织延伸到物资工作第一线。开展支部"联学联创"活动，探索"大安全、大质量"研究，促进共同进步。用好"四个课堂"：固定课堂深入学习安全生产重要论述及公司安全工作部署，掌上课堂推送安全形势政策、警示教育等，实景课堂、实践课堂现场讲安全。

（三）发挥先锋模范作用，增强物资全员安全文化意识

聚焦发展和安全，发挥党员先锋模范作用，激励党员在安全生产及物资一线打头阵、作表率。深化"号、手、岗、队"建设，激励青年职工立足岗位，做业绩、创示范。围绕重点电网建设项目和公共安全应急等急难险重任务，组建物资专业党员服务队，充分发挥"关键时刻党员上"的引领带头作用，团结带领业务骨干、集中力量攻坚克难。

（四）深化"党建＋物资管理＋安全"建设，推进安全文化体系构建

深入实施"党建＋物资管理＋安全"建设，党建引领物资管理，安全融入全过程监督，建立党建与物资管理、安全监督融合体系。完善"三全三化"（核心业务全覆盖、关键流程全管控、管理岗位全监督；监督机构责任化、监督队伍专业化、管控手段信息化）物资监督安全文化体系，有效落实"一岗双责"，各级负责人抓党建、抓业务、抓安全，确保风险可控、能控、在控。

二、健全双管控体系，强化安全制度文化保障

（一）建立全要素管控机制，明确物资安全考核红线

建立以"安全目标—管理手册—实施意见—任务措施—责任清单—考核评价"为核心的机制。明确安全文化价值观和行为准则，制定安全目标，围绕安全工作部署，编制安全管理、招标采购、专业仓运营、仓库安全等管理手册，加强物资采购、质量监督、仓储配送、应急物资等安全风险管理。建立季度、年度成效考核机制，完善"自评＋考核"的评估流程，并将其纳入绩效和安全考核。

（二）加强全过程柔性激励，完善物资安全保障防线

开展"优秀安全员"评选，选拔"积极履行安全职责、具备较强业务能力、能有效预防和处理风险隐患"的员工作为"优秀安全员"。坚持精神鼓励与物质奖励相结合、思想教育与处罚相结合的原则，实行目标管理、过程管控，按季度对物资专业全过程实现安全目标和作出贡献的部门、个人给予表彰奖励。

三、工作全局五融入，加快安全行为文化辐射

（一）融入安全责任清单，压实全员文化建设责任

落实"党政同责、一岗双责、齐抓共管、失职追责"等履责要求，滚动更新领导班子"两个清单"，突出分管领域重点任务，确保清单有重点、有目标、可追溯。动态开展全员安全责任清单修订，做到"一岗位一清单"，将安全文化融入安全责任清单，压实全员安全文化建设责任，确保"人岗匹配、职责对应、界面清晰"。

（二）融入安全执行主体，筑起全员安全行为防线

按照"管业务必须管安全"的原则，落实安全执行主体责任。深化全生命周期质量监督，坚持事前管控"精准细"、事中监督"全覆盖"、事后惩戒"零容忍"原则，健全供应商多维评价体系[2]。运用"驻厂＋远程"监造方式，推广"AR眼镜"在抽检环节的应用，严控设备入网安全风险。坚持"三不放过原则"，严肃追究供应商不良行为责任，促进电网设备质量和供应商服务水平再提升。

（三）融入安全教育培训，培育全员安全行为意识

将安全生产重要论述作为全员教育培训重要内容，树立"安全生产培训不到位是重大安全隐患"的意识，坚持"先培训后上岗""干什么、学什么、考什么"的原则，制定安全教育培训计划，按照岗位差异化开展培训，增强全员安全意识，提高全员技能和素质。开展安全承诺活动，抓实关键人员作用，推动"被动履职"向"主动践诺"转变。

（四）融入安全主题活动，营造全员安全文化氛围

围绕安全生产工作实施意见，从履职、履责、失职、渎职、违规违纪等方面开展安全生产大讨论，进行自我剖析和改进提升。部署百日安全攻坚行动，学习领会"五种意识""六个坚持"，深刻领会内涵实质和要求，开展"安全生产大讲堂"活动，强化物资专业安全管控。组织开展"安全生产月"活动，实施各级"一把手"讲安全课，引领打造物资专业特色安全文化。

（五）融入应急保障工作，构建大安全大应急格局

深化供应链应急技术应用，加强储备物资安全管理，确保应急状态下库内物资在线可查、远程可视、全网可调。优化"平时保障、战时应急"应急物资保障机制，修编应急预案，开展物资专业应急演练和应急知识培训[3]。组织参加各类政企协同联动实战化演练，强化应急救援能力。持续推进重要节会等应急物资长效保障机制建设，加强省、市两级ESC应急常态化值班，为公司各项重大保电和应急抢险抢修提供物资保障。

四、优化内外部环境，营造安全物质文化氛围

（一）打造安全文化环境，丰富多元安全文化载体

坚持党建引领，构建"党建＋物资管理＋安全"管控模式，从精神、制度、行为、物质4个维度，深入实施理想信念"铸魂"、组织建设"强基"、安全运营"争先"、物资战线"清风"，专业队伍"聚力"五行动，推动安全生产管理系统化、岗位作业行为规范化、设备设施本质安全化，不断提升安全生产管理水平，增强核心竞争力[4]。

（二）严格专业安全管控，推进企业内质外形建设

出台"选好选优"设备质量提升措施，严格配网物资抽检定额管理，深化"检储配"一体化运作，推进电工装备物联平台建设应用，强化典型质量问题专项整治，严把入网设备质量安全关。通过技术改造和治理，有效引导电工装备制造企业营造重质量、讲诚信的良性竞争环境，为企业安全和健康发展奠定坚实基础，持续提升电工装备生产管控水平，有效促进电网安全可靠运行。

（三）抓好综合安全宣传，营造安全物质文化氛围

结合"物资宣传月""质量监督百日宣传"等，全面报道物资采购、质量监督、仓储配送、应急保障等安全管理和安全文化建设成效，在新华网、人民网、中国电力报、电网头条等媒体刊发新闻报道多条。拍摄"安全月活动、安全大检查、安全大讲堂"等综合安全和"物资供应、质量监督、应急保障"等专业安全宣传视频。设置安全文化专栏，及时发布相关知识和实施成效，提升安全文化实践的传播力、影响力[5]。

五、成效特色

（一）全员参与讲安全，强化安全意识和技能

通过多种形式加强专业安全知识学习，全员参与讲安全、筑安全，成为"五不发生"安全目标的思想保证。通过专题学习，强化了安全生产责任意识和红线意识。安全文化体系建设以来，员工建立起标准化安全观念，落实风险防控，未发生安全事故及违规情况，安全生产管理系统化、岗位作业行为规范化、设备设施本质安全化初步达成，切实保障了员工的安全。

（二）构建"一基地两中心"，促进物资采购质效

依托"一基地两中心"评标场所，将14个地州市、28个基层单位以兰州、天水、张掖为圆心形成

三个片区联合开展授权采购，优化采购策略，强化科技赋能，深化应用"远程异地、网络协同"云采购模式，促进招标采购数智转型。以"评标现场临时党支部"为平台，加强评标专家廉政保密安全教育培训，确保物资招标采购规范化、精益化、现代化、数智化管理水平持续提升。

（三）全寿命周期协同质控，严把入网质量安全

打造甘肃电网装备"一中心、四基地"的质量检测新格局，围绕主配网设备物资全寿命周期管理从招标采购、生产监造、安装调试、运维检修、退役报废等建立全景质控闭环管理。运用区块链技术实现质量数据从生产制造、采购供应、安装调试、设备运行、报废退役的全生命周期质量数据归集。运用人工智能技术构建物资质量问题知识图谱，实现供应商全寿命周期质量问题溯源、数据共享开展多方协同质控，实现招标采购优选供应商。

（四）完善应急保障体系，提升应急响应能力

以提升资源保障、应急响应、专业协同、体系运转4种能力为目标，强化全量资源统筹调配，加强专业协同联动，推进信息化平台应用，构建"平战结合、储备充足、反应迅速、抗冲击能力强"的应急物流体系，持续提升应对各类灾害事件的快速响应能力。围绕电网设备类型，结合地域特征及电网运行特点，建立应急物资专家库，为电网安全应急保障工作持续提供人才支撑。

参考文献

[1]王科,王军,罗丽,等.基于党建＋安全的水电厂特色安全文化建设[J].电力安全技术,2023,25(07)：5-8.

[2]何克奎.企业党建工作与安全文化融合的机制构建与路径选择[J].现代职业安全,2023(07)：34-37.

[3]胡艺耀.国企创新安全文化建设的探索与实践探讨——以马钢集团为例[J].企业改革与管理,2023,(05)：149-151.

[4]范昕,于沛东,王姣姣.发电企业"五融安全文化"构建与实施[J].创新世界周刊,2023,(07)：61-65.

[5]郭卫平,张冰,仝桂杰.以安全文化引领新阶段安全生产[J].现代职业安全,2023,(12)：60-62.

浅谈"行星齿轮"模式安全文化建设与运用

成都宏科电子科技有限公司　曲明山

摘　要：本文通过"行星齿轮"模型，阐释企业安全文化建设的内涵、方法及要点，及其在成都宏科电子科技有限公司（以下简称宏科电子）的实践应用情况和成效。

关键词：安全文化；"行星齿轮"；精益生产

事故发生的原因可以分为人的不安全行为、物的不安全状态、环境的不安全因素及管理缺陷，其中人的不安全行为占比最大。安全文化对人的意识、态度、行为有着深刻的影响，能够为企业的决策层、管理层和执行层指明正确的方向和提供有效的方法。积极的安全文化对企业的发展发挥着无形的导向作用，有利于促进企业安全稳定发展。

一、"行星齿轮"模式安全文化建设内涵

"行星齿轮"模式安全文化是以中心"轮"为主轴，在决策"轮"、管理"轮"、执行"轮"同步朝着一个方向发展的作用下，带动安全文化圈的运转。各齿轮的"齿"代表影响齿轮运转的要素，各个齿轮互相独立又紧密联系（图1）。

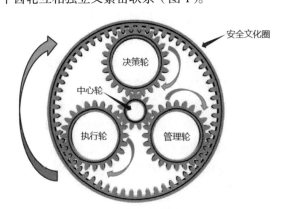

图1　"行星齿轮"安全文化模式

中心"轮"——代表企业的安全理念。

决策"轮"——代表企业安全文化建设中的决策层。

管理"轮"——代表企业安全文化建设中的管理层。

执行"轮"——代表企业安全文化建设中的基层执行人员。

安全文化圈——代表企业的安全文化。

二、"行星齿轮"模式安全文化建设方法及要点

（一）安全文化建设之中心"轮"

安全理念是企业安全文化的核心，是企业安全生产的综合体现。安全理念不仅体现了领导人对安全的重视程度，也决定了员工安全工作的思维和行为方式。安全理念从形式上看是务虚，但是只要安全理念植根于人的头脑中，就会对其行为产生制约力和驱动力，对安全工作有着长远影响。

企业在建设安全文化之初，应建立一套被全体员工接受的安全理念，包括安全方针、安全使命、安全愿景、安全价值观等。

（二）安全文化建设之决策"轮"

决策"轮"代表公司的最高领导层即决策人，是企业文化建设的第一推动人，企业的安全生产活动在决策人的带领下开展，他们能够发动企业文化并提出文化导向，决策人的安全决策行为能够直接影响企业的安全管理，因此决策人是安全文化建设的决定因素。而决策人的决策行为受意识、能力的影响，要保障决策"轮"的正常运行，应保证决策人的意识和能力。

1.决策人意识

意识是人的知觉和主观体验，意识是虚无缥缈的东西，但意识是行为的前提，需通过行为来验证。大多数时候人会在无意识的状态下做出选择、行动，没有意识就没有对周围环境的感知和理解，也没有对周围环境做出反应的能力。所以，决策人要做出积极的安全行动，应主动树牢安全意识。可以通过下面三个方面增强决策人的安全意识。

一是组织决策人参加安全学习，包括法律法规、事故案例，学习法律法规让其知晓安全职责，而学

习事故案例则更能对决策人起到警示作用，一起事故就可能给企业带来巨大损失甚至是停产停业，特别是与本企业相关的安全事故会让决策人有感同身受的危机感。

二是开展安全生产标准化或体系审查，通过全面的检查或审查，决策人知道了企业目前安全管理所处的现状及其对未来发展的影响，譬如一些企业经营发展必须通过职业健康安全管理体系认证或者安全生产标准化认证。

三是把安全生产与党建工作相结合，落实"党政同责、一岗双责、齐抓共管"，以"讲政治"的高度增强安全意识。

2. 决策人能力

决策人具有指导和影响他人的能力，其能力包括安全文化建设中的支持力、示范力和参与力。

决策人的支持力可以体现在对人、财、物、技术等资源的保障，包括配置足够的安全管理人员、保证安全费用的投入、配置安全应急设备设施、引入先进的安全技术等方面。

决策人的示范力是以身作则、率先垂范，将安全事项从决策人开始执行，取得正向成效并让员工知晓，如主要负责人讲课、开展领导干部的安全考核并将考核结果公示等。

决策人的参与力体现在主动参与安全工作，包括参与安全检查、安全培训、组织召开安全会议等。

（三）安全文化建设之管理"轮"

管理"轮"代表企业管理人，包括企业的技术安全管理、财务安全管理、生产安全管理、设备安全管理等人员。决策人的指导往往是宏观的、目标性的，决策人提出安全文化，指明文化建设方向，而如何策划、具体怎么做，则需要管理者自己领会、思考甚至延伸。管理层的领悟和执行到位与否，是安全文化建设成败的关键，它在很大程度上决定了企业安全文化建设的成效。

1. 管理层素养

想要确保管理层能够准确理解并正确策划安全文化建设，管理人就需要具备必要的安全素养。一是要有高度的责任感，管理人对其所辖区域、人员的安全负责；二是要熟悉安全生产相关的方针政策、标准规范，确保策划能够合规；三是要学习应用先进的安全管理技术、方法，提升安全管理技能。

2. 管理层宣贯落实

（1）管理层领悟到公司安全文化精神后，将其转化为可执行、可量化的制度，制度本身也是安全文化的体现。制度又可以分为人员安全管理制度、设备设施安全管理制度、环境安全管理制度和综合安全管理制度，制度的制定应结合公司安全状况。

（2）管理层要做好安全文化的宣传贯彻，为此可以通过橱窗、画册、展板、宣传阵地等方式进行线下宣贯，也可以借助网络、微信平台等新媒体进行线上宣贯，还可以开展安全培训、开展特色安全活动，营造安全文化氛围，以宣贯的方式将安全文化传递到执行层。

（3）管理层要采用合适的方式对安全文化建设情况进行评估，如对制度的执行情况、适用情况进行年度评审改进；对人员作业进行现场检查；对设备设施进行定期校验，对环境进行定期检测等，通过评估进行持续改进。

（四）安全文化建设之执行"轮"

执行"轮"代表企业基层操作人员，是安全文化建设的基础，能够体现安全文化建设的效果。操作人员从思想上应充分认识其在安全文化建设中的重要地位，企业文化不仅要有领导人的践行，更要有执行人的参与，只有这样才能让安全文化活起来、传得开。

除了从思想上要认识到这一重要性外，还要具有让员工推动安全文化的载体，包括活动载体、环境载体、设备载体，其中活动载体包括我们的作业活动、宣传活动等；环境载体包括办公环境、生产环境、休息环境等，设备载体包括办公设备、生产设备、辅助设备等。通过员工将思想及行为作用于载体，管理层能方便地获取安全文化建设情况。

三、宏科电子"行星齿轮"模式安全文化建设实践

宏科电子以上级单位安全"元"文化中"员"为指引，以人为基础，建立了公司"行星齿轮"模型安全文化。

（一）中心"轮"的建立

宏科电子以上级单位安全"元"文化理念为导向，建立了以"以人为本"为核心内涵的安全理念，包括安全使命、安全方针、安全愿景和安全价值观。

安全使命：生命至上、安全至上。

安全方针：以人为本、全员参与、持续改进。

安全愿景：平安宏科、幸福家园。

安全价值观：安全是效益、安全是幸福。

（二）决策"轮"的运行

1.决策层从意识上注重安全

（1）通过党委会议决策、审议安全生产事项，以党工报呈现安全生产工作，站在政治角度讲安全。

（2）开展了职业健康安全管理体系和安全生产标准化，通过提升公司安全管理水平强化公司的竞争力。

2.决策层从能力上影响安全

（1）支持力：配置了11名专兼职安全管理人员，建立了宏科电子专业应急救援队伍，保障安全所需人员；每年逐月计提安全生产费用，年度累计超600万，保障安全生产所需费用。

（2）示范力：宏科电子负责人以身示范，向员工作出公开式的安全承诺；以身作则，将领导干部纳入安全生产考核并与绩效挂钩。

（3）参与力：宏科电子负责人每月参加安全检查，每季度召开安全生产委员会会议，及时发现并研究、解决安全生产问题。

（三）管理"轮"的运行

1.管理层素养培养

为保障管理人员具有相应的安全素养，宏科电子每年组织开展安全培训，由于公司安全管理团队人员配置丰富，涉及各个岗位，在历次培训中，公司联合专业培训机构在公司开展培训，既不影响公司正常运行，也能保证管理人员能够按时参加培训，获得安全知识和技能。2023年9月，公司持有安全管理证书75人、持有危险化学品管理证书5人，持有特种设备管理证书4人、持有职业卫生管理证书42人、持有注册安全工程师证书3人。

2.管理层宣贯落实

（1）制度建立：各岗位的管理人员根据管理区域的安全工作建立不同类别的制度，覆盖宏科电子所有作业活动，为作业提供指导。2023年2月，公司的安全管理制度体系完善，其中安全管理制度73项、岗位责任清单200项、应急预案17项、危险设备图文操作规程40项、安全检查清单40余项。

（2）文化宣贯：宏科电子设置了安全文化长廊，用于展示公司的安全理念、通报近期安全生产事项和最新的安全生产要求。公司安全活动多针对全员，

以实操为主，同时开展创新性的试验活动，新颖、直观的试验更能给员工留下深刻认识。

（3）评估改进：建立个人安全意识及技能体检机制，每周按照"三随机"（考核人、被考核人、考核内容随机）的要求，采用"一对一"的方式，对一线员工安全知识和技术操作能力进行安全体检。安全体检每周覆盖到所有班组单元，每年覆盖到所有员工。通过周期性的安全评估持续进行安全改进。

（四）执行"轮"的运行

宏科电子开展"三无、三知、八化"安全班组建设，每月评选优秀班组，每年评定安全生产标准化达标班组，以激励的方式推进安全文化深入班组，扎根基层。

达标的班组应满足"三无"目标，即个人无违章、岗位无隐患、班组无事故。

达标班组成员应具备"三知"技能：知危险性、知防范措施、知逃生自救。

达标的班组应符合"八化"要求，"八化"即为安全文化的载体，其中活动载体包含生产操作安全标准化、作业程序安全标准化、安全活动规范化和安全记录标准化；设备载体包括生产设备设施安全标准化、安全专用设备设施安全标准化；环境载体包括作业环境及现场定置管理安全标准化、安全标志标识标准化。

四、"行星齿轮"模式安全文化建设成效

宏科电子以追求本质安全目标，将精益生产与安全管理相融合，运用"行星齿轮"模式安全文化的导向、凝聚、激励、辐射和同化作用，建立公司自我约束、持续改进的安全生产内生机制，持续提升了公司安全管理水平，保障了公司的安全生产。从2013年推行安全生产标准化至今，宏科电子已连续三轮获得安全生产标准化二级达标，从2020开始持续推行职业健康安全管理体系建设并通过两轮评审认证。宏科电子从1999年成立至今，未发生过生产安全事故。

从人的角度讲，将人的作业行为作为关键控制点，将精益生产标准化作业管理与安全生产作业程序标准化相结合，将作业活动的每一操作程序和每一动作进行分解，以科学技术、规章制度和实践经验为依据，形成一种优化的图文结合的安全规程，达到安全、准确、高效的作业效果，没有发生人的不安全行为导致的事故。

从设备的角度讲，将设备本质安全与 TPM 管理、IE 改善相融合。以"预防维修"和"全员参与"为理念，分级组织员工参与危险设备全生命周期风险识别评价，从"预防、探测、缓解"方面提升安全防护系统，强化设备失误安全功能和故障安全功能。以"危险设备"提升改造为基础，全面推行设备预防维修，提升设备本质安全度。未发生设备故障导致的事故。

从环境的角度讲，将环境安全与精益生产目视化控制相结合，将 6S 管理及目视化管理要求纳入班组安全生产标准化达标建设，工作环境、办公环境的标志标识、安全标线、安全通道和视觉管理均满足安全生产要求。

从管理的角度讲，宏科电子建立了简洁清晰的安全管理流程图，根据活动管理要点制定流程图，明确各部门、各阶段的节点等要求，规范安全管理的操作实施和细节，提升安全管理工作品质。同时，将隐患排查治理与精益生产持续改善管理相融合，将定期隐患排查治理作为持续改善的措施，分类建立了问题统计矩阵，以矩阵为基础，辨识安全管理的薄弱环节，针对性地制定措施改进，确保安全管理各项都能同步稳定提升。

参考文献

［1］罗云. 企业安全文化建设——实操 创新 优化 [M]. 北京：应急管理出版社，2023.

［2］本书编委会. 企业安全文化建设 创新实践工作指引 [M]. 北京：兵器工业出版社，2023.

创新优化"党建促安全"党建品牌
赋能核燃料制造企业安全文化建设的实践探索

中核北方核燃料元件有限公司 邹本慧 梁爱兰 杨 哲 刘文强 王惠芳

摘 要：安全是核工业的生命线，是中核集团企业核心价值观。在核工业六十多年的发展史上，安全文化得到了一代代核工业人的坚持和传承。2023年是中核集团核安全文化提升三年行动"深化推动年"，中核北方核燃料元件有限公司（以下简称中核北方）通过"五强化五提升"的DNA双螺旋模型，创新优化"党建促安全"的品牌建设，努力把党的政治优势、组织优势转化为推动安全生产的强大力量，促进公司核安全水平持续提升。

关键词：核安全文化；"党建促安全"；DNA双螺旋模型；"安芯"党建品牌

中核北方是我国核工业最早建成的"五厂三矿"之一，也是我国核工业第一座核燃料元件厂。核材料和核燃料元件"供应保障安全"和"生产运行安全"贯穿公司65年发展历程。新发展阶段，中核北方党委坚持以习近平新时代中国特色社会主义思想为指导，深入学习贯彻党的二十大精神、习近平总书记对核工业和中核集团的重要指示批示精神，认真践行中核集团"责任、安全、创新、协同"的企业核心价值观，传承基因，守正创新，大力培育和发展核安全文化，促进核安全水平持续提升。

一、"党建促安全"赋能核燃料制造企业安全文化建设的内在需求

（一）铸安全发展之魂，强化党建引领为公司高质量发展提供有力保障

党的二十大报告中指出，"高质量发展是全面建设社会主义现代化国家的首要任务""要积极安全有序发展核电"。"十四五"时期是新时代核燃料制造企业高质量发展的关键期，中核北方作为中核集团的重要组成部分，拥有完整的核燃料生产体系。推动高质量发展和高水平安全发展，尤其是面对公司高质量发展中的"供应保障安全"和"生产运行安全"，中核北方需要把党的建设融入中心工作的全过程，着力推动从重点突破到整体推进、从成功做法到长效机制的拓展和提升，促进党建和安全深度融合、同频共振。

（二）思经验反馈之效，擦亮党建品牌为强化核安全文化提供有形抓手

习近平总书记在华盛顿核安峰会上突出强调，要"强化核安全文化"，指出"加强国际核安全体系，人的因素最为重要"。文化作为无形的意识、无形的观念，深刻影响着有形的存在、有形的现实，所以我们必须从"思想认识"和"行动自觉"两个层面，持续强化核安全文化建设，使每位从业人员"知其责、尽其职"。面对持续开展安全文化建设的实际需求，中核北方党委立足问题导向，以"有解思维"创新优化"党建促安全"的品牌建设，为强化核安全文化提供有形抓手，持续巩固核安全文化根基，深入理解和全面落实核安全具体内涵和举措。

（三）强安全堡垒之基，增强党建价值为筑牢建强安全堡垒提供有效举措

中核集团2023年安全发展专题推进会议指出，"做好党建引领安全生产顶层设计，持续优化党建融入安全生产工作的有效载体、机制与路径，推动党建工作与安全生产深度融合、协同并进。"中核北方党支部处在生产科研、项目建设的第一线，担负着把党的路线、方针、政策和上级党组织及公司党委的部署要求落到实处的重要责任，立足发展与安全和核安全文化建设的需求，推动支部和班组"末梢神经"有效联动、双促互进，让全体员工讲安全、守规矩、重协作、戒自满、善沟通、多思考，服务安全生产大局，筑牢安全生产防线。

二、"党建促安全"赋能核燃料制造企业安全文化建设的具体路径

（一）明确"安芯"党建品牌含义

"安芯"是指以安全发展的精心、安全生产的细心，智造安全可靠的核"芯"。

（二）搭建DNA双螺旋模型

党建和安全就像DNA双螺旋结构中两条脱氧核苷酸长链一样，相辅相成、不可分割，螺旋整体结构也象征着党建工作与安全工作相互作用、互促互进。

中核北方赋予DNA新的含义（图1），即公司聚焦高质量发展和高水平安全发展（D：Development），通过党支部标准化建设和安全生产标准化双标融合（N：Normalization），将党建和安全培育为品牌优势和竞争优势（A：Advantage）让安全成为每一名职工的红色基因，让核安全文化融入无须提醒的行为习惯。

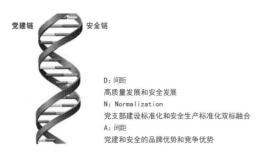

D：间距
高质量发展和安全发展
N：Normalization
党支部建设标准化和安全生产标准化双标融合
A：间距
党建和安全的品牌优势和竞争优势

图1　DNA双螺旋模型结构

在"党建促安全"DNA双螺旋上升模型中，党建链的"碱基"由政治建设、思想建设、组织建设、作风建设、纪律建设构成，安全链的"碱基"由安全意识、安全文化、安全管理、安全监督、安全合规构成，并通过5条氢键，将两条链"碱基"一一连接，支撑起"五强化五提升"的双螺旋基本骨架，促进党建链与安全链这两条"脱氧核苷酸"长链螺旋上升（图2）。

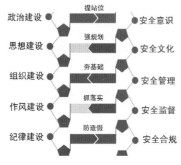

图2　DNA双螺旋模型结构中的"五强化五提升"

三、"党建促安全"赋能核燃料制造企业安全文化建设的实践探索

（一）强化政治建设，提升安全生产意识

"两个固化"落实第一议题，中核北方将学习习近平总书记关于安全生产的重要论述和及时跟进学习关于安全生产的重要指示批示精神固化为党内会议的第一议题，全年学习研讨150余次。"两级委员"赋能一线落地，中核北方党委书记和各党组织书记带头讲授安全第一课，完善党建责任区、联系点和安全网格联动机制，将落实"五必讲"要求与观察指导相结合、与参加班组活动相结合、与网格点指导检查相结合，将党的二十大精神、习近平总书记关于安全生产的重要论述及具体落实措施等，一级讲给一级听，层层传递安全管理要求及期望。

（二）强化思想建设，提升安全文化建设

中核北方党委理论学习中心组和党支部集中学习坚持原原本本深入学，专题学习研讨习近平生态文明思想、核安全文化等，提升认识，凝聚共识；将学习习近平总书记关于安全生产的重要论述、安全生产相关的法律法规及安全事故案例分析纳入党员轮训课程内容。通过书记讲安全形势党课、党员大会、主题党日活动等形式与实际研究学习相结合，开展委员班组微党课，以接地气宣讲，引领带动广大干部职工保安全，为高质量发展营造良好安全环境。各级党组织线上线下联动学，制作核安全文化手册、"随身手卡"等，为职工创造随时随地学的条件；利用钉钉平台组织开展核安全文化知识"每日一答"。

（三）强化组织建设，提升安全管理能力

"双标融合"明责任强考核。中核北方优化完善党建责任考核制度，加大安全生产责任制落实成效在"述职评议—现场考核—满意度测评"三位一体党建考核体系中的权重分配。"双创三联"搭平台强载体，中核北方将"党建促安全"与落实中核集团"创新优化年"专项工作和创建"全国文明单位"一体推进，推动"0-1"的创新和"1-10"的优化；坚持在工程建设中开展党建联建，与上级安全监管部门开展联学共建，共同推动核安全文化在一线班组落实落地；持续开展支部联建，推进跨分厂、部门党支部之间工作互动、资源共享。制定安全职能管理党员进班组计划，确保责任真正在一线落实落细。

（四）强化作风建设，提升安全监督效能

中核北方以党员身边"无隐患、无违章、无事故"为目标，以党员"六带头"（带头学习安全知识、带头履行安全责任、带头做到遵章守纪、带头开展隐患排查、带头践行安全文化、带头落实问题整改）为抓手，创建党员安全责任区154个，推进中核集团核安全文化"863"基本动作要领进车间、进班组、进岗位，进一步强化党员意识，压实党员责任。通过星级党支部创建、党建项目立项实施，号召党员"先学多讲一点、深思细虑一层、早来晚走一会、多问多说一句、多看多查一处、多整多改一步"。以点带面，持续推进核安全文化建设，把安全措施和安全责任落实到每一个环节。

（五）强化纪律建设，提升安全合规水平

中核北方制定"坦诚透明、闭环落实"的工作方案，以"转作风、提标准，强执行、保落实"明确具体工作行动项，推动全体党员干部职工在工作过程中团结协作、主动沟通，做到"坦诚透明"；在严格执行规程、抓好经验反馈、做好问题整改中，做到"闭环落实"。中核北方党委和各生产单位党组织通过专题组织生活会等形式，深刻反思在践行中核集团核心价值观、落实核安全文化、安全管理等方面存在的问题和不足，深剖根源、举一反三抓实问题整改，以一失万无的警觉和万无一失的态度全面做好安全工作。

四、"党建促安全"赋能核燃料制造企业安全文化建设的经验启示

（一）系统策划、闭环落实是根本

要深刻认识党建引领保障安全生产的重要意义，切实将党建引领保障安全生产作为"大党建、强体系、重质量、聚人心、创价值"的重点内容，系统策划以"党建促安全"的品牌建设推动安全文化建设，闭环落实各项任务目标，赋能公司安全稳定健康发展，确保按期保质保量完成各项任务。

（二）创新优化、有力执行是关键

党建工作的引领和保障作用不能仅仅停留在文件和会议上，党建和安全的深度融合也不能仅仅停留在口号上。各级党组织要坚决扛起主体责任，围绕安全工作部署党建工作，创新优化、有力执行，积极构建党建工作与安全文化"齐步走"的良好氛围，建立"安全第一、追求卓越"的核安全文化内核。

（三）文化培育、宣传引导是支撑

及时总结"党建促安全"开展过程中的良好实践和优秀做法，持续有形、有感、有效讲好"党建促安全"故事，树立"党建促安全"的党建品牌，引导广大党员干部职工增强安全意识、强化安全责任、提高安全技能，提升党支部在安全生产工作中的战斗堡垒作用，形成党员在安全生产工作中争先奋进的良好氛围。

企业安全文化建设在中小型工贸企业中的应用与思考

上海飞乐投资有限公司　曹天熠　陈　静

摘　要： 企业安全文化建设在国内各类型企业内部积极开展，但整体开展和应用安全文化建设工作的企业则以大型国有企业及大型外资企业居多，中小型工贸企业安全文化建设少有实施。本文通过对安全文化建设概念的理解，结合目前中小型工贸企业的现状和面临的问题展开原因分析，最终根据中小型工贸企业在安全文化建设的应用经验，分享在安全文化建设工作中的思考与启示。

关键词： 中小型工贸企业；安全文化建设；安全文化；安全管理

一、引言

我国职业健康安全管理体系及安全生产标准化在不断建立与推行，但安全文化建设的推广却仅仅局限在一些国有企业或一些大型外商投资企业中，对于我国众多的民营中小型生产企业来说，安全文化建设一直以来都没得到有效的推动。很多企业安全生产标准化工作也没有真正落到实处，其中中小型工贸企业的安全问题尤为突出。以下就企业安全文化建设在中小型工贸企业中的推行及应用问题提出一些分析和见解，从而对我们目前安全文化建设工作的开展进行思考和总结。

二、安全文化建设

（一）安全文化建设的概念

安全文化建设又称"安全文化系统建设"，英文缩写为 EESCS（Establishing an Enterprise Safety Culture System），是一套以人和人的可靠度为对象，切实可行的组织安全态度、安全行为和个人安全态度与安全行为的管理模式[1]。

（二）安全文化建设的理解

安全文化建设能够有效地将安全文化理论落实到企业操作层面，综合了管理学、组织行为科学、传播学和安全工程学等学科的重要原理，运用理念引领、行为再造、管理修正、环境再造，视觉识别（SVI）、系统评估等方法帮助企业建立起健康务实的安全文化体系，从而全面提升企业与企业员工的安全素质，有效地遏制各类人因事故的发生。

安全文化是安全理念、安全意识及在其指导下的各项行为的总称。企业安全文化就是一个企业的安全价值观，体现为一个组织和每个成员的共有理念、共有态度和共有行为特征。对任何企业来说，"安全文化"都不存在有无之分，只有方向与程度的差异。

组织的安全素质是组织行为建立的安全管理机制、安全政策、管理活动、风气、氛围、物态环境等所传达和表现出的安全理念、安全态度和行为特征。个人的安全素质是决策者、管理者或者一般员工的每个组织成员个人所具有的安全理念、安全态度和行为特征。两个部分之间存在着相对独立又相互融合、相互影响的关系。

三、中小型工贸企业安全文化建设

（一）安全管理现状

根据工信部统计数据，截至 2021 年年末，全国企业数量达到 4842 万户，其中 99% 以上都是中小型企业，根据第四次经济普查数据，中小企业的从业人数占全部企业从业人数的比例达到 80%。从数据看，我国企业以中小型企业居多，并且容纳了绝大多数的就业者，因此中小企业的安全管理工作难度尤其大，也尤其复杂。

从上海市应急管理局网站公开自 2016 年以来的全市安全生产（工矿商贸）死亡事故情况通报统计来看，截至 2021 年年末，全市（工矿商贸）事故私营企业死亡人数占到全市死亡总人数的均值达到 74.14%（图 1），其中制造业事故死亡人数占全市死亡总人数的均值达到 40.04%（图 2）。由于加工制造业门槛低，中小企业数量多，产品市场竞争激烈，企业管理者为了市场效益经常忽视安全生产工作，对安全隐患整改持漠视态度，不愿意投入太多的人力财力在安全管理和安全技术改进上，从而形成了一种负向的消极的企业安全文化。

图1　近6年全市私营企业事故死亡人数统计

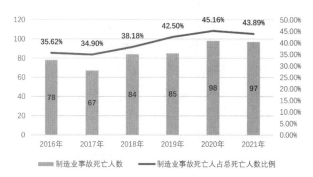

图2　近6年全市制造业事故死亡人数统计

（二）安全文化建设存在的问题

1.企业最高管理者的影响大

企业老板或者企业最高管理者的各种价值观及对待安全工作的行为特征会潜移默化地成为这家企业的安全文化，这种"安全文化"的方向可能是积极的，也可能是消极的。消极的企业安全文化并非整个社会、整个国家所期望的企业安全价值观，反而是与国家主流安全价值观相悖的，那么这样的企业在经营过程中发生事故的概率往往也是最高的。

2.对监管单位的依赖度高

企业在生产经营过程中，会接受行政和行业主管单位的各项监督检查，集团性的大企业在垂直条线可能会有一定的监督推动，但中小型私营工贸企业唯一的外在推动只有地方和行业主管部门的社会监管，因此企业在内生动力不足的情况下要推动安全文化建设工作就显得尤为困难，大多安全工作提出只要完成监管部门要求即可，因此逐渐也就形成了应付式的安全文化。

3.容易跟随企业经营状况而发生改变

中小型企业在开展安全管理工作时经常会根据企业经营状况的变化而改变工作方向，企业经济效益好的时候，管理者对日常的安全生产投入比较宽松，对于法规要求或者实际确需投入的安全经费也会给予支持，相应的工作也会配备足够的人力去完成。但在企业经营效益不佳的情况下，最容易被削减的也是安全生产经费，对于法规没要求的一律不做，法规或标准有要求的一律按最低标准执行，甚至有时也会冒着违法的风险开展工作。所以，企业的安全文化几乎无法形成，久而久之员工的安全意识也就逐渐淡化了。

四、安全文化建设在中小型工贸企业难落实的原因

（一）目标虚无，短期无法看见成效

安全文化的理念和内核都较为宏观和空洞化，对员工或基层管理者起到的影响甚微，安全文化建设推行起来几乎就是表面形式，没有触动实质。对于企业管理者而言，任何行动都迫切想得到成效，特别是对于安全文化这类减损类型的收益更是让企业管理者难以察觉，时间长了企业管理者就不再有推动企业安全文化建设的意愿了。

（二）没有符合中小企业需求的安全文化建设方法

在中小企业中，有相当一部分在主观意愿上是想做好本企业安全生产工作的，也希望自己企业能形成良好的企业安全文化，但无论从安全生产标准化评价实施细则还是从企业安全文化评价准则方面，都直接劝退了部分中小型企业主，因为这些内容中有很多评价规则或工作对企业专业管理人员和企业架构的要求较高，对于很多小型企业来说要做这方面的管理就显得尤为困难。中小型企业推进安全文化建设的需求就是简单、直接、有效、低成本，但目前很多企业没有专业的人员来开展这方面工作，也没有一套简单易推行的标准或方法，这也导致了很多中小企业安全文化建设处于无从下手的局面。

（三）缺乏产业链上下游的监督促进机制

在一些发达国家或一些工业化、自动化较为成熟的行业（如汽车制造行业），供应链安全管理审核是非常常见的要求。整机厂对下游零部件等厂商进行安全管理准入审核和监督审核，能够间接促进供应链中间企业推动安全文化的建设工作，同时也能帮助下游企业完善安全管理体系，但我国绝大多数

行业及产业均未提出相关要求，或者有相关要求也无法有效实施推行，这也导致众多的中小企业并不在乎安全管理的投入，毕竟行政监管不可能每年都全覆盖，缺乏上下游的监督机制，单靠行政力量推行安全文化建设犹如孤军奋战，执行方也显得力不从心。

五、安全文化建设在中小型工贸企业的应用

（一）简化企业安全管理程序，充分与生产和工艺管理相结合

企业安全管理要求、安全技术要求应融入生产、工艺、仓储等各个环节的文件中去[2]。例如，在作业指导书上增加安全操作的要求及设备安全维保要求；在工艺文件中写入安全检验检查要素；在仓储管理日常记录文件中增加仓储设施设备检查的要求，等等。为此，可以设定简单且易于判定的标准来供作业执行者使用，这样不仅提高了企业质量控制的管理水平，同时还能满足各项安全要求，企业的管理者也乐于实施。在长期的推行过程中，员工逐渐将安全生产要求当作了自身工作的基本步骤，这样企业的安全文化就有了推行的基础，再对企业的安全文化内涵进行归纳，就能比较有效地开展安全文化建设工作。

（二）充分利用管理者的情感

由于中小型企业安全文化受最高管理者的影响巨大，所以充分利用最高管理者的一言一行及充分彰显领导者对企业职工的关爱，员工会在内心深处认为企业老板对自己的安全是非常关注的，这会给全体基层员工传递积极正向的安全文化理念。如果企业老板在某次管理决策中做出必须执行安全生产要求的言论或决定，对此宁可牺牲部分经济效益，那么这些事件传递给基层员工后，大家对安全生产工作的积极性也会大幅提高，同时也不会顾虑这些事情影响经济效益。企业管理者不断传递正向积极的情感，会对中小型企业安全文化的形成产生重大的作用。

（三）通过规范行为来获取共同的安全理念

对于众多中小企业而言，员工的安全素质及受教育水平不高，通过管理文件或者活动倡议的方式很难让基层员工产生企业希望得到的文化认同，这种情况就需要通过强行规范行为的手段来让员工养成安全操作的习惯，比如，车间必须穿戴正确的劳防用品才能进入，进入危化品区域须将火源或手机放在固定区域，等等。通过行为的规范来培养员工安全意识，更容易让员工和企业获得共同的安全理念，从而推动形成企业安全文化建设发展。

六、安全文化建设的思考与启示

（一）良好安全文化的形成

首先，安全文化属于精神文化的一种，企业想树立良好的安全文化需要将日常良好的安全行为规范及优秀的安全事例不断进行宣扬、固化，通过长期经营及切合实际的安全文化建设发展出相应规划，在企业内部营造良好的安全文化风气，从而逐步将企业安全价值观输送给员工。

其次，安全文化与企业文化有着密切的联系，在本质上都具备社会责任和员工主体的要求。二者之间的社会责任必须一致，安全必须满足企业和社会需要的特定目标，继而形成既能满足企业追求的经济效益，也能兼顾社会效益的安全价值观。

最后，企业安全文化需要得到全体员工的认同，企业文化的提炼也要脚踏实地，贴近员工，以人为本。只有员工亲身体会到了安全文化的共情力，感受到了安全生产与自身利益息息相关，认识到了安全作业的重要性，才会对企业的安全文化产生深厚的认同感，企业也才能建立起贴合自身发展需要的安全文化以及企业文化。

（二）安全文化建设与安全生产标准化建设结合

在企业安全管理工作中，安全文化建设是在思想和管理层面的工作，而安全生产标准化则是在行动和方法层面的工作，二者之间有着密不可分的联系。安全生产标准化的提出源于安全文化，即用一种安全文化理论来指导安全管理实践工作，在企业中寻求一种较好的管理方法和手段来满足安全生产工作的需要。同时，安全生产标准化的内容也体现着安全文化，将管理标准化、现场标准化、作业操作标准化[3]，引导员工以正确规范的行为来工作，激发员工的自觉性，这也是一种文化引导手段。如果能将这两者的内涵与要求结合在一起进行管理与建设，就能提升企业的安全管理水平和标准化水平。

（三）企业间安全文化的相互促进

企业间的安全文化相互促进作为整个社会安全文化建设的"黏合剂"有着举足轻重的作用。其一是在目前社会主义市场经济的大环境下，人员的自由流动将会把企业的安全文化传播出去，具备优秀安全文化的企业员工也会受到市场的青睐，从而促

进全社会安全文化的共同发展；其二是产业供应链上下游的监督与帮助，会帮助整个行业产业进行安全文化建设，通过客户对安全管理的期望与要求，从而促使供应链上游的中小型企业逐步做好安全生产工作，对于上游企业而言，这也是企业经营与同业竞争必不可少的部分，能够帮助众多的中小型企业建立良好的安全文化；其三是行业内企业互相交流，同行业间的安全管理特点与要求有着较为相似的情况，行业协会积极推动和组织相关安全文化的交流互动，不仅能落实国家"管行业必须管安全"的要求，

也能够促进行业在市场中的良性发展。

参考文献

［1］潇雨.EESCS 建设——由虚到实的文化魔方 [J].现代职业安全,2006(11)：88-90.

［2］韩友永.浅谈安全文化建设在企业安全管理中的应用 [J].能源技术与管理,2016,41(4)：177-179.

［3］杨凯,吕淑然.浅议企业安全文化建设与安全标准化建设的关系 [J].中国安全生产科学技术,2012,8(9)：190-193.

油气生产单位安全文化"4+3"创建模型研究

中国石油长庆油田分公司第四采气厂　张守德　陈　博　毛　哲　许博尧　曹宝玉　陆俊波

摘　要：本文通过对中国石油长庆油田分公司第四采气厂（以下简称第四采气厂）当前安全管理现状与 HSE 管理体系运行情况进行深入分析，找出了当前采气生产单位安全管理中普遍存在的问题。采用体系管理思维、安全文化创建方法、安全文化诊断工具对第四采气厂现行的安全管理制度、管理方法进行了优化重组，引入了 PDCA 循环管理与流程化管理理念，制定了一套适用于气田安全文化建设和推广的实施方案，建立了一套科学有效、便于复制、推广的管理模型。

关键词：安全文化；HSE 管理体系；模型

一、行业背景

我国于 20 世纪 90 年代引入了 HSE 管理体系（Health, Safety and Environment Management System, 健康, 安全与环境管理体系），推进了安全管理制度化规范化建设。21 世纪初期，随着对 HSE 管理体系的深入理解，国内石油企业逐渐意识到，仅有规范的制度而没有强有力的执行力，再好的制度也不可能转化为良好的安全管理绩效。HSE 管理体系必须与企业员工良好的执行能力（包括意识和能力）相结合才能发挥规范安全管理的作用，而且员工的这种执行能力应该是内在的、自发的和可以相互影响和传承的，而不是被动的或需要强制力才能发挥作用的，它具有明显的企业文化的特征，于是，安全文化建设逐渐进入石油企业的视野并成为深化 HSE 管理的方向。

二、企业现状

（一）安全管理现状

第四采气厂于 2005 年正式成立，地处中国第二大盆地——鄂尔多斯盆地内蒙古自治区鄂尔多斯市乌审旗、鄂托克旗境内，管辖矿权面积 3.41×10^4 平方千米，年生产能力超过 60 亿立方米。自 2007 年 HSE 管理体系文件正式发布后，某采气厂一直以 HSE 管理体系建设和运行为主要抓手实施安全管理，多年来，已建成了较为完善的风险分级防控及隐患排查治理程序，2016 年开发建设了 QHSE 贡献积分平台（图 1），2017 年开发建设了数字化隐患管理平台（图 2），安全经验分享、JSA、JCA 等多项 HSE 管理工具也得到了深入应用，连续 9 年荣获长庆油田分公司 HSE 管理金牌单位，未发生过重大安全生产事故。

图 1　QHSE 贡献积分平台

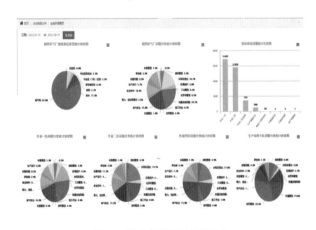

图 2　数字化隐患管理平台

（二）存在的问题

2022 年，第四采气厂自行开展及迎接公司、地方政府各类检查、审核 200 余次，发现问题共 3000

余项,分析后得知,防雷防静电接地松动、管撑失效等隐患问题重复出现特征明显,一些机关部门、基层单位未深入领会体系建设的精髓,面对问题,只有纠正措施,没有预防措施,问题整改停留在表面,系统管理与过程控制结合得不够紧密,HSE 管理体系与实际生产管理工作融合度仍然不高,这也是当前石油天然气行业较为普遍存在的问题。

（三）安全文化建设必要性分析

从前文分析可以看到,当前第四采气厂通过HSE 管理体系建设与推进,设备、工艺、数字化、智能化水平已得到持续提升,制度建设也日趋完善,但问题反复发生、制度执行参差不齐的现状愈发突出,体系运行遇到了瓶颈,需要通过加强安全文化建设提升员工的执行力,突破这个瓶颈。

三、安全文化的基本构成、建设意义及思路

（一）安全文化的基本构成

企业安全文化是指被企业组织的员工群体所共享的安全价值观、态度、道德和行为规范组成的统一体,是企业文化的一个重要组成部分,对企业的安全管理有着很强的促进作用,其主要由安全物态文化、安全行为文化、安全制度文化、安全精神文化构成。

（二）安全文化的建设意义

按照安全文化的基本构成,其建设意义主要有以下 4 个方面。

1. 安全物态文化

安全物态文化是生产经营活动中所使用的保护员工身心安全与健康的工具、原料、设施、工艺等安全设施、器物。其可靠性、先进性是营造良好安全作业环境、保障人员安全健康、避免事故发生的前提条件,是本质安全的保证。

2. 安全行为文化

安全行为文化是员工在长期生产运行中形成的按章操作的行为习惯或操作纪律。事故和伤害主要是由人的不安全行为造成的,人的行为如何,主要取决于人的素质,包括技术素质、道德素质、精神风貌等各类可能影响人的操作的内容。安全行为文化建设中的安全培训是提升员工素质的基本要求。

3. 安全制度文化

安全制度文化既是指导、约束企业落实安全生产责任、依法合规实施管理的具体表现,也是指导、约束员工履职尽责、保障安全的标准和底线,制度本身的强制特征明显,但其形成文化后,自发性特征会更

显著,所以要将加强人的管理贯穿企业安全文化建设的全过程,抓好制度文化建设是基础,也是根本所在。

4. 安全精神文化

安全精神文化是一种思维模式、思想意识,是4 个安全文化的统领,高度的安全精神文化能够使人们认识到安全是一切生产、生活的前提条件之一,让人们理解安全在企业生产、个人岗位中的重要地位,进而从内心感觉到自己对自己和他人的安全应承担责任、履行职责。

（三）安全文化的建设思路

以安全精神文化建设为统领,以安全物态文化、安全行为文化、安全制度文化建设为主要抓手,按照诊断—创建—固化更新三步走策略,引入"大环套小环"的 PDCA 管理理念,通过研究与实践,形成一套方案,建立一个安全文化"4+3"创建模型。

四、安全文化的创建方法

（一）深入开展安全文化建设管理诊断

依据《企业安全文化建设导则》《企业安全文化建设评价准则》等标准,引用"压力—状态—响应（Pressure-State-Response,PSR）框架模型"（图 3）,制定诊断清单（图 4）,通过现场观察、访谈、查阅资料、模拟操作等形式,某采气厂从安全文化现状的物态文化、行为文化、制度文化、精神文化 4 个方面进行充分诊断,依据诊断分值,从压力、状态、响应 3 个方面进行分析和评价（图 5）,并提出改进建议,制定下一步实施计划。

图 3 压力、状态、响应指标体系框架模型

（二）开展 4 个安全文化创建

1. 安全精神文化创建

通过诊断,明确了安全文化创建的关键所在后,企业首先要做的事就是统一观念、统一思想,从精神、意识方面提炼出物态文化、行为文化、制度文化的管理方针、实施原则,并通过宣传、教育、讨论等方式做好思想的统一,再逐项推进,并在过程中及时自查、自改。

（1）实施法规、标准的归集、提炼。企业的安全文化首要的就是依法、合规,只有这样的文化才

是健康的文化，也是值得推广和传承的文化。近年来随着社会的发展、科技的进步，国家的安全、环保等法规、标准也随之不断调整、改进，例如，最新的《安全生产法》已将“三管三必须”纳入了法条当中，这些就是风向标，是底线、红线，是安全精神统一的最基本的要求。

压力—状态—响应分析表

序号	安全承诺		安全制度		安全引导		安全健康		安全环境		安全教育培训		安全事务与参与		决策层		管理层		员工层		安全激励	
	标准分	得分	标准分	得分	标准分	得分	标准分	得分	标准分	得分	标准分	得分	标准分	得分	标准分	得分	标准分	得分	标准分	得分	标准分	得分
	压力																					
1	4.00	4	4.00	3	4.00	2	4.00	3	4.00	3	4.00	0	4.00	3.00	4.00	3	4.00	3	4.00	0	4.00	3
2	4.00	4	4.00	3	4.00	3	4.00	0	4.00	1	4.00	3			4.00	4	4.00	3	4.00	3	4.00	3
3	4.00	3	4.00	3	4.00	3					4.00	2			4.00	3	4.00	3	4.00	3	4.00	3
4	4.00	3	4.00	3							4.00	3			4.00	3			4.00	2	4.00	3
5											4.00	3			4.00	0			4.00	3	4.00	3
6																					4.00	3
7																					4.00	3
平均值		3.50		3.00		2.67		1.50		2.00		2.20		3.00		2.60		3.00		2.20		3.00
	状态																					
序号	安全承诺		安全制度		安全引导		安全健康		安全环境		安全教育培训		安全事务与参与		决策层		管理层		员工层		安全激励	
	标准分	得分	标准分	得分	标准分	得分	标准分	得分	标准分	得分	标准分	得分	标准分	得分	标准分	得分	标准分	得分	标准分	得分	标准分	得分
1	4.00	3	4.00	1	4.00	0	4.00	0	4.00	3	4.00	3	4.00	3.00	4.00	3	4.00	3	4.00	3	4.00	2
2	4.00	2	4.00	3	4.00	2	4.00	3	4.00	2	4.00	0	4.00	3.00	4.00	3	4.00	1	4.00	3	4.00	4
3	4.00	2	4.00	3	4.00	4	4.00	0	4.00	2	4.00	4							4.00	3	4.00	3
4	4.00	3	4.00	3						3	4.00	0										
5	4.00	2								2	4.00	0										
6											4.00	0										
7											4.00	0										
8											4.00	4										
平均值		2.40		2.50		2.00		1.00		2.33		1.40		3.00		3.00		2.00		3.00		3.00
20	响应																					
序号	安全承诺		安全制度		安全引导		安全健康		安全环境		安全教育培训		安全事务与参与		决策层		管理层		员工层		安全激励	
	标准分	得分	标准分	得分	标准分	得分	标准分	得分	标准分	得分	标准分	得分	标准分	得分	标准分	得分	标准分	得分	标准分	得分	标准分	得分
1	4.00	3	4.00	3	4.00	1	4.00	4	4.00	2	4.00	4	4.00	3.00	4.00	3	4.00	3	4.00	2	4.00	2
2	4.00	1	4.00	3	4.00	1	4.00	3	4.00	2	4.00	3	4.00	3.00	4.00	4	4.00	3	4.00	2	4.00	3
3	4.00	0	4.00	3	4.00	0	4.00	3	4.00	3	4.00	3	4.00		4.00	4			4.00	3	4.00	3
4							4.00	4	4.00	3									4.00	3	4.00	2
5									4.00	2												

图 4 诊断清单

长庆油田采气四厂安全文化建设诊断清单（作业区级单位）

序号	二级指标	三级指标	四级指标	分值	实际得分/判定结果	调研情况
编制依据： 1.《企业安全文化建设导则》QA/T9004-2008; 2.《企业安全文化建设评价准则》QA/T9005-2008; 3.油田公司《关于加强安全文化建设的指导意见》； 4.陕西省人民政府令 第156号《陕西省生产经营单位安全生产主体责任规定》						
1	基本条件		1.近三年内无死亡和3人（含）以上重伤生产安全事故； 2.近三年内无安全生产方面行政处罚不良记录	否决项		
序号	一级指标	二级指标	三级指标	分值	实际得分/判定结果	调研情况
2	安全承诺	压力	1.安全理念为员工认同度为80%以上	4	4	
			2.安全目标为员工认同度为80%以上	4	4	
			3.安全会议要分析上周大小事故及伤害事故的原因	4	3	
			4.安全会议要对一周上报的隐患处理情况进行跟踪	4	3	
		状态	1.有明确的符合本企业实际情况的核心安全理念（安全价值观）、安全愿景、安全目标，并以书面的形式进行发布	4	3	企业理念的结合相标准给分
			2.安全承诺的表述完整准确、言简意赅、通俗明了、易记易懂，具有感召力	4	2	表达语言不精炼、繁杂冗长
			3.企业安全承诺内被企业每个员工及相关方知晓和理解，知晓率和记忆率达100%	4	2	内容太多，不能完全清楚
			企业对安全理念进行大力宣贯，有固定时间组织学习安全理念，本单位员工人人熟知	4	3	
			每周开一次安全工作会议，会议结束后将会议记录下发至各基层单位	4	2	场站未见到会议记录
		响应	企业拥有自己的安全理念体系，且基本覆盖安全工作重要方面	4	3	
			建立安全目标体系，并将安全目标逐层分解，决策层安全目标、管理层安全目标、基层班组长管理目标、基层员工安全目标清晰，并通过制度落实	4	1	基层班组长、基层员工目标未制定
			4.企业内部管理制度和规章制度对安全承诺做出积极响应和充分体现，每个工作岗位都有与安全承诺相统一的岗位安全承诺	4	0	安全承诺没有针对岗位制定

图 5 压力、状态、响应分析表

（2）提炼安全理念，引领安全发展。企业的安全文化在满足了依法、合规的最基本要求后，最主要的就是贴近企业生产实际，符合企业的生存和发展，尽可能地满足马斯洛需求层次理论中的高层次需求，即引起共鸣，获得认同，实现思想统一。例如，某采气厂某作业区就提出了“我的属地我负责，我的业务我负责”的安全责任观、“隐患排查要用心，风险控制靠细心”的安全风险观（图6），并开展标语悬挂、亲情寄语（图7）、家庭问卷等活动，拉近了员工家庭与岗位工作的情感距离，增强了员工的“安全幸福”意识。

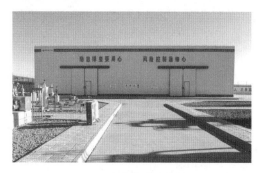

图 6 安全风险观标语

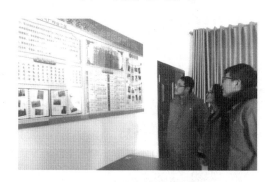

图 7 安全亲情寄语宣传

（3）及时开展安全教育，进行文化引导。正确认识安全精神文化与其他3个安全文化的关系，日常工作中及时开展安全教育，发现问题及时进行具象化的管理诊断与改进，及时带领员工进行思想碰撞，将安全精神文化植入员工的心中。

2. 安全物态文化创建

安全物态文化建设主要涉及安全物质形态方面的建设，重点从硬件设备的本质安全化、隐患控制预警、现场目视化管理及应急处置管理4个方面开展工作。

（1）强化硬件设备本质安全管理。一是建立风险辨识清单库，实行动态更新机制，积极推行全员、全过程风险识别，在日常工作过程中发现新的危害因素及时上报主管部门对风险辨识清单进行更新；二是及时对巡检表与检查表进行修订与完善，将风险防控措施纳入日常管理要求，强化硬件设备风险管理；三是严格落实重大风险立项治理，针对部分通过程序控制、制度约束仍然无法降低到可接受范围的重大与较大风险，应通过立项，组织专人开展调查研究，进行市场调研，研究解决此类问题。

（2）全面推行隐患问题闭环管理。一是建立数字化隐患管理平台，坚持谁检查谁录入，谁录入谁跟踪、谁跟踪谁验证的闭环原则，例如，某采气厂建立的数字化隐患管理平台通过线上问题录入、回执、印证资料上传确认等方式，实现了闭环管理（图8、图9）；二是针对重复性隐患，实施目标控制，每月对当月较为普遍、敏感、前期关注度较小的共性问题制定整改措施，制定月度消除目标实施专项督办考核。

图8 隐患平台问题整改、验证界面

图9 隐患平台问题录入界面

（3）加强目视化管理。目视化管理是一种以视觉信号为基本手段，将管理者的要求和意图让大家都看得见的管理方法，其主要特征在于准确、清晰、方便。一是要建立完备的目视化管理手册并及时更新；二是要保证安全目视化的资金投入，定期开展对标检查，对错误的、模糊的、缺失的内容及时维护、

更新。

（4）强化应急处置管理。一是从点到面，从程序到措施全面、系统地评估各层面管理和运行风险，制定班站级、大队级及厂处级应急处置措施和预案，为应急处置提供技术支撑；二是严格开展应急预案、演练方案、应处设备的培训工作；三是严格按照标准进行应急器材配备，并按期检查、保养，确保器材完好、可用。

3. 安全制度文化创建

安全制度文化的提升能为岗位员工的行为安全规范提供依据和保障。其关键点主要是制度的完备性、可行性与执行落实是否到位等问题。所以，企业应重点从制度文件的编制完善、资料记录的标准化管理、制度执行情况的检查及改进3个方面全面开展制度文化建设。

（1）构建安全制度管理体系。以风险控制为目的，应用5W1H方法，结合企业实际生产情况，学习和研究公司规章制度制定方法，编制制度建设清单，充分考虑各类风险控制、法律法规的要求及文件、记录表单的需要，查漏补缺，完善制度体系建设。

（2）明细要求，实施资料、记录标准化管理。认真梳理分析，建立以部门为单位的资料记录需求矩阵，对矩阵中的资料记录表格进行讨论与修订，并明确填写与管理留存的要求，编制填写模板，实施对标检查、考核管理，消除资料记录不规范的问题。例如，某采气厂作业二区为规范资料记录管理，编制了《班站资料记录标准化管理指导书》，对各类资料记录制定了填报模板，明确了填写要求，后期资料记录管理情况得到了显著改善（图10、图11）。

（3）强化责任落实，持续提升制度执行力。一是严格按照"三管三必须"的管理要求，结合岗位职责对HSE管理体系职责进行识别，建立岗位HSE管理体系责任清单，实现责任到岗、责任到人（图12）；二是通过HSE管理体系承包巡查、安全专项检查、HSE管理体系审核、"隐患大家查"活动等方式对制度执行落实情况进行对标核查（图13）；三是加强未遂事件管理，根据海因里希法则，一件重大事故背后必有29件轻度的事故，还有300件潜在的未遂事件，以及更大数量的人的不安全行为或物的不安全状态等，所以，对未遂事件应严格按照"三不放过"原则进行处理；四是加大对制度、法规的宣传力度，以宣贯、讲解、宣传、培训、制度"上墙"、

共享等方式，推动员工对规章制度的理解和执行，让员工深刻认识制度的价值、领会制度的精神、熟知制度的内容，使员工真正从内心深处认同规章制度，形成自觉遵规守纪的思想，进而落实到行动上。

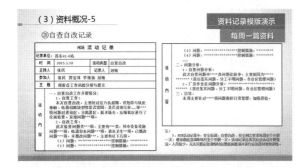

图 10　隐患平台问题整改、验证界面

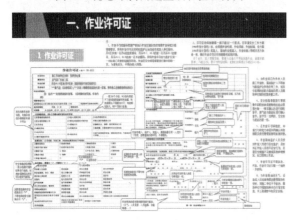

图 11　隐患平台问题录入界面

岗位安全生产责任清单							
岗位名称	质量安全环保部副主任		岗位级别	三级副职			
责任人员	徐***		责任范围	负责安全技术管理、安全生产管理、体系管理、交通安全管理			
职责类别	安全生产职责	工作任务	工作标准及要求	任务节点	实施证据	制度依据	考核标准
	1.严格遵守国家HSE有关法律法规及公司规章制度和HSE要求，对本岗位QHSE工作负直接责任。	1.贯彻落实国家法律法规和安全环保工作要求。	1.及时通过公文系统等载体掌握国家法律法规和中油集团公司安全环保要求，更新适用法律法规清单。2.将本岗位相关管理制度、标准与法律法规及规章制度逐条识别和对标。3.对更新后的法律法规、制度规范进行HSE合规自审。	一年评审一次	适用HSE法律法规清单	《长庆油田分公司第四采气厂合规管理细则》	
			4.落实本岗位业务涉及法律法规、规章制度措施。	不定期	各类工作记录	《长庆油田分公司第四采气厂法律工作管理实施细则》	
			5.自主学习或参加业务培训，提高HSE法律法规、规章制度执行能力。	不定期	学习笔记	《长庆油田分公司第四采气厂规章制度管理细则》	
		2.承担岗位QHSE管理责任。	制定岗位工作目标，接受上级HSE考核。	每年一次	《安全环保责任书》	《长庆油田分公司第四采气厂安全生产管理细则》	
				每月（各单位按照实际考核制度）	岗位业绩考核	《长庆油田分公司第四采气厂各级人员及各部门安全生产责任划分细则》	

图 12　岗位安全生产责任清单

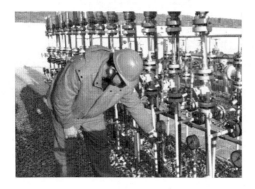

图 13　开展安全附件专项检查

4. 安全行为文化创建

安全行为文化是以实现文化管控为目标建立的从粗放松散、强制被动、依赖引领、自我管控到行为养成的安全行为发展模式。这是安全精神文化的反映，也是安全制度文化外化于行的具体体现。行为文化的创建要从员工的操作、巡检、施工组织、应急处置、员工培训各个方面来开展。

（1）全面构建员工操作层面的规范体系。从巡检、操作、动态施工监护、岗位交接班 4 个方面规范员工日常操作行为。

一是根据工艺运行管理要求，结合风险辨识结果，制定统一的巡回检查标准和记录，为员工的日常巡检提供标准和依据；二是针对普遍存在的工作衔接问题，以“上岗前确认”为前提、“风险控制”为核心、“运行维护、生产监控、岗位操作”为手段，建立班组岗位交接班工作流程，实现交接班“无缝隙化”安全管理，培养员工以目标为导向、工作无借口的习惯；三是应用工作循环分析法，全面修订、完善岗位操作规程，真正实现生产操作步步受控，做到“只有规定动作，没有自选动作”；四是应用“工作有计划、行动有方案、步步有确认、事后有总结”四有工作法，全面加强动态施工作业的风险控制，例如，某采气厂作业二区基于此建立了非常规作业入场关、票证关、风险关、监督关的“四关管理”机制（图 14），作业现场管理问题显著减少。

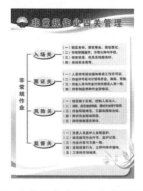

图 14　非常规作业“四关管理”要求

（2）开展多样化的培训，促进安全行为成习惯。一是强化操作培训，提升员工操作技能。以“工作学习化，学习工作化”为理念，以班组为单位开展“每日一课”培训法，每日班后会开展 5~10 分钟的知识点培训。二是强化管理培训。针对员工“有效沟通不足、导向思维影响、安全工具不熟练”等突出问题，对 JCA、JSA、安全经验分享等管理工具开展研讨式培训,加深岗位员工对"管理"的理解,提升班组凝聚力。三是采用培训、测试、竞赛"三位一体"的实战训练,提升员工的应急技能,强化员工安全意识。

（3）加强安全信息的传递与沟通。一是定期召开安全专题会,分析形势,科学制定安全计划。二是充分利用微信平台,发挥网络优势,分享安全知识、安全小窍门。三是积极组织员工观看录像、收集征文,组织开展演讲比赛、辩论赛等活动,增强广大员工的参与意识（图15、图16）。

图15　安全生产主题辩论赛

图16　辩论赛选手发言

（4）充分开展正向激励。为避免"发现隐患不管,看见不安全行为不说"的现象,消除批评、处罚等"负向激励"带来的后果,创建积极向上、团结和谐的安全文化,企业应以马斯洛需求理论为基础,组织开展各种形式的安全文化活动,根据员工的安全表现,给予"公开表彰、称号、晋级、物质奖励"等不同的正向激励,激发员工安全工作的积极性,营造积极向上、团结和谐的安全文化氛围。例如,某采气厂建立的QHSE贡献积分平台将该厂日常开展的安全经验分享、安全培训等安全行为均通过平台进行积分奖励（图17、图18）。

（三）安全文化的固化与更新

文化建设不是一朝一夕就能完成的,它是一项长期的工作,也不是靠一次、两次的活动或一项、两项的工作就能打造出来的,而是由一个个健康向上的方法、一次次从零开始的尝试、一次次从失败中总结的教训浇灌而成,并通过不断地检查改进去优化、长期实践去固化,逐步沉淀形成。

图17　QHSE 积分平台安全培训积分

图18　QHSE 积分平台经验分享积分

1. 开展小范围内的专项诊断

在安全文化建设过程中,要常态化地应用安全文化诊断工具做一些小范围的、具象化的诊断,及时调整工作方式、及时提炼成功的经验,让客观的行为、物质、文件与员工的精神多碰撞、多交互,这样才能衍生出最适合的文化。

2. 开展系统全面的二次诊断

安全文化的沉淀需要长期坚持,从一个人到几个人,从几个人到一群人,从一群人到大多数,再从大多数到全员,这是一般事务的发展规律,其精髓就在于勇于坚持,终将形成牢不可破的文化。而且至少每年要进行一次系统化的诊断,通过定性、定量相结合的方式查找问题,对安全文化进行"体检",坚持良好的持续改进的工作机制。

五、构建安全文化"4+3"创建模型

通过对前述4个安全文化集约化建设方法与其诊断—创建—固化更新3个步骤的整合,以 PDCA

的持续改进理念为原则，可以构建如下安全文化"4+3"创建模型（图19）。

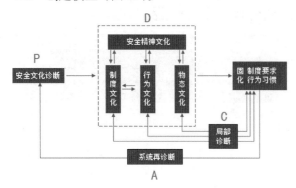

图 19 安全文化"4+3"创建模型

六、安全文化"4+3"创建模型应用效果分析

前文将第四采气厂当前运用的一些 HSE 管理工具、传统安全管理方法按照安全文化的 4 个主要构成单元进行了归类优化，并引入了 PDCA 的管理理念和安全文化诊断的专用工作方法，制定了一套安全文化创建流程，形成了一个创建模型，对企业的安全管理具有一定的指导意义，其意义主要体现在以下几个方面。

一是将"压力—状态—响应框架模型"融入某采气厂的安全文化创建工作当中，形成了一套定性、定量相结合的安全文化诊断方法，为企业实施安全文化建设、开展安全文化评价、制定工作计划、开展效果分析提供了一定的理论依据。

二是分析了安全精神文化、安全物态文化、安全制度文化、安全行为文化之间的逻辑关系，明确了安全精神文化的统领地位，并结合 HSE 体系运行情况与某采气厂已在一些基层单位、作业场所试点的做法、举措，制定了 30 余项文化创建具体措施和方法，它们对安全文化的系统化、全面化有着很强的指导作用。

三是固化了安全精神文化与其他三项文化的单项交互转化环节，明确了系统诊断与单相交互诊断结合的 PDCA 管理方法应用手段，为安全文化固化、更新构建了一个持续改进的运行秩序。

四是形成了一套可复制、可推广、便于优化改进的管理模型，为安全文化的推广和传播奠定了基础。

电力施工企业构建安全文化体系
引领安全监督能力提升存在的问题及对策

信阳华祥电力建设集团有限责任公司　蒋荣宇　王克谦　余金涛　李小军　秦晓东　周益如

摘　要： 近年来，随着经济社会的快速发展，电力已成为经济建设和人民生活中最重要的能源需求，我国电网发展在较短时间内取得较大成就离不开广大电力施工企业的艰辛付出。同时，由于电力施工企业在作业过程中往往会受到外部环境、施工技术、人员素质等因素的影响而产生较高安全风险，因此做好安全监督工作任重道远。从电力施工企业安全监督状况来看，无论是监督管理，还是监督保障，都存在着一些亟待解决的问题，这些问题直接影响甚至制约着电力施工企业的高质量发展。而推进安全文化建设既是贯彻党中央、国务院安全生产的决策部署，落实人民至上、生命至上理念的具体实践，又是解决现代企业安全管理诸多问题的有效手段。因此，电力施工企业必须坚持以构建安全文化体系引领安全监督能力提升。

关键词： 电力施工企业；安全文化；安全监督

一、引言

"无危则安，无缺则全"。安全生产是企业发展的永恒主题，是各项工作有序开展的前提和基础，电力施工企业的安全管理水平更是关系到人身和电网安全的头等大事。尤其是当下电力施工企业的安全生产管理仍然属于"经验型"和"事后型"，过分注重"出了事后怎么办"，未形成有效的事前安全监督管理体系，这就造成安全管理工作松松紧紧、抓抓停停，难以有效预防各类事故的发生。在这样的大环境下，如何通过构建安全文化体系为电力施工企业提供安全监督保障，是广大电力施工企业面临的共同问题。

二、电力施工企业安全监督的常见问题

（一）安全责任落实不到位，抓安全生产形式主义严重

任何安全事故都是由人的不安全行为和物的不安全状态在特定条件下引发的，但从近年来大量电力施工企业安全事故统计分析结果可以看出，绝大多数安全事故发生的原因主要是人的不安全行为，究其根本还是在于安全责任没有落实。审视近年来发生人身安全事故的电力施工企业可以发现，它们全部存在抓安全生产重形式轻实效的情况，依然表现出"讲起来重要，干起来次要，忙起来不要"，企业的领导层没有把安全生产工作真正摆在应有的位置，执行层看不到安全工作对企业发展的重要意义，

监督层对安全责任制度不落实，或只是把它们写在纸上、挂在墙上、放在抽屉里。甚至有的企业法定代表人和主管安全的领导及项目经理对"安全生产应知应会"一问三不知，只有发生了人身伤亡事故或上级来检查安全生产工作时，才动手抓安全生产和现场管理，消极应付调查和检查，事过之后依然故我。最终造成企业领导层开会传达要求的多，监督落实责任的少，执行层心存侥幸者多，操心明白者少，监督层出了问题推诿扯皮的多，调查反思的少。

（二）分包安全监督不到位，抓分包队伍管理失于宽软

电力施工行业是劳动密集型行业，施工过程不可避免地存在大量工程分包行为，从近些年发生的安全事故也可以看出分包作业是绝对的重灾区。当前电力施工分包主要存在以下问题：在工程发包过程中，将工程发包给不具备资质条件的施工队伍；过分注重经济效益，压缩合理工期，使劳务分包工人长期加班造成疲劳作业引发事故；不少发包企业还将其应履行的安全生产责任转嫁到分包企业头上，对分包单位的监督管理缺乏有效手段，约束力不足；发包企业对分包作业人员安全教育培训缺失，一些劳务作业人员不经过安全培训便从事安全风险较高的工作；一些分包单位利用所谓"背景关系"不服从发包企业的安全监督，将工程层层转包。

（三）违章作业惩处不到位，抓安全意识养成缺乏实招

根据"海因里希安全法则"（一件重大的安全事故背后必有 29 件轻度的事故，还有 300 件潜在的安全隐患），对于电力施工行业而言，违章作业就是最大的安全隐患，也是很多安全事故发生的根本诱因。当前的电力施工行业主要存在管理违章、行为违章和装置违章，其中行为违章占比较重。违章的主要成因在于作业人员没有养成安全意识，安全技能匮乏。近年来发生人身伤亡事故的电力施工企业存在的共性特点就是：习惯性违章时有发生，严重违章无法有效杜绝。部分电力施工企业没有认清当前国家层面对安全生产管理的高压态势，对待安全监管工作依然是"雷声大，雨点小"，根本没有意识到在新时代背景下，安全管理模式和工作作风都发生了本质变化，还存在"违章根本不可避免""安全生产全靠运气"，出现问题大事化小、小事化了，上下协调"统一口径"，以及靠领导出面摆平过日子等错误的思想认识，给安全监督工作造成了被动局面。

三、电力施工企业安全文化体系应有的理念

（一）安全可控理念：一切事故本该避免，一切风险皆可控制

在安全生产中，从来就没有"必然会发生"的事故。安全生产工作跟其他任何事情一样，都是遵循自然客观规律的，每次安全事故必然是由许多安全隐患"孕育"衍生而来。要彻底消除事故，就必须致力于排查并消除所有安全生产隐患，持续进行安全监督工作而毫不松懈是消除事故的"头道阀门"。在电力施工作业过程中要善于发现规律、总结规律进而掌握利用规律，不断提高安全风险识别防控水平，采取先进的管理和技术手段，依据风险分级管控模式改进安全监督模式，建立安全应急机制并定期进行应急预案演练以提高应急处置水平。依靠员工安全意识的增强和安全技能的持续提升实现安全管理的终极目标——本质安全。

（二）全员履责理念：大家共坐一条船，齐心才能抗风险

安全生产工作对于企业来说就是"企业不能消灭安全事故，安全事故就会消灭企业"，对于个人来说则是"事关生命安全，承载家庭幸福"。所以，抓好安全生产工作，企业与个人的利益高度一致且个人是其中最大受益者。对电力施工企业而言，安全

监督工作从来都不是某一部门或某位领导的事情，而是各个部门、全体职工共同的工作，一旦出现严重安全事故或频繁出现安全问题都必然会毁掉企业，毁掉全体职工赖以生存的"饭碗"。因此，面对安全工作，全体职工必须做到：目标同向、工作同步、风险共担、成果共享。

（三）拒绝违章理念：违章危害时时想，胜过他人天天讲

"破窗理论"（如果有人打坏了一幢建筑物的窗户玻璃，而这扇窗户又得不到及时的维修，别人就可能受到某些示范性的纵容去打烂更多的窗户。久而久之，这些破窗户就给人造成一种无序的感觉，结果在这种公众麻木不仁的氛围中，犯罪就会滋生、猖獗）警示我们，抓安全监督必须未雨绸缪，及时处理"第一块被打碎的窗户玻璃"。电力施工企业必须充分认识到：如果放任违章作业而不采取有力、有效手段进行严肃处理，最终就会酿成安全事故，对企业和个人造成灾难性影响。任何违章处理上的疏忽都可能酿成大的祸端。因此，必须持之以恒，堵塞各种可能造成事故的违章漏洞，狠抓现场作业安全监督，维护安全规章制度的权威性，不能让反违章工作流于形式。在此，根据近年来违章作业案例对违章作业现状进行一个精准"画像"：一是盲目无知，二是好强逞能，三是心存侥幸，四是一味求快，五是疲劳作战，六是作风散漫，七是简单应付。对于安全监督管理而言：打击"三违"（违章操作、违章指挥、违反劳动纪律）必须做到"三严"（严格管理、严明纪律、严肃问责），做到"三严"必须坚持"三铁"（铁面孔、铁手腕、铁心肠）。

四、依托安全文化体系，提升安全监督能力的对策

安全生产工作是一项艰巨复杂的系统工程，需要构建全员协同、综合治理、常抓不懈的安全文化体系予以保障。安全发展也绝不仅仅是一句动听的口号，更不是表面文章，而是一个企业发展过程中要时刻遵循的基本法则。因此，安全监督应具有严肃性、广泛性、融合性，构建安全文化体系有助于形成"党政工团齐抓共管"的良好局面，有助于解决电力施工企业当前安全监督工作面临的诸多难题。

（一）抓住电力施工企业安全生产问题关键，狠抓"五个到位"

一是安全措施到位。安全措施是实现安全生产

的基础和前提。没有措施保障，就没有安全生产。电力施工企业的各项活动、各道工序、各个环节、各个岗位，都必须有相应的安全措施，都必须在措施的指导和约束下进行。安全措施不仅要符合安全规程，做到科学规范，还要结合实际，充分考虑人、机、环境中可能存在的各种不确定因素，增强针对性、可操作性。安全措施必须刚性严肃，一旦制定，必须不折不扣地执行，确保每项安全措施落实到位。二是现场管理到位。现场是各种生产要素的集合，是安全措施落实的归宿。生产作业在现场，隐患存在于现场，事故发生于现场，安全监督工作的关键就是管好现场。电力施工企业要积极推行领导干部、班组长、安检员"三位一体"的现场管理模式，抓好现场作业前、中、后各个环节的工作，真正做到落实措施不打折扣，现场管理不留死角。三是干部履责到位。干部带好头，职工有劲头。领导干部在作业现场与一线员工同进同出，是转变干部作风的需要，也是加强现场管理的需要。在安全生产工作中，领导干部是否靠前一线指挥，结果会大不一样。领导干部不在现场，就不能掌握一线安全生产状况，就会丢掉现场指挥权。因此，电力施工企业的领导干部必须深入一线，保证在施工现场的数量、质量同时到位，特别是高风险作业、特殊地点作业，领导干部必须与员工同进同出。四是监督检查到位。监督检查作为促进安全措施落实的有效形式和重要手段，目的在于及时发现、整改、消除各类安全隐患。如果走马观花，大而化之，不仅不能起到应有作用，反而会造成没有问题的假象，使安全问题更加复杂。电力施工企业要坚持日常与重点检查相结合，全面与专项检查相结合，既要继承和坚持以往行之有效的好做法，也要不断守正创新，切实增强安全监督检查的实效性。监督检查要善于在统筹兼顾中突出重点，立足查大隐患、防大事故，加大对重点领域、重点环节、重点人员和重点时段的安全监督检查力度。同时，要坚持"抓大而不放小"，在紧盯高风险作业现场的同时，加强对"小、散、临"作业现场的安全管控。五是责任追究到位。责任追究是解决"严不起来，落实不下去"的安全监督棚架问题，保证政令畅通、令行禁止的重要举措。从实践上来看，对事故责任人讲功劳、讲面子、拉不下脸、狠不下心、追究不力，就是对事故的纵容。因此，无论什么人在安全上出了问题，都必须坚持"四不放过"原则，深

入追究，一查到底，从而警示教育大多数人切实增强安全责任意识，真正吸取教训，做到举一反三。同时，责任追究不能简单地就事论事，必须综合分析，划清责任，全面追究，不仅要追究施工现场当事人的主体责任，还要追究其措施执行不力、现场管理不到位的责任，更要追究领导干部作风浮漂、履职不到位的责任。

（二）持续固本强基，提升电力施工企业本质安全水平

要在安全教育培训上狠下功夫。安全培训应紧紧抓住"基层、基础、基本功"，坚持惩教结合，不能仅仅依靠处罚推动安全监督管理的推进，还要从教育爱护的角度出发，按照"缺什么、补什么"的原则，重点开展针对性安全教育培训。应利用安全培训课件，列出典型作业场景，收集相应的事故案例，通过典型案例警示现场作业人员。二要加强人才队伍建设。配齐配足核心安全岗位人员，充实一线安全监督力量，打造多层次的安全监督人才队伍是电力施工企业安全发展的必由之路。各级安全监督人员要发挥好"头雁效应"，在安全生产工作中站排头做表率，不当甩手掌柜，不搞花拳绣腿，构建风险分级管控、隐患排查治理两道安全生产"防火墙"。三要维护安全规程权威。一线作业人员肆意违反安全生产规程违章作业是电力施工企业最大的风险源，故应始终坚持"有作业必有监督"，紧盯作业现场关键环节和高风险工序，确保作业人员准确知悉相应安全规程和作业现场风险点。结合电力施工行业特点，要特别注意高处、有限空间、近电、大型吊装等高风险作业的安全规程管控，推广安全围栏、风险看板、现场装备配置等标准化安全措施，制定落实预防触电、物体打击、高空坠落等事故的防范措施。

五、结语

对电力施工企业而言，用好安全文化体系，健全安全监督工作长效机制，以文化强安、以文化保安、以文化促安是持续提升安全生产管理水平的必由之路。电力施工企业必须坚持传承中华优秀传统文化，借鉴国内外先进安全理念，契合电力施工企业安全实际，以文化人、以情助安，才能不断适应新形势，实现企业的可持续健康发展。

参考文献

王浩.电力工程施工安全管理及质量控制分析 [J].中国标准化,2019(4)：147-148.

打造"1+9+N"安全文化体系
筑牢电网长治久安根基

国网湖北省电力有限公司 季 斌 邹圣权 卢国伟 田 威 黄 翔

摘 要：近年来，国网湖北省电力有限公司（以下简称国网湖北电力）践行"务实尽责、共享平安"的核心安全理念，系统打造了"1+9+N"安全文化体系，准确把握安全文化建设规律，开展特色安全文化实践，运用文化的方法和手段研究和解决安全问题。国网湖北电力是国家电网有限公司的全资子公司，以电网建设、管理和运营为核心业务。国网湖北电力地处华中腹地，是三峡外送的起点、西电东送的通道、南北互供的枢纽、全国联网的中心。截至2022年年底，国网湖北电力拥有直属单位33家，直供直管县级供电企业84个，用电客户3046.01万户。本文将重点围绕"1+9+N"安全文化体系，全方位地开展安全文化落地实践研究，实现国网湖北电力安全文化建设的系统化、全员化、实效化总结。

关键词：安全文化；"1+9+N"；安全理念；实践；实效

长期以来，国网湖北电力人肩负着保电网安全、保可靠供电、保一方平安的职责和使命，在不断的安全管理和文化建设实践中，孕育和积淀了丰富的安全文化，涌现出"安全你我他"等卓越的安全文化实践成果。国网湖北电力先后获得"全国先进基层党组织""全国文明单位""全国五一劳动奖状""全国思想政治工作优秀企业""全国电力行业企业文化建设示范单位""中电联先进会员企业"（电力企业文化建设类）等荣誉称号。

一、"1+9+N"安全文化体系的基本内容

近年来，为进一步放大企业安全文化的导向、凝聚、激励、约束和辐射效应，国网湖北电力深入学习贯彻习近平总书记关于安全生产的重要论述，以国家电网安全文化为指引，在理念上全面升华、在体系上全面完善、在实践上全面丰富，紧扣企业安全生产管理实践，系统打造了"1+9+N"安全文化体系，全方位推动文化落地深植，推动了安全文化建设由"点状分布"向"连点成线、聚线成面"进阶，为提升本质安全水平提供了坚实保障。

（一）全员凝练一个核心理念

核心理念是安全文化最深层的价值观，必须广为认同、深入人心。为了凝练出最紧扣湖北电网实际、最贴近职工群众内心的安全核心理念，国网湖北电力全面开展安全理念征集和网络投票评选，6.7万名干部职工踊跃参与，最终形成了广泛认同的核心安全理念——"务实尽责，共享平安"。

"务实尽责"就是坚持问题导向，摸实情、讲实话，办实事、求实效，对每一项工作、每一个任务，做到心中有责、担当尽责。"共享平安"就是营造相互关爱、守望相助的和谐氛围，打造人人享有、惠及各方的安全利益共同体，汇聚本质安全企业建设的强大合力，使个人、家庭、企业和社会共享安全成果。

（二）深化提炼九大安全理念

为了让"务实尽责，共享平安"的理念内涵更加丰满、更具指导性，国网湖北电力根据安全管理的现状和电网安全管理规律，进一步总结提炼，形成了"生命至上，安全第一""安全是一切工作的基础和前提""事故是可以避免的""安全生产是管出来的""安全是综合指标""安全生产，人人有责""安全责任是主要负责人的第一责任""安全工作的关键是班组和现场""抓小堵漏、举一反三、超前预防"等九条内涵深刻、语言平实的安全理念，既鲜明树立价值导向，又强化安全责任，更体现安全规律，让每一位员工都能从中对安全工作和安全文化有更深感悟。

（三）细化形成N个专业文化

电网企业的安全生产工作涉及的专业多、线

条长,如果简单地将一个或若干个理念作为"万金油",其文化建设的深度必然停留在浅层次,容易出现喊口号多、管理措施少,平时说得多、做时用得少的问题。为此,国网湖北电力突出全方位、全覆盖、全过程,广泛开展各专业安全文化调研,历时4个月,2022年3月至6月,召开涵盖各专业、各层次的专题研讨会42次,最终细化形成包括人身、电网、设备等10个方面的专业文化和倒闸操作、调度管理等25种具体作业层面的指引,真正让每个专业、每个层级的人都清楚地知道如何践行安全文化。

"1"、"9"和"N"之间有着紧密联系的逻辑关系。"务实尽责,共享平安"是国网湖北电力安全发展的价值取向;"九大安全理念"是核心安全理念在公司安全管理实践中的具体表现,从认识论和方法论层面丰富了理念体系;"N个专业文化"则是安全文化落地实践的具体指引,是对安全专业管理和作业实操的规律性总结。三者自上而下,有机构成"1+9+N"安全文化体系,贯穿于企业安全生产的全方位、全过程,为企业安全实现长治久安提供稳固、有力的文化支撑。

二、全面推动"1+9+N"安全文化的主要做法

为全面推动"1+9+N"安全文化内化于心、外化于行、固化于制,国网湖北电力把握文化建设规律,在"文化铸魂、文化赋能、文化融入、文化评估"上下功夫,全方位开展安全文化落地实践。

(一)坚持文化铸魂,凝聚安全共识

1.推动安全文化"可视化"

面向全员发布一本安全文化手册、拍摄一部安全文化宣发片、创作一首安全之歌,迅速让"1+9+N"安全文化体系以生动的形式为广大干部员工所认知。全方位开展"一阵地一室一墙"建设,在省公司层面,以"1+9+N"安全文化体系为轴,建成国网系统首家全数字化安全文化阵地;在地市公司层面,建成13个安全文化教育室;在班组层面,打造2251个班组安全文化墙。通过丰富载体、优化环境,迅速推动了安全文化"可视化"。

2.推动安全文化"全员化"

广泛开展"安全文化大讨论""安全文化大家谈""安全辩论赛"等活动,发动全员参与到"1+9+N"安全文化的学习、研讨和思辨中来。系统开发安全文化课程,分层分类组建安全培训师团队,推动安全文化课程培训。2023年,国网湖北电力在国家电网

系统首创新春安全"五个一"活动,通过"第一讲""第一学""第一考""第一审""第一枪"等活动,推动了公司上下在一年开局起步时就牢牢拧紧安全这根弦。

3.推动安全文化"人格化"

坚持每年评选"十大安全生产标兵""十大安全履责标兵""十大安全卫士",并将践行安全文化作为国网湖北电力评选"最美鄂电人""最美劳模"的重要内容,湖北省"十大安全卫士"吴光美、郭勇,"国网劳模"汤正汉、胡洪炜等安全生产战线的"鄂电群英",形成了见贤思齐的文化"雁阵效应",树立了崇尚安全、我要安全的浓厚氛围。

(二)坚持文化赋能,提升安全能力

1.充实基层"安全员"

以"安全工作的关键是班组和现场"的理念为指引,聚焦基层班组这个安全生产"第一关",深入开展"班组建设年"活动,落实班组"一长三员"制度(班组长,技术员、安全员、绩效员),配齐配强班组长5724名,技术员、安全员、绩效员累计10230名,将担任"一长三员"经历作为提拔使用、考试招聘的必备条件,推动"人人重安全、人人会安全"氛围的营造。强化班组长、工作负责人核心队伍建设,常态化开展"冬训夏训",创新"金扳手"青年技术人才培训、90后班组长培训,评选"五星班组长""星级工作负责人",全面强化基层安全工作的队伍支撑。

2.培养安全"明白人"

以"安全生产,人人有责"的理念为指引,拟定安全知识和安全技能的"应知应会"清单,整理提炼9943个知识点、3245个培训模块,面向各层级、全体人员开展安规考试,推动全员成为安全"明白人"。突出工作重点,对工作票签发人、工作负责人、工作监护人等一线生产人员进行评价分级,实行动态升降级管理,做到"不合格不上岗","明白人"干"关键事"。着力加强"六种人"管理(冒冒失失的"莽撞人"、稀里糊涂的"勤快人"、不守规矩的"散漫人"、大大咧咧的"粗心人"、责任心缺失的"不靠谱人"和业务不熟的"新入职人"),在安排工作、组织作业时,对这"六种人"做到有人带、有人管、有人领。

3.锤炼安全"硬作风"

以"安全生产是管出来的"的理念为指引,突

出求真务实、敢抓敢管，全面开展"作风建设年"活动，将"务实尽责，共享平安"融入作风建设，建立"红黑榜""曝光台"，下大力气和"表层表面表演""脚踩西瓜皮，滑到哪里算哪里"等不良作风作斗争，提升安全纪律性和执行力，树立严肃认真的工作基调。坚持较真碰硬抓考核，以"奖惩分明、重奖重罚"重构安全奖惩考核体系，修订安全奖惩实施细则，树立严抓严管、敢抓敢管、真抓真管的鲜明导向。

（三）坚持文化融入，规范安全行为

1. 强化"少数关键人员"履责行为

坚持"安全责任是主要负责人的第一责任"，聚焦各级领导干部、管理人员特别是主要负责人，创新构建"1223"现场履责机制，按季度开展各单位"一把手"安全履责监督，评价主要负责人"配资源、实责任、控大局、把节奏"等安全生产关键责任。创新应用人员轨迹 App 到岗到位"打卡"制，督促各级领导人员积极践行"一线工作法"，引导和带动各级管理人员深入基层、下沉一线。

2. 强化"现场工作人员"标准化作业行为

着眼于"把好的做法固化成习惯"，针对 10 个专业、25 种具体作业行为，分层分类提炼形成 219 条行为指引，真正让安全文化"可行"。聚焦"1+9+N"，制作发布各工种《标准化安全作业示范片》《两票填写教学片》，推动标准化作业深入人心。将现场作业全部纳入移动作业 App 管控，以系统流程固化作业标准。制定履责标准化卡，各级人员照卡尽职履责，提高履职标准化能力和效果。

3. 强化"红领先锋"示范引领行为

国网湖北电力有 2 万余名党员，占职工总数近 1/3，只要充分发挥党员的示范引领作用，就能让安全文化建设事半功倍。为此，国网湖北电力以"红领"党建为引领，深入开展"党建＋安全"示范工程，广泛开展"党员身边无违章无事故"活动，创建党员安全责任区、党员安全示范岗，以党员先锋模范作用带动全员安全履职尽责。组建由骨干党员、领军人才、青年生力军组成的"红领安全攻关"团队，引导广大党员在增强安全意识、强化安全素质、提升安全能力上走在前、作表率。

（四）抓好文化评估，完善安全格局

1. 细化安全文化责任分解

牢固树立"管专业必须管安全""管安全必须管文化"的理念，在抓好安全"一岗双责"的基础上，细化分解各级管理人员的安全文化建设责任。将安全文化建设作为企业负责人业绩考核、文明单位创建、企业文化示范点、五星级班组评选的重要内容，推动形成"安全文化人人建、安全文化人人抓"的工作局面。

2. 开展安全文化检查考核

围绕"1+9+N"安全文化体系的落地实践，科学构建公司安全文化建设评价指标体系，坚持每年开展一次安全文化专项督查，重点检查安全文化体系建设部署、落地措施、激励机制等情况。结合安全巡查、日常检查和现场督查，常态化开展安全文化建设检查，对安全文化建设流于形式、浮于表面的单位，及时下发整改通知单。

3. 打造安全文化示范标杆

坚持以点带面、示范引领，全面打造地市级综合性安全文化示范基地。围绕现场安全培训、应急安全管理、标准化作业、反违章管理、供电所安全管理、变电站安全管理等，分别建成宜昌光美实训基地、送变电应急安全文化示范基地、襄阳标准化安全作业示范基地、黄冈反违章示范基地、孝感班组安全能力提升示范基地、武汉特高压换流变电站作业文化示范点，形成了安全文化"多点开花、点面结合"的生动格局。

三、"1+9+N"安全文化体系的实施成效

企业如船，文化如水；顺水行舟，无往不利。"1+9+N"安全文化体系的打造，实现了国网湖北电力安全文化建设的系统化、全员化、实效化，全面凝聚了安全文化共识、稳固了安全工作格局。

（一）推动了安全文化理念见行见效

国网湖北电力通过实施文化铸魂、文化赋能、文化融入、文化评估，全面开展安全文化落地实践，"务实尽责，共享平安"的核心安全理念深入人心，"生命至上，安全第一""安全生产是管出来的"等九大安全理念成为集体共识。通过安全文化建设，各级领导人员把公司安全理念作为抓安全生产工作的基本原则和重要方法，充分发挥"配资源、实责任、控大局、把节奏"的作用；各级管理部门积极推动安全文化在本专业的落地实践，将专业文化精髓运用到安全管理中，固化到制度流程中，保障文化全面落地；一线员工将安全文化理念和作业安全要求内化于心、外化于行，体现在现场的每一次操作、每一个步骤中,形成了"按制度执行、按标准作业"的行为习惯。

（二）形成了一批优秀安全文化成果

坚持顶层设计与基层创新相结合、统一管理与多元实践相结合、点上引领与面上辐射相结合,着力激发安全创新实践的内生动力,涌现出一大批优秀的安全文化建设成果。围绕文化理念引导,《电力安全心理评估研究》等安全文化建设理论书籍正式出版,安全之歌、安全微电影等系列特色文化产品彰显活力;围绕安全管控,"光美有约"模式得到全面推广,"严管就是厚爱""稽查就是积德"的安全稽查价值导向深入人心,形成了具有鲜明特色的安全稽查文化;围绕行为养成,"李波教你做"等一系列安全文化教育载体纷纷涌现,"我要安全""我会安全"的浓厚氛围日益形成。

（三）实现了本质安全水平全面提升

"1+9+N"安全文化体系从文化导入、文化浸润、文化养成入手,全面落实安全责任、根植安全理念、规范安全行为、创新安全管理,实现了"安全教育不落空、安全意识不滑坡、安全责任不缺失、安全管理不缺位、安全监督不削弱、安全事故不发生"。近年来,公司积极应对电力供需形势严峻、电网建设规模空前、改革发展任务繁重等挑战,强化本质安全建设,加强安全风险管控,实现了湖北电网安全稳定运行40周年。尤其是2022年,面对前所未有的长时间、大范围的极端高温天气"烤验",国网湖北电力人全面践行"务实尽责,共享平安"的安全理念,保安全、保供电,以坚决有力的行动实现了"安全你我他幸福照大家"的安全愿景。该公司涌现出全国安全文化建设示范企业国网黄龙滩电厂、湖北省安全文化示范企业国网随州供电公司、湖北省十大安全生产示范企业国网湖北超高压公司等一批先进集体。

四、结语

安全文化建设是一项长期性、系统性、复杂性的工程,相比较核电、民航领域具有国际统一的安全文化体系框架,电网企业在国际上尚未建立统一的安全文化体系框架,更需要守正创新、久久为功。安全文化建设规划需要明晰公司安全文化的内涵外延和建设目标,辩证处理好安全文化建设的"五个关系",统筹规划建设公司安全文化体系,以及建立完善安全文化建设的保障机制。国网湖北电力"1+9+N"安全文化体系以文化聚力赋能,固安全生产之基;有利于加强安全文化建设,助力企业高质量发展;以"软文化"滴水穿石之力,助力安全生产久久为功。

二等奖

房地产开发企业安全文化建设路径探析

华润置地（南京）有限公司　王龙骏　张　健　张　力　单超凡　董　超

摘　要： 近年来，随着我国建筑行业的迅速发展，安全管理问题越来越受到广泛的关注。尤其是近期国家监管力度加大，更加凸显出这一领域存在的问题和缺陷。对于地产企业来说，安全文化建设是确保员工人身安全和企业形象的重要措施之一。本文以华润置地（南京）有限公司（以下简称南京片区公司）为研究对象，分析其在安全文化建设方面的经验，旨在为企业安全文化建设提供有益思路和实用措施，进而提升员工的人身安全和企业责任感，使企业能树立起良好的形象。

关键词： 安全文化建设；地产企业；安全生产责任制；员工安全意识

随着社会经济的发展，建筑行业不断壮大，其安全问题也随之增加。为了满足社会发展需求和企业利润追求，很多地产企业都忽视了安全施工。这不仅会带来人身安全隐患，还会影响企业的声誉。因此，企业安全文化建设日益受到各界重视。

一、房地产企业安全文化建设的背景

（一）行业背景

1. 房地产行业的特殊性质

房地产行业是一个涉及人民生活基本需求的行业，具有很强的公共属性和社会责任。同时，房地产项目的建设涉及多个领域，如土地使用、规划设计、施工监管等，具有复杂性和高风险性。因此，房地产企业需要建立健全的安全文化，加强安全管理，以确保项目的安全稳定运营[1]。

2. 房地产市场的发展趋势

随着城市化进程的加速和人口增长，房地产市场呈现出快速发展的趋势。房地产企业规模不断扩大，业务范围不断拓展，同时也面临着越来越多的安全风险和挑战。例如，房地产项目建设过程中可能存在安全隐患，如施工安全问题、用电安全问题等；房地产销售过程中可能存在虚假宣传、欺诈销售等违法违规行为。因此，房地产企业需要加强安全管理，建立健全的安全文化，以应对这些风险和挑战。

（二）企业自身发展背景

随着房地产企业规模的不断扩大，企业经常需要同时管理多个施工企业开展项目建设。这些施工企业来自不同的地区、具有不同的管理标准和文化背景，因此在安全管理方面存在很大的差异性[2]。

在这种情况下，若没有建设健全的安全文化，项目建设过程中就容易出现安全风险和事故。

1. 施工企业管理标准不同

由于不同施工企业的管理标准可能存在着差异，施工企业在安全管理方面存在着不同的认识和做法。例如，某些企业可能对于安全管理的要求比较严格，而另一些企业则可能存在安全管理不到位的情况。因此，房地产企业需要建立统一的安全管理标准，对所有施工企业进行统一的安全培训和管理，以确保项目的安全稳定运营。

2. 施工企业管理文化不同

不同的企业，管理文化也存在差异。有些施工企业可能注重安全管理，将其视为企业的核心价值观之一，并且在企业文化中加以强调；而有些施工企业则可能将安全管理视为次要的事项，缺乏足够的重视和投入。因此，房地产企业需要通过安全文化建设，加强对施工企业的安全教育和培训，强化其安全意识和提高安全素养，以确保项目的安全稳定运营。

3. 需要建立统一的安全管理体系

考虑到不同施工企业之间存在差异性，房地产企业需要建立统一的安全管理体系，对所有施工企业进行统一的安全培训和管理。该体系应包括安全管理标准、安全责任制度、安全培训计划等方面的内容，以确保所有施工企业在安全管理方面达到相同的标准，并且能够有效地配合房地产企业的安全管理工作。

为了确保项目的安全稳定运营，房地产企业需要建立健全的安全文化，加强对施工企业的安全教育和培训，建立统一的安全管理体系，以确保所有施工企业在安全管理方面达到相同的标准[3]。

二、南京片区公司安全文化建设路径探析

（一）明确一个原则、两个标准化

南京片区公司依照安全发展、以人为本的安全基本原则，制定了企业安全管理两个标准化。

一是，EHS 管理状态标准化。南京片区公司开发项目施工现场 EHS 管理标准化以《华润置地开发项目 EHS 管理状态要求（v2.0）》内容要求为基础，结合南京片区公司以往的优秀做法，并融入行业内的优秀实践做法，建立南京片区公司开发项目施工现场 EHS 管理标准化，形成南京片区公司优秀实践案例库，并持续更新改进。

二是，EHS 管理行为标准化。南京片区公司以《华润置地华东大区开发项目安全关键节点管理规定》为基础，结合南京片区公司实际生产经营情况和 2022 年南京片区公司项目 EHS 管理课题，编制形成南京片区公司开发项目 EHS 管理签点放行机制和熔断机制。

（二）落实安全生产责任制

落实安全生产责任制是企业安全管理的核心。领导层应该负起最应该负的责任，因为决定企业安全与否的权力在领导层手中[4]。南京片区公司成功将此理念引入实践。

第一，公司建立了安全领导小组，直接领导各开发项目的安全文化建设工作。公司以城市为首的安全领导小组制定了详细的管理制度和安全技术措施，并明确了各部门在安全文化建设和管理中的具体职责。

第二，公司实行了生产安全一体化机制，以制定统一的管理要求。该制度将现场划分为属地责任区，在隐患整改及时率、隐患重复发生率和安全活动参与率等方面提出具体要求。

第三，公司制定了"十个一把手到现场 EHS 检查关注点"。

（三）增强员工安全意识和精细化管理能力

在企业建设安全文化的过程中，强化员工的安全意识和管理能力十分关键。如果员工的安全意识和管理能力不足，就会给企业埋下较大的安全隐患。因此，对员工进行安全培训是确保企业安全的必要措施。

根据 2021 年修订的《中华人民共和国安全生产法》，企业主要负责人、安全管理人员和从业人员都必须具备一定的安全管理知识和操作技能。南京片区公司采用了多种形式的培训方式来强化员工的安全意识和管理能力，包括"模拟法庭""标准化应急管理视频"和"大型机械标准管理"等培训活动。员工可以深入参与这些培训活动，在精神和行为层面得到震撼和改变，进而增强自己的安全责任感和安全意识。

南京片区公司将培训内容与实际工作相结合，以紧密结合企业的实际情况和工作特点为导向，编写安全文化口号，将所学到的安全知识和技能应用于日常工作中。这样可以使员工逐渐形成正确的安全观念和行为习惯，不仅增强了员工的安全意识，提高了员工的管理能力，还可以有效地预防和控制事故的发生，确保企业的安全生产。

此外，南京片区公司以置地精细化管理要求为基础，融入南京片区公司精细化管理要求，形成"南京片区公司九项精细化管理动作"，包括早班会、自检操、反思屋、无烟工地、网格化管理、样板先行、一把扫帚、亮证施工、亲情文化等创新动作。

（四）引导员工积极参与

员工的积极参与是建立企业安全文化的重要因素。在企业的安全管理中，员工不仅需要对自己的安全责任有足够的认识，还需要通过积极参与来推动企业的安全工作和事故预防。根据《中华人民共和国安全生产法》的规定，安全生产责任制必须全员参与，每个人都要落实自己的安全责任。因此，引导员工积极参与是企业安全管理的一个重要方面。

目前，很多企业由于没有建立全员参与的文化氛围，部门之间缺少有效沟通，因此员工对于安全工作的参与感并不强。针对这一问题，南京片区公司根据自身的文化特点营造认同和参与的氛围，引导和渗透员工明白参与安全的重要性，让他们参与安全管理的流程设计、制度制定等环节，并进行积极反馈。公司采用了"亲情文化"建设来增强员工的参与感和融入感。例如，在现场大门口设置亲情文化墙、播放家属嘱托视频，定期开展工地亲情开放日活动邀请员工家属到场视察施工环境和生活区，促进全员参与安全文化建设。通过这些举措，员工可以更深入地了解企业的安全管理工作，从而更加自觉地参与安全管理。此外，公司为员工提供必

要的安全防护装备等安全保障措施,让员工在工作中更加安心、放心,积极投身于安全工作。

（五）完善安全评审体系

企业安全管理是企业运营过程中不可或缺的重要组成部分,关系到员工身心健康和企业形象。为了提升安全管理效果和节约资源,南京片区公司安全管理部深入探究现状和成效,采用"六个一"安全检查计划,定期对各开发项目进行安全状态和行为检查。在安全检查过程中,公司严格执行警示教育、文件宣贯、总包约谈及项目访谈等措施,记录并解决出现的问题。该计划的实施旨在构建更加严密和高效的安全管理体系,预防或减少安全事故的发生,并保障员工身心健康,推动企业可持续发展。

除此之外,南京片区公司通过领导带队进行座谈、慰问,及时了解基层员工的想法和职业规划,拉近员工和领导之间的距离。这种方法有助于建立员工和领导之间的信任关系,提高员工对安全管理的认同感和积极性。企业安全管理应持续改进,遏制事故发生的长久之计是形成严密、高效的安全管理体系。因此,南京片区公司定期对检查发现的问题进行统计分类并晾晒,致力于消除安全检查中发现的同类问题,以构建更加安全可靠的工作环境,保障员工的身心健康。

三、结语

综上所述,地产企业的安全文化建设对员工身心健康和企业形象都有着重要影响。南京片区公司在安全文化建设方面采取了一系列创新性措施,包括落实安全生产责任制、引入先进的管理方法、增强员工的安全意识和提高员工的管理能力、引导员工积极参与以及完善安全评审体系等。未来,地产企业的安全文化建设需要加强标准化管理和信息共享,并完善安全教育和培训。南京片区公司将继续优化完善自己的安全管理体系,在不断改进中朝着更高水平前进,为员工创造更加安全稳定的工作环境,从而更好地服务社会。

参考文献

[1] 秋阿恒. 基于"施工现场安全管理"的企业安全文化建设 [J]. 居舍,2021(15)：149-150+178.

[2] 高威. 地产企业安全文化管理的创新思路研究 [J]. 商业文化,2021(04)：50-51.

[3] 崔俊阁. 加强地产企业安全文化管理的思考 [J]. 建筑工人,2020,41(12)：18-20.

[4] 刘雪. 建筑施工企业安全文化综合评价及应用 [D]. 上海：上海应用技术大学,2020.

化工行业央企投资公司安全文化现状及建设意见

中化学城市投资有限公司　张　豪　谢佳鑫　马　波　华　桐　胡　耀

摘　要：本文以化工行业央企投资公司安全文化为研究对象，通过对该类公司的安全文化现状、存在的问题进行深入分析，并结合当前的国家安全观，提出了相应的应对措施和建议，旨在为化工行业的安全文化建设提供借鉴和参考价值。

关键词：化工行业；央企投资公司；安全文化；国家安全观；建议与措施

一、引言

化工行业是我国的重要产业之一，对国民经济的发展起着至关重要的作用。但同时，由于化工产品的特殊性质，该行业也存在着严重的安全隐患，如火灾、爆炸、泄漏等。为了保障国家安全，维护生态环境及确保企业的可持续发展，央企投资公司在承揽项目的同时必须加强对安全文化建设的研究和实践。

本文将以化工行业央企投资公司为例，探讨这类公司安全文化的现状、存在的问题及应对措施，结合相关数据及案例并提出相应的建设意见，以期对化工行业的安全文化塑造起到一定的借鉴和参考作用。

二、化工行业、央企投资公司安全管理现状分析

（一）央企投资公司的安全文化现状

央企投资公司的安全文化主要包括安全生产、环境保护、资源利用、信息安全等方面。该类公司在安全文化构建方面取得了一定成绩，如制定了一系列的安全管理制度和规章制度、加强了员工的安全教育和培训、加强了安全检查和监督等。然而，央企投资公司在安全文化管理方面仍存在一些问题。

1. 安全意识不够强烈

部分员工对安全管理的重要性认识不足，公司存在着"安全意识淡薄"的现象，从而导致了一些安全事故的发生。

2. 管理规范不够严格

在一些具体的安全事故处理中，央企投资公司的安全管理规范不够严格，导致安全事件的发生和影响的扩大。

3. 应急处置不够及时

应急处置措施不够完善，一些安全事故的应对存在滞后性，导致损失加大。

（二）化工行业的安全文化现状

化工行业是一个高危行业，该行业内安全事故频频发生，不仅给企业造成了重大的经济损失，更是给社会安全造成了严重的影响。近年来，化工行业的安全管理已经得到了相应的重视，也取得了一定成效。但是，该行业在安全文化建设方面仍存在一些问题。

1. 管理体制不够健全

由于化工行业的特殊性质，管理体制不够健全，因此公司在安全管理上存在一定的漏洞。

2. 技术手段不够先进

化工行业是一个高科技行业，其技术手段的先进性直接影响着安全管理的效果。

3. 监管力度不够

化工行业的安全管理需要依靠政府的监管力度，但是当前的监管力度还不够到位，导致化工行业的安全管理存在一定的难度。

三、化工行业、央企投资公司安全管理问题分析

央企投资公司的安全管理和化工行业的安全管理存在着一些共性的问题，如管理规范不够严格、应急处置不够及时等，同时也存在着一些特殊的问题，如化工行业的技术手段不够先进、监管力度不够到位等。这些问题的存在，直接影响着企业和行业的安全管理，需要针对性地进行解决。

（一）近年来国内化工、建筑等相关行业央企安全管理相关数据

1. 化工行业安全生产现状数据比对图表

不同时间段化工行业的安全生产现状对比如

表1、图1所示。

表1 不同时间段化工行业事故与伤亡人数统计表

年份	事故数目	死亡人数	受伤人数
2020	23	19	87
2021	17	11	71
2022	21	18	77
2023	16	10	62

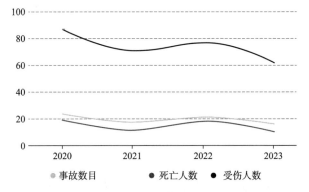

图1 不同时间段化工行业事故与伤亡人数折线图

2. 央企投资公司安全生产数据比对图表

不同央企投资公司的安全生产情况如表2、图2所示。

表2 不同央企投资公司往年事故数目及伤亡人数统计表

公司名称	事故数目	死亡人数	受伤人数
A公司	2	0	5
B公司	3	1	10
C公司	1	0	3
D公司	0	0	1
E公司	2	2	7
F公司	1	1	12
G公司	3	1	9

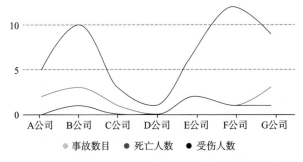

图2 不同央企投资公司往年事故数目及伤亡人数对比折线图

3. 央企投资公司安全管理措施数据比对图表

不同央企投资公司的安全管理措施情况如表3、图3所示。

表3 不同央企投资公司的安全管理措施统计表

公司名称	安全培训次数	安全检查次数	安全投入金额（万元）
A公司	10	5	5
B公司	15	7	8
C公司	8	3	6
D公司	12	4	3
E公司	11	5	6
F公司	20	10	9
G公司	7	4	4

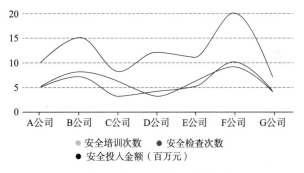

图3 不同央企投资公司的安全管理措施折线图

4. 安全培训情况数据比对图表

不同央企投资公司的安全培训情况如表4、图4所示。

表4 不同央企投资公司的安全培训及投入情况统计表

公司名称	员工数目（千人）	培训次数	培训费用（万元）
A公司	2	5	5
B公司	3	7	8
C公司	1.5	3	6
D公司	2.5	4	3
E公司	1.1	5	6
F公司	2	10	9
G公司	2.6	4	4

5. 安全投入金额占比数据比对图表

不同央企投资公司的安全投入金额占比情况如表5、图5所示。

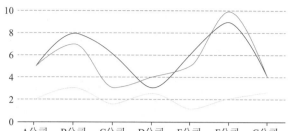

图4　不同央企投资公司的安全培训及投入情况折线图

表5　不同央企投资公司的安全投入
金额占比统计表

公司名称	安全投入金额（万元）	总投入金额（万元）	安全投入占比
A公司	5	100	5.00%
B公司	8	120	6.67%
C公司	6	100	6.00%
D公司	3	40	7.50%
E公司	6	140	4.30%
F公司	9	173	5.20%
G公司	4	91	4.40%

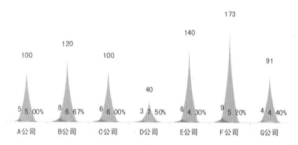

图5　不同央企投资公司的安全培训及投入资金柱状图

（二）化工行业央企投资公司安全管理案例分析

一家化工行业央企投资公司，因为多次发生安全事故，导致人员伤亡和财产损失，公司决定进行安全管理方面的改进。

1.安全培训方面

该公司在安全培训方面存在不足，员工对于安全知识了解不够，缺乏安全意识。为了解决这个问题，公司决定增加安全培训次数和培训内容。公司制定了全员参加的安全培训制度，并且增加了足够的安全培训预算，确保每位员工至少接受一次安全培训，增强员工的安全意识和技能。

2.安全生产管理方面

该公司在安全生产管理方面存在不足，安全生产检查不够严格，安全生产标准不够明确。为了解决这个问题，公司增加了安全生产检查次数，制定了更加明确的安全生产标准和规程，并且加强了对相关人员的安全生产培训。此外，公司还建立了安全生产责任制，明确了各级人员的安全生产职责和责任。

3.安全设施更新方面

该公司在安全设施更新方面存在不足，部分设施老化甚至存在安全隐患。为了解决这个问题，公司决定增加安全设施的投入，及时更新老化和存在安全隐患的设施，使安全生产具备基础设施。

经过一段时间的改进后，该公司的安全生产工作得到了有效改善，事故发生率明显下降，员工的安全意识和技能得到了增强，安全设施的更新和投入为安全生产提供了基础保障。

4.安全事件报告和处理方面

该公司在安全事件报告和处理方面存在不足，对于发生的安全事件反应不够及时和有效。为了解决这个问题，公司建立了安全事件报告和处理制度，明确了安全事件的报告和处理流程，加强了对安全事件的监管和处理，确保了安全事件能够及时得到处理和解决。

5.安全文化建设方面

该公司在安全文化建设方面存在不足，缺乏对员工的安全文化教育和培训。为了解决这个问题，公司采取了多种措施，如设立安全文化月等活动、组织安全知识竞赛、制作安全宣传片等，不断弘扬安全文化，增强员工的安全意识和文化素质。

综上所述，这家化工行业央企投资公司在安全管理方面存在多方面问题，但通过加强安全培训、安全生产管理、安全设施更新、安全事件报告和处理、安全文化建设等多个方面的改进，公司成功提高了安全生产水平，降低了事故发生率，保障了员工和财产的安全。

四、应对措施

（一）加强安全意识教育

央企投资公司应该加强对员工的安全教育和培训，增强员工的安全意识。同时，要加强对新员工的安全培训，确保他们能够熟悉公司的安全管理制度和规章制度，避免因为员工不了解公司的安全规定而发生安全事故。

（二）完善管理规范

央企投资公司应该进一步完善公司的安全管理

制度和规章制度,严格落实安全管理要求,确保安全管理规范执行。同时,要加强对管理者的监督,确保管理者能够认真履行安全管理职责。

（三）加强技术手段建设

化工行业需要加强技术手段的建设,提高安全技术的先进性。央企投资公司应该加大科研力度,不断推进企业安全技术的研究和应用,提升企业的安全管理水平。

（四）加大监管力度

化工行业需要政府监管,政府应该加大对化工企业的监管力度,对企业的安全管理进行全方位的监督和检查。央企投资公司应该积极配合政府的安全监管工作,确保企业的安全管理符合相关法律法规的要求。

五、加强安全文化建设的建议

（一）加大安全管理的投入

央企投资公司不仅应该加大对安全管理的投入力度,也应该加大安全管理的经费和人力投入,提高企业的安全管理水平。一是在管理上树立持续投入、不断改进质量的意识,防止投入后管理缺失、事倍功半。二是严格落实安全投入,不要影响隐患整改。三是对安全设施进行维护、保养、更新,使其满足生产安全的保证条件;对人员知识、技能、意识进行教育、培训,使其掌握生产、安全知识和技能,自觉遵章守纪,实现"我要安全""我会安全""我能安全"。四是实施科学、实用的管理方法,对安全设施开展预防性维护、定期的安全检查、功能评估和检测、更新升级,保证安全设施功能完整、可靠。

（二）建立安全管理体系

央企投资公司应该建立完善的安全管理体系,包括安全管理制度、安全管理机构、安全管理人员等,确保安全管理工作有条不紊地进行。一是加强全面系统谋划,制定企业安全体系发展规划,部署重点任务。二是深化体系改革,探索建立企业安委会领导下的安全管理组织新力量,强化安全生产工作年度考核结果运用,推动健全部门协同工作机制,健全完善安全生产举报制度。三是实施科技兴安,深入探索"机械化换人、自动化减人"科技强安。

（三）加强与社会的沟通

央企投资公司应该加强与社会的沟通,积极与相关部门和机构合作,共同推进安全管理工作,为保障国家安全和人民生命财产安全作出贡献。一是更加健全公众沟通体系。建立地方参与、企业作为、公众学习的安全公众沟通机制,建立"科普宣传、公众参与"的工作模式,逐步构建上下联动、左右协同、多方参与的公众沟通体系。针对安全预防预控、应急联动、地企联合等方面制定工作指南,指导沟通工作规范化开展。二是持续推进科普宣传。在全社会广泛开展安全宣传教育,充分利用科普教育基地,积极探索参建人员讲安全、懂应急新模式。借助"6·16"安全宣传咨询日、"11·9"全国消防日、职业病防治宣传周等节日,广泛宣传动员,推动政企联动、企企联动,大力推进安全生产形势持续稳定向好。

六、结语

本文主要以化工行业央企投资公司安全文化建设为研究对象,通过对企业和行业的安全文化现状、存在的问题及应对措施进行分析,提出了相应的建议和措施。通过本文的研究,我们可以看到,安全文化建设是一个长期的工程,需要央企投资公司和整个化工行业的共同努力,才能够有效地维护国家安全、保障国民经济运行。我们相信,通过央企投资公司和化工行业共同努力,企业安全文化的塑造工作一定会取得更好的成绩。

七、致谢

感谢本次研究的指导老师和相关专家学者的指导,感谢央企投资公司和化工行业的相关人员提供的数据和资料。本研究的不足之处还请各位专家学者和读者指正,大家共同进步。

参考文献

[1]郭晓旭.央企安全管理的研究[D].青岛:中国石油大学（华东）,2015.

[2]李红.化工行业安全管理分析[J].安全与环境学报,2017,17（5）:92-96.

[3]张志军,赵亮.从安全管理的角度谈央企投资公司的安全管理[J].中国央企投资,2018,29（3）:104-107.

落实落地"能本"文化 确保公司本质安全

浙江浙能北海水力发电有限公司 韩卫强 陈荣洲 范志远 刘华良 周伟明

摘 要：发展能源是为了能源安全，安全是能源企业的本质要求。安全文化是公司在长期安全生产实践活动中形成的安全价值理念、定向思维方式、行为习惯准则等的总结与提炼，是公司文化体系的有机组成部分和重要文化之一，也是公司全体员工在安全生产方面的思想引领、文化要求和行动指南。

关键词：本质安全；精神内涵；文化体系；主要措施

一、概述

浙江浙能北海水力发电有限公司（以下简称北海水电）全体员工以习近平总书记对滩坑水电站建设作出的重要指示精神为根本指引，充分践行浙江省能源集团有限公司"能本"特色安全文化理念体系。北海水电建设"能本"安全文化，坚持走"内化于心、外化于行"之路，全面构建企业与社会、员工，员工与制度、组织、设备、环境，乃至员工内心方面的"和谐"，促进企业、员工尊重安全生产客观规律，遵守安全法律法规、安全生产规章制度，时时处处做到自觉"守规"。

（一）"能本"安全文化的精神内涵

北海水电通过不断加强安全培训、教育、宣传工作，增强全员安全意识、提高安全技能；不断加大安全投入，提高安全装备水平和数字化管控，确保作业过程和生产系统的本质安全，引导广大员工树立"能本"安全价值观，使员工真正"内化于心、外化于行"地正确理解安全工作，使之成为全员共同的安全价值取向。其中，"内化于心"是公司决策层、管理层、执行层安全意识、安全态度、安全习惯、安全技能的综合体现。"外化于行"是安全法律法规、安全管理制度、安全行为规范贯彻执行的具体表现。而"内外如一，知行合一"则检验决策层决策可行、考察管理层管理实效、培养执行层执行自觉。"内和知"是北海水电对安全生产客观规律的科学认知，包括对安全法律法规、安全生产管理规则、安全行为规范等方面的理解，并将其内化于心，融入企业血脉，传承文化基因。"外和行"演化为北海水电的制度载体、管理载体、环境载体、物质载体，融入决策层、管理层、执行层的自觉行为。

（二）理念体系概述和核心安全理念阐述

"能本"安全文化体系继承了浙能集团安全文化宝贵财富，归纳形成了"13313"安全文化体系，即一个文化定位、三大价值导向、三层行为规范、十三条重要安全管理原则，同时还将国内外较为先进的安全理论观点、安全标识与应急知识容纳其中。北海水电通过紧紧围绕"能本"安全文化主题，以"植于心、践于行、立于预、安于本"为核心安全理念，将"安全第一、环保优先、预防为主、综合治理"作为安全工作方针，认真学习，深入践行，逐渐形成"我能安全、我会安全、我要安全"的认知和本领，为集团安全文化建设奉献智慧力量。

1."植于心"

每一名北海水电员工都将自身的安全承诺、安全责任铭刻在心，理解并真心认同安全理念体系，用它们指导自己的言行。

2."践于行"

君子有所为有所不为，每一名北海水电员工都知责、明责并且尽责，做自己该做的事，不做不应该做的事，不制造、不传递、不纵容任何一个事故隐患。

3."立于预"

"君子以思患而预防之"，每一名北海水电员工都意识到控制风险、避免事故的关键在于预防，要重视风险的预估、预测、预警，切实做好各项事故预防工作。

4."安于本"

北海水电通过推进安全技术促进设备设施和环境的本质安全，通过"安全三化"促进管理的本质安全，通过塑造有君子品格的本质安全人，构建本质安全组织，实现持续安全发展。

二、主要措施

（一）"能本"安全文化以"安全三化"为根基

"安全三化"，即安全生产标准化、安全行为规范化、安全管理精细化。北海水电以安全生产标准化为基础做实生产安全管控，以规范化为标准做到全员习惯性遵章，以精细化管理为要求做好持续改进。"安全三化"是安全文化树的根，唯有扎深根基，才能生机勃发。

（二）"能本"安全文化以"四大体系"为树干

"四大体系"即理念体系、物质体系、制度体系和行为体系，它们代表着安全生产的精神、物质、体制和具体行动，是安全文化树的树干。"能本"安全文化建设，科学务实的理念体系是内核，行之有效的载体体系是支撑。北海水电安全文化建设重"内和知"，更重"外和行"，它以提升全体员工安全素养为核心，以五大载体为抓手，营造了"自上而下倡导，自下而上滋养"的安全文化氛围，为企业安全生产提供了重要支撑。

（三）制度载体建设

以国家、行业关于企业安全文化建设的指导意见、评价标准为准则，北海水电制定了安全文化建设的相关文件，编发了安全生产责任制、安全检查、安全绩效考核、相关方管理办法等一系列安全规章制度。制度的建设初衷处处体现了以人为本的思想，时时呵护员工的安全与健康，追求作业环境的高标准，拓展员工参与安全管理的平台，广泛吸纳员工的安全建议。制度的形成均经历了小组草拟、集体讨论、发布试行、反馈再修改的闭环模式，涉及全员的制度经过了职工代表大会的表决实施。制度在落实过程中，均要在公司、部门、班组安全活动中学习、宣贯，并置于日常安全生产检查和考核中，采用培训宣贯、讨论学习等方式，最终使其根植于员工内心深处。最终，制度被员工接受并自觉遵守，安全文化成为员工主动安全的软约束。

（四）组织载体建设

北海水电成立了安全文化建设领导小组，下设办公室和工作小组，常态化开展安全文化建设工作。领导小组向下传递安全价值观，引领全员参与安全文化建设，向员工作出安全承诺，以实际行动兑现落实。公司、部门、班组召开安委会、安全例会、三级安全监督网会，始终将安全文化建设作为重要议题，使安全文化顶层设计向基层、向生产班组不断延伸。行业安全文化建设的重点在企业，而企业安全文化建设的落实靠班组。北海水电班组安全文化建设特点是，将安全考核作为班组长、班组人员岗位晋升、评优的主要指标，通过班前会、班组学习等模式管控岗位人因风险，将三讲一落实、安全技术两交底活动固化于班组作业流程中，高密度设立班组安全文化宣传阵地，使安全文化充分融入基层员工思想意识。

（五）环境载体建设

北海水电在推行"7S"管理和安全可视化的基础上，制定了生产现场精细化管理标准，要求生产现场按照"定置、编码、标识、看板"四项技术及"整理、整顿、清扫、清洁、安全、素养、节约"的"7S"要求进行规范管理。开展发电设备安全文明整治行动、厂区美化全员义务劳动、全员义务植树等活动。充分利用安健环系统、水电厂人机安全巡检生态系统、物资采购招标系统、智能点巡检管理信息化系统、两票管理信息化系统，让信息化为安全文化、安全管理赋能，探索从全面风险管理到隐患排查治理，再到两票作业应用的数字化、智慧化电厂建设路径。

（六）物质载体建设

北海水电不拘泥于传统的安全教育培训手段，组织员工体验事故 VR 系统，将受限空间、高处坠落、机械伤害等行业频发的事故用虚拟场景展现出来，使员工有受教兴趣、有切身体会，从而增强其风险防范意识，还通过购买学习书籍、"以赛促学"等方式，加强公司员工对新版《安全生产法》等安全生产相关法律法规的学习，逐步增强全员全岗位安全生产法定责任意识，进一步提高安全生产管控能力。

（七）传播载体建设

为加强"能本"安全文化的宣传，北海水电组织开展题为"围绕八个一流强企，如何做好机组 B 修的安全、进度、质量管理"的无领导小组讨论活动，锻炼员工组织协调能力、口头表达能力、辩论的说服能力等各方面的能力和素质，夯实安全生产的基础；组织开展公司首次安全生产辩论赛活动，通过这个新颖的方式助力全体员工增强了防患于未然的安全意识，进一步转变安全工作理念，为创建生产一线生产安全文化营造良好氛围；组织开展组织"安全生产知识"竞赛，公司员工全员参加，本次竞赛"动真格"：全场集中、限时、闭卷、统一改分,第一时间公布得分结果,本次全员闭卷答赛助力和促进水电一线员工深入学习,增强安全、依法经营工作学习的意识,在工作中查漏补缺、举一反三、服务实践,尤其是通过检测,广大员工更清晰地认识、思考、重视安全的重要性,以新的精神面貌投入工作实际中。公司还采取领导定期参与班组安全活动、部门主要领导长期挂靠班组指导工作、师带徒老带新的特色安全文化传播机制,使"能本"安全文化成为全员文化,成为公司基因。

三、主要亮点

（一）确立了全员对安全文化的信仰

截至 2023 年 6 月 30 日,北海电力连续安全生产 5430 天,安全生产形势平稳有序。这个骄人成绩的取得,归功于公司对安全文化的建设。而安全文化建设的重中之重又在于建立员工安全信仰。北海水电长期致力于建设全员安全信仰,以预防事故为目标,将安全文化建设深入企业生产经营内部,使决策层、管理层、执行层认可并接受安全文化核心价值理念,拓展安全认知,并逐步确立安全信仰。为提升全员对"能本"安全文化的信仰度,北海水电全员统一思想、统一认识、统一行动,以培养、教育、演练等多种方式,让安全文化建设真正服务于广大员工,让全员体会到安全文化氛围,并在心理上接受并认可安全文化,相信好的安全文化能够避免事故发生,促使员工从被动安全向主动安全转变。

（二）做好了外包单位的同质化管理工作

北海水电首先是把好"五关",即源头选择关、安全培训关、现场监督关、思想教育关、业绩评价关。其次是强化"属地"管理,即班组管理的延伸,等同对待,对其安全工作统一组织、统一协调、统一管理、统一监管,再者是延伸文化,持之以恒将企业安全文化理念涵养到外委单位中,交流互鉴、携手共进。最后是将"安全三化"贯彻到项目外委单位安全管理中,夯实安全基础、扎实安全管理,使外委单位同步践行"能本"安全文化。在 2022 年"安全生产月"期间,公司再次组织全体职工和外包项目人员一起观看《生命重于泰山——学习习近平总书记关于安全生产重要论述》电视专题片和安全生产月警示教育片,该教育片系统回答了如何认识安全生产、如何做好安全生产工作等重大理论和现实问题,为员工今后做好新时代安全生产工作指明了方向。

四、下一步工作规划

一是使公司各级成员全面认同"能本"安全文化理念。组织力量,积极梳理企业安全生产制度与"能本"安全的契合与实施情况,完善并严格执行相关制度。

二是使公司全员的日常行为与"能本"安全文化保持一致,即积极践行"能本"安全理念所倡导的行为。对公司全员的日常行为进行监督检查,对不符合集团"能本"安全行为规范的行为进行及时干预与纠正。

三是使公司全员在长期践行"能本"安全文化的基础上,把习惯变成自然,直至形成与"能本"安全文化相符的安全信仰。对符合"能本"安全理念的组织成员的安全价值观与行为等进行重复强化与持续改进。

四是根据集团安全文化建设的总体形势和需要,公司将及时制定"能本"安全文化落地实施任务清单,并结合安全生产需要和任务清单工作要求,使安全文化在理念、制度、行为、环境等各个层面上都得到有效推进,全面落实"能本"安全文化建设工作部署和公司安全文化实施纲要的内容,推进"能本"安全文化在公司的全面落地。

强化班组安全管理　推进安全文化建设

国网浙江省电力有限公司龙港市供电公司　王　璐　王　捷　陈加银　翁盛和　陈梦翔

摘　要：班组安全管理在电力行业中举足轻重，是推进企业安全文化建设过程中的关键环节，生产任务的完成不能以牺牲人的生命或健康为代价。本文从班组安全教育质量、班组安全建设、班组安全教育方法三个方面分析了如何强化班组安全执行性，践行本质安全理念，助推安全文化建设。

关键词：班组安全管理；安全文化；安全教育质量；安全建设；安全教育方法；本质安全

一、强基固本狠抓安全教育质量

安全文化是企业的灵魂，企业要发展壮大，必须形成独有的安全文化。在推进安全文化建设的过程中，班组安全教育一直以来很容易被人忽视，人们往往都是在教训发生之后，付出了惨痛的代价，才后悔当初安全教育不到位。安全教育不到位导致重大安全事故的例子比比皆是。2023年5月18日，由国网济南供电公司建设管理、山东送变电公司施工的长清—文昌220千伏线路工程，在带电跨越10千伏拆旧过程中发生了一起触电事故，造成3名劳务分包人员（分包单位为四川省广安江泓输变电有限公司）触电身亡事故。事故暴露出作业现场安全风险管控不到位、现场勘察不细不实、安全事故教训吸取不深刻等问题[1]。其中，一个重要原因就是现场安全教育培训不到位，安全管控不力。无独有偶，2023年4月9日，蒙东1000千伏检修作业施工人员在临时采取安全绳挂环交替挂脚钉方式下塔过程中发生高坠死亡事故，以及2022年"4·9"国网西藏电力墨脱县供电公司人身死亡事故、"4·16"国网四川电力眉山供电公司人身死亡事故、"4·22"宁夏送变电公司人身死亡事故等。在这些事故中，普遍的共性之一便是现场作业人员接受安全教育培训不充分，安全生产意识淡薄，把"生命至上，人民至上"理念抛之脑后，存在侥幸心理，最终造成悲剧。假如事故前工作负责人对施工人员的安全教育到位了，施工人员树立了牢固的安全意识，还会去触碰安全红线吗？一定不会。

那么，是否对班组成员进行了相关安全教育培训就可以了呢？毋庸置疑，这样往往是不够的。不能为了安全教育而进行安全教育，形式主义的安全教育更具安全风险。要积极研究如何提高安全教育质量，使员工由被安全教育转变成主动寻求安全教育。这个过程周期较长，一般要经过长时间的潜移默化，才能有效提高班组成员的安全商（指个体应对现场各种情况的合规处置能力和危机意识）。而提高安全教育质量，就要从安全教育的内容、形式、时机等几个方面来着手。

首先是安全教育的内容，由于班组成员文化水平参差不齐，所以安全教育的内容应该要满足大多数人的要求，要简明易懂，不故弄玄虚，不存在语义分歧。安全教育的形式应该多样化，如安规条规的宣贯等。除了定期给班组成员进行调考和"一问一答"等传统模式，还可以应用新的媒介，如微信公众号等进行每日一学推送，将枯燥乏味的条款，通过案例配卡通插图或动画的形式来更直观形象地表达，从而便于班组成员吸收理解，或者开展每日饭后小憩学习活动，通过班组成员之间相互出题、互问互答的形式，创造浓厚的学习氛围，让班组成员时刻都在学习，时刻都在进步。又如，通过举办安全知识竞答，如2023年全国安全生产月"人人讲安全个个会应急"知识竞赛，对积分排名靠前的人员给予一定物质奖励，激发员工参与积极性，而不是到了要《安规》普考、安全知识调考了，才临时抱佛脚，应付了事。打铁要趁热，安全教育在恰当的时机开展尤为重要。譬如，班组的现场工作安全交底，只能是在检查确认了现场安全措施无误之后，开展安全教育，然后再许可工作。工作中断之后，再次动工前需重新开展安全教育。再譬如，新入职的员工应该在其刚进入公司就适时接受三级教育，考核合格了方允许其开展工作。否则，等到其触犯了某一安全红线再进行安全教育，往往是亡羊补牢，为时已晚。因此，未雨绸缪，多角度地找准时机开展安全教育，将安全生产理念植入人心，使安全生产变成工作人员的一种职业态度，对于事故的防范具有重要意义。

二、生命至上强化安全教育建设

班组安全的一切规章制度或措施制定，都是以人为核心的，坚持以人为本的原则，保障人的生命安全与健康是班组安全建设的宗旨。首先需要树立良好的安全意识，班组成员只有重视安全、固化安全生产理念，才会由内而外、从始至终地将安全意识贯穿于工作生活当中。可见，只有班组成员的心态是安全的，他们在工作中的行为才有可能是安全的，这样，安全规章制度才会真正得到落实。例如，国网浙江省电力有限公司龙港市供电公司的服务管控中心、港城供电所、新港供电所、昌盛龙港分公司等都下辖多个一线生产班组，龙港作为濒海地区，几乎是每年台风的必经之地，安全风险不言而喻。每个班组成员除了掌握过硬的专业本领和岗位技能，还要树立牢固的安全生产理念。而各生产单位的第一责任人更应该具有前瞻性的安全观，合理布置人员的工作任务，做好安全风险的防控措施。

此外，掌握每个班组成员的安全精神状态尤为重要。飞行员每次起飞前都需要进行健康状态评估，如果有各方面身体、心理的不适，均不得起飞，这既是对自己，也是对旅客的安全负责。公司一线生产班组可以借鉴这种模式，定期由专业的心理评估师对各班组成员开展安全心态测试，个人因家庭、身体原因等短期内无法胜任工作的，给予调休缓解，保证在岗人员均是最佳精神状态。班组长和安全员需要随时观察班组成员的状态，善于理解班组成员的不良情绪，把班组建设成一个温馨的大家庭，使每个班组成员都能够精神饱满，以最佳状态投入工作中，将人为安全风险降到最低。

各一线生产班组对电网安全风险、作业安全风险的管控同样离不开人的安全理念。班组成员需要牢固树立电网、设备、人身安全意识，严格落实岗位安全生产责任制，做到三不伤害。要着力增强自我保护意识，熟悉工作任务和岗位技能，严格落实《安规》、"两票三制"、十不干、安全生产反违章工作管理办法、国网公司关于进一步规范和明确反违章工作有关事项、易犯严重违章防范措施等文件规定。正确佩戴和使用劳动保护用品，保证不伤害自己。要注意周围安全状况，发现安全隐患和其他险情要及时处理并向管理人员汇报，杜绝不安全行为，特别是多人作业场所更要关注他人安全，保证不伤害他人。最后，还要预见别人可能对自己造成的伤害，并做好防范措施，拒绝违章指挥，避免被他人伤害。

三、开拓创新探索安全教育方法

服务管控中心调控运行班组成员有行政班和轮班之分，国网浙江省电力有限公司龙港市供电公司的港城、新港等基层供电所及昌盛龙港分公司生产一线班组，因现场勘察、保供电、施工作业等诸多工作任务，很难一次性聚齐所有班组成员，对班组成员的安全教育内容和形式可能无法同时满足所有人。就目前各单位班组安全教育情况来看，普遍存在班组安全活动形式单一、内容匮乏、学习成效不佳等现象。班组长或安全员照本宣科洗脑式的教育已经无法达到预期的宣传教育效果。此外，部分学习内容仅仅是搬运了上级下达的安全文件，没有充分结合本单位的安全生产实际情况，这样开展的安全教育缺乏针对性，无法真正达到安全理念"入脑入心"，也无法满足各单位班组成员对安全教育的实际需求。因此，探索高效可行的班组安全管理办法迫在眉睫。

一方面，要加强班组成员的安全教育培训，提高班组成员的安全商，打造"人人都是安全员"的局面。但个人的力量毕竟有限，只有所有班组成员都完成"要我安全"到"我要安全"的转变，班组的安全才有保障。要建立健全班组安全激励约束机制，在安全工作中做到奖惩分明，按照"尽职免责，失职追责"的原则，对未完成年度安全目标、发生安全事故（事件）、安全责任履责不到位、发生重复性违章等失责情况的单位及个人进行责任追究和处罚。按照党政同责、一岗双责的原则对责任单位有关领导班子成员进行同奖同罚。同时，安全奖励要向"三种人员"等一线生产人员倾斜。保持严抓、严管、严考核基调，对发生安全事故和责任事件的照单追责，对重复发生、性质恶劣的事故事件提级考核。通过重奖重罚，真正做到"奖到心动，罚到心痛"。

另一方面，要不断开拓创新安全活动开展形式。比如，通过座谈沙龙让班组成员都参与到安全活动的互动交流中来，改变以往班组长或安全员一个人唱独角戏的局面。大家踊跃发言，各抒己见，在一个轻松愉悦的氛围下，完成安全活动任务。此外，通过邀请权威部门的专家如上级单位安全专家开展针对性安全讲堂、安全专题培训等活动，让一线生产人员能够直接接触到安全管理内容，明确本单位、本班组安全管理方面的不足，夯基础、补短板、强弱项，稳步提升班组安全能力。通过故障处置"头脑风暴"、岗位技能竞赛、公司"育苗龙腾"一对一师带徒等方式，开展"全覆盖"警示教育，深入剖析在安全意识、责任落实、技能水平、制度执行等方面存在的不足。对照国网公司汇编的"两个案例"（典型事故事件案例、典型违章案例），举一反三地查找和分析本专业、本岗位的管理薄弱环节、现场安全风险点，形成风险管控清单，有针对性地制定防范措施，进一步夯实安全管理基础。

此外，细化班组安全建设要求，提高班组安全执行力也是一个好的方法。针对不同的岗位，安全要求不能千篇一律。要善于掌握不同岗位工作中可能存在的安全隐患，制定合理可行的应对措施。不能走笼统的条款主义路线，应该具体到某一项工作任务。参照春秋检、安全性评价、安全生产巡查等安全检查任务明细表，根据岗位工作标准，细化工作任务，形成安全隐患排查分析表。滚动修编岗位安全隐患表，定期分析各岗位存在的安全隐患，层层落实、细化分解、到岗到人，逐类逐项明确隐患整改责任人和整改期限。建立"隐患整治评估固化整改成效"工作机制，提高隐患整改质量和整改成效。达到"发现一个隐患，深入排查一类隐患，提出针对性治理意见，跟踪督办落实隐患闭环整改，组织评估隐患整改成效，固化形成典型长效工作模式"的目的，切实提升公司安全管理水平。

总之，近年来安全生产形势严峻复杂，安全文化建设势在必行，这些都对班组安全管理提出了新的要求。班组安全管理不能走老路，要积极探索新技术、新方法在安全管理中的应用，重视安全教育的质量；以人为本，完成班组成员安全理念蜕变；直面短板，细化安全生产任务。实现班组安全可控、能控、在控，着力提升班组本质安全水平，全面推进安全文化建设落地。

厚植安全文化
构建"三维三级三体系"管理模式

国网河南省电力公司超高压公司 彭 勇 李 晨 唐志芳 张 帅 杨梦丽

摘 要：文化是人类精神财富和物质财富的总称，安全文化和其他文化一样，是人类文明的产物。安全文化就是安全理念、安全意识及在其指导下的各项行为的总称，主要包括安全观念、行为安全、系统安全、工艺安全等，具有凝聚、导向、激励、约束、教化、润滑、辐射、增效等多种功能。在企业内部，安全文化对于安全生产工作具有重要的指导性作用，需要我们将安全责任落实到企业全员的具体工作中，通过培育员工共同认可的安全价值观和安全行为规范，在企业内部营造自我约束、自主管理和团队管理的安全文化氛围，最终实现持续改善安全业绩、确保安全生产长周期稳定的目标。

关键词：安全文化；理念；意识；"三维三级三体系"；大安全

一、安全文化价值体系

国网河南省电力公司超高压公司（以下简称超高压公司）安全工作以习近平新时代中国特色社会主义思想为指导，坚持"人民至上、生命至上"，牢固树立国网公司"安全第一、人人尽责、重在现场、事前预防、真抓实干、铁腕治安、久久为功、守正创新、安全效益、共享平安"的十大安全理念，坚决贯彻省公司"两个不出事"和"四个百分之百"的根本要求；把牢公司作为"河南电网主动脉、安全生产主阵地、运维检修主力军"的发展定位，锚定"建设政治可靠、安全可信的专业化现代设备管理公司"的发展目标，不断厚植"安全保证体系""安全保障体系""安全监督体系"协同并进，以及"党政工团齐抓共管"的"大安全"观念。

二、安全文化构成及基本内容

超高压公司以习近平总书记提出的"两个至上"为指引，以国网公司的十个核心安全理念为基础，以省公司的两个不出事为导向，以党政工团齐抓共管为抓手，形成了以"内化于心学安全""外化于行保安全""固化于制管安全"为核心的安全文化。

（一）培育"三个维度"的安全观念

以专业管理提升和规章制度执行为抓手，持续强化员工"不违章"的能力和遵章守纪的自觉意识，推动员工从"被动安全"向"主动安全"转变，让员工把"安全第一"的理念上升为思想自觉、行为自觉，将安全文化内化于心、外化于行、固化于制（图1）。

图1 "三个统度"的安全观念

（二）强化"三个层级"的安全意识

公司层面要树立人民至上、生命至上的安全决策信念；工区层面要树立所有事故都可以避免、所有风险都可以控制、所有隐患都可以消除的安全管理信念；班组层面要树立遵章守纪、敬畏安全的安全工作信念。通过层层控制，层层落实，全体员工牢牢树立"遵章守纪光荣、违章违纪可耻"的安全意识（图2）。

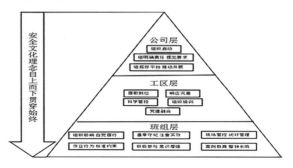

图2 "三个层级"的安全意识

（三）坚持"三个体系"结合的系统思维

构建"安全保证体系""安全保障体系""安全监督体系"相互协同的三大体系。即变电部、输电部、综合服务中心及各生产单位贯彻"管业务必须管安全"原则，履行安全生产主体责任；组织部、财务部、物资部、党建部、办公室、工会等发挥自身专业优势，为安全生产工作提供强有力支撑保障；各级各类安全组织机构、安监部、纪委办，严格执行安全生产警示约谈"四种形态"和监督执纪"四种形态"，以全面安全监督推动责任落实和本质安全水平提升。全面调配资源、有效发挥合力，统筹做好各项安全工作，构成"党政工团齐抓共管"的"大安全"格局（图3）。

安全保证体系	由运检、后勤等业务主管部门和各级专业人员构成
安全保障体系	由人资、财务、物资、党建、法律、宣传等业务主管部门和各级专业人员构成
安全监督体系	由安全总监、安全监督、专业监督、民主监督和纪检监督构成

图3 "三个体系"结合的系统思维

三、安全文化的落地实施

（一）内化于心学安全

牢牢把握"全员安全"内涵，根植安全文化，促进安全理念深入人心。

1. 党建引领凝聚合力

始终坚持"党建引领"的首位意识，创新党委理论学习中心组学习形式，及时跟进学习习近平总书记关于安全生产的重要讲话和指示批示精神，将安全工作纳入党组织会议议题，在树牢安全发展理念上做表率。大力实施"党建＋安全"，在马寺变集中检修等生产现场成立临时党支部，深入开展党员身边无事故"三带三有"活动，以党员先锋模范作用带动全员安全履职尽责，促进党建工作与安全文化建设深度融合、有效联动。

2. "大安全"理念深入人心

坚持"生命至上、安全第一"，不断夯实公司安全基础、推动安全文化建设，及时消除安全风险隐患。以纪律规矩意识提升服务安全生产大局，以监督高质量发展助推安全发展，扎实推动新版《信访工作条例》三级宣贯落实，持续推进法治能力建设，巩固合规管理"深化年""强化年"工作成果，构建"党政工团、齐抓共管"的"大安全"格局，确保公司全员、全方位、全过程、全天候安全。

3. 安全教育夯基固本

深化典型案例宣教，编制《国网公司十年事故

通报汇编》《严重违章图册》，编发《"借堑长智严守底线"典型违章案例学习专刊》11期，助力将不违章转变为内心认同和行为自觉。创新培训形式，选取年度安全工作重点和典型案例，制作安全宣讲视频3期，使员工将"我要安全"转化为潜在意识和自觉行为。开展安全大讲堂，组织公司典型案例分析发布竞赛，实际检验公司现场处置"一卡一图一示例"运用成效。

（二）外化于行保安全

聚焦基础、基层、基本功，突出标准化、流程化和底线思维，实现安全可控、能控、在控，形成领导干部带头履责、管理人员狠抓落实、一线班组遵章守纪的良好安全氛围。

1. 推动"党建＋安全"工程落地见效

持续开展"党员身边无违章无事故""青安先锋""党员责任区""党员示范岗"等创建活动，以党员先锋模范作用带动全员安全履职尽责。通过"党建＋安全"工程的引领，促进各级党群工团工作与安全文化建设工作深度融合、有效联动。

2. 强化各级管理人员履职尽责

以管理人员"亮岗位亮职责"、逐级签订安全责任书为手段，层层压实安全责任。严格领导班子安全述职，扎实推动公司领导"1+2+1"远程督查、"四个一"工作要求，务实开展"专业＋安全"联合督查，推动各级管理人员下基层、下现场，察实情、出实招。实行项目全过程合规管理，提升项目全过程安全管控水平。以提升应急处置能力，提高突发事件安全管控水平。

3. 筑牢班组主动安全基础

坚持"惩教结合""奖惩分明"，积极助推班组严格执行标准化作业流程，促进主动履责、积极创新解决现场生产实际问题。以安全双准入、三级风险前置管控审查机制执行，作业现场"全流程"对照检查清单，"二次检修防'三误'措施十六条""1+2+1""小散临"作业管控做法落实等，将守规行为贯穿于现场作业全过程，深化安全文化渗透力，提升公司安全文化影响力。

（三）固化于制管安全

以国网公司的十个核心"安全理念"为脉络，梳理并深入推进制度建设，定期识别和获取法律法规、规章制度，建立电力安全法律法规、规章制度数据库，开展宣贯解读，及时评估、修订交叉重复、

不适应的规章制度，每年开展"立改废释"，制定发布现行有效规章制度清单，开展制度执行情况监督检查。截至目前，超高压公司共梳理修编、优化、固化 10 个大类 20 个小类管理制度、流程，加强了安全生产顶层设计。

1. 深化安全履责评价结果运用

在干部的选拔任用中，把政治标准放在首位的同时，增加对安全生产履责情况的考察，优先选用安全生产履责情况好、专业过硬的优秀干部和员工。依据公司组织机构及岗位设置岗位清单，组织各部门、各单位精心编制安全职责清单，压紧压实安全生产主体责任，实现安全生产的可控、能控、在控。

2. 推进典型经验做法固化推广

固化现场风险控制流程，建立变电"五图三表"、输电"三图两表"、基建投产"四图两表一卡"。建立"小、散、临"作业"1+2+1"工作法，编写二次检修防"三误"措施 16 条。完善预案体系，编制防汛"一图一表一册"，优化输电事件应急处置流程。一系列经过安全生产实践检验的优秀管理经验得以总结固化，并得到推广应用。

3. 坚持底线思维守正创新

制定安全知识和技能培训内容及培养目标，大力实施持证上岗制度。发挥劳模先进标杆作用，以先进示范推动安全文化建设走深走实。创建技术监督"项目制"管理模式，细化年、月、周工作计划和年度技改大修项目计划表，编制物资供应里程碑计划，以合理合规计划管控保障生产安全。推进安全管理体系运行落地，保障"大安全"局面，实现共享平安。

四、结语

通过开展公司安全文化建设，公司生产安全、廉政安全、资金安全、信访稳定及意识形态安全、人员队伍安全、交通安全、食品卫生安全、劳动保护安全、产品质量安全、项目安全的"大安全"观念初步形成。全员安全意识得到进一步强化，"我要安全、人人安全、公司安全"的安全理念逐步深入人心，为加快"建设政治可靠、安全可信的专业化现代设备管理公司"注入强劲动力，未来必将助力公司全体干部员工为河南主网安全稳定运行和省公司实现"大而强"目标贡献超高压力量。

用法治思维增强安全发展意识

江西省电力装潢有限责任公司　廖柳云

摘　要：党的二十大擘画了以中国式现代化全面推进中华民族伟大复兴的宏伟蓝图，国有企业在推进中国式现代化的征程上，要树立安全发展理念，正确处理安全和发展的关系，建立健全安全生产责任体系，强化依法治理，用法治思维增强安全发展意识，强化安全工作坚持党的领导，增强安全发展的政治意识、大局意识、危机意识、应急意识，为企业实现高质量发展筑牢安全生产防线。

关键词：法治思维；增强；安全；发展；意识

习近平总书记指出，必须强化依法治理，用法治思维和法治手段解决安全生产问题，加快安全生产相关法律法规的制定和修订，加强安全生产监管执法，加强基层监管力量，着力提高安全生产法治化水平[1]。新《安全生产法》的修订实施，就是贯彻落实习近平新时代中国特色社会主义思想及党中央、国务院关于安全生产工作的重要决策部署的具体体现。党的二十大擘画了以中国式现代化全面推进中华民族伟大复兴的宏伟蓝图，国有企业在推进中国式现代化的征程上肩负着重要历史使命，在统筹发展和安全时，必须坚持以习近平新时代中国特色社会主义思想为指导，树牢法治观念，学法守法，发挥法治固根本、稳预期、利长远的保障作用，提高合规经营的自觉性，用法治思维加强党对安全工作的绝对领导、增强安全发展的政治意识、大局意识、危机意识及应急意识，护航企业实现高质量发展。

一、增强党对安全工作的领导

党的十八大以来，党中央加强对国家安全工作的集中统一领导，把坚持总体国家安全观纳入坚持和发展中国特色社会主义基本方略，从全局和战略高度对国家安全作出一系列重大决策部署，强化国家安全工作顶层设计，完善各重要领域国家安全政策，健全国家安全法律法规，有效应对了一系列重大风险挑战，保持了我国国家安全大局稳定[2]。国家安全工作要适应新时代新要求，一手抓当前、一手谋长远，切实做好维护政治安全、健全国家安全制度体系、完善国家安全战略和政策、强化国家安全能力建设、防控重大风险、加强法治保障、增强

国家安全意识等方面工作，要坚持党对国家安全工作的绝对领导，实施更为有力的统领和协调[3]。国有企业作为国民经济发展的"顶梁柱"，更要加强党对安全工作的绝对领导，切实发挥党组织在安全工作上把方向、管大局、保落实的领导作用，推动党建工作与安全生产工作的深度融合，破解制约安全发展的问题难题。

中国电建集团江西省水电工程局有限公司（以下简称江西水电公司）加强党的领导，坚持"两个一以贯之"，充分发挥江西水电公司党委把方向、管大局、保落实的领导作用，把党的政治优势转化为推动安全生产工作的内在动力，助推企业高质量跨越式发展取得新成效，近年来获评"2022江西企业百强""2022年度南昌市建筑业龙头企业""2022江西年度领军企业"等荣誉称号，在中国施工企业管理协会百亿企业排名中排285名，并被收录于《工程建设蓝皮书》，在中国电力建设集团（股份）有限公司改革三年行动重点任务考核中获评A级企业。

二、增强安全发展的政治意识

以习近平同志为核心的党中央始终把安全工作摆在突出重要位置，习近平总书记多次主持召开中央政治局常委会会议和专题会议听取安全生产工作汇报，作出近多次重要指示批示，提出"生命重于泰山""树立安全发展理念，弘扬生命至上、安全第一的思想""人命关天，发展决不能以牺牲人的生命为代价""不能要带血的生产总值"等一系列重要论述，鲜明地昭示了我们党"以人民为中心"的坚定立场和"人民至上、生命至上"的价值理念。习近平总书记关于安全生产的重要论述和重要指示和批示，

是习近平新时代中国特色社会主义思想的"安全章节"，深刻阐明了事关安全发展的一系列根本性、方向性、全局性的重大问题，是做好安全生产各项工作的总方针、总纲领、总遵循。江西水电公司深入学习习近平总书记关于安全生产的重要论述和重要指示批示精神，提高政治站位，把抓好安全生产工作作为贯彻中央决策部署的有力举措，作为同党中央保持高度一致的实际行动，作为衡量是否深刻领悟"两个确立"的决定性意义、增强"四个意识"、坚定"四个自信"、做到"两个维护"的重要标尺。同时，抓好安全生产是国有企业责无旁贷的政治任务和义不容辞的社会责任，更是企业经营发展的前提基础和根本保障，江西水电公司坚决守住"发展绝不能以牺牲人的生命为代价"这条不可逾越的红线，树立"抓安全就是讲政治"的政治意识，切实扛好"国有企业促发展、保平安"的政治责任。

江西水电公司党委按中国电建党委创新实施以"政治引领、示范引导，建优体系、建强基层"为主要内容的"双引双建"党建工程，构建"双引双建"工作创建示范点，通过树典型、做示范，助力项目安全生产。示范点湖南平江 500kV 开关站项目部竣工预验收缺陷数，创湖南省同电压等级变电工程最少纪录，被评为 2022 年湖南省输变电工程现代智慧标杆工地；中电建南昌总部经济产业园项目多次获得第三方评估区域第一，安全标准化工地初评顺利通过，成功举办南昌市住建领域 2023 年"安全生产月"活动推进会暨建筑施工安全生产标准化示范工地观摩会。

三、增强安全发展的大局意识

增强安全发展的大局意识就是强化安全生产事关高质量发展的大局意识。我们要重视量的发展，但更要重视解决质的问题，在质的大幅提升中实现量的有效增长[4]。党的十九届五中全会对建设更高水平的平安中国作出了重要部署：历史性地将"统筹发展和安全"纳入国家经济社会发展五年规划的指导思想；历史性地把"办好发展安全两件大事""实现更为安全的发展"明确为"十四五"时期经济社会发展必须遵循的重要原则，这是以习近平同志为核心的党中央对安全发展经验和安全事故教训的科学总结，深刻揭示了安全发展的规律与特点。

江西水电公司在"十四五"时期，坚持战略引领，遵循"12336"发展思路，围绕"3216"目标，

为加快建设"区域领先的一流工程公司"赋能助力，统筹兼顾好发展与安全工作，在安全中求效益，在安全中谋发展。全体干部职工增强安全生产大局意识，积极应对企业转型升级对安全工作提出的新要求、新挑战，把安全生产作为贯彻落实公司"十四五"工作的中心任务，系统谋划、统筹推进，找准发展和安全的动态平衡点，进一步增强安全生产的大局意识，以高水平安全服务高质量发展，2022 年度新签合同首次突破 200 亿元，营业收入在百亿台阶上稳步上升。

四、增强安全发展的危机意识

增强安全发展的危机意识就是要强化安全生产如履薄冰、如临深渊的危机忧患意识，进一步增强抓好安全生产的行动自觉。要深刻认识到党中央、国务院对依法治安空前严格，随着新《安全生产法》《刑法修正案（十一）》的实施，一般事故、事故前的隐患和违法行为，均有可能被追究刑事责任。尤其是加大对违法失信行为的联合惩戒和公开曝光力度，实行安全事故对建筑企业的一票否决，将直接对其市场准入、工程招投标、投融资、资质审核等方面造成重大负面影响，安全生产抓不好，一切辛苦都将付诸东流。

江西水电公司强化安全发展的危机意识，建立健全安全生产责任体系，通过以赛促学、以学促安，增强员工安全生产意识，提高员工安全知识水平，让安全理念深入人心，做到"人人讲安全、个个会应急"。开展"防风险、除隐患、遏事故"安全技术比武及"打通安全生产最后一公里""安康杯"安全知识竞赛，融针对性、实践性为一体，持续激发安全管理活力、延伸安全管理触角、提升安全管理质效，让全体职工真正把安全生产责任扛于肩、践于行，掀起学习安全法律法规，提高业务技能的新高潮，为公司高质量发展提供安全保障！

五、增强安全发展的应急意识

坚持把防范化解国家安全风险摆在突出位置，提高风险预见、预判能力，力争把可能带来重大风险的隐患发现和处置于萌芽状态[5]。要强化风险意识，常观大势、常思大局，科学预见形势发展趋势和隐藏其中的风险挑战，做到未雨绸缪。要提高风险化解能力，透过复杂现象把握本质，抓住要害、找准原因，果断决策，善于引导群众、组织群众，善于整合各方力量、科学排兵布阵，有效予以处理[6]。健

全应急预案体系,加强应急预案管理,落实各环节责任和措施,全面提高应急能力,增强应急意识,提升应急管理水平。

江西水电公司在应急管理中,以双重预防机制建设推动安全监管,分层级、分专业、分领域建立规范化安全风险 TOP10 管控清单来强化安全应急意识。开展节后复工、春冬季安全检查、隐患大排查大整治、设备物资安全管理自查自纠等专项检查;对疫情、气候、地质灾害风险评估,发布各类气象和地质灾害预警信息,全面做好监测和应急准备;加强应急值守,坚持领导带班和 24 小时值班,遇到突发事件,第一时间处置;积极开展应急队伍建设、装备建设和练兵应急演练等活动,全面提升各级管理人员的应急指挥能力、现场人员的自救互救能力和应急队伍的应急处置能力,为公司高质量发展护航。

六、结语

新征程上,国有企业要紧密地团结在以习近平同志为核心的党中央周围,学思想、强党性、重实践、建新功,全面深入贯彻落实党的二十大精神,加快推进国家安全体系和中国式现代化建设,以新安全格局保障新发展格局,坚定不移地把国有企业做强做优做大,用法治思维推进国有资产保值增值和高质量的发展作出更大的贡献!

参考文献

［1］尚勇,张勇.中华人民共和国安全生产法释义[M].北京:中国法制出版社,2021.
［2］习近平.习近平谈治国理政(第四卷)[M].北京:外文出版社,2022.
［3］习近平.习近平谈治国理政(第三卷)[M].北京:外文出版社,2020.
［4］同③.
［5］同②.
［6］同③.

安全是根　管理是魂　执行是本

晋控电力山西长治发电有限责任公司　巩　军　郭建斌　王福祥　陈伟岩　张智恒

摘　要： 电力企业是国民经济发展的基础，其安全、平稳、可靠直接制约着国民经济的发展，直接关系到社会的安定团结。晋控电力山西长治发电有限责任公司（以下简称长治发电公司）作为一家电力企业，尤其是作为单台机组达百万等级的电力企业，其安全可靠运行，对电网的平稳运行、可靠供电，有着举足轻重的作用，所以长治发电公司不仅仅具有一个企业的属性，更承担着政治责任，也应满足政治要求。因此，做好企业安全生产工作，形成健康的安全文化，建立强烈的全员安全意识，形成安全、有序、规范的工作机制，确保企业可持续发展，为国家、社会提供稳定的电力供应，肩负起一个企业应有的社会责任，是长治发电公司义不容辞的工作职责。本文从安全理念、思想意识、落实执行等方面展开论述，提出了在企业安全管理工作中的一些工作思路、工作方法、工作措施，为做好发电企业安全管理工作提供了解决思路，可供参考。

关键词： 安全文化；安全意识；"一体化"管理；"136"管理模式；"三基"建设；落实执行

一、企业简介

长治市位于山西省东南部，平均海拔 1000 米，地处太行山之巅，有"与天为党"之说，史称"上党"，宋代大文豪苏东坡曾在这里留下"上党从来天下脊"的美丽诗篇，这里被誉为"黄金人居带"，属典型的暖温带半湿润大陆性季风气候，冬无严寒、夏无酷暑。

长治发电公司就坐落于这个美丽之城北部，总装机容量 200 万千瓦，#1 机组于 2021 年 4 月 5 日通过 168 小时满负荷试运行工作，#2 机组于 2021 年 5 月 31 日通过 168 小时满负荷试运行工作。

长治发电公司 1 号、2 号机组锅炉使用的是由上海锅炉厂制造的超超临界参数变压直流炉，也是一次再热、平衡通风、半露天布置、固态排渣、全钢构架、全悬吊结构塔式炉，锅炉设计煤种和校核煤种均为贫煤；使用的汽轮机是由上海汽轮机有限公司和德国 SIEMENS 公司联合设计制造的超超临界、一次中间再热、单轴、四缸四排汽、直接空冷凝汽式 1000MW 级汽轮机组；使用的发电机是由上海电气电站设备有限公司发电机厂生产的型号为 QFSN-1050-2 三相同步汽轮发电机。

长治发电公司两台百万千瓦机组是晋东南 – 荆门 1000kV 特高压的重要配套电源，长治发电公司是山西省首个单机容量达百万等级发电企业，隶属于晋能控股山西电力股份有限公司，晋能控股山西电力股份有限公司又隶属于晋能控股集团有限公司。

二、企业职责及安全情况

长治发电公司的成立，目的就是在习近平新时代中国特色社会主义思想背景下，为国家、为社会、为人民提供可靠稳定、高品质电力供应，在创造社会效益的同时，也为集团、股份公司可持续发展创造良好条件，同时承担着重要的政治任务和社会责任，但这一切的前提是安全生产，否则皆为空谈。

长治发电公司从 2021 年 4 月 5 日首台机组投入运营至今，未发生任何人身伤亡、设备损坏、火灾爆炸、交通碰撞等事故，保持了良好的安全生产态势。成绩的取得，得益于长治发电公司在基建向生产转换的过程中，建立理念、建设思想、采取措施、狠抓管控、强抓落实等一系列可行有效管控措施的实施，公司逐步形成了具有长治发电公司特色的安全文化。

长治发电公司从投产至今，在全员思想意识中逐步形成了"安全是根、管理是魂、执行是本"的思想共识，并将此共识贯穿于具体的生产作业过程中。

三、安全理念及安全意识

长治发电公司始终将安全工作看作政治问题、政治要求，牢记习近平总书记提出的"人民至上、生命至上""发展绝不能以牺牲人的生命为代价这条不可逾越的红线"的重要指示，坚持"安全绝对第一"的工作理念,秉持"安全生产如履薄冰、安全隐患即事故"的工作思想,保持"时时放心不下"的心态,将安全定义为一切工作的第一前提。长治发电公司还致力于在每位管理者、每位员工灵魂深处构建起"红线不能越、底线不能破"的健康良好的企业安全文化,从而推进规范行为的形成,在员工思想意识上筑起牢固的安全防线。同时,领导班子成员一致认为:安全事关发展大局、事关稳定大局、事关人民生命财产安全,抓安全就是抓发展,抓安全就是抓稳定,抓安全就是践行以人民为中心的发展理念,抓安全就是讲政治。

四、人员安全风险分析及实行"一体化""136"管理模式、"三基"建设管理机制

长治发电公司实行设备点检制,输煤专业更是实行运维一体化外委,主机等日常维护及机组等级检修均实行外委制。大量外委工作的存在,一定程度上会使不安全因素增加。因为承揽外委工作任务的单位,均为系统内部关停企业和人员年龄老化、人员数量不足的单位。年龄结构偏大的员工会存在思想上缺乏主人翁意识、责任意识不强现象,甚至会出现混日子、混退休思想。人员数量不足,直接导致雇用大量临时作业人员。这些人员又大部分为周边村民,文化修养、安全意识、安全素质、安全技能均处于较低水平。虽经三级教育培训,但他们电厂工作经验欠缺,对生产现场的风险因素、危害程度均认识不足。另外长治发电公司编制内员工来自不同单位,新入职员工工作经验不足、工作阅历不深、尚未形成良好的安全素质。上述种种旧有的、新产生的工作习惯交融在一起,在一定程度上制约了健康、统一的安全文化的形成。针对现状,长治发电公司提出了"一体化"管理理念,强烈要求公司所属部门、项目部、外委单位必须统一思想,齐抓共管。公司切实提高各层级人员发现问题、解决问题的强烈意愿;切实提高风险隐患排查治理能力;切实提升生产现场标准化作业水平,全力推进企业向安全、文明、整洁迈进。安全文化建设使企业的政治责任、社会责任、民生责任担当等工作得以推进,同时也使企业在最短时间内形成了统一的、健康有序的安全文化,并推进企业向本质安全型迈进。

长治发电公司大力推进"136"管理模式,在安全生产工作中,提出"安全是'1'、其他是'0'"的精准定义,始终将安全工作摆在公司发展的突出位置,全方位、高效率推进落实。一是通过安全文化宣讲、安全知识讲座、安全活动引导、安全知识竞赛等方法让企业职工"时时处处受教育";二是在办公楼、生产厂区、食堂、职工宿舍等地方设置安全提示、警示标语、安全规章制度的方式让企业职工"抬头低头见安全",最终实现安全文化教育宣传的常态化、全覆盖,进一步增强企业职工安全防范意识,引领企业员工从思想上高度认同企业安全文化理念。

为深入推进"二基"建设,公司以"强化基层管理为关键,夯实基础工作为路径,提升基本素质为手段"的原则,立足本源,守正创新,通过下沉监管、管控风险、排查隐患、班组建设、提升技能水平、提高应急处置能力、完善规章制度和考评激励机制等举措,全力推进安全"三基"建设,持续夯实企业安全生产根基。

健全六大体系管理机制。一是成立公司安全生产委员会,设置安全管理机构,从安全管理决策保证、安全技术保障、专业安全监管、安全监督四个方面健全组织体系。二是制定和落实全员安全生产责任制,明确"党政同责""一岗双责"和公司全员的责任职责,形成最严格的安全生产责任体系。三是修订完善安全管理制度,形成了工作有秩序、检查有标准、考核有依据的制度体系。四是创建安全技术团队,健全完善人才评价体系,最终形成"合理用人、人尽其才、才尽其能"的技术体系。五是通过党内监督、内部审计监督、职能监督、业务监督、职工民主监督"五位一体"的监督模式,完善监督协同机制,达到监督内容全覆盖,形成了五重合力的监督体系。六是健全管理体系,一方面坚持以"人"为核心,理顺了管控机制,理清了职责边界,切实提升了安全管理效能;另一方面坚持以"事"为对象,通过开展目标管理,加强过程控制,狠抓执行落实,有效促进了各项工作螺旋上升。

五、落地有声、执行有力

无论是理念、意识的形成,还是"一体化""136"管理模式、"三基"建设工作的提出,能否真正在具体的生产作业活动中有效落实,是一项管理工作成败的最终决定性因素。因为"问渠那得清如许,为有源头活水来",所以"安全是根、管理是魂、执行是本"。为解决源头问题、解决执行问题,一是健全完善班组及岗位管理制度,明确本班组和各岗位的

安全职责、责任范围和考核标准。根据生产实际优化操作规程、作业手册、行为准则等标准，做到操作有标准、作业有程序、过程有记录。二是科学制订年度岗位培训计划，以岗位操作、隐患辨识、遇险处置、工艺指标等知识为主要培训内容，组织开展安全培训、实操培训、每日技术攻关、专业技术现场问答和"晋能在线"、月度专业知识考试、技术比武、事故演练等练兵活动，不断提升职工技术水平。三是注重新入职人员的技能培养，在班组内部指定经验丰富、技能过硬的骨干人才担任师傅，与新进员工签订师徒协议，采用"师带徒""传帮带"的方法，经过师傅们的言传身教，手把手地教技能，新进员工快速获取实践经验，提升技能水平。四是以"踏石留印，抓铁有痕"的勇气，以"坐在办公室全是问题，深入现场全是办法"的思想，以"纸上得来终觉浅，绝知此事要躬行"的态度，以"大路、小路，只有行动才有出路"的手段，分管生产、安全工作的公司负责人秉持"钉钉子精神"，不断、反复、不定时地现场查看风险管控措施的执行情况，尤其是那些夜间作业、加班作业、节假日作业、抢修作业等安全管理薄弱点，高空作业、受限空间作业、动火作业、涉电作业、危化品区域作业等高风险作业，临时作业人员较多的检修维护项目，偏远、高陡边坡区域作业，全部一一实地查看。同时采取座谈研讨、现场走访调查的方式，了解员工思想动态，及时消除员工心理上存在的思想隐患。五是公司班子成员每周走动式安全巡查、每周参加班组安全学习日活动，安全监督人员高频次、全覆盖、无死角滚动式监督检查，对存在的典型"三违"行为，通过周例会、安全监督网例会、曝光台、微信工作群等平台大力曝光，并以"罚教结合"的形式，向"三违"人员阐明违章的后果和危害，同时跟踪复查整改成效。

六、结语

经过一系列措施的实施，长治发电公司全员安全意识强烈、安全理念明晰，员工风险因素及管控措施明晰，安全措施执行到位，运行人员操作规范，"两票"执行规范有序，逐步开始形成健康、规范、有序的安全文化，生产现场标准化作业水平大幅提升，文明治理也有大幅改观，为企业真正完成政治任务、肩负起社会责任发挥了强大的推动作用。

但安全生产工作永远在路上。在今后工作中，长治发电公司将借助2023年重大隐患排查治理工作契机，不断强化员工风险意识，强化风险预警预控，强化隐患排查治理等工作，通过强化基层管理、做好基础工作、提升基本素质，即"三基"建设工作，一步步向本质安全型企业发展。

推动企业安全文化建设"四个转变"实践与探索

湖南日报报业集团有限公司　胡希华　杨　帆

摘　要：经营性文化企业多数从事业单位转制而来，其安全生产工作基础相对薄弱，安全文化建设鲜有现成经验可鉴。湖南日报报业集团有限公司（以下简称湖南日报）不断实践探索安全文化建设路子，以"抓培训、强制度、压责任、求实效"为手段，推动安全文化建设"四个转变"，取得了良好成效，安全生产和消防工作连续两年被评为"省优秀单位"。

主题词：安全生产；安全文化建设；责任制；实践探索

2008年以来，经营性文化事业单位逐步转制为企业，一大批文化企业应运而生。经营性文化企业具有知识密集、专业性强、生产单位（元）规模小等特点，安全生产逐步纳入行业管理才有了"娘家"，为企业高质量安全发展增添了强大动力[1]。2014年转制成立的湖南日报，其安全文化建设紧紧围绕企业战略目标，以"安全第一、预防为主、综合治理"为方针，以"人人都是安全生产第一责任人"为抓手，以"抓培训、强制度、压责任、求实效"为手段，推动安全理念、安全管理、安全行为、安全效能转变，构建具有文化企业特色的安全文化，牢牢守住了安全发展底线。

一、安全理念内化于心，由"要我安全"转变为"我要安全"

安全文化建设以理念灌输为先，突出教化作用，坚持"以人为本"，抓常态化教育培训，树立"生产安全事故可防可控"的理念，员工从"要我安全"转变为"我要安全"。

（一）强化教育培训，凝聚共识，培育人人要安全意识

大力开展全员"安全培训＋演练"，邀请安全服务和应急救援机构现场教学演练，讲解安全生产法规、应知应会知识技能、危险源识别方法等，结合事故案例分析，让员工沉浸式体验救援逃生、操作消防器材、深刻体会"安全生产＝企业效益＋家庭幸福"的价值理念、产生强烈目标感和实现欲，从而激发员工自觉安全行为。

（二）抓住重要节点，敲响警钟，调整节后综合征状态

时刻保持"不安全不工作"警觉，重要节日、重大活动防护期必讲安全。持续开展"开工第一课讲安全"活动，春节假期后第一个工作日，集团公司和各单位第一责任人分别跟员工"三个讲清楚"：把各岗位人员安全生产方面法定职责义务、劳动纪律规定讲清楚；把违法违规操作造成事故给企业、家庭、个人带来的严重后果和需要承担的法律责任讲清楚；把存在的重大安全风险和防控措施，重大危险源管理、安全生产重点工作、重点环节讲清楚，帮助员工克服懈怠松劲情绪。员工"第一课"开展不到位或者未经过培训，不得开工和上岗作业。

（三）风险可防可控，见微知著，保持防患于未然警醒

任何企业的生产经营活动都会存在安全风险，它们难以彻底消除为零，为此企业应秉承"风险可防、事故可控""安全预防管控无小事"的理念，时刻保持警示高悬，筑牢思想防线。在落实安全法规制度、执行安全技术措施上，不管引发事故概率多小，都以大概率思维应对小概率事件，避免发生"黑天鹅""灰犀牛"事件；风险管控以源头控制和改善提升为路径，从改变人的不安全行为、物的不安全状态、环境的不安全因素的细节入手，在技术、组织、管理方面采取强力措施，在增强员工安全意识、提高防范能力上下功夫，提振员工安全生产信心，确保安全意识不下滑、安全生产工作不松懈，防止各种不利因素累积叠加，从而使企业始终处在不发生事故状态。

二、安全管理固化于制，由"人管人人"转变为"制度管人"

强化"全员参与、全员有责""层层负责，各负

其责，人人尽责"的责任意识，不断完善安全规章制度，与业务工作相适应，保证安全工作与业务工作双落实、双促进。

（一）坚持责任担当，健全安全生产责任体系

"谁主管生产，谁负责安全。"强化安全生产责任制，各生产经营单位都是安全生产责任主体，主要负责人为本单位和工作区域安全生产第一责任人，对安全生产工作负全面领导责任；班子中分管安全副职负具体领导责任，其他成员对分管工作中涉及安全内容承担相应领导责任；各单位依法建立安全生产管理机构，配备专兼职安全生产管理人员。健全安全责任清单，组织开展安全承诺、安全责任书等活动签订，决策层、管理层、执行层各层级权责清晰，岗位安全职责明确，全链条层层落实领导责任、直线管理责任、安全操作责任，各个岗位人员对单知责、照单履职，按单考评。

（二）坚持综合治理，健全安全生产管理体系

以风险控制为主线，梳理安全管理脉络，明确安全管理人员、全体员工安全生产职责分工，打破"生产人员管生产、安全人员管安全"的传统模式。安全管理机构对安全工作行使监督职责，负责开展风险识别评估，针对员工行为存在的问题，制订计划开展安全教育培训，采取组织措施形成闭环管理；针对各级检查发现的风险隐患，分级控制，跟踪落实整改措施；针对环境危害因素，制订改造、隔离、警告标识、防护等措施，有效控制危害程度[2]。各生产经营单位和人员行使安全管理职责，执行风险管控措施，全面落实安全生产管理责任。

（三）坚持源头治理，健全安全风险防控体系

健全安全风险分级管控和隐患排查治理双重预防机制，优化安全风险危害辨识、风险等级评估、分级分类管控的措施、操作规程、应急预案，明确风险管控和隐患动态清零责任部门、责任人员；定期开展事故隐患排查，全面分析各岗位危险源的危害，及时整改并向有关部门报告、向员工通报重大事故隐患等程序清晰，让员工时刻得到提醒、告知，熟悉应急处置措施，让生产过程风险处于"在控、可控"范围内。

三、安全文化外化于行，由"被动应付"转变为"主动应对"

倡导"人人讲安全，安全为人人"的安全文化行为，通过"关键少数"影响、骨干带动、活动吸

引，引导员工增强安全意识和提升安全能力，使员工主动担当和作为。

（一）树"高度"，"关键少数"抓安全

一是提高政治站位。定期研究部署安全生产发展规划和重点工作，准确分析安全生产工作形势，突出抓好体制机制建设、过程管理、教育管理、目标管理，每年向职代会至少报告一次风险管控和隐患排查治理情况。二是高位推动部署。湖南日报每年1月专题研究年终岁尾安全防范、冬春消防安全工作，结合省安委会对本单位的考核结果，对照考核细则开展形势分析，查漏补缺，把日常安全管理绩效纳入年度单位和个人绩效考核评优体系；春节前召开一次高规格安全生产工作会议，结合案例剖析问题，研究解决办法，部署年度安全生产工作。三是领导身体力行。各级安全工作责任人带头宣讲安全、维护安全、践行安全，经常深入一线重点部位、关键岗位，关注安全工作热点、盲点，现场解决问题，自上而下一级抓一级，加强安全风险研判和隐患整治，引领推动压实全员安全生产责任，形成上下左右齐抓共管的安全合力，实现横到边、竖到底的安全责任网络。

（二）拓"宽度"，专兼骨干管安全

一是结合企业特点，在人数少的生产经营单元设置兼职安全员，形成一张"大网"，撒遍生产经营每个角落。专兼职安全员既是第一责任人的安全工作助手，也是本单位、部门安全工作的宣传员、践行者、示范者，带头做表率，担当防风险、保安全责任，具体做好日常上传下达、安全咨询和安全管理等工作，动员协调实施安全作业，监督指导落实安全措施，因此整体安全生产工作上有人抓、下有人管，主体责任得到有效落实。二是利用党群组织密切联系群众优势，把安全工作目标层层分解到基层单元及党群组织，安全工作与生产经营、党群组织创建同部署、同安排、同抓落实，相互融合、相互促进，增强企业吸引力、凝聚力，有效建立起自上而下、自下而上双向通道，激发员工主人翁责任感，为企业安全发展建功立业。

（三）钻"深度"，全员参与为安全

坚持党政工团齐抓共管，一是把安全文化建设融入主题党日、专题学习、宣传教育、"安康杯"知识竞赛等活动，利用其内刊内网、微信公众号等阵地，宣传安全生产工作动态、经验、典型，普及安

全相关知识，诠释安全文化理念，展示安全文化建设成果，增强感染力和影响力，助推安全生产工作落地。二是创建安全生产示范岗。聚焦员工安全生产意识培养、技能提升，以及管理监督和安全组织建设，注重发掘、培育和选树在群众中口碑好、叫得响、学得了的集体和个人，发挥其典型示范效应和辐射带动作用，开展岗位练兵、安全操作、主动排查隐患、参与管理监督，使安全理念和岗位实践中形成的好经验、好做法转化为员工日常习惯和团队行为规范。

四、安全绩效强化于实，由"表象安全"转变为"本质安全"

树牢安全发展理念，大力培育安全文化，把取得的成果细化成具体方案，转化为具体行动，落实安全生产主体责任，有效防范生产安全事故，确保实现本质安全。

（一）学思践悟转化为实

及时组织学习习近平总书记关于安全生产的重要论述和重要指示批示，观看电视专题片，把自己摆进去学深吃透，把单位实情摆进去推演细研，把学思践悟成果转化为推动安全工作积极性，准确把握新时代安全生产工作新要求，完善安全生产责任制，切实把思想和行动统一到中央决策部署上来，着力找差距、补短板、上水平，保证有关安全生产政策和各项措施落实。

（二）安全意识付诸于行

时时警钟长鸣，"安全生产人人有责、人人可为"，激发人人讲安全的思想自觉与行动自觉，保证事事有着落的执行力，避免安全文化建设表面化、文本化和标语化，消除侥幸心理、麻痹思想、厌战情绪，使安全文化实化为不需要提醒的行动自觉。

（三）安全文化实化于效

强化"生命至上、安全第一""为安全投资是最大的福利""标本兼治、重在治本，事前预防、源头治理，依法治理、综合治理"的意识，加大安全生产投入力度，常态化开展安全教育培训，强化源头安全风险治理，消除潜在安全风险，把安全理念与安全实践有机统一起来，守住了企业安全底线，安全文化建设取得了一些成果。2021年，湖南日报安全生产和消防工作首次纳入省级考核，连续两年被评优秀单位，受到省委、省政府通报表彰。

五、结语

安全无止境，安全文化建设也要与时俱进，不断吸收先进管理理念和实践经验，丰富安全文化建设内容，强化员工教育培训，深化员工安全价值认同，提升员工安全素养，使人人守护安全，实现安全文化建设与安全管理工作有效联结、员工安全价值观念与安全行为有机融合，从而推动企业高质量安全发展。

参考文献

[1] 胡希华.企业党建与安全生产工作深度融合实践与思考[J].湖南安全与防灾,2021,(12)：50-53.

[2] 李松.安全监管分离的探索与实践[J].科技风.2013,7(14)：28.

安全"一把手"文化的要义与内涵

中国电力工程顾问集团西南电力设计院有限公司　李云强　刘强　吴家荣

摘　要：在企业安全文化不断进步和发展的过程中，组织的综合管理手段必不可少，而"一把手"的作用更是不可或缺。本文通过总结各级各类"一把手"关于安全生产管理思想方法的访谈和调研情况，系统梳理和总结了安全"一把手"文化的概念、作用及其要义与内涵，提出了落实安全"一把手"文化的建议，对企业加强安全文化建设、不断提升安全文化建设的效果，具有一定的指导意义和实践价值。

关键词："一把手"；安全文化；要义；内涵

在企业安全文化建设过程中，"一把手"的作用不可或缺。如何理解"一把手"和"一把手"文化？如何认识"一把手"在安全生产中的作用及其发挥形式和方法？如何把握安全"一把手"文化的要义、内涵？如何推动"一把手"落实公司安全文化建设的要求，更好地实现安全生产零伤害目标？近年来，我们开展了大量的访谈、座谈、调研工作，形成了以下成果。

一、对安全"一把手"文化的认识

（一）关于"一把手"

"一把手"是人们对一个组织或团队的主要负责人的民间称呼或俗称，体现了员工对其带领该组织或团队的敬重、服从和期望。

"一把手"是一个相对的概念，"一把手"在不同层面上的表现形式亦不尽相同。例如，集团和所属公司层面的"一把手"表现为"党委书记、董事长"或"总经理"，部门层面的"一把手"表现为"主任"或分公司"总经理"，项目层面的"一把手"表现为"项目经理"或"项目总经理"，班组层面的"一把手"表现为"班长"或"组长"或"科室主任"，工程队层面的"一把手"表现为"工程队长"，设计院工地服务代表组层面的"一把手"表现为"工代组长"。

归结起来，"一把手"主要分为高层（决策层）、中层（管理层）、基层（执行层）三个层面。不同层面"一把手"的职责范围、职位高低、权力大小、责任大小、素质能力要求、作用发挥程度都不相同。但无论何种层面的"一把手"，其共同特点为：他既是组织或团队的核心，又是领导班子的核心，可以说是领导中的领导，能够发挥其他人无法替代的独特作用，他的思想、理念、价值观、行为准则和行为方式等影响或引导着该组织或团队全体成员的行动，是顺利完成组织或团队目标愿景、现实任务的重要推手和根本保障。

（二）关于文化

古今中外，人们对文化的解读众说不一，学术界也一直没有一个准确或精确的定义。据专家考证，文化是中国语言系统中古已有之的词汇，"文"的本义是指各色交错的纹理，在中国的古籍中，"文"既指文字、文章、文采，又指礼乐制度、法律条文等成文的东西；"化"的本义为改易、生成、造化，是"教化""教行"的意思；"文"与"化"并联使用，较早见之于《周易》，文化的本义为"以文教化"，表示对人的性情的陶冶、品德的教养。随着时间的流变和空间的转换，文化逐渐成为一个内涵丰富、外延广阔的多维概念，成为众多学科探究、阐发、争鸣的对象。

相对大众化、易于理解的是《现代汉语词典》中的定义，即文化是人类在社会历史发展过程中所创造的物质财富和精神财富的总和（广义），特指精神财富，如文学、艺术、教育、科学等（狭义）。文化是人类社会相对于经济、政治而言的精神活动及其产物。文化是凝结在物质之中又游离于物质之外的能够被传承和传播的思维方式、价值观念、生活方式、行为规范、艺术、科学技术等，是一种能够传承的意识形态。它既是一种社会现象，是由人类长期创造形成的产物；同时又是一种历史现象，是人类社会与历史的积淀物。文化具有沁润心灵、引导/改善行为的功能和作用。

（三）关于安全文化

安全文化是企业员工群体所共享的安全价值观、态度、道德和行为规范组成的统一体，是企业文化在安全生产方面的一个缩影，源于人们对安全价值、安全理念、安全制度、安全行为的认知与实践、认同与传承，具有理念、制度、物质、行为四个文化表现要素。安全文化是一种长期积淀、不断总结、融入血液、与时俱进的文化，具有教化引导人们的安全情怀、安全思想、安全品德和安全行为的功效，通过长期的积累和传承，可形成企业安全的集体人格。

安全文化作为安全管理追求的一种最高境界，既是安全管理的基础和背景，更是安全管理的理念和精神支柱；而安全管理是安全文化的一种表现形式，当员工的安全思维和行为模式与组织或团队的要求不同步、不统一的时候，就需要通过安全管理对其进行约束、引导和纠偏；安全文化与安全管理有内在的联系，但又不可互相取代。

（四）关于"一把手"文化

"一把手文化"，顾名思义就是在"一把手"主导下建设而形成的企业文化，是"一把手"在继承、总结企业历史沉淀的基础上，结合现实条件和环境进行与时俱进创新、完善、升华后的团队价值观、思想理念、行为准则等，在一定程度上体现着"一把手"的思维方式、价值取向、态度、性格特征、行事风格和人格魅力，引领着企业的价值取向、行为方式和发展方向。

"一把手"文化并不全是"一把手"个人的文化，但"一把手"在其中发挥着不可替代的作用。

（五）"一把手"在安全文化建设中的作用

作为企业文化的重要子文化，安全文化浸润着历任"一把手"的安全管理思想、理念、价值观和行为准则。"一把手"在安全文化中的作用可以概括为中心、责任、力量三个关键词。

所谓中心，即中枢、中坚，是不可替代的头雁。"一把手"既是团队的领导，也是团队的核心，发挥的是"头雁效应"，需要凝聚集体的智慧，通过民主集中、群策群力推动安全生产，最终示范、引领、带动团队走出一条具有自身特色的安全发展之路。

所谓责任，即职责、任务，是不可推卸的使命。"一把手"要坚持"对组织负责，为下属导航"，实现组织的重托、员工的厚望。作为"一把手"，他要在

安全生产上牢固树立"生命至上、安全发展"的思想情怀，"发展绝不能以牺牲安全为代价"的红线意识，"工作必须在安全风险可控前提下进行"的底线思维。只有具备这样的思想情怀、红线意识和底线思维，"一把手"才能更好地履职尽责、促进安全发展。

所谓力量，即能力、作用，是不可或缺的动力。无论是安全生产工作，还是安全文化建设，"一把手"都起着推动工作顺利开展的关键作用。所以，"一把手"除了应具备"踏石留印、抓铁有痕"的工作态度外，还应该有"创新驱动、锐意进取"的工作魄力，全力保障安全生产工作走在时代的最前沿，在促进增强意识、防控风险、消除隐患的过程中，实现对生命的敬畏和保护，保证企业安全发展。

二、对安全"一把手"文化的理解

（一）安全"一把手"文化的要义——对组织负责，为下属导航

1. 对组织负责

对组织负责就是要着眼"组织"、重在"负责"。组织包含上级组织、本级组织和下级组织；负责就是要履行应尽职责、承担应尽责任。

"一把手"一般由上级组织任命，是本级组织的核心，还承载着下级组织和员工的期望，因此对组织负责就成为必然。对组织负责体现了对上负责与对下负责的有机结合，因为"一把手"的安全职责不仅源于党和政府的明确要求、法律法规的刚性要求，还源于企业发展的必然要求和员工幸福的客观要求，这就要求"一把手"要在担当中体现负责、在负责中彰显担当。具体表现为：一要体现政治责任担当，提高政治站位，把人命关天的安全生产真正当作头等大事来抓，真正做到"党政同责、一岗双责、齐抓共管、失职追责"；二要体现法律责任担当，全面落实安全生产法律法规和国家行业标准要求，加强安全生产管理组织；三要体现社会责任担当，贯彻"人民至上、生命至上"理念，以人为本、对人民群众生命财产安全高度负责，切实履行安全生产职责，分解落实好企业安全生产主体责任，履行好企业的社会责任；四要体现对企业和员工的负责担当，既要对企业的高质量安全发展负责，又要对员工生命健康这个幸福生活的基础部分负责。

2. 为下属导航

为下属导航就是要着眼"下属"、重在"导航"。

下属既包括班子副职，也包括下级组织，导航就是要确定目标愿景、优选最佳路径、实时纠正偏差。

为下属安全导航，"一把手"要做到三点：一是站位高远，集中"集体智慧"，确定安全目标，把握工作方向，制定并贯彻好中长期和年度安全生产目标；二是以身作则，发挥"头雁效应"，彰显"有感领导"，引领组织安全工作方向，懂安全、抓安全、保安全，激励员工在干事创业中筑牢安全防线；三是果敢决断，及时纠偏，发挥"导向作用"，制止违章违规行为，转变麻痹松散思想，保障团队正确前进的航向。

（二）安全"一把手"文化的内涵——想别人想不到的，做别人做不了的

1. 想别人想不到的

想别人想不到的重点在"想"字。想，顾名思义，就是思考与谋划，进而实现思想引领、价值引领、思维引领、行为引领，最终实现文化引领安全发展。

从决策层（高层）来看，想别人想不到有下面三层内涵。一是做安全生产的"引路人"。"一把手"作为企业的核心，除了要组织制定企业发展的战略规划之外，还要组织制定适合企业发展的安全管理理念、安全战略规划与工作计划，建立、健全并落实企业的全员安全生产责任制；组织制定企业安全生产规章制度和操作规程；组织制定并实施企业安全生产教育和培训计划；组织提炼企业安全文化，营造安全文化氛围，引领和持续提升员工安全价值观、增强安全责任意识、推动企业安全发展。二是做安全生产的"带头人"。"一把手"作为企业安全生产的第一责任人，应当坚持"以人为本、生命至上、安全发展"理念和"安全第一、预防为主、综合治理"方针，保证企业安全生产投入的有效实施；有效督促、检查企业安全生产工作，及时消除生产安全事故隐患；组织制定并实施企业生产安全事故应急救援预案；及时、如实地报告生产安全事故。三是做安全生产的"明白人"。"一把手"全面负责企业的安全生产工作，在工作中做到"从大处着眼，从小事抓起，在细节着力"，尤其要善于思考和抓实安全生产工作的细节，发挥"以点带面，以小见大"的作用，从下属或普通员工不注意、不关心的细微之处追溯安全生产的本质。

从管理层（中层）来看，想别人想不到有下面两层内涵。一是资源的合理配置。资源的有效投入

和合理配置是安全生产工作有效开展的基础和必要条件，特别是作为安全生产主体的人力资源配置尤其重要，因为人是安全生产中起决定性作用的因素，人的安全意识也直接影响着安全生产工作的实际效果。在安全管理的人力资源配置时，不仅要考虑人的能力、经历，还要关注人的性格特点。"发现人、重视人、用好人"能够起到事半功倍的效果。二是绩效的合理设置。绩效考核是安全生产管理工作的重要推手之一，为此应建立完善的绩效制度，将安全生产工作的目标和要求层层分解、级级落实，形成科学合理的量化指标，通过奖惩考核促进员工增强安全生产责任意识和提高安全工作实际效果。

从执行层（基层）来看，想别人想不到的内涵主要是融会贯通、深入思考，切实把安全生产的各项要求落地落实，探索更适合、更有效的基层实际工作方法和手段。结合自身安全生产工作经验，联系安全生产工作中的实际情况，落实安全生产规范要求，增强作业人员安全生产意识，改善作业人员安全生产环境，提高作业人员安全生产能力。

2. 做别人做不了的

做别人做不了的重点在"做"。做，就是行动与措施，通过科学决策、果敢行动，潜移默化地实现安全发展的目标。

从决策层（高层）来看，做别人做不了的有下面三层内涵。一是抓关键少数。"一把手"在安全生产管理工作中，既要"十指弹钢琴"、履职尽责，也要抓住"牛鼻子"、管好"关键少数"。关键少数可以是下级"一把手"和管理层人员，对他们开展任前谈话，了解他们的思想状态，经常提醒他们时刻绷紧安全生产这根弦，增强安全生产意识，提高安全生产能力；关键少数可以是先进典型，对他们在安全生产工作中的先进事迹进行表扬和宣传，鼓励他们继续做好本职工作，发挥先进模范的示范引领作用，号召员工向他们学习，整体提升员工安全素质；关键少数还可以是反面典型，通过约谈、通报、惩戒、处罚等手段，警示教育大多数。二是抓意识能力提升。"一把手"要亲自部署安全生产的教育培训工作，组织落实好"三级教育培训制度"；亲自传达上级关于安全工作的重要指示，落实好上级的工作要求；利用安全培训和安全活动普及安全生产知识、宣传安全文化意义，增强员工的安全意识、自我保护意识，提升安全技能水平，使整个企业形成从"要我

安全"转变为"我要安全"的安全生产氛围。三是抓重点项目。"一把手"要强化"不懂法、不重视、不支持就是安全管理最大的风险"的意识,亲自过问重点项目的安全生产问题,坚持每季度至少一次深入重点项目现场了解项目的实施情况,开展安全生产检查工作,从人、财、物、技等方面给予项目最大的支持,保障项目能够高质量、高标准、安全如期完成。

从管理层(中层)来看,做别人做不了的有下面两层内涵。一是做沟通协调的"桥梁"。"一把手"既要传达、融会上级对安全生产工作的指示精神,也要及时反映下级对做好安全生产工作的建议和诉求,发挥上传下达、政令畅通的作用。要协调好安全生产保证体系与安全生产监督体系的关系,既要做到人人都是安全生产保证者、人人都是安全生产监督者,也要区分"保证"和"监督"之间的关系,促进各自发挥应有作用。二是做工作落地的"推手"。管理层要充分领会上级对安全生产工作的要求,结合分管工作实际,将工作逐一分解、落实,并带领下属完成相关工作;充分行使人事管理、生产经营管理、财务管理、薪资奖惩等职责,激励和鼓励员工积极做好安全生产工作,推动安全生产工作切实落地落实。

从执行层(基层)来看,做别人做不了的主要内涵就是要强化"工兵头"作用,促进"四不伤害"落地,保障一线作业安全,实现企业安全发展。基层一线既是生产工作的最终实施者,也是安全生产风险隐患最直接的面对者。作为执行层的"一把手",必须辨明作业过程的安全风险、了解作业人员的精神状态和工作技能、把握作业过程的安全细节、消除作业过程的安全隐患,确保实现每个安全生产的"小目标",带动他人共同实现企业安全生产的"大目标"。

三、对落实安全"一把手"文化的建议

推动安全文化"一把手"文化的落地,必须紧紧抓住"一把手",同时还要"一把手"亲自抓,形成"抓一把手"与"一把手抓"的良性循环。

(一)抓实"一把手"安全履职能力建设

"一把手"的安全履职能力不是天生的,也不会自发形成。必须通过自我学习和组织督促相结合的方式,促进其持续提升安全生产履职能力,以满足岗位工作的需要。

"一把手"的安全履职能力主要是安全生产的领导意识和领导能力,其中领导能力包括学习能力、理解能力、判断能力、决策能力、沟通能力、督导能力、应急应变能力等。这就需要其自觉学习党和国家治国理政中的安全方略、指导思想、具体要求,自觉学习法律法规的要求,自觉学习安全生产的基本知识和常识,自觉履行法律法规规定的安全责任和义务,主动提升懂法用法能力、安全管理能力、应急处理能力。

(二)抓实"一把手"安全履职情况督查

"一把手"的安全履职情况,在一定程度上决定着组织或团队的安全生产状况。因此,督促"一把手"认真履行安全生产法定职责和"党政同责、一岗双责"工作要求等管理职责,很有必要。中国能源建设股份有限公司制订发布的《中国能源建设股份有限公司安全生产履职督察实施办法》(中能建股发安监〔2020〕8号)就是各级"一把手"抓实抓好"一把手"的尚方宝剑和有力利器,必须认真执行,并加强过程督促检查和约谈提醒。同时,还要加强对"一把手"安全生产绩效的考核和检查,以此督促"一把手"履职到位,企业安全生产主体责任落实到位。

浅析新时代安全文化新发展理念在管理实践中的运用

中国船舶环境发展有限公司　安斌峰　高宝月　邵明炬

摘　要：2023 年安全生产月主题是"人人讲安全，个个会应急"。这个主题非常接地气，且非常契合当前提出的全员安全生产责任，体现了新时代安全文化的新发展理念。做安全生产知识的普及教育，就是要把工作放到基层，落到实处，不讲那么多大道理。只有每个人的安全意识增强了，基本的安全技能具备了，安全生产水平自然也就提升了。假如说"安全第一、预防为主、综合治理"是表象的描述，那么"人人讲安全，个个会应急"就是具象的产物了。前者是理论性的指导，后者则是实践性的操作。这也是一个思路上的转变，以前是从上到下的思路，现在是从下到上的思路，是新时代安全文化新发展理念的产物。

关键词：安全文化；思想认知；教育培训；发展理念

一、引言

企业的安全文化及生产管理至少会历经以下 3 个截然不同的发展阶段。第一阶段，个体时代。在个体时代，人类个体的犯错是无法避免的，却要为错误承担责任，到处都是个人英雄主义，员工冒险违章作业，这是个人单打独斗的时代。第二阶段，协同时代。在协同时代，错误是被允许的，由组织承担，并能持续地改进和完善，这是团队作战的时代。第三阶段，共生时代。在共生时代，安全生产信息化、智能化设施得以运用，员工不再犯错，企业不再发生事故，这是人工智能时代。

那么问题来了，我们的安全文化和生产管理当前处于哪个时代？大概还是在个体时代向协同时代过渡的阶段。少数企业步入了协同时代，但大部分企业目前仍停留在个体时代。人的犯错是不可避免的，但却要被当作事故追责的依据。可为什么即便要追责但还是事故频发，这非常值得我们思考。

（一）日本

现在看日本，日本对于安全文化的宣传教育覆盖面非常广，宣教体系较为成熟，形式丰富多样，大众对于安全文化宣传普及的接受度高。在日本，从普通工人到项目经理，每个人都具备以下 3 个思维想法。一是恐惧心。如果没做好，出了问题，我会受到惩罚。二是羞耻心。如果没做好，出了问题，这是作为技术人员的耻辱。三是良心。如果没做好，出

了问题，自己良心会极其不安。不同于中国安全文化从上到下的责任传递式管理，日本建立的是从上到下的全员责任式管理机制。

（二）美国

美国杜邦公司是闻名世界的大型跨国公司，是世界上安全文化及安全生产工作做得最好的公司，安全管理誉满全球，其十大安全管理文化理念在世界各地更是被无数企业、安全管理从业人员追捧学习：所有事故都是可以防止的、各级管理层对各自的安全直接负责、所有安全操作隐患都是可以控制的、安全是被雇佣的一个条件、员工必须接受严格的安全培训、各级主管必须进行安全检查、发现的安全隐患必须及时消除、工作外的安全和工作中的安全同等重要、良好的安全创造良好的业绩、员工的直接参与是关键。

"他山之石，可以攻玉"。我们从中学到了什么呢？简洁、以人为本、可操作、全员责任的一种务实的安全文化及理念。

二、理论运用于实践

安全生产确实离不开经常性的监督检查，但做好安全生产工作不能只靠天天检查，检查更不是做好安全生产工作的唯一方法。要知道，只有思想上重视了人们才能真正做到"内化于心、外化于行"，安全意识、安全工作才能落到实处。由个体时代到协同时代，由协同时代到共生时代是一个潜移默化

的过程。安全工作的关键还是要增强人的安全意识，确保员工不违规操作。因为有研究表明，86%~96%的伤害事故都是人为所致，只要人的作业安全了，安全意识增强了，安全生产自然也就能实现。所以，企业在做好安全检查的同时，更要有针对性地规范和做好以下方面安全文化的工作。

（一）宣贯工作

我们务必要结合社会各行业与公司的安全生产实际情况，策划适宜的安全文化宣传方式方法，通过警示片、视频、专家现场授课、模拟应急演练、安全小册子等从视觉上、听觉上有针对性地强化与引导，进一步增强全员的安全生产意识。

（二）思想引导疏通

错误的思想产生错误的理论，错误的理论产生错误的实践，错误的实践产生错误的结果。安全事故之所以发生，是因为不同行业有不同原因，我们不能一概而论，要有所甄别才能有的放矢。思想上的认知决定了行为上的正确，要想做好安全文化及安全生产工作，千万不要忽视团队成员在安全思想层面的引导与疏通，倾听团队成员对安全文化宣贯及安全生产工作的心声，有针对性地广泛收集团队成员对安全文化及安全生产工作的意见和建议，综合分析，合理采纳，结果反馈，强化团队成员的参与感与成就感；同时通过与团队成员思想层面的沟通交流，精准掌握团队成员对安全文化及安全生产的认知程度，及时采取合适的措施予以引导疏通，在轻松的氛围中将正确的安全文化及安全生产要求植入每名团队成员的心中。

（三）活动竞赛与比较

有竞争才有进步，有竞争才知不足，有竞争才能提高认知。同理，有比较才有进步，有比较才知不足，有比较才能提高认知，同行业之间的先进经验是值得学习的而且是必要的和可复制的，这对促进企业与行业的发展都是十分有利的。因此，要想做好安全文化宣贯及安全生产工作，在公司内、外部适当开展安全竞赛活动及对标对表活动是非常有必要的，它们能督促相互学习、共同进步，督促团队成员增强自查自省的意识与能力，有效消除团队成员工作中的不安全行为。

（四）领导重视与业绩报告

众所周知，安全文化宣贯及安全生产工作必须有领导的重视且重实重质才行，否则要想公司的安全文化素养及安全生产工作养成习惯且形成常态化，根本就不可能。这也是国内安全文化管理责任存在的弊端，要想公司的安全生产工作取得成效，必须向上管理，赢得上层对安全工作的重视且重实重质，定期主动向领导报告安全生产业绩就是一种非常有效的方式，让领导知晓公司在安全生产方面取得的成效和存在的不足，让领导知晓这些不足给公司的经营发展可能带来的伤害及若不及时整改落实公司需要承担的法律法规责任。主要领导重视了，安全文化素养及安全生产才能落到实处。

（五）评比考核

安全文化宣贯及安全生产不是某个人的事情，也不是某一个部门的事情，而是全员的事情，如何强化各部门对安全文化宣贯及安全生产工作的参与力度？如何提高各部门参与安全文化宣贯及安全生产工作的积极性？唯一的办法就是让各部门知道做好安全文化宣贯及安全生产工作对其个人有什么益处。要想持续落实公司的安全文化及安全生产工作，务必要在公司内部建立安全文化及安全生产评比考核机制并严格落实到位。

（六）意见收集

安全文化宣贯及安全生产重在全员积极参与，贵在建立有效机制。如何在公司内部建立一套适宜的、有效的安全生产管理机制？除了要充分考虑公司安全文化及安全生产法律法规的要求，更要考虑全员对安全生产的意见，将全员的意见融入安全生产管理机制中，增强全员的成就感与荣誉感。因此，要想做好公司内部的安全生产工作，一定要经常倾听大家对安全文化及安全生产的意见，根据收集到的意见，综合分析，必要时及时修正和完善公司的安全文化及安全生产管理机制。

（七）改善改进

安全文化及安全生产工作不仅需要具备符合要求的硬件，更需要具备符合要求的软件，两者缺一不可。要想做好公司的安全文化宣贯及安全生产工作，就需要在硬件与软件方面持续改善改进，及时消除隐患，防止因硬件不合规或软件不合理，而出现安全隐患。

（八）教育培训

影响公司安全文化及安全生产最重要的因素就是人的安全思想认知与安全生产意识，如何扶正人的安全思想认知？如何持续增强人的安全生产意识？显然需要在公司内部经常开展安全文化宣贯及安全生产方面的教育培训工作，离开了安全生产教育培训，想真正做好安全生产工作是不可能的。安全生产教育培训的方式不一定是集中理论上课，务必要结合公司的实际情况策划确定适宜的方式，甚至可以将多种安全生产教育培训方式相结合，保证安全生产教育培训的效果，促进实现安全生产管理的预期效果。

三、结语

总之，"一分部署，九分落实"，思想认识是行动落实的先导思想，认识不到位，就必然会导致基础工作、措施谋划、推动落实、综合保障、督查问责、宣传发动等各方面工作的不到位，而最终交出的成绩单就必然会"不好看"。

（一）责任

要有做好企业安全文化宣贯及安全生产工作的坚定决心，是企业各部门的共同责任，方方面面都要完成好各自承担的任务。但一些部门或单位对安全生产工作缺乏足够的重视，主要领导无全局、无组织、无行动意识；一些部门对职责范围内的安全文化及安全生产工作漠不关心，该掌握的情况不掌握、该研究的问题不研究、该指导的工作不指导、该督办的事项不督办，甚至揣着明白装糊涂，不去触及矛盾，没有发挥应有作用；一些领导干部仍然把安全生产当成一般性、常规性工作，停留在过去的思维方式和工作方式上，没有采取超常规措施；一些危险源、事故点长期存在，有的问题非常严重，员工多次反映，但属地相关职能部门仍麻木不仁，未采取任何相应的整治措施等。这些现象都是对国家、对社会及所有人的不负责任。

（二）修养

企业提高安全文化修养，同样要激发向美向善、永葆先进性的内在动力，提高安全思想认识，保持安全思想活力，滋养浩然之气，引导员工自觉地主动地投入严格的安全生产活动中。归根到底，就是安全认识要提高，安全行动要自觉，使安全要求内化于心、外化于行，落实到安全发展的事业上。

（三）教育

深化安全教育，零事故是根本。近年来，全国各企业坚持"以人为本"的理念，坚持"安全第一，预防为主，综合治理"的方针，通过开展各类隐患排查、隐患治理等一系列行动，安全工作水平和事故防范能力得到了全面提升，为实现安全责任事故零目标、保障企业安全生产奠定了坚实的基础。然而，我们仍需要处理好四种关系，进一步提高安全生产水平：落实安全生产责任和一岗双责的关系；深化安全生产专项整治和安全文化的关系；打击非法生产和安全发展的关系；严肃查究安全生产责任事故和应急救援的关系。也只有这样，安全文化才能走深走实走心，才能保证国家及企业的安全长久健康发展。

（四）培训

同时，我们还要加强对员工安全知识、安全技能的培训，增强员工安全意识，提高员工业务能力。严抓安全培训及整顿，突出安全操作规程、岗位安全风险辨识、应急处置等内容，持续开展全员安全生产轮训；严抓员工岗位必知必会知识抽查，严抓"三项"人员培训、安全取证工作和员工二、三级安全培训，加快提升干部、员工素质和保安技能。必要时争取安全教育进校园、进家庭，从根本上扭转全员安全文化缺失、安全责任意识不强、安全责任意识不强的现状，从而增强全员安全责任意识。

（五）换代

从社会发展的角度看，我们还要加快设备设施升级换代，进行生产工艺流程再造，淘汰落后设备和工艺；加大安全资金投入，配足配齐安全设施，对不能满足生产安全要求的设备工艺，要制定更新计划，在资金允许的情况下，逐步淘汰更换，确保满足生产安全要求。同时，确保生产工艺流程合理、科学，努力创建本质安全型企业。

（六）理念

保护自身安全，不伤害别人，不被别人伤害，保护别人不被伤害，提升全员职业素质，知行合一，不给别人添麻烦就是最好的安全生产文化新发展理念。

强化安全文化理念 落实企业安全生产责任

华润电力登封有限公司 王西同 王文勃 张代军 张笑光

摘 要：安全生产是企业永恒的主题，安全文化已成为企业文化的重要组成部分，起着越来越重要的作用。推进安全文化建设，促进企业安全生产已成为当前电力企业的主要任务。本文就企业强化安全文化理念、落实企业安全生产责任的方法和途径谈一些粗浅认识。

关键词：安全文化理念；安全文化建设；安全生产

华润电力登封有限公司（以下简称登封电厂）成立于 2002 年 6 月，公司总装机容量为 1920MW，秉承华润集团企业文化，始终贯彻"安全高效、清洁环保、全员参与、持续改善、以人为本、共享共生"的安健环政策，积极推进风险隐患双重预防体系及 SHEMS 体系建设，持续改善生产条件，营造全员参与的"简单阳光、团结和谐、奋斗有为"的组织氛围，打造与城市、自然完全黏合、共享共生的世界一流清洁能源企业。

一、安全文化理念的形成

（一）坚持安全教育

安全教育是一个永久的话题，安全第一，安全重于泰山。我们要从内心里真真正正时刻重视安全，认识到它的重要意义，不断学习安全知识，增强安全意识，这样，对自己、对家庭、对社会，都是一件好事。企业安全文化是企业在安全生产的实践中，以从事安全管理、安全生产、安全宣传教育等形式，逐步形成的为全体员工所内心认同、共同遵守，并带有本企业特点的价值观念、经营作风、管理准则、企业精神、职业观念和安全目标等的总和。推进安全文化建设，促进企业安全生产已成为当前煤炭企业的主要任务。

（二）树立以人为本的理念

如何形成全新的安全文化理念，使安全文化理念深入人心，就是要树立以人为本的理念。坚持以人为本，打造安全文化是全面贯彻"安全第一、预防为主"方针的新举措，是企业保障员工人身安全与健康的新探索。以人为本的安全生产管理，就是指在企业生产的过程中把员工的生命摆在一切工作的首位，贯穿"以人为本""珍惜生命""保护环境"。

二、企业安全生产主体责任

（一）坚持以人为本的原则

登封电厂始终坚持"安全第一，预防为主，综合治理"的方针，坚持以人为本的原则，始终把人的安全放在最重要的位置来抓。通过安全文化建设的实践和不断总结、提炼，登封电厂逐渐形成了具有本企业特色的安全理念。无论是常规的生产，还是停电检修作业、应急演练、事故抢修等工作都首先考虑人的安全，实现了各项工作相关人员的全过程、全员参与，也使公司的安全文化理念在工作中潜移默化地植根于各级管理人员和一线员工的头脑中。

（二）广泛宣传，强化主体责任和社会氛围

安全生产监督管理部门要牢固确立"以人为本"的理念，树立全面、协调、可持续的科学发展观，把人民的生命财产安全放在第一位的安全文化观，进一步强化安全生产宣传工作，努力打造安全主体责任的社会氛围。坚持以生产单位为重点，深入企业加强职业危害、职业安全自我保护等方面的宣传，增强企业经营者和从业人员的安全主体责任意识，使企业经营者树立"安全第一，预防为主"的经营理念和管理原则。

（三）进一步增强企业安全生产的主体责任意识

企业是安全生产责任的主体，应当依照法律法规规定，履行安全生产法定职责和义务。那么，如何真正使企业将安全生产主体责任落到实处？笔者认为：首先要增强企业负责人的主体责任意识，增强法治观念。近年来，一些企业面对竞争日益激烈的市场，为降低生产成本，追求效益最大化，铤而走险，"安全第一"也仅仅成了一句挂在嘴边的口号。综观其实质，就是企业负责人的安全意识和法治观

念淡薄，认为安全工作可松可紧，可有可无，最终酿成安全事故。因此，只有企业负责人的安全意识增强了，对安全生产法律法规充分了解了，他们才能关心和支持安全工作，实现由被动承担到主动承担安全生产主体责任的转变，真正保证企业的安全发展。

（四）加强对企业落实安全生产主体责任的监督管理

安全生产监管人员是各项安全生产法律法规的维护者，应该严格依法履行自己的职责，督促企业在实施生产过程中，严格按照安全生产法律法规的规定，把各项安全措施落到实处，最大限度地避免事故的发生，而不是仅仅停留在让企业签订"企业安全生产主体责任告知承诺书"的形式上。那么，作为安全生产监督管理人员，该如何加强对企业安全生产主体责任落实的监督管理呢？

1. 要加强安全监管人员自身素质的培养

一方面通过加紧对新文化、新知识的学习，进一步调整知识结构，拓宽知识面，提高自身的文化理论水平；进一步吸收先进理念，转变传统思想，创造出一条切实可行的长效管理机制，更好地为安全监管工作服务。另一方面通过加紧对新的法律法规的学习，及时掌握国家对安全生产方面的有关规定，不断调整执法检查的内容和标准，增强执法能力，更好地实施对安全生产的监督执法。

2. 要增强安全监管人员的服务意识

安全执法是手段，不是目的，预防和避免安全生产事故的发生才是我们的目的。因此，安全监管人员必须清醒地认识到企业的安全工作就是我们工作的落脚点，只有企业安全了，才是安全监管工作的成效，也才是我们的目的。这就要求我们在日常监管过程中，必须进一步转变工作作风，增强服务意识，在关注结果的同时，更要注重过程，把工作重心不断往前延伸，以预防为主，从预防入手，深入基层，深入企业，适时地指导企业制定各项安全规章制度、各项安全管理措施等；适时地帮助企业查找不足并提出针对性的解决办法，进一步规范企业的安全管理，不断提升企业安全管理工作的层次，使企业的安全管理工作走上规范化、法治化的轨道，真正体现我们安全监管人员不仅仅是企业安全的监管者，更是企业的服务者。

3. 要加大安全监管人员执法检查的力度

作为安全监管人员要充分利用好执法检查这个有力手段，进一步加大执法检查的力度，扩大检查面，严格查处安全违法行为，从而保障安全生产主体责任在企业真正得到落实和强化。

4. 严格执行责任追究制度，促进企业安全生产主体责任的落实

负有安全生产监督责任的部门，应当严格执行责任追究制度，依法责令存在重大事故隐患的企业限期整改，逾期未整改的要予以查处；对发生较大以上安全生产事故和违反安全生产法律法规，未履行安全生产主体责任的企业要依法处理，追究企业及其主要负责人和有关人员的责任，情节严重、构成犯罪的，依法追究刑事责任。通过严格执行责任追究制度，严厉打击安全违法行为，追究相关人员的责任，进一步完善安全基础管理，落实各项安全措施，提升安全管理水平，起到惩处一家、警示一片的效果，促进企业安全生产主体责任的落实。

三、构建安全生产文化建设管理制度

（一）安全生产文化建设内涵

安全生产文化建设是促进职工安全行为养成的重要手段，是企业文化建设的重要组成部分，应突出以人为本的思想理念，强化安全管理，不断提高全员安全文化素质，实现安全生产管理由传统管理向制度化、科学化、人性化管理转变，着力构建自我约束、持续改进的安全生产长效机制。

（二）先进的科学管理方法是实施安全管理的有效手段和抓手

在安全实践中，登封电厂坚持走出去、引进来，学习兄弟单位的做法和经验，认真反思自己存在的差距，认真实施安全精细化管理，推行班前安全交底。在现场管理上，严格劳动纪律，做到安全生产全员人人抓，处处有人管，给职工创造一个文明、安全的生产环境，使安全生产条件和环境得到有机改善，建立安全生产的长效机制，创建具有企业特色的安全文化，构建平安、和谐、发展的企业安全生产文化，结合企业实际，特制定安全文化建设管理制度。

（三）建立健全安全生产文化管理制度

以质量标准化建设、安全宣传教育为载体，树立企业形象，初步构建安全文化结构和模式。为进一步提升公司安全文化建设水平，建立长效工作机制，保障各项工作顺利开展，特制定本制度。安全文化建设是安全生产管理的重要内容，我们必须将安全文化建设工作纳入安全管理体系一管理，实行

同规划、同运行、同考核、同激励。

四、严格落实安全生产规章制度

（一）严格落实安全生产各项规章制度，坚持常抓不懈

逐步建立健全了各级人员安全生产责任制，并对安全生产责任分解，逐级签订安全生产责任书。

（二）各级的安全生产目标责任制

完善公司安全生产监督管理体系，促使公司员工的安全意识得到明显增强，安全生产得到明显改善，安全文化得到了创新，有效遏制重特大事故发生，各项安全生产目标管理达到上级规定要求。建立健全登封电厂各级各项安全生产责任制，促使各项安全生产制度特别是安全生产责任制得到全面落实。

（三）建立完备的应急救援体系

按安全体系要求，执行定期安全检查制度和安全隐患排查整改制度，对发现的安全隐患下发"安全隐患整改通知单"，限期整改。登封电厂每年制定的安全指标体现持续改进方面的要求，对作业现场的危险点和危险源设置安全警示标志，各岗位设置安全操作规程，配备相应的劳动保护用品，极大改善工人的安全生产环境，做到文明生产。

五、贯彻理念加强技能培训

通过开展安全"大讲堂""大家谈""公开课""微课堂"等活动和员工访谈、教育宣讲等方式，加强安全文化理念教育，强化安全文化理念进现场、入基层，提高全员对安全的认识，推动各级管理人员、现场作业人员将安全文化理念入脑入心。紧紧围绕提升员工基本安全技能水平、操作规程执行、岗位风险管控、安全隐患排查和应急处置等能力，通过师带徒、技术比武、岗位资格认证等方式，开展形式多样、针对性强的安全文化理念培训，全面提升员工安全文化理念能力。积极开展自主安全教育培训，增强员工安全意识和提高自我保护能力。将安全文化建设与安全月、日常安全大检查有机结合，将安全文化融入员工日常工作中，使员工树立安全第一的思想，及时化解企业安全隐患，规避安全风险。

六、结语

登封电厂坚持以人为本、注重实效的原则，从构建安全理念文化、制度文化、行为文化、物质文化出发，建立健全制度，强化员工的安全意识和价值理念，规范员工行为，营造浓厚的安全氛围。安全文化建设工作立足当前、面向长远，在传承中发展，在发展中传承，保持其核心理念的科学性和引领性，为企业的平安、和谐、发展提供强大的精神支柱和安全保障。

参考文献

[1] 孙大雁, 郭成功, 任智刚, 等. 电网企业本质安全管理体系构建研究 [J]. 中国安全生产科学技术, 2019,15(06)：174-178.

[2] 贺洲强, 陈钊, 郭文科, 等. 省级电网企业导入国家电网安全管理体系的策略研究 [J]. 中国管理信息化, 2022,25(17)：130-132.

[3] 董错, 周巍, 黎嘉明, 等. 电网调度运行安全管理经验和实践 [J]. 电工技术, 2021(06)：90+91,94.

[4] 杨海龙, 吴野寒, 赵建涛, 等. 变电运维专业安全文化建设 [J]. 电力安全技术, 2020,22(07)：56-59.

[5] 康少坡. 浅析电网企业班组安全文化建设 [J]. 河南电力, 2019(08)：70-71.

"党建＋安全"培育企业本质安全班组文化

中国葛洲坝集团股份有限公司　徐志国　刘建军　徐华田　田　艳

摘　要： 工程项目管理是建筑企业管理之基、效益之本，企业高质量发展、高水平安全管理必须靠工程项目来实践、来落实。班组安全是工程项目安全生产的第一道防线，也是企业安全生产的"最后一米"，班组安全工作做好了，工程项目安全工作就有保障，企业安全生产形势就平稳。中国葛洲坝集团股份有限公司（以下简称葛洲坝）围绕本质安全型班组建设的五个维度，即管理无漏洞、人员无违章、方案无瑕疵、设备无缺陷、环境无隐患，以武汉市硚口中心医院施工项目部为试点，采取项目化实践，通过"党建＋安全"的工作模式，研究解决班组安全管理存在的问题和难题，推动"安全意识自觉、安全责任自知、安全行为自律"的安全文化理念深入人心，实现作业现场人、机、环、管和谐统一的本质安全状态，让"最后一米"成为"最畅一米"，并提炼总结为可复制、可推广的本质安全型班组建设经验，培育公司本质安全班组文化。

关键词： 党建；本质安全；班组文化

一、引言

"基础不牢，地动山摇"。安全生产最坚实的力量支撑在基层基础，最突出的矛盾和问题也在基层基础。班组是企业安全生产基层基础的"最后一米"，在当前不同的工程实施模式和严峻复杂的安全生产形势下，开展本质安全型班组建设，培育本质安全班组文化，以实现管理无漏洞、方案无瑕疵、人员无违章、设备无缺陷、环境无隐患的本质安全状态，是打通班组安全管理"最后一米"和解决班组安全管理堵点、难点的迫切需要和当务之急，是筑牢公司安全生产根基的先决条件。

二、党建进班组，找准"问题"

（一）聚焦一个主题，打造本质型安全班组

葛洲坝通过党支部结对共建，聚焦"打造本质安全型班组"联学主题，以"调研"找准"切入点"，深入基层一线，对全体作业人员开展问卷调查，全面了解班组安全建设的堵点、难点。

（二）创新"线上＋线下"联建载体，理论结合实践

葛洲坝高度重视思想教育工作，以"真诚之心"，做到"恳谈交流"，广泛听取班组长、作业人员意见建议，激发班组人员的内生动力。针对班组安全管理问题开展集中交流研讨，作业班组员工、支部党员、青年全面参与，通过开展"支部书记讲安全党课""安全生产大家谈""我与班组面对面"等活动，共同分析、探索班组安全建设的新思路、新方法。

（三）实行"党建＋安全"的工作模式，发挥党的政治优势和组织优势

充分发挥"党员＋班组"的双堡垒作用，建立"1名项目班子成员＋2名党员＋3名团员＋N名产业工人"的"1+2+3+N"特色党员工作小组，破解本质安全型班组建设中存在的安全难题，以点带面，推动整体安全管理水平提升。

三、科学建班组，抓住"关键"

（一）科学划分班组

项目班组设置是否合理直接影响生产组织是否协调、施工是否顺畅。施工班组策划中，结合公司安全生产"四个责任体系"和班组的管理要求，充分考虑项目分包模式、施工特点、作业类别、现场功能区域划分等因素，科学合理设置班组，确定班组机构图。

（二）创新设置班组长

班组长作为"兵头将尾"，肩负着指挥领导班组安全生产的责任，班组长自身素质的高低直接影响班组的安全管理。葛洲坝将"有意愿、有能力、有魄力"作为选拔班组长的重要标准。按照班组长是"自己人"的要求，明确分包工程项目及作业面由自有员工实施管理，让"自己人"履行班组长安全生产职责，"包工头"作为常务副班长，具体负责班组

生产活动组织，班组设置兼职安全员，协助班组长开展班组安全管理工作。

（三）重视班组长能力素质培养

通过公司安全在线教育平台进行学习、考核，班组长每年自学不少于24个学时；项目职能管理部门组织对班组长进行业务安全管理培训，每周至少组织一次。工作中，班组长以高度的事业心和责任感，以身作则，处处起模范带头作用，与作业人员同甘共苦，为员工排忧解难；对执行项目管理指令必须不打折扣，坚持做实做细"三工"活动，组织落实各项安全措施不走样、不弱化。葛洲坝建立班组长奖励激励机制，对较好履行班组长职责的人员给予物质奖励和晋升优先政策。

四、筑牢基础桩，把握"重点"

（一）党建引领，培育本质安全班组文化

安全文化理念是公司安全文化的核心和灵魂，是全员共同遵守与执行的核心安全价值观。葛洲坝历经五十余年发展，在多年的安全生产管理实践中，始终坚持"人民至上、生命至上"，形成了深厚的安全文化底蕴，凝聚了全员认同并遵循的"安全意识自觉、安全责任自知、安全行为自律"的安全文化理念，构建了系统、科学、有效的安全生产"三三〇"体系，推动实现公司安全生产长治久安。

加强党建引领，通过"党建＋安全"培育企业本质安全班组文化，党支部成为践行安全文化的堡垒，通过发挥共产党员在安全生产上的先锋模范作用，将安全生产工作融入基层班组的建设中，强有力地推动安全文化理念的深入实施和引领作用。发挥"三自"安全文化的引领和支撑作用，将安全入脑入心入行，以安全塑文化、以文化保安全。

（二）系统策划，助力"管理无漏洞"

1. 建立责任体系，明晰管理职责

葛洲坝建立覆盖班组各工种"岗位安全生产职责＋具体工作任务"双清单，在各作业岗位层层签订责任书，打通全员安全生产责任制中的"神经末梢"。班组长作为班组安全生产第一责任人，充分发挥组织、协调、指导、督促班组作业人员履行安全生产职责方面的传、帮、带作用，促进作业人员由"要我安全"向"我要安全"的意识转变。

2. 健全制度体系，固化管理流程

葛洲坝建立了26项生产单元安全生产制度模板，搭建了班组安全管理的制度框架，生产单元结合

实际发布了涵盖安全培训、风险管控、隐患排查、反违章及考核奖惩等班组安全管理制度，进一步细化班组安全管理流程。班组"三工"活动严格执行"六步曲"工作机制，即班前会、预知危险、工前安全确认、工中安全检查、工完场清、工后总结，确保安全管理有据可依、有章可循。

3. 实行网格管理，分区全面负责

在班组安全人员管理方面，葛洲坝将分包单位现场安全员纳入项目安全体系统一管理，在任务布置、教育培训、考核兑现等方面将其视同"自己人"进行管理。作业面分区划片明确网格管理人员及班组长并在现场挂牌公示，网格管理人员及班组长与作业人员"同进同出"。

4. 严格考核奖惩，激发内生动力

坚持"奖到心动、罚到心痛"的原则，严格考核、大胆奖励、严肃处罚，坚持每月开展先进班组、先进班组长、安全生产标兵及安全之星等正面典型评选、表彰，奖金直接发放至个人；将班组长的考核结果直接与个人收入、员工晋升、履约评价挂钩，形成奖惩分明、正面引领的激励机制。针对分包单位班组的处罚，在分包合同中直接明确处罚事项和标准，过程中按照合同约定直接执行。

5. 营造安全氛围，培育安全文化

葛洲坝坚持以安全氛围影响人，以安全理念引导人，通过多形式、多层面、多方位地强化理念渗透，大力开展安全角落文化、安全生产大讲堂、《开讲啦》培训班、班组面对面、"党员＋班组"责任田、技能比武、有奖猜谜、应急演练竞赛、体验式培训、动画式培训等趣味丰富的班组活动，培育全员安全意识自觉、安全责任自知、安全行为自律的"三自"安全文化。

（三）关口前移，实现"人员无违章"

1. 严把"人员入场关"，确保作业人员身体素质"本质"安全

严格执行作业人员进场报批制，特种作业人员同时核查证件的真实性、有效性，未经许可不许进场。人员上岗前，组织人员进行身份信息核实和健康体检，建立作业人员健康档案，针对患有高血压、心脑血管疾病等职业禁忌症的人员，明确其禁止从事岗位和建议从事岗位，分包单位、班组长根据岗位建议安排具体作业岗位，确保每一名作业人员均能在"最安全、最合适"的岗位上作业。

2.强化"教育培训关"，确保作业人员意识能力"本质"安全

葛洲坝建立安全在线教育平台，广泛推广使用多媒体培训工具箱、VR体验馆实施一站式教育培训，作业人员经培训考核合格后生成安全信用信息存储二维码（简称"一张码"），从而实现基本信息、培训记录、违章情况动态掌控。建筑工程全面使用农民工实名制管理系统，未经培训合格人员无法进入施工现场。按照"管业务必须管安全"的原则，各业务管理部门组织对班组作业人员开展针对性技能培训。充分运用亲情感化教育，使安全生产意识深入人心，潜移默化地规范人的安全行为。

3.强化"过程管理关"，确保现场管理行为"本质"安全

规范危险作业管理，每个班组作业前，需要对现场作业环境进行检查确认并填写《安全条件确认卡》及《危险作业申请单》，作业过程中安全管理人员进行旁站监督并填写《安全风险管控记录》等旁站记录。全面开展"低头捡钞票"作业人员全员查找隐患、举报"三违"活动，安监部门及时核实并奖励到作业人员个人。针对违章行为及隐患顽疾，采取慧眼AI、智能广播、警示教育、违章反思席、约谈、罚款、发函至母体单位等多种方式严肃惩戒，实现"违章必究、究必到底"。严格违章人员"过五关"，即现场纠偏关、谈心帮教关、现身说法关、安全培训关、反省承诺关。推行劳务人员信用档案管理，落实作业人员违章"黑名单"管理，明确违章信用约束机制，让每一个作业人员在全公司范围内"一处失信、处处受限"。

（四）技术先行，着力"方案无瑕疵"

1.充分研究分析，比选最佳方案

在技术策划和施工准备阶段结合工程特点、地理环境等因素，组织专家开展项目全过程全周期安全风险分析，充分考虑各道工序中存在的风险因素及危害后果，在技术方案中专篇制定风险管控专项安全技术措施。方案编制前组织相关方及技术人员仔细研究相关图纸，召开技术方案讨论会，在进行施工方法选择时，提供多套既满足工艺要求又符合标准规定且切实可行的施工方案进行比选，选择可以保证工程进度、施工质量及安全、社会及经济效益控制目标的最佳方案。

2.强化交底培训，推行样板引路

经审批或论证的施工方案，在执行两级交底的基础上，定期集中组织班组长深度学习施工图纸、技术方案、规范标准，重点学习其安全、技术要求和安全验收等规定，便于完善技术方案和现场精准管理。立足于"预防为主、先导试点"原则，积极推行首件样板制及总工首检制，在分项工程中选择第一个施工项目为首件工程，由总工程师带队对首件工程的工艺、技术和质量指标进行综合评价，确定最佳工艺，建立样板工程，为后期施工统一标准，有效预防后续施工可能产生的质量及安全问题。

3.优化施工方案，提升本质安全

以提升技术方案本质安全水平为出发点，葛洲坝发布了第一批《保障安全质量环保工作技术清单》，明确了"禁止"类、"限制"类、"推荐"类施工工艺名录，引导在建项目积极采用先进、绿色低碳施工技术，增强建筑工地安全生产的保障作用。方案执行过程中，要求技术人员定期对现场施工方案的执行情况进行检查验证，对方案本身执行的可行性、安全性进行综合分析，通过不断优化技术方案，防范化解施工安全风险，提高班组作业本质安全技术保障水平。

（五）科技兴安，保障"设备无缺陷"

1.聚力设备监管，守护工地"安全之魂"

葛洲坝制定了"从考察到退场"的设备安全管理实施流程，在项目实施策划中明确了项目关键设备清单和配置要求，发布了《保障安全生产的设备清单》，设备进场作业前由设备管理人员组织相关部门进行"全身把脉"，联合验收合格后方可使用，严禁设备"带病"入场，禁止类设备不能入场，从而提高设备本质安全水平。此外，针对班组自带使用的零散工器具，做到使用前实行检查验收，统一管理。针对特种设备，严格执行特种设备操作人员持证上岗、刷脸操作，每一名操作人员只能操作指定设备，从而从设备性能和运行上确保了本质安全。

2.打造智慧工地，助推管理水平提升

广泛推广使用"BIM技术＋智慧工地"管理系统、应用实名制系统、AI视频监控系统、塔吊安全监测系统、卸料平台监测系统、吊篮监测系统、塔吊预警螺母、钢丝绳探伤系统、外墙脚手架监测系统、临边防护监测系统、智能广播系统等20项智能设施，实时掌控各要素的状态和关键数据，实现施工现场全时段管理。组织开发地下工程（隧道）施工信息监管系统，用智慧化信息技术实现对危大工

程的智能监管,推动监管模式由"被动防御"向"主动发现"转变、监管方式由"人治"向"智治"转变。

（六）标准配置,确保"环境无隐患"

1. 营地标准化,打造工友心灵港湾

葛洲坝发布了《建筑工程装配式营地标准化建设方案》,全面打造"智慧、安全、绿色、标准、人文"的标准化营地。设置"酒店化"模式住宿、职工书屋、心灵港湾、医务室、茶水室、休息凉亭、农民工学校等,为现场施工人员提供学习、休息、心理疏导、紧急救治等多种免费服务,全面维护工友权益,极大地增强了全员的获得感、幸福感、安全感。

2. 现场标准化,夯实本质安全基础

根据不同施工阶段对每个工区进行模块化布置,利用三维效果图进行展示,实现工程各阶段场布标准化。以本质安全为出发点,通过标识标牌标准化、材料码放标准化、消防设施标准化、机械设备标准化、安全防护标准化、用电安全标准化、作业行为标准化等深度打造"花园式"的安全生产标准化施工现场。为作业人员统一采购、发放确保符合国家标准及现场标准化要求的劳动防护用品,并统一编号,定期更换;同时采取阻燃电动充电柜、宿舍仅接入36V限压电源等保障本质安全的技术措施,从源头上提供本质安全的条件、构建本质安全生产的环境。

五、结语

通过实施"党建＋安全"的战略,以标准化为指导,以项目化为实践,致力于构建本质安全型的班组。这种建设方式不仅成功解决了班组在安全管理上遇到的难题,而且促进了作业现场人机环境管理的和谐统一,增强了作业人员的安全意识和提升了作业人员的安全技能。具体来说,葛洲坝的作业人员现在不仅明白安全的重要性,更有能力确保安全,并知道如何在实践中保障安全。这种班组安全建设的方式,就像一个小杠杆,却能够撬动企业安全发展的大格局。通过这种方式,葛洲坝有效促进了员工安全意识的自觉性、安全责任的自知性和安全行为的自律性,使"三自"文化在基层班组中深深扎根,凝聚安全文化建设的"向心力",实现了安全文化的全面提升。

建筑业人员安全管理困境及安全文化管理策略

中国能源建设集团广东省电力设计研究院有限公司　丛志明　池代波　师宝安　龙在川　覃振宁

摘　要：为探究我国建筑行业人员的安全管理困境，本文基于统计分析法，对建筑行业生产安全事故、企业及农民工的概况进行统计，并分析困境及其原因，从安全文化建设方面提出建议措施，以期缓解建筑业人员安全管理困境，改善建筑行业企业安全管理绩效。

关键词：统计分析；困境分析；不安全行为；安全文化

一、引言

近年来，我国大力发展建筑业，建筑业逐渐成为我国支柱产业之一[1]。建筑业具有系统复杂、多方参与、技术难度大、危险有害因素多、风险较大等特点[2]，会给安全管理带来一定的挑战。房屋市政工程 2013—2020 年共发生生产安全事故 5014 起，死亡人数 5956 人，其中较大及以上事故 194 起，死亡人数 763 人，趋势如图 1 所示。建筑业生产安全事故总数、死亡人数呈缓慢上升趋势，存在安全监管压力大、人员安全管理难度大、隐患治理压力大等困境。

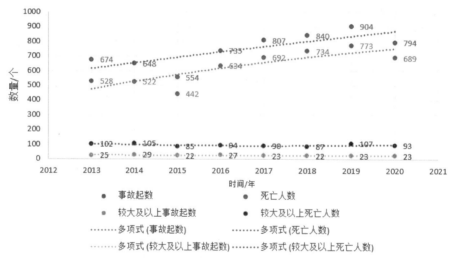

图 1　2013—2020 年建筑行业生产安全事故趋势分析

事故致因理论认为，事故是由复杂系统内多因素共同作用导致的。有研究表明，人的不安全因素是导致事故的主要原因，如 20 世纪 50 年代，海因里希发现 89.8% 的工业生产安全事故主要原因是人的不安全行为[3]；傅贵等认为，人的不安全行为是造成事故的直接原因之一[4]。因此，为有效遏制生产安全事故，改善企业安全生产绩效，有必要探寻建筑业人员安全管理的困境、现状及成因。本文基于统计分析法，对建筑企业、从业人员的各项指标进行统计分析，探寻导致人的不安全行为的深层次原因，从安全文化建设方面提出缓解措施，并进行有效性验证。

二、统计分析法

统计分析法指通过对研究对象的规模、速度、范围、程度等数量关系的分析研究，认识和揭示事物间的相互关系、变化规律和发展趋势，借以达到对事物的正确解释和预测的一种研究方法。统计分析法是一种应用较为普遍且成熟的研究方法，马亮[5]对生产安全事故调查报告进行统计分析，探寻生产安全事故规律及特征；董广利[6]对我国生产安全事故特征进行统计分析，了解不同行业事故趋势；吕艳艳[7]基于统计分析开发了事故统计及风险分析软件系统。

三、我国建筑企业及从业人员统计分析

根据国家统计局查询建筑业企业概况、劳动生产率、主要经济指标、总产值等年度数据,本文进行如下统计分析。

(一)规模及增长速率统计分析

对建筑业企业数量、增长趋势进行统计分析,如图2所示,近20年来,我国建筑企业数量持续增加,企业数量增长率也持续增加。

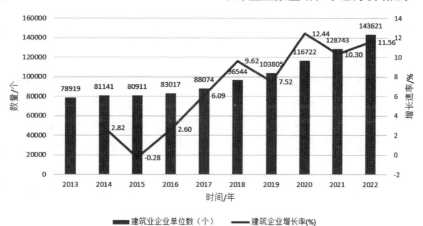

图2 建筑企业增长趋势分析

(二)建筑企业从业人员统计分析

1.从业人员统计分析

随着建筑企业数量的持续增长,建筑业从业人员先增后降,在2017年达到峰值5529.63万人,如图3所示。

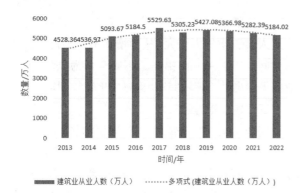

图3 建筑业从业人数统计分析

2.农民工统计分析

农民工作为直接参与作业活动的一线人员,是安全管理的重点管控对象。根据国家2018—2022年农民工监测报告,农民工整体数量持续增长,但建筑业农民工数量呈下降趋势。农民工数量趋势如图4所示。农民工平均年龄呈现逐年快速增长趋势,平均月收入也在快速增长,如图5所示。

农民工2022年监测报告数据显示,农民工群体的年龄区间在41—50岁、50岁以上两个区间占比53%,表明农民工群体整体年龄较大。各年龄段人数占比如图6所示。

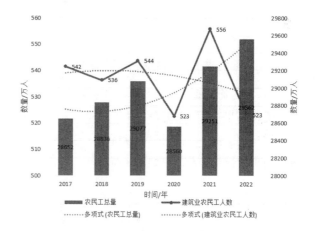

图4 农民工数量趋势分析

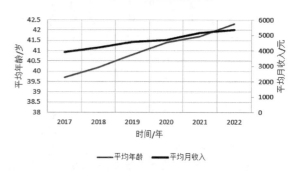

图5 农民工平均年龄、平均月收入趋势分析

按照学历水平分布对农民工群体进行统计,如图7所示。随着国民教育水平不断提高,农民工群体整体学历水平也呈上升趋势,大专及以上学历占比逐年提高,但仍以初中及以下学历水平为主,表明农民工整体的综合素质仍然较低。

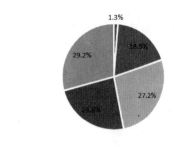

图6 2022年农民工各年龄段占比

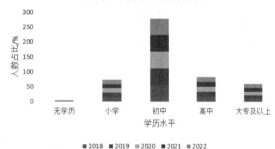

图7 农民工各阶段学历水平占比

（三）建筑企业产值及利润统计分析

统计结果表明，建筑企业生产总值、利润总额持续增长，但总产值利润率持续降低。建筑企业产值、利润增长趋势及速率如图8所示。

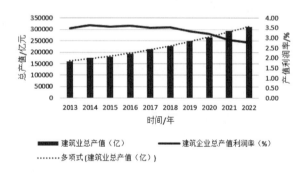

图8 建筑企业总产值及产值利润率分析

四、分析与讨论

（一）建筑企业人员流动性大，降低安全培训效果

从图2、图3、图4统计结果可以看出，我国建筑企业数量持续增多，但从业人员数量2017年到达顶峰后，呈现下降趋势，且农民工群体下降趋势更为明显。出现农民工供不应求现象，经验丰富、持证上岗的技术岗位作业人员，更是一人难求。为保证企业有效经营、建筑项目有效推进，从业人员尤其是农民工群体流动性将增大。持续的人员流动，导致

建筑项目人员进出频繁，进一步增加了企业安全教育培训压力，一定程度上降低了安全培训效果，增加了不安全行为发生的频率，无法形成良好的安全氛围。

（二）建筑企业产值利润率降低，安全管理压力大

由图8可知，建筑企业总产值和利润持续增加，但产值利润率却逐年降低，一定程度上反映了建筑企业的产业优势降低。同时，由图5可知，随着国民生活水平的不断提高，农民工月平均工资收入越来越高，建筑企业劳动生产率逐年增高，因此在产值利润率降低的同时，人工成本持续增加，导致建筑企业安全投入压力越来越大，这也从侧面增加了安全管理的压力。

（三）建筑企业农民工安全综合素质较低，不安全行为风险高

从图5、图6、图7统计结果可以看出，目前我国农民工群体年龄偏大且逐年增加，以初中及以下学历水平为主，这就导致从业人员安全意识薄弱、安全技能水平低、身体素质较差等问题，而人的意识决定了行为选择，技能和素质决定了行为合规性表达，因此农民工群体发生不安全行为的概率增加。同时，建筑企业劳动生产率逐年提高，表明工程项目往往工期紧，需要在较短时间完成更多工作量，导致作业人员工作压力较大，从而增加不安全行为的暴露时间。以上两方面提高了不安全行为风险，使企业出现隐患"治理不完""重复发生"等困境。

五、建议措施及实践

安全文化、安全管理、安全技术是安全生产系统的三大保障手段，而安全文化作为企业良好安全绩效的内驱动力，对人的安全素质提升、不安全行为控制、生产安全事故预防、企业安全保证能力提高等都具有重要意义[8]。因此，可通过构建安全文化体系，来缓解建筑企业的上述困境。

构建安全文化体系，应基于安全文化基本理论基础和原理，选取合适的方法或工具，最终形成一系列文化载体，如图9所示。将企业安全文化体系比喻成两个滚动的车轮，其中安全文化基础理论和原理是体系的根基，可衍生出安全观念、安全意识、安全能力、安全素质，他们彼此之间相互影响，形成安全文化的驱动力。安全文化载体作为安全文化基础理论和原理及其衍生物的实体表达，包括安全制度、安全活动、安全媒介、安全产品等，通过多种安全文化载体可营造出良好的安全氛围，形成企业

安全发展的牵引力。通过合适的方法或工具将安全文化基础理论和原理与安全文化载体有效连接，如管理手段、科技工具、生产制造等，促使两个车轮运转起来。

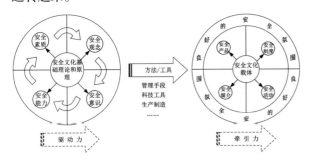

图9 安全文化体系车轮图

（一）建议措施

1. 制定安全文化导则

建筑企业应制定企业安全文化导则，导则可包括本企业安全文化建设的基础理论和原理，并对基础理论和原理的应用进行解释，明确本企业人员应具备的安全观念、安全意识、安全能力、安全素质等愿景。

2. 制定安全文化载体

建筑企业应制定安全文化载体，载体包括安全制度、安全活动、安全媒介、安全产品等，载体形式应尽可能开放，利于自主创新，不断丰富和完善。

3. 建立安全文化创建机制

建筑企业应建立安全文化创建机制，形成上层承诺、中层管理、全员参与的安全文化机制，形成良好、可推广的安全文化创建工具和方法。

4. 及时开展企业安全文化评估

建筑企业可建立企业安全文化评估体系，包括评估要素、评估指标等，定期对安全文化建设效果进行评估，保证安全文化体系有效运转。

（二）安全文化建设实践

某集团企业建立安全文化体系，编制安全文化手册，以系列安全生产重要论述为指导，坚持"生命至上、安全发展"的理念，将安全文化建设作为企业安全发展的必由之路。

该企业的安全理念为生命至上、安全发展；安全愿景为杜绝安全事故；安全使命为践行本质安全；安全方针为安全第一、预防为主、综合治理。该企业创建层层安全承诺制，以承诺践行安全；创建安全生产"二三四"工程和"十二个到位"安全生产要求等安全文化载体。

该集团企业所属公司的A建筑项目，建设前期也出现了隐患治理不完、安全管理人员监管压力大等困境。A建筑项目贯彻落实该集团公司安全文化体系，创新安全文化载体，具体做法如下。

1. 迎合"地摊经济"热词，"摆地摊"送安全

以发现/认识你身边的隐患为主题，在项目区域摆"地摊"。结合项目实际，收集日常工作中出现的典型隐患并将其打印成图片，让工人识别出图片中的隐患，并提出整改措施。通过接地气的活动形式，传递安全知识和管理要求，有效提升工人的安全素质，增强工人的安全意识。

2. 创新安全教育培训形式，"看漫画、视频"学安全

项目基于安全管理短板，编制作业人员安全手册，拍摄安全告知视频，通过漫画、视频的形式，将复杂且乏味的安全管理要点予以生动形象地展示，从而有效增强了作业人员的安全意识，提高了其安全技能，提升了其安全素质。

3. 建立安全生产奖励机制，"小奖励"促安全

传统的安全管理方式以惩罚为主，会造成懈怠、抵触情绪，项目建立"奖惩结合"安全管理机制，评选"安全之星""优秀班组"，并设置公示栏，对每期安全之星、优秀班组进行表彰公示，倡导榜样力量，营造良好安全氛围。

对A项目2020—2022年隐患排查治理数据进行统计，共开展安全检查157次，产生可统计隐患问题2366个，对各类隐患数量按月份进行统计分析，如图10所示，安全隐患数量先升后降。为避免检查次数对结果影响，将隐患数量与检查次数进行比值计算，得出均次检查隐患数量，发现均次隐患数量呈现同样趋势，如图11所示。

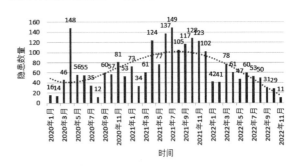

图10 隐患数量时间趋势分析

上述分析表明，安全文化建设在控制人的不安全行为发生、提高安全绩效水平方面成效显著。

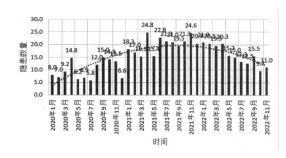

图11 均次隐患数量时间趋势分析

六、结论

本文对我国建筑行业生产安全事故概况、建筑企业概况、从业人员概况进行统计分析，探寻建筑业人员安全管理困境，并提出建议措施，得到以下结论。

（1）我国建筑业生产安全事故总量、死亡人数呈缓慢上升趋势。

（2）我国建筑企业总量持续增加，从业人员持续减少，建筑企业产值利润率持续降低，人工成本、劳动生产率持续增加。建筑业从业人员流动性大、学历水平低、年龄偏高，安全技能、安全素质较低。这导致建筑企业安全教育培训效果较差、人的不安全行为风险高。

（3）构建安全文化体系，制定安全文化导则、制定安全文化载体、建立安全文化创建机制、开展安全

文化评估，可有效缓解建筑企业人员安全管理困境。

参考文献

［1］杨伟伟. 建筑安全生产现状及管理 [J]. 中国建筑装饰装修，2022，232(04)：118–119.

［2］梁晓梅. 建筑工程安全生产管理的特点和难点研究 [J]. 居业，2021，159(04)：137–138.

［3］尹意敏. 安全氛围对建筑工人不安全行为的影响研究 [D]. 深圳：深圳大学，2020.

［4］傅贵，陈奕燃，许素睿，等. 事故致因"2–4"模型的内涵解析及第 6 版的研究 [J]. 中国安全科学学报，2022,32(01)：12–19.

［5］马亮，曹东强，查俨卿，等. 多视角下我国房屋建筑施工事故统计特征分析及变化 [J]. 工业安全与环保，2023,49(06)：28–33.

［6］董广利. 基于 2019—2021 年国内生产安全事故统计分析及应对策略 [J]. 中国应急救援，2023,98(02)：67–71.

［7］吕艳艳. 石化装置事故统计及风险控制系统开发 [D]. 青岛：中国石油大学（华东），2013.

［8］罗云."安全文化"系列讲座之二 建设安全文化的目的、意义及范畴 [J]. 建筑安全，2002,(10)：10–11.

浅谈新形势下加强企业安全文化建设的重要意义及实施策略

山东钢铁股份有限公司莱芜分公司　张　勇　张振夫　赵　莹　孙会朝

摘　要： 企业安全文化建设对企业生产经营和经济效益起着至关重要的作用，强化企业安全文化建设，牢固树立安全理论基础，是认真践行习近平总书记关于安全生产工作重要论述的重要举措，也是习近平新时代中国特色社会主义安全理论成果的具体体现。

关键词： 安全文化建设；安全理念；安全意识；管理体制

企业安全文化是企业文化的重要组成部分，是企业文化的有力支撑，体现了企业对安全的重视程度。习近平总书记在中央政治局第十九次集体学习重要讲话中指出，"大力推动安全宣讲进企业、进农村、进社区、进学校、进家庭，加强公益宣传，普及安全知识，培育安全文化"这给企业安全文化建设提供了根本遵循。企业安全文化的建设，能给企业的快速健康发展提供有力的保障和支持，规范了企业活动的安全保障，最重要的是它更体现了"以人为本"的科学发展观的深刻内涵，让企业活动的主体——人，有了高度的认同感和归属感，为构建和谐企业和和谐社会奠定了基础。安全文化建设必须紧紧围绕企业的实际，以员工的职业卫生安全为目标，与生产经营建设相互交融，最大限度地预防和避免安全事故的发生。

一、企业安全文化建设的重要性

企业安全文化是企业安全价值观和安全行为准则的总和。企业安全文化体现企业全体员工对安全的态度、思维方式及行为方式。建设企业安全文化可形成企业先进的安全理念、群体安全价值观和行为规范，从而营造出良好的安全氛围。

企业安全文化是安全管理经验的结晶，建设企业安全文化是近年来人们对安全管理方式与制度的创新，是一种新型的安全管理科学。多年来，各企业安全管理工作卓有成效，并取得了显著的成效。同时也应当看到，各企业虽然健全了各类生产安全规程与规章制度，建立了各级安全生产第一责任制、全员安全责任制，配备了控制各类安全事故的措施，但是安全教育的形式不够多样，企业安全文化内容不够丰富、氛围不够浓厚，全体员工认同、接受安全价值观的程度还比较低。如果企业单靠被动的硬性管理来抓安全工作，就会出现"违章屡禁不止，隐患屡查屡有，事故无法避免"的现象，重复发生人为导致的事故，给员工生命安全和企业稳定发展带来严重损害。因此，全面推进企业安全文化建设刻不容缓。

二、加强企业管理，强化安全管理理念，是做好安全文化建设的前提

建设安全文化必须始终坚持"安全第一、预防为主、综合治理"的方针，企业必须牢固树立"以人为本、安全发展"的核心理念，把安全工作置于各项工作之首，把"生产单位各级主要负责人首要任务是抓安全""走出办公室抓安全"作为工作纪律和工作作风，扎实推进理念与能力提升，依托安全文化建设架构，布局运营系统，统筹安全与发展的关系。

企业管理说到底是对人的管理，而安全生产稳定与否归根到底取决于管理者的安全管理观念、安全管理方法和安全管理考核的思维模式和问题导向，在新形势下各级管理者必须强化安全管理观念。一是强化人本管理观念。安全生产实践的主体是人，强调"以人为本"的管理观念，就是把珍视人的生命作为出发点和落脚点。为此，各级管理者必须全面提高管理水平，以对员工生命负责、对企业发展负责的态度，加强学习，熟知有关安全方面的法律法规，成为管理和指导安全生产的"明白人"。一是

强化科学管理观念。企业安全文化建设要求我们必须具备科学的管理能力和管理方法，要按科学的管理模式，融入精益安全理论，切实实现安全管理方式由经验型管理向科学型管理、粗放型管理向精细型管理的转变。要按照逐级负责、分层管理与系统负责、专业管理工作的要求，自上而下一级管理一级，自下而上一级对一级负责，发挥业务部（室）的技术管理作用，强化各系统的专业管理，侧重技术安全保障措施，形成层次清晰、责任明确、控制有序的安全管理闭环系统。三是强化精细管理观念。精细管理是企业加强全面管理，实现生产管理与安全管理相结合的需要，是生产经营的中心环节，也是做好各项工作的保障，企业安全文化建设的最终目标是实现企业安全无事故、效益最优化，在生产过程中，哪个环节出现了问题都会对企业效益产生影响。所以，企业应从细微小事做起，从现场管理抓起，精益改善持续提升，建立标准化作业流程，规范从业人员行为，在体制机制、规章制度、体系运行、过程管控、整改闭环等方面实现全员、全过程、全方位的精细管理。

三、加强安全教育，强化员工的安全意识，为安全文化建设提供有力支持

意识决定行为，行为决定习惯。建设安全文化，意识引导和理念教育先行。决定社会生产实践的主体是人，企业的生产经营实践的主体是员工，安全生产本身是对人的生命权的维护。员工安全意识的强弱、安全文化素质的高低，直接决定安全生产的具体过程和结果。员工在企业中对生理、安全、社交、尊重和自我实现五个层次上的需求，就形成了安全价值体系观念。

企业必须从营造浓厚的安全文化氛围出发，全面贯彻以人为本、依法治企、以德治企的管理思想，不断创新安全管理与教育形式，不仅要注重员工的安全知识、安全技能、安全意识的培养，更要注重员工的法治观念、敬业精神、职业操守、品德修养的培养，不仅要注重法律法规、纪律制度的制约保障和奖惩激励的应用，更要注重培育员工树立正确的安全意识、行为习惯和工作作风，培育践行精益安全价值观，为员工生命健康安全提供一个良好的人文环境。

建设安全文化必须坚持刚柔相济的原则，在员工还未形成安全自律的情况下，各级领导及安全教

育部门要通过教育培养新员工，适当提高安全教育的针对性、适用性，营造严格执行安全生产各类规程及规章制度的氛围，让制度"长牙"，让纪律"带电"，令行禁止，守牢安全底线红线！鼓励全员争做管安全、学工艺、懂原理、知流程、记规范、明教训、会应急的"多面手"。安全管理部门要嫉违章如仇，视隐患为事故，严肃查处各种三违行为，决不姑息迁就。企业安全生产规章制度不可谓不多，但令不行、禁不止，长此以往容易出现上热、低温、下冷的现象，其原因就是制度执行层层打折、层层衰减，失去了规章制度的严肃性和震慑力。在严格执行各类安全生产规程、规章制度的同时，企业各级领导及安全教育部门必须关爱员工的身心健康，提倡安全自律，怀敬畏之心，行规矩之事。对员工的安全文化、业务能力要分类开展培训，分级组织实施，采取"互动式""垂直式""启发式"教育，大力抓好"三级安全教育""四不伤害"教育、特种作业人员培训、班组安全教育培训和安全员专题教育培训，从客观和主观两方面认真查找安全隐患，以案为鉴，警钟长鸣，强化安全意识，要站在员工的角度思考安全生产中的问题与解决办法，提倡将安全教育贯彻到业务学习的过程中，逐项排查隐患，规避风险，提高员工现有安全技能和安全管理能力，引导员工注意熟悉与自己职业相关的安全科学知识，有效做好预防工作，营造安全自律的氛围。

四、完善安全文化管理体制，为安全文化建设提供保障

企业安全文化建设是一门新型的安全管理科学，需要全员、全方位参与，安全文化的目的是实现人员、设备、管理三个要素的最优组合并协调发展，因而安全文化管理体制必须是科学有效的、与时俱进的。在不断提高员工素质和设备、技术装备水平的同时，如何进一步围绕"党政同责、一岗双责、齐抓共管、失职追责"和"管行业必须管安全、管业务必须管安全、管生产经营必须管安全"的原则，进一步完善安全文化管理体制，整合现有体系和资源，是统筹安全与发展关系、推进安全文化建设和企业高质量发展亟须解决的关键问题。

建立健全厂、车间、班组三级安全联保体系。首先要科学确定各级领导、各类管理和专业技术人员在生产运行中的时空位置及应负的安全责任，完善三级安全管理网络。在此基础上，明确厂级领导、

科室（车间）级领导及班组长、岗位人员的全员安全生产责任制度和履职清单。据此建立相应的领导小组，分级、分区域进行划定，各职能科室实行专业对口"网格化"包保负责制，切实将安全责任落实到岗到位。

建立行之有效的安全管理流程，健全各项安全管理制度，形成目标、任务、职责、流程、权限互相协调配合的有机整体。健全各类安全管理制度，规范安全生产例会、晨会、调度会等制度，加强信息有效沟通。积极调动全员参加或组织安全活动日、安全宣传周、安全生产月等活动，依托安全专项诊断帮扶、隐患排查整治、安全培训教育、安全事故调查、安全微信公众号、安全案例汇编图析等方式，实施全过程、全方位、全员性的安全管理，落实"三管三必须"要求。通过完善各类安全生产规程及规章制度，制定标准化作业手册，完善危险点预控措施，加强培训与监督工作，建立起安全生产常态管理机制，确保企业长治久安。特别是在数字化革命叠加低碳革命的新时代，企业发展的内外部环境变化将更加频繁、波动更加剧烈，不确定性持续增强，"黑天鹅""灰犀牛"出没更加无常。因此，当代企业要有识变之智、应变之方和求变之勇，及时对企业战略进行适应性微调或迭代升级，不忘更新迭代新安全发展理念，这是时代赋予的必选题。尤其经历三年疫情后，企业在用工方式及加强对相关方和劳务工的安全管理方面，更要系统思考、源头防范、靶向施治，遏制和避免相关方出现生产安全事故，保障各类人员的人身安全。

发挥好安全督查领导小组的作用，进一步增强安全意识和规范安全行为。安全督查领导小组的成员首先要充分理解安全文化的概念，清楚安全文化建设工作的本质与核心，要积极参与并推动安全文化建设工作，做好对安全文化建设工作的目的与意义的宣传，使安全文化深入每个员工心里，为企业打造安全盾牌。坚持学思用贯通、知信行统一。通过从思想认识到实际操作，精益观察，溯源分析，举一反三，督促引导从"查现场"到"查管理"，从"查隐患"到"查流程"，从"查违章"到"查履职"，从"查问题"到"解决问题"，实现精准督查"四个转变"，知责于心，担责于身，履责于行，督促各单位、各部门认真明责有为，笃定担当，绷紧安全弦，把好安全关，坚决杜绝违规生产、违章操作、强令违章冒险作业等行为。

通过企业安全文化的约束和规范作用，构造安全响应机制。企业安全文化对企业每个员工的思想和行为都具有约束和规范作用，这种作用与传统的管理理论所强调的制度约束不同，它虽然也有成文的硬制度约束，但更强调的是不成文的软约束，它通过文化使信念在员工心理深层形成一种定势，构造出一种响应机制，只要有诱导信号发生，即可得到积极响应，并迅速转化为预期行为，这种约束机制能够有效地缓解员工自治心理与被治现实形成的冲突，削弱由其引起的心理抵抗力，从而产生更强大、深刻、持久的约束效果。

知之愈明，则行之愈笃。加强企业安全文化建设是一项长期系统的工程，只有起点，没有终点，必须牢固树立"安全第一、预防为主、综合治理"的安全意识，以"安全重于泰山"的责任感、使命感，以对员工生命和健康高度负责的态度，反复抓、抓反复，长期抓，抓长期，让良好的安全文化建设成为企业持续发展、快速发展、健康高质量发展的不竭动力。

参考文献

史有刚. 企业安全文化建设读本 [M]. 北京: 化学工业出版社，2009.

供热企业安全文化研究与展望

北京市热力集团有限责任公司　丛世栋　刘雅斌　张　鹏　郝昕怡　龚芳毓婧

摘　要：在很多场合都会听到人们谈及如何推动安全文化，以提高职业安全健康水平。安全文化是否只是一种安全管理的名词，还是具有实质的内容？安全文化是否是影响安全管理效率的一个重要因素？但又该如何建立一个理想的安全文化？希望通过广泛而深入的探讨和研究，形成一套适合企业自身的安全文化及其推广的方法。建立安全文化不再是口号，而是可以帮助企业各级管理人员在组织内更有效地实施安全及健康管理，防止意外事故的发生。

关键词：供热企业；安全文化；研究；展望

一、引言

在坚持习近平新时代中国特色社会主义思想为指导的背景下，党和国家领导人非常重视以人为本，更加重视安全生产。切实抓好安全生产工作，是坚持立党为公、执政为民的必然要求，是贯彻落实科学发展观的必然要求，是实现好、维护好、发展好最广大人民的根本利益的必然要求，也是构建社会主义和谐社会的必然要求。加强安全生产工作关键是要全面落实安全第一、预防为主、综合治理的方针。

"安全第一"表明了安全生产的重要性，强调任何时候都必须保证安全，任何工作都要在达到安全条件的情况下才能开展。"预防为主、综合治理"是安全生产的方法，就是要建立健全规程制度，规范管理，及时消除隐患，达到事前预防的目的。

二、安全文化的概念

安全文化是构成安全管理制度基础的价值、信念及习惯，以及可证实和加强上述原则的实践及行为。

这种价值、信念和习惯及行为是组织成员在处理职业安全健康危害、事故和工作安全中的表现。这些表现不只是组织成员在某种程度上共同拥有的特质，更是解决工作安全问题时的自愿性及协调性的源头。

因此，安全文化并不是安全管理制度架构，也不仅是安全计划活动的问题。

三、预防意外的传统方法

安全管理在预防意外情况时采取的传统方法主要针对两个方向。

（1）企业员工是否已取得最大的保护。

（2）企业员工是否已接受培训，能够认识潜在危害并采取适当行动。

第一方向是根据一个基本信念，且信念是基于法律要求去保护个人免受潜在危害和伤害。第二方向则假设个人拥有相关的知识及技能，便可以防止意外的发生。

因此，传统改善安全健康的方法是通过加强执法、改善工程条件、推广安全理念或专项培训等实现处理问题的目的；但基于对重大意外事件调查结果，大多数推荐采用安全文化概念去改善工作场地的安全，使传统安全途径向前踏进了一大步，以确保安全管理制度的效率、效能及可信度。

四、安全文化与安全管理

企业加强自身安全元素的梳理与分析，目的是推广一套切实可行的安全管理制度。当人们仔细去理解各类元素是否合理时，就不难发现这些元素都缺少研究基础，导致出现安全元素在某一组织或环节可以推行，但在另一组织或环节却失效的现象。

如果对安全管理制度的效率进行研究，我们就会逐渐理解，尽管各种安全元素都是有用的，但只有企业员工对安全文化的看法才能决定某一元素的有效性。

五、安全文化的重要性

通常把注意力集中在安全文化（积极性）上，因为我们相信安全文化能改善工伤和事故等不安全事件的发生，并最终减少损失（被动性）。

理论上,当安全文化进步了,损失便会减少。若要找出两者的关系,很明显需要量化安全文化和损失。但要量化安全文化,则需要加强和明确企业员工态度、信念及行为(图1)。

图1　由积极性被动性差异序列示意图

（一）安全文化用词

一般情况下,对于安全文化的用词通常归纳为以下三部分内容。

（1）思想:包括态度、信念及动机等。

（2）说话:包括陈述的意向、口头行为。

（3）做:包括其他行为及身体反应。

假设人的思想主导说话的行为,那么员工想要获得安全时,便会确保一切安全,如图2所示。

图2　安全文化三部分内容

但实际上可能得出不一样的结果。

各种情况表明思想和行为的关系并不简单,如有些员工佩戴安全帽是因为法例所规定,而并非相信佩戴安全帽是有好处的,如表1所示。

表1　思想与行为潜在关系对比分析

思想	正面行为	负面行为
正面思想	佩戴安全帽是有好处的 我佩戴安全帽	佩戴安全帽是有好处的 我不佩戴安全帽
负面思想	佩戴安全帽是没有好处的 我佩戴安全帽	佩戴安全帽是没有好处的 我不佩戴安全帽

其中,思想、说话及做,三者之间其实是有反馈回路的,如图3所示。

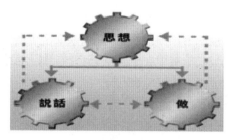

图3　安全文化三部分内容

人们的行为会影响思想及说话,当人们尝试了新的事物、掌握新的技术和新的技能后,对事物的想法及对事物的说法都将改变。

同样,人的说话会影响其所做及所想;如当人答应赶快完成一件工作事项时,就会影响到所做的(实践承诺)及思想。思想、说话和做三者是可以互相合作的,但又可以互不相干。例如,很多企业或组织承诺采取措施或行动,但迟迟又不动作并对当初所做的承诺表示后悔的情况。

因此,复杂的反馈回路得到如下结论:态度会影响行为,而行为也会影响态度。当掌握并清楚态度与行为的关系后,就具备了进一步探讨以下一些安全文化中重要现象的基础和条件。

（二）自我监管重要性

很多研究指出,80%~90%的意外事件(或事故)均是人为错误导致的,若要减少事故人身伤亡数字,就要想一些方法去减少错误及违规的次数。通常奖罚制度的执行结合管理手段的督导是主流方法,但效果不能长期有效。员工须自我监管或由同事监管,使自身相信所做的是正确的事,因为他们已把思想、说话和做三者整合到一起了。

一些研究也指出,组织内不同管理层级对安全表现的看法是有区别的,越高的管理层级对安全表现的看法在调查问卷中所得的分数越高,这反映出高层管理人员大都对组织的安全表现过分乐观。只有所有管理者有共同一致的想法,这些想法才能正确反映本企业的实际情况。

新的风险评估方式的安全管理虽然可改善传统安全管理效能,但也不可能解决全部问题。只有把传统管理优良部分和新的管理技术及其他方面(如信念、关怀及关心、个人问题等)相整合,才能真正产生安全文化。

（三）企业安全管理标准化的重要性

"一流企业出标准,二流企业出技术,三流企业出产品，四流企业出效益。那么，五流企业出什么呢？那就只有出事故了！"原国家安全生产监督管理总局局长李毅中在全国安全生产标准化技术委员会成立大会上曾风趣地说到。

其实，企业的标准化管理与企业经营效益是相辅相成、密不可分的，安全生产管理是基础，在此基础上的经营效益才是一个良性发展的企业应该追求的效益；不能够单独地、孤立地谈企业效益而忽略了企业自身安全生产的管理成效。因此，企业的安全生产要从源头抓起，要以安全生产标准化的管理工具为抓手，一步一个脚印地把企业安全管理各个环节的基础工作做好、做实。

有数据表明，系统设计环节 1 分安全性 =10 倍制造层面安全性 =1000 倍安全落实与应用安全性。

六、供热企业安全管理的重要性

安全生产是供热企业的永恒主题，安全与生产管理是实现经营目标的前提，是对企业最基本活动的管理，企业的目标必须通过生产过程生产管理与安全保障才能实现。坚持"安全第一、预防为主、综合治理"的方针，以安全生产管理为基础，以反事故管理为切入点，以反习惯性违章为突破口，长期不懈地狠抓供热企业的安全生产管理工作，并全面地把"以人为本"的指导思想和各级人员的安全责任制落到实处，从而遏制与减少供热企业各类安全责任事故的发生，使企业安全生产的管理水平在可控、能控、在控的前提下不断提升。

（一）供热生产存在的安全风险分析

供热企业属于能源生产转换与服务型行业。按生产作业流程及其工艺特点，供热生产安全管理涉及源、网、站、线、户各个环节，只有扎实地做好安全生产基础管理工作，制定针对性的安全生产检查（自查、巡查）工作计划，及时发现各环节存在的安全风险并进行有效辨识，依据风险的类别及其影响程度制订整改计划，依此全面开展供热生产全过程安全动态管理工作，直至风险降至最低或完全消除才可以。

对于供热企业来讲，其安全管理风险主要为网络信息安全管理及供热生产现场安全管理两方面，其中供热生产现场存在的主要安全风险有如下几个方面。

（1）生产作业场所（锅炉房、热力站、泵站等区域）消防安全方面的隐患或问题。

（2）供热管网及所属设备设施有限空间安全作业方面的隐患或问题。

（3）作业场所（锅炉房、热力站、泵站、管网等检修作业现场等）用电安全管理方面的隐患或问题，其中施工作业临时用电安全问题尤为突出。

（4）作业场所（锅炉房、热力站、泵站、管网等检修作业等）作业人员登高安全作业方面的隐患或问题。

（5）市政道路安全作业及道路交通安全方面的问题。

（6）供热突发事件、应急抢修及供热设施故障造成大面积停热等方面的安全管理问题。

（二）供热生产全过程安全管理的意义

企业安全生产状况的好坏直接反映了企业管理水平的高低。企业管理得好，安全工作必然受到重视，安全管理也会比较好；反之，安全管理混乱，事故不断，在这种情况下就无法建立正常、稳定的工作秩序，企业管理水平就会较差。

因此，做好安全生产管理工作尤为重要，具体应主要做好如下几方面的工作。

（1）建立并完善安全管理制度，明确安全管理目标。

（2）有序地开展企业安全生产教育培训工作。

（3）企业现场各项作业要规范，按专业化的管理思路推行安全技术专项管理工作。

（4）明确与细化安全生产标准工作程序。

（5）对于供热生产事故分析及其防范措施要逐步规范化、常态化。

（6）全面推进生产作业现场安全生产监督检查的动态管理措施。

（7）落实各级生产岗位人员的劳动保护与安全类保护措施。

七、营造企业安全文化

（一）企业安全文化的定义

企业安全文化是企业文化体系建设的重要组成部分，是企业用"思考的总依据、做事的总规则、行为的总方式、结果的总形象"所阐述的全套规范进行系统性全面管理的过程。

诚然，企业文化非常重要，企业所属的安全管理部门应当致力营造本企业的安全文化。当员工真诚地相信安全在工作中具有重要价值，并能够感受到安全是首先应处理的事情时，才称得上是安全文化。

只有员工管理部门可信赖，只有安全政策建立于日常工作的基础上，只有员工积极参与并解决问题，只有管理部门和员工互相信任，企业才会逐渐建立并形成自身的安全文化。形成"安全文化气候"且在企业自身的安全管理制度内运作，大部分的安全元素都将会是有效率、有效益和可信赖的。因此，我们应把改变安全文化看作一个持续改善的管理过程，而不是终点。

对于企业管理而言，没有真正"完美"的职业安全健康，但管理本身是需要各级人员按照企业所制订的标准化管理制度及职责方面的具体要求，踏踏实实地做好自己本职工作，通过不同工作角色点点滴滴的付出和积累，企业在良好的安全文化的氛围下长足发展。

（二）企业安全文化的实施路径

1.播文化

通过先进的理念去引导，在员工心灵中落实，核心价值观成为其坚定信仰。

2.立规矩

用有效的制度去鞭策，在制度中落实，核心价值观在制度中充分体现。

3.育行为

用教化（培训）手段去提高，在行动中落实，核心流程在操作中体现。

4.创绩效

用分享利益去驱动，在结果中落实；文化效果在操作中体现。

（三）落实企业安全文化的操作要点

企业依照正确的理念和核心价值观，如何去落地和具体执行显得尤为重要。企业的具体操作要点如下。

（1）明确安全管理目标、明确规范、信息清晰、有可操作性的规划蓝图。

（2）有计划，有步骤。

（3）有资源，有场地，有培训，有榜样，有证实。

（4）有执行，层层、人人、处处全员参与企业安全管理的每一个环节。

（5）有监督和评价。

（6）有反馈。

（7）有改善，不断地改善、持续地改善。

八、企业安全文化实施建议与展望

对供热企业来讲，安全文化的开展应立足班组、岗位、生产现场，不断创新机制，完善制度，按照事前严防、事中严管、事后严处的工作原则，在强化安全监督管控方面要做到常抓不懈、常态化地进行全过程监督与管理。

（一）从源头抓起，全面深化"严防"要求

要抓好安全生产监督工作，首先必须认清影响现场安全的首要因素，找准现场违章及事故隐患的根源，全面落实预控措施，强化源头治理。

（1）开展安全文化建设，营造反违章氛围。

（2）制定《安全工作守则》，强化员工安全意识和技能培训。

（3）开展风险评估，实施预警式安全管理。

（二）从现场抓起，全面细化"严管"措施

人身、热网和设备的安全，落脚点在生产现场。安全管理的"严、细、实、新"，最终也体现在现场。落实安全管理职责，严密管控人的不安全行为、物的不安全状态、环境的不安全因素，就可以确保作业现场的安全。

（1）落实安全管理责任，完善安全监督机制。

（2）设立"岗位红线"，管控人的不安全行为。

（3）设立"设备红线"，管控物的不安全状态。

（4）推进安全措施标准化，提供良好的安全作业环境。

（5）强化专项安全监督整治，集中力量解决突出安全问题。

（三）从职责抓起，全面实施"严处"考核

（1）实施违章记分考核，强化员工反违章管理。

（2）严格事故责任考核，从重追究领导责任。

（四）实践"科技兴安"，致力于安全监督手段的创新

安全管理没有止境，企业的各级安全管理人员应充分认识到，要保障安全，必须详细分析现场存在的问题，从事前、事中、事后三个环节采取针对性措施牢牢加以管控，才能有效保证安全；同时要进一步强化风险控制，实施安全"内控"，推行全过程安全监督，进一步提高现场安全监督标准化、规范化管理水平。

九、结语

企业依靠制度和企业文化来管理，二者是并重的。个人进步是依靠终极目标和现实目标来拉动的，

二者是合一的。而企业文化创新的重点在于创立统一的、永恒的文化信仰，只有这样才能使企业自身具有永恒的发展动力。安全管理就是要通过各种管理手段的有效控制，首先，力求形成一种以基层班组及个人反违章为主导，企业现场检查为辅助的良性互动格局，以实现有效地控制反违章现象的发生。其次，通过阶段性地对安全管理办法的修订，逐步完善安全管理机制，充分调动各级人员对反违章的积极性，形成"人人抓安全，人人讲安全，人人管安全"的良好氛围。最后，通过长效持续的反违章管理机制，各级员工的安全意识得到强化，进而企业员工自身安全防护能力进一步得到提高。因此，在这样的企业安全文化建设及管理体系的依托和保障下，智慧型供热企业现代化管理必将奠定坚实的基础。

总之，优秀的企业和组织应以信仰凝聚人心，以制度建设规范秩序，以自强勤奋获得资源，以奉献提升价值，以培养人才使企业蓬勃发展。

参考文献

［1］赵建明.试谈电力企业施工如何做好安全生产标准化的实施和监督［J］.低碳世界,2020,10(06)：73-74.

新形势下安全文化引领安全监管体系探索与实践

浙江浙能绍兴滨海热电有限责任公司　沈佳园　刘基洲　沈明烨　沈海东　刘芝成

摘　要： 浙江浙能绍兴滨海热电有限责任公司（以下简称滨海热电）深入学习贯彻习近平总书记关于安全生产的重要指示批示精神，以安全文化为引领，积极开展新形势下安全监管体系探索与实践。通过调查研究结合日常工作开展，紧紧围绕浙能集团"13313"和滨海热电"1236"安全文化体系，深入剖析存在的问题和短板及其根源，抓准关键，精准施策，上下协同，一体推进，探索如何优化公司安全监管体系，创新解决公司安全监管体系存在的薄弱环节，助力公司持续高质量发展。

关键词： 安全文化；安全监管；体系建设；队伍建设

一、当前安全监管体系情况

滨海热电自投入生产运营以来，一直在高速发展，一方面不断扩充产能，从一期到四期，并积极开发压缩空气、光伏等新业态；另一方面不断探索技术革新，推动机组超低排放、液氨改尿素、省内首台螺旋卸船机投用等。滨海热电的用工模式、设备健康水平、管理痛点等因素也在悄然发生变化。面对新形势和新要求，解决"人机环管"的老问题，要依靠新思路、新手段、新机制。

长久以来，滨海热电的安全监督体系扮演着"守门员"和"消防员"的角色。"守"的是安全底线，保障各条战线安全、合法、合规地开展安全生产工作，底线是守住了，但上限很难突破；"消"的是突发情况，很多时候监督体系是跟着问题走，所以安全监督总和"违章""事故"相关联，事中、事后参与得多，事前干预却还不够。滨海热电以公司"能本·兴"安全文化为引领，不断开展安全监管体系探索与实践，把"能以安为本、安以能为要、兴以安为基"的安全文化理念贯穿到工作的每一个细节，为安全文化建设和公司发展提供精神动力和文化支撑。

二、当前安全监管体系存在的问题和分析

本文通过一线座谈、内外部调研、专题讨论会等方式，从人的不安全行为、物的不安全状态、管理的缺陷3个方面开展调查、研究、剖析，总结形成以下三大方面问题。

（一）体制机制建设方面

1."大安全"监管格局尚未有效建立

当前，滨海热电日常生产、前期、基建、技改、机组检维修等齐头并进，消防、保卫、交通、后勤等安全风险无处不在，非生产领域更多扮演着"消防员"的角色，安全文化未走实走深，急需形成系统、全面、无盲区的大安全监管格局。

2.双重预防机制仍需走深走实

当前各类安全检查、隐患排查、举一反三检查的频次、数量很多，但是质量始终不高，深度不够；各级检查发现问题表面化；检查发现的问题都是点对点解决，缺少系统分析、归纳总结，深层次原因挖掘不够，缺少持续改进。隐患排查风险辨识缺乏系统思维，一线人员自主风险辨识能力不强。辨识不出风险，管控风险也就无从谈起。

（二）体系队伍建设方面

1.安全保障体系队伍建设仍需加强

当前滨海热电协作单位人员众多，相当一部分重要工作、重大项目都是由协作单位承接。但是从过去一年的反违章检查、违章考核中来看，有些低级违章屡教不改，外包单位的同质化管理与自主管理任重道远。过多依靠ERP等信息化平台，生产一线人员技术技能水平和安全素养以及"三种人"等关键人员的履职尽责能力不断弱化。

2.安全监督体系人员作用发挥有待提高

公司安监体系是安全管理的重要力量，一线部门中的主要参与者是部门中层、安全员，技术管理人员、班组安全员的作用发挥也参差不齐；缺少安全绩效的有效评价标准和措施，未能提供明确的工作导向。安全监管人员存在一定的本位主义，管理重点还停留在围墙内、本职上，对重要设备缺陷、

交通安全、"小散远"等方面监管力度不够。

（三）基础管理建设方面

（1）"两票三制"等基础制度执行仍需常抓不懈。从日常安全检查、专项督查来看，"两票三制"方面的违章考核仍占较大比例，部分部门的安全主体责任落实仍不到位，公司布置工作完成质量大打折扣，安全生产管理距离"严、细、实"的要求还有差距，部分职工在遵章守纪、按章作业、劳动纪律等方面仍旧存在不足。

（2）安全奖惩导向精准度、聚焦度不够。安全奖励与考核的指挥棒作用未充分发挥，违章考核不聚焦、针对性不强、震慑作用不够，甚至出现不在乎考核款、转嫁考核款的情况，也未能通过考核和奖励引导职工学制度、用制度。

（3）风险作业管控不够精细，科技助安成果转换缓慢高风险作业管控精细化不够，尚存在员工操作自由度，不利于风险有效管控。新技术、新科技支撑能力不强，成果转换缓慢，在一定程度上阻碍了本质安全发展进程。

三、具体做法和成效

（一）加强安全文化建设——高站位引领、清单化推进

1.高站位引领安全文化建设

滨海热电以习近平新时代中国特色社会主义思想为引领，建立党委会、安委会"第一议题"专题研究学习习近平总书记关于安全生产的重要论述和系列重要讲话批示精神机制，深刻领会其内涵和要点，第一时间学习传达、研究部署、推动落实各项工作。在安全文化学习宣贯阶段，构建领导班子专题学、支部书记专题讲、业务（管理）部门专题练、学习标兵轮流讲、网络知识竞赛等多种形式的学习宣传活动。建立"党建＋安全"机制，将业务安全开展情况列入支部重要议事日程，强化党建引领安全，发挥党组织的"把、管、保"和党员的先锋模范作用，确保安全文化在各支部、各班组落地生根，遍地开花。

2.清单化推进安全文化建设

根据滨海热电安全文化建设实施方案、规划目标、方法措施，编制"安全文化体系建设"活动计划表，明确责任部门和时间节点，理顺安全文化建设总体思路，使安全文化建设有计划、有目标、有重点、有监督，并每月在安全生产分析会上汇报工作的开展情况，确保各项工作措施真正落实到位，各项活动扎实有效开展。

（二）优化体制机制建设——"一班一人一平台"

1.一班——组建安全稽查工作专班

针对热网、基建、光伏等围墙外"小散远"问题，组建安全稽查工作专班，由具有丰富生产管理经验的党支部书记领办，实现"党建＋安全"双融合，深入排查安全风险隐患；针对基建、消防、保卫、交通等安全风险，全面介入管控。

取得成效：2023年已累计开展安全稽查7次，发现问题16项，已完成整改13项，检查范围覆盖公司围墙外各施工现场，成为滨海热电安监体系的有力补充；基建完成《安全施工作业票》标准编制，消防队介入厂区内危险化学品车辆接驳，已累计接驳123次。

2.一人——开展"安全护航人"活动

在过去两年开展"安全随手拍""安全啄木鸟"活动的基础上，组织开展"安全护航人"活动，倡导全员参与安全监督，为安全生产保驾护航，使得现场人员主动在工作中从点滴抓起，不断养成"零违规""零误差"的习惯。

取得成效：截至2023年6月，滨海热电安全违章考核次数减少81次，金额减少45900元；在事故事件方面，一类障碍减少1次，设备异常减少1次。当前安全生产形势平稳可控。

3.一平台——打造"智慧安全平台"

基于安全生产标准化标准体系，优化升级公司智慧安全平台，借助互联网、移动通信、信息技术等，开发一整套可落地的匹配安全生产信息化工具，提升安全监管效能，解决企业安全管理"最后一公里"。

取得成效：目前，智慧安全平台基本实现安全管理全流程一站式服务，具备安全检查随手拍、应急预案查询、安全学习等移动端功能，可随时随地参与安全管理。智慧安全平台已获得软件著作权。

（三）加强体系队伍建设——抓关键"人""班组""单位"

1.关键人——抓"三种人"履职尽责

组织工作负责人履职尽责系列安全专项检查、工作许可人技术比武，通过现场出题、现场开票、现场签发的方式，让"三种人"红红脸、出出汗，揪出滥竽充数分子。

取得成效：截至2023年5月，开展工作票、工作负责人履职能力专项检查3次，工作许可人技术

比武 1 次,抽考抽查 150 余名"三种人",取消 21 名工作负责人资格。"三种人"的风险辨识、安全交底等履职情况明显好转。1—5 月在工作票总量较去年同期增加 823 张的情况下,不合格工作票反向减少 18 张,成效初显。

2. 关键人——实行入厂人员"双考评"机制

创新安全教育培训,加强一线员工的技术技能与安全技能双轨培训考评制,将班组级安全教育作为重要环节紧抓、严抓。源头管控,实行入厂人员技能、安全双向考评机制,将一些技能小白拦在门外,从源头上降低潜在的人因风险。

取得成效:截至 2023 年 5 月,外包单位人员录用 24 人,双考机制清退 6 人,清退率 20%。此外,双考机制除降低潜在人为风险外,也促进了班员间的良性循环,促进了班组风貌的明显改善。

3. 关键班组——为"薄弱班组"制定提星计划

按"树典型,消薄弱"的总体思路,确定 3 个外包单位薄弱班组,通过制定条目式、清单化的提星计划,予以重点帮扶和监管。推广一线班组的标准化班前会、两率管控等先进管理经验,引导班组做好自主管理。

取得成效:计划执行后,从每月抽检、每季核查、年中预评结果看,3 个薄弱班组基础管理水平得到显著提升,年终能按计划完成提星。

4. 关键单位——实行外包"同质化"与"自主管理"双轨运行

总结外包单位同质化推进经验,结合上级单位自主管理要求,细化制定滨海热电《外包单位安全生产自主管理能力提升的实施细则》,从 9 个方面、70 条具体任务明确自主管理的具体做法,用量化、明确的指标,携手外包单位切实贯彻推进外包自主管理。

取得成效:已将协作单位纳入滨海热电安全生产考评体系,协作单位自主管理提升明显,至今未发生协作单位责任造成的异常及以上事故事件,比去年全口径停运、一般未遂各减少 1 次。

(四)深化基础管理建设——抓安全奖惩、班组建设、两票三制

1. 安全奖惩——破旧立新,去繁从简求精

破旧立新,优化精简安全考核条款,突出监管重点,加大对可能引起人身安全隐患和设备设施重大安全隐患的违章考核力度,通过安全奖惩"指挥棒"作用,抓牢安全管理重点,提升员工制度执行力。

取得成效:完成滨海热电安全生产奖惩体系标准修订工作。安全奖惩力度提高约 4 倍,安全违章考核条款由原来的 427 条减至 45 条,增设举报、及时制止安全生产违章行为奖励条款。

2. 班组建设——强基增效,探索"安全减法"

探索"安全减法",借助数字化手段,优化管理流程,试行将各类审批表格、检查表格等进行整合优化,开展视频班会竞赛,以精准管控提升安全管理效率。

取得成效:在满足安全、合规的条件下,试行将各类审批表格、检查表格进行优化整合,实现 44 项台账无纸化,开展视频班会竞赛,完成全员安全教育培训数字档案和全员安全绩效数字档案建立,提高安全管理效率。

3. 两票三制——固化标准,减少操作自由度

规范工作票填写和固化交接班、班前会标准,提升工作票规范性和出票效率;严抓巡检质量,探索量化巡检质量评价标准;精细化调整较大及以上风险作业,并以此为出发点,制定、实施标准化作业,减少一线工人操作自由度,进而管控风险作业。

取得成效:完成规范工作票、操作票填写模板编制,交接班、班前会标准流程写入公司标准,优化调整作业风险等级 6 项,新增作业风险辨识 9 项,全面修订 15 项公司级风险和 39 项较大风险作业危险源识别、评价和控制措施清单。

四、结语

滨海热电针对新形势下安全监管体系存在的问题,积极开展探索、研究,细化数字手段,优化管理流程,全员共同努力,建设软硬环境,刚柔并济,形成强大安全文化场,形成具有行业特色的有生命力的安全文化体系。公司大力推进创新发展,提升设备运行安全管理水平,促进广人员工安全文化素养的提升,为电力企业安全可靠、经济高效运行,提供参照样板。

参考文献

[1] 赵建明.试谈电力企业施工如何做好安全生产标准化的实施和监督 [J]. 低碳世界,2020,10(06):73-74.

[2] 田涛.电力安全管理现状及监督管理模式分析 [J]. 通讯世界,2019,27(05):189+217.

[3] 李明.电力建设工程施工的安全监督管理研究 [J]. 工程技术研究,2019,5(04):160-161.

房地产企业安全文化建设探索与实践

京能置业股份有限公司　王海平　王禄民　董亚军　杨　霄　杨硕坤

摘　要：安全是企业发展的重要保障，是企业经营管理的关键所在。当前，企业安全管理的责任、难度和工作量逐年增加。京能置业股份有限公司（以下简称京能置业）作为房地产企业，安全管理复杂、难度大，积极开展安全文化创建工作，营造领导推动、全员参与的安全文化氛围，形成适应于京能置业的安全文化属性，有助于让安全成为习惯，使安全文化工作贯穿公司安全管理全方面、全过程，助推企业更好发展，预防和减少各类生产安全事故，为行业整体安全生产形势稳定作出积极贡献。

关键词：安全文化；房地产；安全管理

一、引言

京能置业是北京能源集团有限责任公司房地产板块二级平台公司，于 1997 年 1 月 30 日在上海证券交易所挂牌上市，是一家集房地产开发、物业管理、建筑施工三业态于一体的综合公司。安全文化建设是全面提升企业安全水平，更是迎合时代发展趋势以及保障经济社会稳定健康发展的现实需要[1]。京能置业高度重视安全工作，通过建立良好健全的企业安全文化，引导员工形成"我要安全"的行为意识，从而减少和避免企业安全事故的发生。

二、应用背景

（一）安全事故多发频发，安全管理难度大责任重

建筑施工行业属于高危行业，近年来安全事故多发频发。建筑施工现场环境复杂，作业工序多、专业多、参建方多、临时工多、人员素质能力和文化背景不同，管理过程复杂，难度大。建设单位承担建设工程安全生产首要责任，一旦建设项目发生安全事故，不但给企业造成严重的经济损失，同时也会影响企业声誉，制约企业的发展。

（二）安全管理要求越来越高，亟须提升安全管理水平

国家对安全生产工作的重视程度不断提高，新《安全生产法》的处罚方式也更严、惩戒力度更大。重大生产安全事故违法行为被纳入刑法。企业安全管理的责任、难度和工作量逐年增加。根据我国事故统计，80% 以上事故是职工的不安全行为所致[2]。项目开发建设劳务队伍人员素质普遍偏低、流动性大，安全管理复杂，单纯的制度管理已不能满足企业要求。

三、主要做法

（一）创建模式

企业安全文化是被企业组织的员工群体所共享的安全价值观、态度、道德和行为规范组成的统一体。围绕安全文化建设七要素，即理念体系、行为规范及程序、安全行为激励、安全信息传播与沟通、自主学习与改进、安全事务参与、审核与评估，结合企业实际，从安全理念文化、安全制度文化、安全环境文化、安全行为文化 4 个维度开展企业安全文化创建工作（图 1）。

图1　京能置业安全文化创建模式

（二）实施路径

成立以企业主要负责人为组长的安全文化建设领导小组，围绕企业安全管理现状，结合安全文化创建的 9 种推进方法（图 2），从安全理念文化、安全制度文化、安全环境文化、安全行为文化 4 个维度 69 项重点工作，制定安全文化建设三年规划、年度实施方案及工作计划，明确安全文化建设目标，将安全文化建设纳入安全生产整体规划和年度计划，将安全文化建设工作职责纳入企业全员安全生产责任制。

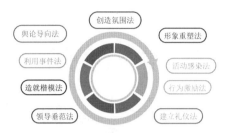

图 2　安全文化创建的 9 种推进方法

（三）具体做法

1. 安全理念文化建设

（1）安全理念的植入。结合企业发展规划和安全发展实际，经过全员征集和安全文化领导小组、安委会集体讨论，形成全员理解和认同公司的安全文化理念体系，涵盖安全理念、安全愿景、安全使命、安全核心价值观、安全生产方针、安全行为观、安全环保目标 7 方面，充分体现企业社会责任和追求卓越安全绩效的精神。

（2）安全理念的传播。凸显"文化引领"效能，开展"安全文化建设年"系列活动，印发安全文化手册，开展安全文化宣教、安全巡回宣讲、安全文化专题培训等系列活动，使安全理念走脑入心，见诸行动。广泛传播安全理念并将其渗透到安全管理制度、标准和要求中，在施工现场、物业园区、办公场所、员工食堂等显著位置通过悬挂横幅、张贴海报、摆放展架台卡等，京能置业使全员参与安全理念的学习和宣贯。

2. 安全制度文化建设

安全制度以安全文化理念为指引，以生产经营过程中的危险有害因素辨识为依据，充分体现"六安工程"保安全、"五精"管理促发展的安全行为观。安全生产管理制度、程序文件、操作规程体系完善、层次分明、表述明确、易于操作。组织架构设计、业务审批、业务活动管理、供应商选择等方面均体现了企业的安全理念，覆盖生产经营的全过程和全体员工。

（1）建立清晰、明确的安全管理组织架构和安全责任体系和制度体系。坚持"以人为本"，制定者和执行者共同参与制度制定，从安全文化的角度，进一步梳理完善从主要负责人到基层员工的全员安全岗位责任、范围和考核标准，建立健全责任制清单，形成"层层负责、人人有责、各负其责"的安全工作格局，做到事事有方案、有流程、有标准、有依据、有考核。安全责任融入企业整体管理体系当中，

覆盖到每一个岗位，并逐级签订责任书。定期识别、获取、评估和适用的安全生产法律法规、标准和规范，及时修订完善，保证制度执行效力。

（2）建立安全风险分级管控和隐患排查治理双重预防体系。风险预控管理包含了企业安全文化的基本要素和内容，通过实施风险预控管理，可以为企业建立安全文化提供重要的途径[3]。京能置业强化事前管控，下大力气管风险、治隐患。建立健全安全风险管控清单，明确安全风险分级管控原则和责任主体，分级、分类、分专业管控安全风险，定期组织开展全员、全方位、全过程安全风险辨识，根据安全风险管控条件变化，及时开展动态评估，调整风险等级和管控措施。安全风险告知细化到岗，通过"安全风险告知卡"和"应急处置卡"，明确每个岗位员工的安全风险和应急处置流程，确保全员100% 告知，并开展每日班前会安全风险提示、安全技术交底、设置安全责任牌和警示标志等，做好预控措施。

坚持问题导向，强化闭环管理，推动企业全员参与自主排查隐患，编制并持续完善隐患排查治理清单，制定安全生产隐患排查和治理管理制度，确保责任、措施、资金、时限和预案"五到位"，定期总结分析，并根据条件变化情况，及时调整安全隐患治理措施，确保安全。针对施工现场特点，制定《施工现场安全隐患管理图集》，有效地指导了施工现场隐患的排查和治理工作，保障了公司安全生产（图 3）。

图 3　施工现场安全隐患管理图集

（3）建立统一、规范、科学、高效的应急处置体系。坚持"安全第一预防为主综合治理"的安全生产方针，结合危险源状况、危险性分析情况和可能发生的事故特点，构建"公司级综合应急预案—公司级专项应急预案—所属企业级应急预案—项目公司应急预案—现场处置方案"五级应急预案体系，并持续完善，不断夯实应急基础（图 4）。

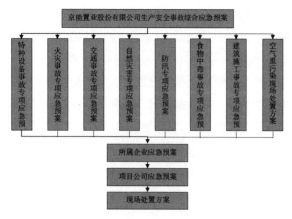

图4 京能置业应急预案体系

建立应急救援队伍，设立微型消防站、防汛物资库等应急物资库，制定年度演练计划，结合施工现场、物业园区、办公场所实际及安全月、汛期、消防月等重要时点，高效开展系列专题应急演练，做好应急总结评估，不断提高应急处置水平。

3.安全环境文化建设

（1）抓好作业现场安全环境建设。从安全环境布置和作业环境安全两方面入手，通过做好安全可视化管理、现场5S管理、设备安全可靠运行、现场安全防护到位等工作，确保作业环境安全。

（2）抓好生活工作场所安全环境建设。建设具有京能置业特色的安全文化教育场馆，为员工提供宽敞、优美、安全的生活工作环境。定期组织开展参观、学习和培训，设立安全教育阅览室、安全文化廊、安全角、宣传栏等安全文化阵地，暖心驿站、篮球场、乒乓球馆、健身室、心理解压室等多个娱乐活动场地。

（3）畅通安全信息沟通和反馈。建立高效的安全生产信息沟通和反馈机制，定期组织安全会议及安全文化交流活动，每年向职工报告安全工作情况，设置线下意见箱，建立微信、企业微信群，随时接受意见及反馈。

4.安全行为文化建设

（1）明确各层级行为准则。结合企业特点，经过充分沟通、调研，搭建"决策层—管理层—执行层"三级安全行为准则，明确各级人员行为要求、行为表现。

（2）开展教育培训促进行为提升。建立科学完善的安全教育培训体系，结合各层级、各岗位实际，开展具有针对性的安全教育分级、分类培训，确保全体员工熟知安全规定，充分胜任所承担的工作（图5）。培训内容广泛，分基础知识、专业知识和基本技能培训三个等级。培训形式丰富，不仅利用橱窗、挂图、条幅、网站、微信等进行宣传教育，同时定期组织开展安全生产大培训、安全知识竞赛、安全宣讲、体验式安全教育、应急演练等安全培训。

图5 安全教育培训内容

（3）践行安全诚信。作为服务北京的国企，京能置业也非常注重社会责任的履行。建立安全诚信制度和安全承诺制度，定期开展安全承诺宣读仪式、公示安全承诺书、设立微信公众号"安全动态"频道等，主动公开、公示风险、事故、事件、隐患、缺陷、职业危害等信息，积极与属地合作开展安全咨询日、消防应急演练等各类安全活动。

（4）建立激励机制。建立安全文化建设绩效考核体系，设置明确的安全绩效考核指标，制定奖惩办法，并把安全绩效纳入企业绩效考核，将安全绩效作为员工晋升的重要依据，作为企业评优评先的必要考察内容和组成部分，提拔重用安全业绩优异的员工，奖励促进安全绩效改善的行为与成绩。同时，积极开展典型选树活动，组织员工报名参加属地组织的"安康杯""应急先锋""青年安全生产先锋岗""安监之星"等典型选树活动。

5.特色亮点工作

（1）"五精"管理助安全。创建"五精"标杆工地，将以人为本的"五精"管理理念运用到安全生产的全过程，推动现场安全管理水平提升；创建"五精"课题，使安全基础管理工作向更高层次深化。经过不断提升改进，现场安全环境得到了本质改善，员工行为进一步规范，安全管理水平大幅提升。《房地产开发企业安全质量信息化平台的构建与实施》课题荣获国家级管理创新二等奖。

（2）开展"六安工程"建设。通过全面实施"六安工程"，即党政保安、依法治安、管理强安、基础固安、科技兴安和文化创安，构筑高凝聚力的安全文化理念，创建高驱动力的安全管理模式，打造高执行力的安全生产团队，形成高影响力的安全文化品牌（图6）。先后开展了安全生产宣教、安全生产大培训、"主要负责人"安全工程、应急演练视频征集、安全文明工地参观交流等一系列活动，成效显著。

图6 "六安工程"建设

（3）积极探索安全管理信息化建设。为进一步提高本质安全水平，京能置业以"科技兴安"为引领，构建"1+1+N"科技创新体系，积极探索安全信息化管理。截至2022年年底，发明专利6项，实用新型专利130项，软件著作权6项；获得省、部级与社会力量奖项17项。通过建设安全质量环保信息化管理平台、智慧工地、企业BI数据决策平台、"BIM+MR应用"、无人机测量等，达到项目安全质量管理智能化，全面提高管理效率和管理水平。

三、实践效果

（一）安全文化创建营造了"人人管安全"的和谐氛围

京能置业通过开展安全文化建设工作，建设了具有京能置业特色的安全意识形态。通过多方式、多渠道地传播"以人为本、幸福置业"安全文化理念，营造了"处处讲安全、事事为安全"的浓厚氛围，形成了全员的安全发展共识，依靠安全文化的潜移默化作用，逐步影响全体员工的思想和行为，增强了全员安全意识和提高整体安全文化素质，推动了安全管理从被动管理到主动作为，真正实现要我安全到我要安全、我能安全、我会安全的转变，使员工真正做到了"四不伤害"。

（二）安全文化创建提升了本质安全水平

京能置业通过安全文化有效地传导、落实，实现了安全"0"事故目标。通过创建安全文化示范企业集团，置业平台公司所属企业获得多项绿色安全工地、结构长城杯等安全生产奖励，截至2023年8月，公司共有1家安全文化示范企业集团、8家安全文化示范企业。近3年，新增5家市级绿色安

文明工地，16个市级"优质结构评价"工程，8个结构长城杯奖，1个钢结构金奖，同时在行业内领先一步获得"安全文化建设示范企业集团"称号（图7），提升了企业的安全诚信形象。

图7 北京市安全文化示范企业集团荣誉奖牌及证书

（三）安全文化创建助力企业高质量可持续发展

通过全员参与安全文化建设，京能置业实现了在法律和政府监管要求之上的安全自我约束，实现企业安全管理水平的持续进步。同时，随着近几年安全文化的沉淀，京能置业提高了全员在安全工作中的高度自觉和自律性，提升了企业管理软实力，激发了全体员工对安全工作新的认识，将安全生产工作提高到安全文化高度去认识，推动全体员工从自制到自觉，从要我安全到我要安全的转变，2022年公司效益创成立以来最好水平，推动了企业高质量发展、可持续发展。

五、结语

安全文化可以弥补传统安全生产管理技术的不足，良好的安全文化不仅可以影响企业本身，而且可以影响到周边社会群体，形成辐射效应[4]。京能置业安全文化建设仍在路上，我们会不断完善，力争为房地产行业安全管理提供可参考借鉴的方法，推动安全生产形势保持持久稳定。

参考文献：

[1]李超.国有企业安全文化建设探讨[J].现代商贸工业，2021,42(9)：37-38.

[2]廖建，彭刚.企业要构建四种"安全文化"[J].经济期刊，2015(06)：198.

[3]范有为，陈彬，王文静.探究企业安全文化建设与安全管理体系运营[J].化工管理，2019(14)：80-81.

[4]王善文，刘功智，任智刚，等.国内外优秀企业安全文化建设分析[J].中国安全生产科学技术，2013,9(11)：126-131.

基于"三+3"网格化模型的企业安全文化建设探究

岳阳林纸股份有限公司　王　进

摘　要：企业安全文化不仅是企业文化的重要组成部分，更是企业安全管理不可或缺的安全基础。对于企业安全文化如何有效落地，虽然有较多的理论研究，但普遍没有考虑企业层级管理关系和企业组织结构关系这两个关键要素，这就造成安全文化的推动较为乏力，没有形成有效的企业安全文化。本文结合层级管理和组织结构的特点提出了一种"三+3"网格化模型，它不仅实现了企业安全文化的有机统一，也实现了企业安全文化建设的有效落地。

关键词：安全文化；横向层级体系；纵向组织体系；"三+3"网格化模型

一、引言

企业安全文化是企业通过安全理念和安全体系建立的一种能够引导全员形成的一种安全的文化力场或氛围。1988年，国际核安全咨询组（International alNuclearSafetyAdvisoryGroup，INSAG）针对切尔诺贝利核电站的安全问题第一次提出安全文化的概念[1]，其实，安全文化伴随着人类文化的发展也一直在不停发展，安全文化的发展概括起来主要经历了4个阶段，即从宿命论、经验论发展到如今的系统论、本质论[2-3]（表1，图1）。可见安全文化随着人们对安全的需求也在不断发展进步。好的企业安全文化不但有助于企业降低事故发生概率，还能够使其成为企业的一面旗帜，甚至塑造企业品牌，如杜邦的安全管理文化已经成为一种安全工具进行输出。因此，如何实现企业安全文化落地对于企业安全发展有着重要意义。

表1　人类安全文化的发展历程

安全文化	特征	特点	时间
古代安全文化	宿命论	被动型	17世纪前
近代安全文化	经验论	事后型	17世纪末至20世纪初
现代安全文化	系统论	综合型	20世纪50年代
发展的安全文化	本质论	预防型	20世纪50年代后

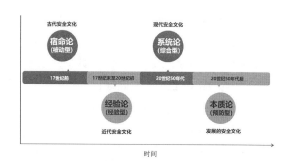

图1　人类安全文化的发展历程

二、"三+3"网格化模型

企业安全文化的建设受企业安全基础、企业安全认知、企业安全需求等多方面因素的影响，因此企业安全文化有效落地需要充分考虑企业安全文化的横向层级体系和纵向组织体系。

（一）"三+3"网格化模型中"三"的含义

"三+3"网格化模型中的"三"即公司级、车间级、班组级三级安全文化（图2）。在安全文化的建设中，公司层级的主要作用为制度建设、制度保证、文化宣传等；车间层级的主要作用为现场管理，负责班组长培训，规范检查与考核等；班组层级的主要作用为全员参与、执行落实等。

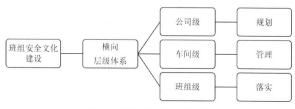

图2　横向层级体系结构

（二）"三+3"网格化模型中"3"的含义

"三+3"网格化模型中的"3"即决策层、管理层、执行层（图3）。决策层一般由公司领导层组成。决策层的主要职责为明确安全文化建设目标、明确安全文化地位、成立安全文化领导小组、分配安全资源、推进考核保证、有感领导。管理层一般由与企业安全文化落地密切相关的公司主要职能部门或车间组成，其主要职责为组建安全文化办公室，具体负责落地工作的规划和方案设计，为决策层提供推进建议，推动执行层规划和方案的实施，评估安全文化建设情况。执行层一般由基层班组及基层员工组成，是企业安全文化落地最重要的参与者与执行者，主要职责为将管理层要求实施落地，遵守岗位行为规范，积极参与安全文化活动、创建安全文化阵地。

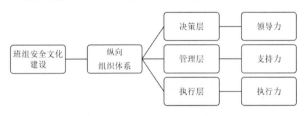

图3　纵向组织体系结构

（三）"三+3"网格化模型的优势

"三+3"网格化模型构建企业安全文化不仅充分考虑了横向层级体系、纵向组织体系（图4），同时把两种体系进行结合，使其相辅相成又相互补充，形成网格化，实现了企业安全文化的有机统一。

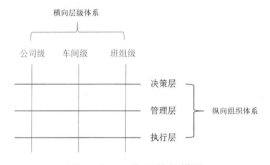

图4　"三+3"网格化模型

三、"三+3"网格化模型在企业安全文化建设的应用

由横向层级体系、纵向组织体系形成的"三+3"网格化模型可以实现企业安全文化漏洞互补，当某一层级或组织存在薄弱点，其他的网格结构就可以进行补充，从而实现了冗余化的企业安全文化保证（图5，图6）。

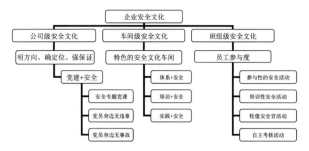

图5　横向层级体系落地举措

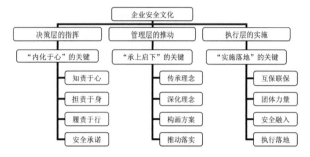

图6　纵向组织体系落地举措

（一）横向层次体系建设落地举措

1. 公司级安全文化落地举措

在安全文化的建设中，公司级安全文化建设的关键是明方向、确定位、强保证，其具体实现途径可以是"党建+安全"模式。2021年新修订的《安全生产法》首次明确了"安全生产工作坚持中国共产党的领导"的基本原则。因此，运用党强大的精神力量和组织保障来推动公司安全生产工作，营造优良的安全生产文化，通过"党建+安全"的工作思路，策划并开展"党建+安全"系列活动对公司级安全文化建设会产生强大作用力。岳阳林纸股份有限公司通过"党建+安全"构建公司级安全文化取得了很好的效果。例如，党支部讲授"安全管理"专题党课；开展"党员身边无违章、党员身边无事故"活动；党员发挥安全生产"哨兵""标兵"作用，明确安全文化创建党员带头人、党员安全监督员的职责，落实党员先锋示范责任；每月评选"党建+安全"安全个人，每季度评选"党建+安全"安全组织，年底评选"党建+安全"先进单位等。

2. 车间级安全文化落地举措

在安全文化的建设中，车间安全文化建设的关键是根据公司级安全文化要求，构建具有车间特色的安全文化车间。车间级安全文化具体实现途径可以是"体系+安全""培训+安全""实践+安全"。

（1）"体系+安全"指建立各具特色的车间安

全理念体系（安全理念、安全愿景、安全使命、安全目标、安全承诺、安全公约）及车间安全管理制度、台账记录等。

（2）"培训＋安全"指提升全员安全素质：一是苦练内功，车间组织开展形式多样的技能比武；二是采取多种培训形式营造安全氛围，促进员工安全意识增强和技能提升。

（3）"实践＋安全"指学习交流促进提升，组织车间管理人员就提升车间现场管理水平进行学习交流。各车间定期或不定期开展共建，通过引入丰富且专业的案例讲解、操作培训、现场检查、先锋活动，对标找茬，提升管理水平。

3. 班组级安全文化落地举措

在安全文化的建设中，班组安全文化建设的关键是员工要有参与度。班组级安全文化具体实现途径可以是多种多样的安全活动。

（1）开展参与性的安全活动，如认同性安全活动、娱乐性安全活动、激励性安全活动、安全知识竞赛等活动提高员工安全参与积极性。

（2）开展培训性安全活动，以专业性安全培训、企业安全文化演讲、企业安全教育、事故安全展览等活动强化员工安全意识。

（3）开展"轮值安全官"活动，以"人人都是安全员、安全工作人人抓"为主题的"轮值安全官"活动增强员工的安全履职意识。

（4）开展班组"自主考核"活动，建立安全光荣台、违章曝光台，对安全行为、合理化建议等给予奖励，对违章、安全不履职等行为实行安全考核一票否决制。

（二）纵向组织体系落地举措

1. 决策层的落地举措

决策层是企业安全文化建设"内化于心"的关键[4]。针对决策层推行"安全文化有感领导"，以领导干部安全履职为主线，开展"安全文化有感领导"活动，明确决策层每月具体的行动内容，公示落实情况，并将其纳入安全绩效考核。落实"安全文化"有感领导活动，可以使领导干部"知责于心，担责于身、履责于行"[5-6]，让员工可以"看到、听到、体验到"领导对安全的承诺，实现了影响与感染全体员工的目的。

2. 管理层的落地举措

管理层在企业安全文化建设中起"承上启下"的作用。一是传承和深化决策层的安全文化理念，构建安全文化建设实施方案，二是推动执行层方案的有效落实，通过企业安全文化考核评分标准，评估执行层的企业安全文化建设成绩，对安全文化榜样进行推广，对于安全文化走样进行考核。

3. 执行层的落地举措

执行层是企业安全文化"实施落地"的关键节点。一是在执行层建立互保联保监督机制，形成强有力的团体力量；二是把安全融入执行层的每一项作业活动中。例如，针对班前班后会，逢会必先讲安全，实现每日一学习；针对作业过程，开展"SOP标准化操作"培训，以及学习竞赛、交流，实现每月一培训；针对安全主题，开展"安全大家谈"征文竞赛、安全警示教育、安全隐患排查整改、安全生产知识培训、安全技能岗位练兵、安全生产创新攻关等活动，实现每季一评选。

四、结语

（1）安全文化是一种软实力，是安全文化和安全意识形态体现出来的力量。表面上安全文化确乎很"软"，但实际上它却是一种不可忽略的力量。提高企业安全文化软实力，不仅是企业安全生产保障的根基，也是企业安全生产保障体系中的重要支柱。

（2）由横向层级体系、纵向组织体系形成的"三＋3"网格化模型可以实现企业安全文化漏洞互补，某一层级或组织存在薄弱点，其他的网格结构可以进行补充，从而实现了冗余化的企业安全文化保证。

（3）"三＋3"网格化模型在企业安全文化建设通过横向层级体系和纵向组织体系中的举措得以实现和落地，可以针对不同的层级体系和组织体系特点开展下去，充分发挥其优势。

（4）安全文化能否培育成功，要看纵向组织体系的决策层、管理层、执行层是否形成统一的集体安全意识，也要看横向层级体系的公司、车间、班组是否形成了基于团队自组织、自驱动、自赋能、自完善的自主式安全管理模式，"三＋3"网格化模型既是实现企业安全文化建设的有效手段，也是评估企业安全文化建设成败的工具。

参考文献

[1] 戴立操，黄曙东. 核电厂安全文化及其发展 [J]. 现代职业安全，2003,（08）：26-27.

［2］田硕．企业安全文化落地工程建模及应用研究[D].北京：中国地质大学,2014.

［3］潘金双．建筑企业安全文化评价指标体系研究[D].天津：天津理工大学,2011.

［4］刘关宇．内化于心,安全文化需有"融进"意识[J].中国安全生产,2018(6)：2.

［5］林丽平,林婷,林辛．知责于心担责于身履责于行[J].国家电网,2021(9)：2.

［6］董军民．知责于心,担责于身履责于行努力推动派驻监督高质量发展[J].支部建设,2021,(015)：8-9.

以安全文化建设推动外包单位自主管理能力提升

浙江浙能电力股份有限公司　孙志海　薛　芳

摘　要： 在电力企业减员增效、社会化分工的大背景下，部分运维、检修项目外包已成为这类企业的常态，但是近几年行业内外包单位引起的生产安全事故屡见不鲜。因此，外包安全已成为困扰电力企业的主要安全风险和迫切需要提升的课题。本文通过阐述对浙江浙能电力股份有限公司（以下简称浙能电力）所属电厂的调查研究情况，以及采取的有针对性的纠正措施，对形成的具有电力股份特色的安全文化管控方式进行说明，以供有相同问题的企业参考。

关键词： 自主管理；关键因素；举措；安全文化

一、研究背景

电力企业内部安全生产管理水平不断提升，但合作的承包商、供应商安全管理水平较低，形成了企业内部或内外部安全管理的不均衡状态，因此企业时时面临着源自"洼地"的风险隐患。近年来，工程外包领域已经成为人身伤害事故的重灾区。

浙能电力在安全管理中坚持合作共赢、安全共享，持续加强业务管理部门、安全管理部门和支持保障部门的协作，加强承包商、供应链同质化安全管理，加强与合作伙伴、监管部门、社会力量的联动，共同保障大安全文化生态圈。浙能电力在安全文化建设中坚持对承包商、供应商的同质化管理，要求承包商、供应商践行浙能电力安全理念在安全教育培训、安全管理、安全监督等方面采用与公司相同的高标准，持续提高这些企业的本质化安全水平，持续推动与相关方共同安全发展，确保全体人员的安全健康。

浙能电力全面开展外包自主管理，推进外包同质管理，在同质化管理理念的引导下，公司对系统内所有外包单位进行全覆盖调研，摸清外包单位安全工作的痛点、难点，找准外包单位自主管理提升的切入点，把发现问题和解决问题一体推进，形成以提升外包单位自主管理为主要思路的安全文化理念。

二、外包单位安全文化建设的薄弱环节

（一）外包单位多，人员基数大

研究发现，各电厂中的长期外包单位基本在10家以上，外包单位总人数众多。外包模式已成为企业的常态，13家生产型发电企业有6家运维外包人员数量与本厂职工接近、持平甚至超过本厂职工，随着本企业职工人力成本控制及自然减员，外包单位逐渐表现出数量多、人数多的特点，靠企业保姆式管理到位难度必然较大（表1，图1）。

表1　生产型企业中长期外包单位情况

序号	调研电厂	外包单位数量(个)	外包人员数量（人）	本企业职工人数（人）
1	兰溪电厂	12	575	500
2	台州电厂	16	380	971
3	舟山煤电	15	392	398
4	镇海电厂	11	403	1218
5	嘉兴电厂	27	1199	1089
6	台二电厂	7	230	566
7	乐清电厂	10	670	693
8	滨海热电	8	391	578
9	凤台电厂	7	646	338
10	萧山电厂	3	64	270
11	温州电厂	8	374	886
12	长兴电厂	15	448	555
13	金华燃机	2	64	147
	合计	141	5836	8288

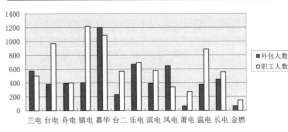

图1　生产型企业中长期外包单位情况

（二）小规模外包单位占比较大

以专题调研的5家电厂为例，它们共有中长期外包单位81个，其中50人及以上职工的外包单位有19个，占比23.46%，20人及以下外包单位共49个，占比60.49%，10人及以下外包单位数量30个，占比37.04%，小微外包单位占比偏高（表2，图2）。

表2 外包单位规模情况示例

序号	调研电厂	外包单位数量（个）	50人以上外包单位数量（个）	20人及以下外包单位数量（个）	10人及以下外包单位数量（个）
1	兰溪电厂	12	2	7	2
2	台州电厂	16	3	13	9
3	舟山煤电	15	5	9	8
4	镇海电厂	11	3	4	2
5	嘉兴电厂	27	6	16	9
总数		81	19	49	30

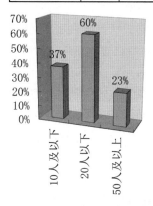

图2 外包单位规模情况示例

（三）外包单位管理水平参差不齐

调研发现，个别外包班组接受提问时，项目经理连"安全方针""四不伤害"等基本的安全常识也无法流利回答，很多外包单位工作着装不统一，不能形成良好的精神面貌，有些班组未配备《安全规定》等基本的学习资料，表现出项目经理、专职安全员自身安全意识淡薄、安全管理能力不足。部分外包单位缩减人工成本，大量使用劳务用工和安全技能素养偏弱的人员、减少管理层及骨干人员配置，其人员流动性大、安全技能培训不足，自主管理能力欠缺。

（四）准入把关不够严

部分企业在招标环节，未认真思考资质、技能素质、业绩要求等条件，未将承发包安全管理制度要求及时有效转化到招标文件中，而是简单搬抄过去的模板，造成招标结果实际未能满足制度要求及企业需求。部分外包合同一年一招标，合同到期后无法保证是否能续约，外包单位为降低履约成本，不敢或者不愿过多投入人力、物力致使人员安全防护用品配置、保险购买、职业健康检查、工器具配置和定期检验等方面存在明显不足。

（五）外包单位体制机制不健全

小微外包单位没有形成自身的管理体系，管理制度照抄照搬企业制度，未结合自身特点制定有效的可执行制度，致使各项管理规定不能落实到最后一米。比如，有些外包单位未细化奖惩措施，做好做差一个样，做和不做一个样，人员工作积极性大打折扣，缺乏主人翁意识，人才流失严重。

（六）外包班组亮点缺少宣传鼓励

通过调研，我们也看到不少外包班组的亮点，如舟电吹灰班七年如一日的认真负责、兰电华业电气班坚持开展"岗前一分钟"安全警示教育、台二码头系缆班的工前会互动式安全交底、嘉华保洁班的半军事化管理等，这些优秀的外包单位兢兢业业为电厂服务付出，为企业的安全生产添砖加瓦，成效非常显著。但平时对这些亮点的交流、宣传并不多见，无论是搭建的平台还是创造的条件机会都比较有限，导致不同企业相关业务范围的服务质量参差不齐。

这些问题与特点，实际上关键在管理，归根结底反映在人的主观因素上，需要通过抓住外包自主管理的关键因素"人"，从管理人员、骨干人员和基层人员这"三种人"入手，明确措施，切实提升外包自主管理水平和能力。

三、外包单位安全文化建设中的自主管理举措

（一）明确各层级管理人员的安全素养基本准则

1.企业管理人员

（1）严格把好准入关。一是要认真做好招标文件的编写讨论审核工作，杜绝盲目照搬照抄模板，要思考具体要求，明确外包单位管理人员结构组成要求，明确各类人员的学历、技能水平、年龄结构、从业经验、数量要求，以高要求保证队伍高质量；二是对骨干人员严抓"选拔"机制，主要人员特别是工作负责人及以上人员到厂后，进行安全考试、技能考试和适当面试等，两次考试未通过者进行清退；三是明确外包单位人员变动率，特别是骨干人员的变动率，并将其作为外包单位年终考评的重要指标；四是对技能要求高的项目，在招标规范书中要提高技术分比例，设置业绩加分项；五是地域邻近单位探索联合招标用工方式，整合地域集约优势，降低外包队伍良莠不齐的差异，鼓励质优的外包单位区域化流动用工，提高人员稳定性及用工效益。

（2）突出"帮、带"作用。以强化外包单位双重预防机制建设为目标，要突出"帮、带"作用，在安全上、技术上都要加强帮、带，组织外包单位认真开展针对性培训学习，加强协调感、融合度。

（3）加强现场监管。严格执行风险分级管控要求，确保高风险作业"五不开工"（风险辨识不到位不开工、隐患不消除不开工、安全交底不清楚不开工、安全措施不落实不开工、现场监控不覆盖不开工）。项目主管部门要根据施工特点，设置好高风险作业的安全见证点，落实好安全措施见证，安监部门要加大现场检查力度，及时发现、坚决处置"三违"行为。

（4）做好年度绩效考评工作。组织外包单位评先评优，增强荣誉感、归属感、融合感，激励外包单位加强自身管理，提升安全业绩。根据对外包单位的考评情况，将考评较好和较差的队伍分别进行通报。对普遍认为较好、连续两年未发生异常事件的外包单位，列入优质供应商名单并予以公布，作为在系统内招标的优选单位。对普遍认为较差或合同期内发生考核障碍及以上的外包单位，经有效程序列入供应商黑名单，惩戒期1年起步。通过年度评价巩固优质外包队伍，淘汰劣质外包队伍。

（5）实施外包单位的集约优化。企业管理者应综合外包单位的规模、素质、管理层次等，对小散模式的或相近业务的宜有导向性地进行优化整合，节约监督管理成本。

（6）给予人文关怀。尽可能地提高和改善外包单位办公、电脑等硬件条件。根据工作实际需要，增加外包单位的办公软件账号，便于"双签发"等措施执行。对外包单位好的经验、做法、亮点，大力宣传、推广和鼓励。

2. 外包单位管理人员

（1）强化项目负责人安全意识。外包单位项目经理加强对《安全生产法》的学习，特别是主要负责人、安全管理人员要加强法定职责的学习和执行，要进一步增强自主管理的意识，以主人翁的责任心主动思考如何提升自身安全管理水平，将"要我安全"变为"我要安全"。外包单位要完善专业人员、班组长、各级岗位人员职责分工和岗位安全生产责任制，强化骨干人员及岗位人员安全生产责任落实，推动"一岗双责"有效实施。

（2）加强规章制度学习培训。加强对企业安全管理制度的学习培训，主动积极对接归口管理部门，逐步提高对安全生产责任制、两票三制、反违章检查、班组建设、承发包工程项目安全管理等制度的了解、熟知、执行。

（3）建立完善作业风险管控清单。按照《危险源辨识、风险评价及控制管理标准》的要求，结合项目实际情况，建立项目部作业风险管控清单、重点岗位风险告知卡，并每季度开展一次学习分析，对辨识新增的作业风险要及时上报归口管理部门。

（4）提升一线员工的应急能力。外包单位一线员工的应急能力是各企业应急体系和能力现代化的重要组成部分，一线员工的应急能力直接关乎员工人身安全、设备安全和企业的社会影响，强化外包人员应急意识和提高外包人员应急水平是企业长治久安的重要保证。要大力培训宣传，确保岗位的风险及应急处置措施深入一线员工的脑海，促使员工对岗位突发状况能做到有意识、会操作、会处置、会汇报，从而最大限度减少突发事件给企业造成的损失。

（5）落实奖励考核机制，激发活力。鼓励各外包单位人员发现隐患，对外包人员检查过程中发现的隐患，给予奖励；对隐患排查不到位、隐患未落实整改或暂时不能整改也未采取有效防范措施的，给予考核。外包单位应结合企业要求，建立考核、奖励机制，外包单位的考核、奖励应落实到个人。

（6）坚持以班组建设为抓手，进一步完善外包单位薄弱班组及"小散远"班组的组织结构和规章制度，加速推进新成立班组与企业的融合度，整体提升班组的安全和质量管理能力，通过"消薄"提升短板。

（7）加强人文关怀，让广大员工享有获得感、幸福感、安全感。关爱一线员工，保障劳动防护用品支出，统一员工着装，提升其"精、气、神"，做好职业卫生防护与体检。设定员工最低工资标准，提高员工福利，降低员工离职率。安排好员工后勤保障，尽量为外来员工食宿提供便捷，关注和教育员工注意8小时外的安全。

（二）全面提升骨干人员的安全职业素养

1. 外包班组班长

（1）强化班长责任意识和能力。班长是班组管理的核心，是班组自身建设的第一责任人。通过优化安全绩效、连带机制和责任追究机制建设，强化对安全责任落实情况的动态监管，以强有力的问责追责推动安全责任的落实，切实把工作问责挺在事故追责的前面，进一步压实班长安全员的安全职责。

（2）提升班组核心力建设。外包单位全面开展班组标准化建设工作，对照标准要求，努力实现100%达标。从班组安全生产责任落实、安全规章制度体系建设和落实、班组安全教育和培训、班组应急能力建设、班组安全文化建设等方面提升班组核心力建设，确保基层工作扎实有效。

（3）认真开好班前会。积极落实班会（工前会）视频化、标准化，开展7S管理提升，以良好的班组风貌促进管理和素质提升。

（4）努力做好安全教育培训。班组要结合自身工作，自主开展安规学习，如每次班前会学习一条安规，并定期组织多种形式的考试、考问，积极融入企业教育培训体系中去，注重学习效果的有效性。

2. 外包班组技术员

（1）全面提升班组技术能力。系统性设计与规划年度学习计划，优化提升培训方式，从岗位职责需求出发，另一方面重点通过看视频、讲案例提升安全教育效果，一方面重点通过实操提升技术技能水平，并定期考察培训效果，每季度开展技术考核，促进人员素养提升。

（2）灵活运用每日技术问答。各班组根据自身工作特点，形成系列行之有效的培训模式，如每日一题、每周一课、每月一考和每季一赛，形成切合的技术试题库，并结合信息化平台的开展，搭建开放式、共享化的技术能力培训、技术题库练习考试平台，形成可以传承的题库。

（三）扎实提升基层人员的安全职业技能

1. 外包工作负责人

提高工作负责人的综合能力。工作负责人是基层工作中的现场安全、技术第一责任人，是班组安全生产的重点，是企业安全工作基础的基础，工作负责人的表现直接关系到企业全局的安全。工作负责人全面提高综合能力，一是提升自身思想觉悟，工作负责人在现场，不仅要做好自己的工作，还要控制好现场每个环节工作，保证每位工作组成员从现场安全撤离。二是提升自身技术、技能水平。工作负责人必须熟知岗位安全职责，具备岗位所必需的安全知识和生产技能，清楚工作内容、工作流程、安全措施并严格执行。三是提升工作组织能力，合理分配工作，关爱班组成员。

2. 普通班员

加强自身学习，提高安全、技术水平。一是主动积极学习企业制度、十大禁令、负面清单，清楚明白安全红线、底线；二是结合自身工作，认真学习安规；三是积极提高自身技能水平，技术是安全质量的基础；四、严格遵章守纪，从自身出发，坚决不发生违章行为，做到"四不伤害"。

四、阶段性成果

（一）逐步认同公司理念

锚定安全生产"零伤亡"目标，初步制定了股份公司《关于外包单位安全生产自主管理能力提升的工作方案》，这一方案的贯彻执行，全体外包单位人员知道、熟悉并认同电力股份的安全文化理念，清楚地认识到自己单位里的每一位员工都是电力股份安全文化形象的塑造者，使员工从对《关于外包单位安全生产自主管理能力提升的工作方案》的接受到情感的内化，最终落实到行为的贯彻。

（二）外包单位资质管理逐渐优化

电力股份安全文化建设结合企业自身实际需求和企业内外部的安全管理环境，抓住外包自主管理的关键环节、关键因素，坚决把好外包单位准入关，明确关键人员应具备的资质，从根源上杜绝项目低价中标的可能，使外包单位具备自主管理的能力，形成符合电力股份自身特色的安全文化发展之路，并以此最终促成员工和企业、安全和效益的双赢。

（三）外包单位自主管理习惯逐步养成

通过对外包单位年度关键指标如不安全事件、人员变动率、违章考核次数、消缺两率、两票合格率等进行考评，巩固优质外包队伍，淘汰劣质外包队伍。在这一过程中外包单位自主管理习惯逐步养成并巩固，通过持续改进不断提高电力股份安全文化建设水平。

（四）外包单位人员稳定性大幅提升

对于区域邻近单位探索联合招标用工方式，整合地域集约优势，降低良莠不齐的外包单位之间的差异，鼓励质优的外包单位区域化流动用工，提高人员稳定性及用工效益，为探索"大外包"安全生产管理模式提供经验。

（五）外包单位安全文化管理体系逐步形成

通过提升外包单位自主管理理念，将安全文化融入外包单位各项工作之中，逐步将安全文化理念渗透到每位外包员工思想意识中，让职工处处能看见，时时得提醒，从而外化于行，内化于心，实现由人盯人管理向自主化管理的转变，最终形成浙能电力外包单位安全文化管理体系，打造电力股份特色品牌。

五、结语

提升外包单位自主管理能力绝非一朝一夕之功，必然需要经过不断强化安全管理文化、安全行为文化，通过自主管理的各项举措和企业的"帮""带"，最终实现外包单位自主管理能力的提升，形成具有外包单位自主管理的安全文化管理特色。通过外包单位管理提升工作的开展，力争实现外包队伍的稳定，外包人员职业素养的提升，使外包单位和业主双赢，形成具有外包单位自主管理能力的安全文化管理体系，助推企业管理水平整体提高。

基于亲情理念的企业安全文化建设探究与实践

——以国网山东省电力公司莘县供电公司为例

国网山东省电力公司莘县供电公司　曲阜师范大学　张银国　陈瑞林　张沛源　刘家明　霍志远

摘　要：本文旨在探讨基于亲情理念的电力企业安全文化建设的重要性和影响。亲情理念是一种人性化的管理方式，将家庭成员之间的情感引入企业管理，强调企业与职工之间的亲情关系。引入亲情理念，能够增强职工的责任感和归属感，强化职工的安全意识和行为规范性，增强凝聚力和稳定性。

本文通过分析电力行业的特点，探讨亲情理念在电力安全文化建设中的应用和效果，特别是在安全生产、职工权益保障和长远发展等方面，强调了建立有效安全文化的重要性；探讨职工家属参观体验活动对于增强家属对企业的理解和支持的作用，并阐述了家庭环境对职工安全行为的重要影响。研究结果表明，基于亲情理念的电力企业安全文化建设是一种有效的安全管理方式，对强化职工的安全意识和行为规范性具有积极的影响。

关键词：亲情理念；安全文化；职工安全；家庭环境

一、引言

山东省是孔之乡，礼仪之邦，民风淳朴，普遍重视家风、家教传统文化美德教育。国网山东省电力公司莘县供电公司（以下简称莘县供电）为国网山东省电力公司全资分公司，属国有中二型企业，2021年，被国网山东省电力公司授予"先进单位"称号，2022年，被中共国网山东省电力公司委员会授予"先进基层党委"称号，连续31年保持"山东省精神文明单位"荣誉称号。

由于电力生产的特殊性，电力企业属于一种高风险、高危险行业，安全问题一直是其最重要的管理工作内容之一。因此，职工的安全是企业稳定运营和发展的前提，而安全文化的建设则是保障职工安全的关键因素。如何建立一种有效的安全文化，增强职工的安全意识和提高职工的行为规范，就成了电力企业的重要课题。莘县供电积极研究和实践基于亲情理念的安全文化建设，将家庭环境与企业文化相结合，为电力企业安全文化建设提供了一种新的思路。

二、亲情理念在电力安全文化建设中的作用

在电力企业中，基于亲情理念的安全文化建设，能够有效强化职工对安全风险的高度重视。首先，

亲情理念强调对员工的尊重和关爱，这种尊重和关爱可以激发职工的工作热情和责任感。在亲情理念的引导下，职工能够自觉地遵守安全规定，减少违章现象发生，从而降低事故的发生概率。其次，亲情理念注重对职工的激励。电力企业在安全文化建设中，通过引入亲情理念，可以激发员工的自我价值实现欲望，使职工更加注重自身的安全行为，从而提高整个企业的安全水平。最后，亲情理念能够把家庭融入企业安全管理中去。通过亲情理念的引导，亲情理念能够营造一个和谐、稳定的家庭环境，使8小时以外的职工能够得到更充分的休息，从而为电力工作提供了充分专注力要求必备的条件，减少了作业疲劳引起的安全风险。

（一）亲情理念的定义与应用

亲情理念是一种人性化的管理方式，它将家庭成员之间的情感引入企业管理，强调企业与职工之间的亲情关系。在电力企业的安全文化建设中，亲情理念主要体现在以下几个方面。

（1）关注职工的生活和家庭情况，了解职工的需求和困难，及时解决职工的问题和纠纷，让职工感受到企业的关怀和温暖。

（2）无违章奖惩家庭成员参与机制指的是，职

工表现出安全行为，其家庭主要成员会得到一定物质奖励，员工违反安全规定受到处罚时，家庭成员也会得到通知，从而叮嘱职工遵守安全规定。职工家庭参与企业的安全管理，可以实现约束职工不安全行为的目的。

（3）亲情活动，如家庭成员参与的安全知识讲座、参观电力设施等，会增强员工家庭成员对电力安全生产特殊性的认识，为保障职工良好生活环境提供思想认知条件。

（二）亲情理念对电力安全文化建设的影响

1. 增强职工的责任感和归属感

通过亲情理念的引导，企业能够更好地关注职工的家庭和生活情况，让职工感受到企业的关怀和温暖。这种关怀能够增强职工的责任感和归属感，使职工更加积极地参与到企业的安全工作中来。

2. 强化职工的安全意识和行为规范性

亲情理念注重对职工的激励和引导，通过无违章奖惩家庭成员参与机制和亲情活动等方式，强化职工的安全意识和行为规范性。同时，亲情理念还能够增强职工及其家庭成员的电力安全意识，使职工在家庭中也能够自觉地遵守电力安全规定。

3. 让家庭融入企业安全管理中去

亲情理念注重员工幸福之家的建设，生活上家庭成员之间相互关心、爱护，工作上相互支持，子孝孙贤，夫妻同心，营造出一个温馨和谐的家庭氛围，在这种环境下休整身心后，职工在工作时能够高度集中精力，专心、专注工作，不用挂心家事。

（三）亲情理念安全文化体系建设要素

基于亲情理念的安全文化建设，则是将家庭情感与工作职责相结合，形成更加深入人心的安全意识。为了构建这样的安全文化体系，企业应注重提炼以下要素。

1. 家庭与企业的紧密联系

要强调家庭幸福与职工安全之间的紧密联系。通过宣传和教育，职工认识到自己的安全不仅关乎个人，更关乎家人的幸福和安宁。这种情感纽带可以激发职工更加珍惜生命、注重安全。

2. 亲情融入安全管理

在制定安全管理制度时，要注重融入亲情元素。例如，可以设立亲情奖励机制，表彰那些在工作中表现出色且注重安全的职工，让他们感受到家人的骄傲和关怀。此外，还可以建立职工家庭档案，了解职工的

家庭成员情况，为职工提供更加个性化的关怀和支持。

3. 安全教育培训的家庭化

在开展安全教育培训时，可以引入家庭参与的模式。例如，邀请职工的家人参加安全知识讲座或模拟演练活动，让他们了解职工的工作环境和工作中潜在的风险，从而共同关注职工的安全。此外，还可以利用家庭亲情故事来增强职工的安全意识，让他们从家庭的角度出发，更加珍惜生命和健康。

4. 营造家庭式的工作氛围

企业文化建设应注重营造家庭式的工作氛围。例如，可以在工作场所设置亲情角或休息区，为职工提供与家人沟通的机会和场所。此外，还可以通过举办职工家庭日等活动，增强职工的凝聚力和归属感，从而使职工更加关注彼此的安全和健康。

5. 持续改进与家庭支持

安全文化体系的建设是一个持续的过程，需要不断改进和完善。在这个过程中，企业可以鼓励职工的家人参与进来，为企业的安全文化建设提供宝贵的建议和支持。同时，企业也要关注职工的家庭状况和需求，为他们提供更加全面和贴心的关怀和支持。

通过家庭与企业的紧密联系、亲情融入安全管理、安全教育培训的家庭化、营造家庭式工作氛围及持续改进与家庭支持等措施的实施，企业可以建立"亲情家"—"亲情企业"的安全文化模式，以柔措施提高刚性制度的执行力，构建一个更加完善、更加人性化的安全文化体系，为企业的安全生产提供有力可靠的保障。

三、基于亲情理念在电力安全文化建设中的主要做法

（一）开展职工家属恳谈会，让家属了解电力企业安全生产的特殊性

为了让员工家属更好地了解电力企业的安全生产和职工的工作情况，企业可以组织家属参观体验活动。通过实地参观，家属们了解到了电力企业的生产流程、安全规定和职工培训等情况，同时也可以与职工进行深入的交流，体验职工的工作环境和压力。这样的活动有助于增强职工家属对企业的理解和支持，从而提高职工的工作满意度和忠诚度。

莘县供电定期组织召开"同频共振·伉俪助安"职工家属恳谈会（图1），充分发挥职工家属的监督作用，推动良好家庭生活环境的营造，使职工能够保持心平气和的心态来生活和工作，从而养成良好生

活习惯,守牢安全生产的底线。

图1 "同频共振·伉俪助安"职工家属恳谈会

恳谈会上播放的安全警示教育宣传片里一个个真实的案例发人深省,能从直观上让家属感受事故的无情,从思想上强化家属对事故危害的认知。家属代表结合切身体会,谈了自己平时如何关心家人在工作中注意安全的做法和感悟。大家纷纷表示,事故的教训是深刻的,家属们要将安全问题放在第一位,当好监督员,时刻嘱咐、提醒家人关注安全问题,鼓励和支持家人争当安全生产的模范,共担安全责任,做好安全贤内助、念好安全家庭经、常吹安全枕边风,共同构筑起安全生产的亲情防线。企业职工也更深刻地认识到自己承担着对企业和家庭的双重责任和使命,在以后的工作中会遵守规章制度,做好各项安全工作,为安全生产注入强大的亲情动力。

这样的职工家属恳谈会气氛热烈、有序。通过这次恳谈会,家属们真切体会到了家人工作的不易,同时也感受到了公司对职工和家属的关爱,未来会更加支持家人的工作,让他们全身心地投入工作中,齐心协力再创佳绩。恳谈会搭建了企业与职工家庭沟通联系的良好平台,增强了职工及家属对公司的认同感和归属感,助力家庭的平安幸福与公司的健康发展共同提高。

(二)开展职工子女爱心托管,减少其后顾之忧

家庭环境对于职工的安全行为具有重要的影响。一个和谐、温馨的家庭环境可以为职工提供情感支持和心理安慰,使职工在工作中更有信心和动力。同时,家庭环境也是职工学习安全知识、形成安全意识的重要场所。企业可以通过各种形式,如家庭安全知识讲座、亲子安全活动等,将家庭环境与企业文化相结合,以增强职工及其家属的安全意识。

莘县供电拓宽服务领域,丰富服务内容,多次开展职工子女爱心托管班(图2),共计对300余名职工子女入班托管。公司工会本着"工会尽心、职工放心、孩子开心"的理念,为孩子们提供了丰富精彩的课程内容,不仅有效地解决了职工子女暑期无人看管的难题,而且丰富了孩子的假期生活,促进了孩子健康成长,让孩子们度过了一个"健康、安全、充实、愉快"的假期。通过"小手牵大手"讲安全活动,孩子成为安全生产知识的宣传员、监督员。以职工需求为导向,关心、关爱职工,解决职工工作上的后顾之忧,使其感受到企业温暖,公司当好了职工的娘家人、贴心人。

图2 职工子女爱心托管班

(三)家庭成员参观体验电力企业生产场所,加深对电力生产工作性质的认识

莘县供电每年暑假组织开展"电力生产现场体验之旅"职工子女暑期看电网实践活动,参与者为职工的中学生阶段孩子。调度员带领孩子们围绕电能使用、特高压电网重要作用及供用电平衡等方面初步认识电网概况,了解电网"大脑"智能;参观数字化部机房,供电服务指挥中心、表库,了解电网智能化技术。在安全文化中心,讲解员带领大家模拟触电感觉、跨步电压、高空坠落等VR虚拟游戏,在心肺复苏环节,培训员详细地讲述了救护方法和动作要领,同学们沉浸式地直观感受到了安全工作的极端重要性(图3)。同时,一百多名孩子分批次深入公司生产一线,参观了公司生产园区。在变电检修中心,参观油务试验室,并在讲解员的指导下上手操作耐压和介损两项试验;在带电作业中心身着带电作业绝缘服,试乘带电作业绝缘斗臂车,亲身感受公司带电作业人员的艰辛与付出;在输电运检中心观看无人机展示,了解智能电网巡检技术,感受电网科技发展;了解电力企业变电站设备种类、构造和原理,感受父母工作的艰辛与不易。

图3 "电力生产现场体验之旅"职工子女暑期看电网实践活动心肺复苏环节

参观结束后还有"感恩父母、亲情寄语"环节，孩子们争先恐后地交流分享活动收获，认真写下了参观感悟和最想对父母说的话，并贴在了"亲情板"上。有的孩子表示活动收获是对父母作为职工为工作奔波的理解，有的孩子写下认识了电力生产风险后对家长工作的担心。孩子们纷纷表示在以后的生活中尽量减少对家长的依赖，增强独立生活能力，不让家长为自己分心，让爸爸、妈妈高高兴兴上班去，安安全全回家来，让家长在温暖和谐的家庭环境中得到休息，安心为企业发展去工作。

（四）组织开展职工参与安全文化建设活动，推动安全举措有效落地

通过海报的形式开展安全文化宣讲活动，莘县供电增强了职工对基于亲情理念的电力企业安全文化建设的思想认同，提高了职工亲情安全文化建设参与度，定期组织开展亲情安全文化微视频、漫画、格言、摄影征集活动，将优秀作品印成安全文化手册，让安全文化建设的道路处处都留下职工共同努力的足迹，以知理塑形推动职工行动自觉。

将亲情安全理念学习融入安全日活动、晨会、安全大讲堂等活动，加强安全文化理念宣贯，深化安全文化实践，持续巩固制度文化和环境文化成果，强化安全文化知行合一，突出安全文化融合力，推动安全意识文化和行为文化有效落地（图4）。

图4　开展安全文化宣讲活动

四、结语

基于亲情理念的电力企业安全文化建设，是一种有效的安全管理方式。基于亲情理念的安全文化建设是电力企业增强安全意识、降低事故发生率的有效途径。组织员工家属参观体验和企业与家庭环境的有机结合，可以增强员工及其家属对企业的认同感和归属感，提高职工的工作积极性和增强职工的安全生产意识。企业成员认同之后，它就会成为一种黏合剂，从各方面把其成员团结起来，形成巨大的向心力和凝聚力，使企业成员从内心产生一种情绪高昂、奋发进取的效应，使文化力对企业每个成员的思想和行为具有约束和规范作用。亲情文化的约束力，与传统的管理理论单纯强调制度的硬约束不同，它没有成文的硬制度约束，但更强调的是不成文的软约束。企业提倡、崇尚亲情安全文化，将通过其潜移默化作用，使职工接受共同的价值观念，通过发挥人的积极性、主动性、创造性、智慧能力，对人起到激励作用，将职工个人目标、企业目标及行动的高度统一性向前推进。

在未来的研究中，我们可以进一步探讨如何将亲情理念深入电力企业的各个角落，通过优化家庭环境和企业文化的关系，以实现电力企业的安全生产和职工的全面发展。未来，我们将进一步探讨如何将亲情理念更好地融入电力企业的安全文化建设中，为电力企业的安全管理提供更加有效的策略。

参考文献

[1]赵小俊.基于亲情理念的安全管理研究[J].安全科学，2017，35(2)：67-73.

[2]王晓波.基于亲情理念的安全文化建设探讨[J].电力安全技术，2018，20(5)：45-51.

[3]李明.基于亲情理念的安全管理实践[J].工业安全与环保，2019，45(3)：78-84.

文化引领与综合管控
提升安全管理能力的双轮驱动

山西忻州神达望田煤业有限公司　王安顺　汤启光　路学通　马　震　李鹏鹏

摘　要：本文探讨了山西忻州神达望田煤业有限公司（以下简称望田煤业）近三年来通过各个方面加强安全管理的举措，成功提升安全管理能力的创新成果，从诚信承诺、体系建设、理念培育、素质提升和严细管理等方面展开，详细介绍了取得的成果和经验教训。通过实施创新的安全管理举措，望田煤业实现了连续三年无轻伤以上人身事故的突出成绩，为本行业其他企业提供了宝贵的参考和借鉴。

关键词：文化引领；综合管控；提升管理能力

一、引言

（一）背景介绍

先进的文化成就卓越的企业。望田煤业作为煤矿企业，始终坚持"文化强企"的理念，以培育理念、完善制度、强化宣教、环境建设为着力点，强势营造安全生产和安全文化建设的浓厚氛围，积极探索和实施各项创新的安全管理举措，致力于提升安全管理能力，构建安全可靠的工作环境。

（二）目的与意义

望田煤业始终将安全文化作为企业安全工作的灵魂，坚持以安全塑文化、用文化保安全，在总结企业多年安全工作经验教训的基础上，深入融合山东能源安全管理文化，建塑形成了具有望田特色的企业安全文化体系。安全文化的引领使得员工成了安全管理的积极参与者，树立了安全意识和责任意识，自觉遵守安全规定，从而在全公司形成了共同关注和参与安全的氛围，这进一步提高了公司整体的安全管理水平，降低了安全风险和事故发生的可能性。

本文旨在总结近三年来望田煤业通过创新安全管理举措取得的成果，分享成功经验与失败教训，为本行业其他企业提供参考和借鉴，促进全行业安全管理水平的提升。

二、建立诚信承诺机制

首先，领导层在煤矿企业中起着至关重要的作用，领导层的承诺与推动对于加强安全管理具有重要意义。通过牢固树立"诚信安全"理念，深入开展"讲诚信、守法规、践承诺"活动，望田煤业建立健全安全诚信考评机制，层层签订安全责任状，积极推行干部员工双向承诺，强化安全生产主体责任落实。严格推行限时结办督办、有错无为问责制，强化责任落实，确保履职到位；对基层员工要求熟知岗位安全风险，熟记岗位操作口诀，遵规守纪，按章作业，推行"看、想、诵"三部曲，实行"手指口述"、安全确认，规范操作行为，确保岗位安全。

其次，建立明确的安全管理责任体系和安全岗位责任制，确保责任落实到位。每个岗位都有明确的安全职责，每个管理人员都要明确自己在安全管理中的责任范围和权力，这确保了安全管理工作的全面推进和有效执行。同时，建立的安全管理流程和制度保障了安全管理的科学性和规范性，为各级管理人员提供了操作指南和依据，使安全管理工作更加有序、高效。

最后，设立安全目标与绩效考核体系，使安全管理有了明确的目标和衡量标准。各级管理人员在追求企业安全目标的过程中，注重安全绩效的评估和反馈，这就促使管理人员积极参与安全管理工作，持续改进安全管理措施。同时，绩效考核的引入也激励了员工的积极性和主动性，增强了职工在安全管理中的参与度和责任感。

三、规范安全体系

开展安全文化建设是提高安全生产管理水平、建立安全生产长效机制的重要手段，是企业实现本质安全目标的迫切需要。望田煤业高度重视企业安全文化建设工作，成立了以矿长、党委书记为组长，以五职分管负责人为副组长的建设小组，并成立安全文化建设专管部门，明确工作任务，细化责任分工，推行目标化管理，确保企业安全文化建设各项工作落实到位。同时，对照煤矿安全文化建设示范企业新标准、新要求，全面实施《望田煤业安全文化建设实施方案》，详细部署，全面落实，强力推进，使望田煤业安全文化建设工作走上了规范化、制度化和科学化的快车道。

以企业安全文化建设为抓手，以制度建设为支撑，本着"服务于生产，着眼于安全，有利于效益"的原则，制定和完善了各项安全管理制度，编辑下发了《望田煤业管理制度汇编》，内容包括各系统管理制度、安全生产责任制和安全技术操作规程三大部分，各系统管理制度共分20类416项，安全生产责任制共分3类203种，安全技术操作规程分6个工种85项。明确了安全管理框架，理顺了安全职责和流程，知晓了各自在安全管理中的责任和任务，促进了安全工作的协调和执行，使望田煤业安全管理更加专业、规范，形成了职责明确、系统完善、程序顺畅的安全管理体系，促进了企业跨越式安全高效发展。

管理体系和管理制度的建立，是确保安全管理有效运行的重要保障，通过建立完善的安全管理体系、风险评估控制措施、监测报告机制及事故应急与处置预案，望田煤业进一步加强了安全管理体系的建设和优化，确保了安全风险得到有效评估和控制，建立了完善的安全监测和报告机制，提升了事故应急与处置能力，显著减少了事故的发生频率和降低了事故发生的严重程度，保障了员工的人身安全和财产安全，提升了企业的安全形象和信誉度。

四、注重理念培育

（一）突出文化引领，强化理念渗透

望田煤业始终将安全文化作为企业安全工作的灵魂，坚持以安全塑文化、用文化保安全，编辑下发了《望田煤业安全文化手册》，并广泛开展安全文化理念宣贯活动，通过员工诵读、集中宣讲、传媒宣传等多种形式组织学习，在全员中强势渗透"以人为本，安全为天""在岗一分钟，安全六十秒""安全是企业最大的效益，安全是员工最大的福利"等安全理念，将企业安全文化理念深深渗透并根植于全体员工思想灵魂之中。

（二）强化安全宣教，提升全员安全认知境界

充分发挥广播、网络、宣传栏等媒体作用，传

达贯彻上级会议精神，报道基层安全生产动态，宣传安全知识、安全生产先进经验和典型事迹，积极推行区队班前安全礼仪、下井前安全宣誓，定期组织安全承诺、安全警示日等大型宣教活动。坚持党政工团齐抓共管，积极开展"十佳班组长""三无班组""安全标兵"评选活动及安全知识竞赛、全员安全签名等形式多样的安全教育活动，充分发挥安全文化的辐射和激励功能，调动广大员工参与安全生产的积极性和主动性。深入基层，组织开展事故案例剖析教育、安全漫画、安全演讲等活动，发挥女工、家属在安全工作中的特殊作用，鼓励员工家属吹好枕边风，把家庭温暖融入安全文化，让员工的心灵感受到温暖，用亲情筑牢安全防线，使员工安全认知境界不断提升。

（三）打造环境文化，营造安全发展氛围

"环境能够影响人，良好的环境能够教育人和造就人"。近年来，望田煤业大力开展安全文化环境刷新工程，建设了井上安全文化长廊、井下大巷安全文化展示区，在各采掘工作方面建设了安全文化展示点，区队会议室建设了员工学习园地，采用图文并茂的形式精心设计，安装了一系列以安全文化理念、亲情寄语为主要内容的安全文化牌板，井口电子大屏和井下语音广播滚动播放安全警示、规劝提示性警句和短语，同时，在井下大巷和重要岗位设置了反光标志牌和安全警示牌，使员工耳濡目染，随时随地感受到潜移默化的熏陶和教育，营造安全发展浓厚氛围，从而夯实了安全生产群众基础。

五、强化素质提升

望田煤业始终把员工素质提升作为安全基础工作，多层次、多形式、持之以恒地抓好员工安全教育培训，全面提升员工素质，打造本质安全型员工。

（一）强化自主教育，增强员工安全意识

通过每日一题、每周一案例、每月一考、每季一评等形式，各部门、各单位有针对性地开展安全教育活动，要求管理人员"想到·安排到"，让员工"知道·做到"，努力从源头上控制人的不安全行为。一是开展事故案例警示教育。结合矿井安全生产重点，选取针对性的事故案例，在区队班前会进行剖析，或播放事故警示片、微视频、微电影等，剖析事故原因、经过，组织员工开展安全大讨论，吸取教训，长鸣警钟，增强员工自主保安意识。二是本着"干什么、学什么，缺什么、补什么"的原则，大力推行基层区

队"四个一"安全自主培训，严格落实员工岗位安全资格准入制度，强化新工人岗前培训，安排有经验的老工人与新工人签订师徒合同，以师带徒，发挥老工人"传、帮、带"作用，提高新工人的实操技能。三是开展"三违"人员帮教活动。建立专业、区队主要领导与"三违"人员帮教谈话制度，采取结对子帮教等手段，协同抓好安全教育，取得了良好教育效果。

（二）拓展培训方式，增强培训效果

深入开展安全宣讲、"心连心"安全谈话活动，由副科级以上管理人员参加区队班前会进行安全宣讲，向员工讲解操作规程、创伤急救、灾害预防等安全知识，充分发挥宣讲人员专业所长。深入区队、班组、现场，与员工敞开心扉、交流谈心，了解员工思想动态，解疑释惑，使员工正确理解公司各项安全举措、感知公司的关心和爱心，使员工发自内心转变思想，强化自觉、自律安全意识。持续推行井下走动式培训，各级管理人员在井下对沿途岗位工进行提问培训，增强了教育培训针对性。

（三）强化技能培训，提高员工业务技能

以四级培训中心为平台，大力实施"员工素质提升"工程，构建"安全培训中心、部门多媒体培训、区队安全自主培训"三级培训网络，强化培训，提升全员业务素质。一是利用四级培训中心资源优势，加强对从业人员上岗、在岗、离岗期间的安全培训。每年结合矿井生产需要，制定年度安全教育培训计划，认真组织实施，并制定了教育培训考核办法，加大员工培训考核力度，确保员工培训合格，规范上岗。二是积极开展"员工素质提升"工程，充分利用周六、周日时间组织员工在多媒体教室进行专业知识、"四新"知识和应知应会知识集中培训。三是推进制度创新，按照"谁分管谁培训""管理者既是领导者又是培训者"的要求，建立管理与培训"一岗双责"制度，明确各级管理干部职责，确保了各类培训活动的正常开展和良好效果。

六、深化严细管理

望田煤业始终坚持安全"四个一切"的工作地位不动摇，强化严细管理，深化安全生产标准化和班组建设，强力推进安全风险双重管控机制，不断夯实安全生产基础。

（一）突出安全生产标准化建设，筑牢安全基石

始终坚持"让标准成为习惯，让习惯符合标准"的标准化理念，坚持动态抓、抓动态，多层次、全方位地开展安全生产标准化创建活动。在组织上，按照"专业抓考核，科室抓指导，基层抓执行，全员抓落实"的工作机制，全矿形成从专业领导到基层员工层层负责的标准化责任体系。在落实上，从工程质量、设备质量和作业环境抓起，严格按规范设计、按标准施工，推行工程质量终身制，实行安全质量与区队班组工资挂钩制度。强化检查验收，严把质量验收关，每月组织全方位的安全生产标准化综合检查验收，检查覆盖率100%，实现了安全生产标准化内涵达标、动态达标，矿井安全生产标准化水平不断提高。

（二）加强班组建设，强化自主管理

坚持"高标准、严考核、求实效"的原则，加强班组安全责任考核，推行"532"安全结构工资制，即安全占工资总额的50%，质量占工资总额的30%，生产任务和创新工作占工资总额的20%，强化安全管理、工程质量两项指标考核比重，明确考核机制，按月兑现，使班组长在感受到压力的同时，不断增强工作动力，促进班组管理由生产型向安全型转变。积极开展"三零"班组创建活动，激励员工把精益精准生产理念渗透到每个岗位、每一道工序、每一个环节，融入安全生产各个流程，培育形成"安全有我、我必安全"的班组安全责任理念，从而增强了班组抓好安全生产的积极性和主动性。

（三）全面推行安全风险双控管理，突出事故超前预防

坚持"关口前移、风险导向、源头治理、超前预防"的工作要求，健全安全风险双重预防机制，重点做到两个突出。一是突出抓好安全风险分级管控，本着"全员参与，分级负责，分层把关"的原则，建立"矿、专业、区队、班组、岗位"五级安全风险分级管控机制，从细排查风险点，从深管控关键点，围绕"人、机、物、环"四个方面，对井上下各生产系统、采掘作业场所进行了安全风险辨识、评估，并针对排查确认的各类风险点，按照业务范围、风险等级落实管控责任人和管控措施，实现风险预控、动态管控、全程监控，切实将风险挺在隐患前面，把隐患挺在事故前面，有效遏制了各类事故的发生。二是突出抓好重大隐患排查治理。坚持"隐患就是事故"的理念，建立健全安全隐患排查治理机制，坚持矿每月一次、专业半月一次、区队每天一次、班

组每班一次、岗位全过程的隐患排查制度，突出瓦斯、防治水等安全管理重点，强化顶板、提升运输、一通三防等方面的隐患治理，超前消除安全隐患，确保不留死角、不留盲区。

（四）强化安全监察，严格执法保安

始终坚持"常查、细抓、严管、真罚"的安全监察八字方针，突出安全管理过程控制，强化安全生产细节管理，狠抓责任落实，严把安全生产决胜关。一是在安全管理上，牢固树立"三种意识"——在安全管理上，做到严格、严厉、严酷，毫不留情，树立大爱意识；在事故防范上，做到预测、预知、预防，防患于未然，树立超前意识；在责任落实上，做到责任到位、考核到位、兑现到位，有始有终，树立担当意识。二是在安全监察上，严格坚持"三个原则"——在行为管控上，坚持以铁面孔、铁心肠、铁手腕对待违章指挥、违章作业、违反劳动纪律行为的"三

铁原则"；在隐患整治上，坚持"隐患不排除不生产、措施不落实不生产、现场不安全不生产"的"三不原则"；在事故处理上，坚持"四不放过"原则，认真查处，绝不手软。严格的管理，有效的监督，为矿井安全生产守住了最后的安全防线。

通过这些具体措施的实施和持续改进与优化手段的采用，望田煤业在安全管理方面的能力不断增强。安全绩效评估与反馈机制、隐患排查与整改措施、安全文化建设与推广及经验总结与分享机制，为煤矿企业提供了持续改进和优化的方向和方法。这些措施的实施带来了诸多效果，包括提高了安全管理绩效和整改效果、增强了员工的安全责任感和自觉性、推动了安全文化的形成和传承、促进了经验的交流和借鉴。通过持续改进与优化，望田煤业不断提升其安全管理的水平，确保煤矿企业的安全生产。

西川煤矿安全文化的探索与实践分析

华能铜川照金煤电有限公司西川煤矿分公司　刘克昌　苏云松　康　桥　陈冠忻

摘　要：煤矿安全是一个永恒的主题，不断延长安全生产周期是煤矿人不懈的追求。在实现煤矿的安全高质量发展过程中，坚持以习近平新时代中国特色社会主义思想为指导，贯彻落实好习近平总书记关于安全生产的重要的论述和重要指示批示精神，认真落实以人民为中心的发展思想。关心关注职工的生命健康，永远是第一位的政治责任和政治担当。在日常工作中将安全文化根植于人的内心、付诸于日常行动，是构建煤矿安全长效机制的核心要素。

关键词：煤矿；安全文化；高质量发展

华能铜川照金煤电公司西川煤矿分公司（以下简称西川煤矿）于 2006 年 3 月开工建设，2007 年 10 月建成投产，2015 年核定生产能力 90 万吨 / 年，是华能铜川照金电厂的配套煤矿。矿井安全生产整体委托湖南楚湘建设工程集团有限公司（以下简称承托方）管理。矿井自投产以来，已连续安全生产 5700 天以上，2016 年以来连续三届荣获中国煤炭工业协会"特级安全高效矿井"称号，2022 年荣获中国煤炭工业协会"先进煤矿"称号。西川煤矿成立以来，全体职工把握机遇、锐意进取、坚守初心，积极探索承包管理模式下的安全文化建设，在发展中始终坚持"安全为先、文化铸魂、教育固本、合作共赢"的思想，大力推进"安全高效、绿色环保、和谐幸福"美丽西川建设，逐步培育起了具有西川煤矿特色的安全文化发展模式，不断沉淀、积蓄具有特色的文化底蕴，同时为公司的高质量发展根植了深厚的思想基础和人文情怀。

一、西川煤矿安全文化的探索

整体承包管理，对中国华能集团公司煤炭生产来说是一个新模式，在合作伊始，双方就深刻地认识到，如果在安全文化建设中不能很好地认同、接受和融合，势必造成安全思想、安全观念、安全行为中的割裂和分治，势必导致安全目标不一致、无限扩大各种安全隐患和不确定因素，因此安全文化的融合统一，就成为开展合作的根基。

（一）抓认识，注重思想保安

双方在安全文化共建上的主要行动就是思想理念融合。在日常工作中，有侧重地在职工队伍培训教材中根植中国华能集团的安全文化理念，增加对华能"三色文化"的直观了解与深入感知；承托方把中国华能集团的安全目标写在了板报里，西川煤矿将承托单位的安全理念印在了牌板上，双方共同把安全文化根植于职工心中，在厂区显著位置和井下作业现场等地点设置宣传牌板，有侧重地开展安全文化的学习理解活动，加大安全文化的宣贯力度，扩大文化覆盖面。在共建公司安全文化中，双方合作编制了《职工安全文化手册》，并且在日常工作中，西川煤矿党委班子成员根据分工，对口联系承托单位党支部，定期参加支部党员大会、组织生活会和安全活动，宣讲形势任务、督导安全工作和重点工作推进，解决员工思想认识上的问题，弄清楚"为何做"。加强企业安全文化的建树，以道德讲堂、读书会等为载体培育具有特色和内涵的安全文化，承托单位对形势任务、安全生产、经营管理信息加以了解，从思想上的理解到情感上的认同，形成"两家人办一件事"的大格局，为共筑安全"同心圆"发挥了积极作用，通过共建共创，在潜移默化中将安全文化厚植于心，发挥凝魂聚力的积极作用。

（二）抓制度，注重习惯保安

西川煤矿与承托单位秉承"发展决不能以牺牲人的生命为代价，这必须作为不可逾越的红线"的安全理念，贯彻落实"安全第一、预防为主、综合治理"的方针，积极宣贯、培育、践行华能集团"安全就是效益、安全就是信誉、安全就是竞争力"的安全文化理念，并将其内化于心、外化于行、固化于制。统一修订了公司、承托方安全生产管理制度，完善了各级领导安全生产责任制、职能机构安全生产责任制、岗位人员安全生产责任制，共总结完善各类安全管理制度30项。进一步明确了安全责任，督促各单位严格落实各项安全管理制度，强化安全自主管理，努力构建"岗位自律、班组自控、区队自管、专业自监"安全管理体系，从严治理现场不安全行为，规范操作流程，以提高内在工程质量为切入点，全面实施"联保、互保"的安全管理责任制度，从而形成了人保班组、班组保区队、区队保矿井的全员自主安全管理格局。

（三）抓现场，注重行为保安

在"三违"治理工作中，加大基层自主反"三违"考核力度，督促干部履职尽责，消除现场不安全行为；针对发生的违章行为，利用周五警示教育开展现身说法活动，警示职工减少随意性违章行为，规范职工行为，确保现场安全作业；将安监部门日常"反三违"工作与党组织开展的"党员身边无三违"活动有机结合，充分发挥党员在"三违"治理工作中的重要作用，增强职工安全意识，规范职工安全行为，强化公司安全管控。为解决安全教育培训"效果差、难落实、不到位"的问题，西川煤矿充分发挥党委"把方向、管大局、保落实"的领导优势，按照"党委牵头、书记负总责"的要求，开展了党管培训工作，党委对培训工作把关定调、牵头抓总、引领保障。与承托方联合设置培训管理机构，落实培训管理责任，强化党员干部学习效果，培育企业安全文化。

（四）抓防控，注重体系保安

按照"全覆盖、零容忍、严落实、重实效"的总要求，推行"六预"工作法（即预知、预想、预报、预警、预防、预控）、"458"隐患排查法和"三化"隐患管理。"458"排查法是指4个层级、5项举措、8条防线。4个层级：领导参与的决策层、职能部门管理人员参与的管理层、基层区队管理人员参与的执行层、基层单位班组长参加的操作层。5项举措：坚持矿每月一次隐患排查、专业组每周一次隐患排查、区队每天一次隐患排查、班组（车间）每班前一次隐患排查、职工班前岗位隐患排查。8条防线：开展"零点行动"。查领导跟带班，干部职工遵章守纪；安全员坚持每班专职巡查，及时发现和处理现场存在的问题；每周或每旬组织"六项专业"的专项检查；每旬组织安全生产标准化检查；各单位每

天进行隐患排查；对施工地点采取巡查、抽查、专项检查、突击检查和拉网式检查等多种形式，促使现场隐患被及时发现和处理。"三化"管理是排查隐患常态化、处理隐患快速化、消除隐患闭合化。

二、西川煤矿安全文化建设的成效

双方致力于企业文化，特别是安全文化的建树，实现了"共建安全文化、共筑美丽家园"的最初目标。职工的安全感、获得感、幸福感明显提升，企业的凝聚力、向心力、战斗力显著增强，精心呵护了一片安全稳定的绿水蓝天。

（一）营建了安全环境

工作中，坚守安全核心观念，全面落实了全员安全生产责任制，生产指挥决策摆正安全与生产、安全与效益、安全与各项工作的关系，坚持在责任落实上下功夫，将安全生产责任制落实落细。特别是立足自身实际，转变安全管理思路，树立"安全不决定一切，但能否定一切"的理念，将安全责任层层落实到每个生产环节、每个工作岗位，使安全管理横向到边、纵向到底，责任明确、协调配合，把各项安全工作真正落到了实处。

（二）解决了短板弱项

坚持从实际工作中发现漏洞，向前追溯制度建设缺陷，有针对性地进行制度修编，不断完善和提升制度建设水平，解决安全制度文化建设中理论实际不统一的问题，通过探索整合，形成了一整套符合实际并行之有效的安全管理制度。

（三）实现了自主保安

认识到安全是每一个人的最大责任，特别是领导干部要认识到安全生产是第一的政治责任，真正树立"一切事故可以预防，一切事故可以避免，一切事故可以控制"的信念和决心，集中精力抓安全生产，切实增强责任感和使命感，真正把职工的生命健康放在第一位。通过现场带班、重点盯防和日常监管，职工的安全观念发生了质的变化。通过落实措施，西川煤矿踏踏实实地把安全生产抓出了成效、提升了高度，多次得到地方政府监管部门和上级公司的表彰。

（四）提升了综合素质

以提升人员素质为中心，坚持"管理、装备、素质、系统"并重，注重顶层设计，通过实施党管培训工作，构建领导有力、组织有序、运行有效的培训工作体系。工作中重点加强对班组长、安监员等

关键岗位人员的培训。通过具体措施的实施，提升安全培训质量，职工安全素养和技能水平得到显著提升，安全文化认知、认同程度进一步增强，从业人员的安全意识得到强化和现场操作水平真正提高。

（五）规范了行为养成

正确对待和高度认知煤矿安全生产标准化的重大意义，观念上接受、行为上遵守并不断地将安全风险辨识评估和管控责任向科区、班组、岗位延伸，做到人人知风险、全员控风险，养成正确的行为规范。通过安全观念和安全行为的养成，把煤矿创建安全生产标准化作为首要选项，实现整体达标、专业达标向动态达标、过程达标和岗位达标的转变和提升，职工也实现了从"要我安全"向"我要安全"的质变，并体现在日常工作行为之中。

三、改进提升安全文化建设的思考

贯彻落实习近平总书记关于安全工作的指示批示精神，全力抓好矿井的安全生产工作，不断延长安全生产周期，我们任重道远。

（一）形成创建安全文化的体制

发挥理论研究对实践的指导作用，把安全文化建设纳入企业文化建设的总体规划，融入企业高质量发展总体部署，通过明确安全文化建设的目标、职责，为安全文化建设提供必要的资金支持和物质保障，更好地汇聚安全文化建设合力。

（二）与新时代精神文明建设有机结合

要不断充实安全文化的思想内涵，通过开展"安全月""安全道德讲堂""安全文化学习周"等活动，把中国特色社会主义理论体系、社会主义核心价值观、理想信念教育、道德素质教育融入安全文化建设之中，借鉴和吸收煤炭行业安全文化建设的有益成果，着力建设与时代发展相适应、面向未来愿景的安全文化。

（三）发挥党组织和党员引领示范作用

通过政治理论学习、安全日活动等，认真学习领会习近平总书记关于安全生产的重要论述，始终把职工的生命安全放在第一位，坚守发展决不能以牺牲人的生命为代价这条红线，将党建工作与安全生产工作深度融合，充分发挥党支部战斗堡垒作用和党员先锋模范作用，深入开展"党员示范岗""党员责任区"等系列活动，充分发挥党员在"三违"治理工作中的重要作用，增强职工安全意识，规范职工安全行为，强化安全管控。

注重培育和提炼具有西川煤矿特色的安全文化建设是一项庞大的系统工程，具有长期性、复杂性和艰巨性等明显特征，创新安全文化建设思路，既要抓好长期规划，做好长期建设的准备，又要立足当前，抓好基础性工作的落实，通过由近及远的虚实结合，形成具有新时代特色的安全文化，以安全文化的大提升推动企业高质量发展。

新员工"1.3.6 安全意识提升模型"在新能源电力企业中的探索与应用

中广核新能源投资（深圳）有限公司云南分公司　郑六玉　王　骁　严明科　李锦恒

摘　要：新员工是企业发展的新鲜血液与不竭动力，新员工安全意识的增强对保障员工的人身安全、维护企业的稳定经营与健康发展具有重要意义。目前，新能源电力行业新员工的安全意识主要依靠周期性的岗前三级安全教育和常规安全培训，新员工形成自我安全意识普遍需要 1 年以上时间。实践证明，新员工入职前 6 个月为安全意识构建的黄金时间段，充分利用"首因效应"建立系统性的安全意识培养方式，能够有效提升新员工安全意识效率，牢固、深刻地构建起员工安全意识防线。中广核新能源投资（深圳）有限公司云南分公司（以下简称云南分公司）创新性地提出新员工"1.3.6 安全意识提升模型"，根据新员工前 6 个月安全意识不同的三个阶段特点，制定其稳固增强安全意识的措施，确保新员工安全意识经过 6 个月的培训能够满足新能源电力安全生产需求，避免人身伤害事故的发生。

关键词：新员工；安全意识；首因效应；新能源

一、"1.3.6 安全意识提升模型"的构建背景

（一）人才需求与安全管理矛盾凸显

随着"碳中和、碳达峰"目标的深化推动，新能源电力企业迎来快速发展的机遇，国务院印发的《2023 年前碳达峰行动方案》指出："到 2030 年我国风电、太阳能发电总装机容量将达到 12 亿千瓦。"新能源电力企业人才需求巨大且供需不足，大量应届毕业生与其他行业人员纷纷涌入，新员工的安全意识相对薄弱，在具体的安全管理中，容易对一些关键的安全问题误解或忽视、安全技术知识储备不足、对于安全责任的认识不够清晰，都会稀释企业安全管理。

（二）作业需求与人员安全能力不相适应

新能源电力行业从事电站运行、设备运维、项目建设、开发预测等多方面作业，员工在工作过程中可能会面临人身触电、物体打击、高处坠落、交通风险等多方面风险。大多数新能源电力企业非常重视新员工的安全意识，通过加强安全管理、制定长周期的安全教育计划来强化新员工的安全意识，新员工的安全意识能随技能的提升、实践的增加而逐渐增强。但是有些新能源电力企业未建立有效培养新员工安全意识的系统方法，导致新员工自我安全意识形成周期多为一年以上，新能源电力行业员工 6 个月内需胜任电工、登高、工程建设、动火作业等多种工作，新员工安全意识薄弱、遇到自身风险认识盲区，将严重威胁到人身设备的安全。据统计，人的原因引起的事故占比接近 98%，在人为因素中，安全意识薄弱占到了 90% 多，安全技术水平低下所占比例不到 10%。安全意识薄弱越来越成为制约企业安全生产的瓶颈。

二、"1.3.6 安全意识提升模型"的提出

安全意识的形成按照时间规律可分为四个阶段（图 1），即被动安全意识（要我安全）、主动安全意识（我要安全）、自我安全意识（我能安全）、助他安全意识（帮助他人安全）。新员工在能够保障自身安全从事作业活动的最低要求是达到我要安全的主动安全意识阶段，能够不发生或避免发生自身人身伤害。

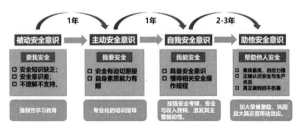

图 1　常规三级教育及培训安全意识与时间关系

实践中,云南分公司新员工安全意识评价综合采用理论结合实际、现场观察结合应知应会问答、安全考试等方法,具体如下。

(1)场站安全生产工作观察评价(20%):场站长根据新员工日常工作遵规守纪情况,风险、防范意识等情况对员工进行评定。

(2)公司安全生产应知应会问答(30%):公司采用面谈或电话形式开展安全应知应会问答,主要问答范围为:新员工对自身岗位安全职责的了解,在工作中应对风险管控具备的能力,针对现场可能存在的事故类型开展事故预想及应急处置的方法,综合给出安全意识评价。

(3)安全考试(50%):采用以考促学方式,对新员工从安质环三个清单(责任、履职、考核)、场站危险源辨识及风险管控清单、三大规程、公司制度文化、内外部事故事件等角度开展综合性考试,检测新员工安全知识掌握情况。

(一)常规三级安全教育情况下安全意识增强情况

对2021年分公司41名入职新员工入职时间与安全意识匹配度进行安全意识评价,结果如表1所示。

表1 常规三级教育新员工安全意识评价表

新员工安全意识评价											
入职时间	入职1个月			入职3个月			入职6个月			入职12个月		
评价维度	工作观察评价	应知应会问答	安全考试	工作观察评价	应知应会问答	安全考试	工作观察评价	应知应会问答	安全考试	工作观察评价	应知应会问答	安全考试
评价赋分	65	62	68	71	65	75	73	75	85	91	85	93
综合分数	66			72			79			91		

分析评价结果得知,新员工安全意识增强仅靠入场三级安全教育和场站常规安全培训,效果缓慢,入职6个月后转正仍不能达到安全意识评价要求,入职1年后基本达到我要安全的主动安全意识要求。

新员工在入职12个月内安全意识主要存在问题如表2所示。

表2 常规三级教育新员工安全意识调研分析表

入职时间	1个月	3个月	6个月	12个月内
调研情况	未掌握现场基础安全知识,未了解公司安全文化,处于安全生产意识淡薄阶段	不清楚现场主要风险点及主要预控措施,现场作业凭经验做事,存在侥幸心理,未严格按照规程、制度开展工作,处于安全生产经验主义阶段	了解公司安全制度,对岗位的安全责任与安全风险、制度要求有一定的认识,存在安全工作就是应付检查心理,处于安全生产形式主义阶段	认识到安全的重要性,对安全有迫切愿望,但对安全知识掌握不全面,能主动学习安全相关知识并落实相关安全措施,处于安全生产"我要安全"阶段。
安全意识评价	缺乏基础安全知识及红线意识	掌握场站基础安全知识及红线事项	初步具备风险意识、防范意识。工作中能辨识出危险源、风险点在哪里,该如何防范	基本熟悉自身岗位安全职责、公司制度,掌握自救互救方法
	被动安全意识			主动安全意识

为把好新员工入职的安全意识关,重点针对新入职员工安全意识增强制定有效措施,全面提升新员工安全意识水平,云南分公司创新性地提出新员工"1.3.6安全意识提升模型"方法论。其研究意义在于以高标准、严要求的系统性安全意识培养方法,在新员工懵懂、初步接触行业时,筑牢新员工的风险、防范、遵规、责任意识,促使新员工6个月内达到主动安全意识阶段的要求,能够安全从事相应作业。云南分公司通过分析近3年新员工安全意识情况的统计后发现,新员工安全意识分别在第1个月、第3个月与第6个月具有集中性、阶梯形变化规律,可通过强培训、严监督的方式根据其所属阶段的安全意识特点,针对性地开展培训提升,培养增强其安全意识,确保6个月后新员工的安全意识满足公司安全生产需求,并在整个公司范围内营造浓厚的安全氛围,使新员工能够透彻地理解企业安全

文化,掌握常规的自救互救方法,熟悉安质环相关制度要求（图2）。培植与日常安全生产工作相匹配的安全意识,让新员工通过安全意识的增强,形成从安全生产的"红灯"不能闯,到不敢闯,再到不愿闯的意识。

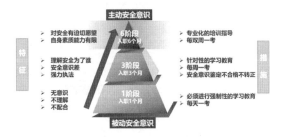

图2　常规三级教育及培训安全意识与时间关系

（二）新员工"1.3.6安全意识提升模型"

1.根据新员工入职时间将其划分为3个模块

1类新员工：入职时间≤1个月。

3类新员工：1个月＜入职时间≤3个月。

6类新员工：3个月＜入职时间≤6个月。

2.新员工"1.3.6安全意识提升模型"实施

在完善抓实三级安全教育的前提下,云南分公司安全质量环保部根据新员工所处不同阶段,下发培训资料,场站监督自学。云南分公司运用考试抽查方式强化新员工安全意识的提升。具体要求如下。

（1）1类新员工提升措施

1）安全意识特点：未掌握现场基础安全知识,未了解公司安全文化,处于安全生产意识淡薄阶段,缺乏底线思维及红线意识。

2）意识提升目标：了解公司企业文化内涵,掌握电力行业安全基本知识,熟悉公司安全生产"红线",树立安全生产的"红灯"不能闯的安全底线思维和红线意识。

3）针对性培训学习内容：企业文化体系；电力安全工作规程通用部分；生产运维生命红线；生产运维管理红线；其他适应性内容。

4）考试检验：结合学习内容每日一考（30题,利用信息化考试系统约15分钟完成）。

（2）3类新员工提升措施

1）安全意识特点：缺乏风险意识、防范意识。

2）意识提升目标：掌握场站主要危险源在哪里,该如何管控风险确保自身安全,熟悉场站安全规程要求,强化新员工风险意识、防范意识,通过事故事件反面刺激唤起员工的安全保护意识,用血的

教训教育员工,加强其安全生产意识,帮助员工树立安全生产的"红灯"不敢闯的意识。

3）针对性培训学习内容：中广核新能源电力安全工作规程风电场/光伏专用部分；场站危险源辨识及风险管控清单,岗位风险管控应知应会手册；内外部典型事故事件学习警示；其他适应性内容。

4）考核方式：结合学习内容双周一考（50题,利用信息化考试系统约25分钟完成）。

（3）6类员工提升措施

1）安全意识特点：缺乏遵规意识、责任意识。

2）提升目标：清楚自身岗位安全职责,熟知并严格遵守规章制度,掌握设备设施安全操作方法,掌握事故自救互救方法,增强遵规守矩意识,树立安全生产的"红灯"不愿闯,由被动安全意识向主动安全意识转变。

3）针对性培训学习内容：公司安全、生产相关制度；安质环责任、履职、考核清单；场站设备操作、维护作业指导书；电力行业常见事故应急处置措施及应急救援知识；其他适应性内容。

4）考核方式：结合学习内容双周一考（60题,约30分钟完成）。

安全意识评价满足该阶段提升目标后员工才能转入下一阶段学习提升（图3）,例如,1类员工在完成1个月学习提升并开展综合评价合格后,转入3类新员工学习提升。

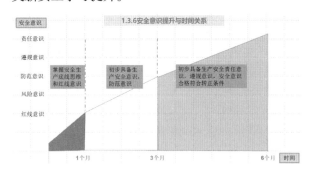

图3　新员工安全意识与时间关系

3.新员工"1.3.6安全意识提升模型"实施效果

经过建立讲、学、考、问、惩安全意识提升体系,云南分公司对2022年7月后入职的34名新员工按照"1.3.6模型"安全意识提升计划开展针对性专项提升工作,新员工在6个月内风险意识、责任意识、防范意识、遵规意识均有较大提升,结果如表3所示。

表3 云南分公司新员工"1.3.6安全意识提升模型"评价表

新员工安全意识评价								
入职时间	入职1个月			入职3个月			入职6个月		
评价维度	工作观察评价	应知应会问答	安全考试	工作观察评价	应知应会问答	安全考试	工作观察评价	应知应会问答	安全考试
评价赋分	81	85	83	85	88	85	88	90	96
综合分数	83			86			92		
安全意识评价	掌握场站基础安全知识及红线事项			初步具备风险意识、防范意识，工作中能辨识出危险源、风险点在哪里，该如何防范			基本熟悉自身岗位安全职责、公司制度，掌握自救互救方法，符合主动安全意识标准		

三、结论

本文以云南分公司为例，通过新员工安全意识提升的现状分析、安全意识评价方法和提升方法的研究，总结出新员工"1.3.6模型安全意识提升模型"，建立讲、学、考、问、惩安全意识提升体系，从风险意识、防范意识、责任意识、遵规意识四个方面入手，全面快速增强新员工的安全意识水平，将新员工安全意识由被动安全意识阶段到主动安全意识阶段转变需12个月时间缩短至6个月，从而缩短了员工人才培养周期，快速提升其安全素养，保障员工的安全、提高企业的安全水平。

参考文献

［1］黄奇元.浅析群体安全意识对安全生产的影响[J].煤矿安全.1996(03)：21-23.

［2］张汉德.浅议安全意识对安全生产的重要作用[J].安全与环境工程,2014(26)：82+84.

大型综合能源集团产业协同安全文化
探索与策略建议

国家能源集团总调度室　国家能源集团新能源技术研究院有限公司
国能神东煤炭集团有限责任公司　王树海　孔　彪　毛申辰　梁　凌　王宏建

摘　要： 安全文化是企业安全管理的重要组成部分，是企业树牢安全发展理念、增强安全意识和法治意识的重要手段。国家能源集团依靠一体化运营优势，将优质煤炭资源运送至京津冀、长三角、珠三角等经济发达区域，其北方港下水占比在40%左右，有力保障了我国煤炭供应的安全。本文根据国家能源集团纵向一体化运行特点和上下游关联情况，提出影响一体化运行安全的因素，并运用模糊层次分析法评价各影响因素，最后提出构建产业协同安全文化体系、强化产业间安全互保意识等策略建议。

关键词： 安全文化；产运销一体化；模糊层次分析法；策略建议

近年来，受国际地缘政治冲突及新冠疫情等影响，我国部分区域阶段性地出现能源供需紧张情况。国家能源集团发挥一体化运营优势，在迎峰度夏阶段性能源保供中充分发挥了"稳定器"和"压舱石"作用。习近平总书记多次强调，能源保障和安全是国家经济和民生不可忽视的重大问题，具有"国之大者"的重要性。大型综合能源集团一体化安全管理水平的提升，以及产业协同安全文化体系的构建，不仅是企业经营管理的需要，也为我国能源供应安全提供了有力支撑。因此，有必要基于国家能源集团运营模式的特殊性和复杂性，探讨一体化运营安全问题的成因和影响，总结提炼适用于大型综合能源集团一体化运行安全的策略建议。

一、一体化运营基本情况

（一）一体化管控模式

国家能源集团拥有煤炭、电力、铁路、港口、航运、煤制油煤化工等多产业，且煤炭生产和销售量、火力发电量、煤制油化工等产业规模居国内第一；其自营铁路北起甘其毛都，东至渤海湾的黄骅港，每年近3.5亿吨的煤炭资源经自有铁路运至铁路沿线用户、黄骅港、天津港及社会港口。如图1所示，国家能源集团依托自有铁路衔接上游晋陕蒙核心矿区、下游铁路沿线直达电厂和港口，同时通过航运系统将港口和沿海沿江电厂紧密相连，形成以煤炭作为商品实现从生产、运输、销售到消费全过程、全流程的纵向一体化运营管控模式。

图1　产运销一体化运营简图

国家能源集团总部将这些分布在不同地域、不同行业、不同规模的二级公司，以计划管控为手段，通过统一调度、统一协调、统一配送的方式整合到一起，实现供应链稳定、产业链完整和价值链增效[1-4]。

（二）一体化运营管控情况

国家能源集团通过纵向一体化管控实现各独立二级公司在价值链增值活动中密切配合、稳定创效，使上下游各生产环节高度关联、高效协同。经过近几年发展，一体化管控水平逐年提升，推动企业营收水平连创新高，特别是在迎峰度夏和迎峰度冬期间充分发挥了能源保供主力军作用，为保障我国能源安全作出了重要贡献。

公开数据显示，2022年全集团煤炭产销量分别完成6亿吨和7.9亿吨，分别约占全国总量的14%和16.7%；发电量完成1.14亿千瓦时，约占全国14%；铁路煤炭运量完成4.7亿吨；黄骅港和天津码头装船量2.5亿吨，航运量2.4亿吨，其中，黄骅港为北煤南运第一大煤炭出海口，北方港煤炭下水占比在40%左右，有力支撑了东部和南部经济发达省区能源电力稳定供应。

二、一体化运营安全的影响因素

国家能源集团一体化运营因其有产业板块多、子分公司多、规模大小不均、区域跨度大、产业链长等特点，且某一生产环节变化需要动态调整产业链其他板块，所以其运营管控有着内在的复杂性和关联性。结合生产运营实际，选取了部分影响运行安全的因素，并通过对30位业务人员调研后确定了一级、二级指标，如表1所示。

表1 一体化运行安全评价等级

	一级指标	二级指标
影响一体化运行安全因素	一般影响	个别煤炭矿井停产
		铁路装车设备故障
		港口设备短时故障
		卸车阶段性不畅（湿粘煤、冻底）
		少部分煤种阶段性滞销
		大风大雾短时影响船舶运输
		个别机组非停（其他机组满足电热需求）
	较大影响	外购煤持续不足（用户供需紧张）
		铁路区段拥堵（上下游装用均受到影响）
		铁路过口中断（部分直达电厂燃煤告急）
		多煤种滞销（有一定港存空间）
		港口长时间封航（部分一体化电厂库存告急）
	严重影响	区域内多个矿井停产
		外购煤资源严重不足
		多煤种滞销（形成高港存和大量空车保留）
		恶劣天气影响船舶长时间停运（下游电厂出现缺煤停机）
		运煤主通道长时间中断（港存较低，下游电厂缺煤停机）

三、层次分析法求指标权重

（一）建立层次分析模型

1. 构建判断矩阵

$$A = \begin{bmatrix} a_{11} & a_{12} & \cdots & \cdots & a_{1n} \\ a_{21} & a_{22} & \cdots & \cdots & a_{2n} \\ \cdots & \cdots & a_{ij} & \cdots & \cdots \\ \cdots & \cdots & \cdots & \cdots & \cdots \\ a_{n1} & a_{n2} & \cdots & \cdots & a_{m} \end{bmatrix}$$

矩阵中，a_{ij} 代表 A_i 相对 A_j 的重要程度，如果前者更为重要，那么 $a_{ij} > 1$，要是两者同样重要，则 $a_{ij} = 1$。

2. 矩阵元素重要性判断

矩阵中各元素相对重要性比例标准如表2所示。

3. 计算指标的权重向量

正规化步骤如下。

第一：对矩阵正规化处理，利用以下公式

$$\overline{a_{ij}} = a_{ij} / \sum_{i=1}^{n} a_{ij}(i, j = 1, 2, \cdots n) \quad （1）$$

其中，a_{ij} 为判断矩阵 A 第 i 行第 j 列的数据，$\overline{a_{ij}}$ 为正规化矩阵第 i 行第 j 列的数据。

表2 相对重要性比例标准

标度	表示意义
1	因素间比较，具有相同的重要性
3	因素间比较，前一个因素比后一个因素稍微重要
5	因素间比较，前一个因素比后一个因素明显重要
7	因素间比较，前一个因素比后一个因素强烈重要
9	因素间比较，前一个因素比后一个因素极端重要
2、4、6、8	两相邻因素判断的中间值
上述值的倒数	因素间反过来比较是原来比较值的倒数

第二，将矩阵当中的元素相加

$$\overline{w_i} = \sum_{j=1}^{n} \overline{a_{ij}}(i, j = 1, 2, \cdots, n) \quad （2）$$

第三：对于上式中的 $\overline{w_i}$，实施正规化处理

$$w_i = \overline{w_i} / \sum_{i=1}^{n} \overline{w_i}(i = 1, 2, \cdots n) \quad （3）$$

其中，w_i 为第 i 个指标的权重

第四，计算判断矩阵 A 最大特征值

$$\lambda_{\max} = \frac{1}{n}\sum_{i=1}^{n}\frac{(Aw)_i}{w_i} \qquad (4)$$

公式中，n 代表矩阵阶数，A 是判断矩阵，w_i 是第 i 个指标的权重，$\lambda_{\max}$ 可判断矩阵 A 的最大特征值。

4. 一致性检验

对于前面得到的向量、特征值，进行一致性检测，若能通过检测，则意味着判断矩阵是合理的，即存在解释价值[5]。

假定 CI 代表一致性指标，以下为运算方法：

$$CI = \frac{\lambda_{\max} - n}{n-1} \qquad (5)$$

通过 n 值，能够获取 RI 值，如表 3 所示，如此获取一致性比率，即 $CR=CI/RI$。当 $CR<0.1$ 时，则检测达到要求。

表 3 随机一致性指标 RI

N	1	2	3	4	5	6	7	8	9	10	11
RI	0	0	0.58	0.9	1.12	1.24	1.32	1.41	1.45	1.49	1.51

（二）判断矩阵构建及权重的求解

根据指标体系，利用上述标度法，通过专家咨询法和问卷调查，选取本领域专家，分别对指标的重要程度进行打分，然后对打分结果再进行内部的讨论和归纳，得到两两判别矩阵，如表 4 所示。

表 4 一级指标判断矩阵

	一般影响	较大影响	严重影响
一般影响	1	1/2	1/3
较大影响	2	1	1/2
严重影响	3	2	1

首先，计算出判断矩阵的最大特征值 $\lambda_{\max} = 3.0092$。然后，进行一致性检验，需要计算一致性指标 CI：

$$CI = \frac{\lambda_{\max} - n}{n-1} = \frac{3.0092 - 3}{3-1} = 0.0046$$

平均随机一致性指标 $RI = 0.58$。随机一致性比率：

$$CR = \frac{CI}{RI} = \frac{0.0046}{0.58} = 0.0079 < 0.1$$

由于 $CR<0.1$，因此可以认为判断矩阵的构造是合理的，我们计算出指标的权重，如表 5 所示。

表 5 一级指标权重

指标层	权重
一般影响	0.1638
较大影响	0.2973
严重影响	0.5390

利用同样的方法计算出二级指标的权重，并整理得出权重，如表 6 所示。

表 6 综合权重表

一级指标	权重	二级指标	权重	综合权重
一般影响	0.1638	个别煤炭矿井停产	0.3979	0.065176
		铁路装车设备故障	0.2094	0.0343
		港口设备短时故障	0.1458	0.023882
		卸车阶段性不畅	0.0731	0.011974
		少部分煤种阶段性滞销	0.0644	0.010549
		大风大雾短时影响船舶运输	0.0599	0.009812
		个别机组非停	0.0495	0.008108
较大影响	0.2973	外购煤持续不足	0.4311	0.128166
		铁路区段拥堵	0.2632	0.078249
		铁路过口中断	0.1285	0.038203
		多煤种滞销	0.1129	0.033565
		港口长时间封航	0.0643	0.019116
严重影响	0.539	区域内多个矿井停产	0.4416	0.238022
		外购煤资源严重不足	0.0695	0.037461
		多煤种滞销	0.1239	0.066782
		恶劣天气影响船舶长时间停运	0.1312	0.070717
		运煤主通道长时间中断	0.2339	0.126072

四、模糊综合评价法

结合一体化生产运营实际，以能源电力供应安全为底线，兼顾对产业供应链系统的影响，将一体化运行安全等级设定为5个级别评语，即V=[V1 V2 V3 V4 V5]=[非常安全 安全中等不安全 运行事故]，并且赋值为V=[100 80 60 40 20]。由30位业务专家对指标进行打分，可以综合每个人对该指标的打分次数，得出该指标属于某个评语等级的隶属度，取30位赞同该指标的评语等级的比重为隶属度，从而建立单因素模糊综合评判矩阵[6]，计算过程如下。

一般影响的评价向量

$B_1 = (0.3979, 0.2094, 0.1458, 0.0731, 0.0644, 0.0599, 0.0495)$

$$\begin{bmatrix} 0.266667 & 0.333333 & 0.333333 & 0.066667 & 0 \\ 0.466667 & 0.4 & 0.1 & 0.033333 & 0 \\ 0.133333 & 0.466667 & 0.366667 & 0.033333 & 0 \\ 0.133333 & 0.433333 & 0.4 & 0.033333 & 0 \\ 0.066667 & 0.4 & 0.466667 & 0.066667 & 0 \\ 0.166667 & 0.366667 & 0.433333 & 0.033333 & 0 \\ 0.166667 & 0.2 & 0.6 & 0.033333 & 0 \end{bmatrix}$$

$= (0.25554, 0.373733, 0.321983, 0.048743, 0)$

整体评价向量

$B = (0.1638, 0.2973, 0.539)$

$$\begin{bmatrix} 0.25554 & 0.373733 & 0.321983 & 0.048743 & 0 \\ 0.191757 & 0.333433 & 0.417747 & 0.057063 & 0 \\ 0.32437 & 0.394533 & 0.247153 & 0.034043 & 0 \end{bmatrix}$$

$= (0.273702, 0.373001, 0.310153, 0.043298, 0)$

整体评分值

$$F = VB^T = \begin{bmatrix} 100 & 80 & 60 & 40 & 20 \end{bmatrix} \begin{bmatrix} 0.273702 \\ 0.373001 \\ 0.310153 \\ 0.043298 \\ 0 \end{bmatrix} = 77.5514$$

整体评分值为77.5514，介于中等与安全之间（表7）。

经过评价分析可知，影响国家能源集团一体化运行安全最大的因素是铁路运输主通道长时间中断，如长时间中断将影响上游煤矿生产、下游港口停卸库存降低，进而影响下游电厂燃煤供应，使一体化上下游生产运行停滞。其次为港口长时间大风大雾封航，航运受限引起堵港及大量空车保留。因此，上述评价符合生产运营实际，应采取有力措施保持各产业间安全协同、生产协同、运行协同，避免发生系统性运行风险。

表7 评分值表

一级指标	评分值	二级指标	评分值
一般影响	76.7214	个别煤炭矿井停产	76
		铁路装车设备故障	73
		港口设备短时故障	74
		卸车阶段性不畅	73.3333
		少部分煤种阶段性滞销	69.3333
		大风大雾短时影响船舶运输	73.3333
		个别机组非停	70
较大影响	73.1977	外购煤持续不足	72.6667
		铁路区段拥堵	72
		铁路过口中断	76
		多煤种滞销	71.3333
		港口长时间封航	79.3333
严重影响	80.1906	区域内多个矿井停产	80
		外购煤资源严重不足	78
		多煤种滞销	78.6667
		恶劣天气影响船舶长时间停运	81.2333
		运煤主通道长时间中断	81.3333

五、一体化安全运行和策略

（一）构建一体化安全文化体系

各产业安全生产是一体化稳定运行的基础和平稳顺畅的重要前提，任何产业的安全事故都会对一体化运行产生不利影响，企业安全管理不仅要考虑单一产业板块安全，还应系统考虑一体化上下游联动的安全影响。因此，国家能源集团结合各产业上下游安全管理，构建产业协同安全文化体系，以一体化全局视角，融合各产业板块的安全管理理念，形成产业间安全管理协同配合、相互支持、风险共担的安全管理理念。

（二）增强一体化运营一盘棋意识

一体化运营安全运行需要各产业板块保持安全生产态势，通过加大安全文化宣传力度，不断增强一体化运营一盘棋理念意识。同时，通过计划合理编制和严格执行可以避免出现某一产业生产强度不均衡而引起系统性的安全运行风险，强化产业间协同管理和调度指挥权威，不断提升一体化高效协同、安全运行水平。

（三）提高风险预控水平

各产业在生产过程中存在众多不确定性，并且作为生产企业受政策、安全、气候、市场变化影响较大，因此必须提升各产业板块安全风险预控水平，同时通过协同机制保持风险信息互通，提升一体化运行抗风险能力。同时，结合煤炭供需变化，利用自有港口、电厂码头和储煤基地的库存空间，可以有效应对市场波动带来的经营风险，也降低了一体化运营风险。

（四）营造安全互保文化氛围

近两年，国家能源集团在调度协同指挥信息化建设上快速发展，打造了智能化高效协同、可视化高度融合的工业互联网平台，在安全监视和应急指挥等方面提升明显[7]。后续应结合安全管理需要持续加大信息化建设力度，运用信息化手段实现上下游产业信息互联互通、数据共享、智能判断，提升产业板块间协同应急指挥水平。同时，对各产业安全管理水平进行动态评价，不断形成产业安全、运

行安全、协同互保的一体化安全文化氛围。

六、结语

党的二十大报告中指出，要着力提升产业链供应链的韧性和安全水平。对于大型综合能源集团来说，其产业多、规模大、产业链长并跨区域运营，面临着多样化的安全风险和管理难题。本文针对国家能源集团一体化运行安全因素进行评价研究，提出了构建产业协同安全文化体系等策略和建议，对大型综合能源集团一体化运行安全稳定运行，不断提升保供能力，保障能源供应安全具有积极的推动作用。

参考文献

[1]王树海.“双碳”背景下我国煤炭产业高质量发展建议[J].内蒙古煤炭经济,2022(18)：154-156.

[2]马俊.神华纵向管控及其原因分析[J].中国煤炭,2015,41(10)：5-9,20.

[3]马俊.神华纵向一体化运营模式[J].企业管理,2015(09)：59-62.

[4]张强.基于煤炭纵向一体化的牛鞭效应研究[J].中国煤炭,2014,40(S1)：531-534+538.

[5]王师,杨静,蒋志豪,等.模糊层次分析法在建模优选中的应用[J].电子技术,2022,51(07):85-87.

[6]段宝彬.综合评价的模糊数学方法研究[D].南京：河海大学,2005.

[7]刘志江,白志军,刘荣杰,等.宏观政策对国家能源集团一体化产业格局的影响及其对策研究[J].中国煤炭,2023,49(07)：25-30.

发电企业"党建＋安全文化引领"安全管理模式体系建设探讨与实践

国能大渡河沙坪发电有限公司　何　杨　陈　杨　李鹏飞

摘　要： 贯彻落实"安全第一、预防为主、综合治理"的安全生产工作方针，准确把握党对安全生产工作的领导作用和电力安全生产的特点和规律，构建"党建＋安全文化引领"模式，通过加强安全文化引领，以安全风险分级管控为核心，以建立全员安全生产责任体系为基础，把完善制度管理体系作为落实安全生产责任的根本保障与失职追责的依据及有效途径，构建安全风险分级管控与隐患排查治理双重预防机制和应急管理体系两条生命线，建立完善安全管理体系，为安全生产保驾护航。

关键词： 党建；安全文化；安全风险分级管控；安全管理

一、引言

2021年新的《安全生产法》颁布，明确安全生产必须坚持中国共产党的领导，赋予了党组织如何做到党对安全生产工作的领导的新课题。因此，通过强化党对安全生产工作的领导作用，研究如何将党建与安全文化建设相融合，通过安全文化引领，建设完善安全管理体系，可以提高企业安全管理水平、杜绝生产安全事故发生，这些对发电企业的安全健康发展具有重要意义。

目前，大多数发电生产企业在全员安全生产责任制的建立及落实方面还存在一定差距，如何将安全文化建设融入安全管理体系还不够清晰，以风险预控为核心的事前安全管理模式还不到位。在做好安全生产履职能力建设，抓好双重预防机制的有效落实，规范现场高风险管控等方面仍然存在上热中温下冷现象，对"三管三必须"的认识还具有较大的管理惯性，这些都需要企业进一步强化党对安全生产的领导作用，将党建工作与安全管理相融合，将安全文化建设与安全管理相兼容，建立一套行之有效的管理体系。

因此，笔者拟考虑构建"党建＋安全文化引领"的管理模式，对如何强化党对安全生产的领导作用，在安全文化引领作用下，以安全风险预控为核心，建立健全安全管理体系，提出独立的思考与实践方法。因此，本文提出在"党建＋安全文化引领"的管理模式下，着力构建全员安全生产责任制，建立健全以

安全风险分级管控和隐患排查治理双重预防机制为核心的安全生产管理体系，强化企业应急能力建设，加强应急管理体系。其中，全员安全生产责任体系是基础，制度管理体系是落实安全生产责任的根本保障，为失职追责提供依据和有效途径；安全风险分级管控与隐患排查治理双重预防机制和应急管理体系是两条生命线，为安全生产保驾护航。

二、坚持党对安全生产工作的绝对领导

（一）坚持党的绝对领导

坚持党的绝对领导，是做好安全生产工作的根本原则，是维护企业安全和员工人身安全的根本保证。"绝对"就是无条件、无死角，就是任何时候、任何情况下都以党的旗帜为旗帜、以党的方向为方向、以党的意志为意志。要以极端负责的精神抓好安全生产工作，为此党政一把手必须亲力亲为、亲自动手抓。坚持"党政同责、一岗双责，齐抓共管，失职追责"，是党的领导优势、组织优势在安全生产领域的集中体现，要深入贯彻习近平总书记关于安全生产的重要论述和指示批示精神，将党建工作与安全生产管理工作有机融合，发挥党在安全生产工作中的领导作用。

（二）坚持"党政同责、一岗双责"，建立全员安全生产责任制

坚持"党政同责、一岗双责、齐抓共管、失职追责"的原则，健全完善全员安全生产责任体系是基础。根据安全生产法律法规和相关标准要求，在

生产经营活动中，根据企业岗位的性质、特点和具体工作内容，明确所有层级、各类岗位从业人员的安全生产责任，坚持"管生产必须管安全、管业务必须管安全"，坚持安全生产责任全覆盖，涵盖全员（含承包商）、全过程、全方位的安全生产责任体系，做到责任全覆盖、管理无死角，建立起安全生产工作"层层负责、人人有责、各负其责"的责任体系。建立健全员工安全生产责任标准，做到标准化、具体化、清单化，并具有针对性、可操作性。建立覆盖全部岗位的安全生产责任履职清单，对照履职清单的要求履职尽责，做到照单履责、照单追责。

（三）健全融合"党管一切"原则的安全生产组织机制

成立以党政一把手为主任的安全生产委员会，完善安全生产委员会议事规则，完善企业"三重一大"议事规则，将涉及安全生产的重大决策事项提请公司党委（党总支委）会进行决议。将学习贯彻落实习近平总书记关于安全生产的重要论述和指示批示精神作为"第一议题"，不仅安全生产委员会、安全分析会、专题会等将其作为必须内容，同时应纳入各部门、各班组及各级党组织学习的第一议题，切实落实党在安全生产中管大局、把方向的领导作用。

（四）将党组织建设与安全、生产等中心工作相融合

发挥党支部战斗堡垒作用和党员的先锋模范作用。一个支部就是一个堡垒，一名党员就是一面旗帜，按照月、季、年的工作计划，每月组织党支部策划以安全管理为重点的支部特色工作，安全监督人员成立党员突击队，在隐患排查、防洪度汛、标准化建设、治安反恐等方面，发挥党员冲锋在前的模范担当作用。党政一把手要定期听取安全工作专题汇报，研究部署重大安全生产工作，在安全生产工作中，每一项重点工作都要发挥党的领导作用，党、政、工、团一起发劲儿，要通过党建工作与安全生产工作融合，通过党管一切的原则，以铁心、铁面、铁规铁腕将全员安全生产责任制落实到每一个岗位、每一个员工的最小单元。

三、强化安全文化建设的引领作用

（一）秉承"安全是文化"的思路

安全文化建设作为企业文化建设的重要组成部分，秉承着"安全是文化"的思路，以强化安全意识、规范安全行为、提升防范能力、养成安全习惯为目标，创新载体、注重实效，推动构建自我约束、持续改进的安全文化建设机制。

（二）突出党组织在安全文化建设上的政治、思想和组织引领作用

可以说，安全文化建设最重要的属性之一就是做人的工作，它是党组织政治功能和组织功能所在，要更加突出党组织在安全生产上的政治、思想和组织引领作用，把塑造优良安全文化作为意识形态工作的重要一域，构建起行之有效的党组织抓安全意识教育机制，为安全文化提供政治、思想和行动保障，增强安全管理更为主动的精神力量，以安全文化作为党建引领保障安全生产的具体实践。

（三）建立以安全文化引领，安全风险分级管控为核心的安全管理制度体系

企业结合安全生产标准化建设，组织员工群体共享安全价值观、态度、道德和行为规范，以"安全文化深入人心、安全基础更加牢固、责任更加落实到位、风险管控更加有效、保障能力全方位提升"为目标，建立健全包括文化引领层、核心要素层、基础业务层、生产业务层及评审改进为框架的安全管理体系，从体系建设强化安全文化引领的作用，在人、物、管、环4个方面，建立完善涵盖行政、党建、工会、财务、人力资源、物资采购、运行管理、生产管理、安全和职业健康、生态环保等全方位的安全管理制度体系（图1），充分发挥各级党、政、工、团安全生产宣传教育的引导作用，使广大职工树立正确的安全生产观和安全价值观，增强其安全意识、规范其安全行为，为安全生产创造团结和谐、积极向上的良好氛围，以文化管理助力企业安全运行。

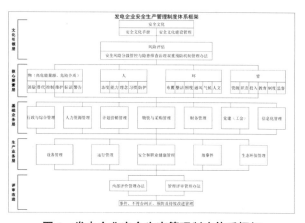

图1　发电企业安全生产管理制度体系框架

四、筑牢安全生产工作两条生命线

（一）第一条生命线

采取风险分级管控、隐患排查治理双重预防工作机制，推动安全生产关口前移，是安全生产工作的两条生命线之一。

1. 构建双重预防机制

针对安全生产领域"认不清、想不到"的问题，准确把握安全生产的特点和规律，以安全风险辨识和管控为基础，从源头上系统辨识风险、评估风险、分级管控风险，构建安全风险分级管控与隐患排查治理双重预防机制，把各类风险控制在可接受范围内。排查风险管控过程中出现的缺失、漏洞和风险控制失效环节，坚决把隐患消灭在事故发生之前。通过两道防线有效地控制风险、消除隐患，坚决把事故消灭在萌芽状态。

2. 强化安全风险预控管理

每年组织开展一次全面的危险源辨识和风险评估工作，建立完成公司、部门、班组三级安全风险数据库。针对不同类型不同级别的风险，划分重大风险、较大风险、一般风险和低风险4个风险等级，结合工作票、操作票制度，完善"票卡包"应用，完善作业风险分级管控机制，以强化高风险作业管控为重点，设置现场管理接入行为观察程序，实行安全生产监督体系专职安全管理人员（S：S1/S2/S3）和保障体系领导管理人员（M：M1/M2）两条线风险控制和安全观察见证，对高风险作业任务及其风险进行全过程或关键环节到岗到位旁站见证监督管理。

（二）第二条生命线

结合国家"一案三制"应急救援体系建设，针对企业来说，应急能力建立是安全生产另一条生命线，与双重预防机制一起为安全生产保驾护航。

1. 建立完善应急管理体系机制

坚持"预防为主、预防与应急相结合"的原则，按照"统一领导、综合协调、分类管理、分级负责、企地衔接"的要求，建立"上下贯通、多方联动、协调有序、运转高效"的应急管理机制，建立健全应急准备各项组织体系，成立应急领导小组，确保企业应急管理和应急处置有序开展。建立由综合应急预案、专项应急预案、现场处置方案、应急处置卡四个层次和自然灾害类、事故灾难类、公共卫生类和社会安全类四大类别构成的突发事件应急预案体系，确保应急预案科学管理和有效实施。

2. 做好应急物资和装备的储备

应加强应急资金保障，根据本单位事故预防和处置工作需要，储备必要的应急救援装备和物资，做好本单位可能发生的突发事件的应急设备和物资的准备工作，包括喷淋系统、气体灭火系统、防排烟系统、泄洪设施、自动强制通风设施、柴油发电机、逃生装置等就地配置的固定式应急设施和正压呼吸器、防毒面具、移动电话、灭火器、吸油毡、体外除颤仪等移动式应急物资装备。

3. 开展应急能力建设评估

按照应急能力建设评估相关要求，定期开展应急能力建设评估，不断提升应急能力水平。

五、结语

安全生产工作必须深入贯彻落实习近平总书记关于安全生产工作的重要论述和指示批示精神，强化党对安全生产工作的绝对领导作用，加强安全文化建设，强化安全文化的引领作用，以风险防控为核心，构建完善安全管理体系，着力落实全员安全生产责任制，提升企业应急能力建设水平，为安全生产保驾护航。

打造"0123456"安全管理模式 推动安全文化建设扎根落地

北京京能国际控股有限公司华北分公司 胡冬来 张 军 王紫龙

摘 要：为深入贯彻落实党中央、各级政府、国家能源局及集团公司、京能国际等关于安全生产工作的系列决策部署，北京京能国际控股有限公司华北分公司（以下简称华北分公司）坚持"安全第一，预防为主，综合治理"的安全生产方针，大力弘扬"生命至上、平安京能"的安全文化核心理念，认真研究部署安全文化建设工作，逐步打造了"0123456"的安全管理模式，即围绕"零事故、零伤害"安全目标，实行"一票否决制"，发挥安全生产保证、监督"两个体系"和公司、场站、班组"三级安全监督网"作用，实现了公司、场站、班组、个人"四级有效管控"，认真落实"五精管理"和"六安工程"举措，夯实安全管理基础。

关键词："零事故、零伤害"；"一票否决制"；"两个体系"；"三级安全监督网"；"四级控制"；"五精管理"；"六安工程"

一、引言

华北分公司成立于 2021 年 6 月 8 日，现公司所管辖各场站实际总装机容量为 1604.91MW，共有员工 160 人，成立至今未发生轻伤及以上生产安全责任事故。

2023 年，华北分公司在"京能杯"安全知识竞赛中获得"团体三等奖"，被中国电力设备管理协会评为"全国电力安全文化建设优秀工程"。

二、践行"生命至上、平安京能"安全文化理念，构建具有自身特色的"012456"安全文化体系

安全是企业发展的基石，公司始终坚持"以人为本、安全第一、预防为主、综合治理"的方针，创新载体、注重实效，推动构建自我约束、持续改进的安全文化建设长效机制，全面提升公司安全文化建设水平，充分发挥安全文化的导向、凝聚、激励、辐射和同化功能，全力打造出了和谐守规的"0123456"电力安全文化体系。

（一）安全文化核心理念

安全文化核心理念：生命至上、平安京能。释义：敬畏生命，坚守红线意识和底线思维；文化引领，强化体系建设和责任落实；安全发展，实现本质安全与和谐发展。

（二）安全愿景

以人为本，筑就本质安全型企业。

（三）安全使命

以"六安工程"为载体，打造自身特色安全文化。

（四）安全目标

通过开展安全文化体系建设，安全生产理念体系更加完善，安全生产责任体系更加严密，安全监督管理机制更趋成熟，安全生产规章制度标准体系更加健全，员工安全文明素质明显提升，坚决遏制人身伤亡事故，有效防范一般事故，杜绝较大及以上事故，实现员工与企业共发展。

（五）安全价值观

1. 坚持五项原则

坚持以人为本，敬畏人的生命、满足人的需求、尊重人的愿望、促进人的发展、实现人的价值。

坚持问题导向，化解安全生产矛盾、消除安全管理盲区、弥补安全管理漏洞。

坚持关口前移，全面推行安全风险分级管控，把风险控制在隐患形成之前、把隐患消灭在事故前面。

坚持文化引领，牢固树立安全价值观，全面营造安全生产氛围，充分调动主观能动性和创造性。

坚持安全发展，牢固树立安全发展理念，凝聚安全发展共识，安全是发展的前提，发展是安全的保障。

2. 实施六安工程

六安工程指党政保安、依法治安、管理强安、基础固安、科技兴安、文化创安。

3.安全观

（1）安全就是责任，安全就是发展，安全就是信誉，安全就是效益。

（2）任何风险都可以控制，任何违章都可以预防，任何事故都可以避免。

（3）安全是最大的节约，事故是最大的浪费。

（4）违章就是事故，隐患就是事故

（5）懂安全，要安全，会安全，能安全，保安全

（6）人人讲安全，时时抓安全，处处有安全

（六）"0123456"安全文化内容

华北分公司打造的"0123456"安全文化内容，如图1所示。

图1 "0123456"安全文化内容

三、公司"0123456"安全文化体系实践及成果

（一）充分发挥安全文化导向功能，实行"一票否决制"，圆满完成"零事故、零伤害"安全目标

一是制定安全文化建设工作方案和实施分解表，建立健全安全文化建设领导机构，分"三步走"逐步实现安全文化自律管理目标（图2）。

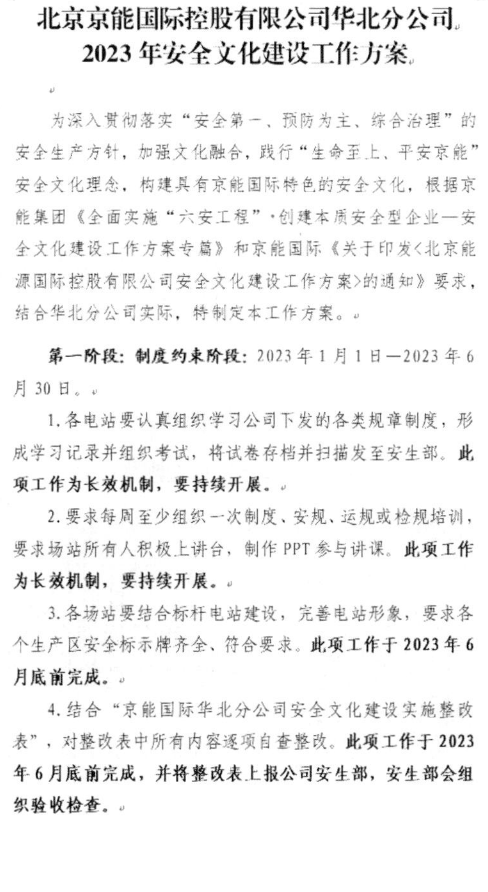

北京京能国际控股有限公司华北分公司2023年安全文化建设工作方案

为深入贯彻落实"安全第一、预防为主、综合治理"的安全生产方针，加强文化融合，践行"生命至上、平安京能"安全文化理念，构建具有京能国际特色的安全文化，根据京能集团《全面实施"六安工程"、创建本质安全型企业—安全文化建设工作方案专篇》和京能国际《关于印发〈北京京能源国际控股有限公司安全文化建设工作方案〉的通知》要求，结合华北分公司实际，特制定本工作方案。

第一阶段：制度约束阶段：2023年1月1日—2023年6月30日。

1.各电站要认真组织学习公司下发的各类规章制度，形成学习记录并组织考试，将试卷存档并扫描发至安生部。**此项工作为长效机制，要持续开展。**

2.要求每周至少组织一次制度、安规、运规或检规培训，要求场站所有人积极上讲台，制作PPT参与讲课。**此项工作为长效机制，要持续开展。**

3.各场站要结合标杆电站建设，完善电站形象，要求各个生产安全区安全标示牌齐全、符合要求。**此项工作于2023年6月底前完成。**

4.结合"京能国际华北分公司安全文化建设实施整改表"，对整改表中所有内容逐项自查整改。**此项工作于2023年6月底前完成，并将整改表上报公司安生部，安生部会组织验收检查。**

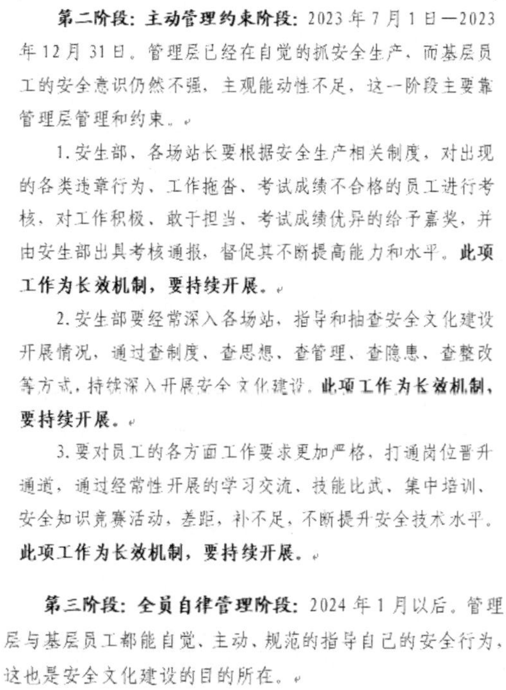

第二阶段：主动管理约束阶段：2023年7月1日—2023年12月31日。管理层已经在自觉的抓安全生产、而基层员工的安全意识仍然不强，主观能动性不足，这一阶段主要靠管理层管理和约束。

1.安生部、各场站长要根据安全生产相关制度，对出现的各类违章行为、工作拖沓、考试成绩不合格的员工进行考核，对工作积极、敢于担当、考试成绩优异的给予嘉奖，并由安生部出具考核通报，督促其不断提高能力和水平。**此项工作为长效机制，要持续开展。**

2.安生部要经常深入各场站，指导和抽查安全文化建设开展情况，通过查制度、查思想、查管理、查隐患、查整改等方式，持续深入开展安全文化建设。**此项工作为长效机制，要持续开展。**

3.要对员工的各方面工作要求更加严格，打通岗位晋升通道，通过经常性开展的学习交流、技能比武、集中培训、安全知识竞赛活动，差距、补不足，不断提升安全技术水平。**此项工作为长效机制，要持续开展。**

第三阶段：全员自律管理阶段：2024年1月以后。管理层与基层员工都能自觉、主动、规范的指导自己的安全行为，这也是安全文化建设的目的所在。

图2 "三步走"实现安全文化自律管理目标

二是每年年初编制发布《关于持续加强安全生产工作的决定》（图3），制定30项安全生产重点工作任务，明确发生轻伤及以上人身事故、一般及以上设备事故、火灾事故、交通安全事故、食物中毒事故、网络信息安全事故和恶性电气误操作事故等，则"一票否决"，取消各类评优奖先资格。

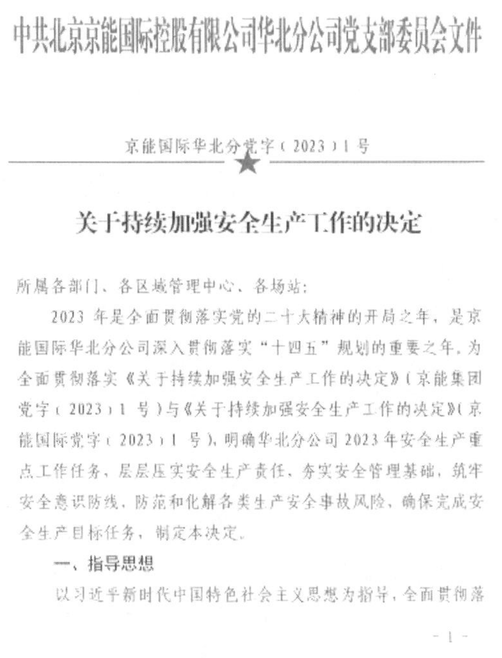

中共北京京能国际控股有限公司华北分公司党支部委员会文件

京能国际华北分党字（2023）1号

关于持续加强安全生产工作的决定

所属各部门、各区域管理中心、各场站：

2023年是全面贯彻落实党的二十大精神的开局之年，是京能国际华北分公司深入贯彻落实"十四五"规划的重要之年。为全面贯彻落实《关于持续加强安全生产工作的决定》（京能集团党字〔2023〕1号）与《关于持续加强安全生产工作的决定》（京能国际党字〔2023〕1号），明确华北分公司2023年安全生产重点工作任务，层层压实安全生产责任，夯实安全管理基础，筑牢安全意识防线，防范和化解各类生产安全事故风险，确保完成安全生产目标任务，制定本决定。

一、指导思想

以习近平新时代中国特色社会主义思想为指导，全面贯彻落

图3 《关于持续加强安全生产工作的决定》

三是强化"少数关键人员"履责行为。坚持"安全责任是主要负责人的第一责任"，聚焦各级领导干部、管理人员特别是主要负责人，开展"主要负责人安全工程"和安全承诺活动，建立履职清单，明确19项履职项目、履职频次和履职佐证材料；各级领导干部、管理人员积极践行"一线工作法"，深入基层、下沉一线，与现场一线同巡视、同值班、同演练、同培训、同作业、同隐患排查和同风险评估，及时发现、解决现场一线重点、难点问题，夯实了安全管理基础。

四是强化"现场工作人员"标准化作业行为。着眼于"把好的做法固化成习惯"，针对各专业、具体作业行为，分层分类提炼形成行为指引，真正让安全文化"可行"。制作发布《标准化作业安全管理手册》，推动标准化作业深入人心。将现场作业全部"两票"执行全过程管控，以系统流程固化作业标准。制定典型"标准票"，各级人员照票尽职履责，提高了履职标准化能力和效果。

2023年以来，栖霞电站、五莲电站、马泉营电站、京投大厦电站和武警总队电站安全顺利完成并网工作；各电站未发生任何"一票否决"的项目，圆满完成安全目标。

（二）合理运用安全文化凝聚功能，促使安全生产"两个体系"和"三级安全监督网"作用发挥力度日益增强

设置安全生产部和安全监督专职岗位，构建严密的安全生产保证体系和监督体系网络；聘用中级注册安全工程师从事安全管理工作，提高安全管理专业化、规范化水平；各部门、各电站配置兼职安全员，形成了牢固的"三级安全监督网"。通过针对性开展安全制度、安全基础管理、消防管理、应急管理等培训，切实增强了员工的安全意识，公司形成良好的独立自主管理局面；员工对自己做的每个层面的安全隐患都做到了十分了解，员工已经具备了安全知识，员工对安全做出了承诺，按规章制度标准进行生产，安全意识深入员工内心，把安全作为自己工作的一部分。

安全生产保证体系解决了安全生产全员、全方位、全过程闭环管理的知责明责担责尽责问题；通过充分发挥安全生产监督体系的"鹰眼"监控作用，确保了安全保证体系成员在执行生产任务的全过程中各司其职、各负其责。

（三）增强安全文化辐射、同化作用，实现公司、场站、班组、个人四级有效管控

组织签订"四不伤害保证书"，认真监督落实"四不伤害"规定；班前班后员工互相进行安全风险告知与作业提醒，打造互助管理模式；员工不但自己遵守各项规章制度，而且帮助别人遵守；不但观察自己岗位上的不安全行为和条件，而且留心观察他人岗位；员工将自己的安全知识和经验分享给其他同事；关心其他员工的异常情绪变化，提醒安全操作；员工将安全作为一项集体荣誉，已把安全作为个人价值的一部分，把安全视为个人成就。

安全文化建设工作的开展，增强了员工队伍综合素质和安全意识，增强了员工凝聚力、向心力、幸福感、归属感，实现了公司、场站、班组、个人四级有效管控。

（四）大力推行"五精管理"，深入落实"六安工程"安全文化建设，确保安全生产形势持续稳定

1.精细落实安全责任，实现党政保安、依法治安

（1）深入贯彻落实安全制度和操作规程，强化执行力建设

建立健全并实施《全员安全生产责任制》《事故（事件）调查管理规定》《安全生产奖惩管理办法》等50项安全生产规章制度（图4），确保各层级安全生产工作有章可依、有规可循。

图4　安全生产规章制度

依照安全生产法律法规、规章和国家标准、行业标准，结合工艺流程、技术设备特点以及原辅料危险性等情况，制定并实施各电站运行规程、检修规程和消防规程等安全操作规程，指导现场作业，提升了现场作业规范化开展水平。

华北分公司集中组织开展了为期两个月的标准

集中宣贯工作（图5），使全体员工掌握自身岗位职责、工作行为准则，以制度管理为抓手，不断加强安全标准化管理，切实落实全员安全责任。

图5 标准集中宣贯会

（2）建立健全并落实全员安全生产责任制，加强安全生产主体责任体系建设

建立健全并落实全员安全生产责任制，组织全员分级分类签订安全环保目标责任书与安全承诺书，定岗位、定人员、定安全责任，并明确了相应的考核标准（图6）。

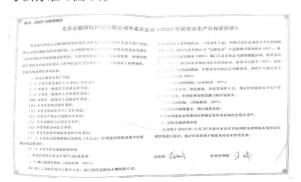

图6 安全生产责任状

组织学习《全员安全生产责任制》，开展安全宣誓活动（图7），强化了各级人员安全生产责任意识和承诺履约意识。

图7 安全宣誓活动

定期主持召开党委会、安委会、安全生产周例会（图8），组织学习习近平总书记关于安全生产的重要论述，分析研判安全形势，研究解决重大问题，组织开展安全基础管理检查和安全巡查工作，对每一项检查工作进行层层分解，将大任务分解成若干可实际操作的小任务，不断对安全管理工作进行查漏补缺。

图8 安委会现场

2. 精准日常安全管理，逐步达成管理强安目标

（1）深入开展双重预防机制建设，预防和减少安全事件发生。

采用作业条件危险性分析法（LEC法）对安全风险进行评估。风险值采用如下公式进行计算：

D=LEC

式中，

D——风险值（危险程度）。

L——发生事故的可能性大小。

E——暴露于危险环境的频繁程度。

C——发生事故产生的后果。

有关L、E、C的值按表进行选择（图9）。

事故发生的可能性大小（L）

分数值	事故发生的可能性	分数值	事故发生的可能性
10	完全会被预料到	0.5	可以设想，但高度不可能
6	相当可能	0.2	极不可能
3	不经常，但可能	0.1	实际上不可能
1	完全意外，极少可能		

暴露于潜在危险环境的频繁程度（E）

分数值	暴露于潜在危险环境的频繁程度	分数值	暴露于潜在危险环境的频繁程度
10	连续暴露于潜在危险环境	2	每月暴露一次
6	逐日在工作时间内暴露	1	每年几次暴露在危险环境
3	每周一次或偶然暴露	0.5	非常罕见暴露

发生事故产生的后果（C）

分数值	后果	分数值	后果
100	大灾难，许多人死亡	7	严重，严重伤害
40	灾难，数人死亡	3	重大，致残；设备损坏
15	非常严重，1人死亡	1	引人注目，需要救护

风险等级划分（D）

分数值	危险源等级划分	分数值	危险源等级划分
>320	特别重大：破坏性的，会造成灾难性事故，必须立即排除。	20-70	一般：保持现有管理并定期检查。
160-320	重大：危险的，会造成人员伤亡和系统破坏，要立即采取措施。	<20	较小：可承受风险，安全的，不需要采取措施。
70-160	较大：临界的，有可能发生较轻的伤害和损坏，应采取措施。		

图9 L、E、C、D选值表

组织专业人员从动态、静态两个维度，检修作业、倒闸操作、作业区域、设备设施 4 个层面全方位、全过程地开展安全风险辨识工作，共计辨识安全风险 14870 项；逐条逐项地明确作业活动和场所危险点、危害后果，并进行风险评价、定级，制定控制措施，形成安全风险分级管控“4 个清单”，并进行动态更新，实现了安全风险始终可控、能控、在控（图 10）。

1	1. 220kV线路由检修转运行												
2	主要作业风险： （1）因工作对象不清、错误或填错操作票，造成误送电或设备带电； （2）因走错间隔、误拉或误合开关造成触电、电弧灼伤、火灾或设备异常或故障，甚至电网故障。					控制措施： （1）正确填写、核对工作票，双人确认操作电源系统、标牌和设备双重名称； （2）操作时戴绝缘手套，穿绝缘靴，正确使用验电器； （3）专业管理人员现场监护。							
3	编号	作业步骤	危害因素	可能导致的后果	风险评估				风险等级	控制措施	管控层级	管控责任人	备注
4					L	E	C	D					
5	一	操作前准备											
6	1	操作人员身体状况、思想情绪和技术水平检查	1. 人员身体状况、心理素质不适合工作； 2. 人员精神状态不佳； 3. 人员搭配不合理； 4. 被安排人员承担不胜任的操作任务	（1）触电、电弧灼伤； （2）火灾； （3）设备异常或故障； （4）电网故障； （5）其他人身伤害	3	1	15	45	一般	（1）操作前确认操作人员身体状况、精神状态良好，无不适合操作的病症或禁忌； （2）检查操作人员经过三级安全教育培训合格、持证上岗并熟练掌握操作技能，操作人员技能搭配合理，对设备较为熟悉者做监护人； （3）现场配备急救药箱。	场站		
7	2	劳动保护用品穿戴检查	穿戴不合适的劳保用品	（1）触电、电弧灼伤； （2）其他人身伤害	3	1	15	45	一般	（1）穿戴安全帽、绝缘鞋； （2）穿长袖工作服，扣好衣服和袖口； （3）戴绝缘手套。	场站		
8	3	接收操作指令	操作对象不清楚	（1）触电、电弧灼伤； （2）火灾； （3）设备异常或故障； （4）电网故障	1	1	40	40	一般	明确操作目的，防止弄错操作对象	场站		
9	4	确定操作对象和核对设备运行方式	误操作其他设备		1	1	40	40	一般	（1）正确核对现场设备双重名称或系统图； （2）按规定执行操作监护制度。	场站		
10	5	填写操作票	填错操作票引起误操作		1	1	40	40	一般	（1）正确填写和检查操作票填写内容正确； （2）严格执行操作监护制度； （3）操作人员再确认。	场站		
11	6	选择合适的工器具	工器具选择不当		1	1	15	15	较小	（1）选择合适的操作工器具； （2）检查所用的工具必须完好； （3）正确使用工器具。	班组		
12	7	作业环境确认	室外作业场地环境不良	设备损坏、人身伤害	3	1	7	21	一般	（1）雷雨、大雪、大雾、六级以上大风天气禁止操作； （2）站内通道、消防通道畅通，电缆沟盖板完好牢固； （3）夜晚操作照明充足； （4）地面、通道无结冰或有其他易滑物等。	场站		
13	8	通信联系	通信不畅或错误引起误操作，人员受到伤害时延误抢救时间	设备损坏、人身伤害	1	1	7	7	较小	携带可靠通信工具，操作时保持联系，操作前做好监护复诵，确认后再操作。	班组		
14	二	220kV线路由检修转运行操作											
			（1）接收电话不清楚、不录音；							（1）必须使用调度术语和设备双重名			

图 10　辨识安全风险

隐患排查治理（图 11）按照排查、评估（定级）、登记、监控防范、整治、验收、核销的流程形成闭环管理。积极推进各类安全检查活动，对各岗位、各环节、各系统所需检查内容，明确检查对象、检查方法和检查标准，形成安全检查项目清单，并按照清单逐项对照实施安全检查，将发现的各类隐患列入排查治理台账，未整改完成隐患制定管控措施，每月定期督促整改，现场安全隐患已大幅度降低，提高了设备本质化安全管理水平。

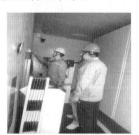

图 11　隐患排查工作

（2）精准安全会议管理，力促安全管理工作规范、有序开展

精准召开班前班后会、组织安全日活动。落实班前班后会全员列队点名、事故隐患排查、工作任务分工、安全技术交底等工作。及时学习安全文件（图 12）、传达安全工作要求。打造出“凡事有交代，件件有着落，事事有回音”的工作氛围，构建积极、强大的群体意识，将每个职工紧密地联系在一起，固化安全文化的凝聚、辐射功能，使得每项工作规范、有序开展，不留管理盲区和漏洞。

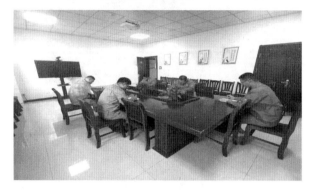

图 12　学习安全文件

（3）加强“两票”标准化管理，切实提升了作业规范化开展水平

建立“两票”管理长效机制，定期更新典型票库，从术语规范性、措施完善性、危险点分析全面性、工作任务和工作内容填写正确性、作业流程标准化、安全职责明确化等各方面逐项逐条地对“两票”填写进行研判、分析、定稿，形成了公司统一的“两票”填写标准（图 13）。

京能国际华北分公司电气“两票”填写细则

一、电气一种工作票填写说明

票证要使用统一的格式填写，应一式两联，应用钢笔或圆珠笔填写，填写工作票应对照变电所一次系统接线图，填写内容要与现场设备的名称和编号相符，并使用设备双重名称。破损的工作票不能使用。

（一）逐项填写说明

1. 编号、电站、工作班组

编号：机打；按月累计顺序进行编号。编号采用 DQ1+九位数字，前四位数为年度、中间两位数为月份、后三位为当月工作票的统一编号，例如：DQ1-2023-04-001。

电站：机打；填写调度命名。

工作班组：填写参加工作班组的名称（如：检修 X 班）。

2.“工作负责人”栏

机打；一个工作负责人只发给一张工作票。

3.“工作成员”栏

机打；填写参加此项工作的全体人员姓名（不包括工作负责人）（10 人以上填写 10 人，超出的人员名单填入“危险点分析控制单”）。

4.“共　人”栏

机打；含工作负责人的所有人员数量，填写双位数。

5.“工作内容”栏

机打：“电压等级+设备双重名称+具体工作内容”，设

图 13　“两票”填写标准

持续强化对工作票签发人、负责人和许可人的职业技能和管理培训，严格"三种人"资格考核，提高工作票"三种人"的履职能力。采取静态抽查、动态检查相结合的方式，对"两票"执行问题通报并严肃考核，不断提升各场站"两票"执行质量。

（4）持续加强外委单位管理整治，保障外委单位安全管理能控、可控、在控

持续整治外委单位"以包代管""包而不管""以罚代管"等问题，严格审核、备案外委单位资质证照，建立健全合同、安全生产管理协议、"四措两案"、培训考试、安全技术交底和施工过程影像等记录，加强全过程管控，严控安全风险、隐患，做到了外委单位安全管理可控、在控、能控，未发生外委施工不安全事件（图14）。

图14　加强外委单位管理整治

（5）加强反违章"五个不到位"管理整治，减少"三违"行为发生频次

明确违章分类分级和联责考核标准，开展"零违章"班组建设活动，设立违章曝光公示栏，严格违章追查，保持现场安全管理"高压"态势，提升了对"三违"行为的全时段、全过程、全方位管控能力。

（6）加强应急能力建设，不断提升应急处置水平

深入开展自查自纠、安全风险评估、应急能力自评估、应急资源调查工作，不断优化应急预案管理。建立健全了应急领导组织机构和兼职应急救援队伍，动态完善应急物资储备，并限期整改自查自纠发现的问题和隐患，及时堵塞管理漏洞，使安全管理工作不断完善。排查并确定可能存在的各类安全风险，逐项制定出安全风险控制措施，形成安全风险辨识评估报告，指导员工安全操作与作业。指导各场站严格按照国家标准编修应急预案，使得应急预案更全面、更具体、更具操作性和可适用性。

3.精确现场安全管理，持续强化基础固安工作

（1）推进生产现场目视化管理，充分发挥安全警示作用

安全标志标识、标签、标牌、编码、看板、安全色等方式明确了工器具、工艺设备的使用状态及作业区域的危险状态，公示了具体安全风险、事故隐患及安全措施，实现了设备设施、安全工器具、生产作业环境的目视化管理（图15）。

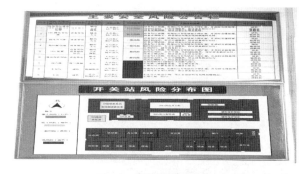

图15　目视化管理示例

（2）强化消防安全管理，及时消除火灾隐患。

严格落实消防安全责任制，配齐配足消防设施、器材，建立消防档案，及时修订消防安全制度、规程、灭火和应急疏散预案。定期开展消防安全培训教育和应急演练并认真落实防火巡查（图16），对发现的火灾隐患立行立改，防范了设备区及临近区域火灾的发生。

图16　消除火灾隐患

（3）加强安全生产标准化建设，打造本质安全型企业

深入推动安全生产标准化自评达标创建工作，完善资料、补齐短板、改进管理，确保人、机、物、环、管处于良好的安全生产状态，2022年公司安全生产标准化自评共检查整改问题458项，三家电站外部评审获得"三级安全生产标准化企业"，切实提升了公司安全生产标准化水平（图17）。

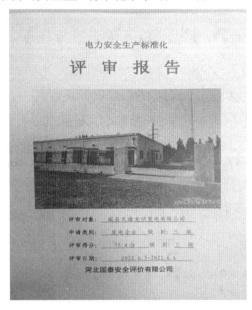

图17　创建安全生产标准化

4. 精益安全生产教育培训和宣传教育活动，用文化创安助推公司高质量发展

（1）严格管理提高安全培训规范性

年初制定安全培训计划，定期开展形式多样的安全知识培训（图18），并按规定建立安全生产教育培训档案，夯实了安全理念基础，增强了员工安全意识。

（2）多措并举提高安全培训实效性

公司编制《员工安全工作手册》和《作业安全管理手册》等安全读物（图19），把安全理念以图文并茂的形式作了"法、情、理"表述，增强了生动性和感召力，方便员工更系统、更具体、更全面地学习、掌握安全知识，指导员工正确、安全、可靠地对设备开展运行、维护、检修和调试工作。

图18　安全知识培训

图19　安全读物

（3）持续深化事故案例警示教育

总结各类事故经验教训，完善事故防范措施，定期组织开展吸取事故教训认真查改事故隐患活动（图20），着力增强员工的安全意识和自我保护意识。

图20　事故案例警示教育会

（4）积极开展丰富多彩、入脑入心、见行见效的安全生产月活动

紧扣"人人讲安全，个个会应急"的主题，公司本部及各电站开展了安全警示教育片观看、习近平总书记关于安全生产的重要论述学习、员工安全工作手册宣贯、"职工微讲堂"、应急安全教育基地体验、火灾事故实战应急演练等活动（图21），切实增强了全体员工安全防范意识和防灾减灾、应急处置能力。

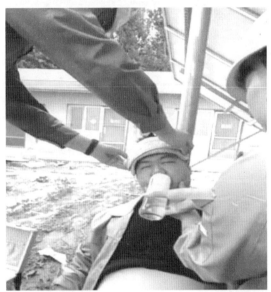

图21　安全生产活动

5. 精美现场作业环境，努力营造家的氛围

各电站在保持作业环境干净整洁的前提下，加强形象建设工作，积极制作了企业文化展示墙、打造了"客房"式宿舍，努力营造家的温暖，使大家以更饱满的精神投入每天的工作当中，让大家找到了职业的幸福感（图22）。

图22　精美现场作业环境

6. 安全文化信息化、智能化发展

一是依托京能国际生产管理系统建设（图23），指导各单位严格按照公司要求使用"两票"管理、隐患管理、缺陷管理、生产管理、安全管理、报表管理等模块，并不定期检查台账、记录填写情况，对执行不力或不认真的单位和个人进行考核，持续推进安全管理智能化、可视化水平，相关纸质版台账已停用，减轻了电站工作量。

图23　京能国际生产管理系统

二是提升智能巡检、智能监控等智能设备设施水平。各电站光伏区安装了智能防火摄像头，有效检测范围360°，监控距离300米，能对监控区域进行自动巡视，可有效替代人工巡检；经试验，当检测范围内发生火情，智能防火摄像头可有效检测，并能在火灾初期准确判断并发出告警，提示运维人员及时处置（图24）。

图 24 智能监控设备

四、结语

初心不改共成长，凝心聚力谱新篇！华北分公司将持续推行安全文化建设工作，通过文化的教育、引导和熏陶，从思想认知层面，对员工发挥导向、凝聚、激励、辐射、同化作用，着力解决人的安全意识和责任心不足的问题，夯实安全管理基础，使员工工作主动性和执行力不断增强，管理能力逐步提高。

风正帆扬，浅谈国企安全文化示范企业创建

风帆有限责任公司 王志江 刘彦明 何绍剑 赵 凯

摘 要：安全为根，文化铸魂，风帆有限责任公司（以下简称风帆公司）作为军工国企，始终深入贯彻习近平总书记关于安全生产的重要论述和重要指示批示精神，牢固树立安全发展理念，统筹发展和安全"两件大事"，坚持"两个至上"，立足"从根本上消除安全隐患、从根本上解决问题"，坚持"以文化促管理、以管理保安全、以安全促发展"的工作思路，开展以制度、理念、行为、氛围为基本框架的系统性安全文化建设，把安全文化落实到高质量发展的全过程，精心打造安全管理软实力，形成了"本质安全"的特色安全文化。截至2023年4月，风帆公司安全文化硕果累累，清苑分公司、高新电源分公司、有色金属分公司、塑胶科技分公司4家单位获河北省"安全文化示范企业"称号，有力推进了整个公司安全生产治理体系构建和治理能力现代化发展。

关键词：安全文化示范企业；创建；识别

一、引言

安全文化被列为安全生产"五要素"（安全文化、安全法制、安全责任、安全科技、安全投入）之一，也是五要素之首。文化与法制，是安全生产非常重要的两条线，法制促进文化，文化反哺法制。安全文化具有独特的亲和力，弥补了安全法规强制性约束的无形缺憾，使得人的意识与举止不再"被迫"受制于法的约束，而是"润物细无声"地从内心自然形成自觉，这种自觉是文化感召的力量，是一种自主约束倾向和潜在准则，内化于心、外化于行。正因为此，安全文化力量无穷，优秀的安全文化是企业安全生产的灵魂和统帅，是安全生产管理工作的最高境界。

二、安全文化理念

安全文化是安全生产工作的基础，是安全生产的根本，是安全生产工作的精神指向，其他的各个要素都应该在安全文化的指导下开展。只有在其他要素健全成熟的前提下，企业才能培育出深入人心、独具特色、影响深远的"人民至上，生命至上"的安全文化。安全文化定义难，安全文化建设亦难。想要做并做好安全文化建设，需要长期探索和积累，不断总结经验，厚积薄发，方能有所成就。

（一）"预防为主，防患未然"的风帆安全文化

安全是军工企业义不容辞的政治责任、社会责任。风帆公司将安全文化纳入企业文化建设规划，以"一切事故都是可以预防的"为信念，建立职业健康安全管理体系，落实建设项目安全设施"三同时"制度，构建风险分级管控和隐患排查治理双重预防机制，强化"三管三必须"的安全生产责任体系与全员生产责任制的落实，加大安全投入提高基础设施安全保障能力，打造本质型安全企业。坚持源头管理、关口前移，全面落实安全检查及预警机制，加强员工、相关方的安全生产教育，培养严守规程、拒绝违章的自律观，深入开展现场一流环境建设，实施职业卫生全面管控防范职业病（含急性中毒）发生，把安全隐患消除于萌芽状态，保障企业正常生产经营，真正将安全生产打造成企业高质量发展的核心竞争力。

（二）"有感领导"的安全文化组织建构

何为"有感领导"？按《孙子兵法》谋攻篇所言，即"上下同欲者胜"。"有感领导"起源于杜邦公司安全文化，具体指高级管理者切实从人、财、物等资源方面充分保障安全生产的需要，在日常管理中处处表现对安全的重视。风帆公司引用"有感领导"文化，依托安委会于2021年3月成立了以党委书记、董事长李勇为组长的一流安全文化建设工作领导小组，明确了工作任务和职责。各下属子、分公司均成立本单位的一流安全文化建设工作领导小组，公司安环部直接负责一流安全文化的组织和推动工作，建立各级安全生产第一责任人负责、多部门协同、党政工团齐抓共管的安全工作机制，将"领导率身垂范"切实转化为落实各级人员安全主体责任。

（三）整体规划保障

风帆公司将安全文化建设纳入"十四五"安全工作规划（图1），并整体纳入公司"十四五"高质量发展总体规划（图2）。将党中央关于安全生产的重要论述与指示列入公司党委会和经理办公会的重要议程，严格落实安全生产党政同责、一岗双责；将组织安全文化内部评比工作列入年度安全生产工作要点，以及各子分公司一把手的安全责任状与履职清单中，层层压实安全责任，真正实现安全生产"关口前移，重心下沉"；邀请安全生产领域专家来公司讲课，传达安全文化建设先进单位的经验做法；实行"安全文化"绩效考评，将安全文化建设作为先进集体评选和干部考核的重要依据。

三、"十四五"安全专项（子）规划思路

（一）战略定位及发展目标

1.战略定位/业务构想：

通过技术进步促进安全生产工作，提高本质安全水平。进一步完善工艺、设备设施安全性的操作评估机制，实施全过程风险管理，力争做到安全管理水平达到同行业先进水平，争创国内一流、世界先进的蓄电池生产企业，实现公司高质量发展。

2.发展目标：

追求最大限度的杜绝及减少各类安全事故，不损害人身健康。持续开展安全生产标准化达标建设工作，遵循"科学发展、安全发展"的原则，强化员工培训，进一步提高全员的安全素养；在公司各层面建立完善、常态化的安全生产长效管理机制。公司计划在"十四五"期间，完成以下目标：

（1）无重伤及以上生产安全责任事故（含急性职业中毒事故）；

（2）轻伤事故人数不大于在岗总人数的1.5‰；

（3）无直接经济损失100万元以上的生产安全责任事故；

（4）员工安全生产技能水平得到明显提升。

（5）职工血铅异常率力争为零（涉铅单元）。

（二）发展方向及主要任务

弘扬安全发展理念，遵循安全生产客观规律，主动适应经济发展新常态，坚持改革创新、源头防范、系统治理，着力完善体制机制，着力健全责任体系，着力加强法治建设，着力强化基础保障，大力提升整体安全生

（3）全面落实河北省政府安全生产攻坚行动部署，以《安全生产法》等法律法规和行业安全标准规范为依据，在公司全面开展安全风险辨识分级管控机制，建立"安全风险分级台账"，制作并悬挂岗位风险告知卡。通过安全风险管控、隐患排查治理，强化企业安全管理基础工作，提升企业防范风险和事故的能力，有效预防和遏制各类事故特别是重特大事故的发生。

3.加强安全文化建设，提升员工安全素养。

以"一流安全文化"建设为引领，加大安全理念的培植，强化安全文化制度建设，完善工作保障开展保障机制；创新工作开展方式，加强安全行为文化建设，提升员工我要安全的意识和能力；加强技术引领与改造，强化安全的科技管理和防范水平；加强安全宣传或安全活动开展，推进安全互助型班组建设；推进"安全观察"工作开展，提升员工参与安全工作的力度。

4.健全安全应急救援体系，减少事故损失

（1）认真落实国务院《关于全面加强应急管理工作的意见》，加强安全生产应急救援体制建设，定期对公司综合应急预案及专项应急预案进行修订，全面提高职工应对各类突发事件能力。认真落实每年演练不少于一次的要求，及时做好预案、开展演练，通过演练检验预案、锻炼队伍、提高能力，并针对演练中发现的问题和法规标准修订情况，及时修改完善预案。到2025年，实现公司应急预案备案率达到100%。

（2）根据国家相关法律、法规、公司安全生产工作要点以及《中国船舶重工集团公司安全生产信息报告管理办法（试行）》、公司安全生产应急工作管理制度要求，定期制定公司年度安全生产应急工作计划，各单位

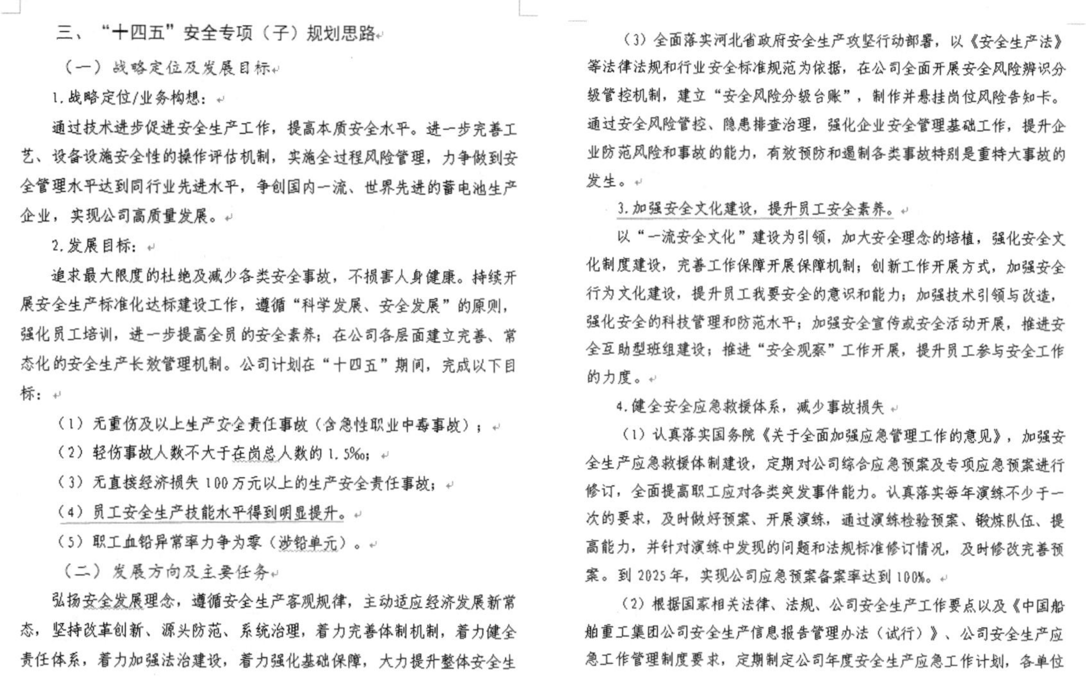

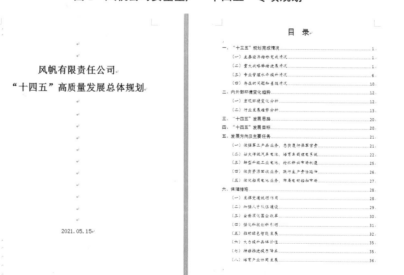

图1　风帆公司安全生产"十四五"专项规划

风帆有限责任公司

"十四五"高质量发展总体规划

2021.05.15

目　录

图2　风帆公司"十四五"高质量发展总体规划

（四）制定工作实施方案和标准

为深入推进集团公司一流安全文化建设，风帆公司下发了《关于开展一流安全文化建设的通知》（风帆安环〔2021〕32号），制定了"一流安全文化建设实施方案"；根据应急管理部发布的"安全文化示范企业创建评价管理实施办法"和"安全文化示范企业创建评价标准"，结合自身实际情况对应急部相关要求和标准进行了细化和明确，制定了"一

流安全文化建设考评标准"（图3）；通过季度安委会宣贯了一流安全文化建设实施方案和建设标准，部署了重点工作事项。为保证贯标效果，结合行业特点、管理现状有针对性地组织对子分公司开展贯标、对标的现场指导。

图3 风帆公司"一流安全文化建设考评标准"

（五）编制安全文化手册

2018年，风帆公司即制定了《安全文化手册》。2021年，根据中船集团公司安全文化手册，公司对自身《安全文化手册》手册进行了修订，与集团公司统一安全理念、安全战略；完善了安全管理、规范了安全行为等内容，丰富了安全物态内容，突出了与集团公司安全文化手册的一致性和自身的特色性。公司下属有色金属分公司、清苑分公司也各自编制了本单位的《安全文化手册》。

《安全文化手册》修订完成后，风帆公司组织全体员工进行了宣贯和学习。

三、安全文化建设实践

（一）建立全员的安全生产责任制

风帆公司建立了"横向到边、纵向到底"，覆盖管理职责和业务职责的全员（含相关方）安全生产责任制，制定了安全履职清单。每年年初，从董事长、总经理到基层员工均签订安全生产责任状，逐级压实安全责任。公司每年开展两次安全生产责任制履职考评，并纳入公司年终考评体系。

（二）开展安全承诺

结合上级应急管理部门要求和岗位安全生产责任制，风帆公司各单位每年开展全员的逐级安全承诺，进一步压实责任的同时，提升员工的自主安全的管理理念，同时督促安全践诺。

（三）开展安全制度建设

风帆公司每年针对性地开展法律法规（含2021版安标考评细则法规标准）辨识工作，形成清单，对照清单收集法律法规文本，通过OA进行发布，供内

部公司各单位使用、参考。根据国家法律法规和内部管理变化情况，公司每年对安全生产管理制度进行修订和评审。目前，公司建有安全生产（含职业健康）管理制度60余项；下属子分公司根据自身实际，均建立了完善的制度体系。

（四）强化双重预防机制建设

2020年，风帆公司及下属各生产单元全面开展了双重预防机制建设，并通过了所在地应急管理部门的验收。2021年，结合安全生产专项整治三年行动计划等工作，公司对双重预防机制建设特别是开展落实情况进行了完善和督促落实，进一步完善了隐患排查治理台账和风险分布图、风险告知卡等标识。

（五）加强安全环境文化建设

结合场所性质和安全风险，风帆公司通过标语、标识、展板、图板等形式在厂区、生产现场等各类场所进行安全理念、安全知识、风险项目告知（警示）、事故警示等。公司子公司、分公司在各类员工休息室均开辟了安全角，下属清苑分公司、有色金属分公司建立了安全文化长廊和安全读书角，极大提升了安全环境文化氛围，为员工提供了良好的学习环境。

（六）建立员工参与安全事务的工作措施

为加强和便于员工参与安全事务，风帆公司建立了多种工作措施。一是每年定期开展全员参与的安全隐患辨识活动，提升员工防控本岗位安全风险的能力；二是探索实施员工观察制度，建立员工在日常工作中发现的安全隐患（人、物、环境）及好的安全措施做好记录并及时上报，协助专业管理人员及时完善安全管理措施，2021至今公司下属各单位通过组织员工观察活动（图4），实施安全改进项目600项次。

员工安全观察卡

车间（工段）：				年 月	
姓名		班组		岗位	
良好安全行为	日期	行为记录	日期	行为记录	
欠缺安全行为	日期	行为记录	日期	行为记录	
发现安全隐患	日期	隐患描述		处理结果	
合理化建议					
班组评价	安全行为评价	优秀		合格	不合格

图4 员工安全观察卡

（七）开展安全教育培训

风帆公司每年制定和实施公司、部门、车间三级安全教育培训计划，广泛开展法律法规、安全管理、安全技术、操作规程、岗位资质等安全培训。公司开展了新员工、安全资格证、消防安全、岗位安全操作规程、安全文化理念、应急知识、事故警示等 10 余类安全培训，每年培训 7000 余人次。公司下属有色金属分公司、高新电源分公司广泛使用了在线培训和答题的方式，提升了员工参与安全培训的便利性和灵活性，提高了培训效果。

（八）安全检查、应急管理

风帆公司建立了完善的安全检查机制，主要领导每季度带队开展一次安全检查。根据需求开展综合、专项、季节、特殊时段等定期、不定期的安全检查。下属各子分公司均建立了自上而下的安全检查机制。

风帆公司建立了完善的应急预案体系。近年，公司加强了救援、检测了应急物资的储备和应急演练工作，重点开展了受限空间、人员疏散、危化品、防汛等项目演练。每年公司共开展各类演练 60 余次，参与人员 2000 余人，持续提升救援队伍的救援保障能力。

（九）积极创建省级安全文化建设示范企业

2019 年，风帆公司下属高新电源分公司获评河北省"安全文化建设示范企业"（保定地区仅 3 家）；2020 年，公司下属有色金属分公司获评河北省"安全文化建设示范企业"（保定地区仅 3 家）；2021 年公司下属清苑分公司申报并获得河北省"安全文化建设示范企业"（保定地区仅 2 家）；2022 年公司下属塑胶科技分公司申报并获得河北省"安全文化建设示范企业"（保定地区仅 2 家）称号。

四、结语

文化来源于实践，来源于基层员工。在严格执行安全制度过程中逐步形成良好安全行为习惯，在实践中总结提炼，形成共识，返回基层再宣传再实践，才能逐步形成和发展具有企业特色的文化理念和文化氛围。风帆公司的安全文化示范企业创建，凸显了国企"以人为本、生命至上"的责任担当，是打造"建设成为中国第一，世界前列的创新型电源企业"的软实力和核心竞争力的切实体现。

风正帆扬，安全文化建设应始终秉承"内化于心，固化于制，外化于行，实化于行"，更需要长期积累与创新，持续改进与提升，才能培育出具有特色的安全文化，并最终实现本质安全。

参考文献

[1] 刘刚，智守忠. 杜邦安全文化精髓研究 [J]. 化工管理，2021(7)：101-102.

[2] 张常海. 企业安全文化建设的探索 [J]. 科技创新导报，2020(30)：166-168.

强化安全执行能力建设　拧紧企业安全文化链条

——浅谈执行力与安全管理的重要关系

中国建筑第六工程局有限公司　丁学志　黄明民　史德强　靳聪聪　李　闯

摘　要：安全文化就是安全理念、安全意识及在其指导下的各项行为的总称，是为企业和个人在生产、生活、生存活动中提供安全生产的保证。安全文化的核心是以人为本，通过创造良好的安全人文氛围和协调的人机环境关系，对人的观念、意识、态度、行为等形成从无形到有形的影响，从而对人的不安全行为产生控制作用，以达到减少人为事故的效果。建筑施工是公认的高危行业，要牢固树立企业安全文化意识，营造浓厚的安全文化氛围，奠定坚实的安全生产基础，并通过高效的执行力，有效推进企业安全文化建设，拧紧企业安全文化链条，使安全文化穿透施工企业安全管理"最后一公里"。

关键词：企业安全文化；安全管理；安全执行力

2023年，全国安全生产月活动的主题是"人人讲安全、个个会应急"，旨在"以人为本"，以生命和健康为出发点，通过增强人的安全意识和提高人的安全执行力，保证企业在安全文化建设中的主动性，从而塑造良好的企业安全生产环境和切实可行的企业安全文化体系。

工程项目部作为建筑企业的派出机构和施工现场安全管理执行机构，其安全管理行为直接体现了企业的安全文化建设情况，其执行力的强弱，直接决定着企业安全文化建设目标能否实现。项目部只有通过较强的安全执行能力，严格落实安全生产策划、方案、制度和管理，"零伤害、零事故、零损失"的目标才能顺利实现，只有坚守安全管理红线，严格执行安全制度，企业安全文化建设才能形成良好的环境和氛围。

一、发挥企业安全文化引领作用，提高安全执行力落实

（一）发挥企业安全文化引领作用

中国建筑第六工程局有限公司（以下简称工程局）自成立以来高度重视安全文化的引领作用，以"我安全、你安全、安全在中建"的安全文化理念为引领，坚持贯彻"生命至上，安全运营第一"的安全管理理念。确立"11231"安全生产治理模式，并将其作为当前及今后一个时期全局安全生产工作的核心与主线。

"1"即围绕一个核心思想：从根本上消除事故隐患。

"1"即抓住一条管理主线：落实全员安全生产责任。

"2"即建立双重预防机制：安全生产分级管控和隐患排查治理。

"3"即健全三个治理体系：全员化的安全生产责任体系、科学化的安全风险防控体系及规范化的安全生产监督体系。

"1"即实现一个转型：安全管理向信息化、智能化转型。

（二）提升安全领导力，抓好安全管理团队建设是执行力的根本

人是企业第一生产力，是企业安全文化建设的核心，是安全执行力落实的关键。项目安全团队的素质，直接决定着安全执行力的强弱。

1.成立安全生产领导小组，统筹安全生产布局

项目部认真贯彻执行公司安全生产文化建设要求，强化安全管理团队建设，成立由项目负责人、生产、技术、安全等相关责任人及劳务分包责任人共同组成的安全生产领导小组（图1）。在每月的安全生产专题会议上，分析研判安全生产运行状态，研究解决安全生产问题，保障项目安全生产有序推进。

中国建筑第六工程局有限公司
广西融福高速公路No.1标项目经理部文件

中建融福项目安〔2023〕1号

项目部关于成立安全生产领导小组的通知

各部门、各分包单位：

为全面落实"以人为本，坚持安全发展，坚持安全第一、预防为主、综合治理"的安全生产方针，切实加强安全生产管理，努力控制和减少各类安全事故的发生，确保安全生产目标实现，经项目部研究决定，特成立安全生产领导小组。

一、安全生产领导小组组成
　　组　长：郭俊峰
　副组长：马力泽　张桥　徐亮　张涛　张健　倪义财　古伟
　　组　员：各部门负责人、各分包单位负责人

安全生产领导小组下设安全生产领导小组办公室，作为安

— 1 —

图 1　成立安全生产领导小组

2.营造良好安全氛围，抓好安全管理人员队伍建设，强化安全细节管控执行

安全生产文化建设重在落实，人员安全执行力的强弱，不仅取决于个人的能力，其工作态度也尤为重要。在实际工作中，要注重安管人员的思想意识和工作能力的同步提升，只有这样才能有效提升安全执行力。

工程局及项目部通过对安全文化的持续深入培育（图2），不断提高安管人员的业务能力和水平；通过宣教"习近平总书记关于安全生产的重要论述"和事故警示教育等，不断增强安管人员的责任心和思想意识；通过改善、工作和生活环境，增强员工归属感，不断激发员工安全生产工作的积极性和主动性。

图 2　组织和参加各类安全培训

（三）健全安全管理机制是提高执行力的关键

"不以规矩，难成方圆"，提高安全执行力，光靠自觉性是不够的，还要有健全的企业安全文化体系和执行机制，才能形成规范、持久的安全执行力。

1.明确安全生产责任制，细化安全管理有效执行

安全生产责任制是根据"安全第一，预防为主"的方针和安全生产法规建立的，是对企业各级负责人、部门、管理人员、技术人员、工人等在安全生产方面的义务和职责进行规定的一种制度，是企业安全生产管理规章制度的核心。

项目部根据实际情况和具体工作内容，明确所有层级、岗位人员的安全生产责任，建立起安全生产工作"层层负责、人人有责、各负其责"的工作体系，明确安全生产职责，签订安全生产责任书，通过健全的管理考核制度和奖惩办法，强化安全管理团队建设（图3）。

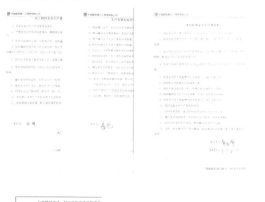

图 3　签订安全生产责任制并每月进行考评

2.建立健全的安全生产规章制度,促进安全生产规范执行

建立健全的安全规章制度是保护从业人员安全与健康的重要手段。只有通过安全规章制度的约束,企业才能防止生产经营单位安全管理的随意性,才能使从业人员进一步明确自己的权利和义务,有效地保障从业人员的合法权益。

项目部根据项目实际情况及相关规定,制定了一系列安全生产规章制度(图4),有效地保障了项目安全生产目标的实现。

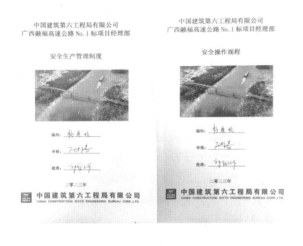

序号	制度名称	序号	制度名称
1	安全生产保证体系	21	职业健康管理办法
2	环境保护保证体系	22	特种设备与特种设备作业人员管理办法
3	安全生产责任制	23	领导现场带班管理制度
4	安全生产领导小组工作制度	24	安全技术交底制度
5	"行为安全之星"安全管理制度	25	施工机械、工器具安全管理制度
6	安全培训教育管理办法	26	安全生产隐患排查和治理制度
7	安全生产检查制度	27	安全施工作业票管理制度
8	安全生产奖惩实施细则	28	施工用电安全管理制度
9	安全文明施工管理办法	29	地质灾害防治管理制度
10	安全技术措施管理制度	30	消防安全责任制度
11	安全生产事故调查处理管理办法	31	突发事件信息报送管理制度
12	劳动防护用品安全管理制度	32	危险化学品安全管理制度
13	安全生产例会制度	33	民用爆炸物品管理制度
14	高危作业安全管理制度	34	应急管理及值班制度
15	机动车辆及道路交通安全管理办法	35	危险性较大工程管理制度
16	安全生产费用管理办法		
17	施工现场消防安全管理办法		
18	防洪度汛工作管理制度		
19	安全标识标志制作、使用管理办法		
20	应急预案管理办法		

图4 项目部规章制度汇总

3.建立健全的应急管理制度,提高应急处置紧急执行

应急管理是在突发公共事件的事前预防、事发应对、事中处置和善后管理过程中,通过建立必要的应急机制,采取一系列必要措施,保障公众生命财产安全,促进社会和谐健康发展的有关活动。

项目部根据实际情况,成立应急救援领导小组,制定了一系列制度和预案,通过培训和演练等方式(图5),有效增强项目全体人员的安全意识,增强了全员紧急避险、自救自护能力应急处置和协调配合能力。

图5 项目部建立应急管理制度及培训

企业安全文化体系以制度为标准,以安全责任、安全控制、安全考核和安全保障为主要内容,通过运用目标决策、过程控制、考核评价等手段,正确导向安全行为,使各项要求在安全管理过程中得到有效落实,进一步提高了安全管理执行力。

二、高效的执行力是实现企业安全文化建设目标的重要途径

作风硬,则企业兴。高效的执行力对按质按量完成指定的任务目标有着决定性的作用。从某种意义上可以说,一个企业生存和发展的关键在于执行力是否到位，如果没有出色的执行力，再好的发展目标和保障措施也是镜中花水中月，再好的管理制度也是一纸空文。在企业安全文化建设中，只有不遗余力地抓好各个环节，确保企业安全文化要求及时有效地落实，才能保障安全管理目标的实现。

（一）严格执行安全生产宣教制度，是提升全员安全意识的有效方式

安全生产宣传教育工作是企业安全文化建设的重要组成部分，项目部始终坚持把宣教工作摆上安全生产工作的重要位置，坚持与安全生产工作同时谋划、同时部署、同时落实。通过认真学习贯彻习近平总书记关于安全生产的重要论述（图6），落实党的十八届五中全会精神和习近平总书记、李克强总理等党中央、国务院领导同志关于加强安全生产工作的重要指示要求，切实把思想和行动统一起来，始终坚持人民至上、生命至上，均衡统筹发展和安全两件大事，坚决抓好防风险、保安全、护稳定各项工作，从而达到了增强安全意识、促进安全有序发展的目的。

图6　学习习近平总书记关于安全生产的重要论述

（二）严格落实"网格化管理"，是织密安全管理网络的有效手段

项目部严格落实执行工程局《中建六局施工现场安全生产网格化管理实施指导意见》要求，实行

现场安全生产"三级管理网格"的总架构。

一级管理总网格就是以项目经理为网格长，成员包括生产经理、总工程师、分包单位负责人，来建立项目安全生产网格化管理体系，并明确管理网格责任人员和工作清单，带队开展全覆盖、无死角的安全检查，落实重大安全风险隐患的治理和销项等工作任务。

二级管理分区网格是以责任工程师为网格长，包括总包和分包单位的施工、技术人员，来组织做好本区域内作业人员的安全教育和作业前的安全技术交底工作，制定网格内风险隐患管控清单，组织做好网格内安全生产巡查，及时制止"三违"行为，做好本区域内安全验收等工作。

三级管理单元网格是以班组长为网格长，在施工作业前，组织开展早会，就当班施工作业任务、安全作业事项等内容向作业人员进行培训，检查作业人员的精神状态和安全防护设施的穿戴和使用，及时制止"三违"行为。

（三）严格落实"危险作业审批"，是强化危大工程管控的有效措施

针对危大工程管理，工程局经过多年的运行，已经有了行之有效的管控措施，发布了《危险作业审批管理实施指导意见》，并通过信息化手段，上线危险作业审批小程序，加强危险作业事前管控、源头管理，严格按照作业申请—风险评估—作业审批—过程监督—作业结束确认流程执行，特别是安全条件验收这一流程，要求工程、技术、安全三方进行条件验收，满足安全条件后，方可进行作业，以确保施工过程满足安全生产要求。

项目部严格执行危险作业审批制度，积极开展危险作业专题培训工作，坚持做好审批流程及过程管控，加强危险作业事前管控、源头管理，有效遏制生产安全事故发生（图7）。

（四）持续做好安全检查工作，是确保安全形势稳定的有效途径

项目部严格执行安全检查制度，通过领导带班检查、安全日常巡查和专项安全检查相结合的方式对施工现场事故隐患进行排查整治，切实提高项目隐患排查和整改的质量，对于排查发现的重大事故隐患，坚持立行立改，对于不能立行立改的，要严格按照"五定"原则，落实整改责任人、措施、资金、期限和应急预案，做到隐患整改到位、措施落实到

位、问题解决到位。项目经理发挥安全生产"第一责任人"的主导作用,落实事故隐患排查整治的主体责任,研究组织项目重大事故隐患排查整治工作,带队开展隐患排查。安全监督部门每日进行现场安全巡查,及时发现安全隐患并监督落实整改(图8)。

图7　危险作业审批培训

图8　开展安全检查工作

三、结语

安全执行力是开展企业安全文化建设工作的坚实基础,是实现企业安全管理目标的有力保障。同时,优质的企业安全文化体系也为安全执行力提供了有效的抓手。作为建筑施工企业,工程局要在建设高质量企业安全文化的同时,全面加大安全执行力的落实力度,真正发挥企业安全高效的生产作用,为社会建设贡献出一份坚实力量。

参考文献

[1]张明.浅析执行力在安全管理中的重要性[J].石化技术.2019(1):281.

[2]苏阳.浅谈如何把执行力融入到企业文化中[J].现代交际.2014(11):36-37.

[3]刘亚雄.论建筑施工企业项目管理的执行力建设[J].城市建筑.2021,18(21):193-195.

以个人手册为基　以专业技术为根　以安全文化为干

——推动安全文化建设枝繁叶茂

天津国投津能发电有限公司　刘　峰　董　颖

摘　要：当前企业安全管理普遍存在"要我安全"的被动地依赖于监督管理的问题，本文结合火力发电行业内外安全文化建设成果，分析天津国投津能发电有限公司（以下简称津能发电）安全生产现状，吸纳国家能源局提出的"四个安全"理念，通过开展"以《个人岗位安全手册》为基，以专业技术为根，以安全文化为干"的安全文化体系建设，以有温度的、看得见的、可持续的安全文化输入，逐步形成"我要安全"的主动作为、积极向上的安全文化氛围，推动公司安全文化建设枝繁叶茂，也为其他公司安全文化建设提供借鉴。

关键词：《个人岗位安全手册》；专业技术；安全文化；建设

一、公司安全文化建设产生的背景

津能发电是集发电、供热、海水淡化、浓海水制盐、土地节约整理、废弃物资源再利用于一体的"六位一体"循环经济企业，装机容量 4×1000MW，燃煤发电超超临界机组和配套日产 20 万吨海水淡化装置，先后获得"全国安全生产标准化一级企业""全国安全文化建设示范企业"等称号（图 1）。

图 1　公司获得有关安全文化方面荣誉

火力发电企业工序繁杂，属于技术密集型行业。生产过程涉及专业多且相互关联、要求专业技能强、存在作业风险高等实际问题，如高温高压介质，有毒有害药品，高转速、大流量动力设备精确控制等不利因素，同时涉及供水、供热等民生工程。鉴于此，津能发电通过对安全管理利弊分析及对系统内外的事故事件的调研，得出以下结论：专业技能不足、安全认知偏差、有效载体缺失是主要原因。专业技能不足无法全面、深入辨识作业风险，存在隐患；安全认知偏差导致"要我安全"的被动局面难以破解，侥幸心理突出，冒险作业；有效载体缺失使员工"我要安全"主动作为的想法无法实施，迷茫无助。其核心是"人"的问题。要解决这些问题，就要从对安全正确认知入手，因为认知决定行动，行动决定结果。尤其是津能发电每年还承担对首都重要活动的大量保电任务和重要民生工程，只有强化安全文化建设，才是确保公司安全生产持续稳定运营最持久的力量。为此，津能发电着手全面开展安全文化建设。

二、公司安全文化建设体系搭建

通过对公司安全管理现状分析及行业内外企业安全管理交流学习，依据 Pareto 图原理，得出人员专业技能、安全认知、有效载体是制约安全管理的主要原因。经公司全员群策群力，逐渐形成了以《个人岗位安全手册》为载体、以专业技术为核心、以安全文化为支撑的公司安全文化建设体系，如图 2 所示。

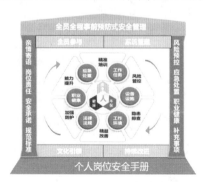

图 2　安全文化建设体系逻辑图

津能发电安全文化建设以《个人岗位安全手册》首章亲情文化浸润为切入点，以"四梁八柱"建设为支撑点，以技术管控前置为落脚点，实现了安全事前预防管理，确保双重预防机制及安全生产责任制高质量落地，逻辑框图如图3所示。

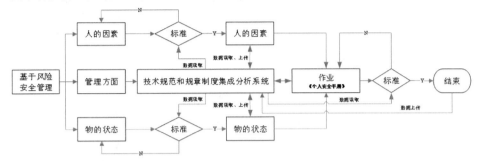

图3　《个人岗位安全手册》全员全程安全管理逻辑框图

三、安全文化体系核心设置说明

经调研津能发电得出自身安全生产不足的结论，主要表现在新员工安全风险辨识能力薄弱，老员工经验丰富却习惯性违章突出，岗位责任制落实多流于形式，双重预防机制存在"两层皮"落地不实，承包商作业人员综合能力差、流动性大等。安全建设还处在"要我安全"的监督管理状态，员工内心期盼"我要安全"，但缺少有效载体。基于此，津能电发组织含承包商在内的全体人员分析讨论，确定了以《个人岗位安全手册》为载体的安全文化体系建设。

《个人岗位安全手册》按照逻辑关系，由亲情寄语→岗位责任→安全承诺→规范标准→风险预控→应急处置→职业健康→补充事项8个方面构成。

亲情寄语：解决安全生产首位"人"的安全理性认知问题，解决被动"要我安全"向主动"我要安全"文化引领转变。《个人岗位安全手册》以首章"亲情寄语"为切入点，让员工认识到，安全不是一个人的事，而是关乎一个家庭，甚至一个家族，也关乎公司生产经营的事，安全不是做给别人看的，而是自己必须做的规定动作，此举解决了员工对安全生产的理性认知，理清了安全宗旨、内涵和目的，同时让员工家人介入安全管理，延伸安全管理链条，丰富安全管理举措，抓住安全管理认同感的"牛鼻子"，扣好员工安全管理第一粒扣子，也为后续安全管理开好局、起好步、谋好篇，统一了认识，奠定了基础。

岗位责任：是对岗位说明书所包含工作内容的分解、细化、落实，也是落实《安全生产法》第四条"建立健全全员安全生产责任制……"和第二十二条"全员安全生产责任制应当明确各岗位的责任人员、责任范围和考核标准等内容"的要求，员工明确本岗位应干什么、承担什么责任的问题。

安全承诺：季布无二诺，侯嬴重一言。承诺是履行"岗位责任"的铮铮誓言，是强化责任落实的有力举措，也是企业安全文化建设导则的要求。

规范标准：规范标准辨识和管控双重预防机制建设的依据，也是确保作业质量、判别风险等级的尺子，更是守住安全管理底线的根基所在。这也是目前各企业安全管理的薄弱之处，更是实现事前预控的关键点。

风险预控：风险是固有属性需对其静态评估，隐患是动态变化需对其实时扫描。依据岗位规范标准，将作业中各流程的内容、标准、风险、控制措施等按着"写我应做，做我所写"的原则，从"标准"和"管控"2个维度4个方面（即一岗一标、一事一标、一事一控和团队管控）来开展风险管控，既提高风险管控广度、深度，又确保风险管控准度、精度。

应急处置：提升个人岗位职责范围内的应急处置能力，确保在突发情况下能够及时准确地采取行之有效的措施消除事件影响、降低损失、避免伤亡。

职业健康：强化个人职业健康的意识，重点明确作业人员劳动防护用品的配置标准、检查依据、维护方法等内容，确保从业人员职业健康。

补充事项：员工按照自己岗位的特点，从有益于工作、生产、生活等方面自行发挥，也可以增加家人评语等内容。

员工按照个人岗位说明书独立完成编写，并根据工作性质、作业风险和施工难度，制定不同的审核层级，确保《个人岗位安全手册》岗位内容明确、作业工序合理、执行标准清晰、风险辨识全面、预控措施可靠、应急处置有效、个人防护齐全。针对承包商事故率的突出问题，津能发电将《个人岗位安全手册》的编写作为承包商办理入厂办理开工的必要条件，并前置在招标文件中。通过严控程序管理，确保施工人员作业前都能正确认知安全内涵和意义、熟知作业内容、了解作业风险，真正实现风险事前控制的目标，也解决安全培训针对性不强、风险辨识深度不够、安全交底内容不全等问题。

为了确保《个人岗位安全手册》编写质量和应用效果，津能发电出台相关制度，以制度刚性保证其实施质量，同时采取"先僵化，再优化、后固化"的举措及 PDCA 管理法，使其编写质量日趋完善，应用效果日趋显现，全员安全文化素养节节攀升。

四、安全文化体系建设成效

津能发电从开展以《个人岗位安全手册》为载体的安全文化建设以来，得到行业主管部门、天津市安全协会及上级公司的一致认可，并积极在分管的区域进行经验交流推广，取得成效如下。

1.综合素养实现大幅提升

《个人岗位安全手册》通过亲情文化浸润，全面增强员工安全意识，激发主动作为热情，使员工工作效率及作业质量大幅提升，例如，煤水沉淀池排污泵检修后，因强化质量标准的管控，修后由连续运行 3 个月延长到运行 12 个月以上；海淡检修班的缺陷数量从 2021 年度月均 40 条降低到 2022 年度月均 20 条，班组的日常维护费用从 2020 年的 120 万降低到 2022 年的 90 万，非常重要的淡化水 pH 调值泵，检修周期从 2 个月延长到 1 年（图 4）。津能发电在全国大机组竞赛 1000MW 机组中连续获奖，其中 2021 年度公司四台机组中三台获奖，这样的成绩在发电企业中凤毛麟角（图 5）。

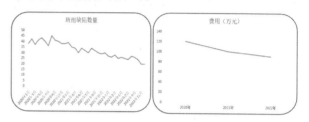

图 4　海淡检修班缺陷及费用变化图

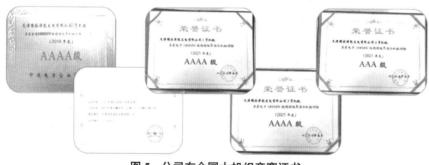

图 5　公司在全国大机组竞赛证书

2.岗位责任清单有效落实

《个人岗位安全手册》有效传递压力，强化了责任落实。氨区是公司唯一的重大危险源，由于毗邻渤海，盐雾对管道腐蚀严重，化学检修班按照《个人岗位安全手册》中的"一事一标"的要求，从腐蚀速率、作业风险及投资收益等因素评估，采取区域隔离、分段更换和局部补强的原则，既消除了隐患，也节省了投资。又如，按照国家能源局"加快煤电企业尿素替代液氨改造"要求，津能发电 2022 年要完成改造工作，其间受疫情、保电、机组检修等多重不利因素叠加影响，理论上很难按期完成。因合同中明确承包商需编写经审核合格的《个人岗位安全手册》方可办理入厂，前置技术准备和安全培训，

提高了后续工作质量和效率，加之公司内部责任制分工明确，确保了技改工作按期、高质量安全完成。推广《个人岗位安全手册》应用后，此类事件在公司屡见不鲜。

3.外委队伍管理成果显著

《个人岗位安全手册》作为入厂的必要条件前置在招标文件中，承包商在编写过程中，成为引导员工正确认知安全、规范行为、强化培训的有效载体和抓手，认可了安全理念，明确了工作任务，清楚了作业风险，掌握了应急措施，承包商管理发生了质的改变，由被动消缺向主动预防性维护转变、由粗放管理向精细化管控转变、由外部监督向内驱自我监管转变，安全形势发生了较大改善。津能发电有长

协承包商 15 家左右，人数 1100 多，加之基建、技造、机组检修等大量外委工作，承包商年工作人数超过 2000 人，高峰年份超 3000 人，均安全、优质、高效、

圆满地完成了相应工作，这都受益于《个人岗位安全手册》的全员、全程应用（图 6）。

图 6　承包商《个人岗位安全手册》及管理框图

4.应急处理能力显著提升

《个人岗位安全手册》中应急处置方案通过自我 PDCA 循环及与公司随机抽查相结合，从而确保在突发事件时，作业人员能做出正确判断，采取有效的应急措施，将损失降到最低。例如，热工机控班员工按照《个人岗位安全手册》中的"电源切换装置故障处理预案"，成功处理了一次电源切换装置卡在中间位置导致所带多个电动阀门失电无法动作的突发事件。

5.延伸管理层级提高社会效能

《个人岗位安全手册》中的"亲情寄语"将员工家人吸纳公司安全管理中，并通过每月的"亲情回馈留言"及季度的《个人岗位安全手册》"内容我知道"等形式多样的有奖活动，增强整个家庭的安全意识。对公司而言，这种做法增加了安全管理维度，深度夯实了安全基础；对社会而言，它增强了家人安全意识，带动了社会面的安全认知提升。

6.安全管理基础深度夯实

《个人岗位安全手册》有效解决了安全生产首位"人"的认知问题，突出技术在安全生产工作中的重要性，理清了安全生产过程事故发生的逻辑关系，也验证了国家能源局提出的"安全是技术、安全是管理、安全是文化、安全是责任"的"四个安全"理念的先进性和科学性，因其显著的管理成绩得到同行的高度认同，例如天津市安全协会组织在市内企业间进行推广，国网北京公司盛赞《个人岗位安全手册》是有温度、看得见、有实效的安全管理模式，中新药业、大唐国际、中广核等企业也来津能发电交流学习，上级公司将其作为安全管理先进经验在内部进行交流，此举也彻底解决了安全管理"最后一公里"问题，全面夯实了公司安全管理基础，保障公司安全形势日趋稳定。如图 7 所示，华北能源监管局党委书记、局长童光毅在公司调研。

图 7　行业主管部门及行业内外人员调研

不日新者则必日退。津能发电将持续吸纳先进管理经验，不断完善《个人岗位安全手册》管控措施，牢牢抓住"人"这个最不可控的安全关键点，强化安全文化引导，厚植安全文化根基，助力企业长治久安。

参考文献

[1]国家能源局电力安全监管司.电力安全治理[M].北京：中国电力出版社,2022.

[2]国投电力控股股份有限公司.发电企业安健环管理体系标准[M].北京：中国电力出版社,2022.

[3]中国安全生产科学研究院.安全生产管理[M].北京：应急管理出版社,2022.

构建"盘实"安全文化品牌　助推公司高质量发展

国投盘江发电有限公司　姜　波

摘　要： 国投盘江发电有限公司（以下简称盘江发电）始终以习近平新时代中国特色社会主义思想为指导，坚持"人民至上、生命至上"，统筹发展和安全，秉承"安全是技术、安全是管理、安全是文化、安全是责任"的安全发展理念和"以人为本、生命至上、安全发展"的安全管理理念，积极践行"以机制管理企业、以制度规范行为、以文化凝聚人才"的管理理念，深入推进理念文化建设、制度文化建设、物质文化建设、行为文化建设等安全文化体系建设。公司经过长期积淀，凝练出全体员工普遍认同和遵行的"盘实"安全文化品牌，安全文化建设取得了长足进步。

关键词： "盘实"；安全文化品牌；安全理念；安全文化建设

一、"盘实"安全文化体系的背景

盘江发电始终以习近平新时代中国特色社会主义思想为指导，坚持"人民至上、生命至上"，统筹发展和安全，秉承"安全是技术、安全是管理、安全是文化、安全是责任"的安全发展理念、"以人为本、生命至上、安全发展"的安全管理理念以及"创新、专业、稳健、人本"的核心价值观，积极践行"以机制管理企业、以制度规范行为、以文化凝聚人才"的管理理念，以提高员工综合素质为核心，以转变员工思想观念为主线，以亲情教育和素质教育为依托，以主题宣讲、知识竞赛、榜样选树、阵地建设、警示教育等为载体，深入推进安全理念文化建设、安全制度文化建设、安全物质文化建设、安全行为文化建设等安全文化体系建设，通过制度保障、宣传教育、阵地建设、典型示范、氛围营造等一系列有效管理举措，建立形成符合公司自身特色并被全体员工普遍认同和遵行的"盘实"安全文化品牌。

二、"盘实"安全文化体系的内涵

盘江发电安全文化建设始终以习近平新时代中国特色社会主义思想为指导，始终深入贯彻习近平总书记关于安全生产的重要论述和指示批示精神，严格落实党中央、国务院和上级单位重要决策部署，以安全文化体系建设为核心，以安健环管理体系建设为抓手，以主题宣讲、知识竞赛、榜样选树、阵地建设、警示教育等为载体，构建出"1147""盘实"安全文化体系（构建1个品牌、聚焦1个核心、贯穿4项纲领、强化7项指标）。

（一）构建1个品牌

构建"盘实"安全文化品牌。盘江发电在安全生产经营过程中，不断加强对安全文化建设软实力的探索与实践，脚踏实地、寻根究底，崇尚根本、注重实际，与时俱进、实事求是，重在落实、真抓实干，知行合一，追求永不停步、永无止境，推动自身安全生产管理工作持续改进，一年一个台阶，实现"打造本质安全标杆企业"的安全愿景。

（二）聚焦1个核心

构建"上下同欲、知行合一、坚如磐石"的安全核心理念。充分认识安全生产的意义，始终不渝坚守安全生产底线，将安全教育与行为管理相结合，做到安全"先知后行，以知促行，行之有效"，达到上下同欲、知行合一，实现安全坚如磐石，确保自身安全生产稳定发展。

（三）贯穿4项纲领

准确把握新时代对安全生产工作的新要求，统筹安全与发展，加强顶层设计，理清思路，明确方向，建立健全安全生产长效机制，构建"安全第一、预防为主、综合治理""倡导实施精严细实管理、塑造本质安全标杆企业""实施强基固本、建设平安家园""零差错、零违章、零缺陷、零隐患、零污染、零事故"4条安全纲领理念，并将其贯穿于安全生产全过程，推进公司安全生产稳定运行。

（四）强化7项指标

在长期的安全生产实践中，公司努力探索建立安全长效机制，形成了"责任、管理、风险、技术、培训、健康、应急"七大安全工作指标,指导员工认真学习、深刻领会、准确把握,不折不扣贯彻落实安全生产管理全过程,着力解决影响安全生产工作的突出问题,努力推动安全生产工作走深走实。

三、安全文化建设的特色做法和亮点

（一）精心培育安全理念

在安全文化建设中,盘江发电立足于实践,在秉承国投集团文化理念和挖掘公司文化底蕴的基础上,激发全体职工的智慧,精心培育安全理念,提炼出了"落实全员岗位安全生产责任制""所有事故都是可以预防的""员工必须接受严格的安全教育培训""展现让员工看到、听到、感受到的有感领导"等一系列富有生命力和感染力的安全理念,以理念指导行动,奠定了安全发展的思想基础。

（二）党建引领安全生产

在安全生产管理工作中,始终坚持党的领导,始终把安全生产作为头等大事来抓,把安全置于生产之前、发展之上,盘江发电党委每月将安全生产管理工作纳入党委会进行专题研究,充分发挥党委"把方向、管大局、保落实"的全面领导作用;以"改革发展党员先行"工程为契机,引领广大党员、职工群众敢于担当、积极作为,求真务实、真抓实干,坚持底线思维,增强忧患意识,防范化解风险,做到"安全先行";以加强和改进作风建设提升工作质量效能为目的,在公司范围内掀起全面革除"庸、懒、散、软、浮、推、油、虚、躺"九大作风顽疾,确保各项部署安排在公司落地落实落细;推动党建与安全生产深度融合,在机组检修、防洪度汛、能源保供时,党员"争当表率、争做示范、走在前列",共同推动安全生产,为安全生产提供了坚实的政治保障。

（三）健全安全生产管理体系

1. 安全责任落实

坚持贯彻"三管三必须""党政同责、一岗双责"要求,以落实全员安全生产责任制为核心,修订完善安全生产责任制管理标准,建立覆盖公司 167 个岗位的全员安全生产责任制清单,明确安全责任内容、责任范围、考核标准。同时,将日常监督、定期监督、综合考评、目标奖惩、专项奖惩等方式与公司月度绩效和安全生产责任金挂钩,构建形成"人人有责、各司其职、各负其责"的安全生产工作格局。

2. 管理体系提升

将制度建设贯穿于安全生产管理的始终,强化安健环管理体系标准宣贯培训,采取公司集中宣贯、部门自主宣贯、要素负责人进部门宣贯等方式开展制度体系宣贯;强化体系标准运用落地,搭建以"行政负责人推动落实、要素负责人排查监督、区域代表群众监督、专业人员具体实施"为核心的安健环管理体系推进模式,采取"外部评审指导、内部评审监督"的方式,以评促建,体系建设不断夯实。

3. 聚力风险管理

遵照"所有事故都是可以预防"的安全预防理念,推进"双重预防体系建设",组织开展作业安全风险辨识、区域（系统设备）安全风险辨识、岗位安全风险辨识、专项风险辨识、隐患排查辨识,建立作业活动清单、工作安全分析评价记录、作业风险分级管控清单、安全风险四色分布图、岗位安全风险告知卡、区域安全风险告知卡、隐患排查清单、专项安全风险清单、专项安全风险评估报告,并将安全风险辨识成果运用到"两票"管理、安全教育培训、安全技术交底、安全隐患排查、应急管理等各个环节,真正构建起安全风险分级管控和隐患排查治理两道防线。

（四）打造安全物质文化

1. 目视系统打造

按照《火力发电厂安全设施配置规范》,着重完善现场设备设施、交通、消防、职业健康、应急管理等安全警示标牌,开展"6S 精益管理"创建和实施,打造样板区、示范区、党员责任区,在生产现场、办公区设置安全宣传栏、文化墙等,动态反映安全管理情况。

2. 安全生产标准化建设

深入推进安全生产标准化与生产标准化深度融合管理,加大安全生产投入力度,大力开展安全生产专项整治行动、安全设施和设备设施治理、技术攻关、防磨防爆、节能改造,夯实安全生产管理基础。

3. 积极创建健康企业

开展职业健康体检、职业危害因素检测、职业危害现状评价、职业病防治宣传,完善生产现场职业病防治设施、职业病危害因素告知,打造无烟办公环境,创建公司医务室、健康咨询室,2022 年度盘江发电被六盘水市卫生健康局评为"六盘水'市

级健康企业'"。

（五）安全行为逐步规范

1.安全氛围营造

以提高员工综合素质为核心，以转变员工思想观念为主线，以主题宣讲、知识竞赛、榜样选树、阵地建设、警示教育等为载体，加强安全宣传教育和安全文化熏陶，引导员工参与到学习先进安全文化知识中来，增强安全意识，巩固安全技能，形成"人人讲安全、人人想安全、人人要安全"的安全新格局。

2.创新安全教育培训模式

始终坚持培训不到位就是最大的安全隐患的理念，突出抓好公司领导、中层干部、安全生产技术人员、班组长、职工五个层次的素质教育，从管理、技术和操作3个层面强化培训，采取请进来送出去、专题讲座、仿真机培训、VR宣教培训等形式，强化员工对法规、制度、规程、岗位技能的学习，强化职工的安全素养、行为规范、责任意识和履职能力；强化风险管理能力培训，深入开展安全风险辨识、"两票三制"、应急管理、事故事件管理等制度宣讲，促进一线职工技能水平和异常处理能力提升。

3.加强应急管理能力建设

紧紧围绕"一案三制"应急管理核心，持续完善公司应急管理体系，建立健全应急管理法制、体制、机制，做到统一指挥、分级负责、快速响应、联动协同、科学应对、处置高效。坚持不懈地实施强基固本，持续开展应急能力建设，规范应急物资保障储备，突出应急管理教育、培训、演练功效，采取培训与演练相结合的方式，造就一支"召之即来，来之能战、战之必胜"的全员高素质专兼职应急队伍，实现"有急能应、无急可应"。

四、安全文化建设取得的成果

（一）安全生产状况稳步提升

自开展安全文化建设以来，作业安全风险管理、作业安全标准化管理措施得到有效完善，"两票"执行动静态检查、高风险作业管理、安全技术交底等工作得到精细落实，不安全事件和违章行为数量连年下降，未发生重伤以上事故。

（二）全员安全管理水平全面提升

通过理念导入、完善机制、强化责任落实，各级人员始终秉承制度管总、作风兜底的工作准则，使安全管理由"我认为"转变为学制度、用制度，促进了安全管理水平的进一步提高。

（三）职工安全素质的普遍提升

通过学习和借鉴先进安全文化理念，不断提炼总结，逐步形成既符合公司生产经营实际，又具有特色亮点的"盘实"安全文化理念体系，做到"上下齐心、知行合一、坚如磐石"的安全文化，各级人员养成了良好的作业习惯，使安全风险处于能控状态。

五、结语

十年企业靠经营，百年企业靠文化，一流的文化铸造一流的企业。企业在安全文化建设中必须坚持理论与实践相结合的工作方法，在安全生产实践中不断探索，并及时总结提炼完善安全文化建设，才能使企业安全文化真正成为渗透在每位员工骨子里的一种工作理念。因此，企业安全文化建设永远在路上。只有通过全体员工的共同努力，构建"盘实"安全文化体系品牌，努力推动安全文化建设的重心由"文化宣贯"向"文化实践"转移，由"体系构建"向"软实力提升"转移，使广大员工牢固树立"本质安全文化"的科学理念，促进员工积极参与安全生产管理和创新，凝聚起实现企业永续发展的强大软实力，助推公司高质量发展，才能为"打造全国低热值煤示范电厂"保驾护航。

参考文献

[1]张英磊.安全文化示范企业建设的实践与探索[J].中国金属通报,2018(07)：114-115.

[2]翟新永.安全文化建设落地与探索[J].智库时代,2020(07)：267-268.

[3]田硕.企业安全文化落地工程建模及应用研究[D].北京：中国地质大学,2014.

浅谈基层班组安全文化建设

葛洲坝易普力新疆爆破工程有限公司准东分公司　张远昊　张振磊　刘　磊　魏其栋　黄风波

摘　要： 企业安全文化建设已经成为企业安全发展的必由之路。葛洲坝易普力新疆爆破工程有限公司准东分公司（以下简称准东分公司）根据自身安全管理特色，通过践行安全理念文化，强化制度执行，营造安全文化氛围等手段，打造了特色浓郁的民爆作业班组安全文化模式，持续提升企业安全管理水平，为打造能建民爆一流品牌提供了坚实安全保障。

关键词： 安全文化；安全理念；民爆

一、引言

对企业安全工作来说，短期安全靠运气，中期安全靠管理，长期安全靠文化[1]。准东分公司积极策划落实安全文化建设提质升级，创新优化安全文化建设方式方法，打造安全文化建设标杆单位，以点带面推进自身安全文化建设向纵深发展。

二、构建安全文化建设的具体措施

（一）创新理念宣贯方式方法，深化全员理念文化认同

1. 开设班组安全微讲堂

以班组为单元，利用班组例会，开展安全微课堂，组织职工开展"头脑风暴""现身说法"活动，将典型违章以图文并茂的方式呈现给职工，让职工谈违章过程，谈受到伤害后的亲身经历，谈事故给自己和家庭带来的损失和伤害；组织职工分享工作过程中的经验做法、感人事例和安全心得，坚持反面警示与正向引导相结合，让员工认识到安全对家庭、对企业的重要意义，使全员受到教育和警示。

2. 汇编安全故事集

以收集的安全文化作品、员工讲述的故事、分享的心得体会等为蓝本，进行加工整理，编制《分公司安全故事集》，发放至全体人员，固化理念宣贯的成果，以"身边人、身边事"引导全体员工树牢"人人都是岗位安全第一责任人"的理念，深化员工对公司安全理念内涵的理解。

3. 建立全员安全文化作品评比奖励机制

充分利用传统媒体及新兴媒体等媒介动员分公司员工及分包作业队参与安全文化作品征集评比活动，建立全员安全文化作品评比奖励机制，每季度对征集的作品进行评比，对获奖作品给予现金奖励和通报表扬，并定期将征集作品展示在安全文化长廊。

4. 广泛开展安全理念教育宣传

订阅发放《班组天地》、典型事故案例警示片等安全生产知识报纸、杂志和音像资料，持续更新设置的主题展板、宣传横幅、标语，借助楼宇电视、微视频、安全小喇叭等每日播放安全知识，利用多种方式将安全理念播种到每一名员工心里；分公司领导结合安全检查工作，深入基层班组广泛开展安全理念讨论，班组、队、站人员结合工作岗位实际分享安全理念心得体会，形成从上到下的浓厚安全理念学习氛围，持续树牢红线意识和底线思维。

（二）完善班组安全制度，推进制度文化建设深入班组

1. 完善班组安全管理制度

系统梳理最新法律法规、易普力公司和新疆爆破公司的安全管理规章制度，建立班组安全教育培训制度、班组绩效考核制度、班组安全生产奖惩制度、班组隐患排查治理制度等，明确班组职责权限，设立班组安全管理台账，完善班组考核机制，规范班组日常管理和每周安全活动，提升班组管理水平，夯实安全管理基础。

2. 编制岗位安全手册

以适用、简洁、形象、易懂为编制原则，以操作岗位为编制对象，将岗位职责、安全生产职责、安全风险与管控措施、操作规程、作业规程、应急处置知识等内容汇编成册，涵盖准东分公司和外协队伍11个关键岗位安全手册，强化全员安全标准化意识，养成全员"上标准岗、干标准活"的安全习惯。

3.建立岗位"两单两卡"清单

按照简明化、实用化、专业化要求，编制投卸料、爆破、混装车驾驶等共计11个岗位"岗位风险清单、岗位责任清单、操作规程卡、应急处置卡"，形成易记易懂、操作性强的岗位"两单两卡"，制作成卡片方便随身携带。

4.开展班组联保互保结对子活动

为规范员工安全行为，增强员工自保、互保、联保安全意识，激发广大干部员工主动做好安全工作的自觉性、积极性和主动性，建立《班组联保互保安全管理制度》，明确互保内容、奖惩办法，并组织成员签订了安全互保责任书，从而将同事之间的关爱之情融入日常安全工作中。

（三）制定标准化行为准则，推动安全行为自律再上台阶

1.编制标准作业程序SOP

组织现场员工根据管理制度要求并结合实际情况，对作业流程关键控制点进行梳理，把复杂的操作规程进行细化、量化、流程化，并用图解的方式将作业流程编制成形式简洁、语言精练的涵盖生产、运输、钻孔、爆破、挖装等业务范围的标准作业程序29项。在SOP中总结提炼好的行为方法，明确作业中操作的关键点，用SOP更好地指导和规范全员行为习惯。

2.提炼个性化安全工作法

围绕中国能建"十二个到位"安全生产要求，以标准作业程序（SOP）为框架，以公司"十大安全管控工作法"为基础，细化提炼地面站理念引领工作法、班组"五份"落实责任工作法、"三不少"隐患排查工作法、"一持二防三戴四忌"上岗资格确认工作法、"三必三严"厂区行走规范等安全工作法，并将各岗位操作要求总结提炼成朗朗上口的顺口溜，促使员工快速掌握安全要点。

3.持续开展不安全行为纠偏

大力开展"安全隐患随手拍"有奖拍摄活动，在分公司及分包作业队生产作业区、生活营地张贴二维码，员工可随时随地将发现的隐患扫码上传，上传的安全隐患由安全管理部门审核后，按照职责分工移交相关部门制定整改措施，立行立改，有效调动广大一线员工报告安全隐患的积极性，及时防范化解安全风险隐患，营造"人人管安全，人人抓安全"的浓厚氛围。

（四）加强安全人文环境建设，打造良好安全文化氛围

1.建立谈心帮教室

为更好倾听"三违"人员心声，深入了解人员违章原因，分析违章思想根源，让违章人员从内心深处受到警醒，准东分公司建立了谈心帮教室，成立了由安全质量环保科、工会组成的"三违"帮教办公室，及时与相关人员谈心谈话，进行心理疏导和帮助，切实筑牢一线安全防火墙。

2.设置工会心理疏导站

为帮助职工及时解决因生活受到限制，长期与家人分隔两地等原因而产生的心理困扰，教会职工缓解压力的方法，准东分公司设置了工会心理疏导站，为职工提供团体指导、个体咨询、心理讲座等服务，为职工打造心理驿站，增强职工的归属感。

3.持续更新安全可视化现场环境

依据公司最新安全管理要求，结合分公司现场安全环境，通过深入现场观察、分析、讨论，制定了《准东分公司安全可视化实施方案》，不断更新分公司现场安全环境。

4.开展安全文化系列活动

开展安全文化主题演讲比赛、安全签名和宣誓、安全知识竞赛、我是安全吹哨人、安全文化咨询日、安全技能比武等活动；组织准东分公司及分包作业队参加安全知识网络知识竞赛；运用公司安全生产智能化监管平台，组织员工参加线上安全文化知识培训和考核，参与率和通过率达90%以上。通过系列活动，持续强化安全文化知识入脑入心，营造良好的安全文化活动氛围。

三、典型经验做法

（一）领导重视，建立有机统一的工作机制

在准东分公司领导的指导下，各部门积极参与，成立了以主要负责人为组长，分管安全负责人为副组长，安全质量环保科具体协调统筹，党建、工会、共青团、综合和责任组等部门共同参与的安全文化建设领导小组，建立了"领导亲自抓、主责部门统筹、相关部门配合、全员共同参与"的工作机制，提供了良好的安全文化建设的组织保障。

（二）落实责任，细化制定工作清单

为贯彻落实安全文化建设要求，经过多轮次交流研讨、修改完善，准东分公司按照上级单位要求部署，结合自身实际，细化分解打造工作任务，编制

了包含 28 项具体工作的《准东分公司安全文化标杆打造工作清单》，将工作落实到各部门、各责任人，全面压实安全文化建设责任，有力推进安全文化标杆打造各项工作开展，助力上级法人单位葛洲坝新疆爆破工程有限公司荣获"全国安全文化示范企业"称号。

（三）聚焦班组，推进安全文化建设深入基层

基层班组是安全文化落地的"最后一公里"，准东分公司从责任体系、制度体系、行为体系入手，开展班组标准化建设，通过完善班组安全管理制度，落实岗位安全职责；提炼个性化安全工作法，规范作业行为；建立班组考核体系，强化考核评价；开展常态化安全教育培训，强化班组成员安全意识和操作技能；编制安全故事集，激发班组的价值情怀和内生动力；打造人文关怀工作室，增强职工归属感、向心力和凝聚力，准东分公司爆破队班组被中国安全生产协会命名为 2022 年"安全管理标准化示范班组"。

（四）覆盖全员，将安全文化建设延伸至外协队伍

将外协队伍安全管理纳入统一轨道，实施统一培训、统一管理、统一使用；加强外协队伍检查和监管，建立"外协队伍 1+4"定期安全检查机制，并纳入年度分包队伍综合考核；在外协队伍办公区、生活区张贴安全文化宣传挂画、设置安全文化宣传栏，开展外协单位安全文化氛围营造；建立"总承包项目、外协队伍、外协作业班组"三级包保工作机制，紧紧围绕安全管理、安全文化建设工作进行逐级责任包保，将安全文化建设扩大延伸至外协单位全员。

四、结语

安全文化是安全生产的基本和灵魂，是实现安全生产长治久安的制胜法宝[2]。准东分公司结合自身发展历程，紧紧围绕作业班组，构建具有自身特色的安全文化，让"忽视安全的人是我们的共同敌人，履行安全职责是我们的道德底线，安全是我们为员工谋求的最大幸福，安全是我们企业创造的最大价值"的易普力公司四大安全理念在基层落实落细，从而提升职工安全素养，打造一支坚韧不拔、敢为人先的作业团队，营造了安全和谐的工作氛围，持续改进安全管理水平，促进安全管理业绩不断攀升，在准东露天煤矿领域树立良好的能建民爆品牌形象。

参考文献

[1]王楠楠，熊燕舞."文化可以立国，文化也可以立安"——专访交通运输部安全监督司副司长翁垒[J].交通建设与管理,2012(4):3-4.
[2]徐耀强.安全文化建设是企业长治久安的重要基石[J].当代电力文化,2022(5):3.

中电 12 所依势赋能　创树"1360"特色安全文化

中国电子科技集团公司第十二研究所　梁　怡　魏振华　沈　鹏

摘　要： 安全生产工作需要控制住人的不安全行为和物的不安全状态，需要从意识、执行、能力三个层面提升人员管理水平，从提升作业环境和设备设施本质安全两个维度提升物的管理水平，从而防止安全生产事故的发生。

关键词： 安全生产；安全管理

安全生产是永恒的主题，安全文化是安全生产的灵魂，是企业安全发展的重要保障。近年来，中国电子科技集团公司第十二研究所（以下简称中电 12 所）增强底线思维、坚守红线意识，秉承"精益安全"原则，以"人人安全、事事安全、时时安全"理念为引领，坚持把安全文化建设作为促进企业安全发展的一项长期性、战略性任务，持续推进安全文化建设，形成了特色鲜明、内涵丰富的"1360"安全文化体系（"1"指一套安全理念，"3"指三个本质，"6"指六大体系，"0"指零伤害目标）。

一、以一套安全理念为引领，实现安全文化"内化于心"

中电 12 所构建了一套体现安全生产"以人为本"的安全理念，将安全管理升华到敬畏生命的高度，将安全生产升华到先于一切、高于一切、重于一切的地位。

（一）全面互动，构建安全理念体系

中电 12 所结合安全生产实际情况，认真贯彻落实"安全第一，预防为主，综合治理"的方针，全员参与讨论，先后 6 次修改，形成了以"人有所乐、家无所悲、企无所忧"为安全愿景，以"会安全就是积德，能安全就是行善"为安全价值观，以"人无伤、财无失、物无损"为安全使命，以"员工零违章、管理零缺陷、现场零隐患、操作零失误、执行零差错、安全零事故"为安全目标的安全理念体系。在安全理念的指导下，各车间、仓库等安全生产重点部门制定了本层级的安全理念。

（二）全面启动各种载体，构建安全理念渗透机制

在安全理念的引领下，中电 12 所认真贯彻安全发展理念，每年年初以行政 1 号文件形式下发全年安全工作安排，制定厂年度安全奋斗目标和工作措施，并通过网络、期刊、电子屏、短信、微信、安全文化长廊、安全文化手册、宣传栏、牌板、条幅等宣传载体，全面开展安全理念培训、征文、书法等宣教活动，将安全理念进行全覆盖式渗透。层层宣贯、人人解读，安全文化理念普遍为广大职工所认知、认同和接受，安全理念内化为职工的安全价值取向和安全追求，实现了"职工零违章"的安全生产目标。

二、以三个本质为依托，实现安全文化"外化于行"

（一）塑造本质安全，追求"操作零失误"

安全生产管理的绩效首先取决于领导的重视程度。除了定期召开职业健康安全和环境保护委员会议外，中电 12 所还通过党委中心组学习，党委会、所长办公会、专项会议等多种形式组织员工学习习近平总书记关于安全生产工作的重要论述、法律法规及上级机关要求并讨论安全问题，部署安全工作，将安全生产管理工作进行顶层设计，高层布局形成习惯性、常规化动作。此外，领导以实际行动落实安全主体责任，中电 12 所主要负责人、安全分管领导在一季度职业健康安全和环境保护委员会会议后立即出发赴浙江对前期检查中存在问题的下属单位进行现场检查，督促落实整改。中电 12 所安全生产工作的顺利开展，离不开领导的高度重视和大力支持，对全所安全管理水平的逐步提升起到了决定性作用。

（二）实现本质安全，追求"现场零隐患"

各部门中层干部和专、兼职安全管理人员是安全管理的基层闸门，通过全体中层干部安全培训、每季度定期安全例会及专项会议等多种形式，及时传达、共同学习上级文件精神和安全管理制度、方案、措施，同时交流日常管理先进经验，集中研究解决日常管理中出现的难点和痛点。坚持全员、全面、全过程、全天候安全管理，群策、群力、群管安全工作，使日常工作更加扎实，营造了更加主动、充满激情的安全管理氛围，使各部门中层干部和基层安全管理人员快速有效地领会各项工作的意义，了解掌握规定要求，使各业务部门完成安全管理思维的转变，从被动接受检查变为主动邀请安全管理职能部门进行把关、交流，极大地促进了安全管理职能部门与各部门业务管理人员形成合力，保障安全生产。

全体员工立足一线，立足本岗，充分发挥主观能动性，牢固树立"安全第一"的价值观和"预防为主"的思想。严格执行规章制度和劳动纪律，不断完善本质安全各项工作，把安全生产工作放在各项工作的首位，一切以安全生产为重，立足于早，着眼于防，消除事故隐患，将事故消灭于萌芽阶段。

（三）打造本质安全，追求"管理零缺陷"

中电12所建立以主要负责人为管理核心的职业健康安全和环境保护委员会作为最高安全管理决策机构。综合计划部（安全环保办公室）是安全生产管理的主管部门，下设的安全环保办公室是安全管理的主抓机构，配有4名专职安全管理人员，其中3名为注册安全工程师，现在新招聘的安全管理人员要求为安全工程专业的毕业生，改变了以前从所内调动非本专业人员从事安全工作的旧有模式。行政保卫部是消防保卫的主管部门，设置3名专职安全管理人员，5个员工人数满100人的部门和一个涉及危险源较多的部门各配备一名专职安全管理人员。其他部门共配备有兼职安全管理人员40人，使安全管理工作扎根基层，同时形成了党政同责、齐抓共管、各部门各司其职的安全管理模式。

三、以六大体系为保障，实现安全文化"固化于制"

（一）安全文化宣贯体系

构建安全文化运行体系，涉及各个部门和全体员工，中电12所构建了安全文化建设的完整运行体系，明确各层级、各方面的职责和权利，调动一切力量有力推进各项安全文化建设工作。通过组织高管培训、开展双体系培训、中层领导干部安全生产理念意识专题教育培训等，各层级员工深刻认识到当前安全管理工作的艰巨性、复杂性，各层级安全管理水平得到提高，安全管理能力建设得到强化，全所安全管理组织机构的建设步伐进一步加快，安全管理队伍相对稳定，从而确保了中电12所安全管理职能的有效履行。

（二）安全教育培训体系

主要负责人亲自部署安全教育工作，开展每月一主题的安全生产教育培训，并提供专门经费对考核合格者实施奖励。做到有记录，不遗漏，受训人有签字，培训效果有统计总结评价，保证全体干部员工培训学时满足法规要求。2023年2月开展了主题为"'三违'现象识别"的培训，3月开展了主题为"安全生产主要风险因素辨识与防范"的培训，4月结合职业病防治法宣传周开展了主题为"职业卫生知识"的培训，5月开展了主题为"安全生产、职业健康和消防安全履责规范性要求"的培训，6月是安全生产月，开展了主题为"生产安全事故应急预案"的培训，7月开展了主题为"辐射知识"的培训，8月开展了主题为隐患识别的培训。内部培训由人力资源部统一分类建档。2023年共组织各类所级培训12次，参加培训人员10410人次。通过多种形式培训，中电12所强化了员工的安全意识，提升了员工的安全技能，为科研生产安全平稳运行打下了牢固的基础。多次外聘老师到一线作业现场进行培训，采用实战实训、现场隐患排查及理论知识相结合的培训方式，促进理论知识在实际工作中的应用，取得了良好的培训效果。

（三）安全行为训练体系

"十次事故，九次违章"，安全制度重在执行，安全措施重在落实。结合"二查四检"工作，中电12所组织策划实施各类安全检查，通过高频次、多形态的检查实现科研生产不停歇，安全管理不缺位；修订生产安全事故应急预案，组织应急演练，配备应急物资，确保应急体系有效运行；使用园区网曝光台曝光"三违"行为，对违章人员予以处罚，通过事故隐患整改通知单、安全警示书、安全风险提示函等不同等级的预警提示，对"三违"行为形成高压管控态势，让全体干部员工完成由"要我安全"到"我要安全的"思想转变，主动提供"三违"线索，打造"打非治违"的"人民战争"。

（四）安全隐患排查体系

完善了安全隐患排查治理制度，由安全部门主导，全员参与，采用"安全检查表法"和"工作环节拆分法"对全厂各区域、环节进行安全隐患全面筛查，把筛查出的安全隐患分为"监测监控"和"根除"两大类，在安全信息系统内建立治理台账，并对其进行风险评价。在此基础上，中电12所对可能性和严重性程度较高的危险源进行重点监测，对安全隐患进行整治。

（五）安全信息管理体系

完善安全信息化平台，整合数采、消防、门禁、视频等系统资源，实现安全信息系统与其他系统的资源共享，避免形成信息孤岛。完善移动客户端和物联网系统集成，逐步在移动客户端上实现隐患排查治理、危险作业审批、档案查询等功能，提升了安全管理的现代化水平。

（六）安全意识培育体系

广泛应用园区网、微信工作群等多种手段，采取挂图画册、全员培训考核、专题讲座等方式加强宣传。每年组织和开展安全环保先进个人、班组、部门评选，并对获奖者予以奖励。持续深入开展"安全生产月"主题活动，举办安全生产知识抢答比赛，对优胜的队伍予以奖励。结合党建工作开展"党员身边无三违""我为安全献一计"等活动，鼓励员工为安全生产工作建言献策，强化员工安全意识。领导干部以身作则、身体力行，垂范安全生产责任担当，中层干部和安全管理人员主动作为，将安全生产工作化被动为主动，有效管控人员作业行为，保证作业人员人身安全。通过提升安全管理水平，中电12所进一步夯实红线意识和底线思维，奠定了坚实的安全文化基础。

四、以"零伤害"为最终目标，全面促进安全文化落地生根

中电12所始终坚持以"职工零违章，管理零缺陷，现场零隐患，操作零失误，执行零差错，安全零事故"为安全目标，坚持"从零开始，向零奋斗"的过程管理思维，构建了以安全隐患排查治理为核心的风险管理模式，注重生产安全事故预防，最终实现职工"零伤害"的最终目标。2021年，中电12所提出以"以进一步加强安全文化建设为依托，全面打造伟大工厂"的安全战略，提出"116"安全推进计划，筑牢"一种理念"，即安全发展理念；突出"一个中心"，即以安全信息化建设为中心；抓好"6个重点"，即重点抓好隐患排查治理、教育培训、达标创建、应急管理、安全管理和综合治理工作，为企业发展提供坚实的安全保障。

安全生产是企业发展永恒的主题，安全文化是企业发展的根本保障。安全文化建设是中电12所顺应时代发展的战略选择，在安全文化建设的征程中，中电12所将始终坚持"安全发展，文化引领"的理念，不断完善和丰富"1360"安全文化体系，用先进的安全文化提升安全管理水平，让安全文化的发展成果惠及每一位职工。

潮起海天阔，扬帆正当时。奋力打造现代化伟大工厂的号角已经吹响，在"击喙拔羽、涅槃重生"的新征程上，中电12所每一位干部职工将继续同舟共济，牢固树立红线意识和底线思维，坚持将安全文化建设持续推向深入，为企业快速发展提供坚实的安全保障而不懈努力！

参考文献

［1］蔡广辉，王小飞.实行"以人为本"的化工安全管理探析［J］.化工设计通讯，2017，43(03)：143+150.

［2］漆良卿.浅谈安全管理工作"接地气"的思考和建议［J］.化工管理，2018，(13)：71-72+134.

以落实安全生产全员责任制推进企业安全文化建设

中储棉如皋有限公司　汤　峰　张景凌　冯大军　宋　超

摘　要：安全文化是企业文化的重要组成部分，也是推动企业实现高质量发展的重要抓手，为企业安全良性发展保驾护航。中储棉如皋有限公司（以下简称如皋公司）牢记储棉安全为国之大者，在储棉工作实际中坚持守正创新，积极探索与发展具有本企业特色的安全文化，以落实安全生产全员责任制，拓展安全制度具体实践，丰富中储粮安全文化理念，建立起安全管理网络，为安全工作的开展奠定了基础。

关键词：安全文化；安全生产全员责任制；安全制度；制度文化

一、引言

新时代新征程，以习近平同志为核心的党中央高度重视粮食安全，党的二十大对粮食安全作出新的部署，强调全方位夯实粮食安全根基。国家储备棉是"大国粮仓"的重要组成部分，也是关乎国计民生的重要战略物资。如皋公司深化企业安全文化建设，深入贯彻落实安全生产全员责任制，全面强化干部、员工的安全责任意识，加强全员、全过程、全方位、全天候地安全生产管理，防范安全生产责任事故，连续5年实现"双零"目标，形成了既有中储粮共性又具备如皋特色的浓厚安全文化。

二、务实安全文化根基，筑牢安全思想防线

人是安全的主导者，安全文化建设必须坚持"以人为本"，自觉把尊重人的价值、满足人的需求、实现人的愿望、促进人的发展作为出发点和落脚点，最大限度地发挥员工在安全生产工作中的主体作用。[1]如皋公司坚持以人为本，抓实员工安全教育，提升安全文化理论水平，将其作为滋养企业安全文化的土壤。

（一）理论学习强信仰，安全文化理念深入人心

"为国储棉，储棉报国"是每一位储棉人的忠实信仰，也是如皋公司使命教育的重要内容。公司常态化开展学习教育，始终坚持以习近平新时代中国特色社会主义思想为指导，深入学习贯彻党的二十大精神，深学细悟习近平总书记关于安全生产的重要论述和重要指示批示精神及国家粮食安全重要论述，坚决把思想和行动统一到党中央的决策部署上来，统一到集团公司、中储棉公司的安全生产工作要求上来。通过组织开展集中学习、研讨交流、围绕安全生产上专题党课等方式，"我要安全"的思想在员工脑海中根深蒂固并转变为守卫安全效益、提升安全水平的行动自觉。

（二）对标先进找差距，安全文化发展提质增效

如皋公司积极与系统内的优秀企业看齐，先后与中储棉系统内的两家先进单位开展对标交流，学习优秀，促进了安全管理提升。2022年11月，主动与菏泽公司架起对标桥，通过"互联网+"模式，深化党建和安全生产等方面的经验交流，建立起互联互通的纽带；2023年2月主动"走出去"取"真经"，到徐州公司开展对标学习，根据业务模块开展"组对组"交流和"一对一"互动。

（三）积累沉淀长经验，安全文化载体传播优秀成果

安全文化在企业安全管理实践的过程中不断进化，经历了时间的沉淀和实践的洗涤，充分体现了企业安全管理基因特色，而文化载体恰恰是展现文化的重要阵地和传播的重要平台。公司先后创办《对标提升专刊》《安全生产月报》，并将其作为讲好企业安全文化故事的新载体；为深入巩固拓展安全工作成效，创办《安全生产月报》；为巩固拓展对标成效，创办《对标提升专刊》，认真总结、消化和吸收工作学习成果，为更好地服务保障国家粮棉安全、推进企业高质量发展凝聚强大力量。

三、安全生产全员责任制推进安全文化建设

安全制度文化，是指企业为了安全生产，保护企业资产不受损失和员工安全健康而形成的各种安全规章制度，促进企业管理更加规范有序有活力。[2]本文着重讨论如皋公司在具体工作中不断健全和完

善的全员责任制管理体系，公司以"四落实、四强化"扎实推进安全生产全员责任制落实落地，做到责权分明，加大执行力度，使安全生产理念在员工心灵中逐步扎根，推进精神文化建设和行为文化建设，营造良好的安全文化氛围[3]，以在实践中持续丰盈的制度文化不断推进企业文化建设走深走实。

（一）做实做细"八个一"——具体做法

1. 落实"一人一区块"，强化责任划分

（1）责任划分图表化。对生产、生活、办公等区域和各类设施设备进行全面排查梳理，根据各岗位员工职责，合理划分责任区域，切实做到安全责任全覆盖、无盲区。

（2）包仓管理明确化。结合《中储棉公司包仓管理责任制实施方案》，制定《中储棉如皋有限公司包仓管理责任制实施细则》，划分5个类别（数量、质量、管理、安全、廉洁），形成2个包仓管理小组并签订协议。

（3）库区整治精细化。全员参与成立4个班组，对20栋库房进行合理分配，强化日常养护和卫生整理，实施精细化管理，切实打通包仓管理"最后一公里"，做到了安全责任落实全覆盖、无死角，显著提升库容库貌。

（4）管理标准统一化。实行动态管理与静态管理实施统一标准，每日召开交接班会议，上班次的值班人员将当班期间完成的工作情况及存在的问题，及时准确地传达给下一班次的值班人员，保证了工作衔接有序、问题整改形成闭环，实现安全责任全覆盖、无盲区。

2. 落实"一区一清单"，强化责任管理

（1）明确岗位安全生产责任。细化梳理227条岗位职责具体内容，制定员工安全生产目标责任书，确保每名员工对安全责任"心中有数"。

（2）辨识安全责任区危险源。全面辨识储棉库房、设备库房、消防泵房、配电房、办公区、食堂、警消宿舍等10类责任区危险源，并将其作为三级检查的必查事项，增强风险辨识和隐患排查的全面性、针对性和时效性，做到危险源辨识"心中有数"。

（3）深化以案为鉴以案促改。如皋公司组织开展警示教育和安全生产大反思、大讨论，组织"易发生违章作业人员类型"查摆分析会，梳理出"八种人"的表现和危害，让全体员工在工作中引以为戒，确保安全生产作业。

3. 落实"一月一考核"，强化成果运用

（1）明确考核依据。按照《中储棉公司储备棉安全与仓储管理检查及考评标准》7个类别、40个检查项目、190条量化指标进行检查。

（2）细化考核内容。将员工责任区清理情况纳入常态化考核内容并组织员工签订《责任区考核告知书》，并在落实三级值班制度（三级安全检查制度，包括责任人每天到责任区检查一次，科室每周牵头组织排查一次，安委会每月组织月度考核检查）的基础上实行监控值班员班长制，规范值班记录，将门卫值班、远程监控纳入日常监督和考核范畴，开展全员军训和考核及"一口清"考评等，并将考核结果作为岗位评估、评优评先的重要依据。

（3）落实检查制度。明确每周一为"安全大检查日"，由领导班子带队进行安全大检查，深入排查库区、发电机房、监控室、水泵房、食堂等重点部位的风险隐患点，对发现的隐患问题及时建立台账并挂图整改，推动问题真改实改。

4. 落实"一岗一奖金"，强化正向激励

（1）确定不同岗位安全生产奖金系数。奖金系数拟定为1.0-1.3，根据责任区大小、危险源数量、危险程度等因素进行调整。

（2）公司自查发现的问题隐患，根据隐患对比分类（A、B、C、D、E类），扣发责任人奖金，一般扣罚标准为20元/项。

（3）外部检查中发现的隐患问题，均纳入比对考核范围，按照问题隐患类别扣发责任人奖金，一般扣罚标准为50元/项。

（二）取得的成效

1. 全员安全意识显著增强

通过"八个一"的实施，公司全体员工的底线思维不断增强，"我在岗、我安全"的意识深入人心，"人人都是安全员、人人都是战斗员、人人都是监督员、人人都是预防员"的理念得以树牢，"时时放心不下的警觉性、时时坐不住的紧迫感"得以强化，"时时注意安全、处处预防事故"的浓厚氛围已经形成。

2. 责任担当有效加强

通过落实"八个一"，公司全体员工进一步提高了从政治上看安全工作的大局观和整体观，储棉安全是"国之大者"的认识真正入心入脑、融入血脉，全员发现问题、剖析根源、落实整改、评估验收、深化巩固的责任和能力有效加强，全员责任不悬空、责任链条不断档切实落地，"千斤重担有人挑，人人肩上有指标"的良好局面已经形成。

3. 管理水平得到明显提高

通过落实"八个一"，如皋公司有效构建了"人人有责、层层负责、各负其责"的安全管理责任体系，系统观念得到增强，安全基础管理不断夯实，防范化解重大风险和应急处置能力明显提高，干部员工精气神不断提振，企业发展的安全性主动性不断增强，综合管理水平有了大幅度提高。

四、探索安全文化建设新路径，提升企业安全管理水平

（一）全员参与、全面提升

为加快构建新发展格局，增强发展的安全性主动性，认真贯彻落实中储棉公司工作部署要求，如皋公司启动了全员军训和安全技能培训计划，致力于为企业高质量发展夯实基础；另外，公司一直秉持"从零开始、向零奋斗"的安全理念，通过开展多种形式的安全知识学习和技能培训，不断提升全员的安全素养和应对突发事件的能力，加强安全教育和培训，增强员工安全意识和提高员工技能水平，为确保人安、棉安、库安提供了坚实保障。

（二）实干真抓、凝聚合力

目前，在技术赋能和安全实干的双重保障之下，在安全生产全员责任制的落实和安全管理创新的基础上，全员安全意识和企业管理水平得到持续提升，公司获得了服务保障国家储备安全的强劲动力；同时，实干精神和责任担当贯穿于公司发展的全过程，为保障企业安全赢得了更大的优势，企业得以安全稳定运行。

五、结语

安全生产全员责任制，是制度文化建设中的重要组成部分。严格落实安全生产全员责任制是如皋公司贯彻落实党中央决策部署的重要举措，也是中央企业基层单位在丰富安全文化方面的成功实践。通过从严从实落实"八个一"安全生产全员责任制，公司在实现安全生产规范化、制度化、标准化管理上迈进了一大步，也为确保安全稳定奠定了坚实基础。

不过，在完善安全文化体系、全面提升安全管理水平方面，如皋公司还有一定的上升空间。下一步，如皋公司将全面学习、全面把握、全面贯彻党的二十大精神，按照集团公司党组和中储棉公司党委有关要求，加强上下联动，持续深入开展以学促干、以训促管、以管带训等工作，瞄准"双零"目标不放松，坚决筑牢全面风险防控屏障，扎实推进安全基础全面提升、管理能力全面过硬，努力打造安全生产管理新常态，持续丰富和发展本公司安全文化，推动企业安全生产工作不断迈上新台阶。

参考文献

[1]张胜，郭壮.安全文化入心入行入神[J].企业管理，2020，(02)：85-87.

[2]桂余才.安全文化：企业安全生产治本之策[J].中国应急管理，2023，(06)：44-47.

[3]鲁叶茂，吕峰.浅谈安全文化和制度规范对企业安全生产的保障作用[J].企业管理，2020，(S2)：132-133.

港口企业安全文化融入承包商安全管理的探索与研究

国投曹妃甸港口有限公司　李智斌　李伟奇　胡海娇　张翌辉

摘　要：港口企业在生产运营过程中需要承包商单位的参与，承包商单位人员对其做出了巨大贡献，然而他们普遍存在知识水平不高、安全综合能力较差的情况，且在企业的安全管理之中越发凸显。如何有效、持续提高承包商安全素养，筑牢承包商安全基础需要进行深入探索和研究。在研究中发现，安全文化对增强安全意识和提升安全能力具有潜移默化的作用，建立承包商安全文化体系，将安全文化与承包商安全管理深度融合，是提高承包商安全管理水平的有效途径。在承包商安全管理体系创建中坚持"九化"的原则，积极推进"三个融合"，将文化与承包商管理机制相融合，可以让安全文化在承包商管理中落地生根，有效预防安全风险，防范生产安全事故发生。

关键词：港口企业；承包商；安全文化；安全管理

港口企业越来越重视提升港口服务水平和竞争力，也深刻认识到安全发展是企业持续、健康发展的前提和保障，这就要求企业的安全管理要在总结短板、弱项的过程中，不断地创新提高。在专业化煤炭港口的生产运营过程中，承包商是港口企业生产作业过程中不可或缺的重要参与者，应在基于对"科学发展、安全发展"的理性思考和对以往安全管理工作全面的系统审视和整合中，将安全文化融入承包商安全管理，这对树立具有港口特色的承包商安全文化对持续提升承包商安全管理水平具有积极的作用。

一、安全文化融入承包商安全管理的必要性分析

在专业化煤炭港口的生产运营过程中，承包商是港口企业生产作业过程中不可或缺的重要参与者，但是承包商单位普遍存在高等教育人员比重较小及员工年龄较大、知识水平和综合素质较低的情况，这些因素导致承包商在管理中存在明显的短板，这种短板在安全管理中体现得尤为突出并亟须有效的措施予以弥补，而安全文化对安全素质的提升具有良好的促进作用，这也是港口企业在安全管理中不断探寻强化安全措施、增强人员安全意识、预防事故发生的有效方法和途径。

二、注入安全文化理念筑牢承包商安全管理基础

在承包商安全管理过程中要将安全文化理念与之深度融合，牢固树立安全发展理念，强化安全生产责任落实，将安全文化理念注入承包商的"前端掌控"和"全过程管理"，坚持将安全文化与承包商"四个统一"（统一安全标准、统一安全培训、统一监督检查、统一考核评价）相融合。找准承包商管理弱项、抓住承包商管控的重点，将安全文化与承包商管理"十个深化"（一是深化承包商安全监督检查，强化安全责任落实；二是深化承包商安全生产标准化建设；三是深化承包商双重预防机制建设；四是深化承包商安全教育培训；五是深化承包商分类分级管理；六是深化承包商安全谈话、约谈制度的落实力度；七是深化承包商安全信用评价；八是深化承包商应急管理工作；九是深化实施承包商"黑名单"机制；十是深化承租方安全管理）相融合，通过落实安全文化理念在承包商管理中潜移默化的作用逐步提升承包商安全管理水平，通过建立承包商安全文化新模式，筑牢承包商安全管理基础。

三、创新安全文化建设模式，建立承包商安全文化体系

在承包商安全文化建设过程中，通过制定长期规划确立安全文化建设的总体目标、制定短期实施方案促进重点工作的有效落实，形成安全文化稳步推进的长效机制。采取"系统化""制度化""常态化""全员化""亲情化""精细化""高效化""信息化""全面化"的"九化"安全文化建设原则，并在安全文化建设过程中落实三项"策略"。一是"内强素质、外塑形象"的策略，全面打造企业的素质和形象；二是"内化于心、外化于行"的策略，促使安全理念深入人心，促进员工自觉认知、认同和践行安全理念，养成良好的行为习惯；三是"以文化人，以文兴安"的策略，使员工转变观念、规范行为、优化面貌，建立具有凝聚力的人文环境，打造港口企业特色的安全文化。

（一）构建安全文化理念体系，引领安全文化建设方向

承包商安全文化建设坚持"系统化"原则，不断总结、锤炼出完备的安全理念、价值观、愿景和使命，并将其作为安全文化建设的纲领，指导安全文化建设的具体工作。承包商在安全管理工作中坚持"安全第一、预防为主、综合治理"的安全生产方针，秉承"以人为本，风险预控，持续改进"的安健环管理理念、"安全为天、诚信守则、知行合一"的安健环价值观、"本质安全、绿色港口、快乐家园"的安健环愿景、"全员参与、精细严实、立体防控"的安健环使命。承包商安全文化理念体系是安全生产实践的沉淀，是安全生产的灵魂所在，也是员工内在的思想与外在的行动和物质表现的统一。

（二）建立安全管理制度体系，规范员工的行为习惯

坚持"依法治安"，用法律法规来规范员工的行为，确保安全生产工作有法可依、有章可循，在承包商安全管理中不断建立健全系统管理、风险与隐患管理、安健环文化建设与教育培训管理、现场管理、班组管理、职业健康管理、相关方管理、应急管理、事故管理、环境保护管理等安全生产管理制度，并根据煤码头卸车、堆存、装船的作业特点针对作业环节及作业岗位制定了相应的安全操作规程和作业指导书。以制度规程约束员工的行为，逐步养成良好的安全行为习惯。

（三）严格落实安全责任、安全承诺的双向约束机制

签订《安全生产目标管理责任书》《安全生产承诺书》，并严格落实安全生产责任制、承诺制。总经理与各部门安全生产工作第一责任人签订年度安全生产目标管理工作责任书，部门内部逐级签订安全生产责任状，自上而下形成企业与部门、部门与

班组、班组与个人安全生产责任三级网络。同时，各级员工立足本岗位安全职责，对年度的安全管理工作作出承诺，逐级与上级领导签订安全承诺书，自下而上形成个人与班组、班组与部门、部门与企业的"三级安健环承诺"，与安全责任制形成双向约束机制。

（四）加强安全教育培训，提升安全技能及安全素养

安全教育培训始终坚持"培训不到位就是重大安全隐患"的理念。为不断提升安健环教育培训管理水平、实现安全教育培训模块化管理，安全培训以员工需求为导向、以计划的有效落实为工作重点、以提升安全技能及安全素养为目标，不断推进安全文化建设的"全员化"。

（五）加强安全文化环境建设，构建和谐生产环境

不断加强安全文化基础环境进行提升，通过设置安全文化标语、橱窗、参考资源室、安全文化廊、安全文化专栏等基础设施，采用喜闻乐见的宣教形式，把安全工作巧妙地融入文化建设之中，把安全融入工作的每个角落，使浓厚的安全文化气息扑面而来。

（六）积极开展安全文化活动，营造安全文化氛围

积极组织安全生产月、消防月、职业病防治法宣传周、安全生产法宣传周等活动，安全文化建设坚持"亲情化"的原则，积极组织开展亲情活动，如"迎元旦"趣味运动会、迎新春文艺汇演、慰问员工及家属活动等。通过开展亲情活动，员工深深感受到领导对大家的关心、对安全的重视，从而达到以文化人的目的。积极发动承包商员工参与到安全文化建设活动中，招募安全生产志愿者，定期组织开展"安全进万家幸福你我他""安全带回家祥和过大年"等安全生产志愿者活动，掀起全体员工学习安全常识的热潮，强化全员的安全知识、安全技能，使各岗位人员真正做到学法、知法、守法，营造积极热烈的安全文化氛围。

四、将文化与承包商管理机制相融合，多管齐下预防安全风险

承包商在安全管理过程中，将安全文化建设融入安全管理全过程，坚持"三融合"的创建模式，即安全文化建设与安健环管理相融合、安全文化建设与班组建设相融合、安全文化建设与党群工作相融

合。安全文化建设精神层面与各项实际工作的结合，使安全文化能够看得见、摸得着、听得到，有效解决了文化建设摸不着边际、理不清头绪、找不准方向的问题，将文化与承包商管理机制相融合，双管齐下预防安全风险。

（一）以安健环管理为基础，将安全文化融入各要素

将安全文化建设与安健环系统管理、安全标准化建设、风险管理、教育培训、现场管理、设备设施管理、检查与整改、职业健康管理、相关方管理、应急管理、事故管理、环境保护等工作相融合，以安全文化作为推动力，提升安全管理水平，不断推进"以文兴安"。

（二）推进承包商班组建设和安全文化建设在基层落地生根

班组是企业的细胞，是安全生产的前沿阵地，是企业最基层的组织与作业单位，也是培育员工、激励人才最重要的机构。要充分发挥承包商班组建设的有力工具，建立以"务实、有效"为原则，以"制度建设、规范管理"为重点，以"争先创优、争先激励"为手段的班组管理体系，逐步强化承包商班组安全生产工作，逐步推进安全文化在承包商班组的落地生根。

（三）以党支部为阵地，形成安全文化党群共建的新局面

充分发挥党组织"保安全、保任务、保稳定"的核心作用，党建工作在安全文化管理、安全文化创新、安全文化的展示中起到良好的助推保障作用。加强党组织建设、思想建设、作风建设，搭起党建工作与安全文化的"连心桥""动力舱""责任链"，将党建工作与文化建设相融合，以"优势互补、互学双赢、互学共建、共创和谐、共同发展"的理念，逐步创建安全文化党群共建的新局面。

参考文献

[1]俞华.安全管理实务二：承包商安全管理[M].北京：中国石油大学出版社，2013.

[2]刘继宝.全链条抓实承包商安全管理[J].化工管理，2019，508(01)：20-21.

[3]莫固华，朱汀兰.码头承包商渗透式管理探索与实践(2)[J].集装箱化，2007，(05)：17-20.

以柔促刚·"常治"久安

——荣电特色安全文化建设初探

国网荣成市供电公司　赵　磊　于云成　姜红胜　姚晓林　夏清华

摘　要：安全是发展的前提，发展是安全的保障。长期以来，国网荣成市供电公司（以下简称荣电）深入贯彻习近平总书记关于安全生产的重要论述和重要指示批示精神，秉承"人命关天，发展决不能以牺牲人的生命为代价，这必须作为一条不可逾越的红线"的安全发展要求，围绕国网公司"十大核心安全理念"，在精神文化、制度文化、行为文化、物质文化层面积极探索尝试，开展了"以柔促刚·'常治'久安"安全文化建设实践，推动安全理念、价值取向全面向荣电安全管理的各个环节渗透，为实现企业的本质化安全提供了坚强有力的思想文化保证。

关键词：安全理念；安全文化；思想文化保证

近年来，党和国家高度重视安全生产工作。习近平总书记多次对安全生产作出重要指示，强调要牢固树立安全发展理念，弘扬"生命至上、安全第一"的思想。随着我国经济进入高质量发展新时期，电力行业正在发生复杂而深刻的变化，安全文化建设面临诸多挑战，电力企业安全文化建设长效机制亟待健全，安全管理理念、方法、工具与电力职工安全意识、安全能力发展不均衡等现象严重制约了电力企业的高质量发展。为深入加强安全文化建设、大力弘扬"和谐守规"安全文化氛围，国网公司按照"安全第一、预防为主、综合治理"的方针，从全员认知、观念、言行方面统一安全价值理念，围绕安全发展规划和安全生产实际制定了《关于安全文化建设的实施意见》和《安全文化建设重点工作推进方案》，提出了构建安全文化建设长效机制的具体要求。

一直以来，荣电人始终牢固树立安全红线意识，提高安全政治站位，把安全生产作为最重要的政治任务、最大的社会责任、最关键的企业效益、最大的员工福祉来定位，坚持安全文化系统建设，积极探索着力构建"以柔促刚·'常治'久安"的安全文化实践模式：柔性惯性、刚性执行、常抓不懈、习久成性。

一、"以柔促刚·'常治'久安"安全文化内涵

构建先进的安全文化是建设本质安全型供电企业的必由之路，建设安全文化凸显的是企业的社会责任、政治责任，更体现了企业的软实力和核心竞争力。荣电秉承"人本靠文化、物本靠科技"的思路，以国网公司十大核心安全理念为引领，探索出了"让安全理念固化于安全制度，让安全制度成为思维习惯，让思维习惯引领行为方式"的安全文化建设之路，构建了具有荣电特色、符合客观规律和行业实际的"以柔促刚·'常治'久安"安全文化体系。

（一）明确十条理念

核心理念：人的生命高于一切。

责任理念：谁主管谁负责，管业务必须管安全。

管理理念：凡事有人负责、凡事有章可循、凡事有据可查、凡事有人监督。

行为理念：把别人的事故当教训，把自己的违章当事故。

执行理念：按规章命令办事，没有任何借口。

预防理念：一切风险皆可预控，一切事故皆可避免。

监督理念：一切不安全行为必须得到纠正与正确引领。

培训理念：接受严格的安全培训后，所有员工都会保安全。

保障理念：全员自律自控是实现零伤害的基础。

道德理念：不伤害自己，不伤害别人，不被他人伤害，保护他人不受伤害。

（二）构建一套体系

"以柔促刚·'常治'久安"安全文化系统构建了以零伤害为目标的安全文化体系（图1），从人的本质化安全与物的本质化安全两个维度构建起"四位一体"的安全文化模型。

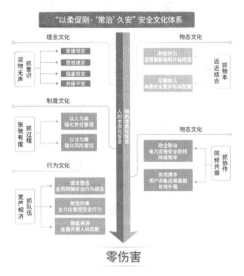

图1　零伤害安全文化体系

二、实施四大工程

为了更深入地推进"以柔促刚·'常治'久安"安全文化体系，扎实安全责任制落实、安全生产标准化建设，荣电从理念、制度、行为、物态文化建设4个方面多元共治、齐抓共管，为公司的安全发展奠定了强有力的基础支撑。

（一）理念文化落地工程

1.组织联建、队伍联抓、目标联责

组织联建打造党支部与项目部相结合的基层坚强堡垒，让党建跟着项目走，把支部建在工地上，使支部工作与项目建设精准内嵌、统一部署。队伍联抓把参建各方的所有党员纳入统一管理，围绕项目抓党建，围绕党建促党群，让党组织优势在项目安全管理上充分发挥。目标联责构建党建工作与项目管理同部署、同落实的常态机制，使安全管理的目标同向、同频共振。

2.支部书记"进现场、到一线、保安全"

充分发挥党支部书记带头保安全的示范作用，通过理论武装在现场、融入融合在现场、典型培育在现场、联系群众在现场、文化引领在现场、担当示范在现场，推动基层党建工作阵地前移、重心下移。围绕安全生产，党支部书记常态化开展谈心谈话，将安全要求融合到实际工作中，督促帮教普通员工主动履行安全责任、强化安全意识。

3.组建优秀党员、业务能手培训讲师团

围绕建设自主安全型班组的目标，以固定讲授和班组随机点单相结合的形式，宣讲安全形势、分析事故案例和典型违章，提高各班组员工的理论水平和安全技能。围绕培养本质安全型员工的目标，采取微党课、集中培训、定期轮训、"一对一师带徒"、技术比武等形式提高安全培塑教育的针对性和有效性。

4.结对互助，共保平安

组织全体员工签订安全承诺书，在班前会、开工会上，党员带头讲安全，宣誓"我是党员，带头不违章、带头查违章、身边无违章"承诺。在日常工作中，班组内党员与班员"一对一"结对互助、"比学赶超"；在作业现场，党员佩戴党员徽章、亮明党员身份，协助工作负责人检查安全措施，争创党员零违章先锋岗。在关键工序和高风险作业时，党员与班员双向监督、善意提醒，发现违章及时制止纠正，共保平安。

（二）制度文化规范工程

1.强化问题导向，推行贴近基层、适合基层的内控制度

一是针对高风险作业和不同工作任务，推行中层干部旁站监护、施工总监，编制《近电作业安全管控要点》《低压检修施工安全管控流程》等补充规定和制度，补齐典型作业现场安全管理短板，切实提高安全规程的掌握度和执行度。二是实施现场作业"静动态"违章分类管控，工作负责人在开工前对照"静态"安全措施自查卡逐条检查确认，在开工后重点进行"动态"安全措施管控，关键环节应用"关键风险点许可App"逐项履行许可手续，确保现场作业安全风险管控全覆盖。三是结合近年来系统内外发生的高坠事故，在严格执行《电力建设安全工作规程》《电力安全工作规程》等相关规定的基础上，结合公司实际制定了防高坠重点安全措施，推行"双钩交替法"开展登塔作业和塔上移位，有效避免了高坠事故的发生。

2.强化激励导向，推行贴近基层、服务基层的考核制度

一是健全"三级说清楚"和"三级约谈"制度，对发生严重违章、重复性违章和安全事件的责任人和单位负责人，在按照公司奖惩规定进行考核的同时，还要分别向所在单位、安监部、安委会"说清楚"。有效应用提醒、问询、纠错、问责"四种形态"，倒逼各级人员有效增强履职意识和尽责质效。二是将百日安全、无违章、发现消除隐患等安全奖励着重向安全员、工作票"三种人"和生产一线骨干人员倾斜，以正向激励鼓励先进、鞭策后进，推动全员自觉遵章守纪，激发员工遵章守纪的积极性和主动性。将安全工作成效与员工评先选优、岗位晋级、年度等级评定挂钩，与单位定期评价、月度绩效挂钩，使全体员工始终保持对安全的"进取心"。

（三）行为文化塑造工程

1. 理念塑造，全员明确安全行为规范

结合各岗位安全责任清单，确定了领导层、管理层、执行层三级安全行为规范。公司领导层党政同责任、一岗双责，安全工作督导什么、进阶什么；部门管理层管业务必须管安全，敢于负责、善于管理，及时纠偏不安全行为，安全问题管什么、好什么；一线执行层主动安全、自主安全，恪守标准，严守规程，安全工作干什么、专什么。

2. 刚性约束，全方位管控安全行为

一是在全过程监督安全行为方面，深化应用"两体系一平台"，实现"计划全管控、风险全可控、现场全可视、监督全覆盖"。保证体系常态开展风险预警管控、隐患排查治理、反违章；监督体系强化事前监督和过程管控，及时发现苗头性问题，监督落实整改措施。二是建立不安全行为矫正机制，不论是工作负责人、到位监督人员还是专责监护人、工作班成员，只要发现不安全行为都能及时指出并监督纠正。公司、车间、班组分层级对不安全行为进行统计分析，通过晾晒曝光让违章者"照照镜子，红红脸"，真正实现"思想消缺""行为消缺"的安全目标。

3. 刚柔并济，全面开展人岗匹配

结合岗位与技能鉴定工作中的技术练兵、安规考试，让员工明确各自岗位的目标与责任，主动提升自身岗位任职能力。通过薪酬绩效、发展通道、荣誉成就对适岗、爱岗、敬业员工进行评价，通过重点岗位人员"过关式"考试、冗员分流换岗等形式解决专业用工不平衡问题，为安全适岗、爱岗、敬业员工打通晋升通道，进一步激发员工想安全、要安全的工作热情，提升会安全、能安全的工作能力。

（四）物态文化打造工程

1. 积极作为，坚强智能电网升级改造

改变以往粗放式管理模式，运维人员通过"人巡＋机巡"等方式开展电网设备精细巡检，从多个维度保障电网安全可靠运行，推动生产管理由"被动抢修"向"主动运维"转变。持续推进配电自动化建设和实用化应用，全面提升配电网供电可靠性

和智能化水平，对配网线路、配电设备实行专业化运维、规范化管理，从源头满足全社会用电需求，为增强群众用电获得感、加速地方经济发展增添了动力。与大学院校开展以服务企业文化、提高科研水平、提升创新能力为目标的产学研合作，力争在数字技术、互联网＋创新融合发展上取得新成绩。

2. 足额投入，本质安全要求标准配置

高标准配备安全防护用品和接地线、个人保安线等"保命"安全工器具，为一线作业员工提供有力的安全物质保障。配备远距离通信对讲机，保证了现场作业人员与远程视频监控人员的即时沟通，现场安全管理的工作效率得到大幅提升。根据分包队伍安全管理"同质化"要求，参照公司标准为分包队伍配备了足量的安全工器具，避免了不合格的分包自用安全工器具流入作业现场。

3. 政企联动，电力设施安全防线持续筑牢

在持续进行电网智能化改造的同时，推动建立了"政府统筹统管、供电公司指导验收、镇街主体实施"的电力设施保护常态机制。每年以市政府公文形式印发"供电安全隐患排查整治专项行动"，使电力设施保护工作上升到了一个新的高度，也使政、警、企各方责任得以有效落实，对影响电网安全稳定运行的责任方进行行政处罚和治安管制，使全社会对保护电力设施的认知有了质的提升，各类涉电公共安全隐患得到了有效遏制。

4. 供用携手，用户设备运维基础有效补强

在客户用电设备治理方面，构建了"政府监管＋电力客户落实＋供电公司提供业务技术支撑"的"三位一体"安全用电管理体系。"电力设备安全性义诊＋用电经济性优化＋市场化代维"的一站式运维服务体系，为电力客户用电设备管理提供了个性化、差异化套餐服务和专业化解决方案。促请市发改委出台《加强电力用户安全管理实施意见》，从地方政策上明确了"因自身设备原因造成停电的电力用户，须通过供电公司验收合格后方可恢复送电。造成荣成主网线路跳闸的电力用户，须按照国家相关法律法规承担事故责任"的规定，为提升客户电力设施健康水平提供了有力的政策依据。

三、结语

路虽远行则将至，事虽难做则必成！未来，荣电将以总体国家安全观和能源安全新战略为指引，持续总结、不断完善"以柔促刚·'常治'久安"安全文化体系，全力谱写荣电安全稳定新篇章，为建设具有中国特色、国际领先的能源互联网企业贡献精神力量。

"1355"安全文化体系创建与实践

枣庄矿业（集团）济宁岱庄煤业有限公司　苏　林　杨传金　刘　银　葛方国　朱广亮

摘　要：本文从安全理念引领建设、安全宣教工作建设、安全管理责任建设、安全制度机制建设、安全技能提升建设5个方面阐述了"安全发展"理念下枣庄矿业（集团）济宁岱庄煤业有限公司（以下简称岱煤公司）安全文化体系构建。

关键词："九式"安全宣教；"全层级"安全管理模式；"五环六步"隐患防控体系；"五个一"培训机制

近年来，随着智能化矿山建设的加快推进，岱煤公司原煤产量稳中有升，经济效益显著提高。与此同时，随着公司生产工艺的创新变革和井下采场条件的不断复杂多变，安全管理中的各种问题也日益显现，给管理工作造成了很大的困难，安全生产管理的重中之重是人，关键是做好职工的思想工作，使职工建立安全意识。要实现安全发展，必须从安全文化建设入手，最大限度地消除人的不安全行为和物的不安全状态，构建安全管理的长效机制，建设本质安全型矿井。

一、安全文化体系创建思路

坚持人民至上、生命至上的中心思想，深入学习习近平总书记关于安全生产的重要论述和重要指示批示精神，认真贯彻上级系列安全生产指示精神，以打造本质安全型矿井为目标，以规范职工安全作业行为为突破口，以推行"五描述一操作"为载体，积极探索安全文化建设的有效途径，初步形成了具有岱煤公司特色的"1355"安全文化体系建设，纵深推进安全文化建设与安全生产各项工作的有机融合、互促互进，促进矿井长治久安。

"1"指坚持安全发展理念。

"3"指坚持体系助安、体系保安、体系强安的目标导向。

"5"指大力开展安全理念引领、安全宣教提质、安全责任落实、安全制度机制、安全技能提升"五项"重点工作。

"5"指进一步建立和完善安全制度体系，增强安全制度保障力；进一步强化安全宣教系统性、针对性，增强安全文化引领力；进一步提升全员安全素质，增强安全责任落实力；进一步提升安全管理规范化、标准化水平，增强安全管理管控力；进一步优化本质安全环境，打造本质安全矿井。

二、体系建设基本情况

加强安全文化建设是深入贯彻落实习近平总书记关于安全生产工作重要论述和重要指示批示精神的必然要求，是保障新《安全生产法》的深入实践，巩固安全生产管理基础，提高全员安全素质，促进安全文明生产，推进公司高质量、可持续发展的坚强保障。岱煤公司安全文化建设重点突出安全理念引领、安全宣教工作、安全管理责任、安全制度机制、安全技能提升5个体系建设。

三、实施情况

（一）安全理念引领体系建设情况

矿井安全理念体系是安全文化内涵中的观念文化，也是安全文化理念层的具体体现。在企业安全文化实践中，岱煤公司安全理念体系由安全愿景、安全核心理念、安全观、安全方针、安全誓词及员工安全警言构成。

安全愿景：从零出发，向零进军，打造本安矿井。

安全方针：安全第一、预防为主、综合治理。

安全观：安全高于一切、重于一切、先于一切、决定一切。

安全核心理念：隐患就是事故，防治胜于救灾，生命安全至上。

安全誓词：为了个人生命安全，为了家庭幸福团圆，为了企业和谐发展。牢记生命至上、安全为天，遵章守纪，规范作业，做安全事，当安全人。

安全警言：企业不消灭事故，事故就消灭企业；安全是生命之本，违章是事故之源；心存侥幸图省事,安全往往出大事。

（二）安全宣教工作体系建设情况

突出亲情化、文艺化、警示化、普惠化的原则，以盯紧职工动态、盯住特殊人群、盯防重要节点为重点，着力构建公司、部门、区队、班组"四位一体"的安全生产"大宣教"格局，深入推进实施"九式"安全宣教提质提效活动。

1. 案例剖析式

实行"一事故、一剖析、一警示"和"每周一案、一岗三案"制度，深入开展"5·26""10·20"安全警示教育日活动，统筹举办事故案例展览、观看警示教育片、召开事故反思会和安全宣誓签名等活动；常态化开展"九式"安全宣教和"一岗三案例"教育，统筹推进班前会安全"大点评"、管理人员"安全述责""每月一考"等活动，广大职工自觉参与安全管理、融入安全管理。

2. 亲情联教式

强调以情感人、以理服人、以亲近人，注重发挥职工家属在安全生产中的协管、劝导、帮教等作用，深入开展家庭促安全、家属嘱安全、亲人话安全等活动，实现了职工家属联保抓安全。通过女工协管深入区队班组，通过安全形势任务宣讲、算安全账、井口送亲情、"三违"帮教等形式，岱煤公司持续引导职工安全生产、遵章守纪、按章作业。

3. 现身说教式

坚持以身边案例教育人、以身边事故警醒人、以自己故事感动人为导向，组织"三违"人员讲案例、技术人员讲业务、安监员讲标准、班组人员讲安全"四讲"活动，进行安全理念灌输和行为意识引导，进一步强化了职工的安全敬畏意识。

4. 心理疏导式

从职工需求出发，洞悉和解析职工队伍因家庭、生活等方面的变化而滋生的不安全思想，通过政治上引导、业务上指导、生活上疏导、思想上开导等措施，职工从心灵深处感受到组织关怀和企业温暖，缓解了心理压力、调节了思想状态，从而可以集中精力投入安全生产工作中。

5. 薄弱人物盯靠式

认真落实薄弱人物排查机制，建立高血压、冠心病、低血糖等身体患有疾病人员管理台账，强化班前排查，签订安全伙伴、落实班中包保，跟进现场提醒，使薄弱人物得到有效管控。

6. 现场抽考式

深入落实"逢查必问""每月一考"等管理机制，突出抓好"调度员、安监员、瓦检员、班组长"应急处置知识学习，加大抽查抽考力度，全员安全素质得到持续提升。

7. 文艺宣教式

借助文艺的传播力量和独特魅力，发挥"添翼工作室"联合联动效应，通过深入开展文艺宣传、文艺表演、文艺展出、文体娱乐等形式的活动，筑牢职工安全生产思想防线。加强对基层单位自主宣教的指导督导，将形势任务教育纳入季度考核，适时以"宣教培训班""形势任务教育公开课"的形式检验宣教实效，努力形成上下联动的宣教强势。

8. 媒体推介式

通过"岱庄视窗""岱庄之声"和公司内部网站，及时推送上级各项安全生产指示精神，开辟"区队长话安全""安全曝光台"等专题栏目，及时宣传安全生产中的先进典型、经验做法，让职工在潜移默化中受到安全文化的熏陶。

9. 典型带动式

扎实开展"放心安全员"标杆争创和质量标兵、质量优胜班组评比活动，深入挖掘典型事迹、生动案例，大力选树职工身边立得住、叫得响、推得开的安全模范典型。进一步开展优秀区队（区队长）、金牌班组（班组长）推荐等工作，通过制作宣传橱窗、播放宣传片等形式，利用正面激励引导，形成榜样引领效应。

（三）安全管理责任体系建设情况

落实"全层级"安全管理模式，自上而下地构建层级抓、抓层级的安全管理压力传导式链条，压紧压实安全管理责任，从严落实问题闭合整改制度化考核，全面压紧压实安全生产管理责任。

1. 管理人员现场安全履职

建立安全质量考核机制，严格落实区域点数管理，对下井人员的检查频次、检查地点、发现问题、解决问题质量等指标进行量化考核。对在安全管理中出现的典型问题，实施专业部门、分管领导、矿主要领导"三层级五流程"约谈问责。

2. 安监员现场责任落实

将安监员现场履职作为重要检查考核内容之一，实行安监员安全监管责任"菜单式"管理，开展安监员"安全履职七个一"活动，即每班检查一次

"双达标"现场落实、每班考核一次"一岗三案例"、每班学习一条专业知识、每周在现场向班组传达一条上级和矿安全生产要求、每周帮扶一名薄弱人物、每月向班组普及一次应急演练知识（或现场模拟演练一次）、每月至少查处一名"三违"，确保了安全员实际作用的发挥。

3.隐患问题闭合整改

推行"五明确"（工作目标、牵头领导、组织部门、责任单位、主要措施）和"六落实"（分管领导、部门、单位、责任人、验收部门、验收人）工作机制，实施"4466"安全检查模式，切实通过严细管理、层级闭合，及时消除安全隐患，持续筑牢安全防线。

4.安全管理责任考核

严格落实"五个凡是""四个从严"考核问责机制，即凡是事故隐患应当发现而未发现及对重大事故隐患未采取有效措施进行整改的，凡是限期整改的隐患不能及时排除、按期闭合的，凡是安全检查后未能查出隐患的，凡是出现各类人身、非人身事故、重大侥幸事故的，一律从严考核、从深追究、从快问责、从重处理。实施当班班（组）长、跟班管理人员、区队"三大员"、分管部门负责人和专业副总工程师"六级追溯"问责，倒逼安全管理责任落细、落实、落地。

（四）安全制度机制体系建设情况

聚焦上级系列安全生产指示精神，以新《安全生产法》等法律法规为依据，系统建立安全生产各项管理制度，定期开展安全管理制度评估，动态做好安全管理制度的更新完善，推进安全管理工作始终在制度化、规范化、程序化轨道上运行。

1.组织管理机制

认真贯彻落实上级关于风险分级管控、隐患排查治理双重预防工作机制的重要指示精神，成立以经理为第一责任人的双重预防机制建设工作领导小组，建立双重预防机制建设办公室，明确专人，规范有序地开展双重预防机制建设各项工作。

2.风险辨识机制

健全安全风险分级管控工作制度，进一步完善安全风险评估、管控工作流程。把"查隐患、履职责、保安全"、全员查隐患和专项检查等活动贯穿于安全管理全过程，扎实推进"双重"预防机制建设，从严落实安全风险辨识及隐患排查治理会议制度，创新实施风险研判、跟踪把关、帮扶指导的三个"一

对一"精准管控制度，精准辨识管控各类风险，全方位控好薄弱，打造了安全管理零盲区。

3.隐患防控机制

全面实施"五环六步"隐患防控体系。把隐患排查治理的体系延伸到各个岗位和各个职工，构建了从岗位、班组、区队、专业到矿井的五级排查治理体系，形成分级闭环、全面控制的隐患排查治理和安全风险防控机制，实现人的本质安全和全员对物的安全状态的严密管理与监督控制。

4.技术创新机制

深入推进智能化、科技化矿井建设，健全完善技术革新、科技创新表彰奖励激励措施，实施揭榜挂帅，开展课题攻关，鼓励职工立足现场安全生产实际，开展"金点子"合理化建议征集、五小成果发明创造和围绕优化安全生产环境、提高安全生产效率的课题研究。落实项目申报、专题评审、专项奖励等季度科技创新评比表彰激励措施，有力激发全员互动、课题联动的创新工作热情。

（五）安全技能提升体系建设情况

通过系统打造学知识、提技能、育人才、拓视野的"学、练、育、论"体系，岱煤公司使职工时刻处在学中干、干中学的良好氛围当中，切实达到提升素质、岗位成才的目的。

1.学教结合提质

实施每日一题、每周一案、每月一考、每季一评、每人一档"五个一"培训机制，打造"耳听、眼看、手练、口述、脑记"的"五位一体"培训法，通过技师讲授、视频观看、集中培训、互动讨论等多种形式，教育引导职工学文化知识、学安全理论知识、学业务技能知识。

2.练比同步塑能

在积极参加能源集团、集团公司技术比武的同时，扎实开展"岗位大练兵、技能大比武"活动，促进高技能人才成长成才。持续深化"五描述一操作"实操实训，进一步规范岗位标准作业流程，把岗位隐患排查和安全风险辨识纳入岗位标准流程操作的重点内容，把风险辨识、安全确认执行到每个岗位、每个环节，使每名职工带着责任、带着技术、带着标准上岗。

3.精心选才育才

大力开展"六好"区队、"五型"班组创建活动，突出群众威信、工作业绩、安全生产、质量管理、

任职年限、道德品质、工作作风等关键要素，细化标准、方案，抓好优秀（资深）区队长、优秀（功勋）班组长培养培育，确保把素质过硬、作风过硬、管理过硬、贡献突出的区队长、班组长选出来、立起来、推出去。

4.论坛互动互促

建立月度区队长、班组长研讨日制度，坚持一季一主题，扎实组织开展"班组长论坛""班组安全竞赛"等系列活动，实现管理经验、典型做法的分享共享，不断增强团队意识、提高管理水平。

四、安全文化建设的成效

通过体系化推进矿井安全文化建设，安全为天、生命至上的理念不断根植于职工思想、内嵌于职工行为，融入安全生产的全过程，形成以安全文化推动安全生产的强力引擎，为"平安岱煤"建设注入新内涵，构建硬保障。

（一）自主保安意识显著增强

通过走访调研、组织座谈、单独交流等方式，各级管理人员充分摆正讲安全就是讲政治的管理观念，职工的安全首位意识、红线意识显著增强。在现场施工过程中不安全不生产、施工前主动开展安全环境确认、拒绝违章不侥幸蛮干形成主观意识上的行动自觉。

（二）全员技术素养显著提升

通过深入推进5个体系的安全文化建设，广大职工深刻认识到技术保安、科技兴安的深刻内涵，主动围绕"我能安全"，积极投身于安全业务培训和安全技能历练的各项工作中，主动将提升个人安全操作能力转化为学业务、练技能、强本领的自觉行动，依靠业务技术狠抓安全隐患治理的工作能动性持续提升。

（三）诚信履职能力显著提升

通过安全文化建设的组织实施，各岗位安全生产责任制得到进一步细化，责、权、利的层级管理进一步压紧压实，安全考核管理机制进一步健全，严履职、严考核、严问责激励措施制度化、日常化、严肃化落实，安全诚信成为各级管理人员履职尽责的新定位、新导向，上下联动抓安全，齐抓共管保安全的诚信履职意识不断增强、安全管理能力不断提升。

（四）矿井本安环境显著提升

通过持续加强安全文化建设，现场安全操作规范化标准精细落实，现场安全排查治理工作精准实施、安全管理工作举措高效落实落地，人的不安全行为、物的不安全状态得到有效管控，本质安全型矿井建设不断走向深入。

参考文献

[1]习近平.习近平谈治国理政：第三卷[M].北京：外文出版社有限责任公司,2020.

[2]郭声琨.推进国家安全体系和能力现代化[C].北京：党建读物出版社,学习出版社,2022：126-127.

[3]葛小和.全员参与创建特色化的安全文化体系[J].江苏安全生产,2022,(5)：35-35.

电力企业安全文化建设探索与实践

中国电力工程顾问集团中南电力设计院有限公司　刘　志　李　伟　夏菁菁

摘　要： 本文对中国电力工程顾问集团中南电力设计院有限公司（以下简称中南院）在"十四五"期间面临的安全生产形势进行了分析，重点从安全理念文化、安全制度文化、安全行为文化、安全物质文化4个方面对中南院安全文化建设工作进行了经验总结，通过对最近5年公司级安全生产检查数据统计分析，得出中南院安全文化建设取得了积极成效的结论。本文可为同类电力企业安全文化建设提供参考。

关键词： 电力企业；安全文化

一、引言

国家能源局《电力安全生产"十四五"行动计划》指出，"十四五"是我国向"碳达峰"目标迈进的关键期和窗口期，新能源及配套送出项目密集建设，水电资源开发、抽水蓄能电站建设进入新阶段，各类风险防范和安全管理任务艰巨，电力建设施工安全风险集中凸显。中南院作为我国电力工程服务行业的"排头兵"和"国家队"，"十四五"期间在传统火力发电、输变电等电力建设的基础上，积极拓展压缩空气储能电站、抽水蓄能电站、海上风电等新业务，以及投建营一体化等新业态项目。在这一过程中传统电力建设安全风险与新业务、新业态领域安全风险交织叠加，对中南院安全管理工作提出了更高的要求。

安全文化建设是提升安全管理水平、实现本质安全的重要途径，是安全管理最高级的发展阶段[1]。安全文化在精神层面具有导向、凝聚、激励、辐射和同化功能，能够为企业全体员工提供安全生产的价值体系和行为准则，规范和控制人们在生产中的安全行为，对企业安全生产意义重大。

面对日趋复杂的安全生产形势，中南院坚守安全生产红线，从安全理念文化、安全制度文化、安全行为文化、安全物质文化等方面加强安全文化建设，逐渐形成了具有中南院特色的安全文化体系，不仅可助力实现安全生产目标，还能为同类电力企业安全文化建设提供参考。

二、安全文化建设体系

中南院安全文化体系结构如图1所示，主要包括处于深层的安全理念文化，处于中间层的安全制度文化，以及处于表层的安全行为文化和安全物质文化，它们之间互相关联、互为支撑，共同构成了具有中南院特色的安全文化体系。

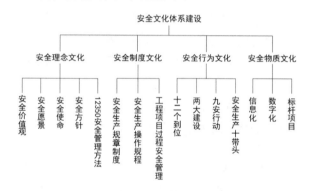

图1　中南院安全文化体系结构

三、安全文化建设举措

（一）建设安全理念文化

中南院坚持安全理念为先，加强安全理念顶层设计，编制发布安全文化手册，明确了以"生命至上安全发展"的安全价值观、"杜绝安全事故"的安全愿景、"践行本质安全"的安全使命，以及"安全第一预防为主综合治理"的安全方针为核心的安全理念文化，并借用"12350"全国统一安全生产举报投诉特服电话，融入安全管理理论，提炼出"12350"安全管理方法，即1个理念：生命至上，安全发展；2套体系：保证体系、监督体系；3全管理：全员参与、全过程控制、全方位管理；5方面建设：制度化建设、标准化建设、科技化建设、执行力建设、安全文化建设；0事故目标。

中南院通过引导全员自觉践行安全理念文化和"12350"安全管理方法，不断增强全员安全生产意识,使员工思想实现从"要我安全"向"我要安全"转变。一是进行全员安全生产承诺,公司主要负责人每年签订安全生产承诺书,新开工项目的项目经理在开工前签订安全生产承诺书,组织全体员工线上签订安全生产承诺书,并在公司官方网站公示,促进自我约束和他人监督,建立安全诚信机制;二是开展各级负责人安全宣讲,在安全月等活动期间,深入开展公司主要负责人、部门主要负责人、项目经理安全主题宣讲活动,并在部分项目上创新性地开展"注安帅大讲堂"活动,进一步推动全员牢固树立安全生产红线意识;三是保证有效刚性培训到位,中南院坚持"培训不到位是最大的安全隐患"的理念,年初逐级制定安全生产教育培训计划,严格按照计划开展培训,加强安全生产培训与党员学习深度融合,将安全生产纳入党员学习重点内容,充分发挥党员榜样引领作用,使安全理念深入人心;四是加强宣传,在公司官方网站设立"安全我知道"专栏,发布应知应会安全知识,在公司本部办公区和项目现场设置安全文化长廊、安全标识牌、安全横幅标语等,大力宣传习近平总书记关于安全生产的重要论述及上级集团、公司的安全生产理念和要求,营造浓厚的安全文化氛围。

(二)建设安全制度文化

安全制度文化是安全理念文化最直观的体现,是将安全理念文化转换为安全行为和物质文化的纽带,具有约束作用。中南院以全员安全生产责任制为核心,建立覆盖公司各部门、子企业、项目部的安全生产制度体系,并根据业务发展,建立完善勘测设计、工程总承包、施工、投建运营等各业务类型安全管理制度,保证各级安全管理有法可依、有章可循。定期开展制度有效性评估,将安全检查发现的问题进行原因追溯,查找制度缺陷,不断完善安全生产管理制度,确保制度的合规性、完整性和适用性。强化制度宣贯和执行监督,使全员了解、熟悉各项管理制度和岗位职责,对违反规章制度和操作规程的行为严格考核,保证安全管理责任体系和制度体系有效运行。

中南院推动关键制度落地,针对工程项目高风险作业多、安全管理难度大的问题,严格执行上级集团中国能源建设股份有限公司(以下简称中国能建)工程项目过程安全管理办法,以中国能建《工程项目过程安全管理标准化手册》《工程项目安全设施标准化图册》为指引,加强工程项目安全策划、网格化管理、安全准入、安全技术交底、安全验收、安全许可、安全旁站监督、领导带班等过程管控,开展工程项目过程安全管理评估工作,对于不合格的项目进行监督并要求整改,确保防范和遏制事故的关键机制落实到基层和项目一线,提升工程项目安全管理水平。

(三)建设安全行为文化

安全行为文化既是安全理念文化"内化于心"的外在反映,也是安全制度文化"外践丁行"的具体体现[2]。中南院以中国能建"十二个到位"安全生产要求为根本遵循,加快推进"两大建设",大力实施"九安"行动和安全生产"十带头",引导员工形成良好的安全行为文化。

1.推动"十二个到位"刚性执行,细节落地

"十二个到位"是中国能建安全生产的总方针和总要求,具体为安全认识到位、风险识别与管控到位、制度体系建设到位、安全措施落实到位、有效刚性培训到位、资源配置到位、安全管理组织与能力到位、动态监督检查到位、奖惩机制落实到位、应急管理与应急处置到位、经验教训的总结吸取分享到位、安全文化建设到位12项内容。中南院把"十二个到位"作为实现安全生产目标的基本遵循和行动指南,深刻领会"十二个到位"的核心要义,大力宣讲"十二个到位"的丰富内涵,推动"十二个到位"进企业、进项目、进班组,并对照"十二个到位",对标对表找差距、补短板,不断完善安全管理体系,推动安全生产长治久安。

2.加强大安全管理体系和本质安全能力"两大建设"

中南院严格落实安全生产"党政同责,一岗双责",建立以"全员、全组织、全过程"管理为核心的层层负责、人人有责、各负其责的大安全管理体系,摒弃"安全生产只是安监部门的事"的观念,定期开展全员安全生产责任"一岗一清单"考核,压紧压实各岗位安全生产责任。构建安全风险管控和隐患排查治理双重预防机制,提升从根本上切断生产安全事故链条的本质安全管理能力,严格落实安全风险分级管控,实施"季会周报"和"TOP3"管控工作机制,各级每周汇总形成较大及以上安全风险清单和安全风险"TOP3"工程项目(作业项目)清单,中南院按季度召开安全风险分析会,会商研判

安全风险管控工作，交流安全工作经验和建议，制定隐患排查治理计划，编制发布安全生产违章清单，明确违章处罚标准，着力解决"问题查不出""只检查不追责"等问题。

3.加强领导力建设，落实安全生产"十带头"

中南院领导带头谋划推动安全生产工作，将安全生产重点工作纳入公司党委会和"三重一大"议事范围，定期主持召开安委会、安全风险分析会等会议。各级负责人带头开展安全生产主题宣讲，带头宣贯和践行安全理念；定期带队开展安全检查，排查整治安全生产问题隐患，督促安全措施落在项目一线落地；充分发挥领导的决策力、组织力、感召力，以领导的率先垂范切实带动全员安全行为转变。

（四）建设安全物质文化

中南院坚持以技术为支撑，通过信息化、数字化、智慧化手段提升本质安全水平，通过打造各业务领域安全文明施工示范项目，达到示范引领作用。一是开发企业级项目安全管理系统，设置责任和目标管理、风险分级管控、隐患排查治理、危大工程管理等多个子模块，提升日常工作信息化水平，大幅提升安全管理工作效能；二是在火电项目、压缩空气储能项目等重点工程总承包项目现场大力推广"智慧工地"系统，充分利用VR体验、人脸识别、高清智能监控、电子围栏、塔吊防碰撞监测预警、基坑实时监测等先进技术，对人员准入、高风险作业、大型机械等进行智能监控，提升项目现场安全管控能力；三是为风电项目量身定制智慧工地系统，包含视频实时监控系统、无人机应用、施工红线复核监测、大体积混凝土监测等功能模块，打造新能源安全文明施工示范项目；四是设计开发"输电线路工程数字化管理系统"，通过数字沙盘、数字化管理大屏实时掌握线路走向、塔位分布、地形特征、交叉跨越、施工状态等重要信息，利用"机载激光雷达"加数字化模型对比的验收方式，大幅度减少登塔、走线等验收作业，提升安全监管效能和本质安全水平。

四、安全文化建设成效

问题隐患的多少可以直观反映企业的安全生产水平，本文统计2019年至2023年中南院公司级安全生产检查数据，以年份为横坐标，以每次检查发现的平均隐患数量为纵坐标，绘制统计图，如图2所示。从中可以看出，每次检查的平均隐患数量总体上呈逐年下降趋势，考虑到中南院新业务领域不断扩展、工程项目逐年增多，安全风险整体呈上升趋势，这一结果表明中南院安全生产水平不断提升，安全文化建设取得了积极成效。

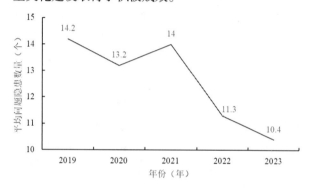

图2　2019—2023年公司级安全检查问题隐患统计

五、结语

本文结合公司实际，从理念文化、制度文化、物态文化和行为文化4个方面，梳理、总结安全文化建设经验。在安全文化的引领下，中南院安全生产水平持续提升，实现了为公司高质量发展保驾护航的目的。

参考文献

［1］王善文，刘功智，任智刚，等.国内外优秀企业安全文化建设分析［J］.中国安全生产科学技术，2013,9(11)：126-131.

［2］王喾江，王登武，俞锋，等.浅谈"和"安全文化在企业落地［J］.现代职业安全，2023,(2)：3.

"以人为本、服务为先"特色安全文化建设实践

中国旅游集团中免股份有限公司　张　磊　高　岩　高展鹏　杨继鹏

摘　要： 中国旅游集团中免股份有限公司（以下简称中旅免税）深入学习习近平总书记视察三亚国际免税城的重要讲话精神，始终把"诚信经营、优质服务"的理念贯穿于经营过程始终，坚持统筹发展和安全，根据自身全周期、全渠道、全环节生产经营实际，树立"以人为本、服务为先"安全文化理念，坚持"全面系统、开放包容、整体协同、管理创新"4个创建原则，从"党建统安、依法治安、机制保安、科技兴安、全员护安"5个方面开展特色安全文化建设实践，为旅游零售行业的安全文化建设提供了可借鉴、可复制的模板。

关键词： 以人为本；服务为先；安全文化

中旅免税成立于2008年，是中国旅游集团有限公司控股上市公司，业务涵盖免税、邮税、旅游零售综合体等范畴。截至2023年，中旅免税已在全国30多个省、自治区、直辖市和柬埔寨，设立了200余家免税店，与近千个知名品牌建立长期合作关系，是世界上免税店类型最全、单一国家零售网点最多的免税运营商。2022年4月，习近平总书记考察中旅免税三亚国际免税城，实地了解离岛免税政策落地实施情况。习近平总书记指出，要更好发挥消费对经济发展的基础性作用，依托国内超大规模市场优势，营造良好市场环境和法治环境，以"诚信经营、优质服务"吸引消费者，为建设中国特色自由贸易港作出更大贡献。一直以来，中旅免税作为全球免税行业的龙头企业，始终把"诚信经营、优质服务"的理念贯穿于经营过程始终，为消费者提供多元化的优质服务，助力中国特色自贸港建设发展。

一、"以人为本、服务为先"安全文化建设必要性

（一）贯彻安全法律法规，统筹发展和安全的战略需求

文化建设是我国"五位一体"总体布局的重要组成部分。2016年，党中央、国务院出台《中共中央 国务院关于推进安全生产领域改革发展的意见》，要求推进安全文化建设、推动安全文化创新、发展安全文化产业，开创了安全文化建设的新局面。这要求必须从统筹发展和安全的高度深入研究，形成能够共同遵守的安全价值标准和安全行为规范。

（二）满足企业发展需要，保障生产经营的现实要求

推进文化建设，是立足新发展阶段、贯彻新发展理念、构建新发展格局对中央企业提出的重要历史使命和历史责任。企业需要以安全文化建设为契机，强筋壮骨、凝神聚魂，不断强化红线意识和底线思维，大力推进安全生产改革，全面把握新机遇、积极应对新挑战，有力夯实管理基础，有效防范风险隐患。

（三）摆脱安全生产困境，增加安全意识的重要保障

近年来，中旅免税获得飞速发展，免税门店、仓储物流中心数量快速增加，海口国际免税城成为全球最大的单体免税店，后续在建工程也陆续开工，安全生产压力逐渐增大。面对复杂严峻的形势，中旅免税全面开展安全文化建设工作，全力构建新时代中免特色安全文化，有效提升员工主动规范安全行为的意识和能力。

二、创建"以人为本、服务为先"特色安全文化的理论要点

中旅免税在继承中国旅游集团优秀文化的基础上，建立"以人为本、服务为先"的安全文化理念，落实"全面系统、开放包容、整体协同、管理创新"4个创建原则，抓好"党建统安、依法治安、机制保安、科技兴安、全员护安"5项重点工作，将安全文化理念全面融入各项工作之中，奋力打造中旅免税特色安全文化体系（图1）。

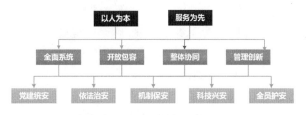

图1　中旅免税安全文化体系

（一）安全文化理念

1. 以人为本

牢固树立以人民为中心的发展思想，始终把员工作为企业最重要的资源，从员工的根本利益出发，在旅游零售各个环节中充分考虑员工的价值，通过安全文化的建设，员工主动在工作中遵守安全规章制度，充分发挥员工对安全生产的积极性和创造性。

2. 服务为先

以客户为中心、以市场为导向，将服务为先的理念融入安全管理，作为一切工作的出发点和落脚点，在行业和企业内部发起"诚信经营、优质服务"倡导，充分满足消费者免税购物的"行前、行中、行后"全流程安全需求。

（二）建设原则

1. 全面系统

把安全文化建设作为一项系统工程，将安全意识、安全心理、安全能力、安全保障、安全教育、安全培训等多个方面全面融入企业安全文化。

2. 开放包容

学习借鉴新兴文化，广泛吸纳新思想、新观念、新技术，结合实际、取长补短，为企业安全文化建设注入新动力。

3. 整体协同

凝聚企业内外部整体合力，动员全体员工主动参与、建言献策，听取外部专业意见，形成共商共建的安全文化建设联动机制。

4. 管理创新

立足新发展阶段，创新宣传形式，丰富传播载体，结合行业、企业实际，打造中旅免税特色的安全文化，建立长效机制，形成品牌效应。

（三）五项重点工作

1. 党建统安

坚持党对安全生产工作的绝对领导，各级党组织充分发挥统领和主导作用，使定期研究解决安全生产重大问题实现常态化，完善"党政同责、一岗双责、齐抓共管"责任体系，确保安全法规宣传、安全部署执行、安全经费投入、安全履职监督、安全意识增强"五到位"。

2. 依法治安

各级主要负责人以身作则、实干尽责，主动依法依规履职，及时部署重点工作、解决重大问题，保

障人员资源投入；其他班子成员切实担负起主管工作范围内的安全工作领导责任；公司上下进一步压实全员安全生产责任，建立岗位履职清单，健全安全制度体系，严格执行安全措施。

3. 机制保安

构建安全风险分级管控和隐患排查治理双重预防机制，树立风险源头意识，科学辨识评价安全风险，制定分级管控措施，强化隐患排查治理，实行隐患全过程闭环管理。强化应急处置机制建设，根据风险辨识结果完善应急预案，合理储备应急物资，强化应急演练，提升员工自救互救技能。

4. 科技兴安

安全生产、技术先行。在工程建设和店面装修阶段严把设计关，优先选用安全可靠、高效实用的技术工艺和设备材料；大力推广"四新"技术应用，有效提升智能化建造、自动化运行水平；加强技术改造，坚决杜绝使用危及生产安全的落后工艺、设备、材料，进一步提升企业技术支撑能力和保障能力。

5. 全员护安

持续强化全员安全教育培训，以提升效果为着力点，注重强化培训内容的针对性和前瞻性，重点抓好各级安全管理人员的轮训和现场关键人员的"应知应会"培训，并以安全生产月、全国消防日等活动为抓手，深化全员安全素养宣传教育，厚植全员护安的文化底蕴。

三、"以人为本、服务为先"安全文化建设途径与方法

（一）促进党建与安全生产深度融合

坚持党对安全生产工作的绝对领导，中旅免税党委定期专题研究安全生产重大事项，部署安排安全生产工作重点；各级党组织坚定不移践行安全发展理念，总揽全局、协调各方，确保本级党组织安全生产责任制全面履行。各党支部以系统思维牢牢把握党建引领主旋律，以党支部责任区、党员示范岗、党员突击队等方式，深入开展风险自查、隐患自纠、事故自警、责任自负的"四自"管理。充分发挥党员干部"头雁"作用、党员"群体"作用和先进典型"领航"作用，在党员大会、主题党日、专题党课等组织生活过程中，宣贯安全法律法规、事故经验教训等内容，沉下心来抓安全、保稳定、促稳定，严格接受安全教育的洗礼。

（二）依法依规健全安全生产管理体系

压实安全责任，强化全员安全生产法治意识，制定印发《全员安全生产责任制》，建立健全"横向到边、纵向到底、全员有责、各负其责"的安全生产格局；各级企业主要负责人带头学习总书记关于安全生产的重要论述、亲自讲授安全公开课、宣传贯彻安全生产法和国务院安委办十五条举措，大力强化安全生产法治意识，切实履行法定责任。优化制度顶层设计，组织编制、修订安全管理制度，贴合公司管理实际，针对性地制定工程建设、货品存放、消防安全方面管理要求并做好贯彻落实。强化安全检查，主要领导和班子成员带队对公司本部、免税综合体、在建工程、门店、仓库等重点企业、重点单位开展重大节假日和重要时段安全检查，有力推动安全生产形势持续稳定。"送安全服务到一线"，聘请第三方咨询机构和外部专家对重点单位开展安全诊断，检查过程中以查代培、查培结合、交叉互检，指导现场人员查找现场隐患并提出整改建议，取得了良好效果。

（三）健全风险隐患预防和应急处置机制

通过全员、全过程、全方位、全要素的辨识分析，准确找出风险因素，采用 LEC 法确定风险值，并将其划分为四级，由所属企业从公司、部门、班组、岗位 4 个层级对应管控四级安全风险，针对安全风险特点，从组织、制度、技术、应急等方面对安全风险进行有效管控。在风险辨识评价的基础上，进一步完善应急预案，健全预案体系，与相关方建立顺畅的应急协调联动机制，实现内部分工清晰、外部衔接顺畅。同时，做好物资、装备、队伍等各项准备，强化重点区域布防，定期开展应急演练，确保一旦发生险情有力有序应对。

（四）科技赋能助力实现企业本质安全

坚持向科技要安全，逐步加大安全投入力度，积极推进"机械化换人、自动化减人"的科技强安工作。在建项目运用 BIM 软件对现场危险区域实行动态分级管理，通过人脸识别技术对施工人员进行动态管理，使用无人机巡场并实时发现违章作业。所属免税城和重点门店优先使用智能化、安全可靠、节能环保的物流设备和设施，采用智能分拣机器人对免税货物进行分拣，通过系统化的操作减少错误率，有效保障员工的健康和安全。各仓库建立供应链可视化平台，采用全方位视频动态监控系统，从源头上减少安全风险隐患，使安全科技支撑和引领作用得到显著加强。

（五）全员护安营造良好安全文化氛围

以"增强各级人员安全履职意识"为核心，分级开展全员安全能力及素质提升教育，确保员工具备必要的安全生产知识，熟悉安全生产规章制度和操作规程，掌握岗位操作技能和应急处置措施。积极组织开展安全生产月、安全咨询日等活动，通过设置咨询展台、举办展览展示、发放宣传折页、开展有奖竞猜等形式多样、线上线下相结合的活动，集中宣传安全生产政策法规、应急避险和自救互救方法，有效提升员工做好安全生产工作的积极性和主动性。

四、结语

中旅免税"以人为本、服务为先、安全第一"的安全文化体系，是对习近平总书记"诚信经营、优质服务"指示的有效落实，是创新安全管理、促进安全发展的重要保障。中旅免税将持之以恒地开展特色安全文化建设，使员工真正想安全、会安全、能安全，塑造本质安全型员工，打造本质安全型企业，向消费者提供优质的安全服务，使企业安全生产、长治久安。

突出安全文化引领　创新六项工作机制探索

山东能源枣矿集团蒋庄煤矿　王　成　万召田　曹　恒　李　杰　张　朋

摘　要：煤矿安全文化对于推进矿山安全生产有着重大意义。本文探讨了打造特色安全文化、创新工作机制、解决煤矿安全生产中的诸多问题，可实现煤矿安全、高效的综合管控，提高煤矿生产效率和安全水平。其中，安全文化包括：制度文化、监管文化、执行文化、诚信文化、人文文化、理念文化。六项机制指"人机环管"制度运行机制、"过筛式"安全监察预警机制、工作高效闭环机制、"不安全行为"积分考核机制、安全警示教育机制和薄弱人物靶向式管理机制。

关键词：安全"三基"文化；六项工作机制；精准管控

习近平总书记强调："发展决不能以牺牲安全为代价，这是一条不可逾越的红线。"煤炭开采作为安全生产高危行业，事故频发，一直备受政府、企业和全社会的高度关注。当前诸多因素影响煤矿安全生产，涉及多个层面，而矿井安全文化缺失，是影响安全生产的重要因素。矿井安全文化缺失主要表现为制度不健全、制度缺失；缺乏有效安全监管和考核，导致现场隐患失控；矿井有令不行，各类安全措施不能得到有效执行；干部职工缺乏安全意识，出现违章指挥和违章作业；从业人员缺乏安全培训，知识及技能缺乏；安全警示教育不到位，安全意识淡薄；缺乏对人员排查管控机制等。这些都可能导致安全生产失去约束力，增加事故风险，甚至导致事故发生。

为确保矿井安全生产、实现长治久安，山东能源枣矿集团蒋庄煤矿（以下简称蒋庄煤矿）在不断总结安全生产管理经验，汲取兄弟单位好做法的基础上，依托安全"三基"文化（基层、基础、基本功），不断提升安全管理，浓厚安全氛围。将安全文化渗透到安全管理的各个环节，做到安全理念、安全制度、安全监管、安全行为、安全管理与安全环境有机统一，构建了"人机环管"制度运行机制、"过筛式"安全监察预警机制、工作高效闭环机制、"不安全行为"积分考核机制、安全警示教育机制、不放心人员靶向式管理机制，实现安全生产过程管控，为矿井安全生产提供坚强有力的安全文化保障。

一、严制度，建"人机环管"制度运行机制

蒋庄煤矿在长期的安全管理中，从制定流程、内容合规、落实执行、完善体系方面着手，形成特有的制度文化。

（一）固化制度订立流程

通过逐项落实依法立制、民主立制、科学立制、宣传培训、抓实考核、评估更新，达到制度建立、推行、完善的目的。建立制度文化长廊，做到制度上墙，形成人人学制度、人人熟悉制度、人人执行制度、人人维护制度的浓厚氛围，从而强化对安全生产行为的约束，提高各层级人员的工作积极性和责任感，有效保障煤矿的安全生产水平。

（二）出台制度依法合规

首先确保制度符合国家法律、地方性法规、部门规章，符合各级相关部门文件要求，明确制度目标和宗旨。其次在制度制定前，通过组织座谈会等形式进行充分调查研究，广泛征求各级意见，确保制度在今后执行中能够得到各方的认可和支持；在制定制度时，遵循科学合理、切实可行的原则，使制度易于操作和执行；制定后，进行宣传培训，让所有人了解并掌握制度的内容和要求；建立制度的执行监督检查机制，及时发现和纠正违规行为。最后定期对制度进行审查和修订，对制度的适用性和有效性进行评估和改进。

（三）完善健全制度体系

规范制度订立流程的同时从"人机环管"4个方面建立完善的制度体系。在人的方面，建立不安全行为管理、薄弱人物排查管控等制度；在机的方面，建立设备设施检查维修、重要设备、设施查验等制度；在环的方面，建立安全环境准入、隐蔽致灾因素排查等制度；在管的方面，建立安全生产责任制、危险作业管理等制度。

二、严监管，建"过筛式"安全监察预警机制

矿井高度重视安全监管工作，通过安全生产责任落实，实现矿井自管、区队自治、班组自主、个人自律，压实矿班子、专业、区队、班组、岗位、监管部门的安全监管责任，营造了"事事有人管、件件有人问"的安全监管氛围。

（一）在监管模式方面做文章

通过静态与动态、计划与"四不两直"、全覆盖与专项安全检查等形式，针对容易引发事故的重点区域、重点环节和重点时段，组织安全大检查、"区域、点数"巡查、专项检查、包保检查、薄弱时间段检查。

（二）在监管方式方面起作用

安全大检查注重"拉网式""地毯式"排查，做到全覆盖、无死角、无盲区；专项检查注重季节性、时效性，通过组织专业人员进行专项检查，达到专项整治的目的；包保检查及管理人员"区域、点数"巡查，针对薄弱地点、薄弱区域排定检查计划，加强管控；跟班安监员24小时不断线巡查，明确检查清单和安全监管重点，复查各类隐患问题的落实整改情况，重点跟踪监督不放心地点、薄弱人物和关键环节；薄弱时间段检查，主要通过组织督察小分队针对晚夜班特殊时间节点，开展安全检查。对各类检查出的问题，进行隐患风险因素分析和隐患问题定性，做到责任单位、责任人、整改期限、技术措施、验收人"五明确"，加强整改。

（三）在监管作用方面重效果

实行安全监察逆向追溯，落实重大隐患、典型性问题、安全事故责任逆向追责制度，增强监管人员素质和责任意识。针对各类检查出的问题进行阶段性总结分析，把控苗头性、倾向性问题、易改易犯问题，针对性制定管控措施，提前预判风险，指导现场安全生产。

三、严执行，建工作高效闭环机制

蒋庄煤矿注重执行文化建设，特别是针对安全工作、隐患治理等均必须形成闭合式管理，确保落实到位。

（一）明措施

创新"三督、四查"高效闭环机制。"三督"即重点督察、专项督察、常态督察。"四查"即查

立项分解、查对单推进、查通报追责、查闭合落实。"赋色督办"督重点工作。运用将临期项目挂黄色、逾期项目挂红色、完成销号项目挂绿色的方式进行直观标注，提高督察效率。"挂图作战"专项工作指针对阶段性的工作任务，采取"挂图作战"的方式，罗列各项工作项目，制作分工区域示意图，把"任务表"做成"进度图"。"对单销号"督日常工作。

（二）划红线

执行"三不推、六执行"。"三不推"即班组解决的隐患不推给区队、区队解决的隐患不推给矿井，矿井解决的隐患不推给上级部门。"六执行"即项目落实、措施落实、资金落实、时间落实、人员落实、责任落实要到位。

（三）强督导

明确每日督察任务，通过专项督办、现场督办、联合督办、跟踪督办、催办催报、定时反馈、协同协调、查后查等8种方式，加强问责考核，确保各项工作在规定期限内完成。

四、严诚信，建"不安全行为"积分考核机制

矿井以诚信文化建设为抓手，持续完善诚信奖罚机制、规范员工安全行为，开展诚信员工评比，加强不安全行为管控。

（一）实行安全承诺制度

全员根据自身安全生产责任，作出安全承诺，为讲诚信打好思想基础。

（二）不安全行为积分考核

把不安全行为按性质划分为A级严重"三违"、B级典型"三违"、C级一般"三违"、D级不安全行为（纠偏）。落实不安全行为积分警示制度。明确积分考核及标准，实行年度计分，设立"不安全行为"警戒线，实施预警积分管理。现场纠偏积1分；一般"三违"积2分；典型"三违"积6分；对积分达到6分及严重"三违"的人员给予预警提醒，同时取消其年度内各类评先树优资格。

（三）实现不安全行为管控

从源头上减少或避免生产过程中人的不安全行为，严防违章指挥和违章作业，规范程序，强化管控，超前防范，消除人的不安全因素，督促员工向诚信员工转变。

五、严教育，建安全警示教育机制

矿井注重安全理念文化引领，实施动态和静态相结合的方式构建安全警示教育机制。

（一）用安全理念凝聚员工共识

切实做到自觉遵章守纪，维护团队利益。蒋庄煤矿的安全理念是依法合规生产、智慧融合引领、科技赋能筑安；隐患就是事故、预防胜于救灾、生命健康至上；安全是企业最大的效益，安全是职工最大的福利。

（二）强化理念文化阵地建设

发挥警示教育基地的功能，定期举办不安全行为人员培训班，做到学习教育有场所；充分利用好井口安全文化长廊、井口安全大屏、安全"三基"广场、安全宣传一条街、安全站牌、井下安全生态大巷等阵地；发挥好安全广播、电视、微信群的作用，做好安全文化宣传，营造浓厚的安全文化氛围。

（三）强化安全警示教育

警示教育是安全文化的灵魂，开展安全警示教育对增强员工的安全意识至关重要。采取静态和动态相结合的方式开展安全警示教育，设立矿井安全警示教育日，制作案例警示教育片，开展"每周一案例""一岗三案例""历史上的今天"等活动，强化日常案例警示教育，全面推行事故隐患复盘制，强化专业技术分析，还原事故演变过程，用身边的事教育身边的人，找准事故诱导源头，针对性地制定纠正预防措施，增强全员风险防范意识。

六、严重点，建薄弱人物靶向式管理机制

加强对薄弱人物的管控，利用安全心理学、安全形势分析理论等，加强思想类、体质类、生活环境类的薄弱人物过程管控。

（一）发挥人文关怀作用

切实为职工办实事、办好事。从关心职工生活入手，做到夏送清凉、冬送温暖，为职工发放"安全衫""加能餐"等，逐步提升了职工幸福指数，调动了职工安全生产的积极性。发挥协管和家庭亲情帮教的作用，促进不安全行为人员的思想转变。平安家书、安全亲情帮教、当好安全贤内助、童心呼唤安全等活动，使更多的女工家属们真切感受到丈夫在井下工作的艰辛，从而对自己的亲人多了一些关心、多了一份关怀，让他们心情舒畅地上下班，用亲情的力量撑起安全的一片天。

（二）抓好薄弱人物管控

抓好思想类、体质类、生活环境类三类薄弱人物的认定。建立薄弱人员排查制度，对单位排查出的薄弱人物，安排专人与其签订安全合作协议，明确合作伙伴进行监护，对安全意识薄弱型人员、体弱多病型人员，一律不准从事井下工种作业。

（三）薄弱人物的转化

针对排查出的薄弱人物分别由党支部书记牵头，靶向式进行帮教。对未按要求进行上报、管控、建档、闭环等的责任人，严肃追责。通过精准排查，精益管控，精心帮教，切实将"薄弱人"变为"放心人"。

七、结语

本文通过对煤矿生产过程的细致分析和研究，提出了突出安全文化建设、构建安全管理机制的具体方案，并验证了其可行性和有效性。这些机制的落实，实现了煤矿安全、高效、环保的综合管控，提高了煤矿生产效率和安全水平，职工安全意识明显增强，由"要我安全"向"我要安全"转变，由"制约"向"自觉"转变。未来，我们将继续关注煤矿行业的发展趋势和变化，不断完善和创新管理机制，为煤矿行业的可持续发展贡献力量。

基于安全文化型管理的企业安全工作实践

国网天津市电力公司信息通信公司　岳顺民　吕国远　冯　涛　于晓冬　翟伟华

摘　要: 本文阐述了国网天津市电力公司信息通信公司（以下简称信通公司）围绕安全文化精神层面、制度层面、行为层面、物质层面及情感层面,深化推进安全文化建设工作,助推公司向本质安全型企业迈进的工作实践。

关键词: 安全文化型管理;安全文化建设

一、引言

习近平总书记指出,我们要坚持道路自信、理论自信、制度自信,最根本的还有一个文化自信。企业坚定文化自信,才能有坚持的定力、奋发的勇气和创新的活力。结合安全发展新格局的需求,企业安全文化在新时代舞台中发挥着更加重要的基础性作用。

安全文化型管理是安全生产管理的更高境界,信通公司秉持"以文化人,润物无声,知行合一,善治有为"的管理哲学,结合安全生产和文化融合的视角,立足工作实际,以"安全文化的'4+1'层次结构"[1]为主线,从精神层面、制度层面、行为层面、物质层面以及情感层面切入,全员在共同遵循的安全理念指引下,参与安全文化建设与安全管理工作实践,助力公司不断向本质安全型企业迈进。

二、安全文化价值体系

信通公司紧扣国网公司及国网天津电力安全文化价值体系精髓,以"安全第一、以人为本、人人尽责、遵章守纪、重在现场、事前预防、真抓实干、铁腕治安、久久为功、守正创新、安全效益、共享平安"的安全理念为前提,以"人人讲安全、公司保安全"为安全愿景,以"守护员工生命、保障电力供应"为安全使命,以"本质安全双零（零违章、零事故）"为安全目标,提出安全文化建设"1331"体系模式,即围绕"提升人员安全素质"1个核心,覆盖"领导层、部门层、班组层"3个层级,强化"立体式安全培训体系、网格化安全宣传体系、构建党建加信通特色安全文化阵地"3项举措,实现"安全责任管控"的1个闭环,助力公司安全治理水平提升。

三、安全文化助力企业安全工作实践

（一）以文化人塑安全

精神安全文化是公司安全文化的核心内容,是安全文化的灵魂和中枢,其他层次是精神层次"外化"的表现形式和结果。信通公司将文化与管理双向融合,将安全文化以润物无声的方式渗透在安全管理之中。

1. 培塑群体安全职业道德

为规避松懈大意的主观行为,培养端正的安全态度并一以贯之,信通公司例行讨论"安全为了谁",使员工深刻理解安全是为自己、为同事、为家人、为企业、为社会,安全最大及最终的受益者是员工自己。把安全管理提高至道德品行高度,任何人不能为自己或利益相关人的利益,去侵害他人的安全权益[2],遵循安全职业道德,并将其注入员工个人品德,使员工将其内化于心。在强化提升领导层、安全管理人员的安全道德素养基础上,培塑全员安全职业道德。员工以守护安全为己任,自觉防风险、除隐患,远离安全事故,以源源不断的内生动力驱动安全生产。

2. 发布"4+1"特色安全文化手册

秉持"有用、管用、实用"的原则,按照图文并茂、形神兼备的要求,组织各部门集思广益、精心策划,编制并发布了"4+1"特色安全文化手册。该手册以"安全文化的'4+1'层次结构"为主线,从以文化人、夯实制度、实干笃行、强基固本等方面切入,系统化地梳理公司安全文化建设工作脉络,明晰安全工作要点,形成了通信特色的安全工作"辞海",为员工安全工作诉求提供借鉴性和指导性依据。

（二）夯实制度保安全

制度安全文化是精神层次与物质层次的中介，既是适应物质安全文化的固定形式，又是塑造精神安全文化的主要机制和载体。

1. 坚守法律制度规程

信通公司以《安全生产法》《消防法》《网络安全法》《数据安全法》等国家法律法规为准绳，严格执行国网公司、国网天津电力制度规定，定期更新并发布信通公司的安全生产制度文件清单，保证全员遵照执行。作业现场以安全规程保驾护航，与制度规定相辅相成。做到安全管理工作刚性执行，以大医治未病的觉悟，严把严控安全生产底线。

2. 构筑安全管理机制

充分发挥安全管理机制的安全生产屏障功能，促进长效化管理。

（1）持续健全安委会运行机制。定期修订安委会议事规则，严格执行安委会会议制度、安全生产任务分工制度、考核制度等，发挥各专业分委会对专业安全问题的管理责任，提升安全管理质效。

（2）全面推进安全生产风险管理。建立覆盖各专业、各层级的安全生产风险管理体系，扎实落实风险管控及隐患排查治理双重预防机制，持续推进存量隐患"清零"，有效防范安全事故，实现"双零"安全目标。

（3）安全工作奖惩机制。坚持"精神鼓励与物质奖励相结合，行政处罚与经济处罚相结合"的原则，奖励重点向承担主要安全责任和风险的部门及班组生产一线人员和工作票"三种人"倾斜。实行安全目标管理和安全过程管控，按绩施奖、以责论处、奖惩分明。

（三）实干笃行绘安全

行为安全文化是在精神安全文化与制度安全文化指导下，人们在生产过程中所表现出的安全行为准则、思维方式与行为模式等，是精神层次与制度层次的反映。

1. 领导干部以上率下

领导干部主动担当，发挥"头雁作用"。

（1）带头先行。领导层基于公司文化型企业的整体设计，指明建设方向和路径，以上率下推动安全文化落地。公司领导带队，安监部工作人员随行，多次走访能源及信息行业安全文化建设先进企业，探索安全文化建设经验并学以致用，稳步推进全国安全文化建设示范企业创建。

（2）标准引领。聚焦标准化作业流程梳理与推广，结合各专业生产实际和作业特点，快速铺设常态化安全生产路径，深化构建安全文化环境。

（3）严苛细谨。深入开展"四不两直"等现场督察，加强作业现场安全指导，加大现场安全监督管控力度。大力推进安全文化进一线进班组，深化安全文化实践细节指导。

2. 党团骨干先锋示范

公司深耕党建引领，开启安全生产与安全文化建设新局面。

（1）打造"党建＋安全文化"先锋。通过党建主题活动的有效开展，持续实施员工安全主题教育，实现支部工作与安全文化建设有机结合。建立党员责任区，党员讲师层层包干、层层宣讲安全文化，不断丰富"党建＋安全"文化阵地精神食粮。

（2）发挥党员骨干示范"标尺"作用。党员亮身份、亮作用、亮业绩、亮精神，做到重要岗位有党员、主要骨干是党员、关键时刻见党员，激励员工生产中学先进、扬正气；

（3）集结新生代中坚力量。组织安全员和青年员工通过领学、集中讨论、互相宣讲、撰写体会等形式开展安全文化学习与宣贯，在岗位实践中创新创造，用青年安全生产示范岗带动全员踊跃投身公司安全生产工作。

3. 全员凝聚安全合力

公司鼓励每位员工以主人翁的身份发挥主观能动性，参与公司安全文化建设与安全管理工作，积跬步行千里。

（1）参与安全文化建设实践活动。安监部牵头组织各类"走出去"安全文化建设实践活动，员工主动参与，拓宽安全文化建设视野，将有利于公司安全工作的文化思想"引进来"。

（2）员工轮值讲安全。在做好本职工作的同时，鼓励员工积极承担安全文化宣教的责任。"教"是安全知识主动组织与输出，"学"是被动接受，员工讲授安全的过程也是自身成长的过程，实现安全文化宣教指数型辐射作用。

（3）5分钟安全分享。在部门或班组安全会议中设置安全分享环节，形式题材不限，一名员工分享与安全文化、安全工作提升有关的内容，其他成员从中或多或少受到启示，引发安全工作思考即达成分享效果。

（四）强基固本铸安全

物质安全文化是安全文化的表层部分，是形成其他层次安全文化的物质基础和基本条件。

1.筑路新型电力系统

部署"新型电力系统信息通信筑路者"发展体系（2023—2025），围绕新型电力系统"清洁低碳、安全可控、灵活高效、智能友好、开放互动"五大特征及数字技术支撑体系的"三区四层"的总体架构，构建以1个定位即"新型电力系统信息通信筑路者"，3个面向即面向系统、面向社会、面向生态，六大核心竞争力即开放互动海量感知力、全时全域高阶承载力、汇聚统筹深层共享力、灵活智慧协同融合力、清洁低碳多元服务力、可信安全立体防御力，五大保障即党建引领、卓越管理、本质安全、人才进阶、自主创新为主体的新型电力系统信息通信筑路者发展体系。

2.目视管理安全环境

利用形象直观、色彩适宜的视觉感知信息赋能公司安全生产工作，营造"一目了然"的安全环境。

（1）安全文化阵地。公司设置安全文化展示及培训阵地，不定期更新国家能源安全政策要求、企业安全文化理念、安全工作荣誉等，描绘公司安全文化风采；展示警示案例、先进安全人物、家庭安全观等，图形化、具象化地唤醒全员安全责任。

（2）办公区域。在工作场所播放安全生产相关视频，张贴安全宣传标语，在员工工位设置安全承诺、亲情寄语等时刻警示安全。

（3）在作业场所醒目地张贴安全规程、警示标识、安全风险告知等，做到目视化安全管理。

（五）安全有爱·e家园

情感安全义化是安全文化的内在需要，贯穿于安全文化的各层次，并对它们产生巨大的影响。信通公司以"家国情怀"为核心，通过建家、持家、兴家，培育亲情安全氛围。

1.宣教亲情安全文化

信通公司通过亲情安全文化宣教，引导员工珍视共同的家园，守护安全，就是保障我们最"稳"的幸福。

（1）公司微信公众号、微信号不定期发布e家园安全文化各类资讯，同时收集并反馈员工生产生活的诉求和个人体会，持续提供情绪价值。

（2）组织员工与家属共建，邀请家属参与安全文化知识分享、安全警示教育、安全培训等，促使"直观震撼""真实感触""深入思考""谨慎行为""本质安全"的逐步升华。

（3）依托安全文化阵地做好安全文化的普及宣贯，通过亲情安全文化知识竞赛、主题演讲等，引起员工对亲情安全文化的关注与思考，让正确的安全价值观深植于员工内心。

2.增强情感认同与归属

信通公司持续改善办公氛围，增强员工安全感、幸福感、成就感。

（1）深入基层，亲切慰问一线干部职工，针对性地策划各类节日庆祝活动，传达关心关爱，营造有真心、有情怀的良好氛围，提升员工凝聚力与向心力。

（2）制订全员强身健体计划，保证员工在工作期间得以锻炼身体，全方位地强健员工体质体魄。

（3）运用聚焦事实的透明化沟通模型——FIRE模型，依据"事实、解读、反应、结果"的逻辑顺序，围绕事实，理性达成谈话目的，实现领导层与员工层畅通交流，点点滴滴暖人心。

3.激励肯定自我保安

注重正向激励管理手段，调动员工自觉安全的主动性、积极性和创造性。

（1）有效落实安全生产奖励激励要求。科学规划安全奖励配置，加大安全奖励向一线倾斜力度，使员工从内心中不断汲取力量，形成精神支柱。

（2）激发部门与班组安全文化的自主性。鼓励部门班组将自身文化基因与公司"安全文化型管理"相融合，充分利用安全日活动组织讨论，班子成员逐一走进专责、班组讨论团，将安全文化潜移默化地入心，形成班组自主管理"内"循环模式。

（3）实施"变相"安全处罚。从关爱关怀的角度切入，实现安全惩罚的"人情化"。违规罚款用于奖励合规的员工或由团队安排交于员工父母、家人；视违章情节而定，将惩处措施改为抄写安全规章制度，规定家属参与抄写并签名，安全管理人员会与员工家属切实沟通确认；让违章员工亲属一同体验"安全事故后果"，体会亲人深陷危险中的心理感受。这些方法让不疼不痒的惩罚变为切实有效的警示，真正起到了固化员工安全生产思维的目的。

四、结语

信通公司以安全文化"4+1"层次结构为依据，

梳理公司安全文化脉络，全面稳步推进安全文化建设工作。安全文化型管理给员工"冷冰冰"的管理赋予了人文关怀，实现了安全管理的"暖乎乎"，把"软绵绵"的安全文化赋予管理刚性，实现了安全文化的"硬铮铮"。在此基础上不断创新安全生产工作思路和手段，领导层做到躬下身子、亲力亲为，一级带着一级干，引导员工自主参与安全管理与安全文化建设工作，自觉履行企业责任、社会责任。员工、班组、企业、家庭相互努力和协作，共同构建和谐幸福的安全之家。

参考文献

［1］王秉，吴超．安全文化学［M］．北京：化学工业出版社，2022.

［2］刘星．安全伦理与安全生产——解析安全伦理命题，制定"道德的"安全生产激励政策［J］．中国安全科学学报，2007，17(6)：83.

核电站"3 + 1""党建 + 安全"管理新模式

江苏核电有限公司　程开喜　陆秋生　张国彪　徐祺文

摘　要：建设企业安全文化是企业在市场经济体制下生存和发展的必要条件，安全文化可以弥补安全管理的不足，因此安全文化绝不是空中楼阁，应该与企业的安全生产实践活动紧密结合。江苏核电有限公司（以下简称江苏核电）紧密结合电力行业改革发展大局和安全管理工作的现状，主动思考、认真谋划，充分发挥党建引领作用，搭建"党建 + 安全"工作平台，形成了以"3个层级（党委、支部、党员）+1 个抓手（责任考核）"为主要内容的安全管理新模式，将制度优势转化为安全生产治理效能，为机组安全稳定运行和高质量建设提供了坚实保障。

关键词：企业安全文化；"党建 + 安全"；"3 个层级 +1 个抓手"

一、引言

安全，是社会发展和经济建设的永恒主题。党管安全工作是保障国民经济健康发展的重要举措，也是国有企业实现科学发展的有力抓手。党的十八大以来，习近平总书记对安全生产从强化责任担当、处理安全和发展的关系、健全安全生产责任制度体系、安全生产领域改革发展等多个方面发表了一系列重要讲话，深刻阐述了安全生产的重大理论与实践问题。其中，"党管安全"是习近平总书记关于安全生产重要论述的重要内容之一，为国有企业实践"党建 + 安全"工程提供了根本遵循，是促进国民经济发展、维护社会稳定的重要支柱。当前阶段，安全风险管控形势仍然严峻，通过搭建"党建 + 安全"工作平台，以提升组织力、落实力为落脚点，突出政治功能，发挥党委总揽全局、支部战斗堡垒作用及党员先锋模范作用，强化党员、群众各级安全管理人员责任落实，增强底线思维，对于做好安全生产工作具有重要意义。

二、"党管安全"主要做法

以"强化政治引领，落实责任担当"为指导思想，深入贯彻落实"安全第一、预防为主、综合治理"的安全生产方针，与安全生产工作深度融合，充分发挥各级党组织的战斗堡垒作用和党员先锋模范作用，从加强组织建设、强化政治责任、狠抓责任落实、完善考核体系、筑牢思想教育观念等方面探索出一套以"3 个层级（党委、支部、党员）+1 个抓手（责任考核）"为主要内容的"党建 + 安全"管理新模式，

如图 1 所示。

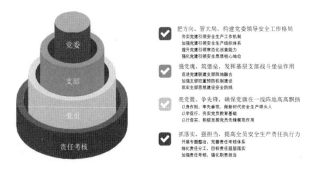

图 1　"3+1""党建 + 安全"管理模式

（一）把方向、管大局，构建党委领导安全工作格局

党委领导安全工作格局主要包括 4 个方面内容（图 2）。

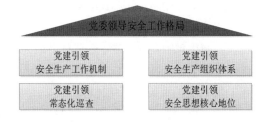

图 2　党委领导安全工作格局

1. 夯实党建引领安全生产工作机制

江苏核电党委制定《党委会议事规则》，对安全生产工作相关的重要事项实施前置研究讨论，明确党建引领安全生产的工作机制。党委会审议年度安全环保工作要点、安全质量环保责任季度考核建议方案、A 类状态报告开发、安全风险排查整治方案

等安全环保相关重要事项。同时，定期组织召开安全生产委员会等会议，集中学习上级安全会议及文件精神，听取安全生产工作情况汇报，分析安全生产形势，对公司安全生产工作进行及时部署和有力指导。

2. 加强党建引领安全生产组织体系

"党管安全"就是按照党要管党、全面从严治党的要求，明确公司党管安全责任制的主体，公司党委认真学习研究《安全生产法》《中共中央 国务院关于推进安全生产领域改革发展的意见》等文件，以党组织为依托，细化责任目标、完善责任内容，使责任制体系得以有效运转，确保安全责任、安全投入、教育培训、安全管理、应急救援"五到位"。

各党支部明确一名党支部委员分管部门安全生产工作，定期组织党支部安全生产专题会议，听取处室重要安全生产工作汇报，及时督促支部开展危险源辨识和隐患排查治理工作等内容，将安全生产管理责任向基层压实、传导。

3. 提升党建引领常态化巡察能力

江苏核电深刻领会习近平总书记关于巡视巡察工作的重要讲话精神，深入研究巡察工作机制，将"安全质量环保责任落实情况"纳入党委重点巡察范围，全面推进"大监督"工作。重点巡察范围包括：安全质量环保责任落实方面是否存在贯彻落实习近平总书记关于安全质量环保的重要讲话、指示批示精神态度不坚决不深入，落实上级单位关于安全质量环保的决策部署是否存在不扎实、敷衍应付，安全、质量、环保事故事件背后是否存在责任不到位、作风不正、腐败等问题。

4. 强化党建引领安全思想核心地位

思想是行动的先导。江苏核电党委高度重视安全思想教育工作，深知党员示范的力量，率先垂范，多次召开安全生产专题会，对习近平总书记关于安全生产的重要论述、习近平总书记在中俄核能合作项目开工仪式上的重要讲话精神等进行集中学习，弘扬和传播"生命至上、安全第一"的思想观念。同时，公司党委书记坚持在每年第一个工作日亲自走上讲台，为全体干部员工讲授安全生产专题课，号召电站每一位员工都要以高度的责任心和主人翁精神，认真对待安全工作，全面增强安全责任意识，切实落实安全生产主体责任。党委领导班子成员通过微党课的形式在各自所在支部带头宣讲习近平关于安全生产的重要论述及习近平总书记在中俄核能合

作项目开工仪式上的重要讲话精神，持续推进习近平总书记关于安全生产的重要论述入脑入心、见行见效。多措并举，逐级强化党建引领安全思想核心地位。

（二）强党魂、筑堡垒，发挥基层党支部战斗堡垒作用

基层党支部战斗堡垒作用主要体现在以下几个方面（图3）。

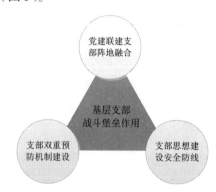

图3　基层党支部战斗堡垒作用

1. 促进党建联建支部阵地融合

一是筑牢支部安全堡垒阵地。通过党建引领，江苏核电组织各相关党（总）支部开展党建联建活动，成立"党建+"党员突击队，构建"支部联建、联督、联动"实践模式，坚持党员先行、全员共进深入开展安全生产党建联建活动。

二是各支部以党建联建的形式与上级监管单位、同行单位、协作单位开展共促安全联学联做活动，通过党员结对子、安全质量联合监督、共提合理化建议等方式，实现了合作互补、交流经验、共同提高的目的。

2. 加强支部双重预防机制建设

坚持"党建促安全"，充分利用基层党组织的组织力，将双重预防机制建设中的法律法规适用性评价工作与支部、班组进行融入和联动。首先，党支部明确支委安全责任，促进提升党支部组织力，强化党支部政治功能；其次，党员发挥先锋模范作用，组织辨识适用于本岗位的健康安全行为准则和应当遵守的安全基本标准规范，并搭建双重预防机制"安全风险/隐患排查标准条款库"，建立了公司安全管理标准规范；最后，充分宣传和带领群众，全员推动双重预防机制建设工作在公司各基层党支部、各部门的贯彻落实。

3. 筑牢支部思想建设安全防线

为增强对习近平生态文明思想和习近平总书记

关于安全生产重要论述的理解，江苏核电继续推行"党建＋安全"。结合"安全生产日""安全生产月"活动，公司党委、各党（总）支部通过理论学习中心组、主题党日活动等形式开展了包括《刑法修正案（十一）》与《民法典》涉及生产经营安全和环境保护的相关法条内容的安全专题学习；并以典型生产安全事故为案例开展安全警示教育活动，结合身边的事故和未遂事件，开展案例剖析和反思讨论。

（三）亮党徽、争先锋，确保党旗在一线阵地高高飘扬

全体党员亮党徽、争先锋具体包含以下内容（图4）。

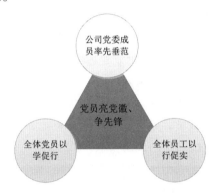

图4　全体党员亮党徽、争先锋

1. 以身作则，率先垂范，做新时代安全生产领头人

为积极发挥安全监督表率作用，江苏核电党委成员率先深入一线现场，党委书记、党委副书记每季度至少组织一次安全隐患排查，其他党委成员每月至少进行一次安全巡查，并签字记录；挂牌督办高度安全环保风险点及重要安全环保隐患，强化安全主体责任落实；深入一线跟踪高度风险作业项目，加强安全压力传导，实现上下同欲。

2. 以学促行，夯实党员教育基础

在公司党委领导率先垂范下，各支部积极展开实践，以党支部为基础，以党小组为主体，构建覆盖全体党员的党内安全生产管理模式。通过党小组"三会一课"的形式，对习近平总书记安全生产系列重要讲话精神、安全事故事件警示教育、安全技术基础知识等内容开展培训学习，强化党员在安全生产工作中的红线意识和底线思维，引导党员遵守安全规章制度，落实安全岗位职责。常态化开展"四个一"安全主题学习教育模式——一次安全专题学习、一次安全专题讨论、一次反违章安全教育、一次我为安全献策。持续推行日常及大修"党员建功立业积

分卡"制和大修先进党员评比，促进党员安全生产责任进一步有效落实。

3. 以行促实，积极发挥党员先锋模范作用

组织党员开展"亮党徽"活动，亮明党员身份，激发党员发挥先锋模范作用；打造党员示范岗、筑牢党员安全生产责任区；高中风险点区域设置处级干部支部支委负责及每月组织不少于2名党员开展现场安全检查等。广大党员冲锋在安全生产主战场、急难险重最前沿，带领全体员工增强安全意识，调动员工落实安全要求的主动性。同时，向公司全体党员发出《"党员身边无违章"安全倡议书》，发挥党员在安全文化建设方面的先锋模范作用，团结带领广大全体员工自觉遵守安全规章制度，主动接受安全管理人员和现场作业人员的监督。

（四）抓落实、强担当，提高全员安全生产责任执行力

全员安全生产责任主要包括以下内容（图5）。

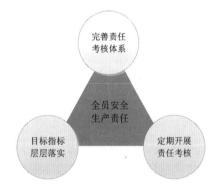

图5　全员安全生产责任

1. 开展专题整治，完善责任考核体系

落实企业安全生产主体责任，推进区域分级管理，明确电站各区域、系统和建构筑物的责任处室、责任人及相应的风险管控与隐患排查责任；建立安全质量环保隐患TOP10机制，落实严重隐患的跟踪管理督办责任；为落实安全监督责任，提高安全监督效能，探索实施"大监督"管理模式，组织整合安全、质量、环保等监督处室的监督工作，统一监督流程、平台；明晰违章管理、责任考核与追究的适用范围，加大责任考核力度，并实施承包商违章对业主连带考核，督促主体责任落实。

2. 细化责任分工，目标责任层层落实

通过梳理明晰安全生产工作责任，根据岗位的性质、特点和具体工作内容，采取员工自行修订、班组或部门讨论、安全部门核定的方法，将安全生

产责任制内容转化为具体工作事项,形成所有层级、各类岗位的安全责任任务清单;组织逐级签订《安全、质量、环保责任书》《年度党建及经营绩效责任书》,将安全生产目标指标层层分解细化,压实到每一个岗位和每一个人,实现安全责任"纵向到边、横向到底"。

3.加强责任考核,强化责任担当

安全责任不能仅仅只落实在责任书上,而是要扎扎实实落实到每一项工作中。各级负责人是本级的安全生产第一责任人,为了实现对安全生产目标和指标完成情况的动态考核,定期开展安全质量环保责任考核,对提高电站本质安全水平、重要设备安全状态、提升公司安全管理水平的事项或班组进行奖励,对突破责任目标行为、事件及违规行为进行考核,双向激励落实到个人。当对履职尽责不到位进行考核时,要求所涉处室支部成立调查组进行调查,以考核促落实。

三、实施效果

通过"3+1""党建＋安全"的分层次、多角度的研究和实践,江苏核电在公司内建立了"党委—党（总）支部—党员"三个层级和"责任考核"一个抓手的"党建＋安全"安全管理新模式,充分发挥党建职能,以党管党,以党带群,提高了公司全员安全生产履职能力,在安全生产中发挥了各党（总）支部的战斗堡垒作用以及党员同志的先锋模范作用,把党建促安全不断向纵深推进、向基层延伸,使党旗在安全生产一线阵地上高高飘扬。2022年,公司生产机组安全稳定运行、工程建设项目稳步推进,安全环保业绩指标控制有效,安全生产形势整体良好,有力保障了田湾核电基地安全质量环保形势稳定可控。

四、总结及展望

习近平总书记在全国国有企业党的建设工作会议上强调,中国特色现代国有企业制度,"特"就特在把党的领导融入企业治理的各个环节,把企业党组织内嵌到治理结构之中。实践"党建＋安全"品牌工程就是要将党建引领作用充分发挥在安全生产阵营上,坚持和加强党对安全生产工作的全面领导,积极发挥党组织的带动优势,推动党的组织建设与安全生产工作体系有机统一,将党组织带动作用嵌入安全生产工作全过程。

安全文化建设是一项长期、复杂的系统工程。人是安全文化的主体,也是安全文化的目的。安全文化建设的过程,实质上就是提高人的生活价值和工作价值的过程。因此,安全文化建设应是企业建设中的一项重点工程。实践证明,"3+1""党建＋安全"管理模式是科学的、可行的并富有成效的。通过对国内同行的调研,同行核电站的安全生产现状与田湾核电相比,内外部所面临的安全生产风险与薄弱环节大体相同,"3+1""党建＋安全"管理模式对于同行核电站具有非常高的参考和实际应用价值。但是,"党建＋"品牌的创建是一个持续培育和提高、不断接受党员和群众检验的过程,要在实践中持续坚持党对安全生产工作的全面领导,建立抓好党建品牌创建的长效机制,把"3+1""党建＋安全"管理模式不断创新发展,为实现公司科学、健康、可持续发展保驾护航。

中央企业安全文化体系建设的十大途径

深圳振华富电子有限公司 杨 琼 温宏飞 杨娟娟 赵正涛 周 杭

摘 要： 随着中央企业安全生产管理体制、机制不断发展，人们对安全文化体系建设的认识也持续加强。企业安全文化作为企业文化的重要组成部分，对企业的发展和社会的稳定都将产生深远影响。本文通过分析中央企业安全文化体系建设中的问题，提出中央企业安全文化体系建设的途径，有利于推动中央企业安全生产主体责任落实，提升员工的安全文化素养，纵深防御安全事件和生产安全事故，实现中央企业在法律和政府监管要求下的安全自我约束，推进安全生产水平持续进步。

关键词： 中央企业；安全文化；建设途径

一、引言

安全生产是企业发展最基本的要求。企业管理的方法已由单纯的制度管理进入了企业文化管理时代，即以企业整体的经营文化品格来统一企业的经营管理行为。安全文化是企业整体文化的一部分，是企业生产安全管理现代化的主要特征之一。传统的单纯依靠行政方法的安全管理无法适应社会市场经济发展的需要，营造实现生产的价值与实现人的价值相统一的安全文化是企业建设现代安全管理机制的基础。

安全文化是一定时期安全活动创造的安全生产及劳动保护的观念、行为、环境、物态条件的总和，体现为每一个人、每一个单位、每一个群体对安全的态度、思维程度及采取的行动方式。安全文化是安全生产及管理的基础和背景、理念和精神支柱，一经形成，对安全生产的影响就具有惯性和持久性。浓厚的安全文化，能促使人们在生产活动中自觉地、主动地采取安全行为，化解安全风险，保障生命安全。安全文化建设就是要不断地提升人的安全素养，创造安全基础条件，优化安全管理制度，营造良好的安全氛围。

二、中央企业安全文化体系建设的目的

中央企业在关系国家安全和国民经济命脉的主要行业和关键领域占据支配地位，是国民经济的重要支柱，是国有经济的重要组成部分。搞好中央企业的安全生产工作，对保障国民经济又好又快发展，促进全国安全生产形势的持续稳定好转具有重要意义。国务院国资委始终把安全生产工作摆在重要位置，为中央企业加强安全生产工作提供了有力指导、支持和保障。中央企业应带头统筹好发展和安全，在各自行业和领域成为安全工作的标杆和典范，彰显大国重器的社会责任和政治担当。

《"十四五"国家安全生产规划》要求：要构建社会共治安全格局，提高全民安全素质，加快推进企业安全文化建设。中央企业要切实强化安全生产思想观念，坚持人民至上、生命至上，安全生产工作坚持从零开始、向零奋斗理念，建立健全安全文化体系，以高质量安全保障高质量发展。

三、中央企业安全文化体系建设的途径

中央企业安全文化体系建设可以从以下 10 个方面展开（图 1）。

图 1 中央企业安全文化体系建设的总体模式

（一）安全理念文化建设

安全理念是安全文化体系建设的统领。中央企业在开展安全文化体系建设时，应开展安全理念文化建设，让安全理念根植于全体员工。

第一，应梳理企业历史文化、安全观念、安全

现状并进行初始评估；第二，结合行业要求、企业实际，提炼出符合企业文化底蕴的安全理念、安全愿景、安全使命、安全目标，使其易于理解记忆，具有感召力；第三，针对决策层、管理层和执行层的不同特点，进行全方位的安全理念解读，确保全体员工对本企业的安全理念具有较高的知晓率和认可度，安全意识明显增强，安全态度积极向上；第四，要定期对安全理念体系进行评估，及时更新升级，适应新的发展需要；第五，领导干部要率先垂范，体现"有感领导"，不断宣传和践行安全理念；第六，须把安全作为雇佣的必要条件，对员工的职业健康安全全过程负责。

（二）安全诚信文化建设

诚信文化是安全文化体系建设的基石。企业要不断营造直面问题、诚信履职、重视承诺的文化氛围。

一是要健全完善安全生产诚信机制，建立安全生产失信惩戒制度；二是企业主要负责人围绕安全理念作出公开的安全承诺，以上率下，推动全体员工签订安全承诺书，树立"诚信安全"的自律意识；三是企业自身要积极履行社会责任，树立良好的社会形象，打造特色"中央企业安全名片"。

（三）安全行为文化建设

行为习惯是安全文化体系建设的根本落脚点。安全文化体系建设要做到规范员工安全行为，使每个人都能意识到安全的重要性，从而自觉地约束自己的安全行为，并帮助他人规范安全行为。

一是要明确各级各岗位人员在安全生产工作中的职责与权限，细化各项规章制度和操作规程；二是要明确各级主管必须进行安全检查，明确检查内容和检查频次；三是要确保员工参与规范、制度的建立，熟知自己在组织中的安全角色和责任，熟知并理解企业的安全规章制度、岗位安全操作规程、安全技术标准、安全行为准则和规范等，并严格遵守执行；四是要引导员工理解和接受建立行为规范的必要性，知晓不遵守规范所引发的潜在不利后果，树立事故皆可预防的理念，做到"四不伤害"；五是要开展安全行为观察，对发现或员工上报的潜在不安全因素，及时纠偏和处理，对违章行为、无伤害事件进行合理处置；六是要引导员工识别岗位作业风险，排查岗位安全隐患，采取有效防范措施，自觉佩戴和正确使用劳动保护用品，熟练掌握应急处置和自救

互救等知识技能；七是要关注员工的身体、心理状况和行为习惯，加强对员工的心理疏导、精神慰藉，防范其情绪或行为异常而导致事故发生；八是要明确事故调查处理流程，做到"四不放过"，加强事故警示教育。

（四）安全制度文化建设

安全管理制度是安全文化体系建设的重要保障。安全管理制度能将安全文化所倡导的理念要求标准化、显性化，能够起到保障企业生产经营、预防事故发生、保护员工安全、维护企业形象、促进可持续发展等重要作用。

一是要建立健全科学全面的安全生产管理制度、安全操作规程及生产安全事故应急救援预案；二是对安全生产与应急管理规章制度持续改进，注重规章制度中的流程设计和规章制度之间的流程关系，并组织有效实施；三是要建立健全安全生产责任制度，领导层、管理层、车间、班组和岗位安全生产责任明确，逐级签订《安全生产责任书》；四是要定期对企业安全管理制度体系的适宜性、履行情况进行评估和修订完善，保证制度执行安全生产与应急管理等相关制度在修订过程中有员工代表参与。

（五）安全环境文化建设

安全环境是安全文化体系建设的重要载体。安全环境文化建设主要包括对安全生产环境的改善，提升企业安全可视化管理水平，建立高效的安全生产信息畅通机制，营造良好的安全氛围等。

一是生产环境、作业岗位要符合国家、行业的安全技术标准，生产装备运行可靠，在同行业内具有领先地位；二是危险源（点）和作业现场等场所要设置符合国家、行业标准的安全标识和安全操作规程等；三是要落实安全风险分级管控与隐患排查治理机制，绘制四色等级安全风险分布图并在现场显著位置进行公示；四是要对安全防护类设备设施进行维护管理，确保其安全有效；五是要针对人员特征信息、工作区域信息、设备设施状态信息等进行安全可视化管理，设置岗位安全责任卡、安全风险告知卡及应急处置卡等；六是要在车间墙壁、上班通道、班组活动场所设置安全警示、温情提示的宣传用品；七是要设立安全文化廊、安全角、黑板报、宣传栏等安全文化阵地，每月至少更换一次内容；八是要充分利用传统媒体与新兴媒体等媒介手段，

采用多种形式,创新方式方法,加强安全理念和知识技能的宣传;九是要有足够的安全生产书籍、音像资料,每年发布安全生产方面的创新成果、经验做法和理论研究宣传文案。

(六)安全教育文化建设

安全教育是推动安全文化体系建设的重要手段。安全教育文化是安全宣传教育培训的总和,是提升安全知识和技能的主要方法。

中央企业首先要制定员工安全培训和技能提升计划,建立培训考核机制,有针对性地开展培训教育,培训学时符合国家、行业有关规定要求,培训档案保存完整;第二,要传播、固化、植入安全理念,全体员工经常参与安全理念的学习与培训活动;第三,要保证从业人员100%依法接受严格的安全培训,并取得上岗资格,具有适应岗位要求的安全知识和安全技能;第四,每季度要开展不少于一次全员安全生产教育培训或群众性安全活动,每年要开展不少于一次企业全员安全文化专题培训,做到有影响、有成效、有记录;第五,要建立企业内部讲师队伍,或与有资质的服务机构建立培训服务关系,有安全生产教育培训场所或安全生产学习资料室;第六,要确保从业人员有安全文化手册或岗位安全常识手册,理解并掌握其中内容;第七,要开展全员应急演练活动和风险(隐患或危险源)辨识活动,明确预防和消除隐患的坚决态度;第八,要加强安全文化的宣传和推广,引导员工树立正确的安全价值观,结合全国安全生产月、全国防灾减灾日、消防宣传月等,积极开展特色安全文化活动,做到活动有方案、有记录、有总结。

(七)安全应急文化建设

应急管理是安全文化体系建设的重要一环。其目的是及时对突发事件作出响应和处置,避免突发事件扩大或升级,最大限度地减少突发事件造成的损失。

中央企业要按照法规、标准要求建立应急预案体系,结合企业实际建立专职或兼职应急救援队伍,定期开展全员应急教育培训,增强从业人员安全意识,提升其应急处置能力;要定期组织应急预案演练并开展演练评估工作,对演练中发现的问题和不足及时修订完善应急预案;要定期检测、维护、更新应急救援设备、设施,使其处于良好状态,确保能正常使用;要定期开展风险评估和危害辨识,并

对每次突发事件的应急处置过程进行调查评估;要对存在的问题,制定整改计划,限期整改,形成闭环管理。

(八)安全激励文化建设

持续激励是安全文化体系建设的重要动力。员工激励可以形成员工的凝聚力,提高员工的自觉性和主动性。

中央企业要营造良好的安全生产氛围,创造良好的业绩的理念,制定安全绩效考核制度,设置明确的安全绩效考核指标,把安全绩效考核纳入企业的收入分配制度;要对安全生产工作方面有突出表现的人员给予表彰奖励,树立榜样典型;要建立员工自觉监督企业生产安全的激励机制,鼓励员工积极查报事故隐患,参与隐患整治;要鼓励员工自觉维护安全权利,敢于与生产中的违法违规行为做斗争。

(九)安全全员参与文化建设

全员参与是安全文化体系建设落地的关键。只有全员参与践行,安全文化才能从口号变成落地行动,整个安全文化体系建设才具有根基。

中央企业要动员员工对企业安全生产法律法规及安全承诺、安全规划、安全目标、安全投入等落实情况进行监督;要引导全员理解并承担各自岗位安全责任,开展岗位危险源的识别和岗位安全检查,接受安全教育与培训,参与应急演练,遵守企业的安全规章制度与作业规程;组织员工参与安全方针、安全制度、作业规程的制订、修改,参加安全分享,制止不安全的行为,参与安全承诺,参与安全宣传,做兼职安全讲师,参与安全改善;鼓励员工报告发现的安全隐患与未遂事件,参与事故调查,加入安全管理组织机构。

(十)安全持续改进文化建设

持续改进是安全文化体系建设的根本方法论。只有建立了长效机制,持续优化流程,持续复盘迭代,才能真正提高工作实效,使企业的安全文化体系具备自然生长的生命力。

中央企业要建立信息收集和反馈机制,从与安全相关的事件中吸取教训,改进安全工作;要建立安全文化建设考核机制,每季度召开安全工作会议,每年组织开展安全文化建设绩效评估,分析安全文化建设的成效、问题与不足,提出整改措施并持续改进,促进安全文化建设水平的提高;要组织安全文化建设经验交流活动,对内与企业其他子文化建

设、党建等工作有机结合、相互促进，对外加强企业间的学习交流、取长补短；要对安全文化建设经验进行总结提炼，形成可复制的模式，充分体现企业特色；要积极开展安全文化品牌、模式的宣传与推广，主动发挥示范引领作用，取得社会效益或经济效益，形成较高的社会知名度和影响力。

四、结语

安全文化体系建设是一项系统工程，目的是要通过系统化、规范化的管理，不断提高人的安全素养，强化其安全意识和行为，从而使人们从被动服从安全管理转变成自觉主动地按安全要求采取行动。安全文化体系建设不能仅停留在对安全文化的宣传教育上，也不能仅着眼于局部的、个别的文化建设，而必须坚持问题导向和系统观念，从而推动安全文化体系的建设。

中央企业安全文化体系建设可从以上 10 个方面展开，核心是抓住"体系"这个牛鼻子，关键是要围绕"建设"做文章，依靠有力的组织领导、有序的工作机制、有效的推动措施来保障，不断推进安全文化体系建设工作的进步和发展。在安全文化体系建设的过程中，中央企业必须定期全面审核安全文化体系的有效性和绩效结果，确保围绕中心、服务大局，与企业的经营战略保持一致，与企业管理理念相吻合。完整、准确、全面地贯彻新发展理念，确保安全文化体系建设良性生长，保障企业高质量发展。

关于构建企业"4310"安全文化体系的研究

国网冀北电力有限公司秦皇岛供电公司　杨洪波　高云辉　黎　杰　徐　强　杜亚松

摘　要： 国网冀北电力有限公司秦皇岛供电公司（以下简称国网秦皇岛供电公司）高度重视安全生产工作，加强系统思考、大力推进安全文化建设，在全公司范围内开展安全文化体系建设活动，以实现"自我约束、自觉管理、全员负责、安全长效"为目标，探索形成了一套有特色、可复制、可输出的"4310"安全文化体系，营造出安全文化与安全管理齐头并进、党的建设与安全生产深度融合的良好局面，有效地促进了安全生产的高质量发展。

关键词： "4310"；安全文化体系；安全管理

一、电力行业安全文化建设现状

电力企业始终坚持安全生产方针和安全理念，强化安全生产管理与监督，系统推进安全文化建设，取得了阶段性成果，但仍存在一定的问题，如安全文化氛围尚未形成体系，安全文化建设存在不平衡、不充分，安全文化流于形式等问题。这些问题最直接的表现为电力企业安全管理水平依然不足，现场违章行为依然屡禁不止，人员安全意识、安全技能等不高。在此现状下，国网秦皇岛供电公司探索建立了一套有特色、可复制、可输出的"4310"安全文化体系，该体系推动了秦皇岛电力公司安全文化建设向系统性、高质量发展前进。

二、"4310"安全文化体系建设内容

国网秦皇岛供电公司积极探索创新，结合行业特点，不断加强安全文化建设，通过理念提炼、氛围营造、载体活动，发挥安全文化凝聚力量、促进管理、推动创新等作用，保障企业安全和谐稳定。2017年，从"理念、制度、行为、环境"4个维度，推动形成公司共同的安全价值观念、统一的制度体系、良好的行为习惯，打造本质安全文化。2018年，公司安监部印发《"党建＋安全生产零违章"实施方案》，充分发挥党员聪明才智和示范引领作用，切实解决公司在安全生产工作中存在的重点和难点，促进公司安全生产水平的稳步提升。2019年国家能源局组织开展"电力安全文化建设年"活动，公司经过一年的探索和尝试，最终制定了《国网秦皇岛供电公司安全文化建设工作方案》，坚持以项目化管理为抓手，开展安全文化建设"4310"工程，即紧紧围绕"4

个维度"，重点打造"3大主题工程"，全面推动"10项特色文化"落地生根（图1）。

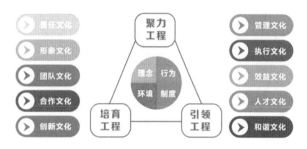

图1　安全文化建设体系框架图

（一）聚焦四个维度，提升安全文化建设水平

国网秦皇岛供电公司紧紧围绕"理念、制度、环境、行为"4个维度，着力打造共同的安全价值观念、制定统一制度体系、营造安全文化氛围、培养良好行为习惯。

1. 安全理念

安全理念是安全文化建设的基础，主要包括安全生产核心价值观、安全愿景、安全使命、安全目标、发展战略、安全行为规范等。国网秦皇岛供电公司编制《安全文化手册》，将企业科学的安全理念体系、创新的安全管理模式、先进的安全管理经验等安全文化建设成果完整、系统、形象、通俗地展示出来，坚持以人为本，打造"理念融入、共守安全"的安全理念，让广大员工普遍认同并自觉执行，形成社会效益、企业利益和个人权益的多赢局面。

2. 安全制度

安全制度是安全文化建设的核心。国网秦皇岛供电公司定期开展制度在线统计和分析评估，及时

清理、修订、整合，确保制度标准与价值理念保持一致。持续强化制度的约束力，切实通过规章制度、标准规程等"硬约束"影响员工表现，培养员工遵守安全制度的意识，提高员工执行力，使企业安全文化固化于制。

3. 安全环境

安全环境是安全文化建设的保障。利用各类媒体、文化阵地，开展多种形式宣贯传播，打造"安全第一"的工作环境和"遵守安全"的舆论环境，确保公司上下思想同心、目标同向、行为同步。将企业的安全管理理念、风格，形象系统地展现出来，使职工受情景的约束自觉地遵守安全的特定要求，规范自己的行为，达到企业安全生产的目的，使企业安全文化外化于行。

4. 安全行为

安全行为是安全文化建设的最终目的。国网秦皇岛供电公司通过安全教育培训、安全日学习、班前班后会等活动，规范员工的行为，使员工熟知、理解企业的安全规章制度、岗位安全操作规程，在作业过程中严格正确执行。通过执行安全检查、作业现场安全稽查、安全奖惩、隐患排查整治和安全生产责任制度考核等工作，对员工行为实施有效监控和纠正。

（二）打造"红色引擎"，推进三大主题工程建设

国网秦皇岛供电公司充分发挥党建引领，持续推进"党建＋安全"示范建设，以党建工作为抓手，助力"培育、聚力、引领"三大工程整体推进。

1. 培育工程

找准"结合点"，培育良好文化氛围。国网秦皇岛供电公司结合党史学习教育，总结、提炼符合公司特色的安全文化理念，建立安全文化口号与形象识别体系，将近年重大、典型、特征性强的事故案例编制成案例集和安全文化手册，并借助"党员安全示范岗""党员安全责任区"制度，开展党员带头讲安全、带头反违章活动，发挥党员表率作用。通过党建品牌拓展提升行动增强各级党组织和党员队伍服务大局的创造力、凝聚力、战斗力，营造良好的安全文化培育环境。

2. 聚力工程

聚焦"着力点"，凝聚干事创业合力。国网秦皇岛供电公司加强企业执行力建设，明确目标责任，优化管理流程，加强督察督办考核，提升企业战斗力。

组织各支部开展主题党日活动，将安全教育融入党委中心组学习、支部"三会一课"等日常组织生活，用好"党建督查单"机制，针对存在的问题进行全过程跟踪督导。做精《依托百年电力文化遗产传承百年电力文化精神》等文化项目，凝聚文化群团合力。

3. 引领工程

紧盯"关键点"，引领示范攻坚克难。国网秦皇岛供电公司突出基层导向，坚持重心下移，切实抓好安全文化落地生根的基础性工作。亮剑冬奥赛场、北戴河暑期等重大保电活动。组建"先锋·亮诺"攻关团队，开展"党旗在基层一线高高飘扬"主题活动，发挥党员服务队、党员示范岗、党员责任区的模范先锋作用，激励广大职工建功立业。

（三）特色安全文化落地生根

为确保"4310"安全文化体系落地生根，国网秦皇岛供电公司分层级、分区域开展10项特色文化建设。

1. 以"诚信敬业"为重点的责任文化

编制全员《安全责任清单》，夯实本质安全基础。开展全员安全生产承诺，逐级签订《安全生产承诺书》，实现安全生产从"全员参与"到"全员履责"，确保全员安全责任制有效落实。编制《安全生产重点任务清单》，逐级分解细化目标，统筹推进，确保高质量完成年度安全生产目标任务。

2. 以"品牌建设"为重点的形象文化

始终高度重视劳模先进选树、培育和推广工作，充分发挥劳模先进的示范引领和辐射效应。2001年，国网秦皇岛供电公司成立"电力红马甲"志愿服务队，至今已走过22年历程。2020年以来，公司共产党员服务队实施"二十四节气表""12月课程表"双表管理机制，将服务制度化常态化，25支服务队扎实架起党群连心桥。

3. 以"团结协作"为重点的团队文化

创新活动载体，按照巩固"不忘初心，牢记使命"主题教育成效相关要求，第一时间设立微课堂，开展线上线下讲"习"，与广大干部职工共同学习党的新时代思想，探讨工作中的难题，接地气、谋发展，为培育和弘扬社会主义核心价值观，传递好声音，汇聚正能量。

4. 以"互利共赢"为重点的合作文化

制定《秦皇岛供电公司重大活动电力安全保障

实施方案》，与政府部门和社会团体协调联动，长效建立"1+10"供电保障体系，确保圆满完成全国两会"两节"及中高考等重大保电任务。针对时间紧、任务重、技术要求高、危险因素多的改造工程，验收单位和施工单位党组织强强联合，全面打造坚强的、高质量的电力网络，攻坚克难、凝聚思想、鼓足干劲，全面展示电力铁军风采。

5. 以"鼓励创新"为重点的创新文化

紧密围绕安全生产重点和难点，积极组织开展职工创新创效活动，创建了变电检修室金扳手工作室、输电运检室高会民工作室、福电变电分公司许少利工作室等，取得了可喜的工作成绩。通过全面开展创新创效活动，职工队伍创先争优劲头十足，安全意识不断增强，促进了企业健康发展。

6. 以"标准精细"为重点的管理文化

深入开展风险隐患排查治理，扎实推进全国安全生产专项整治三年行动集中攻坚，从细处抓起，从源头治理，把短板补齐，统筹抓好业务范围内的全过程安全管理，切实提升本质安全生产水平。压紧压实安全生产责任，打破高质量发展瓶颈，杜绝侥幸心理和形式主义，促进公司整体安全管理水平提升。

7. 以"人尽其才"为重点的人才文化

将青年人才培养和青年创新创效活动作为重中之重，开展青年素质提升专项行动，组织开展"智慧青春学史力行"专题学习、"知行青春践行使命"主题团课、实施"扎根一线安全有我""立足岗位创新有我"专项行动等活动，常态化开展"青安先锋"青年安全生产巡查，创新推进"智慧众筹"行动，积极引导青年用青春和智慧谱写新的篇章。

8. 以"令行禁止"为重点的执行文化

各基层单位结合专业特点和业务实际，形成基层执行文化"同根生，百花放"的良好的氛围。例如，"四要四比"家规家风，"四要"是倒闸操作要腿勤、设备巡查要眼尖、设备验收要心狠、异常处理要沉着，"四比"是和变压器比团结互助，和互感器比工作协同，和避雷器比付出奉献，和录波器比又细又实。又如，"一网三防五位"安全文化，"一网"是指地区主配农网调度运行一盘棋，"三防"是指持续巩固提升电网"三道防线"建设，"五位"是指调控核心专业五位一体共铸电网安全。

9. 以"降本增效"为重点的效益文化

在电网调度现场，调度员通过合环倒电实现电网不停电的负荷转供，减少用户的停电次数和停电时间，从而提高供电可靠性。在检修预试现场，盯细节、抓规范，狠抓设备检修作业提质增效。在基建施工现场，加强施工人员安全教育，制定严密的施工工序衔接方案，采取有效的安全措施。在营销服务现场，政企群众密切协作，优化流程，确保工作有序推进。

10. 以"关爱员工"为重点的和谐文化

贯彻"我为群众办实事"工作安排，整合资源、补齐短板，在办公、用餐、培训、健康等方面提供更加优质的服务，为职工营造舒心的环境。助力打造小公寓、小食堂、小浴室、小书屋、小菜园"五小"供电所，改善生产生活条件、优化供电服务功能，激发基层一线工作热情。

三、"4310"安全文化体系建设成效

（一）思想转变，企业氛围彰显活力

通过特色安全文化渗透、典型引领、参与实践等多种方式，安全文化深入人心，并外化为员工行为规范，潜移默化地发挥了导向定航的重要作用，员工更加坚定了信心和决心，共同为企业发展而努力奋斗。

（二）制度完善，安全体系初建完成

编制安全管理手册、专业程序文件、工区班组风险管控文件等体系文件，综合运用风险理论、"PDCA"方法，健全了自我约束、自我完善、持续提升的安全管理内控机制，推动了安全生产向规范化、科学化、系统化、标准化发展。

（三）融入见效，示范创建成果显现

在特色安全文化实践引领下，将党建和安全深度融合真正植入意识里、落实到行动上，一步一个脚印地建立起企业安全文化落地渠道和传承载体，推动了安全生产目标的实现和安全管理的提升。

（四）行动呈现，队伍素质明显提升

通过凝练岗位精神、树立载体标杆、辅导推进计划等，推进特色安全文化的卓越实践，将安全理念转化为员工的信念、行为习惯，员工行动初步呈现出从"要我安全"到"我要安全，我能安全"的转变。

四、结语

自2020年开始，"4310工程"在国网秦皇岛供电公司全面推广，各单位借鉴工程项目管理里程碑计划管控模式，按照立项、设计、实施三个阶段组织落实，收到良好效果。在此期间，公司荣获"省级

安全文化建设示范企业""2022 年度全国电力安全文化精品工程""全国文明单位"等荣誉称号。"4310"安全文化体系为秦皇岛电力公司营造了浓厚的安全文化氛围，提升了安全文化软实力，推进了公司和员工的本质安全，有效促进了安全生产高质量发展，为其他电力行业提供了安全文化建设的宝贵经验。

参考文献

［1］胡阳升.电力企业安全文化评价指标体系研究[J].企业技术开发,2016,35(07)：89-91.

［2］潘军.加强电力企业安全文化建设探析[J].中国电业,2020,(07):56-57.

［3］李文庆.谈企业安全文化建设[J].班组天地,2022,(06):32-33.

［4］孟凡驰.安全文化：施工企业如何做好安全文化建设[M].长春：吉林人民出版社,2015.

［5］广东电网有限责任公司东莞供电局.供电企业安全文化建设探讨[M].武汉：武汉理工大学出版社,2016.

四川省旅投集团清单安全文化管理模式

四川省旅游投资集团有限责任公司　植志刚　黄广瑞　姚武英　牛占乐　晏成竹

摘　要：四川省旅游投资集团有限责任公司（以下简称四川旅投）在建立风险分级管控和隐患排查双重预防机制和安全生产清单制管理体系的基础上，基于标准创建清单，基于考核落实清单，基于实际优化清单，构建清单安全文化，营造清单安全文化氛围，为集团实现隐患整改归零、管理漏洞整改归零、风险管控到位"双归零、一到位"提供了新的方法论，进一步巩固了四川旅投长期安全生产零事故的良好局面。

关键词：四川省旅投集团；安全文化；安全管理；清单

一、清单安全文化建设的目的

四川旅投作为国有资本投资公司，重点发挥文旅产业转型发展平台、文旅资源战略整合平台、国有资本文旅投资平台"三大平台"作用，构建形成酒店、景区、航空旅游、商汇物业、文化体育、大健康等六大板块，下属全资、控股企业共 200 余户，职工总数 1 万余人，在日常安全管理过程中，存在一些亟待解决的难点和痛点问题，具体表现在以下 5 个方面。

（1）四川旅投生产规模大、地域分布广，下属企业分布在以四川省为主的全国各地，点多面广，各企业所在属地安全管理规范、要求不一，统一集约安全管理难度大。

（2）四川旅投下属企业业务内容既涉及建筑施工、矿山、交通运输等高危行业，又涉及酒店、景区、养老机构等人员密集场所，还包括物业、信息产业、教育、旅行社、康养等一般行业，安全风险性质复杂、多样，安全管理行业壁垒突出。

（3）安全管理人员系统性培训不足，技术水平参差不齐，集团仅有三名省、市安全行业专家，专家型、综合型安全管理人员、技术人员缺乏。

（4）劳动用工多样化，尤其是第三产业从业人员流动性大，安全意识和素养不高、自主保安意识不强，其违章操作还时有发生。

（5）个别企业主要负责人对安全管理工作尤其是安全文化建设工作的认识不到位、理解不充分，注重经营效益，弱化安全生产，集团安全管理工作在一定程度上"上热中温下凉"。

针对以上在安全管理中存在的问题，四川旅投以安全经营的本质特征规律为基础，以安全经营活动内容为对象，在建立《安全生产清单制管理体系与风险分级管控和隐患排查治理双预控清单体系（2.0 版）》的基础上，以"基于标准创建清单，基于考核落实清单，基于实际优化清单"为指导思想，总结安全管理经验、分析安全管理现状、学习先进管理理念，创新"三张清单"管理模式，并在全集团推行，形成以"三张清单"为核心的清单安全文化，有效地解决了安全生产红线意识不强、安全责任不清、安全措施不严等现实问题，有效地调动了集团全员参与安全生产工作的主动性和积极性，形成具有四川旅投特色、全员共同认可、具有强大穿透力的清单安全文化。

二、清单安全文化的主要做法

阿图·葛文德在《清单革命》一书中，将人的错误分为"无知之错"和"无能之错"。"无知之错"往往是因为我们没有掌握正确知识而犯下的错误，"无能之错"往往是因为我们掌握了正确知识，但没有正确使用而犯下的错误。

为有效避免和杜绝安全管理工作中的"无知之错"和"无能之错"，四川旅投基于作业条件风险性评价法（LEC 法）和风险矩阵分析法（LS 法）自下而上针对生产现场作业活动、物的不安全状态、人的不安全行为、环境的不安全因素开展全面风险排查、辨识，找出现场所有隐患，并按照风险隐患可能导致的事故类别、事故可能性、后果严重性进行分级分类，形成《风险隐患分级分类清单》，明确风险隐患场所位置、风险点和危险源、风险隐患类型及表现形式、管控等级等内容，有效地解决了安全生产领域"认不清、想不到"等突出问题，避免安全管理人员、现场作业人员犯下"无知之错"；按照事故隐患整改、安全风险管控难易程度和紧急程度，形成《风险管控和隐患治理轻重缓急清单》，明确已辨识出的风险和隐患现有管控措施、风险管控和隐患整改措施计划内容及轻重缓急的综合程度，实现利用有限的人力、物力、财力抓重点、抓要害，解决关键环节、关键部位、关键岗位的问题，强化"靶向治疗"，避免新风险、新隐患出现时应对混乱，杜绝"无能之错"。按照事故隐患整改、安全风险管控的责任主体，明确各项风险、隐患的主体责任人、监管责任人和岗位责任人，形成《风险隐患责任清单》，进一步明晰责任、降低沟通成本、提高效率，减少工作失误和推诿扯皮。

"三张清单"以双重预防体系相关标准规范为依据，各有侧重又互相补充，以简洁明了的方式精准辨识事故隐患和安全风险，科学治理事故隐患，有效管控安全风险，达到主动事前防范、精准预防的目的，取得了良好效果。在实际工作中通过 PDCA 循环，不断完善"三张清单"，促进清单安全文化的持续改进，重点开展了以下方面的工作。

（一）加强交流学习，提升专业内涵

为进一步发挥集团现有行业专家和安全工程专业技术人员的支撑作用，四川旅投安委会统筹负责收集各下属企业的"三张清单"，并进行梳理、总结、归纳，统一印发，供相近行业企业互相参考、学习、改进，做到清单安全文化共建、经验共享。例如，集团物业、酒店、景区等行业企业均涉及餐饮，可互相借鉴安全清单建设和清单安全文件创建经验，同时由集团常态化组织开展交叉检查，通过"以检促学、以学促改、以改促进"的工作方式，督促各单位"三张清单"管理人员自觉加强学习，提升专业能力，进一步有效地辨识本单位各岗位工作中可能出现的安全风险与事故隐患，并引导本单位内部员工积极采取隐患治理和风险消减、防控措施，以点带面全面提升安全管理和"三张清单"创建水平。

（二）加强教育培训，注重整体提升

在安全生产人、机、环境三要素中，人是最活跃的因素，同时也是导致事故的主要因素，人不仅是安全管理的主体，而且是安全管理的客体。四川旅投清单安全文化建设的核心就是坚持以人为本，全面培养、教育和提高人的安全文化素质，使其完全

符合安全生产工作规律，通过线上、线下多种形式开展清单安全文化的教育培训，不断增强全员对"三张清单"的个人响应与情感认同，潜移默化地影响整体对清单安全文化的认识、价值取向和行为准则。

（三）严格目标考核，强化文化渗透

四川旅投将"三张清单"纳入各单位年度安全目标考核范畴，通过建立"横向到边，人人有责任；纵向到底，层层抓落实"的全员安全责任制，签订全员安全生产目标责任书，压实"三张清单"创建、运行、改进责任，确保安全管理链条清晰完整，并定期对各单位"三张清单"的管理工作进行考核，根据考核结果，正面树典型、传经验、重奖励，反面定措施、补短板、严鞭策，在不断强化清单安全文化渗透力、影响力的同时，推进落实全员广泛参与、分工合作、协同管控，形成安全生产你追我赶、力争上游的生动局面。

三、清单安全文化的实施效果

（一）安全生产履职能力不断提升

通过清单安全文化的推广实施，"三张清单"将安全生产责任分层分级、到岗到人，逐步厘清安全生产各方责任，将安全生产责任落实到最小工作单元，培育全员按规矩办事、按流程作业、按标准操作的思维习惯和行为习惯，从根本上解决安全生产工作"谁来干、干什么、怎么干"的问题，有力推动各层级安全生产工作的主动性，为全员落实安全责任、采取安全措施提供有力的依据，集团下属单位对安全生产工作的重视程度、安全管理的效能以及事故风险防范的能力都有了显著提升。

（二）员工安全意识不断增强

通过清单安全文化理念的宣传，对企业内部风险管控和隐患治理实行动态管理，让全体员工参与安全生产工作当中，提升了各岗位员工尤其是新入职员工对安全生产工作的理解和认识，使各层级、各岗位从业人员清楚掌握岗位安全职责和岗位作业安全要求，掌握如何"做安全的事，安全地做事"，在消除自身不安全行为的基础上，持续消除隐患、管控风险，从而不断改善安全生产状况，提高员工整体安全风险防范能力和应急处置能力，营造了良好的安全文化氛围。

（三）安全生产创新能力不断提升

基于清单安全文化，不断激发集团下属企业更多的积极安全行为，集团下属单位以安全管理水平

和风险管控能力为主要标准,开拓思路、勇于创新,安全生产工作成果不断涌现,目前已完成《建筑施工安全生产标准化管理指引》《安全文明标准化图集》《业主项目部安全文明施工标准化管理手册》《景区安全管理指引》《酒店安全检查工作手册》等5项引申成果,圆满实现四川旅投清单安全文化"本部有试点、二级有行动、三级有特色"的预期效果,为集团的安全发展注入新的生机。

四、结语

四川旅投通过创建实施清单安全义化,不断提升安全履职能力、设备安全运行能力、风险防控能力、员工个人防护能力和应急处置能力,切实增强了安全管理的主动性、积极性和创造性,推动健全安全管理工作自我约束、自我纠正、自我提高机制。下一步,四川旅投将依托现有"数字旅投"信息化平台,推动形成点位风险信息库、点位隐患排查内容库、隐患治理标准库,提升安全管理工作的有效性和针对性,开创清单安全文化发展的新局面。

参考文献

[1] 王晨曦.国有企业强化安全文化建设的对策和建议 [J].中文科技期刊数据库(全文版)社会科学,2023,(7):0091-0094.

[2] 李艳哲.企业安全文化建设与安全管理体系运行的分析 [J].冶金管理,2019,(2):100.

大型水电工程安全文化建设思考与实践

国能大渡河金川水电建设有限公司 王俊淞 段 斌 王海胜 代自勇 陈林峯

摘 要：水电工程作为国家能源建设的重要一环，对于社会经济发展和人民生活水平提高具有重要意义。然而，水电工程也是一个高风险行业，其安全生产问题一直备受关注。如何通过加强水电工程安全文化建设，提高安全生产水平，是当前水电工程参建各方面临的重大挑战。本文根据某大型水电站安全文化工作开展的实际情况，对水电工程安全文化建设的意义、水电工程安全现状、水电工程安全文化建设及持续开展的内容和措施等方面进行探讨，为同类项目开展安全文化建设提供了参照模式。

关键词：水电工程；安全生产；安全文化；建设措施

随着社会经济的发展和人民生活水平的提高，水电工程建设已成为国民经济和社会发展的重要组成部分。然而，在水电工程建设过程中，安全问题一直是制约其发展的瓶颈。水电工程安全文化建设的提出，旨在通过增强工程建设的安全意识和提高其管理水平，保障水电工程建设的安全稳定发展。

一、安全文化建设的意义

安全文化是指一个组织或个体对于安全问题的态度、认知、行为和价值观的总和[1]。水电工程安全文化建设的目的是通过强化员工的安全意识，规范员工的安全行为，推动水电工程安全生产工作的持续发展。具体来说，水电工程安全文化建设的意义包括以下几个方面。

（一）增强员工安全意识是水电工程安全文化建设的核心

建设安全文化，可以使员工充分认识到安全生产的重要性，增强员工的安全意识，使其自觉遵守各项安全规定，减少事故的发生。为了实现这一目标，企业需要加强对员工的安全教育和培训，使员工了解水电站的安全知识和操作规程，增强员工的安全意识和提高操作技能。

（二）规范员工安全行为是水电工程安全文化建设的重要内容

通过安全文化的建设，企业可以使员工了解和掌握正确的安全操作规程，规范员工的安全行为，减少因操作不当导致的安全事故。为了实现这一目标，企业需要加强对员工的安全操作培训，使员工掌握正确的操作方法和技巧，避免操作不当导致的安全事故。

（三）提高安全生产水平是水电工程安全文化建设的最终目标

通过安全文化的建设，企业可以提高水电工程建设和管理单位的安全生产水平，保障员工的生命财产安全，提高企业的经济效益和社会形象。为了实现这一目标，水电工程项目管理单位需要加强对水电站的安全管理和监督，建立健全安全管理制度和监督机制，确保各项安全措施的落实，提高水电站的安全稳定运行水平。

二、水电工程安全现状分析

当前，水电工程安全生产形势不容乐观。据统计，全国每年水电工程建设和管理单位违规操作导致的事故频发，给人民生命财产安全带来严重威胁。造成这种现象的原因是多方面的，主要包括以下几点[2]。

（一）一线作业人员安全意识淡薄

很多一线员工对安全生产的重要性认识不足，存在侥幸心理，对于安全规定和操作规程不认真执行，加之施工现场作业环境复杂，多有地下洞室、爆破作业、深基坑、高边坡等危险作业，施工环境条件差、交叉作业多、劳动强度大，在个人劳动技能和安全意识不足的情况下很容易导致安全事故的发生。

（二）安全培训不到位

很多施工单位对一线作业人员的安全培训不到位，员工缺乏必要的安全知识和操作技能，操作不当会引发事故。而当前水电工程建设施工人员仍以农民工为主,他们大多没有接受过正规的专业教育和培训,缺乏应有的安全技术知识,个人劳动技能和安全防护意识较差。水电工程建设工序多、工序转换快,各工种之间分工明确,不同建设时期施工人员构成和数量各不相同,这就决定了施工人员流动性比较大,安全培训难度也随之加剧。

(三)安全氛围不浓厚

当前大多数水电施工企业作为计划经济体制的一部分都是被动进入市场经济的,其安全管理缺乏浓厚的文化底蕴作为基础,一些项目实施单位的安全管理制度不健全,存在管理漏洞和执行不到位的问题,从而导致安全生产工作无法得到有效保障。

针对以上问题,加强水电工程安全文化建设显得尤为重要。通过安全意识教育、完善安全管理制度、加强安全培训等措施,形成自上而下"要安全"的良好氛围,企业可以有效地提高水电工程的安全生产水平。

三、水电工程安全文化建设的内容和措施

为解决水电工程安全管理中存在的难点,国能大渡河金川水电建设有限公司(以下简称金川水电)在总结行业安全文化建设经验的基础上[3-6],结合水电项目的特点,从以下几方面开展安全文化建设工作。

(一)施行安全承诺

建立内容完整、明确的安全理念、安全方针,并在醒目位置进行公示。每年年初,结合公司实际,金川水电制定安全理念内容完整、明确的年度安全目标,并分解到各部门及各参建单位,定期检查考核。健全安全责任制,进一步完善岗位安全生产责任制度,横向到边,纵向到底,一岗双责,党政同责,全员参与。每个季度对各岗位的履职情况进行检查、考核,并建立、保存检查考核记录。逐级签订安全承诺责任书。根据公司管理规定,金川水电与公司各部门及各参建单位签订安全承诺责任书。

(二)完善安全制度

完善制度、安全操作规程,根据安全生产、职业病防治相关法律法规,不断完善安全生产、职业病防治管理制度。补充、完善安全生产责任制管理、风险分级管控和隐患排查双重预防机制管理、安全生产信息化管理等管理制度。根据相关标准规范修订安全操作规程,并发放到各岗位及各参建单位,对员工进行培训,使各岗位人员掌握安全作业要领,规范其作业行为,有效控制不安全行为。

要求全体岗位全员参与,对设备设施、作业活动、作业环境及管理缺陷进行全方位辨识、评估和控制,形成风险辨识、评估和控制清单,根据评估级别和控制要求实施分级管理。制定隐患排查治理工作方案,并根据方案组织实施隐患排查,定期开展综合安全检查、专业安全检查、季节性安全检查、节假日安全检查和日常检查。对排查出的隐患按隐患治理工作要求,明确整改措施、责任单位、时限、资金和应急措施,切实做到"五落实",并实施闭环管理。

(三)打造安全环境

根据国家规定的职业安全健康标准优化生产环境、作业岗位。在产生粉尘的区域设置收尘设施,产生噪声的区域设置隔音设施,设备裸露的转动部位设置防护罩。每年定期委托职业卫生检测机构对作业场所的职业危害因素进行检测,并公示检测结果。在危险源、危险点和存在较大风险场所设置针对性的安全警示标志、标识,安全操作规程和应急处置措施等在作业现场公示。在车间墙壁、上班通道、班组活动场所等设置醒目的安全警示、温馨提示等。

利用信息化管理手段,借助LED多媒体、微信、宣传册等传播手段,常态化播放法律法规、安全常识、事故警示、榜样事迹、实践经验等内容。在主要施工区域设立安全文化廊、安全角、宣传栏等员工安全文化阵地,并每月更换一次内容。完善内外部安全信息沟通机制。落实责任和责任人,使全员共享安全信息,促进安全生产。

(四)规范安全行为

主要负责人、安全管理人员持证上岗。按照安全生产法律法规要求,金川水电主要负责人和安全管理人员均参加专门培训取得当地应急部门颁发的合格证,并每年参加复训,施工单位特种作业人员需经专门培训取得资格证。

建立"三违"行为管理制度,对施工人员作业行为实施有效监控和纠正的方法。教育施工人员保持良好的行为习惯,按岗位安全操作规程作业,做到不伤害自己、不伤害别人、不被别人伤害的"三不伤害"。主动关心项目安全生产工作情况,对任何可能的不安全问题有质疑的态度,对任何事故苗头保持警觉并主动报告。

(五)开展学习培训

完善安全生产教育培训制度。根据国家安全生

产教育培训相关规定，制定安全教育培训管理制度，制定符合生产实际的教育培训计划，定期开展全员安全生产教育培训活动。建立教师培训服务关系，每年聘请省应急管理厅、水电行业专家进行安全知识专题讲座，利用外部师资力量培训公司员工全面提升安全知识、安全技能。运用主动联系地方应急管理部门开展持证培训等方式开展全员安全教育培训。

开展多种形式的安全宣传培训。每年安全月活动期间开展安全知识竞赛、"我是安全员，查找身边的安全隐患"、消防月消防安全知识竞赛、安全技能竞赛等活动，充分激励员工从"要我安全"向"我要安全"转变。可运用建设体验馆等方式，通过让员工实际体验来增强安全意识。

（六）落实激励制度

完善安全绩效评估系统，强化责任追究和激励机制，预防和减少事故发生，保障员工身心健康。对违章行为、无伤害和轻微伤害事故采取以改正缺陷、吸取经验、教育为主的处理方法。对有违章行为的人员涉及的无伤害和轻微伤害事故进行通报，让违章人员和其他人员改进缺陷、吸取经验，以教育为主的处理方式让员工增强安全意识、提升安全技能水平。树立榜样，比学赶帮，开展履职评比，年度开展安全生产优秀集体及个人评选活动，以表彰在安全方面有突出表现的人员和集体。

（七）带动全员参与

全面落实全员参与的安全机制。通过职代会对员工职业健康安全保障情况和安全、健康、消防工作规划进行审议，员工代表参加每季度的安委会会议和安全生产专项会议，及时反映基层员工的安全需求和反馈生产现场的安全情况。建立员工参与安全事务的相关制度，在工程管理部门配置安全员，且安全员可参与安全管理的各项工作。建立施工作业安全观察和安全报告制度，施工单位班组安全员对作业人员的施工过程进行现场监管，发现问题及时提醒和上报。

（八）持续总结改进

建立内部沟通和信息质量控制程序，规定信息收集部门和信息管理部门将收集到的信息进行统计分类处理，同时通过网络信息平台（OA）、电子媒体（如微信安全工作群等）、安全生产会议、班组会向全体员工及相关方传递这些信息。将经验教训、

改进机制和改进过程的信息编写到企业内部培训课程或宣传教育活动的内容中。定期对学习成效进行评估，找出在培训内容中需要提升的方面，在下一次培训中吸取以前的经验教训，不断提升培训效果。

每年对安全文化建设的成效进行评审，对照各地安全文化建设示范企业评价标准逐条对标打分，对审核中发现的不符合项，根据安全缺陷的优先次序，落实责任部门与人员按时整改。

四、结语

安全文化建设是提高水电工程安全生产水平的重要途径。本文选取了金川水电安全文化建设开展内容进行分析，通过加强制度建设、宣传教育、监督检查等措施，实现了工程建设的安全、高效、优质，有效地营造水电工程的安全生产文化氛围，可以为建设行业的安全文化建设提供借鉴和参考。然而，水电工程安全文化建设仍存在一些问题，如缺乏统一的水电工程安全文化评价体系、宣传教育不够深入、监督检查不够严格等。因此，需要进一步加强水电工程安全文化建设，增强水电工程建设的安全意识和提高安全管理水平。建议制定更加详细的水电工程安全文化建设标准和规范，加强宣传教育，完善监督检查机制，推动水电工程安全文化建设的深入发展。同时，安全文化建设需要全体员工的共同参与和努力，只有形成全员参与、全面推进的局面，才能推动水电工程安全文化的深入发展。

参考文献

［1］刘恒林，宋瑞.电力工程安全管理体系的探究与分析［J］.企业管理，2018，（S2）：168-169.

［2］李丹锋，苟开海.大中型水电工程安全文化建设的探索与实践［J］.四川水力发电，2009，28(05)：143-145+151.

［3］曹志金.水电企业安全文化建设的探索与实践.中国安全科学学报［J］.2021，31(S1)：92-95.

［4］赵鸿昌，段乾坤，巴岩.在建水电工程安全文化示范企业创建的实践［J］.云南水力发电，2021，37(02)：130-131.

［5］李建平.水电施工企业安全文化建设初探［J］.四川水利，2012，33(06)：52-54.

［6］宋四新，张贵华，任庆祝，等.大型水电工程安全文化建设的问题与对策［J］.中国安全生产科学技术，2017，13(S2)：194-196.

以安全文化建设全面助力安全管理水平提升

中国电力工程顾问集团东北电力设计院有限公司　郑凯铭　毕　峰　万里宁　邢继航　李艾择

摘　要： 安全管理是第一管理、第一品牌、第一生产力，也是校验企业管理水平高低最重要的标尺。近年来，中国电力工程顾问集团东北电力设计院有限公司（以下简称东北院）以习近平新时代中国特色社会主义思想为指导，深入宣传贯彻党的二十大精神和习近平总书记关于安全生产的重要论述和重要指示批示精神，坚持人民至上、生命至上，紧盯"零死亡、零缺陷、零伤害"三零目标，聚焦电力行业安全，持续加强安全文化建设，助力企业安全管理水平提升。

关键词： 安全管理；文化建设；电力；水平提升

一、引言

安全文化是个人和集体的价值观、态度、能力和行为方式的综合产物，是凝聚人心的无形资产和精神力量，是企业实现可持续发展的灵魂和推动力，是员工精神、素质等方面的综合表现，是企业管理和发展的基础。研究表明，企业安全文化现状与安全管理状况具有一致性，安全管理水平较好的企业，安全文化建设质量也相对较高[1]。东北院作为新中国第一家电力勘察设计企业，以安全文化建设为核心，不断改进、提升自身安全管理水平。

二、以安全生产教育培训为抓手，筑牢安全生产意识

培训不到位是最大的安全隐患。国务院安委会发布的《国务院安委会关于进一步加强安全培训工作的决定》（安委〔2012〕10号）及原国家安监总局《关于进一步加强安全培训监督检查工作的意见》（安监总培训〔2012〕57号）均强调"安全培训不到位是重大安全隐患"。

安全生产教育培训是预防事故发生的重要举措，旨在提高人们对安全意识和安全知识的认知，促使人们更加重视和关注安全问题。同时，优秀的安全文化氛围才能为安全教育培训提供良好的环境。

安全生产教育培训是安全生产管理工作的重要组成部分，是实现安全生产的基础性工作[2]。东北院每年制订安全培训计划，在常态化进行安全教育的基础上，针对新业务、新区域开展定制化培训，全面筑牢安全生产防线。通过系统的培训课程，东北院不仅关注各个岗位和工种的特殊需求，更确保培训内容与实际工作相契合，以提升培训效果。

开展针对性的安全培训，职工能够清晰了解和掌握在工作环境中应遵循的安全准则和操作流程，这不仅有助于降低操作中的潜在风险，还为员工提供了一种规范和标准，从而使员工在工作中保持高度警觉和正确的安全行为。此外，东北院还通过事故案例分析的培训方式，为员工提供了宝贵的经验教训。通过深入研究过去发生的真实事故案例，员工能够深刻认识事故发生的原因，从而增强了工作中识别和应对潜在风险的能力。

优秀的安全文化氛围是安全教育培训取得成功的关键。公司通过积极倡导员工参与安全活动和讨论，努力将安全意识融入日常工作中，鼓励员工在培训课堂外，将所学知识运用到实际工作中，从而形成积极的安全行为习惯，同时公司将进一步加强安全生产教育培训工作，不断完善培训内容和方式，引入更灵活多样的培训形式，如VR模拟演练，以更好地满足员工的学习需求。

三、构建双重预防机制，防范生产安全事故

国务院安委会办公室2016年4月印发的《标本兼治遏制重特大事故工作指南》提出了"构建安全风险分级管控和隐患排查治理双重预防性工作机制"[3]。

2021年6月10日，伴随第十三届全国人民代表大会常务委员会第二十九次会议表决，双重预防机制被正式写入了修改后的《中华人民共和国安全生产法》。

通俗来讲，双重预防机制是构筑防范生产安全

事故的两道防火墙。第一道是管风险，以安全风险辨识和管控为基础，从源头上系统辨识风险、分级管控风险，努力把各类风险控制在可接受范围内，杜绝和减少事故隐患；第二道是治隐患，排查风险管控过程中出现的缺失、漏洞和风险控制失效环节，整治失效环节，动态管控风险。安全风险分级管控和隐患排查治理共同构建起预防事故发生的双重机制，构成两道保护屏障，有效遏制了重特大事故的发生。

东北院定期召开安全生产风险分析会议，阶段性整理、分析、总结公司安全生产风险，并针对下一阶段可能产生的安全生产风险讨论分析，逐步形成了风险动态反馈、安全逐步提升机制。隐患排查治理过程中，东北院在常规安全检查基础上提出"QHSE 巡查机制"，由 QHSE 部与公司内部专家针对项目开展不定期巡查工作，并通过"短、平、快"巡检，在不打扰现场工作的基础上，直击项目一线。

开展安全风险分级管控和隐患排查治理机制是保证公司生产安全的重要举措，相关部门应明确安全生产责任，科学开展风险辨识工作，准确把握管控措施，坚持风险预控、关口前移，把风险控制在隐患形成之前、把隐患消灭在事故前面。

四、建立安全激励机制，激发安全工作积极性和主动性

激励是指激发员工的工作动机，即使用各种有效的方法去调动员工的积极性和创造性，使员工努力去完成组织的任务，实现组织的目标[4]。安全激励机制是通过奖励和激励措施，让职工对安全工作产生积极的动力和意愿。它能够提高员工对安全的认知和重视程度，增强员工安全工作的主动性和责任感。通过建立安全激励机制，东北院逐步形成良好的安全文化，有效地预防了事故的发生，提高了工作效率和质量。

安全激励机制作为一种积极的推动力量，通过奖励和激励措施，旨在激发员工对安全工作的积极性和责任感，进而强化员工的安全意识和行为。为确保安全激励机制的有效实施，东北院不断完善相关规章制度，以规范的安全考核和奖惩的程序建立公平、公正、透明的激励机制。

在安全激励机制中，东北院特别注重对个人和团队的认可和奖励。针对安全管理和事故预防方面表现优秀的个人和团队，给予丰厚的奖励和荣誉，以激励职工在安全工作中不断创造卓越成绩。这种正向的激励方式不仅增强了员工的工作动力，也进一步加强了员工对安全工作的主动性和责任感。

与此同时，东北院鼓励员工积极提出安全改进建议，为安全管理提供更多的智慧和创新思路。东北院倾听员工的声音，重视员工建议，并积极落实可行的改进措施。开放式的沟通和合作模式，不仅增强了员工的参与感和归属感，也进一步提高了东北院的整体安全管理水平。

五、智慧安全助推企业安全管理现代化

科技赋能，是将智能化技术作为企业落实安全管理工作重要工具，着力推进安全管理精准化、系统化、智能化及标准化，增强安全管理的预见性、高效性和协同性，以加快建立健全安全监管与项目现场全域联动、立体化信息化的安全管控体系，为全面助推公司安全管理现代化水平提升提供了重要支撑。

2023 年，东北院全面启用安全管理平台，实现了安全目标、教育培训、现场管理、风险分级管控、隐患排查治理、应急管理等数据的全面数字化管控。通过数字化平台的应用，基础数据的一键生成及多源数据的可视化分析成为现实，从而为事故预防和管理决策提供了有力支持。

安全管理平台的全面应用，使得各项安全管理工作的信息化和数据化水平大幅提升。通过平台的集成和分析，东北院能够全面了解安全目标的实时进展情况，及时进行教育培训的规划和实施，精准管理现场工作的安全措施，实现风险分级管控的精细化管理，全面排查和治理隐患，高效应对各类突发应急情况。这种智慧安全管控使得安全管理工作更加科学、精细、高效。

安全管理平台的引入也推动了东北院内部各个部门和岗位之间的信息共享和协同工作。不同部门和岗位的数据可以在平台上进行实时传递和交互，从而实现了全面协同管理和资源共享。这种协同性的提升为公司安全管理的整体效能提供了巨大的提升空间。

东北院致力于通过科技赋能，不断提升安全管理的现代化水平。未来，东北院将进一步加大对智能化技术的研发和应用力度，持续优化安全管理平台的功能和性能，推动数字化、智能化的安全管理模式在企业中得到更广泛的应用。

六、应急意识全民化

明者因时而变,知者随事而制。应急管理作为一项全链条、全时段的系统工作,要见实效,全民参与就必不可少。

党的二十大报告明确指出,"提高防灾减灾救灾和重大突发公共事件处置保障能力"。同时强调,"发展壮大群防群治力量,营造见义勇为社会氛围,建设人人有责、人人尽责、人人享有的社会治理共同体"。应急管理作为公司安全管理的重要一环,强调形成共同参与的"人人会应急"模式,不仅能为及时应对突发事件提供人员保障和支持力量,也是形成应急管理共同体的必经途径。

七、全员参与安全文化建设

安全文化建设重在全员参与。为了营造全员参与的安全文化氛围,东北院采取了一系列具体措施。东北院已经建立了全面的安全文化宣传平台,通过内部简报、电子屏幕、宣传栏等多种形式,定期向全体员工发布安全简报,传递安全知识和理念。不同媒介的多渠道宣传,不仅提高了员工对安全的认知,还加深了员工对安全重要性的理解。

与此同时,东北院在内网主页上线了"曝光栏"功能,与公司安全管理系统联动。通过公开曝光隐患问题,实现曝光隐患人人可见,整改进度全程监督,增强员工的安全管理参与感,增加员工安全关注度。

此外,东北院积极鼓励员工参与安全文化建设活动,如安全主题演讲比赛、安全知识竞赛、安全短视频创作等。这些活动不仅提供了展示员工才艺和创造力的平台,也增强了员工对安全的主动性和参与度。

八、结语

东北院通过安全意识教育和培训、双重预防机制和安全激励机制的建立,智慧安全监管的应用及全员应急管理,不断培养安全文化,全面地助力安全管理水平提升。

参考文献

[1]张江石,傅贵,唐静,等.企业安全文化和安全管理的关联性分析与实证研究[J].中国安全科学学报,2009,19(05):75-80+181.

[2]尚勇,张勇.中华人民共和国安全生产法释义[M].北京:中国法制出版社,2021.

[3]国务院安委会办公室.标本兼治遏制重特大事故工作指南[J].中国应急管理,2016,(04):50-51.

[4]李卫.浅谈安全生产激励机制[J].科技信息,2011,(05):152+196.

构建"四心一体"安全行为意识养成机制
致力打造本质安全型企业员工

广东电网有限责任公司江门供电局　刘正胜　胡健宁　邱鹤子

摘　要： 根据不完全数据统计，南方电网公司范围内近6年发生了30起事故事件，其中19起是由员工习惯性违章行为导致的。这些事故不断提醒着我们习惯性违章行为所带来的严重后果。为践行南方电网公司"一切事故都可以预防"的安全理念和"打造本质安全型企业"的目标，广东电网有限责任公司江门供电局（以下简称江门供电局）采取了积极的探索研究措施，创新构建和实施了"四心一体"的安全行为意识养成机制。该机制旨在推动员工养成习惯性不违章的作业行为，培养员工的自我安全意识，从而杜绝习惯性违章现象，培养习惯性良好的作业行为，努力打造本质安全型企业的员工队伍。

关键词： 员工习惯性违章；人身伤亡事故；安全理念；本质安全型企业；四心一体；意识养成机制

一、引言

一个动作经过重复性多次行为，就能进入人的潜在意识变成习惯性动作，由此可见人的习惯是可以培养和改变的。据不完全数据统计，南方电网公司范围内近六年发生的30起事故事件，作业人员习惯性违章直接导致的人身伤亡事故就高达19起。这些人身伤亡事故不断提醒我们员工习惯性违章会带来严重的后果。

为践行南方电网公司"一切事故都可以预防"的安全理念，落实公司《安全文化"十四五"建设指导意见》，系统推进各具特色的安全文化，以文化保安提升安全文化软实力，提升全员安全素质和企业安全绩效，实现"打造本质安全型企业"的目标，杜绝人习惯性违章现象，形成人员自我安全、规范的作业行为，江门供电局从工作实际出发，积极开展探索研究，通过安全文化建设培育正向安全意识，创新构建和实施"四心一体"安全行为意识养成机制，推动员工"习惯性不违章"，致力培养本质安全型企业员工。

二、"四心一体"安全行为意识养成机制主要内容

"四心一体"安全行为意识养成机制以落实"和谐守规"的电力安全文化建设要求，紧密围绕本质安全人的群体性培塑，聚焦人因风险的文化管控的指导思想，紧紧围绕"人"的行为养成这一安全生产工作中的关键因素，依托"南网强安"App载体，以人员"习惯性不违章"为出发点，运用意识培养方法，从学习材料"策划精心"、安全规章"知识入心"、多维度检查"督导用心"、安全激励"奖惩放心"四个方面入手，形成一体合力，不断改进安全文化建设水平，增强员工安全行为意识，持续打造本质安全型员工。

（一）意识启蒙，管理层策划学习内容"精心"

为了充分发挥全体员工的主观能动性，将安全文化渗透到安全生产全方位各环节，实现安全文化建设全员参与、安全意识全员增强。因此做好基层班组安全学习是员工养成良好行为习惯非常重要的一环。学习内容针对性不足、系统性不强、质量不高、形式单一等问题也普遍存在，电网企业涵盖输电、变电、配电、营销、施工企业等多类作业班组，更应该开展学习内容的精准策划，提升学习内容质量。

1.学习内容集约精准

学习内容方面实现"控源头、强关联、减篇幅、多形式"。按照基层生产班组"缺什么、补什么"的原则，针对输电、变电、配电、营销等专业类别的班组分别进行安全学习资料的策划。聚焦安全制度规矩、"保命"意识和技能、典型事故事件案例等方向，深度契合安全生产的季节性特点和阶段性重点，保证针对性和时效性。坚持"宜精不宜多"的原则，针对性开发视频、音频、动漫、图文等学

习资料,学习内容力求图文并茂、短小精悍。持续利用"南网强安"App丰富学习载体,提升学习内容吸引力,增强班组安全学习活动体验感。

2."保命"关键工序塌雷启蒙

结合各岗位实际,梳理提炼各工种、各类型现场作业"保命"关键工序。组织基层员工利用现场实操机会找出执行不规范导致事故事件、人身伤害、设备隐患的三类"行为雷区清单",通过图文并茂的方式将关键工序中的"行为雷区"和"规范做法"进行记录,让作业人员安全意识在塌雷过程中逐渐启蒙。

（二）意识树立,"学、练、考"循环"入心"

"不积小流无以成江河、不积跬步无以至千里",只有持续不断地强化培训提升技能,"学、练、考"循环,形成"保命"技能肌肉记忆,才能树立员工习惯性不违章的行为意识,营造安全文化意识提升的浓厚氛围,培育学习型组织,塑造知识型员工。在潜移默化中增强员工"我能安全"的自信和"我会安全"的自知,培塑员工成长为具有安全人格、富有安全智慧、拥有安全素养、充满文化自信的本质安全人。

1.强化学习平台应用

按照"职能部室—公司所属各单位"策划安全学习"月计划",基层班站所进行学习"周安排"方式组织实施班组安全学习。充分应用"南网强安"学习平台,利用"语音录入＋现场照片"等快捷记录方式实现班组安全学习数字化便捷高效支撑和全过程穿透管理。定期通过员工学习比例、领导到位率等维度对单位学习效果进行评价,将评价结果与单位绩效相挂钩,全面提升员工安全学习实效。

2.组织开展作业技能"四段式"培训

按照"以训为主、分级实施"的原则,采用技能人员安全技能与核心技能"四段式"训练模式（个人网络理论学习、班组自主训练、单位标准化集中训练、班组自主强化复训）,对员工突出安全技能与核心技能的反复训、反复练,帮助员工练成"肌肉记忆",让"要安全、懂安全、能安全、落实作业安全"成为员工的行为习惯。

3.进行"保命"关键工序过关式考评

结合岗位胜任能力评价开展"保命"关键工序过关式考评,做到考核人人过关,考核不合格不得上岗。推行岗评关键工序"保命"技能"一票否决",在实操考核中如果任一"保命"技能操作"环节"

不合格,则岗评不合格。通过在岗位胜任能力评价中融入"保命"关键工序的考核,进一步提升作业人员岗位履职能力。

（三）意识固化,多维度督导"用心"

现场旁站、多媒体多形式监督、他人督促与互帮互助自我监督的有机结合,实现了多维度有效督导,确保安全做、规范做的意识能够真正固化到员工脑海中,培育持续学习、协作互补的安全文化传统,激发和保持团队"习惯性不违章"的内生动力,让安全规范的行为成为习惯。倡导安全责任区域自主自律互助,强化履职尽责民主监督,从安全文化视角推进全员安全生产责任落实。

1.推动作业现场"一图读懂"

针对深基坑、脚手架、管线、大型吊装等作业风险较高的场景,分不同层级梳理出现场作业到位管控要点,以一图读懂的形式指导现场到位人员"看什么、怎么看",提升现场作业旁站人员识别员工习惯性违章能力,让作业员工习惯性违章的作业行为无所遁形,以"严查"违章固化作业人员安全行为意识。

2.运用多种媒体丰富监督手段

建立"随手拍"机制,定期开展"视频找优缺"活动,发动管理人员及安全区代表对工作过程中的不规范行为进行拍照,组织开展部门、班站所有层面的共享活动,以生动、直观的多媒体形式实现规范行为的监督。

3.鼓励分享互助扩大监督范围

持续优化实施"三不一鼓励"机制,通过对员工在电力生产工作途中报告的未遂事件和不安全行为,实行"不记名、不处罚、不责备、一鼓励",引导和鼓励员工对未遂事件和不安全行为进行提醒、纠偏和报告,通过互相监督、互相帮助,实现监督范围的最优化,只要有作业人员的地方就有监督的力量。

（四）意识增强,赏罚分明"放心"

充分发挥安全奖惩的导向作用,优化安全生产激励机制,用实实在在的物质和精神激励强化安全执行;强化对违章员工的安全生产问责,以员工身边的违章人员处罚实例提升员工的负面约束力。通过营造"习惯性不违章"即"放心"的安全文化氛围促进活动长效开展,让安全意识深入人心,形成人人讲安全的强大合力。

1. 优化安全生产激励机制

通过丰富安全积分奖金激励、增设奖金积分、细分评价标准不断优化安全生产激励机制。推动"物质奖励＋精神激励"，按照岗位职责分配奖金，重点向一线倾斜，结合各类会议对表现突出的员工进行表彰，充分调动员工安全生产工作积极性，让"习惯性不违章"的理念有了坚固的执行根基。

2. 强化员工安全生产问责

根据自巡查、省公司巡查和巡查"回头看"情况，综合巡查整改成效、安全生产绩效、队伍状态及岗位安全生产责任制落实等情况，开展履职评价。聚焦领导、管理人员、班站所长提出问责建议，实现抓早抓小、防微杜渐、风险防范关口前移，促进各级各类人员知责、尽责、担责。

3. 营造安全文化氛围促长效开展

运用宣传栏、内部通信、网页新闻、视频新闻、南网强安咨询平台等多种媒介，侧重于宣传养成"习惯性不违章"活动在日常工作中的执行效果，树立标杆引导活动的正确方向；举办部门、专业、班站层级的比赛和主题活动等，侧重于激发员工"习惯性不违章"的积极性，获得成就感和自信心，实现个人、团队的共同进步；对活动机制持续开展评估和改进，侧重于优化"习惯性不违章"活动的开展方式，为员工与安全意识之间建立畅通的桥梁，确保活动在安全生产工作中保持活力；侧重于营造良好的安全文化氛围，通过"习惯性不违章"活动的长效开展，让安全意识深入人心。

三、结语

本文提出的"四心一体"安全行为意识养成机制是以构建自律自信、持续改进的安全文化建设长效机制为目标，从理念引领、制度规范、物态保障、行为养成四个维度八个方面着手，适应新形势下安全生产工作的创新实践，牢牢抓住"人"这一安全生产工作中的关键因素，深度契合南方电网公司安全生产风险管理理念，抓策划、重执行、强监督、严奖罚，形成一套可复制可推广的安全行为意识培养工作机制。通过学习内容的精准集约策划，提升班组自主学习效果，牢牢抓住"保命"关键工序，同时不断创新学习形式和载体；通过安全核心技能"学、练、考"循环，确保安全行为意识"入心入脑"；通过推行现场到位管控矩阵、建立"随手拍"机制、深化"三不一鼓励"机制，多维度督导形成震慑力，让安全行为意识固化成为员工习惯；不断优化安全生产激励机制，重点向一线倾斜激励奖金，严肃安全生产问责体系，持续加强正面引导力和负面约束力，不断增强员工"习惯性不违章"安全行为意识。"四心一体"相辅相成、相互促进，实现安全文化建设全员参与，并且迸发出强劲的安全行为意识养成动力，有效推动本质安全型员工的呈现。

安全文化建设的实践与思考

云南文山铝业有限公司　何　艳　周沙沙

摘　要：文化建设是体现一家企业自身文化内涵水平，对内调动员工的无穷向心力和凝聚力，对外展现良好企业精神面貌的最主要途径和基本方式。特别是对生产型企业来说，安全文化建设更是整个企业文化中不可或缺的一部分，更为重要的是，它也是整个企业文化中最主要、最基础的一种文化。

关键词：安全文化；文化示范点；行为管理

云南文山铝业有限公司（以下简称文山铝业）积极贯彻落实中铝集团、云铝股份企业安全文化管理体系，把企业安全文化建设工作贯穿于企业改革发展、生产管理等各个方面，把企业安全文化建设作为促进企业高质量发展的"助推器"，为提升企业竞争力、创新力、控制力、影响力、抗风险能力提供了坚实保障。

一、企业安全文化建设的重要意义

随着生产力和社会的发展，党和国家对安全工作高度重视，对安全生产的规定日益严格，对广大人民群众的生命安全更加重视。党的十八大以来，习近平总书记高度重视安全生产工作，作出一系列关于安全生产的重要论述和重要指示批示精神，深刻阐述了安全生产的重要意义，对牢固树立安全发展理念、强化企业安全第一责任等方面提出了明确要求，对企业的安全生产管理工作也指出了方法。

在现代企业安全生产中，任何一起安全事故的出现，都是由人的不安全行为、物的不安全状态、周围环境的不安全因素及管理问题而引起的，而人的不安全行为因素所占比例最高，要解决人的因素最终要回归到文化。在企业生产过程中，人的安全价值观和安全理念缺乏、安全心态消极、安全能力欠缺等，都隐含着很大的风险隐患，而这种问题靠制度和法规是解决不了的，只有通过安全文化建设，让企业内部建立共同价值观和共同遵守的行为规范，最终实现以安全文化为基石的本质安全才是正确做法。

二、企业安全文化建设的工作经验和措施

文山铝业是一家集"铝土矿—氧化铝—电解铝—铝合金"于一体的全产业链企业，企业生产流程长、风险点源多，系统风险管控水平低。为从根源上防止安全事故发生，近年来，文山铝业多措并举，在严格落实各级安全生产要求的同时，把安全文化贯穿于生产经营的各个环节，从塑造安全有感的"管理者"、打造懂风险会防范的员工到营造安全干净的文化氛围，打出了一系列安全文化建设的"组合拳"。

（一）安全制度管理，塑造安全有感的"管理者"

1. 健全机制，压实安全责任

文山铝业印发了《员工职业健康安全环保手册》，全方位导入中铝集团职业健康安全环保管理体系，确定了"一切风险皆可控制，一切事故皆可预防"的核心安全环保理念、"3132"安全管理思想和"安全十条禁令"等，制定全员"安全一岗双责"责任清单，实现了一人一单，并签字明示。清单凸显文化、凸显责任、凸显行为、凸显量化，每年一审并建立履责记录。文山铝业形成了"点、线、面"三级安全管理机制，全面落实"管安全必须管安全、管安全必须管行为"的基本要求。

2. 言传身教，传递安全能量

文山铝业提出的《企业主要负责人安全职责》的内容包括建立健全本部门安全生产工作责任制、指导本部门安全生产培训、带头宣贯安全文化理念、讲授安全课、分享安全经验等，让管理者讲好"安全故事"、传播"安全声音"，让安全环保理念、方针、核心价值观、行为准则等安全文化理念入耳入心、熟知认同。利用"干部包保班组"，深入基层并落实安全工作措施，到联系点进行安全教育，参与危险源辨识等，通过以身作则、以行示范，增强"管理者"的安全引领力、示范力、影响力。

3.先进典型，彰显示范魅力

一个典型就是一面旗帜，一个榜样就是一座丰碑，为了更好地营造"要我安全到我要安全的转变"的氛围，文山铝业把安全工作纳入各类先进典型的评选中，比如，"先进基层党组织""文明单位创建""月度之星""文铝先锋""劳动模范""优秀员工"等先进典型评比，都把安全事故的一票否决权纳入评比方案中。为让员工做到"三敬畏"，各基层单位成立了"三违"检查曝光台，树立反面典型，对违章人员、事项、考核及时曝光，让违章者不敢违。通过实实在在的安全成绩，每月开展基层"安全标兵"评选，每季度开展"安全、干净"班组竞赛，每年开展公司"安全先进集体""安全先进个人"评比，让员工在安全工作中学有标杆、行有示范、赶有目标。

（二）安全行为管理，打造懂风险会防范的员工

1.抓认知，规范安全视觉识别管理

文山铝业以打造"国家一级安全标准化企业"为宗旨，在厂区道路灯杆设置了安全宣传栏、安全宣传橱窗，建设安全文化宣传长廊，将规章制度上墙，并完善了现场道路标识、设备标识、管道标识、区域划分等标识，通过简洁、清晰、易懂的标识，进一步规范员工安全行为、增强员工安全意识，营造整洁规范的现场工作环境。为了让员工从视觉认知向行为认知转变，文山铝业结合生产中每一台设备的性能，小到一个遥控器、大到上千吨的除尘器，只要涉及设备操作，都制定简单、易懂、可行的操作标准，以图文并茂的方式张贴在操作点，让标准化操作流程图上墙，引导员工标准化、规范化操作，减少安全事故发生。

2.抓学习，提高安全培训教育质量

通过由"一把手"带头说安全，与第一责任人专题谈安全、与职工互动谈安全，文山铝业不断推动习近平总书记安全生产论述入脑入心、见行见效。根据工作实际，举办形式多样的安全专项培训。例如，2023年上半年开展"两抓两查严监管"和"全员安全上岗合格证"培训考试1924人次，"三大规程"培训考试1360人次，承包商统一培训考试332人次，参加"新安法知多少"网络知识竞赛43540人次，领导干部包保班组安全活动117次、给员工讲安全课96次。这些活动推动安全学习教育培训走深走实，共同谱写了安全培训教育这篇"大文章"。

3.抓演练，增强员工应急处置能力

邀请地方应急管理局、工业园区到企业指导突发公共事件应急预演；各单位结合应急预案及演练计划，精心筹备、组织实施，强化基层车间、班组和岗位的现场应急演练。比如，安全环保健康部开展疫情防控封闭管理应急演练、电解铝生产管控中心开展中频炉漏炉事故应急演练、装备能源中心开展防触电事故应急演练、矿产管控中心开展边坡垮塌事故应急演练、综合办公室（保卫）开展交通事故紧急救援演练等，让安全应急演练覆盖所有岗位，保证人人参与，切实提高员工事故应急处置能力，确保各项生产经营活动稳步推进。

（三）主题活动实践，营造安全干净的文化氛围

1.打造"作业区"安全文化示范点

在践行中铝文化、云铝文化的基础上，在作业区层面，开展具有文铝特色的安全专项子文化，制定了《企业安全文化示范点评价实施细则》，选取具有特点的安全生产示范岗，通过前期《安全文化示范申报》，过程中的组织保障、文化创建、氛围营造等，后期现场验收、表彰奖励的方式，打造"作业区"安全文化示范点，让安全文化创建与公司生产经营工作深度融合。结合不同厂区、不同岗位组织拍摄《入厂安全须知》《"536"标准化班会》《安全操作规程》等微视频，总结提炼安全文化创建经验，以点带面促进整体提升。

2.打造"班组"安全文化示范点

通过"安全、干净"班组家园建设、"五优班组"建设、"党建业务双向融合、夯实班组基础管理"等专项行动，把安全文化建设工作压实在基层、落实在班组。充分发挥专项治理作业的作用，采用"安全生产标准化班组+5S现场管理"，落实班组人员安全职责、培训、操作、现场、设备"五个"安全规范。现场按照"5S"定置管理要求，对班组生产现场、休息室等实行定置摆放。把"青年安全生产示范岗"创建融入班组安全管理中，开展"班组安全我先行""青年安全生产纠察员"等活动，提升班组职工安全素质，筑牢班组职工安全思想基础，确保班组职工生命安全。

3.开展安全文化主题活动

全年利用电子屏、橱窗、横幅、微信群等载体进行安全文化活动宣传，在微信上开辟专栏，广泛宣传贯彻习近平总书记关于安全生产的重要思想，积

极推送安全小故事、安全应知应会、安全心得体会等宣传稿件，掀起人人学安全、处处见安全的热潮。以"安全生产月"为契机，开展"早安中铝"故事征集活动、书法漫画征集活动、演讲比赛、"我当一天安全员"故事分享、安全事故案例分析、安全承诺书签字、安全宣传咨询日等"线上＋线下"活动，增强员工在安全生产中的责任心，全企业形成了员工重视安全、关心安全的文化氛围。

三、安全文化建设的成果

（一）总体形成安全文化管理体系

推行《员工职业健康安全环保手册》，明确了安全核心理念、方针、目标及各层级的安全职责，促进安全管理活动有效开展。规范现场安全视觉识别管理，以图文、标识引导塑造了安全形象、传递了安全信息、满足了安全生产要求，实现员工安全规范操作，让员工从视觉认知提升到行为认知。制作《员工安全应知应会口袋书》，内容着眼安全意识、知识技能、安全行为，发挥员工主观能动性，调动员工自我改进意识。

（二）打造系列安全文化活动载体

以"遵守安全生产法，当好第一责任人"为主题，形成了"故事征集话安全""短视频看安全""知识竞赛懂安全""培训教育学安全"等系列主题活动，用安全文化活动传递正能量，增强全体员工的安全意识、底线思维和红线意识，使安全文化可听、可见、可说，活动载体不断创新，形成了常态化的运行机制。

（三）安全生产管理水平有效提升

文山铝业将安全文化建设纳入生产管理，与"国家一级标准化企业"创建有机联合起来，以培养员工良好安全行为作为落脚点，落实安全生产管理激励机制，树立先进典型，以身边人、身边事引导带动员工安全意识，将组织管理与员工行为有机融合并使其互相促进。目前，文山铝业安全生产稳定运行，没有发生重大安全事故，安全生产过程控制水平和绩效目标实现能力不断提升。

煤炭企业安全文化建设路径探索

山东能源新矿集团协庄煤矿　王庆杰　李传宁　梁秀兰

摘　要： 加强安全文化建设，引领企业安全生产管理水平全面、系统、稳定提升，推动建设本质安全型企业，是煤炭企业实现长治久安的长期性、基础性、战略性工程。然而，适应煤炭企业的实际情况，建设卓有成效的安全文化，关键环节之一在于成功探索出企业安全文化建设的有效路径。近年来，山东能源新矿集团协庄煤矿（以下简称协庄煤矿）积极探索煤矿企业安全文化建设的路径，形成了较为成熟的经验。本文就此进行总结，以供煤炭企业安全文化建设参考。

关键词： 安全文化；建设路径

在煤炭企业中，安全生产的重要性不言而喻，可在安全生产管理过程中，企业却往往片面地重视刚性的环境、制度、机器设备等硬件建设，而忽视了安全文化等个人主观因素对安全生产的长远影响。任何事故的发生都是以人为主要因素的，立足于人这一根本、增强人的自主保安意识，对于确保煤炭企业的安全生产有着非常重要的现实意义。协庄煤矿积极探索煤矿企业安全文化建设的路径，建立安全文化长效机制，从出台意见、明确标准、健全机制、强化载体、突出考核等方面入手，全面开展了安全文化活动，增强了全员的自主保安意识，有效确保了企业安全生产。

一、以"主动安全"理念领航，提升企业安全思想理念

协庄煤矿是山东能源新汶矿业集团骨干矿井之一。1958 年建井，1962 年投产，是当时我国自行设计、施工的山东省第一座大型现代化矿井，被誉为"鲁煤第一峰"。矿井原设计能力 120 万吨，1989 年改扩建后达到 180 万吨。作为有着近 50 年开采历史的老矿井，随着开采深度的增加，协庄煤矿近年来面临着生产水平低、运输战线长、巷道压力大、地质构造复杂等诸多不利因素，同时还面临着水、火、瓦斯、煤尘、冲击地压等各种重大安全隐患威胁，其矿井安全管理难度非常大。

面对这种状况，协庄煤矿在对煤炭行业的传统安全文化、安全管理状况、煤矿行业发生的事故、安全管理主体、煤炭产业工人特点、生命价值观念等方面深入分析后认为，广大干部员工在"安全究竟怎么管""安全主体是谁"等一系列根源性问题上认识不够，因而造成管理主体倒置、安全责任不清、管理中存在上急下不急等问题，大家迫切需要全面提升思想观念。

为此，协庄煤矿明确提出建设以"自己的安全自己管"为核心内容的主动安全文化，推动全员充分认识到："自己的安全自己管"文化体系的核心是以人为本，内涵是自我管理，机理是实现安全工作中的压力与动力、被动与主动、他律与自律的置换，从关心、爱护、尊重职工的身体和健康出发，打破在安全管理中形成的传统思维模式，变硬性的制度约束为柔性的正向引导，变强制接受为自我管理。

二、以"人本安全"为根本，强化安全文化宣传教育

为彻底转变员工思想，协庄煤矿改变了传统安全教育中"违章就是杀人""违章就是犯罪"等高压式的说教，从理念教育入手，用新思想、新知识、新理念来武装员工头脑，使其形成全新的健康观和生命价值观，实现了思想观念的彻底转变，明确了"我"在安全管理中的地位、作用和价值。

（一）倡导人本安全理念

充分挖掘员工内心深处对安全和健康的需求，提出了"自己的安全自己管、指望他人不保险""不拿一生资本博得一时利益""用健康经营人生""生命管理、健康教育""责任在我、绝不推诿""不安全就是不诚信"等一系列启发人自觉安全、引导人自主安全的新理念，在全矿掀起了一场场头脑风暴。这些理念的提出，捅破了禁锢人们思想的这层窗户

纸,引爆了安全自主管理的革命,让员工终于明白了安全究竟是谁的事、为了谁、谁来管。

（二）实施正向引导教育

为了让这些新思想、新理念固化在员工头脑中,内化为员工自觉行为,协庄煤矿开展了人性化的正向引导教育、安全荣辱观教育,提高了员工明辨安全是非的能力;开展了安全诚信教育,依靠道德的力量来规范员工思想;组织了向事故学习活动,让员工汲取事故教训,不让悲剧在自己身上重演;开展了情商训练,提升了员工的情绪控制能力;开展了健康教育,让员工更加珍爱自己的生命和健康。

（三）创新安全文化载体

协庄煤矿举办了"严厉处罚违章者是爱还是害""怎样辨识身边的危险源"等大讨论活动,出版了《煤矿安全十万个为什么》《煤炭企业管理之妙计奇谋》《活力之源》等书籍,创作了《平安是福》《金牌员工赞》《我们是自豪的协庄矿人》等安全歌曲,让员工在这一全新的文化氛围中得到启迪,发生改变。

三、以制度文化建设为基石,提升安全管理体系的硬约束

（一）建立安全承诺制度

协庄煤矿建立了"逐级安全文化承诺"制度,职工和班组、班组和区队、区队和全矿分别进行安全文化承诺;个人、班组和区队结合工作实际,制定安全承诺目标,兑现安全承诺,一级抓一级,层层抓落实,做到严在细节管理,重在过程控制,对没有按承诺去做的进行处罚。安全承诺提升了员工自我约束、自我督促、自我管控的能力,让协庄煤矿形成了个人保班组、班组保区队、区队保全矿的逐级安全承诺保证机制。

（二）建立安全档案制度

协庄煤矿在下井职工中建立了个人安全文化档案,一人一档,档案内容包括"三违"、工伤、手指口述、工作绩效、工作质量、遵章守纪、业务技能、受奖受惩、联责联保、团结协作等内容,实行安全文化积分,详细记录每个职工的安全信誉。依据考评结果,对安全文化度较高的单位和个人给予奖励,使安全职工得到实实在在的好处;对不讲安全的单位和个人给予经济处罚和责任追究,提高其违规成本,切实提高广大职工安全作业、争做安全人的积极性。对有违规记录的区队、班组和职工,进行跟踪监管,促其整改。

（三）建立先进评选流程

一是对"安全生产先进区队"的评选。协庄煤矿对"安全文化先进区队"的评选实行百分制考核,其中安全生产 30 分、安全质量 20 分、正规操作 25 分、安全保障 25 分。综合得分在 90 分及以上的为"月度安全文化区队",得分在 60 分以下的为"月度安全不放心区队"。在安全生产、党风廉政、治安消防、信访稳定等方面,出现重大问题、造成重大损失的实行一票否决,不能评为"安全生产先进区队"。二是对"安全生产金牌员工"的评选。对"安全生产金牌员工"的评选实行百分制考核,综合得分在 90 分及以上的为"月度安全生产金牌员工",根据职工半年累计考核得分,结合平时工作表现,由单位每半年按在册人数的 10% 向矿推荐候选人员,矿考评办公室对单位推荐的金牌候选员工层层筛选、审核,并公示无异议后进行表彰;被推荐采掘单位员工工龄必须在两年以上,辅助单位员工工龄必须在三年以上,员工获此荣誉,三年内不再重复推荐。

（四）建立"工人违章、干部反省"制度

"违章发生在工人身上,根本原因往往出在管理人员身上。"为此,协庄煤矿积极建立"工人违章、干部反省"制度,由安全监察中心每月月底前对本月的"三违"、停止作业统计后发送至各单位、各部室;集团公司以上检查的停止作业、D 卡情况统计后发送各单位、各部室。各单位从生产任务、分配制度、劳动组织、作业环境、生产工艺、设备设施、规程措施、反"三违"指标、安全培训、安全防护等方面,深入分析、查摆"三违"背后的深层次原因和管理问题,进一步修订管理制度、规程措施、生产工序、生产指标及分配机制,推动问题得以解决。

（五）建立考核奖罚制度

一是对"安全生产金牌员工"的考核。所有下井职工每人发放一册安全文化"绿卡",建立安全档案,对月度扣分达到 5 分的员工,扣除当月安全环保绩效工资 50%;月度扣分达到 8 分的为月度安全不放心员工,扣除当月安全环保绩效工资;年度个人安全扣分累计达到 20 分的,加盖安全不放心员工警示章、吊销"绿卡",停止工作学习 7 天,并在专业内各区队上讲台进行警示教育,考试合格并签订安全承诺保证书后方可重新上岗。每年年底,评选 20 名安全生产"金牌员工",实现了对金牌员工的正负激励。二是对"安全生产先进区队"的考核。区队被矿停止作业或查出重大隐患的扣 3 分 / 次，被集团公司下达 D 卡的扣 5 分 / 次，被集团公司停止作业的扣 10 分 / 次。

四、以能力素质建设为支撑，增强全员安全行动力

安全文化的重要作用体现在行动上。这不仅需要员工拥有强大安全意识，更需要员工具备保证安全生产的本领。协庄煤矿牢固树立"培训是最好的投资、是最大的福利"的理念，不断强化全员安全技能和安全知识的系统培训，让员工由"我要安全"落脚到"我能安全"。

（一）在"考"中学

为了让员工学有方向，协庄煤矿分采、掘、机、运、通等 8 个专业编辑出版了《煤矿安全十万个为什么》，该丛书以"满足煤矿职工最需要的安全基础知识"为出发点，让员工既能"知安作业"，更能"知情作业""知理作业"。以该丛书为教育载体的"基于根源认知的启迪式安全管理"创新课题，已于 2008 年 5 月 8 日顺利通过中国煤炭协会组织的专家鉴定，具有世界领先水平。倡导"考试是培养人才最佳途径"的理念，将 35 岁以下青工全部纳入考核范围，组织全矿 7 个专业、25 个单位的 2515 名青工，每月进行基本技能和专业知识考试，鼓励年轻人通过自学方式拿职称；分班组、单位、专业、矿 4 个层次，层层开展技术比武，在考试和比武中选拔和培养人才。

（二）在"练"中学

倡导"一人多岗、一人多技、一人多能""人人都是技术员"的理念，聘任了 75 名培训师，建立了人力资源部培训基地、中煤协会华东联络处培训基地、天元公司实训基地和井下生产现场实训基地，开展了串岗培训、换岗演练、轮岗操作、师徒搭档等活动，让员工在实战中得到锻炼。

（三）注重员工长远发展

倡导"人人是人才、人人尽其才"的理念，实施"千、百、万"培训工程，制定"百名女工""千名青工""万名高素质安全员工"培训规划，有计划、有目标地实施人才培养战略。创新开展聘用班组技术员活动，在生产区队班组中聘用了 42 名技术员，让青工在最基层岗位上锻炼成长。截至 2023 年底，协庄煤矿培养出全国技术能手 2 名，山东省首席技

师 2 名，具有工程师、会计师、安全工程师、建筑师等资格人员 300 余名，学历晋级的员工 4000 余名，为企业安全发展提供了强有力的人才保证。

五、以持续创新为目标驱动，不断强化安全文化的针对性和实效性

（一）在思想上持续推动由"要我安全"向"我要安全"的转变

通过以"我"为中心的正向引导、情商管理等人性化的教育模式，挖掘并启动了人们深藏已久的抓安全工作的主观能动性，充分调动了员工自我安全管理的积极性、创造性和自主性，使"自己的安全自己管"的理念不断深化、普及，使之无时无刻不在冲击着员工的心灵、指导着员工行为。员工越来越把"按章作业"作为一种承诺、一种责任和一种信仰，实现了安全行为养成由"行为成习惯，习惯成自然"到"自然成规律，规律成信仰"的转变，增强了自我约束、自我督促和自我管理的能力。

（二）在管理上持续推动由"靠领导管理、制度控制"向"上下互动、自主管理"的转变

创新实施"2S 安全管理""安全责任经营化管理"等一系列人性化的管理机制，点燃了员工工作激情、挖掘出了员工工作潜能。员工"安全第一""我要安全"的意识不断得到强化和巩固，进一步推动硬性的规定和管理制度向活性的"上下互动""自我管理"的转变，达到了用知识和文化的力量整合人的思想、规范操作行为、自觉按章作业的良好效果，从而以思想上的安全保证了行为上的安全，实现了对"人"的全方位管理，改变了传统的安全管理模式自上而下高压管理效果不明显的弊端，增强了矿井的创新力和向心力，提升了企业的综合实力和整体形象。

（三）在目标上持续推动由防范"伤亡事故"向保障"职业健康"的转变

通过建塑"自己的安全自己管"的特色安全文化体系，协庄煤矿的安全一年具有一个新目标，一年具有一个新台阶，唱响了"生命无价，健康优先"的主旋律，促使其追求的目标由单纯的杜绝工亡、防范人身伤亡向保障员工职业健康，再向注重养生保健递进和转变，为塑造本质安全员工、打造本质安全型矿井奠定了坚实的基础。2001 年 1 月 30 日至今，全矿杜绝了工亡事故，创出全国同类矿井安全生产最好水平，工伤事故显著降低。

（四）在标准上持续推动由"随意和不标准"向"规范和精细"的转变

通过安全学习型企业创建活动，协庄煤矿使各类人才在学习中创新、在实践中锻炼，提高了员工现场操作技能和安全管控能力。特别是通过实施"2S安全管理、市场化安全管理、四个标准化管理、精细化管理"等管理机制，使按章操作意识、打造精品工程意识根植于员工心中，"人人创新、事事精细、时时安全、处处标准"成为大家的共识，形成了安全操作的程序化、规范化，真正达到了工作行为由随意到自觉、由不规范到规范、由不标准到标准的效果，有力地推动了安全质量标准化水平的提高，确保了员工自始至终与安全同行、与健康同在，构建起了安全管理长效机制。

抓实科技创新"三基"建设
营造"科技兴安"文化氛围

华能新能源股份有限公司河北分公司 王 森 郑俊斌 丁春兴 吴 涛 高信杰

摘 要：想充分发挥科技创新对安全工作的驱动和保障作用，筑牢企业安全基础，确保企业安全生产和发展形势稳定，就需营造良好的"科技兴安"文化氛围。本文提出开展科技创新"三基"（基础设施、基层组织、基本保障）建设，助力企业"科技兴安"文化氛围营造。华能新能源股份有限公司河北分公司（以下简称河北分公司）开展"三基"建设实践，结合实际问题提出具体做法，取得了较好的科技创新绩效，为安全文化建设提供了理论依据和实践案例。

关键词：科技创新；"三基"建设；"科技兴安"；文化氛围营造

科技创新是驱动安全生产的核心要素之一，也是驱动安全发展的重要支撑和保障，打造"科技兴安"文化氛围可以使广大干部职工形成"科技创新促安全"的共识，有利于安全生产科技创新工作的开展，更能有力地支持企业实现平稳健康运行和可持续发展。

一、"科技兴安"文化理论基础

（一）"科技兴安"的提出和发展

2006年，国家安全监管总局印发《"十一五"安全生产科技发展规划》，提出安全生产科技工作必须坚持科学发展观，实施"科技兴安"战略，以科技引领安全发展。2011年，国家安全监管总局印发《安全生产科技"十二五"规划》，提出要用科学精神做好安全生产科技工作，领导、支持和推进"科技兴安"战略，切实把安全生产科技工作落到实处。2017年，国务院办公厅印发《安全生产"十三五"规划》，提出要强化安全科技引领保障，一是要加强安全科技研发，二是要推动科技成果转化，三是要推进安全生产信息化建设。2022年，国务院安全生产委员会印发《"十四五"国家安全生产规划》，提出要加快专业人才培养，造就一批高端安全科技创新人才，完善科技人才激励机制；要强化科技创新引领，健全科技支撑链条，推动科技创新资源开放共享，形成基础研究、技术创新和应用研究贯通发展的安全生产科技创新生态。从提出至今，"科技兴安"的内涵和要求随着生产力的快速提升和安全生产重要性的愈发突显而不断发展，企业根据实际工作情况不断提出新的具体措施和落实途径。

（二）"科技兴安"文化氛围营造的重要性

对于企业来说，"科技兴安"战略的实施，既要落实到发展战略布局中，又要落实到科技创新规划上，但最终需要落实到生产人员日常的生产任务中和生产行为上。研究者通过对19个国家11811名建筑工人进行调研，发现安全氛围的营造可以有效降低工人对风险的容忍度，降低工作中的安全风险。Abeje、Mazaheri、张莹等研究者的研究表明，建设良好的安全文化对安全绩效的提升和整体安全的保障有积极作用。因此，"科技兴安"文化氛围的营造对于提升企业安全生产能力具有极为重要的作用。一是能在员工的思想中根植"科技兴安"观念，保证安全生产科技创新的推动；二是有助于企业打造良好的"科技兴安"形象，促进安全生产企业文化的建设；三是符合国家文化建设和市场经济发展要求，以安全生产保障企业可持续发展。

（三）"科技兴安"文化氛围营造存在的难点

在"科技兴安"文化氛围营造过程中，企业面临以下难点。

1. 安全科技创新体制机制普遍不够完善

一是组织机构方面，主责部门不明确，安全方面科技创新缺乏主动性。二是考核机制方面，科技成果完成率绩效导向单一，不利于科技创新创效全面提升。三是激励机制方面，制度不健全，奖励方式有限,缺乏对安全科技创新的有效激励。

2.安全科技创新领导力不足,团队意识薄弱,组织建设不稳固

一项在巴基斯坦的研究发现,在电力行业营造高效且积极的安全氛围需要较长周期,并且需要领导者和工人共同的努力。因此,企业需要构建强有力的领导及执行团队,引领安全科技创新发展。同时,大部分企业的安全科技创新工作对外合作交流存在不足,需要"走出去",进一步开展高质量安全科技合作。

3.安全科技创新能力不足,安全方面创新人才较少,研发经验较浅

一般企业科技工作者大部分是生产领域的人员,善于在生产实践中提质增效,但对安全方面的科技创新开展不多、成果凝练总结不足。

4.安全科技研发费用投入强度不足,重视程度不够

安全方面的科技成果转化能力不足,缺乏对内、对外推广应用的渠道和动力,安全科技创新支撑生产经营作用不够凸显。

面对上述难点和问题,河北分公司提出开展科技创新"三基"建设工程,为营造"科技兴安"文化氛围打好基础。

二、科技创新"三基"建设的内涵与主要做法

(一)内涵

科技创新"三基"建设指的是,加强科技创新基础设施建设、健全科技创新基层组织机构、巩固科技创新基本保障能力(图1)。

图1 科技创新"三基"建设

1.基础设施

加强科技创新基础设施建设,一是完善制度体系,构建更加科学完善的管理机制,实施更加有序和有效的激励措施,支撑促进安全科技创新活力的全面提升。二是推动企业安全文化与科技创新文化相融合,形成良好的"科技兴安"文化基础。

2.基层组织

健全科技创新基层组织机构,一是明确科技创新主责部门,确保创新活动有效推动。二是开展科技创新平台建设工作,成立企业科技工作者群众组织,鼓励员工立足岗位实际参与安全科技创新,用科技创新思维解决实际问题、提升业务能力,推动安全科技创新发展。三是成立技术创新工作室,以场站为单位开展安全科技创新工作。

3.基本保障

巩固科技创新基本保障能力,一是对安全生产人员进行培训,培养高水平的安全技术能手和科技创新人才。二是加大科技研发投入,根据国资委、上级单位考核要求和公司创新需求,加大研发投入力度。

(二)主要做法

1.加强科技创新基础设施建设

(1)为充分激发公司员工的创新潜能和创新活力,提升整体科技创新能力,规范创新成果的管理,指定生产部、安监部为安全科技创新的主责部门,根据上级单位"1+3"制度体系,修编《科技创新工作管理办法》和《职工技术创新成果管理细则》,形成"1+1"制度体系。依据制度开展工作,规范安全科技创新的工作开展和成果管理,加强组织申报、研究开发、成果评审、成果转化和表彰奖励等全过程管理,鼓励各部门、场站员工积极开展职工技术创新活动,围绕提升企业安全质量效益水平、改善劳动作业环境、提高劳动生产率等方面,开展各种发明创造、技术革新、工艺改进等活动。

(2)为更好地开展"科技兴安"文化基础建设,结合每年安全月主题(图2A),在各个场站开展安全文化教育,开展安全方面新技术新装备教学活动(图2B);鼓励员工参加各类科技活动,推广安全科技创新成果和安全管理创新成效(图2C)。

A 安全月主题教育

B　防火装备使用教学

A　企业成立科协

C　参加技术交流

图2　基础设施建设

B　王向伟风光提效技术创新工作室

图3　基层组织

2. 健全科技创新基层组织机构

（1）为进一步加强科技创新管理工作，河水分公司健全科技创新工作组织领导机构，成立科技工作领导小组，强化科技工作领导力量，激发科技工作者的创新活力，下设科技工作小组，在科技工作领导小组的领导下开展具体科技工作。

（2）为满足科技创新工作发展要求，进行科技创新平台建设，河北分公司成立企业科学技术协会（以下简称科协）（图3A），围绕安全生产搭建学术交流平台，组织开展多种形式的学术和技术交流活动，促进科技进步、成果转化、人才成长和队伍建设。

（3）为发挥技术人员的创新作用和创新力量，营造创新创效的良好氛围，河北分公司成立"王向伟风光提效技术创新工作室"（图3B）和"创青春工作室"，利用工作室的团队优势，梳理区域现有设备存在的安全技术难题开展技术攻关，关注新能源行业安全技术走向，定期开展安全技术创新和技术交流合作，关注新兴安全技术发展，开展成果转化和推广工作。

3. 巩固科技创新基本保障能力

（1）为加强公司科技创新人才队伍建设，激励广大一线员工努力钻研技术，掌握技术创新能力，增强员工创新活力，科协开展"会员领任务、创成效工作"活动，充分参与科技创新过程，形成"比学赶超"的浓郁创新氛围，充分发挥技术创新工作室的科技创新引领作用，组织青年职工开展科技创新培训工作，签订师徒协议，带领青年员工快速成长。

（2）为使科技创新更好地服务发展和生产需要，河北分公司组织申报各类科技项目、众创项目，增加研发投入，落实成果转化，解决现场存在的安全生产难题，切实提高企业创新能力和水平，推动企业安全生产的创新发展。

三、"三基"建设成效及对"科技兴安"文化氛围营造的作用

（一）基础设施持续完善，体系效益初见成效

河北分公司的员工在"1+1"制度体系下开展科技创新工作，明确考核激励机制，超额完成绩效目

标。2020—2022年,河北分公司荣获"中国安全生产协会安全科技进步奖"等全国性行业协会奖励10项;荣获电力行业协会、集团公司等职工技术创新奖23项;获得专利受理119件,同比增加148%,其中发明专利63件,同比增加425%;获得专利授权58项,同比增加200%,其中安全类专利占比47%,安全科技创新方面的知识产权的质量和数量实现大幅提升,成果转化实现新突破。通过基础设施的完善,实现了依规开展安全科技创新活动,主动宣传安全科技文化,并以考核和激励来强化和促进"科技兴安"文化氛围的营造。

（二）基层组织组建完成,创新平台运转建功

科技工作领导小组发挥职能,结合发展和生产需要,研究审议科技创新战略、规划和科技项目计划、方案,2020—2022年立项科技项目、众创项目30余项,其中安全类项目占比34%,有效推动实现科技创新对安全生产的驱动作用。2022年成立的科协发展会员44人,共同营造良好的安全生产科技创新氛围,"专业化生产人才队伍建设"入选全国企业科协典型案例。技术创新工作室带头开展安全科技创新工作,"王向伟风光提效技术创新工作室"获评"集团级创新工作室",带头人获评"集团优秀科技工作者"。通过基层组织的建立与运转,河北分公司实现了不同组织机构协同带动,优化了科技创新环境,推动了"科技兴安"文化氛围的营造融入日常工作,深入人心。

（三）基本保障趋于健全,人才经费齐头并进

人才方面,河北分公司坚持生产练兵和以赛代练并重,通过对新老员工开展安全教育与安全科技创新培训,截至2022年底,培养出全国能源化学工会技术能手、中央企业技术能手、集团技术能手等9人,受聘上级单位和公司技术技能专家4人、高级内训师1人,受聘河北工业大学、华北电力大学研究生企业导师1人,获得集团级技能竞赛奖励7人次。通过立项落实研发投入近1000万元,并积极按照国家规定开展加计扣除工作,争取税收优惠60余万元,以研发投入的保障来推动科技创新工作有序开展。通过人才保障和经费落实,抓牢"科技兴安"文化氛围营造的第一资源,确保营造工作的持续开展。

四、结语

通过科技创新"三基"工程的建设,河北分公司不仅在安全科技创新方面取得了良好的绩效和较好的成果,还带动了企业全体安全生产人员主动开展安全科技创新活动,更重要的是营造了积极向上的"科技兴安"文化氛围。科技创新"三基"建设在河北分公司的成功实践,为新能源发电企业安全文化建设提供了新的理论依据,打造了新的典型案例,在新能源行业具有较好的推广应用价值。

安全文化建设浅析——以酒类企业为例

四川省宜宾五粮液集团有限公司　陈　伟

摘　要：安全是企业发展过程中永恒不变的主题，做好安全文化建设工作，优化安全管理质量可以更好地解决企业生产经营过程中遇到的问题，使企业更加和谐稳定地发展。本文尝试以四川省宜宾五粮液集团有限公司（以下简称五粮液）作为研究对象，分析该企业落实好安全文化建设的策略，希望能够借此为企业的发展注入更多活力，使企业获得更好的发展。

关键词：安全文化；建设；酒类企业公司

对于任何企业来说，保证生产的安全都是非常有必要的，它可以帮助企业树立良好的口碑形象，保障企业经济效益，为企业的可持续发展注入更多活力。但是企业安全文化建设绝非一朝一夕能够做好，它需要企业多方着力，调动各个部门及职工的工作积极性，且要立足于企业发展的实际。下面，笔者将结合自身的理解和认识，对五粮液安全文化建设的相关问题进行详细分析和论述。

一、安全文化建设的重要性

（一）有助于企业各项生产工作的有序实施

企业生产所涉及的工艺非常复杂，对于现代企业来说，其生产应用了大量的机械设备及化学物品，生产时如果某一环节管控疏忽，就可能引发安全层面的问题，危及人们的生命和财产安全。对于酒类企业来说亦是如此，其公司所生产的虽然并非机械类产品，但在白酒生产过程中依然存在一定的危险性。企业做好安全文化建设工作，使得企业上下职工从内心深处真正了解安全生产的重要性，积极主动配合企业所出台的各项安全规章制度，可以有效保证企业各项生产工作的有序实施，避免生产工艺中断，影响企业经济效益。

（二）有助于保障企业人员的安全

一旦发生安全事故，企业将遭受巨大的经济损失，这种损失不仅表现在经济层面上，生产人员的人身安全也将受到威胁，如火灾、爆炸或酒精泄漏，都可能会在短时间内导致多人丧命，其对于企业的发展建设显然是极为不利的。做好安全文化建设工作，增强企业内各个职工的安全意识，帮助他们掌握各种安全防护和应急技能，可以更加有效地保证企业人员的安全。

（三）有助于企业良好口碑形象的树立

对于任何一家优质企业来说，想要在竞争激烈的市场上立足，仅仅是将企业所生产的产品销售出去是远远不够的，还需要构建良好的公众形象，承担更多的社会责任，这样才能有效地提升企业影响力，使得企业获得更多社会群众的理解和认可。酒类企业做好安全文化建设工作，减少甚至杜绝生产经营期间各类安全事故的发生，以此为宣传点能帮助企业打造积极正面的形象，这对于企业的发展是极为有利的。

二、五粮液安全文化建设存在的问题

（一）企业对安全文化建设的重视度不足够

要做好安全文化建设工作，企业必须正视安全文化建设的重要性，提高思想认识，做好安全文化建设的一系列准备工作。但是，结合酒类企业来说，其对于安全文化建设的重视程度稍显不够。之所以如此，是因为与当前市场竞争激烈存在一定的联系。例如，五粮液在白酒行业虽然处于领先地位，但是其竞争者也不胜枚举，如贵州茅台、山西汾酒、泸州老窖等。为了在激烈的市场中立足，使得自身获得更好的发展，多数酒类企业长期以来将生产经营的重心放在了研发新型白酒产品、提升产品质量之上，对于安全文化建设有所忽视，投入力度不足，因此导致相关工作的实施效果在企业整体发展中处于相对落后的状态。

（二）企业对于安全文化建设的看法未能达成一致

安全文化建设并非企业内某一个人的责任，而是与企业全体职工息息相关,且事关企业的长远发展建设。但从多数酒类企业的实际情况来看,企业上下对于安全文化建设并未达成一致。五粮液虽然成立了安全部门,负责企业安全生产管理,开展安全文化建设等一系列工作,但是相关部门对安全的宣传度不足,企业内其他部门的职工对安全文化建设的价值与作用缺乏充分的了解和认识,比如,负责生产及研发等部门的工作人员认为自己主要是从事白酒研发和生产工作的,安全文化建设并非自身的本职工作,与自己的工作内容可谓八竿子打不着,因此对于相关安全工作的重视程度依然不足。纵使公司三令五申,强调安全生产人人有责,但实际上安全生产并不等同于安全文化建设,五粮液安全文化建设长期以来处于某个部门单打独斗的状态,安全文化建设的影响力弱,作用价值未能充分凸显。

（三）企业安全文化建设方式方法落后

时代在不断发展进步,企业在进行安全文化建设时也应当积极地与时俱进,更新建设方法以及理念等,这样才能跟上时代发展的步伐,使得一系列工作朝着更好的方向发展。但是结合多数酒类企业的实际情况来看,其安全文化建设的方式方法依然相对落后,没有紧跟时代发展的步伐做出应有的调整。以安全文化建设的宣传为例,其方法依然比较传统,主要是以传统的形式宣传安全文化建设的重要性,但是现如今,信息技术早已经渗透到了人们日常生活的方方面面,应用信息技术渗透安全文化,开展安全文化建设显然是更加高效、便捷,但五粮液当前安全信息技术的应用频率并不是很高,未能在企业安全文化建设中有效发挥作用。

三、安全文化建设的策略

（一）确立人本管理思想,培育企业共同安全价值体系

企业安全文化建设的主要目的是促进企业更好地发展和建设,提升企业竞争力,而企业的发展要依靠每一名职工携手努力,因此从根源上来说,安全文化建设的核心是人,只有确立人本管理思想,尊重、理解、关心、依靠和服务人,获得企业上下员工的认同,让企业职工自觉遵守各类安全文化,保证有效地减少各类安全事故的发生率,才能保证企业生产的安全性。对于大型酒类企业来说,涉及的安全因素显然是多种多样的,主要包含人的不安全行为、设备和材料的不安全性能、错误的作业方法、现场

的作业环境等。在诸多因素之中,人是最为关键的因素,人的不安全行为是事故发生的最大隐患。企业的安全管理部门不仅要有效实施作业区域内的危险源识别、评估和预防,更需要加强对各生产环节的监督,保证员工能够自觉遵守各项规章制度,充分发挥三级安全教育的作用与价值,增强安全因素识别与处理等工作,树立员工的安全意识,使他们在安全生产中的主观能动性可以得到充分有效的发挥。这种日积月累的工作方式才能培育出企业的共同安全价值观,使得企业朝着更好的方向发展壮大。

（二）强化安全体系建设,规范员工行为准则

在安全制度的建立方面,企业需要明确制度建设的关键点,应当坚持走标准化、程序化和系统化的道路。对于酒类企业来说,应当立足自身发展的实际,加强现场调研分析,明确企业当前生产经营工作中存在哪些安全方面的问题,针对这些问题应当采取何种措施。五粮液应当编制《安全生产体系建设手册》,且内容不能一成不变,必须与时俱进,及时进行优化调整,下属各个子公司要积极落实手册规定的各项安全生产管理要求。需要通过体系认证的各个单位,更要积极完善安全制度建设工作,做好体系知识培训,帮助建立职业安全管理体系。在制度执行层面,公司需要将各个工种岗位标准操作规程、安全规章制度等下放到班组,做好细化、量化、人性化工作,使得员工能够自觉遵守各项规章制度。

（三）积极突出班组安全文化主体作用

知名酒类企业规模庞大,为了更好地满足广大客户群体的需求,提高企业产量和销量,它们中的大多数都设立了多个酿酒车间和子公司,各个单位的生产经营情况存在差异,在安全方面所面临的问题也有所不同。因此,总公司与各个单位采取完全一致的安全文化建设策略及方法显然是不可行的。为了更好地在公司范围内有效建设安全文化,全面推行安全管理生产责任制,所属部门、子集团、车间、班组等就要层层签订安全生产专项目标责任书,各单位的管理者需要明确安全文化建设的重要性与作用,明确安全责任,然后将安全文化建设进行有效分解,将其与企业的绩效、奖励等紧密联系在一起,定期召开安全专题会,对企业各个阶段内安全文化建设的完成情况进行回顾性分析,明确不同阶段内相关工作是否按照规定要求顺利执行,各项工作是否存在缺陷与不足等,使安全文化建设朝着常态化

方向发展,充分发挥班组在安全文化建设中的主体作用。

（四）加大安全文化宣传力度,营造安全文化氛围

如上文所述,安全文化建设需要企业内每个职工都积极主动出谋划策、参与其中,为企业的发展建设注入更多活力,这也是全体职工共同的责任。在安全文化建设宣传过程中,企业必须立足于生产实际,创新宣传的方式方法。对于五粮液来说,首先应当将安全文化建设宣传与自身所产出的各类产品建立联系,其次应将现代化信息技术融入日常宣传工作之中,这样才能有效拓宽安全宣传工作的广度与宽度,让员工能充分了解和认识相关安全领域。比如,可以建立专业的微信公众号、制作科普视频和安全动漫连续剧等,将文字、图片及短视频等多种方式融合在一起,全方位地宣传企业安全文化建设内容,拓宽宣传渠道,保证广大员工和群众及时接收安全信息,共同携手营造良好的安全文化氛围,这对于企业安全文化建设工作的有序推进将会产生积极的促进作用。

（五）加强安全教育培训,增强员工安全意识

安全教育培训是安全文化建设的重要内容之一,企业内各个岗位的职工对安全文化建设的理解和认识存在较大差异,其所掌握的安全知识内容及技能也是不同的,为了保证安全文化建设更加高效顺畅地实施,为企业的发展建设注入更多活力,就必须落实好各级安全教育培训。安全教育培训工作需要有目的性和针对性,对于企业在岗人员、新入职人员及其他岗位的职员,需要确定不同类型的安全教育主题。例如,针对新入职的员工开展安全教育时,培训时间不能低于24学时,其中现场讲解不得低于8学时;针对某些特种作业,则必须要求相关工作人员持证上岗,反之,则不允许上岗。

（六）完善安全奖惩机制,增强对员工安全行为的激励约束

实施目标管理,安全指标从集团总部一直分解到各部门、班组,直至员工个人,形成了一整套的考核体系,发生工伤事故,除了事故责任人之外,相应层级的管理者都应被考核。总部对过程指标建立指导性框架,各单位根据实际情况进行分解,制定考核标准并通过日常检查等形式进行相应考核。以五粮液为例,每年针对各单位的安全管理现状评选多家安全先进单位并给予一定的物质奖励,各单位根据相关规定对安全绩效突出的部门、班组和个人进行奖励,从而调动员工的积极性。

总之,对于酒类企业来说,只有正视安全文化建设的重要性,立足于自身发展实际情况,与时俱进开展安全宣教工作,确保每名职工明确自身岗位安全责任,充分了解和认识安全的重要性和必要性,公司整体安全文化建设工作才会朝着更好方向发展,公司才能真正实现安全生产万无一失。

参考文献

［1］李晓敏.浅析企业班组安全文化建设及其重要意义[J].四川水利,2021,42(06)：70-71.

［2］吴成玉.基于安全行为的企业安全文化建设[J].劳动保护,2021,(11)：46-47.

［3］言小雄.企业高质量安全文化建设探讨[J].现代职业安全,2021,(08)：52-55.

［4］杨琢钧.加强安全文化建设 牢牢守住安全生产底线[J].企业文明,2021,(08)：74-75.

［5］王鹏伍.安全文化建设与企业发展融合的思考[J].当代电力文化,2021,(06)：62-63.

凝聚安全红线之识　畅行安全发展之路

哈电集团哈尔滨电机厂有限责任公司　魏　江　高书江　王丽滨

摘　要：党的十八大以来，习近平总书记多次强调坚持人民至上、生命至上，统筹发展和安全，牢固树立安全生产红线意识，压紧压实企业安全生产责任。"十三五"以来，哈电集团哈尔滨电机厂有限责任公司（以下简称哈电机）始终谨记责任，凝聚安全生产红线意识，秉持"以人为本，安全健康"的安全理念，大力倡导安全文化，传播安全理念，加强安全管理，营造安全文化氛围，较好实现了"以文化促管理，以管理促安全，以安全促发展"的工作目标，扎实构建安全生产长效机制，走出独具哈电机特色的安全发展之路。

关键词：安全；红线；安全发展

安全生产是经济社会协调健康发展的重要标志，是党和政府对人民利益高度负责的充分体现，是践行以人民为中心的发展思想的必然要求，更是推动企业高质量发展、可持续发展的重要保障。

作为安全生产的责任主体，哈电机在服务国家战略、致力于企业发展的同时，始终以高度的政治责任感和历史使命感推进安全生产，站在安全发展、科学发展和可持续发展的战略高度，统筹发展和安全，扎实构建安全生产长效机制，走出了独具特色的安全发展之路。

一、凝聚安全红线意识，树牢安全发展理念

哈电机高度重视政治理论学习，将认真贯彻落实习近平总书记关于安全生产的重要论述和重要指示批示精神作为增强政治责任感、坚持人民至上和生命至上、统筹协调发展的根本遵循和行动指南。积极通过多种形式学习引导党员干部深刻领会习近平总书记关于安全生产的重要论述和重要指示批示精神，坚决将防范遏制重特大事故作为公司的第一责任和第一要务。

哈电机认真贯彻"党政同责、一岗双责、失职追责"和"三个必须"的基本工作要求，设立由董事长、总经理、分管业务副总经理和相关业务部门组成的安全生产委员会，定期召开会议，分析、研究、部署和解决安全生产重大事项，全面统筹推进安全生产工作有序开展。

公司加强安全管理组织机构和安全管理人员队伍建设，依法独立设置安全管理专业职能部门，足量配备专职安全管理人员；充分发挥公司工会安全保障委员会维权、宣教和监督职能，扎实开展"安康杯"竞赛活动，形成层级清晰、分工明确、全方位、多维度的安全管理网络，形成党政工团齐抓共管、合力共进促成安全生产的良好工作格局。

二、加强基础能力建设，筑牢安全发展之基

哈电机坚持标本兼治、系统治理、精准施策，以创新思路和务实举措，持续巩固和加强基础能力建设，推动和促进安全生产形势持续稳定向好。

一是按照"分级管理、分线负责"和"纵向到底、横向到边"的原则，健全和完善以安全生产责任制为核心的安全管理制度体系。根据法规变化、公司治理和机构职能调整等实际需要，修订完善安全生产和消防安全责任制度，全面满足"一岗一清单"的责任制建设要求；以《安全目标责任书》《安全生产承诺书》作为履责载体，明确各类人员的安全生产责任及工作目标，逐层传导压力，逐级压实责任，构建出"层层负责、人人有责、各负其责"的责任体系。

二是优化制度体系顶层设计，根据法规变化、制度建设和安全管理能力提升需要，完成《风险分级管控与隐患排查治理》《安全生产技术保障》等新制度的制定和发布工作；适应改革发展、组织机构及业务流程变化，及时进行制度修订和配套流程调整，使安全管理制度体系更加合规、合理、科学、有效。

2018年以来，哈电机先后两次进行《安全技术操作规程》全面修订，新增智能叠片设备、风力发电机定子浸漆等新型设备安全技术操作规程81项，

以其管理规范性、行为指导性与纪律约束性，为促进员工遵章守纪和实现标准化作业创造良好条件。

三是加强事故应急救援体系建设，充分满足预案体系的针对性、实用性、完整性及可操作性要求，严格依据相关法规、标准要求，构建应急预案体系，健全完善以综合预案为核心并涵盖11个专项预案和现场处置方案的公司级应急预案体系，使突发事件应对更加有规可依，有章可循。

哈电机持续加大应急投入力度，加强应急保障能力建设，依规配备建筑消防系统、微型消防站、空气呼吸器、应急照明和急救药品等应急救援物资，将应急物资储备作为一项长期工作，纳入日常检查范畴，定期进行应急物资完好状况专项检查，随时保持应急救援物资充足、完好、有效。

四是贯彻安全生产政策法规要求，持续加强安全生产标准化建设，投入大量人力、物力和资金，对不良作业环境加以改造完善，全面消除来自设备设施的安全隐患，彻底解决历史遗留问题。为持续深化创建工作，巩固提升创建成果，将安全标准化建设作为提升安全绩效的重要抓手，深度融合职业健康安全管理体系运行工作，形成以安全绩效达标定级为核心、以激励约束为保障的安全管理新机制，持续性、系统性、周期性开展安全绩效评价活动，为促进安全主体责任落实和实现安全生产形势稳定，发挥重要的支撑和保障作用。

五是持续加大安全资金投入力度，积极引进先进生产制造装备，实施技措技改工程，不断加深设备设施本质安全程度；坚持超前防范、源头治理，推进"科技兴安"，促进公司安全生产运行持续健康发展。

"十三五"期间，哈电机投入大量资金，用于安装、改造和维护安全防护设施，配备应急救援物资，配发作业人员劳动防护用品；为开展安全生产宣教培训、特种设备检测检验、安全管理体系认证、安全生产标准化建设及职业卫生建设等提供充足资金保障。通过安全措施立项投资，实施燃气、危化品、消防、应急物资及安全标志配备等安全措施项目52项；近两年完成天然气、危化品现状评估、燃气报警器更新、安全监控装置安装、涂漆炉净化系统改造和安全警示标志调整等安全整改项目，促进安全生产作业条件持续改善。

三、推进安全文化建设，提升全员安全素养

安全管理需要刚性制度，更需要文化支撑。近

年来，哈电机坚持以安全文化助推安全发展，较好地实现了以文化促管理、以管理促安全、以安全促发展的工作目标。

一是加强安全文化建设的组织领导，确立"以人为本、安全健康"的安全生产观念，广泛宣传，激励、引导干部职工投身安全文化建设，形成上下联动、齐抓共管的格局。在既有企业文化的基础上，不断发掘自身安全文化特质，总结提炼出具有公司特色的安全文化理念，传承创新企业安全文化，以核心价值观的形式，高度概括和固化"以人为本，安全健康"的核心理念，使安全理念成为全体员工的普适准则和行动共识。

二是打造安全文化宣传新基地，投资兴建以传播安全文化、宣教培训为宗旨的公司安全文化馆，综合运用先进多媒体展示技术传播先进安全文化，普及安全知识，其先进的设计理念、新颖的展示形式和实用的宣教功能，为员工喜闻乐见。安全文化馆建成投用12年来，总计培训、接待内外部参观者近3万人，良好的应用效果和显著社会效益，为促进先进安全文化的广泛传播开辟了新途径。

三是自觉履行社会责任，根据上级部门要求组织开展"安全生产月""职业病防治法宣传周""全国消防宣传日"等群众性安全文化建设活动；先后举办"哈电安全之声演讲比赛""安全生产主题微电影、微小说、微摄影创作大赛""安全责任、文化力量摄影书画展""哈电安全论坛"等大型安全宣教活动，营造出"人人关注安全、人人向往安全"等与全员共享安全的良好氛围。积极广泛参与"首届中国安全生产电视作品大赛""全国安全伴我行演讲比赛""黑龙江省安全文化建设现场会"等大型安全宣教活动，在充分宣传、展示、传播安全文化建设成果的同时，充分发挥中央企业的示范带动作用，彰显出大国重器的责任与担当。

四是强化安全教育培训，筑牢安全生产根基。哈电机严格落实国家法规和行业标准要求，深入研究培训需求，周密制定培训计划，扎实开展多种形式的安全生产教育培训。针对公司高层，侧重于以政策法规和思想认识为重点的意识培训；对中层管理人员，侧重于以风险意识、管理方法为主要内容的能力培训；对一线员工侧重于采取形式多样的安全教育培训，以案说法增强员工安全意识，强化训练以提高员工的安全技能，不断增强员工的自我保护

能力。

四、科学管控安全风险，全面消除事故隐患

哈电机认真贯彻习近平总书记关于防范化解重大风险的重要指示精神，全面推行双重预防机制建设，充分发挥双重预防机制超前预控、系统防控和分级管控功能，推动隐患排查治理关口前移、重心下移。

一是整章建制。强化各级各类人员隐患排查治理责任，按照隐患排查治理"整改措施、责任、资金、时限和预案'五到位'"基本要求，建立公司、分厂、工段和班组四级隐患排查制度体系，充分明确领导人员安全检查的内容、范围、职责及工作要求，织密建强网络化监督检查体系，定期开展安全生产大检查，及时消除各种事故隐患。

二是树立"隐患就是事故"的观念。按照"全覆盖、零容忍、严检查、重实效"的总体要求，紧密结合安全生产专项整治3年行动计划落实、"五严五查"专项行动落实和年度专项大检查计划执行，持续开展全方位、多角度、多形式的安全检查和专项治理活动，扎实开展特种设备、燃气、危化品、有限空间、电气设施及消防重点部位专项检查，突出"三违"行为治理，加强人的不安全行为管控，通过持续的宣传引导、有效的教育培训、适度的惩戒措施管控习惯性违章，消除来自人的不安全行为隐患。

三是充分关注子公司、分包工程及外包工程的安全风险。依法加强对外包工程的安全管理，"一视同仁"落实同质化安全管控要求，牢牢把住外包方资格准入、协议签订、安全培训、作业审批和现场监管"五道关口"，各负其责，加大现场监督管理力度，有效消除来自相关方的安全隐患。

四是坚持关口前移，超前防范，积极推进事故预防科学化、标准化和信息化，扎实构建风险分级管控与隐患排查治理双重预防机制。设立由公司董事长、总经理担任组长的双重预防机制推进机构，总体规划、督导和推进双机制建设工作，制定下发《双机制建设工作实施方案》《双机制建设工作指南》等核心工作文件，充分明确任务目标、工作职能、工作步骤和工作要求，严格按照双重预防机制建设工作要求，全面性、系统性地划分风险单元，开展风险辨识和风险等级评估工作，充分运用风险清单汇总、风险分布图编制、电脑客户端操作等技术手段，解决"安全风险认不清、想不到"和"隐患排查不全面、不彻底"等实际问题。

哈电机坚持全员管控风险，落实风险管控主体责任和管控措施，将隐患排查责任分解落实到各层级领导、各业务部门和每个具体工作岗位，实现事故隐患排查治理的分级、分层、分类和分专业管理，层层压实安全生产责任，形成安全风险和事故隐患时时有人查、事事有人管、处处有人控的全新局面，扎实构建出风险分级管控和隐患排查治理两道"防火墙"。

展望"十四五"，哈电机将持续以习近平关于安全生产的重要论述为指导，进一步提高政治站位，强化底线思维，紧密围绕"将哈电建设成为具有全球竞争力的世界一流装备制造企业"的战略目标，进一步明晰发展方向，坚定发展信心，夯实基层基础，稳中求进实施安全生产系统治理，力争在"十四五"末实现事故隐患从根本上消除，"零"事故本质安全型企业初步构建和安全绩效跻身行业第一梯队的工作目标，为打造世界一流装备制造企业创造优良的安全运行环境。

提升石油系统电力行业安全文化建设措施初探

辽河石油勘探局有限公司电力分公司　　龚长春

摘　要： 安全文化是存在于单位和个人中的种种素质和态度的总和，企业安全文化是为企业在生产、生活、生存活动提供安全生产的保证，是安全理念、安全意识及在其指导下的各项行为的总和。我国石油系统执行 QHSE 管理体系，系统内电力企业在传统电力系统安全管理模式与石油系统新兴 QHSE 文化渲染下，安全文化建设各有特色。辽河石油勘探局有限公司电力分公司（以下简称电力分公司）多年来一直致力于通过安全文化建设，提升企业安全绩效，形成了知行合一、员工认同的思想和行为。石油系统建立的 QHSE 管理体系，通过有感领导、直线责任、全员参与的实践，以丰富的教育培训为载体，逐步建立起领导干部和岗位员工高度认同的文化理念，并从三个方面来充分实践，提升全员安全素质，努力向 QHSE 管理体系建设零伤害、零污染、零事故、零缺陷的终极目标奋进。

关键词： 安全文化；能力培训；责任落实；领导示范；宣传教育

电力分公司所管辖的电网广泛分布于辽宁省沈阳、茨榆坨、盘锦、锦州、奈曼、科尔沁等油区，存在触电、高空坠落等作业高风险，又因为油区供电服务属性，还存在人员分散、高危作业、风险控制半径大等油田内部电力企业生产特点，这些是安全管理工作的难点。为此，电力分公司积极丰富教育培训模式，以增强人员的责任意识和提升人员的安全技能为重点，强化风险管控，牢固树立"培训不到位是重大隐患"意识，优化改进宣教培训工作，严肃全员履职能力考评，进一步提升风险管控水平，确保公司电网安全、可靠、经济运行。

一、努力践行"有感领导"文化理念，率先垂范带领员工学安全促安全

"有感领导"是指企业各级领导通过以身作则的良好个人安全行为，使员工真正感知到安全生产的重要性，感受到领导做好安全的示范性，感知到自身做好安全的必要性。所谓"有感领导"，是指有安全感召力的领导，即要求各级领导通过员工可以"看到、听到、体验到"的方式展现自己对安全的承诺。电力分公司在安全文化建设中，通过"有感领导"的具体表现形式带动企业加快安全文化建设进程。

（一）开展理论学习

各级党组织通过政治理论集中学习、专题党课、主题党日、安全生产大讲堂等载体形式，系统深入学习习近平总书记关于安全生产的重要论述，将领导干部党建联系点与安全生产承包点合署管理，结合实际及时开展安全生产承包点活动，协助基层解决制约安全生产的问题隐患，提升风险管控效能。

（二）推动"四查"要求落地

规范召开 QHSE 管理委员会季度会议，组织"安全运行风险及控制措施"交流，有力推动"四查"要求落地生根。

（三）开展各种形式的知识授课

各级领导带头对直线下属开展"安全大讲堂"授课活动，突出彰显领导干部以身作则和率先垂范作用。积极落实直线领导 HSE 专项培训。实施公司经理对 QHSE 委员会成员、安全总监对各单位正职领导、副总监对安全系统管理人员专项培训。同时，各分委会主任、科室长和基层单位大队长分别对直线下属开展 HSE 直线培训。经理带头开展了"生产安全事故管理"知识授课，安全总监开展了"电力分公司生产安全管理"知识授课，安全副总监开展了"自主安全管理"知识授课。各级培训的经典培训课件发布在公司安全管理专栏培训资源文件夹供各单位、各部门获取和组织学习。

（四）明确各级责任

领导带头高效开展安全生产大检查活动，组织落实十五条硬措施要求，建立领导干部包保责任清单，明晰各系统、各专业的管控责任。开展"大反思、

大讨论、大排查、大整治"活动，深入推进隐患治理。领导班子成员及基层、部门领导干部撰写反思报告，开展反思交流研讨。

（五）面对困难，领导干部要主动担当作为

电力分公司在2022年辽河油田公司抗洪抢险和复工复产中，领导驻守一线，推进网格化、清单化管理，实施"挂图作战"，制定《涉水区域临近高压线路安全注意事项》，编制《触电风险告知及管控手册》等，领导的担当行为无形中对所有的下属领导干部和岗位员工予以引领和鞭策，牢牢守住安全用电底线，助力辽河油田取得抗洪复产的胜利。

二、加大安全培训与安全宣教，助力安全文化的培养和安全意识的强化

企业安全教育是改变员工意识形态的一种手段，也是改变员工安全价值观的一种有效方法。夯实员工安全技能，保障员工安全基本素质是企业安全文化建设的前提。电力分公司根据对各部门、各单位的HSE培训需求调查结果，制定教育培训计划，协调培训资源，实施全员技能"考试确认"，完善多功能考试系统，健全多专业学习题库，形成学、考、用连贯一体的运行模式。

（一）认真开展HSE专项培训，通过专业培训班提升HSE专职人员业务水平

结合风险管控实际优化配置QHSE培训资源，规范厂级、科级自主培训。创新培训项目和培训方式，突出高风险岗位技能培训，举办安全生产大讲堂，着重加强高风险作业许可培训、承包商培训、QHSE专业管理人员等专项培训。

（二）加强岗位操作人员技能培训

以岗位应知应会、操作规程、HSE知识、风险识别和应急处置能力等为主要内容，开展矩阵需求式培训。充分发挥了基层站（队）和基层班组培训的主阵地作用，以短期培训、小班教学、岗位练兵、现场教学为主要方式，推行标准化培训。同时通过组织相关人员编写脱产培训的教学计划及大纲，从各工种的技师、高级技师和技能专家中选聘业务能力强、责任心强的教师为培训提供高质量保证。

（三）高度重视HSE咨询师培养，增强体系管理人才队伍力量

电力分公司三年来着力培养出一支HSE高素质人才队伍，增强了公司自主开展QHSE体系管理能力和审核骨干力量，为油田公司储备了电力专业

审核人才。三年来共培养了74名HSE咨询师。按照每年培训分两期开展，每期培训含两周理论学习和一周现场实习来计算，三年来共培训720个学时，先后组织咨询师队伍到锦州采油厂二号站、大庆油田中油电能公司、锦州采油厂模拟审核和国网盘锦供电公司参观等实习活动，组织中石油系统同行业电力专家、油田公司安全环保监督中心专家和公司HSE咨询师联合开展QHSE体系内审，促进管理交流和企业安全管理提升。

（四）夯实传统安全教育方式，提升全员安全素质

电力行业结合自身专业特点，一些传统的安全教育培训模式能够有效提升员工安全素质，保障企业安全生产。例如，严格安全工作规程的培训和考核。每年春季电网检修前要对所有参修人员进行安全培训和考试。各基层单位领导亲自组织授课，授课内容以《电力安全工作规程》"反违章禁令"等内容为重点，紧密结合检修实际，参考事故案例，针对习惯性违章行为开展反违章教育。电力分公司《电力安全工作规程》严格规定过程考核和试卷评分，成绩在90分以上者才有上岗资格，并全公司公示成绩。再如，严肃电网作业"三种人"的培训与考核。工作票制度是保障电网作业安全的组织措施之一，该制度明确规定了"三种人"（工作票签发人、工作许可人、工作负责人）的安全职责。每年组织各基层单位对这三种人进行培训、考试，考核合格后方取得上岗资格。只有取得相应资质的人员才能履行工作票的签发、审批、执行等权限。又如，大力推行师徒帮教活动。充分发挥核心骨干人才的传帮带作用，广泛推行师徒帮教活动。各单位结合不同群体的专业特长、知识结构和技能水平，明确培养对象、培养目标、培养措施，并签订师徒协议。通过传帮带，岗位人员技能水平得以提高。

（五）以宣促教、以宣促管

充分利用企业互联网信息门户网站、报刊、微信公众号等宣传教育平台，深化"高危作业风险警示月"主题教育，规范季节性教育，广泛组织开展安全生产月、六五环境日、质量月、消防月、职业病防治法宣传周等主题宣教活动，营造全员负责的浓厚氛围。健全事故案例警示和严重问题曝光机制，每双周通报安全生产管理和监督检查机制并发现问题，完善事故警示教育资源库，建立企业安全学习资料和信息共享专栏，有效发挥新闻监督、舆情监督

作用,更好地服务于从严监管。电力分公司采取辽油 E 学网络专题班线上培训、"铁人先锋"平台安全答题、分享课件资源、视频会议、新闻媒体等方式组织学习宣贯,增强全员安全责任意识,扎实履行好各级管理者和岗位员工的 QHSE 职责。

（六）开展安全生产里程碑活动,对安全运行超万天的变电所以授牌奖励

安全里程碑活动要求岗位人员严格执行《电力安全工作规程》,确保倒闸操作正确率达 100%,变电所安全运行 10000 天无事故。通过开展安全生产里程碑活动,时刻提醒员工严守安全规程,确保安全优质供电。对于实现安全运行 10000 天的变电所,电力分公司领导亲自前往予以挂牌鼓励,从荣誉和效益上都给予肯定和奖励。

三、建立完善的安全责任体系,筑牢企业安全文化建设的基石

建立安全生产责任体系是安全文化建设的重要支撑和保障。只有建立了完善的责任制度,才能确保安全文化建设的顺利进行。具体措施如下。

（一）完善质量健康安全环保职责

完善机关科室、直属部门和基层单位质量健康安全环保职责,签订《质量健康安全环保责任书》,建立管理、技术岗位质量安全环保责任清单和岗位员工 QHSE 履职承诺卡,建成"层层负责、人人有责、各司其职"的责任体系。

（二）抓实 QHSE 履职能力考评

组织开展主要负责人、新任职领导干部等进行安全生产述职,建立领导干部任期内的安全环保履职评估标准,突出领导干部拟提拔前的安全环保能力考核,不合格人员调整岗位或业务分工。强化全员安全技能测试、履职考评及培训考核结果应用,

推动自主提升履职能力。

（三）以身边事警示员工增强安全责任意识

1. 开展身边事故的警示与反思

例如,吸取变电所挡鼠板绊倒伤人事故教训,组织技术部门对挡鼠板功能进行论证。按照公司变电所现有设备的运行标准,已经具备防止小动物进入开关柜等设备的硬件条件。在权衡挡鼠板在使用中的利弊之后,取消挡鼠板,重新修订《电力公司防小动物管理规定》,实现削减人身伤害隐患和小动物误碰带电部位隐患的目的。

2. 组织行业内典型事故案例剖析

电力行业在专业管理上有其自身的特点,行业本身的事故案例更具现实的教育意义,通过剖析电力行业的典型事故案例来查找自身不足,是完善安全管理工作的一个重要手段。结合近年来的同行业典型事故组织反思,排查隐患,完善管理短板。电力分公司开展了"盘曙鞍电网典型事故案例"专题经验分享等活动,为保障电网春秋两季电网检修积极助力。

3. 强化未遂事件的警示作用

海因里希法则告诉我们:当一个企业有 300 起隐患或违章,必然要发生 29 起轻伤或故障,另外还有一起重伤、死亡或重大事故。所以,做好未遂事故的管理和警示教育对于削减事故率具有重要意义。

四、结语

安全文化的建设和实施是个循序渐进、持续完善提升的过程,坚持领导带头、全员参与、丰富载体、注重实效,全方位探索企业更适宜、更贴合实际、员工更为接受的方式载体,为实现企业 QHSE 管理绩效提升助力,为企业高质量发展作出更大的贡献。

"六示工作法"激活安全文化建设"新引擎"

中国铁路成都局集团有限公司贵阳车辆段　张志宏　张永龙　牟志斌　罗　梁　韦　西

摘　要： 近年来，随着中国铁路成都局集团有限公司贵阳车辆段（以下简称贵阳车辆段）动客车配属的与日俱增，新技术、新装备等的大量投用，对现场作业人员按标作业、安全意识等方面的要求越来越高，因此提升干部职工安全思想认识、筑牢安全文化根基、增强安全履职意识势在必行。在此背景下，贵阳车辆段坚持把以文育人、以文润心、以文聚力作为切入点，严格对照国铁集团、集团公司铁路安全文化建设示范点创建总体要求，深入贯彻落实《"十四五"铁路企业文化建设发展规划》和《"十四五"铁路安全发展规划》，对标对表"七优"创建标准，将安全文化建设作为夯实安全管理基础、规范安全工作标准、提升安全管理水平、激发安全发展活力的有效载体，引导干部职工树牢"安全是铁路的政治红线和职业底线，是铁路最大的政治，是铁路最大的声誉""确保高铁和旅客列车安全万无一失"等理念，凝聚新时期铁路安全发展的向心力，不断提高安全文化的影响力，有效助力贵阳车辆段实现安全长治久安。

关键词： "六示工作法"；安全文化建设；安全理念启示；安全风险提示；安全教训警示；安全标准演示；安全品牌示范；安全文艺展示

一、贵阳车辆段的基本情况

贵阳车辆段隶属于中国铁路成都局集团有限公司，是贵州省唯一一家负责铁路动客车检修和运用工作的铁路企业，成立于2003年9月，设有1个段修基地、1个客车整备所和2个动车运用所，总占地面积1429亩。截至2023年，公司现有职工2040人，党员527人，配属动车组85组、客车909辆，主要负责客车段修、动客车运用检修、重点整修、随车值乘、应急处置等重点工作，先后荣获"贵州省文明单位""全国铁路文明单位""中国铁路先进党组织""全路五四红旗团委"等称号。

二、主要做法

贵阳车辆段严格贯彻国铁集团、集团公司铁路安全文化建设示范点创建的总体要求，深入贯彻落实《"十四五"铁路企业文化建设发展规划》和《"十四五"铁路安全发展规划》，对标对表"七优"创建标准，运用"六示工作法"，通过安全理念启示、安全风险提示、安全教训警示、安全标准演示、安全品牌示范、安全文艺展示，构建起独具特色的安全文化体系，以安全文化力量促进安全治理能力和安全管理水平"双提升"，助力贵阳车辆段安全生产实现长治久安。截至2023年7月31日，贵阳车辆段实现无行车一般D类事故1524天，无一般C类

及以上事故7274天。具体做法如下。

（一）突出安全理念启示

1. 宣传教育突出"活"

结合"奋进新征程、喜迎二十大"主题宣讲活动，贵阳车辆段通过集中学习、巡回宣讲、讨论交流、阵地揭挂、主题实践等多种形式，大力开展安全文化理念的宣传教育，进一步树牢职工的安全发展理念，增强其"时时放心不下"的责任感和危机感，不断提升职工对安全工作极端重要性的认识，时刻警惕"黑天鹅""灰犀牛"事件发生，坚守动客车安全政治红线和职业底线。

2. 学习反思突出"深"

深入开展责任铁路事故和非责任铁路责任事故、靠自己保安全和靠别人保安全、对自己负责和对人民负责"三个关系"大学习、大反思、大讨论，成立18人专题讲解团，累计开展一线讲解96场次，帮助干部职工理清"三个关系"的内在本质和逻辑关系，切实转变"非责任"事故和"无责任"事故的错误认识，引导职工把"三个关系"内化于心、外化于行，以大概率思维应对小概率事件，牢固树立安全意识、安全理念、安全习惯。

3. 理念提炼突出"实"

开展"安全理念"征集活动，发动职工群策群力，

将自身的安全价值观融入安全中心工作，提炼出"质量决定安全、细节决定成败"的贵辆安全理念，以及"旅客冷暖在我心中，检修质量在我手中""架起的是责任，落下的是安全、推出的是质量""紧固生命螺栓、把握安全限度、起落健康人生"等独具特色的车间、班组安全理念78条，并汇编制作《贵阳车辆段安全理念册》，树正气、接地气、聚人气，推进安全管理由"制度驱动"向"价值观驱动"转变。

（二）用好安全风险提示

1. 实施闭环管理

建立重点工作布置、督办、检查、销号"四位一体"的闭环管理机制，每日通过早交班会开展动客车典型故障复盘分析，每周对集团公司运输安全对话会和段周交班会安全重点工作进行提醒提示和闭环督办，每月通过安全生产分析例会对2至3个安全突出问题进行挂牌督办，并动态修订岗位安全职责和工作标准，补齐完善事故、故障预防研判职责和工作内容，切实做到守土有责、守土担责、守土尽责。

2. 推行双化建设

大力推行标准化、规范化建设，将安全文化融入车间班组家园文化建设，在生产作业场所打造安全标识标志、安全风险提示等视觉符号系统130余处，新增安全宣传栏、宣传橱窗、宣传雕塑、揭示栏等宣传载体70余处，在打造整洁有序的生产作业环境的同时，营造浓厚的安全文化氛围。同时，每季度实施动车组随车机械师"星级评定"，每星按照每月150元兑现奖励，每半年按照3.5%的比例对随车机械师实施末位淘汰，以点带面有效提升动车机械师队伍的整体素质。2022年，贵阳车辆段累计评定星级标准化随车机械师118人，累计发放星级评定奖励8万余元。

3. 强化隐患整治

把用好双重预防机制与安全生产大检查、安全专项整治行动、"零点行动"常态化、动客车防脱隐患专项排查整治4项行动有机结合，动态更新段、车间、班组三级风险隐患库，将研判出的风险点逐项、逐级分解到各岗位，明确风险等级，细化管控措施，落实管控责任，并成立8个安全专项整治行动工作组，对动客车设备质量隐患等突出隐患常态化开展专项整治，坚决防止安全隐患演变为事故。

（三）开展安全教训警示

1. 打造警示教育室

以"事故警示教育、安全知识培训、标准作业演示"为主题，打造完成安全警示教育室，包括警示教育区、互动学习区、案例展示区、安全培训区4个区域，通过展示图板、视频警示及生产一线活生生的案例素材，深刻揭示忽视安全、漠视生命而带来的惨痛教训，进一步提升职工安全认知能力，增强职工安全忧患意识，使职工时刻绷紧"安全弦"、守住"安全关"。

2. 设置立功曝光台

在段修基地、后巢客整所、贵阳站客列检、贵阳北动车运用所设立安全立功曝光台5处，每月汇总整理发现动客车典型故障奖励、违章违纪考核处理案例，制作形成《立功喜报》和《"两违"反思》并张贴在安全立功曝光台，通过一正一反的鲜明对比，加深职工印象，教育引导职工以发现故障为荣，以发生"两违"为耻。

3. 完善典型案例库

梳理全路车辆系统及段十年来的各类事故案例及动客车行车设备故障，汇编形成典型案例库，每月修订完善，通过班组召开工会、安全分析会等形式，组织职工学习掌握，吸取教训，并加大故障发现处置激励，2022年累计发放奖励105万余元，职工周洋在动车组秋季整修作业时发现轴装制动盘安装螺栓断裂故障，得到集团公司奖励1万元，引领了全员共同"找故障、灭'两违'"的良好态势。

（四）推行安全标准演示

1. 作业标准"活"起来

抽调技术专职、业务骨干、岗位标兵36人，成立客车检修、客车运用、动车组运用检修、设备维修4个作业指导书现场验证工作组，对573份作业指导书开展全覆盖现场验证，整改作业指导书问题768条，保证作业指导书的实用性、指导性，并组织党员"安全之星"以验证后的作业指导书为基础，录制标准作业流程视频116个、故障处置"短视频"36个，让作业标准从纸上走进现实，"活起来""动起来"，方便职工快速学习掌握。

2. 技术创新"火"起来

把技术创新作为保安全的重要抓手，围绕安全生产、节支创效等领域，常态化征集合理化建议和"五小"技术创新成果，按季度召开创新项目评审交流会，并制作优秀成果展示视频，通过线上线下双向展播的形式，广泛宣传和推广，激发职工创新创造的积极性和主动性。近三年来，全段干部职工累计形成创新成果181项，其中135项获得表彰奖励，3项获得全国铁路青年科技创新奖，43项获得国家发明专利授权，职工主人翁意识显著增强，为全段的创新发展提供有力技术支撑。

3. 培训演练"勤"起来

以"一图一书一表"为重点，分工种、按岗位，通过标准化作业演示、岗位练兵、应急演练、劳动竞赛等多种方式，持续加强动客车各岗位，特别是关键岗位及"新、转、晋"职工的培训，全面提升作业人员素质。同时，着力提升随车机械师、车辆乘务员、应急指挥人员的业务技能，注重对其心理素质的培养，强化联劳协作能力，通过对应急演练现场写实，持续优化完善应急处置流程、工作分工、故障排查等项点，提升职工应急处置能力。在2022年集团公司职工职业技能竞赛中，贵阳车辆段获得客车团体第一名、客车个人两项第一名，动车个人一项第二名，一项第三名。

（五）深化安全品牌示范

1. 促进品牌带动

弘扬工匠精神、劳模精神、创新精神，建强"群英创新工作室"，全面整合滕振互学班、向飞乘务队、景绍彬式班组党内品牌资源，充分发挥品牌"带头人"示范带动作用，构建起"1个工作室、3个党内品牌、N名党员技术骨干"的"1+3+N"工作格局，贵阳车辆段相继涌现出全路"青年文明号"集便器班组、全路卓越青全创新工作室、贵州省"青年文明号"贵阳北动车运用所质检组等一大批优秀品牌，全国青年岗位能手李佳超、集团公司创新之星刘浪等一大批党内先进典型，品牌的影响力和覆盖面持续增强，为全段安全发展再添助力。

2. 深化榜样引领

以"榜样在身边"为出发点，以政治素质优、工作业绩优、群众评价优为站位，精细挖掘"闪光点"，在全段范围内进行榜样选树，培育出"全路向上向善好青年"吴边、贵州省五一劳动奖章及"2022年度新时代成铁榜样"获得者吴星漫、"尼红奖章"获得者吴边、"全国技术能手"获得者王愿、"全国青年岗位能手"获得者李佳超、"全国铁路火车头奖章"获得者冯平等一大批"贵辆榜样"，并大张旗鼓地表彰优秀党员、优秀团员、先进个人、创新之星、安全之星、技能竞赛优秀选手等一大批有责任有担当的争先者，送荣誉进车间、到班组、上一线，并拍摄先进照片、制作宣传片、授予荣誉牌、举办颁奖仪式，通过显示大屏、宣传橱窗、新媒体平台等多种载体，进行全面深入宣传，表彰先进、树立典型、弘扬正气，引导职工向榜样看齐，找到努力的方向和得到认可的途径。

3. 强化党员示范

坚持党员"两违"周分析、月通报，每周对安全信息管理系统和政工信息系统数据进行分析研判，并向相关责任车间、班组进行预警提示；每月汇总党员"两违"防控结果、变化趋势及典型问题形成情况通报，并在周交班会、月度安全分析会和党委书记专题会上进行通报，实现了段党委实时监控、车间实时卡控、班组实时盯控。同时，持续深化党内"三无"竞赛，用好党员"安全之星"评选激励机制，通过层层推选、公开投票评选产生"安全之星"。2022年通过层层推选、公开投票评选党员"安全之星"51人，形成党内"三无"带动消灭职工"两违"的良好态势。今年以来，段党员"两违"率稳控在1%以下。

（六）丰富安全文艺展示

1. 形式新颖多样

坚持"安全关乎生命，质量关乎生存"的价值取向，把安全文化建设与宣传思想政治工作紧密结合，开展"情系安全"主题漫画创作活动，共征集安全漫画130余幅，汇编形成《贵阳车辆段安全漫画册》，精选45幅打造出126米长的"12.6"安全漫画长廊，取"要爱路"之意，置于职工上下班的必经之路，并同步打造安全文化墙36面，通过图文并茂的方式，将新《安全生产法》、安全理念、安全警言警句、安全规章制度、安全生产应知应会等知识新颖地展现出来，用全新视角和方法讲好安全生产"第一课"，引导职工从"要我安全"向"我要安全"转变。

2. 文艺成果丰硕

以助力安全文化建设为核心，成立金石书画社、咔嚓摄影社、羽毛球协会等文体兴趣组织，建立段文体人才库，运用职工体育中心、文化活动中心等文体阵地资源，组织开展经常性的职工书画摄影作品展、文艺汇演、"安康杯"职工体育竞赛等形式多样的文体活动，充分发挥干部职工的主动性和能动性，创作出一大批贴近实际、贴近现场、贴近一线的高质量安全文化作品，其中自编歌《贵辆岁月》获得地区职工才艺大赛一等奖，小品《为爱逆行》获得全国"书香三八"活动优秀奖，职工黄琦的摄影作品获得全国"书香三八"读书活动摄影阅读类一等奖，职工曾夏兰的铅笔画连续五年获得全国"书香三八"读书活动书画阅读类一等奖。职工在参与、欣赏的过程中，实现安全观与文艺观的"双提升"。

3. 职工参与广泛

以"贵辆微家园"微信公众号为主阵地，开通"学习进行时"等栏目，把安全教育内容以图片、视频、漫画等职工喜闻乐见的"鲜活"形式呈现出来，共计发布信息48期，点击阅读量达到1.4万余人次，并鼓励全段干部职工积极投稿留言、交流反馈，实现思想教育由单向灌输向双向互动、由抽象说教向形象感化、由"一时一地"向"随时随地"转变，营造浓厚的安全文化氛围。同时，坚持把镜头对准一线劳动者，制作《文蕴贵辆，续写华章》《新贵辆》《匠心初心》等主题企业文化宣传视频10余个，并积极向路内外媒体平台供稿，其中CR300AF复兴号动车组视频素材被新闻联播《"十三五"成就巡礼》栏目采用，职工黄铁柱坚守岗位公益广告被《人民日报》整版刊登，成为铁路职工抗击疫情的形象代表。

三、结语

安全生产永远在路上，贵阳车辆段将始终坚持深入贯彻习近平总书记关于安全生产的重要论述和重要指示批示精神，教育引导干部职工肩负起高铁和旅客列车安全万无一失的崇高使命，坚守动客车安全红线和职业底线，以安全文化建设新成效助力安全生产长治久安，使安全发展行稳致远。

浅谈安全文化建设在安全管理工作中的重要性

山西恒跃锻造有限公司　郑　嫒

摘　要：安全是员工的生命，安全管理是企业管理中最重要的一部分。企业安全管理，就是要消除安全隐患降低安全风险，把安全事故消灭在萌芽状态。安全管理的关键在于"预防"，要通过安全文化建设，让企业员工从思想上调动安全意识，人人主动参与安全管理，对风险进行管控达到预防为主的目的。

关键词：企业；安全管理；风险；预防；安全文化；主动参与

安全和我们每个人的生活息息相关。从企业来看，安全生产事关经济效益的提高，事关企业的可持续、健康发展；从员工来看，安全事关生命，是人的第一需求。随着社会发展和进步，人们对安全的关注越来越强烈。安全文化建设必须坚持以人为本，努力把"安全第一"的思想真正贯穿于生产生活全过程。

山西恒跃锻造有限公司（以下简称恒跃锻造）坐落于享誉全球的"中国锻造之乡"定襄县，创建于1996年，截止到2022年年底，现有员工436人。公司主要生产工程机械精密异型锻件，现拥有先进的数控生产设备、检验设备100余台，拥有4条全自动数控锻件生产线，产品远销17个国家，市场份额占到全球的70%。锻造业是山西省定襄县的传统产业，也是当地的支柱产业。恒跃锻造创办初期，采用当地的夹棒槌加工锻件，设备落后、管理混乱、工艺粗犷，从业人员绝大部分是当地的农民工和下岗职工，职工文化素养参差不齐，企业安全生产管理能力比较薄弱，安全事故难以避免，给员工的安全健康和企业经营带来较大风险。

一、锻造企业的特点

锻造企业的主要工序为锻造和机加工。在生产中容易发生物体打击、机械伤害、起重伤害、车辆伤害、高温烫伤等事故。为了更好地保证安全生产，恒跃锻造在管理和技术方面做了很多工作。

（一）安全管理组织体系健全，明确责任

设立专门的安全管理机构，从上而下责任明确。公司成立了以董事长、总经理为领导的安全管理组织机构，主要成员为各车间、各职能部门、各岗位的骨干，形成了一个安全生产管理网络，遍布公司的各个环节、各个工序，使公司形成了一个系统的扎实的管理体制。

公司安环部设有专职安全员，成立了6S现场安全管理小组，由19名成员组成。6S小组成员，每天坚持上下午到生产现场进行巡检，对于安全巡检中发现的问题和隐患，巡检人员当场处理，对比较复杂的问题上报公司安环部，下发安全隐患通知单并且责任到人定时处理。6S小组的成立对公司的安全工作起到了至关重要的作用。6S小组坚持周督查、月巡检制度。周督查要求车间负责人参与现场安全检查，月巡检要求公司主要领导参与现场巡检和制定方案，坚持每月召开一次安全生产会议，研究解决一个月以来发现的安全隐患和排查中发现的重点问题，分析研究，确定工作重点，对重点部位和重点人员进行重点防护和检查督促。

（二）操作规程科学完善，强化制度

为了使安全生产落到实处，公司逐步完善和修订安全生产制度和操作规程、岗位责任制，形成了一整套符合各个生产环节的、各个岗位的可操作性强的安全生产制度和岗位责任制。这些安全生产制度和安全操作规程的制定、修改、完善，以及制度的落实，使公司安全生产有章可循，有制可依。只要严格按照安全生产操作规程和安全生产管理制度认真执行，安全事故的发生就会减少。

（三）全面进行风险辨识，制定预案

公司每年组织各区域、各部门、各工序定期对各自的生产工作环境进行风险辨识，经过大家仔细辨识哪些因素可能给自己带来危险，可能带来什么样的危险，危险性的大小，如何来防范，一步步来辨识，然后交回安环部汇总，采用LEC法确定风险值和风险级别，把风险级别高的、危险性大的作为公

司本年度的整改目标,在重大危险源部位设置了危险源告知牌,并制定了专项应急预案,每年组织有关人员进行应急演练。

（四）强化安全培训,提升素质

按照年度安全培训计划组织安全培训计划的实施,为在全公司开展安全培训奠定了人才基础。组织员工分批分次进行安全培训,组织参加安全培训的全体员工进行统一考试,特殊工种、特殊岗位的安全培训我们采取"送出去、引进来"的方法。"送出去"是指送员工到有资质的专业机构去培训,考试合格取得证书以后上岗;"引进来"是外聘有经验、有资质的专业人员来公司为员工做培训,这样更多的员工可以学习到更专业的知识。员工无论从安全意识还是操作能力都有了很大的提升。

（五）创造安全环境,持续改善

恒跃锻造重点检测安全设施。公司定期邀请有资质的专业机构来公司进行安全检查,包括消防电气检测、职业健康危害因素监测、防雷设施检测、天然气报警系统检测等。公司设立一名专职天然气检测员,每天对天然气管道、天然气加热炉及附件进行检测,按照要求每天进行巡查和检测。公司每年进行安全评价和职业健康危害因素检测,目的就是检测安全管理工作和安全防护设施、工作环境是否符合国家的相关要求,以更专业的眼光查漏补缺,不断改进。

（六）排查安全隐患,整改责任到人

按照公司制定的安全生产事故隐患排查治理工作制度,公司 6S 小组进行日巡查、周督查、月巡检。结合实际,公司把事故隐患分为三类:一般事故隐患、较大事故隐患、重大事故隐患。如果发现一般事故隐患,其危害和整改难度较小,发现后立即整改排除隐患。如果发现较大事故隐患,当时不能够完成整改的,通知本单位负责人,确定整改方案和整改负责人,下达整改通知单限期整改。如果发现重大事故隐患,且其危害和整改难度很大,立即报告主要负责人并召开专题会议,确定整改方案、整改负责人、完成时间,最终确认整改情况。

（七）安全投入到位,安全工作有保障

公司董事长重视安全管理工作,设立了专门安全账户,并按要求提取安全费用。建立了安全文化长廊,对消防电力设施进行了整改,为员工配备了符合国家标准的劳保用品,在模锻车间设立了安全挡板,在机加工车间设立了安全防护网、安全防护罩,在安全防护设施的维护、机加工车间铺设了绝缘厚胶地板,这些防护手段有效地防止了过去常见事故的发生。

二、柔性的安全文化,推动企业安全发展

以上种种措施的采取,极大地减少了安全生产中发生的事故,但尽管采取了严格的管控措施,在实际工作中"三违"现象仍难以杜绝。中外资料表明,大多数安全生产事故发生的原因都是人的不安全行为,从恒跃锻造发生的违规行为分析可知,很多事故都是由于员工在思想上、行动上、没有把安全生产放在第一位,因此解决员工的思想问题、意识问题和自觉行为问题是关键。每个人的情况不同,就必须跳出传统的规章制度约束、管理的范围,把安全工作范围深入每个员工的思想深处去。借助恒跃锻造企业文化的影响力,构建突出思想意识和行为习惯的安全文化,用企业文化特有的影响力和渗透力引导各级管理者和广大职工安全理念的转变。把安全文化形成制度化,进而达到全方位的安全管理目标。恒跃锻造在安全管理中着重提出把安全技能培训与安全意识教育紧密结合的要求,目的就是把外在的、冰冷的、立竿见影的制度约束被动手段与内在的、温和的、潜移默化的安全文化主动功能结合起来,实现两个功能的互补,使员工完成从要我安全到我要安全意识的自觉转变,从而从根本上解决问题。

时代在飞速发展,产品设备都在升级,原来的传统锻造设备基本已经被淘汰,取而代之的是全自动化锻造生产线。企业需要知识型、技能型的青年员工来操作数字化、智能化的生产设备。青年员工成为企业的主力军,他们在生产中发挥着重要的作用,他们在安全方面也有着更高的要求。为了贯彻落实习近平总书记关于安全生产的重要论述,积极贯彻实施《安全生产法》等法律法规,就要促进恒跃锻造安全生产持续稳定,维护职工生命和公司财产安全,使广大青年职工逐步牢固树立了安全意识,使安全生产深入人心,形成了人人重视安全、事事要求安全的局面,从而推动企业高质量发展。

（一）提炼理念,把安全文化与党建工作紧密结合

恒跃锻造提出的"党建掌舵、科技引擎、人才支撑、文化铸魂、安全护航、锻造未来"24字战略方针,明确了"安全护航",将员工对安全工作所向往的意愿、目标和理念总结提炼出来,这24个字就是公司和员工共同遵守和努力实现的准则和愿望。

(二)气氛和谐,安全文化与安全管理紧密结合

在公司内部悬挂安全文化温馨提示,在各主要车间设立安全生产标语、警示标识、危险源告知牌;每年一度的安全知识竞赛、恒跃文化节、安全知识竞赛、安全大讲堂、安全事故警示教育宣传,使人与物、人与环境达到和谐统一。

(三)文化熏陶,丰富多彩的宣传手段

举办丰富多彩、不拘一格、具有恒跃文化特色的文化活动,如安全征文活动、"平安永伴恒跃行""家书浓浓寄真情"职工家属安全征文活动,实现了家庭、员工、公司之间的互动,促进了公司安全文化的深入开展。公司把员工安全文化征文和安全文化学习体会编印成册,先后编印了《平安永伴恒跃行》《家书浓浓寄真情》《不忘初心谱新篇》《学史崇德我先行》等安全文化丛书。这几本书以恒跃安全文化为主题,由员工亲身写亲身事,在员工和家属中广泛传阅,引起了很大反响。大家在阅读中得到了安全文化熏陶,在潜移默化中受到了安全文化的滋养,收到了很好的效果。

公司职工自编自排自演了微电影《刘师傅戒酒》,员工自己当演员,自己写剧本,用员工身边的生动事例教育和感染大家,收到了良好的效果。

为了增进员工和领导间的感情,实现两者更好的交流和放松,特别举办了大型的户外活动"奔跑吧,恒跃",现场气氛热烈和谐,领导员工平等互动,活动内容新颖,受到了员工的欢迎。

为了更加强化安全管理,提高安全管理整体水平,恒跃锻造每年组织"安全知识竞赛"活动,大家踊跃参加,精心准备,公平竞争。台上选手你追我赶、台下气氛紧张激烈,员工的安全知识大幅增加,安全水平有了明显的提高。

(四)亲情感化,用浓浓的温情感化人

为更好地维护每个员工的切身利益、搞好安全生产,公司党支部、工会委员会联合发出通知,要求每位员工家属都对自己的亲人和爱人写一封"平安家书",以浓厚的亲情和期盼嘱咐在公司的每一位员工,要在工作中注意安全,遵章守纪,勇于奉献。此次征文共征集家书200余篇,用家人浓浓亲情,以亲引导、以情感人,给予员工真诚的嘱咐、美好的祝

愿。嘱咐员工在工作中坚决杜绝"三违"现象,把安全意识从"要我安全"转变为"我要安全"。征集的家书经过评选,选出80余篇编印成《家书浓浓寄真情》一书,发给每一位员工,并邀请家属代表诵读,起到了很好的感化作用,有力地推动了宣传教育七进活动的进行。

为进一步推动安全七进活动,使安全意识深入人心,公司发起了"家企共建平安家庭"活动,为每位员工发放一枚"你的安全是我的心愿"绣章,让妻子或母亲为员工亲手缝在工作衣的右侧胸前,让员工充分感受自己在家庭中的重要地位,即家里的顶梁柱。妻子或母亲的一针一线体现的是全家人的心愿,是对安全的期盼,是对"平安你一个,幸福全家人"的最好的诠释。员工要把母亲或妻子缝制绣章的过程拍摄下来,作为安全教育的素材展示给大家。员工分享家庭的感人故事,营造平等和谐的家庭氛围,发挥家庭阵地在安全中的重要作用。一方面,通过家庭的情感教育,此次活动使员工增强了安全意识,自觉做好个人安全工作;另一方面,公司员工增强了归属感和责任感,强化了自身安全意识。引导员工认识到安全教育是对我的关心、关爱、关怀,使员工牢固树立我要安全、珍爱生命的自觉行为意识,员工认识到安全不是为了别人,是为了我自己,为了我的幸福家庭。

(五)注重实操,提高员工的应急和实操能力

公司领导倡议成立应急救援队,数控车间挑选有思想、有干劲、上进心强、思路灵活的30名青年员工组成青年应急先锋队,组织消防演练和各类应急救援演练活动,在实践中提高自身的岗位应急能力。组织了"职工技能大赛",邀请"安全""质量"等部门负责人当评委,领导干部和员工亲眼看见了参赛选手整个操作过程中的规范操作,给员工上了一堂生动的安全操作课。大家纷纷表示向"安全标兵"学习,一定要在"干中学,学中干",真正提高自身的岗位能力。

(六)青年当先,充分发挥青年的主导作用

成立青年安全监督岗,制定岗位职责和管理制度。青年监督岗员工都能熟悉每个岗位的情况,并根据危险源辨识结果设置了危险源告知牌、操作规程、应急处置,都明白自己所在的工作环境中有哪些危险源、怎样更好地防范,并且记在心中,落实到行动中,他们懂安全、会安全,不但自己在生产中严

格遵守安全，而且带动并帮助周围的同事也要严格遵守安全。公司真正做到了危险源告知明白化，操作规程可视化。让青年在监督检查中发挥自己的独到见解，和其他员工在沟通中产生共鸣，发挥他们的导向性和辐射性作用。

（七）警示教育，用典型案例警醒员工

在安全生产月来临之际，除了公司组织的宣传活动外，青年安全生产示范岗成员还提议组织安全警示教育活动，每人准备一个安全生产事故的案例，用身边的故事做警示，然后设身处地、换位思考，"假如这个故事的主人公是你"该怎么办？一个个触目惊心的故事、一个个血淋淋的画面，触动了员工的内心。大家纷纷表示：安全生产、规范操作，人人带头做表率！

（八）班组建设是安全管理的基础

班组是安全工作的落脚点，公司非常注重班组建设，根据加工产品不同划分了29个班组，班组长人人持证上岗，每个班组都有班组安全员。明确了班组长职责，签订了安全生产目标责任书。

各班组长从岗位职责出发，根据各自的安全管理内容编写日安全计划、周安全计划、月安全计划以及安全活动计划。各班组成员严格按照计划执行工作，将安全知识、安全文化、安全理念贯穿到每日进行的班前会中。定期进行安全生产大检查、安全巡检，不定期举行各种安全演练活动等工作，鼓励员工踊跃对安全生产献计献策，主动参与安全管理，为公司的安全生产提供有力保障。

（九）创新活动，提高员工改善工作环境的积极性

公司始终认为优秀的员工就是最先进的生产力。公司为了改善工作环境，支持鼓励员工在生产中善于发现问题，善于动脑解决问题。在"五小"活动中，各车间各班组更是热火朝天，如工作中用到的吊具怎样改善更安全、生产中用到的刀具怎样改善才更合理、生产现场怎样规划更符合6S要求等，共提出60条合理化建议、12项安全改善，使公司的安全管理工作又上一个新台阶，为安全生产夯实了基础。

（十）奉献爱心，积极履行社会责任

为员工配备符合国家标准的劳动防护用品，定期为员工进行职业健康体检，建立职工档案，并归类保存，确保员工的身体健康，杜绝职业病的发生；每年开展"爱心捐赠""捐资助教""金秋助学"活动，特别是在新冠疫情期间，公司成立防控领导组，为灾区积极捐赠款项与物资共计63万元。在防疫物资紧缺的情况下，积极筹备购买防疫物资，为员工及家属发放防护口罩、防疫药品、生活用品等，保障了员工的健康安全，让大家感受到公司这个大家庭的温暖。

三、效果确认

安全文化活动提高了员工的文化素质，让员工从较高层次来理解和参与安全文化活动。员工通过参与安全文化活动，逐渐提高了安全素质，对安全生产的认识水平有了较大的提高，自觉参与安全的积极性得到了很大提高，遵守安全管理制度和岗位操作规程的自律性提高了很多。公司员工在安全意识、安全理念、安全技能等方面，特别是在个人素养方面都有了很大的提升，员工能把操作规程写到纸上、说到嘴上、记到心上、落实到行动上，形成了"我要安全"自觉行动的良好氛围，为实现公司科学发展、安全发展、高效发展打下了坚实的基础。

四、经验总结

恒跃锻造总结了多年以来安全管理工作的经验：抓硬件改善安全环境和安全设施，是安全管理工作的重要组成部分；抓安全文化建设，改善的是员工的意识和心态，提高的是员工的整体素质，对企业的安全管理工作可以起到事半功倍的作用。制度可以约束人的行为，这是被动的安全，安全文化打动人的内心，可以成为主动的安全。企业安全教育是必不可少的，但是员工更乐于接受家庭教育、亲情感化。老员工经验丰富、办事踏实，但青年员工文化素质高、思想先进、安全要求更高，有感染力有带动性、有初生牛犊不怕虎的冲劲，他们敢说敢干，公司的青年安全示范岗、青年安全示范岗、青年吹哨员、安全员岗位的设立，给公司的安全工作注入了新鲜的血液。全体员工也深切体会到了自身素质的提高、安全意识的增强。公司涌现出不少"优秀班组长""安全生产标兵""技术能手""6S先进班组""最佳改善奖""青年之星"等先进人物，在全公司职工中起到示范表率作用，得到了公司领导以及员工的高度评价。

安全工作只有起点，没有终点，安全文化是安全管理工作的制胜法宝，只有公司全员横向到边、纵向到底地重视安全文化建设，并积极参与，不断提高企业安全文化建设水平，才能达到人人抓安全、个个会安全的目的；在全公司内形成安全工作上下齐抓共管的良好局面，才能确保我公司安全健康稳步发展。

从事业部班组安全建设谈公司安全文化建设思路

中国南水北调集团中线有限公司　王　俊　李振东　何　璇　李红果

摘　要：本文分析了中国南水北调集团中线有限公司（以下简称中线科技）安全文化建设的现状和存在的问题，并介绍了公司事业部班组安全文化建设的案例。接着，本文提出了公司安全文化建设的总体目标，并从安全精神、安全制度、安全物质、安全行为4个维度来构建公司的安全文化，旨在为公司提供更全面和更有效的安全文化建设思路。

关键词：安全文化；安全精神文化；安全物质文化；安全行为文化

一、公司简介

中线科技是中国南水北调集团中线有限公司全资子公司，于2018年9月注册成立，2019年上半年开始筹建，主要履行对中线工程的信息机电运行管理和维修养护职能，承担信息自动化（含安全监测自动化、水质监测自动化）、机电、电力及消防设备设施和系统的运行、维护、大修、新建、改扩建及相关科研工作。

二、安全文化建设的现状

（一）安全理念体系不够明确

员工对安全文化的认识局限在具体工作活动中，安全行为的自主管理和主动学习的能力有待加强。中线科技建立了较为完善的安全管理制度和操作规程体系，但尚未明确安全理念。需将员工的安全认识升华到安全文化层面，提高对安全是人员、环境、设备、管理等诸要素的综合的"系统论"的认识，构建包括安全价值观、安全愿景、安全使命、安全目标的安全理念体系。

（二）安全文化氛围不够浓厚

各部门进行安全文化宣传的手段较为单一，质量参差不齐。员工从工作环境中获取职业安全健康风险信息的便利度一般，在安全文化阵地建设上还有较大的提升空间。安全文化视觉识别系统比较模糊，各部门需要统筹规划设置安全警示标识、标语、作业流程图、个体防护要求、严禁事项及紧急处置措施卡等可视化媒介。安全文化品牌活动不够突出，品牌效应不够明显。

（三）安全激励机制不够健全

优化安全激励机制，增加日常安全管理的考评指标，体现"管生产必须管安全"的原则，激励各岗位员工尽职履责。突出正向激励，树立安全榜样，保证安全奖励经费，激发员工的自觉性和主动性，提高员工的工作满意度，提升员工的职业认同。

三、浅谈公司事业部班组安全建设

南水北调工程具有沿线长、建筑物设备设施分散等特点，中线科技作为中国南水北调集团中线有限公司的运行维护单位，下设8个事业部，分区域保障南水北调工程的信息机电安全，一个事业部通常负责多个南水北调管理处的运维作业。事业部的班组安全管理是公司安全生产的最前沿，班组安全文化是公司安全文化的核心内容。做好班组的安全管理对公司的安全发展尤为重要，中线科技主要从以下几方面开展班组安全建设。

（一）优化班组管理标准

中线科技通过制定班组安全活动管理标准以及作业活动管理标准等完善组织管理体系，强化日常安全管理。

（二）创新教育培训机制

例如，邢台事业部创新安全培训的模式，利用碎片化的时间进行"安全一叮"活动，收听各类安全课程和知识。通过耳濡目染，班组员工对安全的认识得到了进一步加强，结合自身实际，查找身边的安全隐患，杜绝"违章指挥、违章作业、违反劳动纪律"。之后，邢台事业部又推出了"每日一题"全员学习计划，做到"每天从安全学习开始"。

（三）提升隐患排查治理能力

同样是邢台事业部，该事业部发动所有人检查所有问题，班组员工深入施工现场一线对作业现场和安全管理资料进行检查，虽然公司的检查制度相对完善，但是检查内容繁多，现场人员很难记住，为此邢台事业部内部制定了一套适合自己的安全检查清单，列举了通俗易懂的"十不准""五要求""三记住"等检查内容，并对相关人员进行培训，保证所有人懂得隐患并能够发现隐患[1]。

（四）加强目标责任考核

中线科技建立安全生产责任制，层层分解到班组，最终形成"纵向到底、横向到边"的安全生产责任体系。例如，南阳事业部制定了标准化班组考核标准，针对班组管理、班组成员行为及班组文化明确了考核要求，定期进行考核，年底选拔优秀班组给予表彰奖励。

（五）丰富班组安全活动的载体

安全文化可以强化人员的安全价值观并进一步规范人的行为，可以让安全管理的达到"无为而治"的境界。选择合适的活动方式可以有效传播安全文化，例如，平顶山事业部制定班组安全活动计划，每月定期举办安全演讲、安全竞赛、VR 体验课、"隐患大家查"及"安全批评与自我批评"等活动。班组通过自行组织活动，调动员工的安全意识，从而提升班组的安全文化建设[2]。

四、安全文化建设思路

上述案例只是中线科技在落实好企业主体责任之后结合自身实际在安全文化方面探索的一个小小缩影，按照班组安全建设的做法，可以提炼出公司在安全文化建设上的思路。为此需要确定一个总目标，结合公司安全文化建设基础和国内外安全文化的理论研究，从精神、制度、物质、行为 4 个方面来构建公司的安全文化框架[3]。具体做法如下。

（一）确定一个总目标

南水北调工程事关战略全局、事关长远发展、事关人民福祉，对保障南水北调的"三个安全"意义深远。中线科技要通过安全精神文化、物质文化、制度文化、行为文化建设，建立一个以"设备安全、网络安全、人员安全"的安全生产管理体系并打造出一个优秀的安全品牌。

（二）坚持培训传递安全精神文化

安全精神文化是中线科技安全文化的内在核心，社会和企业分别从大环境和小环境共同影响安全精神文化的形成。建设安全精神文化，首先树立正确的安全观，那就是"人民至上，生命至上"。这个安全观需要公司不断地培训教育，传统的文字教育和课堂教育，由于员工接受有限，因此效果并不明显。为了达到理想的教育培训效果，就必须坚持创建教育培训模式，利用员工碎片化时间，运用短视频、VR 体验、趣味音乐等方式，将枯燥的培训内容变得更加有趣，更容易让人接受。安全精神文化的建设关键在于教育培训，但是培训和教育不可能一蹴而就，是一个"慢工出细活"的过程，只有不断地教育培训，才能将安全精神文化和理念传达给更多的人，从而真正理解它并践行它。

（三）保证公司安全制度文化建设

制度文化建设必须抓住重点，信息科技公司不同于一般的 IT 行业，也不同于传统的建设施工企业。中线科技是一家保障南水北调信息机电安全的运维企业。安全生产制度要以责任制、安全生产检查、相关方安全管理、危险作业安全管理、应急管理等 5 个重要制度为抓手来完善安全制度文化。在实际工作中通过现场的反馈，不断完善和更新制度。

（四）加强公司安全物质文化建设

加强各类硬件、材料和设施建设，但更重要的是物质文化，某表观直接体现了安全文化建设水平的高低。企业既要关注宏大的外在表现，呈现安全品牌；更应重视内在的细节把控，确保安全品质。

（五）加强员工的安全行为建设

行为是安全文化的外在直观呈现，个人是安全行为文化的着力点和最终载体。中线科技建设员工安全行为的方式主要有 3 种，一是制度约束，二是教育培训，三是责任追究。制度虽然能有效约束员工的不安全行为，但是制度法规本身具有客观性，比较死板，员工主动接受程度较低。教育培训一般效果不明显；责任追究不利于团结，员工比较抵触。员工的个人行为需要观察和引导，否则可能会出现"破窗效应"，导致更多人效仿，带来更多的不安全行为。所以一定要站在员工的角度，本着"以人为本、生命至上"的安全观，围绕员工的日常运维行为，重点设计安全行为文化。只有站在员工的角度考虑问题，这样的安全观才能被员工接受，从而带动更多人接受正确的安全行为，逐渐养成安全行为文化。

（六）加强宣传报道

文化需要通过传播来提升它的关注度，从而营造一种人人讲安全的良好氛围。同时做好监督检查工作，及时调整安全文化建设措施，加强薄弱环节的管理。

安全文化建设是一个长期积累的过程,无法在短期内取得明显的效果。为了推进安全文化建设,我们需要按照中线科技的安全文化建设框架,在日常工作中不断改进相应的工作。我们必须坚定不移地推进安全文化建设,让安全理念深入人心,使安全制度得到切实执行,并塑造良好的安全行为习惯。只有通过持续不断的努力,我们才能够建立起优秀的安全品牌,保障南水北调的"三个安全",实现企业的本质安全文化,为公司的长期稳定发展打下坚实的基础。

参考文献

［1］杨宋博.中建N局A公司安全文化建设研究[D].武汉:华中科技大学,2021.

［2］高兵.班组安全文化建设的思考[J].中国电力企业管理,2022,(03):70-71.

［3］古若鹏,戴强忠.从检维修上锁挂牌谈企业安全文化建设路径[J].劳动保护,2022,(3):2.

基于 SMART 原则的工务机械车运用安全文化评价指标体系研究

中国铁路上海局集团有限公司上海大型养路机械运用检修段　束永正　张旭诚　韩宪军　孙　朕　王明旭

摘　要：近年来，为打造更高质量"轨道上的长三角"，国家战略通道、区域性高铁建设持续加快，工务机械车在铁路改革发展中占据举足轻重的位置。但工务机械车运用现场作业点多、分散，跨专业岗位结合部多，现场管理力量、控制手段相对薄弱，如何科学客观地评价铁路发展的安全文化影响因素、从根源上规避事故发生，还需要进一步思考。本文围绕 SMART 原则建立科学的安全评价指标体系，从安全理念、人员培训、行为激励、信息传播等方面来确定各层级权重指标，完善安全文化建设的理论体系。

关键词：工务机械车；安全文化评价；SMART 原则

一、引言

随着现代社会的发展和进步，安全问题日益成为人们关注的焦点。在过去，我们通常更注重物质层面的安全保障，如技术设施和行政管理的完善。然而，由于事故频发和安全意识觉醒，人们逐渐认识到安全文化在事故预防和管理中的重要性，而安全文化评价指标体系的建立正是应对这一现实需求的产物。

关于安全文化评价指标体系的研究已形成较为完善的理论体系。2013 年，国内学者殷文韬、傅贵等建立了行为安全"2-4"模型，它将事故发生背后的组织内部原因划分为 2 个层面 4 个阶段，构架了独特的评价体系；林其彪、阳富强以"人—机—环—管理系统"为框架开展了研究。本文基于工务机械车运用单位实际，通过先进科研研究理念、安全文化实际理解和某工务机械车运用单位 10 名安全专业工程师的意见咨询，建立了工务机械车运用安全文化评价指标体系。

近年来，铁路单位为预防事故发生不懈努力，包括建立双重预防机制，建设健全安全治理体系、人员奖惩、职工交叉学习、安全生产履职清单等模式，但事故顽症难除、惯性问题反复"回潮"。究其原因在于安全管理与生产行为习惯呈现"两张皮"现象，即现场安全观念及行为仍以"重施工轻安全"为主流，重点安全工作落实呈现"上热中温"的态势，无法让单位与职工在安全上形成"双向奔赴"。因此，为了保证现场安全持续可控，有效降低人的不稳定因素，以安全文化引领力和约束力来管控员工的不安全行为是安全管理体系的最有效的手段。工务机械车将安全文化作为铁路安全文化的一部分，涵盖了工务机械车辆的操作和使用过程中的安全价值观、规章制度、行为态度、工作能力、教育培训等思维方式和行为习惯，从根本上保证了铁路安全生产的发展。

二、工务机械车运用安全文化评价指标体系

（一）工务机械车运用安全文化评价指标的意义

安全文化评价指标的建立绝非易事，由于当前工务机械车运用上交叉作业多、综合协调难度大，专业能力还不够，在对工务机械车调车、防溜、连挂、防松脱、长途挂运、火灾爆炸等安全关键环节的评估过程中往往需要整合多名领导或专家给出的评价，评价标准、专业能力、工作经验的不同直接导致安全文化在评价中存在差异性。所以，为工务机械车运用安全文化评价指标体系树立统一标尺，可避免安全文化成为一道"摆设"。

（二）工务机械车运用安全文化评价指标的建立

考虑到工务机械车涉及劳动安全、行车安全、消防安全、综合保障、特种设备、外部环境和综合治理等"六大安全"，动态分析责任落实体系、安全治理体系、教育培训体系、风险排查体系、隐患治理体系、应急处置体系等多个方面，将工务机械车运用安全文化为安全理念建设、安全行为规范、安

全行为激励、安全信息传播、安全培训教育、安全事务参与、安全施工环境，并将其作为层次分析的准则层。其中，指标体系的设计根据安全文化相关因素和PeterDrucker等管理学家提出的SMART原则进行划分。S即Specific（具体性），要求指标应该是具体明确的，而不是模糊的或笼统的；M即Measurable（可衡量性），要求指标量化应该是可以衡量的，可以用具体的数量、百分比或其他标准来评估目标是否已经实现；A即Achievable（可实现

性），要求指标应该是可实现的、合理可行的，并且在给定资源和条件下可以达到；R即Relevant（相关性），要求指标应与单位的愿景、使命和长期目标相一致；T即Time-bound（时限性），要求目标应该设定明确的时间限制，明确在何时完成。这里借鉴部分安全文化评价的研究，依据工务机械车安全文化特点，建立以7个准则层、21个子准则层为内容的评价指标体系（表1）。

表1 工务机械车运用安全文化评价指标体系

	准则层	子准则层
工务机械车运用安全文化评价指标Y	安全理念建设 A1	树立安全样板 B11
		安全价值观 B12
		安全目标确立 B13
	安全行为规范 A2	安全生产责任制 B21
		双重预防机制 B22
		安全治理体系建设与执行 B23
	安全行为激励 A3	安全生产投入 B31
		安全绩效奖惩机制 B32
		安全监督与控制 B33
	安全信息传播 A4	内部员工信息反馈 B41
		安全事项协商 B42
		安全经验固化总结 B43
	安全培训教育 A5	岗位任职资格评估 B51
		安全文化教育 B52
		员工培训素质 B53
	安全事务参与 A6	班组五大员作用发挥 B61
		参加安全会议 B62
		开展安全专项活动与预警提示 B63
	安全施工环境 A7	现场防护设施 B71
		技防设备使用 B72
		应急体系建设 B73

三、工务机械车运用安全文化评价方法

（一）构筑判断矩阵

本文以问卷形式对某单位专业工程师进行意见征求，对目标层下的7准则层和21个子准则层分别从1—9进行打分。这里对每个层次进行打分，意在构建一个矩阵，基于某一准则比较不同元素之间的

相对重要性。例如，在准则层，比较不同准则之间的相对重要性，这些比较通常使用1到9的标度，其中1表示两个元素等价，3表示一个元素比另一个元素稍微重要，5表示一个元素比另一个元素比较重要，7表示一个元素比另一个元素非常重要，9表示一个元素比另一个元素绝对重要（表2）。

表2 判断矩阵建立

Y	A1	A2	...	An
A1	a11	a12	...	a1n
A2	a21	a22	...	a2n
...	...	...	...	...
An	an1	an2	...	ann

（二）计算方式

这里对判断矩阵权重进行计算，建立 Excel 表（表3）。

选取10名多专业领域方面的专业工程师为意见征求对象，包括工务安全高级工程师1名、施工安全工程师2名、设备安全工程师2名、列车运行安全工程师2名、劳动安全工程师1名、助理工程师2名，计算结果如下（表4-表11）。

表3 AHP 权重计算 EXCEL 表

	A	B	C	D	E	F	G	H	I	J	K	L	M	N	O	P
1	目标	A_1	A_2	...	A_n	M_{ij}每行元素乘积	几何平均数	权重 w_i	A_{wi}	A_{wi}/W_i	λ_{max}	C_I	R_I(取决于n)	R_I一致性指标	$C_R=C_I/R_I$	通过检验?
2	A_1	a_{11}	a_{12}	...	a_{1n}	=B2*C2...*E2	=GEOMEAN(B2:E2)	=G2/Gh	=MMULT(B2:E2, H2:Hg)	=I2/H2	=J2/Bi	=(K2-Bi)/(Bi-1)	1	0		=IF(Og<0.1,"通过","不通过")
3	A_2	a_{21}	a_{22}	...	a_{2n}	...	...	...	...	...			2	0		
...	...	...	...	...	...	...	...	...	...	...			...	...		
g	A_n	a_{n1}	a_{n2}	...	a_{nn}	...	...	...	...	...			n	...	=L2/Ng	
h	和						=SUM(G2:Gg)			=SUM(J2:Jg)						
i	元素	n														

注意：当 $C_R<0.1$，方认为判断矩阵在一致性上符合条件。

表4 安全理念建设判断矩阵及权重

A1	B11	B12	B13	权重 w_i	$C_R=C_I/R_I$
B11	1	1/5	1/3	0.10065393	
B12	5	1	4	0.673810571	0.073936803
B13	3	1/4	1	0.225535499	

表5 安全行为规范判断矩阵

A2	B21	B22	B23	权重 w_i	$C_R=C_I/R_I$
B21	1	1/3	1/3	0.139647939	
B22	3	1	1/2	0.332515928	0.046225496
B23	3	2	1	0.527836133	

表6 安全行为激励判断矩阵

A3	B31	B32	B33	权重 w_i	$C_R=C_I/R_I$
B31	1	3	1/5	0.188394097	
B32	1/3	1	1/7	0.080961232	0.055937569
B33	5	7	1	0.730644671	

表7 安全信息传播判断矩阵

A4	B41	B42	B43	权重 w_i	$C_R=C_I/R_I$
B41	1	1	2	0.387371012	
B42	1	1	3	0.443429114	0.015771299
B43	1/2	1/3	1	0.169199874	

表8 安全培训教育判断矩阵

A5	B51	B52	B53	权重 w_i	$C_R=C_I/R_I$
B51	1	3	2	0.527836133	
B52	1/3	1	1/3	0.139647939	0.046225496
B53	1/2	3	1	0.332515928	

表 9　安全事务参与判断矩阵

A6	B61	B62	B63	权重 w_i	$C_R=C_I/R_I$
B61	1	2	1/5	0.186475461	
B62	1/2	1	1/4	0.126543069	0.081047507
B63	5	4	1	0.686981471	

表 10　安全施工环境判断矩阵

A7	B71	B72	B73	权重 w_i	$C_R=C_I/R_I$
B71	1	4	3	0.614410656	
B72	1/4	1	1/3	0.117220771	0.063373729
B73	1/3	3	1	0.268368573	

表 11　准则层判断矩阵

Y	A1	A2	A3	A4	A5	A6	A7	权重 w_i	$C_R=C_I/R_I$
A1	1	1/3	2	3	4	5	1/3	0.161384255	
A2	3	1	5	4	3	5	4	0.359086306	
A3	1/2	1/5	1	1/2	1/2	1/3	1/3	0.048080564	
A4	1/3	1/4	2	1	1/2	1/2	1/3	0.06050934	0.09775454
A5	1/4	1/3	2	2	1	2	1/3	0.089916533	
A6	1/5	1/5	3	2	1/2	1	1/2	0.065427034	
A7	3	1/4	3	3	3	5	1	0.215595967	

根据以上计算内容，对所有元素的目标权重进行排序（表 12）。

表 12　准则层判断矩阵及权重

准则层	自准则层	权重	排序
安全理念建设 A1（0.1613）	树立安全样板 B11（0.1006）	0.0162	16
	安全价值观 B12（0.6738）	0.1087	4
	安全目标确立 B13（0.2255）	0.0364	10
安全行为规范 A2（0.3591）	安全生产责任制 B21（0.1396）	0.0501	7
	双重预防机制 B22（0.3325）	0.1194	3
	安全治理体系建设与执行 B23（0.5278）	0.2085	1
安全行为激励 A3（0.0481）	安全生产投入 B31（0.1884）	0.0091	20
	安全绩效奖惩机制 B32（0.0810）	0.0039	21
	安全监督与控制 B33（0.7306）	0.0351	11
安全信息传播 A4（0.0605）	内部员工信息反馈 B41（0.3874）	0.0234	15
	安全事项协商 B42（0.4434）	0.0268	13
	安全经验固化总结 B43（0.1692）	0.0102	19
安全培训教育 A5（0.0899）	岗位任职资格评估 B51（0.5278）	0.0474	8
	安全文化教育 B52（0.1396）	0.0126	17
	员工培训素质 B53（0.3325）	0.0299	12
安全事务参与 A6（0.0654）	班组五大员作用发挥 B61（0.1865）	0.0122	18
	参加安全会议 B62（0.1265）	0.0827	5
	开展安全专项活动与预警提示 B63（0.6870）	0.0449	9
安全施工环境 A7（0.2156）	现场防护设施 B71（0.6144）	0.1325	2
	技防设备使用 B72（0.1172）	0.0253	14
	应急体系建设 B73（0.2684）	0.0579	6

由表 12 可知，准则层指标以安全行为规范为主，子准则层指标中前三位分别为安全治理体系建设与执行、现场防护设施、双重预防机制，实现安全管理提质需要在这些关键点上持续用力。

（三）提升安全管理水平

1. 强化安全治理体系建设

根据单位年度工作推进计划和要求，明确责任分工，强化"依法治安"理念，明确单位与每一个安全关键相匹配的具体标准、规章、制度等文件。在保障规章针对性、可操作性及稳定性的前提下，总结提炼经验得失，坚持把好经验好做法上升为制度机制，全面提升安全治理效能。

2. 提升现场防护设施建设

规范上道、上线作业项目按规定设置防护标牌、移动停车信号牌、双面警示灯移动停车信号牌与两线间物理隔离等物防设施的设置，明确施工防护体系的建立要求，用物防形式加强目视化管理，警示人的不安全行为。

3. 双重预防机制持续运作

以落实好每日安全信息跟踪分析、每周安全分析、安全问题深度分析、典型事故定期通报、典型安全问题交班分析、安全对话会、安全预警、安全重点帮促、安全隐患排查治理、月度安全例会、季度安委会制度等 11 项制度内容为基本落脚点，实现安全管理新突破。

四、结束语

工务机械车作为线路综合维修的主要手段，现场作业项目繁杂、危险系数高，对安全文化评价指标体系的认知还不够多，想要实现理论体系的完备仍需做进一步研究。

本文基于 SMART 原则进行建立安全文化评价指标与权重，不仅能够帮助全面审视自身安全文化的现状，还能发现潜在的安全隐患和问题，进而针对性地进行改进和提升，提高整体安全水平，降低事故风险。

参考文献

［1］马跃, 傅贵, 臧亚丽. 企业安全文化建设水平评价指标体系研究 [J]. 中国安全科学学报, 2014, (4)：124-129.

［2］许勇, 聂子杭, 刘建文, 等. 基于 GAHP 和云模型的军事组织安全文化评价方法 [J]. 数学的实践与认识, 2017, (4)：12-19.

［3］王耀安. 基于 SEM 的高铁信号人员安全文化评价体系构建 [J]. 科技创新与应用, 2020,(17)：61-63.

［4］郭仁林. 煤炭企业安全文化水平评价 [J]. 企业管理, 2023,(06):115-117.

煤炭企业应以特色安全文化推进高质量发展

鹤壁中泰矿业有限公司　杜改林　郭　岚　裴庐海

摘　要： 在新的时代，煤炭企业要实现安全发展、科学发展、高质量发展，必须建设特色安全文化，以特色安全文化凝聚发展力量，让全体职工满怀信心地投入企业发展工作中；必须以特色安全文化提升管理成效，形成精细化企业管理格局；必须以特色安全文化保障安全生产，建设本质安全型企业，保障企业的发展安全；必须以特色安全文化理念引领发展思想，为安全发展奠定坚实的思想基础；必须以特色安全文化思想规范行为，用先进的制度文化规范生产经营活动；必须以职工先进行为保障高质量发展。通过加强企业特色安全文化建设，社会主义核心价值观会在企业落地生根，也会在每一个企业职工心中开花结果，并以新时期特色安全文化建设推进企业的高质量发展。

关键词： 煤炭企业；特色安全文化；高质量发展

文化是一种熏陶、一种养成。企业文化是企业在长期的生产经营实践中，逐步形成的为全体员工认同和遵守并具有本企业特点的价值观念、经营准则、经营作风、企业精神、道德规范、发展目标的总和。社会主义文化的大发展、大繁荣，离不开企业文化的大发展、大繁荣，在一定程度上全国的企业文化建设综合成效成为反映社会主义文化大发展、大繁荣的一个"晴雨表"。煤炭企业特色安全文化是这类企业科学管理的最高层次，成为向安全生产、经营管理等工作渗透、促进发展的源动力。笔者认为，在新的时代，煤炭企业要实现安全发展、科学发展、高质量发展，必须建设特色安全文化，以安全文化凝聚力量，让全体员工满怀信心地投入企业发展工作中；必须以安全文化规范行为，用先进的管理制度规范生产经营活动；必须以安全文化提升管理，形成精细化企业管理格局；以安全文化保障安全，建设本质安全型企业，保障企业的发展安全。通过加强企业安全文化建设，让社会主义核心价值观在企业中落地生根，在每一个企业职工心中开花结果，以新时期的特色安全文化建设推进企业的高质量发展。

一、要以特色安全文化凝聚发展力量，让全体职工满怀信心地投入企业发展中

人是发展的主体，人的积极性是企业发展的力量源泉，人的潜在凝聚力是无限的。调动职工的积极性，开启企业发展的力量之源，激发职工潜在的无限凝聚力，就必须以先进的文化作引领，凝聚一切积极力量，汇集一切积极因素，为企业发展提供动力保障。凝聚职工力量，要不断完善激励机制和约束机制，增强职工竞争意识，开展多种形式的劳动竞赛、技术比武等，以充满竞争性的活动为载体，培育职工争上游、当先锋的拼搏精神，使职工的潜在力量不断被挖掘出来、释放出来，使职工的积极性得到有效发挥。通过科学机制的建立，企业要将职工的一切积极因素汇集到企业发展工作中，不断推动企业的科学发展、和谐发展。凝聚职工力量，要不断增强职工的主人翁意识，让职工演好"企业主人"角色，自觉地投入企业分配的工作中，时时处处以企业主人的姿态，出色完成各项工作任务，使职工自觉地为企业发展献计献策、贡献力量，主动与企业成为一个共同团体，增强职工与企业的认同感和归属感，体会到"企业靠我发展，我靠企业生存"。凝聚职工力量，要使工作亲情化，让职工在工作中注入深厚亲情，每逢职工生日集体过；职工违章要及时开展亲情教育，过亲情关；要了解职工的疾苦和困难，职工有重大困难，企业要帮助，大家要献爱心；职工婚丧嫁娶、家庭重要关口、发生重大变故，企业要及时关心；要采取多种形式，每年为职工办几件实实在在的事情，解除职工后顾之忧，使职工处处感受到亲情的存在，体会到深厚亲情，增加做好工作的动力，让职工满怀信心地投入企业发展工作中，进一步凝聚好全体职工的主动性、积极性。要让职工共同享受企业发展成果，使企业发展成果成为职工的共同利益，从而最大限度地凝聚职工力量。

二、要以特色安全文化提升管理成效，形成精细化企业管理格局

随着行业竞争的不断加剧，与时俱进、管理能力提升将成为企业生存和发展的基本条件。与时俱进涵盖了事物发展变化规律的基本要求。企业文化建设的最终目的就是要落实精细化管理，促进企业管理水平提高。煤矿企业安全文化建设的方略要适应经济形势的发展变化，要在继承优良传统的基础上总结提炼特色工作和成功经验，创新工作方法，提升管理水平，实现共性和个性、内容和形式的有机结合。煤炭企业在精细化管理工作上，要从完善制度入手，以严格的考核实现"做一流职工、干一流工作、创一流业绩、建一流企业"的目的。要完善管理制度、工作标准和考核办法，对每一个工种、每一个岗位、每一项工作、每一道工序都做出明确规定和要求，真正把"让制度管人管事"的要求落到实处。要狠抓精细化管理，使企业形成处处有人管、事事有人做、人人有事干、个个勇领先的良好工作局面，形成人人有标准、事事有标准、时时有标准、处处有标准的精细化管理格局。

三、要以特色安全文化保障安全生产，建设本质安全型企业，保障企业的发展安全

安全是煤炭企业的"天字号"工程，是员工的最大福利。安全文化是煤矿企业安全工作的灵魂，是企业员工将安全由感性认识上升到理性认识，最终实现企业安全发展、科学发展的强力支撑。煤炭企业加强安全文化建设，保障安全发展、科学发展，必须建立"以人为本"的特色氛围。文化影响思想，思想决定意识。当安全意识文化在人的思想中达到一定的程度时，它自然就会影响安全行为，很多事故同时就可以避免。实际行动中，加强安全理念灌输，加深"安全第一"在员工心中的印象，变"要我安全"为"我要安全、我会安全"，形成一个"我想安全、我要安全、我会安全"的良好氛围和"不能违章、不敢违章、不想违章"的自我管理和自我约束机制。要广泛开展安全专题教育活动，使职工牢固树立"安全工作以人为本、所有事故都可以避免、所有隐患都可以控制""从零开始、向零奋斗"等安全理念，用安全理念去指导干部职工的工作和行为，使企业安全文化建设独具特色。

四、要以特色安全文化理念引领发展思想，为安全发展奠定坚实的思想基础

先进的理念能引领职工树立正确的安全思想，为企业发展提供充足的精神动力。在煤矿，如果不加强安全文化建设、没有科学先进的理念作引领，职工在工作中就会只凭借陈旧的思想观念，依经验用事，受"干煤矿不可能不死人""干煤矿不可能不出事""下井不违章干不成活"等陈旧思想的影响，放松对安全工作的警戒，降低对安全工作的警惕，工作中麻痹大意、靠撞大运，处处存在侥幸心理，为安全工作留下严重隐患，从而导致了事故频发、损失惨重的结果。因此，加强安全文化建设，必须用创新的安全理念作引领，引导员工下定决心搞好安全生产，"决不要一两带血的煤"，多出安全煤炭，实现安全发展。通过加强安全文化建设，企业要让职工明白，自己的企业是有先进的理念作引领的，主动转变陈旧的安全工作观念。这种理念能为煤企安全发展奠定坚实的思想基础、提供充足的精神动力。

五、要以特色安全文化思想规范职工行为，用先进的制度文化规范生产经营活动

思想是行为的先导，思想决定着人的行为。安全的根本问题是人的思想问题，是侥幸冒险，还是防微杜渐，都取决于人们对安全重要性的认识程度。用科学的安全理念作引领，能使职工树立正确的安全工作思想，增强职工安全生产意识，坚定职工安全工作信心。在工作中，职工会主动把安全放到各项工作的首位，努力实现由"要我安全"向"我要安全"转变，自觉遵章守纪、按章作业，自己不"三违"，人人反"三违"，自觉查找和整改安全隐患，带头保障安全；主动加强安全学习，掌握安全工作技能，提高安全业务素质，实现由"我要安全"向"我会安全"转变。在先进的安全理念指引下，职工牢固树立安全第一的思想，认真做到"三不生产""三不伤害"，认真履行安全工作义务，行使安全工作"七项权力"，主动做安全生产的"守护者"，使企业呈现人人保安全、人人抓安全的良好安全氛围。

六、要以职工先进行为保障高质量发展，增强企业执行力、服从力和创新力

企业和职工的行为直接体现企业的形象。制度是实现行为规范的保障。邓小平同志曾指出，制度好可以使坏人无法任意横行，制度不好可以使好人无法充分做好事，甚至会走向反面。要规范企业的

行为，就要进一步完善规章、健全制度，以科学的管理制度规范干部职工的行为，以先进的管理制度规范生产经营活动，以制度的创新带动组织创新和技术创新。大力推行制度化管理，重点解决政令不通、工作脱节、派系纷争等不良现象，努力实现扬长避短、弘扬正气、化解矛盾、形成全力推行制度化管理模式。通过推行管理制度化，企业与职工共享利益，共担风险，从而在企业中形成同舟共济、乐观和谐的良好秩序。军队都有着严明的纪律、严谨的作风，企业若借鉴军队的管理方法，就能全面提高企业管理水平，规范职工行为，增强企业执行力、职工服从力和创新力。因此，规范企业行为，要以先进的文化作引领，大力推行准军事化管理，建设特色企业文化。要参照军队内务条例和纪律条令的有关章节，结合实际，制定准军事化管理行为规范，全力打造具有行动军事化、工作标准化、学习快乐化、作风严谨化、管理精细化、举止文明化的高素质职工队伍。职工安全工作的潜能和安全工作的积极性是无限的。职工的潜能能否被充分挖掘出来、积极性能否被充分调动起来，直接关系企业发展速度的快慢、关系企业发展质量的好坏。科学的安全理念时刻引领着员工的安全工作思想，决定着员工搞好安全工作的行为，体现了科学发展观的本质，体现了以人为本的要求。在安全理念的引领下，员工会自觉抵制安全工作中的不良行为，培养良好安全工作习惯，使各种不利于安全发展的因素得到制止，促进安全发展的举措得到保持和创新，使职工做好安全工作的潜在力量被充分挖掘出来，激发职工保安全促生产的积极性，在这种情况下企业也会形成并保持良好的安全发展局面。有科学的安全理念作引领，有创新的安全理念在企业安全工作中的不断渗透，企业必定会实现长治久安、安全发展、高质量发展。

七、结语

企业文化是企业管理的最高层次，加强企业特色安全文化建设能够进一步激发企业潜在的凝聚力，使企业在积极进取的动态发展中充满无限活力。煤炭企业只有加强企业安全文化建设，保持与时俱进、不断创新、大胆挑战、勇于开拓的本色，坚持以安全文化凝聚力量，以安全文化规范行为，以安全文化提升管理，以安全文化保障安全，才能持续提高自身整体效益，以强劲力量推进自身高质量发展。

基于班组建设精细化管控模型
在航运企业安全文化建设的应用及其评价

宁波海运股份有限公司 金建华 黄永生 储优专 罗 杰 朱协林

摘 要：对于航运发展来说，安全应该是每个航运企业必须重视的头等大事。船舶安全是切实保障航运经济效益乃至船员人身安全的关键，因此加强船舶的安全文化建设势在必行。基于此，本文提出了船舶班组"双轮驱动"安全管理文化建设新模型，为航运企业安全文化建设提供进一步改进的路径和依据。班组"双轮驱动"安全管理文化建设模型在航运企业船舶上具有非常显著的推广应用前景。

关键词：航运企业；安全文化建设；班组"双轮驱动"安全管理文化建设模型

一、引言

作为现代物流的一个重要水上交通运输工具，海运船舶发挥着举足轻重的作用。但是船舶工作强度大、作息不规律、高风险作业密集，需要更高水平的安全治理能力，因此安全文化建设成为首选。

航运企业安全文化建设与其他企业的安全文化建设并不相同，其他企业的组织是一种相对封闭的或者是限制局外人进入的社会关系[1]。而航运企业的船舶具有对外直接与关联业务方往来的"开放性"、内部多工种和工作交织的"综合性"、工作和生活场所的"同一性"、船员组成模式有自有、套派、散派的"差异性"、船舶和船员"双流动性"等5个特点。"双流动性"指船舶通过位移来完成海上货物运输（班组流动性），船员正常工作8个月后由岸上其他船员接替岗位（班员流动性），据统计，按每船22个岗位每年平均需更换40余人次，更换率达180%以上。这给船舶的安全管理带来困难。

由 MMEM 系统理论可知：安全科学的基本要素结构（系统）由人、机、环境和管理四要素构成，任何事故都是由四要素之间的关系不和谐而造成，四要素间的相互影响、相互作用状态决定了系统的安全和危险特性[2]。船舶班组安全管理文化建设过程中，遇到最棘手的核心问题就是"双流动性"的影响，它极易让刚建立好的安全文化分崩离析，无法传承和改善，造成安全文化建设一直处于初始阶段的死局。如何让流水的"兵"来打造好铁打的"营盘"，成为航运安全文化建设的管理难点。

二、班组安全管理文化新模型的提出

（一）班组安全管理文化建设新模型

为了克服船舶流动性的问题，坚持以习近平新时代中国特色社会主义思想为指导，深入学习习近平总书记关于安全生产的重要论述和重要指示批示精神，全面贯彻落实上级关于安全文化建设的要求，并联系海运船舶实际特点，提出了"建系统、做改善、育人才"的班组"双轮驱动"安全管理文化建设模型。

班组构建高效自主管理的机制、流程和标准运作的铁三角系统，以企业文化和海运文化为外力来驱动规范班组安全文化建设，通过班员自我追求、自主管理为内驱力不断完善铁三角来实现人才育成。船舶班建模型如图1所示。

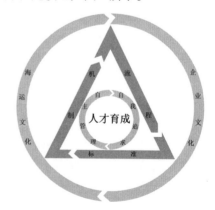

图1 船舶班组"双轮驱动"安全管理文化建设模型

（二）班组安全管理文化新模型的释义

铁三角系统：建立健全班组安全管理文化建设的系统，就要制定班组日常管理活动中的机制、流程和标准。机制包括班组轮值、评议、分享、积分、活力、赛场、链锁、荣誉等八项管理机制；流程包括安全管理、生产管理、质量管理、人员管理、现场管理、效能管理等六大管理流程；标准包括班组长胜任能力标准、班组星级评价标准、班组作业标准、演练标准、绩效标准、日常管理标准等六大标准。标准完善后，运用管理机制，规范管控流程，以日常流程中发现的问题来促进标准的完善，构建起高效自主管理运作的铁三角系统。

外圆（企业文化和海运文化）：遵照企业以安全为根本，打造全面安全管理能力，构建本质安全企业，以培育本质安全人的安全文化为纲，充分结合海运安全特色文化，赋予了船舶班组安全管理文化建设总框架，为铁三角系统的运作提供外驱力。

内圆（自我追求和自主管理）：在机制—流程—标准的铁三角系统下，通过特色管理培育优秀的本质安全人，以优秀人才的自我追求和自主管理为内驱力，进而完善铁三角系统。

铁三角是安全文化建设的支撑，"标准—机制—流程"三者构成一个稳定的循环，而内圆和外圆如同两个轮子一般，驱动铁三角系统滚滚向前，并在不断前进中完善铁三角系统，最终达到人才育成的目的。

三、班建模型的应用

（一）系统的改善

没有系统就没有改善，没有改善就没有系统，在班建模型的实际应用中，通过加减乘除法，积极开展自主型的"点式"改善。

1.运用加法来改善系统

创新"班组＋管理"机制，如打造"三园文化"（家园、校园、花园）；点亮"四化"（船体美化、机舱亮化、库房超市化、房间宾馆化）；以"清单式"汇报召开船舶航前会大幅提高会议质量和效率；"压载水舱高效冲洗法"将冲洗水舱的时间缩短1小时。各项管理机制的创新，大幅提升了船员的工作积极性和效率。

保障"班组＋人力"资源，公司决策层加大班组支持力度，将船舶的"双流动性"问题化劣为优，选派优秀船长上船任班组长，帮扶船舶管理不善的班组，用人才去完善铁三角系统，建立系统和传承，提高班组安全管理水平。

2.运用减法来改善系统

班组－工作负荷，船舶班组优化流程，各岗位实现有效减负，工作效率大幅提高。如班组精简整合"四大管理体系"台账，用标准化格式规范记录；优化装卸货和压排水顺序，缩短滞港时间等。

班组－能源消耗，在外圆框架要求下，制定出了一套"能耗管理计划"，通过优化航线设计、控制主机转速、改进设备工况等，在实际营运中起到了节能减排、提质增效的效果。

3.运用乘法来改善系统

班组×科技，船舶班组以问题为导向，充分利用现代科学技术为船舶管理机制赋能，从改变人和物的不安全状态入手。班组内部研发了"雷达模拟器"项目，提高驾驶员避碰技术；研发了"船舶安全通航之桥梁检测预警装置"，确保船舶桥区安全通航。

4.运用除法来改善系统

班组÷安全隐患，船舶以消除安全隐患为抓手，层层筑牢防线，守住底线，优化管理机制和流程，推出"立体网格化"管理模式，从时间和空间维度将全船分解为若干个包干责任区，并落实到人，明确安全管理、设备检查和卫生包干责任，规定考核周期和标准，并在公共场所张挂用不同颜色标识的责任区分布图，将班组"人均异常问题发现数量、重复异常问题发生数量、人均异常问题整改数量"进行追踪和考核。

（二）人才的育成

没有系统，人才训练就没有载体；没有改善，人才训练就没有形式。静态的系统与动态的改善使班组人才育成既有内容又有形式。以培育和吸引德才兼备的优秀人才为班组建设的终极目标，通过实践历练育有才之才，内驱育自主管理之才。

1.实践历练育有才之才

船舶班组需要重点培养三类人才：班组操作人才（水手、机工、厨工等）、班组技术人才（驾驶员、轮机员等）、班组管理人才（船长、轮机长、大副等）。航海是个古老的传统行业，船员以拥有实践经验为贵，为克服传统师带徒培养的弊端，通过实践摸索，对三类人才分别采取不同育成方法。

（1）操作人才培养

通过运用"结构化在岗训练法"，即由班组聘请资深船员为工匠，船舶工匠与新船员签订导师带徒责任书，由工匠在工作现场培训新船员，短期目标是培养出即可独立顶岗的操作工，长期目标是培养出技能全面、能够处理异常的操作高手，使丰富的实践经验代代相传。

（2）技术人才培养

运用"人才快速培养六定法"，即定导师、定标准、定时间、定课题、定等级、定数量，使班组技术人才培养周期缩短，内容科学充实，理论联系实际，同时降低人才培养成本。

（3）管理人才培养

运用"双向胜任能力培训法和六定法"，使班组管理人才快速达到岗位胜任要求。公司岸基通用管理培训，再加船上"六定法"培训，使管理人才全面掌握公司和船舶管理的相关内容，增加有效学习活动，让班组管理人员的成才路径更加精益。

2. 内驱育自主管理之才

船员长时间在相对封闭的艰苦环境下持续高强度工作，易产生心理问题，出现行为失常的情况，成为安全隐患[3]。为此，可采取"电力增强法"：培养船员对工作的兴趣；制定人性化管理制度；奖优罚劣区别对待，有效嘉奖激励，零容忍绩效考核；关心关爱船员等，让船员意识觉醒、思维升级、有效行动，解决船员心理问题，并激发船员自我追求、自主管理的内驱力，达到人才育成的终极目标。

四、班级安全管理文化新模型的成效

为提高班组安全文化管理水平和员工素质，推进规范化、标准化、精细化，船舶班组制定班组精细化评价细则。该细则分为六大模块，即"班组长作用发挥""基础建设""日常管理""核心建设""文化建设""员工队伍建设"，并设置各模块和总分评价指标。每年组织专家组通过听取成果汇报、现场检查、查阅台账、分层级访谈、日常表现等形式，逐项量化评分，得出整体评估结果，以此来判断船舶在安全管理上取得的成效和存在的不足（表1）。

表1 2018—2022年船舶安全文化班组建设总评分及增长趋势

船舶	年份					同比情况（年）			
	2018	2019	2020	2021	2022	2018-2019	2019-2020	2020-2021	2021-2022
M1轮	250.0	272.0	253.7	265.2	266.0	8.8%	-6.7%	4.5%	0.3%
M2轮	262.0	267.0	266.5	261.8	267.5	1.9%	-0.2%	-1.8%	2.2%
M3轮	259.0	259.0	260.5	262.7	286.0	0.0%	0.6%	0.8%	8.9%
M4轮	273.0	273.0	273.7	265.8	286.0	0.0%	0.3%	-2.9%	7.6%
M5轮	253.0	272.0	248.2	268.7	285.0	7.5%	-8.8%	8.3%	6.1%
M6轮	264.0	250.0	244.0	241.8	260.0	-5.3%	-2.4%	-0.9%	7.5%
M7轮	273.5	285.0	285.2	297.6	331.0	4.2%	0.1%	4.4%	11.2%
M8轮	198.0	248.0	254.2	261.8	263.0	25.3%	2.5%	3.0%	0.5%
M9轮	208.0	221.0	252.9	249.9	260.0	6.3%	14.4%	-1.2%	4.0%
M10轮	264.0	273.0	253.3	253.3	261.5	3.4%	-7.2%	0.0%	3.2%
M11轮	246.0	228.0	252.5	263.8	268.0	-7.3%	10.7%	4.5%	1.6%
M12轮	191.0	204.0	243.1	249.1	261.0	6.8%	19.2%	2.4%	4.8%
M13轮	246.0	276.0	260.5	271.3	275.0	12.2%	-5.6%	4.1%	1.4%
M14轮	275.0	268.0	267.8	281.0	281.0	-2.5%	-0.1%	2.9%	2.9%
M15轮	273.0	269.0	280.5	272.4	288.0	-1.5%	4.3%	-2.9%	5.7%
M16轮	258.0	257.0	249.4	258.7	272.0	-0.4%	-3.1%	3.9%	5.2%
M17轮	257.0	272.0	251.6	265.6	285.0	5.8%	-7.5%	5.6%	7.3%
M18轮	266.0	282.0	276.3	300.0	300.0	6.0%	-2.0%	8.6%	
M19轮	264.0	271.0	262.2	272.5	289.0	2.7%	-3.2%	3.9%	6.1%
总体	251.6	260.4	259.8	264.8	278.2	3.5%	-0.2%	1.9%	5.0%

船舶班组本着"安全第一、预防为主、综合治理"的安全管理方针，应用班组"双轮驱动"的安全管理文化建设模型，建立与改善系统，育成本质安全人。从表1得出，五年来各船舶班组建设评分总体呈上升趋势，说明船舶安全管理水平在不断提高。从该模型推进的前三年来看，同比增长不大，这是因为系统的建立与改善需要一定时间，人才的培养和育成也需要时间积累。在2022年实现同比评分100%正向增长，一定程度上验证了"双轮驱动"模型的有效性及适用性。

五、结语

综上所述，班组"双轮驱动"模型能够将船舶"双流动性"的问题转化为优势，完成班组成员从"要我安全"到"我要安全"的转变，完成系统的建立、传承和改善，全面提升船舶班组安全管理水平，助力航运企业本质安全提升。该模型为航运企业船舶安全文化建设提供进一步改进的方向和依据，极具借鉴意义。

参考文献

[1]言小雄.从社会学的角度看企业"安全文化"[J].现代职业安全,2022,(08)：86-89.

[2]陈伟炯,韩伟佳,李新,等.一种安全文化新概念模型及其评价应用[J].中国安全科学学报,2023,33(06)：11-19.

[3]郭先游.船员心理健康现状及应对措施[J].就业与保障,2020,(22)：37-38.

企业安全文化建设的实践与思考

中国铁路南昌局集团有限公司鹰潭工务机械段　丁安升　高　晋

摘　要： 中国铁路南昌局集团有限公司鹰潭工务机械段（以下简称鹰潭工务机械段）党委深入贯彻企业安全文化建设，通过文化铸魂、育人、兴企、聚力，打造了独具特色的安全文化，为企业高质量发展和高水平安全稳定提供了有力支撑。其打造"安全文化优、安全理念优、安全制度优、安全行为优、安全环境优、安全业绩优"的"六优"安全文化是企业高质量发展的必然要求。面对新的挑战，构建符合时代要求的安全文化体系是实现可持续发展的重要保障。

关键词： 铁路安全文化；安全文化建设；实践与思考

一、企业安全文化建设的必要性

（一）实施安全文化建设是推动企业高质量发展的必然要求

鹰潭工务机械段的成长和发展，经历了几代人的艰苦奋斗，曾经老一辈铁路"大修人"一根扁担挑着铁耙、洋镐、锅碗、被窝和草席，自己扎草住棚，工作和生活条件极为简陋。随着单位的发展、改革的不断深入，新设备、新车型陆续投入使用，鹰潭工务机械段管辖范围和人员、设备数量都成倍递增，企业经营管理压力越来越大。面临新的形势、新的挑战，要实现企业可持续高质量发展，就必须坚持在大局下行动，构建符合时代要求、有力服务安全稳定和高质量发展实践的安全文化体系，打造适应高质量发展要求的共同安全行为规范。

（二）实施安全文化建设是保证企业安全稳定的必然要求

深入开展安全文化建设，确保高铁安全和旅客列车安全万无一失，是新形势下加强铁路安全生产工作的客观要求。作为中国铁路南昌局集团有限公司管辖的唯一一家大修施工单位，鹰潭工务机械段点多线长，管理难、任务重、压力大、标准高。大部分干部职工常年以宿营车为家，在铁道线上流动施工作业。只有不断深化安全文化建设，通过用文化的力量凝聚共识、集中智慧，引导干部职工进一步增强文化自信，夯实共同奋斗的思想基础，实现对全员安全意识、理念、行为等从无形到有形的影响，才能促使广大干部职工主动发现和解决问题、有效防范安全风险，为铁路工务基础设备提供优质服务，确保安全生产持续稳定和长治久安。

（三）实施安全文化建设是规范企业管理的必然要求

企业科学和规范化的经营管理需要企业安全文化环境的培育。鹰潭工务机械段涉及的施工项目多、岗位工种多，需要提倡并形成干部职工共同遵守的安全价值追求和文化体系，使之成为企业行为和准则，成为干部职工行动的指南。只有将安全文化建设融入中心工作，打造"安全文化优、安全理念优、安全制度优、安全行为优、安全环境优、安全业绩优"的"六优"安全文化，寓教于干部管理规范化、职工作业标准化、设备质量优质化之中，让安全文化教育、感染、影响干部职工的行为，才能推动企业治理体系和治理能力现代化水平不断提升。

二、企业安全文化建设实践

（一）融入中心，开展特色活动

2023年做好标准化岗位建设工作，动态完善170项作业指导书，规范392个岗位安全职责，完善大型养路机械完善一次出乘作业标准体系，做到职责清晰、流程明确。深入推进"星级"岗位评定，共完成大型养路机械运行司机等8个主要工种的岗位评定，1343人的岗位评定。制定《党团先锋队品牌创建实施办法》，围绕27项急难险重任务开展立项攻关，成功完成昌九城际铁路高铁换轨、桥隧清筛机运用等攻关课题，破解制约发展难题，培育职工队伍骨干。开展"小诸葛""啄木鸟"项目评选活动。充分发挥火车头劳模和工匠人才创新工作室的作用，通过"互联网＋"方式成立"小诸葛""啄木鸟奖"，引导职工发现安全隐患、进行技术革新，推动段安全管理水平整体提升。积极开展红旗设备评比，推进设备隐患整治和源头整治，组织党员技术骨干制作标准化作业教学视频，教育引导职工严格对标执标，推动标准化车间、班组、岗位的创建。

（二）凝心铸魂，打造特色文化

坚持"突出特色、培树典型、循序渐进"的思路，每年重点打造1个安全文化示范点，先后召开5次现场观摩会，挖掘培育系统文化和专业文化。依托华东的铁路焊轨基地——向塘焊轨基地，精心打造长轨文化，突出"三区二廊一路"文化布局，充分发挥职工群众的聪明才智，利用废弃轨料制作"钢的琴""平安窑"等文创作品。打造贵溪"轨枕文化园"，让曾经在南浔铁路、鹰厦铁路"服役"过的老旧轨枕重新"上岗"。着力做好鹰潭检修车间建设，推进检修库、党员活动室、职工阅览室、健康室、装置文化园的"一库三室一园"布局，高标准推进职场环境和职工宿舍建设，为职工打造"温馨港湾"。发动职工参与设计企业标识，根据施工特性，创作企业歌曲《梦在飞翔》，并使之成为全体干部职工的"精神乐章"。通过征集提炼，段层面形成"特别能吃苦、特别能战斗、特别能奉献"的企业精神。利用微信公众号平台、合唱比赛等载体，深化企业精神、段歌宣传，让企业安全文化入脑入心，央视大舞台栏目还邀请段里职工演唱段歌《梦在飞翔》。组织创作5本"修路者"系列作品集，坚持每周编发《工机人手机报》，截至2023年5月共编发319期，每期阅读量超过2000人次。

（三）强基固本，紧扣中心工作

制定《"十四五"企业文化建设发展规划》和年度企业安全文化建设重点任务推进表，将文化建设与标准化规范化建设、年度安全重点工作等有机结合。积极推行"7S"精细化管理，分层建立标准化管理评价考核体系，引导全员按章管理、按标作业。制定《企业十条》，传承安全、质量、管理等10个方面的优良"家风"，出台《企业员工守则》，订立在爱国爱路、遵章守纪等方面应执行的"家规"。开展安全理念、精优作业法、工作口诀等征集活动，提炼出"焊接一根钢轨，心系一车旅客""一人执标一处安，众人执标安全稳如山"等安全管理理念。抓实党内品牌创建，将党内品牌建设渗透到安全生产、经营管理、队伍建设、思想建设、制度建设、

阵地建设的全过程，打造钢轨精磨党员先锋队等5个集团公司党内优质品牌。

（四）聚力扬名，突出宣传引领

凝聚思想共识，形成发展合力。修订《段"身边凡星"常态化培育选树实施方案》，坚持每季开展"最美修路者"评选，每年开展"优秀共产党员"等评选，并制作专题微信、展板海报，营造"比学赶超"的浓厚氛围。17名职工先后获得国铁集团"火车头奖章""江西省技术能手"等称号；2名职工先后获评集团公司"十大平凡之星"；2022年、2023年，段机械维修一车间502班组、机械维修二车间205班组先后获得"全国工人先锋号"荣誉称号。聚焦段重点工作和企业安全文化建设成果，弘扬主旋律，传播正能量，展示工机人昂扬向上的精神面貌。扎实做好沪昆铁路、昌九城际首次大规模换轨和福厦高铁工程线施工等重点工作宣传，深入现场挖掘典型人物、鲜活故事，展示工机人的良好形象。

三、企业安全文化建设取得的效果

（一）安全生产保持稳定

通过不断加强企业安全文化建设，用制度管人、典型带人、文化育人，鹰潭工务机段使广大职工工作目标明确，行动落实有力，从而促进了企业安全生产持续稳定。鹰潭工务机段安全优质地完成了沪昆铁路、京九铁路集中修施工工作，沪昆高铁、合福高铁等线路的打磨、捣固施工，确保了铁路大动脉的安全畅通。通过安全文化创建，段长钢轨焊接工作蓬勃发展。截至2023年底，共焊接钢轨1.8万公里，从未出现过质量问题，完成钢轨打磨1.6万余公里，优良率达99.9%，正点率100%。同时，圆满完成昌九城际铁路首次大规模换轨施工，实现了集团公司高铁大规模换轨"零的突破"，并创造了270分钟"天窗"内换轨1500米的全国铁路最好成绩；出色完成了昌赣高铁、福平铁路、昌景黄铁路、兴泉铁路等新建铁路线路的打磨和长钢轨供应，确保了铁路线路及时开通。截至2023年9月30日，段实现安全生产5000天，连续两年荣获国铁集团标准化规范化"标杆站段"荣誉称号。

（二）价值理念得到认同

随着安全文化建设的深入推进，以及接受持续的宣传教育和引导，职工对单位的认同感、归属感、荣誉感不断增强，基本形成了思想共识，普遍接受段安全文化理念。段党委在集团公司文化建设现场会

上作《铸牢文化根基、凝聚奋进力量，携手创造鹰潭工务机械段高质量发展美好明天》一文的经验介绍，《关于实施"五大工程"推动安全文化建设与中心工作深度融合的探索与思考》调研文章荣获全路 2022 年度企业管理优秀论文二等奖。全员安全生产责任制得到有效落实，站段、车间、班组、岗位安全标准化规范化建设扎实推进。段企业安全文化建设的成果也得到了各级组织的认可，段先后荣获"全国模范职工之家"、"国铁集团企业文化优秀成果奖""福建省安全文化示范企业""南昌局集团公司'企业文化示范单位'"等多项荣誉。段属向塘焊轨车间等 4 个车间、班组先后被集团公司评为企业文化示范车间和示范班组，"W502 党员优质捣稳联工队"等 5 个党内品牌先后被集团公司评为"党内优质品牌"。

（三）企业名片效应彰显

通过安全文化建设，段企业的品牌效应、社会效应得到了显著提升，展现了新时代铁路企业特有的文化内涵。路内外单位、各类干部培训班共三十多批上千人次，先后到段参观学习和交流安全文化建设成果。"墙内开花墙外也香"，通过加强安全文化建设，全国各级媒体开始关注鹰潭工务机械段，中央电视台、路内外媒体多次宣传报道鹰潭工务机械段企业安全文化建设成果。段紧扣"中国高铁、国家名片""一枚硬币竖立不倒背后的故事"等舆论关注点，结合实际，精心打造以"磨轨小分队"为代表的高铁文化，段机械维修二车间"磨轨小分队"先后 5 次登上央视《相聚中国节》《相约新时代》《我的专业不太冷》等节目，他们演唱的歌曲《平凡之路》在高铁列车上滚动播出，产生了较好的社会反响。组建的"长轨乐队"登上央视《黄金一百秒》节目，将"钢的琴""编之钟"等自制乐器搬上央视大舞台，唱响段歌《梦在飞翔》。以"轨枕文化园"为素材拍摄的宣传片《轨枕的诉说》，荣获中宣部"我爱我的祖国"微视频大奖赛三等奖。

四、企业安全文化的思考和启示

（一）企业安全文化建设，必须坚持党建引领

坚持党的领导、加强党的建设，是我国国有企业的光荣传统，是国有企业的"根"和"魂"，是我国国有企业的独特优势。国有企业加强企业安全文化建设，必须坚持党建引领，筑牢安全文化建设的根基。要加强思想政治建设，用好党委中心组学习、党支部"三会一课"、职工政治理论学习等载体，深入学习党的创新理论、企业发展成就和安全文化建设成果，进一步强化身份认同、情感认同、价值认同，凝聚干部职工的思想共识和攻坚合力。企业安全文化建设，最终还是落实在车间层面，要着力加强党支部建设，做好党支部书记培养工作，把党支部书记、党支部委员培养成企业安全文化建设的"行家里手"，推动企业安全文化建设"百花齐放、百家争鸣"。

（二）企业安全文化建设，必须融入中心工作

企业安全文化建设的目的是确保企业安全生产持续稳定和推动企业高质量发展，在保证企业中心任务的完成中发挥安全文化建设的内在效应，通过安全文化建设，外塑企业形象，内聚职工人心，提升企业核心竞争力。所以，推动企业安全文化建设，必须充分分析现阶段企业安全、生产、经营的情况，根据现实情况制定企业安全文化建设规划，"一步一个脚印"地付诸实施，以中心工作实绩来检验企业安全文化建设的成效。切不能"照搬照抄"，奉行"拿来主义"，或脱离实际开展企业安全文化建设，导致安全文化建设与中心工作相脱节，成为"无根之水""空中楼阁"。

（三）企业安全文化建设，必须紧扣职工需求

安全文化建设，永远离不开特定的时代、职工生活环境和群体的认同，只有群体认同，文化才有生命力。只有坚持以职工为中心的发展理念，围绕职工开展安全文化建设，了解和掌握职工的精神文化实际需求是什么，才能在实际工作中找准靶点，精准施策。要坚持以职工生活为企业安全文化建设的源泉，从职工生活中汲取企业安全文化建设的"富矿"。要以职工心声为安全文化建设的主旨，深入进行调查研究，加强与职工群众的沟通交流，认真倾听职工群众对于企业安全文化建设的意见建议，及时解决困扰职工的急难愁盼问题，从服务职工、组织职工、激励职工的角度推动企业安全文化建设，使安全文化建设能够符合职工需求和现场需要，在"润物细无声"中引导职工完成"要我安全"到"我要安全"的转变，推动企业高质量发展。

（四）企业安全文化建设，必须发动全员参与

职工是推动企业发展的根本动力和不竭源泉。企业安全文化建设，不能只靠"单打独斗"，也不能只靠"上级推动"，造成"上热下冷"，必须充分发挥

全体职工的聪明才智。要加强责任意识教育，引导职工树立"众人划桨开大船"和"自己动手建家园"的理念，担起应尽之责，发挥聪明才智，共建安全美丽家园。要充分深入发掘职工的优势和特长，成立读书写作、美术书法绘画、摄影等文体协会，引导他们参与到企业安全文化建设之中，使每一名职工都有出彩的机会，充实企业安全文化建设的"内核"。要定期组织征集活动，征集安全文化理念、企业标识等，丰富企业安全文化体系。

（五）企业安全文化建设，必须坚持久久为功

十年树木百年树人。企业安全文化建设不是一阵风，而是长期实践、长期推进的结果，必须坚持久久为功。在开展企业安全文化建设的过程中，要坚持"一张蓝图绘到底"，充分调查研究和谋划思考，制定五年、十年的发展规划，并按照规划落实推进，确保规划落到实处。要明确年度重点任务，制定任务清单，明确责任部门、责任人、完成时限，并及时跟进落实情况，确保"每年都有新成果"。要根据新情况、新问题对安全文化建设计划进行修订，确保计划可操作、可落实，推动企业安全文化建设取得实实在在的成果。

（六）企业安全文化建设，必须打造特色品牌

打造品牌是推动铁安全文化建设的有效方法，对外可树立企业形象，对内能形成示范引领。在推进安全文化建设的过程中，要不断强化品牌意识，通过发动职工人人参与，对标找差、创优争先，锚定一流的任务目标，因地制宜地打造特色鲜明和具有行业特点的创新品牌，努力形成"一车间一品牌一特色"的创建新格局。要充分发挥互联网融媒体平台的作用，通过制作微视频、VR 全景、H5 网页等融媒体产品，加强网络宣传推广，进一步放大品牌示范效应，为铁路改革发展营造良好的文化环境。

海岛油库安全文化建设的探索实践

广厦（舟山）能源集团有限公司　邬佳宇　金　哲

摘　要： 广厦（舟山）能源集团有限公司黄泽山油品储运基地（以下简称黄泽山油库）作为极具海岛特色的油库，其在能源运输中扮演着重要角色，但特殊的地理环境给安全运营带来了挑战。本文旨在探讨海岛油库安全文化建设的重要性和现状，并通过实践案例分析，提出一系列措施和建议，以促进海岛油库的安全文化建设。

关键词： 海岛油库；安全文化；能源运输；探索实践

一、引言

海岛油库作为能源运输中的关键环节，发挥着重要的作用。然而，海岛油库的特殊地理环境给安全运营带来了一系列挑战。在近年来的事故和灾害中，一些海岛油库的安全漏洞和不足暴露了其在安全文化建设方面的问题。因此，研究和探索海岛油库安全文化建设具有迫切的现实意义和重要性。

海岛油库受制于海洋环境的恶劣性和复杂性，自然灾害，如台风、海洋污染等会威胁安全生产，土地受限、交通不便及供应链脆弱等也都限制资源调动和应急响应能力的发挥，因此安全文化的重要性在海岛油库的安全运营中愈发凸显。在海岛油库中，安全文化的贯彻执行对于调动员工的安全意识、发现潜在风险、采取适当的应对举措至关重要，良好的安全文化能够预防事故和灾害的发生。

目前，国内对于海岛油库特有的安全文化建设策略和方法，以及其在实践中的应用情况和成效尚缺乏系统的研究和总结。黄泽山油库位于浙江省舟山群岛北部黄泽山，隶属于舟山市岱山县衢山镇，南与衢山岛相距约3.0海里，西北距上海的芦潮港约34海里，距上海国际航运中心洋山港11.8海里，西南距宁波镇海44海里，是一座典型的海岛油库。本文通过研究企业安全文化建设的实践经验和策略，为加强海岛油库安全文化建设提供理论指导和实践参考。

二、海岛油库的特殊性及安全挑战

（一）地理环境限制

海岛油库地处悬水小岛，周边环境复杂，受海洋环境的影响较大，面临海浪、海潮、海风等自然力量的侵袭，这些都可能增加设施设备的风险暴露。

（二）资源限制

由于海岛地域狭小，资源有限（如土地、水源、能源、建设材料等），因此海岛油库的规模和设施的建设都会受到限制。

（三）人才队伍建设困难

海岛油库地理位置偏远，人才引进和留住难度较大，如从外地引进人才，可能面临与当地文化差异和适应性的问题。综合考虑职业发展、人才培训以及人员稳定性三个维度，海岛油库人员流动性较大、频繁的人员变动等问题，制约了安全文化建设的连续性发展。

（四）供应链脆弱

因供应链资源不足、交通不便、物流困难等因素，海岛油库的原料供应、产品运输和应急响应能力都相对较弱。

（五）自然灾害风险

海岛油库容易受到自然灾害的影响。这些灾害可能导致设施损坏、原油泄漏、环境污染等安全风险，从而加大了海岛油库的安全挑战。

（六）应急响应能力

由于地理位置的限制和交通困难，海岛油库的应急响应能力相对较弱，无法及时借助社会应急救援力量进行前期处置，自身应急资源配置要求高，同时在灾害事件发生时，海岛油库还会面临人员疏散、物资运输和灾后恢复困难等问题。

综上所述，海岛油库的特殊性给其安全运营带来了一系列挑战，包括地理环境限制、资源限制、供应链脆弱性、自然灾害风险和应急响应能力不足等。了解和应对这些挑战是海岛油库安全文化建设的重要方面。

三、安全文化的概念与重要性

安全文化是指组织成员共同形成的关于安全价值观、行为规范和意识形态的共识和信念体系。它涵盖了组织内部对安全的认知、态度、行为和管理方式，反映了组织对于安全的重视程度和文化氛围。

安全文化建设对于海岛油库具有重要的意义，主要体现在以下几个方面：

（一）促进员工安全意识和行为

安全文化建设可以激发员工对安全的关注和重视，增强他们的安全意识，并促使其将安全意识转化为安全行为。良好的安全文化能够使员工自觉遵守安全规程，主动发现和报告安全风险，有效预防事故和灾害的发生。

（二）事故预防和风险控制

海岛油库是一个高风险的工作环境，安全文化建设能够提高员工对潜在风险和事故的认识，增强他们的安全意识和行为规范。培养安全文化，能够促使员工主动发现和报告安全隐患，采取有效的措施进行事故预防和风险控制，减少事故的发生。

（三）应急响应和灾后恢复

海岛油库面临各种自然灾害和紧急情况的威胁，安全文化的建设能够提高组织和员工的应急响应能力。通过培训和演练，建立科学的应急预案和组织机制，加强危机管理和恢复能力，能够在灾害事件发生时更快、更有效地开展救援和恢复工作。

（四）增强组织竞争力

良好的安全文化不仅可以保护员工的生命安全和健康，还能够减少设施和财产损失，维护良好的企业形象和声誉。这有助于提高组织的竞争力，获得客户和合作伙伴的信任和合作，从而推动组织的可持续发展。

（五）促进持续改进和学习

安全文化强调对安全问题的持续改进和学习。通过建立学习型组织，组织成员可以不断反思、总结安全事件和经验教训，不断改进安全管理措施和流程，以进一步提高安全管理的效果和水平。

四、探索海岛油库安全文化建设的措施

（一）建立安全生产委员会

安全生产委员会作为公司系统安全生产管理的最高机构，负责协调和决策公司安全生产重大问题。

组织定期集中上岛工作及会议安排，以确保各部门之间的沟通和合作，同时针对海岛油库两地办公的现实问题，切实履行领导干部带班值班制度，以便及时、快速地处置突发事件。

（二）建立明确的安全政策和目标

黄泽山油库基于"纵向到底、横向到边"全员安全责任制的全网履职能力，编制了《黄泽山基地全员岗位安全责任制落实及到位标准》。认真执行"安全第一、预防为主、综合治理"的安全生产方针，严格履行岗位安全生产职责，依据公司的年度安全生产目标，制定并传达明确的安全政策和目标，并确保全体员工理解和遵守。员工明确表达对安全的承诺，并体现在组织的各个层级和业务流程中。

（三）推进安全生产标准化建设

黄泽山油库参照《交通运输企业安全生产标准化建设基本规范》第13部分：港口危险货物码头企业，着重从人员素质、设备设施、作业环境、管理决策、文化建设5个维度全面提升安全生产管理水平，以此推动油库标准化建设，构建本质安全型企业，持续推进安全文明生产标准化建设。

（四）落实安全标准可视化管理

黄泽山油库根据人—机—材料—环境的安全事故模型，提取事故模型中的人、物、环境3个要素作为作业现场安全要素，结合海岛油库固有的特色，通过"视觉化""透明化""界限化"，随时随地接收来自现场的安全信息，使员工在不知不觉中养成一个正确的安全行为习惯，形成良好的安全心理素质，共同组成安全可视化的范围，创建独具海岛特色的安全可视化管理手册。

（五）创建班组安全文化

班组是海岛油库实施安全任务和生产责任的主体，班组安全文化是油库安全文化的基础。班组是安全生产的最前线，班组成员的安全意识和行为直接关系到生产运行的安全状况。"一班一品牌"建设，让班组安全文化建设更有凝聚力。班组是海岛油库中最小的生产单元，不同班组由不同背景、经验和文化的人员构成，通过各自班组的风格特色，个性化地创建独特的班组形象，如"学习型班组""创新攻坚型班组""安全型班组""实干技术型班组"等。加强班组安全文化建设，可以培养班组成员的安全责任感、安全技能和安全习惯。班组安全文化与海岛油库安全文化建设密切相关，相互依存、相互促

进。班组安全文化的有效建设,可以推动海岛油库安全文化的形成和发展,实现可持续的安全生产。

（六）强化"班前会"安全交底

黄泽山油库深挖安全文化细节,基于驻守海岛的工作模式,各班组利用班前会、班后会等固定时间,进行安全知识宣贯,针对每天的工作任务来做安全教育,传授安全知识、告知危险源及应急措施,纠正人的不安全行为。按照"一万小时理论",5 到 10 分钟的班前安全会,对于安全习惯的养成有着至关重要的作用,是养成员工安全工作习惯的较好的教育方式,也是安全教育的最后一道防线。

（七）引入安全激励机制

进一步优化和完善安全绩效积分管理办法,将公司的安全文化从被动管理向主动管理以至向更高层级的员工参与转变,员工安全激励是推动企业文化从被动管理阶段向主动管理阶段提升的重要措施之一。例如,杜邦公司将安全目标定为"零伤害"这也是出于对公司各级员工进行激励的目的。黄泽山油库通过设置安全绩效评估和激励机制,激励员工参与安全管理和提高安全绩效。针对激励方式持续性、渐进性、时效性、正面性这 4 个方面,在一个较长时期内激励间隔和强度变化,使个人的行为最终影响到观念,从而形成通常所说的"习惯"。同时,遵循 PDCA 循环的模式发展和持续改进,将安全激励机制融入海岛油库安全文化建设中。

（八）强化安全培训和技能提升

针对海岛油库地理位置偏僻、资源交互困难、外部培训开展困难的现状,组建专门的内部培训团队,培养具备培训能力和经验的员工担任内部培训导师,负责内部培训工作,每月组织开展技术问答、每季度开展技术比武竞赛、每半年度组织岗位晋升能力评定,以避免过于依赖外部资源,从而提高培训的灵活性和实施效果。另根据不同岗位和需求,制定了详细的岗位培训计划,利用线上培训技术,实现远程培训,有效地解决地理位置偏僻和资源交互困难的问题。整体安全培训工作围绕安全管理、重大危险源风险辨识、隐患评估及措施管控、典型事故案例等方面进行深入解读,以课堂理论强基固本、以典型案例予以警示,守住安全生产底线。安全培训和安全文化的相互作用,提高了安全管理水平,并建立了持久的安全文化,从而实现持续的安全改进和风险控制。

（九）突出应急力量建设

针对海岛油库应急响应能力相对较弱、应急联动时效性长的现状,黄泽山油库突出应急力量重点,贯彻"两手抓、两手硬"的目标,配置的专（兼）职消防队、溢油回收作业船及泡沫水罐车、高喷车、消防指挥车等应急力量已具备初期火灾消灭的能力。制度上编制《生产安全事故应急条例》《突发环境应急预案》,计划性开展应急预案演练工作,确保每年度全部应急演练计划覆盖到位。实战模拟发现了应急演练中的不足和缺漏之处,因此参与人员熟悉了应急演练的具体流程。这一做法旨在进一步提高全员对应急演练的熟悉度,加强应急队伍的协调能力。

五、经验启示

（一）安全文化建设的本质是"以人为本"

在安全体系的人机料法环（人员、机器、原料、方法、环境）五要素中,人是摆在首位,也是核心地位。事故致因理论也告诉我们,所有事故的发生都是"人的不安全行为"和"物的不安全因素"引起的,而作为安全基本要素的人,其不安全行为是导致事故的主要原因。通过人的安全行为,让个人价值的实现、工作环境的照顾及对公司的认同感和归属感,实现安全文化的建设和发扬。

（二）安全文化建设内容丰富

安全文化建设的内容不仅包含安全理念、安全意识、安全情感、安全价值观、安全态度、安全心理、安全认知、安全行为准则等"内化"文化素质,还包含安全理论体系、安全知识系统、安全行为方式、安全行为习惯、安全制度、安全标准、安全标识、安全凝聚力、安全激励力等"外化"的文化表象和载体。在长期生产实践中,黄泽山油库结合海岛特色安全文化理念相融合,通过安全文化的教养和熏陶,不断提高人员的安全修养,以预防事故发生、保障生产运行方面真正发挥作用。

（三）安全文化建设的手段是强化价值引导

将目标价值内化为个人的行为目标,使个体的目标、价值观、理想与企业的目标、价值观、理想有了高度的一致性和统一性。依托浙能集团"能本"安全文化建设,发掘海岛油库特色安全文化思想,通过总结宣传,将安全文化贯彻到每个岗位和每位员工。利用文化的导向、凝聚、辐射和同化等功能,引导全体员工采用科学的方法从事安全生产活动。站在安全发展的新起点上，牢固树立"人民至上、生命至上"观念，努力构建本质安全型企业。

参考文献

［1］王晓东，杨浩然，李成文.港口石油库区安全文化评价方法研究 [J].港口科学与技术，2015，7(4)：11-14.

［2］郭振华，陈飞虎.海上石油平台安全文化建设与管理探析 [J].中国海洋石油集团公司，2019，(12)：123-128.

［3］张生，姜辉，陈兴臣.化工企业安全文化建设与管理 [J].科技风，2016，5：78-80.

［4］陈平.海岛油库安全风险评估与防范对策研究 [J].海油工程，2018，35(2)：54-57.

［5］梁前霞，李娟.石油化工企业安全文化建设与管理 [J].中国安全科学学报，2015，25(6)：90-95.

"1314"班组工作法，推动党建与安全生产融合发展

中铁十一局集团电务工程有限公司　中铁十一局集团有限公司

杜生洋　胡占军　凌　源　董浩飞　黄梦涛

摘　要： 党建工作与安全生产工作的融合，做实了就是生产力，做细了就是凝聚力，做强了就是竞争力，本文以中铁十一局集团电务工程有限公司苏州轨道交通S1线为研究对象，积极探索党建工作与安全生产深度融合的有效途径，丰富安全文化内涵，夯实企业发展基础，通过"1314"班组工作法，打造"红色驿站"，守护"平安班组"的党支部品牌，深化"红色驿站作为项目党支部在一线施工班组的延伸触角，通过发挥党建工作服务、引领效能，助推项目打通安全管理最后一公里，实现班组平安即项目平安"的品牌内涵，为建筑工程领域施工单位班组建设提供参考借鉴。

关键词： 班组建设；安全文化；党建引领；高质量发展

一、背景介绍

苏州轨道交通S1线是长三角一体化基础设施互联互通的示范工程，起自苏州市轨道交通3号线终点唯亭站，终至花桥站并与上海轨道交通11号线衔接，全长41.25公里，设站28座，建成运营后，将成为连通苏昆沪三地的重要交通城市走廊。

中铁十一局集团电务工程有限公司SURT1-11-7标项目经理部承担苏州S1线唯亭站—虹祺路站（不含）及朝阳路车辆段7站8区间共计15.3公里供电系统工程施工安装工作，主要包括环网电缆系统安装、变电所设备系统安装、接触网系统安装、杂散电流防护系统安装、电力监控系统安装，安装工序复杂，施工区域点多、线长、面广，为便于施工生产，劳务班组驻地一般沿线分散设置，但与项目部分隔较远，不便于集中统一式管理。

为有效推进文化强企，提高班组的战斗力、凝聚力和执行力，中铁十一局集团电务公司苏州S1线项目班组（以下简称项目班组）结合安全生产的重要性、紧迫性，以施工班组为重点，积极探索党建工作与安全生产深度融合的有效途径，通过"1314"班组工作法，打造"红色驿站"，守护"平安班组"的党支部品牌，深化"红色驿站"作为项目党支部在一线施工班组的延伸触角，通过发挥党建工作服务、引领效能，助推项目打通安全管理"最后一公里"，实现"班组平安即项目平安"的品牌内涵，为高质量实现苏州地铁S1线建设目标注入了"红色动能"。

二、主要做法

（一）围绕一个机制强根基——"一支部一品牌"工作机制

项目班组根据党员特点和劳务队的数量、能力等，明确了6个"红色驿站"党员站长，制定下发了项目部"一支部一品牌"工作机制（图1），为活动开展奠定了制度基础。为进一步规范党员站长工作，项目班组为每一名站长制作了"一支部一品牌"纪实本（图2），记录工作开展事项。项目部在劳务分包商的招标阶段，明确要求其在选取驻地时必须配备一间独立办公室；在建家阶段，项目班组提前规划布置，在劳务队驻地办公室开设了"红色驿站"公示栏，对包保党员站长、公开承诺、工作机制、岗位职责等信息予以公示，主动接受职工群众的监督（图3）。

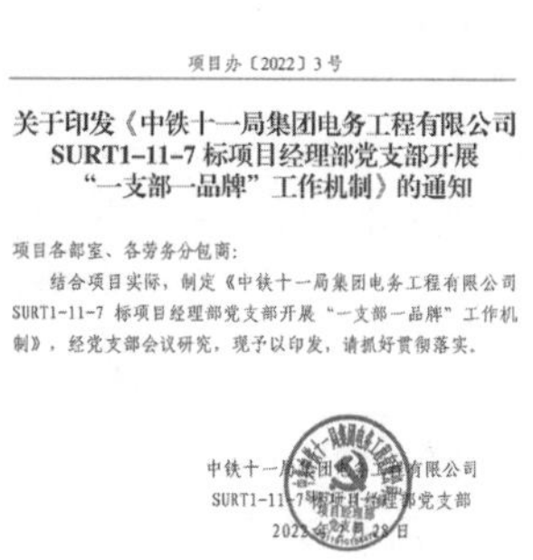

中铁十一局集团电务工程有限公司
SURT1-11-7标项目经理部文件

项目办〔2022〕3号

关于印发《中铁十一局集团电务工程有限公司
SURT1-11-7标项目经理部党支部开展
"一支部一品牌"工作机制》的通知

项目各部室、各劳务分包商：

结合项目实际，制定《中铁十一局集团电务工程有限公司SURT1-11-7标项目经理部党支部开展"一支部一品牌"工作机制》，经党支部会议研究，现予以印发，请抓好贯彻落实。

中铁十一局集团电务工程有限公司
SURT1-11-7标项目经理部党支部
2022年×月×日

图1　"一支部一品牌"工作机制

图 2　党员工作纪实本

图 5　班组天地

图 3　驻地张贴公示

（二）构建 3 个平台增信念

第一个平台是"农民工学校"（图 4），负责新入职农民工的岗前三级安全教育、各工种专项安全培训考核等岗位培训工作。第二个平台是劳务班组驻地设立"班组天地动态栏"（图 5），配备了班组活动软、硬件设施，班组长可在此处组织召开"班前安全教育""班后安全总结"及班组安全生产周例会等活动。第三个平台是微信小程序搭建的"安全积分微课堂"（图 6），它不仅实现了一线员工良好安全行为的线上积分发放、线上奖品兑换，还可以让员工在手机上实时学习建筑工地常见违章警示教育片。项目班组通过多平台、多角度、多形式的安全活动，让安全理念入脑入心、落地生根。

图 6　安全积分微课堂

（三）打造一个模式联各方

为进一步夯实施工总承包方的主体责任，提升项目安全管理能力和水平，项目部主动对接地方政府监管部门的力量，建立"安全共建"长效管理模式。一是与昆山市公安局正仪派出所建立"警企共建"机制（图 7），开展了反网络电信诈骗培训。二是与昆山佳悦康复医院、昆山市顺通职业培训学校建立"医企共建"（图 8）"校企共建"机制，做好新进场工人"入职体检、苏安码培训"工作。三是与苏州市住建局、昆山市住建局、昆山市轨交质安站建立"安企共建"机制（图 9），共同开展"应急演练、监督检查、安全授课"等活动。

图 4　农民工学校

图 7　"警企共建"机制

图 8 "医企共建"机制

图 9 "安企共建"机制

（四）布局 4 个载体提效能

1. "党建文化"接地气

项目班组把"党员来敲门"引申至敲开作业人员心门，助推作业人员从"要我安全"到"我要安全"转变。每月，"红色驿站"站长重点选取包保劳务队主要管理人员、受表彰奖励或批评处罚人员，开展一次交心谈心（图 10），在沟通思想、理顺情绪、化解矛盾、凝聚人心的同时，进一步了解了作业人员所思所想所盼，加强了劳务队伍思想政治建设，增强了劳务队伍文化认同感。

图 10 党员站长交心谈心

红色驿站站长每月组织包保劳务队开展一次集体生日会（图 11）。此项活动体现了项目部对劳务队的关心关爱，进一步加深了项目部与劳务队、项目管理人员与劳务作业人员的感情，增强了作业人员的归属感、获得感。

图 11 党员站长组织集体生日会

2. "安全预控"显底气

项目班组编制了《施工风险源辨识、风险评价、风险控制策划清单》（图 12），辨识分析出 52 条Ⅲ级风险、308 条Ⅳ级风险。党员站长在此基础上，每周、每月根据本班组下一阶段的施工计划，组织劳务班组长、安全员、技术员等关键人员共同参与风险辨识、评价，将辨识出的风险源及时对本班组全员进行交底，并签字确认公示在班组天地动态栏中。

"红色驿站"站长每月对包保劳务队至少开展 3 次安全质量检查（图 13）。通过查思想、查管理、查作业环境、查安全措施落实等，不断堵塞管理漏洞，改善劳动作业环境，规范作业人员的行为，保证设备的安全、可靠运行，实现安全生产的目的。

"红色驿站"站长每周至少参加一次包保劳务队班前讲话（图 14），了解队伍施工组织安排，掌握施工安全风险，同时将近期安全生产形势和重点管控风险点向作业人员进行宣贯。每月对包保劳务队开展一次专项安全培训，项目安质部每月根据当月施工内容，编制专项安全培训课件，由站长负责备课、授课。

3. "责任考核"长志气

项目班组在《岗位安全责任制》的基础上制定了《岗位安全责任承诺书》，明确了各岗位安全目标、安全职责、业务清单、考核内容，变被动包保为主动承诺。党员站长每月对包保班组安全责任制履职情况进行考核打分，考核结果作为班组月度评优评先和奖惩的重要依据，安全责任制考核得到有效落地。

序号	标段	风险单元（设计、安全质量、危化品、其他）	风险源名称	风险位置	风险特性	风险评价					控制措施				管理方式			责任分解			风险解除
						事故可能性 L	人体暴露频次 E	后果严重程度 C	危险性分值 D	风险等级	管理方案	管理控制	监测	应急措施	纳入危大工程	纳入隐患排查	纳入日常管理	执行部门	检测部门	期限	
1		单位资质与人员资格	安全管理人员未持安全生产考核合格证	全标段	其他	3	6	7	126	Ⅲ	√	√				√	√	项目经理部	安质部	工程结束	否（新增）
2			项目主要管理人员未按规定到岗履职或现场带班	全标段	其他	1	2	15	30	Ⅳ	√	√					√	项目经理部	安质部	工程结束	否（新增）
3			安全管理人员未到岗履职	全标段	其他	3	6	7	126	Ⅲ	√	√					√	项目经理部	安质部	工程结束	否（新增）
4			特种作业人员未持有效证件上岗	全标段	其他	3	6	7	126	Ⅲ	√	√					√	项目经理部	安质部	工程结束	否（新增）
5		责任制度与目标管理	未建立安全生产责任制	全标段	其他	0.5	6	15	45	Ⅳ	√	√					√	项目经理部	安质部	工程结束	否（新增）
6			安全生产责任制未经责任人签字确认	全标段	其他	0.5	6	15	45	Ⅳ	√	√					√	项目经理部	安质部	工程结束	否（新增）
7			未制定安全管理目标及其考核制度	全标段	其他	0.5	6	15	45	Ⅳ	√	√					√	项目经理部	安质部	工程结束	否（新增）
8			考核制度未有效落实	全标段	其他	0.5	6	15	45	Ⅳ	√	√					√	项目经理部	安质部	工程结束	否（新增）
9		施工组织设计	使用未经审查合格的施工图设计文件施工	全标段	其他	3	6	7	126	Ⅲ	√	√					√	工程部	工程部、安质部	工程结束	否（新增）
10			未编制施工组织设计或缺少施工组织设计落实保障施工安全的设计措施	全标段	其他	0.5	6	15	45	Ⅳ	√	√					√	工程部	工程部、安质部	工程结束	否（新增）
11			施工组织设计未按规定进行审核、审批	全标段	其他	0.5	6	15	45	Ⅳ	√	√					√	工程部	工程部、安质部	工程结束	否（新增）
12			施工进度计划不合理或盲目压缩工期	全标段	其他	0.5	6	15	45	Ⅳ	√	√					√	工程部	工程部、安质部	工程结束	否（新增）
13			施工组织设计的安全技术措施不全面或针对性不强	全标段	其他	1	2	15	30	Ⅳ	√	√					√	工程部	工程部、安质部	工程结束	否（新增）
14			未编制施工作业指导书	全标段	其他	0.5	6	15	45	Ⅳ	√	√					√	工程部	工程部、安质部	工程结束	否（新增）
15			工程条件发生变化，不能指导施工	全标段	其他						√	√					√	工程部	工程部、安质部	工程结束	否（新增）

图12　施工风险源辨识、风险评价、风险控制策划清单

图13　党员站长开展安全质量检查

图14　党员站长参加班前讲话

图15　隧道内高处作业 T 型螺栓

图16　轨行区主动防护装置

4."小改小革"添朝气

（1）党员站长带领工班组人员发明了 T 型螺栓临时系挂点（图15），它使得轨行区前期梯车高空作业或梯子攀登作业时安全带无牢固系挂点问题得以解决，保证了高处作业工人的生命安全。

（2）党员站长联合安质部设计加工了轨行区主动防护装置（图16），此装置实现了轨行区"应急制动、安全警示、安全防护"三合一效果，而且可以对现场限定范围内的轨行车辆发挥良好的应急制动能力，有效阻止溜逸车辆闯入施工区域。

（3）党员站长联合工程部设计改进了关键工序记录设备，定制采购了"头戴式"记录仪（图17），该装置包括"强光照明＋高清摄像"两大功能，作业人员在"拉拔试验"或"电缆头制作"前开启照明摄像功能，即可全身心投入工作，记录仪不仅改善了照明环境、提高了作业安全，也保证了摄像清晰度（图18），大幅提高了工作效率，实现了质量全程可追溯功能。

图17　配备头戴式记录仪

图18　头戴式记录仪成像效果

（4）党员站长联合安质部对轨行区梯车、侧壁梯车、移动式脚手架进行设计改进，并进行预制化生产，它的安全系数高、轻便组装快，具备主动防溜功能（图19）。

图19　多功能环网作业平台

三、结语

通过"1314"班组工作法，多措并举推进党建文化和安全文化有效融合，项目班组有效提升了自身整体战斗力和凝聚力。无论是施工生产还是抗疫援建，各施工班组迎难而上、攻坚克难，成为一支"召之即来、来之能战、战之必胜"的精干队伍。

党建工作与安全生产工作的融合，做实了就是生产力，做细了就是凝聚力，做强了就是竞争力。项目班组将认真贯彻落实习近平总书记关于安全生产的重要论述和重要指示批示精神，进一步树牢"人民至上、生命至上"的理念，全面准确地执行国务院安委会"十五条硬措施"，牢牢把握"强化党建引领，助推安全生产"的目标不动摇，把党建贯穿于安全生产全过程，用文化引领全体党员群众将个人责任融入建设安全工程、精品工程之中，不断丰富安全文化内涵，为新时代班组建设提供借鉴。

参考文献

［1］傅筠芸.以"党建＋安全"牢筑化工企业安全发展的基石——评《党建引领安全生产监管的新模式》[J].化学工程,2023,51(08)：105.

［2］侯立朋.党建＋安全　筑牢高质量发展安全防线［J].国企,2023,(15)：56-57.

［3］何克奎.企业党建工作与安全文化融合的机制构建与路径选择［J].现代职业安全,2023,(07)：34-37.

构建安全文化夯实火电厂承包商人员
安全培训基础

国投钦州发电有限公司　王永胜　蔡世英　孟祥伟　张　雷

摘　要： 常言道："扬汤止沸，不如釜底抽薪。"要做好安全生产工作必须营造浓厚的安全文化氛围，抓住根本环节，将关口前移至安全培训工作。诸多事故表明，安全文化建设缺失而导致培训不到位是最根本的安全隐患，安全文化建设缺失就会导致人员安全意识淡薄、安全技能水平低下从而酿成悲剧。本文结合实际工作对当前火电厂承包商人员时的状况进行分析，并依据分析结果提出基于安全文化建设中培训环节的策略和改进方式，以期为今后安全文化建设工作提供借鉴与参考。

关键词： 承包商人员；安全培训；理念文化；制度文化；环境文化；行为文化

结合实际工作，我们发现火力发电厂承包商作业人员流动性大，安全意识和安全技能水平参差不齐，火电厂作业具有高风险、作业环境复杂、涉及作业风险多等特点。如承包商管理中出现的选择性管控、作业过程管控不到位等情况，就很容易造成安全文化建设不充分，进而造成承包商人员安全素质水平和安全技能水平不足，从而酿成安全生产事故事件。因此，火力发电厂应对当前承包商人员的现状进行分析，依据分析结果改进安全文化构建重点关口，建立"要我安全"的文化理念，强化安全监督，并以此为基石塑造事事有据可循、有规可遵的制度文化深化安全监管。当制度得到有效执行后，火力发电厂就会初步形成"我要安全"的自我安全监管的人文环境文化，进而铸造人人都是安全员的行为文化。

一、承包商人员现状分析

（一）人员文化水平较低，承包商人员流动大

经调研，A 火电厂承包商总人数 1362 人，其中本科及以上人员仅为 88 人，大专 189 人，小学至高职 1085 人，占总人数的 79%。B 火电厂 3035 人，其中本科及以上人员 140 人，大专 712 人，小学至高职 2183 人，占总人数的 71%。综合来看火电厂承包的大部分人员的受教育程度处于低文化教育水平，其受教育程度浅，即便接受培训，也不能迅速掌握和吸收培训的内容，难以在实际中灵活运用培训期间所学习的理论知识。虽然当前火电厂安全培训管理在日益完善，但安全教育培训工作通常具有长期性、阶段性和稳定性等特性，承包商人员往往受薪酬待遇、个人因素等影响而出现人员流动性较大的情况。常规安全培训工作很难全面覆盖至承包商全体，安全文化氛围很难产生长效机制影响，致使承包商人员安全技能和基础作业技能参差不齐。

（二）承包商人员缺乏入职管控

火电厂承包商人员一般由承包商项目部负责人员招聘，火电厂作为"甲方"一般不对承包商项目部的一般作业人员进行细致严谨的管控。农忙季节或大型节假日期间，承包商人员会出现断崖式离职现象，此时，承包商项目部为保证合同要求人数，往往对入职人员放宽要求，新入职人员的个人素质、作业技能水平、安全基础技能很难得到保证。

二、构建安全制度文化，强化承包商人员入厂管控

为适应承包商人员存在的文化水平低、流动性大、入职缺乏管控等问题，确保培训有效落地，保证承包商人员能在现场作业环节自觉遵守相关安全规定，按章操作、安全作业，企业就需要将承包商施工作业人员当成自己的员工，消除安全管理屏障，以安全文化建设为导向，全面做到承包商管理四个统一，即统一安全标准、统一培训、统一监督检查、统一考核评价 [1]。为此，企业应建立承包商入职防线、分级分类开展日常安全培训、多维度开展安全培训，以因工施教为出发点，以现场作业安全为目标不断

改进安全培训的方式方法。

（一）建立承包商人员入职的三道防线

第一道防线是承包商主管部门，该部门要严格管控承包商人员入职流程，充分发挥承包商主管部门的安全责任，在与承包商项目部签订合同时，明确要求人员入职要求和月度离职率，在日常安全管理工作中对承包商项目部的合同履行情况进行严格督查；第二道防线是专业主管人员，该类主管人员在承包商人员入职前需进行面试、筛选，对具备一定安全技能水平，但学历较低的适龄人员可以适当放宽入职要求；第三道防线是入厂培训制度，相关部门在开展入职安全教育时，对经过培训但未满足作业安全技能水平的人员予以复训，复训仍然不满足要求的予以劝退处理。

（二）分级分类开展承包商入职培训

安全教育培训体系就是因人施教、实事求是，其前提就是要尊重和承认岗位个体差异[2]。对承包商所承担的不同施工作业环境和文化差异进行分级分类培训，而针对承包商施工作业人员文化差异的问题可事前进行分类，建立承包商培训矩阵，采取差异化、标准化模式进行培训。例如，对于临时进场作业的人员固定培训内容，简化入厂培训流程，培训后这类人员需签署"入厂安全告知书"，同时作业期间由厂内员工进行全程监护作业，以确保作业规范可靠。对于长期人员也需固定培训内容，严格履行相关主管专业面试、主管部门确认人员相关资质、履行入厂三级安全教育培训，合格后，这类人员方可进行相关作业。分级分类可增强培训的针对性和可操作性，杜绝人力财力浪费和无效培训。

三、塑造安全环境文化，多维度开展安全培训

当前火电厂多采用厂级、车间级、班组级三级入厂安全培训教育方式，各级培训内容有所差别，例如，厂级培训内容多为行业规范、规章制度、基础安全技能知识，车间级和班组级多为依从车间、班组作业特点的相关安全和作业技能知识。日常培训则更多以安全专题授课、实操、自主学习和信息化培训为主。培训内容相对固定，受训人员的接收能力存在差距，枯燥的授课和文件制度学习具有一定的局限性，为此企业可以采用多维度安全文化渗透方式开展入厂培训。

（一）灵活运用信息化安全培训

信息化安全培训可以采用微课、短视频、VR技术等多种信息传递技术，这种"无限制"安全培训旨在通过安全作业规程可视化来应对不同受教育层次的人员，达到安全培训的高效传递，并以寓教于乐的方式来激发广大员工的创作兴趣，以奖励机制激发并维系员工的创作热情，确保相关培训内容的持续更新，营造"人人要安全"的安全文化氛围。

（二）安全管理术语谚语化

把一些关键的安全操作要点编制成押韵的口语，使人易记易理解。例如，把岗位风险及安全操作要点编成谚语、歇后语等朗朗上口、通俗易懂、消除安全管理的"术语隔阂"，利用班前会每天重复、强调，以确保每个员工都能掌握应知应会的安全知识[3]，即便承包商人员刚刚从业入职，也可以在浓厚的安全文化学习氛围中高效掌握岗位安全基础技能。

（三）以事故威慑，以情理规劝

日常开展的班组、部门安全学习会，可以播放一些与工作相关的事故视频和情景故事。播放过程不要"一镜到底"，而要在关键点暂停，讨论相关的安全防范措施、可能发生的事故用以引起观看人员的注意力并增强其"体验感"。在事故视频选取时，无须打码或观看前设置提醒，因为一旦发生类似事故，在现场一样会亲历，观看真实画面既可以增强观看人员的安全意识，又可以在真正遇到事故时采取最直接有效的防范措施，将事故损失降到最低。要怀以"菩萨心肠"，善用"雷霆手段"来做好事故培训，营造"事故猛如虎，遇之心有术"的刚性安全文化氛围。

四、打造安全行为文化，主动承担安全生产责任制

《安全生产法》第四条规定，生产经营单位必须遵守本法和其他有关安全生产的法律法规，加强安全生产管理，建立健全安全生产责任制度，完善安全生产条件，确保安全生产。这项制度，从组织体系上规定了企业各类人员从上到下对安全卫生各负其责，使各个层次的安全责任与管理或生产责任合一。承包商管理的相关主管部门、技术部门、安全生产管理部门应协同配合，根据合同协议施工内容的不同，安排不同承包商进入各工段作业点开展施工作业。在这个环节，安全教育培训方面往往会出现职责缺位现象，清晰明了的职责分工非常必要[4]。

企业各相关部门应建立直观的分工模型用以明

确各个环节的工作定位和培训职责，确保从承包商确定、入厂到施工过程等多个环节的安全教育培训职责清晰无纰漏，还可以做到和承包商培训矩阵相呼应，以建立清晰明确的安全生产责任制，分工协作，共同努力做好安全文化建设工作；防止和克服安全工作中出现混乱、互相推诿、无人负责的现象，把安全文化建设工作与生产工作从组织领导上协调统一起来。同时，以尽职免责、失职追责的方式督促安全生产责任的执行情况，确保"三管三必须"的强力执行。

五、夯实承包商安全文化建设中坚力量

综上，我们从安全培训、责任制落实出发对承包商人员的安全文化建设工作进行了分析，并提出建立承包商入厂三级防线、分级分类、多维度开展安全培训，以此确保安全文化建设在承包商队伍中生根。但承包商人员流动性大的特点，直接导致安全文化建设很难形成长效机制。当一家常驻承包商年度人员变动率达 50% 以上，就说明该常驻承包商的安全文化建设将在新的一年中从零开始。所以，如何保留承包商安全文化建设的中坚力量就显得尤为重要。

安全文化建设的中坚力量是指专业安全技术人员，这类人员可不局限于公司正式员工、学历、岗位等因素，只要能够熟练掌握本职岗位安全技能、有一定本职岗位作业经验，经过主管部门、安全管理部门、人力资源管理部门三方评定，即可认定为安全文化建设的中坚力量。公司可以在承包合同中

写明对承包商项目部安全文化核心力量的奖励条款，定期以正式文件进行公示，通过"以名育人，以奖留人"方式，确保承包商人员的核心力量不流失，达到即便更换承包商项目部但相关的承包商人员依旧在岗的效果，确保公司核心安全文化久铸于厂。

六、结语

企业承包商人员流动大，是当前多数工贸企业共同存在的问题，安全文化建设缺失本身就是一种安全隐患。本文旨在通过构建安全制度文化，强化承包商人员入厂管控、塑造安全环境文化，多维度开展安全培训、打造安全行为文化，主动承担安全生产责任制、夯实承包商安全文化建设中坚力量等安全管理方式来应对承包商人员文化水平较低、承包商人员流动大、入厂缺乏管控等问题，用更规范的安全管理、更切合的安全培训方式和更加稳固的安全文化氛围来打造稳步向好的企业安全管理。

参考文献

［1］国投电力控股股份有限公司 . 发电企业安健环管理体系标准第一册 通用篇 [M]. 北京：中国水利水电出版社，2021.

［2］沈忱 . 基于网格化的安全教育培训体系建设研究 [J]. 工业安全与环保，2021,4(12)：84–86.

［3］曹贤龙 . 低文化水平员工的安全教育培训 [J]. 现代职业安全，2022,(8)：48.

［4］肖萍 . 关于化工企业承包商安全教育培训工作的思考 [J]. 湖南安全与防灾，2022,(5):48–50.

加强国企安全文化建设的重要性及实践探讨

国家能源集团煤焦化有限责任公司　乔国祥　刘金海　张德金　李　敏　王雅楠

摘　要：安全文化建设是企业管理工作中的重要组成部分，是企业文化建设的核心内容。党中央、国务院高度重视安全文化建设在安全生产中的根基作用，强调牢固树立以人为本、安全发展理念，弘扬生命至上、安全第一的思想。本文从加强国企安全文化建设的重要性入手，在分析安全文化建设现状的基础上，就如何加强国企安全文化建设、如何做好安全文化落地工作等方面进行了探讨。

关键词：安全文化建设；以人为本；国企；实践

一、引言

在当前经济高速发展过程中，安全文化建设对企业的重要性愈发凸显。近年来，党和国家高度重视安全生产工作，先后出台了《中共中央 国务院关于推进安全生产领域改革发展的意见》《全国安全生产专项整治三年行动计划》等一系列文件，旨在推进安全生产工作。探讨国有企业安全文化建设不仅是落实中央指示精神的重要举措，更是迎合时代发展趋势、保障经济社会稳定健康发展的现实需要。安全文化建设是企业发展战略性、治本性、长效性的工程，也是企业构建安全生产体系、夯实安全管理基础、建立双重预防机制主要、有效的手段之一。我国社会主义市场经济体系中，国有企业是国民经济的中坚力量，也是社会主义市场经济健康发展的重要基础。国家能源集团始终坚定不移地贯彻落实党的安全生产方针政策，积极探索和实践安全文化建设，努力提高企业的安全生产水平。本文从国家能源集团煤焦化有限责任公司（以下简称煤焦化公司）在安全文化建设方面的探索与实践出发，结合企业安全文化建设的一般规律，探讨国有企业安全文化建设具有重要的实践意义。

二、加强国企安全文化建设的重要意义

（一）加强安全文化建设是贯彻落实党和国家安全生产方针政策的重要体现

党的十八大以来，党中央高度重视安全生产工作，习近平总书记对安全生产工作作出一系列重要指示，提出了一系列新理念、新思想、新战略。国务院安委会办公室印发《关于加强安全文化建设的指导意见》（安委办〔2017〕5号），明确了新时期安全文化建设的指导思想、工作原则、主要任务和保障措施等，为开展好安全文化建设工作指明了方向。

安全文化建设是落实党和国家关于安全生产方针政策、践行科学发展观、构建社会主义和谐社会重大战略思想、实现全面建成小康社会奋斗目标的重要内容。在国有企业中开展安全文化建设是落实国家安全生产方针政策的必然要求，也是推进本质安全型企业建设的重要途径。

（二）加强安全文化建设是树立科学发展理念的重要载体

安全文化是企业安全管理工作中特有的文化形态，也是推动安全生产工作的精神力量。在新时代国企改革发展新形势下，企业要把加强安全文化建设作为实现企业科学发展的重要载体和抓手。国有企业在长期的生产实践中形成了以"安全第一、预防为主、综合治理"为核心的安全管理理念。企业要实现科学发展，需要通过加强安全文化建设来保证和推进。只有不断地强化安全文化建设工作，才能有效地实现科学管理，进一步树立"以人为本""生命至上"的发展理念，促进企业可持续发展。

（三）加强安全文化建设是落实企业安全生产主体责任的重要保证

近年来，随着国有企业改革的不断深化，中央企业在不断加强自身安全管理的同时，也更加重视自身安全文化建设。从企业层面看，随着市场经济的深入发展、经济结构的持续调整和产业升级的不断推进，企业面临着新的形势、任务和挑战。安全文化建设是国有企业实现安全生产的重要保障和必要

前提。只有切实将人民群众生命安全放在首位，才能筑牢国有企业发展的根基。只有把人民群众的生命安全放在首位，才能有效维护广大人民群众根本利益，才能得到广大人民群众的支持和拥护，而安全文化建设则是落实这一原则和要求的重要保证。

三、国企安全文化建设的实践探讨

（一）加强党的领导，发挥党组织在安全文化建设中的核心作用

企业党组织是企业安全生产工作的政治保证，因此要把党的安全生产方针政策贯彻到企业的安全生产工作中去，发挥党组织在安全文化建设中的核心作用。加强党的基层组织建设，可以强化党员干部的安全意识和能力，确保党的安全生产方针政策在企业落地生根。煤焦化公司始终把加强党的建设放在生产经营发展首位、把党建引领贯穿在安全文化建设过程中、把习近平新时代中国特色社会主义思想融入安全文化建设体系，认真落实"安全第一、预防为主、综合治理"的发展总方针；为深入贯彻落实习近平总书记关于安全生产的重要论述和重要指示批示精神，坚持"人民至上、生命至上"，持续加强安全生产宣传引导，大力推广"力争零事故、追求零伤害"的安全理念，积极营造企业稳定和谐的安全生产环境，形成多层次、全方位的安全保障体系和安全文化氛围；深入践行以"保障员工的安全和健康为核心"的全员、全方位、全过程的安健环价值观和行为规范，持续推进安全文化建设，充分发挥安全文化引领凝聚、激励约束、形象塑造作用，着力构建"大安全"格局，为建设世界一流煤焦化企业提供坚强保障。

（二）深入开展安全生产教育培训，强化员工的安全意识和技能

企业要把安全生产教育培训作为提高员工安全素质的重要途径，定期组织员工参加安全生产知识培训、技能培训和应急救援演练，增强员工的安全意识和提高员工的安全技能。煤焦化公司结合实际，制定安全生产教育培训计划，明确培训内容、培训时间、培训方式等，确保安全生产教育培训工作有序进行；创新培训方式，开展多样化安全生产教育培训；通过开展"提升安全领导力、引领企业安全发展"等丰富多样的安全培训活动，使员工真正认识到安全生产的重要性，提高自我保护能力，普及安全知识，弘扬安全文化，掌握安全知识，增强安全意

识；同时，针对不同岗位、不同工种，突出重点，加强安全生产宣传教育，使员工充分认识到安全生产的重要性，通过实际操作，加强员工的安全生产实操培训，使员工能够熟练掌握安全操作规程和操作技能，提高安全生产水平。在安全生产教育培训结束后，煤焦化公司及时进行评估，了解员工对安全知识的掌握情况，为后续的安全生产教育培训提供参考，不断推动安全生产工作，促进依法治安、科技兴安、打非治违等基础工作的落实。

（三）加强安全生产监督检查，严肃查处违法违规行为

企业要加强对安全生产工作的监督检查，严格执行安全生产法律法规和企业规章制度，对违法违规行为要严肃查处，坚决防止和遏制事故的发生，通过加大执法力度，提高违法成本，形成严密的安全生产监管体系。煤焦化公司制定、下发年度检查计划，在总结上一年度隐患排查工作中存在不足的同时，认真分析各单位管理业务，参考制度法规，结合重大事件或节日及季节变化等因素不断完善排查表单，逐步实现对标对表排查无死角，并定期开展业务检查，不断规范隐患排查的工作流程与标准，深入开展季度安全文化建设检查，开展对标学习交流，实现所属单位全覆盖；成立国家能源集团安全文化建设工作领导小组，下发《关于成立安全文化建设领导小组机构的通知》，明确安全文化建设分管领导和主责部门，将安全文化建设纳入年度企业文化建设重点内容，按季度对基层厂矿开展安全文化建设检查督查，指导所属单位做好安全文化宣传贯彻落实工作。

（四）强化安全生产责任追究，落实安全生产责任制

企业要明确各级领导干部的安全生产责任，建立健全安全生产责任追究制度，对因失职渎职导致事故发生的领导干部要严肃追责问责。通过强化责任追究，确保各级领导干部切实履行安全生产职责，推动企业安全生产工作的落实。煤焦化公司成立安全文化建设工作领导小组，明确安全文化建设分管领导和主责部门，从七个方面明确职责和要求。煤焦化公司印发《关于进一步做好企业安全文化建设工作的通知》《安全文化建设三年规划》，按照《国家能源集团煤炭产业年度子分公司安全监察标准》，制定《安全文化建设考核细则》，年中开展督查1次，指导所属单位做好安全文化宣传贯彻落实工作，推

动安全生产理念固化于制。

（五）推动企业文化建设与安全文化建设相融合

企业要把安全文化建设纳入企业文化建设的整体规划，通过举办安全知识竞赛、安全演讲比赛等活动，推动企业文化建设与安全文化建设相融合。通过企业文化的传播和引领，全体员工充分认识到安全文化的重要性，形成全社会关注安全、重视安全的良好氛围。煤焦化公司坚持思想理念引领，围绕《安全文化建设三年规划》，以"安康杯"竞赛活动为载体，以赛促建，推动安全文化建设融入职工日常工作中；制定《安全文化手册》，举办"安康杯"安全知识竞赛、"链工宝"安全知识竞赛等，通过OA办公自动化系统、网络平台、宣传专栏、微信群等媒介或渠道，在生产现场设置各类安全警示标识、职业危害因素告知卡、安全宣传图片等，广泛宣传安全理念，全体员工明确自身在生产过程中的安全责任和义务，增强全员安全意识，引导广大职工从"要我安全"向"我要安全"转变，推动安全生产理念外化于行。

四、国企安全文化建设的建议

（一）以"四个一"夯实安全文化建设基础

一个核心，以人为本。安全文化建设必须以人为核心，以人为本，充分发挥人的作用，才能更好地推动企业安全文化的建设和发展。

一种理念，安全第一。树立"安全第一"的理念，使"安全第一"的观念渗透到企业的各项管理活动中。

一种精神，全员参与。安全文化建设要做到以人为本，要坚持"全员参与"。要把全体员工都动员起来，组织起来，凝聚起来，形成合力。

一个体系，科学管理。安全文化建设是一个系统工程，必须从实际出发，突出重点，稳步推进。

（二）营造良好的安全文化建设氛围

企业需要明确安全价值观、强化安全意识，并将其融入日常管理和员工行为规范中。通过培训、宣传、教育等方式增强员工的安全意识，让员工充分认识到安全工作的重要性，并形成安全思维和行为习惯。建立健全的安全管理制度，明确各级管理人员和员工在安全工作中的职责和义务，同时建立有效的激励机制，鼓励员工积极参与安全文化建设工作。通过各种途径和手段强化安全宣传和文化建设，如宣传栏、企业内部刊物、网站等，宣传安全知

识和案例，营造良好的安全文化氛围。

（三）完善安全文化建设保障体系

完善安全文化建设保障体系对于企业的长远发展具有重要意义。这需要企业全体员工的共同参与和努力，建立健全的管理制度和操作规程，加强组织领导和宣传教育，增强员工的安全意识和提高技能水平，促进员工形成安全思维和行为习惯，同时，也需要从人力、物力、财力等多方面入手，强化企业领导层的责任和参与，设立安全文化建设专项资金，学习借鉴先进的安全管理理念和方法，只有这样企业才可以更好地完善安全文化建设保障体系，营造良好的安全文化氛围，提升自身安全管理水平，为可持续发展打下坚实的基础。

五、结语

加强国企安全文化建设，是提高国有企业安全生产水平的关键所在。企业在安全文化建设中，要坚持以人为本，着眼于安全生产工作大局，将安全生产与企业改革发展、转型升级、提质增效深度融合，与"一岗双责"紧密结合，在工作中找准定位、明确目标、落实责任，积极构建符合自身发展的安全文化。同时，要立足新时代要求，大力弘扬安全文化精神，以"人"为核心要素，坚持全员参与、全方位覆盖、全过程管控的原则，充分发挥各级党组织和广大党员的先锋模范作用，带动全体员工主动参与到安全文化建设中来。通过不断提升企业全员安全素质和安全管理水平，实现安全生产与企业发展的有机融合。

参考文献

[1]李文好.关于企业安全文化建设的思考和实践[J].大众科技,2020,22(4)：2.

[2]胡春梓,郁晓霞.企业安全文化建设新路径研究的思考[J].劳动保护,2023(08)：41-43.

[3]王礼东.浅谈如何实现企业安全文化建设有效落地[J].安全与健康,2021(05)：61-63.

[4]柳光磊,刘何清,阮毅,等."十四五"时期的企业安全文化建设的思考[J].安全,2021,42(04)：32-37.

[5]陈永强.关于开展施工企业安全文化建设的几点思考[J].企业改革与管理,2019(05)：201-202.

[6]言小雄.企业高质量安全文化建设探讨[J].现代职业安全,2021(08)：52-55.

烟草企业安全文化建设实践与浅析

上海烟草集团虹口烟草糖酒有限公司　王　斌

摘　要：安全文化建设是烟草企业安全管理不可或缺的重要组成部分，是实现企业安全生产目标的强大精神动力，是践行"一流无止境，安全即价值"安全价值观的必然要求。本文在总结提炼上海烟草集团虹口烟草糖酒有限公司（以下简称虹口烟草）安全文化建设所取得的成果基础上，全面分析新形势下本质安全行为的发展规律，从安全文化建设对安全行为影响的角度进行探索和研究，推动安全管理水平提升，助力企业安全管理提质扩面和提档升级。

关键词：安全文化；安全行为；安全宣教；本质安全

一、引言

安全生产，重于泰山。党的十八大以来，习近平总书记多次对安全生产工作发表重要讲话，作出重要指示，深刻论述安全生产红线、安全发展战略、安全生产责任制等重大理论和实践问题，对安全生产提出了明确要求。安全事故一旦发生，将会对企业经济发展和形象塑造造成极大损失，因此加强安全文化建设是保障企业平稳运行的重要举措。

虹口烟草在建设"成为最具安全素养的烟草企业"的征程中，深入认识、持续发挥安全文化的作用和影响，围绕"无缺无患，共创安全"的安全使命，贯彻落实"由我做起、从零防范"的安全理念，通过安全文化建设调动员工安全的积极性和自律性，达到以文化规范员工安全行为的目标。安全行为是安全文化的表现，也是安全文化引导的结果，通过安全文化建设，强化员工安全意识、提升员工安全素养、帮助员工养成安全习惯，虹口烟草塑造了本质安全行为。

二、安全文化对安全行为的影响

（一）安全文化建设的必要性

我国的经济发展已经站在了新的历史起点上。根据新发展阶段的新要求，我们必须坚持问题导向，切实解决好发展与安全的普遍辩证关系。安全是发展的前提，发展是安全的保证。按照国家安全总体理念的顶层设计，发展和安全是一体之两翼、驱动之双轮，两者相辅相成、辩证统一，发展和安全互为条件、彼此支撑，任何领域的任何安全问题都会影响甚至阻碍发展。为深入落实国家发展战略，烟草企业安全管理模式与管理理念亟待转变，烟草企业应大力推进安全文化建设，通过安全文化影响安全行为，为本质安全带来新的活力。

按照国家安全生产监督管理总局发布的《企业安全文化建设导则》和《企业安全文化建设评价准则》，根据两个标准的要求，安全文化被定义为个人和集体在安全生产的价值观、态度、能力和行为方式等方面的综合产物，代表着企业上下从"要我安全"到"我要安全"的转变。安全文化的形式主要包括精神安全文化（意识层面）、制度安全文化（制度层面）、行为安全文化、物质安全文化（均为绩效层面），它们都影响着企业的安全行为（表1）。

（二）安全文化塑造安全行为

安全高于天，文化铸其魂。当前，安全管理发展是以人为本的管理和安全文化的管理。根据统计数据，80%的事故是由人的不安全行为引起的。人为事故的主要原因有先天生理、管理、教育培训等。除人的生理特征（超出正常功能负荷）外，人的原因主要涉及人的认知、思维、判断和行为，包括人的安全意识、安全知识、安全技能和适应安全突发事件的能力；安全法律法规的贯彻落实和安全群体效应、安全文明风俗、安全道德规范、安全精神文明和物质文明要求等。文化具有引导性、一致性、激励性、传承性等功能，可以规范安全行为，明确"四不伤害"的安全行为理念，实现"我要安全"向本质安全行为的升华。虹口烟草提炼出"丝丝入扣，条条在心，件件落实，不优不休"的安全行为准则，进一步诠释每一根烟丝、每一支卷烟，到每一包、每一条、每一件、每一箱卷烟，均是安全工作与生产经营的完美契合，要环环相扣做好安全工作，做到安全无死角、无空白、无盲区。

表1 安全文化对安全行为的影响

序号	文化形式	定义	对安全行为的作用
1	精神安全文化	公司全体员工共同的基本信念、价值标准、职业道德和精神世界观，是物质层和制度层的思想基础	安全态度、安全决策观、安全警示观、安全发展观、安全责任观
2	制度安全文化	对公司员工的行为产生具有约束力、规范性的规章制度，限制和规范物质层文化和精神层文化的建设	对人的行为进行外部控制，如安全责任体系、标准安全管理体系等
3	行为安全文化	规范员工的安全行为准则，让想法变成行为，让行为变成习惯	以人为本，依靠人的自我控制和主观能动性，如依靠决策层、管理层、执行层、家庭和社会来保障行为规范
4	物质安全文化	塑造精神文化和制度文化的条件，包括厂容厂貌、企业标志、厂歌、文化传播网络等，是企业文化的外在表现和载体	环境、心理和感官影响，如工厂外观、文化设施和公司标志

表2 虹口烟草安全文化运行模式

序号	运行模式	主题内容
1	一大融合	构建安全文化系统运行机制
2	二个延伸	搭建安全生产标准岗位达标
3	三类活动	开展安全专项宣教培训活动
4	四项联动	完善安全文化推进保障机制

一大融合：将安全文化建设与安全生产标准化建设、职业健康安全管理体系相融合，构建安全文化系统运行机制。二个延伸：将安全文化建设引入班组安全建设和员工岗位达标，推动基层班组安全生产标准化"星级"达标，推动烟草职工在岗位上实现安全生产标准化。三类活动：结合"安全生产月""消防宣传月"主题活动、"安康杯"竞赛、青年安全示范岗创建等平台开展风险识别训练、手指口述练兵、行为安全观察等三类实践活动（图1）。通过班组自主开展安全宣教和培训活动，从动手动脚到动心动脑，促进员工规范安全行为、端正员工安全生产态度。四项联动：完善安全诚信承诺机制、安全绩效激励机制，引入安全行为干预机制，创新安全协调沟通机制，推进安全文化建设长效机制。

图1 安全文化运行"三类活动"

（三）安全文化转化行为习惯

虹口烟草的安全文化运行模式可概括为一大融合、二个延伸、三类活动、四项联动（表2）。

三、安全文化的成效和不足

建立良好的企业安全文化、塑造本质安全行为是一个漫长而艰难的过程。虹口烟草通过多形式、多层次、多方位的途径和手段，带领员工积极参与到企业安全文化建设中，让安全文化入眼、入脑、入心、入行、入制，从而融入员工的日常工作和行为习惯中去。在实践中，安全、健康、环保逐渐被塑造为企业安全文化的核心价值观，虹口烟草将安全文化形象标识设计为一个有中国特色的"安全印"，该印由"中国印""中国红""数字'○'""汉字'安'"构成（图2）。"中国印"代表的是安全生产"一岗双责"的深入贯彻，是全体员工做出的安全承诺；"中国红"是公司对平安、福禄、康寿、吉祥、幸福的期待；"数字'○'"象征着安全工作随时随地都是起点，永远没有止境；"汉字'安'"意指安定、安全、安稳。企业安全文化建设得到了大家的认可，虹口烟草以先进的安全文化理念为基础，转变员工的安全态度，以安全态度带动安全行为，让安全行为决定安全结果。安全行为逐渐从强制、被动管理转变为主动的行为习惯和全员自愿的安全行为，从而营造了良好的安全氛围。

图2 安全文化形象标识——"安全印"

然而，当谈到如何成功实现安全文化向安全行为转变、知行合一时，我们逐渐开始认识和发现一些发展瓶颈，在实践中会面临一系列深层次问题和不足。

一是安全文化建设过程创新发展的动力不足，我们往往更重观念、形式，轻行为落地，缺乏切实有效的安全措施、创新能力，动态管理不持续。

二是对新的安全思维模式存在抵制情绪，部分员工不理解新的安全理念，不接受新的安全管理制度的实施，仍存在习惯性违章的情况，难以打破惯性思维，甚至导致潜在隐患的产生。

三是班组安全建设没有找到关键抓手，没有结合企业实际确定方案和落实措施，现有的班组建设没有取得明显的成效。

四是安全文化目视化管理标准不统一，更多的是走形式，应付检查，专业性不强，数量和质量上存在一定的差距。

上述问题的导向，促使虹口烟草科学把握客观规律，系统思考、科学谋划、深化认识，推动符合烟草企业要求的本质安全文化建设。

四、构筑本质安全行为的新思路与对策

"意识决定行为，行为产生结果。"企业安全问题和缺陷的根源就是认知和理念出了问题，安全文化对一个企业原有的传统安全管理模式或习惯性做法中的所有消极因素进行了挑战，是企业安全管理最高水平的表现。"知行合一"是安全文化建成的最终标志，"知而不行"非安全的"真知"。"言而无信，不知其可"是中国传统文化给予我们在安全管理领域里的较好警示。在落实安全行为本质化过程中，应深入推进"知行合一"。安全文化理念就是"知"，本质安全行为就是"行"。"知"要深入人心，再外化到工作实践和日常生活的"行"中，达到本

质安全的"上善"。

（一）建立科学高效的安全行为系统

秉承"和搏一流"的文化，虹口烟草构建了系统的安全行为体系，包括安全标准化、安全行为观察、安全行为激励、安全行为干预、安全行为理念等方面。梳理提炼了"三全、四群、五责"的安全行为观，所谓"三全"即全员参加安全管理、全过程安全管理、全方位安全管理，就是每个人、每个地方、每项工作都要保证安全；所谓"四群"即群策、群力、群防、群治，人人安全建言、人人遵守规矩、人人参与监督；所谓"五责"即人人有责、人人尽责、领导担责、过程问责、出事追责，确保安全。

建立健全安全生产责任制，落实领导层、管理层和执行层的安全行为。关键是领导层对安全做出承诺，以身作则；要落实各级领导公开承诺，现场安全宣传，有感领导上安全课；领导要亲自策划、组织、带领队伍参加安全检查；自己践行行为准则，亲力亲为，率先垂范。

树立"珍爱生命"的情感观，安全工作事关个人和家庭的幸福。通过"平安家书""亲情调研""亲情寄语"等安全文化活动，共同营造"生命和家庭幸福是第一位"的氛围。树立"安全即价值、安全即效益"的经济理念，安全不仅能减少损失，同时也有"增值"的作用。

协调安全制度、安全文化和安全行为，企业的安全文化就是以文化为手段、以规范安全行为为目的的安全管理模式，是安全工作的延伸和深化，是全体员工共享的安全价值观、态度、道德和行为规范组成的统一体。我们可以以安全体系为载体推动安全文化建设，结合先进的安全管理思想和策略，构建一套安全价值观和行为规范，明确将安全行为作为制度体系中的必要补充，使安全文化与安全制度相辅相成、相互作用（表3），从而让安全行为管理更加规范、有效。

表3 安全文化与安全制度相互作用

	安全文化	安全制度
管理性质	柔性管理	刚性管理
控制方式	以人为本，依靠人的自我控制和主观能动性	对人的行为进行外部控制
相互关系	积极的企业文化是企业制度的有效补充	合理的企业制度推动企业安全文化的良性发展

（二）打造烟草企业安全文化环境

营造本质安全的现场作业环境，规范现场设备设施操作流程，建立可视化的工作环境，培养员工良好的工作习惯，提高员工的工作效率。现场安全目视化设计要秉承"强调理念、融合文化、协调布局、注重效果"的原则，建立起以安全文化理念、安全标准化规范、安全操作规程为主要内容的标识、看板、告知牌、LED显示屏等，从规范安全操作行为、传达安全理念、普及安全知识、美化工作环境等角度，让员工获得全新的视觉和心理体验，同时暗示和引导员工的安全行为。

可视化安全管理的重要性在于利用好"可视化"，让潜在威胁"看得见"，安全行为"更规范"。利用"可视化管理"的工具，诸如利用图标、看板、颜色、场所的区域规划等，这类工具完全取决于视觉，能使人一目了然，以便人们迅速而容易地采取对策，借此防止错误的发生。按应用范围可分为人员可视化法、设备可视化法、工具可视化法、过程可视化法和现场可视化法。按用途可分为信息标识（如设备、规格、型号、属地负责人等）、状态标识（如运行、检修、检查等）、安全标识（如警告标志、禁止标志、强制标志、指示标志等）等类别。从而明确告知应该做什么，做到早期发现异常，使检查有效；防止人为失误或遗漏，并始终维持正常的状态；视觉功能的引入使问题和浪费现象易于暴露，事先预防并消除各类隐患和浪费。

在风险识别的基础上，安全可视化应很好地展示针对各个风险点的关键设备、设施和部位，如物品、设备、操作、危险区域和部位，以及风险"红、橙、黄、蓝"四色分布图、安全风险告知卡、风险管控清单、隐患排查清单等。视觉标志应简单明了，以图表为基础，辅以重点文字说明，识别重大危险源和要求事项。操作规程中的特别关注点应通过具有直观图像和适当颜色的信号视觉效果对外表达，视线识别可加速安全行为和预防威胁行动，从而防范危险（图3）。

（三）安全宣教助推安全自主管理

进一步推动安全行为向安全自我管理的更高层次发展，公司必须将安全作为核心价值观，并有适当的机制支持和鼓励各级员工在安全行为中体现这一价值观；通过充分授权，鼓励员工参与安全管理，在实践中提高安全行为决策和工作能力；通过安全宣

教，正向激励，让员工尝到安全行为的甜头；积极的宣教方式和激励手段必须体现诚信，公开公示，加大宣教力度，发挥榜样作用，让每个员工用自己的主动安全行为积极争取获得奖励。

营造良好的安全宣教氛围，通过创建学习型组织和安全知识管理，不断增强员工的安全意识和增强员工的专业技能，促进安全知识和经验的交流和共享；培养良好的安全行为习惯，推动员工安全行为进入自我管理新阶段——"我会安全""我要安全"，从而实现本质安全行为。

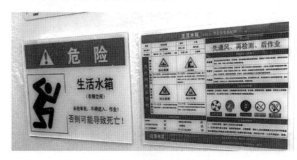

图3 安全可视化标识

（四）精准定位班组安全精益管理

班组是每个员工朝夕相处的团队，是强化安全文化氛围、强化安全行为示范的重要管理场景。企业应大力推行团队安全文化和行为设计，做好团队建设的加减法，不仅保证所有任务都压实在班组上，还要做好咨询、培训、并帮助减轻管理团队的负担，为班组专注于绩效创造条件。

一是培养和细化班组长的行为角色。班组长必须具有高度的敬业精神和责任感，必须懂生产、掌握技术、懂安全、精通管理。注重增强自身安全意识、安全知识和安全责任意识，带头严格执行安全规章制度，切实发挥行为示范作用。

二是规范全体员工的安全行为。通过建立全体班组成员的安全责任制，遵守安全规章，规范每个员工的安全行为，实行自我管理、自我约束，自我防护、相互保护的机制。规范企业员工安全行为，延展家庭安全习惯和社会行为习惯。

三是落实并强化全员安全行为能力。建立风险防控机制，排查班组内部危险隐患，明确各成员安全职责。加大对周围环境和设备设施安全监管力度，发现隐患时，及时组织人员处理，防患于未然。要及时制止不安全行为，加强对安全规章制度执行情况的监督，使安全生产作业有章可循。如有违反规定的行为，所有员工都有义务及时制止，并指挥其他员

工制止危险行为。

五、结语

安全管理永无止境，虹口烟草将营造良好的安全文化环境，弘扬先进的安全文化和安全行为文化，持续不断赋予安全文化新的活力。让文化转移到行为上，关注行为，规范行为、意识、言语、习惯，从观念到行为，从行为到习惯，从心理意识到逐步形成符合安全要求的自我安全行为安全宣教感染每一个虹烟人，让全体员工参与安全管理，让每位员工树立安全意识，将全员、全面、持续且科学的安全文化扎根于每个员工心中。虹口烟草安全文化要知行合一，打造本质安全人，努力成为最具安全素养的烟草企业。

参考文献

［1］何勇锋，易军．生产型企业安全文化建设的实践探索［J］.工程建设与设计，2021,(03)：252-254.

［2］黄小梅．现代企业安全管理模式分析研究与改进应用［D］.北京：中国地质大学，2008.

［3］梁虎林，常江．浅谈企业安全文化建设与创新［J］.中国盐业，2020,(09)：40-43.

基于 Safety Barometer（安全晴雨表）的安全文化建设评估实践

上海米其林轮胎有限公司　张启锐

摘　要：本文通过分析多年来公司安全文化联盟组织的建立初衷，总结各类安全宣传活动、安全管理的实践经验，结合米其林总部风险防范管理体系在工厂的应用，引入 Safety Barometer（安全晴雨表）的安全文化建设阶段性评估方法，从而在某种程度上量化了安全文化建设取得的成果。

关键词：安全文化联盟组织（T2B）；安全文化建设；安全晴雨表（Safety Barometer）

上海米其林轮胎有限公司（以下简称米其林轮胎）一直秉承米其林绩效和责任章程（PRM），永久致力于使用持续改进的方法，建立了先进的 SMEP 风险防范管理体系并在全球工厂推广应用。

2017 年伊始，米其林轮胎对 2006 年以来工厂发生的事件事故进行了分析统计，发现事故趋势令人担忧，因为 50% 以上的事故来源于人的不安全行为，于是公司成立了安全文化联盟组织（T2B）。安全文化联盟组织成立的初衷就是希望员工能从讲安全（Talking Safety）转变到真正的行为安全（Behaving Safety）。安全文化联盟组织自 2017 年成立起，每两年会更新一次，以保持安全联盟的多样性。安全联盟的成员由一线员工代表、区域主管代表、车间经理，以及安全科、人事部、维修部、工程部等员工组成。安全文化联盟组织自成立起就广泛组织和开展了各类安全宣传活动、安全管理实践经验的分享会等。

一、安全文化建设实践

安全文化联盟组织自开展安全文化建设以来经历了激励感召、建立信任、开启觉察、追求结果、积极赋能 5 个阶段。

（一）激励感召——安全承诺、安全理念传承与发扬

米其林轮胎一直秉承米其林绩效和责任章程，永久致力于使用持续改进方法。米其林安全理念体系通过安全文化联盟会议、各类活动宣传、班组会议、部门会议、安全文化手册、墙面宣传、公司内部网站等多种渠道和途径在全体员工中广为宣传，

得到广大员工的认同和传承。

（二）建立信任——宣传培训、营造文化氛围规范行为标准

1. 创建安全学校

米其林轮胎通过现场实物展示、模拟设备体验、安全视频现场讲解等学习方式，让全体员工能更直观地了解工厂存在的危险源，让员工通过亲身体验，提升安全技能，切身体会到遵守"SWT 安全禁令"的重要性。安全学校的创建开辟了新的教育模式——实操；公司也将通过企业开放日、校企合作等方式，组织社会人员参观学习、体验，实现社会融合共建。

2. 新技术的应用

随着新生代逐步进入企业和数字化技术的不断发展，米其林轮胎自 2020 年就不断尝试将 VR 手段应用于各项安全文化活动，同时基于工厂的主要操作和安全风险及历史事故数据分析，与相关 VR 公司合作，自主开发了安全起吊操作 VR 模块，同时从市场上选定了通用型机械伤害，叉车和消防等数款 VR 产品，用于新员工上岗前培训和老员工复训。VR 技术可以让体验者身临其境，重复挑战尝试，能够模拟感受到错误操作的场面但又不需要体验者受到切实的伤害。后续，米其林轮胎也将继续尝试各种新的 VR 手段来吸引新生代的兴趣和增强员工的安全意识。

3. EP 挑战赛

2019 年，米其林轮胎组织开展 EP 挑战赛，旨在通过模拟各类工作或应急处置的现场，使员工能够

正确识别安全隐患和异常，知晓其后果，掌握其应急处置的方法。

EP 挑战赛，是 SWT 工厂创建安全学校之后开辟的又一新的培训教育模式，共设计有五大模块（垃圾分类模块、安全隐患辨识与治理模块、人机姿势与人工搬运模块、防汛防台模块、消防模块）、8 个场景，包括 4 个应急处置场景（安全事故处置、化学品泄漏、防汛防台、消防应急）和 4 个工作场景（垃圾分类场景、叉车行驶场景、工作台场景、人机场景）。

公司安全文化联盟组织成立以来，通过开办学校、新技术应用、各类安全文化活动（EP 挑战赛、全员隐患大排查、安全防护知识宣贯等），唤醒员工在工作和生活中的安全意识。

（三）开启觉察——信息沟通、广泛参与安全管理实践

1. 全员"安全承诺"签署

据海恩法则：每一起严重事故的背后，必然有 29 次轻微事故和 300 起未遂先兆及 1000 起事故隐患。于是米其林轮胎发起"安全承诺"签署活动，让员工表达自己对安全的认识、对安全的想法，并通过签字承诺"我绝不对不安全行为视而不见"，从学会说身边的不安全，到能意识到身边的不安全事，再到能相互提醒注意不安全的事。

2. "行为工作坊"

米其林轮胎开展"行为工作坊"的活动，通过让员工没有顾虑并尽可能多地说出发生在自己或别人身上的不安全行为，使员工产生停止自己的不安全行为和制止同事的不安全行为的意识，让员工意识到不安全行为带来的后果。

3. "安全管理论坛"

米其林轮胎自 2019 年组织开展第一次"安全管理论坛"，至今已组织召开 6 次，组织召开"安全管理论坛"旨在建立一个让员工、一线管理者、管理层有机会在一起分享经验、讨论安全管理上的"痛点"的平台。

"安全管理论坛"上大家群策群力，分享自己的所思所想，引申出一系列安全相关的讨论，最终运用到安全管理实践中。

"安全管理论坛"不仅为员工提供了沟通、反馈安全信息的途径，而且让员工有机会通过小组讨论、头脑风暴，利用团队协作和现有知识的力量，使

得自己的想法应用于安全管理的实践中。

（四）追求结果——自主学习、安全行为习惯养成

1. "安全骑行人"

据统计，摩托车、电瓶车驾驶人员死亡事故中约 80% 为颅脑损伤而死，有研究表明，正确佩戴安全头盔能够将交通事故死亡风险降低 60%～70%；基于此，安全文化联盟团队通过积极倡导安全骑行，组织安全骑行活动等方式，增强员工在骑行中遵守安全交通规定的意识，养成在骑行中的好习惯，降低安全事故发生率。

安全文化联盟团队希望通过"安全骑行人"的活动，培养员工养成正确的安全行为习惯。

2. "安全同行 Safe Start"

安全文化联盟组织有个伟大的理想，"让安全成为每个人的习惯"，有人说，一周在公司才 40 小时，就算养成习惯，剩下的 128 小时在社会大环境下，也会受影响。正因为此，安全文化联盟最大的理想就是，安全习惯不仅仅表现在上班时间，还在一年 365 天，不仅仅是工厂的 2000 名员工，还有我们的家人、朋友、社区，甚至整个社会。

所以，安全在任何地方都很重要，而不只是工作场所。为了实现将"一个好的行为变成一个好的习惯"的目标，公司 2021 年组织开展了"安全同行（Safe Start）"活动，通过领导带头承诺、宣传与动员、全员培训、全员参与、融入体系来培养大家的良好习惯。

（五）积极赋能——融入管理、全员参与企业安全事务

通过多次召开"安全管理论坛"，米其林轮胎已经将员工反馈的安全信息通过小组讨论、头脑风暴，最终利用团队协作和现有知识的力量，使得员工的想法实际应用到了安全环境的改造中。

企业文化是企业管理的源头，安全文化是安全管理的灵魂。只有持续、稳定、安全的生产环境，才能保障工厂生产出性质稳定、品质优异的产品，才能确保米其林轮胎始终一致的服务理念，永久致力于使用持续改进的方法。

二、安全晴雨表（Safety Barometer）的实践应用

米其林轮胎安全文化联盟在历经多年的精耕细作之后，引进了米其林集团提出的安全晴雨表的评

估方式。它是 PDCA 过程中检查步骤的一部分,对于评估安全文化建设所取得的成绩、制定下一步的工作方法至关重要。

米其林集团根据杜邦提出的安全文化建设需要历经:本能(Instincts)、监督检查(Survey)、个体(Personal)、团队(Team)4 个阶段,认为可以通过大量的访谈收集安全文化建设过程中真实的事情,最终以安全晴雨表的评估方式评估安全文化建设所处的阶段。

安全晴雨表的评估方式认为,对丁安全文化建设来说,最重要的是互动环节。因此设计了布雷德利曲线来评估安全文化建设的程度(图 1)。

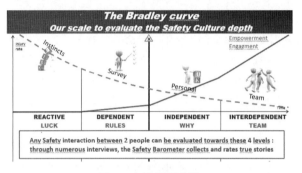

图 1　布雷德利曲线

同时,也认为安全晴雨表是 PDCA 过程中检查步骤的一部分,可用于持续改进安全文化,安全晴雨表和其他方法也可能是互补的。

安全晴雨表认为"安全文化"是一种思维方式和工作方法的结合,当涉及控制与其活动相关的重大的风险时,所有成员都将共同享有安全文化建设带来的福利,同时安全文化也是在人与人的不断互动中逐渐形成并发展起来的。基于此,公司设计了安全互动访谈的内容,构建了安全晴雨表的评估模型。

2023 年 7 月,米其林轮胎完成了安全文化建设,首次引入安全晴雨表的评估,评估结果显示,公司目前安全文化建设阶段和预期相符。

三、结语

米其林轮胎通过多年来安全文化建设的实践积累,引入了集团安全晴雨表的评估方法,最终完成公司安全文化建设成果的阶段性评估,在评估安全文化建设推进成果的同时也为公司制定下一步工作计划提供了数据支持。

贯彻总体国家安全观实践安全文化
科学运用"四个法宝"坚决摒弃"三种现象"

宁波机场集团有限公司　刘　杰　单建平　陈羽迪

摘　要："增强忧患意识，做到居安思危，是我们治党治国必须始终坚持的一个重大原则，"习近平总书记在《坚持总体国家安全观，走中国特色国家安全道路》一文中如是说。航空安全是国家战略和国家安全的重要组成部分，是民航业的生命线，民航人在贯彻总体国家安全观时更要有忧患意识和时时放不下的危机感、使命感。坚决守住航空安全底线不能是一句空话，关键是要融入民航安全文化当中去，落实到民航"强三基"工作当中去，特别是班组是民航安全生产最基层的组织，其对安全文化的认知度、安全风险的判断力、安全工作的执行力在很大程度上决定着航空安全管理的成败。"轻者重之端，小者大之源"，在航空安全管理实践中，民航人要坚决避免"三种不良现象"，科学运用安全管理"四个工作法宝"，牢牢把握住航空安全工作的主动权。

关键词：航空安全；不良现象；安全法宝；系统文化

一、现象之一"走过场"

落实上级精神没有抓手问题，有的基层管理者把上级文件或会议要求传达到就算落实，员工签过字就认为他们已学习掌握。究其原因，有的是缺少解码输出能力，不知道如何结合实际开展工作，有的却是对安全管理不过脑不走心，或者图省事怕麻烦。比如，上级要求举办一次安全竞赛，基层一线开展的情况往往千差万别，有的竞赛活动犹如蜻蜓点水、挥一挥衣袖不带走一丝云彩，有的却能点到要穴、振奋团队争先精神，两者差距就在于对待安全管理的态度和锤炼安全基础的定力。

风起于青萍之末，而风险往往发端于基础不牢、麻痹大意。国际民航界有这样一个案例：一个金属条毁了世界上飞行最快的客机。2000 年 7 月 25 日，巴黎戴高乐机场，法航协和飞机在做起飞准备时，一架美国 DC-10 飞机恰好从跑道经过，它的一个钛合金耐磨条脱落在了跑道上。协和飞机在跑道上准备起飞滑行时，轮胎正好压到了金属条导致轮胎爆裂，轮胎碎片高速射向机翼的油缸导致起火，从而酿成了这起惨痛的空难，机上 100 名乘客 9 名机组人员全部罹难，地面 4 人死亡；最终，被誉为史上最快的协和超音速客机也彻底退出了航空市场。根据事后的调查报告，其中一个重要原因是：在这起事故之前，协和飞机曾经历过几十次轮胎故障，但法航几乎没有采取任何措施来强化协和飞机的起落架，也没有避免其精密的三角翼免受高速弹片的影响。而海恩法则告诉我们：事故的发生是量的积累的结果；再好的技术、再完美的规章也无法取代人自身的素质和责任心。因此，必须让全员认识到"强三基"是民航抓安全工作的牛鼻子，是用最经济的成本实现民航可持续发展的手段，而漠视这项工作必将付出更昂贵、更沉重的代价。

二、现象之二"灯下黑"

组织内部缺少向内找问题的勇气。有的同志很擅长向外吹哨，而一旦涉及自身或本单位、本部门就杳无声息了。我们知道风险排查的重心和落脚点在体系内，从自身最熟悉、最密切、最关注的事物中发现问题的概率更大，体系内的问题解决后组织收获的价值更高。然而现实中，有的同志一旦涉及内部隐患问题就讳莫如深，其原因恐怕有这三种。一是碍于情面或随大流心态，主观上有畏难情绪；二是感觉资源不足或缺少机制，没有好的解决方案，客观上阻力大；三是怕多做多错，反而被考核追责，心里盘算着小账。因此，我们需要营造一种人人愿意吹哨、轻松吹哨的和谐氛围，形成一种善于自我革新、敢于创新的良好机制，让更多的管理者愿意鼓励员工向内吹哨,当好一线安全风险的守望者。

三、现象之三"孤岛化"

组织内没有导入全局观念和系统化思维,安全工作落实中只管自己"门前雪",不管他人"瓦上霜"。这种"孤岛化"的做法很不可取;且不说我们所在的组织横向、纵向都有安全管理的边界点需要协同配合,就算是仅从风险排查"人、机、料、法、环"5个关键要素而言,每个要素都不是孤立的、静态的,这样片面的风险排查就如隔靴搔痒,很容易拿不准重点、达不成目标。有这么一个小故事。一天,路人甲看到空地上有两个人,一个人在前面挖坑,另一个人在后面就把坑填平,两个人一直在重复着这样的动作。于是他上前去问:"请问,你们两个人在做什么呀?"其中一个回答:"我们在栽树啊。"路人甲摸不着头脑,"奇怪,这里连树都没有怎么说是在栽树呢?"那人略带尴尬地解释:"我们栽树本来是三个人,一个是负责挖坑的,一个是负责放树的,一个是负责培土的,今天负责放树的人请假了,而我们又必须按时把自己的工作完成。""原来是这样!"路人甲这才恍然大悟。从这个小故事里我们可以看到基层一线只强调各负其责有多可怕,明确安全目标的统一性,加强信息共享、团队协作有多重要。

四、运用"四个法宝"避免三种不良现象

这三种不良现象一定程度上反映了我们民航从业者在航空安全管理过程中认识问题、分析问题、解决问题存在的误区,对此,我们绝不能听之任之、熟视无睹。在多年的安全管理实践过程中我们逐渐认识到:安全管理一定要坚持系统思维和与时俱进的观念,安全观的更新不能靠"打补丁",更需要管理思维"版本升级"。因此,在新时代我们要深入贯彻总体国家安全观,认识到维护航空安全是全方位的工作,必须科学统筹、协调推进;学深悟透原理和内涵,并贯穿于航空安全管理全过程,业精于勤而达到"日用而不觉"的境界,因此,我们要善于运用"四个工作法宝",以此解决"三种不良现象"。

第一个法宝——"巧宣传"。要做好总体国家安全观的宣传教育,学习其系统思维和方法论,牢固树立安全发展文化,以科学、先进的理论指导基层安全工作。但这种宣传不能是刻板、机械地照本宣科,而是需要紧紧结合安全工作的实际,用员工喜闻乐见、潜移默化的方式,使之认可、接受、运用,做到"教化于无形,润物于无声"。

第二个法宝——"强三基"。要以抓铁有痕、踏石留印的韧劲和干劲抓好"强三基"工作,加强制度体系和规范体系建设,加强动态可控的风险管理机制建设,加强"点、线、面"清晰的监察网络建设,加强人人参与的安全吹哨文化建设,压紧压实基层安全责任,杜绝走过场、一阵风的现象,真正建立起安全长效机制。

第三个法宝——"促协同"。大力弘扬协同意识,统筹好整体安全和局部安全,促进系统内各要素的密切联系,加强信息共享和资源协调机制,通过协同协作织紧织密安全网,不但要防住"灰犀牛",也要避免"黑天鹅"。宁波机场正是通过打造驻场机务之间的安全协同机制,经过两年的"三联二同"建设,尝到了安全效益的甜头,补强补齐了基层安全短板。

第四个法宝——"塑文化"。积极营造敬业诚信、创新守正的安全文化,着力弘扬工匠精神,大力倡导诚信自律作风,不断鼓励改革创新,努力践行"生命至上、安全第一、遵章履责、崇严求实"的新时代民航安全文化核心价值理念,在安全生产的征途上笃行致远,惟实励新。

习近平总书记在接见川航英雄机组时指出,"伟大出自平凡,英雄来自人民。把每一项工作做好就是不平凡"。记得一位安全飞行43载的民航"功勋飞行员"在执飞最后一个航班回顾职业生涯时感叹道,"春天扛大风,夏天扛雷雨,秋天低能见,冬天冰雪霜",这就是民航基层安全生产工作的真实写照。我们认为,如果没有深入人心的安全文化、没有扎实有效的安全管理、没有如履薄冰的严谨态度、没有精益求精的工匠精神,他是无法做到一辈子安全飞行,成就功勋的。我们要秉承"忠诚担当的政治品格,严谨科学的专业精神、团结协作的工作作风、敬业奉献的职业操守"的当代民航精神,在安全生产的漫漫征途上重装出发,将民航精神薪火相传。

浅谈安全文化建设与企业高质量发展的关系

中化学交通建设集团有限公司　陈先强

摘　要：安全是人类最重要、最基本的需求，是人民生命与健康的基本保证，一切生活、生产活动都源于生命的存在。安全也是民生之本、和谐之基，如果失去了生命，生活也就失去了意义。安全生产是企业发展的重要保障，只有抓好自身安全工作，才能为企业创造良好的发展环境。安全文化是全体员工安全价值观和安全行为准则的总和，对企业安全生产工作具有导向、教育、凝聚、规范作用。深入开展安全文化建设，对培育员工安全价值观，增强员工安全意识与素质，夯实安全生产基础，推动企业高质量发展具有重要意义。企业要以促进安全生产主体责任落实、增强全员安全意识和提高员工防范技能为重点，突出事故预防、提高风险控制能力，推进安全文化理论和建设手段创新，不断提高安全文化建设水平。

关键词：安全文化；企业高质量；发展；关系

党的十八大以来，习近平总书记站在党和国家发展全局的战略高度，对安全生产发表了一系列重要讲话，作出了一系列重要指示批示，深刻回答了如何认识安全生产、如何抓好安全生产等重大理论和实践问题。

一、习近平总书记安全生产重要论述

（一）关于必须牢固树立安全发展理念的论述

习近平总书记指出："各级党委和政府、各级领导干部要牢固树立安全发展理念，始终把人民群众生命安全放在第一位，牢牢树立发展不能以牺牲人的生命为代价这个观念。这个观念一定要非常明确、非常强烈、非常坚定。"并强调"这必须作为一条不可逾越的红线。""不能要带血的生产总值。"

习近平总书记的重要论述深刻阐释了安全发展的重要性，告诫我们必须始终坚持以人民为中心，坚持生命至上、安全第一，切实把安全作为发展的前提、基础和保障。

（二）关于必须建立健全最严格的安全生产责任体系的论述

习近平总书记指出："坚持最严格的安全生产制度，什么是最严格？就是要落实责任。要把安全责任落实到岗位、落实到人头。"

在地方党委和政府领导责任方面，习近平总书记指出："安全生产工作，不仅政府要抓，党委也要抓……党政一把手要亲力亲为、亲自动手抓。""健全党政同责、一岗双责、齐抓共管、失职追责的安全生产责任体系。""各级党委和政府要切实承担起'促一方发展，保一方平安'的政治责任。"

在部门监管责任方面，习近平总书记指出："坚持管行业必须管安全、管业务必须管安全、管生产必须管安全。""强化安全监管部门综合监管责任，严格落实行业主管部门监管责任……"

在企业主体责任方面，习近平总书记指出："所有企业都必须认真履行安全生产主体责任，做到安全投入到位、安全培训到位、基础管理到位、应急救援到位，确保安全生产。""中央企业要带好头做表率。中央企业一定要提高管理水平，给全国企业做标杆。"

习近平总书记的重要论述要求，无论是地方党委还是政府，无论是综合监管部门还是行业主管部门，无论是中央企业还是其他生产经营单位，都必须把安全生产责任牢牢扛在肩上，丝毫不能动摇，一刻不能放松。要构建全方位的安全生产责任体系，使领导责任、监管责任、主体责任明确到位，从不同角度抓严抓实。

（三）关于必须深化安全生产领域改革的论述

习近平总书记指出："推进安全生产领域改革发展，关键是要作出制度性安排……""这涉及安全生产理念、制度、体制、机制、管理手段改革创新。"

习近平总书记的重要论述，既有安全生产改革的总体要求，也有具体化的针对性要求，各地区、各部门都要从安全监管最薄弱环节着手，查漏洞、补短板，不断推进安全生产创新发展。

（四）关于必须强化依法治理安全生产的论述

习近平总书记指出："必须强化依法治理，用法治思维和法治手段解决安全生产问题。要坚持依法治理，加快安全生产相关法律法规制定修订，加强安全生产监管执法，强化基层监管力量，着力提高安全生产法治化水平。这是最根本的举措。"

深刻领会总书记的重要论述，要认识到，没有安全生产的法治化就没有安全生产治理体系和治理能力的现代化。只有建立完善的安全生产法治体系，采取严格的法治措施，才能从根本上消除对安全生产造成重大影响的非法违法行为等顽症痼疾，才能真正实现安全生产形势的持续稳定好转。

（五）关于必须依靠科技创新提升安全生产水平的论述

习近平总书记指出："解决深层次矛盾和问题，根本出路就在于创新，关键要靠科技力量。""在煤矿、危化品、道路运输等方面抓紧规划实施一批生命防护工程，积极研发应用一批先进安防技术，切实提高安全发展水平。"

习近平总书记的重要论述要求我们必须把科技兴安摆在更加重要的位置，大力提高科技创新能力，提高安全生产本质化水平。

（六）关于必须加强安全生产源头治理的论述

习近平总书记指出："要坚持标本兼治，坚持关口前移，加强日常防范，加强源头治理、前端处理……""要站在人民群众的角度想问题，把重大风险隐患当成事故来对待……""宁防十次空，不放一次松。"

习近平总书记的重要论述深刻揭示了安全生产的内在规律，要求我们必须从源头上管控风险、消除隐患，防止风险演变、隐患升级而导致事故发生。

（七）关于必须完善安全生产应急救援体系的论述

习近平总书记指出："要认真组织研究应急救援规律。""提高应急处置能力，强化处突力量建设，确保一旦有事，能够拉得出、用得上、控得住。""最大限度减少人员伤亡和财产损失。"

习近平总书记的重要论述要求我们必须始终把做好应急救援工作作为安全生产工作的重要内容，持之以恒加强应急能力建设，为人民生命财产安全把好最后一道防线。

（八）关于必须强化安全生产责任追究的论述

习近平总书记指出："追责不要姑息迁就。一个领导干部失职追责，撤了职，看来可惜，但我们更要珍惜的是不幸遇难的几十条、几百条活生生的生命！""对责任单位和责任人要打到疼处、痛处，让他们真正痛定思痛、痛改前非，有效防止悲剧重演。"

习近平总书记的重要论述振聋发聩，警示各级领导干部一定要以对党和人民高度负责的态度，时刻把人民群众生命财产放在第一位，对发生的事故要汲取血的教训，及时改进制度措施，毫不松懈，一抓到底。

（九）关于对安全生产必须警钟长鸣、常抓不懈的论述

习近平总书记指出："安全生产必须警钟长鸣、常抓不懈，丝毫放松不得，每一个方面、每一个部门、每一个企业都放松不得，否则就会给国家和人民带来不可挽回的损失。""对安全生产工作，有的东一榔头西一棒子，想抓就抓，高兴了就抓一下，紧锣密鼓。过些日子，又三天打鱼两天晒网，一曝十寒。这样是不行的。要建立长效机制，坚持常、长二字，经常、长期抓下去。"

习近平总书记的重要论述要求我们必须充分认识安全生产工作的艰巨性、复杂性、突发性、长期性，任何时候都不能掉以轻心，要兢兢业业做好安全生产各项工作。

（十）关于加强安全监管监察干部队伍建设的论述

习近平总书记指出："党的十八大以来，安全监管监察部门广大干部职工贯彻安全发展理念，甘于奉献、扎实工作，为预防生产安全事故作出了重要贡献。"强调要"加强基层安全监管执法队伍建设，制定权力清单和责任清单，督促落实到位"。

习近平总书记的重要论述，充分肯定了安全监管监察干部队伍付出的艰辛努力，同时要求我们进一步加强干部队伍建设，规范执法行为，强化责任担当。

习近平总书记关于安全生产的重要思想内容丰富，是习近平新时代中国特色社会主义思想的重要组成部分。把总书记关于安全生产的重要思想坚决贯彻到各项工作中，既是做好安全生产工作的基本

经验，也是推进安全生产工作的根本遵循。

二、做好安全管理对企业高质量发展的重要意义

安全管理是企业生产管理的重要组成部分，与企业其他方面的管理密切联系、互相影响、互相促进。搞好安全管理，有助于改进企业管理，全面推进企业各方面工作的进步，促进企业经济效益的提高。

（一）保障劳动者的人身安全

每个企业的发展都需要劳动者，离开了劳动者，企业便无法正常发展。很多劳动者自身缺乏安全意识，但是企业领导者不能缺乏安全意识，只有企业加强安全管理建设，才能使劳动者的人身安全得到保障。

（二）树立企业形象

企业安全管理的目的就是提高生产，同时又不会造成安全事故。一个出过安全事故的企业，不管在劳动者还是消费者的心中都是没有可信度的。所以，只有加强企业的安全管理，才能树立良好的企业形象，从而赢得市场。

（三）有利于促进生产

一个企业想要提高生产能力，安全问题就是重中之重。如果不具备安全管理条件，企业生产就不能顺利进行。企业想要顺利生产，就要不断更新安全技术，把安全事故的发生扼杀在摇篮中。

（四）提高企业经济效益

企业成立的最终目的就是盈利，而想要盈利就必须确保安全第一。安全事故的发生不仅会使企业承担相应的赔偿，也极大程度降低了生产率。如果加强了安全管理，减少安全事故的发生，生产效率得到提高，效益自然也增加了。

三、如何做好企业安全管理

安全无小事，责任重于山，安全工作越来越被社会关注人民关心、国家重视。安全关乎社会稳定，关乎家庭幸福，关乎人民生命财产安全。对于企业而言，安全就是生命，安全就是效益，安全就是稳定，安全是企业的永恒主题。抓好安全生产工作，是每个企业的责任。企业是生产经营活动的主体，也是安全生产工作责任的直接承担主体。企业在生产经营活动的全过程中，必须按照安全生产相关法律法规履行的义务承担的责任，否则接受未尽责的追究。要做好企业的安全管理工作，重点做好以下几项工作。

（一）强化责任落实

法定代表人是安全生产的第一责任人，对安全生产负全面的领导责任，分管领导负具体的领导责任。

要强化安全生产的主动意识，由过去被动抓安全变为自我主动抓安全，牢固树立"以人为本、安全第一"的安全生产理念，充分认识企业的安全主体责任，建立纵向到底、横向到边的各类人员的岗位责任制，从高层管理人员到项目经理人员、现场操作人员，把安全责任落实到生产过程的每一个岗位和每一个环节，形成人人抓安全的局面。

企业各级安全管理机构要认真履行其监管职责，项目经理是施工现场安全的第一责任人，是落实主体责任的具体组织者，项目技术负责人、工长和安全员是施工现场安全措施的制定者，对作业人员进行安全技术交底。必须充分调动广大职工的积极性、主动性和创造性，发动广大职工参与现场管理，控制自身不安全行为，减少人为失误。

（二）加强安全教育培训和培训

人是安全生产的主体，人的不安全行为是事故发生的最大隐患，只有加强对人的安全教育，不断强化人的安全意识，提高人的安全文化素质，增强人的防范意识，规范从业人员的安全行为，才能筑起牢固的安全生产的思想防线。

企业领导要增强做好安全工作的责任感、紧迫感，切实负起责任，把"安全第一、预防为主、综合治理"的方针真正落到实处。

根据施工特点进行安全教育，针对不同工种和不同部位，告知员工本岗位存在哪些危险及危害因素，如何消除隐患，控制不安全行为，减少人为失误。

（三）建立健全安全管理机构、配齐配强安全管理人员

企业应严格按照《安全生产法》的规定，按要求设置专兼职安全管理机构，配齐配强专兼职专职安全管理人员。

（四）强化施工现场管理

1. 全面检查

企业生产施工现场是动态的，要结合施工现场环境、合理布置施工设备、确保机械设备安全运行，确保各项安全防护和用电设施到位，做到施工标牌化、材料堆放标准化、安全标志规范化、环境防治

意识化、作业过程有序化，对施工机具和人的各种不安全行为进行全面检查，及时发现设备隐患，及时整改，认真排除物的不安全状态。

2. 整改问题

对于检查出的问题，必须按照"三定"原则（定人、定时、定措施）进行整改，及时消除事故隐患。

（五）加大安全投入力度

1. 为新设备做好配套

安全投入是预防事故的有力保障，安全投入减少，导致安全技术装备、防护设施不能到位，不安全因素不能及时消除，极易诱发安全生产事故的发生。因此，要预防和杜绝事故的发生，就必须持续有效地进行安全投入，购买新设备时，必须同时购买与其配套的安全防护装置，必须对安全设备进行经常性的维护、保养，并定期检测，使之处于良好的技术状态。

2. 维护、保养、检测应当做好记录

在有较大危险因素的生产经营场所和有关设施、设备上，设置明显的安全警示标志，提醒操作人员对不安全因素的注意，预防事故的发生。

3. 提供劳动防护用品

为员工提供符合国家标准或者行业标准的劳动防护用品，并监管教育从业人员按照使用规则佩戴、使用。

4. 参加工伤保险

工伤保险是劳动安全的"保护伞"，企业要依法参加工伤保险，保障员工的合法权益。

（六）加强部门间的协调配合

安全生产工作是涉及企业各个部门和各个生产环节的系统工程，安全不单是哪一个部门的工作，单靠某个部门的努力是绝对不行的。这就要求各部门结合自身工作性质，在履行好自身职能的基础上，加强协调配合，形成合力。例如，安全培训作为提高员工安全素质的手段，是一项涉及面广而又复杂的工作，不可能也不应该由人力资源部单独完成，如果将安全工作看作某个部门的事情，那么安全工作肯定做不好。

（七）严格奖惩，增强员工爱岗敬业的责任心

安全生产同时建立奖罚机制，目的在于奖勤罚懒、奖优罚劣，对那些提出重要建议、消除事故隐患、避免重大事故发生的员工，要给予奖励，尤其对那些认认真真、任劳任怨，在工地上正确履行安全生产监督、管理责任的专兼职安全员，要给予必要

的激励和奖励，使他们在安全管理的岗位干得更踏实、更有干劲。

四、安全文化体系建设

安全文化建设是系统工程，需要经过长期积累。要把安全文化理念用制度固定下来，促进安全文化建设与创建"无违章班组"、班组标准化建设、"班组文化样板间"创建等结合起来，固化于制，形成合力。

（一）形成以安全文化为导向的理论体系

要提炼总结安全文化理念、安全发展目标、安全文化宣传用语、安全格言警语警句、员工安全行为规范、安全常识、典型事故案例等并制成企业安全文化手册。各部门、班组要在加强企业安全文化核心理念学习宣贯的基础上，逐级制定相应的安全文化建设实施方案，将安全文化理念自觉融入安全管理工作中去，推动安全文化落地生根、开花结果，使员工的安全意识和安全行为实现从"要我安全""我要安全"到"我能安全""我会安全"的转变。

（二）形成与文化理念相统一的实践体系

通过强化制度建设、反违章管理、应急管理、重大危险源管控、两票管理、安全教育培训、双防机制建设等将安全文化建设与安全生产各项工作有机结合。

五、结语

安全是生产的灵魂，而安全文化是安全生产的灵魂。加强安全文化建设，营造良好的安全文化氛围，是企业预防事故，提升安全生产管理水平的重要基础保障；是落实国家、上级公司决策部署，提高企业对外形象的必然要求；同时也是增强员工获得感、幸福感、安全感，构建安全共同体的重要举措。建设安全文化，可以使安全成为全体员工共同遵守的自觉行为。在安全文化凝聚和感召下，一定能激发员工为企业安全生产和高质量发展作出更大的贡献。

参考文献

［1］王刚. 在安全生产中履职尽责[J]. 党建文汇（上半月），2017(7)：21-21.

［2］纪明辉，贾金朋，詹贤周. 安全生产工作履职尽责与减责免责的思考[J]. 南水利与南水北调，2022，51(02)：86-87.

［3］姜华. 浅谈安全生产的重要意义及如何实现安全生产[J]. 石油石化物资采购，2020，15:109.

创建特色安全文化 共建地铁运营安全

广州地铁集团有限公司 张 平 邵灌康 肖特锋 黄 海 林 森

摘 要：安全文化是构建企业安全管理的重要部分，随着城市轨道交通线网运营规模的不断扩大，安全管理难度不断加大，企业安全文化的建设更具重要性。本文以广州地铁为例，通过分析目前广州地铁安全文化建设面临的安全意识、责任分解、措施落地等方面问题，提出建立符合实际的安全文化理念、完善全员全岗位安全责任体系、创新措施落地保障机制、传递延伸安全文明等安全文化建设措施。以上措施在广州地铁的实践中，保障了广州地铁集团有限公司（以下简称广州地铁集团）荣获广州市"安全文化建设示范企业"等称号，对城市轨道交通企业的安全文化建设具有一定借鉴意义。

关键词：安全文化理念；安全责任体系；不安全行为；安全警示录

一、引言

当前各地的城市轨道交通建设正在大规模飞速发展，运营线网不断扩大，客运量持续上升，这些都给安全生产带来极大挑战。以广州地铁为例，其日均千万客流已成常态，保障客运组织有序和防踩踏工作形势严峻。另外，轨道交通运营涉及的系统设备专业广泛、数量众多，各系统设备相互联系，设备设施操作和维护难度大，微小的误动作或小故障均有可能带来大面积的晚点，影响轨道交通运营。城市轨道交通客流集中、技术密集、运行环境复杂，特别是在地下空间封闭运行，安全应急处置难度极大。解决这些问题，考验的是企业的安全管理能力，依靠的是全体员工和相关人员的共同努力，共同创建良好的安全文化氛围。一直以来，广州地铁都将安全生产放在各项工作首位，坚持以文化引领安全生产各项工作，确立了"让安全成为习惯"的安全理念，并通过各项安全文化传播渠道，建设富有特色、深入人心的企业安全文化，强化广州地铁集团全员和社会相关人士的文化认同，保障安全生产水平持续提升。

二、地铁安全文化主要问题分析

（一）安全措施落实存在打折现象

个别人员安全意识淡薄，不按安全生产制度落实岗位职责，工作中图省事，怕麻烦，故意简化流程，不按既定工艺、规程要求作业。个别现场管理人员对违章行为、现场隐患问题见怪不怪，麻痹大意，不主动、积极地支纠正不良现场。当前，施工、委外维修等合作企业的责任心相对较低，人员流动性大，而现有的监管、约束手段有限，导致对已明确的安全管理要求落实不到位、打折扣，特别是未按施工方案施工的现象多发。例如，部分委外人员不熟悉地铁公司检修规程，作业仅凭经验，不按规范流程作业，甚至发生因检修失误操作导致的设备故障；部分委外的安检员责任心不强、未严格执行安检规定，存在违禁品漏检等情况。

（二）安全管理标准化程度不高

从披露的安全事件调查来看，风险排查辨识不到位的现象时有发生，风险防控措施存在欠缺。对现场安全隐患不够重视、隐患整治不彻底，造成部分隐患重复出现。现场安全标准化程度不高，作业人员安全技术交底、风险告知书、明白卡等时常未根据作业工种和班组来制定，缺乏针对性。设备检修和验收标准还需持续完善，现场部分作业可能缺少明确的制度指引。

（三）调动外单位力量的手段不足

城市轨道交通既有结构广泛分布，单靠运营企业巡查管控难以全面实施保护，必须进一步完善全社会群防群治治理机制，强化设施保护的网格化管理，加大对违规施工的处罚力度。对外部环境的隐患整治力度仍须加大，如防范台风天气周边异物侵入城市轨道交通线路轨行区的力度不足，必须调动多方力量，主动消除隐患。在突发事件应急处置过程中，如涉及外部洪涝灾害治理、地面突发大客流组织等，都需要运营单位以外的多方组织协调，调动外单位力量的手段仍需加强。

三、安全文化建设措施创新与实践

（一）建立符合自身特色的安全文化理念

安全文化是城市轨道交通企业安全管理体系建设的一部分。工作人员的安全素质，必须靠企业的安全文化进行培育。各企业应根据所处行业特点和企业实际，树立安全文化理念，统一全司的安全文化。广州地铁集团自2006年起就建立了以"阳光文化"为主线的企业文化，确立了"致力成为城市轨道交通行业典范"的企业愿景和"让安全成为习惯"的安全理念，并提炼出"三铁""四个凡事""五个零宽容""安全六件事""事故十防"等一系列具有轨道交通特色的安全管理理念，丰富了安全文化内涵。通过建立统一的安全文化理念，并进行大力传播、系统灌输，真正唤醒管理者、员工和相关方对安全和职业健康的意识，从而从根本上提高了员工对安全的认识。让各方的安全行为统一，才能形成巨大的安全工作合力。

（二）保障安全文化在内部落地践行

1. 开展安全生产标准化建设

主动参与城市轨道交通行业安全生产标准规范的编制，并根据法律法规、行业标准和公司实际，建立健全符合本单位实际的安全规章制度体系。对照《企业安全生产标准化基本规范》《安全文化建设示范企业评价标准》《职业健康安全管理体系》ISO45001等标准，大力开展达标建设，如创建安全标准化分部，打造标准化标杆班组，建立做好合规性自查自纠，提高安全标准化水平。

2. 织密安全责任网络

一是梳理明确公司各单位安全管理层级、各下属部门安全管理的职责分工和管理界面。逐级签订安全责任书，建立全员全岗位安全责任清单，并将清单履职情况纳入岗位安全绩效评价指标。二是对各单位年度安全管理工作目标完成情况，实行季度综合预警和年度工作考评。三是建立对合作企业的质量安全考核评分管理办法、不诚信行为管理规范等，明确安全考评、奖励、惩处标准，切实调动合作企业安全履职的积极性。对发生的事故事件，严格按照"四不放过"原则，落实"从速从严"的要求，开展事故事件调查处理。

3. 创新安全监督管理

建立《员工安全质量违章记分实施办法》，推广违章记分制度，以类似于驾照记分的管理模式，规定在一个季度内每位员工的安全质量基础分为12分。根据周期内的计分情况，分档发放安全绩效奖励。建立主动报告制度，搭建安全隐患信息直报平台系统，员工发现隐患可及时上报，管理者对表现良好的员工给予奖励。通过评选年度"安全突出个人""优秀安全管理人员""安全之星""安全标兵""安全月度之星"等一系列措施，激励员工发现隐患问题主动报告，并通过采取适当的预防措施，防止安全事件的发生。

4. 丰富安全活动，营造安全文化氛围

通过布置安全警示标志及"安全文化廊""安全角"等设施，营造安全文化氛围。利用征文活动、书画展、安全知识竞赛、安全生产实操比武等方式，提高全员参与安全管理的趣味性、积极性。定期征集安全生产合理化建议，鼓励员工主动提出安全工作建议，增强员工对安全生产的主人翁意识。

5. 开展员工安全培训，增强安全意识

建立城轨云学习平台，每年组织各主要负责人、安全管理人员进行安全培训，每月组织全员开展安全知识在线学习和考试。向员工发放安全手册，告知安全制度和操作规程等关键信息，并简短附上安全标语、安全警句，强化提醒。创建"班组安全活动日"，搭建基层工班安全文化交流平台，由质量、安全管理员及工班长定期集中讲授安全知识、事件案例、现场风险隐患等。编制员工《工班安全警示录》成果表，列举工班作业可能发生的人的不安全行为，物的不安全状态、管理、环境等，并明确防范措施。

（三）广泛传播延伸安全文化

1. 开展活动，多维度传递地铁安全文明

以安全宣传进企业、进农村、进社区、进校园、进家庭"五进"为平台，广泛宣传地铁安全乘车知识，增强社会安全文明意识。大力开展"安全生产月""消防月""下午茶"等活动，组织"市民走进地铁感受安全"。借助媒体宣传安全，制作《走进地铁，感受安全》《地铁线上》等各类安全宣传片，并通过企业网站、微博、微信等媒体强化宣传报道，提高乘客对城市轨道交通安全的认知度。

2. 开展合作，促进安全文化交流

开展"警站共建""消防共建""属地共建"等各类共建活动，促进轨道交通企业与各方的安全文化交流。通过完善联动机制、落实安全防范措施、

组织联合检查演练等活动，促进相互理解、交流与合作。定期与商铺、地铁周边街道、社区等召开安全联席会，组织他们参加各种安全演练，使他们的安全理念与城市轨道交通企业保持一致，安全知识和应急技能与本单位员工同步提高。

四、结语

安全文化是安全管理的灵魂。安全文化理念对人的影响是深层次的，安全文化的氛围一旦形成，员工自觉遵守安全规章将逐渐成为一种潜意识的行为。只有大力开展安全文化建设，让各相关方把安全当成一种行为习惯，将自觉遵守安全规章制度形成一种潜意识的行为，真正做到"要我安全、我要安全、我懂安全"，才能促进城市轨道交通企业的健康和谐发展。各城市轨道交通企业应当坚持"安全第一，预防为主，综合治理"的工作方针，以为广大市民提供安全快捷的出行服务作为首要任务，进一步强化具有本单位特色的安全文化理念，并大力开展传播践行，真正将城市轨道交通打造成为城市的民生工程。

参考文献

［1］吴穹.安全管理学［M］.北京：煤炭工业出版社，2002.

［2］于谷顺.安全生产管理知识［M］.北京：中国电力出版社，2008.

［3］吴宗之.重大危险源的辨识与控制［M］.北京：冶金工业出版社，2001.

抓实"三四五"举措
打造县公司特色安全文化阵地

国网青海省电力公司乌兰县供电公司　罗昌荣

摘　要： 国网青海省电力公司乌兰县供电公司（以下简称乌兰公司）在落实国家电网公司有限安全文化建设要求过程中，关注安全文化建设中的热点和难点问题，发挥党员服务队优势，鼓励青年员工积极创新，不断探索日常和安全文化之间相互依存、相互促进的内在规律，以"党建＋安全"为切入点，围绕茶卡供电所所在的旅游小镇的地方特色，在安全文化建设过程中，用"三个保障、四个动作、五个作品"打造安全文化阵地，树立安全标杆，营造良好的安全文化氛围，研究开展符合本单位特色安全文化的相关活动，推动安全文化建设在公司安全管理过程中发挥作用，以安全文化为引领，教育和引导干部职工牢固树立安全责任意识、厚植安全发展理念。

关键词： 安全文化；创新；供电所；党建＋

一、背景

近年来，国家电网有限公司（以下简称国网公司）各级单位深入系统学习习近平总书记关于安全生产的重要论述和重要指示批示精神，坚持安全第一、预防为主，深化安全文化建设，夯实安全生产基础，全力确保电网安全稳定运行和公司安全稳定局面。乌兰公司以习近平新时代中国特色社会主义思想为指导，认真贯彻落实党中央、国务院、上级单位关于安全生产的决策部署，围绕公司安全发展规划和安全生产实际，以国网公司"十大安全理念"为主要内容，充分发挥党员服务队的优势，组织公司青年员工发挥创新能力，结合"党建＋安全"项目载体化，研究制定了"三个保障、四个动作、五个作品"的工作内容，形成覆盖各层级、各专业的单位特色安全文化，进一步强化全员安全意识，培养干部职工敬畏安全、遵守安全、确保安全的习惯自觉。

二、主要思路和做法

充分发挥党员服务队优势，实施"党建＋安全"工程，在共产党员服务队建设中突出党支部的战斗堡垒作用和党员的示范引领作用，实现党建引领带动安全文化建设的效能发挥。

（一）发挥党员优势，营造安全氛围，为安全文化建设提供三个保障

针对乌兰公司实际情况，乌兰公司党支部研究讨论"党建＋安全"项目载体化推进方案，以"党建＋安全"为切入点，强化"三个保障"，推动党建引领在安全文化建设过程中的作用发挥。

1. 强化政治保障

在学习贯彻党的二十大精神中领会安全文化要义，支部将学习贯彻党的二十大精神作为引领公司安全发展的重要抓手，通过支部三会一课、座谈会、安全日活动等方式，研究学习安全生产的文件精神，研究讨论符合公司自身安全文化建设的工作内容，制定相关工作措施，做到责任到人，切实维护安全文化建设有力有效，助推党建工作与中心工作深度融入融合。

2. 强化组织保障

乌兰公司党支部以"党建＋安全"为切入点，各部门积极领题，围绕安全生产中心任务，聚焦客户服务，制定"四个动作、五个作品"的工作内容，以实际成效营造安全文化氛围。支部从党员服务队中抽调技术骨干，针对作品原创设计难题，成立攻坚克难小分队，青年员工踊跃投入创新工作中，通过 App 制作、手绘、书法等形式，在学习中增强经验、在实干中提升能力。

3. 强化队伍保障

乌兰公司狠抓党员队伍建设，充分发挥党员示范作用，党员争先做表率、领难题，在用户设备安

全隐患排查等现场工作中，发挥骨干党员在团队中的带动作用（图1），同时，支部将工作中涌现出的优秀骨干吸收到党组织队伍中，不断提升党员队伍质量。

图1　国网青海电力三江源（海西乌兰）共产党员服务队对茶卡镇新村设备进行义诊

（二）强化思想引领，确保全员参与，扎实做好四个安全动作

在安全文化建设过程中，公司推行"人人拍隐患、人人会应急、人人讲安全、人人去义诊"四个安全动作，以开展四个安全动作保障安全文化建设工作扎实有力落地。

1. 人人拍隐患

乌兰公司组织人员制作安全隐患随手拍App，设置隐患内容、隐患地点、现场照片、联系人、联系电话5项填写内容，后台管理员汇总隐患记录后下发相关部室，部室根据实际情况录入公司系统流程进行处理，处理完成后及时在App中进行反馈。此项工作要求全员共同参与，每月按照汇总情况开展绩效考评，确保全员共同参与生产生活中的安全隐患排查，筑牢安全防线。

2. 人人会应急

公司组织全体人员开展地震、消防应急演练（图2），营造全员参与、全面提高的浓厚氛围，进一步提升自然灾害、火灾事故的预防预警和快速处置能力，同时前往县消防救援大队进行参观学习，邀请专业人士进行应急工作的知识讲授，确保人人懂应急常识，人人会基本操作。

3. 人人讲安全

乌兰公司组织开展"一把手"讲安全课活动，

同时每月随机抽取一名员工集中讲授安全课，每周的班组安全日活动要求一名员工开展微讲堂，组织安全管理人员分层级梳理安全课内容，制作各类安全文件、违章案例、隐患治理等内容的参考课件，确保全员当一次安全课讲师，加深个人对安全的感悟，强化全员安全思想，进一步增强安全意识。

图2　国网乌兰县供电公司组织开展消防应急演练

4. 人人助义诊

党员服务队开展"面对面"宣讲活动，走村串户为村民普及安全用电、节约用电知识，开展设备义诊活动，积极宣传电价政策。为赛纳新村电热炕清洁能源示范项目开展安全隐患义诊，教村民使用方法和安全用电注意事项。在茶卡镇积极对景区、酒店开展用户设备隐患排查，及时对排查问题汇总反馈，各部门配置专人对专变用户电力设备管理人员进行帮扶指导，确保供电可靠。前往天空之境景区发放原创茶卡旅游安全用电攻略，为游客讲解外出旅游及电动汽车充电注意事项。安排党员服务队为学校开设"第二课堂"，定期上安全教育课，宣传安全用电内容。

（三）组织青年创新，突出原创特色，设计制作五个安全文化作品

以国网公司"十大安全理念"及电力作业现场"十不干"等内容为主题，发挥乌兰公司青年员工的创新能力，在地处旅游小镇的茶卡供电所及充电站设计制作安全文化特色原创作品。

1. 一面安全文化墙

乌兰公司结合地域特点，选取茶卡供电所外墙制作安全文化墙，墙面面积共54.03平方米，内容为国网公司"十大安全理念"，在每条理念下方配以青年员工查找的与之相对应的古诗词，背景结合茶卡盐湖、莫河驼场、蒙古大营等元素，制作了一面35.63米长的安全文化墙，通过文化引安全，宣传安

全文化（图3）。

图3　国网乌兰县供电公司茶卡供电所安全文化墙

2. 一张安全文化海报

乌兰公司的青年员工根据电力作业现场"十不干"内容，以供电所为背景设计了"十不干"系列漫画，按照这十条内容生动地绘制了禁止作业的现场画面，排版后以海报形式张贴于安全文化宣传栏中，通过漫画讲安全，时刻提醒员工注重安全。

3. 一块安全文化作品展板

乌兰公司组织青年员工集思广益，发挥个人业余特长，收集员工安全文化书法、绘画作品，设置一块用于安全文化作品展览的展板，通过员工原创安全文化作品，营造安全文化氛围。

4. 一个安全文化宣传板

在茶卡镇自助充电站内，设置了一个安全文化宣传板，放置了针对外来游客住宿、游玩期间安全用电注意事项内容的宣传页，是为电动汽车用户进行安全文化的宣传。

5. 一份安全用电攻略

针对茶卡盐湖旅游特色，组织青年员工设计"安全用电攻略"，内容为外出旅游安全用电注意事项及自助充电操作指南，背部绘制茶卡镇导航图，方便游客在旅游期间使用，通过宣传旅行期间安全用电注意事项，展现公司注重安全文化建设的良好形象（图4）。

图4　国网乌兰县供电公司游客安全用电攻略

三、成效

（一）发挥党员示范作用，保障安全文化建设工作有力推进

乌兰公司党支部在安全文化建设推进过程中，立足党支部标准化建设及党员服务队工作要求，充分发挥党支部战斗堡垒作用和党员示范引领作用，党支部自身建设得到全面提升，以实际行动推动安全文化建设工作，为该项工作提供了全面的支持保障。通过加强节点管理和环节布控，支部工作得到了肯定，在公司范围内营造了浓厚的安全文化氛围，在对外宣传中发挥积极作用，架起与人民群众的"连心桥"，并得到了公司、政府和人民群众的充分肯定和高度赞扬。

（二）丰富安全活动载体，建设"以员工为主、为员工认同"的安全文化

通过完成四个安全动作，达到全体员工共同参与安全文化建设的目的，其间采取了很多员工的意见建议，形成了可复制、可推广的安全活动新模式。活动开展过程中，员工对隐患整治、应急处置、安全宣讲、用户义诊等方面的内容有了更深刻的理解，在后期研讨座谈中，大家通过自己的亲身参与，对安全工作有了更深刻的理解，增加了对安全文化建设

工作的认同感，实现了安全文化建设由点及面、由单一向多元、由短期向长期发展的转变。

（三）发动员工共同创作，打造具有地域文化特征的安全文化

乌兰公司在此次安全文化作品的制作中，发动全体员工共同创作，特别是青年员工发挥创新能力制作原创作品，在茶卡供电所及充电站制作了一批具有茶卡地区地域文化特征的作品，设置于天空之境景区途经道路，美化了供电所的环境，有效传播了公司厚植安全文化的良好形象。通过组织员工对安全文化作品的参观学习，进一步增强了员工对安全理念的认知认同，使干部职工从"要我安全"向"我要安全"转变。

四、结语

目前，乌兰公司实施的安全文化建设的典型经验和做法已得到广泛认可，在推广与实践过程中，公司用组织聚合力把员工队伍凝聚起来，进一步提高了公司安全管理的层次和水平。同时，共产党员服务队也发挥了辐射带动作用，安全文化建设体现在党员服务队的示范作用中，体现在公司从实处抓落实的原则里，更体现在员工的安全生产工作管理里。通过开展一系列的安全文化建设工作，乌兰公司探索实施了一套契合工作要求、体现党建特色、厚植安全文化、营造安全氛围的典型做法。

十九冶山东公司：以"三高三强化"安全文化打造现代化新型建筑企业

中国十九冶集团有限公司山东分公司　刘　虎　雷　杰　丁　锦　罗　浩　田泽龙

摘　要： 安全生产是建筑企业发展的永恒主题，是一切工作的基础。对建筑企业发展而言，抓好安全生产工作至关重要。为进一步加强事故隐患监督管理，防止和减少事故发生、保障企业员工生命及公司财产安全，中国十九冶集团有限公司山东分公司（以下简称山东公司）制定了"三高三强化"的全员安全文化，为同类企业防控安全风险，建设良好安全文化氛围提供了一种新思路。

关键词： "三高三强化"；安全文化；建筑企业

山东公司经过持续几年的安全文化建设，获得了集团公司颁发的管理提升奖，这是对其安全管理方面取得的卓越成果的认可，充分体现了安全文化建设在全集团范围内的领导地位和示范效应，为公司树立了良好的行业形象。此外，山东公司的安监部门也荣获了"2023年度安全生产先进部门"称号，表明其在安全管理、监督和运营方面拥有卓越表现。

一、高起点规划，为安全文化建设奠定坚实基础

为充分发挥安全文化对企业安全生产的引领、保障作用，山东公司依据国务院安委会办公室《关于大力推进安全生产文化建设的指导意见》，制定印发了《山东公司安全文化建设三年规划》，该规划主要分文化宣贯、素质提升、行为养成3个阶段，从抓安全理念宣贯入手，通过安全文化建设，春风化雨般地影响全体员工形成安全价值的共识和安全目标的认同；通过不断提高安全素质修养，实现员工自我行为的有效控制，从被动管理转变成主动自觉地遵章守规，使安全理念内化于心、外化于行，从而实现人人都成为想安全、会安全、能安全的本质型安全人。

二、强化安全理念宣贯，将理念入心入脑

安全理念是安全文化的核心，也是指导安全生产的信条。山东公司将形成的安全理念系统地倡导与渗透到各个安全生产管理的全过程、全要素之中，与员工的所想所盼产生共鸣。一是准确诠释理念。用生动、深刻、简洁的语言诠释理念内涵和其中的规律，便于员工认知、掌握。二是广泛宣贯理念。

除了利用班前会、安全会、员工大会、广播、牌板、宣传栏等各种会议和媒介进行理念传播外，借助安全阵地建设，通过安全文化主题广场、安全教育长廊、阅览室、多媒体、电子屏、事故案例警示等阵地将理念以图文并茂的安全警语漫画、安全哲理小故事等形式，全方位、立体式地对员工进行安全教育；借助有效的班组安全文化活动，通过动员人人讲身边的人、写身边的事，开展安全征文、安全演讲、每周一讲等活动，不断由浅入深地阐释安全理念，最终使"生命至上，安全第一"的价值观内化于员工心灵深处，成为员工的最高行为准则，从而在员工心中生成强烈的目标感和实现欲，让员工发自内心地想做好安全生产工作。三是理念的延伸与开发。发动员工从工作实践出发，总结提炼具有行业特色和岗位特点的具体理念、岗位警句，构建上下贯通的理念体系，使安全理念渗透到每个工作岗位、每名员工心中。

三、强化安全素质，增强员工安全意识

员工的安全素质是企业安全生产的保证，也是安全文化建设中安全理念入脑入心的具体体现。为了更大程度地提高员工的安全素质，山东公司陆续开展了培训、警示、互动等形式多样的安全教育活动。

（一）安全培训教育

首先，针对新员工多的实际情况，狠抓新员工入矿的矿、区队和班组三级培训教育。矿级岗前培训将理论与实践相结合，通过观看案例、现场观摩等形式，让员工形成安全第一的感性认识；区队培训的重点是安全理念灌输、岗位应知应会、规程措施宣贯、规章制度学习等；班组培训重点突出实训，而且为新员工指定师傅，签订师徒合同，在规定时间内，成绩优异、表现突出的师徒，区队对其进行适当奖励。其次，根据文化、技术程度分班次、分层次、分工种、分级别的有的放矢地开展培训，确保培训的针对性、实效性。最后，以全国"安全生产月""安康杯竞赛活动""责任落实年""风险管控年""两学一抓""两学一树""学法规、抓落实、强管理"等重大安全活动为契机，广泛开展全员安全培训，在员工中形成大安全观，让安全理念在每一名员工心中生根发芽。

（二）安全警示教育

山东公司坚持播放《建筑事故案例》专题片，区队每周二的安全会利用身边的事，让"三违"人员以案说法，请员工上台讲安全生产故事、分析事故案例，总结身边发生的事故教训等。

（三）安全互动教育

区队充分利用"政工五分钟"、班前会开展每日一题、每周一讲、有奖竞答、安全大讨论等活动与员工互动，鼓励和倡导员工多动手、动口、动脑，让员工在安全教育中占主导地位。现场安全操作互动做好安全技术的"传、帮、带"，对员工在工作中碰到的问题，一起探讨、一同解决，让员工更加直接地了解和掌握安全操作的标准。由矿和区队把工作中遇到的难点和症结以有奖征答的方式，在全体员工中开展合理化建议征集活动，充分引导员工发挥他们的聪明才智，对被采纳实施、创效突出的建议，在每年度的安全工作表彰大会上以"金点子"命名并进行表彰。

四、强化行为养成，提高员工职业素养

员工规范的安全行为是实现安全生产的基础环节，也是始终贯穿安全文化建设的一条主线。山东公司职能部门对每个岗位的操作流程进行工序分解，制定详细具体的安全操作标准，通过科学规范的养成训练，较好地扭转了员工在特殊环境中形成的凑合、马虎、应付的行为习惯。一是系统培训。采取集中办班、系统讲解、专题辅导等形式，组织员工对规范标准进行系统的学习培训并参加考试，使员工熟记安全理念，明确行为禁忌、行为准则，掌握操作标准，经考核测试成绩合格方能上岗。二是模

拟演练。利用多媒体课件和电视教学片和图解示例等形式，分工种制作工序化操作流程演示片，对每个工种、每道工序的操作方法、要领和安全要求进行直观的动作演示，推进员工规范操作行为的养成。三是示范引领。山东公司选拔优秀的班组长、工人技师作为"教练员"，对本班组员工进行现场训练。同时采取现场观摩的形式，组织员工对管理规范、操作规范落实较好的区域和岗位进行现场参观学习，并对操作的重点步骤和关键环节进行现场实际演示。四是行为纠偏。以标准作业流程为参照，以"行为观察"为手段，查纠明显违章违纪行为、不规范操作行为和管理行为，对查出的问题制定纠偏措施并进行整改。

五、高标准建设，为安全文化建设提供强力支撑

（一）加大安全投入，提高装备水平

先进的技术装备不仅可以提高效率，还可以创造良好的安全作业环境，避免生产安全事故发生。它是安全文化建设的物质基础，也是企业安全文化建设的必然要求。山东公司十大系统设备设施精良，均保持着国内同行业领先水平。先进装备的投入为矿井实现安全生产提供了可靠保障。

（二）多措并举，稳步推进安全生产标准化建设

山东公司立足安全生产标准化工作实际，全面分析研判，通过采取加强学习培训、明确责任标准、转变职能方式、狠抓弱项难点等有效措施，有效解决了安全生产标准化建设中的突出问题。一是加强学习培训，增强标准化意识。通过积极借鉴兄弟单位在安全生产标准化工作中的先进经验和典型做法，采取组织专题讨论、推进会议、集中培训、学习考试等形式，不断提高各级管理人员对标准化工作重要性的认识。二是完善管理机制，明确责任抓落实。专门制定并下发了《安全生产标准化管理规定》，明确了专业负责人，确定了"一周一检查、一月一小结、一季一考核"的验收模式。三是实行"四位一体"的管理模式，转变方式强职能。山东公司通过创新思路，赋予安监员、专业技术人员、基层管理技术人员和现场班组长新的"职能"，构建出了以专业技术人员确定标准，班组长具体落实、基层区科现场把关、安监员量化打分为流程的"四位一体"管理模式。由现场班组长每天对工程进行验收总结，将难点问题提交至基层区科与工程技术人员研究解决。安监员负责对每周检查的问题与基层区

科遇到的问题进行核对,对其中的重大问题组织分析、加以解决。管理方式的转变,一方面将安全生产标准化检查重点从结果考核转变到过程控制,对每一道工序进行严格把关,有效提升了总体工程质量;另一方面让基层管理技术人员参与到标准化建设中来,充分发挥其管理主体的作用,延伸了管理触角,改善了管理效果。四是狠抓弱项和难点,补齐短板促升级。定期召开安全生产标准化工作推进会议,对制约标准化升级的症结问题进行"会诊"和"对症下药"。对每道工序进行最大限度的细化、量化,增强其可操作性,有效地消除了落实标准中的不严、不细问题。加强管理升级和技术攻关,根据现场情况及时调整施工工艺和相应措施,降低地质条件差、装备失修、人员不足等客观因素影响,全力打造"标准化、精品化"工程。

(三)因地制宜,打造舒适工作生活环境

一是改善员工工作环境。深化职业安全健康管理体系建设,夯实工作基础。山东公司成立了领导小组和防治办公室,明确各职能部门的责任。同时将职业危害防治工作重心前移到基层、班组,将职业安全健康防治管理工作的责任和目标进行细化、量化,形成了一级抓一级、层层抓落实的责任体系。制定《职业安全健康工作实施意见》,完善各项管理制度,建立了以职业危害申报、实施、监测、查体、教育、监护为主要内容的档案,为抓好职业危害防治工作提供了强有力的制度保障。加强现场管理,营造安全健康工作环境。通过加强现场职业安全健康设施建设和措施落实,制作安装 LED 屏幕、安全牌板,设置音像播放装置,在视觉和听觉上形成冲击,广大员工在潜移默化中受到安全文化理念的濡染熏陶。二是改善员工生活环境。对员工宿舍楼进行整体装修,网络、闭路、水电一应俱全。健身娱乐场馆化,设置健身房、图书阅览室、灯光篮球场、乒乓球室、台球厅,此外,还为员工食堂安装了电子刷卡系统,不断提高饭菜质量,为员工创造优雅就餐环境;对员工浴室重新装修改造,改善了员工洗浴环境;安排通勤车,全天候接送上下班员工。

六、高目标管理,为安全文化建设提供综合保障

在分阶段实现安全生产基础稳定、员工安全意识增强、员工队伍素质精良等目标的同时,山东公司整合优化安全管理资源,使安全管理从经验管理、科学管理向文化管理转变,变被动管理为员工主动

管理,由"纪律要我安全"向"自律的我要安全"转变。按照《山东公司安全文化建设三年规划》部署,制定了《山东公司安全文化建设实施方案》,成立了领导组织机构,构建了管理体系,分阶段提出了具体的目标和工作要求,为安全文化建设各阶段目标的实现提供了综合保障。

(一)整章建制,完善严格的规章制度体系

根据生产安全实际,在将各类管理技术人员岗位职责汇编成册的基础上,逐级建立了专业安全生产责任制和特殊工种岗位责任制,明确规定各岗位工种在安全工作中的具体责任和权利,做到一岗一责一清单,让安全工作事事有标准、事事有考核、事事有落实。突出强化安全问责。每年年初,与员工层层签订《年度安全生产目标责任书》,落实各单位安全生产主体责任和员工的岗位主体责任。严格执行早调会、管理人员跟班、班组现场交接班等多项安全管理制度,形成了完善的安全管理制度体系。全年坚持早调会、协调会制度,对每一天的安全生产工作进行通报、整改、部署、落实。建立了个人自律安全管理机制,把加强安全生产工作的领导责任、技术责任和现场管理责任层层落实到各个岗位,消灭了安全责任盲区;强化"三违"和隐患治理,实行"三违"周对比、月考核机制,实现了对"三违"的有效治理;坚持隐患排查治理制度,突出重点和难点,立足于"查大系统、抓大环节、治大隐患、防大事故",做到班班排查、日清日毕、防患未然;建立并完善了安全风险分级管控、事故隐患分级管控机制、应急管理机制和安全避险"六大系统"日常维检制度,着力提高应急处置能力,实现了超前预测、超前治理、全面覆盖,有效防止了事故的发生。

(二)严细规范,建立健全安全绩效考核体系

安全绩效考核,是对目标执行情况的检验,也是对工作绩效的考评。山东公司在干部员工中开始逐步执行安全绩效工资考核。根据各级岗位安全生产责任大小,与整体安全生产效果及各单位部门安全生产职责、月度计划完成、安全指令执行、隐患整改和员工遵章守纪情况挂钩,实行综合考评。划分安全绩效工资档次,做到责、权、利对等。通过硬化指标、刚性考核、严格奖罚,山东公司有效地强化了现场隐患排查跟踪治理,极大地调动了生产管理人员工作积极性和主动性,员工工作态度和工作质量都有了明显提高,保证了现场安全生产超前分

析、全面排查、不留死角。

七、实施效果

山东公司大力推广安全文化的实践过程表明，开展企业安全文化建设，不仅不会影响企业的正常生产经营活动，还可以极大地调动员工的积极性和创造性，增强员工队伍的凝聚力和战斗力，促进企业更快、更好、更和谐地发展。一是安全生产稳步推进，遵章守纪、文明生产成为员工的自觉行动。二是文化氛围更浓厚了。山东公司通过实施美化、绿化、亮化、净化工程，绿树环抱，花草喷香，使人心旷神怡、流连忘返。三是企业文化凝心聚力，企业形象全面提升。精神面貌和内外环境发生了巨大变化，山东公司塑造了人气旺盛、活力倍增、奋斗有为的企业形象。

关于中小机场安全文化建设评价指标的探索

连云港花果山机场建设投资有限公司　吴　伟　刘子荷

摘　要：中小机场安全文化建设的思路对于安全文化尚未成体系的单位来说具有意义，它以安全文化评价指标为安全文化体系建设的切入点，制定中小机场适用的评价指标，并将评价指标作为安全文化体系建设的参考方向。考虑中小机场的安全文化需求，结合现状分析明确安全文化指标评价标准，通过定性模型对安全文化的推进情况定期评价，寻找差距，改进工作方向，不断完善安全文化建设工作。

关键词：安全文化；评价指标；文化模型

近年来，安全管理体系审核、法定自查、风险管理与安全隐患排查双重预防机制、安全绩效管理等各项安全管理工作的推广与运用拓宽了民航安全管理的工作思路，提升了管理理念，同时也在引导我们思考，安全管得好不好到底由谁决定？直到以"三个敬畏"为内核，以"当代民航精神"为依托的安全工作作风长效机制的建立与民航"吹哨人"行动的推广，我们才逐渐认识到将精神文明建设充分与安全管理融合对当前各类安全工作的促进作用，才看到员工的思想意识对安全的影响与其行为同等重要。

国际民航组织《安全管理手册》（DOC9859）将安全文化定义为在民用航空活动中形成的航空从业人员的安全价值观和行为准则。此定义将我们关注的员工思想意识和行为概括为安全价值观和行为准则，扩大了安全管理的内涵和外延，充分体现出民航安全管理与时俱进的思想，也明确地告诉我们安全文化的管理方向，即安全价值观与行为准则。

一、中小机场安全文化建设研究意义

对于中小机场来说，发展是主业任务，充分认识安全的重要性是保障中小机场快速而稳定发展的前提和基础。安全文化作为提升安全管理效能的重要手段，是提升机场核心竞争力的有效方式。中小机场的基层安全管理人员是安全理念与实际工作的承接者，我们不断思考如何因地制宜地开展安全文化建设，如何将安全文化建设与本机场现有的各类安全管理工作相融合。

在对安全文化建设的探索方面，空管单位与航空公司已经有一些专项研究，采用AMOS22.0、灰色评估法、模糊综合评价法等定量化评价模型建立

了一些评价指标，虽然机场尚在起步阶段，但安全文化建设工作并非完全空白，只是欠缺系统性的梳理，无法将零散的安全文化建设工作系统化、体系化。

本文提出一种中小机场安全文化建设的思路，对于安全文化尚未形成体系的单位来说，可以安全文化评价指标为安全文化体系建设的切入点，制定中小机场适用的评价指标，将评价指标作为安全文化体系建设的参考方向。考虑中小机场的安全文化需求，结合现状分析明确安全文化指标评价标准，通过定性模型对安全文化的推进情况定期评价，寻找差距，改进工作方向，不断完善安全文化建设工作。

二、中小机场安全文化指标体系的构思

（一）安全文化评价指标构建的依据

机场安全文化因其规模、管理模式、安全理念等不同而存在很大差异，所以安全文化的好坏不能简单地以同一个绝对固定的标准去评判。但对安全文化的评价指标在国家标准、行业规定的前提下可以结合机场运行的实际情况求同存异。本文立足于中小机场的实际现状，采用正、反向分析法相结合的方式查找安全文化建设的指标。一方面采用正向分析法，通过梳理安全文化建设的国家要求、行业要求，结合内部安全文化建设的现状进行分析，查找安全文化评价指标；另一方面采用反向分析法，对机场高频发生的不安全事件、典型违章行为进行原因分析，查找安全文化方面存在的问题，并将其转化为安全文化评价指标。在正、反向分析过程中，本文参考美国杜邦公司安全文化建设实例及行业内优秀安全文化理念与成功的实践案例，辅助查找中小机场适用的安全文化指标体系。

（二）中小机场安全文化的现状及影响因素

安全文化与安全管理体系有着密不可分的关系，ICAO 附件 19 要求"服务提供者应促进积极的安全文化，以便通过安全管理体系实施有效的安全管理"。可见，安全文化是安全管理体系实施与落地的助推器，安全管理体系实施效果如何与安全文化有着很大的关系，我们可以通过分析安全管理体系实施现状的典型问题来推导其背后的安全文化因子及影响因素，为下一步查找安全文化指标提供思路（表1）。

表 1 安全管理体系分析

安全管理体系效能现状	安全文化因子	影响因素
安全目标与绩效考核的关联度欠佳	监督的安全文化因缺乏管理手段而出现安全管理的导向不明确；公正的文化无法体现	负责绩效考核的部门缺乏对民航安全管理要求与运行实际的了解，从而导致指标体系或考核标准不合理、奖惩手段单一
安全管理体系在推进上存在"上热下冷"的情况	安全管理的中间力量的贡献度不足，安全理念传导受阻	中层管理人员知识更新不及时；缺乏奖惩手段与考评机制；管理人员未以身作则；部门/专业层面无专职安全管理人员
基层未将安全管理工具与实际运行保障工作有效结合	安全文化氛围的渲染与宣传不足；缺乏安全文化传播载体	班组长的安全管理能力及安全意识不足、安全管理的培训侧重于理论知识；基层员工未将安全作为职业目标
应急预案的实用性有待提升	对于突发情况避险的警惕性不高	演练形式单一；应急体系与风险管理的融合度不足；对应急问题的分析和交流不足、预案的衔接存在不一致的地方；管理人员预案编制人员其应急能力有待提升
安全管理文件中存在"文实不符"的情况	规范的制度文化欠缺；对规章规范敬畏不足	手册编制与业务保障脱节；管理人员对规章体系不了解；员工习惯性违章，对制度不认可
员工的风险意识淡薄	员工的参与度不足；安全的结果与自身发展和认识不足	员工文化水平参差不齐导致理解能力不足；风险管理的培训过于理论化，缺乏实操性
风险控制措施的实施效果、预防作用不明显	对风险的警惕性不高	风险控制措施质量不高；一线人员未参与风险管理，导致风险控制措施与运行实际脱节；措施未有效落实和验证；缺乏监督
安全教育培训的效果欠佳	学习的文化欠缺	培训教员、培训教材质量不佳；培训大纲覆盖不全；培训内容与实际运行需求脱节；考核内容和方式不合理
自愿报告信息数据偏少，安全绩效管理体系尚未起到趋势分析的作用	报告的文化欠缺，"主人翁"意识差，不主动关注安全；诚信安全文化有待提升；安全承诺未起作用	激励机制不健全；员工对报告信息带来的后果有顾虑；诚信教育缺失；内外监督机制不健全；员工对上级能否解决实际安全问题不信任；容错机制不健全
跨专业的安全交流不足	团队意识欠缺、缺乏集体荣誉感	安全责任制体系及内部运行机制不健全、管理人员对凝聚力的培养和引领不足，受制于管理人员自身的观念

（三）正、反向分析法查找中小机场安全文化因子

1. 采用正向分析法

采用正向分析法，梳理安全文化建设的国家要求、行业要求，查找安全文化指标：国家安全生产监督总局印发的《企业安全文化建设评价准则》对企业安全文化评价指标设置正向加分指标与反向减分指标，其中，正向加分指标包括企业基础特征、安全承诺、安全管理、安全环境、安全培训与学习、安全信息传播、安全行为激励、安全事务参与、决策层行为、管理层行为、员工层行为等 11 项一级指标和 45 项二级指标；反向减分指标包括死亡事故、重伤事故和违章记录 3 项。

纵观民航安全文化发展阶段，综合国际民航组织和专家学者们提出的观点，可以得出民航安全文化主要包含承诺文化、知情文化、学习文化、报告文化、公正文化、警惕文化等 6 项内容。

2. 采用反向分析法

采用反向分析法，通过对近三年中小机场高频发生的 50 起典型不安全事件原因进行统计分析，查找高频事件原因，表现为：人员资质能力不足，员工参与安全管理的主动性不高，保障资源配备不足，人员工作作风问题，情景意识不足，应急处置能力不足，未按章操作、凭经验作业，设施设备的本质安全性低等方面。通过上述主要原因可以查找其中可能存在的安全文化因子（表 2）。

表2 高频事件的安全文化因子

高频事件原因	安全文化因子	相关的安全管理体系实施现状问题
人员资质能力不足	学习的文化欠缺	安全教育培训效果欠佳
员工参与安全管理的主动性不高	报告的文化、诚信的文化欠缺；团队意识不强	员工的风险意识不足； 自愿报告数据少； 跨专业安全交流不足
保障资源配备不足	安全承诺不到位；安全物态文化不足	
人员工作作风问题	安全文化氛围渲染问题	基层未将安全管理工具与实际运行保障工作有效结合
情景意识不足	对风险的警惕性不高；责任意识不强	员工风险意识不强； 风险控制措施实施效果、预防作用不明显
应急处置能力不足	学习的文化欠缺；对突发情况避险的警惕性不高	应急预案的实用性不强； 安全教育培训效果欠佳
未按章操作、凭经验作业	安全文化氛围的渲染不足、缺乏文化传播载体，规范的制度文化欠缺	基层未将安全管理工具与实际运行保障工作有效结合； 安全管理文件中存在"文实不符"的情况
设施设备的本质安全性低	安全承诺不到位；安全物态文化不足	

（四）中小机场安全文化评价指标的选取

综合中小机场安全文化的现状分析与正、反向分析结果，以提升中小机场安全文化水平为目标，以民航安全文化所包含的承诺文化、知情文化、学习文化、报告文化、公正文化、警惕文化6项内容为准则层，将初步查找到安全文化指标/因子尝试重新归类后，初步建立适用于中小机场的安全文化评价指标（表3）。

表3 适用于中小机场的安全文化评价指标

目标层	准则层	指标层
提升中小机场安全文化水平	承诺文化	安全承诺到位
		保障资源充分
		设备可靠性得到提升
		"有感领导"加强
		激励奖励机制健全
		确保管理人员的能力与其职责权限相匹配
	知情文化	规章制度体系健全，工作有依据、奖惩有出处
		手册的可操作性、对业务保障的指导性强
		风险管理培训方式对员工有效/有用
		党政工团及各级管理人员主动培养和引领，形成团队凝聚力
	学习文化	培训内容与实际工作紧密衔接、满足需求
		培训教员、教材、大纲质量高
		培训考核方式合理，对各类员工的文化水平及理解能力均有效
		管理人员知识更新及时
	报告文化	诚信教育有效
		员工相信管理者可以解决实际问题
		安全生产责任制可逐级压实
		员工对报告信息带来的后果无顾虑，容错机制健全
		安全氛围积极、正向；安全文化传播的载体丰富多样
	公正文化	绩效考核部门充分了解一线运行情况
		责任制与绩效考核指标匹配，考核标准设置合理
		惩罚机制公平、公开
		监督检查体系科学、适用
		奖惩手段丰富

续表

目标层	准则层	指标层
提升中小机场安全文化水平	警惕文化	应急预案指导性强、覆盖面广，上下级预案有效衔接
		应急演练方式丰富、有效
		应急管理与风险管理有机结合
		基层员工危险源识别参与度高，风险控制措施由员工参与制定
		将员工的入职、成长与安全业绩关联，将安全作为员工的职业目标

三、中小机场安全文化体系建设的思路与改进目标

（一）推进安全文化建设与现有安全管理体系（SMS）融合

根据安全文化建设评价指标反推安全文化的管理要点，运用安全管理体系的建设思路，从政策目标、责任制、体系文件、教育培训、数据监测、持续改进等方面着手，查漏补缺，整合零散的制度，建立一套适用于本机场的安全文化管理体系，将其尽可能融入机场安全管理体系的各要素之中，与机场安全管理体系同时推进，避免出现"两张皮"。

（二）强化安全文化对安全管理体系的辅助作用

依托现有的机场安全管理体系，以安全文化建设评价指标为重点内容，分别开展现状分析和差异分析，查找安全管理体系落实方面存在的安全文化问题，对标安全文化评价指标完善安全管理体系的内容。将对机场安全文化建设的评价作为SMS审核的一项重要内容，用于SMS的持续改进。在SMS运行基础上，辅以公司顶层设计方面的支持，如安全绩效考核、奖惩、聘用合同，通过这些方式，用安全文化建设来促进安全管理体系效能的发挥。

（三）结合安全文化工作推进情况适时修订安全文化评价指标

在实际实施过程中，安全文化的关注重点可能会随着公司的发展阶段而改变，因此需要不断调整和完善安全文化建设评价指标，实现安全文化建设体系的持续改进。

（四）建立安全文化建设的评价模型，对安全文化建设情况进行评价与持续改进

对安全文化的评价可采用专家打分法、问卷调查法等定性的评价方法完成，也可引入半定量的成熟度模型做相对精确的评价。基于成熟度模型的安全文化建设评价思路如下：（1）将安全文化评价指标分层，确定评价要素；（2）给成熟度模型的五个等级分别赋值或评分区间；（3）确定每一层评价指标的权重，建立相应的指标权重集；（4）用模糊评价法确定最终的成熟度评价值；（5）确定等级集合，即机场安全文化的成熟度等级。

"三位一体"安全文化管理机制创建

——浅谈安全文化建设方法经验

安徽江淮汽车集团股份有限公司　王德龙　喻正龙　张　丹　周可金　郭　继

摘　要： 安全管理是企业安身立命的基础。安徽江淮汽车集团股份有限公司（以下简称江汽集团）历经五十多年的沉淀与积累，在安全生产管理领域，逐渐形成以"守底线、提水平"为目标，以四大支柱（责任支柱、监管支柱、宣教支柱、技术支柱）为核心的特色模态管理，同时推进四层级管理架构构建，持续优化"6+1"业务（环保、消防、能源、职业健康、交通及治安保卫）综合评价，科学运用 KPI 和计分制，积极开展创新和共享，不断提升安全管理成效，先后通过了国家一级安全生产标准化、全国安全文化建设示范企业审核，为公司的生产经营提供了坚实的安全保障。

关键词： "三位一体"；安全文化；三个有感

江汽集团多年来致力于研究人在安全行为上达成"知行合一"的管理，抓住安全生产中的活跃主体，从人的安全意识、能力、行为上探索符合自身实情的管理方法，实践出企业安全文化建设的特色之路。

一、以理念引领安全文化建设

英国卫生与安全委员会、美国学者道格拉斯·韦格曼等人和国家安全监督管理总局对安全文化的定义描述略有差异，但是也不难发现他们的共识，即安全文化的基本出发点是"以人为本、安全第一"，基本形态是人的安全意识、态度、价值观、行为方式等，最终目的是提高人的安全素养，实现"人本安全"。思想引领行为，一个优秀的安全理念是人们在对待安全问题时的指南。为此，江汽集团建立了一套完整的安全理念，并于 2011 年通过省级安全文化示范企业认证，2017 年开展安全文化示范车间创建，同年通过国家级安全文化示范企业认证。2018 年年初，全集团公司启动"安全文化建设"，因此这一年也成为集团层面安全文化建设"元年"。同年确立以坚持"依法合规安全发展"的理念，遵循"安全第一、预防为主、综合治理"方针为安全文化的基石，构建公司安全文化的愿景、使命、价值观。

愿景：美好江淮、平安社会。"制造更好的产品，创造更美好的社会"是江汽集团矢志追求的愿景。企业的安全经营、产品的安全可靠、员工的安全安心是公司愿景和社会责任的重要组成部分，既是美好江淮的应有之义，也是美好生活的核心要义。

使命：守卫自己的幸福，为公司的生产经营尽职尽责。自身的安全是对家庭、对公司最大的责任，主动安全就是"守卫自己的幸福"；作为企业人，对公司的定位就是"为公司的生产经营尽职尽责"。

价值观：安全第一、求真务实。安全是一切工作的前提，任何模块与之冲突都应当优先选择安全。求真务实要求所有人在安全上不弄虚作假、不避重就轻，积极推进安全生产工作。

二、构建"三位一体"的安全文化管理机制

"三位一体"的安全文化管理机制就是以人为核心，以人的安全承诺为起点，以岗位风险控制工作达标为基础，以"三类人员"（特指公司领导、EHS 专业管理人员、基层员工）独立自主管理达标建设为引领，以组织作用为驱动，带动全员实现从安全承诺到行为的一致性。在追求"知行合一"中，降低伤害率，从而达成"零事故"的目标（图 1）。

（一）"三位一体"之安全承诺建设

安全承诺是安全文化建设的起点，是组织作用的着力点。安全承诺在安全文化建设中处于核心地位，输出安全承诺是起点，践行承诺是过程，"知行合一"是不懈的追求。为此，江汽集团提出安全承

诺的"四步法"。

1. 第一步：基于岗位安全风险的辨识

组织开展基于岗位的安全风险辨识活动，以自上而下、自下而上相结合的方式，以工序作业为基础，从工序操作所用设备、工具到操作行为管理，到现场管理要求，全方位地识别现场隐患，针对每项隐患制定控制措施，从而形成危险源控制清单。

2. 第二步：班组长与员工探讨制定岗位安全承诺

根据危险源控制清单，班组长组织员工识别出可以通过行为来控制的风险，就此输出个人岗位安全承诺（不同于安全生产责任制）。另外，从组织层面形成基于工序风险管控的"特色安标"检查表，从而理清分级检查职责，实施风险动态常态化管理。

3. 第三步：员工岗位安全承诺于工作现场目视，形成约束力

员工岗位安全承诺 TOP 条款目视化如表 1 所示。

4. 第四步：运用 STOP 安全观察与沟通活动，评价员工岗位安全承诺

STOP 安全观察与沟通是评价员工岗位安全承诺的有效工具。江汽集团总结了一套观察程序，能反映出操作规程问题、人的不安全行为、物的不安全状态，特别是岗位风险和操作规程的持续完善，促进员工从行为规范程序到行为规范的 PDCA 循环提升（表 2）。

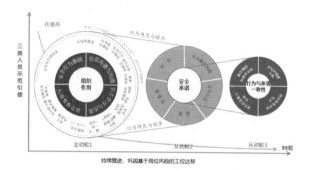

图 1　"三位一体"的安全文化管理机制模型

表 1　员工岗位安全承诺 TOP 条款目视化表单

序号	单位	岗位名称	伤害类别	作业条件危险性评估 D=L*E*C				风险等级	主要控制措施安全承诺 TOP 条款	承诺人（签字）	月度STOP 观察对象	观察评价结果
				L	E	C	D					
1	总装车间车架一班	下车架岗位	其他伤害机械伤害	3	6	5	90	Ⅲ	1. 对葫芦试运行，检查是否正常； 2. 按对安全护网、吊钩、吊索具检查是否正常； 3. 车架下落时保证于水平吊物 2 米以上安全距离，下落时确认下方无人； 4. 车架下落过程高于 2 米保证无人员违章进入作业； 5. 车架放置在马登上要牢靠，防止脱落； 6. 穿戴好劳保用品，严格按标准作业，不野蛮作业			
2	总装车间车架一班	主线束装配岗位	物体打击机械伤害其他伤害	1	6	7	42	Ⅳ	1. 连接主线束时注意手臂与车架的距离避免划伤； 2. 确保线束拿取物料牢靠，避免拖挂； 3. 不能进行野蛮作业，注意观察周围人员动态； 4. 做好工具维护保养、异常及时反馈； 5. 打紧卡箍时防止卡箍夹手、握紧电枪，防止回弹			
3	总装车间车架一班	VIN 码打印岗位	其他伤害	6	6	7	252	Ⅰ	1. 对平衡吊、打码机试运行，检查是否正常 2. 打码过程中，注意拿取避让人员，打码时不离开设备； 3. 防锈漆放置车靠，异常立即处置； 4. 按照要求佩戴好耳塞，做好安全确认； 5. 穿戴好劳保用品，严格按标准作业，不野蛮作业			
4	总装车间车架一班	右连接板岗位	其他伤害	1	6	5	30	Ⅴ	1. 物料放置时确保稳固牢靠； 2. 风枪紧固时，套筒、加长杆安装牢固，防止飞出； 3. 定扭工具使用时，贴合牢固，先缓慢用力； 4. 人员掉线及时更改气管使用； 5. 标准件、物料掉落及时捡起			

表2 STOP 活动计划、评价表

评价要素	评价细则	分值	观察者姓名	观察岗位名称	计划观察时间	观察结果小结	操作规程问题		人的不安全行为	物的不安全状态	观察卡记录无问题	得分
							是否已修订	变更后的内容是否已对岗位员工培训（查培训记录）	现场询问员工是否已掌握变更内容	违章是否已纳入计分制考核	是否已整改	检查人员现场抽查部分岗位，确认作业环境和状态	
厂长STOP观察	厂长每月对2个岗位进行STOP观察，并完成观察结果的验证，例如，观察记录显示结果良好无问题时，检查现场状态相符性，不符合，则每岗位扣5分；观察记录显示问题需要改进时，检查改进情况，不符合，则每岗位扣5分	10					是/否 是/否	是/否	是/否	是/否	是/否		
车间主任STOP观察	车间主任每月对4个岗位进行STOP观察及目视，并完成观察结果的验证，例如，观察记录显示结果良好无问题时，检查现场状态相符性，不符合，则每岗位扣5分；观察记录显示问题要改进时，检查改进情况，不符合，则每岗位扣5分	10					是/否 是/否 是/否 是/否	是/否 是/否 是/否 是/否	是/否 是/否 是/否 是/否	是/否 是/否 是/否 是/否	是/否 是/否 是/否 是/否		

（二）"三位一体"之组织作用建设

"4S 要素"有效运转，可加速匹配员工履行承诺的素养。江汽集团从安全文化建设的"4S 要素"入手，在安全事务参与、自主学习与改进、信息传播与沟通、安全行为激励方面采取具体方法措施，为员工搭建主动安全行为的工作、学习、活动平台，从而带动员工培养主动安全的进取意识。

1. 安全事务参与

利用安全文化活动系统，辅助安全文化建设体系的各阶段工作进行一系列有主题的活动，主要包括在安全文化活动品牌引领下的安全改进型活动和安全宣教型活动，旨在通过为员工提供参与安全事务的平台，实现安全文化建设的"三个有感"。

（1）"有感领导"要求领导干部发挥影响力和领导力，通过签订安全承诺、定期开展干部安全宣讲、STOP 等工作的开展，落实领导干部安全生产"四个一"要求，示范引领安全文化。

（2）"有感员工"指让员工通过参与"争做安全吹哨人"活动、危险预知训练等活动，获取安全成就感。其中，"争做安全吹哨人"活动是公司创新开展的常态化活动。江气集团利用信息化系统，为员工提供反馈隐患的平台，并给予其奖励和表彰。

（3）"有感员工家属"旨在用家庭责任感、亲情枢纽来强化员工的安全意识，同时实现企业、员工、家庭对安全共管的局面。例如，《安全好习惯亲情手册》汇编、"读一封家书"等有温度、有深度的活动，都加深了员工及其家属对安全生产的感悟。

2. 自主学习与改进

江汽集团通过落实自主学习与改进的三项机制，促内生动力，提升员工安全素养。

（1）机制激励推动"两注考证"。公司每年组织注册安全工程师和注册消防工程师报考，鼓励全员学习报考，对考试通过的员工奖励5000~30000 元。

（2）号召全员积极参与安全技术研究活动，立足作业现场消除、降低安全风险。技能大师盛保柱研究出远程控制程序，彻底解决噪声危害，为员工提供安全健康的作业环境。

（3）事故案例复盘学习，常学常新。定期组织对内外部事故案例进行复盘，以"以案示警""以案释法""现身说法"的方式，深刻开展反思、举一反三教育活动。

3. 信息传播与沟通

（1）宣传系统传达渠道力求创新、有趣，满足现代化员工队伍的用户体验感，依托新闻中心网络阵地及"安小严""违小虎"原创漫画等多种渠道进行传播（图2）。其中，"安小严""违小虎"角色的设计蕴含了"安全管理严是爱"和"违章操作猛如虎"的含义，公司发动员工识别身边曾经发生的违章或可能出现违章的情形，用漫画的形式还原违章情形，以警示岗位员工。

图2　"安小严""违小虎"漫画

（2）培训系统传播主要通过定期开展全员安全公共课培训、安全实训中心体验学习等方式，每年有计划地开展安全意识、知识教育活动。

（3）管理系统传播是公司安全文化"有形化"、建设"痕迹化"的重要载体。公司创新制作员工安全计分制管理目视化看板、员工安全行为红黑榜，开发隐患排查与治理信息化系统及开展安全专题会等，以此让员工的日常安全表现实现"可视化""痕迹化""可量化"。

4. 安全行为激励

安全行为激励是机制保障，江汽集团创新性地提出全员安全绩效奖，强调重奖重罚，拉动员工知行合一，增强员工在安全成就方面的获得感。

公司根据不同岗位的风险和安全贡献度，赋予不同等级的安全绩效奖。将"违章操作"设为底线，一旦出现违章则否决个人当月安全绩效奖，并根据程度建立连带责任机制，树立员工安全责任感和荣辱观；将岗位安全达标作为基础，在本岗位达标的基础上，给予发放安全绩效奖基础奖部分，培养员工岗位风险知晓率、风险防控和安全操作的执行率；对于在安全行为方面有主动安全行为的员工，给予更高的安全绩效奖（图3）。

图3　从基于岗位的风险辨识到安全绩效奖的运用图例

（1）个人安全计分：以"工序风险识别控制"为基础，将风险识别、隐患排查、标准作业、特色安标、岗位安全承诺与达标相融合，形成"承诺与行为一致性"评价的综合管控，每月输出个人安全计分，并公示、表彰。

（2）计分与红黑榜：安全行为文化指在安全理念指导下，通过监督管理制度的建立与执行，在生产工作中形成安全行为规范体系，以培养全员主动的安全行为。公司采用管理看板即"红黑榜"管理模式，表彰榜样、曝光违章（图4）。

（三）"三位一体"之行为与承诺一致性建设

创建独立自主管理"三类"人员评价规则。在组织作用的拉动下，江汽集团涌现出一批实现了从"严格的监督管理"到"独立自主管理"文化跨越的员工。公司对标自主管理阶段特征，每年评价输出一批安全生产独立自主管理"三类"人员（公司领导、EHS专业管理人员、基层员工），用少数人示范引领自主管理，带动更多人共同完成文化跨越。

1.公司领导

对公司领导层级实施季度 KPI 考核、年度业绩合同稽核的方式进行评价，重点考评"五落实五到位"责任、"有感领导"的举措落实及结果达成。

2.EHS 专业管理人员

对 EHS 专业管理人员实施月度考核、年度任务目标稽核的方式进行评价。重点考评专业示范性、

隐患排查治理及安全专项参与程度（图5）。

3.基层员工

对基层员工运用员工安全计分制形式，采取月度计分评价、年度累计计分排名方式进行评价，最终输出自主管理型员工（即独立自主管理先行员工）（图6）。

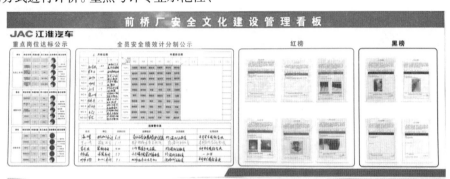

图 4 安全文化建设管理看板

图 5 EHS 专业管理人员安全研究成果展示

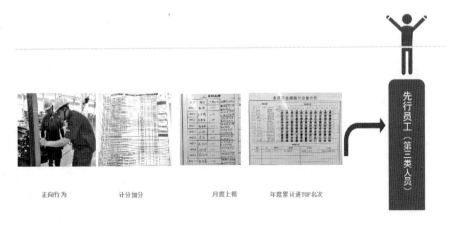

图 6 基层员工达成独立自主管理先行员工评价图例

三、安全文化建设的效果与体会

安全文化建设是全员、全过程坚持不懈的工程。江汽集团过程督导、建设评估、竞赛拉动，纵向拉动全员全过程参与，达成主动安全绩效；同时以"美好江淮"品牌活动为载体，每年策划专项攻坚活动，单位"第一负责人"挂帅，采用项目制，横向联动职能部门攻坚克难。

（一）效果

江汽集团于 2018 年获得"全国安全文化建设示范企业"荣誉称号并被授牌，于 2022 年 7 月申请复审、2023 年 4 月再次被授牌；2015-2022 年期间连续 8 年实现"零生产安全事故"。同时，在安全文化建设与氛围营造中，约 20% 员工（3000 余人次）通过安全文化独立自主阶段的评价，为逐步实现公司整体迈向团队互助阶段奠定基础。

（二）体会

"文化力"是正确认识论形成的驱动力、价值观和科学观的引领力、强意识和正态度的执行力、道德行为规范的亲和力等。安全文化可以是具体的、有形的。需要正确的认知，与时俱进的、科学的方法来建设，坚持安全文化建设，让企业行稳致远。

（三）任重道远，持续提升，跨越"文化桥"

实现安全文化发展的第四个阶段——互助团队管理阶段，是许多组织正在为之努力奋斗的理想，达到这个阶段是一个不断改进的过程。江汽集团一方面将持续固化现阶段的方法经验，把整体水平稳定在第三阶段，另一方面将引导全员树立"保护他人不受伤害"，即团体互助的安全绩效集体荣誉感。

参考文献

国家安全生产监督管理总结与宣传教育中心 . 企业安全文化建设培训教材 [M]. 北京：团结出版社，2012.

深化安全文化建设 夯实安全管理基础

华电潍坊发电有限公司　张新社　王东然　刘晓冰　商海国　王庆安

摘　要：安全文化建设工作，是企业实施安全发展战略、提高安全生产管理水平、提升应急管理能力的一个重要抓手。华电潍坊发电有限公司（以下简称潍坊公司）始终坚持"安全第一、预防为主、综合治理"的方针，严格落实企业安全生产主体责任，多措并举推动安全文化建设，在组织、体系、制度、流程等多方面筑基，从文化浸润、理念灌输、宣传教育等多维度开展培育，持续推动安全发展理念深入人心，不断推动企业安全稳定发展。

关键词：安全文化；安全生产责任制；与时俱进；安全基石；有效激励

长期以来，潍坊公司一届又一届领导班子、一代又一代员工以公司"安全、责任、和谐"三元企业文化为统领，强化"防微杜渐、警钟长鸣"的安全理念，全面落实以人为本的安全管理思想，深化安全文化建设，不断总结安全管理工作的经验得失、不断升华安全管理工作的思想与文化，形成了具有潍电特色的企业安全文化。

安全工作是一项只有起点没有终点、只有更好没有最好的工作。只要企业有生产经营活动，安全工作就与之相伴随，必须持续改善提升。潍坊公司投产发电以来，一代代员工在这里辛勤耕耘，那份来自对企业、对社会的责任与担当，在安全生产上取得了优异业绩：连续多年获得"华电集团公司安全环保先进企业""本质安全型五星级企业""全国安全文化建设示范企业""电力企业安全生产标准化一级企业"等称号。在取得成绩的同时，潍坊公司也深知风险常态化存在，始终坚持安全发展，保持时时放心不下的心态，务实思考、传承创新做好企业安全生产工作。潍坊公司认真总结已有的安全生产经验并不断升华，让安全生产经验上升为一种文化习惯。以下是潍坊公司多年来推行安全文化建设的几点经验。

一、安全责任文化——落实安全责任，忠于职业操守

领导带头示范，落实岗位安全生产责任制是抓好安全生产工作的重中之重。多年来，潍坊公司始终坚持并不断完善岗位安全生产责任制，坚持责任落实到岗到人，有清单、有评价、有奖惩，形成监管

有力的安全责任文化。潍坊公司从人员管理、设备管理和作业环境治理3个方面入手，建立了全员安全责任体系和责任追究体系。完善《安全生产责任制》，进一步明确"一岗双责、党政同责、齐抓共管"，层层签订《安全目标责任书》，形成一级抓一级、一级对一级负责的安全责任机制。完善安全诚信体系建设，逐级签订《安全承诺书》，促进落实安全生产主体责任，保障依法依规生产，诚实守信履职。修订实施《严重违章及不安全事件说清楚制度》，建设并投用不安全事件"学习室"，强化责任人员的自我反思，促进责任意识的增强。通过科学明确的规章制度、监督机制、绩效评价体系调动广大职工的积极性，将安全文化的理念和要求渗透到制度中，落实到行为上。

二、安全制度文化——强化制度效力，完善制度体系

无规矩不成方圆。用制度管人管事管安全是安全生产领域基本经验和必须长期坚持的基础性工作。安全管理制度体系是企业安全文化的重要组成部分，是固化良好行为习惯并加以传承的重要保证。多年来，潍坊公司高度重视安全制度文化建设，不断完善安全规章制度和规程体系建设，不断深入推进安全标准化建设，坚持依法治安原则，努力做到"凡事有章可循、凡事有据可依"。在长期的实践中，潍坊公司对照《安全生产法》，梳理完善公司安全生产管理制度，及时补充完善起重设备、炉内平台、脚手架管理、有限空间作业、新能源建设等相关制度标准，消除制度漏洞。制定完善了《安全生产检查

及隐患排查治理管理规定》《安全生产检查制度》《二类障碍、异常、人身未遂认定细则》《安全风险分级管控和隐患排查治理实施细则》等 40 余项安全管理标准和制度，修订完善了各类应急预案近 200 项，形成了覆盖企业安全管理方方面面的"制度网"，确保安全生产的每一环节都有章可循、有据可依。

三、安全环境文化——发挥文化塑心，建筑特色文化

在安全文化创建中，安全理念是灵魂，安全环境是基础，创建有利于安全生产的环境氛围极其重要。作为安全文化创建的基础和重要载体，从环境因素、安全布局、生产设备、防护设施、作业岗位、安全可视化、安全宣传与安全阵地等方面，完善安全软硬件环境建设，直接影响员工的心理和行为。多年来，潍坊公司通过系统总结、提炼整合，确立了以"防微杜渐、警钟长鸣"为安全理念，以"平安潍电、幸福家园"为安全愿景，以"持续动力、安全发展"为安全使命，以"生命无价、安全第一"为核心价值观，以"四不伤害"为基本安全道德，以"本质安全、可控在控"为安全目标的安全文化体系，并通过全体职工的安全管理实践不断丰富安全文化内涵，充分发挥企业"党政工团"齐抓共管的优势，通过宣传造势、情感沟通和特色活动，以统一的价值观念、思维理念和行动标准把广大干部职工凝聚起来。为营造浓厚的安全文化氛围，潍坊公司结合生产现场实际统筹实施安全文化宣传，在厂区主要道路两旁的灯杆上悬挂了安全文化及企业文化标语。在生产现场柱梁、墙面、楼梯梯阶设置安全警示标语。制作专题看板，运用漫画和对比形式图解典型违章和典型安全工作要求；选取行业内外发生的典型事故案例制作成事故警示牌，放置在事故易发区域；将安全禁令、规定要求等制作成图片悬挂在走廊、楼道内，起到随时教育提醒警示的作用；编制印发《安全文化手册》、制作家庭亲情寄语、设置个人安全座右铭，展示家庭亲人合影，将浓浓的家庭亲情融入安全文化，增强了员工对于企业安全文化的认同感，形成了企业内部"人人要安全"的环境。

四、安全创新文化——不断惟实励新，做到与时俱进

创新是企业精神的重要组成部分，在企业生产经营发展中具有重要的地位。一方面，安全生产既要坚持行之有效的传统管理经验不动摇，又要在实现手段新颖化、实用化和现代化方面有新的提升；另一方面，安全生产工作必须与时俱进，适应新形势、新任务、新要求，根据形势、环境、行业发展变化和技术进步不断完善提升。近几年，潍坊公司持续推进本质安全化建设，积极采用"互联网＋安全"，在生产区域安装视频监控，建立反违章监控中心，实现对较大风险作业实时管控；在配电室安装实时对讲系统，实现对操作的安全监护和及时纠错；在输煤系统安装一套智能巡检装置，及时发现设备存在的安全隐患；C 翻车机系统安装两套自动摘钩、复钩机器人，有效减轻工人工作强度，提高系统安全性。与此同时，潍坊公司为创新管理方式，坚持"以责论处、重奖重罚、奖罚分明"的奖惩原则，不断完善《安全生产工作奖惩规定》，先后增设了月度"五无"奖励、"两票"奖励和文明生产奖励、现场设备治理奖励等，很大程度地调动了部门和职工参与安全管理的积极性。将安全管理与人事任用挂钩，推行安全绩效"一票否决制"，实行安全管理"能者上、庸者下"，将安全技能考试作为生产管理人员竞聘上岗的先决条件，提升职工学习和钻研业务的积极性，为企业的健康发展提供了有力的人才保障。

五、安全素养文化——狠抓安全教育，夯实安全基石

人员素质的高低对安全生产工作的影响显而易见，无知必然无畏，员工无知是管理者的责任。多年来，潍坊公司以问题为导向，不断增强职工素养提升的针对性和实效性，牢固树立"安全教育培训是职工最大福利"的宗旨意识，强化安全教育培训，加大监护人员安全培训和考评力度，提升现场监护水平。开展脚手架搭设、防坠网使用、动火作业、现场监督等相关安全技术培训，普及安全专项知识。强化外协施工安全管理，发挥安全培训基地作用，以视频、展板及人员讲课等方式，坚持定期开展外协队伍轮训，完善外协队伍施工人员培训档案，实现外协队伍培训的长期化。结合"安全生产月""安康杯知识竞赛""安全技能大赛"等活动，采取聘请专家授课、集中培训和专项培训等形式，多层次、全方位地加大对安全法律法规和规章制度的教育培训，干部员工的安全意识不断增强和安全素质大幅提高。针对外来施工人员整体安全素质差、人员流动性大的特点，设立了安全培训基地，以漫画图解、图板展示、案例视频等形式，讲解安全规章制度和事

故防范技能，有效提升了安全培训教育的效果。在主要生产班组安装安全视频培训系统中，编制播报各类安全学习资料，对员工进行安全理念宣贯、事故案例警示及规章制度、即时安全形势宣讲，实现基层班组安全培训教育的长期化和持续化。

多年来，潍坊公司紧紧围绕"固本强基"这一中心任务，不断创新职工教育平台，以职工技能运动会、仿真机对抗赛等活动为载体，积极开展技术比武、岗位练兵，定期组织开展消防、防汛等应急演练，经常性地举办各类安全培训班、知识讲座和安全生产大讨论等安全文化活动创新培训形式，开拓处理问题思路，培养跨专业解决问题的能力；精选经典设备故障，每月组织集控人员在仿真机上按轮值进行操作演练，提高集控运行人员事故处理能力。以"零误操作"活动为契机，组织运行人员学习热控知识、电气保护及燃烧调整等多项有针对性的培训；根据不同专业和岗位，按轮值组织运行规程考试工作；以公司技能运动会为平台，举办仿真机操作、精密点检等多项公司级技术比武活动，积极参加各类运行岗位技能大赛。2023年先后获得"全国电力行业职业技能竞赛三等奖""全国电力行业电力电缆安装运维职业技能竞赛二等奖""QC'专业级成果'""高级培训师称号"等多项个人或团体荣誉，有效保证了员工安全素质、技术素质的全面提升，养成严格执行各种规章制度、工作程序和各项作业标准的良好习惯和作风。

六、安全激励文化——持续有效激励，实现我要安全

激励机制是增强企业竞争力的一剂良药，当员工的工作热情和积极性得到激发时，企业的工作效率和工作质量往往事半功倍，能有效激发员工自觉遵守安全规章制度、养成良好的思维模式和行为习惯，从冷硬的制度约束逐渐走向温暖而积极的文化约束，在公司形成从"要我安全"到"我要安全"，再到"我会安全"的安全文化，多重激励并行让安全文化根植人心。多年来，潍坊公司多次对安全生产工作奖惩实施细则、绩效和奖励管理办法进行修改完善，使激励机制更加公平合理有效；长期坚持评选表彰安全生产先进集体、先进个人，并尝试在安全生产月为对安全生产作出重要贡献的员工进行正面宣传，给予奖励，从精神上激励员工做好安全生产工作；设置"安全吹哨人"、月度"五无"奖励、现场设备治理提升奖励等机制，使全体员工充分发挥积极性、主动性和创造性，产生更加安全、有效的工作动力。

企业文化是企业的灵魂，安全文化是企业文化的重要组成部分，是推动企业安全发展的不竭动力。下一步，潍坊公司将认真落实上级公司的指示精神，积极借鉴各兄弟单位的优秀管理经验，坚定不移地围绕"固本强基"这一中心任务，调动干部职工的积极性和创造性，努力建设独具潍坊公司特色的企业安全文化，使其在促进企业安全生产中发挥更为重要和积极的作用，为加快建设安全、责任、和谐的现代化一流发电企业，为公司安全文化建设迈上新台阶而努力奋斗。

企业数字化转型下的安全文化建设

北京邮电大学经济管理学院　　江　静　吕一娜　关欣冉

摘　要： 本文分析了数字化转型背景下企业面临的数据安全风险、合规要求、新兴技术应用、数字技能和数字安全意识缺乏等安全挑战，系统解析了数字化转型下形成的"信息安全为重点、安全决策数字化、安全监控智能化、员工角色主动化"的安全管理特征，以及数字化转型赋予安全文化建设的新内涵，并从领导安全承诺与参与、安全政策法规制定、员工安全意识全方位培养，以及鼓励员工参与安全管理等方面提出了安全文化建设的措施。

关键词： 安全文化；数字化转型；数字技术；安全管理

安全文化是组织或企业培育的共同理念和价值体系，它突出了对员工、环境和社会安全的责任感，旨在保障工作环境和商业活动的安全与健康。在企业数字化转型的过程中，构建安全文化是一种战略行动，不仅有助于减少风险、提升合规性和增强企业声誉，而且对打造稳固的数字化基础、确保企业在激烈竞争的市场环境中持续稳健发展发挥着重要作用。本文将从数字化转型对企业安全管理的挑战、数字化转型下企业安全管理的特点、数字化赋予安全文化新内涵，以及数字化转型下安全文化建设策略4个方面展开论述（图1）。

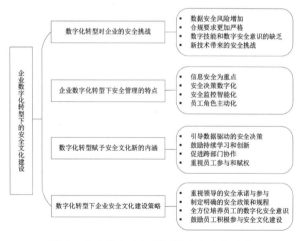

图1　企业数字化转型下的安全文化建设

一、数字化转型对企业的安全挑战

数字化转型虽然为企业带来了巨大的机遇，但也伴随着严峻的安全挑战。这些挑战不仅来自技术本身，还包括了与之相关的管理、人员和合规方面的问题。

（一）数据安全风险增加

随着企业信息系统的数字化升级，数据的存储和传输变得更加复杂，同时也更容易受到黑客攻击和数据泄露的威胁。企业的敏感信息，如客户数据、财务数据等，变成了黑客攻击的主要目标。数据泄露可能导致严重的声誉损失和法律责任。因此，企业必须采取更严格的数据安全措施，包括加强数据加密、访问控制和威胁检测，以确保敏感数据不被泄露。

（二）合规要求更加严格

数字化转型必须遵守日益严格的数据保护法规，否则将导致企业面临重大法律风险和财务损失。随着技术的发展，相关法规也在不断变化。因此，企业需要密切关注相关法律法规的更新，确保其业务和技术实践符合最新的法律法规要求。尤其对于跨国经营的企业来说，还需要考虑不同国家和地区的合规要求，以确保其在各个市场的操作都符合当地的法律和规章。

（三）数字技能和数字安全意识的缺乏

数字化转型对安全专业人员提出了更高的要求，需要员工掌握新的数字工具和技能，同时也要了解数字化风险和安全最佳实践。而高级安全人才的短缺，成为许多企业面临的问题。此外，员工是企业安全的第一道防线，缺乏数字安全意识的员工可能造成安全漏洞。

（四）新技术带来的安全挑战

云计算、物联网、移动计算等新兴技术的应用，虽然增加了业务灵活性，但同时也扩大了安全漏洞，增加了遭受网络攻击的风险。企业需要在采用这些新技术时，加强安全风险评估和管理，以确保其系统和数据不受到威胁。

二、企业数字化转型下安全管理的特点

企业传统的安全文化建设主要聚焦于物理安全、工作场所的安全规程和员工的安全行为，因此安全管理往往依赖于传统的监控方法和事后处理。数字化转型通过引入先进的技术如人工智能、物联网、大数据分析等，为企业提供了数字化的安全管理工具，提高了安全管理的效率和效果。

（一）信息安全为重点

随着企业越来越多的数据和业务数字化，信息安全成为安全管理的一个重要组成部分。通过不断增强网络安全意识和严格执行数据保护策略，企业可以减轻安全风险，提高业务连续性，保护声誉，满足法规要求，最终实现数字化转型的成功和持续发展。

（二）安全决策数字化

数字化转型使企业在制定和执行安全策略时，通过数据分析和信息收集来指导决策的过程，实现数据驱动的安全决策。通过充分利用数据，企业可以更好地保护其信息资产，识别出潜在的安全风险，及时应对不断变化的安全威胁，并更好地满足客户和合规性的要求。

（三）安全监控智能化

物联网和人工智能技术的应用使得安全监控更加自动化和智能化。自动化流程和智能分析的利用提高了企业对异常情况的敏锐度，以更迅速、准确地检测应对潜在的威胁、降低风险、提高响应速度，降低了人为错误的可能性。

（四）员工角色主动化

数字化环境要求员工不仅要了解传统的安全知识，还需要掌握与数字工具相关的安全实践。网络安全意识和数据保护策略也成为员工必须了解的关键内容。员工在安全管理中的角色从被动执行者转变为主动参与者。

三、数字化转型赋予安全文化新的内涵

在数字化转型的背景下，安全文化的角色已经从传统的规则和程序的遵循者转变为数据驱动的决策支持者、技术整合的先锋、持续学习的推动者，以及跨部门协作的桥梁。它对信息安全和数据隐私的重视，以及对员工参与和赋权的强调，共同构成了一个更加动态、适应性强和前瞻性的安全文化。

（一）引导数据驱动的安全决策

在数字化转型中，安全文化必须倡导基于数据的决策制定。利用大数据分析和实时数据监控，安全文化应推动企业从传统的反应式安全管理转变为预测性和预防性的安全策略。

（二）鼓励持续学习和创新

安全文化在数字化转型中需要鼓励和促进员工对新技术的适应和接纳。这意味着员工需要不断更新安全知识和技能，以适应快速发展的技术和不断变化的工作环境。

（三）促进跨部门协作

在数字化环境中，安全文化应该促进跨部门的沟通和协作。通过打破信息孤岛，安全文化可以帮助不同部门共享数据和见解，共同构建更加全面和有效的安全策略。

（四）重视员工参与和赋权

数字化转型下的安全文化需要更加重视员工的参与和赋权。通过提供适当的培训和资源，确保员工不仅能够适应数字化环境，还能积极参与到安全管理中来。

四、数字化转型下企业安全文化建设策略

企业数字化转型下的安全文化建设不仅是一项战略性的选择，更是一种迫切需要，为组织的成功、生存和繁荣提供了坚实的支持。它需要领导层的坚定支持、全体员工的积极参与，并与政策法规紧密结合，以确保组织在数字时代取得持续成功。

（一）重视领导的安全承诺与参与

领导层充分理解安全的重要性，并承诺将其作为企业战略的一部分，并将安全理念纳入顶层设计；领导层应以身作则，积极示范正确的安全行为。这包括遵守安全政策、积极参与安全培训、保护敏感信息和数据等；领导层应确保足够的资源（包括预算、人力资源和技术工具）用于支持数字化安全文化的建设，包括投资于员工培训、安全技术和合规性措施，以确保企业在数字化转型中能够抵御安全威胁；领导层应参与制定和审查安全政策，确保其与企业的战略目标一致，同时为员工提供清晰的指导和规则。

（二）制定明确的安全政策和规程

制定清晰、明确的安全政策和规程，包括数据安全、网络安全、物理安全等方面，确保员工清楚

了解组织对安全的期望和要求；了解适用行业和不同地域的法规和合规性要求，包括数据保护法、行业标准、安全标准等，确保组织遵守适用的法规和合规性要求，以降低法律风险；持续关注新的网络威胁、安全漏洞和攻击技术的发展，及时更新政策以反映新的威胁和技术变化；定期审查规定的安全政策和规程，以确保其与组织的需求和最佳实践保持一致。

（三）全方位培养员工的数字化安全意识

员工的数字化安全意识是企业安全文化建设的基石。企业定期举办数字化安全培训计划，确保员工了解最新的安全威胁和最佳实践，培训课程包括识别网络威胁、数据保护和隐私、安全密码管理、安全政策和程序等。此外，通过模拟网络攻击和安全演练，员工有机会在安全的模拟环境中实际练习应对安全事件的能力，从而更好地识别潜在的威胁和攻击，提高其在面对真实安全威胁时的紧急响应能力和自信心。这种全方位的培训和演练不仅帮助员工掌握实际安全技能，还有助于将数字化安全意识深刻融入他们的日常工作中。

（四）鼓励员工积极参与安全文化建设

建立开放、透明的沟通渠道，使员工能够随时了解安全政策、最新威胁和公司的安全目标。为员工提供多样化的反馈渠道，包括匿名报告安全问题的机制、在线表单、电子邮件、内部社交平台等。确保员工能够方便地分享他们的安全顾虑和建议；设立奖励制度，公开嘉奖表现出色的员工，鼓励其他员工效仿；通过内部博客、安全意识月、员工讲座等方式，分享员工在数字化安全方面的最佳实践和经验；选拔和培训安全文化大使，将安全信息传达给同事，回答问题，鼓励参与，并帮助建立积极的安全文化。积极与其他组织和安全社区分享关于威胁情报和最佳实践的信息，以提高整个行业的安全水平。

参考文献

［1］姜红德. 数字化转型呼唤安全能力体系化建设［J］. 中国信息化，2019，300(04)：23-23.

［2］康良国，吴超. 大数据驱动的企业智慧安全绩效管理模型构建［J］. 科技管理研究，2021，41(10)：185-192.

［3］刘志诚. 新常态下数字化转型企业网络信息安全体系建设［J］. 信息安全与技术，2018，9(11)：80-87.

［4］袁胜. 产业数字化转型，安全保障如何到位？［J］. 中国信息安全，2020，(11)：55-56.

［5］张能鲲，沈佳坤. 企业数字化转型中的合规风险识别与防控对策探讨［J］. 国际商务财会，2022，(1)：22-26.

浅谈哈电国际海外建设项目安全文化提升措施

哈尔滨电气国际工程有限责任公司　段腾飞　李　阳

摘　要：为了更好地进行安全文化建设，本文综述了安全文化的概念、发展历程、重要性和行业特点并基于哈尔滨电气国际工程有限责任公司（以下简称哈电国际）迪拜哈斯彦清洁燃煤电站项目的安全文化建设经验，将安全义件建设体系分为决策层、管理层和执行层3个层级，并对每一层级提出了针对性的安全文化提升策略。

关键词：安全文化；海外项目管理；"2-4"模型；安全管理制度

一、安全文化的概念以及发展历程

安全文化是事故的根源，也是安全业绩的决定因素。安全文化一词由国际原子能组织的国际核安全咨询组在切尔诺贝利事故的初步报告中首次提出，之后在北海的 Piper-Alpha 石油平台爆炸、国王十字地铁站火灾[1-4]等事故研究中频繁出现。

在国外的研究当中，国际原子能机构将安全文化定义为"存在于单位和个人中的种种安全素质和态度的总和"[5]。英国健康与安全委员会将其定义补充为"一个单位的安全文化是个人和集体的价值观、态度、认知、能力和行为方式的综合产物"[6]。在国内的研究中，罗云认为安全文化是人类安全活动所创造的安全生产、安全生活的精神、观念、行为与物态的总和[7]。傅贵等人对安全文化的定义为："安全文化就是安全理念，为组织成员个人所表现、全员共同拥有，是组织整体的安全业务的指导思想"[8]。

我国向来重视安全文化建设。先是在2006年制定了《"十一五"安全文化建设纲要》，初步定义了安全文化，此后为了进一步加强和指导企业安全文化建设，在2008年颁布了《企业安全文化建设导则》和《企业安全文化建设评价准则》，在2010年制定了《国家安全监管总局关于开展安全文化建设示范企业创建活动的指导意见》及《安全文化建设示范企业评价标准》，并且国务院办公厅在安全生产"十一五"至"十四五"规划中都将安全文化建设列为重点工程。

二、安全文化在安全管理的重要性以及建设项目行业安全文化特点

（一）安全文化的重要性

事故致因"2-4"模型把人的不安全动作和物的不安全状态作为事故发生的直接原因，将组织成员的安全能力确定为事故发生的间接原因[9]。人的不安全动作和物的不安全状态是事故发生的直接原因，而安全文化是事故发生的根源原因，影响企业安全管理体系建设，影响个体的安全能力。因此，安全文化是企业事故发生的根本原因，改善安全文化是事故预防的根源力量。事故致因"2-4"模型如图1所示。

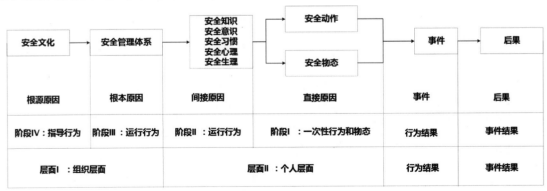

图1　事故致因"2-4"模型

提高企业安全文化软实力，不仅是企业安全生产保障的根基，也是企业安全生产保障体系的重要支柱。因此，众多安全行业专家及学者聚焦于企业安全文化展开研究。并且众多研究[10-11]都提出了安全文化对企业安全绩效及个人的安全行为有着正向作用，企业员工对安全理念认识越透彻、理解越深刻，就越重视安全，安全管理体系的内容就越全面，体系执行就越细致，员工的安全意识就越强，安全绩效就越好。

（二）建设项目行业安全文化特点

目前，在建筑行业中，建设项目大部分施工人员都是安全素养较差的务工人员。由于没有经过系统的职业培训，对相应法规及操作规程也不够了解，因此他们的自我保护意识较差，极易发生安全事故。除普通施工人员外，安全管理人员不仅数量上不能满足施工需要，并且综合素质也不高。

尤其对于海外建设项目，项目属地的宗教信仰和文化传统与国内存在较大差异，中籍和外籍施工人员的工作态度、生活方式和思维习惯也大有不同，有些国家和地区的管理人员和施工人员文化素质不高，安全意识和技能相对欠缺，部分中方人员的英语交流能力较差，多种因素重叠在一起，对安全管理体系的执行和安全文化的建设带来了巨大的挑战。

哈电国际是中国大型发电设备自营出口和电站工程的总承包的骨干企业，主要经营火电站、水电站、联合循环电站、输变电项目及新能源项目的总承包和设备成套业务，同时还为全球范围的燃煤、联合循环等电厂提供完善专业的售后服务，在2022年ENR250强排85位，哈电国际在30个国家中，实施了64个项目。自2016年起，哈电国际开始执行迪拜哈斯彦2400MW清洁燃煤电站项目，该项目采用英标、美标和欧标等安全标准，标准较多、执行难度较大，参建单位繁多且管理和施工人员来自多个国家，语言不通、文化不同、安全素养参差不齐等客观因素给海外项目的安全文化建设带来了阻碍。

三、安全文化建设体系的分层

为解决海外建设项目安全文化建设难度较大的问题，哈电国际迪拜哈斯彦清洁燃煤电站项目在执行期间，将建设项目安全文化建设体系分为3个层次，如图2所示，明确不同层次的不同职责，并采取多种安全文化建设措施来对各层级的人员产生不同的影响，从而提升全项目人员的安全素养[12]。

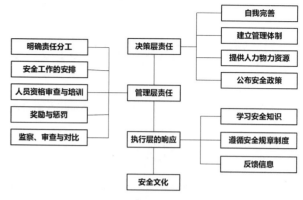

图2　安全文化建设分级模型

决策层，即总包、分包单位的项目经理或班子成员，是安全文化建设的重要参与者。《安全生产法》规定，"生产经营单位主要负责人是安全生产第一责任人"。在企业安全文化建设中，决策层的成员也应是第一责任人。他们不仅要对企业安全文化建设负责，还要以身作则，用实际行动践行安全理念，打造企业安全文化氛围。决策层对安全文化的看法决定了该组织的安全文化发展和维护，并可能影响组织内的安全文化举措。决策层有着自我完善、建立管理体制、提供人力物力资源和公布安全政策等责任。

管理层，即现场总包及分包各级主管经理及工程师，应明确各自的安全生产责任，履行决策层制定的安全生产工作计划，确保现场各项安全生产制度能够严格执行确保其有效性，同时要在执行过程中进行定期审核，确保各项管理制度能够持续改进。严格落实现场安全培训制度，提高人员的安全技术水平和安全素养，降低事故发生率。同时，也要落实现场奖励和惩罚制度，鼓励在安全绩效方面有突出表现的团体和个人，也要对重复出现同样安全问题的人或者严重事故者采取纪律处分措施。

执行层，即现场分包商施工队伍、班组，是项目安全生产的主力军，施工人员的安全意识和安全素养直接决定了项目的安全绩效水平，是项目安全文化建设的重要对象，执行层应该积极参与各类理论和实践培训，遵守决策层和管理层指定的各类安全生产制度，同时将现场安全状况进行反馈，从而促进现场安全管理体系的持续改进。

四、提升安全文化的措施

从以上内容可以看出，建设项目的3个层级各有不同的职责和任务，因此各类提升安全文化的措施对不同层级也起到了不同的作用。

（一）安全教育培训

由于建筑业的离散性和复杂性，因此要形成建筑业的安全文化，最重要的就是开展安全培训，迪拜哈斯彦项目现场编制了整套安全培训教材，不仅涉及安全领导力培训、安全管理制度培训，还包含了现场各项施工作业的安全操作培训。课件均由中文、英语和乌尔都语编制而成，讲师也由中籍和外籍管理人员组成。

针对决策层安全培训主要是安全领导力培训，该培训能够让项目决策者与下属进行有效的沟通和知识传达，让员工感受到领导对安全工作的重视和支持，让员工主动参与安全的意愿增加，强化现场安全文化。安全领导力培训有时邀请业主的外籍项目经理和总包及分包的外籍安全经理来讲课，这样不仅能够使得中方员工充分理解海外文化的内涵，并且能够拉近中外员工的距离。对于管理层而言，安全培训的主要内容是现场的安全管理制度，使其能够更深刻地理解制度建立的目的和制度流程，从而更好地要求执行层人员正确落实各项制度。执行层是生产任务的直接完成者，项目的各项安全管理工作都需要通过班组来落实，其安全培训教育主要内容是岗位安全风险，各班组要掌握自己工作有关的安全技术知识，了解自己所从事工种的事故案例，不仅要自己进行安全操作，还要帮助自己的工友纠正危险操作。

（二）安全联合检查

迪拜哈斯彦现场要求现场总包及分包各级主管经理和工程师与现场安全管理人员每周共同参加现场的安全联合巡检，同时业主方和监理方也会派相关人员参加巡检。

参与联合检查，决策层以身示范履行了安全承诺，并使下属员工感知到了决策层领导所展示出的安全模范，发挥了他们自身的安全领导力。在决策层重视安全巡检工作的同时，现场各管理层人员也会充分重视平时相关制度的落实程度，在联合巡检当中尽可能地确保现场各自区域的安全状况良好，同时也可以借由联合巡检的机会来解决现场作业环境中的安全问题，从而排查和降低作业环境的隐患和风险。执行层在联合巡检期间，能够感受到决策层和管理层对于现场安全问题的重视，将他们的安全和健康放在首位，从而也激励了现场施工班组成员的安全行为和改善现场安全状况的责任心。不同

国籍的管理人员和工人也可以通过翻译软件来讨论现场安全问题。在巡检后的安全会议当中，执行层也会被受邀参加，各施工班组对现场的安全管理工作均有发言权，他们可以通过检查和会议来获得现场安全整改工作的资源。

（三）完善安全文化管理制度

哈电国际迪拜哈斯彦项目编制了多种提升安全文化的管理制度，其中效果比较显著的是"施工人员安全检查制度"和"安全奖励制度"。施工人员安全检查制度要求各专业工程师根据程序提供的安全检查表在各自管理区域内，每月在安全团队的协助下排查并关闭至少 10 个不安全行为或不安全状态。安全奖励制度通过"百万安全人工时""季度安全奖励""个人安全奖励"对绩效优异中外籍分包单位和个人进行奖励。

在编制这些制度时，项目决策层就已经形成了明确的安全态度，就是要将安全作为各项工作当中最重要的事情来考虑，他们将全员参与的理念纳入编制程序文件当中，将除安全管理团队以外的各层级人员纳入日常安全管理的工作范围中，使施工人员践行"管生产必须管安全"的理念，从而提升全场的安全文化。管理层和执行层在参与制度执行的过程当中，也逐渐理解了参与安全管理工作的重要性，能够更有动力和安全团队一起参与现场各项安全管理工作，共同增强安全意识。

现场施工人员安全检查制度和安全奖励制度的成功推行是哈斯彦项目彰显安全领导力及推动全员参与安全管理最显著的体现，它使得施工团队能够更多地参与安全管理，促进现场的安全隐患更高效地闭合整改，大幅降低各类事故发生概率。

五、结语

安全文化建设是一项系统工程，要求建设项目上决策层、管理层和执行层有着不同的标准和要求。首先决策层要能够重视安全管理工作，向下属宣扬正确的安全理念，并建立符合标准的、科学可行的安全管理体系。其次，管理层和执行层需要对建立的安全管理程序严格落实，遵守制度和章程的各项要求。在这样的条件下，现场安全文化建设工作才会更加顺利。只有当施工项目安全文化发生改变以后，现场安全条件才有可能发生根本性的变化。

参考文献：

[1]时照,傅贵,解学才,等.安全文化定量分析系

统的研发与应用 [J]. 中国安全科学学报 ,2022, 32(08): 29-36.

［2］Yule S. Safety culture and safety climate: A review of the literature[J].Industrial Psychology Research Centre, 2003 ,64(6):314-316.

［3］Paté-Cornell M E. Learning from the piper alpha accident: A postmortem analysis of technical and organizational factors[J].Risk analysis, 1993, 13(2): 215-232.

［4］Crossland B. The King's Cross Underground fire and the setting up of the investigation[J].Fire safety journal, 1992, 18(1): 3-11.

［5］International Nuclear Safety Advisory Group. Safety Culture(Safety Series No 75-INSAG-4) [R].Vienna,1991.

［6］HSC.Advisory comitte on safety of nuclear installations.ACSNl Study Group on Human Factors, Third Report[R]. London:HSE Books,

1993.

［7］罗云 . 安全文化的起源、发展及概念 [J]. 建筑安全 ,2009, 24(9)：26-27.

［8］傅贵 , 何冬云 , 张苏 , 等 . 再论安全文化的定义及建设水平评估指标 [J]. 中国安全科学学报 , 2013, 23(04)：140-145.

［9］傅贵 , 陈奕燃 , 许素睿 , 等 . 事故致因 "2-4" 模型的内涵解析及第 6 版的研究 [J]. 中国安全科学学报 ,2022, 32(01)：12-19.

［10］刘素霞 , 李晶 , 徐恒婕 . 安全文化对企业安全绩效影响的元分析 [J]. 安全与环境学报 ,2023, 23(10)：3648-3656.

［11］李光荣 , 贺生忠 , 香宏 . 情感安全文化对员工安全绩效的影响路径研究——基于关系型心理契约的中介效应 [J]. 中国安全生产科学技术 , 2018, 14(05)：23-30.

［12］宋晓燕 . 企业安全文化评价指标体系研究 [D]. 北京：首都经济贸易大学 ,2005.

强理念 严防范 守红线 促发展

——山东地矿局五队构建"两手抓、两促进"安全文化体系

山东省地质矿产勘查开发局第五地质大队 崔大勇 段元国 崔文明 韩继昌 石嫣嫣

摘 要：山东省地质矿产勘查开发局第五地质大队（以下简称山东地矿局五队）认真学习领会习近平总书记在 2022 年 10 月 2 日给山东省地质矿产勘查开发局第六地质大队的重要回信精神，以保障国家资源能源建设为己任，始终坚持政治引领，守牢思想阵地，努力围绕推动产业高质量发展、深入推进新一轮找矿战略行动，建新功，寻突破。山东地矿局五队始终坚持以人民为中心的安全发展理念，筑牢防线，守住底线，致力于推进安全和发展两个目标深度融合，逐步健全和完善安全保障体系，创新工作机制，压实主体责任，努力从源头上防范化解各类风险隐患，以两手抓、两促进的安全文化理念，不断提升本质安全水平。

关键词：地质勘查；安全文化；安全生产；主体责任；管理理念

一、"两个天"意识树理念

山高高高不过天，地大大不过天。一个"天"字两层内涵一层内涵是指把安全生产当成天大的事，当成天大的责任。督促引导各级负责人，要感觉到这一份沉甸甸的责任和压力，绝不能有丝毫的闪失和疏忽，坚决克服重效益、轻安全和说起来重要、做起来次要的思想。如果抓安全工作思想不重视、措施不得力、责任不落实、隐患排查不彻底、考核不严肃，生命财产安全得不到保障，工作就会本末倒置，一切就无从谈起。有了安全不能代表有了一切，但是没有安全一切就都没了。另一层内涵是指把安全生产当成每天要抓的头等大事。努力做到天天都是安全日、月月都是安全月，警钟长鸣、常抓不懈，防范措施一刻也不能放松。特别是领导班子成员，努力发挥好表率引领作用，每天组织开展工作，把安全工作放在第一位，及时叮嘱、反复强调，全力做到处处讲安全，事事抓安全，努力推动实现安全工作的长治久安。

二、"两个零"目标定方向

一个"零"是指零事故目标。追求"零事故"是安全工作永恒的主题，也是终极目标。围绕这一目标，重点抓宣传、抓培训、查"三违"、除隐患、定措施、严考核、追责任等，每一个环节都力求精确到位，紧盯苗头隐患的关键点，围绕消除事故于萌芽状态来谋划、来安排、来要求、来落实具体措施。另一个"零"是指抓好安全工作坚持每天从零做起，绝不能存有一劳永逸、万无一失和松口气、歇歇脚的思想。安全状态总是相对的，一段时间内抓出了成效，实现了生产安全，只能证明过去，不能预见明天。随着时间的推移、任务的转换、环境的变化、人员的变动、思想的松懈，组织就很有可能出现新的不安全因素。从零做起，就是切实增强居安思危的责任感，持之以恒、久久为功，以永远在路上的韧劲，抓严抓实各类安全防范措施落实。

三、"两个全"做法夯基础

"两个全"指的是全员和全过程管理。人是安全生产工作的主体，实现安全生产目标关键在人。因此，着力提升全员的安全大局观是重中之重。在日常工作中，单位的安全生产工作，不是专职管理部门和专兼职管理人员独有的职责，而是需要全体职工的积极参与、共同关注。必须上下一盘棋，步调一致，凝聚共识，凝心聚力，以人人都是安全员的思想站位，牢固树立"消除隐患人人有责，保持良好安全形势人人有责"的观念。全过程管理的重点是做到安全防范措施全覆盖、无缝隙，不留死角，横向到边、纵向到底。地质矿产勘查项目的特点是点多、面广、线长，特别是施工类项目，作业人员多、生产

环节多、不安全因素多。随着项目进展和施工条件的变化，安全生产的难点和薄弱环节也随之会发生变化，不确定因素逐渐增多。重点把控好项目的设备、工艺流程的运行状态和人的工作状态，任何项目、任何时候都坚持不安全不生产。

四、"两个源头"筑防线

一个源头是新上项目前，用心谨慎、全面深入地对项目的可行性进行反复论证，特别是把项目现场的安全环境预评价作为重中之重抓严抓实。比如，现场是否有高压线或地下管线障碍，是否处于落雷区或易塌陷区，是否存在交叉作业，附近有没有有毒有害物质等，对于一些潜在的风险点和危险源，充分做好应急预案，制定周密细致的预防防范措施（图1）。不具备安全施工条件的项目决不盲目上马。另一个源头是项目开工前的安全验收要做到全面翔实、精准到位，坚持一项不合格坚决不开工的原则。同时做到"五个必须"，即必须由专职安全管理部门组织验收、必须有项目先期安全自查自纠报告、必须召开安全现场会（培训会）、必须达到安全生产标准、必须做好过程记录和工作日志。特别是三级培训落实落地，坚持实用、管用、有效，让职工练就真本领、硬功夫，筑牢安全生产的素质防线。

图1　大队领导在野外项目检查指导工作

五、"双基措施"为支撑

安全管理的主要靶区在于基础工作和基层。基础工作的重点在于加强制度建设，结合自身的业务开展，贴近实际、贴近项目现场，建立健全劳动纪律和各施工环节的专项管理制度。要切中"要害"，管控好薄弱环节，生产事故的发生往往取决于基础管理上的"短板"有多短、有多少。通过强而有力的制度建设和持之以恒的执行力，推进单位的安全管理模式、操作行为、设备设施、作业环境及运行过

程的标准化、规范化。安全生产的关键在基层、在一线。项目现场健全岗位职责，明确分工，明确责任，明确日检、周检、月检的执行人和相关程序。着重抓好施工队伍调度、施工组织计划修订、前期工作缺项弥补和设计变更、施工环境保障、施工流程的完善、过程的监管及综合协调等重点问题和难点问题，严格落实责任和时间节点要求，紧盯不放，一抓到底。

六、"双重预防机制"作保障

认真落实推进安全风险分级管控和隐患排查治理双重预防机制建设的总要求，努力实现把风险控制在隐患形成之前、把隐患消灭在事故发生之前，做到危险源不明确不生产，风险控制措施不到位不生产。在安全风险分级管控方面，着重围绕风险点排查、风险因素辨识、风险评价和分级及重大风险和较大风险的确定等几个方面，针对不同等级和程度，制定有针对性的管控措施。隐患排查治理坚持全覆盖、无死角，深入细致、落地见效。将全面检查、重点检查、暗查暗访、专项检查与自查自纠结合起来，秉持着"生产现场不是缺少隐患，而是缺少发现"的态度，落实责任到位、措施到位。特别是对规模大、环境差、施工周期长、潜在隐患多、人员集中的项目，下大力气扑下身子，析微察异，上下联动，齐抓共管。

七、"一岗双责"明责任

从单位主要负责人直至一线项目经理，都把安全责任挺在前，坚持"谁主管谁负责，谁出问题谁担责"和"管行业必须管安全、管业务必须管安全、管生产经营必须管安全"的原则。作为本单位（项目）安全生产第一责任人，切实明确和监督落实好各级岗位的安全管理职责，当好宣传员、指导员、管理员、监督员。职位越高掌握的资源越多，作用越关键担负的责任也越重，必须亲力亲为，发挥好表率作用。切实增强"一岗双责"意识，积极参与到安全管理活动中，绝不要"代言、传达、搞形式"，时刻做到心中有责有戒，遇到问题不躲闪、整治隐患不松懈，追究责任不手软。各岗位人员牢固树立"人人都是安全员，功夫用在预防上"的意识，坚持不安全不生产，认真开好晨会和班前班后会，特别是在每班开工前，确认关键环节、关键部位、关键设备和关键人员均处于安全状态，方可施工作业，务求做到"我的安全我负责，他人安全我尽责"。

安全管理作为地质勘查行业发展中永恒的主题之一，涉及方方面面的工作。重点是全面深入贯彻落实习近平总书记关于安全生产的重要指示，牢固树立安全发展理念，以"时时放心不下"的责任感，厚植人民至上、生命至上的情怀，围绕着增强全员安全防范意识和提升防范技能的主线，进一步提高政治站位，压实安全岗位职责，强化红线意识，坚持底线思维，以最坚决的态度、最严格的要求、最有效的手段，以"严真细实快"的优良作风，确保党的二十大精神和习近平总书记的谆谆嘱托在地质勘查行业战线上落地生根，开花结果。

高速公路经营企业安全文化建设实践与探索

安徽皖通高速公路股份有限公司高界管理处　洪　刚　李　刚　向朱明

摘　要： 安徽皖通高速公路股份有限公司高界管理处（以下简称高界管理处）持续深入学习习近平总书记关于安全生产的重要论述和重要指示精神，立足于科学发展、安全发展、和谐发展，以打造本质安全型、高效型的高速公路为目标，着力打造"笃安"文化品牌，全面开展安全文化建设，取得了良好成效。

关键词： 安全文化；企业；方法；启示

一、引言

高界管理处隶属于安徽省交通控股集团有限公司和安徽皖通高速公路股份有限公司，管辖路段穿越大别山区、江淮分水岭、重丘和沿江水网地带及长江天堑。其中，G35济广高速岳潜段和G4221沪武高速安徽段桥隧比高达50%，隧道21座（特长隧道3座）；明堂山隧道全长7.77公里，是目前安徽省内最长的隧道。面对管辖路段里程长、桥隧占比高、路段气候复杂多变等特点，高界管理处勇于担当、积极创新，从精神层面、物质层面、制度层面、行为层面开展安全文化传播和发展，全面推进安全文化建设体系。本文提炼高界管理处安全文化建设实践经验、做法，初步探索安全文化创建方法，助力企业安全发展。

二、构建安全文化体系的途径和方法

（一）下好安全精神文化"先手棋"

安全精神文化也就是观念文化，是安全文化的核心和灵魂，是形成和加强安全制度文化、物态文化、行为文化的基础和原因。深层次的安全文化是沉淀于企业和职工心灵深处的安全意识形态，如安全思维方式、安全行为准则、安全价值观等。高界管理处积极把建设、弘扬先进的安全文化作为安全文化建设的重要抓手，在获得"全国安全文化建设示范企业"称号的基础上，持续发力不止步，下好安全精神文化先手棋。

1. 始终坚持"人民至上 生命至上"理念

常态化组织员工学习习近平总书记关于安全生产和应急管理工作和指示批示精神，组织观看"生命重于泰山"专题片及生产安全事故警示教育片，教育员工从思想上、行动上牢记安全责任重于泰山，

笃行不怠，让安全理念、文化基因入脑入心，融入员工血脉，同时结合行业特点提炼出"安全就是生命，安全就是服务，安全就是效益""安全第一、预防为主"的思想并融入生产、管理和服务的各个环节，形成了"安全为天，预防为先"的安全核心价值观，引导全处员工为实现"打造平安高速，服务经济发展，创造美好生活"的安全愿景而努力奋斗。

2. 常态化开展安全宣教

制订企业安全教育培训计划，构建企业级、部门级、班组级安全教育培训体系，结合行业特点每年邀请行业学者为企业安全管理人员开展有针对性的安全生产培训班，讲解安全生产法律法规、规章制度以及营运安全管理知识。

3. 强化警示教育和文化熏陶

常态化组织员工观看警示教育片，在员工生活、办公场所张贴宣传画、创建安全文化长廊、制作可视化电子显示屏和展板，促进安全文化落地生根，确保安全生产意识入脑入心。

（二）编牢安全制度文化"安全网"

安全制度文化是企业或组织日常运作中培养出的一种安全行为的文化环境，涵盖安全规章制度、管理方法、操作规程等。高界管理处对照《企业安全生产标准化基本规范》《公路营运安全管理规范（试行）》等标准和规范要求，发布实施《公路营运安全标准化管理体系手册》《公路营运安全工作标准体系手册》《公路营运安全技术标准体系手册》《风险分级管控与隐患排查治理双重预防机制手册》等安全标准体系文件4项、《安全生产管理办法》《安全目标考核管理办法》《事故隐患排查治理办法》等管理制度26项，收集整理技术标准130余项，编

制各层级岗位说明书60余项,岗位操作规程40余项,应急预案体系30余项,有力地促进了全处安全生产工作有规章可循、有流程可守、有依据可查。

（三）建设安全物态文化"主力军"

安全物态文化是安全文化的物质层,是形成精神文化和行为文化的条件,因此物质是文化的体现,又是文化发展的基础,体现在人类技术和生活方式与生产工艺的本质安全上。

1. 保障安全经费有效实施

企业应加大安全投入力度,层层审批安全经费,确保合理、合规、足额使用安全经费。同时,积极探索运用新技术、新工艺打造安全稳定高速公路通行环境,保障高速公路运营安全、稳定。

2. 创新工作方法

高速公路经营企业应当积极协调涉路管理的公安、交警、路政等力量建立健全道路安全错时巡查、联合巡查机制以及安全隐患联合排查机制,经营企业、交警、路政坚持开展道路安全隐患排查、安全宣教进校园进农户等"五进"等行动,营造安全、和谐的路域环境。

3. 引进新技术新材料

高速公路经营企业应充分探索运用先进监测预警新技术,在典型高边坡路段,安装高边坡监测预警系统,利用多种传感器,对边坡位移、渗水、压力、降雨量等进行连续监测,远程分析和预测边坡的稳定性情况,及时作出预警预报,有效预防和减少灾害发生;在冬季,高速公路经营企业还可以探索运用铺装SMSCA自融雪彩色防滑材料、自动喷洒环保融雪剂系统等新工艺、新材料解决山区高速冬季除雪保通难。

（四）打好安全行为文化"主动仗"

安全行为文化是安全文化的行为层,是员工在生活和生产过程中的安全行为准则、行为模式的表现。

1. 规范安全行为标准

印发企业年度安全生产（应急管理）工作要点、计划,层层签订安全生产责任书;定期对各岗位安全生产工作落实情况进行考核,兑现岗位绩效考核;年终实施企业年度安全生产目标考核工作,对各单位、各部门年度安全生产工作进行考核考评,并根据考核结果进行奖惩,从制度层面约束企业员工安全行为。

2. 做好安全风险防范和隐患排查治理

落实风险分级管控机制,企业各层级定期开展安全风险排查和管控,排查企业风险状况;要按照隐患排查治理管理办法,认真开展隐患排查治理工作;节假日、汛期、台风等特殊时段高速公路经营企业还应联合交警、路政等多方对所辖路段交通安全状况进行检查,全面排查治理安全隐患。

3. 提升应急处置能力

高速公路经营企业应根据管辖路段特点,修订、完善道路突发事件、雨雪冰冻恶劣天气、汛期等各类突发事件应急预案,常态化开展道路（隧道）突发事件、大桥结冰、冬季铲雪除冰、路段大流量应对、收费系统瘫痪等各类突发事件应急演练,不断提升突发事件情况下应急处置能力。

三、安全文化建设的启示

安全文化建设是一项庞大的系统工程,具有长期性、复杂性和艰巨性等明显特征,既要抓好长期规划、做好长期建设的准备,又要立足当下、抓好基础性工作落实。

（一）持续强化安全宣教成效

安全宣传教育是安全文化建设的重要组成部分,强化安全生产教育培训,也是从人的思想管控来实现本质安全的重要保障,更是预防人的不安全行为的有效方法。在开展日常安全宣教的基础上,持续大力开展安全生产月、防灾减灾周、警示宣传教育等大型活动,利用网络、抖音、广播等新媒体手段,以大众喜闻乐见的方式普及安全法规、安全常识和注意事项,以耳濡目染、潜移默化的方式熏陶安全观,同时将警示教育等安全宣教活动的开展推广至基层班组,不断提升安全宣教成效。

（二）持续强化安全标准体系建设

从制度建设入手,不断健全和完善安全生产管理制度,持续改进安全生产标准化体系。可以采取标准化体系或安全管理宣贯交流学习、对照检查与反思总结等方式,定期对已有安全生产管理（标准化）体系进行自检自查,认真对安全生产标准化体系的运行情况进行评价,根据安全生产环境等变化,不断纠正运行过程中的偏差和不足,修订完善管理制度,确保标准规范运行,有效实现安全生产高效、稳定运行。

（三）强化安全生产监督考核

落到实处的安全生产责任制,是保证企业安全生产目标实现的重要方式，要逐步完善各级领导和职工的全员安全责任制，有针对性地分解目标任务，并层层签订安全生产责任书和承诺；还要建立安全绩效考核相关的制度和办法，并建立事故隐患排查、生产安全事故调查、生产安全事故追究等制度，定期开展安全检查，对于各项检查中发现的问题，要及时进行整改，建立隐患登记台账，整改过后还需要进行复查，确保及时消除安全隐患。

（四）打造独特安全文化

正确的安全文化是企业安全理念规范运作的结果。通过各种形式，鼓励员工参与、提出符合自身企业、行业特点的安全理念、安全愿景以及核心价值观等安全文化体系内容，并要求全体员工时刻牢记安全。通过多途径开展文化宣传，在固有的安全宣教基础上，可以邀请职工家属参加到安全宣教活动中来，适当增加家属送祝福、交心谈心、寄一封安全信、家庭安全排查等环节内容，充分发挥家属亲情的感染作用，提升安全文化氛围熏陶。

（五）探索安全文化品牌与党建品牌有效融合

在有党组织的企业，可以探索将企业安全文化与党建文化有效融合，充分发挥党组织的统领全局的组织优势、党组织在安全生产工作中的思想引领以及战斗堡垒作用，使用品牌建设的理念、方法，积极探索创建品牌新途径，实现党建工作与安全生产管理工作双发展、双促进的目标，构建与企业发展相适应、相匹配的安全保障能力，形成本质安全的文化氛围和齐抓共管的工作格局。同时，用好用活各种载体媒介，做好党建品牌融合安全文化品牌的宣传和推广工作。

参考文献

［1］戴辉.筑牢安全文化之魂夯实企业发展基石 [J].企业安全文化案例汇编,2016,63（20）：126-128.

［2］应急管理部宣传教育中心,《企业管理》杂志社.第二届企业安全文化优秀论文集（2020）上 [M].北京：企业管理出版社,2021.

推进体系特色文化建设 构建安全生产长效机制

淮北矿业（集团）有限责任公司 周卫金 叶云飞 刁远程 朱帅帅 张 磊

摘 要：淮北矿业（集团）有限责任公司（以下简称淮北矿业）"54321"安全生产体系自2008年提出，历经谋划、建设、推进、提升4个阶段，近15年时间，从无到有，从点到面，从零到整，形成了淮北矿业独有的安全管理模式。"54321"安全生产体系有15个要素，分别为安全理论、安全文化、安全素质、安全责任、安全制度、安全技术、安全投入、安全质量、安全监督、风险管控、隐患整治、事故查处、规范操作、规范管理、安全生产，根据15个要素的内在关系、对安全生产的直接或间接作用，对15要素进行整合、优化，形成系统，将安全体系分成支撑、保障、防控、操作和目标5个子体系，形成了一个稳固的"金字塔"。2020年7月1日，国家煤矿安全生产标准化管理体系正式实施，该体系共有理念目标、矿长安全承诺、组织机构、安全生产责任制及安全管理制度、从业人员素质、安全风险分级管控、事故隐患排查治理、质量控制8个要素。淮北矿业将"54321"安全生产体系中的15个要素与国家煤矿安全生产标准化管理体系中的8个要素并标并表、深度融合。通过强力推进行标和企标"双标"并轨、融合，其安全体系建设已经成为企业安全管理的特色文化，成为抓安全工作的纲和魂，基本构建了安全生产长效机制，保障了公司安全形势持续向好。

关键词：体系；建设；融合；机制

一、"双标"融合的必要性分析

党的十八大以来，习近平总书记多次对安全生产作出重要指示批示，反复强调"人民至上，生命至上""发展决不能以牺牲人的生命为代价"；党的十九届五中全会明确指出，要"统筹发展和安全，建设更高水平的平安中国"。近年来，我们始终坚持安全发展，在长期实践中总结提炼、巩固完善，形成了具有淮北矿业特色的"54321"安全生产体系，这一体系不仅高度契合党中央的要求，而且完全符合矿区的实际，同时也得到了国家矿山安全监察局（原国家煤监局）的高度认可，认为淮北矿业安全体系有理论、有实践、有基础、有创新、有效果，改变了以往安全管理的运动式、粗放型、人为性，变被动的处理事故为主动的预防事故，是超前、系统、科学的安全管理体系，是安全管理全新的方法和安全治本之策，值得总结推广。2019年7月，"54321"安全管理体系得到国家认证并获国家专利。国家煤矿安全监察局在充分吸收淮北矿业"54321"安全生产体系精髓的基础上，以安全生产标准化为平台，出台了2020版《煤矿安全生产标准化管理体系》，并在全煤系统推广应用。淮北矿业把行业标准与企业标准有机融合并轨，坚持体系统领地位不动摇，深化"双标"融合。

二、"双标"融合主要做法

淮北矿业安全管控模式为：**体系统领、双标融合**。

（一）体系统领

2009年以来，淮北矿业开展了"54321"安全生产体系建设，将其作为安全工作的总纲和抓手，以提高安全管理系统化、规范化水平。该体系主要由支撑体系、保障体系、防控体系、操作体系和目标体系等5个子体系共15个要素构成。其中，支撑体系由安全理论、安全文化、安全素质、安全责任、安全制度5个要素构成；保障体系由安全技术、安全投入、安全质量、安全监督4个要素构成；防控体系由风险管控、隐患整治、事故查处3个要素构成；操作体系由规范操作、规范管理2个要素构成；目标体系由1个要素构成，即安全生产。体系建设由党委负责牵头抓总，党委书记在体系建设中负责动员引领、作风建设、监督保障；行政主要领导担负体系建设主体责任，负责安排部署、工作推进、考核奖惩。坚持示范带动，每年召开体系建设现场会，树立标杆、以点带面、整体推进。制定严格的考核标准，将各类安全检查考核纳入体系建设之中。

（二）双标融合

自 2020 年 7 月 1 日开始，《煤矿安全生产标准化管理体系》正式执行，而淮北矿业多年来一直推行"54321"安全管理体系，针对《煤矿安全生产标准化管理体系》（8 个要素）和《"54321"安全管理体系》（15 个要素）之间的"共性"与"个性"关系，通过"内容对接、公式对接"等方式，最终实现"两个体系"深度融合、并轨同向。

1. 抓对接，实现"两个体系"要素融入，考核数据共享

正确处理好企业标准和行业标准之间的关系，认真研究《煤矿安全生产标准化管理体系》（8 个要素）和《"54321"安全管理体系》（15 个要素）之间的"共性"与"个性"关系，分类开展煤矿、"四化"企业、救护消防大队等对接，实现了"两个体系"创建内容、分值测算的有效对接、互联互通。

（1）要素内容对接。根据两个体系考核标准及要求，淮北矿业召开体系对接专题会，确定了《"54321"安全管理体系》中的 12 个要素对接《煤矿安全生产标准化管理体系》中的 7 个要素："安全理论、安全文化"对接"理念目标和矿长安全承诺"，"安全监督、安全技术"对接"组织机构"，"安全制度、安全责任"对接"安全生产责任制及安全管理制度"，"安全素质、规范管理、规范操作"对接"从业人员素质"，"安全质量"对接"质量控制"，"风险管控"对接"安全风险分级管控"，"隐患整治"对接"事故隐患排查治理"；同时，"54321"安全管理体系的"安全投入"和"事故查处"两个要素无对应考核内容，根据国家安全生产标准化管理体系要素考核标准精神，把"安全投入"要素纳入"安全风险分级管控"，"事故查处"要素纳入"调度和应急

管理"专业考核（图 1）。

（2）考核公式对接。淮北矿业制定了《煤矿安全生产标准化管理体系》与《"54321"安全管理体系》数据共享表，实现了"一表集成、一次考核到位"，即把煤矿安全生产标准化管理体系百分制考核与"54321"安全管理体系千分制考核有机衔接，按照各自专业分值、权重，设置考核公式，以煤矿安全生产标准化管理体系要素考核分数为基础，通过公式来测算"54321"安全管理体系各要素得分及排名，实现了一张表考核到位（图 2）。

2. 明责任，压实标准化管理体系创建责任

根据公司机关职能部门的业务范围，对新版安全生产标准化新增加的 5 个要素明确了责任部门，各基层矿井同步健全组织机构和领导体系，细化责任、分级管理、逐级落实，将安全生产标准化管理体系创建责任落实到部门、矿井、科区、班组，形成人人有责、环环相扣的安全生产标准化责任体系（表 1）。

3. 强培训，确保新标准入脑入心

2020 年 6 月底至 7 月上旬，淮北矿业组织许疃、祁南、芦岭、童亭、涡北等矿，制定了"理念目标和矿长安全承诺""组织结构""安全生产责任制及安全管理制度""从业人员素质""持续改进"等 5 个要素模板，审核通过后在各矿推广应用。5 个模板建成后，集团公司采取"公司集中培训＋矿井针对性培训"的方式，组织开展了全员、全方位的新标准学习、贯彻工作。2020 年 7 月 28 日，淮北矿业举办安全生产标准化管理体系专题培训班，各矿制订培训计划，采取集中培训、分系统分专业培训及早会微课堂、管技人员下井提问等多种形式的学习培训。

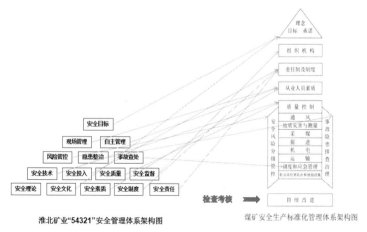

图 1　淮北矿业"54321"安全管理体系与煤矿安全生产标准化管理体系对应逻辑关系图

《煤矿安全生产标准化管理体系》					对应要素及换算关系	《"54321"安全管理体系》		
序号	要素	分值×权重	项目	考核得分		序号	要素	实际得分
1	理念目标和矿长安全承诺	A 3	A1	50	A1×15/50=a1	①	安全理论 a1	15
			A2	50	A2×15/50=a2	②	安全文化 a2	15
2	组织机构	B 3	B1	28	B1×10/28=b1	③	安全监督 b1	10
			B2	72	B2×20/72=b2	④	安全技术 b2	20
3	安全生产责任制及安全制度	C 3	C1	45	C1×15/45=c1	⑤	安全责任 c1	15
			C2	55	C2×15/55=c2	⑥	安全制度 c2	15
4	从业人员素质	D 6	D1	70	D1×50/70=d1	⑦	安全素质 d1	50
			D2	20	D2×15/20=d2	⑧	现场管理 d2	15
			D3	10	D3×15/10=d3	⑨	自主管理 d3	15
5	安全风险分级管控	E 15	E	100	E×150/100=e	⑩	风险管控 / 安全投入 e	150 / 15
6	事故隐患排查治理	F 15	F	100	F×150/100=f	⑪	隐患整治 f	150
7	质量控制 通风 / 地质灾害防治与测量 / 采煤 / 掘进 / 机电 / 运输 / 调度和应急管理 / 职业病危害和地面设施	G 50	G专业分值	100（各项）	G×10=g	⑫	安全质量（⑫事故查处15分并入应急管理部分） g	500
8	持续改进	H 5	H	100		⑬	安全目标（扣分项）	
煤矿安全生产标准化管理体系最终得分		Σ8 100				"54321"安全管理体系最终得分	Σ15	1000

图 2 《煤矿安全生产标准化管理体系》与《"54321"安全管理体系》数据共享

表 1 职责分工表

序号	管理要素		标准分值	权重	责任部门
1	理念目标和矿长安全承诺		100	0.03	安监局
2	组织机构		100	0.03	安监局
3	安全生产责任制及安全管理制度		100	0.03	安监局
4	从业人员素质		100	0.06	组织（人事部）、人力资源部、党委宣传部（人员配备及准入）
					党委宣传部（安全培训）
					工会（班组安全建设）
					安监局（不安全行为管理）
5	安全风险分级管控		100	0.15	安监局
6	事故隐患排查治理		100	0.15	安监局
7	质量控制	通风	100	0.10	通防地测部
		地质灾害防治与测量	100	0.08	通防地测部
		采煤	100	0.07	生产管理部
		掘进	100	0.07	生产管理部
		机电	100	0.06	机电装备部
		运输	100	0.05	机电装备部
		调度和应急管理	100	0.04	生产管理部（调度）
					安监局（应急管理）
		职业病危害防治和地面设施	100	0.03	职防办（职业病危害防治）
					工会（办公场所、"两堂一舍"、职工生活服务）
					生产管理部（工业广场、地面设备材料库）
8	持续改进		100	0.05	安监局

4. 建平台，打造便捷高效的安全体系检查考核平台

依托信息化手段，本着"简化考核环节、减轻基层负担、提高检查考核效率"的原则，建成新标准考核平台。新标准检查系统于 2020 年 9 月中旬全面投入使用，要素（专业）一律采取网上检查考核的方法，按照国家标准实现了上传资料、线上检查、线上打分、线上汇总，极大地提高了考核效率。

5. 严考核，打通体系建设"最后一公里"

淮北矿业采取日常动态检查和每季度末集中检查相结合的方式对各矿井、工程处、综采安拆公司、救护大队及地面生产单位进行考核评比，各专业、要素季度得分均为动态得分和季度检查得分之和，具体检查方法如下。

（1）动态检查。淮北矿业各专业、要素责任部门通过动态检查、评估，对煤矿等各单位日常的安全体系建设相关要素进行考核打分，这一得分作为动态检查分，在季度考核中占 50%。

（2）信息化检查。各专业责任部门日常按照标准化要求，通过安全生产标准化考评系统对各矿上传的文件、资料进行检查，对工作开展不及时或资料上传不及时的，按照安全生产标准化管理体系检查标准给予扣分，扣分纳入季度考核分数。

（3）季度末集中检查。季度末，淮北矿业领导带队，组织各管理要素及专业责任部门人员，对各矿进行全覆盖、全方位达标检查，严格按评分表打分，

并执行谁检查、谁签字、谁负责。

（4）挂牌扣分。淮北矿业各级领导及各业务部门在对矿井检查中，查出现场存在违反国家安全生产法律法规，违反规程、措施要求，存在重大安全隐患问题的，给予挂牌督办。违反淮北矿业刚性规定的，矿井专业挂"老虎牌""红牌"分别给予矿井该专业扣 10 分、5 分的处罚。

三、取得的成效

淮北矿业始终坚持安全体系统领地位，大力推进"54321"安全生产体系建设与国家安全生产标准化管理体系深度融合，把体系建设作为长治久安的治本之策，使之成为矿区安全管理特色文化，持之以恒，久久为功。2016 年至 2020 年，全公司百万吨死亡率为 0.09，与"十二五"相比实现了事故总量、死亡人数、百万吨死亡率"三个下降"，其中事故总量下降 67.6%、死亡人数下降 63.4%，百万吨死亡率下降 59.1%。"十三五"期间，创造了两个较长安全周期，2016 年 8 月 11 日至 2017 年 10 月 25 日，全公司连续安全生产 430 多天；2019 年 5 月 13 日至 2020 年 10 月 26 日，煤矿安全生产超过 530 天。截止到 2023 年 7 月，淮北矿业公司已连续 8 年杜绝了较大及以上事故，有 7 对矿井安全生产超过 6 周年，其中童亭煤矿安全生产超过 17 周年，目前为全省安全周期最长的煤矿。实践证明，必须坚持体系统领地位不动摇，进一步推进"国标"与"企标"深度融合，推深做实安全管理文化。

以全员参与为导向的实验室安全双重预防体系建设特色安全文化路径研究

国网山东省电力公司电力科学研究院　佟新元　赵　鹏　陈玉峰　刘景龙

摘　要： 本文以实验室安全目标为出发点，通过引领全体员工主动融入实验室安全双重预防体系建设，采用全员主动参与双重预防机制设计、风险隐患辨识管控、标准化控制卡制定、全过程安全监督检查等方式，建立信息化、标准化的实验室双重预防体系，创新融入"个人安全靠自己"等安全理念，打造守规矩、保底线、防红线的安全文化品牌。

关键词： 实验室安全；双重预防体系；全员参与；安全文化路径

一、实施背景

（一）政府层面对双重预防工作作出重要部署，迫切需要实施双重预防体系建设特色安全文化路径研究

双重预防机制建设是贯彻落实党中央、国务院关于建立风险控制和隐患排查治理机制的重大决策部署，实现纵深防御、管控前移、源头治理的重要措施，是总书记对安全体系的全新诠释与解读。建立安全风险分级管控和隐患排查治理双重预防体系，符合国家、行业和地方政府的相关规定。

（二）全国实验室安全形势日趋严峻，迫切需要实施双重预防体系建设特色安全文化路径研究

在当前高压安全管控态势下，仍有多起实验室安全事故发生。现阶段实验室安全管理在不同程度上存在人员安全意识薄弱、安全责任不落实、安全教育培训不到位、管理机制不健全等问题，迫切需要一套行之有效的实验室安全管理体系来保障实验室安全，从"根上"实现实验室风险预防、隐患消除。

（三）电力企业实验室本质安全水平亟须提升，迫切需要实施双重预防体系建设特色安全文化路径研究

电力企业实验室数量多、专业覆盖面广，风险点众多、风险管控难度大，是安全管理的重点和难点。实验室安全管控在全国鲜有可依据的标准制度，国网、省公司均未制定专门的实验室安全管理规章制度。因此，我们亟须系统、全面地分析实验室安全管控的薄弱环节，构建预防事故的两道防线，通过精准、有效管控风险，切断隐患产生和转化成事故的源头，全面提升企业本质安全水平。

二、主要做法

以全员参与为导向的实验室安全双重预防体系建设特色安全文化实践框架如图1所示。

图 1　以全员参与为导向的实验室安全双重预防体系建设特色安全文化实践框架

（一）构建"四大责任体系"，压紧"各级一把手"安全责任，确保预防体系建设有效开展

抓实验室安全，关键在于责任落实，特别是"一把手"。严抓单位层级、中心级、班组级"一把手"，用上层持续热、中层传导热带动全员共热。主要负责人牵头开展实验安全双重预防体系建设，分管负责人定期督导督办，安委办组织抽调本单位相关管理人员、技术人员组成项目工作组，定期召开建设协调会。创新建立工作领导小组、技术支撑小组、工作实施小组、督导检查小组，形成了安全行政管理体系、安全技术支撑体系、安全生产实施体系、安全监督管理体系安全生产"四个责任体系"（图2）。

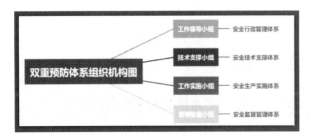

图2 双重预防体系组织机构图及安全生产"四个责任体系"

创新建立安全督导"三到三看三评判"履责机制，每周印发到岗到位监督计划，组织各级安全管理人员到工作现场去，看一线作业人员安全措施落地行为，评判安全管控成效。创新开展"三学两讲一点评"安全日活动，组织各专业部门的管理人员常态到基层班组中去，看员工安全认知水平，评判安全教育成效。构建"主业＋产业"协同监督机制，组织各层级安全员到实验室中去，看科研人员设备操作规范，评判实验风险管控成效。常态开展"一把手"讲安全活动，各级安全"第一责任人"率先垂范，通过集中授课、专题讲座、案例分析、小组讨论等，开展安全文化价值理念宣贯、安全技能培训、安全警示教育，建立有效的安全沟通机制，引领特色安全文化创建。"安不安看一线、好不好看基层，行不行看执行"成为安全管理共识。

（二）健全"安全管理体系"，实施"一张纸式"安全管理，确保预防机制标准化建设

1. 构建"安全＋质量"标准化风险管控体系，推进"一张纸"式标准管理

以安全管理体系建设为契机，创新实施融合"质量、环境"的安全管理体系，融入关键环节安全管控措施及标准质量工艺，分专业、分岗位制定作业风险分级管控清单、作业安全质量标准化控制卡、标准化作业指导书，明确各作业工序标准化作业流程、风险点及安全、质量管控措施，实现"一张纸"式标准化管控，以作业安全质量标准化管控实现本质安全水平的提升。充分考虑危化品、特种设备、高压电气设备等作业特点，制定《实验室作业全流程标准化管理实施方案》，规范现场勘察、风险评估、开工单填写等各作业环节管控要点，提升实验室标准化管控水平。

2. "法规制度＋教育培训"推进双重预防体系建设规范化

制定《双重预防体系建设实施手册》《双重预防体系建设体系文件》，规范实验室双重预防体系建设流程。开展全覆盖、分层次、多种手段并用、多种形式结合的培训教育，督导各层级开展培训考试并留存相关培训考试记录。因地制宜地建设安全教育室、"一部门一特色"安全文化长廊、宣传栏等宣传阵地，广泛宣传展示双重预防体系建设成果，助推实验室双预体系规范化开展。

（三）打造"多层级清单体系"，建立"个人安全靠自己"安全理念，确保风险隐患全方位辨识分析

1. 以"四要素"为核心辨识风险隐患，实现风险隐患全覆盖

以"全员"为出发点，坚持"常态化、全覆盖、全过程"，常态开展危险源、风险点辨识专项排查。系统梳理电气试验、化学试验、材料试验等各类试验作业，重点突出触电、化学灼伤、中毒、窒息、机械伤害等高风险类别。全员主动辨识各类实验室作业工序设计的风险点，全方位辨识生产系统、设备设施、人员行为、环境条件等因素可能导致的安全、健康和社会影响等方面的风险和隐患，牢固树立"个人安全靠自己"安全理念。

各工作小组以实验室为单元，对照指导手册、作业活动清单及设备设施清单，从"人、物、环、管"4个方面，采用定量评价法及定性评价法，对岗位、作业活动、设备设施进行危险源辨识评估和定级。风险分级管控程序包括4个阶段：风险辨识、风险评价、风险控制、效果验证及更新，主要程序见图3。

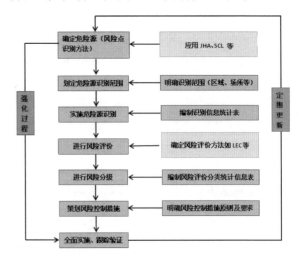

图3 风险分级管控程序

各岗位、实验室、班组、部门（中心）逐级识别确定风险点，开展风险点确认、危险源辨识、风险评估、编制清单、制定措施、管控实施、验证效果。

将风险点划分为设备设施和作业活动两大类,采用作业条件风险程度评价,形成《作业活动清单》《设备设施清单》及危险源统计表等"多层级清单体系"。根据风险严重程度和危害大小综合研判划分4个风险等级,即重大风险(一级)、较大风险(二级)、一般风险(三级)、低风险(四级),风险管控级别由高到低分别对应红、橙、黄、蓝4种颜色。

2. 以"自控+公示"实现全员风险分析,强化风险精准管控

依次按照工程技术措施、管理措施、培训教育

措施、个体防护措施、应急措施逐个风险点制定针对性管控措施。充分采用周例会汇报、晨会交流、实验室作业班前会、安全日活动等方式,不断丰富完善实验室风险管控措施,常态检查实验室风险管控措施落实情况,对风险点实施有效管控。形成《风险分级管控清单》,包含《设备设施风险分级管控清单》《作业活动风险分级管控清单》(图4),由班组、部门(中心)逐级审核,并经安委会审议通过后发布。对照《风险分级管控清单》,建立健全各级安全生产责任制,实行安全风险目标管理,完善全员安全生产责任清单。

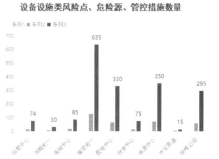
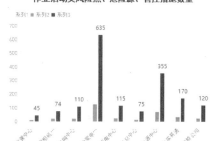

图4 各部门(中心)风险点、危险源、管控措施统计图

实施作业前进行风险辨识和安全交底,及时并简明扼要地表述作业风险、管控措施、应急处置及报告方式等。将识别到的可能产生不安全及危险因素的点或部位,通过告知书、告知牌、警示标志等方式,向作业人员传达安全信息及安全注意事项,增强作业人员主动安全意识(图5)。

础类、作业活动类、设备设施类《隐患排查项目清单》,并对照3607项隐患排查标准开展"拉网式"排查。

一是根据编制的隐患排查清单及隐患排查计划,分层级深入开展隐患排查。二是根据"分级治理、分类实施"的原则实现隐患治理闭环管理,做到资金保证、措施有效、责任到人,做好隐患整改验收。三是规范重大事故隐患治理方案和流程,制定实施严格的隐患治理方案,做到责任、措施、资金、时限和预案"五落实",实现重大隐患的闭环管理。四是建立隐患治理台账,做到"一患一档"(图6)。

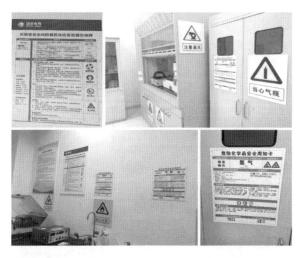

图5 实验室风险告知图

3. 以"自查+建档"强化隐患自纠自改,促进隐患治理闭环

依据实验室《风险分级管控清单》,制定实验室基

图6 实验室日常风险管控和隐患排查治理记录

4. 以"培训+监督"精心引入外部专家技术支持,提供专业保障

邀请第三方服务机构技术专家举办业务讲座和专题培训班,结合安全宣讲开展专家进实验室活动,

对工作流程、实施指南、配套管理制度和运行案例等内容进行专题培训。依托外部专家常态开展实验室安全监督检查，结合日常检查、季节性检查、专项排查，全面排查问题隐患，分析并制定整改措施计划，推进问题隐患闭环整改。依托外部专家建立企业安全风险数据库，全方位地精准掌握各类实验室作业活动、设备设施安全风险。组织员工互动咨询交流、发放安全宣传资料、播放警示教育视频，营造浓厚的安全文化氛围。

（四）应用"信息化监督手段"，强化"安全重心在一线"监督重点，确保风险隐患全过程智能管控

始终坚持将"一线"作为实验室安全管控的重心，针对金属、材料、高压等实验室全过程安全监管手段缺乏，以及实验室储存有种类、数量较多的危化品这一现状，积极探索信息化安全监督手段，真正将实验室安全管控"穿透到基层、落实到一线、执行到岗位"。

1.国网系统率先上线危化品安全监督管控平台，打造危化品全流程安全管理新模式

国网系统率先提出危化品线上全链条管理思路，建成并上线运行危化品安全监督管控平台（图7）。综合利用电子标签、大数据等信息技术，设置采购、验收、入库、出库、运输、使用、报废等15条管控流程，全程跟踪、动态监控危化品各环节信息，全流程线上管控危险化学品，实现危化品"来源可溯、去向可循、状态可控"。

2.建设多源融合智慧安全管控平台，实现实验室作业智能化、数字化全过程监督

针对现场作业"小临散""点多面广""安全管理差异大"等特点，创新建设多源融合的安全监督智慧管控平台，构建安全监督管理"一张图"、实验室安全信息"一张表"，实现多类型监控"全可视"（图8）、实验室作业管控"全覆盖"、危险源实时预警"全感知"，实现各经营区域实验室作业融合式、智能性监督管理，提升重点风险领域安全管控能力。

图7 危化品安全监督管控平台效果

图8 实验室视频监控图像

（五）建立"正反奖惩机制"，搭好"我要安全"载体平台，确保双重预防机制实效落地

1.严格过程奖励考核，强化体系落实实施

制定《安全工作奖惩实施方案（试行）》，实行安全目标管理、过程管控和以责论处的安全奖惩制度。优化《绩效考核实施方案》，建立健全覆盖各层级、各单位的安全责任考核机制，将评价结果与业绩考核联动，并将各级第一责任人的安全履职情况纳入绩效考核的重要内容、督导检查的关键内容、任职考评的必备内容和事件追责的依据内容，推动各部门主动承担和履行安全风险管控、隐患排查治理责任。

2.定期开展系统性评估，自评和外部评估相结合

每年至少对双重预防体系建设情况进行一次系统性评估，实行自评和外部评估相结合的方式进行。评估标准包括基本要求、风险分级管控体系建设、隐患排查治理体系、信息化管理、持续改进等5项评估指标、20个评估要点。

3.持续更新支撑材料，推动不断优化

适时针对实验室工艺、设备、人员等重大变更开展危险源辨识、风险评价，更新风险信息与风险管控措施，编制、更新风险管控清单，及时更新隐患排查清单，实施隐患排查。

参考文献

［1］黄坚.新时期电力企业开展安全文化建设的实践探索［J］.企业改革与管理，2021,(20)：199-200.

［2］王超.电力企业班组安全建设［J］.电力安全技术，2020,(08)：72-74.

［3］耿霖,伊永强.打造本质安全型员工,实现安全生产［J］.企业管理，2015,(11)：26.

［4］胡家宜.基于精益管理思想的电力企业安全文化建设研究［J］.企业改革与管理，2021,(11)：210-211.

煤炭企业如何建设符合自身特点的安全文化体系

国家能源集团神东煤炭榆家梁煤矿　祁　阳

摘　要：煤炭行业是高危行业，安全文化建设是这类企业文化建设活动中的行业特色和突出主题。本文对煤炭企业建设物质形态的、思想及行为层面的、制度层面的安全文化内容提出了相应的方法和途径，并指明了安全文化建设中需要重视的 5 个问题。

关键词：煤炭企业；安全文化建设；安全文化体系；创新发展

一、引言

企业文化建设是一个企业发展到更高阶段的一种先进的管理方法和管理艺术，是时代进步带给企业管理方式的一次变革。企业只有依靠文化管理，才能够提高员工的积极性、主动性和创造性。

煤炭企业作为国家一次能源供给的重要生产型企业，其管理问题特别是安全管理问题受到国家、社会的高度关注和重视。党中央提出煤炭企业要统筹发展和安全，深入推进能源的"四个革命、一个合作"。煤炭企业的安全管理工作不仅涉及社会和谐、家庭的稳定和个人幸福，也是一个企业的社会责任和政治责任。安全文化建设是煤炭企业文化建设的一个突出而鲜明的主题，它为煤炭企业的安全管理提出了一个新的系统思路，指明了一条新的发展途径，更能够体现以人为本、系统治理的理念。可以说，煤炭企业的企业文化建设的目标，就是建立一种全体员工共同遵循的、关于安全生产的核心价值观，并能够通过物态的、精神行为层面的、制度层面的形式反映出来的安全文化体系。

二、煤炭企业安全文化建设的重要意义

企业文化建设是企业发展到一定阶段所采用的先进管理模式，是时代进步带给企业管理方式的一次变革。企业实施文化管理，能够提高员工的积极性、主动性和创造性。企业文化建设主要体现了导向作用、凝聚作用、约束作用、激励作用、辐射作用。很多一流企业都将企业文化建设列为企业的重要发展战略，并不断地加强企业文化建设。

煤炭企业作为国家基础性的一次能源——煤炭原料的生产型企业，其管理问题特别是安全管理问题，愈来愈受到全社会的重视和关注。煤炭企业的

安全文化建设的重要意义主要体现在以下方面。

（一）安全文化建设是企业安全发展的需要

党中央提出了煤炭企业要统筹发展和安全，深入推进风险评估和隐患排查治理的方针。近年来，随着国民经济的快速发展，国内煤炭销售规模已经达到 28 亿吨，预计"十四五"末，国内煤炭需求将达到 42 亿吨左右，到 2030 年，我国一次性能源结构中，煤炭仍将占 50%。近年来，因煤炭企业的产能增长，以及企业管理粗放，煤炭企业安全事故频发，不仅使企业遭受了严重的经济损失，在社会上也造成了严重的负面影响。煤炭企业要想持续稳定发展，不抓安全管理是行不通的。而要抓好安全管理，重要和关键的因素是人，要践行"以人为本、消除隐患"的安全生产长效机制。

（二）安全文化建设是促进社会和谐的需要

安全工作事关企业的利益，也事关家庭的稳定和社会的和谐。安全事故的发生，给员工家庭带来了痛苦和心理的创伤，影响到家庭所有成员的生活。搞好安全文化建设，是一个煤炭企业履行企业社会责任、政治责任的表现。安全文化建设对促进企业与地方政府关系的和谐、企业与群众关系的和谐，获得内外部良好的发展环境，十分必要。

（三）安全文化建设是提升员工战斗力的需要

近年来发生的大量安全事故表明，许多安全事故是可以避免的，风险是可以预控的。许多煤炭企业事故的发生，主要归因于干部违章指挥、员工违章操作和违反劳动纪律（"三违"行为）。而"三违"行为的背后，是动机、思想等文化因素。按照激励的双因素理论，安全是保健因素。缺少了安全，员工的士气会大幅下降，因此，加强企业的安全文化建

设，能够规范员工的行为，确保安全生产，从而提升员工队伍的整体安全感和战斗力。

（四）安全文化建设是提高煤炭企业形象的需要

煤炭企业因为开采技术条件的特殊性、复杂性，相比其他企业，事故较多。煤炭企业还属于高危行业，在招工用工方面存在很多困难，社会形象、社会地位较低。现在，很多国有煤炭企业已经上市融资，煤炭企业的安全管理水平直接影响到市场股价的高低和价值大小。只要一个企业具有行之有效的安全管理运行机制、良好的安全管控能力，那么，它就能够提升企业形象和增强股民信心。

因此，安全文化建设是煤炭企业文化建设中一个突出而鲜明的主题，它为煤炭企业的安全管理改革提出了一个新思路，开辟了安全管理的新途径。安全文化建设要体现出"关注安全、关爱生命、以人为本、综合推进"的管理理念。煤炭企业的安全文化建设的目标是，要建立一种全体员工共同遵循的安全管理的核心价值观和行为规范，并能够通过物质层、精神层和制度层的载体反映出来。

三、煤炭企业安全文化建设的方式与途径

（一）安全文化建设具备三个形态

体现在物质上的、装备上的、硬件上的物质文化，是安全文化存在的物质基础；体现在舆论上的、思想上的、行为上的思想行为文化，这是安全文化的精神形态；体现在规章、制度和管理上的文化内容，这是安全文化的制度形态。物质层文化最直接，最容易在现场被员工发现和学习；制度层的安全文化具有激励或约束作用，制度只有通过学习传递、执行后，才有生命力，制度层的文化实施具有滞后性；精神层的安全文化，需要大众化和通俗化的语言传播，才能被煤炭企业的员工广泛地理解和接受。

目前，很多煤炭企业的安全文化体系还存在以下问题。

（1）有的企业重"硬件"、重制度建设而轻"软环境"建设，轻视员工的安全心理活动，形成不了员工自动自发的内在动力。

（2）煤炭企业现场安全文化的建设内容不规范，工作水平参差不齐，没有形成全方位、全过程、全员抓安全的合力。

（3）在安全文化建设上存在误区，认为安全文化建设就是搞宣传、搞活动，投入高、产出少，对安全文化建设的长期性、动态性、艰巨性认识不足。

（4）安全文化建设的考核监督机制不健全，对好的活动和内容不能固化，不能长久地坚持下去。

（5）安全文化建设不能在创新中发展，员工参与程度不够。

（二）安全文化建设的方法与途径

1. 关于物质层的安全文化建设

煤炭企业的作业环境大多都比较艰苦，水、火、瓦斯、煤尘、顶板等危险因素多，存在安全隐患和危险源。因此，要给员工创造一个高可靠性、装备现代化、工作标准化的作业环境，这样能够大大降低员工伤亡率。这是煤炭企业多起安全事故给我们带来的教训。煤炭企业的物态的安全文化建设主要包括以下几个方面的内容。

（1）要按照《煤矿安全规程》和《安全生产法》的要求，建立高可靠性的安全保护系统，安全生产装备向现代化、自动化、高可靠性的方向发展。例如，建立供电、排水、通风系统的安全监测监控装置，保证系统可靠运行，提高防灾抗灾能力。对运行胶带机设立跑偏、烟雾、纵撕保护，对大型机电设备设立可靠的供电、防爆隔爆装置，对电气系统建立完善的短路、漏电、过流三大保护系统，对旋转的部件设立防护网罩，对高风险作业区域设置安全语音提示和安全监视器，矿井建立入井人员登记考勤系统、信息定位系统、应急救援系统，保证即使在员工存在误操作或设备的误动作的情况下，也能够有效地保证其人身安全。可靠的安全监测和防护系统，能够增强员工从事煤矿安全工作的信心，增强其对煤炭企业工作的自豪感和责任感。

（2）广泛设立安全管理的技术图牌板和现场安全标识、标志、安全提示牌，使员工在现场操作时能够明确分辨，规范操作，旁示提醒，减少工作失误和盲动。例如，有的煤矿企业不仅在井下通风系统的风门上张贴了安全标志，还将安全格言警句以对联的形式宣传出去，起到了较好的安全宣传作用。凡是可能会导致安全事件的作业范围、设备设施均应当设立明确的安全提示和安全警告服务用语。安全标志标识的设立，能够解决部分员工因安全意识不强、情绪不佳从而引发事故的问题。

（3）建设一个环境整洁、干净卫生的标准化作业现场。人可以改变和创造环境，环境又可以反作用于人，对人的心理产生影响。好的环境可以使员工心情愉快，工作轻松；脏乱差的环境会使员工心

理急躁懈怠，工作上马马虎虎，粗心大意。虽然煤炭企业作业受到自然环境的影响和制约，会出现污泥积水多、物料摆放乱、设备噪声大、煤尘飞扬的恶劣环境。这些因素会影响到员工的心理安全和心理健康。分析以往发生的事故案例可知，现场作业环境不规范、不整洁造成人员伤害的事故也是非常普遍的。因此，好的作业环境可以促进安全管理工作。要大力改造井下的作业环境，推行质量标准化和现场的"6S"管理，推动安全工作水平。工作现场要对缆线规范吊挂，保证设备完好，把物料码放整齐，工程施工追求精品，做到现场无积水、无杂物，尽最大可能为员工创造干净整洁的作业环境，使员工能够集中精力、身心轻松地从事井下工作。

（4）为员工发放合适的、舒适的劳动保护用品，缩短劳动保护用品发放周期，保护煤炭企业员工的身体健康，减少职业病的发生。尽可能多地收集符合人体结构工程学的最新设计防护用品，收集员工在安全防护用品使用过程中的意见，及时进行整改优化，使防护需要符合工况现场实际和员工身体健康的实际，提升防护产品的数字化、安全化、可靠化水平，提升人机合一、环境感知、动态防护功能。

2.关于思想行为层面的安全文化建设

精神层的安全文化内容主要表现在舆论上、思想上、行为上、情绪上，主要以"人"为主体而开展建设的。

（1）煤炭企业的各级思想政治和宣传部门要确立一个正确的、强大的宣传舆论导向，教育全体员工以遵章守纪为荣，以违章违纪为耻，以安全生产为荣，以事故伤害为耻。要鼓励和表彰安全先进，批评和鞭策"三违"人员，形成"生命至高无上、事故违章可耻"的安全核心价值。可以在员工候车室设立安全宣传橱窗和家属安全寄语栏，使员工在出入井口时就关注安全。煤炭企业的管理部门要定期考核和评选"安全卫士"、安全先进个人和先进集体，给予隆重的表彰和奖励，树立学习典型榜样，使全体员工赶有目标、学有榜样。

（2）安全宣传教育要贴近员工，贴近生产，达到经常化、亲情化。一个人的思想情绪存在大约28天的周期性变化，安全教育活动对员工也存在一个周期性的增强—减弱—消失的变化过程。各级工会组织和人力资源部门，要以"安康杯"活动为载体，以技术培训、导师带徒、技术比武为手段，开展不

同层次的、丰富多彩的安全教育活动，正向强化员工的安全意识，削弱不良思想对安全工作的冲击。比如，在每年年末岁尾开展"百日安全会战"活动，提高煤炭企业员工对阶段性安全工作的重视程度；在节假日期间，煤炭企业的领导亲自入井检查指导工作，鼓舞员工士气；组织家属井口慰问，缓和井下作业现场单调、紧张的气氛；在全国安全生产月期间，自编自演安全文艺节目，寓教于乐；班前会进行全员安全宣誓和安全风险源辨识，时刻敲响警钟；在广播中播放矿工子弟的安全慰问信，使员工感受到亲情的关怀与温暖。

（3）要认真纠正员工的不良行为和习惯性违章现象，使员工规范操作、安全操作。在煤炭企业作业现场，每个岗位的员工都会面临作业的风险和危险源。要经常性地组织群体开展对安全风险源和重大隐患治理的辨识会、讨论会，使大家在讨论之中学习掌握对作业风险的预控知识。各个基层单位可以围绕员工对岗位危险因素的认识，书写个人的《安全承诺书》，夫妻共同签订《联保安全责任书》，开展安全演讲比赛和知识竞赛活动，进行岗位操作要领的"手指口述"，使员工牢记安全风险源和防控措施，做到临危不变、处变不惊，对规范操作的要求能够快速、高效地执行到位。在进行操作前，要教育员工自问6个问题："是否知道本岗位所存在的风险，不知道不去做；是否具备本岗位操作技能，不具备不去做；所处的作业环境是否安全，不安全不去做；作业时有无合适的工具，不具备不去做；作业时是否会危及他人的安全，有影响不去做；作业时是否佩戴了合适的劳保用品，不佩戴不去做。"无论生产作业多么繁忙，员工操作时要做到"四不伤害"：不伤害自己、不伤害他人、不被他人所伤害、保护他人不受伤害，强化员工作业时的自我管理和自律能力。

（4）煤炭企业的工会组织，可以采取经常性的正向激励手段巩固员工良好的安全行为。例如，开展无"三违"人员积分，定期组织他们参加抽奖活动，引导和固化员工不断延长个人的"安全周期"，巩固自己的安全行为。而煤炭企业安监部门要对现场的习惯性违章进行及时通报和处罚，加强对员工的负向约束。对出现的习惯性违章，除进行适当的经济处罚外，要由基层单位、家庭成员进行联手帮教，促进违章人员认识错误、积极改正错误。

（5）要重视对员工的心理疏导，对员工的情绪

进行管理,增强员工对企业的自豪感和工作的满意度。传统的煤炭企业管理方式大多较粗放,管理人员偏向行政命令和集体权式管理,很少与员工进行真诚沟通,往往造成管理层与员工情绪上的严重对立,很难推动政令畅通和提升执行力。从心理学角度讲,每个人都期望他人的赞美和肯定,人类均有追求高尚事物的美好愿望和动机。随着煤炭企业工人生活水平和文化层次的提升,矿工不再是代表生产力的简单符号,而是有思想、有感情、有知识、有技能的新型劳动者。因此,不同的时代要采取不同的管理方式,使员工积极参与企业和各项管理活动,提高员工心理的满意度,只有这样安全工作才会有保证。煤炭企业管理部门要关心员工的生活,通过向员工送生日蛋糕、评选文明和谐家庭,将热菜热饭送到井下,合理分配企业住房等"送温暖"活动,为员工解决生活上的后顾之忧,增强自身工作的满意度,从而使员工安心从业,一丝不苟地干好安全工作。

3.关于制度层的安全文化建设

制度能保证煤炭企业安全管理实现长效化,使企业的流程清晰、责任明确、运作高效。煤炭企业安全管理制度总体上可分为安全运行体系、岗位责任制、安全检查和处罚制度、安全教育培训制度、安全技术措施、设备运行和工程质量保障制度等。

(1)煤炭企业制度的制定要科学、规范、全面,符合企业的管理模式和生产流程。比如,目前企业普遍推行的《本质安全管理体系》,符合企业生产规模化、管理信息化、装备现代化、服务专业化、人员精干高效的生产实际,取得了良好的应用效果。各个煤炭企业应当结合自己的实际情况,建立一套适合自身管理模式的安全管理体系,并定期进行检查校验,对不符合项进行修订颁布,实现管理提升。

(2)安全管理制度的制定要贯彻"安全第一、预防为主、综合治理"的指导方针,从经济上、行政上、技术上、基础管理上体现对安全工作的重视、支持。比如,煤炭企业应当制定作业风险与危险源辨识制度、安全质量标准化检查验收制度、"三违"现象和不安全行为检查处罚办法、安全风险抵押金制度、安全结构工资分配制度、班组建设管理制度、群众安全监督员工作制度等不同的管理制度,形成"横向到边、纵向到底"的责任体系,各个层级、每个岗位均担负起安全责任,做到责任不遗漏、工作

无死角。

(3)结合员工队伍状况和安全生产需要,及时修订完善制定安全生产考核和激励制度,用七把利剑保平安,有关安全生产的规章制度的初稿事前交给各级员工代表审议通过,提高了安全管理制度执行力和权威性。矿井创造性制定了安全生产基层单位组织绩效考核制度、个人安全结构工资考核制度、安全生产标准化专业考核排名制度、安全生产责任制失责追究制度、安全生产作风建设追究制度、技术员以上管理人员安全生产计分考核制度和各岗位安全履职评价体系制度,用七把制度的"利剑"保安全。

四、煤炭企业安全文化建设需要重视的5个问题

(一)安全文化建设是一项系统工程

党政工团齐抓共管,企业"一把手"带头引领和推进。文化是一个发展方向,更是管理者形成的管理氛围。安全文化建设不仅是党工团等政工组织的一项工作职能,也是全体煤炭企业管理者应当倡导和推行的管理提升工程,要按照各部门的职责分工,从物质上、精神上、制度上加强培育与建设。

(二)选择好安全文化

只有选择好安全文化的载体和工具才能促进安全文化与企业发展、员工思想深度融合。安全文化需要落地生根,必须与企业推行的本质安全管理体系、煤炭企业风险源辨识和预控相结合,与员工思想状态融合,才能深入扎根,发展壮大。例如,某矿主井运输队在认真分析研究了本队七个班组的特点后,采用不同的动物图案作为班组的"图腾",体现了不同班组的工作作风和工作精神,使新员工能够很快融入本班组的氛围中。又如,某矿连采队施工作业地点流动性大,员工情绪和安全状况不稳定,在工作地点固定后,将文化形象定位为"泰山文化",以泰山为文化标识,提炼出了"区队安全为泰山之本,班组和谐为泰山之基,员工利益为泰山之巅"的管理理念,稳定了员工队伍。

(三)安全文化建设要坚持长期性、经常性

企业要教育新员工不断地传承安全文化。安全文化建设是企业的一项战略目标,不可能一蹴而就,必须有计划、分阶段实施。要按照人们对事物的认识规律,总结出规律性特征,只有这样安全文化才能够被广泛认知、理解和推广。在阐述提炼本单位的安全理念时,要结合本单位发展历史、重大事件和

先进事迹进行梳理,通过组织新老员工、区队管理干部的交流座谈,分析鲜明的管理特色和工作精神,提炼出管理理念、工作目标和工作格言。企业发展进程中会有新员工不断进入,企业对新员工要不断地进行宣传贯彻,使新员工能够与老员工队伍尽快融合,形成团队建设合力。

（四）安全文化的建设落实点在基层

要重视加强区队班组文化建设,以安全文化促进煤炭企业的安全生产。安全文化的真正目标是确保企业安全生产,不断固化员工的安全行为,减少各类事故的发生。班组是企业生产中最小的组织单元,是最接近生产一线的管理单元,要充分利用班前会活动,传播安全管理思想、安全理念和安全技术,推动群众参与安全创新活动。

（五）安全文化建设要建立合适机制

安全文化建设要以激励员工为主线,以制度惩罚为辅助,建立合适的正向激励和反向约束机制。管理上要体现出“以人为本”的思想,辅之以经济上、行政上、生活上的保障措施,汇聚合力,形成导向、激励、辐射作用,激发员工发自内心的自觉的安全需求,形成全员自动自发保安全、处处把关处处安的良好局面。

参考文献

[1]付立红.生长：企业文化建设全景解析[M].北京：中国经济出版社,2007.

[2]国家煤矿安全监察局.煤矿安全生产标准化管理体系基本要求及评分办法[M].北京：应急管理出版社,2020.

[3]赵文明.中外企业文化经典案例[M].北京：企业管理出版社,2005.

如何建立基层安全文化

山东交工建设集团有限公司　韩玉国

摘　要：山东交工建设集团有限公司（以下简称山东交工）是一家以公路工程施工为主的市属国有企业，一般在山东省内承接各种道路、桥梁工程建设任务。参与工程建设的劳务队伍多在本市内组建而成，有些异地队伍多是临时组合，由于道路工程建设多个工种技术含量较低，临时招募当地民工的情况时有发生，人员流动性大，受教育水平低，因此这部分人员安全意识淡薄。这就给现场安全管理带来很大困难。这种施工单位的组织架构在其他地区甚至其他行业也有不少，劳务队伍可以说是施工单位生产安全事故的"事故多发路段"，如何打通劳务队伍安全管理的"最后一公里"，减少及杜绝劳务队伍人员伤亡是各施工单位最头疼、最困难，也是最重要的一项工作。笔者在基层单位从事安全管理工作多年，非常清楚安全文化对一个企业规范化安全管理的重要性，许多"高、大、上"的安全文化模板随处可以借鉴，但它们对最基层、最末端的劳务队伍人员作用却非常有限。如何建立基层"土著"安全文化，让这种更接地气的安全文化能够更好地增强基层人员的安全意识，从而进一步指导作业人员规范自己的安全行为呢？本文推介了山东交工的"土著"安全文化建立经验。

关键词：安全文化；基层现场；安全宣传；安全教育；安全晨会；安全激励

　　安全管理末端的行为主体，即公路工程建设劳务队伍，这个群体一般都不是技术工人，他们普遍年龄偏大，受教育水平低，安全意识差，习惯性违章偏多，接受新生事物困难，组织纪律涣散，家庭压力大，人员流动性大。由个人违章引发的生产安全事故占据绝大部分，违章处罚在此类人员身上作用有限，由于受用工荒的影响，罚款最终一般会由劳务队伍老板代缴。对于这类群体我们如何用安全文化来推动安全的自我约束，把安全生产作为作业人员的自我要求呢？山东交工做了以下几个方面的工作。

一、把安全宣传文化做到现场

　　长久以来，山东交工对安全的态度都是"拉下脸来、铁下心来、动起真来"，对安全从严管理这种理念是正确的，但是到了现场这种"从严"往往会演变成斥责，严格的安全管理会变为凌厉的斥责说教。对违章明知故犯、害人害己的行为，这种方式也未尝不可，但是很多的行为并不是故意违章，更多的是侥幸心理和随大流、图方便，这些人绝不会拿自己的生命开玩笑。一个群体和个人在一个充满斥责的环境中辛苦作业，心里肯定不舒服。我们的安全管理是否应该考虑得更温暖一些，我们的安全宣传是否考虑对基层作业人员更贴近一些？现场安全文化的目的就是让作业人员感受到安全生产的温暖，而不是冰冷的斥责及不接地气的说教。在山东交工所有的施工现场，宣传横幅内容全部更新，摒弃以往那些没有实际意义的空洞宣传内容，如"安全第一、预防为主""安全重于泰山"等，取而代之的是劳务队伍人员更受感触、更接地气，而且朗朗上口的内容，如"在外打工多艰难，父母妻儿把心里连，安全时刻记心上，平安回家好团圆""对自己安全上心，作业时不走心，让管理员省心，让家人们放心""安全带要高挂，安全帽要系牢，防护服要明显，裤腿要扎紧，鞋子要防滑""个人生命个人爱，孩子等你还房贷，个人安全个人防，活着比啥都要强，个人安全个人管，现在认识还不晚""安全带拴住的不仅是个人安危，还牵挂着你全家人的命运"等。甚至把安全行为要求也展示在现场，如"岗前四看：一看个人防护备齐了没有、二看周边隐患排除了没有、三看规范操作记牢了没有、四看应急措施到位了没有"等内容。这些现场宣传内容不断更新，用最直观的感受带来更大的自我约束力。另外，我们建立了爬梯安全文化、围挡安全文化，尽可能地把现场警示教育落到劳务人员的心里去，通过调查问询，实践证明这种警示效果非常明显。

二、把安全教育文化做到现场

常年来，我们的安全教育和培训很少关注受教育群体的需求，而是多采取大水漫灌式，没有把岗位安全教育内容区分清楚，没有把岗位人员安全意识的短板理出来，因此教育不能触及受众群体心里最柔软的部分。同时，教育形式单一，明知道劳务人员识字不多，却安排他们培训考试，最后一般都是代写做假了事。针对这类劳务群体，山东交工把班组安全教育做到现场，让受教育群体对现场风险有最直观的感受，采取平等对话交流的形式，充分分析受众群体的特点，农村人要对他教育什么、城里人教育什么、年龄大的教育什么、年龄小的教育什么、妇女教育什么，都区分开来，尽可能地说到他们的心理去。教育内容有家庭责任教育，要让他们反思自身伤亡的后果；现场风险教育，运用公司自己的事故案例，针对这个作业现场进行教育；生命安全教育，不仅要时刻保护好自己还需保护好他人；公司安全要求教育，要把公司的安全第一的理念不打折扣地在现场进行宣贯。实践证明没有触动不了的群体，只有没说到心里去的内容，这种平等交流的现场安全教育方式已经在各施工项目上全面推开，而且公司已经把这种教育资料分门别类地做出来模板，把末端群体安全教育做成了具有自己特色的教育文化。

三、把安全晨会文化做到现场

山东交工下属各项目的安全晨会工作已经推行了5年，目前已经成为各项目、场站安全管理工作的主抓手。发挥好每日安全晨会的"晨钟"效应，落实"每日一保"，对各项目安全管理起到了非常重要的作用。安全晨会就是要求从员工每天进入现场伊始，把心思、注意力马上引导至生产安全上来。如何组织好一个晨会，安全负责人、安全员最起码在头天晚上就要做好准备，项目部（场站）的安全晨会，参加主体是项目（场站）的所有员工，项目（场站）安全员要把当天的主要施工作业环节交代清楚，把各个作业环节有可能带来的风险交代清楚，把防范措施交代清楚，把各生产环节负责人分工及职责交代清楚，必要时人对人、点对点交代。各施工班组晨会，由劳务队伍安全员组织，项目安全员指导，主要把现场作业具体隐患指出来，跟劳务队伍人员交代清楚，还要把当天随着工序的不断推进，后续可能产生的安全隐患提前交代清楚。在组织晨会站

队时，个人防护用品要带齐，班组长要在晨会中检查防护用品的配备情况，不合格、破损的要及时更换。另一项重要的晨会交代内容是天气情况，因为户外施工作业受天气影响非常大，尤其是夏季午后天气有可能会发生非常大的变化，需要当天提醒，做好预防工作。

班组安全晨会主要流程：签到；组织人员站队；根据签到表点名；检查个人防护用品配备情况；检查人员身体情况，不舒服可以请假；交代今天天气情况，因天气环境会带来哪些风险；交代各作业点隐患情况（必要时单独个人交代）；安排安全防护工作；回顾昨天安全生产情况，对相关人员进行表彰或处罚；传达今天项目部特别安全生产要求；解散上岗。

针对晨会组织易出现的问题及解决办法如下。

（1）流于形式。班组晨会内容非常容易产生套话，千篇一律，无新鲜内容，导致人员听觉疲劳，为应付晨会而组织晨会、参加晨会，久而久之人员便不再重视此项工作。为此，安全员、晨会组织者首先自己要把握好晨会内容，了解现场工作实际，充分掌握现场安全隐患的具体内容。

（2）不能引起重视。各班组组织晨会时，项目安全员、施工人员要不定期带班，交代安全隐患时，可以讲述此安全隐患曾经导致的事故案例，基层人员用案例教育对作业人员更直观、更深刻，尤其是多用自己的案例。此外，还要创新晨会组织形式，针对劳务人员对晨会态度不端正的问题，项目部要求各班组人员轮流在晨会上当主持人，组织当天晨会工作，交代当天晨会问题，激励所有劳务人员积极参与。

四、把激励安全文化做到现场

一个良好的安全生产环境是从业人员的基本权利，他们有权利在一个安全环境中开展工作，但是这种权利在实际的作业过程中往往被忽视，首先来源于基层管理单位的忽视，再就是基层人员的习惯性盲从，进而导致不安全行为的一再发生，这也是现场生产安全事故发生的一大根源。事实证明，施工现场安全工作没有基层作业人员的积极参与、没有基层作业人员的积极配合，根本不可能做好。项目部要激励基层作业人员"敢要安全"，鼓励他们理直气壮地对违章指挥、违章作业说"不"，要积极创新这方面的管理方法，引导他们主动"要安全"。为此项目部对

基层劳务人员状况进行了分析,采取了以下策略。

(1) 及时奖励违章举报人员,及时奖励安全防护一贯坚持突出的先进个人,及时奖励安全方面做得好的班组。在这里鼓励并奖励"安全班组"的做法非常有效,它会约束班组中的个人主动服从班组管理,共建一个安全的班组团队,并起到引领效果。

(2)奖励采取小额现金或者是劳保用品的方式,但是一定要及时兑现。笔者在项目实际安全管理过程中发现,对基层个人安全管理的违章处罚效果非常有限,相反,奖励遵章守法者更加有效,及时、小额的现金及实物奖励更能激发基层作业人员的安全生产热情。

作为一个工程建设生产经营单位,生产安全事故的高发区永远是基层现场,事故引发者及受害者几乎都是基层作业人员,安全生产的末端管理永远是最重要的管理目标。一谈到安全文化,可能许多人都感觉是"阳春白雪",很高大上,实际"下里巴人"式的"土著"安全文化对"最后一公里"的安全管理更有效、更接地气。积极创建基层安全文化,让基层作业人员更多享受生产安全的红利,基层安全管理会方便得多,也轻松得多。建设项目管理人员要把安全管理的目标延伸到这 级,这对我们的安全管理最终目标的实现将会起到更大的推动作用。

境外大型项目安全文化辐射和同化作用的应用

——以突尼斯化工集团（GCT）40万吨/年TSP项目为例

中国化学工程第六建设有限公司基础设施公司　陈　龙　张优生

摘　要： 安全文化是企业安全生产的灵魂。构建企业安全文化，说到底就是全面提高员工的安全文化素质。境外项目的安全管理受地域、外部环境、宗教、文化、习俗等因素的制约较多，搞好境外项目的安全管理，重点要做好项目的安全文化建设，加强安全文化辐射及同化作用的应用，进而形成施工企业良好的安全管理思想和安全文化氛围。

突尼斯化工集团（GCT）40万吨/年TSP项目地处撒哈拉沙漠地带，当地气候恶劣。中国化学工程第六建设有限公司基础设施公司承建了该项目全部土建安装及电气工程，负责主装置结构、设备基础、钢结构、设备、管道、电气、仪表、电信、消防、给排水、防腐保温、暖通安装及调试等，项目工期为597天。该项目土建量大，施工面广，聘用的当地阿拉伯工人多，他们的安全意识较为淡薄，这给项目部的安全管理带来了极大的挑战。项目安全生产管理部始终坚持安全生产制度及安全文化建设，努力营造无形的制度文化氛围，让项目安全制度及安全文化被全体中外员工认同、遵循，从而形成一种自觉的约束力量，达到生产与安全的和谐、统一，实现安全管理目的。

本文从阐述安全文化开始，依次说明安全文化辐射与同化作用的概念，然后以突尼斯化工集团（GCT）40万吨/年TSP项目安全文化辐射与同化作用的良好应用为例，有针对性地列举境外大型项目安全文化辐射与同化作用的几项应用措施，最后总结境外大型项目安全文化辐射与同化作用应用过程中应注意的几个问题。

关键词： 境外项目；安全文化；辐射；同化作用

一、安全文化及安全文化辐射与同化作用概述

安全文化概念的正式提出是在20世纪80年代中后期，最先由国际原子能机构在苏联切尔诺贝利核电站泄漏事故的分析报告中作为核安全对策提出，随后国际原子能机构出版了《核安全文化》一书，详细论述了核安全文化，认真分析了安全文化的特征及对决策层、管理层、执行层的不同要求，并且提出了一系列问题和定性指标[1]。随后不久，安全文化在我国各界也引起了重视。

大型项目安全文化是指大型项目在从事建设生产的实践活动中，为保证建设生产正常进行，保护职工免受意外伤害，经过长期积累、不断总结，并集合现代市场经济制度所形成的一种体系。安全文化是企业长期的安全生产实践的沉淀，是企业员工内在的思想与外在的行动和物质表现的统一[2]。

安全文化辐射与同化作用简言之意就是安全文化建设的作用与影响。

通过充分发挥大型项目安全文化机制的作用，创造大型项目安全文化形象和宜人的安全文化氛围，企业员工能建立正确的安全价值观念和思维方法，树立科学的安全意识和态度，遵章守纪的安全行为准则，正确地规范安全生产经营活动和安全生活方式，使大型项目安全文化向更高的层次发展。安全文化对企业、社会和员工及其家庭，甚至全民会产生深刻的影响，发挥着十分重要的作用[3]。

二、以突尼斯化工集团(GCT)40万吨/年TSP项目为例浅谈境外大型项目安全文化辐射与同化作用的良好应用

（一）从安全管理制度建设着手，营造安全"制度文化"氛围

安全生产一直都是化工建筑行业所追求的目标。化工安装是我国所有工业部门中仅次于采矿业的最危险的行业。从人员配备上讲，该项目大多数工人来自农村，受到的教育培训较少，安全意识较

弱。此外，突尼斯工人由于宗教及风俗习惯，加之当地气候炎热、经济不发达、物资匮乏，一年四季以穿拖鞋为主，即使给他们发放劳保鞋也会有一半工人不穿，嫌弃劳保鞋重，不透气。但现场木方上的朝天钉等不可控因素多，为了让他们免受钉子扎伤及其他伤害，安全管理人员反复和当地工人沟通，给他们讲述不穿劳保鞋在工地上受伤害出现的各种后果，播放不正确佩戴 PPE 出现的安全事故案例视频，及时修改劳保着装发放制度，建立门卫制度，发放胸卡，防控不正规穿着工作服、劳保鞋人员入场，营造无形的制度文化氛围。无形的制度文化建设使有形的安全制度（图 1）被当地工人认同、遵循，从而形成一种自觉的约束力量，这种有效的"软约束"可削弱规章制度等"硬约束"对当地工人心理的冲撞，削弱其心理抵抗力，从而规范企业环境设施状况，使企业生产关系达到统一、和谐，取得默契，维护和确保企业、职工群体的共同利益，以"潜移默化"的方式达到安全管理目的[4]。

图 1　安全管理相关规定

（二）做好员工入场前安全教育培训，增强员工安全意识

搞好安全教育培训是建筑行业适应新形势的需要，建筑施工安全技术作为建筑技术的重要组成部分随着新技术、新工艺的运用，建筑安全科技含量越来越高，为此要求员工不断学习，及时掌握新技术、新工艺，从而控制和减少伤亡事故。

安全文化的教育与培训活动是安全文化辐射的一种重要形式，能提高员工对作业风险的辨识、控制、应急处理和避险自救能力，增强从业人员的安全意识，提高从业人员的综合素质，防止产生不安全行为，减少人为失误，从而达到促进项目安全管理的目的[5]（图 2）。

图 2　安全文化的教育与培训

项目员工进入施工现场首先要接受安全入场教育培训。强化安全教育培训全员性，从项目经理到一般管理人员及一线作业人员（包括当地工人），都必须严格接受三级安全教育，形成全员、全过程、全项目的安全意识。

同时，该项目重视特殊工种的专业培训，对架子工、起重工、焊工、电工等特殊工种进行专项培训，并要求持证上岗。

项目部多次组织安全知识竞赛活动，因地制宜，采用各种形式，对员工进行安全科技文化知识普及，如各种安全常识、安全技能、事故案例、安全法规等安全知识的教育和科普宣传，从而广泛地宣传和传播安全文化知识和安全科学技术，强化员工安全技术文化意识，提升自护安康水平。

（三）落实安全动员大会，推行连带责任制，实施安全一票否决

项目在开工前首先进行项目施工安全动员大会。在项目建设过程中，组织的土建阶段大干 60 天活动，动员大会除了严格进度目标外，重点强调的是安全生产管理，并签订了安全目标责任书，推行连带责任制，实施安全责任一票否决。这种做法既激励员工鼓足干劲，搞好生产，又时刻提醒员工要遵章守纪，牢记安全责任，不要违章作业。大干 60 天活动中，违章的工人都按安全管理的处罚措施进行了通报处理，没有出现一起大的安全事故，项目部也及时兑现了大干 60 天的承诺。通过这一活动，安全生产的制度得到更好执行，安全文化的影响力得到渗透，员工对安全生产重要性的认识得到进一步提高。

（四）树立优秀安全标兵以点带面，相互促进

项目建设往往是多个班组、多个工种在相互交叉、轮动作业，因此工作场所和工作内容是动态的、

不断变化的。建设过程中作业环境、人员、条件、施工技术、机具等不断变化，尤其是当地员工语言不通，安全意识较为淡薄，从而增加了安全管理的难度。

项目的安全管理采取了师傅带徒弟的机制，安全管理人员学习当地语言，以人为本，了解当地人的风俗习惯并按照他们的思维习惯结合项目安全管理特色加以融合进行管理。安全管理资深人员不断向新入场的当地工人传授现场安全注意事项。每月评选安全标兵，以点带面，以劳动竞赛为载体，相互促进，使项目全体职工时刻向进步的安全意识与行为靠拢，从而增强了项目安全管理的凝聚力，推动了项目安全管理的良性发展。

项目自开工以来开创"安全标准化作业班组"建设活动（图3），安全生产成效显著。它以其独特的安全文化充分展示了企业的形象，赢得了业主、监理、总包的肯定。如今，现场均以此为榜样，标准化班组像雨后春笋一样茁壮成长起来。可见，优秀、先进的安全文化，能够以自己独特的方式以点带面向周围辐射，影响到整个施工现场，这就是安全文化辐射与同化作用的很好体现。

图3　劳动竞赛评选优秀班组

（五）营造施工现场安全文化氛围，创品牌工程全覆盖

项目安全文化是一扇窗口，现场安全文化氛围的营造是安全文化建设的基础。突尼斯项目不断加强施工现场安全文化氛围的营造，通过张贴双语安全警示标语、制作宣传栏等一系列活动展示企业生产经营规范化、科学化的管理水平，以及企业、职工群体优秀的整体素质（图4）。它从一个侧面显示了企业高尚的精神风范和良好的企业形象，能引发职工群体的自豪感、责任感，促进生产力向前发展，

提高企业的市场竞争力、社会的知名度和美誉度，辐射并影响其他企业、行业，推行企业形象战略[6]。

图4　安全文化宣传栏

（六）以安全生产月活动为契机，举行一系列安全活动，强化职工安全意识

在安全生产月活动中，项目举办了一系列活动，譬如召开了安全月动员大会，组织了安全月专项大检查，填写安全知识答卷，对安全生产表现好的当地工人进行奖励等活动（图5）。

图5　安全月活动启动仪式

与总包一起，举行高空坠落应急演练、消防应急演练活动（图6）。总包还将所有参战员工组织起来，举办了安全知识竞赛抢答活动，并现场发放奖品。

图6　消防应急演练活动

这些活动的开展,可以引导国内外员工树立正确的安全观念与应急处理能力,同时也是项目安全文化辐射与同化作用以点带面的真实写照。

(七)实施安全文明施工,标准化建设,保持安全文明施工常态化

以项目现场为例,施工气体采取集中供气的方式,派专人监管,设置集中供气责任区域,HSE部定期、不定期地对其进行检查,并根据现场实际施工情况,设计氧气、乙炔手推防晒移动式支架。圆盘锯具有刀轴转速高,多刀多刃,工人的劳动强度大、易疲劳的特点,当地工人安全技术动手能力差,稍微不注意就容易出现刀具的切割伤害、木料的冲击伤害、飞出物的打击伤害,因此项目设计了一种可调节式圆盘锯防护罩(图7)。该防护罩受到了业主和监理的一致好评,并运用到别的施工现场。

图7 可调节式圆盘锯防护罩

(八)创办管理简报,及时灌输企业安全文化知识、理念

由项目部党工委主办的《管理简报》(图8)以"鼓舞士气,弘扬正气"的宣传报道为宗旨,结合项目工程施工特点,以"贴近施工、关心职工"为主题,及时宣传项目管理和施工过程中的先进人和事,全面反映项目部精神文明建设、成本核算、安全、质量及管理施工中的新思路和新方法。《管理简报》的创办深受项目管理人员、工人们的好评,它不仅丰富了工人的业余生活,而且提高了工人的安全文化水平,从而能更好地教育和保护他人。同时,针对现场施工情况编制中文和阿拉伯语劳保用品工机具图册,并对有危险的工机具进行危险源辨识从而更好地保护突尼斯工人的操作安全。

(九)手绘安全漫画,把安全意识深入人心

突尼斯夏季气温高,项目现场比较大,各个工号又陆续展开,因此安全违章行为有"抬头"之势。

项目部工作人员和当地人语言不通,突尼斯工人又难以理解施工现场潜在的危险,针对这种情况安全部采用墙体绘画的形式,把施工现场潜在的安全风险画出来(图9)。这种用漫画的方式宣传安全不仅收效明显,而且提升了现场全员安全文化水平,自此以后现场再也没有出现类似文化墙上的安全违章情况。

图8 《管理简报》

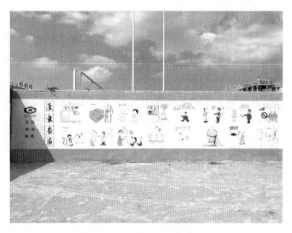

图9 墙体安全漫画

(十)尊重宗教习俗,减少安全隐患,共筑和谐的安全文化氛围

突尼斯是穆斯林国家,斋月期长达一个月,恰好这几年的斋月都在夏季,斋月期间,突尼斯工人还要干活,时间长了,工地上很容易出现安全隐患及安全事故。为此,从尊重他们宗教习俗出发,项目每天给当地工人进行适当的包活,这样不仅劳动效率得到了提高,而且还能保质、保量地完成施工安排,即不耽误现场的进度,又尊重了他们的宗教习俗,同时还避免他们在斋月期间因气候炎热,不吃不喝长时间劳动造成困、乏、体力透支等潜在的安全隐患。这种以人为本的措施得到了当地人的理解、支持、认

可，为项目部安全文化建设、落实发挥了积极作用。

三、境外大型项目安全文化辐射与同化作用应用过程中应注意的问题

境外大型项目在长期的安全生产实践中已形成了具有一定影响的观念、行为、物质3个层面的安全文化。建立企业先进安全文化是将以往自然形成的安全文化加以筛选，引进系统理论，继承原来具有积极意义的部分，抛弃消极部分，补充缺少的部分。境外大型项目安全文化是一个系统工程，涉及企业的各个方面、包罗万象，各个企业的情况不一样，安全文化的内涵就会不一致，但是只要我们努力探索，一定能建立具有本企业特色的安全文化，一个人人关注安全、关爱生命，长治久安的安全生产局面一定会出现。

要使施工企业安全文化辐射与同化作用得到良好应用，主要应做好以下几方面工作。

（一）坚持科学发展观为指导，以先进文化为准绳

安全文化作为人类文化和施工企业文化的有机组成部分，随着社会历史的发展而发展，其发生和发展的条件是科学技术的进步和人们对安全生产规律的认识。在我们建设小康社会的今天，应该总结、宣扬现代安全文化，摈弃陈旧错误的安全文化，从被动型、经验型的安全观转向效益型、系统型的安全观，更应该借鉴其他国家先进的安全文化理论和方法，不断完善自我[7]。

（二）注重以人为本，努力构建工程建设企业安全文化辐射与同化作用

构建和谐社会的核心就是以人为本。而工程建设企业安全文化辐射与同化作用，应始终坚持以人为本这一主线不动摇。要切实形成"安全就是企业效益，安全就是企业无形的资产"的理念，要通过有效的科学的手段和方法来加深企业安全文化辐射与同化作用建设。一是在企业员工中采取培训、讲座等形式，努力灌输安全文化知识；二是利用发放安全文化手册、宣传资料等方式，促使员工自觉学习安全知识，时时刻刻牢记安全的重要性、必要性；三是要因人而异，主次分清，对文化层次稍高的员工，通过发动他们的带头作用和示范作用，促进全体员工相互进步和提高；四是对安全意识极低的员工可以重点引导和深化，真正达到安全规章人人都懂、个个遵守的良好局面[8]。

（三）以良好的安全技术、安全管理措施为基础，创造提高安全素养的氛围与环境

安全文化的推行，必须建立在完善的安全技术措施和良好的安全管理基础之上。施工企业职工个人安全素养的提高，除了自身的努力外，还要依靠群体效应的引导，这与人的"从众心理"有关。施工企业的领导应该为职工创造一种"谁遵守安全行为规范谁有利，谁违反安全行为规范谁受罚"的管理环境，持之以恒，使职工把遵守安全行为规范变成自觉自愿的行动成为常态。提高安全素养的工作应该以班组建设为基础。

（四）将安全文化建设融入施工企业总体文化和各项工作之中

施工企业开展安全文化建设，不应该把安全文化看作特立独行的事务，而要在施工企业的总体理念、形象识别、工作目标与规划、岗位责任制制定、生产过程控制及监督反馈等各个方面融合安全文化的内容。要紧扣施工企业的生产目标与管理体制，配合施工企业改革的步伐，采用动态的管理方法，设计安全文化的具体内容和有效的宣传方式及具体的实施计划。从宏观出发，自微观入手，及时地研究社会与施工企业的状况，收集安全文化的信息，不断地调整、完善安全文化的内容，同时注意评价实施安全文化的绩效，防止走过场、搞形式。

（五）组建专门的领导班子，加强对安全文化建设工作的直接领导，充分发挥施工企业思想政治工作的作用

领导班子由施工企业法人代表挂帅，并由党、政、工、团等部门负责人组成。该领导班子负责施工企业安全文化辐射与同化作用建设工作的统筹规划，制定施工企业的安全方针和安全目标，明确各职能部门在安全文化建设中的具体职责；把安全文化建设与思想政治工作紧密地结合起来，在施工企业全体成员中开展理想与道德的教育，提高全体成员的思想境界。

（六）加强各类宣传、教育、培训工作，提高职工综合知识与技能

施工企业安全文化辐射与同化作用建设的土壤是职工，职工受教育的程度、知识水平的高低、业务能力的强弱等基础文化素养，与安全文化工作的实施密切相关[9]。因此，进行施工企业安全文化辐射与同化作用的宣传教育，要结合职工基础教育和

其他教育,做到形式多样、内容丰富,并经常开展安全教育培训。可以采用多种形式宣传倡导施工企业的安全文化,利用各种宣传渠道,如报刊、广播、宣传栏、会议等,树立先进典型,营造一种健康、活泼、高尚、进取的施工企业安全文化辐射与同化作用环境[10]。

(七)施工企业安全文化辐射与同化作用的应用是一项长期而艰巨的任务,不能一蹴而就,要准备打持久战

要善于总结,不断地积累经验,经过长期的培育、反复的强化,以形成系统的、独具特色的安全文化氛围,并由此形成巨大的感染力。由于安全文化对人的影响是多层次的,因此不可能在短期内产生明显的、根本的效果[11]。

施工企业在安全文化辐射与同化作用建设中应注意最高决策层要统一思想,并具有强烈的安全意识和建设优秀的企业安全文化辐射与同化作用的迫切愿望。坚持一贯性原则,即工程项目无论大小、所处地域、取费情况、承包形式、管理及作业人员组成,以及无论在什么施工阶段、施工工序等,都要坚持同一个标准,从严要求,真正使"安全"成为一种理念和追求[12]。

企业安全文化辐射与同化作用建设没有终点,要始终使企业安全文化辐射与同化作用适应时代发展的要求,符合先进文化的发展方向。

四、结语

建设施工企业的安全文化,必将改善各施工企业内部的安全管理水平,提高施工企业全体成员的综合素质,提升施工企业全体成员的行为水准。它是施工企业良性发展、创造企业特色、创造更佳经济效益的一个重要环节,因此我们必须应用好境外大型项目安全文化的辐射与同化作用。

参考文献

[1]王一军.海外电站施工与运维阶段安全文化建设[J].中国电力企业管理,2023,(24):38-39.

[2]武莉娟."安全力"视域下的建筑施工企业安全文化建设模式探析[J].中国住宅设施,2023,(06):104-106.

[3]邵志华.建筑工程施工安全管理方法研究[J].房地产世界,2023,(06):73-75.

[4]杨川疆,饶蕾."一带一路"背景下海外石油企业的安全文化建设及安全管理实践[J].现代职业安全,2022,(02):56-58.

[5]吴凌峰.基于项目管理实践的企业安全文化建设思考[J].现代职业安全,2022,(01):31-34.

[6]杨宋博.中建N局A公司安全文化建设研究[D].武汉:华中科技大学,2021.

[7]闫佳鑫,黄作平,吕金刚,等.建筑施工项目安全文化建设[J].建筑科技,2021,5(01):69-72.

[8]郭长太,唐永华,胡大洋,等.浅谈海外安全生产文化建设[J].石化技术,2019,26(06):199+204.

[9]陈嘉琛,马欣,马秋菊.海外核电工程安全文化建设的实践[J].安全,2019,40(06):76-79.

[10]刘顺吉.建筑企业安全文化对施工管理人员行为影响的研究[D].青岛:山东科技大学,2021.

[11]李宝成.海外PMC项目的安全管理分析与实践[J].化工设计通讯,2019,45(05):255-256.

[12]王辉.海洋石油工程项目安全管理全员参与的探索[J].化工管理,2018(34):125.

基于班组作业特点的"四化四链"安全文化体系构建与实践

国网甘肃省电力公司定西供电公司 张 锋 刘 聪 魏 琨 杨 辉

摘 要：国网甘肃省电力公司定西供电公司（以下简称定西供电）以输电运检中心、变电运检中心及作业班组为试点，以安全理念标准化、安全行动精细化、安全队伍专业化、安全保障常态化开展行动，构建安全文化意识链、行动链、组织链、保障链，探索出有效提高班组员工安全素质的"四化四链"特色体系，从而提高了公司整体安全水平。

关键词：安全文化；安全理念；安全队伍；安全生产

一、实施背景

2016年，中共中央、国务院在《关于推进安全生产领域改革发展的意见》中提出"推进安全文化建设，加强警示教育，强化全民安全意识和法治意识"的要求。班组作为企业安全生产的执行层，也是企业安全文化最直接的体现。目前，随着班组安全生产管理的深入，安全文化理念零散、安全管理流于形式、现场施工作业不够规范、安全责任落实不严等诸多问题也不断浮现。安全文化是安全生产的基础和灵魂，要提升安全生产水平，实现安全管理质的飞跃，做到真正意义上的本质安全，必须从建设优秀的安全文化入手，打造良好的安全环境。因此，定西供电提炼阐述安全文化核心理念，以理念指导行为，形成一系列安全文化落地的具体举措，打造出符合班组特点、能贴近班组、指导班组的特色安全文化体系，从而夯实安全生产基础，树立安全生产理念，规范安全生产行为。

二、"四化四链"安全文化体系工作思路

为提升公司整体安全水平，定西供电以安全理念、安全工作、队伍建设、安全保障为着力点，构建"四化四链"的特色安全文化体系（图1），落实各班组安全生产目标：一是立足安全生产理念标准化，通过规范生产工作、明确生产主体、落实安全目标，打造安全文化意识链；二是聚焦安全工作精细化，强化行为准则，提升安全技能，加强安全防护，打造安全文化行动链；三是提升安全队伍专业化，坚持安全关爱、安全培训、安全示范，打造安全文化组织链；四是保证安全保障常态化，以安全愿景、安全红线、奖惩机制为保障基石，确保安全文化体系获得可靠保障，助推安全文化体系高效落地，打造安全文化保障链。

图1 "四化四链"安全文化体系工作思路

三、"四化四链"安全文化体系实施路径

（一）立足安全理念标准化，打造安全文化意识链

1.规范安全生产工作，贯彻安全思想

理念是行为的先导，安全理念是员工安全行为的指引。安全理念是定西供电安全文化管理的核心要素，也体现了企业的安全价值观。定西供电贯彻国网公司十大安全理念，同时树立公司特有的安全理念，筑牢"人民至上，生命至上"的"双上"理念，深化"如履薄冰，如临深渊"的"双如"风险意识，强化"守住安全底线，不碰安全红线"的"双线"思维。坚持安全第一，预防为主，综合治理，以建设本质安全为目标。

2.明确安全生产主体，落实安全责任

安全重于泰山，安全责任是安全生产的"牛鼻

子"。明确安全职责,建立全员安全责任清单,把安全生产责任落实到基层,落实到每个环节、每个岗位和每个职工,真正实现安全责任全覆盖、无缝隙。落实安全责任清单,照单履责、照单追责,强化安全生产责任制考核和问责制度。增强员工的安全生产的责任感,履行维护电网安全的重要职责,不断强化自身安全意识和自我保护能力,发挥自身的优势来服务安全生产,推进责任体系建设。

3. 落实安全生产目标,保持安全作风

安全工作作风是确保实现战略目标的思想保证和行为保证。基于班组安全职责和作业特点,结合班组实际可以达到的高度来设定班组安全目标,各班组从上到下围绕企业安全生产的总目标,确定班组安全目标,同时将安全目标落实到每个员工,渗透到每个环节,使每个员工在安全管理上都承担一定目标责任。同时,各班组严格保持"严、细、实、精"的安全作风,覆盖工作全领域,贯穿工作全过程,时时做到严格要求,细致工作,扎实基础,精通业务。

(二)聚焦安全工作精细化,打造安全文化行动链

1. 强化行为准则,规范安全行为

员工的行为直接决定了生产的结果。因此,需以员工的行为控制为重点,制定员工安全行为准则,将安全管理理念、管理要求转化成行为规范,强化基本行为准则入心入脑,形成良好的安全行为习惯,促进安全文化内化于心、外化于行。第一,持续强化贯彻落实"四不伤害""十不干"等行为准则,总结提炼安全工作"二十字"口诀,使员工轻松记牢安全要领,规范自身安全行为,进一步养成良好习惯。第二,聚焦作业"微环节"管控,在作业前立足于安全生产需求,做好统筹准备,严执票据签发标准,规范作业操作;在作业中严控作业环节规定,保证作业质量;在作业后落实作业总结,汲取每次作业经验。

2. 提升安全技能,保证人身安全

安全技能是保障安全生产最科学、最可靠、最长期有效的手段,是安全文化最重要的内容之一。全方位提升员工的个人防护技能、运维技能、检修技能及应急技能是员工安全工作中的重中之重,提高员工的安全技能,就是赋予员工保护自己的能力。一是在个人防护技能方面,按规定及岗位需要,定期识别个人防护技能学习需求,制定、实施个人防护学习计划,并提供相应学习资料。二是在生产技能

方面,实施安全教育、日常安全教育和特种安全教育,使员工熟悉有关的安全生产规章制度和安全操作规程。三是在应急技能方面,编制《应急管理流程一张图》,指导应急管理工作,同时强化应急拉练,加强应急救护和处置方法培训。

3. 加强安全防护,减轻事故伤害

安全防护用品和安全工器具是保证员工在工作中免遭或减轻事故伤害的重要因素,规范安全着装,正确保管和使用安全工器具是保证安全的重要内容。一是在员工着装方面,输电运检中心粘贴安全警示镜,规范安全着装要点,对镜检查自身着装,确保安全防护用品穿戴齐全、正确、规范。二是总结安全工器具使用注意事项,杜绝安全工器具"带病上岗",加强全员安全防护。三是针对定西暴雨、干旱等气候异常的特点,相关部门组织制定防汛、防暑、防火、防雷电等检查卡,下发各岗位,督促实施到位。组织落实接地线管理、解闭锁钥匙管理、"五防"闭锁装置管理、生产区标志标识管理、阀门上锁管理等标准,完善标牌、标识,张贴电气安全操作提示语。

(三)提升安全队伍专业化,打造安全文化组织链

1. 坚持安全关爱,增强安全氛围

安全关爱是增强员工幸福感、增强员工对队伍的归属感、团结队伍的重要方式。公司将员工视为最宝贵的财富,积极探索,铺就员工成才道路,持续填充员工学习内容,积极推动员工安全关爱,开展多种形式的安全文体活动,丰富员工的业余生活的同时,加强员工之间的沟通交流,提升队伍凝聚力。此外,在班员个人工器具柜中粘贴全家福,设置班组安全亲情角、打造班组安全角等,营造暖心安全氛围,促进员工树立正确的安全观。

2. 加强安全培训,提升专业水平

安全培训是提高员工安全技能的重要手段。强化员工自主安全意识,使"安全至上"的理念深入人心,需要调整安全教育培训常规模式。定西供电坚持"内化思想,外化行为,塑造本质安全型人才"的安全培训理念,全方位提升员工的个人防护技能、运维技能检修技术以及应急技能。一是坚持开展员工业务培训、安规考试、技能竞赛、应急演练等活动,通过"一培一考一练"的培训模式,抓实安全培训,提升安全技能,打造安全生产示范队伍;二是开展全员"学讲考比干"安全生产队伍素质提升专项

活动，根据各班组岗位能力需求制定学习计划，开展"我来讲"微课堂活动，互相分享专业知识与典型经验，通过考试和技术比武检验学习成果，并学以致用，在推进本专业、本岗位重点工作中检验成效，提升能力。

3.做好安全示范，强化责任意识

一线员工是安全生产的主力军，担负着电网安全生产的重任。不同的生产岗位上涌现出诸多安全明星，他们的安全意识强，安全操作熟练，发挥着榜样和引领的作用。定西供电以"营造安全氛围，凝练铁军风采"为主题展示各岗位安全生产铁军风采，展示一线员工精神、彰显一线员工工作风采，激励员工肩负安全生产责任、筑牢安全生命线。与此同时，开展安全生产明星事迹宣传、生产经验总结、宣传和推广，进一步传递公司安全文化内涵，展示公司良好形象，在公司营造"比学赶帮超"的良好氛围，使争当安全生产明星在员工中蔚然成风，强化安全生产责任意识。

（四）保证安全保障常态化，打造安全文化保障链

1.融入奖惩机制，助力安全生产有序开展

定西供电充分、合理地通过绩效积分、职位晋升、违章惩罚等一系列安全奖惩激励制度，引导员工的行为符合公司各项规章制度的要求。一是每年开展一次对各部门的安全生产管理情况的评定，验证各项安全生产制度措施的适宜性、充分性和有效性，检查安全生产工作目标、指标的完成情况，提出改进意见，形成评价报告，以文件形式将结果向各部门、外委单位和员工通报，作为年度考评的重要依据。二是根据绩效评价结果，对有关单位和岗位兑现奖惩，调动员工安全生产的积极性、自觉性、主动性和创造性。

2.制定安全愿景，促进安全方向有力推进

安全愿景具有长期性、愿望式、情景式的特点，它通过简洁明了的语言凝练深入人心的标语口号，适应班组全体员工的心理和文化需求，以一种人性化的文化形式增强全员安全意识。定西供电各班组通过班组全员征集的方式确定安全愿景，例如，经过征集，确定运维二班班组愿景为"多问多学多练，争当岗位能手。把握安全，拥有明天。与班组一起成长，不断提升，超越自我，一鼓作气，挑战佳绩"，最大限度地将关心人、理解人、尊重人、爱护人作为基本出发点，增加安全生产亲和力和感染力。

3.牢守安全红线，保证安全意识有效增强

安全红线是不可触碰的"高压线"，是保证安全的"生命线"，是安全生产的监督底线，是决不能超越的安全警戒线。定西供电为了抓牢员工安全红线意识，用朗朗上口的短语打造安全警示口号，宣传安全法律法规、安全生产知识、事故教训等。通过"有人情味"的语句，把教育和预防两者有机结合起来，做到既为员工津津乐道，又起到良好的教育效果，做到防患于未然。此外，定西供电还精心制作地台警示帖，将安全警句粘贴于台阶上，使员工上楼梯的每一步都抬眼可见，铭记在心。在提高员工安全技能，告诉员工"怎么干"的同时明确"不能干"的行为细则，牢固树立员工红线意识，杜绝冒险蛮干，严格现场管理、规范安全秩序，提升员工自主保安能力。

四、实施成效

（一）厚植安全理念，安全氛围有效提升

班组作业人员的安全意识基本停留在"要我安全"的阶段，并未从内心深刻认识到每一个作业环节需要注意的关键点。因此，定西供电立足安全生产理念，结合班组安全职责和作业特点实际，筑牢"双上"理念、深化"双如"风险意识、强化"双线"思维，实现安全责任全覆盖，保持安全生产作风，在全公司上下营造了良好的安全氛围，夯实安全生产活动稳定的局面。

（二）深化队伍建设，综合素质不断加强

定西供电聚焦安全生产和队伍建设。第一，从行为准则和作业管控开展相应的操作执行方法，固化安全行为准则于心，养成良好行为习惯。全方位地提升员工的个人防护技能、运维技能、检修技能及应急技能，提升员工防护能力。第二，做好安全培训工作，运用业务培训、安规考试、学习交流等活动提升员工专业水平。第三，发挥安全明星、一线风采等示范作用，形成"比学赶帮超"的良好氛围，强化全员的安全生产意识。

（三）规划系统全面，管理水平不断提高

定西供电整合安全文化保障机制和管理方法，融合绩效积分、职位晋升、违章惩罚等一系列奖惩机制，一体化推进安全警示、安全愿景措施的落实，不断提高安全绩效，调动员工安全生产的积极性，营造了更加良好的安全氛围，通过安全愿景口号引起各班组员工的共鸣，通过安全红线警示帖等措施牢

固员工红线意识,有效提升安全文化管理水平。

五、结语

通过构建"四化四链"特色安全文化体系,班组生产人员增强了自身安全意识,提升了专业技能水平,安全意识从"要我安全"到"我要安全"转变：在安全生产工作中,严格遵守作业安全管理制度,坚决落实现场安全措施,杜绝违规作业,加强隐患排查治理,实现生产活动安全事故大大减少,有效保障人员、设备安全。

参考文献

[1]宋晓燕．企业安全文化评价指标体系研究[D]．北京：首都经济贸易大学,2005.

[2]夏传龙．试论现代供电企业班组文化建设的途径与建议[J]．企业技术开发,2013 32(34)：105-106+120.

[3]张跃兵．企业安全文化结构模型及建设方法研究[D]．徐州：中国矿业大学,2013.

[4]朱鎏．浅谈供电企业基层班组安全管理的改进意见[J]．科技创新导报,2016,13(17)：122-123.

[5]王晓飞,何一帆．以"双体四化、开源共享"为核心驱动的县级供电企业本质安全管理提升探索与实践[J]．企业管理,2019,(S2)：152-153.

[6]高兵．班组安全文化建设的思考[J]．中国电力企业管理,2022(03)：70-71.

弘扬"老变"红色基因 推进战略落地

国网吉林省电力有限公司长春供电公司 沈延武 施永刚 杨 君 牛敬东 丛 众

摘 要：当前，国家正在大力实施东北振兴战略。党的十八大以来，习近平总书记多次到吉林省考察，对东北振兴作出一系列重要讲话和重要指示批示，为实现东北全面振兴指明了方向，也为吉林解放思想，推进吉林全面振兴、全方位振兴提供了根本遵循。"坚韧、精益、争先、奉献"的"老变"红色基因作为扎根于基层一线、发轫于工业战线的优秀精神文化，对于凝聚和提振吉林全面振兴、全方位振兴的信心和决心，对于坚持新发展理念、瞄准方向、保持定力、破解改革发展中的重点难题，对于培育敢想敢干、敢于担当的勇气和逢山开路、遇河架桥的意志，具有重要的精神指引作用。

关键词：坚韧；精益；争先；奉献

一、"老变"红色基因文化溯源

（一）"老变"红色基因孕育于中华优秀传统文化中

长达 300 年的轰轰烈烈的"闯关东"运动孕育出自强不息的抗争精神、艰苦奋斗的拼搏精神、自力更生的创业精神、携手并进的"闯关东"精神等中华民族精神文化宝贵的财富。"老变"红色基因正是在承继"闯关东"精神原有文化内涵的基础上，赋予时代使命任务，顺应社会进步的时代潮流，于乱世中心怀家国情怀谱写民族大义传奇，在新中国成立后坚守信念砥砺前行，在新时代不断奋进攀登高峰，在艰苦卓绝的环境中生生不息、孜孜以求，用实际行动诠释出"闯劲""拼劲""韧劲"的优良作风。"老变"红色基因也汲取了"宽容大气、自强不息"的长春城市精神养分，"老变"红色基因的形成史就是一部艰苦奋斗、自强不息的创业史。

（二）"老变"红色基因植根于社会主义先进文化里

在新中国成立至今的 70 多年间，东北地区逐渐形成了"雷锋精神""铁人精神""北大荒精神"等继承和发扬中华民族、中国共产党、中国工人阶级、中国人民解放军的优良传统的先进文化，哺育和激励了一代又一代人成长。习近平总书记在多次考察东北时，都强调要大力弘扬"雷锋精神""铁人精神"。"老变"红色基因是国网吉林省电力有限公司（以下简称吉林电力）人弘扬和传承"雷锋精神""铁人精神"等社会主义先进文化，将对党的忠诚、对祖国的热爱、对人民的深情投入"干一行爱一行、专一行精一行"的电力事业中去，培育和践行社会主义核心价值观，引导和激励全体干部员工为全面振兴东北、实现中华民族伟大复兴的中国梦而奋斗的一种精神。

（三）"老变"红色基因

"老变"红色基因发端于一代又一代"老变人""老变"，是人民群众对吉林电网发展的源头——始建于 1943 年的吉林省第一座 220 千伏变电站的亲切称呼。"老变"这一接地气的名称，蕴含着社会各界对吉林电力人坚持不懈努力、持之以恒耕耘、老而弥坚奋斗的高度肯定，饱含着"老变人"坚韧、精益、争先、奉献的精神内涵。全体干部员工将弘扬"老变"红色基因作为国家电网优秀企业文化传播、落地的生动载体，切实将思想认识行动统一到战略目标和公司决策部署上来，不断展现公司全体干部员工"不向困难退半步，只向胜利添精彩"的精神状态和实现国网战略目标、促进吉林全面振兴、全方位振兴的担当作为，全力以赴在建设具有中国特色国际领先的能源互联网企业中写就出彩篇章。

二、文化内涵

"老变"红色基因的内容有坚韧、精益、争先、奉献。

（一）"坚韧"是核心

"坚韧"体现在面对战火后设备残缺、电网瘫痪、运行艰难的处境，"老变"毅然决然在满目疮痍的废墟之上，克服困难、锲而不舍，以昂扬的奋斗精神恢复重建的顽强不屈；体现在"老变"克服一无图纸、二无技术人员、三缺乏检修大变压器经验等重重阻碍，自创方法加快变压器修复进程的自力更生;体现在服役近八十载的"老变",没有淡出历史舞台、依然战斗在电网与城市建设协调共进最前沿的坚韧不拔。

"坚韧"是长电（长春供电公司）人的共同基因。"坚韧"是坚如磐石的初心。从1909年曙光初亮到1943年"老变"投运,再到不断增容、重建,不论形势所变、情势所逼,一辈又一辈长电人永远坚守着"人民电业为人民"的宗旨、"为美好生活充电、为美丽长春赋能"的使命。"坚韧"是坚不可摧的作风。"老变"历经抗日战争、解放战争的洗礼,但长电人一路披荆斩棘,在艰难困苦中磨砺担当之勇,在时代变迁中见证品格之韧。"坚韧"是坚甲利兵的队伍。摧倒再重建这样的艰辛与坎坷练就了长电人坚忍的意志、高超的技能、蜕变的人生,铸就了特别能吃苦、特别能战斗、特别能奉献的铁血队伍,也彰显了为万家灯火而舍小家的铁汉柔情。

（二）"精益"是特征

"精益"体现在"老变"致力于改善地区供电现状,投运国内领先设备以提高电力系统稳定性的专业专注;体现在"老变人"以不分昼夜、24小时全程守候,精心呵护设备不受损伤的一丝不苟;体现在新一代"老变人"通过建成变电标准化操作管理系统、编制变电站巡视口袋书、打造网格式巡视、"点对点"式检查等,确保"老变"安全可靠运行的精益求精。

"精益"是长电人的做事标准。"精益"是精意覃思的匠心意识。"小丰满拉闸——全闭"是长电对长春重要性的缩影,长电人从电网规划、建设运维为民服务、保电护航,用独具匠心守护这春城光明。"精益"是精耕细作的专业操守。从1909年到21世纪,长春电网越铺越大,等级越变越高,标准越来越细,长电人作为长春光明的守护者,坚持专业专注,不断提质增效,长电人深知:这是我们的本。"精益"是精彩纷呈的不懈追求。长春电网由小到大、由弱到强,都伴随着长电人的满怀激情、孜孜追求,在自强不息的探索、创新中,长电人越过了一座座高山,铸就了一座座高峰。

（三）"争先"是精髓

"争先"体现在"老变"完成电压等级从154千伏到220千伏、变电容量从3万千伏安到48万千伏安、供电范围从7万余户达到26.7万户"三大飞跃",始终以创一流的奋斗姿态树立吉林电力标志形象的力争上游;体现在"老变"主动融入现代

科技浪潮,在智能化转型中实现占地再节约、设备再革新、功能再提升的推陈出新;体现在"老变"首开国内先河,通过应用三维立体智能巡检系统提高巡检质效和事故异常响应速度的突破常规。

"争先"是长电人的精气神。"争先"是先声夺人的志向勇气。在"老变"先后经历的4次增容和扩建中,长电人敢立军令状、敢当急行军、敢打攻坚战,是向不可能的挑战,是向困难的亮剑,是向未来的追梦。"争先"是先行先试的实干担当。长电人在100多年历史发展长河中、在各项工作中勇立潮头、敢为人先,推动战略目标落实落地落细,以新担当展现新作为,以新突破创造新业绩。"争先"是一马当先的坚定信心。长电人充分发扬"不向困难退半步、只向胜利添精彩"的斗争精神,以更大的作为实现"四个走在前列"。

（四）"奉献"是品质

"奉献"体现在"老变人"连夜奋战,让久陷黑暗的长春在新中国成立后第4天就亮起电灯、10天内恢复全部供电、40天内电网恢复正常运行的任劳任怨;体现在"老变人"放弃休息、分兵把口,主动支援、不计得失,实现央视春晚长春分会场"三零"保电的不求回报;体现在从"老变"第一任所长、"劳动英雄"宋秋岭到第十四任所长汪新兵等一代代"老变人"始终扎根一线、守护电网安全的恪尽职守。

"奉献"是长电人的必备品德。"奉献"是爱国为民的一片赤诚。长电人在全面全方位振兴长春、保障民生等各项工作中做好"顶梁柱"、当好"先行军",不断"升级老变",让长春更亮更暖,以实际行动架起党联系群众的连心桥。"奉献"是追光逐梦的一腔激情。15任"老变"所长、几百名员工,从青春熬到白头,从暮夜守到天明,这执着的坚守背后是长电人对电力事业的澎湃激情,是对"人民电业为人民"宗旨的庄严宣言。"奉献"是"久久为功"的一种境界。面对艰巨繁重的任务,长电人始终以高度的政治责任感和奉献精神,吃苦不言苦,遇险不怕险,在应对各种挑战中砥砺前行,在重大保电工作中当排头兵,在接续奋斗中璀璨人生。

三、意义价值

（一）重要意义

1.学习弘扬"老变"红色基因是践行国网战略目标,实现公司"四个走在前列"的思想动力

"老变"红色基因同电网发展融合,转化为公司全体干部员工共同价值追求,催生了无往而不胜的

强大精神力量。助力吉林全面振兴全方位振兴，推动公司高质量发展，特别需要深入学习弘扬"老变"红色基因，要带动广大干部员工围绕"四位"，进一步解放思想、转变观念、艰苦创业、接力奋斗；要把握"四情"，进一步认清公司发展的内外部环境，找准公司在实现战略落地中的优势和路径，形成锐意改革促发展、勠同心谋振兴的浓厚氛围，以服务立足吉林，以特色立足国网，为建设具有中国特色国际领先的能源互联网企业提供强大的思想动力。

2. 学习弘扬"老变"红色基因是弘扬社会主义核心价值观，培养担当公司发展大任时代新人的迫切需要

"老变"红色基因是一代代吉林电网人职业道德、职业技能、职业精神的文化价值沉淀，是广大干部员工共同创造的宝贵精神财富。新时代培育和践行社会主义核心价值观，培养担任公司发展大任的时代新人，特别需要深入学习弘扬"老变"红色基因。要用习近平新时代中国特色社会主义思想武装党员、教育员工，用以爱国主义为核心的民族精神和以改革创新为核心的时代精神鼓舞斗志，用社会主义核心价值观引领风尚，提高广大干部员工思想觉悟、道德水平、职业素养，走好践行国网战略目标奋斗之路。

3. 学习弘扬"老变"红色基因是加强党的建设，引领广大党员干部践行初心使命的崭新实践

"老变"红色基因是以"人民电业为人民"为企业宗旨的集中体现，是以"努力超越、追求卓越"为企业精神的集中体现，是公司全体共产党员党性修养和为民情怀的集中体现。坚持党的领导，加强党的建设，发挥党组织战斗堡垒作用和党员先锋模范作用，确保党员干部始终走在落实国网战略目标的前列，特别需要深入学习弘扬"老变"红色基因。要进一步增强"四个意识"、坚定"四个自信"、做到"两个维护"，牢记国有企业"六个力量"的历史定位，筑牢理想信念，坚定党性原则，更好地践行共产党员的初心和使命。

（二）时代价值

1. "老变"红色基因是促进解放思想、助推吉林振兴的"催化剂"

"老变"红色基因与社会主义核心价值观具有内涵一致性，把社会主义核心价值观具象为"老变"红色基因，使人民群众更易接受、更易践行社会主义核心价值观，从而汇聚成建设美丽家园、振兴白山松水、实现中国梦的伟大力量。"坚韧、精益、争先、

奉献"的精神内涵极具时代价值，承载了"解放思想，推动东北振兴"的时代价值诉求，指引人们应该倡导什么、追求什么、做到什么程度，激发人们弘扬"老变"红色基因，打破深层次的思想禁锢，释放工作活力，坚定改革创新。

2. "老变"红色基因是推动国家电网战略目标落地实践的"加速器"

在战略"学进去、讲出来、干精彩"实践中，依托弘扬"老变"红色基因的手段，以通俗化、大众化的传播方法，更加深入浅出、广泛宣传"具有中国特色国际领先的能源互联网企业"战略目标内涵，对内激发干事创业的活力和动力，对外争取广泛认同和理解支持。同时，"老变"红色基因跌宕起伏、创先争先的发展历程更能激励全体干部员工发扬"不向困难退半步、只向胜利添精彩"的斗争精神，推进公司实现"四个走在前列"，奋力书写建设具有中国特色国际领先的能源互联网企业新篇章。

3. "老变"红色基因是落地国家电网优秀企业文化的"内燃机"

"老变"孕育了一大批可见可学的身边榜样、深刻感人的文化故事、能用好用的典型经验，引导和激励广大员工在思想上和行动上对照榜样、学习精神，潜移默化地践行优秀企业文化，为国网优秀企业文化的传播、落地提供了丰富载体和生动抓手。同时，"老变"红色基因也彰显了"为美好生活充电、为美丽中国赋能"的公司使命和"努力超越、追求卓越"的企业精神，使公司价值理念在基层一线全面落地深植、成为广大职工的普遍共识、得到公司内外广泛认同。

参考文献

[1] 张运东，王春娟，薛红，等. 国家电网有限公司安全文化建设指引手册 [M]. 北京：中国电力出版社，2023.

[2] 黄坚. 新时代电力企业开展安全文化建设的实践探索 [J]. 企业改革与管理，2021,(20)：199-200.

[3] 胡家宜. 基于精益管理思想的电力企业安全文化建设研究 [J]. 企业改革与管理，2021,(11)：210-211.

[4] 潘军，邵先海，杨延贤. 加强电力企业安全文化建设探索 [J]. 中国电业，2020,(07)：56-57.

[5] 韩胜利. 如何建立电力企业安全文化长效机制 [J]. 中外企业家，2018,(17)：124.

武钢转型发展期安全生产文化重塑

武钢集团有限公司　陈文戎　周忠明　张文辉　肖　扬　王茂清

摘　要： 原宝钢集团与武钢集团联合重组后，武钢集团有限公司（以下简称武钢）由钢铁制造业向产业园区业转型发展。在转型发展中，由于产业调整及管理变革等因素，传统安全管理体系已不适应安全生产新形势，安全生产面临严峻形势，安全事故频发，如2019年武钢连续发生多起工亡事故。为了改变安全生产被动局面，武钢积极开展转型发展期安全生产的探索与安全文化重塑，使武钢安全生产局面出现积极变化，并得到中国宝武钢铁集团有限公司（以下简称中国宝武）充分认可。

关键词： 武钢转型发展期；改变安全生产理念；调整安全管理思路；重塑安全生产文化；重构安全管理体系；专业基础管理扫盲

一、武钢转型发展期安全生产形势与特点

2016年，原宝钢集团与武钢集团联合重组为中国宝武钢铁集团有限公司。2017年，武钢集团改制并更名为武钢集团有限公司（中国宝武全资子公司），产业由钢铁制造业向产业园区业转型发展，武钢安全生产面临新形势、新课题，传统管理制度标准及安全文化难以适应新形势、新变化，安全生产出现严峻形势，安全事故频发，如2019年武钢连续发生多起工亡事故。为了改变安全生产被动局面，武钢深入分析和研究转型发展期安全生产的形势和特点，积极开展转型发展期安全生产探索和实践，重塑安全文化，使安全生产出现了积极变化，扭转了安全生产被动局面。武钢转型发展期安全生产的主要形势和特点如下。

（一）专业基础管理出现阶段性弱化

武钢在转型发展期，持续开展传统产业的整合重组、新业态的开拓发展、管理制度的重构、组织机构及人员的调整，以及集体企业的改革融合等管理变革，持续的变化因素，弱化了专业基础管理，动摇了安全生产基础，传统安全管理体系难以有效应对。

在宝武集团联合重组中，武钢原钢铁制造相关主业被逐步整合重组，但原非钢铁非主营业务仍阶段性保留。此类业务主要为各分子公司多种经营期所发展的非主营业务，以及原大集体企业在改革中所并入武钢的相关业务，种类庞杂（约60余种），如建设工程、冶金检修、交通运输、矿山协力、幼儿园、学生公寓、宾馆经营、医院、办公楼租赁等，包含高风险业务及消防重点场所，其安全及消防风险较高；同时，其专业基础管理先天不足、专业管理跨度大、难度大，在持续开展的管理变革中，专业基础管理难以兼顾，专业基础管理出现阶段性弱化，存在管理盲区和盲点。

（二）武钢传统安全管理难以适应新要求

传统安全管理体系不同于专业基础管理对生产要素管理的覆盖性高，其监管难以覆盖所有生产要素及生产过程，主要针对高风险要素及工序开展重点监管。但"安全风险高"不等于"事故隐患大"，在实际生产中往往表现相反，即高风险生产的要素和工序，管理者较为重视，专业基础管理较好，事故隐患更少，事故发生概率更低；而低风险生产的要素和工序，管理者往往忽视，专业基础管理薄弱，事故隐患反而更多，事故发生的概率也就更高。从全国有关企业发生的安全事故分析，尤其是一般安全事故，大多发生在安全生产风险不高的作业（或区域），如2019年武钢所发生的多起安全事故均属此类。

传统安全管理体系不同于专业基础管理对生产要素管理的专业性强，其监管对于"人的行为""物的状态"等可视性生产要素相对有效，但对于"生产工艺""环境因素""部件寿期"等潜在的、隐形的等非可视性生产要素的监管相对不足。同时，由于其具有专业局限性，所以在隐患治理及风险防范措施上大多难以全面和深入，因而隐患治理会出现

表面化，如"割韭菜"，难以有效根治。

传统安全管理存在局限性。专业基础管理是企业安全生产的基础，传统安全管理的监管作用不能脱离专业基础管理，这正是安全生产"三管三必须"提出的依据。武钢的原钢铁制造相关主业的专业基础管理均较完善，传统安全管理较为有效，安全生产可以长期稳定顺行。当前，武钢正处于产业调整和管理变革中，专业基础管理出现阶段性弱化，传统安全管理失去了基础，难以适应新的要求，使安全生产面临严峻形势。近年来，国家公布了不少企业生产安全工亡事故，若分析其原因，大多是专业基础管理薄弱或缺失的问题。

（三）武钢安全生产文化面临重塑

武钢传统安全管理体系，从具体的安全生产制度标准，到深刻影响职工思想观念的安全文化，均以钢铁制造业为主线而建立形成，难以适应武钢向产业园区业转型发展的安全生产要求。近年来，国家针对产业园（含不动产租赁）制定了相关法律法规，但其安全生产制度体系、规范标准等均未形成行业标准。武钢需要开展转型发展期安全生产探索和实践，重塑武钢安全生产文化。

二、武钢转型发展期安全生产文化重塑

武钢转型期安全生产文化重塑，主要包含安全生产观念改变、安全管理思路调整，以及制度体系重构及行为规范重建等。为此，武钢着力开展并落实 310 项工作。

（一）武钢安全管理思路调整

传统安全生产理念中，安全管理及安全管理机构是企业安全生产的主角和主体，专业基础管理及专业职能管理条线在安全生产中发挥着协助和配合作用，安全管理体系与生产经营管理体系相分离。2022 年，国家新版《安全生产法》对安全生产"三管三必须"正式立法，这是国家安全生产理念的调整。深刻揭示了安全生产本质明确了安全管理性质，即专业基础管理是企业安全生产核心，专业职能管理条线是企业安全生产主体，生产经营管理体系是企业安全生产的基础和保障；安全管理体系在企业安全生产中发挥指导、监督和促进作用。

根据国家安全生产理念的调整，以及武钢转型发展期安全生产形势要求，武钢将安全管理思路调整为：管理思维跳出传统安全管理体系，跨入生产经营管理体系，融入专业职能管理中；管理重心从"高风险要素的监管"调整到"专业基础管理的监管"，从"事故隐患的治理"调整到"事故隐患源头的治理"；安全管理主体从安监系统调整到专业职能条线。

（二）主要工作举措

武钢转型发展期安全生产的主要任务：一是有效管控留存产业安全生产阶段性风险，二是积极探索产业园安全生产新课题。根据转型发展期安全生产的主要任务及安全生产思路调整，武钢积极开展安全生产探索与安全文化重塑，主要工作举措如下。

（1）调整安监系统工作重心，着力推进专业基础管理扫盲

一是持续推进现场隐患的安全督察，并着力推动安全督察"三个全覆盖"，即：武钢层面着力实现对所属单位及业态安全督察的全覆盖，二级单位着力实现对所属作业区及产线安全督察的全覆盖，基层单位着力实现对所属岗位及生产要素（人、机、料、法、环）安全督察的全覆盖。二是针对现场所查隐患开展源头管理分析，梳理专业基础管理盲区和盲点，引导专业职能管理条线开展"管理扫盲"，夯实基层基础管理。三是根据安全生产"三管三必须"原则，建立和完善安全生产责任体系、履职评价体系、激励问责体系，促进各责任主体履职。

（2）深入研究法律法规，确立产业园安全生产指导思想

产业园区业是武钢转型发展的战略性产业，为此，贯彻落实国家安全生产法律法规、引导和增强全员安全生产合规意识是武钢生存发展的前提和保障。

组织开展产业园区业安全生产相关法律法规的研究，《安全生产法》《刑法》《消防法》《建筑法》《特种设备安全法》等，理清园区建设和运营各环节的法规要求，梳理出产业园（含不动产租赁）安全生产 6 项法律责任，即资产租赁合规性、承租方资质及条件合规性、租赁资产运行维护合规性、园区安全生产统一协调管理、园区建设（改造）项目合规管理、园区建设（改造）施工安全监管等，确立了武钢产业园（含不动产租赁）安全生产指导思想。

（3）分解细化管理要求，明确各生产经营主体安全职责

深入分析武钢产业园的业务特点及管理现状，根据"6 项法律责任"的相关要求，研究制定了武

钢产业园（含不动产租赁）安全生产"26项管理要点"，并将管理要点分解细化至项目立项、项目施工、招商招租、园区运营、物业管理等园区建设和运营管理各环节。根据安全生产"三管三必须"原则及武钢安全生产思路调整，将安全生产职责融入生产经营职责中，使生产经营责任体系与安全生产责任体系融为一体。

（4）组织资产全面清查，积极应对园区运营管理不合规事项

由于某些原因，武钢租赁资产存在规划许可证、房产证等不全，以及年久失修、安全状态不佳等合规性问题。同时，由于合规性问题底数不清、缺乏有效的应对措施，武钢租赁资产也存在未知及不可控安全风险。

2022年2季度，武钢集团组织对4410项租赁房产及构筑物安全隐患开展全面清查，查出Ⅲ类隐患611项、Ⅳ类隐患（危房）13项。2022年4季度，组织对1614项租赁业务合规管理开展全面清查，核查管理要点5468项，查出不符合项1143项。

针对上述所查隐患或合规管理问题，武钢深入研究积极应对：针对有条件解决的问题，及时研究措施、制定计划全力解决；针对暂时无条件解决的问题，开展安全风险评估，若风险可控或可承受，则在强化风险监管措施下开展租赁经营；针对暂时无条件解决、风险评估不可控或不可承受，则果断停止租赁经营。

（5）开展资产招商前置评估，确保资产租赁合规运营

在产业园建设（改造）项目可研阶段、园区招商招租前，组织开展资产租赁合规性前置评估。若资产评估不满足合规要求，积极采取应对措施，例如，功能适用性不满足租赁业务安全生产，则采取功能改造或调整业务经营方向等措施。

资产租赁合规性，主要包含房产相关证件完整（如规划许可证、房产证）、设备设施相关证件完整（如制造许可证、出厂合格证、定检合格证）、资产状态合规性（符合国家或行业安全技术规范），以及资产功能适用性（满足承租方生产经营消防、抗震、承载等安全生产条件等）。

（6）设置入园安全门槛，审核承租方安全生产资质及条件

在公司招租管理环节增设入园安全门槛，设置

管理流程，审核承租方安全生产资质及条件。若其资质和条件不符合法规要求，则拒绝其入园，并协助其提升相关能力达到合规要求。

承租方安全生产资质和条件合规审核，主要包含：其生产经营许可或特种行业许可合规、工艺技术及设备设施合规、管理制度完备规范、相关人员安全意识和能力满足安全生产要求等；涉众场所及门面租赁业务，着力对其消防条件开展审核和核验，尤其是"二装""三合一"等消防安全的审核和核验。

（7）落实资产运行维护管理，确保租赁资产安全合规运行

武钢产业园（含不动产租赁）资产运行维护管理方式有资产方维护、约定承租方维护、委托第三方维护。确保租赁资产安全合规运行（运行状态符合行业安全技术规范），作为维护管理方式选择前提。若约定承租方维护或委托第三方维护，在合约中明确其管理职责、管理要求及管理目标，建立违约约束机制，加强日常监管，促进其履约。

（8）明确双方管理责任，落实园区安全统一协调管理根据《安全生产法》第四十九条，园区运营（租赁）方对园区安全生产统实行一协调管理，主要内容如下。

一是签订安全协议、明确双方管理责任。根据双方各自资产及管理事项，划定安全管理责任界面，例如，园区运营（租赁）方对租赁资产安全合规运行，以及园区公辅设施、公共区域等运行管理安全性负责；承租方对其自有资产安全合规运行，以及其生产经营管理安全性负责。

二是统一协调管理，定期开展检查，发现安全问题督促整改。园区运营（租赁）方主要针对公共区域、公辅设施等共用资产安全生产开展统一协调管理，并开展定期检查，发现问题督促整改，确保其在生产过程中的安全性；同时，对承租方安全生产条件重要事项开展针对性复查，尤其对涉众场所及门面租赁等安全消防条件开展复查。

（9）落实国家及政府相关要求，确保园区建设项目管理合规性

在园区建设（或改造）项目可研、立项、招投标、合约签订等各环节，严格落实国家法律法规及政府管理要求，完善管理制度及流程。园区建设（改造）项目管理合规性主要包含：项目规划许可、施工许可及其他法定审批事项；勘察、设计、施工、监理

等各方资质条件合规性；与各方所签订合同及协议，内容合规、文本规范、签订及时。

（10）开展施工安全监管，履行园区建设（改造）安全监管职责

履行安全监管职责，主要工作举措：一是开展施工管理策划，制定并明确各方管理目标、措施、职责、要求，以及违约约束条款等；二是开展三方合署办公，定期召开施工管理例会、开展现场隐患查消、督促各方履约等；三是督促监理方履行专业监管责任，审核监理管理策划及细则、检查评价其履约情况等。

约定并督促施工方落实安全生产的重点事项："五有"管理，即施工组织有策划、作业有方案、风险有辨识、施工人员有交底、方案及措施有执行；"三非"管理，即非重要项目、非关键工序、非危险作业等管理覆盖性；现场合规管理，即临边洞口安全防护、现场用电合规性、特种设备设施取证和报验、消防动火管理，以及特种作业人员和临时用工管理等。

三、结语

2020年以来，为了摆脱转型发展期安全生产被动局面，武钢开展了转型发展期安全生产积极探索，重塑安全文化。一是持续推进安全生产理念改变、安全管理思路调整、安全管理体系重构及规范标准重构，新的安全文化正在初步形成；二是全面开展专业基础管理扫盲，夯实安全生产基础，留存产业阶段性安全风险得到有效管控；三是积极探索产业园区业安全生产新模式，初步建立了以"6项法律责任、8项工作举措、26项管理要点"等为主要内容的产业园安全生产制度体系。

2022年以来，通过安全生产探索和实践、重塑安全文化，武钢安全生产出现了积极变化，扭转了安全生产被动局面，并得到中国宝武高度认可。2020至2022年，武钢连续3年荣获"中国宝武安全生产优秀单位"；2021年，武钢集团安全督导工作实践被评为"中国宝武安全管理最佳实践"，并应邀在宝武大讲堂开展交流；2022年，《武钢集团产业园（含不动产租赁）安全生产指导意见》被评为"中国宝武安全管理最佳实践"。

如何构建电力企业的安全文化

国能长源恩施水电开发有限公司　温爱华　田应学　何本长

摘　要: 本文从构建企业安全精神文化、安全行为文化、安全物质文化等几个角度对电力企业安全文化进行了探讨。电力行业的安全生产直接影响到电力的稳定运行,直接影响到国家经济的快速发展。如何确保其稳定运行,始终是一个十分重要的问题。因此,建立电力企业安全文化也是一个长期的主题。

关键词: 精神文化;行为文化;物质文化;经济发展;电力先行

一、电力企业安全文化概述

(一)电力企业安全文化的内涵

电力企业安全文化是指在长期的安全生产活动中逐渐发展起来的企业所信奉的安全精神文化、安全行为文化和安全物质文化的完整理论体系。

(二)电力企业安全文化的特点

1.是一种实践性文化

安全文化既是对员工的实际工作要求,也将在实际工作中对员工产生影响。公司的各项安全管理规范都来自员工的实际工作,而这些规定都是用鲜血和各种教训换来的。构建电力企业的"平安"是使全体员工在"电力安全"上达成"可为、不可为"的"共同意识"。

2.具有指导性,对电力安全生产起导向作用

大家每天把安全挂在嘴边,心中自然会产生强烈的安全感。没有建立起行业的安全文化,没有提高员工的警觉和重视,安全工作就是走个过场。经过多年的经验积累,电力企业的安全文化应是一种科学的、能够对安全生产的规范起到引领作用,对人们怎样重视和提高工作效率起到重要作用的文化。积极、健康、向上的安全文化能够对电力企业的安全生产工作起到指导作用,使电力企业形成良好的工作氛围,对企业进行规范和约束,使其做出正确的决策和工作安排。

为了满足当前电力企业的安全生产需求,必须顺应时代发展、科技发展、安全生产管理方式和手段的发展,建设电力民族工业企业的平安文化,持续提高安全生产管理水平。

二、电力企业安全精神文化

打造独具特色的积极、健康、向上的电力企业安全文化是管理的最高境界。电力企业安全精神文化包含以下理念。

(一)以人为本的管理理念

最主要的工作就是激发员工积极向上、充满奉献精神和创造力的精神状态。在生产过程中,企业要保障员工的生命安全和身体健康。设备和网络的安全性取决于运用现代科技手段的广大员工。在这种情况下,企业必须坚持以"以人为本"为核心的安全经营理念。然而,一些行业缺乏对工人身体和精神卫生的重视,强迫工人加班,而不采取有效的安全措施,导致了大量的人员伤亡和财产的巨大损失。这就是不重视以"以人为本"为核心的安全生产经营理念所导致的恶果。

"以人为本"的管理理念是通过下面两方面内容来实现的。

1.尊重员工人格

在电力企业中,从高层管理者到中层,从中层到执行层,再到当班员工,再到各个部门的维修工人,这些员工在不同的层级中存在着巨大的人格需求差异,对安全生产重要性的理解也不尽一致。但他们有一个共同点,那就是都有自己的尊严与需求。电力企业在安全生产工作中,应该遵循人性的本质,注意相互尊重和沟通,从而齐心协力,共同做好安全生产工作。

2.遵循人性原则

一是满足员工合理需求,激发员工对工作的热情。要员工对工作充满热情,就要对员工深入了解,

清楚他们的内心需求，从而进行人性化的管理。在实施安全生产奖励制度时，必须把员工的个体权益和安全生产的目的联系起来。

二是引导员工需求，使其了解满足自身需求的唯一途径是认真、努力地充满激情地去工作、对企业安全生产做出自己的贡献。报酬只是激励员工的一种方式。

（二）责权利匹配管理理念

所谓责任与权力相适应的经营思想，是指在电力安全生产经营活动中，特别是处理各类工作时，要正确处理责任、权力、利益三者之间的关系。"责权相适应"是指每位员工在各自的工作岗位上担负起某种职责，并给予其相应的权限，使其履行职责，从而获得一定的收益。如果不能履行自己的职责，不仅无法得到回报，还会被惩罚。因此，在实际的安全管理中，要把参与人员的权利与利益统一起来，这样，就能提高行业的安全管理水平。

三、电力企业安全生产体制的建立方法

（一）落实安全生产责任制

制定以安全生产责任制为核心的安全生产管理制度，充分发挥员工的工作热情、高度自觉的责任精神，是保证电力企业的安全稳定发展的首要条件。为达到安全生产的目的，要把各项工作任务分解成若干个小的指标，逐级细化，并分配到每个人的身上。各电力企业根据自身的生产特点设立工作岗位，并明确其安全责任、工作职责，提供与岗位职责对等的待遇。

（二）建立完善各种安全生产监督管理制度

定期进行现场安全监管，纠正违章指挥和违章作业行为，降低人为失误，改变被动的安全状况。加强对安措和反措执行力度的监管，增强对电网安全风险的抵御能力，并对风险进行安全分析，为上级决策提供科学的参考。加强对安全设备和设施的巡视检查，提高设备管理水平。加强对安全生产工作的常规监管，组织好班前、班后会议，定期召开安全分析会，定期组织安全监管和网络安全会议，对安全隐患进行全面排查，及时处理突发事件，切实提升安全管理能力。

四、电力企业安全行为文化

构建电力企业的安全行为文化，是一项重要的

工作、一种规范，也是一种行为的表现形式。它包含以下几个方面内容。

（一）电力企业安全生产决策行为科学化要求

安全生产决策的科学化，可以确保安全工作的正确性，可最大限度地提升效率，增强可执行度，也能防止过度投入。

（二）电力企业安全生产现场作业行为标准化要求

1.树立安全文明施工的理念

文明施工可以形成一个较好的环境。营造一个安全、健康、和谐的环境，能够激发员工对安全的认识，促进其遵守纪律、遵守规章，减少违法违规现象，确保安全。这就需要全体员工维护、营造一个安全、健康、和谐的工作环境，企业科学地安排施工，确保工作的井然有序，确保员工的人身安全。

2.树立"四不伤害"的作业理念

"四不伤害"是指在作业过程中不伤害他人、不伤害自己、不被他人伤害、保护他人不受伤害的行为。这就需要工人们在工作中严格遵循安全规范，互相监督，互相督促。

3.严格执行两票三制，落实三大措施

两票是指工作票、操作票，三制是指交接班制、巡回检查制、设备定期试验与轮换制。三大措施是指组织、技术、安全措施，这些都是保证电力安全生产的必要组织、技术手段。

认真进行作业前的风险辨识，做好控制各种风险的措施。严格执行没有风险分析不进入现场、没有风险分析不作业的管控要求。

五、电力企业安全物质文化

电力企业安全物质文化包括确立电力企业安全生产物质要求和物质文化各个要素的搭建。

（一）电力安全生产物质的要求

因使用不合格的安全设备而发生的意外事件实在是多不胜数，因此，有必要构建起电力安全的物质基础。

电力企业应加强物质安全文化建设，提高设备设施本质化安全程度，提供完好的安全设施及良好的作业环境条件，落实文明生产各项措施，实行规范有序的定置管理，使作业环境整洁、有序、良好，并引导员工重视本质安全。

（二）电力企业安全物质文化的构建

1. 企业应为员工提供安全生产必需防护装备

防护装备包括对危险作业场所、危险源和危险设备设施配置的有效的安全防护装置、设施。

2. 企业设置必要的安全标志、标识

这些标志、标识应设在生产现场及有关办公、生活区域，它们包括企业标识，设备、区域、楼层、办公、建（构）筑物位置导引，安全禁止、警告、指令、提示标志，色标、介质流向、命名等安全可视化管理。

3. 电力企业应进行应急物资准备

应急物资应符合国家、行业的有关应急管控要求：一是应急、救援、通信、照明等工具和设备，能满足日常管理维护和更新工作要求；二是应急照明、安全通道，确保安全通道畅通；三是应急避难场所，并制作应急避难场所分布图（表）等。

六、电力企业安全文化建设过程

（一）电力企业安全文化建设策划

电力企业要树立正确完整、切合实际、全员知晓的安全文化理念，安排全体员工围绕安全理念公开作出安全承诺，挖掘安全理念文化建设典型经验和优秀成果并展示，营造良好和谐、团结互助的人际关系，充分发挥员工的积极性、创造性和团队作用。

（二）电力企业安全文化实施过程

1. 持续宣传，不断实践和规范管理

建立安全文化，要以系统为保障，加强教育以增强员工对安全文化的认同感，要做到形态各异、生动活泼、符合员工兴趣，以达到让员工易于接受和潜移默化地受到影响的效果。例如，利用安全文化廊、安全角、黑板报、宣传栏及微博、微信群、工作群等安全文化阵地，进行安全警示、温馨提醒，并定期更换新的内容；组织安全文化专题研讨，动员全员参与。

2. 构建和谐人文环境

企业应建立相互尊重、理解、关心、互帮互助的人文环境，切实提高企业的整体利益和员工的共同利益，保障企业安全管理有序性、设备设施完好性、人的行为规范性。

企业应为员工创造丰富的业余文化生活，组织开展"互保互助"活动，完善员工休假、疗养机制，

以及提供其他正常的福利待遇，提高企业人文关爱；建立完善正向激励机制、公平公正的导向机制及奖罚分明的绩效考核制度，为员工提供充分展现自我的舞台。

新的思想必须得到全体员工的主动拥护，才能很快被人们所采纳，且在贯彻落实之后，电力企业的平安建设才会收到应有的成效。

3. 领导带头，身体力行

企业主要负责人是企业安全文化建设的第一责任人，对企业安全文化建设工作负全面领导责任，应对安全承诺做出有形的表率，并让各级管理人员和员工切身感受到企业主要负责人对安全承诺的实践。

企业的各级管理人员应对安全承诺的实施起到示范和推进作用，形成高效的制度化工作方法，打造有益于安全生产的工作氛围，培育重视安全生产的工作态度。

企业员工应充分理解和接受企业的安全承诺，并结合各自岗位工作实践这种安全承诺。电力企业的平安文化是一个动态的全员、全方位的过程，它要求全体员工都要积极地去做、去探索、去实践。

4. 电力企业安全文化需不断完善

随着我国电力产业的发展，电力企业安全文化建设已进入新阶段，同时也面临着越来越大的挑战。要对安全文化进行持续的改进和提高，要对其进行评价，就要看员工的安全工作热情是否得到最大限度的激发，员工对公司的安全意识及实施情况有没有完全认同。

七、结语

电力企业的安全生产不容忽视，哪怕一个小小的失误都会造成重大的事故。电力安全生产工作的特点是点多面广，要重点放在电力安全生产的精神文化、电力安全生产行为文化和电力安全生产的物质文化建设上。这就如同抓到一棵树的主干，然后进行分支的提炼、整合、完善。这样，我们就可以在实际操作上遵守规章制度，把工作做得更好，在制度上、物质上予以保障，从而保障安全需求，对进一步提高电力工业的市场竞争力和可持续发展，起到关键性的推动作用。

参考文献

［1］罗云.安全文化的起源、发展及概念[J].建筑安全,2021,(9)：26-27.

［2］蒋庆其.电力企业安全文化建设[M].北京：中国电力出版社,2019.

［3］吴俊勇,刘澍,焦晓佑,等.电力企业安全文化评价体系及其专家系统的研究[J].电力信息化,2006,(7)：46-48.

［4］杨传箭.安全文化：安全管理新理念[J],中国电力企业管理,2020,(1)：56.

［5］国际核安全咨询组.安全文化[M].北京：原子能出版社,2019.

［6］陆玮,唐炎钊.大亚湾核电站的核安全文化建设探讨[J].核科学与工程,2020,24(3)：208-209.

［7］庄培章.现代企业文化概论[M].厦门：厦门大学出版社,2019.

［8］赵琼.国外企业文化研究进展[J].华北电业,2019,(4)：19.

［9］罗长海.企业文化学[M].北京：中国人民大学出版社,2021.

创新安全文化培训 提升应急处理能力

中国铁路北京局集团有限公司石家庄工务段 王 彬 赵 赛 石建功 王 涛

摘 要：随着铁路技术的快速发展和信息化手段的不断加强，安全文化的培训对运输安全的影响也日益突出。本文通过分析当前基层站段应急培训的现状，对创新安全文化培训、提升基层站段应急培训质量提出了一些新思路。

关键词：安全文化培训；安全制度建设；安全理念培育；安全行为规范；安全环境；应急处置

安全是铁路工作的"生命线"，是铁路的"饭碗工程"，推进铁路科学发展的首要前提是实现安全发展。铁路是国民经济大动脉、国家重要基础设施和大众化交通工具，确保人民群众生命财产安全是主要行车工种职工最重要的职责，在任何时候、任何情况下，行车工种职工都必须把确保安全放在各项工作的首位。尤其是近年来，我国铁路进入了快速发展时期，随着高速铁路迅速发展、路网规模不断扩大、新技术装备大量投入使用，对运输安全提出了新的更高的要求，安全风险的问题也更加突出。如何打造一支思想过硬、技术精良的行车队伍是新形势下职教干部面临的新的课题和新的要求。近年来，由于一线职工应急处置能力没有完全适应铁路快速发展的要求，许多本可以避免的事故还是发生了。我们要充分认识到当前加强对铁路站段职工应急处置能力培训的重要性和紧迫性，把这一问题当作制约当前铁路快速发展的重要课题去研究，针对当前基层站段在应急培训方面的不足，去重点研究、抓紧解决。针对主要行车工种职工素质与铁路高速发展形势的不适应，特别是主要行车工种职工一遇非正常行车往往手忙脚乱、应急处理能力差的现状，两年来中国铁路北京局集团有限公司石家庄工务段采取强化培训、加强模拟演练等形式，积极组织和引导职工学习和实训演练，收到了实实在在的效果。

一、站段应急培训存在的主要问题与原因分析

事故都是由最初的微小故障发展而来，如果将安全文化建设摆放到重要位置，让一线职工拥有足够的应急处置能力，把故障消除在萌芽状态，事故就不会发生；反之，一旦发生设备故障，如果不能快速处置，事故就会很快发生，甚至发展变大。从这个意义上讲，提高一线职工的应急处置能力，使人人都能防止小故障演化升级为大事故，就是基层站段应急培训的价值和意义所在。

目前，站段在应急培训中受多种因素制约，应急培训还存在诸多薄弱环节，这主要表现在以下几个方面。

（一）职工安全理念不强，学习主动性不高

随着新技术和先进的检测手段的应用，行车设备的稳定性不断提高，各类故障率不断下降，应急处理任务相应减少，职工的危机意识也随之减弱，这些都造成了大家对应急培训缺乏主动性，认为应急培训可有可无或与自己无关，因此平时不学习，上课不听讲，能力不提高，遇事直挠头。

（二）安全制度培训缺乏规划，不能满足实际需求

应急管理工作中的关键环节和相关知识技能都是培训的重点内容，而目前的培训多数缺少需求调查。职工在培训中只能被动地听教师讲授，工作中的实际问题则很难在培训中找到答案。同时，不同的职工对培训有较高的个性化需求，希望培训能够达到"缺什么补什么""干什么学什么"的效果，但现阶段的培训不能满足这样的要求。由于突发事件种类多样，在缺乏系统设计的多次培训中，教师为了保证自身授课部分的完整性，必须对基本内容进行重复讲授，因此单次培训很难深入。

（三）学习安全行为不新颖，学员积极性不高

目前的培训多以课堂讲授方式为主，这种方式容易导致学员产生厌倦情绪，不利于职工对知识的吸收和掌握。为了弥补理论教学的不足，部分培训项目采用了情景模拟、案例分析等方法，增加了课堂互动性，但是这种方式所占比例仍然很小。小组

讨论在应急培训中也很罕见，在应用过程中，讨论的案例多是教师选择的典型案例，与职工的实际工作存在较大的差距；讨论缺乏总结和对结果的评价，缺乏科学合理的设计，目标不明确，学员参与度低。

（四）安全环境不完善，培训教材不足

近年来各类新规章和新技术类的各类书籍材料大量出版发行，而应急培训教材编写却相对滞后。由于一些站段拥有丰富应急处理经验的老师少，因此组织站段开发教材难度较大。站段的应急培训还是以使用现成的教材为主，但这些教材内容时效性不强、教案单调、模拟演练科目少，缺乏系统性和完整性，不能很好地适应现场应急处理的需要，也无法满足当前应急培训工作的需要。

二、站段应急培训的对策实施

（一）创新培训方式方法，规范安全行为，服务安全文化建设

培训方法应根据培训目标和培训内容来确定，有些培训内容适合采用小组讨论，有些适合采用桌面推演，而有些则最适合采用课堂讲授的方式。每个培训项目均应依据培训内容来选择一种或多种培训方法。各种培训方法均有其优势和不足，重要的是适当选择和规范执行。

首先，不少职工应急能力的培养采用的是模拟演练的方法。模拟演练更为直观，能极大地调动学员参与培训、锻炼应急响应能力的积极性，被证实是比传统单纯讲授更为有效的方法，能将处于文件层面的预案标准落实到实践当中。

其次，开展一些如音视频记录 VLOG 大赛，让职工通过新媒体这种喜闻乐见的形式参与进来，依托段手机报专栏开展"小新课堂"，将应急处置的内容化"要我学"为"我要学"，全面提升职工的学习兴趣。

最后，虚拟与现实相结合。开展 VR 教学，如挑选应急演练工具、制造事故后果等内容，给职工提供沉浸式的体验，使职工身临其境，震撼人心。另外，搭建一些如驻站楼的实景还原，简单还原驻站员登记系统，培训中像演小品一样让职工亲自上手模拟操作，代替老师"满堂灌"的模式，让职工将流程烂熟于心。

以上 3 种做法不仅要求学员全员主动参与，更要求学员将规范与标准运用于实际的能力，把各种专业知识与技能融会贯通，快速应对危机，以贴近实战的情景来检验自己的应急能力。

（二）开发职工学习内容，创造安全环境，满足安全文化需求

随着铁路的快速发展，应急培训教材的开发也不断加快。一是段编制应急演练题库，车间将题库纳入职工学习和日常抽考内容，提高职工的应急处理能力。编制的过程中做到统一领导，明确分工，协同应对。二是开展案例教学。重点收集近年来事故、故障案例信息，组织相关专业技术人员结合现场实际，深入研究分析，一事一议，重点研究非正常行车和作业的应急处理流程、标准，并进一步转化为相关教材。三是发放流程挂图。对于新技术、新设备及近年来发生率较高的故障和事故，组织专业团队，重点开发重点应急处理的流程挂图，并张贴在醒目位置，方便职工的日常学习。这样，结合不同培训目标，选择有效的培训方法，使教材的开发更有针对性和实用性。

（三）注重安全思想引导，落实安全理念，激发安全文化动力

站段要加强对职工进行应急宣传教育，充分利用现有事故案例，深刻剖析形成原因，明确无误地告诫职工：先进的检测手段并不能必然保证安全；新技术、新设备的应用不是降低了应急技能的重要性，恰恰相反，它更突出了其重要性。工作不能存在侥幸心理，不能给事故可乘之机。职教科结合季节性特点与近期工作重点，每月制定专题的业务学习计划，组织开展非正常专项学习培训，切实增强职工应急培训的危机感和紧迫感，激发职工积极参与应急培训的动力和自觉性。

在深入车间班组检查的过程中，我们发现，不少车间班组的应急处置只停留在笔头，即只写记录备查，并没有真正组织职工进行应急演练与现场模拟培训。我们为规范车间班组对应急处置的培训，要求车间班组对演练全过程录像，建设基于铁路办公网的云存储服务器，供各车间下载培训教学资源和上传音视频记录数据。车间音视频记录设备的规范使用，加强了段对车间班组的检查与督导，使应急演练与培训能实实在在地开展下去。

（四）满足职工的实际需求，完善安全制度，落实安全文化培训

培训内容的选择只有以解决实际问题为导向才有可持续性。基层站段应急培训涉及站段的全体员工和所有岗位,各岗位所承担的职责不同,面临的问题不同,对培训的需求也存在较大的差异。只有了解具体培训需求,系统规划培训内容,按照一定的逻辑顺序对知识和技能进行梳理分割,开展分期培训,才能有的放矢,提高培训效率和效果。

职工培训与学校教育最大的不同在于并不只是强调学习的系统性,而是以学员的实际需求作为课程开发的出发点和评价培训质量的落脚点。不同岗位、不同部门在应对突发事件时承担的职责不同,相应的能力需求也会有所不同,不能一概而论。课程内容要更加突出应急决策能力、应急流程控制、应急专业技能、事故处置方法、风险评估等内容。对这些应急处置项点,从车间干部、工班长到防护员、驻站员等人员均有应急处置相关规定掌握不清楚的情况,且团队各成员之间缺乏演练磨合,对应急处置项目缺少系统性认识,所以我们要求每个车间组织各工区派遣一支包含干部、工班长、防护员等人员的应急处置团队参与日常演练,培训内容以常见应急处置为主,包括断轨、晃车、防胀等项目的应急处置培训演练,全面提升参培团队整体应急处置水平。

培训内容只有与职工的实际需求相结合,让培训有的放矢,才能使应急培训取得良好的效果。制定年度应急演练项目和计划,按月进行不同内容的培训演练,在演练的过程中,由其中一个团队先组织预演练,再根据预演练暴露的缺点和不足开展重点演练,演练根据不同内容,选择不同的演练类型和方式,注重做好演练的评估与分析,通过演练发现问题、解决问题,全面提高职工的应急处理能力。

二、总结与展望

铁路交通事故具有发生突然、起因复杂、判断困难、蔓延迅速、危害严重、影响广泛等特点,如果没有完备的应急处理能力,就会给企业和社会造成重大损失。目前,站段应急管理培训面临着巨大挑战,只有不断总结经验和教训、探索和发现铁路应急培训的一般规律,逐步提高对突发事件应急处置本质的认识,才能不断丰富培训内容、完善培训方法,建立起科学、规范的应急管理培训体系与培训制度,提高站段应急总体水平,为铁路运输安全有序提供可靠保障。

煤化工企业"融心式"安全文化建设研究

伊犁新天煤化工有限责任公司　何金昌　李　雪　甘　勇　买　强　杨运宽

摘　要：化工产业是我国的支柱产业和传统优势产业，从 2010 年起我国已成为世界第一化工大国，目前化工产值占世界总产值的 40% 以上[1]。随着我国社会经济高速发展，煤化工、石油化工、精细化工等行业领域实现蓬勃发展，但是发展过程中还是出现了如 2019 年 3 月 21 日江苏响水天嘉宜化工有限公司"3·21"特别重大火灾爆炸事故、2019 年 7 月 19 日河南义马气化厂"7·19"爆炸事故等重特大安全事故，严重影响了人民群众的生命财产安全，同时也暴露出目前化工行业高速发展背后隐藏着的从业人员安全意识不强、专业能力不强等突出问题，这些问题严重制约了企业的高质量发展。想要提高生产作业及管理职能和辅助运行岗位人员的安全生产意识能力，形成令行禁止、统一协作、点点安全保障面面安全的良好安全生产运行氛围，就必须统一企业全体人员的思想观念和安全理念愿景，只有这样才能最大限度地激发企业全体人员的主观能动性，形成"要我安全"向"我要安全、我会安全"人员本质安全的质的安全生产文化的转变[2]。为此，本文从多年实践经验出发，从管理人员安全领导力提升、岗位员工安全意识及安全技能培养、围绕党建抓安全、"安全·家"文化等方面入手，阐述了安全文化建设过程中的关键步骤及主要方法。

关键词：安全意识；家文化；安全文化建设；以人为本

一、以"恒心"压实责任，牢固树立安全意识及安全理念

近年来，国家对安全生产要求日益严格，发展决不能以牺牲人的生命为代价成为企业发展过程中一条不可逾越的红线、底线。各领域、各企业也逐渐从高速发展向高质量发展转变。企业在转型升级过程中，最核心及最困难的环节在于人的行为习惯及思想认识的转变。为此，企业应在安全文化创建过程中，坚持以"恒心"压实责任、以"安心"落实责任、以"暖心"负起责任的整体思路，以明安全之"责"、守安全之"心"、筑安全之"基"、行安全之"道"为内涵，通过学习反思、警示教育、监督考核、树立典型等方法，抓牢安全监督考核与党建柔性激励两条主线，形成具有化工特点、企业特色的安全文化理念。

二、以"安心"落实责任，将安全管理理念融入生产各个环节

（一）通过双重预防机制建设，提升全员风险辨识及隐患排查能力

针对化工企业生产过程中的泄漏爆炸风险、检维修及运行操作风险、联锁投退风险，应组织开展风险辨识及预控措施编制工作，通过不断地讨论辨识出的结果，倒逼车间、班组员工主动思考生产环节存在的风险，掌握应对措施。编制发布《防泄漏爆炸重点部位及管控措施清单》《高风险作业辨识及管控措施清单》《有限空间风险辨识及管控措施清单》《联锁投退风险辨识及管控措施清单》《防非停管理规定》等，并定期组织全员开展学习培训，通过班组建设检查、季节性综合检查等形式，对员工掌握情况进行考问。

对照《危险化学品企业安全风险隐患排查治理导则》的要求，组织专业技术人员、班组员工对照规范开展隐患排查表编制工作，明确检查对象、检查要求，并将检查任务分解到班组后再逐项、逐条排查，做到隐患排查表格化、常态化，不断提升员工对隐患的识别及排查能力。

（二）开展危险与可操作性分析（HAZOP 分析）及安全设计诊断，提升专业技术人员运行风险分析能力

组织 HAZOP 分析及安全设计诊断专题培训，使员工掌握 HAZOP 分析及安全设计诊断主要目的、实现方法、落实措施等理论知识。组织技术人员深度参与安全分析与设计诊断，帮助员工在练中学、在学中练，不断掌握核心方法、学习关键步骤、明

确管理要求等,提升企业管理骨干专业技术水平。

（三）开展应急能力建设,提高员工应急处置能力

在完善应急预案体系的基础上,组织基层班组完成岗位应急处置卡的编制,通过推行"无脚本＋不通知"演练模式,定期组织员工开展应急演练工作,提升岗位应急处置能力。企业按照军事化的管理要求,建立企业专职消防队,要求装置区内设置各类火灾报警信号,消防员全副武装赶赴现场确认,不断提高消防队在应急处置时的快速响应能力。

同时,可聘请外部专业培训机构,对化工企业中毒、烫伤、摔伤等意外伤害的处理知识进行专题培训,组织员工现场完成对除颤仪使用、心肺复苏操作、外伤包扎等科目,不断提升自身医疗救护能力。

三、以"暖心"负起责任,发挥党建在安全生产工作中的积极作用

深化"党建＋安全"工作模式,将党建工作与安全生产工作有机融合,使党建工作更接地气、更有实效,让"无形"的党建成为企业发展的"有形"力量,使党建工作在企业中心工作中看得见、摸得着,从而打造安全、稳定、和谐的生产环境。

（一）"网格化"安全矩阵

企业应坚持和加强党对安全工作的全面领导放在突出位置,构建党委抓总体安全、党支部抓具体安全、党员互保的"三责协同"联动体系。积极开展网格式安全助力行动,建立以党支部为枢纽、各党支部和部门（车间）为纽带、各班组为触角的工作格局。一个支部就是一个堡垒,一名党员就是一面旗帜。把党员作用发挥作为进一步增强党组织作用的切入点、发力点,构建党员联系职工群众的红色网格,真正把党员和群众融为一体,把党的工作开展起来,把职工群众凝聚起来,全力推动基层党建网格化工作走深走实。同时,依托党员示范岗、党员责任区、党员先锋队等载体,引导党员骨干在安全生产工作中挑重担、打头阵。组建"红袖标突击队""红袖标监督队"等,发挥党支部、党员作用。

（二）"家文化"安全教育

把亲情融入安全生产,将安全工作触角延伸到家庭,让"家文化"筑牢企业安全生产的第二道防线。增强员工安全思想意识,开展"我的岗位我负责、我的工作请放心"大讨论、演讲比赛"安全·党支部在行动"等安全活动,让安全文化入脑入心,用亲情感化人、教育人,让"家"文化构筑起企业的安全堡垒。让安全画在纸上、全家福挂在墙上、座右铭时刻提醒着安全、微视频句句入心入脑,达到"安全理念融于情润心田""春风化雨以文化人"的积极作用。利用安全文化手册、安全手抄报、安全座右铭、制作安全微视频二维码、安全新闻、思悟文章等,总结和积累好经验、好做法,形成一批可推广的好经验、好做法。开展安全大家谈心得体会比赛,同时在微信公众号进行线上投票,扩大活动影响力,达到更好的效果。

（三）"同质化"学习管理

企业党委应结合外包单位人员多、思想教育工作开展困难、成效不显著的实际情况,按照"同质化"管理要求,通过摸清外包单位党员人数,将外包单位党员日常学习纳入"同质化"管理中,开展共话活动、知识竞赛、座谈交流等,以"小切口"引领"大学习",以"共学共话共做"夯实外包单位党员队伍建设,以"外包单位党员先锋力量"引领外包人员为企业安全发展注入强劲动力。

（四）"标杆化"柔性激励

利用舆论宣传的"柔性激励"作用,依托"一网一刊一微一视"平台,多层面、多角度地开展安全宣传。同时,对榜样典型及好经验、好做法及时宣传,树立标杆,切实发挥好先进典型的示范引领作用。利用网站、杂志等刊载"一体双融"亮点做法,开设"安全宣传专栏",形成"政治学习＋安全学习"的长效机制,既提高员工的理论修养,又巩固员工对安全知识的掌握。

四、经验启示

（1）安全文化创建是一把手工程,首先需要统一从企业高层管理人员到车间负责人的思想认识。通过持续抓、分级抓来形成安全文化建立长效机制。

（2）建好党委、党支部、党员三个层次平台,能更有效地开展安全文化融合工作,让工作有具体牵头人、有具体举措、有实质成效。

（3）安全软文化,特别是"家庭"的力量融入企业发展中,能更有效地提高员工对于安全的重视程度,安全不再是一个人的事,而是关乎家庭幸福的大事。

（4）安全的同质化管理,能更有效地强化双方的沟通和交流,以点带面,形成外包单位对企业安全管理的文化认同,从而自主地参与到安全生产工作中。

（5）安全的柔性激励，能更有效地保障安全文化活动的持续发力、扩大参与度，将形成的好做法、好经验加以推广，让企业各党支部相互学习，筑起坚实的安全堡垒。

（6）安全文化是一种新型的管理形式，也是安全管理发展的一种高级阶段。安全文化建设能够提高企业安全管理的水平和层次，树立良好的企业形象。通过安全文化建设，企业可以提高职工队伍素质，树立职工新风尚、企业新形象，增强企业核心竞争力。

五、结语

安全文化是全体员工的安全行为的方式，是形成团队力量的纽带[2]。企业安全文化是为企业在生产、生活、生存活动提供安全生产的保证[3]。总而言之，安全文化建设在企业发展中所发挥的作用越来越大。良好的企业安全文化对于企业的可持续发展有着很大的帮助。企业在实践中发现，企业文化的管理对于员工的发展有着积极作用，因此，在发展过程当中，企业必须对安全文化建设有更高的重视程度，通过以人为本的安全文化，增强所有员工的安全意识。安全文化建设的落实，有助于企业安全管理效能的提高，同时还能够使企业员工具备更高的责任意识，可以为企业的发展带来源源不断的动力，是企业实现高质量发展的必要举措。

参考文献

［1］潘文峥，张爱玲，高重密，等.持续推进，让专业化理念扎根一线——三年六轮危险化学品重点县专家指导服务取得良好成效 [J]. 中国安全生产,2022,17(06)：10-25.

［2］谢小川，章清.安全文化强基固本全员参与科学发展——培育良好的企业安全文化是企业安全发展的必由之路 [J]. 中国盐业,2021(02)：26-35.

［3］唐亚梅，周盛兵.化工集中区安全文化建设实践探讨 [J]. 江西化工,2013(02)：239-240.

扬子石化安全文化建设在直接作业环节的数智化管理应用实践

中国石化扬子石油化工有限公司　曹云波　吴　军　姜秀峰　方健生　张志坚

摘　要：中国石化扬子石油化工有限公司（以下简称扬子石化）深入贯彻习近平总书记关于安全生产的重要论述和重要指示批示精神，立足于企业安全价值观，围绕有感领导、全员参与、管控风险、本质安全、专业安全、科技兴安、从严管理、持续改进的企业安全管理特征，将企业安全文化在直接作业环节管理中应用实践，通过数智化手段，消弭部门壁垒、压实管理责任、管控施工风险、提升作业效率、打击严重违章。

关键词：安全文化；安全管理特征；直接作业环节；数智化

一、引言

扬子石化成立于 1983 年，前身为 30 万吨 / 年乙烯工程，于 1984 年开工建设，1990 年全面投产。2023 年底，公司拥有 1250 万吨 / 年炼油、80 万吨 / 年乙烯、140 万吨 / 年芳烃、600 万吨 / 年成品油等 59 套大型石油化工装置，以及配套齐全的公用工程和储运物流系统。截至 2023 年，公司累计向社会提供商品 2.64 亿吨，实现营业收入近 1.35 万亿元，利税超 1850 亿元。

历经 40 年的建设发展，公司各类新改扩建工程陆续开工加之装置的逐年老旧，使得承包商管理与直接作业环节风险不断增加。在历经了 2022 年历史上规模最大、历时最长、参与单位最多的一次大检修后，贯彻公司安全生产文化的各项直接作业环节应用实践逐步固化、落地生根[1]。截至 2023 年 10 月初，扬子石化已实现累计 4 年安全无事故施工，2023 年累计实现 1552.6 万安全人工时。

二、扬子石化安全文化的内涵

扬子石化工始终坚持"发展决不能以牺牲安全为代价"，正确统筹发展和安全的关系，秉承"生命至上、安全第一，从零开始、向零奋斗，依法合规、体系管理"的企业安全价值观，落实安全生产主体责任，提升企业安全生产管理水平，把"以人为本、安全第一、预防为主、综合治理"的企业安全生产方针落到实处，以中国石化"打造具有强大战略支撑力、强大民生保障力、强大精神感召力的中国石化"新使命为引领，形成了"打造本质安全型工程，

成为受人尊敬的企业"的安全愿景，总结了一系列安全管理理念（图 1）。近两年来，扬子石化逐渐形成了"全员参与、各尽其责"的良好生态，构建了企业安全文化的有效体系。扬子石化安全管理特征如图 2 所示。

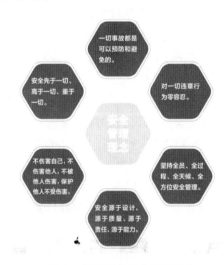

图 1　扬子石化安全管理理念

扬子石化安全管理特征

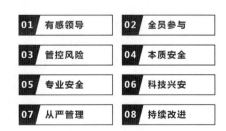

01 有感领导	02 全员参与
03 管控风险	04 本质安全
05 专业安全	06 科技兴安
07 从严管理	08 持续改进

图 2　扬子石化安全管理特征

三、扬子石化安全文化应用实践

（一）基于有感领导文化特征的节假日施工作业管控

为压实工作日施工计划部署，提升施工作业效率，集中力量管控工作日直接作业环节风险，扬子石化发布《节假日及周末施工作业补充管理要求》，原则上禁止节假日及周末施工作业，所有涉及节假日及周末作业的特殊作业，签发作业许可领导及过程确认管理人员必须现场旁站监督指导。

自《节假日及周末施工作业补充管理要求》于2022年9月发布以来，公司节假日施工作业数量大幅减少，管理取得瞩目成效。以直接作业管理系统中2022年11月至12月总计8周的周末作业申报量为例，2022年扬子石化总计开展677项作业，较2021年总计开展的1501项作业同比降低54.9%（图3）。

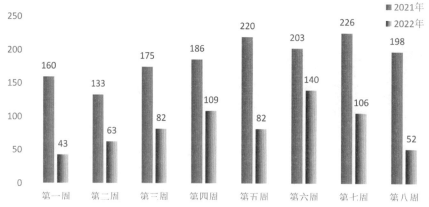

图3　周末节假日施工作业量压减趋势

签发作业许可证领导必须在现场旁站监督指导的要求，有效发挥了领导对HSE工作的引领作用，彰显了公司有感领导的安全文化理念，激发现场员工工作热情的同时，增强了全员安全意识。

（二）基于全员参与文化特征的直接作业承包商双向交流

扬子石化秉承"甲方乙方，都是一方"的管理理念，为提升承包商安全管理，丰富了施工作业班前喊话内涵，打通了与承包商双向沟通渠道，建立了承包商沟通机制。

2022年4月，公司发布《关于开展施工作业前班前安全喊话的通知》，要求各单位属地单位管理人员组织承包商施工作业前班前安全喊话，鼓励车间、厂级领导参加，体现领导引领力。喊话内容重在全员参与和沟通交流，既有工作点评、风险识别、制度宣贯，也组织违章人员"认识分享"（图4）、良好行为经验分享，安全喊话还设置了实物奖励发放环节（图5），鼓励双方人员互动交流。

2023年4月起，公司建立双向沟通机制，在各单位安全喊话点张贴二维码，任何承包商人员均可通过扫码反馈存在的问题和建议。双向沟通机制支持匿名或实名反馈问题和建议，鼓励承包商以实名和所属单位反馈的同时，严格落实信息保密及提问

有奖措施，让"不好说"变成"放开讲"。同时，公司每周整理反馈问题和建议，落实责任单位，并督促处理，增强承包商单位对公司安全管理文化的认同感和对公司的归属感，打造相互信任、合作共赢新格局。

图4　贮运厂安全喊话，安排违章人员"认识分享"

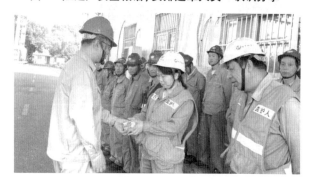

图5　热电厂安全喊话，向表现良好承包商人员发放实物奖励

（三）基于管控风险文化特征的直接作业风险识别

扬子石化辨识当下直接作业环节风险，制定"一月一重点"工作。通过月度重点工作，对公司直接作业环节高风险的管理节点进行重点检查，做到每月解决一个问题、优化一个指标、降低一项风险，以点带面，步步为营，守正创新，践行管控风险安全文化，切实降低直接作业环节风险。

（四）基于本质安全文化特征的直接作业管理系统顶层设计

扬子石化贯彻"本质安全"的安全文化，建设直接作业管理系统（图6），按照"四位一体"理念，优化顶层设计：以承包商管理模块集承包商资质审核、教育培训、门禁开通等功能于一体；以作业通报模块集作业申报审批、计划发布推送、数据统计分析功能于一体；以问题提报模块集违章下发、考核积分、罚款缴纳等功能于一体。以电子作业许可模块集作业许可开具流程合规、人员资质合规、过程记录合规管理于一体。

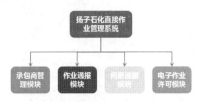

图6　直接作业管理系统四位一体架构

直接作业管理系统通过打通数据接口，全面整合公司现有的 LIMS 系统、EM 系统、门禁系统、安全生产视频总平台、智慧安全环保管控等系统数据资源，挖掘数据潜能，激发气体检测、检修工单、视频监控、安环地图等数据活力，形成业务门类清晰、流程依法合规、人机互动友善、数据实时更新的直接作业网络化、数字化、智能化管理平台。

（五）基于专业安全文化特征的首审负责制的推广与实践

扬子石化建立的首审负责制是对公司"专业安全"的安全文化在承包商与直接作业环节管理中的重要体现。首审负责制通过定义首个接收承包商资质审核申请人员作为首审人员，提出了审核人对资料类别齐全、内容合规、信息真实无误的全面把关要求。首审负责制遵循了"三管三必须"[2]的法律要求，压实了审核人对资料的审核把关责任，体现了专业管理要求和安全生产责任的高标准落实。基于直接作业管理系统承包商模块，承包商人员入库资料、审核记录均留档可查，为事后归因溯源提供了

保障（图7）。

（六）基于科技兴安文化特征的直接作业数智化系统运用

扬子石化直接作业管理系统内部信息高效交互，以电子作业票系统统计功能为例，系统建立涵盖票证填写、票证签发、作业过程记录、完工验收记录等直接作业过程管控重要字段（图8）。通过数据分析，系统能够宏观展示各单位作业许可开具关键时间节点记录，统计分析临时用电送电是否高效执行，监管监控施工作业是否按计划执行，核实验证完工验收是否真实有序。比对各生产厂、基层单位数据统计结果，找寻管理薄弱环节，比学赶超，实现管理提升。

此外，直接作业管理系统依托区域中心，为承包商的资料异地、公网环境提交审核和承包商资料自主维护更新提供技术保障；联结数据中台，为作业风险公示公告、施工计划短信推送提供数据支持；校验承包商关键资质信息，为作业许可依法合规开具、审批、留档和违章考核流程化、精准化下发提供软件基础。

直接作业管理系统各项功能设计均融入了扬子石化"科技兴安"的安全文化思想精髓，通过电子信息化系统和大数据分析，为公司承包商与直接作业环节管理提供精准数据支持。

（七）基于从严管理文化特征的黑名单管理机制

扬子石化立足于《中国石化HSE管理体系手册》保命条款，结合自身管理需求，辨识直接作业环节中发生频率最高、后果最为严重的可能导致人身伤亡的十类严重违章行为，归纳为"施工作业十大黑名单行为"（图9）。"施工作业十大黑名单行为"体现了公司"严细实恒"的工作作风，依循"从严管理"的安全文化，对于触碰"公司十大黑名单行为"的违章人员一律开除，并列入黑名单。

（八）基于持续改进文化特征的监测指标制定与预考核机制

扬子石化建立的直接作业环节预考核机制，在违章考核下发之前预先公示考核信息，允许属地责任单位、承包商单位提出疑问异议，反馈现场事实，重新核定考核内容。考核核定后，改变以往承包商单位线下缴款模式，发布考核通知的同时，短信推送至各承包商单位负责人，做好告知服务；承包商不见面缴款，通过远程提交缴款存根并自动与违章事实关联、归档留存，大幅提升工作效率；违章缴款智能关联承包商单位作业计划申报权限，倒逼承包商单位即时缴款，杜绝拖缴、赖账行为。

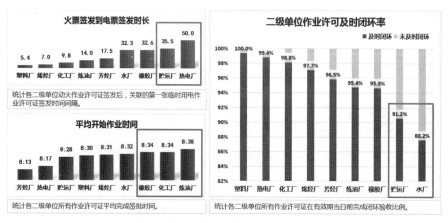

图 7　人员资质审核留痕管理

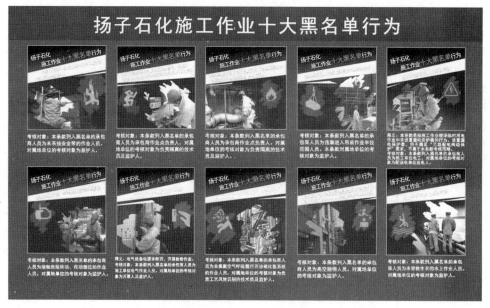

图 8　电子作业票系统统计功能运用

图 9　扬子石化施工作业十大黑名单行为宣传画

四、结语

扬子石化围绕"本质安全"的安全管理文化，建立了直接作业管理系统，实现了承包商与直接作业管理合规高效；发扬"全员参与"的安全文化，丰富了业主单位与承包商互动交流的渠道；坚定"从严管理"的安全文化，为直接作业环节划定了管理红线；笃行"持续改进"的安全文化，推动公司承包商管理不断提高。

安全文化是企业安全管理发展的精神支柱与方向引领，未来，"科技兴安"的创新管理文化和先进的管理工具将在"守正创新"的思想引领下，推动公司管理不断提升，持续激发创新管理思维，推动直接作业环节管理持续进步。

参考文献

［1］陶炎. 扬子石化大修改造展现新科技 [J]. 中国石油和化工，2022,(7)：62-63.

［2］GB 30871-2022. 危险化学品企业特殊作业安全规范 [S].

基于固本培元以安全文化提升煤矿发展质量的探索实践

河南龙宇能源股份有限公司陈四楼煤矿　张文康　李　明　马志刚　王　浩　洪　文　刘丹阳　徐　贺

摘　要：优秀的安全文化建设是企业实现安全发展的有效途径，更是干部职工生命健康的重要保障，必须时时刻刻抓实抓牢。近一段时期以来，河南龙宇能源股份有限公司陈四楼煤矿（以下简称陈四楼煤矿）以深入学习贯彻党的二十大精神和习近平总书记关于安全生产的重要论述和重要指示批示精神为契机，以抓基层打基础"固本"，以兴文化淬思想"培元"，培育形成了一整套优秀的安全文化，力促实现"四提"成效，有效提升了企业发展质量。

关键词：固本培元；安全文化；发展；质量；实践

近一段时期以来，陈四楼煤矿以优秀的安全文化建设推进矿井安全管理，通过坚守底线红线提高政治站位、超前排查治理提升风险管控、夯实基层基础提升质量标准、突出群策群力提升安全保障，固本培元，为企业实现更高质量发展奠定了坚实基础。

一、树导向，坚守底线红线，提高政治站位

优秀的安全文化具有不可忽视的导向作用，通过其系统化建设，有利于明确企业安全发展的目标、方针和路径。为此，陈四楼煤矿站位国家、行业发展大势，坚守底线红线，持续推进安全发展。

（一）把握新形势，锚定新目标

党的二十大把安全生产纳入总体国家安全观的高度进行部署，为今后一个时期抓好安全生产工作提供了根本遵循和行动指南[1]，企业必须站在拥护"两个确立"、做到"两个维护"的政治高度，坚决树牢以人民为中心的发展思想，统筹安全和发展，坚决做到不安全不生产，以更高的站位扛稳压实防范和化解重大风险的政治责任，以安全工作新成效确保安全发展等各项大事要事顺利推进、圆满完成。

（二）跟进新要求，培育新理念

主动适应安全生产严格监管的新态势，坚持依法治矿。

1. 积极学法

开展全员安全生产法治教育，构建学法、考法、述法和依法决策、依法生产，强化法治意识，增强全员遵法守法自觉性。

2. 主动用法

重点对制度文件、法律法规进行深入研究，掌握要点内容，修订管理制度，凡是现场与法律法规发生出入、抵触时要能够正确辨别问题的所在，依靠法律规范完善管理机制。

3. 全面依法

全面落实各类法律法规，做到依法履职尽责、依法生产经营，严守安全红线、守牢法律底线，固化依法治矿模式。

（三）谋求新方法，构建新体系

结合矿井实际，创新工作思路和方法，积极构建矿井安全新体系。

1. 明确职责

围绕安全零目标，逐级签订安全承诺书，建立健全覆盖各层级、各部门、各岗位的安全生产责任制，明确责任人员、责任范围、考核标准，形成人人有责、各负其责、权责清晰的安全生产责任体系。

2. 履职尽责

层层分解到岗位，确保人人、事事、处处有落实，拧紧安全责任"每一环"、打通安全管理"每一米"。

3. 督职追责

完善安全生产主体责任考核制度，奖优罚劣，全面压实全员安全生产责任，拧紧安全责任"全链条"，做到一级抓一级、层层抓落实，落实到"最小单元"，守好"最先一公里"。

二、重规范，夯实基层基础，提升质量标准

企业的安全文化具有有形和无形的规范约束功能，陈四楼煤矿通过无形的安全意识"软约束"推进对有形的具体工作的"硬规范"，提升了质量标准，夯实了基层基础，取得了显著成效。

（一）抓安全达标夯基础

坚持"四个统一"，在本质安全上下功夫、见实效，全过程保持动态安全高水平。

1. 抓好生产组织达标

对于正规生产组织的头面必须满足安全生产条件，凡是存在安全与生产发生矛盾、投入不到位、系统不完善、队伍不稳定、员工培训不过关等不利于安全的因素时，必须先采取停产措施。

2. 抓好安全生产标准化

按照"常态化建设、动态化考核、专业化保障、精细化要求、责任化落实"的原则，健全和完善安全生产标准化管理体系，制定年度、季度、月度达标规划，明确达标等级，严格达标验收，确保达标质量。

3. 抓好现场朴素达标

坚持"经济合理、安全可靠"的原则，重点在规范、统一、实用、安全上下功夫，不搞华而不实的形象工程，推广现场朴素达标经验。

（二）抓自主达标强基层

围绕基层建设，狠抓各专业、各系统自主达标，进一步强化基层建设。

1. 推进自主管理到基层

持续推进"六好"区队、"六型"班组建设，切实把安全责任划分到最小单元，落实到每个区队、班组、员工，打造"人人有责、人人尽责"的基层管理责任共同体，从源头上杜绝安全事故发生。

2. 推进岗位达标到基层

强化员工岗位、工序作业流程学习，推进了员工岗位操作流程，明确跟班队长在现场必须专盯工作面爆破、支护、检修等10个重点环节，规范和提升员工操作技能水平。

3. 推进警示教育到基层

深入推进事故案例"以案促改"，开展事故警示教育"进班组"活动，通过事故案例剖析、"三违"人员现身说法等有效形式，强化全员安全意识，实现了居安思危、警钟长鸣。

（三）抓动态达标创品牌

持续推进各采掘头面动态达标，打造行业领先的先进品牌。

1. 坚持"一月一自查"

严格按照《煤矿安全生产标准化管理体系基本要求及评分方法》8个要素15个专业内容，逐项对标对表排查，做到全矿专业动态检查全覆盖。

2. 坚持"一面一策略"

开展"精品区域、亮点工程、本安线路"等示范建设，严格对标奖惩，实现比、学、赶、超。

3. 坚持"一月一主题"

开展安全生产标准化专项提升活动，完善自主提升、自主达标、动态保持、持续提升工作机制，促进现场文明生产再提升、标准化水平再提升、管理面貌再提升。

三、育引擎，超前排查治理，提升风险管控

安全文化实质上是形成一种团结向上的气氛，充分激发、调动职工群体的积极性、创造性，为此，陈四楼煤矿立足实际，厚植发展引擎，强力推进矿井安全风险防控。

（一）根治灾害控风险

持续加码重大风险防控，力求彻底根除各类风险。

1. 提高瓦斯治理水平

积极推进瓦斯抽采提浓等关键技术研究与应用，提升21210、2601工作面和二十采区等重点区域瓦斯治理效果，尽快实现治理达标，为保障矿井接替平衡打好基础。

2. 扩大水害防治效果

总结地面区域治理经验，构建水害地面区域治理效果评价体系，持续推进六采区、九采区二期地面区域治理工程，推进超高承压薄层灰岩水害综合防治技术研究，为探索水害治理最优方案提供技术支撑。

3. 提升环保治理成效

切实落实扬尘防治措施，加强门禁系统和涉气污染治理设施运行管理，建立煤场智能化喷淋、冲洗系统，推进除尘工艺改造，开展危废库标准化治理工作，保持污染治理动态达标。

（二）推进落实除隐患

安全千条线，落实一根针，必须用科学高效的管理手段保障各项安全部署落实落地。

1. 巩固安全防线

用好双重预防体系,全方位地加强风险分级管控和隐患排查治理,全系统地提升防范化解重大风险能力,健全横向到边、纵向到底的安全管理体系,落实"四位一体"岗位标准化作业流程,有效防范各类零敲碎打事故,持续优化安全管控格局。

2. 强化安全举措

坚持"干"字当头,深入现场立足实际,针对安全方面暴露出的问题与不足,坚持"技术措施先行、管理手段补充",因时因势、一事一策精准破除难题。

3. 加强安全考核

坚持根上改、制上立,总结问题经验,查找管理漏洞,健全管理制度,加大安全责任考核力度,从制度上堵塞事故迟报瞒报漏洞,从考核上威慑弄虚作假不良行为。

(三)厚植技术破瓶颈

在一优三减、四化建设、技术支撑与创新驱动上持续发力,确保实现科学高效生产。

1. 实施创新驱动战略

集中人力、物力和财力,对深部采区沿空留巷主动支护巷道变形、围岩应力分布等重点科研项目进行攻关,力争在破解安全生产难题和瓶颈问题上取得突破。

2. 推进智能化建设

高标准建设采掘智能化工作面,加快 22003 下顺槽智能化掘进工作面建设,拓展 F5G 工业光环网技术应用,引进煤矿 Wi-Fi6 无线通信技术,持续提升矿井生产环境安全系数。

3. 加快装备设施升级

紧跟装备重型化、机械化、智能化发展趋势,投入使用 ZY8000-18/38D 型液压支架成套重型综采装备,购进 EBZ200S 型掘进机,购置双臂液压锚杆钻车等,实现设备升级,进一步提升高效生产能力和安全保障能力。

四、强辐射,突出群策群力,提升安全保障

企业安全文化建设建立在企业、职工群体共同价值取向的基础之上,为此,陈四楼煤矿综合全矿基层单位、干部员工力量,群策群力,持续提升了安全保障水平。

(一)坚持素质强安

不断优化组织形式、扩大覆盖范围,进一步提升全员安全素养和能力。

1. 抓实基础培训

借助"学习强矿"平台,加大专业理论知识的日常练习和专项考试、每月一考,增加全员理论知识和增强安全意识。

2. 抓好特色培训

持续优化电钳工等关键岗位人才一体化培养模式和"2+N"管理论坛平台建设,推进技能人才培养提升工作往深处走、往细处抓,切实用工匠精神锻造技能"尖兵",更好地推进矿井安全发展。

3. 抓牢专项培训

围绕应急处置、职业健康、特殊工种专业技能等重点环节,采取"走出去"和"请进来"相结合的方式,持续开展专项培训,让广大员工懂安全、能排除、会应急,为实现安全发展提供坚实的人才支撑和素质保障。

(二)坚持文化育安

安全文化是提升安全管理的有效手段[3],基于此,陈四楼煤矿坚持践行"安全是第一责任""三不四可""从零开始、向零奋斗"等安全理念,并将其内化于心,外化于行。

1. 打造特色安全文化

健全和完善以"树'三零'目标、育六大理念、建九大工程"为主要内涵的矿井"369"安全文化体系,引导全员正确树立安全价值观,积极参与安全管理、共同创建平安矿井。

2. 开展多彩安全活动

通过安全知识竞赛、安全宣讲进班组、安全生产月、职业病防治法宣传周等活动,树牢全员辨风险、知危害、防事故的安全思维,形成人人参与安全管理、共同维护矿井安全的良好氛围。

3. 培育优良安全作风

在安全管理领域大力弘扬"诚信、务实、创新、争先"矿训,组织全体干部员工以筑牢安全防线为己任,敢于动真碰硬,切实履行提醒、督促、警示、考核、问责职责。

(三)坚持党群促安

积极构建"党政工团、齐抓共管"的工作格局,全面筑牢安全管理防线。

1. 让党建融入安全

以"六强"支部创建为抓手,将矿井安全等重点工作纳入考核体系,提升服务和监督水平,充分激发基层党组织的内生动力,对落实不力、效果不好的，严格追责，真正实现以党建高质量推进矿井安全发展高质量。

2.让工建服务安全

加强工会群监会和协管会"两会"、井口群监接待站和协管便民站"两站"、群监员和协管员"两员"建设，深入开展"我是安全吹哨人"群监员隐患排查和协管员"一月一主题"安全协管活动，发挥群监员现场监督"哨兵"作用和协管员亲情帮教作用，服务企业安全生产大局。

3.让团建聚焦安全

持续推进"123321"青岗员管理模式，进一步加大对有效隐患的考核激励，努力让隐患检查从数量到质量、从规模到内涵提升。陈四楼煤矿成立了"青梦漫画工作室"，优选了50多幅安全漫画作品张贴在矿井副井底员工候车和候罐室中间的将近200米的联巷和井下人车的车厢里，让员工在耳濡目染间提升安全意识。

五、结语

安全文化建设是一项长期工程、系统工程，不能仅止于安全生产月，要坚持年年抓、月月抓、日日抓[3]，必须深入贯彻习近平总书记关于安全生产的重要论述和重要指示批示精神，必须量身打造切合企业自身实际的优秀安全文化，必须胸怀"国之大者"，聚力"矿之要事"，必须时刻保持"一级战备状态"的高度警惕性，以抓铁留痕的韧劲抓实抓牢抓细每一项工作、每一个环节和每一处细节，持续发力，久久为功，奋力构建陈四楼煤矿高质量发展新格局，不断增强员工的安全感、获得感和幸福感。

参考文献

[1]詹伟峰.系统理论视角下高校安全教育体系研究[D].厦门：厦门大学，2018.

[2]赵世喜，宋建民.印刷企业打造安全文化氛围[J].印刷杂志，2003，(11)：49-50.

[3]钟金花.安全文化建设应久久为功、驰而不息[N].湖南安全与防灾，2016，(06)：1.

论企业安全文化之预防体系建设

中广核新能源易县有限公司　高　龙　温德胜　张振月　王若飞　赵洪亮

摘　要： 企业安全文化是指企业内部建立起的一种安全意识和安全行为的文化氛围，旨在转变员工的安全观念，改变员工的安全行为，培养员工的安全习惯，提高员工的安全素养，通过对"人"的改造实现预防和防止意外事故发生。随着全社会安全意识的不断增强，人们开始不断思考如何从根本上解决安全问题，因而社会上逐渐形成了预防应该放在第一位、安全防护与事故处置应该相结合的理论，这也是安全生产双重预防机制建设的理论框架。将预防体系建设融入安全文化，可以推动安全生产事故预防的关口前移，它要求从业人员从风险辨识入手，以风险管控为手段，对排查出的风险点进行分类分级管理，及时处置风险管控过程中出现的缺失、漏洞及失效环节等形成的事故隐患，把风险管控在隐患前面，把隐患消除在事故发生前面，从根本上防范遏制事故发生，落实企业全员安全生产责任制。

关键词： 安全文化；预防体系；双控；隐患；风险

截至 2023 年 6 月底，全国全口径发电装机容量 27.1 亿千瓦，其中非化石能源发电装机容量 13.9 亿千瓦，同比增长 18.6%，占总装机容量 51.5%。在"双碳"目标引领下，新能源发电保持"加速度"态势，行业爆发式的增长也埋下了诸多隐患，大量新技术、新设备、新工艺、新材料的应用对环境、电网安全、人身安全、发电设备的影响不容忽视。新能源发电企业具有地域分布广、技术更新迭代快、作业点分散、作业环境相对恶劣、高风险点多等特点，近年来发生在新能源企业的各类生产安全事故屡见不鲜，教训惨痛。诸多事故的经验教训说明，事故是由隐患发展积累导致的，隐患的根源在于风险没有得到预先防控。

一、建立企业安全文化，落实双重预防责任

《安全生产法》第四条要求："生产经营单位必须遵守本法和其他有关安全生产的法律法规，……构建安全风险分级管控和隐患排查治理双重预防机制……"；第二十一条要求："生产经营单位的主要负责人对本单位安全生产工作负有下列职责：……（五）组织建立并落实安全风险分级管控和隐患排查治理双重预防工作机制，督促、检查本单位的安全生产工作，及时消除生产安全事故隐患……"；第四十一条要求："生产经营单位应当建立安全风险分级管控制度，按照安全风险分级采取相应的管控措施。生产经营单位应当建立健全并落实生产安全事故隐患排查治理制度，采取技术、管理措施，及时发现并消除事故隐患……"。安全生产法规从生产经营单位、其主要负责人、企业制度建设等层面固化了企业风险管控和隐患治理双重责任。责任即企业与员工的职责与义务，职责与义务的全员、全面落实，需要与之相互匹配的企业管理与企业文化。

二、预防体系融入企业安全文化建设

（一）预防体系融入安全文化建设，生产经营单位是主体

2021 年，《安全生产法》经修订，双重预防机制正式入法，成为企业必须履行的法律职责，这也是预防体系融入企业安全文化的法理基础。履行法律职责，生产经营单位应明晰企业主体责任，健全安全风险分级管控和隐患排查治理双重预防体系组织机构，组织编制体系内控文件，保障双控体系运行的安全投入，明确各环节人员的职责，推动企业安全预防体系建设走向系统化、规范化。

（二）健全预防文化建设，制度建设应摆在突出位置

安全生产，制度先行。新的机制需要不断注入新的文化内涵，需要适应安全生产形势的变化，需要与企业安全文化相匹配。因此，制度既是员工由外而内的约束力和日常行为准则，也可以看作双控体系发展完善过程的持续总结和归纳。同时，制度也是企业安全文化的一部分，作为安全生产管理的

"筋骨"和"血肉"，建立和完善双重预防机制制度，是健全双控体系安全文化的必要条件。

（三）贯彻预防体系文化建设，接受社会监督是发展需要

社会监督，尤其是政府、行业安全监管部门的监督，是双重预防体系贯彻执行和持续完善的一种重要方式，可以帮助、引导企业履行主体责任。监督的作用是确保政策的落实，确保过程、行为能够按照规定的标准执行并达到预期效果，确保安全文化的有效传承，形成社会安全文化共识。

（四）落实预防体系文化建设，企业员工直接参与是关键

一线员工是处于人、机环交互的最前沿，在安全生产体系中起着至关重要的作用，他们既是安全生产工作的直接参与者，又是安全生产法的重点保护对象。只有员工做到责任明确，各司其职、各负其责，将法律赋予生产经营单位的安全生产责任由大家共同来承担，安全工作才能形成一个整体。建立企业安全文化，树立员工"安全第一"的价值观，体现为一个组织和每个成员的共有理念、共有态度和共有行为的特征。

《安全生产法》第二十一条要求："生产经营单位的主要负责人对本单位安全生产负有下列职责：（一）建立健全并落实本单位全员安全生产责任制，加强安全生产标准化建设……"；第二十二条要求："生产经营单位的全员安全生产责任制应当明确各岗位的责任人员、责任范围和考核标准等内容……"。生产安全与全体员工息息相关，每个人都应该对自己的生命健康负责，员工的直接参与是关键，安全文化建设就是提高"安全第一"这一价值观在组织与个人理念、态度和行为特征中的共有度和体现度。

（五）推进预防体系文化建设，信息化安全建设是必然的趋势

双重预防机制建设既产生又依赖大量安全生产数据，要克服纸面化可能带来的形式化和静态化，利用信息化手段显得尤为重要。双重预防机制的数字信息化，是对风险分级管控、隐患排查治理核心业务进行流程重构，本质上是通过数字技术减少信息成本、提高管理效率，推动企业双重预防机制高效持续运行。将安全风险清单和事故隐患清单电子化，建立并及时更新安全风险和事故隐患数据库，将重大风险监测监控数据接入信息化平台，充分发挥信息系统自动化分析和智能化预警的作用，将信息化安全融入企业的安全文化中来。

（六）强化预防体系文化建设，事故应急救援能力是保证

安全生产无小事，企业建立安全生产双重预防机制，主要目标是控制和降低风险、消除事故隐患，防范并遏制重特大事故发生，重在"防"。事故应急救援目标是最大限度地降低事故危害，指导事故的预防，训练和提升工作人员的安全素质，强调的是预警预报和防控、科学救援、沟通、应急预案的执行等能力，重在"救"。可以看出，两者互为补充，缺一不可。防救一体化运作，企业才能做好防风险、遏事故、减灾害、强应急、保民生、促发展等工作，事故应急救援能力能够充分展现企业在紧急情况下的安全文化建设情况。

三、预防体系在企业运行的成效

（一）预防企业运行情况

双重预防机制以问题为导向，抓住了风险管控这个核心，通过定性定量的方法把风险用数值表现出来，并按等级从高到低依次划分为重大风险、较大风险、一般风险和低风险，让企业结合风险大小合理调配资源，分层分级管控不同等级的风险。以目标为导向，强化了隐患排查治理，通过排查风险管控过程中出现的缺失、漏洞和风险控制失效环节，可以整治这些失效环节，动态地管控风险。企业双重预防体系建设斩断了危险源到事故的传递链条，形成了风险控制在前、隐患排查治理在后的两道"防线"，可以有效预防内部和外部风险，安全可靠的运行状态是安全文化建设与传承的良好体现。

（二）安全风险分级管控

安全风险分级管控方面，以关注作业现场员工的人身安全与职业健康，以及设备设施、公共财产安全为出发点。通过全员参与识别工作场所潜在的风险及可能发展的途径，评价其风险程度，实施有效控制措施，确保安全生产。风险辨识工作按照业务分工分别组织开展，覆盖所有进入工作场所的人员的活动、各生产岗位、环节、场所等，做到了全面、有序。

风险分级管控的难点在于重大风险的管控。针对风险特点，一般风险应从组织、制度、技术、应急、操作、教育等方面进行有效控制，对重大风险，应制定专项整改方案,由企业挂牌督办开展整改。

风险分级管控的关键点在于高风险作业的管理,根据新能源企业现场作业风险特性,并结合风险级别制定不同管控措施。对一级高风险作业实行审批制,办理高危作业许可,由主体施工单位编写"四措两案",未培训、未交底、方案未审核禁止开工,涉及分项作业的应执行各自作业标准化指导书,并要求作业过程中主要负责人在现场监督,旁站率100%,安全风险分级管控已是当前企业安全文化建设中的重要组成部分。

（三）隐患排查治理

新能源发电企业隐患排查的重点在于工程建设项目、生产运行场站及其设备、办公场所,排查范围应包括生产、生活、办公的各个活动过程,同时兼顾科研及技术咨询工作中的重点高危作业活动。科学布置巡视检查任务,可以实现隐患排查的有效覆盖。发现的隐患,能整改的必须立即整改;无法整改的,制定计划,确保按时整改;整改完成对治理效果进行验收,实现闭环管理。

根据隐患可能酿成事故的危险程度、造成的经济损失,结合公司实际情况和事故形成、发展的规律,应在客观因素最不利的情况下,按照其可能直接造成的最严重后果来认定隐患分级标准。各级检查过程中发现未按照本制度执行或执行不到位的情况,公司将对责任单位进行通报、挂牌督办等;对于在隐患排查治理中作出突出贡献的单位和个人应进行奖励,在安全文化建设中,关于单位和个人"有奖有罚,奖惩分明"制度是企业安全文化建设不可分割的重要组成部分。

（四）预防机制在企业的成效

通过风险分级管控制定隐患排查标准,通过隐患排查治理,反向查找风险管控措施的失效点,使"控风险"与"找隐患"互相促进。

双重预防体系与标准化体系管理要素都是风险控制措施,前者是后者的具体补充。企业通过标准化实施,抓全面、抓系统,提升了综合管理水平。通过双控建设,抓重点、抓关键,提升了企业的本质性安全水平。

风险辨识和安全检查实现全员参与、全员培训、全面检查、全过程监督、全岗位覆盖多重保障,风险管控越来越"得心应手",隐患排查越来越规范,越来越深入,各级人员的安全意识与技能持续得到强化,现场"三违"行为大幅降低。

安全管理实现动态、实时预警,事故发生频次显著下降,一般以上事故发生概率持续降低,可以有效防范和遏制重特大事故发生。

四、预防体系评估与提升

（一）评估

为推动实现双重预防从体系建设到机制运行的转变,全面提升企业防范化解安全风险的能力水平,应对双重预防体系建设开展评估。通过评估与分析,发现企业双重预防机制运行过程中的责任履行、体系运行和考评考核等方面存在的问题,从而提出纠正、预防和改进措施。

评估的内容主要包括体系文件、组织机构、培训学习、风险分级管控实施（包含风险点确定、危险源辨识分析研判、风险评价分级、风险管控、风险告知等）、隐患排查（包含编制隐患排查清单、制定排查计划、排查实施、一般事故隐患治理、重大隐患治理等）、信息化系统应用、持续改进与文化建设、奖惩等内容。

（二）问题与提升

企业双重预防体系的问题与改进措施如表1所示。

表1 企业双重预防体系的问题与改进措施

序号	主要问题	改进提升
1	风险管理培训欠缺,员工风险意识不强,风险辨识能力不足,缺乏基本安全常识,对潜在风险存在侥幸心理	加强风险管理培训深度,提升员工基本安全常识的培训学习,强化员工风险意识和辨别能力
2	风险分级管控措施不完善,较大以上风险管控措施,与高风险作业管控不衔接	制定完善的风险分级管控措施,与高风险作业关联一致,便于参考与引用
3	双重预防体系未能在承包商、相关方、交叉作业方管理中有效传递	对承包商、相关方实行"一体化、无差别"管理,内外要求一致,执行一致
4	信息化系统不等于无纸化办公,数据挖掘不深入。欠缺数据关联性和发展趋势的分析,数字化转型、智能化升级还在路上	扩展信息化系统智能分析能力,事故研判能力,通过事物的发展规律和关联,指导后续安全生产

五、结语

预防体系建设不是一项任务，也不是阶段性的工作，而是建立企业控制风险、防范事故的长效机制，是安全文化建设的不断提升和传承。构建双重预防体系就是要在全社会形成有效管控风险、排查治理隐患、防范和遏制重特大事故的思想共识，推动建立企业安全风险自辨自控、隐患自查自治，政府领导有力、部门监管有效、企业责任落实、社会参与有序的工作格局，切实提升安全生产整体预控能力，夯实遏制重特大事故的坚实基础，双重预防体系建设是安全文化的结晶。

作为生产经营企业，中广核新能源易县有限公司应强化全员培训，让全体员工接受并自觉践行风险优先理念，学习风险管理的基本知识，掌握风险识别和隐患排查的基本方法。坚持安全发展，坚持预防为主，坚持标本兼治，坚持持续改进，从而建立安全生产长效机制，促进经济社会、企业、家庭持续健康发展。多年以来，由于安全文化的有效、广泛传播，其丰富内涵及其为社会可持续发展作出贡献的巨大潜力受到越来越多人重视。

参考文献

［1］李爽, 贺超, 陈昌一, 等. 生产经营单位安全双重预防机制理论与实施 [M]. 徐州：中国矿业大学出版社,2021.

［2］梅增荣, 吴琼艳. 信息化在风险分级管控和隐患排查治理双重预防机制建设中的应用探讨 [J]. 企业管理杂志,2020,(S2)：130-131.

［3］国家能源集团. 发电企业风险隐患双重预防机制标准化管理基本规范及标准 [M]. 北京：中国电力出版社,2022.

［4］吉林省工业和信息化厅, 李玉东. 构建双重预防机制 20 个问题 [M]. 长春：中国安全生产,2017.

浅析高速铁路联调联试
安全文化管理体系与行为规范

中国铁路济南局集团有限公司调度所　中国铁路济南局集团有限公司科技和信息化部

刘洪亮　尹卫东　孟　涛　陈　旭　任正松　刘二军

摘　要：本文深入分析了高速铁路联调联试过程中存在的各种不安全因素，通过应用现代安全文化建设原理、方法，确保研究人员、设备、环境三者之间的协调性，从技术上、组织上和管理上采取有力措施，在高速铁路联调联试过程中建立安全文化管理体系与行为规范，有效防范安全事故发生。

关键词：高速铁路；联调联试；调度指挥；安全文化；管理体系；行为规范

一、引言

联调联试是高速铁路开通运营前的重要环节，能推动工程项目由建设阶段向运营阶段平稳过渡。由于联调联试过程尚未正式纳入铁路营业线管理，无法全面实现"调度统一指挥"的要求，行车及施工安全行为仅由"人防"进行卡控，存在较大的风险和漏洞。因此，通过应用现代安全文化建设原理、方法，以联调联试过程安全为目标，组织实施安全风险分析、规划、指导、检查和决策闭环等活动，以安全文化建设为契机，规范联调联试安全行为，能够保证高速铁路联调联试处于最佳安全状态。

二、构建安全文化管理目标体系

高速铁路联调联试安全文化建设涉及铁路局集团有限公司（以下简称集团公司）各职能部门和参试单位，若要实现安全行为管理上的规范，必须从联调联试总体目标出发，根据目标的重要程度，区分风险管理目标的主次，建立一个由总目标、分目标、子目标构成的自上而下且具有全面性、强制性和可实现性的目标体系[1]。

高速铁路联调联试期间安全文化管理总体目标应按照"统一组织、集中指挥、分工负责、协作配合、快速反应、紧急处置"和"集中试验、集中施工"的总体要求进行设定，尽早识别各种安全行为风险，尽力避免风险事件发生，确保联调联试期间行车、设备、人身的绝对安全[2-3]。为实现安全文化管理总目标，应将总目标有效分解，横向将安全文化管理总目标落实到各个职能部门，纵向将安全文化管理总目标由上而下按管理层次分解到联调联试领导小组、联调联试现场指挥部、联调联试工作组、联调联试各包保片区，形成纵横交错的高速铁路联调联试安全文化管理目标网络体系[4]。

三、明确安全文化管理关键

为建设安全文化、规范安全行为、强化安全管理、保证联调联试工作安全有序进行，各参试、参建单位需要超前谋划、防患未然，突出计划管理、行车安全、施工安全、劳动安全、路外安全等重点，研判本单位安全风险管控项点，保证冷门风险不遗漏，对排查出的风险项点逐项完善卡控措施，制定安全风险排查表，明确卡控责任，做到风险心中有数、防范责任到位，确保联调联试平稳有序。通过分析近年来联调联试过程中暴露出的风险隐患，对关键的安全行为进行梳理，集团公司总结出 11 项安全卡控关键，明确了"八防、五加强、一确认"的安全管理要求。

（一）安全卡控关键

一是卡控材料、机具、小车、梯车的防挡道安全关键；二是卡控上跨线施工中异物坠落的安全关键；三是卡控站台侵限的安全关键；四是卡控列车溜逸的安全关键；五是卡控列车径路错办的安全关键；六是卡控列车超速的安全关键；七是卡控轨检车、动检车车体部件脱落的安全关键；八是卡控轨道几何状态控制的安全关键；九是卡控信号联锁正确、有效的安全关键；十是卡控弓网松脱的安全关键；十一是卡控人为破坏的安全关键[5-6]。

（二）安全管理要求

八防：防侵限、防挡道、防坠落、防溜逸、防错办、防超速、防破坏、防触电。防侵限是防止站台侵限，刮碰机车、动车组；防挡道是防止人员挡道，机具、材料、小车、梯车、盖板、杆件等侵限；防坠落是防止上跨桥梁施工杆件和材料的坠落；防溜逸是防止机车车辆、自轮运转特种设备溜逸；防错办是防止错办进路；防超速严格按计划组织检测列车提速及试验；防破坏是防止非法人员人为破坏；防触电是防止接触网触电伤害[7-8]。

五加强：一是加强每日的计划传达和安排；二是加强各包保片区组的设备安全和管理；三是加强沿线防护看守和保卫；四是加强设备的精调细整；五是加强综合检测列车、检测列车的检修。

一确认：列车开行前的安全确认。列车开行前必须做好安全确认，必须做到动检车、轨检车本身质量的确认，设备质量达标的确认和列车开行前允许最高速度的四方确认。

四、规范安全行为措施

（一）劳动安全行为规范

所有参加联调联试人员，必须严格执行劳动安全管理制度规定，各部门、各单位要提前进行安全教育培训和警示教育，施工单位人员要经培训考核合格后方准上道作业，所有人员上道必须按规定穿戴防护用品。

试验列车开行时段，禁止一切人员上道作业；因设备故障等必须上道作业时，必须得到联调联试现场指挥部的同意，包保干部必须到场把关，严格落实现场防护制度，严格落实车站与现场申请、联系、确认制度。

试验期间列车停留时，严禁人员下车，确需下车时，必须提前向行车指挥人汇报，得到行车指挥人的准许，确认邻线无列车通过，并派专人做好防护后方可下车。

（二）施工安全行为规范

联调联试期间，严格执行"行车不施工，施工不行车"的规定。所有施工作业均需纳入计划管理，严格落实施工作业计划提报、审核和批准制度，坚决杜绝无计划、无命令、超范围施工。

联调联试期间，严禁使用不具备轨道电路可靠分路功能的小车。具备轨道电路可靠分路功能的小车严禁在集中停轮施工和"天窗"时间外进入封闭线路范围内，确需上道作业时，需经联调联试现场指挥部准许，并在施工计划中明确。

各业务部门要加强对联调联试期间施工调度命令发布、登销记制度落实、现场防护、干部监控、作业门等关键环节的监控和监督检查。安监部门要加强对邻近营业线施工安全进行监督检查。

（三）停、送电安全行为规范

接触网首次送电前，各相关设备管理、行车组织、设计、监理、建设、施工等单位要将有关安全事项，传达到每一位干部职工。正式送电前1天，相关单位将书面确认单报送建设单位，由建设单位向联调联试现场指挥部报告后，方可正式送电。

新建高铁牵引供电、电力停送电倒闸作业涉及的范围包括遗留工程的施工、设备调试、缺陷整改以及故障抢修等工作，均需按规范的停送电流程执行，联调联试现场指挥部供电调度员应认真履行联调联试期间安全监督管理职责，切实指导施工单位供电调度员、设备管理单位驻站联络员发布（接受）各项命令、停送电倒闸作业及故障抢修工作，以确保高铁联调联试期间的安全。

接触网送电前，相关建设单位应确认人员、机具、材料均已撤至安全地带，满足送电条件，建设单位主管人员签字并盖章后，向集团公司供电调度员传真书面送电申请。集团公司供电调度员接到驻所联络员销令申请、相关建设单位送电申请并与临时调度所列车调度员取得联系，确认整个供电臂所有作业组均已消除停电作业命令及封锁命令后，方可进行送电操作。

（四）试验列车开行前安全行为规范

1. 试验列车开行条件确认

严格落实高速铁路联调联试期间试验列车开行安全条件确认管理办法，组织各相关建设、施工及其他参试单位规范做好试验列车开行安全条件确认。联调联试期间，列车调度员未接到安全保障组提报的《试验列车开行安全条件确认汇总表》，不得安排试验列车上线运行。

2. 线路限速条件确认

由工务系统设备管理单位对低于试验列车最高运行速度的限速地段和限速值进行现场确认，书面盖章确认后，于试验列车开行前6小时报列车调度员。

3. 限界确认

车站线路开通前，集团公司要会同建设单位组织施工、监理和设备管理单位共同对区间和车站站台、雨棚、天桥等设备设施进行限界检查，确保满足铁路建筑限界标准和移动设备运行安全要求，并书面签认后报联调联试现场指挥部[9]。

（五）试验列车运行安全行为规范

试验动车组列车在车站出发，动车组列车司机在确认行车凭证和开车时间，车门关闭，并得到行车指挥人的同意后，方可启动列车。动车组以外的试验列车在车站出发时，由行车指挥人确认添乘人员上下车完毕后通知司机，司机得到行车指挥人通知，确认行车凭证正确后，方可启动列车。

动车组列车司机操纵列车时须严守各项允许及限制速度的规定，不得超过各车次最高试验速度。试验中遇信号、列控、动车组等行车设备故障或线路不良等危及行车、人身安全情况时，司机要果断采取减速或停车措施，并报告列车调度员，未得到行车指挥人同意，不得盲目运行。

参加联调联试人员应提前掌握当日试验内容。每日出乘前参加试验人员要做到"五清"（试验项目清；运行速度清；列车路径清；行车凭证清；安全关键点清），开车前做到"三确认"（确认当日试验任务；确认行车凭证正确；确认开车条件具备），添乘干部要重点盯控安全关键点，确保试验列车运行安全[10]。

严格执行试验列车提速签认制度。联调联试逐级提速试验期间，综合检测试验列车分级提速的速度值要严格按照联调联试及试验大纲的计划要求执行，试验列车每提高一级速度，均须经检测测试单位、建设单位及行车指挥三家共同签字确认，安监部门负责签字确认制度的监督检查并签字确认，一经签认任何人不得擅自变更。

五、结语

高速铁路联调联试必须将安全放在首位，集团公司各业务部室按专业分工，以"突出重点，专业检查，系统负责，落实责任"的原则，秉持现代安全文化建设与管理理念，严格落实安全管理要求，规范安全作业行为，对设备管理单位安全管理工作进行有效检查监督。各级管理人员切实履行好监督检查职能，通过安全文化体系建设增强职工安全理念；通过采取添乘检查、联合检查、安全调研、专项检查、重点帮促等方式，提高安全检查效能；通过深入现场发现并解决问题，做好试验期间安全关键的预先控制、过程控制。这对于联调联试安全管理具有重要意义。

参考文献

[1]田园威.新建高速铁路联调联试及运行试验风险分析与对策探讨[J].铁道运输与经济，2022，44(08)：110-114.

[2]周慧钱，徐杭.高速铁路联调联试车务系统行车组织安全风险分析及措施[J].铁路技术创新，2022(06)：86-90.

[3]白鑫.高速铁路联调联试险兆事件安全管理方案设计[J].铁道运输与经济，2017，39(03)：49-55.

[4]魏亚辉，魏然，戎亚萍，等.高速铁路联调联试组织管理标准化研究[J].铁道运输与经济，2018，40(02)：55-59，69.

[5]王阳，安治业，郭湛.高速铁路联调联试安全风险分析技术的研究[J].铁道运输与经济，2014，36(11)：34-39.

[6]张锋.高速铁路联调联试安全风险分析及对策[J].中国铁路，2017，(05)：18-21.

[7]施卫忠.高速铁路联调联试技术创新及工程实践[J].中国铁路，2017，(02)：1-6.

[8]雷风行.中国高铁联调联试技术创新[J].中国铁路，2011，(01)：23-30.

[9]陈璞，汤奇志.中国高速铁路联调联试[J].中国铁路，2010，(12)：70-73.

[10]康熊.高速铁路联调联试技术[J].中国铁路，2010，(12)：53-56.

夯实"五聚"建设

——泸州老窖特色的两极驱动安全文化建设模式

泸州老窖股份有限公司　刘　淼　林　锋　邓禾苗　李　飞　高　敏

摘　要： 泸州老窖股份有限公司（以下简称泸州老窖）以贯彻党中央、国务院关于安全文化建设的精神为主线，在安全文化建设工作引领下，坚持"生命至上，幸福同酿"的安全理念核心，从强化企业安全生产主体责任落实，加大安全资金投入，夯实安全管理体系基础，提高安全信息化建设水平，发挥全员安全能力的主观能动性，筑牢安全文化建设"四个管理维度"（安全理念文化、安全制度文化、安全行为文化、安全物质文化），积极构建具有泸州老窖特色的安全文化，为企业安全生产创造了良好的文化环境与工作氛围。

关键词： 安全文化；安全管理；安全实践；安全氛围

一、引言

泸州老窖站在"保护文化遗产、促进企业安全发展"的高度，十分重视安全文化建设，对安全生产工作系统决策部署，坚持"安全第一、预防为主、综合治理"的方针，以安全理念、安全制度、安全行为、安全环境为基础，坚持教育驱动、创新驱动，开展五聚建设（一是聚力"精益生产管理"，二是聚焦"精细化安全管理"，三是聚积"安全改善"，四是聚集"安全专项活动"，五是聚能"一二三四五"安全工作法），形成独具泸州老窖特色的安全文化两轮驱动模型（图1）。

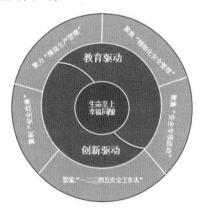

图1　安全文化两轮驱动模型

二、以人为本，夯实安全管理体系基础

泸州老窖高度重视安全文化建设工作，健全安全文化组织保障，建立长效机制，提出了"生命至上，

幸福同酿"的安全理念，构建了"安全护航，幸福平安"的安全愿景，努力完成"弘扬安全文化，传承国窖匠心"的安全使命，坚持生命至上的安全思想，满足广大干部职工日益增长的美好生活需要。

成立安全文化建设领导小组，加强对安全文化建设的组织领导，编制《安全文化战略规划》，制定《安全文化建设实施方案》，明确工作目标、要求和内容。让管理成为文化，用文化管控安全。明确各级安全文化建设职责，选拔安全文化骨干，不断完善安全绩效考核及奖惩机制。加大安全生产投入力度，通过投资建设智能化的生产运营系统，进一步实现本质安全。积极弘扬生命至上的安全价值文化，各级领导率先垂范，承诺、宣讲、践行安全，逐步形成从"要我安全"到"我要安全"良好的安全文化氛围[1]。

三、坚持"两极"驱动，焕发安全新动力

（一）坚持教育驱动，提升员工安全素养

以"安全微课"进行安全生产、职业健康、应急救援等多主题视频教学，深化安全理论学习。依托"流动党校""现场学习会"等一批平台载体，通过网络公开课等方式，传播安全理论。推动安全理论进车间、进班组、进片区、进项目。

加强安全人才队伍建设。以"航计划""青年大学习""青年讲堂"等活动提升员工安全素养，设计以岗位实践为主、专业赋能为辅的培训发展路径，

加速员工安全专业技能提升与绩效改进。

坚持"知识萃取",基于岗位胜任要求,建立每个操作岗位学习图谱,与各个单位共建培训体系。每年开展百余期安全实操工作坊,萃取经验,梳理课程,进行急救培训等安全实操技能培训。这一做法不仅规范建设了职工书屋,各生产班组内也设有班组"微型图书馆",丰富安全知识储备。

加强阵地建设,夯实思想理论、新闻舆论、网络宣传三大主阵地,建设安全文化长廊、安全角,打造微信、微博、微视频全媒体矩阵,传播安全声音、选树先进典型、做好思想引导。

（二）坚持创新驱动,产学研深度融合

泸州老窖坚持科技引领,通过智能化系统,如GK、DK系统物联网配送、设备管理系统、自动化操作系统等,构建本质安全新保障。

基于白酒图谱的测试数据构建数据库,建立模型对白酒基酒样本的相似性进行分类识别,并开发了分析检测软件系统,构建白酒基酒质量评估专家系统和智能勾调系统,实现大数据智能调酒。

通过现代传感技术和图像识别技术对酒精浓度、酒花形态、风味物质组成进行相关性分析,实现了原酒量质摘酒的精准化、智能化,有效保证原酒品质的稳定性。智能设备还可以更精准地控制酿造的各个环节,避免因人工因素带来的生产资源浪费和损耗,特别是上甑等繁重的体力劳动被机器所取代,将白酒酿造工艺与自动化设备相结合,实现传统白酒行业自动化转型升级。

通过搭建国内领先的数字化信息管理系统,助推"智能酿造",围绕管理智慧化、产品智能化、生产柔性化、服务敏捷化,继续推进数字化新型能力建设,通过"互联网＋智能制造"的高科技数字化赋能,创新"智能酿造",形成安全创新驱动力。

四、开展"五聚"建设,创建卓越安全文化

（一）聚力"精益生产管理",形成良好安全环境

持续开展精益现场管理,"现场""管理"两手抓。将人、机、料、法、环等生产要素按照"7S"标准进行有效管理,打造精益点位,进行整理整顿,完善可视化标识标牌、进行设备设施定置定位,设置精益管理看板进行即时沟通,加强现场改善,形成良好现场环境。

以 TPM 为抓手,通过全员参与,促使全体员工养成良好的行为习惯,自主提升职业素养,实现物料

整洁有序,设备安全、稳定、高效运行,现场管理水平不断提升。通过全员 THM,对设备风险、工艺风险和作业过程进行全面辨识,解决"辨识什么""如何辨识""如何管控"的问题,为基层企业双预防机制建设风险分级管控打下基础[2]。

（二）聚焦"精细化安全管理",提质升级安全管理水平

强化安全责任管理、抓好专业化安全管控、加强安全诚信建设、推进标准化管理、推进安全生产管理平台建设。

泸州老窖进一步完善横向到边、纵向到底的安全生产责任制,以安全生产清单制管理为契机,完善公司安全生产管理组织架构,充实各级安全管理力量,做好层级化安全管控。抓好公司政策措施细化落实、安全管理制度修订完善、重大项目技术审查把关、重点部位隐患治理监控,相关方必须规范签订安全管理协议,严格落实安全监管责任。通过规范班组现场安全管理,强化员工生产过程行为管理,持续提升安全管理绩效[3]。

完善安全诚信机制,将"为人至诚,为业至精"的核心理念贯穿、渗透和融合到安全生产管理中,逐级建立安全诚信管理体系。开展安全承诺活动,各级人员公开作出安全承诺,签订全员安全承诺书,实现岗位作业诚信、信息运行诚信、安全检查诚信、工程质量诚信、制度执行诚信、隐患整改诚信"六个诚信"。

进一步巩固安全生产标准化建设成果,持续改进安全生产标准化管理体系和生产现场,推进安全管理持续改进,全面管控生产经营活动各环节的安全生产与职业卫生工作,实现安全健康管理系统化、岗位操作行为规范化、设备设施本质安全化、作业环境器具定置化,并持续改进[4]。

建立三级安全管理定位相符的制度标准体系,实现标准化、表单化、信息化、可视化,通过监督检查、考核评价验证制度执行效果,定期改进,确保制度合规性、有效性、完整性、一致性[5]。推进安全生产管理平台建设,通过对公司安全管理组织架构、管理制度和业务流程进行梳理,确保平台发挥最优的管理效用,为构建"数智泸州老窖"夯实基础。

（三）聚积"安全改善",群策群力促优化促改善

泸州老窖成立了职责明确的三级评审机构,通过安全合理化建议,开展小改小革、五小改革,推动

安全改善，技术创新。

《自研自动上甑装置》项目团队在中国制造2025及工业4.0背景下，自主研发自动上甑装置。公司员工提出的《泸州老窖特曲自动化包装生产线手提袋上线装置》，解决了后端的装箱环节需要人工放置手提袋到下工序装箱的瓶颈问题，提升该线生产效率400%，劳动强度减少80%以上，确保设计产能100%达成，实现了酿酒生产全产线、全工艺、一体化智能酿造。

（四）聚集"安全专项活动"，全员参与提升能力

认真开展"技术练兵"、安全应知应会活动、隐患随手拍活动、安全月活动等，以活动营造文化氛围，提升安全管理水平。

经常性开展岗位练兵，采用理论加实操相结合的模式，针对维修、生产、安全等各岗位进行技术训练，提升技能，进一步弘扬工匠精神，涌现出一批一线的技术能手，为安全运行奠定了基础。

开展隐患随手拍活动，强化全员安全隐患排查奖励机制，设置安全隐患报告奖励公告牌，各类安全生产举报和企业内部隐患报告小视频、海报、广播等文创产品随处可见，公告牌上清晰地标注着报告奖励制度、受理报告事项、具体奖励金额等内容，推动安全隐患排查治理走上群防群治的"新路"。

深化"安全宣传进企业"活动，以"职业病防治法宣传周""安全生产月""119消防宣传月""安康杯竞赛"等活动为契机，通过组织安全生产文艺会演、知识竞赛、金点子征集等员工喜闻乐见的活动，加强安全法律法规、安全理念和安全知识技能宣传，积极推动全员参与。

（五）聚能"一二三四五"安全工作法，扎实开展"安全生产效能提升"

紧紧围绕安全标准化持续改进一条主线，加强安全基层、基础管理二项建设，严抓安全清单运行、风险分级管控、隐患排查治理三项工作，提升安全管理、专业指导、自我防范和应急处置四个能力，确保责任分工、工作部署、跟进指导、督办检查、考核问责五个到位[6]。

五、结语

安全文化建设是一项复杂且全面的系统工程，要充分发挥安全文化凝聚、激励、导向和规范功能，真正把安全文化融入安全生产中，不断提升安全管理水平，打造以科技手段防控风险的本质安全文化。泸州老窖将继续倡导生命至上的安全价值文化，以文化促进安全长久，全力将自己打造成为具有泸州老窖特色的安全文化标杆型企业。

参考文献

［1］蓝麒，刘三江，任崇宝，等 . 从被动安全到主动安全：关于生产安全治理核心逻辑的探讨 [J]. 中国安全科学学报，2020，30(10)：8.

［2］王秉，吴超 . 安全文化生成机制研究 [J]. 中国安全科学学报，2019，29(09)：9.

［3］马跃，傅贵，臧亚丽 . 企业安全文化结构及其与安全业绩关系研究 [J]. 中国安全科学学报，2015，25(05)：147.

［4］张峰，刘彦辉 . 统筹发展和安全 提升中央企业安全生产治理能力 [N]. 中国应急管理报，2021-11-12.

［5］王礼东 . 浅谈如何实现企业安全文化建设有效落地 [J]. 安全与健康，2021，(05)：61-63.

［6］施波，王秉，吴超 . 企业安全文化认同机理及其影响因素 [J]. 科技管理研究，2016，36(16)：195-200.

创建设备本质安全　夯实安全文化基础

——以华能清能院故障诊断部工作实践为例

中国华能集团清洁能源技术研究院有限公司　沙德生　李　芊　毋晓莉　浦永卿　张鑫赟

摘　要： 发电设备"故障诊断与可靠性提升"是实现发电企业安全运行和降本增效的重要手段。本文阐述了"故障诊断与可靠性提升"的政策背景、行业背景和集团背景，并介绍了中国华能集团清洁能源技术研究院有限公司（以下简称华能清能院）故障诊断与状态检修部在安全管理实践领域的最新进展和成果，以期推动"故障诊断与可靠性提升"这一安全实践模式在火力发电、清洁能源等领域的应用，创建设备本质安全、保障能源企业效益和安全统一发展，夯实企业安全文化基础，逐步趋近本质型、恒久型安全目标。

关键词： 本质安全；安全文化；可靠性；故障诊断；状态检修

一、引言

"双碳"目标赋予能源安全更高要求，新型电力系统对火电、水电等传统能源行业的可靠性与适应性提出了更为严格的标准，以纠正性检修与预防性检修为主的设备管理模式已无法满足日益精细化、高效化的管理要求。在此背景下，实现发电设备状态检修、精益管理已成为当务之急，这一挑战要求我们采取更为先进的发电设备故障诊断及可靠性提升技术以保障电力系统的可靠性和高效性，其不仅是降低成本、增加效益的重要手段，是实现存量资产持续发展转型的必经之路，作为能源技术体系中必不可少的一部分，它更是逐渐受到了国家及行业的高度重视。

北京未来科学城"能源谷"的华能清能院打造了一支电力设备的"医生队伍"——故障诊断与状态检修部（以下简称团队）。团队成立两年来积极推广应用以可靠性为中心的检修（Reliability-CenteredMaintenance，RCM）的设备检修模式，推进发电企业安全管理、夯实企业安全文化基础，成绩斐然。

二、背景

（一）政策背景

2022 年 4 月 16 日，国家发展改革委发布了《电力可靠性管理办法（暂行）》（国家发展和改革委员会令第 50 号），该办法强调：发电企业应当基于可靠性信息，建立动态优化的设备运行、检修和缺陷管理体系，定期评估影响机组可靠性的风险因素，掌握设备状态、特性和运行规律，发挥对机组运行维护的指导作用。大规模风力、太阳能等可再生能源发电企业要建立与之适应的电力可靠性管理体系，防止大面积脱网；燃煤（燃气）发电企业应当对参与深度调峰的发电机组开展可靠性评估，确保调峰安全裕度。

国家能源局关于加强电力可靠性管理工作的意见强调：要建立重要电力设备分级管理制度，加强设备状态监测与评价，要积极推广应用以可靠性为中心的检修（RCM）的设备检修模式，提升检修效率，严防"带病运行"。此外，国家能源局更是先后启动了 RCM 试点专项研究、电力可靠性管理工作改革研究等重大课题，因此在新型电力系统及供需关系下，通过先进设备管理技术研发及体系建设强化电力系统可靠性已成为必然趋势。

上述办法和意见对发电企业实施"故障诊断与可靠性提升"起到了规范性、约束性影响。

（二）行业背景

2023 年以来，在疫情影响逐步消除、经济形势向好的外部大环境下，国内煤价已经逐步回落，火电板块的机会充足。在风电领域，风场出质保后故障率大幅升高已成为惯例；且随着近几年的平价上网、低价中标以及部分机型验证不够充分等现象导致风力发电机组的长周期运行可靠性存在一定隐患；同时，风电机组运维检修相关标准体系也有待完善，故障预警与现场处理的闭环存在一定程度的脱节，风电机组运行的可靠性和经济性有待持续提升等问题已逐步凸显。近期，行业内厂家的强势地位正在渐渐扭转，风电行业已经迎来技术成果转化推广的大机遇期，需加大技术储备与推广力度，为2025年风机批量性出质保做好技术能力与业绩储备。

"故障诊断与可靠性提升"在发电企业综合治理、设计反馈优化、提升检修管理等方面具有显著价值。可为发电企业的安全可持续发展提供高可靠性的维护解决方案。

（三）集团背景

团队成立以来，不断完善和创新企业的安全文化建设，积极推动企业大安全观的建立。在华能集团内部，火电板块通过深入合作与闭环验证已建立了品牌效应与声誉，与华能北京热电厂、珞璜电厂、两江燃机、汕头电厂、上都电厂等基层企业已建立了良好的互信合作氛围，慢慢成为业主的首要选择，形成了较好的发展势头；在风电板块，通过状态检修试点、专著发布等也已奠定了良好的工作基础，与华能新能源公司、重庆公司、蒙东公司建立了畅通的沟通渠道，在此基础上需进一步加大与运维中心及事业部汇报力度，依托火电板块逐步拓展新能源朋友圈，扩大新能源业务版图。

三、关键举措

（一）立足火电传统行业精耕细作

"给电力设备进行状态检修，有点像给人做体检，要尽早发现'未病'，把问题化解在源头。"这支"医生团队"的领军人物沙德生教授如是说。作为华能集团锅炉专业首席专家、中国电机工程学会技术奖励评审专家，沙德生带领团队通过火电厂30余年的状态检修技术研发与体系建设，成功使得4台国产机组连续7年无非计划停机，连续12年锅炉"四管"无爆漏，四分之三的重要辅机16年未大修且未发生故障影响负荷的情况，取得了显著成绩。

团队强调"实施状态检修实现精益管理"，努力面向行业宣贯状态检修的精益化管理思想，营造优化检修的浓厚氛围，从提升设备可靠性的角度入手进一步筑牢隐患治理体系，通过RCM的应用实现既不"过度检修"也不"欠缺检修"的最优化检修模式，真正形成可落地的成果转化方案。

团队承办了集团状态检修系列研讨会，促进各类安全管理经验的高效共享，并凝炼经验形成了《火力发电厂状态检修监督评价标准》团标发布，填补了国内状态检修执行的监督评价空白，深度参与《以可靠性为中心的电力设备检修导则》行业标准编制，凝炼先进经验，助力电力供应安全。沙德生教授先后受中电联火电分会与大唐集团邀请，在中电联2023年第二期火电分会云课堂与大唐集团专题培训上进行了"发电设备以可靠性为中心的状态检修实践探索"授课，能源局相关领导与来自各大集团的500余家基层单位参与，参与人数超3000人。

（二）拓展清洁能源行业精进臻善

以可靠性为中心的检修理论是发电设备管理的核心，它以系统的可靠性为目标，通过全面、深入的分析和决策，实现设备的最优维护。为了探索这一理论在新能源领域的发展潜力，团队选取了3座故障率较高的风场开展状态检修试点。通过逐月跟踪分析，针对风场技术短板和疑难故障提供技术咨询和服务指导。2022年，3座试点风场的故障台次相比2021年整体降低了约50%。在故障治理过程中形成多项拥有自主知识产权的核心技术及解决方案，如变桨故障监测、自动过滤、环境温度校准等。

团队进一步跨界组建了多领域权威专家协同工作组，聚焦风电、光伏两大新能源领域，累计收集了34家风电场、8个光伏电站的2000余条故障及300余例详细案例，筛选重点设备典型故障案例108个，在此基础上通过深入的溯源分析，梳理出14类典型系统的70余类故障模式，总结凝练出新能源设备重点隐患排查体系，最终形成63万余字的《新能源发电事故隐患重点排查手册》专著，填补了领域空白。

团队在专家经验基础上，发挥大数据人才优势，初步建成了具有全自主知识产权的风电大数据预警平台，涵盖7个重要系统预警算法近20种，成功使得故障预警时间超过20天，部分模型的预警准确率超过了95%。开发一体化外挂式监测装置，为风电机组状态的全面精细评估提供有力工具，已具备对外推广的条件。有序推进风洞实验室建设，形成集团内失准、失效的测风仪检定服务能力。

（三）搭建科研平台，打造优质团队

千秋基业，人才为先。作为一个新成立的团队，其人员组成既有刚出"象牙塔"的职业新人，也有现场摸爬滚打30余年的老同志，部门发挥新成员的科研攻关能力，也挖掘老同志的现场经验，以老带新，以新促老，同频共振。RCM 的实施过程本身也是通过小组来完成的，部门注重团队的传、帮、带，新进员工要与部门老同志签订"指导协议"，促进新员工干中学、学中干，加快成长。现场有机会、必带新员工；给机会让新员工参与项目招标工作、参与科技项目申报工作。

部门坚持提供一流平台，承担集团状态检修竞赛出题任务；积极推荐部门同志参加设备管理协会、电力技术市场协会等各级协会人会；与清华人学、华北电力大学等高校深度合作，不断扩大行业朋友圈。

四、实施效果

团队全面推进设备可靠性管理，以高效精准的设备体检技术累计服务华能华北、东北、华东、南方、重庆、江西、浙江、山东、河北、吉林、蒙东、江苏、澜沧江、甘肃等 14 家区域公司。短期内顺利实施设备"体检"设备近千台，发现了 300 余台设备的潜在隐患，帮助业主单位避免损失数千万元。大量设备故障的诊断结论得到了现场闭环验证，工作质量与价值得到进一步体现。

团队通过科学研判与专家经验解决各生产企业疑难杂症，减少现场安全风险。通过多相流、气流激振理论应用，完成"风机轮毂积垢特性研究与长周期运行优化"，运用专利技术彻底解决了华能 BR 电厂由于设计缺陷产生的轮毂积灰疑难问题，增加收益 386 万元。解决了 RJ 电厂 BEST 小机 #3、#4 瓦高负荷振动高，BEST 励磁机 #7 瓦临界转速区振动大，JGS 电厂 4 号机组 #5、#6 瓦振动偏大，QB 电厂负荷超过 850MW 时频繁出现气流激振点，SR 电厂 3 号发电机 #3 瓦振动高，HM 电厂一次风机轴向

3X 振动高等积年疑难问题，大幅提升了电力企业可靠性水平。

团队高度重视科技成果的应用与转化，坚持以科技创新助力安全生产。承担并圆满完成国家能源局《以可靠性为中心的设备检修（RCM）策略研究》一期试点项目；协助集团公司生产部与东方锅炉厂、哈电发电国家工程研究中心成功申报国家能源局二期 RCM 试点项目，进一步探索设备全寿命周期管理；牵头承担中电联"发电企业设备分级管理现状调研和方法研究"课题。同时，团队还专注于推进数字化故障诊断技术开发，建成轴流风机状态监测系统具有"诊断准确、界面友好、一键查看、管理闭环、拓展升级"的特点，投运后降低了相关检修维护费用超 20%。

这些卓越成绩的取得，归功于团队本质安全思想的践行以及状态检修先进理念的普及。安全发展，路在脚下。华能清能院故障诊断与状态检修部致力于设备状态检修实施及技术研发，全面提升发电企业设备可靠性水平、实现本质安全。有效防范生产安全事故，为企业安全文化建设夯实了基石。

参考文献

［1］中国安全生产科学研究院 . 安全生产管理 [M]. 北京：应急管理出版社，2019.

［2］马洪顺 . 本质安全管理事务 [M]. 北京：中国电力出版社，2018.

［3］陈江，沙德生 . 火电厂设备精密点检及故障诊断案例分析 [M]. 北京：中国电力出版社，2013.

［4］中国安全生产协会 . 安全生产管理工作撰文 [M]. 北京：中国劳动社会保障出版社，2009.

［5］赵语涵 . 未来科学城有群特殊"医生"，专给设备"看病" [N]. 北京日报，2023-03-21.

推进安全文化建设 提升本质安全水平

厦门华夏国际电力发展有限公司 陈松发 韩宝彬

摘 要：厦门华夏国际电力发展有限公司（以下简称公司）是一家有着29年历史的火力发电企业。公司各届领导层一直秉承安全发展理念，把安全置于生产之前、发展之上。公司在安全管理工作过程中，不断在传承中改进，在改进中发展，形成独具特色的"六个一"安全文化框架体系及"极致·创新"的企业文化。在安全文化的引领下，公司制定了长远的安全管理规划，建立了安全生产管理长效机制，促进了公司向本质安全型发电企业迈进。

关键词：安全管理；安全文化

公司成立于1994年7月，目前经营管理4台300MW燃煤发电机组，是福建电网的重要电源支撑点，也是厦门地区最大的发电厂。作为国有火力发电企业，如何化解生产过程中的风险，统筹安全与发展的关系，是各届领导层必须直面的问题。在长期的安全管理工作中，公司发现只有找到适合公司发展，安全有效的管理方式，全力打造本质安全型企业，方能推进公司高质量发展。

一、开展安全文化建设的必要性

新中国成立初期，人们为了吃饱、穿暖、活下去，为了建设国家，可以奉献生命。随着国家发展，时代进步，人们的生活不仅是生存，还要有良好的品质。这就对生活环境、工作环境提出更高的要求，我们要想能安全、舒适、高效地从事一切活动，能预防、避免、控制和消除意外事故及灾害，势必需要建立起安全、可靠、和谐、协调的环境和匹配其运行的安全体系。

当前我国正处在工业化、城镇化持续推进过程中，传统和新型生产经营方式并存，各类事故隐患和安全风险交织叠加，还存在安全生产基础薄弱、监管体制机制和法律制度不完善、企业主体责任落实不力等问题，对此，党中央、国务院作出一系列重大决策部署。

党的十八大以来，习近平总书记对安全生产工作作出一系列重要论述，提出"发展决不能以牺牲人的生命为代价"的红线理念，并强调生命重于泰山，安全生产必须警钟长鸣、常抓不懈，要牢牢守住安全生产底线，绝不能只重发展不顾安全。习近平总书记在党的十九大报告中强调，树立安全发展理念，弘扬生命至上、安全第一的思想。国家更是将"树牢安全发展理念"纳入最新修订的《安全生产法》内，说明了全党全国对安全发展的重视。

对于一家火力发电企业而言，公司要想统筹发展和安全的关系，就必须把安全生产工作作为头等大事来抓，要建立一套适合企业发展的安全管理体系，严格落实各项安全制度，加大宣传培训力度，强化安全教育，培养全员安全意识，需要通过构建积极向上的安全文化，发挥文化引领作用，促使每位员工都全身心投入安全管理工作中，从而确保企业安全发展，顺应时代要求。

二、推行安全文化建设的方式方法

（一）建立自身特色的安全理念

作为一家有着近30年历史的企业，自20世纪90年代建厂初期，公司就提出了"安全是生命之魂、生存之本"的核心理念，并采取一系列积极有效的措施进行贯彻落实。

公司每届领导都将承袭上一届领导的管理理念，把安全置于生产之前，发展之上。通过推进达标机组建设、NOSA健康管理体系、安全标准化管理、安健环管理体系建设，开展双重预防机制、安全生产专项整治三年行动等一系列活动，从安全培训、风险辨识、隐患排查、监督检查等细节入手，推行精细化安全管理，落实全员安全生产责任制，形成"纠正你一次违章，就是送你一片关爱"的人本安全氛围。

2015年，公司立足"极致·创新"企业文化，本着"文化源于企业用于企业，源于职工用于职工"的原则，采取自下而上与自上而下相结合的方式，提炼形成了"从严、从实、从新"的安全文化理念：从严即严格要求、重奖重罚；从实即落实责任、重在实效；从新即创新管理、与时俱进。2019年，公司进一步提升确立了"一个方针、一个核心、一个警句、一个原则、一个愿景、一个使命"的"六个一"安全文化框架体系。

一路上，公司安全文化建设始终坚持一步一个脚印，全体职工持续巩固"三从"安全文化理念，筑牢"六个一"安全文化框架，有效实现了安全意识由"要我安全"向"我要安全"的转变；实现了安全行为由"他律"向"自律"的转变；实现安全监管由"事后处理"向"事前管控"的转变。

（二）建立实用的安全管理体系

安全理念的实现，需要经过规章制度的约束、双向激励的调动、安全管理的参与、安全行为的自律等一系列的转化。公司通过制定安全管理相关制度，健全安全生产管理体系；通过逐级签订安健环生产责任状，落实安全控制指标奖惩等管理方式，加强过程管理。

公司主要负责人严格履行安全工作第一责任人职责的同时，认真督促其他领导抓好分管领域的安全工作。公司领导班子成员严格按照"一岗双责"的要求抓好安全工作，为各级安全管理人员依法依规开展安全监督执纪问责站台、撑腰。各级负责人主动学习，增强风险管控意识，树立安全大局观，敢于碰硬较真、真抓实干，认真履行本级安全生产第一责任人职责。各专业主管、班组长将安全责任扛在肩上，落实在行动中，盯紧自己人，管好安全事。各级安全员切实发挥好安全管理、安全监督和安全教育的作用，敢于"亮剑"，理直气壮地依照规定履行职责，把安全工作抓严抓到位。全体职工严格遵守安全生产规章制度、操作规程和安全技术规范，对自己的行为负责任。

2014年，公司根据现场安全管控实际，发布了"公司安全生产十大禁令"；2017年机组超低排放改造期间，针对现场施工队伍多、交叉作业多，承包商员工安全意识薄弱的现状，公司出台管控规定，明确作业过程中不得触碰的26条可能危及现场作业人身安全"红线"；2021年，公司制定《班组安全员履职考评方案》将安全监督的关口前移到一线，发挥班组安全员的安全监督作用。

经过多年的探索，公司不断修订完善各项安全管理制度，建立了利于落实各项安全职责的安健环管理体系。

（三）开展多样化教育培训

公司设立安全文化走廊、安全知识宣传看板等宣传栏，加强安全意识宣传；通过组织安全法律法规学习、举办安全讲座、观看安全警示教育片、学习事故案例、安全承诺宣誓、安全文化建设专题培训、每周班组安全日等形式多样的安全活动，积极开展安全文化宣贯、安全知识分享、安全制度学习，以此强化全员安全意识。通过合理化建议、双重预防机制建设、安全知识竞赛、安全作品征集、练兵比武、文艺汇演等安全文化活动，促进职工知行合一。

针对大部分外来施工人员安全意识淡薄的问题，公司建立了安全教育培训中心，员工只有完成安全培训，经考核合格方可入厂；针对参训人员安全知识学习兴趣弱的问题，公司安全管理人员自编自导自拍了一系列安全入厂教育视频，并通过开发培训平台，将枯燥的文字变为生动的动漫；针对现场作业人员对培训内容接受差的问题，公司利用安全体验馆为外来作业人员提供感同身受的体验式培训；针对参训人员专业、工种不同，公司分专业分工种编制培训教材，实现安全教育学习"分级管理、各取所需"；针对疫情防控需要，公司采用"互联网＋教育"模式，让员工通过多媒体安全培训系统、视频会议等方式进行网上学习。

通过入厂安全三级培训、定期安全知识及技能培训、规程考试、应急演练、技能竞赛、现场考问、班组授课、微信课堂、QC活动等一系列举措，加强班组员工技能培训，提升岗位履职能力。

形式多样的安全培训环境，不仅为内部员工提供了学习渠道，也为常驻承包商、临时外来作业人员提供了便利的学习方式。公司内外形成了积极向上的学习氛围，为提升安全领导力、执行力提供理论及技能的支撑。

（四）引进新技术，构建安全发展新格局

公司各届决策层，时刻关注国内外成熟的先进工艺、技术，利用新工艺、新技术创新安全管理。从2004年至今，开展了拆除启动锅炉、锅炉点火方式改造、制氢工艺替换为储氢罐供应、油库由2000

吨库存降为 500 吨存放、油库进油方式由油船运输供应改为汽车运输、脱硝还原剂制备系统液氨改尿素水解、化学给水加氨系统由液氨瓶供氨改为氨水供氨等一系列技术改造，消除燃油锅炉、液氨站、制氢站等重大危险源。

公司通过推进"五小"创新活动，建立创新工作室，突出专业特点，不断学习借鉴和总结经验，利用技术创新提升安全生产水平；通过班组安全文化建设，宣传公司安全文化核心理念，强化基层人员安全意识；通过利用录音笔、监督仪等设备加强作业现场管控，最大限度地杜绝或减少违章行为。

通过新技术、新理念的运用，公司风险等级不断降低，向本质安全型企业更进一步。

三、安全文化建设的成果

安全文化的形成，体现在公司决策层树立了正确的安全生产观，构建大安全格局；基层员工增强了对安全生产与个人利益密切相关的认同感。员工自觉把企业安全制度、安全规范、安全要求转化为职业行为习惯，融入岗位工作，自觉做到"四不伤害"，达到安全科学运用自如，安全操作从容自如，突发事件应对自如，实现了风险的可控、能控、在控及职工行为与企业意志的有机统一，促进了公司安全管理长效机制形成，确保企业保持良好的安全生产态势。

好的安全生产态势，为企业有效融合社会责任打下坚实的基础。2016 年，超强台风"莫兰蒂"正面袭击厦门，厦门市大面积停电，尤其是岛外地区情况更加严重，公司防范到位、反应及时，机组稳定运行，有力支撑厦门电网；2017 年，厦门金砖会晤期间，公司 3 台发电机组安全、环保、稳定运行，被评为"金砖国家领导人厦门会晤筹备及服务保障工作"先进集体；2020 年，新冠疫情突如其来，恰逢厦门电网主要线路改造，公司受命保电，积极统筹防疫、保电两大工作，4 台机组全力运行，确保了改造期间厦门电网稳定；2021 年，社会用电需求大增，煤价高企，火电企业面临严峻生产经营形势，公司展现了国有发电企业的责任担当，做到应发尽发，全发稳发。

社会责任的履行，为企业营造了良好的高质量发展氛围。2021 年 12 月 17 日，公司一期机组等容量替代项目获得福建省发展改革委核准；2022 年 11 月 3 日，成立华夏电力工程建设指挥部；2023 年 1 月 11 日，领取了一期机组等容量替代建设工程规划许可证，为工程建设全面铺开奠定良好的开端。面对着生产经营和工程基建双线作战的新形势，公司不断总结安全生产管理的好做法好经验，根据 #5 机组工程建设情况，及时成立 #5 机组工程基建安委会、基建联合防汛指挥部、应急委员会等安全管理机构，发布和执行基建现场"安全禁令"考核细则，强化基建现场安全管控，以此来进一步夯实安全基础，以更加严格的标准、更加勤勉的作风，团结奋斗，开创了生产经营和工程基建安全工作齐头并进新局面。

参考文献

［1］宋守信，陈明利．电力安全文化管理 [M]．北京：中国电力出版社，2009.

［2］陈光军．安全管理与企业发展的关系 [J]．经营管理者，2014，(32)：1-113.

安全文化理念与实践创新

——臻善引领，建筑平安

中北华宇建筑工程公司　张　蕊　郝爱梅　张井华

摘　要： 为认真贯彻落实习近平总书记关于安全生产的重要论述和重要指示批示精神，全面贯彻落实新《安全生产法》，推动企业树牢安全发展理念，落实安全生产主体责任，大力发展企业安全文化，中北华宇建筑工程公司（以下简称中北华宇）始终在上级的正确领导下，坚持"企业发展紧抓企业文化建设不放松、安全生产紧抓安全文化建设不放松"的工作思路，以文化引导行为，以安全促进生产，结合施工现场实际，立足本质安全，落实安全管理体系，促进安全管理提升，全面推进企业安全文化建设。

关键词： 安全文化；"臻善"

一、中北华宇简介

中北华宇始建于 1976 年，是一家集体所有制企业，经过近 50 年的努力，现已发展成为建筑工程施工总承包特级、工程设计建筑行业甲级、建筑装修装饰工程专业承包一级、市政公用工程施工总承包一级、钢结构工程专业承包一级资质的建筑企业。其综合实力在北京市建筑企业中进入了先进行列，位列京郊之首。

二、安全文化的发展历程

中北华宇成立以来，领导高度重视企业安全生产工作，领导班子和员工根据不同时期特点，结合公司实际开展安全文化建设工作，并将其作为提高企业安全管理水平的重要途径之一。

（一）在攻坚克难中奠定基础

中北华宇从建章立制、人员培训、现场管控上下功夫，有效地解决了施工现场上遇到的难题，控制住了施工的管控难题，为企业安全生产稳步发展奠定了坚实基础。

（二）在创先争优中崭露头角

创先争优活动的开展，为中北华宇的发展指明了方向，中北华宇树立了"自强不息、实干创新"的创优理念。由此，中北华宇开始步入全面发展期，具有自身特色的"中北华宇安全文化"开始崭露头角。

（三）在跨越发展中凝练

在跨越发展中凝练文化，中北华宇实施"五个一流（推一流管理、创一流绩效、塑一流形象、铸一流人才，聚一流文化）的助推，使得公司的生产管理得到突飞猛进的发展。为了更好地推动与发展企业安全文化建设，中北华宇在安全管理和安全文化建设中追求尽善尽美，对自己提出了更高的工作要求，在公司原有企业文化的基础上，集思广益，于2012 年凝练了独具特色的"臻善"安全文化理念。在实施跨越发展中，2013 年"臻善"安全文化在企业落地生花。

三、"臻善"安全文化

"臻"是指向，是历程，是"善"的途径，如离弦之箭；"善"是目标，是境界，是"臻"的方向，如飞箭的靶心。二者相辅相成、相互促进，体现了中北华宇追求臻于至善而探索新路、持续优化的企业哲学。

臻善之道是中北华宇安全文化的凝练，意为安全意识日益强化、安全管理日臻精细、安全行为日渐改善，体现了过程好、结果好方能臻于至善的道理。

臻善，是我们坚持不懈、持之以恒的奋斗目标，是我们安全发展永无止境的追求。它包括以下三层含义。

（一）理念上

要坚持安全第一，生命至上。追求美好，追求完善。安全是百姓、社会之所善，是企业安全的出发点和落脚点。

（二）行为上

要规范安全行为。规范安全行为就是善待生命，善待家庭，善待同事，善待企业。安全是分量最重的友善之举。

（三）能力上

要勤学苦练。要掌握隐患排查等各项安全技能，善于应对各种异常，善于防控各种风险，把握安全机会。

四、注重党建引领，打造"四位一体"的安全文化建设体系，凝练"臻"之途径

"臻善"安全文化理念是中北华宇开展安全文化建设的指导思想，"臻"就是达到"善"的途径和方法，在企业的建设发展中，中北华宇在总结经验的基础上，通过领导重视、全员参与等十大途径来落实"臻"之方法。

（一）"臻"之党建引领，全员参与

公司建设党群服务中心，发挥党建引领的示范作用，加强政治思想教育，提高政治站位。中北华宇领导参与推动安全文化建设工作，明确工作思路，实施计划，部署安排，分解落实，在公司大力宣贯和指导下，全员积极参与，形成了独具公司特色的管理框架模式，安全生产管理直接、快速、有效，企业安全文化切实落地。

（二）理念文化建设——"臻"之凝聚人心、导向责任

安全文化建设的目标，一是凝聚人心，二是导向责任。中北华宇在不断地探索与实践中，在"求真务实、团结向上、服务业主、奉献社会"的企业精神引领下，把"服务业主、关爱员工"作为公司的服务理念，在企业内部及合作伙伴之间形成一种无形的凝聚力。同时，不忘肩负起企业应该承担的社会责任，鼓励企业职工积极参加各项志愿者活动，热心社会公益事业，提倡服务社会，回报社会。

（三）制度文化建设——"臻"之完善制度，强化监督

中北华宇通过发展探索，形成了一整套完整系列的安全管理规章和机制，并在工作实际中不断得到创新、补充、完善，编制了《安全文化手册》《员工手册》《文件汇编》《安全管理细则》《安全标准化图集》等，内容涵盖安全制度、规定、标准、操作规程等规范性文件。

安全检查是实现安全生产责任、消除事故隐患、实现事故预控的重要手段。中北华宇安全生产检查坚持"上下结合、自查与上报相结合、检查与整改相结合"的原则。安全检查包括公司级的日检、月检、季检、专项检查，项目部的联合检查和安全员日常检查相结合，并且每月、每季度将检查内容上报至市住建委平台，有效地减少了安全事故发生。中北华宇设立"安全驿站"，员工可利用设备查询上级部门发布的法律法规、公司安全活动及荣誉奖励等安全板块，通过创新的载体，普及了安全知识。

中北华宇每年出资50万元作为安全检查专项基金，用于在安全检查中鼓励先进，鞭策后进。每年评选安全管理"先进集体""岗位优秀奖""优秀班组"等多项荣誉，除通过荣誉激励、奖金奖励等方式给予嘉奖外，还将这些人列入公司人才库，当上一级岗位出现空缺时优先递补这些人。

（四）行为文化建设——"臻"之规范行为，增强意识

为规范员工安全行为、增强员工安全意识，加强员工的防范能力，中北华宇通过"上岗十必须""进入施工现场十不准""十大禁令""四不伤害""安全管理四真""四不放过"等安全行为的规范，以及"致工友们的一封信"活动，叮嘱工人安心工作，并提醒他们严格遵守操作规程，注意自身安全，争当"安全之星"。

加强管理，关爱职工。工友是中北华宇安全生产的绝对主体，项目安全管理存在面对参建分包单位多、分包单位管理水平和施工人员素质参差不齐、安全风险因素变化情况多、人员流动性较大等不利因素，公司严格按照项目安全文化建设五步法，通过创建项目安全文化、渗透"臻善"安全文化，推动解决项目中的安全管理难题，强化人的安全意识。

为使员工的安全卫生得到保障，中北华宇定期组织员工进行健康普查、职业病检查，每年组织职工进行健康体检；按规定为职工配备了劳动防护用品。为职工设立了图书室、医务室、浴室、洗衣房、吸烟室、饮水处、沐浴间等设施。定期为职工发放劳动福利，包括防暑降温用品、慰问品等。

（五）环境文化建设——"臻"之加强宣传，营造氛围

开展多样化的安全文化宣传。一是加强安全生产科普教育基地的作用；二是加强安全文化学习与

交流，公司印发安全文化学习课件、手册等读物加大对安全文化的宣传；三是在施工现场、办公区等地设立安全文化展板、宣传栏、多媒体、大喇叭等媒介宣传企业安全文化、安全知识；四是订购建筑企业安全技术相关读物并发放至部门、班组，组织学习；五是建立安全生产微信沟通平台；六是将安全生产制度、职责、劳动防护和应急措施等安全知识以图板、小贴士等方式图文并茂、生动形象地进行表述，使员工时刻牢记安全生产；七是播放安全宣教系列知识影片，寓教于乐，传播安全文化知识的同时丰富了农民工的业余生活，员工逐步由"要我安全"向"我要安全"转变。

特色活动，落实安全文化到基层。公司开展各类安全文化建设活动，充分发挥员工的主动性和创造性。每年开展安全学习日、安全知识竞赛、安全演讲比赛、安全宣讲员、应急演练、行为安全之星等活动，针对工友安全意识薄弱的现状，制定有针对性的活动内容，采取讲座、抢答、有奖问答等多种普及知识的形式，在轻松的氛围中让工友学习掌握安全防范常识，从而进一步提高他们的自我保护能力。

提升素质，加强学习。多年来中北华宇形成了完善的、有特色的安全教育体系。成立图书馆，随时为广大员工开放，员工在工作之余享受到了读书之乐，多了一个陶冶情操、放松身心的场所，并为解决施工过程中的安全难题创造了便利条件。

形成了以内部培训、岗位培训、专项培训三种形式为主的安全培训机制。其中，创建的体验式安全教育培训基地将教育培训由"说教式"转变为"体验式"，通过全方位、多角度、立体化地模拟施工现场存在的危险源和可能导致的生产安全事故，让每一名员工、工友在每一次模拟事故中"身临其境"地感受违章作业带来的后果，真正震撼身心、触动灵魂，增强从业人员安全生产意识。

五、"臻善"安全文化理念在中北华宇开花结果

（一）企业荣誉

近年来，中北华宇获得区级以上社会荣誉、市级以上工程荣誉百余项；获得"全国优秀施工企业""全国建筑业 AAA 级信用企业""全国安康杯竞赛优胜企业"等国家级荣誉，并获得了"全国建筑业首个安全文化示范企业"的称号。

（二）个人荣誉

中北华宇副总经理张井华获得北京市年度"应急先锋·北京榜样""安全生产突出贡献奖""安全生产先进个人""安全管理标兵""中国工程建设安全质量标准化先进个人""北京榜样"及顺义区第六届"道德模范"等荣誉称号，以及北京市危险性较大的分部分项工程论证专家、北京市建筑施工安全生产标准化、北京市安全文化建设示范企业评审专家等称号。

中北华宇安保部副部长郝爱梅获得 2020 年"北京市住建系统安全生产管理标兵"、2019 年"北京市住建系统安全生产管理优秀青年"、2018 年"工程建设安全生产标准化实施带头人"、2017 年"北京市最美安监巾帼"、2017 年"北京市优秀青年工程师"、2015 年"北京市十佳安全宣传员"等荣誉称号，以及北京市危险性较大的分部分项工程论证专家、北京市建筑施工安全生产标准化、北京市绿色安全工地、北京市安全文化建设示范企业评审专家等称号。

中北华宇创建办科员张蕊获得 2020 年"北京市住建系统管理优秀青年"、2018 年"顺义区安监之星"、顺义区安全生产协会"第三届安全生产课件大赛"三等奖等荣誉。

"臻善"安全文化通过开展十大"臻"之途径，提升了员工的安全认识、能力和素养，实现了员工由"要我安全"转变为"我要安全、我懂安全、我会安全"，加快了公司"本质安全型企业"的建设进程，达到了全面提升公司安全水平的"善"之根本目的。

参考文献

郝爱梅，张井华，胡兰雨.臻于至善构筑平安——记中北华宇"臻善"安全文化建设 [J].现代职业安全，2015,(2)：28-31.

关注船员职业健康　打造海味安全文化

中远海运散货运输有限公司　张培超

摘　要：关注船员职业健康，必须从船舶的移动性、封闭性等诸多特性来识别船员职业健康安全风险。对船员职业健康安全风险有了正确的认识，就可以制定相应的管控措施，将其降到最低程度。只要各级管理人员高度重视，广大船员增强职业健康安全意识和体系执行力，就可以有效控制各类职业健康风险。

关键词：船员；职业健康；风险识别；管控措施；安全文化

健康是人全面发展的基础，关系千家万户的幸福。随着社会的进步和人民生活水平的提高，"以人为本、安全第一""人民至上，生命至上"的理念已经深入人心。船员作为一个特殊的群体，是海上交通运输的最终实现者和海上运输安全的保障者，在经济全球化和国际贸易体系中起着举足轻重的作用。最近中远海运散货运输有限公司的船员工伤航病事故频发，严重影响了船舶的正常经营生产。如何有效地实施船员职业健康安全管理，打造海味安全文化，成为公司亟须解决的问题。

一、有关船员职业健康安全管理的相关公约法规

对中国船舶来说，针对船员职业健康安全的立法，目前主要有 SOLAS 公约、STCW 公约、MLC 公约、中华人民共和国劳动法、中华人民共和国船员条例、中华人民共和国职业病防治法等公约法规，以及相关主管部门制定的监管办法，如为规范海事劳工条件检查，保障船员合法权益，由交通运输部和人力资源和社会保障部联合制定的《海事劳工条件检查办法》，为规范海船船员健康证明管理，由交通运输部海事局制定的《海船船员健康证明管理办法》。

根据上述国际公约、船旗国法律、港口国法规及行业组织规则要求，船舶管理公司都建立了相应的船员职业健康安全管理体系，有的将职业健康安全管理融入 ISM 规则所要求的安全管理体系里面，有的独立成册，将职业健康安全管理的相关规定单独列出。

二、船员职业健康安全风险识别

要建立高效的船员职业健康安全管理体系，首先要做好船员职业健康安全风险识别。船舶是生产工具，是船员工作和生活的场所。关注船员职业健康，必须从船舶的移动性、封闭性、集成性等诸多特性来识别船员职业健康安全风险。船员存在的职业健康安全风险通常有以下几种。

（一）心理疾病

1. 孤独苦闷

在海上漂泊，船员长期处于单调、重复、机械的工作和生活环境，封闭和枯燥的业余生活、与家庭和亲人朋友的情感分离，使得海员容易滋生孤独苦闷的心理。数据表明，抑郁症在海员群体中有高发的趋势。

2. 紧张焦虑

恶劣的海况、海难事故带来的死亡威胁、海盗劫持风险、港口国检查被滞留的风险、应对港口部门和各种行业组织检查时的无助等因素，极易造成船员紧张焦虑。航海技术飞速发展，船舶自动化程度越来越高，当船员休假结束，重新上船工作时，可能需要面对新的设备和新的工作团队，马上进入工作状态也给他们带来很大的心理压力。

（二）工作疲劳

短航线船舶，因为频繁靠离码头和装卸作业，以及应对港口或者公司的各种检查，很容易出现超时加班；长航线船舶，休息时间相对容易控制，但船员也可能因为倒时差、生物钟紊乱或船舶摇晃等因素而疲劳；如果船舶遭遇能见度不良天气，船长需要一直在驾驶台值守；船舶设备发生故障，需要抢修，轮机团队可能需要长时间连续作战。以上是引发工作疲劳的主要原因，而疲劳可能导致船员工伤航病，或者发生其他事故。

（三）噪声振动

船舶噪声是指船舶的动力机械（主机、副机、螺旋桨、推进系统等）和辅助机械（泵、风机等）在运行时发出的令人不舒适的声音。当船舶在恶劣海况水域或浅水区域航行时，噪声通常高于正常值。当噪声超过一定的标准值时，身处其中的人就会发生头昏、耳鸣或产生烦躁情绪等病状，严重者还会出现耳聋或其他疾病。这就是为什么长期在机舱工作的轮机人员说话的语音总是比普通人高。

（四）风浪摇摆导致的晕船

船舶在海上航行，难免会遭遇恶劣天气海况，三天一大摇两天一小摇是常有的事。经过一段时间的海上生活，船员通常是能适应船舶小幅摇摆或者单轴向摇摆的，但还是很难克服船舶大幅摇摆或多轴向复合摇摆所带来的晕船困扰。

（五）高温高寒风湿

船舶南北向航行，有可能几天就要经历一轮春夏秋冬，从高温到高寒，需要有很强的身体适应能力，尽管现代商船都装有中央空调，但船员每天还是有相当长的时间要在室外工作。暴晒暑湿或冰冻湿冷就是船员的工作环境，如果船舶在港，暴露在高温或高寒环境中的时间可能更长。因此，很多老船员都有风湿性关节炎等毛病。

（六）维生素和矿物质缺乏

缺乏新鲜蔬菜水果是船员需要面对的一大难题，尤其是远洋航行，航程少则十来天，多则超过两个月，尽管船上的冰库保鲜效果良好，但蔬菜水果的保鲜期通常不会超出半个月；因补给困难，或为了多装货，淡水携带不足，靠造水机造水补充船上用水是船舶经常遇到的事情，为此船员不得不长期使用没有矿物质的蒸馏水。维生素和矿物质缺乏，就会引发一系列的身体疾病，如便秘、骨质疏松等。

（七）货物特性对海员身体的损害

货物的物理特性和化学特性，如易燃易爆、有毒气体、化学刺激性、粉尘等，通常会对人类身体造成危害。尽管相关书籍和货物声明中对装运货物的性质和防护措施都有详尽的描述，但仍然难以确保船员的身体不受伤害。例如，长期装运粉尘货的船舶，船员容易患肺部疾病，油船的船员容易患慢性皮炎。

（八）传染性疾病

船舶穿梭于不同的国家和地区，船员需要经常接触不同的人群和外部环境，如果所抵达港口卫生条件较差，传染性疾病高发，船员被感染的风险就很高，由于船舶空间狭小、通风性差、医疗资源不足，一旦有船员受到传染病威胁，这种病就很容易在船员之间传播。国外研究发现，即使在接种疫苗的情况下，传染病仍然可以在处于封闭的环境中的船员之间进行传播。

三、船员职业健康安全管控措施

只要对船员职业健康安全风险有了正确的认识，就可以制定相应的管控措施，将健康安全风险降到最低程度。

（一）货物危害

船舶安全管理体系，针对各类货物装运和危害防护的程序和须知文件相对比较完善，散装货物运输规则和危险货物运输规则对货物的性质和防范措施描述得也比较详尽。只要严格遵守相关规定，就可以使船员最大限度地免遭职业健康危害。但由于工作关系，接触货物粉尘和油舱油气仍然无法避免，船员能做的只是尽量缩短接触该类物质的时间。对于相关公约法规禁止的材料，如含石棉产品，必须按照船舶物料采购程序严格把控，避免其损害船员健康。

（二）疲劳

疲劳被认为是导致海上灾难和船员身体问题的重要原因，而过长的工作时间或休息不足则是疲劳的一大因素。为了尽量减小船员疲劳所带来的风险，《海员培训、发证和值班标准国际公约》和《海事劳工公约》对船员工作休息时间都作出了明确规定：非紧急情况下，船员的最低休息时间在任何24小时内不少于10小时；任何7天内休息时间不少于77小时；每天休息时间可以分成不超过两个时间段，其中一个时间段至少要有6小时。根据这两个公约，船舶安全管理体系对船员的在船工作休息时间也作了比较详尽的规定，以避免船员因疲劳作业造成进一步的事故险情或人身伤害。船员在执行这些规定的时候，由于许多客观原因，很难保证不打折扣。例如，长时间在内河航行、在港期间连续作业和各种检查时，主要的高级船员就很难得到有效休息；如果航次周期短，高频度的靠离泊和在港作业，极易造成职业疲劳；长时间在恶劣天气海况下航行，船舶震动和摇晃，船员很难得到有效休息……这些都是造成职业疲劳的重要因素。目前对职业疲劳还很难界定，也没有硬性的生理指标。有效地管控职业疲劳，需要业界的重视和进一步的立法来保障。

（三）噪声

噪声对人体的危害是全身性的，既可以引起听觉系统的变化，也可以对非听觉系统产生影响。这些影响，早期主要是生理性改变，长期接触比较强烈的噪声，还会引起病理性改变。此外，作业场所中的噪声干扰语言交流，影响工作效率，甚至会引起意外事故。为此，SOLAS 公约对船舶噪声作出了规定：从 2014 年 7 月 1 日起，新造船船舶构造应该符合《船舶噪声等级规则》；1 万吨以上的船舶，居住舱的噪声限值从 60 分贝调低到 55 分贝，机舱内连续操作噪声不超过 90 分贝。但实际上，当船舶在恶劣海况水域或浅水区域航行时，噪声通常会超出上述标准值很多，尤其是机器场所。因此，船员只有增强听力保护意识，在噪声分贝较高场所工作时穿戴相应防护用品，尽量缩短停留时间，才可以避免噪声带来的职业伤害。

（四）环境不良

枯燥的工作、单调的环境，会造成船员厌倦、疲劳、产生不安全感。船员中抑郁症比较常见，主要症状是情绪低落、消沉沮丧、动作迟缓、活动减少，常有类似心肌梗死病人一样的感觉，焦虑、气短、恶心、呕吐、无力，严重的还有自杀意向，且计划周密、行动隐蔽。海员中的"不明原因"跳海，多为病态行为；躁狂症和反应性精神病也时有发生，症状性精神病多表现为谵妄状态。船员精神类疾病是很容易被忽视的职业病，但其潜在的危害性却是很大的。目前航运界针对该类疾病的管控措施还很不完善，急需制定相应的文件予以防控。为此建议，在船员上船体检中加大对精神类疾病的排查力度；在高级船员职业培训项目中增加心理知识培训；高级船员尤其是船舶政委要担负起船员心理疏导的职责，并注重心理健康的监控，建立起完善的船员职业健康监控档案；船公司应尽可能改善船舶通信、娱乐和生活设施，缩小船岸差距，切实保障船员身心健康。

（五）伙食与饮用水

伙食和淡水切实关系到船员的职业健康，一个好的船舶大厨可以大大提高船舶的和谐度。海事劳工组织很早就意识到了船舶伙食的重要性，并在海事劳工公约中对船舶厨师配备、食品和饮用水供应提出了最低标准。目前，大多中国旗船舶对该规定的执行仍停留在最低标准的层级上。省吃往往牺牲

了船员的健康，并带来事故险情隐患。船舶公司的安全管理体系应进一步细化和完善相关规定，减少伙食和淡水问题带来的职业健康风险。

（六）劳动安全

劳动安全，又称职业安全，是劳动者享有的在职业劳动中人身安全获得保障、免受职业伤害的权利。船员作为一个特殊的作业群体，意外伤害是威胁船员健康的一个重要问题。船员工伤风险主要包括以下方面：火灾、爆炸、高处坠落、淹溺、触电、中毒和窒息、灼烫、机械伤害、起重伤害、坍塌、物体打击、车辆伤害和其他伤害。从诸多事故案例来看，绝大多数伤亡事故都是可以预防避免的，许多船舶工伤事故主要是船员安全意识淡薄、心存侥幸、思想麻痹、安全技能缺乏、团队协作不足、习惯性违章操作等因素造成的。安全生产人人都是主角，没有旁观者，船岸人员应时刻保持枕戈待旦的警觉，以常态化管理应对隐蔽性、突发性风险，把船舶各项安全生产的堤坝筑牢。控制好人的因素，确保船机有效运行，保持环境安全状态，实现人、机、环境和管理和谐共生，船舶防工伤工作就一定能达到预期目标。

四、海上安全文化建设

船员职业健康管理是船舶安全文化建设的重要内容之一，我们需要不断增强船员的安全意识，帮助船员真正实现从"要我安全"到"我要安全"的转变。

（一）关注船员身心健康，是贯彻公司"以人为本、安全发展"安全理念的具体表现

高度关注船员身心健康，积极构建安全、和谐的工作环境，确保船员安全工作、体面工作。船员是船舶的核心和第一资源，船舶的各项工作都要依靠船员来完成。安全管理是每个企业、每艘船舶永恒的主题，人身安全更是各项安全工作的"第一要务"，每个人都是自己安全的第一责任人。船舶远离陆地，发生船员工伤事故后，伤员救治的及时性和有效性都会受到很大制约，这不但会影响船员身体健康和工作岗位，严重时甚至危及其生命，影响到家庭幸福。每位船员都要清楚，按章操作其实是为了保护自己，而不是做给别人看的，只有每位船员都明白这个道理，在事故预防方面做足功夫，才能有效减少工伤事故的发生。

公司需要主动了解船员所思所想，鼓励船员表达诉求，要对船员的精神压力做到感同身受，及时了

解和发现船员们的心理动态，并解决船员的困难问题，让船员感受到集体的温暖，缓解船员在心理上的不平衡，让其心理状态得以健康发展。

（二）开展船员职业健康管理，是弘扬"同舟共济"企业精神的现实需要

船舶是移动的国土，船员上了船通常需要在这片国土上生活和工作8到12个月，作为一个战斗集体，每个人的安全都关系到整艘船的安全，因此公司要开展"家"文化建设，大力弘扬"同舟共济"的企业精神，引导船员牢固树立主人翁意识，真正做到"以船为家，我爱我家"，立足本职岗位，贡献企业发展，在船员、船舶、公司之间打造牢固的责任共同体、利益共同体、命运共同体，促进船员、船舶、公司实现共同发展。同时，要保障船员的福利、收入和休假权益，让船员在工作中获得满足感和认同感。船员在船工作时间过长，会明显出现烦躁、思念、懈怠等情绪，因此公司应充分考虑船员工作量，合理安排船员工作时间，避免船员一次性在船舶上工作太长时间。

（三）改善船舶工作生活条件，是公司追求本质安全的具体行动

首先，改善船舶生活环境。随着船舶的现代化程度越来越高，船员生活和工作环境得到了一定程度的改善，但相较陆地还是非常艰苦。船员长时间在这种环境下工作，其心理还是会受到很大的伤害。公司要尽量使船舶的工作环境更加人性化，让船员能乐于在船上工作和生活。其次，改善船上生活水平。船员工作强度过大，如果生活水平过低，很容易使其产生厌烦的心理。公司可以从餐饮保障、生活条件、娱乐设施等方面改善船舶生活条件，包括拓宽船舶信息渠道、满足船员的精神需求。现代年轻船员需要时刻了解世界，希望经常使用互联网浏览信息，公司在船舶安装网络，虽然不能提供全天候的网络服务，但一定流量的网络也给船员带来了跟上时代的信息，使他们能随时了解世界上发生的大事。

（四）建设船员职业健康管理体系，是海上安全文化的制度保障

船员职业健康安全管理是一个系统工程，需要船员公司、船管公司、船舶运营公司和船舶共同努力，深入分析船员职业健康安全管理中存在的问题，总结经验教训，建立相关规章制度。在执行层面，首先要加强对相关体系文件的学习和职业病防治知识的培训。现在有些航运公司对船员职业健康安全的危害认识不足，片面追求经济效益，急功近利，轻视、忽视甚至是漠视劳动者的健康和安全，存在"重生产轻防护、重事后轻预防、重形式轻行动"的现象，具体表现为：在船员体检、劳保用品配备、船员工作生活条件改善、船员休息时间控制、淡水供给等方面欠账，能省则省，最终导致事故险情频发，得不偿失；部分船舶在执行体系方面也存在"两层皮"现象，船舶领导不重视，普通船员图省事，不按规范佩戴安全帽、防尘口罩、眼镜等防护用品和穿安全鞋。为此，应强化培训，以生动的案例唤醒船员的自我防护意识和维权意识，以事故统计和对比强化航运公司的责任意识和长远意识。在监督层面，公司要建立相关监督和奖惩机制，促进船员对职业健康管理体系的执行，同时鼓励船员提出好的建议和办法，不断改进管理体系。

五、结语

船员是一种特殊的职业，具有较强的专业性和技术性。船舶运输面临恶劣多变的自然条件和多变复杂的社会环境。船员是船舶运输的执行者，其职业健康与船舶安全生产密切关联，船员职业健康安全管理的路虽然很长，但只要各级管理人员高度重视，广大船员增强职业健康安全意识和加强体系执行力，船东在物质和精神方面提供坚强保障，打造海上独特的安全文化，我们就可以有效控制各类职业健康风险，保障船员的职业健康。

标准化思维　系统化提升
企业安全文化根基不断夯实

中国石油江西销售分公司　李建华　赵　苏　郑松松　刘　海　董　哲　李　斌

摘　要：中国石油江西销售分公司（以下简称江西销售）安全文化体系围绕"设备、人员、管理"三个要素，由安全理念、隐患治理、能力建设、制度规程四大模块组成。安全文化建设的短期目标是初步形成标准化思维和"治未病"理念，实现各层级独立型自主管理；长期目标是立足于事前预防，力争通过设备的良好状态、人的规范操作和管理的持续改进，达到"设备、人员、管理"的紧密联系与互动，最终进入团队互助、团队管理的最高安全文化阶段。

关键词：安全文化；标准化；系统化；库站

中国石油天然气集团有限公司（以下简称中国石油）是国有重要骨干企业和全球主要的油气生产商和供应商之一。2022年，在世界50家大石油公司综合排名中位居第三，在《财富》杂志全球500家大公司排名中位居第四。江西销售为中国石油全资子公司，其安全文化体系包括以下四大模块。

安全理念：坚持中国石油"以人为本、质量至上、安全第一、环保优先"的安全理念，牢固树立"安全是碗、效益是饭"的安全业绩观。为员工创造安全文明的工作氛围、安全健康的工作条件，为用户提供优质产品和满意服务，为社会创造能源与环境的和谐。

隐患治理：在隐患治理中遵循"环保优先、安全第一、综合治理；直线责任、属地管理、全员参与；全面排查、分级负责、有效监控"的工作原则，树立全员参与安全环保隐患排查和治理意识，实现隐患治理率100%。

能力建设：实行"统一领导、分级负责、逐级培养、全员覆盖"的原则，突出员工风险辨识、设备管控、应急处置三类能力建设，确保员工能够自主辨识出作业区域各类风险，掌握设备使用与维护、风险防范及事故应对的必要常识与技能，拥有有效处置事故事件避免扩大或发生的能力。

制度规程：落实"统一制度、分级制定、归口管理、分工负责"的QHSE（质量健康安全环保）规章制度管理流程，坚持依法合规、继承创新、立行并重、动态更新的原则，保障规章制度与基层实际相符，可操作性强。

近年来，江西销售安全文化建设聚焦三个要素和四大模块，围绕标准化机制建设精准发力，在教育培训、风险辨识、设备设施和管理创新等方面开展一系列标准化探索，企业安全文化根基得到不断夯实，安全文化建设目标稳步推进。

一、坚持教育培训标准化，推动员工安全意识系统化增强

（一）持续完善安全经验"每周一分享"机制

2010年起，公司坚持每周选取一个主题开展安全经验分享，10余年来，分享内容越发精准和深入，参与单位逐步扩大，分享范围不断延展。当前，各分公司、机关各部门轮流组织开展分享，每期固定剖析1~3个身边或同行的事故事件、举一反三开展风险分析、提出风险防控措施和管控要求，推送至包括库站一线在内的全体员工。

（二）探索开展安全培训"每周一刻钟"活动

2022年8月起，建立"每周一刻钟"培训活动，将各类风险、规章制度、设备设施、规范操作等内容录制作成不超过15分钟的培训视频课件，每周组织关键岗位人员学习一刻钟。学习结束后，每季度开展在线测试，验证培训效果。截至2023年8月，已经组织培训50余期，取得了良好的效果。

（三）坚持实施安全警示"常态化教育"模式

精选5分钟以内的自然和气象灾害、交通出行

和典型事故案例的短视频，在汛期、冬季、高温季节等时节组织全员进行常态化学习；在每年的安全生产月和各种专项整治活动期间，每两天给各级员工推送学习朗朗上口的警示金句；在工程建设和各种检维修项目现场，每天以特殊作业事故案例进行班前教育。

（四）规范建立风险预警"全覆盖传达"机制

2021年以来，公司 HSE 委员会办公室主动收集各种与企业生产经营有关的风险隐患、行业内典型事故事件等信息，举一反三制定有针对性的管控措施，及时发布预警信息到各层级，直达库站一线每一名员工，定期电话抽查预警信息传达落实情况。截至目前，已发布 60 余期预警信息，提出 200 余项管控措施，均取得了良好的效果。

二、坚持风险辨识标准化，实现主体责任意识系统化增强

（一）优化基层员工风险辨识流程

综合考虑基层员工的学历层次、知识水平和接受能力等因素，将原有设备设施、操作行为、作业环境三张风险辨识表逐步优化为一张综合风险辨识表。编制《风险辨识清单》通用参考模板，采取自下而上的方式，引导员工结合自身风险实际，勾选确认各自岗位的危险因素，有效地增加了基层员工参与风险辨识的积极性和主动性，提升了辨识结果的全面性和准确性。

（二）建立关键岗位"三管三必须"责任提示卡

组织两级机关中层管理人员参照《安全生产法》规定的安全生产"三管三必须"职责要求，结合自身岗位安全生产责任清单，围绕工作环境、管辖员工、业务开展等方面职责，编制聚焦重点、简明扼要、清晰明确的"三管三必须"责任提示卡。提示卡中列举主要职责 5~8 项，一般公示在个人工位或随身携带，督促关键岗位人员熟知、重视自身肩负的安全主体责任并积极履行。

（三）推行基层现场安全负面清单管理

针对加油站、加气站、油库和施工改造 4 个现场，分别制定 QHSE 管理负面清单和杜绝清单，由公司统一制作杜绝清单公告牌，组织各基层单位悬挂于站房正面，提醒员工规范操作。同步引导各单位将负面清单和杜绝清单内容作为日常监督检查重点项，提升加油（气）站、油库和施工现场生产安全管理水平。

（四）推行"每日一警示"机制

为进一步强化员工风险意识、巩固事先预防思维、总结梳理日常安全管理中存在的风险点，江西销售按照管理类、操作类、区域类、季节类等风险级别，每月形成系列警示短语，每日给全体员工进行推送学习，增强全员安全风险意识，强化风险防控能力，做到预防和减少生产安全事故。

三、坚持设备设施标准化，促进库站硬件管理系统化提升

（一）印发加油站主要设备设施标准化图解

组织编制加油站主要设备设施标准化图解，将加油站主要设备设施分为带"口"和带"电"两类，采取设备设施图片附注说明的方式，明确每个设备的完好标准和检查方法，反复组织各级员工进行学习宣贯，全面帮助各级员工提升设备设施管理水平。

（二）编制库站重点隐患排查标准化图解

选取在以往各类检查中出现频次较高、风险较高的，涉及静电接地、油气泄漏、加油机紧急切断阀和加油站紧急切断系统 4 类典型设备设施的问题，作为设备隐患排查整治的工作重点，先后组织编制《加油站"四个隐患"检查标准关注点图解》和《加油站静电接地完好标准暨油气泄漏关注点图解》，同步录制讲解视频，组织治理效果显著的两家单位编制隐患治理经验分享视频，排查治理效果显著。

（三）录制员工安全行为标准化系列视频

2020年，组织基层单位录制安全管理亮点视频 18 个。2021年，指导分公司依据规章制度、行业标准和管理要求对相关视频进行完善，形成加油机内部日常检查与维护、加油站通气管呼吸阀检查保养等 13 个员工安全行为标准化视频。视频在每半个月分公司连线的周工作例会和公司季度安委会上循环展播，有效推动了安全行为标准化在各级员工中"入脑入心"。同时，根据行业标准、上级要求的变化更新，不断修改完善视频，确保标准化要求与时俱进。

四、坚持管理创新标准化，保障 QHSE 体系建设系统化提升

（一）探索形成安全诊断标准化

2020年，公司探索建立安全诊断机制并逐步形成标准化模式。凡是 QHSE 管理体系审核中排名靠后、安全管理薄弱、存在重大危险源和较大安全环保风险的单位，都纳入安全诊断范围，诊断从基层现场、基础管理、制度建设、履职评估、重点工作落实5个方面入手,综合运用现场检查、履职访谈、能力测试等手段,形成安全诊断报告,召开诊断通报会议,被诊断单位编制整改提升方案和运行大表,落实举一反三整改提升,公司组织整改现场验证,实现PDCA完整闭环。

（二）探索开展QHSE体系重点主题专项审核

2021年起,开展重点主题专项审核,突出审核自查环节和管理弱项,梳理历年扣分较多的3~5项审核主题开展重点主题专项审核,按照"固定主题＋自选主题"模式,采取库站自查、分公司抽查验证和省公司复审三种方式开展。审核结束后编制专题分析材料,从多个维度帮助二级单位精确找到风险防控中存在的漏洞,在提高各层级员工安全环保隐患排查能力的同时,进一步提升了QHSE体系运行质量。

（三）固化"包教包会"QHSE体系审核帮扶机制

大力推行审核帮扶机制,帮扶从现场入手,由公司技术骨干带着分公司审核员代表一同进行现场审核。帮扶前期,采取技术骨干边审边答疑、分公司审核员边学边提问的方式开展;帮扶后期,采取以分公司审核员代表审核为主,以技术骨干在旁边进行验证的方式,实现"包教包会"审核帮扶。按照"传帮带"要求,分公司审核员要对库站负责人进行"包教包会"审核帮扶,最终形成QHSE体系"省公司—分公司—库站"三级自上而下的"共推共建",有效推动公司QHSE管理体系建设和安全管理水平全面系统提升。

五、结语

江西销售在安全文化建设上持续深入地实践与探索,可以得到四点启示。

（一）用心培育员工安全意识是安全文化建设的核心

江西销售围绕增强员工安全意识,不断探索效果最好、方法最优的安全意识增强方式,有效解决了安全文化落地不牢固的问题。

（二）大力营造安全文化氛围是安全行为固化的关键

江西销售制定以标准化建设为方向的安全文化建设规划实施方案,逐步实现了教育培训、风险辨识、设备设施、管理创新四类标准化,初步形成了"人人讲规则、个个守纪律"的良好氛围。

（三）不断加强领导示范引领是主体责任落实的基础

江西销售紧盯各级领导安全职责履行,逐步建立健全领导干部安全职责定期宣讲、照单履职、履职评估和持续完善的闭环管理机制。通过狠抓领导干部示范引领,各级员工真正感知到安全生产的重要性。

（四）持续完善制度规程体系是安全管理提升的保障

江西销售持续完善各类QHSE制度规程,逐步建立起覆盖所有安全管理过程和结果的制度规程体系,确保员工有章可循,有力保障公司安全生产工作长效长治。

通过标准化思维、系统化提升,江西销售的安全文化根基得到不断夯实,安全管理水平和QHSE管理体系审核排名持续上升,江西销售连续22年保持安全生产事故为零,分别于2020年和2022年,荣获中国石油"质量健康安全环保节能先进企业"称号。

企业安全文化中"亲情助安"理念的应用与实践

中建钢构四川有限公司　杨　锦　宋金伟　肖作晶　刘鹏飞

摘　要： 企业安全文化是企业管理中至关重要的一环，而"亲情助安"作为一种新型的安全文化理念，通过联动职工家庭，运用亲情关怀，将安全管理纳入更广泛的社会关系网络中，从而筑牢第二道安全防线。本文通过分析和阐述案例，探讨了"亲情助安"在企业安全管理中的应用，包括通过开展职工家庭参与的活动、制作宣传材料、进行亲情连线等方式，以促进员工的安全责任感和安全行为，从而提高企业的整体安全水平。

关键词： 亲情助安；家庭；企业安全文化

中建钢构四川有限公司（以下简称中建钢构）自2016年荣获"四川省安全文化建设示范企业"称号以来，始终秉持公司"以人为本显仁心、安全发展创未来"的安全观，持续探索、积极进取，紧紧围绕依法治安的主线，积极开展安全文化建设，努力践行"安全第一、预防为主、综合治理"的安全管理方针，深入开展安全生产隐患排查治理活动、不断建立健全安全监管制度、完善责任体系、强化综合监管、突出人文关怀，发挥正向激励作用，为公司发展创造了安全稳定的环境，营造了一种"人人懂安全、人人讲安全、人人要安全"的安全文化氛围。

一、引言

在现代企业管理中，安全问题对于企业的稳定运行至关重要。而企业安全文化的建设是增强全员安全意识的有效途径之一。传统的安全管理往往将关注点放在公司内部，而忽视了家庭和职工的亲情支持对安全管理的重要作用。因此，本文主要聚焦于中建钢构"亲情助安"理念在企业安全文化中的应用，通过案例分析探讨如何借助家庭和亲情的力量增强员工的安全责任感和规范员工的安全行为。

二、亲情助安的意义

"亲情助安"是指在企业安全管理中，将员工的家庭和亲情纳入安全管理的范畴，通过家庭的参与和支持来强化员工的安全责任感和安全行为。它强调了家庭对个体行为、态度和价值观的影响，通过加强家庭与企业安全管理之间的联系和互动，促进员工的安全意识、安全意愿和安全行动的积极性，进而提高企业安全的整体水平。

亲情助安的概念意味着企业不再只把员工视为单纯的劳动力，而是将他们看作具有家庭关系和社会责任的个体。通过与员工家庭之间的互动，包括家庭成员参与企业活动、关注员工安全等方式，营造出一个家庭支持和鼓励的安全氛围。安全宣教、亲情助安，以"新"入心，用真心真情真爱打造温馨协管品牌，实现送温暖长流水不断线、亲情关爱全方位广渗透[1]。此举旨在激发员工对安全的关注度和责任感，使他们将安全理念内化为家庭生活和工作的一部分，从而形成全员参与、共同维护企业安全的良好局面。

亲情助安的核心理念是将安全渗透到员工的家庭生活中，通过家庭和亲情的力量来影响员工对安全的态度和行为。员工在家庭中得到支持和关怀，能够更好地理解安全对个人和家庭的重要性，从基于保障员工生命安全、家庭幸福的视角出发，培育和弘扬以"亲情关爱"为纽带的安全文化[2]，进而对工作场所的安全问题更加重视。同时，家庭的支持和参与也能够为员工提供更多的安全提示和建议，增强他们的自我保护能力，形成一个相互促进的良性循环。

总之，亲情助安作为一种新型的安全管理理念，强调了家庭和亲情在企业安全中的重要作用。它不仅促进了员工对安全的关注和参与，也提升了企业的整体安全水平，进一步推动了企业的可持续发展。

三、案例分析

中建钢构坚持开展"亲情助安"系列活动，公司每年通过组织蓝领工人子女夏令营、安全家书、亲情座谈等活动，要求员工家庭参与，通过亲情感化、人文关怀促进员工安全意识的增强，今年的活动已是第四届，活动效果明显。

（一）案例一：通过号召职工联合家属参加书法漫画大赛

在企业安全管理中应用"亲情助安"文化，可以通过一系列措施来促进员工和家属的参与和支持。其中，通过号召员工联合家属参加书法漫画大赛，并将获奖作品装订成册邮寄给家人，这是一个很好的例子。

活动通过内部通知、企业媒体、员工会议等渠道进行宣传，并解释目的和意义。重点强调亲情助安的理念，鼓励员工和家属共同参与，增强安全意识。设立报名渠道，鼓励员工和家属踊跃报名参加书法漫画大赛。为了增加参与的热情，设立一定程度的奖励机制，如奖励获奖作品的创作者。组织一场书法漫画比赛，让参赛者展示其创意和艺术才能，设置多个奖项，包括最佳创意、最佳表达安全的作品等。同时设立评委会对参赛作品进行评选，并根据评选结果确定获奖作品。评委会可以由企业内部专业人士和外部相关人士组成，保证评选的公正性和专业性。最后，将获奖作品装订，制作成精美的册子或相册，包含获奖作品的图片、作者的简介和获奖说明等内容。册子的制作可以由专业的印刷公司完成，以保证品质。册子装订好后，通过邮寄的方式寄送给获奖者的家人。这样可以让家人了解到获奖者的努力和成就，进一步加强他们对安全的关注和支持。

通过这样的活动，企业可以激发职工对安全的关注和重视，同时让员工家属更深入地了解并参与到企业的安全管理中来。这样的体验不仅增加了企业安全文化的渗透力，还促进了家庭成员之间的沟通和理解，形成一个积极的亲情助安的氛围。更重要的是，这样的活动可以在家庭中持续地强化安全意识，让工作场所和家庭的安全观念共同成长。

（二）案例二：组织开展大型亲情助安现场活动

为了进一步加强员工和家属对安全的关注和参与，公司每年组织开展大型亲情助安现场活动，通过邀请员工家庭参加，以一系列形式激发员工安全意识。

在现场活动中，组织者会给员工和家属提供一封写给家人的家书范本，并邀请他们在现场朗读出来。这一环节鼓励员工表达对家人的关爱和对安全的重视，同时也提醒家属们关注自身的安全并保护好自己。活动中，鼓励员工和家属公开向彼此表达对安全的承诺和诚意。他们可以用语言、画面或者其他方式，向家人传达自己对安全的重视和决心，同时鼓励家人对自身的安全也做出承诺。

开展这样的大型亲情助安现场活动，能够建立一个更加紧密的员工和家属关系，进一步营造积极的安全文化氛围。这种活动通过情感的表达和亲密的互动，激发了员工和家属对安全的共同关注和合作意识，也能够增强员工对安全的责任感和归属感，让他们意识到安全不仅仅是工作上的要求，也是与家人幸福紧密相连的重要因素。同时，鼓励家人的参与和承诺，促进了员工在家庭中担任起安全的示范角色，进一步巩固了安全意识和行为的延伸。

（三）案例三：拍摄职工亲情助安公益视频

在企业安全管理中应用"亲情助安"文化的另一个方式是拍摄职工亲情助安公益视频，并在食堂和晨会大屏幕上进行展播。这个方法可以通过视觉和媒体的方式将安全意识传达给员工，进一步强化他们的安全意识和行为。

企业组织拍摄一系列的亲情助安公益视频。这些视频可以包括员工和他们的家属之间的安全交流、安全意识的分享和体验，以及关于家庭安全的重要信息和提示等内容。视频制作应该充分展现亲情和关怀，以吸引员工的兴趣和关注。食堂和晨会大屏可以被选为视频展播场所。这些地方是员工集中的场所，可以确保视频广泛地传达给员工。食堂是员工用餐的地方，晨会是集体活动的场所，在这些地方展播视频，可以增加员工对安全意识的关注度。

通过在食堂和晨会大屏上展播职工亲情助安公益视频，企业可以有效传递安全意识和行为的重要信息给员工。这种视觉化的展示方式可以激发员工的情感共鸣和关注，增强他们对安全的重视程度。同时，展播视频，也能够提醒员工将安全意识带回到家庭中，将家庭安全作为重要议题，进一步扩大安全文化的影响范围。

（四）案例四：亲情连线，对违章人员联系家属进行教育

通过亲情连线，与违章人员的家属进行联系并对违章人员进行教育，这种方法旨在通过与家属的沟通和合作，共同促使员工在安全方面的行为改变和改善。

建立健全的安全管理体系,包括监控和巡查等措施,以识别违章行为。当有员工违反安全规定或发生安全事故时,及时记录相关信息并进行调查。一旦确认违章行为,企业可以与违章人员的家属进行联系,告知相关情况,并邀请家属参与教育过程。这种连线可以通过电话、面谈或其他适当的沟通方式进行。在与家属进行亲情连线时,企业应重点强调违章行为对员工和他们的家庭的潜在风险和影响。企业可以提供安全培训和教育材料,介绍安全规定和措施,并强调遵守规定的重要性。同时,与家属进行积极的沟通,倾听他们的关切和建议,共同寻求解决方案。

通过亲情连线并与违章人员的家属进行教育,企业可以将家庭关系的力量作为安全意识和行为改变的支持系统。这种方法可以增加员工对违章行为的认识和重视,同时也提醒家属关注员工的安全状况,从而营造家庭共同关注安全的氛围。

四、亲情助安的实施策略和手段

(一)加强员工家庭意识的建设

企业可以设立奖励制度,以激励员工和家属积极参与"亲情助安"活动和项目。例如,可以给予员工和家属奖励或认可,鼓励他们在安全方面做出积极贡献和行为改变。

(二)开展员工家庭参与的活动

鼓励家属参与企业组织的安全活动和培训。家属参加安全导览、观摩安全演习或参加家属安全培训课程,可以增强他们对安全的关注和理解。此外,企业还可以组织家属参观工作场所,让他们了解员工的工作环境和风险。

(三)制作宣传材料,扩大亲情助安的影响

企业应该通过内部宣传和培训活动,向员工传达"亲情助安"的理念和重要性;可以通过员工手册、安全培训课程、安全宣传板等方式,向员工介绍"亲情助安"的概念和目标,并强调家庭的重要作用。

(四)监督和评估

企业需要建立监督和评估机制,以确保"亲情助安"文化的有效实施和推进。企业可以进行定期的安全检查和评估,收集反馈意见,及时纠正问题,并对"亲情助安"策略的实施效果进行评估和改进。

通过以上策略和手段的实施,企业可以促进"亲情助安"文化的建立和发展。它将家属纳入企业安全管理的范畴,强调安全责任的共担和合作,以实现员工和家属共同关注和参与安全的目标。

五、亲情助安的效果评估与未来展望

(一)亲情助安的效果评估

1. 安全指标评估

比较实施亲情助安之前和之后的安全指标,如事故率、伤害率、工伤报告数量等,来评估亲情助安对安全绩效的影响。如果实施亲情助安的策略和措施有效,则这些指标应该有所改善。

2. 员工参与度评估

通过员工参与亲情助安活动的数量和质量评估,了解员工对亲情助安的积极参与程度。可以对员工进行调查或访谈,了解他们对亲情助安的态度和看法,从而评估其影响和认可程度。

3. 家属参与度评估

评估家属参与亲情助安活动的数量和质量,了解他们对企业安全文化的认同和支持程度。可以通过问卷调查或家属反馈等方式收集意见,评估家属参与度和满意度。

(二)未来发展方向和展望

1. 深化亲情助安理念

亲情助安的理念将更加深入人心,企业和组织将进一步认识到家庭对于员工安全的积极影响,将家庭和工作环境更加紧密地结合起来。

2. 信息技术应用加持

随着科技的快速发展,亲情助安也将借助技术手段得到更好的应用。例如,企业可以利用智能手机应用程序或在线平台,提供安全信息和培训资源、安全信息投递等,方便员工和家属获取和交流安全知识。

3. 社会认可和支持

随着亲情助安理念的不断推广和实施,社会各界将更加认可并支持亲情助安的重要性。政府、媒体、社会组织等将携手合作,共同推动亲情助安文化的普及和发展。

六、结语

通过对"亲情助安"文化的研究和实践,我们可以看到在企业安全文化中融入亲情助安的理念具有重要意义。建设安全文化,丰富安全文化内容,增强员工安全意识,有力促进了企业安全生产工作[3]。亲情助安能够激发员工的安全责任感,增强团队凝聚力,并规范员工的安全行为,进而推动整个企业安全水平的提升。此外,企业将来可以通过更多的研

究和实践，拓展亲情助安的应用范围，进一步提高企业安全管理的效果和水平。

参考文献

[1]刘光贤,李美,苏长芹.以"新"入心 构建大协管安全格局[J].当代矿工,2023,(03):22-23.

[2]潘家威,张哲,庞天皓,等.国网辽宁营口公司：打造"亲情助安"安全文化品牌[J].当代电力文化,2021,(06):53.

[3]邱德华,刘斌,宋立鑫,等.华润雪花创新安全文化建设模式[J].企业管理,2020,(07):89-90.

安全引领　文化铸安

第五届企业安全文化优秀论文选编

（2023）

下

应急管理部宣传教育中心
《企业管理》杂志社　编

企业管理出版社
EMPH ENTERPRISE MANAGEMENT PUBLISHING HOUSE

图书在版编目（ＣＩＰ）数据

安全引领　文化铸安 . 第五届企业安全文化优秀论文
选编：2023. 下／应急管理部宣传教育中心《企业管理》
杂志社编 . —北京：企业管理出版社，2024.8.
　　ISBN 978-7-5164-3127-6

　　Ⅰ . X931-53

中国国家版本馆 CIP 数据核字第 2024FZ8841 号

书　　名：安全引领　文化铸安：第五届企业安全文化优秀论文选编（2023）下
书　　号：ISBN 978-7-5164-3127-6
作　　者：应急管理部宣传教育中心　　《企业管理》杂志社
特约策划：唐琦林
责任编辑：杨慧芳
出版发行：企业管理出版社
经　　销：新华书店
地　　址：北京市海淀区紫竹院南路 17 号　　　　邮　　编：100048
网　　址：http://www.emph.cn　　　　　　　　　电子信箱：314819720@qq.com
电　　话：编辑部（010）68420309　　　　　　 发行部（010）68701816
印　　刷：北京亿友数字印刷有限公司
版　　次：2024 年 8 月第 1 版
印　　次：2024 年 8 月第 1 次印刷
开　　本：880mm×1230mm　　 1/16 开本
印　　张：26 印张
字　　数：799 千字
定　　价：580.00 元（上、下册）

编审委员会

主　　任

王月云

副　主　任

李增波　李生盛　董成文　郭仁林

王仕斌　刘三军　尹志立　杨　弘

杨明凯　吕维赟　周桂松　张　峰

裴正强　刘元好　许　文　熊　贤

委　　员（按姓氏笔画排序）

马松浩　田　疆　刘三军　汝洪涛

张志斌　李剑波　杨洪波　杜晓辉

罗非非　梁　忻　崔久龙　黄险峰

主　　编

郭仁林　董成文　梁　忻

编辑人员

吕　慧　云祎萌　郑　雪　郭　利

李　赛　历一帆　郁晓霞　富延雷

杜青晔　杜　凯　尚　彦　张现敏

许　闯　郭一慧　刘　艳　李瑞华

曹莉梅　倪欣雪　李晓艳　魏婧巍

任珈慧　石宏岩　许琼莹　赵永志

汪玉霞

前　言

在"十四五"规划的新征程中，随着我国全面进入高质量发展阶段，党和国家把安全生产提升到了新的高度，要求在坚持人民至上、生命至上的基础上，进一步统筹好发展和安全两件大事。也就是要求：发展必须是有高水平安全保障的高质量发展，安全必须具备达到高质量发展要求的高水平安全保障能力。

在二十届三中全会上，习近平总书记就推进国家安全体系和能力现代化作出重要指示。他指出："国家安全是中国式现代化行稳致远的重要基础。必须全面贯彻总体国家安全观，完善维护国家安全体制机制，实现高质量发展和高水平安全良性互动，切实保障国家长治久安。"

在衡量企业整体安全建设成效时，安全文化建设的水平和取得的进步始终是最重要的标准之一。从当前党和国家对安全工作提出的要求和安全形势看，我国企业安全文化建设依然有很大的提升空间，依然有许多爬坡过坎的艰巨任务需要完成。要找到安全文化工作与一流企业的差距和进一步提升的空间，首先就要做好企业安全文化的总结提炼与评估工作。

为了认真贯彻党和国家在安全发展方面的战略部署和习近平总书记关于安全生产的一系列重要论述，全面落实新《安全生产法》，将"安全第一、预防为主、综合治理"作为贯穿安全生产工作的治本之策，扎实有效地推进安全宣传"五进"工作，落实企业安全生产主体责任，着力普及安全知识、培育安全文化，增强安全保障与应急安全管理能力，通过总结发布我国企业安全文化培育的最新实践成果，更好地发挥企业优秀安全文化的引领示范作用，促进企业安全文化建设水平迈上新台阶，应急管理部宣传教育中心联合国务院国有资产监督管理委员会主管的《企业管理》杂志社，在成功举办前四届论文征集的基础上，于2023年5月至9月开展了"第五届企业安全文化优秀论文征集活动"。

自本届全国企业安全文化论文征集和评选活动以来，共收到千余家企业提交的1756篇论文，通过初审、复审、专家评审等流程，最终评选出一等奖52篇、二等奖129篇、三等奖191篇，主办方从中精选出269篇具有代表性的优秀论文，汇编成《安全引领　文化铸安：第五届企业安全文化优秀论文选编（2023）（上、下册）》（以下简称《论文选编》），由企业管理出版社出版发行。

《论文选编》反映了现阶段我国企业安全文化的水平和发展特点，突出体现了我国企业安全文化建设深度融入国家安全和国民经济发展的大局。《论文选编》中的企业安全文化实践案例注重理论与实践相结合，更加凸显了安全文化在中国式现代化建设与高质量发展中发挥的重要作用，以及安全文化在落实全员安全生产责任制、安全风险分级管控和隐患排查治理双重预防机制、安全生产标准化、信息化建设及安全生产投入保障等方面具有的理念引导、思想保障、行为规范的基础性作用。《论文选编》中企业安全文化实践案例覆盖了众多的行业，既包括电力、煤炭、冶金、化工、建筑、矿山、交通等国家重点监管的高危行业，也包括先进制造的新兴产业领域。这些实践案例涉及的题材十分丰富,涵盖了企业安全文化体系的构建与完善、安全文化管理创新、安全制度文化建设、安全文化宣教与培育、安全文化品牌建设、安全文化影响力构建与传播、安全文化与生产管理的融合等各个方面的内容。可以说,《论文选编》汇集了当前我国新时代企业安全文化建设的最新实践成果,是我国各行业企业安全文化工作者不断探索创新取得的新成绩。

应急管理部宣传教育中心和《企业管理》杂志社高度重视论文征集活动,对《论文选编》工作进行了指导和帮助。主办方邀请应急管理部宣传教育中心党总支书记、主任王月云担任编委会主任,应急管理部宣传教育中心领导多次组织权威专家就论文评审和文集编辑开展研讨。《企业管理》杂志社组织精干力量,为论文评审、出版协调提供了坚实保证。同时,论文征集工作也得到了企业界的广泛支持,中国石油化工集团有限公司、中国能源建设集团有限公司、中国华润有限公司、中国广核集团有限公司、中国石油天然气集团有限公司、海尔集团公司、中国华能集团有限公司、国网青海省电力公司、中国国家铁路集团有限公司、国家电网有限公司、国家能源投资集团有限责任公司、招商局集团有限公司、中国兵器工业集团有限公司、中国建筑集团有限公司、哈尔滨电气集团有限公司、国投集团、航空工业集团、中国电子集团、晋能控股集团等大中型企业积极组织推荐高质量的论文。《论文选编》在出版付梓之际,也得到了企业管理出版社有关领导和编辑同志的大力支持。在此,向所有为本书付出心血和努力的同志们表示感谢!

建设更高水平平安中国,有效构建新安全格局,是新时代的安全主题,更是民族复兴伟业新征程的安全保障。由此,安全文化论文征集活动和《论文选编》工作将更加深刻领会"健全国家安全体系"和"增强维护国家安全能力"的精神实质,深入学习贯彻习近平总书记关于应急管理的重要论述,充分认识安全文化工作对实现中国式现代化和发展新质生产力具有的重要支撑作用,坚持高质量发展和高水平安全良性互动,牢牢把握"建立大安全大应急框架"给企业安全文化实践带来的新机遇、新挑战,全力防范化解重大安全风险,加快推进应急管理体系和能力现代化,以高水平安全服务高质量发展,以新安全格局保障新发展格局,并以此作为创造性开展安全文化工作的出发点和着力点,真正做到把安全发展理念落实到企业经营管理全过程。希望广大安全生产从业者要进一步提高政治站位,严把安全关口,履行安全防范主体责任,以安全文化论文征集活动为契机,持续加强安全文化建设,努力实现安全、高质量、可持续发展,为全面建设社会主义现代化国家和实现中华民族伟大复兴提供坚强安全后盾。

编　者

2024 年 6 月

目　录

三等奖

三等奖

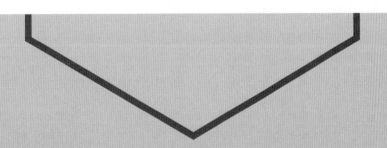

"全员危险源识别"
打造风险预控型企业安全文化

中国五环工程有限公司　安全生产委员会办公室　樊华伟

摘　要： 本文介绍了"全员危险源识别"对打造风险预控型企业安全文化的作用，介绍了"危险源识别及评价工作"要点，并对"全员危险源识别"在人员安全意识的提升作用进行了重点说明。

关键词： 危险源识别与评价；预控型安全文化

安全是人们最基本的需要，人们期望在日常的工作和生活中能够免受各种危险和威胁，比如工作中的伤害、交通意外等。而保证员工在工作场所的安全，既是企业的法律责任，也是企业应尽的义务。虽然很多企业在安全管理方面投入了较大的人力物力，也采取了很多措施，但效果始终不如意，人们的安全意识也并没有提升。究其原因，这和企业对安全的认知以及企业开展安全管理的着眼点和方法分不开。

企业安全管理的目标和方向就是追求零事故和零伤害。安全事故只有在导致事故发生的危险源失控时才有可能发生，也就是说，识别与评价危险源并有效控制危险源是预防事故发生的必要条件。

因此，好的企业文件应紧盯安全管理的痛点与难点，开展"全员危险源识别"，以有效提升企业全员的安全意识。深度参与危险源的识别与评价活动，可以让一线人员深刻认识到岗位面临的危险，从而更主动地采取措施消除危险，进而保障企业整体的运行安全。

一、认识危险源

《职业健康安全管理体系要求及使用指南》（GB/T 45001-2020）明确提出了"危险源"的说法，该体系认为：危险源是"可能导致人身伤害和（或）健康损害的根源、状态或行为，或其组合"。这也是现有职业健康安全管理行业中普遍认可的说法。

结合"能量意外释放理论""奶酪模型理论"对危险源的概念进行进一步分析，可以将危险源分为两类。

第一类危险源是能量或具有能量的物质。堆放的炸药具有化学能，运转的齿轮具有机械动能，站在高处的人具有势能等都属于第一类危险源。

第二类危险源是能量物质的防护措施缺陷。通常，这类缺陷可归为三种方式：人的不安全行为、物的不安全状态、环境因素。比如在堆放的炸药附近抽烟，导致爆炸事故，这里面就存在抽烟人的不安全行为，还存在堆放企业管理过程中的缺陷等。

二、了解危险源识别与评价

危险源识别与评价是职业健康安全管理工作的前提与基础，与安全生产风险分级管控的核心含义一致。危险源识别是寻找职业健康安全管理工作的"管控对象"，危险源评价则是确定"管控对象"的严重等级。做好危险源识别与评价，才能确保职业健康安全管理工作的有效性，实现风险受控，达到安全平稳的状态。

在进一步了解危险源识别与评价的核心内容前，我们先了解两个相关理论："能量意外释放理论""奶酪模型理论"。

"能量意外释放理论"认为所有事故的发生都是能量在不受控时释放带来的后果。比如高速路上奔驰的汽车带有强大的动能，当驾驶不当或车辆故障时会导致撞损事故。

"奶酪模型理论"的深层次含义与"能量意外释放理论"一致，但该理论更加强调危险源控制措施的失效，也就是屏障失效，或者说能量控制措施失效，这种失效就是另外一种形式的危险源。比如高处作业时，如果作业人员没有规范使用安全带，此时平台出现缺陷，就极可能造成作业人员的高处坠落事故。

"能量意外释放理论""奶酪模型理论"都清晰

表明事故发生的两个核心：一是有意外释放的能量（第一类危险源），二是能量失控（第二类危险源）。

因此，如何准确地识别潜在的能量物质，并对能量物质现有的防护措施情况进行研究和评价，再采取针对性改进措施，确保能量物质的稳定状态，是预防职业健康安全事故的有效手段。

在工作中，识别出各类潜在的能量物质，对能量物质现有的防护措施的有效性进行识别，并结合能量物质的能量大小与防护措施的有效性进行综合评价，确认风险大小，就是危险源识别与评价。

三、危险源的识别与评价

（一）危险源的识别

1. 危险源识别准备

危险源识别的输入信息主要有：事故发生机理，企业内部信息，相关的法律法规、规程、条例，相关的技术标准。

危险源识别要确保两个要点：一是全员开展危险源识别工作，危险源识别是系统工程，不是一个部门、一个专业的事情，需要全系统涉及的全体人员的参与；二是保证必要的人力、物力和资金，尤其是如果缺少领导力的支撑，识别工作将不会落到实处。

危险源识别要关注五个因素，包括：所有的人员和设备，包括涉及的所有作业及活动类型；三种状态，包括正常、异常和紧急；三个时态，包括过去、现在和将来；非常规活动；变更。

2. 危险源识别的主要流程

（1）确定识别对象

识别对象一般指业务所覆盖的范围，以及可能会影响业务的外在范围。业务可以指一个整体的区域，如某项工程、某个工厂、某家企业；也可以指一项活动，如某个特定主题的活动、某项施工作业等；还可以指某个事件。第一类危险源就是能量或具有能量的物质，简单的判断方法就是：有能量或有危害。

（2）分析识别第二类危险源（人、机、法、环）

这类危险源又可以分为三类：①人的问题；②物的问题；③环境的问题（含管理缺陷）。第二类危险源就是人的不安全行为、物的不安全状态、环境因素（含管理缺陷）。

3. 危险源识别的常见方法

危险源识别的常用方法分为两类：一是直观经验法；二是系统安全分析方法。

（1）直观经验法

常用的直观经验法有对照经验法、类比法。

现阶段最常用的还是直观经验法，这种方法简单、容易掌握，因此成为行业主要使用的方法。使用直观经验法要注意：①所识别的业务范围必须准确，要系统地进行全过程识别，不能漏项，比如一项施工活动的危险源分析可以从施工准备、施工工艺前后全流程、施工收尾等各个阶段着手，并覆盖"人机料法环"各方面；②注意识别活动的科学性和预测性，危险源识别其实就是对可能导致事故发生的原因进行预测，识别越准确，预测质量就越高。

（2）系统安全分析方法——定性分析方法

安全系统工程提供了系统安全分析方法，包括定性分析方法和定量分析方法，其中定性分析方法中的安全检查表、工作危害分析等方法在一些企业的使用率比较高。

（二）危险源的评价

在危险源识别和评价中，评价的难度往往比识别更高一些。就现阶段而言，对于危险源风险评级的认识也不统一，目前常用的评价方法有两种：LEC评价法和LS评价法。

1. LEC评价法（作业条件危险性分析法）

LEC评价法是一种简单易行的评价人们在具有潜在危险性环境中作业时的危险性的半定量评价方法。它是用与系统风险率有关的三种因素指标值之积来评价系统人员伤亡风险大小的，这三种因素是：① L——发生事故的可能性大小；② E——人体暴露在这种危险环境中的频繁程度；③ C——一旦发生事故会造成的损失后果。

2. LS评价法（风险矩阵分析法）

LS评价方法常用于工作危害分析（JHA）。

LS评价法的计算公式为：

$$R = L \times S$$

式中，R 为风险程度；L 为事故发生的可能性；S 为事故发生结果的严重性。

四、开展"全员危险源识别"对企业预控型安全文化的影响

（一）"全员危险源识别"可强化全员安全意识

围绕危险源识别和评价的步骤，可以建立全员参与的危险源识别活动体制，这是危险源识别和评价的关键，旨在通过员工参与和实践的过程，来提高员工的危险识别的技能，强化员工的安全意识。在危险源

和风险识别阶段，主要由区域负责人组织，以一线员工为主，专业人员为辅，引导员工识别风险，以此提高现场员工的危险认知。在危险程度评估和措施制定阶段，则以专业人员主导，现场员工参与其中，以此增强员工的危险预防技能和意识。此外，可以通过全员参与和相互培训的方式，强化员工的安全意识。

（二）"全员危险源识别"可培养人的正确的安全行为

人的行为在安全管理中居于主动和支配地位，因此，人的行为是安全管理的第一要素，而培养人的安全行为既是安全管理活动最为重要的任务之一，同时也是企业安全文化建设的主要目的。要改变人的不安全行为，关键是要增强人的安全意识和提高相关的技能，开展"全员危险源识别"可以使一线人员具备对新环境、新危险的风险识别能力和规避风险的意识，逐渐培养人的正确的安全行为。

（三）"全员危险源识别"可促进建立风险预控型企业安全文化

建立相互关爱的文化，实现安全行为和管理的互助，是安全文化建设的核心。在员工深度参与"全员危险源识别"的全过程中，通过实践，员工逐渐掌握危险的识别方法和技能，从事故回顾和感念事故带来的危害中受到教育，以实际教训来逐步增强员工的安全意识。在此过程中，员工对危险因素的敏感度提高，不仅会关注自己岗位的危险，还会关注相邻岗位的危险。在这个阶段，企业可适度开展"未遂上报奖励""重点风险举报激励"等措施，强化引导，逐步实现全员有风险意识，全员能主动防范风险。此时，风险预控型企业安全文化就基本形成了。

五、结语

安全是底线，企业的安全管理是第一管理。我们不仅要从技术上管理和控制好危险源，更要从人的适应性角度增强人们的安全意识和提高安全行为能力，并通过企业的安全文化实现人们安全行为的内化。

企业安全文化建设中"双重预防机制"存在的问题及对策

中国铁路北京局集团有限公司 北京工程项目管理部 肖 波 贾 丽 卢雅文

摘 要：铁路作为国家重要的物流运输手段，在国家经济发展和社会发展中发挥着不可替代的作用。为了保障铁路运输的安全，必须建立健全有效的铁路安全文化。构建双重预防机制是国家铁路安全工作的基础，也是促进铁路安全文化落地的基石，是新形势下推动铁路安全生产改革发展和遏制重特大事故的重要举措，是推动铁路企业落实安全生产主体责任、提升本质安全水平的治本之策，对指导铁路企业进一步提升安全生产水平具有积极意义。近年来，在落实双重预防机制建设中暴露出一些问题，这些问题主要集中在培训教育不到位，风险辨识环节中没有做到全员参与、覆盖面不足，没有全过程、全方位、全流程、系统性地对安全风险进行辨识，安全风险清单与隐患排查没有有机融合等。本文针对上述暴露的问题分别从全员培训、全员参与、安全风险辨识、隐患排查治理等方面制定了对策，力求将隐患控制在可接受范围内，将隐患控制在形成之初，将事故消灭在萌芽状态。

关键词：安全文化建设；双重预防机制；安全风险识别；风险分级管控；隐患排查治理

一、安全文化建设

安全文化建设是一项具有基础性、综合性和复杂性的系统工程，是预防事故的一种"软"力量，是一种人性化管理手段。铁路安全文化建设的重要内容就是运用形式多样的文化载体来统一思想，把安全文化理念的"软约束"转化为干部职工自觉的"硬性实践"。建立一套完善的安全管控治理体系是铁路企业安全文化建设的制度保障，而双重预防系统则是一种创新的安全生产管理方式。在铁路企业内部推广双重预防机制建设是铁路行业发展中重要的一环，它不仅关系到企业的生产、经营和发展，更关系到员工的身体健康和生命安全。

二、双重预防机制

双重预防机制是防止安全事故发生、确保安全生产的重要举措，为了促进双重预防机制尽快在各个工作岗位上得以落实，并不断巩固安全成效、完善预防机制建设，近年来，中国铁路北京局集团有限公司对安全生产紧抓不放，不断提高安全管理预控能力，并且积极推动安全风险辨识管控和隐患排查治理双重预防机制建设工作。各层级经过不断地探索与实践，在完善安全生产责任和管理制度等方面取得了相当的成效，安全事故总量、较重特大事故

持续下降，伤亡人数也持续降低，对双重预防机制有了新的认知，即构建双重预防机制就是构筑防范生产安全事故的两道"防火墙"（图1）。第一道防火墙是管风险，以安全生产辨识和管控为基础，从源头上系统辨识风险、分级管控风险，努力把各类风险控制在可接受范围内，杜绝和减少事故隐患；第二道防火墙是治隐患，以隐患排查和治理为手段，认真排查风险管控过程中出现的缺失、漏洞和风险控制失效环节，坚决把隐患消灭在事故发生之前。安全风险管控到位就不会形成事故隐患，隐患一经发现并及时治理就避免酿成事故。

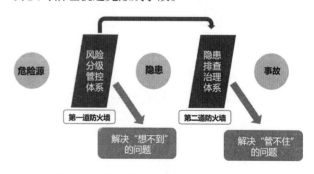

图1 双重预防机制中的两道"防火墙"

三、推行双重预防机制存在的一些问题

通过相当一段时间对所管项目参建施工企业的

梳理与检查发现,双重预防机制在建设中存在的问题,主要集中在以下几方面。

(一)安全风险相关培训不到位,概念不清

参与辨识的员工由于知识水平有限,对危险源、风险点和隐患的概念混淆,只能参照一些样板机械地对风险进行简单的概括分类,未能有效结合自身岗位的实际情况进行针对性的辨识,造成了思路不清、描述不统一、深度不够等问题,还将事故类型与危险有害因素混为一谈,难以形成高质量双重预防机制体系。

(二)风险辨识没有体现全员参与,没有做到全覆盖

风险辨识覆盖面不足,其中一个主要原因在于施工企业经常接受各级单位开展各种形式的专项检查、隐患整治活动,由于迎检工作量大,给企业在人力财力上造成不小负担,出现心理疲惫。企业按老思路将迎检工作笼统地交给安质部门,由几个安管人员将项目全部的风险辨识结果进行简单汇总,形成安全风险辨识评估报告,编制成一套没有实际意义的双重预防机制建设文件应付检查。这没有结合项目实际,除了费时费力,毫无成效。

(三)在风险辨识过程中,辨识范围体现不出全过程、全区域、全工序

对"四新"、自然灾害等一些事故,风险辨识评估不充分、不全面,甚至没有进行风险辨识评估,这造成了风险管控措施缺乏针对性,工作职责落实不到位,安全风险管控难以发挥作用。

(四)风险管控和隐患排查没有联系

由于部分施工企业安管人员配备不足或安管人员水平低下,缺乏对风险评估和管控的能力,在实际工作中不能结合本岗位特点掌握应用相关标准规范,不会运用风险分级的方法,造成了风险点、风险管控措施不准确,风险清单缺乏具体性和全面性,并且风险清单的管控措施不能作为隐患排查内容及标准,对隐患排查起不到指导作用。这导致风险管控和隐患排查形成"两层皮",不能有机结合。

(五)隐患排查治理不彻底,存在于表象

施工企业制定的隐患排查清单没有分层级、按频次进行排查。按照经验随意检查,缺乏检查标准或检查标准没有依据支持。检查工作只是为了应付上级,流于形式,造成检出的隐患数量少、质量低,大量现场隐患没有被及时发现。

(六)事故隐患类型层出不穷,同一隐患反复出现

部分施工企业都是围绕如何增强安全意识、建立安全管控理念进行安全培训的,杜绝作业人员不安全性行为,防止事故的发生。但这些施工企业没有认识到本质安全是什么,也没有认识到只有从根源消除危险源才能减少隐患的发生。

四、构建双重预防机制的对策

通过学习新安法、双重预防机制等相关文件,结合所管辖项目的现状、特点,通过以下几点可以将双重预防机制存在的问题逐一解决,将隐患控制在可接受范围内,将隐患控制在形成之初,将事故消灭在萌芽状态。

(一)全员培训

首先,通过全员培训教育,提高员工识别风险和管控风险的能力。进行风险辨识先要搞清风险、风险点、危险源辨识和隐患等概念,这些概念认定不清将会导致辨识分析有误。为确保构建工作顺利进行、高效开展及双重预防机制构建后有效运行,企业经常性地对安全风险理论、安全辨识评估方法、双重机制建设方法进行反复培训,要求全员掌握双重预防机制建设知识,具备风险辨识、评估和管控能力,最终形成全面具体的风险辨识管控清单。其次,通过全员培训,员工清楚相关概念,学习风险管理的基本知识,掌握风险辨识和隐患排查的基本方法。企业可以聘请专家开展首次风险辨识评估活动,并制定符合企业实际、简单、实用的风险辨识和隐患排查制度,建立安全风险库、安全隐患库,通过岗位风险告知卡、隐患排查清单等简便措施,确保每一位员工能够学会抓住主要矛盾,落实管控责任,有效防范事故发生。

(二)全员参与

风险辨识与隐患排查工作都要求全员参与。工作对象都要涵盖人、机、料、法、环、管各个方面。但风险辨识侧重于认识固有风险,而隐患排查侧重于各项措施的生命周期和过程管理。风险辨识工作要定期在人员、工艺、技术、材料、设备、设施、组织机构发生变化时开展,隐患排查工作则要求全时段、全天候开展,随时发现组织措施、管理措施、经济措施、技术措施的漏洞和薄弱环节。

(三)加强对安全风险评估、监督检查工作

风险辨识即风险识别,它是识别危险源存在并确定其特性的过程。因为风险具有很大的不确定性,

所以要做到避免遗漏，分层次对风险进行划分。以北京工程项目管理部某工程建设项目为例，首先按照既有线施工和非既有线施工作为两大区段进行划分，再以分部工程为单元进行细化，分别形成了土方施工、支撑体系、临电、起重吊装、外架防护、轨道施工、消防安全等模块。最后通过细化分解到各工序形成子单元。风险辨识和评价的方法包括工作危害分析法、安全检查表分析法、风险矩阵分析法、作业条件危险性分析法、风险程度分析法。评估按照风险辨识、风险评估、风险评价三个步骤，按照事故发生的可能性和后果严重性进行风险分析。根据基建项目、技改项目、涉铁工程的建设项目来源不同，采用作业条件危险性分析法或风险矩阵法对风险进行打分、评级，明确各类风险的技术措施、应急处置措施、个体防护措施、管理措施。

（四）建立隐患排查清单和闭环管理机制

一是通过风险管控措施建立不同级别的隐患排查清单，做到一岗一清单，全方位、全过程地排查机械设备、施工工艺、作业环境、管理体系等方面存在的风险及隐患。二是既要建立隐患排查治理闭环管理机制，实现隐患的排查、登记、评估，也要进行销账等持续改进的闭环管理机制，实现隐患管理的五落实，即落实整改责任、落实整改措施、落实整改资金、落实整改时限、落实整改预案，形成一级抓一级、层层抓落实的全员安全管理格局。三是按照"谁管辖，谁负责""谁主管，谁负责""谁分管，谁负责"的原则，严格落实主要负责人是本单位隐患排查治理的第一责任人，并将隐患排查治理工作作为施工企业（监理企业）信用评价体系管理考核内容，将双控机制设立为常态化管理工作。四是安全质量部负责建立双重预防机制，牵头各职能部门开展安全风险辨识和隐患排查工作。同时要求施工单位配备相应的专业人员采用科学的方法和手段做好风险辨识工作。通过建立全员安全生产责任制、安全风险辨识制度、安全风险评估制度、风险管控制度、风险预警与考核制度，为双重预防机制常态化运行提供保障机制。

（五）加强风险分级管控与隐患排查治理有机结合

安全风险分级管控体系和隐患排查治理体系虽不是两个平行的体系，但更不是互相割裂的体系。二者必须实现有机融合，形成常态化运行机制。风险分析管控是隐患排查治理的基础，通过组织实施风险评估单元划分、风险点识别、风险辨识与分析、风险评价，制定风险管控措施和风险分级管控。根据风险评估分级结果绘制红、橙、黄、蓝四色安全风险空间分布图，确定风险分级管控清单，清单中的风险管控措施是隐患排查的内容，即隐患排查清单，实现从源头上消除事故隐患或降低事故发生的可能性，减轻事故发生后的严重程度。排查治理是风险分级管控的进一步强化与深入，通过隐患排查治理查找风险管控措施的缺陷或不足。从管理制度、技术、应急等方面采取风险管控措施予以整改。同时分析和验证各类风险辨识评估的全面性与准确性，更新风险信息与风险管控措施，补充完善风险分级管控清单，实现减少或杜绝事故发生的可能性。

（六）严格按照国家标准和安全规程进行作业

国家标准和安全规程都是在长期的生产实践过程中不断总结经验、吸取教训的结果，而不是什么部门或者什么人凭空想象出来的。认真执行国家标准和安全规范是企业生产经营正常开展的法律保证，是保护员工身体和生命不受伤害、环境不受损害的最低要求。落实双重预防机制建设不是一项任务，也不是一项阶段性的工作，而是建立企业控制风险、防范事故的长效机制。

五、结束语

总之，双重预防机制建设与企业安全文化建设有着密不可分的联系，共同构建着企业安全保障的底气。在未来的发展中，无论是安全文化建设还是双重预防机制的推广应用，都将成为企业优化管理、提升核心竞争力的重要手段。只有通过管理创新，一步步打造起安全保障的坚实屏障，我们才能迎接前所未有的挑战和机遇，实现企业可持续发展的美好愿景。

参考文献

[1]李伟.安全生产"双重预防体系"建设的实践与思考[J].当代化工研究,2020,(05):153-154.

[2]王琳.企业安全生产双重预防体系建设若干问题研究[J].企业科技与发展,2019,(10):134-135.

[3]邱有富.企业安全生产双重预防体系建设若干问题之探讨[J].安全与健康,2018,(04):44-47.

以思想引领提升作业人员安全意识

国网青海省电力公司黄化供电公司　崔桂兴　喇　青　李向东　王　星　邓云照

摘　要：本文简要阐述了当前高原电网安全生产工作面临的现状，从牢固树立正确的安全理念，建立安全约束机制，营造安全文化氛围等方面，对新形势下如何抓思想引领提升作业人员安全意识，进行深入分析和探讨。通过国网青海省电力公司黄化供电公司（以下简称青海省黄化供电公司）运维检修部（检修分公司）近年来采取的具体措施和取得的成效，进一步说明狠抓思想引领、增强作业人员安全意识，对于提升企业管理水平具有重要意义。

关键词：安全意识；思想转变；安全理念；安全文化

电力安全生产实践的主体是人，安全生产问题归根结底是人的思想意识问题，思想就是生产力，有了思想才有精神，才有力量。如何从思想上提升作业人员的安全意识，为公司的安全生产工作保驾护航，近年来，该公司结合实际开展了深入探索，并取得了明显成效。

一、安全生产工作面临的形势

青海省黄化供电公司运维检修部（检修分公司）地处青南高原，现有员工120人，担负着黄南州4县，海东市循化、化隆2县的输变配设备运维的主体责任。公司供电面积2.332万平方公里，供电客户19.41万户，直接负责运维35千伏及以上变电站41座，总容量881.95兆伏安，35千伏及以上线路91条，总长度2151.01千米；负责管辖配网线路149条，总长度4847.84千米，配变3613台，468.74兆伏安。

（一）电网运维外部环境带来的安全生产压力增大

青海省黄化供电公司供电辖区内地域环境复杂，多山川河谷和森林高原，海拔落差达1800米；气候条件恶劣，全年大风、雨雪冰冻、雷击频繁；电网运行环境较差，地质灾害、树障、房障、外破、鸟害形势严峻；输配电线路跨越五大国家级、省级林场及三江源保护区核心区，森林草原防火压力大。

（二）公司面临的内部安全生产压力与日俱增

各级作业人员安全责任意识不强，违章屡禁不止；安全管理执行力度不够，"口号响、落地难"；员工业务能力不精，对规章、制度、标准掌握不全面，执行不严格，致使安全管理大打折扣；安全底蕴不深厚，安全依靠行政强制手段管控，没有化为自觉行为，一旦管理松弛，容易走老路。

二、牢固树立正确的安全生产理念

（一）树立"以人为本"的安全理念

青海省黄化供电公司紧紧抓住"人"这一关键要素，构建常态化学习机制，结合"每周一学、每月一讲"，综合各专业所需，统筹学习计划和内容，组织全员学制度、学规程、学文件，掌握安全动态和要求。构建分层分级学习机制，在周会、月会、安全委员会、支部委员会、座谈会、现场会上学事故、学案例、研究安全短板，对照检查、反思，统一安全思想。2021年以来，公司持续开展了运检专业作风大整顿活动，通过专业"大学习"、行为"大反思"、问题"大整顿"，增强全员安全意识，筑牢安全管理根基。

（二）树立"安全是最大的政治"的思想理念

近年来，行业内外安全形势不容乐观，习近平总书记多次就安全生产作出重要指示，确保安全生产，就是以实际行动践行"两个维护"。公司紧紧抓住管理中层和骨干这一关键少数，结合党支部三会一课和作风整治狠抓安全思想意识，牢固树立"安全是最大的政治"的思想理念。保证电网的安全稳定和人员设备的安全就是公司以实际行动践行"两个维护"的最直接体现。公司结合实际，不断创新党建载体，实施"党建＋重点工作""党建＋安全"等系列活动，围绕安全生产实际，找准党建载体落脚点，支部班子成员以"党建＋"方式认领攻关专业仓、防外破等6个生产难题，深入推进党建与生产工作的融合，以实际行动营造良好的安全生产环境，检验党史学习教育成果。

（三）树立"安全就是效益"的价值理念

安全既是企业发展的根基，也是经济效益的基础，只有安全生产稳定了，公司才能获得更大的经济效益和社会效益。2021年，公司坚持输变配专业高效协同，创新运维模式，输电专业推进"无人机巡视＋集中检修"作业模式，变电专业构建"无人值守＋设备主人制"变电运维管理新模式，配电专业建成"指标通报＋停电时户数管控＋配网互查"多维协同运维模式。内外联动效率更高，执行各类停电、不停电作业计划5330项，管控各级电网风险285次，输电线路跳闸同比减少3次，降低42.86%。

三、切实增强作业人员安全意识

（一）主动融入员工，掌握思想动态

一是严格执行领导班子联点制，班子成员主动深入一线参加班组安全活动和日常巡视检修，开展谈心谈话，掌握员工所思、所想，做到思想交心。二是针对安全生产中的难点和困难，班子成员带头攻坚、主动破解，在员工发生违章行为后，开展6次暖心谈话，关心辅导犯错员工，做到真情暖心。三是积极发挥工团纽带作用，在5次大型检修、抢修现场，做好慰问和后勤保障工作，常态化劳动保护监督，协调解决基层反映的12条安全生产问题，做到行动聚心。

（二）常态化安全教育，规范安全行为

一是强化专业技能，创新培训载体，建立"集中学理论、现场学技能"的模式，对直流改造等8个项目自主实施，在实践中开展岗位练兵活动，达到"干中学"的目的。结合核心班组建设，压降、回收带电检测、无人机巡视等5个外委业务项目，倒逼员工学知识、练技能，将核心业务掌握在自己手中。二是策划并坚持"每周一学、每月一讲、每月一赛"活动，建立柔性学习机制，做好系统规划，分层分级开展针对性培训，形成了"纽扣课堂"、班组微课堂、专业小课堂、运检大讲堂模式。通过专业技能提升，员工实现熟能生巧，对安全方能望而畏惧，成为"会管"的前提。三是结合设备主人制推广，将安全压力层层传导，教育、引导员工强化安全的主人翁意识，树立敢管的信心，让员工"愿管"。领导班子做员工"敢管"的坚强后盾，顶住各种压力，安全面前容不得情面。

四、扎实建立安全约束机制

（一）强化规矩意识

一是深入推进安全履职评价，扎实开展作风整治，严抓关键少数带头作用发挥，严查有规定不执行、深究有责任不落实等问题，达到"上梁正了下梁才不歪"。二是落实4个管住措施，严格作业计划管控，规范现场勘查和风险会商制度实施；修订完善16个实施细则，以制度弥补安全管理薄弱点；逐条制定反违章186号防范措施，细化到具体工作流程和计划中，让规矩成为约束安全的牢笼。

（二）坚持奖惩并重

公司修订完善了绩效奖惩实施细则，将安全行为纳入评先评优的第一参考项，全年否定6人次，督导安全责任的落实。开展了全员安全履职评价，优秀人员18人，占地市公司总数的15%，让肯干能干会干的人得高分拿奖励，让吃"大锅饭""躺赢"的人得不到好处。

（三）做实安全监督体系

公司完善了"车间级＋专业室＋班组"三级安全监督体系，建立了以党员以身作则、带头示范和监督的软约束机制，形成了以线上风控平台和"布控球"、线下"四不两直"的监督机制，筑牢安全防线，让员工发自内心敬畏安全。

五、营造安全文化氛围

（一）强化安全宣传教育，营造安全文化氛围

创新开展沉浸式、互动式安全学习，由被动填鸭式向主动融入式转变。更新2次安全宣传栏，开展6次以安全为主题的党日活动，组织1次安全知识辩论赛，坚持每月"安全之星"评比，开展4次安全生产大反思、大讨论和安全主题征文活动，通过典型案例学习和研讨等方式进行宣传教育，让员工深度参与，发自内心反思安全，营造稳健的安全文化氛围，形成一股巨大的同化力、促进力、自觉力和约束力。

（二）发挥党员在安全生产中的带头作用

党支部建立"党员责任区、示范岗"，开展党员安全承诺，实施党员带头讲安全、党员身边无违章等活动。结合党员服务队、党员突击队建设，在急难险重的工作现场，党员做表率，让党员在安全生产方面既做"带头人"，又做"监督人"。

（三）让安全理念深入化为自觉行为

通过规章制度的学习和强化执行，建立了规章制度的硬约束；通过安全文化氛围营造，党员骨干带头表率，形成了道德规范的软约束。两者双管齐下，起到防患于未然的作用，让安全理念逐步化为个体的自觉行为。公司2021年违章数量同比减少9起，降低20%。

六、小结

总之，安全生产工作是一项长期不懈而艰巨的攻坚战，只有紧紧抓住安全生产中起决定性作用的"人"这一关键因素，通过牢固安全生产理念，狠抓员工个体思想转变，建立安全约束机制，营造安全文化氛围，调动员工积极性，切实发挥出主人翁意识，才能不断增强作业人员的安全意识，从"要我安全"的被动承受型逐渐转变为"我要安全"的系统论型，进而发展到"我懂安全"的预防主动型，真正实现安全管理的知行合一，为公司安全生产工作保驾护航。

参考文献

［1］刘鸯风.基于质量、安全、进度和成本的加强建筑工程项目管理措施的分析［J］.居舍,2018,(16):129-130.

［2］陈舜标.探讨如何做好建筑工程施工现场安全管理［J］.建材与装饰,2018,(22):141-142.

［3］孙波.浅谈危大工程安全监管体系［J］.城市建设理论研究（电子版）,2018,(15):204.

现场一流环境建设　助力安全文化提升

中国船舶集团有限公司第七〇八研究所　朱善军　祁　斌

摘　要： 中国船舶集团有限公司第七〇八研究所（以下简称第七〇八研究所）以创建一流现场环境，提升安全文化素养，推动实现本质安全为目标，以现场一流环境建设为抓手，开展现场安全文化建设与提升，通过加强组织领导、细化实施方案、统筹推进，全面开展建设工作；领导带头、高位推动、划分网格、落实责任、文化引领、提升素养、立言立规、规范行为；以查促改、立行立改，固化成果、持续改进等手段和方式，所里员工的安全文化素养得到了提升，营造了一个整洁、高效、安全的工作环境，实现了网格划分和责任落实全覆盖，形成了"事事有人管、处处有标准"的安全生产文化氛围。

关键词： 一流环境；安全文化；安全生产

一、现场安全文化建设开展背景

第七〇八研究所结合自身实际，以"创建一流现场环境，提升安全文化素养，推动实现本质安全"为目标，以现场一流环境建设为抓手，着力推进"有形、有位、有序"的现场安全管理，提升员工安全文化素养，努力创建"事事有人管、处处有标准"的安全文化氛围。

二、现场安全文化建设主要做法

坚持"安全第一、预防为主、综合治理"的方针，以全面落实各级安全责任制为主线，紧紧围绕所的发展目标和安全生产工作部署，发挥安全文化建设的引领、凝聚、推动、激励作用，以一流环境建设行动为抓手，让安全文化建设落到实处。

（一）加强领导，建立健全组织保障

第七〇八研究所成立了以所长为组长，党委书记、各副所长为副组长，各部门（公司）主要负责人为成员的现场一流环境建设工作领导小组，将现场一流环境建设工作纳入安全生产专项整治三年行动计划，并作为所里安全委员会的基本议题，全面领导、部署、检查、考核、保障现场一流环境建设工作。同时，第七〇八研究所成立了以分管安全副所长为组长，安全生产管理部门、相关职能部门负责人为副组长，各部门（公司）分管安全生产负责人为组员的专项工作组，负责对建设工作进行总体策划、监督指导和考核评价，保障人、财、物的投入，跟踪督办和落实现场一流环境建设日常工作，以及开展群众性的宣传教育、评先推优、合理化建议等

活动，确保安全文化理念能够内化于心、外化于行。

（二）周密部署，细化落实工作方案

第七〇八研究所高度重视现场一流环境建设工作，根据提升形象、强化管理、分步实施、统筹推进的要求，及时印发《第七〇八研究所现场一流环境建设实施方案》及评分细则，各部门（所属公司）结合自身实际，及时制定现场一流环境建设工作计划和工作目标，完善工作机制和制度要求，组织开展动员宣贯，做好人、财、物投入和前期准备工作，为全面推进做好准备。同时，第七〇八研究所多次召开安全生产委员会扩大会议和安全生产专题会议，传达学习集团公司关于现场一流环境建设的要求，分析自身现场环境现状，研究、审议所里加强和改进现场环境的对策措施，安排部署各阶段的重点工作，细化各项任务措施，层层抓好组织落实，强力推进现场一流环境建设工作落实落地，为安全文化建设提供有力支撑。

在经费投入方面，第七〇八研究所设立专门推进现场一流环境建设的经费预算部门，做到专款专用、实报实销，为现场一流环境建设活动的举办、相关培训教育的开展、环境及设施的建设、成果资料的编制、文化书籍资料的订阅和购买以及相关环境和设施的完善提供了充分的经费保障。第七〇八研究所始终把安全投入放在优先位置，确保设备维护、更新、大修等资金投入，做到应修必修、该换则换，及时消除安全隐患。

在工艺技术方面，严格执行新、改、扩建工程

项目的"三同时"管理,做好安全、环保、职业卫生设施的配套工作,对新工艺和新设备进行系统风险分析和评估,从源头上消除风险,保障硬件设施的本质安全。

在设施设备方面,按照"健康无损、维护及时、运用规范"的要求,做好生产试验场所设施设备的维护保养和定期检测工作,安全装置齐全有效,使用特种设备需要全部检验合格、持证上岗。

在职业健康方面,定期组织开展岗位职业危害因素辨识培训活动,做好有毒、有害岗位作业人员岗前、岗中和离岗时的健康体检和职业危害及其后果告知等工作,有效杜绝了职业病和职业禁忌证等情况。定期委托专业机构对作业场所可能存在的有毒、有害因素(尘毒、噪声等)进行检测,我所2处作业场所的8个检测点均检测合格。建立员工职业健康档案,及时做好职业健康备案和信息上报等工作。

在民主监督方面,认真贯彻工会劳动保护监督检查"三个条例",调整、充实和完善工会劳动保护安全监督三级网络,发挥"第一知情人、第一报告人、第一维护人"的作用,切实维护员工在劳动生产过程中的安全、健康权益。

(三)统筹推进,全面开展建设工作

1.领导带头,高位推动

第七〇八研究所各级领导干部始终坚持"三管三必须"的原则,将安全生产工作与业务工作紧密融合,带头履职,践行领导讲安全、查安全要求,有效推动了现场一流环境建设工作的落地、落实。所党政主要领导、安全分管领导多次带头前往所分部和控股公司,开展了全面、深入、细致的安全生产检查工作。同时,所领导还立足于现场安全管理实际,深入剖析了现场安全管理方面存在的不足,对现场环境建设工作提出了具体要求,为安全文化建设指明了方向。

2.划分网格,落实责任

第七〇八研究所根据管理层级和业务条线,对所闵行分部及控股公司各办公楼、试验室、生产车间、辅助站房等区域的使用部门和责任部门进行了全面梳理。在此基础上,对各区域分区划片,实行网格化管理,明确每个责任网格内的一流环境建设责任人,并以试验室、生产车间等重点区域作为首批建设对象,认真开展现场作业环境、设备和物料摆放、行为规范等方面的自查、整改和维护,做到责

任清晰、要求明确、工作到位。

3.综合施治,改善环境

结合安全生产标准化达标建设,第七〇八研究所以加强作业场所的劳动安全卫生管理为目标,把生产作业现场作为重点治理对象,对设备、安全通道及各类安全警示标识等进行对标整治,优化作业场所布局,整改作业照明、积水等环境缺陷,完善通风除尘、净化设施,有效治理污染源,实现了作业场所设施设备定制化、危害辨识明确化、安全标识统一化,有力提升了现场作业环境的安全状态。

4.多措并举,风险可控

第七〇八研究所推进以安全技术说明书(MSDS)和安全标签("一书一签")为重点的危化品安全交底,严格试验室和加工车间定制定量管理,规范危化品领用、暂存和回收处理程序,确保作业现场安全可控;严格执行危化品临时存放点的出入库核查和登记,强化储存的合规性管理,杜绝了危化品超量存储和违规混存混放等问题,确保储存环节安全可控。

5.文化引领,提升素养

第七〇八研究所充分发挥安全文化的凝聚、引领和激励作用,使安全文化成为维系所和谐发展的精神纽带和建设现场一流环境的助推器。组织开展多层次、多样化的安全宣教活动,通过专题讲座、安全例会、安全活动、舆论宣传、文体活动、三违帮教、案例警示等方式,增强员工的安全文化意识和提升对现场环境建设重要性的认知,在提高员工安全素养的同时,更将安全文化理念入脑入心,形成了全员关注安全的良好氛围。

6.立言立规,规范行为

第七〇八研究所坚持把规范作业行为作为提升现场管理水平的出发点和落脚点,根据岗位作业的实际情况,建立了涵盖全所生产作业各个环节的102项岗位和设备安全操作规程,明确了每项作业行为的具体步骤、技术要求、设备管理要求及个体防护措施等安全要求,用标准来约束员工的作业行为,通过科学规范的养成训练,减少和杜绝工作中的人为操作失误,彻底消除违章作业行为。

三、现场安全文化建设主要成果

第七〇八研究所以提升所的本质安全为目标、以提高人的安全文化素养为核心、以改进现场作业环境为重点、以现场一流环境建设为抓手,扎实开

展现场安全文化建设，取得了可喜的成效。

立足于现场一流环境建设，着眼于办公区域、会议室、公共设施等不同维度，总部新建科研大楼实行了安全责任区域网格化管理和"6S"定置管理，通过定位置、定人员、定标准，完善了工作场所秩序，提升了员工整体素质，营造了一个整洁、高效、安全的工作环境。

设施设备定制化管理，如图1、图2所示。

图 1

图 2

工具、材料、产品定制化管理，如图3、图4、图5、图6所示。

图 3

图 4

图 5

图 6

在生产现场建设中，全面实施安全生产网格化管理和"6S"管理，实现了网格划分和责任落实全覆盖，达到"工作环境文明有序、生产现场整齐清洁、作业过程标准规范"的管理目标。

设施设备安全无隐患，如图7、图8所示。

图 7

图 8

操作规程和警示标识规范化,如图9、图10所示。

图9

图10

文化引领促提升,如图11、图12所示。

图11

图12

用制度规范员工安全行为,如图13、图14所示。

图13

图14

现场安全文化建设必须驰而不息、久久为功,第七〇八研究所将以此为契机,继续巩固现有成果,深入探索现场安全文化建设的新思路、新方法,不断开创安全管理工作新局面,为打造本质安全型科研院所而奋斗。

构建"四位一体"安全文化体系
推动高铁安全长治久安

中国铁路济南局集团有限公司济南西工务段　李　蓓　李晓龙

摘　要：安全文化是在长期铁路安全生产实践中逐步培育形成的具有鲜明铁路特色的，被广大干部职工普遍认同和遵循的文化体系，是企业文化的重要组成部分。安全文化是企业安全生产的灵魂工程，深化安全文化建设、提升安全文化对职工的影响力、凝聚力作用重大。

关键词：铁路；安全文化；建设

安全文化是以安全价值观为核心，在长期铁路安全生产实践中逐步培育形成的被广大干部职工认同和遵循的文化体系。加强安全文化建设也是贯彻落实习近平总书记对铁路工作重要指示批示精神，树牢国家安全观和大安全观，实现铁路安全发展、科学发展的客观要求。近年来，济南西工务段坚持以人为本，按照认同、参与、实践的要求，着力打造安全文化品牌，通过教育正理、制度正责、标准正行、环境正人，在"润物细无声"中规范管理，引领行为，以安全文化建设提升安全管理效能，为确保高铁安全持续稳定筑牢基础。

一、明确目标，突出特色

济南西工务段坚持把安全文化的创建，作为推动段高质量发展的重要手段，作为确保高铁安全的基本载体，结合高铁综合维修一体化管理特色，确定了"共保高铁安全，共建和美家园"的共同愿景，提出了"管理和畅、工作和谐、生活和洽、环境和美"的"和"文化管理理念，营造了"一锅饭、一盘棋、一家人"的良好氛围。同时注重加强班组文化建设，总结提炼出"神探"文化、"精微"文化等一系列班组文化品牌，用文化凝聚职工，用标准影响职工，用真情带动职工，着力构建具有高铁特色的安全文化体系。

二、紧扣中心，突出重点

安全文化建设要始终坚持"融入生产、融入实际、融入职工"，在推进高铁安全文化建设的过程中，我们以理念、管理、行为、环境四项要素为核心，逐步构建起以先进安全理念文化为引领，以完善的安全管理文化为规范，以安全行为文化为内涵，以优美安全环境文化为依托的安全文化体系。

1. 以安全理念为切入点，构筑安全文化之"魂"

安全理念是安全文化的核心，是形成与提高管理文化、行为文化的基础。通过安全理念的教育和熏陶，在潜移默化中转变职工思想，规范职工的职业行为，提升职工个人素养，打造具有凝聚力、向心力、战斗力的团队。一是培育"和"文化理念。在推进高铁综合维修一体化建设过程中，我们同时注重文化顶层设计。秉承儒家"和为贵""和而不同"思想，坚持"吃好一锅饭、下好一盘棋、当好一家人"，层层征集和研讨各专业职工的意见与建议，确立了"共保高铁安全、共建和美家园"的共同愿景，以及"管理和畅、工作和谐、生活和洽、环境和美"的"和"文化理念。"和"文化也荣获铁道企业文化优秀成果奖。二是打造班组文化品牌。坚持"从职工中来，到职工中去"，结合班组实际，提炼班组文化理念。我们以济南西探伤工区为试点，充分发挥全国劳模季风运的引领示范作用，提炼总结班组"神探"文化，打造"尽精微，致广大"的班组精神，实现"不让一处伤损漏检、不让一名职工掉队"的创建目标。多年来，在班组文化的带动下，探伤工区先后培养出5名技术能手，通过一个"神探"培养出一群"神探"，该班组也先后荣获国铁集团"党内优质品牌"、集团公司"品牌班组"等称号。三是开展"爱在高铁"主题教育。紧紧抓住责任心这一根本，开展"爱在高铁"主题教育，在管理层大力倡导"爱在一线、高在管理、铁在作风"理念，在作业层大力倡导"爱在岗位、高在技能、铁在纪律"理念。通过举办安全风险管理辩论赛、"安全生产换位思考大讨论""三学一算""责任心、是非心、进取心"教育等活动，引导干部职工不断强化"我的岗位我负责"的责任意识。

2. 以安全管理为导入点，夯实安全文化之"基"

安全管理需要文化支撑，更需要刚性约束。一是抓好全员安全宣传教育。针对我段典型事故案例，拍摄《脱轨》《问责》《小钥匙、大隐患》等警示教育片，梳理近十年来我段发生的安全事故和重大隐患，深刻剖析在安全管理方面存在的深层次问题，组织全员进行学习，铭记事故教训，做到警钟长鸣。广泛开展《安全生产法》等法制教育，通过领导干部带头讲、安全管理人员深入讲、一线职工互动讲等形式，引导干部职工敬畏生命、敬畏职责、敬畏规章。二是建立严明的安全责任体系。我段建立《全员岗位安全生产职责》《安全管理责任追究办法》等11项制度办法，明确各级管理人员和各岗位职工在安全生产中的职责，严格事故责任追究，压紧压实安全责任。坚持提升安全执行力，建立重点工作督办、干部作风督导制度，通过抓班子、带队伍，强化管理中坚力量建设，为安全责任落实提供保障。三是不断激发职工内生动力。按照"实施正激励，提高正能量"的原则，在"奖"上做文章，对职工发现并解决隐患问题进行重奖快奖，开展"无违章、无违纪、无事故"三无竞赛，充分调动广大干部职工提高安全意识的积极性，引导职工实现从"要我安全"到"我要安全"的意识转变。

3. 以安全行为为切入点，筑牢安全文化之"本"

在推进安全文化建设的过程中，人的因素始终是最重要的，离开了安全行为这个根本，安全文化建设就是无源之水，无本之木。一是规范职工作业行为。把落实岗位作业标准作为职业行为养成的核心任务，建立和完善岗位作业指导书，编制岗位标准化作业技能教学片，按照符合实际、易于执行的原则，制定岗位"一图一书一卡"，为职工执行作业标准创造条件。凝练以"爱岗敬业、精益求精、学技练功、岗位成才"等为主要内容的职业行为准则，引导职工坚持"一点不差、差一点也不行"的职业操守，养成"在岗必尽责，作业必达标"的行为习惯。二是提升职工岗位技能，在调查研究主要工种队伍结构和劳动组织的基础上，制定全面提高职工队伍素

质的措施方案，充分运用多媒体、模拟仿真、云课堂等培训手段，常态化开展"小练兵、小比武"和应急演练活动，加强岗位技能培训。三是强化青年职工引领。针对我段青年职工占比大的特点，坚持把班组作为青年成长锻炼的"第一站"，实施青年成长"关注行动"，指导他们制订个人素质提升计划，举办青年骨干人才培训班，开展学规背规竞赛，促进青年职工养成良好职业习惯。

4. 以安全环境为渗入点，打造安全文化之"形"

环境文化建设是铁路安全基础管理的基本内容，对实现作业场所本质安全化具有重要作用。一是营造安全文化环境。在作业场所设置和规范安全标志标识、安全风险提示，推行安全格言、安全寄语和安全承诺揭挂，使管理规定和要求外化于行、物化于境、内化于心。注重将安全文化、企业精神融入职场环境，建立"和"文化广场、安全警示教育室，打造"劳模路""劳模林"，配置 LED 显示屏、广告机等，让职工置身其中受到教育和感染。二是大力推行"5S"管理。制定《"5S"管理标准及检查考核办法》，对全段综合维修车间（工区）职场环境进行统一规划，办公生活区和库房的各类物品统一定制摆放，安全标识、文化展板、管理职责统一设计上墙，职工生活物品统一样式管理，资料台账标准整齐有序。通过实施"5S"管理，引导干部职工树立标准意识，养成良好习惯，带动现场作业和设备管理标准化、规范化。三是强化人文关怀。充分认识职工是安全生产的第一道防线，关心关爱职工，营造亲情关爱的安全文化人文环境。持续投入资金加强生产生活设施改善，提升职工生产生活条件，营造温馨舒适的环境。畅通职工互动交流的渠道，了解职工诉求和建议，及时解决急难愁盼问题。注重强化亲情的感染和推动作用，定期组织"职工家属看高铁""亲人安全嘱托"征集等活动，使安全文化进家庭，营造共保安全的良好氛围。

三、工作体会

1. 安全文化建设要循序渐进、长期积累

安全文化建设是一项长期工程，是职工认同、实践的过程，是由企业主导向全员参与转变的过程。在这个过程中只有充分发挥职工的主人翁作用，形成人人参与安全、人人抓安全、人人懂安全，安全人人有责的新局面，才能保持安全文化旺盛的生命力。

2.安全文化建设要合力共为、同频共振

安全文化建设是一项系统工程，需要各级组织群策群力，找准安全文化建设的切入点，整合资源，形成合力。要建立齐抓共干的工作机制，明确责任，各司其职，整体推进。

3.安全文化建设要内化于心，固化于制

安全文化建设要发挥好理念柔性疏导与制度刚性约束相辅相成的作用，既要通过理念的宣贯渗透，扎根于每一名职工心中，形成一种行为自觉；也需要将文化建设的成果固化于规章制度中，用制度来反映和贯彻安全理念，实现职工对安全文化由认知认同到自觉践行的转变。

4.安全文化建设要因地制宜，耳濡目染

安全文化建设要注重发挥文化的引领、塑造、激励作用，突出高铁职业特点，从环境浸润、理念建构、管理赋能入手，让干部职工在处处见"景"、时时有"范"、事事立"规"的耳濡目染中，持续打造安全特色文化。

安全文化建设只有起点，没有终点。下一步我们也将继续深化完善高铁安全文化建设，使载体更加多元、底蕴更加丰厚、基础更加牢固，更接地气、更具活力，在潜移默化中厚植安全理念，培育安全意识，引导安全行为，形成了齐心协力保安全的浓厚氛围。

当前煤矿安全文化建设的实践与思考

晋能控股煤业集团晋华宫矿　梁峥嵘　陈永军　张娇娇

摘　要：当前，伴随全国各地对安全工作的高度重视、周密研判与部署，以及各类专项整治行动的开展，煤矿安全生产形势总体稳定但不容松懈。对煤炭企业而言，安全是企业经济效益得以保证的基础，是社会稳定的前提。因此，培育安全文化理念，做好煤矿安全文化建设显得尤为重要。多年来，晋能控股煤业集团晋华宫矿（以下简称晋华宫矿）始终坚持全面贯彻落实习近平总书记关于安全生产的重要论述和重要指示批示精神，在安全文化建设方面不断创新和完善，不断筑牢安全根基，提升本质安全管理水平，为企业高质量发展创造良好的安全环境。

关键词：煤矿；安全管理；安全文化

一、安全文化建设是煤炭企业发展的必然要求

首先，煤矿安全文化有着明确的价值观和目标取向，即"煤矿生产，安全第一"，这就要求企业管理者将企业安全、高效、有序的发展作为共同的奋斗目标。其次，煤矿安全文化还要求企业管理者不断提升自己的决策能力素养和组织管理素养，在煤矿安全生产管理过程中协调好各部门之间的合作，促进企业安全管理朝着正确、健康的方向发展。再者，煤矿安全文化还要求企业管理者不断学习党和国家的安全生产方针、政策、法令、法规，并认真贯彻落实，提高企业的整体安全管理水平。

晋华宫矿深入学习贯彻习近平总书记关于安全生产的重要论述和重要指示批示精神，始终坚持人民至上、生命至上，牢固树立安全发展理念，统筹发展和安全，坚持问题导向，结合工作实际，压紧压实安全生产责任，从严从细落实防范措施，开展安全生产综合整治，严密管控煤矿安全重大风险，精准整治重大隐患，有效防范遏制各类事故发生，促进煤矿安全生产形势持续稳定。

二、煤矿构建安全文化体系的实践

作为一个企业，尤其是煤炭企业，安全生产无疑是以人为本的第一体现和科学发展的核心要义。实现安全发展是维护好、发展好广大员工根本利益的必然要求，也是构建和谐企业、实现又好又快发展的前提保证。要实现安全发展，就要加强思想政治工作，完善制度措施，用先进的理念去引导、树立正确的安全思想和意识，探索建立底蕴深厚的安全文化，为安全发展提供强有力的思想保障和智力支持。

（一）严守安全红线，提升管理能力

严格煤矿安全生产红线管理是从根本上解决问题、消除隐患的具体举措，是推进煤矿安全治理体系和治理能力现代化的必然要求。晋华宫矿将安全文化理念融入日常安全管理工作，增强风险意识，正确处理安全与生产、安全与效益的关系，注重堵漏洞、强弱项、补短板，有效防范化解煤矿安全风险。加大安全管理考核力度，建立健全安全生产责任体系，切实做好各项安全管理工作。始终把"安全第一、预防为主"的方针真正落实在煤矿的各项生产经营活动中，成为全体职工的自觉行动，做到内化于心、外化于行，让广大员工逐步实现从"要我安全"到"我要安全"的意识转变，进而达到"我会安全"的境界。通过系统安全评价、全面安全管理、建立健全责任制体系、严格执行安全例会制、安全工作定期汇报制、检查制、奖惩制、岗位责任制等行之有效的安全文化管理手段，促进广大干部员工安全意识与管理素质的进一步提高，强化事故隐患的排查与整改，加大安全投入力度，避免违章指挥、事故隐患的发生。

（二）强化教育培训，提高员工素质

安全文化建设最终的受益者是企业的员工，而安全文化建设的主体本身也是企业的员工。因此，安全文化建设就是始终围绕企业员工开展的。过去在煤炭企业安全管理中，往往偏重于以"物"为中心，就顶板抓顶板，就瓦斯抓瓦斯，或多或少地忽略了人在安全中的主体地位和作用。晋华宫矿以员工安

全教育培训为抓手,建立以人为本的安全意识培养体系。具体到实际的工作中,针对相关的工作内容制定详细而全面的工作安全计划体系,包括不同工种、不同操作之间涉及的安全问题,确保计划详细且能够有条不紊地进行。除此之外,完善并建立相关的体制机制,主要围绕安全管理开展,通过安全培训,建立安全考核机制,对于考核结果合格的员工给予一定的奖励,对考核结果不合格的员工进行一定的惩罚,利用奖惩制度帮助作业人员重视安全问题,自觉主动地树立安全意识,进而形成良好的安全学习意识,积极主动地提高自身的安全防范能力,最终与企业共同提高安全系数,完善安全文化建设工作。在日常工作中,各区队班组加强对安全不放心员工谈话帮扶,通过与其交流谈心了解员工实际的情况,帮助员工重新树立安全意识,并为员工解决问题。根据实际情况制定相关的对策,员工形成安全意识,使得安全文化建设工作能够自上而下有序进行。

三、大力推动企业安全文化建设

（一）强化人本建设,实现本质安全

安全文化建设是预防事故的“人因工程”,以提高劳动者安全素质为主要任务。煤矿作业现场点多线长,环境复杂,只有集中力量采取“多点打击”的战术手段,“全歼”安全文化建设上存在的各种薄弱环节,才能有效发挥安全文化的整体效益,真正实现安全生产。晋华宫矿围绕提升安全理念、职工素质和安全思想境界,不断强化“人本建设”。例如,在职工中实行岗位作业标准化考核制度,由班（组）长、安检员和验收员三人负责,做到一天一考核、一天一打分、一天一公布,考核结果与当日的计件工资挂钩。通过“关口”前移,实现安全管理对象全员化、形式多样化、效果跟踪化,最终确保人的本质安全化。

（二）推进文化建设,营造安全氛围

晋华宫矿深耕安全文化建设,一是强化了“三违”的“九关六签字”管理制度。“九关”即事故追查关、反“三违”教育关、曝光公示关、警示教育关、心理疏导关、“三违”访谈关、安全培训关、安全承诺关、复岗审核关；“六签字”即事故追查组长、安监站长、教培科长、职业健康办主任、宣传部部长、安全副矿长签字。“三违”人员必须接

受“九关六签字”帮教流程,各流程合格后方可复岗。二是推进网格式安全管理法。按照矿网格化管理,深入宣传矿山安全有关政策措施和法律法规,组织矿领导、专业技术人员、安全监管人员深入包保单位对安全生产 15 条措施、新《安全生产法》《煤矿安全规程》等进行深入宣讲宣传；各区队通过每周“安全活动日”、班前会等,以安全生产、防灾减灾等知识为重点开展安全宣传活动；女工部组织志愿者深入区队、班组、家庭开展安全宣教活动；各班组组织观看《生命重于泰山》《生命盲区》等电视专题片,组织参加“新安法知多少”网络知识竞赛活动,开展“安全宣传咨询日”活动。

加强安全文化学习宣贯,广泛开展“安全生产月”系列活动,认真组织开展安全宣教进矿山工作；通过三会一课、班前会、学习会,以及条幅、广播、报纸、自办电视节目、LED 显示屏、微信工作群等多种方式,向全矿干部员工宣传企业安全文化理念,及时对各类安全会议文件精神进行传达,不断增强干部员工的安全意识和责任意识；建设安全文化长廊,通过张贴安全标语,悬挂禁止标志、警告标志、指令标志等安全标志,制作事故警示牌等安全文化建设手段,提醒员工时刻绷紧安全弦,营造出浓厚的安全生产氛围。此外,该矿以班组安全文化建设为着力点,通过开展特色的班组安全文化活动,强化安全文化实践,进一步提升班组安全管理水平,切实将班组建设成了安全质量管理的坚强堡垒,稳固矿井安全生产根基。

安全文化建设是企业文化建设的重要组成部分,晋华宫矿将继续深入贯彻安全文化理念,创新和完善安全文化建设,全力以赴抓好安全生产,不折不扣完成好各项安全生产任务,以更加严谨的工作作风、更加严细的工作态度、更加严格的制度约束,扎实工作,确保矿井安全生产。

参考文献

[1]宋建萍.对煤矿安全文化建设瓶颈的分析[J].煤矿安全,2017,48(04):230-233.

[2]徐磊,田水承.当前煤矿安全文化建设存在的问题及建议[J].中国煤炭,2009,35(01):84-86.

[3]王璐.煤矿安全文化建设研究[D].阜新:辽宁工程技术大学,2008.

先进文化力就是先进生产力

昌河飞机工业（集团）有限责任公司　熊华犇

摘　要： 通过探索安全文化建设，全面推进和抓实安全文化建设，从而推动公司科研生产持续向好发展。

关键词： 安全文化；企业文化；安全生产

"观乎天文，以察时变；观乎人文，以化成天下。"人伦差序，以文化之；民族之魂，以文铸之。习近平总书记在党的二十大报告中指出："全面建设社会主义现代化国家，必须坚持中国特色社会主义文化发展道路，增强文化自信，围绕举旗帜、聚民心、育新人、兴文化、展形象建设社会主义文化强国。"文化是更为深远的力量，是我们立足现在、面向未来的底气和自信。管仲曾曰："夫霸王之所使也，以人为本。本理则国固，本乱则国危。"对于企业来说，想迈向高质量发展，离不开先进文化力的建设和打造。进入新时代，航空工业制定了"一心、两融、三力、五化"新时代发展战略，为开启航空强国新的蔚蓝征程指明了前进方向。

站在新时代新征程的历史起点，航空人要担当起航空报国、航空强国的使命，完成逐梦蓝天的美好愿望。想要实现这一宏伟目标，就必须以精益求精的工匠精神搭建起航空工业的坚实楼宇；必须拥有先进文化给万千航空人带来逆水行舟、攻坚克难的奋勇信心。中国航空工业 70 多年的历史，是一部自力更生、艰苦奋斗、无私奉献的创业史，筚路蓝缕启山林，栉风沐雨砥砺行。一代代航空人不忘初心、牢记使命，用自己的智慧与汗水书写了问鼎蓝天的辉煌历史，用自己的勤奋与执着开启了腾飞世界的光荣和梦想。航空文化在其中发挥着不可或缺的作用。打造航空人的文化自信，就必须从思想上引领职工前行，从管理上支撑企业发展。安全文化作为企业文化的重要组成部分，在企业健康发展的道路上有着重要的地位。

思想先于行动，闪电先于雷鸣。进入新时代，安全文化作为先进文化力的重要组成部分同样需要新作为。面对新的形势，航空工业河昌飞机工业（集团）有限责任公司按照"党政同责、一岗双责、失职追责""管行业必须管安全、管生产必须管安全"的要求，积极跟进，大胆创新安全管理手段，大力开展安全文化建设，并在作业现场管理、隐患排查治理、危险点目视化管理等方面取得了良好的安全绩效。公司构建良好的安全文化，对于公司科研生产持续健康发展有着重要意义，一个良好的安全文化氛围，有助于全体员工从"要我安全"向"我要安全"转变，公司自建业以来也未发生重伤、重大火灾、爆炸和群体职业中毒等事故。公司多次获得航空工业集团公司安全生产先进单位，连续三年获得全国"安康杯"竞赛优胜单位，相继荣获全国职业卫生示范企业、江西省首批"省级健康企业"、全国"安全生产月"活动先进单位、全国青年安全示范岗、全国安全文化建设示范企业等荣誉称号。

公司为全面推进和抓实安全文化建设，一是下发了《企业文化建设工作指导意见》，明确将安全文化作为企业文化的重点建设内容；二是成立了以公司董事长、党委书记为组长，党委副书记、分管安全生产副总经理为副组长，企业文化总监、安全总监、各职能部门负责人为成员的"安全文化示范企业创建"领导小组，全面负责安全文化示范企业创建工作；三是依据安全文化示范企业创建工作标准，制定了《安全文化建设中长期发展规划》《安全文化建设实施方案》，确定了以文化促管理，以管理促安全，促进公司安全发展、和谐发展的工作目标；四是定期召开安委会，对安全文化培育和创建过程中的重要事项进行检查、研究和部署，为安全文化建设工作的稳步推进发挥了组织领导作用。

"有道以统之，法虽少，足以化矣；无道以行之，法虽众，足以乱矣。"对于安全文化建设，说到底是"以人为本、安全第一、遵纪守法、标本兼治"。一是让公司所有职工都铭记和践行公司的安全管理理念，一个企业的企业文化归根到底就是一种信仰，是一种理念，是一个企业赖以生存的灵魂所在，公司积极践行安全文化理念，加强培训教育，确保每一个员工都能理解和践行安全文化的真正含义。安全是一切工作的基础，抛弃安全去谈其他，都是极其不负责任的。习近平总书记强调，发展决不能以牺牲人的生命为代价，这必须作为一条不可逾越的红线。公司牢固树立发展绝不能以危害员工健康安全为代价的红线，绝不能只重发展不顾安全，更不能将其视为无关痛痒的事，搞形式主义、官僚主义。公司始终把职工生命安全和身体健康放在首位，把安全生产责任制落到实处，把关爱关心职工体现在行动上。二是要让管理者，尤其是公司主要负责领导积极行动起来，公司领导积极组织召开安全生产会议，讨论公司重大安全事项，积极参加安全大检查等，而非单纯在安全会议上要求大家必须高度重视安全。公司积极建设大安全体系，大安全体系建设是航空工业集团深入贯彻党的二十大精神，贯彻落实党中央关于各领域安全工作的决策部署和习近平总书记重要指示批示精神，贯彻总体国家安全观的重要任务。公司作为军工央企，始终要与党和国家的战略保持高度一致，做好大安全工作，是我们的政治使命与责任担当。公司按照航空工业集团的统一部署，高度重视大安全体系推进落实工作，多次组织召开党委会、安委会和专题会研究部署大安全体系建设工作，成立领导小组，梳理了 17 个安全领域，明确 10 个责任部门，坚持运用系统思维，统筹推进各领域安全工作，全面构建大安全体系，筑牢高质量发展的基础。三是让员工参与安全管理。新《安全生产法》中，将第 19 条的"安全生产责任制"修改为"全员安全生产责任制"。这一法律条文的修改，提示我们生产安全与参与生产的每个人都息息相关，制定全员生产责任制，为的就是转换安全理念。不断增强"人人都是自己安全生产的第一责任人"意识，全员参与共建安全环境和氛围，鼓励员工发现身边的安全隐患，积极进行安全隐患整改，增强员工主人翁意

识，营造人人关心安全、人人要求安全的良好氛围。只有做好、做细了基层的安全管理，培育好基层安全土壤，才能让企业安全得以保障。

安全工作细致复杂，安全教育任重道远，传导"安全可以控制，安全就是生命"的观念需要不断的努力。文化的建设始于价值观的精心培育，终于价值观的维护、延续和创新。要使公司安全文化建设得以落地，仅靠宣传、培训还远远不够，技安环保部充分利用技安员和现场巡查契机，加大现场巡查力度，深入一线，积极发现、整改作业现场安全隐患，注重员工安全人格的塑造，包括安全责任感、安全意识、安全行为、安全能力。

习近平总书记指出："培育和弘扬核心价值观，有效整合社会意识，是社会系统得以正常运转、社会秩序得以有效维护的重要途径，也是国家治理体系和治理能力的重要方面。"对于企业而言，也是一样的。打造航空工业先进文化力，企业文化是基础，而安全文化是企业文化的根基和重要组成部分。航空工业的精神价值追求就是"航空报国、航空强国"，在这种观念的引领下，航空工业内部目标一致、上下齐心，优秀的文化基因会为企业发展注入发展动能。

文化是客观存在的，它是企业的根基，伴随着时代的变化、市场的冲击、人员的更替，企业可能会变革、转型，但是只要优秀的文化基因还在，企业的灵魂就不会倒，企业的发展就不会停，企业就能从企业文化里汲取源源不断的能力。打造先进文化力，也就是打造企业的先进生产力。先进文化能聚拢人心，伴随着建设航天强国的号角声，一架架大国重器呼啸而出，在华夏大地奏响了新时代的大国航天强音。打造先进文化力是建设新时代航天强国的一项重要课题，是促进内部协同形成合力，加深外部合作实现共赢的必然要求，每一位航空人需要肩负责任、久久为功，助力航空工业实现高质量发展，为建设新时代航天强国而不懈奋斗。

核电项目施工人员安全行为
文化建设的实践探究

中国核工业二三建设有限公司　郑钱伟　张　赞　刘盖福　申雅琦　梁旭峰

摘　要： 企业安全文化建设中尤其需要突出安全行为文化的建设，而在核电项目的安全行为文化建设中，尤其需要重视处于建设施工系统中心地位的"人"的因素。在核电建设项目中，人的行为对事故的发生和发展起着至关重要的作用。本文主要结合 HFACS 模型在核电建设项目中的实际应用，从安全理念树立、安全与生产的关系梳理、安全意识培育、组织管理、安全管理工具化应用五方面着手，对核电建设项目施工人员的安全行为分析和管控进行探索和研究，为加强核电建设项目施工人员安全行为文化建设提供指导和借鉴。

关键词： 核电建设项目；安全行为文化；安全行为分析和管控；HFACS 模型

一、核电建设项目的安全行为文化的内涵

安全文化是个人和群体的价值观念、态度、能力和行为方式的产物。不同的组织类型由于其不同的安全要求和生产特点而产生不同的安全文化。安全行为文化是安全文化研究的重要内容之一。为了发展好安全行为文化，需要研究安全行为的规律，以有效指导安全行为文化的建设。

核电建设项目安全行为文化的研究，是从复杂纷纭的现象中揭示人的安全行为规律，以便有效地预测和控制人的不安全行为，本文通过引入 HFACS 模型（人因分析与分类系统），并结合其在核电建设项目上的应用和实践，进行核电建设项目施工人员安全行为分析和管控的研究。

二、安全行为文化建设的背景、现状以及面临的困境

（一）背景

人员安全行为是现代企业安全文化建设中的一个重要方面，行为安全管理理论显示造成伤害出现的因素中，有 96% 是由人的不安全行为引发，欧美国家安全生产的各类调查研究数据表明近 90% 的安全事件是由人的不安全行为导致，而我国数据统计显示全国近 80% 的安全生产事故是由人因引起，因此，人员安全行为管理成了企业提升安全文化建设水平的一项重点和难点工作。

（二）现状

当前，我国各类企业逐步加大安全资源投入力度，开展安全生产标准化建设、双重预防机制建设、安全生产专项整治三年行动等活动，安全管理体系水平持续提升，本质安全观念深入人心，安全生产成效显著，形势逐年好转，但安全生产工作仍出现根底薄弱的问题，尤其是安全行为文化建设方面仍存在进步空间。

（三）安全行为文化建设面临的困境

目前，对项目人员安全行为方面的管理与分析主要集中在隐患类别分析（表1）、趋势分析统计（图1）、安全问题调查，以及延伸至"安全红线"、"十大逆反心理"等方面的应用，虽然取得了良好的效果，但对施工人员安全行为分析管控的研究相对较少，不利于安全行为文化建设。

表 1　安全环保隐患分类标准（不安全行为）

一级分类	二级分类	示例
人的不安全行为	违章指挥	违章指挥、强令他人冒险作业等
	违规操作	未按施工方案施工，未按操作规程操作机械设备（含特种设备）、施工机具，无资质操作特种设备，无证驾驶，违规驾驶车辆等

续表

一级分类	二级分类	示例
人的不安全行为	违规拆除	违规拆除孔洞临边防护、脚手架、施工机具及机械设备等防护设施或临时拆除防护设施后未及时恢复等
	违规攀爬	违规攀爬或翻越梯子、脚手架、护栏、围栏、钢筋墙或现场物项等
	高处作业	高处作业无合格作业平台，高处作业未佩戴安全帽、安全带未系挂、工机具/材料无防坠落措施等
	个人防护	不佩戴或不正确佩戴安全帽、安全鞋、安全带、工作服、反光背心、护目镜、口罩、手套等劳动防护用品
	冒险作业	无资质进行特种作业，未经安全技术交底开展作业，明知存在事故隐患仍要冒险作业，擅闯警戒区域，强行使用蛮力作业，使用蛮力搬运物品，使用明知不合格或存在缺陷的工机具、设备设施、脚手架等
	状态异常	心理异常，注意力行为分散，超负荷作业，带病作业，从事禁忌作业等
	其他（人）	违规携带火种进入现场，违章吸烟，随地大小便，场区内吃东西等

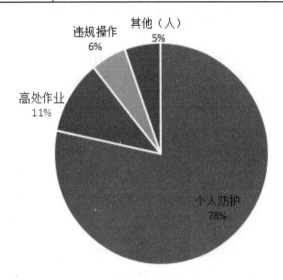

图 1　人的不安全行为统计分析图

　　为了进一步提升安全行为文化建设，加强人员安全行为管理，分析人员行为管理过程中的实际问题和背后的管理问题，项目部开展了员工不安全行为分析与管控研究，不断完善人员安全行为安全文化建设。

　　三、核电建设项目施工人员安全行为分析

　　通过引入 HFACS 模型，结合其在核电建设项目上的实践，对核电建设项目施工人员安全行为分析和管控进行研究。

　　（一）HFACS 模型简介

　　HFACS 模型是在 Reason 的事故致因模型基础上提出的一种综合性的人的失误分析方法，其定义了不安全行为、不安全行为的前提条件、不安全监督和组织影响等四个方面，如图 2 所示。

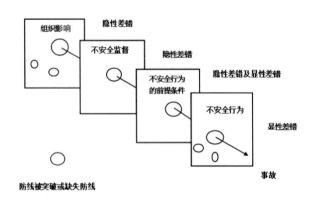

图 2　不安全行为分析模型

　　同时该模型系统又对四个方面的相关要素进行了进一步的细分，以便对不安全行为发生的根源做进一步的分析和追溯，如图 3 所示。该模型能够在一定程度上将隐性的因素予以显性化处理，使得我们对人因问题有更为直观的认识,帮助我们加强对　　人员安全行为的管控。

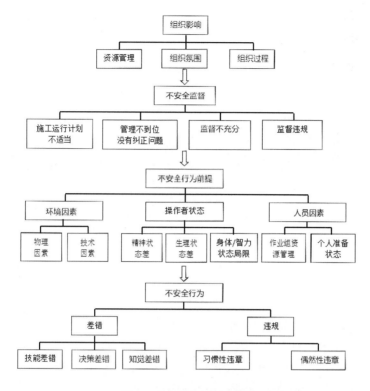

图3　不安全行为组成要素

（二）人员安全行为数据分析

通过对某项目2021年1月至2022年3月发生的633起典型违章事故进行统计分析,依据HFACS模型对样本数据不安全行为组成要素出现频次进行分析,对各层级要素开展累计统计分析,如图4、图5、图6所示。

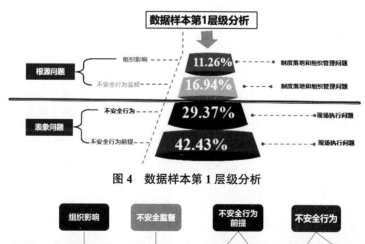

图4　数据样本第1层级分析

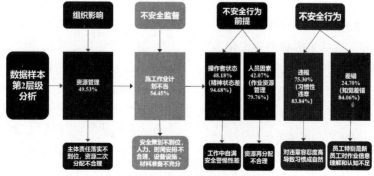

图5　数据样本第2层级分析

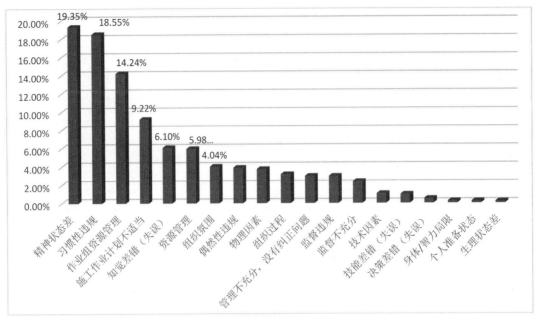

图 6　数据样本第 3 层级分析

根据数据样本第 3 层级要素分析得出的结论，与数据样本第 2 层级和第 1 层级分析得出的结论趋于一致。四个方面问题的占比基本呈现出金字塔形结构，反映出项目在安全体系和组织管理框架方面相对完善，但制度落地执行过程和组织管理过程还存在一定程度的不足，这与我们对核电建设行业安全状况的认识基本吻合。

（三）人员不安全行为重要影响因素分析

违规类行为占不安全行为的 75.6%，非故意之外的不安全行为（违规及组织管理）总占比 92.74%，决定了我们人员行为管理所能到达的下限。

"不安全行为的前提条件"（42.43%）是"不安全行为"（29.37%）的 1.44 倍。跟组织和计划、资源直接相关的（总占比 29.01%），跟人员行为状况直接相关的（总占比 44.20%）分别为 1、2、5 三项，近似 1∶1.5。

根据以上数据进行分析，将影响人员不安全行为的重要因素归结为以下几方面。

1. 组织行为学以及人因管理等研究结论

根据组织行为学和人因管理等相关理论得出，个人行为受到组织管理过程和价值观的影响。

2. 心理学结论

为了获得群体的认同，个体愿意抛弃是非，用智商去换取那份让人倍感安全的归属感。

3. 人员不安全行为问题的根源问题

在安全生产过程中人员不安全行为问题，很大程

度上体现了个人安全理性遵从于组织的安全决策和管理。个人性违章、偶然性违章、即时性违章，可以通过现场安全监督来纠正，但组织性违章、习惯性违章、滞后性违章，很难通过现场安全监督来根治。

引用人因管理的研究结论"用纠正的方法对付事件要付出的代价是预防方法的 10 倍！"因此，我们应高度重视组织性违章、习惯性违章、滞后性违章，制定针对性措施进行改进提升，以此来优化安全行为文化建设措施。

四、核电建设项目安全行为文化的构建

结合对人员不安全行为重要影响因素的分析结果，以及安全心理、安全意识、组织行为等方面的因素，提出人员安全行为管控的思路和措施。

（一）认清风险演变规律，坚决树立安全理念

在风险演变控制过程中，措施产生的安全改进是一种算术级数变化，有限的行动对应有限的提升效果，而失控的后果却可能呈几何级数变化，难以估量。要实现预定安全目标，就必须采取可量化安全努力和行动措施来保障，即"你将达到的卓越安全水平取决于你展示你愿望的行动"。要建立安全发展的思维和信心，坚决杜绝任何的犹疑，坚决打击"把生产和安全当作二选一""把安全当作制约生产的包袱"等奇思怪想，让安全成为改革发展的压舱石和助推器。

（二）理顺安全与生产的关系

认知决定行为，梳理安全与发展的正确关系，消

除安全和生产割裂、对立关系的认知，是解决安全管理存在"上热下冷"问题的根本前提，下面就核电建设实际安全数据来梳理和分析安全与生产的关系。

通过对项目部 2021 年 8 月至 2022 年 2 月 15 个班组点值和隐患趋势进行分析，结果显示，半年期间 75 个趋势样本中，共 50 个样本呈"正向趋势"区间，

占比 66.67%；25 个样本呈"逆向趋势"区间，占比 33.33%。近三分之二的班组点值产出跟其安全水平成正向趋势，即隐患越少，安全文明施工水平越高，点值产出也就越高；反之，隐患越多，安全文明施工水平越低，点值产出也就越低，如图 7 所示。

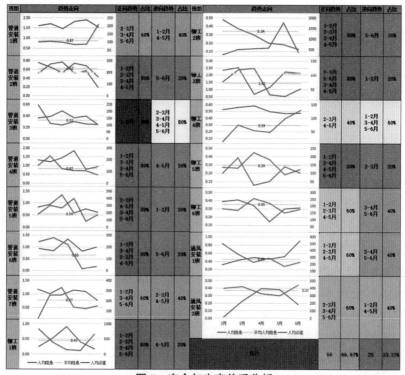

图 7 安全与生产关系分析

上述数据表明，安全和生产是相互促进作用，而非制约作用。因此，我们要以生产推动安全管理提升，以安全管理来促进生产效能改善。

（三）系统开展安全意识培育

通过科尔伯格的道德三水平理论模式的有关概念来分析和诠释安全意识发展阶段和水平，促进安全意识的培育和提升。安全意识分析表如表 2 所示。

表 2 安全意识分析表

意识水平	前习俗水平：外在意识阶段		习俗水平：内在意识阶段		后习俗水平：原则意识阶段	
发展阶段及意识特征	惩罚与服从取向：只从表面看行为后果的好坏，盲目服从权威，旨在逃避惩罚	相对功利取向：只按行为后果带来的需求的满足以判断行为的好坏	寻求安全认可取向：寻求别人认可，凡事成人赞赏的，自己就认为是对的	遵守法规取向：遵守社会规范，认定规范中所定的事项是不能改变的	社会法制取向：谅解行为规范是为维持社会秩序而经大众同意所建立的，同时认识到大众共识社会规范是可以改变的	普遍伦理取向：判断是以个人的伦理观念为基础，个人的伦理观念用于判断是非时，具有一致性与普遍性
对应人群	1. 安全意识未固化、意识缺乏的新员工。2. 安全意识低下、"随波逐流"的老员工。需要重点去管控、培育、引导	1."一知半解"、"半瓶水"的"老员工"。2."经验主义"的"老员工"。需要重点去管控、摘译、引导、并将隐性不良意识作显性处理	希望得到尊重和认可的员工，需要继续引导和塑造	认同安全文化，遵章守规的员工需提供良好的安全文化氛围	对安全理念有深刻认识，并能良好地去实践安全文化的员工，需要提供正激励的环境和平台，树立榜样、发挥引导作用	对安全理念有独特见解和认知，严格自律且高于一般安全要求，需要提供正向激励的环境和平台，树立榜样、发挥引导作用

对不同意识水平阶段、不同人员采取相对应的管控措施和方法，尤其是对关键岗位人员要重点预防和干预其不良心理出现，结合施工阶段及安全趋势积极开展教育性的培训，过程中通过对正向行为进行强化（奖励）和不良行为进行弱化（批评）的手段来不断促进员工安全意识的培育，以提升员工安全意识，让安全行为成为员工下意识的动作，而对项目整体而言，安全意识培养和提升必须建立在严格的安全监督以及持续性教育培训基础之上。

（四）组织管理细化落地

1. 加强组织管理，实施精细化施工管理

推动安全领导力建设，通过安全大讲堂、领导带班、领导走访班组交流谈心、领导现场安全观察等不断提升现场组织管理，强化精益施工、流水化施工，夯实安全管理基础，以安全生产标准化为核心，以主体责任落实为根本，以各项本质化安全技术推进为抓手，通过各项本质化安全技术推广，以工程管理和安全监督为主体双向推进，以业务主管部门为重点，提升组织整体的安全管理力度。

2. 重视非正式组织在安全管理中的作用

把非正式组织作为安全舆论阵地和行动枢纽牢牢掌握。加强穿透式安全培训，通过开展班长月度安全培训及沟通交流，组织工程、技术、物资、各施工队经理和生产主任进行月度安全培训及沟通交流，组织开展中层及以上人员周安全培训活动，将安全培训始终贯穿各管理层级，直面一线，解决班组"执行难"的问题，并对安全问题背后的管理原因进行交流和剖析，解决相关部门"落实难"的问题。

（五）安全管理工具应用

实施推广安全管理工具，促进和提升人员安全行为的管理。

1. 安全智慧化管理的实施

实施建筑信息模型（BIM）与安全融合（图8），结合标准化施工、流水化作业要求，建立施工区域模型，对安全重点部位、重点区域（孔洞、受限空间）进行预先识别、过程管控，针对大件吊装等施工，采用"三维测量＋BIM技术"，通过三维扫描、逻辑施工分析模拟、动画模拟进行点云数据处理、BIM建模，对关键工序进行施工安全技术交底，提前对施工各项关键点以及存在的风险进行辨识，制定专项控制措施，实施精准就位，提高吊装的安全性。

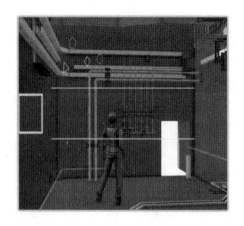

图 8　BIM 与安全管理融合

在通过动画视频的形式将经验反馈案例进行还原，并将之融合在安全交底、安全培训中，向员工直观地还原事故发生的经过，从而让员工更易理解和接受。同时可以通过 VR 体验让员工对作业场景和各类事故场景进行亲身体验，能够对安全生产有一个更为直观的认知，如图 9 所示。

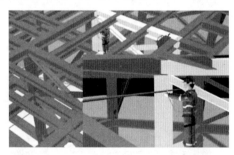

图 9　视频和 VR 体验

2. 安全行为观察

安全行为观察指通过观察工作环境，客观记录工作环境及人员作业状态，报告安全隐患或纠正现场违章作业和未遂行为的工具，对发现不安全现象进行必要的干预和纠正，可以有效地控制和消除不安全行为的产生。

3. 防人因失误工具使用

防人因失误工具是一种能帮助员工减少工作中意外事件的工作方式，能有效预防差错的发生，目前建设过程中实施的防人因失误工具主要包括"使用和遵守程序""质疑的态度和确定时暂停""工前会""两分钟检查"等有十余类，通过分析具体工具，确定运用对象、时间、场景，结合具体施工解决重点人因问题，可以有效地降低人员操作失误概率。

4. 正向激励导向

通过安全积分奖励（图10）等正向强化手段对员工安全行为进行引导和规范，树立先进榜样，不断营造正向激励的安全文化氛围，进一步提高员工安全工作的积极性。

图 10 安全积分奖励

五、结论

（一）明确人员安全行为管控指标

通过 HS 模型对数据进行分析，我们可以得出不安全行为的类别，并找出不安全行为中的深层次问题。结合某项目数据结论，我们认为应通过以下两方面来提高安全行为文化建设水平。一是控制违规类不安全行为问题的数量；二是组织性违章、习惯性违章、滞后性违章与违规类不安全行为问题的比例不能超过 1：1。

（二）优化安全行为文化建设措施

根据人员行为分析情况，掌握本单位安全管理、安全文化的管控情况，并按照模型所指明的方向改进，有针对性地强弱项、补短板，能够激发本单位的管理潜能。以问题为导向，可以采取相对应的控制和改善措施，为人员安全行为文化建设提供了一种行之有效的系统方法。

本文为推动提升核电建设项目施工人员安全行为文化建设提供了一个有效的途径，对人员安全行为管理有较好的指导作用和借鉴意义。

参考文献

[1] 符志民. 不安全行为管理——安全生产隐患治理和风险防范抓手 [M]. 北京：中国宇航出版社，2020.

[2] 邵辉，邵小晗. 安全心理学 [M]. 北京：化学工业出版社，2018.

[3] 崔政斌，张美元，周礼庆. 杜邦安全管理 [M]. 北京：化学工业出版社，2012.

[4] 斯蒂芬，罗宾斯. 组织行为学 [M]. 孙健敏，李原，黄小勇，译. 北京：中国人民大学出版社，2021.

[5] 曲景浩. HFACS 模型的事例分析 [J]. 工程管理前沿，2020，(7):24-28.

[6] 温文富. 矿山企业员工安全行为习惯养成的实践探究 [J]. 安全与健康，2023，(04):65-70.

以安全管理创新为基点
全面提升企业核心竞争力

晋能控股煤业集团电业大同有限公司 刘 今 马立乾 马英杰 李晨阳 刘日晓

摘 要： 电网企业，安全为天。晋能控股煤业集团电业大同有限公司（以下简称电业大同有限公司）作为一个集输变电、职能管理、多种经营于一体，承担着晋能控股煤业集团本部直属直管31座生产矿井、居民生活供电任务的电网企业，面对安全工作的长期性、艰巨性和复杂性，要求必须把安全工作摆在重中之重的位置。现代企业的安全管理工作需要向精细化管理转变，向流程化、制度化、标准化转变，按照标准要求去理性地开展工作。如何将安全工作做得严、抓得细、要求得具体、落实到最基层，不仅要靠区队强化管理，还要依靠基层组织自身的机能去修复运作，才能起到实效，这也是打通安全管理"最后一公里"、突破安全管理"肠梗阻"、解决"上热下冷"式安全管理被动局面的有效措施。为此，电业大同有限公司在安全管理方面创造性地提出"六强一化"班组建设管理考核办法，经过实践检验，最终实现安全管理由"被动式"向"主动式"转变。

关键词： 安全文化建设；创新；实践

在安全生产管理上，我们要打破传统的管理模式和运行机制。坚持与时俱进，开拓创新，转变工作思路，创新管理模式，逐步形成"以人本管理"为中心，以法律制度为基础，以事故防范为目标，以自我约束为主体，以科技进步和管理方式现代化为手段，以强化宣传教育、提高职工素质为保障，以遏制安全事故的发生为重点，以不断健全和完善监督管理机制为关键的现代安全生产管理模式。

一、安全管理创新思想产生的背景

电业大同有限公司作为晋控集团下属子公司，面对晋能控股集团有限公司合并整改这种百年难遇的历史拐点，经过慎重考虑及研判，从安全管理创新方面入手，顺应集团公司整改大势，利用好管理创新的"武器"，全面提升企业核心竞争力。

安全管理创新是企业发展的基石。作为一家为煤矿供电的企业，电业大同有限公司对于安全有着自己独到、深刻的理解。矿井属于供电一类负荷，一类负荷指因突然中断供电，可能造成人身伤亡或重大设备损坏。例如，矿井的主通风设备一旦停电，可能导致瓦斯爆炸及井下人身伤亡等重大事故。因此，公司想要在历史级机遇面前谋求大发展，必须保安全，没有安全，一切都无从谈起。公司有一段时间

由于安全管理引发的问题耗费了太多精力，每月经理处理安全工作内容的占比几乎都超过了90%，如果按照这样的形势发展，公司有何自信去谈快速发展？以此为起点，公司领导层经过多次研判，创新性地提出"六强一化"班组建设理念，强化公司的安全管理。经过一段时间的执行，效果斐然，该项创新性安全管理方案，为公司的快速发展提供一个平稳、安定的发展环境。

二、安全管理创新思想的基本内涵

班组是公司生产、经营、管理的基本单元，做好班组建设工作意义重大。班组的工作安全、工作质量、工作水平、工作绩效直接影响着公司的建设和发展。目前，电业大同有限公司已步入全新的发展时期，在这个公司发展的历史转折点上提出"六强一化"班组建设理念，本质就是在原有安全管理上增加"双保险"。电业大同有限公司未来的高速发展，需要有高素质的员工队伍作为支撑，而班组是公司管理的基础，班组又是员工从事生产、作业的基本场所，是公司培育高素质员工队伍的第一课堂。由此可见，紧抓班组建设工作已经成为公司未来发展的关键着力点。

现代企业的管理理念，已经进入人本管理、知

识管理的新经济时代,也就是以软约束为主的文化管理时代。提出"六强一化"班组建设要求,就是要加强刚性管理,严制度、上标准、严规章、上水平,确保班组管理有序可控。同时实施人本管理,增大管理的亲和力、凝聚力,激发人的热情和潜能,为员工施展才华、实现个人价值搭建舞台,培养自信、自立、自律的新时代企业员工。

三、安全管理创新的主要做法及创新点

班组作为单位保证生产安全的第一道防线,其作用举足轻重,如果在班组建设的过程中出现问题,那么后果不堪设想。多年的一线工作经历,周而复始的工作任务,可能会使班组成员的工作热情渐渐熄灭,如何保持积极的工作态度以及饱满的工作热情确实是个难题。如果不能正确引导班组成员建立一种积极健康的工作氛围,那么就是安全管理上的一种失败。这种安全管理上的失败最终导致的就是公司整体安全态势的滑坡,甚至崩塌。由此我公司开创性地提出了"六强一化"(即"安全强""纪律强""学习强""技能强""节约强""创新强""准军事化")班组建设管理办法,同时配套制定考核制度,在根本上强化班组管理,打好公司安全基础。

可见,我公司安全管理的主要创新点体现在基层班组安全管理和量化考核上。通过对基层班组管理的细化及考核,公司班组建设制度更加规范,实现班组工作内容指标化、工作要求标准化、工作步骤程序化、工作考核数据化、工作管理系统化;班组长和员工队伍整体素质普遍提高,把班组长培养成为政治强、技术精、会管理的基层管理者,把班组员工培育成为具有一流职业素养、一流业务技能、一流工作作风、一流岗位业绩的劳动者;班组的战斗堡垒作用得到充分发挥,在企业生产经营中的基础地位进一步巩固。

通过创建"六强一化"班组考核体系,到2022年,实现50%的班组在创建"六强"标杆班组的基础上,建成一批标准化班组;100%的班组建成达标班组,争创一批集团公司红旗、标杆班组、建设电业公司品牌班组影响力并逐步增大。

(一)为班组自主管理营造好的"安全文化氛围"

(1)积极运用现代化管理方法和先进的安全管理模式,不断改革创新班组安全管理。以"红旗班组""安全卫士"等活动为平台,创建班组安全文化氛围。通过活动调动班组成员参与安全管理的积极

性,将班组开展岗位练兵和标准化操作、危险预知训练等纳入评比内容,并加大其在班组评先评优中的权重,引导岗位职工全身心地把精力投入提高操作技能和按规矩工作上来,重在营造、创建出学习型班组。认真组织开展标准化流程、风险预警、事故案例等内容的学习活动,通过学习,班组成员结合各自岗位职责和实际工作,实现公司的安全理念和发展愿景。

(2)发动班组长、技术员组织加强对本班的技术培训工作。培训要贴切实际,遵循从实际中来,到实际中去的原则,坚持把岗位标准、需求与班组成员的成长有机结合起来,使培训、学习更加有针对性。营造良好的班组文化氛围。为班组提供实用的安全培训、教育资料,班组成员通过学习掌握关键性的技术及专业常识,在作业时具有标准的判别能力。

(3)班组是安全管理的基石,要夯实它,得靠制度来稳固,班组要制定翔实可行的自主管理制度,如《班组纪律管理办法》《班组值守制度》《班组安全自主管理考核制度》等。通过制度约束考核,激发班组自主管理的积极性、主动性、创造性,为安全管理重心下移到班组创造条件,实现员工的观念、态度等深层次因素的强化、转变,利用教育、宣传、奖惩等手段,不断提高员工的安全素质,改进其安全意识和行为,从而使员工从被动地服从安全管理制度,转变成自觉主动地按安全标准的要求去执行工作。实现"要我安全"到"我要安全"的转变,逐步形成了一种"安全生产,人人有责"的安全管理文化氛围。

(二)夯实班组的日常管理

(1)让员工逐步养成好的行为规范。采用军事化管理,所有班组开工前组织班前会,进行列队、报数、宣誓、安全交底、安全措施提问等工作,班前会结束后,由班长带领排队进入现场。让组员养成良好习惯,其精神面貌会有明显改善。为规范人的作业行为和安全生产奠定良好的基础。促使职工在作业过程中能够严格按标准、规程操作。做到上标准岗、干标准活,扭转作业中的随意性。杜绝操作中存在习惯性违章。

(2)岗位练兵等班组安全活动,不能只写在纸上,要真正落实到行动上,否则是达不到应有的效果。将辨识、练兵、活动、实操考核的结果及时转

化在标准及行动上，就可以解决理论与实际存在脱节现象，起到班组安全活动的真正效果和作用。

（三）班组自主考核制度建设

（1）安全工作时时查、处处查、人人查是搞好班组安全管理的实用方法。通过人人查、时时查，及时地发现隐患和违章行为。对隐患、违章行为针对性地采取有效的措施，并及时地整改。自查自纠就是要加强现场检查工作，在检查的过程中对违章人员一视同仁。严格管理、严肃考核。使周围的人员受到相应的教育和启发。

班组长对违章的处理可根据本班的安全管理制度考核执行。班组对查出的一般性违章，第一次对其批评教育，在班组安全会上进行讨论分析，看班组中其他成员有无类似违章违制行为，探讨如何来杜绝这类违章问题，第二次对其经济处罚，第三次按相关《安全处罚条例》进行严厉的处理，以儆效尤。

（2）班组日常任务要分工负责，责任到人，班组根据自身特点进行细致的划分，做到人人身上有责任、有任务、有指标。除了日常生产任务，班组成员学习培训情况、劳动纪律等都可以进行班组自主考核。

（四）班组培训教育考核体系建立

（1）工区制订培训计划，班组严格开展日常培训。班组长、技术员作为基层管理者，针对员工操作中出现的问题，随时随地讲解，纠正问题，发挥好标兵示范带动作用。运用好标准化操作竞赛、技术比武等活动，通过师带徒、多媒体讲解、实物讲解、示范作业等手段，不断提高员工的认知水平和操作技能。

（2）培训内容应贴近实际。需要哪方面的专业技术，就培训哪个方面的专业技术，增强培训效果，

班组长要做到心中有数，及时进行统计、分析。结合班组实际开展，针对常见的违章类别、班组作业活动存在的危险因素和应知应会内容，反复地进行培训，让班组培训有针对性，能形成闭环，对班组培训后，及时组织进行考试检验。对成绩优异者奖，对成绩不合格者罚，以此刺激员工自主学习的动力。

（五）班组创新管理

（1）将 QC 与六西格玛管理模式引入并应用到班组安全管理工作中。电业在同有限公司提出安全工作的新思想和新方法，按照 PDCA 循环模式，开展班组安全管理，例如，在提高标准化执行率、提高安全培训绩效等方面组织并进行 QC 活动小组攻关，可有效地规范组员标准化作业。将六西格玛 DMAIC 管理过程，创新性地应用到安全管理中，可提高安全管理水平，推动班组安全管理，有效遏制各类事故的发生。

（2）制定标准化流程作业指导书，风险预警通知单等有实际效果的实质性规章制度。有效提高班组成员对突发事件的应急能力，确保应急及紧急状态下的安全。通过量化打分、数据分析、绩效考评、跟踪整改等手段，促进班组安全自主管理水平的提高。

自从公司提出"六强一化"班组安全管理建设的理念至今，效果显著，各班组经常自己动手解决生产和设备中存在的安全隐患，消除不安全因素，员工对物的不安全状态的识别和认识进一步提升，进而自觉地改善工作条件和工作环境，主动创造良好的安全作业场所，间接减少了设备隐患及其他不利于职工安全健康的事故发生，增强了员工的主人翁责任感和班组的凝聚力，这也促使公司的安全管理工作稳步向前发展。

承包商与企业安全文化融合的优化分析

国投新疆罗布泊钾盐有限责任公司　姜瑞基　李　强

摘　要： 在当今社会，企业安全文化的建设和承包商的安全管理成为促进企业可持续发展的重要因素。然而，由于承包商与企业之间存在着独立经营和管理的特点，安全文化融合仍然面临挑战。本文主要探讨了承包商与企业安全文化融合的重要性和优化路径。首先，安全文化融合对于促进全员安全意识、构筑合作共赢的安全防线以及提升企业社会形象与品牌价值具有重要意义。其次，从建立共同价值观和目标体系、加强沟通与合作机制、共同制定安全标准和规范以及加强安全监督和评估机制四个方面提出了优化融合的具体路径。通过共同努力，企业与承包商可以实现资源共享、风险共担，共同推动安全文化的不断深化和完善，为企业的可持续发展提供坚实保障。

关键词： 承包商；安全文化；融合

一、引言

在当前全球经济竞争日趋激烈的背景下，安全生产问题日益受到社会各界的重视。企业作为经济社会的重要组成部分，安全生产管理是企业可持续发展的重要保障。而承包商作为企业生产过程中的重要参与者，其安全管理水平直接影响着企业的安全风险。因此，承包商与企业安全文化的融合成为当前研究的焦点。在这样的背景下，优化承包商与企业安全文化融合显得尤为重要。首先，通过深入研究承包商与企业各自的安全文化现状，找出存在的问题和不足，为优化融合提供科学依据。其次，探索有效的融合路径和模式，发挥各自的优势，形成合力，实现安全管理的高效运作。同时，借鉴国内外企业的成功经验，提炼适合自身发展的安全文化融合策略，推动企业安全管理水平的不断提升。另外，鼓励开展跨部门、跨行业的交流与合作，促进不同企业之间的共建共享，形成共同推进安全文化的良好局面。通过多方参与，凝聚更多资源和智慧，形成企业间安全文化的合力，推动安全管理的整体水平不断提高。

二、承包商与企业安全文化融合的重要性

（一）促进全员安全意识提升

在安全文化融合的氛围下，承包商和企业员工都能够深刻认识到安全对于企业和个人的重要性，将安全视为首要任务。通过共同的安全教育和培训，承包商和企业员工能够深入了解安全风险和隐患，掌握应对安全事故的方法和技能。全员安全意识的形成将有效减少事故发生的可能性，提高应急响应的效率，为企业的可持续发展提供坚实保障。承包商和企业员工在安全文化融合中能够相互学习和借鉴，共同提高安全素养。企业已经形成的安全文化可以为承包商提供宝贵的经验和教训，帮助其更好地适应企业的安全管理体系。同时，承包商作为外部参与者，也能够带来新的思维和理念，推动企业安全文化不断创新和完善。它们的共同努力将构建一个以安全为核心的企业文化，让每位员工都成为安全生产的守护者和传播者。此外，安全文化融合还能加强企业内外部合作和沟通。通过与承包商的安全文化融合，企业可以更好地了解承包商的安全管理情况，对其进行指导和支持，确保其在企业生产过程中能够遵循相同的安全标准。承包商也能够更好地融入企业的安全体系，积极参与安全管理，形成合力应对安全风险。这种内外部的合作和沟通，不仅提高了安全管理的效率，也增强了企业的凝聚力和提高了企业的竞争力。

（二）合作共赢构筑安全防线

安全文化融合有助于承包商与企业之间建立起合作共赢的伙伴关系，共同构筑安全防线。通过深入沟通与合作，企业与承包商能够充分了解彼此的需求和资源优势，形成资源共享的合作模式。承包商作为企业生产链上的重要环节，其安全管理水平直接影响着整个企业的安全风险。通过共同制定安

全标准和规范，合作解决安全问题，共同承担安全风险，企业和承包商将形成紧密的利益共同体，构筑起全方位、多层次的安全防线。在安全文化融合的过程中，企业与承包商将共同参与安全管理和风险防范。企业可以向承包商提供安全技术、培训和资源支持，帮助其提升安全管理水平。承包商则能够根据自身专业特长和经验，为企业的安全防线增添新的补充和创新。通过合作共赢，企业和承包商共同承担安全责任，共同推动安全文化的发展和完善。此外，合作共赢的安全文化融合还能够增强企业的社会形象和声誉。当企业与承包商共同致力于安全管理和风险防范时，表现出的责任感和担当精神将受到社会的认可和赞赏。这将有助于增强企业的社会声誉，吸引更多的合作伙伴和客户，推动企业的可持续发展。

（三）提升企业社会形象与品牌价值

在现代社会，安全成为企业可持续发展的硬指标之一。企业若能与承包商共同树立安全至上的企业形象，展现出良好的安全生产管理和责任意识，将会赢得公众的认可和信任。相反，若因安全事故导致企业声誉受损，不仅会影响客户和投资者的信心，还可能带来法律责任和经济损失。通过与承包商共同营造安全文化，企业将在市场竞争中拥有更大的优势，提高品牌价值和市场份额，从而实现可持续发展。在现代社会，企业的社会形象和品牌价值对于企业的发展至关重要。公众对企业的信任和认可，直接影响着企业的声誉和市场竞争力。而安全作为一个重要的社会责任和企业经营管理的基石，成了评判企业的一项重要指标。通过与承包商共同推进安全文化融合，企业能够在外部树立起积极的安全形象。公众会认识到企业在安全管理上的用心和努力，对企业产生信任感。这种信任感将转化为客户对企业产品和服务的认可和选择，为企业赢得更多的市场份额。

三、承包商与企业安全文化融合的优化路径

（一）建立共同价值观和目标体系

要实现承包商与企业安全文化的融合，首先需要建立共同的价值观和目标体系。企业和承包商应共同明确安全在业务发展中的重要性，将安全纳入企业发展战略的核心位置。双方需确立共同的安全文化价值观，将"安全至上"作为共同信条，并将安全作为企业和承包商所有员工的共同责任。通过共

同价值观的确立，可以增强双方的安全意识，形成共同的行动目标，为安全文化融合打下坚实基础。为积极推动"先行工程促融合，结对共建保安全"活动，多举措促党建与安全生产融合，搭建领导干部与承包商安全包保、党支部和车间（科室）与承包商开展结对帮扶的"三位一体"工作模式，打破部门、企业界限，创新方式方法，形成对承包商齐抓共管合力，促进安全管理"传、帮、带"，有效解决承包商安全管理"宽、松、软"的问题，改善承包商安全生产工作中的薄弱环节，提升承包商自主管理水平。

（二）加强沟通与合作机制

沟通与合作是推动安全文化融合的关键。企业和承包商应建立起高效的沟通渠道和合作机制，定期召开联席会议或座谈会，通过走访调研、征求承包商员工意见、建议，了解掌握承包商各方面工作的进展情况，找准问题原因和发展瓶颈，共同讨论安全管理经验和问题，共同制定解决方案。发挥党支部党员领导干部的表率作用，建立日常联络机制，依托党支部党员固定日、党小组学习日等形式，适时开展共建活动，主动带领承包商学习安全相关知识，开展安全宣讲活动，善于发现和及时制止"三违行为"，积极探索组织联建、党员互动、工作互助、经验互鉴、资源共享、共同进步的党建发展途径，及时总结共建工作的实际成效和好的经验做法，将党建成果转化为生产力、助推承包商管理的新思路新方法，达到党建工作基础更扎实、党组织战斗堡垒作用更明显、党员先锋模范作用更突出的效果，共建双方优势互补、融合互动、协调发展的机制，逐步提高承包商人员的安全管理能力，形成合作共赢的格局。

（三）共同制定安全标准和规范

共同制定安全标准和规范是承包商与企业安全文化融合的重要环节，其重要性体现在多个方面。为了实现安全文化的融合，企业和承包商需要共同制定一套适用于双方的安全标准和规范。这些标准和规范应包含安全管理的各个方面，如安全培训、事故预防、应急响应等。双方应通过对比自身的安全管理体系，充分吸收对方的优势经验，形成一套符合实际情况的安全标准体系。各级领导和管理人员要以身作则，带头遵守这些标准和规范，通过共同遵守标准和规范，可以保障双方在业务合作中的安全和可持续发展，降低安全事故的发生风险，提高企

业和承包商的安全绩效。因此，共同制定安全标准和规范是促进承包商与企业安全文化融合的关键一步，必将为双方的共同发展带来巨大的推动力量。

（四）加强安全监督和评估机制

安全监督和评估机制是确保安全文化融合顺利推进的重要手段。企业应建立完善的安全监督和评估机制，评价等级从高到低可分为 A、B、C、D 四级。评价方法应坚持公正、科学、公平和审慎的原则，客观评价各承包商安全履约情况，对承包商的安全管理进行定期检查和季度评估。同等条件下，在项目招标过程中，对连续被评选为 A 级的承包商给予优先选择权；在一个年度周期内考评为两个 D 级（其中两个 C 级等于一个 D 级）将列入"黑名单"承包商，"黑名单"承包商合同结束后 1 年以内失去参加公司各类项目招标资格，"黑名单"承包商主要负责人和相关管理人员在黑名单期限内，不得在承接公司其他项目的承包商中任职。同时，企业自身的安全管理也应接受承包商的监督和评估，双方共同促进安全管理水平的不断提升。

四、结语

在企业安全文化的融合过程中，承包商与企业共同努力，形成了共同价值观和目标体系，建立了合作共赢的伙伴关系，提升了企业的社会形象和品牌价值。通过加强沟通与合作机制，共同制定安全标准和规范，以及加强安全监督和评估机制，双方共同构筑了安全防线，实现了全员安全意识的提升。这种安全文化的融合不仅促进了企业和承包商的共同发展，也为企业的可持续发展提供了坚实保障。在未来的发展中，双方应继续加强合作，不断优化安全管理，共同推动企业安全文化不断深化和完善，实现更加安全、稳定和可持续的发展。

参考文献

［1］杨浩 . 浅谈如何做好企业安全生产工作 [J]. 现代职业安全，2023, (05):91-93.

［2］王明 . 浅谈电力行业外委承包商安全管理 [J]. 中国设备工程，2023, (03):40-42.

［3］曹勇，卢云峰，贺一博，等 . 外委承包商安全管理策略研究 [J]. 中国安全科学学报，2021, 31(S1):8-13.

［4］闵学 . 安全文化为承包商与企业架桥梁 [J]. 现代企业文化，2012, (10):76-77.

"三严三落实"推进安全文化建设的创新与实践

山东钢铁集团日照有限公司　刘宜伟　亓玉敏　闫金娟　胡威武　杨　鹏

摘　要：安全工作的长期性、艰巨性和复杂性，要求企业必须借助安全文化持续的影响力、渗透力，引导全员转变思想认识、规范安全行为，自觉增强安全意识，进而推动安全发展。为此，山东钢铁集团日照有限公司通过《安全生产"三严三落实"实施方案》的创新与实践，探索出了一套推进安全文化理念落地的管理模式，为实现企业转型升级、高质量发展奠定了坚实的安全基础。

关键词：安全文化；创新；实践

安全文化是企业文化的重要组成部分，是科学发展、安全发展的需要，是可持续发展的重要基础。为此，山东钢铁集团日照有限公司积极研究推进特色安全文化建设，形成了以"零事故、零伤害"为安全目标，以"以人为本、安全发展"为核心理念的安全文化，并在长期的安全生产实践中总结提炼出了六大安全理念。为提升员工践行安全文化理念的积极性、主动性，公司创造性地制定了《安全生产"三严三落实"实施方案》，潜移默化地转变员工的安全观念，规范员工的操作行为，推进安全文化建设落实落地。

一、《安全生产"三严三落实"实施方案》出台背景

虽然公司高度重视安全文化建设，形成了"以人为本、安全发展"的核心理念和包括"安全第一，生命至上""安全是对职工最大的善待""管理者是安全绩效的关键""隐患就是事故""违章就是犯罪""任何事故都可以避免"在内的六大安全理念，但是未将理念转化为制度和行动，在用理念引导职工严守规章制度、规范标准化作业行为方面发挥的作用不够，员工践行安全文化理念的积极性、主动性不高。主要存在以下问题。

（一）全员安全责任履职落实不到位

个别管理技术人员对"三管三必须"的理解和认识存在误区，在安全生产责任落实上存在敷衍应付现象。管理者是安全绩效的关键，有些管理者存在安全生产专业知识匮乏、对安全生产规章制度和操作规程研究不够深入的问题，管理者的安全管理能力有待提升。

（二）隐患排查深度和广度不够

公司每天安排多个检查组开展现场安全督查，几乎每周都能发现一些深层次的问题隐患，充分反映了基层隐患排查不全面、不深入等问题。

（三）现场违章作业行为重复发生

2021年上半年，公司日常安全督查发现126项操作标准化执行不到位的行为，其中77项为相关方人员的违章行为（占61.11%），很多都是重复性的问题隐患。相关方作业人员安全素质参差不齐，"三违"行为屡禁不止，已经成为制约公司安全发展的一大顽疾。

二、安全生产"三严三落实"的主要内容

安全生产"三严三落实"就是要以更加严肃的态度、更加严厉的措施、更加严格的要求（"三严"），推动"违章就是犯罪""隐患就是事故"相关方"四个统一"等理念措施落实落地（"三落实"），强化安全管控措施走深走实，筑牢安全底线，保障公司安全稳定发展。

（一）落实"违章就是犯罪"理念

坚持"安全第一、生命至上"，以保障员工生命安全和职业健康为原则，对违章行为零容忍、严查处，对严重违章行为按照"四不放过"的原则进行调查分析，顶格处罚，并深究管理原因，严厉追责问责，倒逼全员安全生产责任制落实。通过各项管理措施的落实，持续提升岗位职工操作标准化水平。

1. 对一般违章人员的处理

（1）对一般违章人员进行1天离岗培训。对离岗培训人员，由所在单位在月度绩效考核中按照不低于1000元/天落实考核。

（2）取消一般违章人员年度内评先树优资格。

2. 对严重违章人员的处理

（1）对严重违章人员进行离岗培训和绩效考核。扣单位100分的严重违章行为，对责任人进行5天离岗培训；扣单位50分的严重违章行为，对责任人进行3天离岗培训。对离岗培训人员，由所在单位在月度绩效考核中按照不低于1000元/天落实考核。

（2）取消严重违章人员年度内评先树优、岗位晋升、工资晋级资格。

（3）对因违章指挥、违规作业或者不按照操作规程、技术标准进行生产，造成人身伤害的，可根据《山东钢铁集团有限公司职工违规违纪处理暂行规定》，给予警告、记过、记大过、降级、撤职、留用察看、开除或解除劳动合同处分。

3. 对年度内重复违章人员的处理

年度内重复违章人员，离岗培训时间和绩效考核均加倍处罚。

4. 对责任单位的考核

（1）严格执行公司《安全绩效考核办法》，在月度安全绩效考核中落实对单位的扣分考核。

（2）由责任单位按照"四不放过"的原则对严重违章行为进行调查、分析原因，形成调查分析报告。

（3）根据评先树优办法，对责任单位进行扣分；取消班组、作业区评先树优资格。

（二）落实"隐患就是事故"理念

（1）组织举办重大事故隐患判定标准专题培训班，聘请安全专家对工贸行业重大生产安全事故隐患判定标准、对钢铁企业安全执法检查重点事项进行深度解读，提升管理技术人员重大事故隐患排查能力。

（2）强化隐患排查治理，通过日常安全督查、专项安全检查、外聘专家安全诊断、现场行为观察、视频抽查等多种途径，加强生产现场隐患排查治理和安全生产规章制度执行情况的监督检查。建立全员隐患排查奖励机制，对积极参与隐患排查治理的

员工，根据排查治理隐患的重要程度给予一定奖励，在公司月度绩效工资分配时予以兑现。

（3）落实"隐患就是事故"理念。由责任单位按照"四不放过"的原则对重大生产安全事故隐患进行调查、分析原因，形成调查分析报告。

（4）公司检查发现的重大生产安全事故隐患，按照上限在月度安全绩效考核中对责任单位进行扣分考核，每项扣100分；根据评先树优办法，对责任单位进行扣分，并取消班组、作业区评先树优资格。

（三）落实相关方"四个统一"管理

对业务承包类相关方按照"统一管理、统一体系、统一标准、统一文化"的要求进行安全管理。

（1）对相关方单位实施积分管理。根据公司《安全绩效考核办法》，因相关方问题对各单位扣分考核的，同时对相关方单位进行同等积分考核。

①对单次积分30分及以上或年内累计积分达到100分的相关方单位，由生产厂、中心对其进行安全生产约谈。

②对单次积分50分及以上或年内累计积分达到200分的相关方单位，由安全管理部组织进行安全生产约谈，并函告相关方单位总部。

③对年内累计积分达到500分的相关方单位，纳入黑名单，由主责单位按流程启动该相关方单位在相应项目的退出机制。

（2）按照"四个统一"的要求，督促相关方单位参照本方案加强违章行为的处理及责任追究，对年内发生严重违章或2次一般违章行为的作业人员予以辞退并纳入黑名单，禁止在公司范围内任何项目录用。

三、安全生产"三严三落实"实施以来取得的效果

（一）全员安全生产责任落实情况得到明显改善

通过对严重违章行为、重大事故隐患按照"四不放过"的原则进行调查分析，追究相关人员的直接责任、间接责任和管理责任，以及违章行为与年度内评先树优、岗位晋升、工资晋级挂钩等一系列措施的实施，管理技术人员对"三管三必须"的理解和认识不断加深，"管理者是安全绩效的关键"得到普遍认同。为避免因履职不到位被追责、考核，全员学习安全生产知识的积极性和遵章守纪的自觉

性明显提升。

（二）全员隐患排查的参与度持续提升，隐患排查的深度和广度明显提升

建立全员隐患排查奖励机制以来，全员隐患排查参与度持续提升，2021年以来已排查整改76382项问题隐患，彻底解决了一大批物的不安全状态和环境问题，现场安全环境得到明显改善。

（三）岗位员工标准化作业水平有效提升，现场违章作业行为明显减少

通过实施相关方"四个统一"和安全积分管理措施，2021年以来已对相关方单位进行安全约谈82场次，督促相关方单位积极提升自主安全管理能力。2023年上半年共查处27项违章行为，其中相关方人员违章25项，较2021年降低78.57%。

基于"两论"思想指导
提升新时代国有企业安全文化管理的探讨

国投新疆罗布泊钾盐有限责任公司　唐　高

摘　要：国有企业是国民经济的重要支柱，其安全生产事关人民福祉，事关经济社会发展大局。习近平总书记多次强调："发展绝不能以牺牲人的生命为代价""不能要带血的生产总值""要坚决遏制重特大安全生产事故发生"。新时期国有企业对安全管理的更高要求，需要我们学哲学、用哲学，把"两论"中的唯物辩证法和方法论，包括矛盾运动规律、对立统一原理、同一性与斗争性、认识与实践的循环辩证和量质变原理，作为哲学思想指引和重要方法论，去深入分析影响安全的诸多因素及其相互关系，思考安全管理中存在的问题，提出具体对策措施、方法手段，用以提升精益安全管理，保障安全生产。

关键词：实践论；矛盾论；国有企业；精益；安全管理

一、运用"两论"思想指导提升新时期国有企业精益安全管理的价值意义

（一）"两论"是指导我们认识世界改造世界的强大思想武器

"两论"思想是指毛泽东在《实践论》和《矛盾论》著作里系统阐述的唯物辩证哲学思想。

1."两论"思想的形成

1937年7月，毛泽东同志发表《实践论》，同年8月发表《矛盾论》。"两论"是毛泽东同志最初在抗日军政大学用马克思主义的认识论和唯物史观揭露党内的教条主义和经验主义的讲演稿。"两论"的形成发展和中国共产党的历史紧密联系，是毛泽东把马克思主义哲学同中国十几年的战争和革命斗争的实践经验以及中国传统哲学优秀成果相结合的产物。

2."两论"思想的内涵和重要作用

《实践论》指出实践是认识的来源和基础，是检验真理的标准，实践出真知，新的认识又反过来指导实践的发展，以致循环反复进化，体现了认识与实践的辩证关系，即知和行的关系，体现了认识领域中的量变到质变的规律。

《矛盾论》运用唯物辩证法，从矛盾的普遍性和特殊性、主要矛盾和矛盾的主要方面、矛盾的同一性和斗争性、对抗在矛盾中的地位等方面，深刻地阐述了事物矛盾运动的基本原理，指出对立统一规律是辩证法的实质和核心的思想。

（二）新时期国有企业安全管理的新形势新要求推动了精益安全管理的发展

1.新时期国有企业安全管理的新形势新要求

国有企业是国民经济的重要支柱，其安全生产关乎国民经济的稳定，关乎众多从业职工人身安全和家庭稳定、社会安定。国有企业迈入市场竞争大通道，弱者掉队，强者壮大，呈现大型化、多元化、国际化等特征。与此同时，企业安全管理一定程度上滞后于经济改革，重特大事故时有发生，社会影响较大。

2.精益安全管理理念

精益思想的核心是合理配置资源，追求最小浪费、创造最大价值。随着精益思想在企业各领域各层面的深入应用和人们对精益思想的再实践、再认识，形成新的模式应用于安全管理领域，即精益安全管理。

3.精益安全管理是提高国有企业安全管理水平的有效抓手和有力保障

精益安全管理与传统安全管理理念有诸多转变，如从"制度管理"到"自主管理"转变；从"关注结果"到"控制过程"转变；从"隐患检查"到"行为观察"转变；其倡导"改善优先"和"主动关爱"理念，因此比传统的常规安全管理有更强的科学性和针对性、更精准精细的过程控制，更高的安全绩

效要求，更注重激发内生驱动力。

（三）运用"两论"思想指导提升新时期国有企业精益安全管理的价值意义

1."两论"是指导提升精益安全管理的重要哲学思想指引

影响安全的因素众多，公认的主要有三类：人的不安全行为、物的不安全状态以及管理的缺陷。这些安全风险影响因素细分众多、无处不在。安全管理即和诸多风险因素做斗争。安全力量与风险因素彼此对立斗争又相互作用，在一定条件下甚至能够相互转换，此消彼长、攻防易手而最终导致形势变化。

2."两论"也是指导提升精益安全管理的重要方法论

我们要善于把"两论"中蕴含的哲学观点作为重要方法论去思考解决安全管理中存在的问题，提出具体对策措施、方法手段。比如对于主要矛盾和矛盾的主要方面的认识，我们就应该把人的不安全行为、物的不安全状态和管理的缺陷作为管控焦点，其中又以管控人的不安全行为最为关键。

二、对当前国有企业安全管理存在问题的分析

党的十八大以来，在安全生产领域开展一系列重大决策部署，健全法规，加强管理，严肃追责问责，推动全国安全生产工作取得积极进展，整体生产形势持续向好，重特大事故得到有效遏制，实现"三个继续下降"，重点行业领域实现"两个总体好转"，但安全生产形势依然严峻复杂，仍然存在安全生产隐患。具体到国有企业安全管理实践应用层面，如下问题仍比较突出和普遍。

（一）安全管理效能较低，基层安全管理薄弱仍较普遍

随着国有企业不断整合重组，产业多元化、地域多元化、股东利益多元化，规模扩大管理架构趋于复杂。例如，在大型国有企业中，从最顶层的集团总部，到中间层的子公司、事业部，再到下层的控股投资企业和子公司，基本上各个层级都设有专门的安全管理机构和专职安全管理人员，从上到下的管理要求在贯彻执行中也往往逐级递减，而基层的问题、好的意见建议也不能向上有效反馈，管理、执行、反馈各环节相互受到影响，客观上导致了管理效能降低、管理难度增大。

（二）安全管理体系推进存在形式主义，应用先进安全理念和工具上执行力欠缺，自我探索创新不足

自2011年起，国家在各行业推行企业安全生产标准化建设，通过达标评级，建立并保持安全生产标准化系统，形成安全绩效持续改进的安全生产长效机制。部分企业推行NOSA五星综合安全风险管理系统，在我国电力煤矿、烟草轻工等行业推行较广。还有个别企业推行中石油的HSE安全管理体系。上述各管理体系的推行提升了我国企业安全管理水平。

（三）外包业务增多，对承包商安全管控存在难点痛点

随着市场竞争加剧，很多国有企业出于精简人员机构、降低运营成本和提升管理效率的考虑，将部分业务交由专业外协单位承包负责，甚至部分实行项目化管理的企业，只有少量管理人员和专业技术人员是企业正式员工。由于承包商队伍规模的扩大，存在整体素质不高、层层转分包、自主管理虚弱、安全投入不足、现场安全作业管控不严等难点，安全事故风险无法得到有效管控。

（四）安全文化建设流于表面，安全氛围不浓厚

随着人们对管理理念的不断认识、实践发展，企业安全管理由单纯的制度管理进入了文化管理的时代，由制度管人向文化引导人、培育人、规范人转变。创新适合自身价值愿景的安全文化也成了众多企业的共识。安全文化建设的核心在于以人为本，难点在于如何营造良好的内外部环境来培育和提升员工安全责任意识和强化安全行为规范。

三、运用"两论"思想指导提升精益安全文化管理的对策探讨

（一）运用系统思维，构建科学的精益安全管理体系

安全管理也就是责任管理。要善于运用系统思维，着力构建整体上全覆盖的全员安全生产责任体系，充分体现了精准、精细又高效的精益安全管理理念。既要通过落实责任、科学激励去充分发挥各部门、各岗位自觉做好安全生产工作的主动性，又要加大安全生产考核在工作业绩考核中的权重，加大隐患问责和事故责任追究力度，更好推动精益安全管理执行落地。

（二）推行"全员参与、全过程管控、全方位开展"的精益安全管理理念

"全员参与、全过程管控、全方位开展、全天候关注"（简称"四全理念"），体现了一个"全"字，相比传统安全管理，其优点是将以往的事后检验把关为主，变为事前预防改进为主，从管结果变为管人管过程管因素，把诸多安全风险隐患因素查找出来，依靠科学管理和有效措施，使生产经营在"时、空、人"各方面在安全上都处于受控状态，实现安全管控纵向到底、横向到边，不留死角全方位覆盖。

（三）提升四类重点人员安全素养，有效管控三个关键环节风险，聚焦精益安全管理对象

企业要想搞好安全，关键是抓好四类重点人群的安全生产工作。一是企业主要负责人和分管负责人，二是基层班组长，三是专兼职安全管理人员，四是专业技术管理人员。这四类群体承担着企业安全生产的管理决策者、制度的执行者、监督检查者和各项安全技术工作指导者的重要角色。要充分提升他们的安全意识和能力方法，充分发挥他们的能动性，尽职履责。

（四）量变到质变，创建更高要求的"7Zero"精益安全管理目标

随着社会的进步，人们对安全事故的容忍度越来越低。海因里希法则这一安全管理学基本原理指出：当企业存在300起隐患或违章行为，非常可能要发生29起轻伤或故障，另外还有一起重伤或死亡事故，即300：29：1法则。这一法则揭示出，小隐患小事故积少成多就会出现大事故。要避免出现生产安全事故，必须抓早抓小抓细，采取各种防控措施把冰山之下的各类隐患、风险减少消除，才可能避免大事故大伤害。这就要求我们努力创建更高要求的"7Zero"精益安全管理目标，即通过做到"作业零违章、操作零差错、设备零隐患、管理零缺陷"

来达到"目标零事故、人员零伤害、环境零污染"目标。

（五）把握矛盾运动规律，深刻认识安全斗争的长期性复杂性，把重点开展"反三违"和隐患排查治理作为精益安全管理主要抓手

"三违"是企业生产过程中导致各类事故发生的人的不安全行为的主要原因。企业要重视开展"反三违"活动，各级人员要提高法律、安全、责任意识，在日常安全管理中遵章守纪，谨慎指挥、规范操作，严格自我管理。此外，企业要对存在安全风险部位开展全方位隐患排查治理工作，对查出的隐患全部制定整改措施并落实到位。

（六）充分激发内生动力，深入建设精益的安全文化

企业安全管理的最高境界是安全文化管理。一方面，安全文化建设重视发挥管理者的示范带动作用，强化整规建制、狠抓制度落实，同时要注重各项制度的协调运作和相互支持；另一方面，要在安全宣传教育、知识技能培训、作业标准完善、评估考核激励等方面下功夫，增强员工的安全意识与提高员工的安全技能、规范员工的安全行为。和谐良好的安全文化氛围将增强员工责任感和荣誉感，充分调动员工的工作积极性，把每位员工的热情都引入日常生产工作中去，可以消除诸多的不安全因素，实现生产过程中的安全。

参考文献

[1]毛泽东.实践论[M].延安,1937-07.

[2]毛泽东.矛盾论[M].北京:人民出版社,1975.

[3]习近平.关于安全生产工作的指示[Z].北京,2013-06-06.

[4]赵小波.2018年毛泽东经典著作研究评析[J].高校马克思主义理论研究,2019,5(01):118-127.

以安全文化为引领推进新能源建设安全管理新提升

华能龙开口水电有限公司　王建波

摘　要： 2023 年，按照公司统一安排部署，华能龙开口水电有限公司（以下简称龙开口电厂）积极参与属地新能源建设工作，作为责任单位派驻人员入驻新能源鹤庆项目部、大理项目部，主导大粟坪光伏项目、禾丰光伏项目、松园村光伏项目、柿坪里光伏项目以及弥勒山光伏项目建设工作。面对新任务、新挑战，结合新能源建设"短、平、快"的建设节奏，在如何提升现场安全规范化管理方面，龙开口电厂积极探索，通过以"党建引领＋管理＋技术"的方式，打造新能源安全规范化标准化基地，切实夯实安全基础，确保新能源建设稳步、有序推进，为公司战略目标保驾护航。

关键词： 新任务；新挑战；建设稳步；有序推进

一、统筹全局高度重视，切实发挥安全文化引领作用

在国家整体大力布局新能源版图的格局下，云南省新能源建设也在如火如荼地开展，新能源备案容量、项目开工数量近两年也呈阶梯形增加趋向，但是也由此产生了一系列建设方面的问题，如施工单位人员紧缺，人员素质普遍较低，人员流动性大，现场管理脱节，安全风险相对较大。为了适应新能源建设特点，确保安全基础牢固，龙开口电厂的党委高度重视，在认真分析了电厂、新能源建设安全风险形势后，统筹安排安监部 2 名骨干力量参与到新能源建设之中，分别入住大理项目部和鹤庆项目部。

安监部接到任务后，立即召开了党支部会议。会上党支部书记宣读了公司党委的决定，支部党员同志对下一步的工作进行了分析、讨论，大家一致认为，两名党员同志到新能源建设现场后，要切实发挥党员模范带头作用，抓住现场主要矛盾，将公司"三色"安全文化引入新能源建设全过程。要明确安全文化在安全建设过程中的引领作用，重视基础安全文化建设，狠抓入场管理，抓牢入场安全教育培训、考试以及安全交底，过程中明确班前班后会的要求，抓好"当日"管理。要以"风险隐患分级和隐患排查"为抓手，狠抓现场违章和不文明施工行为。既要强调"严"的文化，也要结合"实"的要求，结合新能源基建特点，按照"提醒、警告、处罚"三步法全面开展安全考核工作，也要结合现场实际，将管理文化与实际情况充分结合，形成新的、独具特色的新能源建设安全文化。

二、发挥团队专业能力，探索引入"阿米巴经营"安全管理文化实践

"阿米巴经营"是京瓷名誉会长稻盛和夫在企业经营管理过程中形成的一种管理手段和管理文化，其目的在于激活企业动力，促进企业发展。它是基于"销售最大化，费用最小化"的经营原则，将企业组织分为核算部门和非核算部门等若干个小的组织机构，每个小的组织机构就是一个"阿米巴"。以各个"阿米巴"的领导为核心，让其自行制订各自的计划，并依靠全体成员的智慧和努力来完成目标。它的作用在于使企业内部形成一种"以奋斗者为本，以奋斗者为荣"的企业管理文化。

新能源建设特别是光伏发电项目建设有其自身的特点，一是"短、平、快"的建设节奏；二是施工人员流动大、素质普遍较低的现实；三是集中大规模施工涉及人数可达到上千人，管理可控性难度大。同时，云南光伏项目还具有光伏区地块分散、地块坡度大的实际情况，为了确保现场安全可控在控，我们探索性地将"阿米巴经营"模式、文化引入施工现场安全管理活动之中，将责任目标层层下放，激发施工队伍安全管理的主动性和人民群众智慧，压实压细责任链条，确保管理无漏洞，安全有

保障。

（一）将企业划分为多个独立核算或非核算的组织

虽然项目建设采用了 EPC 方式开展，总承包方进行了分包，但是由于总包方管理能力不足，项目建设过程中安全管控不够，因此，我们将总包方管理机构整体纳入一个独立的核算组织，将监理单位纳入一个独立的非核算组织，把分包方分两大块纳入组织体系，一是管理部分，二是建设班组。其中管理部分直接合并至总包方管理体系之中，建设班组进行了细化分解，按照区域、工种、工作流程进行了进一步细分。例如钢筋制作班组、打孔及浇筑班组、光伏支架及组件安装班组、电气安装班组等，施工组织架构图如图 1 所示。

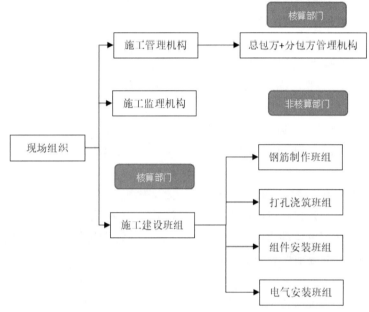

图 1 施工组织架构图

（二）建立核算体系，明确积分计算规则

核算过程中以积分（考核分）作为衡量，基础分为 0 分，积分（考核分）越多，代表安全管理存在越多的问题，积分的考核以建设单位及监理发现的安全方面的问题作为处罚依据。非核算部门的职责主要是支持其他部门和员工以实现企业的发展，其积分应由所有核算部门根据监理单位管控到位程度进行分摊。施工建设班组出现的问题由各个班组自行承担，并计入班组积分。

施工管理组织机构的积分 = 自身安全管理出现的问题（违章指挥）+ 施工建设班组积分的 50%。

为进一步促进非核算部门的积极性，同一个问题被施工监理组织机构 3 次及以上进行通报，该问题产生的积分不再累加至非核算部门，同时对非核算部门增加一定的"服务重复化补偿"。

（三）确立全新的安全经营文化理念

明确安全经营目的，将"追求全体员工安全、物质和精神三方面的幸福"确定为企业安全经营理念，将员工的安全、幸福摆在首要位置。从心理学的角度出发，被动接收和主动作为是两个不同的概念，也会产生截然不同的效果。在新的管理体系中，企业中被分为多个"阿米巴"的独立核算小组织，开展透明化的考核核算，打破了原有的大锅饭，相关费用独立核算，与内部的每个员工均息息相关。每一天，每个员工都在主动思考，主动融入小集体。每天早班会，每个员工都在为"安全最大化，投入最优化"的目标献言献策、积极执行，并主动作为。

（四）打造基于区域、班组为基础划分的安全管理人才

安全管理制度再好，没有强有力地执行，任何管理措施都将浮于表面，无法落地执行。基于此问题，项目部将整个项目分成了光伏区、升压站以及集电线路等三大区域，明确了区域负责人。将每个区域，按照土建、机械以及电气三大专业细分各个班组，明确了班组负责人。根据"守土有责、守土尽责、管理有序"的要求，每月对区域负责人、班组负责人进行总体考评，考评结果按照"表扬、提醒、警告、处罚、罢免"等原则有序开展。通过此种方式

不断培养具备安全管控能力的现场负责人，淘汰履职不到位、责任心不到位、管理能力有限的基层管理人员。

三、创新安全文化，引入远程视频监控系统，强化现场安全监督、监护

远程视频监控系统在龙开口电厂已有效运行一年多的时间，从效果来看，在安全管理方面确实起到了非常大的作用。为了适应新能源工作现场，项目部探索性地将电厂的视频监控系统直接应用到大栗坪施工现场。

应用网络结构包括信息采集、信息传输、数据存储分析以及数据应用。为了确保必需的信息安全，公共网络传输过程中增加了安全防火墙，中端增加了服务器，确保视频信息能够保存，具备历史查看功能。应用端采用"智能手机＋智能PC"方式进行终端查看和使用。

视频监控系统在大栗坪施工现场试运行一个月后发现执行效果不理想。原因是户外电源缺乏，无法直接插电。虽然后续采购了可移动式电源，但每日现场移动过程距离远，人员流动性大，执行效果不好。

随后党支部安排党员同志充分深入施工现场，认真听取、收集现场施工管理人员意见和建议，同时调研市场上的成熟产品，将远程视频监控系统新能源现场应用场景分为两个方面：一是升压站内施工作业面(包括室外有电源的区域)可移动视频监控；二是光伏作业场区施工作业面（包括室外其他无电源的区域）。同时充分利用光伏板发电和电池储能为现场摄像装备提供电源，改造成"白＋黑全天候"远程可视化监控系统，目前，该系统已在龙开口电厂管辖范围的新能源场站进行了应用。

系统建设的目的不仅仅是多了双眼睛，现场人员多了层压力，更多的是通过更多人员的参与，更多智慧力量的加入，将现场管理得更好，杜绝违章作业、不文明施工，确保现场安全可控在控。在远程监控的同时，我们并没有放弃现场安全监督管理力度，通过两种管理手段的有效结合，相互弥补，实现了现场监督是重点、远程监督做辅助、多重监督促压力的安全管理思路。

新能源建设具有自身独有的特点，也引发了安全、进度、质量三方面管理因素不断地碰撞。在实际工作中，我认为三者是相互促进、相互协作、相互监督的。这也是一种文化之间的碰撞，只有把安全文化充分融合到现场实际工作中，再结合现场实际特点，充分发挥党员同志的发散性思维，激发各自的能动性，发挥管理、技术优势，在日常工作中更多地关注组织机构顺畅运作的问题，激发了全体管理者参与的主动性，明确责任清单，敢于对典型问题、典型人物进行必要的处罚，逐步培养并形成各司其职、各安其位、各尽其责、各得其所的良好管理体系。

参考文献

国家能源局.2020年12月事故通报及年度事故分析报告[R].2020.

培育全员参与　正向激励的安全文化体系

新疆能源（集团）有限责任公司　刘德申

摘　要：党的十八大以来，习近平总书记作出一系列关于安全生产的重要论述和重要指示批示精神，安全生产工作达到前所未有的重视高度，安全生产事故逐年降低，安全生产业绩不断提高，企业也开始越来越重视安全文化建设，新疆能源（集团）有限责任公司在借鉴国外先进安全管理经验的基础上，融合安全生产标准化管理体系、ISO 14001 环境管理体系、ISO 45001 职业健康安全管理体系、ISO 9001 质量管理体系以及杜邦安全管理工具及方法，建立自己独具特色的安全文化体系。一是提高管理层安全领导力、安全执行力；二是转变员工的观念、技能提升以及良好安全习惯的养成；三是为培育安全文化创造更有利的条件，如推进员工培训工作，开展员工安全环保履职能力评估，推进全员参与氛围的形成，规范承包商安全管理等；四是推行本质安全管理，主要解决工艺、装置、设备的本质安全问题，从计划、设计、选型、购置、制造、安装、试车或调试、验收、使用、维护、修理、改造、更新、闲置、调剂、租赁、转让直至报废，确保装置设备整个生命周期内的可靠运行。将安全文化的理念推广到企业其他相关领域，形成全方位的安全管理体系，构建全员参与、正向激励、公正平等、团结互助的安全文化氛围。

关键词：有感领导；属地管理；培训需求矩阵；安全环保履职能力评估；安全里程碑活动；安全激励；全员参与

一、践行有感领导，让每名员工"听到、看到、感受到"

抓好安全管理，培育安全文化，各级领导的意识到位、责任落实和亲自参与是成功的关键。所谓"火车跑得快，全靠车头带"，各级领导率先垂范，争做有安全感召力、感染力和领导力的领导，才能够向下传递安全核心价值观，引领全员参与，从而推动企业安全文化建设不断向前发展。各级领导通过在安全方面的以身作则，能够带动员工积极参与安全文化建设、自觉遵守各项安全标准，创造遵章守纪和全员参与的工作氛围，让员工能够听到、看到和感受到领导对安全工作的重视。同时各级领导在实践有感领导的过程中，掌握相关安全管理标准和工具，提高自身驾驭安全管理的能力。当然有感领导并不是一句空话，各级领导必须亲自制定具体的、可测量的安全承诺、方针和目标并切实落实；各级领导要制定个人的安全行动计划，明确每周要完成的安全工作，并在公司最显著的位置进行公示，让每一位普通员工进行监督，员工每月无记名填报有感领导调查问卷，对各级领导有感领导的践行情况进行打分评价。

二、推行属地管理，做到"谁主管，谁负责"

属地管理是指按照"谁主管，谁负责"的安全管理原则，对属地内的管理对象按安全管理标准和要求进行组织、协调、管理和控制的管理办法。通过属地划分，明确每个生产区域的人员行为、设施设备、作业活动、现场环境的属地管理责任人，落实属地管理责任，做到"事事控安全，时时讲安全，人人保安全"。实现横向到边、纵向到底的网格化管理模式，做到事事有人管、时时有人管，管理不重复、不交叉、不遗漏、不偏离，属地责任人对属地区域内的一切活动负责。属地管理强调的是"五管"，即管自己、管别人、管他人、管设备、管行为。管自己，属地责任人清楚属地区域的安全风险、安全管理现状、岗位职责巡回检查路线、应急管理，熟悉并执行相关安全标准；管别人，督促属地内的人员严格遵守安全规定；管他人，负责对进入区域内的外来人员进行安全提示，保证在区域内的工作人员的安全；管设备，负责区域内设施设备的巡回检查、维护保养工作，加强对重点风险预控，发现异常，及时落实整改，不能整改时要及时采取措施并向当班、值班干部汇报；管行为，有权制止区域内工作人员的不安全行为,制止无效时,向当班、值班干部汇报。

三、打破"四唯",建立完善的人才培养机制

建立岗位技能与培训需求矩阵及各岗位具有针对性的评估清单。根据岗位职能说明书,编制培训需求矩阵,使培训的针对性更强,培训需求矩阵由主管和下属进行沟通并制定下属个人的培训计划,其针对性、实施性更强。公司整理汇总所有人的个人培训计划,合理整合公司资源,制定公司年度安全培训计划,建立培训管理体系,通过专项培训、逐级辅导和积极实践,提高各级领导的安全领导力,选拔和培养内部培训师,按照计划开展培训,形成以点带面的辐射效应。

开展员工安全环保履职能力评估工作,打破用人壁垒,学历不再是衡量一个人能力的标准,破除"唯论文、唯职称、唯学历、唯奖项"的用人现象,形成有利于人才成长的培养机制、人尽其才的使用机制、人才各展其能的激励机制、人才脱颖而出的竞争机制,建立以创新价值、能力、贡献为导向的人才评价体系,培养创造型、复合型、应用型人才,打造公正平等、竞争择优的用人环境平台。实践证明真正适合企业发展的人才都是自己培养出来的,尤其是从业时间在五年以上的员工,这类员工已与企业文化、安全文化高度契合,损失这样一名员工对能源企业来说都是严重的人力资源损失,但大部分现有国有体制限制了选人、用人的方法,使得很多适合企业的人才,其能力得不到充分的发挥,从而限制了个人与企业的发展。科学系统地对人的安全环保履职能力进行评估,坚持与劳动生产率提升相挂钩,破除人才培养、使用、评价、服务、支持、激励等方面的体制机制障碍,是安全环保履职能力评估最大的作用。通过测试从业者的基本能力、管理能力、业务能力、沟通能力,从笔试、访谈、现场实操等多个维度去系统了解被评估人的综合能力水平,评估被评估人能力较强的三项,进行业务调整,评估被评估人较弱的三项,列入个人培训计划,补足短板,提升能力。基本能力包括身体能力及学历等基本素质,主要是能够满足生产岗位的技术要求和业务能力、身体能力,能够适应生产岗位的环境要求;管理能力指能够满足生产岗位要求的安全综合知识;业务能力指能够满足生产岗位要求的安全综合技能以及紧急情况下的处置能力、避险能力、

自救互救能力;沟通能力指与其他业务部门、被管理对象以及上级监管部门之间的沟通。评估过程由人力资源相关部门组织,安全环保履职能力评估结果作为领导干部在职考核、提拔任用和个人安全绩效考核的重要依据。

四、为员工搭建展示参与平台,营造全员参与的文化氛围

培养安全文化的基础是全员参与,如果没有广大员工的认可和积极参与,安全文化就会成为无本之木和无源之水,因此,研究如何调动全员参与的积极性极为重要。只有广大员工能够自觉接受和参与,安全文化才会有广泛的基础,安全文化的培育才会大大加快。结合安全生产里程碑活动,公司为员工搭建好良好的沟通及展示平台,实现正向激励引导,而非惩戒,发挥员工的主观能动性,同时扩大舆论宣传,营造全员参与的安全文化氛围并传承下去,形成大家共同遵守的行为习惯和价值准则。通过安全里程碑等活动,培养团队意识,相互纠正不安全的习惯,同时让员工在快乐中建设安全文化、享受安全文化,促进团队安全管理。具体做法:首先,设置一个阶段性的安全目标。目标要合适具体,最好是针对人的行为或改变人的不良习惯,如上下楼梯扶扶手。其次,一般设置2个月为时间节点。研究表明2个月可形成习惯性思维,所有参与活动的人员要进行互相监督,如果有人在2个月内上下楼梯未扶扶手,则立即清零并开始下个周期。当然对打破里程碑的人不予以处罚,因为活动的目的是正向引导,但顺利实现目标,则给予所有参与人员激励,发放小奖品,奖品的内容由员工自己做主,安全人员辅导但不主导,落实激励政策。员工越在意,安全里程碑效果就越好,安全里程碑活动的核心是让员工在快乐中参与和享受安全文化,安全文化通过全员参与体现为每一个人和团队对安全的认知和认同并改变原有的思维方式,在企业内部营造一种全员自觉需要安全的氛围,并逐渐将全员的安全需要转化为具体的信念和行为准则,形成企业安全生产的强劲动力。

具体做法如下,一是安全文化建设的核心是一把手的态度,有感领导必须从最高层开始;二是全员参与是基础,必须促进员工安全观念由"要我安全"到"我要安全"转变;三是激励约束机制是提高执行力的关键,必须做到奖惩分明,力度大,落实坚决;四是高素质的安全人员至关重要,在初期他

们是策划和传播者，在中期他们是培训者和推动者之一，将来他们则是安全咨询师和各级领导的安全顾问；五是能力建设是根本，既做到"我要安全"，又具备"我会安全"的能力。当然除了上述安全管理措施，还有 RACI 表、矩阵式安全检查、行为安全审核、工作安全分析、安全时刻、团队式班前会、安全领先指标、安全投入模型、工作外安全、承包商管理模型、安全门禁系统、上锁挂签测试程序、安全文化体系量化审核等安全管理方法。通过安全管理方式方法的不断创新，改变原有的管理方式及方法，改进完善激励机制，引导价值取向，让单位、部门和员工深刻认识到安全与自己的利益关系，为

员工搭建全员参与的平台，打破管理阶级，员工有渠道和进行面对面且身份公平对等的沟通、讨论安全问题，引导和鼓励员工自觉积极参与安全文化建设，培育自主意识和团队意识。

参考文献

[1] 国家安全生产监督管理总局政策法规司. 安全文化知识读本 [M]. 北京：煤炭工业出版社，2011.

[2] 高武，樊运晓，张梦璇. 企业安全文化建设方法与实例 [M]. 北京：气象出版社，2011.

[3] 徐德蜀. 企业安全文化建设概论 [M]. 成都：四川科学技术出版社，1997.

锚定基地安全宣传时代性
全面提升安全文化感召力

钢研昊普科技有限公司　何　刚　冯根杰　陈　硕　张　鹏　赵志丰

摘　要： 随着国企改革整改工作的逐步推进，中国钢研科技集团有限公司取得了令人瞩目的成果，综合竞争力也有了大幅提高。而面对二十大提出的新要求，我们在国企改革过程中怎样进一步强化安全文化宣传工作，使公司的安全文化建设工作更具活力、凝聚力、战斗力已成为当前集团改革发展的一个重要且紧迫的任务。笔者以中国钢研科技集团涿州基地的安全宣传工作为例，在充分调查研究基础上，从新时代国企如何面向青年员工做好安全文化宣传这一角度进行思考探索，希望为完善集团公司安全文化建设的学科体系、学术体系、话语体系贡献智慧和力量。

关键词： 安全生产；安全文化建设；文化宣传

在国际核安全咨询组 1991 年出版的《安全文化》中对安全文化提出了全面的概括，即一系列有助于提升安全水平的思想、价值观、道德准则以及社会责任感的企业文化体现。1993 年，李伯勇先生提出要把安全工作提升至一个更高的层次。以此为标志节点，我国进入了全民认识安全文化的新时期。

一、安全文化建设在贯彻国企新发展理念中的重要意义

党的十八大以来，习近平总书记作出一系列关于安全生产的重要论述，多次在考察及会议上强调：安全生产是民生大事，事关人民福祉和经济社会发展大局，一丝一毫不能放松。安全文化建设是一个国家综合国力的重要体现，而企业的安全文化建设工作是一个企业安全工作成绩的重要表现形式。

（一）国有企业的安全文化具有对企业内部安全生产的导向作用

安全生产的成功实施要求良好的理念引领和创设良好的文明环境，这要求企业负责人、员工乃至社会不懈努力。只有建立起健康的、充满活力的安全文化才有助于更好地实施安全生产的决策，而积极向上的企业安全文化在很大程度上能够为企业安全生产决策提供正确的指导思想和精神动力。

（二）国有企业的安全文化具有对社会整体安全生产的激励作用

拥有正面的思维模式和行为准则可以激发出人类强大的责任感和持久的动力，心理学研究表明：当人们更加清楚地理解自己的行为的意义时他们的行为就会更有动力。国有企业作为在国家经济建设和社会发展中起主导作用的重要力量，其内部对安全文化的建设水平是一把员工自我激励的标尺。这把标尺可以被用来衡量自身的表现，它可以让员工发现自身的不足从而提高工作效率。此外，在国有企业中一致的价值观、理想以及道德规范都可以成为一种巨大的心理原动力，促使员工不断努力从而提升整体绩效。因此，国有企业的安全文化建设不仅能够让企业内部员工产生认同感、归属感、安全感，更能够为全社会各行各业的安全文化建设提供方向性的指引。

（三）国有企业安全文化能对安全生产工作起到协调和控制作用

现代企业的管理理念强调，集体的成功与否主要由团队合作、沟通和监督来决定。然而对于像中国钢研科技集团这类拥有庞大员工数量和诸多子公司的大型国企来说，其规模决定了仅靠刚性制度是无法完成整个集团的文化建设和安全生产目标的，必须采取更加优良的方式来实现集团的稳定发展。因此，企业内的安全文化就承担起了重要的引导作用，在全员认同的安全文化价值观和工作氛围下，员工能够实现自我控制和自我协调，弥补刚性制度的不足。

二、目前涿州基地中的安全文化宣传工作的实效性分析

当前，国有企业的发展仍处在由传统管理工作思维方法向合规管理工作、廉政创业等新常态模式发展的转变期，因此，我们在意识到安全文化建设工作的重要性和紧迫性时还要充分考虑时代性和创新性，尤其是在新时代如何运用新兴媒介向新一代青年员工进行安全文化宣传教育是当前安全文化工作需要思考的重要问题。

（一）宣传内容停留在政治层面，对职工情感层面深入不够

一直以来，涿州基地在安全文化的宣传教育上存在宣讲性比较强但深入到职工利益、需求、权利和情感层面不够的问题。宣传工作是凝聚人心的工作，尤其需要以人为本的精神，需要顾及人的情感需求。在社会结构层级化、利益关系市场化、价值观念多元化、思想情感复杂化的今天，仅凭说教手段和政治内容对职工，尤其是对新一代成长于互联网时代的青年职工宣讲安全文化一定是收效甚微的。

（二）宣传事例停留在通用层面，对青年职工产生共鸣不够

长期以来，大部分基地内部关于安全生产的典型人物、典型事例往往为宣传而宣传，存在不少人为拔高的现象，在某种程度上导致员工可望而不可即，拉开了与青年职工的距离，很多典型案例离新一代"90后""00后"员工的生活太远，产生的共鸣太少，了解太少。安全生产典型案例的宣传是为了在基地内部营造安全文化的氛围，安全文化是要深入员工日常工作，靠以理服人和以情感人来共同完成的。因此，什么样的典型案例更能在青年职工中引起情感共鸣是现阶段涿州基地在安全文化宣传案例选择中重点需要改进的问题之一。

（三）宣传方式停留在传统维度，对信息工具高效利用不够

互联网呈几何倍数地拓宽了青年职工获知信息的渠道，在这样的信息快速传播的时代，任何一名职工随时随地都能通过手机获取新闻并进行舆论监督，以互联网为载体形成的网络舆论给安全文化宣传工作带来的影响是巨大的。面对"微时代"信息传播方式的极大转变，如何对成长在互联网时代的新一代青年职工开展安全文化宣传工作，研究"微时代"下的受众心理，探索与之相应的表达方式，同时运用新媒体推进安全文化宣传工作创新，是目前涿州基地安全文化建设战线面临的一大挑战。

三、对提高涿州基地安全文化宣传工作实效性的建议

贴合实际且能够长期持续的安全文化宣传工作是塑造企业文化的必然要求，也是弘扬社会主义核心价值观的具体行动，但建设完善安全文化宣传教育体系是个动态过程，我们必须长期创新调整才能持久不断地调动广大青年职工的热情主动性，进而给其带来源源不断的精神力量，实现以宣传为手段最终达到提升涿州基地乃至整个集团内部安全文化建设积极向好发展的目的。

（一）关注互联网时代青年职工的思想需求

在进行安全文化宣传工作时，将工作关注点首先放在研究青年一代的心理、觉悟、情感、表达方式和习惯上是重中之重。青年人才是中国特色社会主义各项事业未来的主要构建者和领导人，肩负实现中华民族伟大复兴的重任，近年来"95后""00后"已逐渐成为集团公司大发展大跨越中不可或缺的新兴力量。而新一代青年职工自出生起就已经置身于网络时代，视野更加广阔，获取信息的便捷度极大提高，关注的领域也更加多样。因此，我们的安全文化宣传内容必须更多地关注他们在关心什么、思考什么、讨论什么，顾及职工的知情权、监督权和参与权，贴合他们的工作实际，用实践需求为指引，不断创新培训思路和方法。这样，安全文化宣传才能引起青年员工的共鸣，起到应有的安全文化建设效果。

（二）分层设计理论宣传模式

作为事关国计民生发展的重要国有企业，中国钢研科技集团涿州基地在广大干部职工中的安全文化理论学习宣讲关乎民心向背，关乎企业文化建设，更关乎集团公司的整体发展战略是否能够在基层有序落地。要做好新形势下安全文化宣传思想工作，就必须将宣传内容对象化、群众化、互动化，力求让新时代安全文化的创新理论、最新方针政策和公司战略深入人心，凝心聚力，强化落实。在实践中要以"教化教育＋透彻说理＋从容讨论＋情感同化"多形式展开宣传工作，变思想为情感，在基层青年员工中进行安全文化理论宣传时尤其要重视群众经验，主动回应他们的关切与疑问，用宣传内容解答现实问题、解决现实矛盾，使理论落地从而保证其权威性，促成理论安全文化宣传效果的最大化。

（三）强化党团组织在安全文化建设中的作用

将传统的政治语言变为群众语言进行安全文化宣传，注意宣传内容的生活性，使理论变得看得见、摸得着、做得来是当下涿州基地在面向青年员工进行安全文化宣传塑造时的另一重点。在安全生产典型人物宣讲分享中如果仅仅把他们视为一个"完人"，仅仅宣扬他们的无欲、无求而忽略了他们的内心世界，这样的宣传方式会加剧基层职工的恐惧感，甚至引发他们的反感情绪从而产生逆反心理。从实践角度来看，身边同事形象的示范作用可能比在全国范围内选出的安全模范典型的影响力要大得多，所以要更多宣传基地内部基层员工在安全生产中做出贡献的模范事迹，以视觉范围内的人和事为宣传核心，将安全文化的理论通过身边的人和事转换过来，才能使基层职工可感、可知、可仿。

综上所述，中国钢研科技集团涿州基地在新时代背景下的安全文化宣传工作必须充分利用新传媒网络平台有效地搜集优秀的青年员工的需求，抓住普遍性需求进一步提升青年员工对基地安全文化的认同感，持续夯实安全文化宣传教育这一建设"地基"，同时在安全文化宣传方式和理论总结上不断开辟新模式、新赛道，主动拥抱时代变化，才能构建基地内部在安全文化建设上的统一合力，最终实现进一步增强安全文化感召力和深远影响的目标。

参考文献

［1］毋涛. 心理学常用研究方法在安全文化研究中的应用简介 [J]. 辐射防护通讯, 1995, (02):30–33.

［2］张万奎. 从三个层次建设煤炭企业安全文化 [J]. 煤炭企业管理, 2005, (02) : 49.

［3］梁立峰. 建筑工程安全生产管理及安全事故预防 [J]. 广东建材, 2011, 27(02):103–105.

［4］王丹, 刘伟. 我国煤矿安全生产管理现状、问题与对策研究 [C]. 煤炭经济高峰论坛会议, 2018.

［5］黄凯. 科研院所安全生产共性问题与对策研究 [J]. 化工管理, 2022, (13):107–109+120.

［6］奚志于, 卢瑞. 企业安全文化建设的思考与实践 [J]. 产业科技创新, 2022, 4(02):111–113.

浅谈基层班组安全管理与安全文化建设

中国航空工业空气动力研究院　谢月新

摘　要：班组是单位各项生产经营活动的基础组织单元，是单位建设的基础，是单位安全的基石，是单位发展的保障，卓越的班组管理水平将形成单位最核心的竞争力。安全管理工作对于单位的生存具有决定性的作用，安全文化建设是保证单位科学持续的根基，无论是安全管理还是安全文化建设，都应将基层班组作为根本出发点和落脚点。完善班组安全管理机制，发挥班组安全文化的引领作用，只有不断加强班组建设，优化班组综合能力，让每一个班组都充满生机和活力，单位才能以更旺盛的生命力去获得更多的经济效益，从而持续平稳健康发展。

关键词：单位；安全管理；基层班组；班组安全文化

一、引言

近年来，为全力做好安全生产工作，习近平总书记等中央领导同志作出了一系列重要指示批示，为实现全国安全生产形势根本性好转指明了努力方向。单位作为贯彻落实安全生产责任的主体，必须努力坚守红线意识和底线思维，着力建立完善安全生产责任体系，持续深化安全管理标准化示范班组建设，夯实安全生产基石。而班组是单位一切生产作业活动的最终执行者，因此要做好安全管理工作，就要从基层班组的安全管理工作抓起。班组是单位安全文化建设水平的直接体现，优秀的安全文化能够将安全责任落实到每一个基层员工身上，可以将合规生产的安全意识逐步落实到每一个基层员工的行为中。只有加大班组安全文化建设的力度，才会实现单位生产文化水平的稳步提升。

二、班组安全管理和安全文化建设现状分析

通过调查文献发现，目前国内很多单位都将班组安全管理视作单位安全生产水平建设的一个关键点，并通过实践验证了班组安全管理和安全文化建设的现实意义。

（一）现实意义

1.有助于提升员工安全意识

安全文化在单位班组管理中的有效构建，首先可以直接影响单位员工，对于班组成员能够形成潜移默化的影响，促使其能够充分意识到安全生产的必要性和重要价值，进而促使员工工作得到较好优化和规范控制，避免自身频繁出现违规操作。以往

相关调查研究显示，良好的班组安全文化可以明显降低员工不安全行为发生的概率，相应的隐患和事故发生概率也会下降；而不良的安全文化更容易影响员工养成不良习惯，频繁发生不安全行为，忽视了安全规范操作的重要作用，进而导致了安全事故的发生。

2.有助于提升工作效率

基于班组管理中安全文化的有效创建，其不仅仅可以促使各个员工意识到安全生产的必要性，还可以较好促使各个员工明确安全生产的相关知识和技术要求，如此也就可以在后续明显提升自身操作的规范性，进而最终确保相应生产工作效率得到明显提升，为单位生产经营创造较为理想的条件。当然，随着安全文化的有效构建，还能够较好调动班组成员的工作积极性，体现更强的工作主动性，最终优化工作效率。

（二）班组安全文化建设的误区

在开展班组安全管理和安全文化建设过程中，也存在着工作的误区，错误的方法不仅严重影响班组建设的成果，有的甚至造成很多负面的影响。

1.重视形式，轻视效果

一些单位将班组安全文化建设视为单纯的宣传工作，忽视了班组安全文化建设的系统性，将活动、团建，甚至是聚餐当作文化建设的内容来做。缺少体系的思维和正确的方法，也就难见实效。

2.舶来制度，脱离实际

由于对班组建设缺乏正确的认识，部分单位过

分践行"拿来主义"，将其他单位班组建设的制度规程照搬照抄到自己的单位，忽视了不同单位形式、不同作业模式和不同发展阶段，因此，制度规程在本单位并不适用。

三、班组安全管理

（一）班组长能力建设

班组长是班组安全管理的核心，班组长的素质对班组安全文化建设起着决定性作用。在班组长的选拔上要提高班组长的准入门槛，选拔有德行、有技术、有威望、有责任心的同志担任班组长，真正把想干事、会干事、能干成事的同志选拔到班组长岗位上来。在班组长的培养和管理上要加强班组长

思想道德、精细化管理、民主管理及安全管理等方面的知识培训，打造高素质的班组长队伍。

（二）建立班组安全管理组织

班组安全管理是一项系统性很强且具有一定复杂性的工作，班组安全管理组织建设是班组安全管理工作得以有效开展的基础，因此要做好这项系统的、长期的管理工作，完善班组安全管理组织建设是非常重要的。首先要建立班组安全管理组织，将现场区域按责任划分，每个责任区设置一个负责人，将每个责任人的工作职责张贴到各个责任区，如表1所示。这便于现场安全管理，使员工在安全管理建设工作中做到各司其职。

表1　现场区域责任划分

序号	科室	管理区域	区域责任人	备注

（三）设置班组安全管理激励机制

为了将基层员工的工作潜力进一步激发出来，班组要根据员工的具体工作表现对员工进行一定的评定，将班组安全管理激励政策制定出来，对班组安全管理激励机制进行完善。从切合班组安全管理的实际情况出发，转变员工的工作理念，使他们从以往的"要我安全"工作理念向"我要安全"的理念积极转变，只有使员工从自身出发，从根本上转变他们的观念，他们才能积极主动地为单位的安全文化建设贡献自己的一份力量。例如，单位可以制定安全绩效考核制度，将安全生产要素融入进去，对安全绩效优良的班组进行资金奖励，对安全绩效差的班组不仅要采取一定的惩罚机制，还要加强对他们的思想教育工作。

（四）完善班组安全文化建设

安全文化建设也是班组安全管理工作的重要内容，安全文化建设有助于营造班组的优良工作氛围，

增强基层员工的安全工作意识。首先，每个班组都要定期召开班组例会，在例会上进行安全管理实践、班组施工缺陷或隐患的教育工作，将员工在生产建设中的不足指出来，督促员工在工作中不断改进。其次，要听取员工的合理化建议，将他们在工作中的安全生产建议及时进行总结，并以班级管理制度方式公布出来。另外，可以在班组设置安全宣传栏、班组风险公示、信息通报与反馈等一些班组学习角落，培育良好的班组安全文化氛围。

四、班组安全文化建设

（一）提高安全管控力

单位要将"安全第一，预防为主"的安全理念扎根于实践中，用体系的思维持续改进安全管理，坚持在生产过程中做到凡事有章可循、凡事有据可查、凡事有人监督、凡事有人负责，只有这样才能不断提高单位安全生产管控力。单位的安全运行是创新发展的客观要求，而安全文化是单位安全运行的内

部支撑力,为了将基层员工的生产行为控制在安全的范围内,单位要善于借助安全文化来引导员工的思维模式

（二）强化安全教育培训工作

重视和发挥班组在员工教育培训中的主阵地作用,加强班组安全知识、岗位技能培训,严格新招录员工的岗前培训,做到应知应会,班组长和班组所有员工须经培训考核合格并持有效证件方可上岗,加强班组应急救援知识培训,建立班组应急预案,加强模拟演练,增强自救处置能力;加强对采用的新工艺、新设备、新技术的培训,适应安全发展需要;充分利用典型案例,开展警示教育,汲取事故教训,增强事故防范意识;坚持以师带徒,提高安全生产实际操作技能;大力开展岗位练兵,促使班组员工熟练掌握安全生产操作技术,提高防范事故的能力。

（三）树立先进楷模,发挥其促进单位健康发展的作用

为了深化基层员工对于安全生产的认识,将安全要求落实到工作实处,单位要不断进行安全文化氛围的建设,树立遵守安全的先进楷模,发挥标杆的示范作用,在生产实践中对基层员工进行工作指导。例如,可以全方位、多渠道地对单位的先进员工进行表彰和鼓励,集中力量打造出具有代表性的人物事迹,对先进人物或先进事迹展开大力宣传,还可以通过一些单位内部的先进事迹评比活动加大对安全文化的宣传力度,基层员工全都参与到评比活动中,引起他们的情感共鸣,从而将先进楷模的引导作用和激励作用充分发挥出来。

五、总结

有效的管理是单位前进的动力,管理的基础则在班组,加强班组建设任重而道远,它是一项长期性、日常性的工作,必须常抓不懈,需要付出艰辛与努力。不断强化班组建设,提高班组的执行力和创新力,这在一定程度上促进了单位发展的速度以及获得的综合效益。班组是单位的基石,单位的发展壮大离不开扎实稳固的基石,因此,班组建设其实就是单位建设,不断完善优化班组建设内容,才能使单位安全、持续、稳定、发展。

参考文献

［1］周海波．树立安全意识,创建和谐班组——北京公共交通控股（集团）有限公司保修分公司一厂班组"安全文化"建设纪实［J］．人民公交,2018,（09）:96-97.

［2］蔡良．采油厂班组安全管理中精细化理念的融入实践分析［J］．化工管理,2018,（26）:88-89.

［3］王倩,施源,孙凯,等．基于精细化管理的班组安全风险防控模式研究［J］．单位改革与管理,2018,（16）:46-47.

［4］孔清华．衢州检修分公司输电带电作业班:安全管理的六个"不能少"［J］．中国电力企业管理,2018,（17）:21.

［5］王莉,韩灵羚．强化青年安全生产意识多维度提高安全管理水平——"全国青年安全生产示范岗"内蒙古一机集团三分公司305车间吊车班纪实［J］．中国军转民,2018,（05）:56-57.

［6］姜辉,刘志超,许东升,等．国内电力企业班组安全管理策略初探［J］．科技创新导报,2018,15(13):206-207.

［7］赵隽,彭建辉,潘冬春．建设班组JSA文化提高员工风险辨识能力和意识［J］．船舶标准化与质量,2018,（02）:43-46.

［8］白佳．煤化工企业班组安全文化建设的研究与思考［J］．石化技术,2018,25(03):185.

［9］马云歌．刚性管理与柔性管理在基层班组安全管理中的应用［J］．内蒙古煤炭经济,2018,（03）:62+64.

［10］雒维英．"专家进班组"在八钢公司安全生产实践中的运用［J］．新疆钢铁,2018,（01）:52-54.

［11］矿山企业井下班组精细化管理创新与实践［J］．中国有色金属,2017,（S1）:33-41.

［12］赵雷,李晨熹,郭昊,等．浅谈建筑施工现场安全管理——人的因素控制［J］．建筑安全,2017,32(12):32-34.

［13］王万珺,沈坤荣,周绍东,等．在职培训、研发投入与企业创新［J］．经济与管理研究,2015,36(12):123-130.

［14］成立平．实用班组建设与管理［M］．北京:机械工业出版社,2009.

马钢协作协同岗位安全宣誓
助力企业安全文化落地探索与实践

马鞍山钢铁股份有限公司 王仲明 鲁祖凤 刘 畅 胡艺耀 王方明

摘 要： 马鞍山钢铁股份有限公司为增强协作协同岗位人员安全意识与提高人员安全技能，防止违章行为与事故发生，以岗位风险辨识为基础，协作协同岗位探索与实践安全宣誓活动，助力安全文化在基层岗位落实落地。

关键词： 协作协同；风险辨识；安全宣誓；文化引领

一、引言

（一）现状分析

近年来，随着马鞍山钢铁股份有限公司（以下简称马钢）人力资源优化的需要，每年有一定比例的正式职工被减员，部分涉及"脏苦累险、简单重复性"一线岗位逐渐由企业转向外部市场化运作的专业分包以及劳务分包公司承担，并由其所聘用的人员替代。这部分人员，在企业的岗位用工中，一般被称为协作协同岗位。目前，该类型企业的安全管理水平及管理模式与马钢相比差距较大，加之部分业务总包后仍存在专业分包与劳务分包情形，致使其安全管理界面增加，管理穿透力逐层衰减。同时，因分包单位聘用人员的自身安全意识和安全技能不足，导致习惯性违章频发，叠加形成了协作协同岗位个人违章为主因的安全生产事故多发局面。为此，如何杜绝协作协同人员事故多发的态势，如何提升协作协同人员安全意识和安全技能，是马钢当前亟须扭转被动局面所解决的主要矛盾和矛盾的主要方面。

（二）对策思路

马钢坚持以习近平新时代中国特色社会主义思想为指导，认真贯彻落实习近平总书记关于安全生产重要论述精神，坚持"人民至上，生命至上"安全发展理念，坚持问题导向，坚持文化引领。针对主要矛盾和矛盾的主要方面，积极探索在协作协同岗位开展安全宣誓活动，并将此作为解决这一主要矛盾和矛盾的主要方面的重要对策。

结合近年各类事故分析，其要因之一是人员在安全意识与安全技能的"知、会、愿"上出了问题，不知岗位安全风险、不会安全防范措施，不愿自我约束遵守规定。对此，马钢决定自2022年下半年开始，试点开展协作协同岗位安全宣誓活动，2023年全面推进协作协同岗位安全宣誓活动。通过组织协作协同人员每日、每班开展岗位安全宣誓，实现将安全风险、安全规程、安全规范内化于心、外化于行，进而建设"人人讲安全、人人要安全、人人会安全"的安全文化氛围，促进从"要我安全"到"我要安全"的根本转变，最终实现增强协作协同人员的安全意识和提升其技能，减少违章行为与事故发生的目的。

二、安全宣誓基本方案策划

（一）基本思路

根据现场调研情况，以公司层面牵头，制定协作协同岗位安全宣誓工作的阶段推进目标，明确推进机制；以二级单位进行联动，确定初期试点岗位；整体形成"分层策划、分级评价、优化固化，迭代提升"的循环递进工作机制，策划先试点再铺开、先激励再强制、先评价再迭代的行动方案，逐步实现岗位安全宣誓自主开展率100%的目标。

（二）基本方法

1.宣誓单元划定建库

根据生产流程、区域和岗位工种特点，将协作协同岗位以班组为基本宣誓单元，原则上单元宣誓人数应低于20人，划定为若干个宣誓单元。若班组人数较多或涉及的作业内容较多，再行划分成若干个小的宣誓单元。公司组织对各个单元进行登记造册，组织逐月比对通报，细化宣誓单元库。

2. 誓词提炼建档评价

结合岗位特点、岗位核心风险、岗位缺陷分析及习惯性违章行为辨识，由作业长、班组长带领岗位人员，以突出针对性、实用性、易懂、易记、易读，体现本岗位的核心风险管控措施，形成"两性三易"誓词提炼法，进行安全誓词提炼工作；由公司组织誓词建档工作，并进行阶段性评价通报，定期推动誓词优化迭代。

3. 宣誓组织全面覆盖

采取"两长"进班组领誓、员工轮换领誓、单项个人宣誓等各类形式，组织宣誓单元，每日每班开展安全宣誓。通过对安全誓词的背诵、朗读与理解，引导和规范人员的作业行为；通过安全宣誓牌挂墙、安全宣誓卡随身带的方式，全面覆盖协作协同岗位人员。

（三）岗位誓词提炼应用举例

通过对近年来的安全事故与违章行为的分析，2022年，首批将皮带清扫、锌锅捞渣、行车地操、高空电焊四个协作协同岗位工种，作为安全宣誓单元的试点切入，由公司统一进行提炼应用。

1. 皮带清扫岗位

（1）岗位分析

皮带清扫的岗位特点是人机结合频繁；岗位风险是清料过程易造成人员绞入；岗位缺陷是部分运输皮带头尾轮安全防护装置不齐全或不可靠；习惯性违章行为是穿越和上下皮带、对运行中的皮带进行清料作业。

（2）誓词策划

公司统一策划皮带清扫岗位安全宣誓词："皮带清料会伤人，停电挂牌要记牢；三方到场确认好，许可审批不可少；不上皮带不穿越，清料作业要互保"。

2. 锌锅捞渣岗位

（1）岗位分析

锌锅捞渣的岗位特点是人与锌渣锅、捞渣机器人近距离接触；岗位风险是机器人不停电易造成人员机械伤害、人员靠边坠入锌渣锅、锌渣飞溅烫伤面部；岗位缺陷是捞渣机器人捞渣不彻底，需要人工捞渣；习惯性违章行为是不停电作业、不系定位安全带、不戴防护面罩。

（2）誓词策划

公司统一策划锌锅捞渣岗位安全宣誓词："不停电、不进入；不系带、不靠边；不戴罩、不捞渣"。

3. 行车地操岗位

（1）岗位分析

行车地操的岗位特点是行车吊运作业频繁，人、机、物近距离接触；岗位风险是人员站位不当易造成物体打击；岗位缺陷是地面随行并进行吊运操作；习惯性违章行为是站在吊运物下方或吊运物路线前方，同时操作大小车，对钩入卷不准。

（2）誓词策划

公司统一策划行车地操岗位安全宣誓词："站后方，保距离；禁联动、勤观察；轻起钩、慢落卷；钩入卷、要稳准"。

4. 高空电焊作业

（1）岗位分析

高空电焊的岗位特点是高空作业与动火作业交织；岗位风险是易造成高坠、触电和火灾风险；岗位缺陷是高空交叉作业频繁，高空移动频繁，作业时间长；习惯性违章行为是无证或未经许可进行作业，高空作业或移动不系挂安全带、生命绳、防坠器，作业后不清理观察现场。

（2）誓词策划

公司统一策划高空电焊作业岗位安全宣誓词："无证无票不作业，大风无网不登高；防护用品穿戴好，登高移动用三宝（安全带、防坠器、生命绳）；动火监护要专人，完工留人查火种。"

三、协作协同岗位安全宣誓全面推进

在总结2022年试点岗位安全宣誓基础上，2023年，马钢全面推进协作协同岗位安全宣誓工作，并将安全宣誓作为2023年度安全专项重点工作推进。以下即相关工作介绍。

（一）方案策划

公司层面制定全面推进2023年协作协同岗位安全宣誓工作行动计划和行动方案，并下达计划推进甘特图，如图1所示。通过明确工作计划、确定工作方式方法、锁定计划完成时间，将安全宣誓推进工作分成策划与宣传、岗位梳理与誓词策划、宣誓实施、检查验收四个阶段推进。

序号	工作任务		一季度			二季度			三季度			四季度			责任单位
			1月	2月	3月	4月	5月	6月	7月	8月	9月	10月	11月	12月	
1	策划与宣传	策划与制定安全宣誓实施方案	→												安管部
2		专题会议宣贯宣誓活动方案		→											安管部
3	岗位梳理及誓词策划	梳理和誓词策划，制作宣誓卡片，人手一册		⟶											协作协同单位
4		检查与指导				⟶									属地单位
5	宣誓实施	自主开展，每岗每班宣誓一次				⟶⟶⟶⟶⟶⟶⟶⟶⟶									协作协同单位
6	检查验收	组织单位互查和抽查					→			→			→		安管部
7		季度安委会通报结果			→			→			→			→	安管部

图 1　协作协同岗位安全宣誓工作推进甘特图

（二）岗位梳理及誓词优化

1. 岗位梳理

公司统一推动属地单位将所辖协作协同岗位，依据试点工作经验，对安全宣誓单元进一步组织梳理、划定，将公司所有宣誓单元按照基本方法造册建档。第一阶段，共划分宣誓岗位单元 718 个。在实施过程中，我们发现作业区、班组或岗位划分较粗，部分宣誓岗位人员多达 100 多人。为改变这一现象，组织属地单位对宣誓岗位单元进行再细分，公司逐月评价优化、排名通报。通过数个阶段的推进，现已将宣誓岗位单元细分至 1246 个。宣誓岗位单元细分，如图 2 所示。

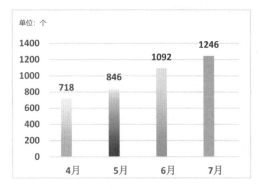

图 2　宣誓岗位单元细分推进

2. 优化与迭代

公司组织制定了宣誓词的评价标准，分为优秀、良好、基本合格、不合格等评价标准，如表 1 所示。

表 1　协作协同岗位安全宣誓词评价标准

评定等级	评定标准
优秀	1. 根据生产流程和生产区域或岗位工种将作业区划分为若干个最小宣誓单元进行誓词策划和宣誓； 2. 誓词与岗位风险、岗位缺陷、习惯性违章行为紧密结合，突出了岗位的主要风险（三个核心风险），并兼顾通俗易懂、简单易记、简洁等的特点
良好	1. 誓词与岗位风险、岗位缺陷、习惯性违章行为有一定的结合度。核心风险有漏项，并兼顾通俗易懂、简单易记、简洁等的特点； 2. 宣誓单元划分不够细致
基本合格	1. 誓词结合岗位风险、岗位缺陷、习惯性违章行为不够紧密，没有口号化，但誓词冗长（超过 50 个字）、或过于简单（少于 18 个字），没有突出岗位的主要核心风险； 2. 作业区没有根据实际情况划分宣誓单元
不合格	1. 宣誓词没有结合岗位风险、口号化； 2. 没有进行岗位划分，多个岗位用一套誓词

4 月份，经过公司对协作协同单位安全誓词的评　价发现，安全宣誓内容口号化较为普遍，但合格率只

有47%,如部分岗位的誓词为"安全第一,违章为零"。

5月份和6月份,公司再组织了两轮誓词优化工作,誓词合格率达到了100%,良好率达到45%,优秀率达到13%。这个阶段的誓词主要问题是通用性强,适用于多数岗位,但缺乏针对性,不能有效体现本岗位核心安全风险和管控要求。如某岗位安全宣誓词为"劳保穿戴规范、上下楼梯抓牢、安全监护到位、严格执行两票三制"。

7月份,公司再次组织了优化工作,良好率达到88%,优秀率达到24%。这个阶段的誓词主要特点是多数岗位安全誓词能够紧密结合岗位风险,突出防范措施。如钢卷打包岗位安全宣誓词为"打磨操作戴护镜、打捆包装架上方;包装操作站两头,牢防钢带会回弹;起吊之前查环境、行车运行需鸣铃"。4月—7月,安全宣誓词优化率,如图3所示。

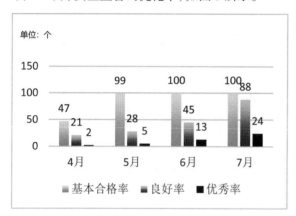

图3 安全宣誓词优化

（三）誓词固化

将已经优化成熟后的岗位安全宣誓词进行固化和可视化,作业区（班组）制作安全宣誓牌挂在休息室、活动室等员工经常停留的地方,同时制作安全宣誓手卡,一人一卡,确保协作协同人员能够随时随地学习掌握,如图4、图5所示。

图4 皮带清扫岗位安全宣誓卡（正面）

图5 皮带清扫岗位安全宣誓卡（反面）

（四）宣誓实施

每日每班采取"两长"进班组领誓、员工轮换领誓、单项个人宣誓等各类形式开展安全宣誓活动。如图6、图7所示

图6 和菱包装作业区开展班前安全宣誓

图7 炼钢维检作业区开展班前安全宣誓

（五）检查评价与重点辅导

由公司安全部门牵头,采取A查B、B查C方式开展交叉互查。主要检查岗位人员对安全誓词掌握的熟练程度,并结合誓词优化和检查情况,开展优秀组织单位评选,针对做得好的单位进行奖励,推动安全文化氛围进一步提升。针对协作协同单位较多,安全风险较大的炼铁总厂、长江钢铁、冶金服务公司三家单位开展了安全宣誓推进的重点辅导与培训工作。实施情况如图8、图9所示。

图8　公司开展协作协同岗位安全宣誓优化重点辅导培训

图9　公司开展协作协同岗位班组安全宣誓检查与指导交流

（六）问题分析

1. 认识不足

在推进协作协同岗位安全宣誓活动初期，部分单位及人员对安全宣誓的认识不足，没有将安全宣誓作为推动协作协同岗位形成良好安全文化氛围的重要抓手，认为安全宣誓就是形式主义，就是喊喊口号，第一阶段的安全誓词也反映了这一情况。

2. 策划不够

部分单位没有进行细致的策划与责任分解，基层"两长"没有有效地带领岗位人员对岗位特点和岗位风险进行分析，没有细化宣誓单元，誓词策划不能与岗位的核心风险紧密结合。

3. 培训不到位

由于2022年底已经进行了试点岗位的推进工作，没有将培训作为2023年全面推进的一项重要工作进行策划。并且基层岗位对如何开展安全宣誓策划的能力不足。

（七）改进对策

1. 方案调整

在对第一阶段誓词进行评价分析后，公司及时对年度推进方案进行调整，将誓词优化时间拉长到3个月，并每月开展一次优化与评价工作。

2. 压实责任

公司每月月度例会对各单位开展情况进行评价，对存在的不足进行分析，运用赛马机制，倒逼属地单位强化责任，提高对安全宣誓重要性的认识。

3. 重点辅导

对部分策划能力弱的单位开展一对一的专项辅导与培训，通过与员工开展谈心对话等方式，来提高员工的认知，解决员工的困惑。

四、结语

（一）路径探索

马钢通过推进协作协同岗位安全宣誓活动，探索出了一条马钢特色的安全文化路径，是一条能够将企业安全文化向协作协同单位有效延伸的可行方法，是一条可复制、可推广的安全文化创建路径。

（二）实践创新

马钢的安全宣誓摒弃了喊口号式的安全宣誓形式，以岗位安全风险分析为基础，誓词突出核心风险和防范措施，能够大幅提升岗位人员对主要风险隐患的认知与防范能力，是具有创新性的做法。

（三）文化落地

马钢协作协同岗位安全宣誓建设出了一条能够提升协作协同人员安全意识、安全能力和自主安全管理的有效途径，通过日积月累的安全宣誓，促进协作协同人员养成良好的安全行为习惯和行为准则，助力公司安全文化的有效落地。

参考文献

[1] 国家安全监管总局中华全国总工会共青团中央关于深入开展企业安全生产标准化岗位达标工作的指导意见[J]. 国家安全生产监督管理总局国家煤矿安全监察局公告, 2011, (06):70-74.

[2] AQ/T 9004-2008, 企业安全文化建设导则[S].

[3] GB/T 33000-2016, 企业安全生产标准化基本规范[S].

以构建安全文化为导向的特种作业及特种设备作业人员管理

沈阳飞机工业（集团）有限公司　刘　丹

摘　要： 近年来，随着航空企业的快速发展，特种作业人员和特种设备作业人员日渐增多。这两类人员（以下统称为特种作业人员）从事特种作业时直接接触危险的可能性会更大，由于工作性质及特种设备危险性较大，如果从事该工种的人员缺乏相应的安全及专业技能，那么，事故一旦发生，将造成无可挽回的损失。企业应更加重视对特种作业人员的管理，以构建安全文化为导向，严格执行特种作业人员持证上岗作业的规定，并对特种作业人员进行有针对性的全方位的安全教育和培训，全面提升特种作业人员管理水平，避免安全事故发生，保障企业正常运行。

关键词： 特种作业人员；安全文化；安全事故

应急管理部发布的《工贸企业重大事故隐患判定标准》（自 2023 年 5 月 15 日起施行）中明确特种作业人员无证上岗的被判定为重大事故隐患，该标准涉及冶金、有色、建材、机械、轻工、纺织、烟草、商贸等工贸企业。而随着市场经济的快速发展，企业生产规模发生了巨大变化，设备在更新、技术在提升，对操作人员的综合素质也提出了更高要求。但部分企业没有形成良好的安全文化，主要体现在对安全生产投入存在认识的偏差，尤其对特种作业人员的培训工作上存在明显不对称、不平衡发展的问题。因此，构建良好的安全文化，加强对特种作业人员安全知识普及教育和操作技能的培训在安全生产管理中显得尤为重要。

一、特种作业人员、特种设备作业人员的概念

特种作业人员是指直接从事容易发生事故，对操作者本人、他人的安全健康及设备、设施的安全可能造成重大危害的作业的从业人员。

特种设备作业人员是指锅炉、压力容器（含气瓶）、压力管道、电梯、起重机械、客运索道、大型游乐设施、厂内专用机动车辆等特种设备的作业人员及其相关管理人员的统称。

二、特种作业人员管理目前存在的主要问题

特种作业人员作为安全生产事故的高发人群，对特种作业人员培训的必要性、重要性虽然逐渐得到大部分企业的认同，但事实上，部分企业在这方面认识不足，舍不得投入，特种作业人员管理目前存在以下主要问题。

（一）资质监控不到位

部分企业在特种作业人员资质监控上存在不落实的现象，无证上岗难以从根本上杜绝。甚至一些企业在操作上存在随意性，只要稍微懂点操作知识，就可以去进行特种设备操作。这虽然方便了生产，却埋下了较大的安全隐患。典型案例是安阳"11·21"火灾事故直接导致 38 人死亡，事故原因就是员工无证违规进行电焊作业、未办理动火作业证，引发大火，造成重大损失。

（二）基础工作不落实

相关部门为了提高特种作业人员的技能水平，往往会采取培训的方式对其进行资质把关。这是一项基础性的工作，可以在最大限度上保证地区特种作业人员的整体能力水平。但是这个办法也存在着局限性，企业的特种作业人员存在流动性大的现象，使企业对在职操作人员的培训存在顾虑，企业有时刚培训好一个工人就调离本岗位，导致企业不愿在每个岗位上加强对员工进行持证培训。

（三）培训把关不严格

当前，特种作业人员培训机构较多，基础管理工作上还存在不足，培训机构没有严格执行考勤制度，对参加培训的人员有没有真正到场学习并不重视，考核也没有严格按照国家对特种作业人员培训考核的标准进行组织，等到事故发生后再查找原因、追究责任则为时已晚。"5·18"高空清洁工坠落死亡事故，在调查中发现这是一外地有资质单位承包的高空清洁工程任务，但这些持证员工根本就没参加任何的培训，导致安全措施不到位而引发事故。

（四）复审管理不重视

企业不重视特种作业人员复审工作，认为取到证后就一劳永逸了，没有定期复审，每年实际复审的人数占应复审人数的比例较低。某些人员已离开原操作岗位多年或证件早已过期，没有进行再培训，就直接上岗导致生产安全事故发生。

三、企业特种作业人员管理

只有将特种作业人员风险预防与控制落实到位，才能真正从源头控制危险因素，大力开展岗位危险（源）因素辨识工作，详细查找每个岗位危险因素，制定控制措施，有针对性地开展安全检查工作，严格执行特种作业人员持证上岗作业的规定，每年核对所有特种作业人员名单并形成特种作业人员清单，只有清单中的人员才可以从事相应的特种作业。同时对特种作业人员进行有针对性的全方位安全教育和培训，每年制定特种作业人员培训计划，并严格组织落实，加以实施，全面提升特种作业人员安全管理水平，避免事故发生。

（一）持证上岗，不越红线

特种作业人员持证上岗是一条不可逾越的红线，公司高度重视持证上岗工作，常年坚持特种作业人员100%持证上岗，对于容易发生重大危害的特种作业人员，组织在上岗前进行与本工种相适应的、专门的安全技术理论学习和实际操作训练。首先按国家相关要求申请办理特种作业人员操作证，特种作业人员接受与其所从事的特种作业相应的安全技术理论和实际操作培训，参加特种作业操作资格考试，考试合格取得证件后方可上岗。同时，公司定期核查特种作业人员档案，并每年组织特种作业人员进行一次系统化培训与考试，对考试不合格者进行再次培训、考试，杜绝一证在手，一劳永逸的现象。如此，培训效果显著。

（二）安全培训，打牢根基

安全培训是为普及特种作业安全知识、增强特种作业人员安全意识、掌握安全操作规程和技能、消除不安全行为而采取的一种必要手段，安全生产培训工作的开展对宣传安全文化、贯彻安全法规、普及安全知识和技能、增强员工安全意识起到了极为重要的作用。

1. 特种作业人员安全培训教育的重要性

注重培训学习，稳步提升特种作业人员能力素养，培训注重系统性，按不同层次、不同工种需求细分班型。公司在特种作业人员管理中严格贯彻执行"安全第一、预防为主、综合治理"的方针政策，提出了安全生产管理工作"抓全员，全员抓"就是全员开展安全生产专项培训教育工作。公司针对不同岗位的人员，重点开展对安全责任意识、危险辨识方法、安全技术标准、安全操作规程的全员安全培训，有利于促进安全生产工作的顺利进行。

2. 培训形式不断创新

安全技能培训只有通过受教育者亲身实践，参与其中，才能真正地掌握，通过反复的实际操作不断地摸索而熟能生巧，逐渐掌握安全技能。同时，面向不同群体，特种作业人员安全培训教育的内容应有所侧重，从而达到培训教育的目的和效果。公司在培训形式上不断探索与创新，形成了公司和基层单位两级培训网络相结合的全方位、立体式培训网络，培训工作既有针对性，又带有浓厚的趣味性，以特殊的教育形式把安全知识渗透到培训人员的日常工作、学习和生活娱乐中去，使其受到潜移默化的教育。例如，针对叉车车辆集中的单位，结合自身特种车辆繁多、安全驾驶要求高的特点，组织特种车辆驾驶人员开展驾驶员技能比武大赛，组织叉车司机进行安全驾驶竞赛、消防灭火演练、安全签名、安全知识接力赛等培训工作，将安全知识融入趣味活动。

（三）构建文化，安全发展

1. 孕育安全文化，提升应对能力

公司重视安全月活动，在贯彻落实全国安全月活动的同时，在公司内部开展双安全月活动，全面增强全员安全意识，培育塑造具有特色的安全文化，基层单位积极参与配合公司的宣传活动，吊车使用单位组织吊车事故应急演练，开展主题为"我身边的安全隐患"的调查问卷活动，组织职工进行了吊装作业标准指挥手势及吊索具使用演练。危化品单位针对本单位生产工作中接触危险化学品较多的情况，组织危险化学品作业人员安全培训，使员工了解、掌握日常工作中接触的危险化学品的成分、危害、防护措施和应急处理方法等。

2. 安全思想教育，筑牢文件根基

安全思想教育是企业安全文化建设的深层文化内涵，安全文化建设直接影响职工对安全意识的认识和能否确保安全生产。加强对特种作业人员安全思想教育，通过学习国家有关法律法规，提高管理人员和作业人员的政策水平，严格执行操作规程，遵守劳动纪律，杜绝违章指挥、违章操作的行为，利用曾经发生的重大事故的案例，对职工进行安全意识教育，营造安全文化的浓厚氛围，增强职工的安全意识。公司组织基层单位开展摄影展，用亲情的感召作用加强员工安全生产意识，编辑了《和谐家园温馨寄语》手册，让管理人员和作业人员深刻认识到一个人的事故影响到的是全家人，为了家人的幸福、为了自己和他人的生命，从观念上改变认识。

3. 突出以人为本，树立安全意识

安全生产工作是不断总结经验和自我提升的过程，公司对一年发生的安全生产事故进行分析，其中人的不安全行为占了 70% 以上，事故的发生往往是操作者违章作业或一念之差造成的。公司以尊重人、理解人、塑造人为原则，在安全生产工作中将着力点、出发点放在"人"这一安全工作的根本点上，开展丰富多彩的活动。例如：组织开展"第五届班组安全文化建设趣味活动大巡游"娱乐游戏大冲关活动，五大赛区，41 家单位 300 余名干部员工利用午休时间参加了此次活动，在休闲娱乐的同时，广大员工了解并掌握了安全生产知识，取得了良好效果；举办"人人关心安全，安全关系人人"知识竞赛活动，

使广大员工在比赛中学习其他部门的优点，找出自己不足，起到经验大家学、教训全员吸取的作用，即取长补短、互相提高；举办班组长安全培训班，重点对生产部分一线班组长进行岗位危险辨识的专项培训。

企业应重视安全文化建设，"文化"本身具有特殊的魅力与力量，一种文化、思想的传承和发展，归根到底还是要靠人的积极性、主动性来推动。而特种作业人员作为企业高危险人群，更应加强安全管理，只有让安全文化深入每个人心中，植根于每一名员工的脑海，安全文化才会真正成为企业生产之魂。公司以"尊重职工、关爱生命、以人为本、安全发展"的企业安全文化为引领，高度重视特种作业人员安全培训教育工作，将其作为实现企业安全生产的一项基础性工作，常年坚持，狠抓落实。通过系统化、专业化、有针对性的专项培训，全面提高特种作业人员的责任感和自觉性，增强作业人员的安全知识和技能，使特种作业人员系统掌握各种伤害事故发生发展的客观规律，提高安全操作技术水平，减少因人而造成的失误，控制自身的不安全行为，在安全意识上真正从"要我安全"向"我要安全""我会安全"的观念转变，从而确保特种作业人员的自身安全，降低特种设备危险系数，减少安全事故的发生，促进公司生产任务顺利完成。

参考文献

中国安全生产协会. 安全生产技术 [M]. 北京：中国大百科全书出版社, 2011.

贯彻三轻四忌六勤八不准为核心的安全文化 确保民爆物品生产全过程安全

四川省宜宾威力化工有限责任公司　李树彬

摘　要：本文介绍了民爆行业50多年的安全发展历程，分析了民爆行业各类事故发生的原因，总结分析出"贯彻三轻四忌六勤八不准为核心的安全文化"是防止民爆行业事故发生的根本措施。

关键词：三轻；四忌；六勤；八不准；安全文化

一、公司安全文化发展简介

截至2022年，四川省宜宾威力化工有限责任公司（以下简称宜宾威力公司）已有55周年的历史了，从成立之初，就着重安全文化的建设，大体经历了无序阶段、制度阶段、自觉阶段、文化引领阶段。

（一）无序阶段

四川省宜宾威力化工有限责任公司原名六七三厂，成立于1967年3月3日，六七三厂起源20世纪60年代，即农业学大寨时期，县长带领大家修公路，为解决起爆器材紧张难买问题而诞生的。刚成立的六七三厂由宜宾市水利局选址在柏溪镇长沙村公子山上的一个工棚内，条件极其艰苦，碓窝舂药，明火烘烤，工艺设备落后，专业技术人员严重匮乏，安全生产条件严重落后。但老一辈六七三人凭借着胆大心细、敢干敢闯的拼搏精神，硬是在工棚内闯出一条血路来，在公子山上站稳了脚跟。1978年六七三厂淘汰了落后的起爆药雷汞及其工艺与设备，采用了比较先进的二硝基重氮酚起爆药生产工艺与设备，建成了当时比较先进的起爆药与火雷管生产线，实现了人与药剂的隔离，彻底淘汰了碓窝舂药、明火烘烤的落后工艺，实现了六七三厂的第一次飞跃。在这一阶段根本就没有安全文化可言，安全管理制度都是零散的。

（二）制度阶段

1978年至2006年，六七三人凭借着团结、拼搏、求实、创新的企业精神，从单一的火雷管发展成为集火雷管、电雷管、导爆管、导爆管雷管、导爆索、工业炸药等六大系列20多个品种齐全的国家中一型民爆企业，实现了六七三厂的第二次飞跃。这一阶段随着品种的增加、人员的增多，过去家长式的管理已经无法满足企业发展需要。随着现代企业管理制度推进，宜宾威力公司建立健全了一系列安全管理制度，通过制度来管人、约束人，结束了人管人的无序状态。

（三）自觉阶段

2006年至2019年，宜宾威力公司与云南民爆集团强强联合，成为云南民爆集团控股公司，实现了基础雷管人机隔离，自动化、连续化生产，实现了宜宾威力公司的第三次飞跃。这一阶段随着新的《民用爆炸物品安全管理条例》的出台，民爆行业开展了针对小、散、低、乱问题的集中治理，宜宾威力公司意识到想在这次波涛汹涌的大环境下生存下来，光靠制度建设是不行的，一方面必须进行技术更新，另一方面应进行企业安全文化建设，通过文化来引领安全。

（四）文化引领阶段

2019年底，宜宾威力公司成为云南民爆集团的全资公司。按照工信部退城入园要求，2020年，宜宾威力公司从柏溪镇长沙村公子山上整体搬迁到柏溪镇八一村高捷园，提前达到了工业和信息化部印发的《关于发用爆炸物品行业技术进步指导意见》的要求，实现了宜宾威力公司的第四次飞跃。公司全面开创了安全文化引领安全生产，为公司安全发展做支撑的崭新阶段。公司认真总结，分析了民爆行业以及公司历年来发生的爆炸事故，充分吸取事故教训，编制了《民用爆炸物品典型事故案例分析手册》《反违章管理手册》《岗位风险防范手册》《自动化设备故障处理手册》《民爆物品生产、检验、装卸、运输、搬运、爆破、销毁、售后服务安全顺口溜》，建立健全了全员安全生产责任制、安全管理制度与安全操作规程，创新推出了"五零目标奋斗法（零偏差、零违章、零隐患、零事故、零伤害）""安全口诀法""八查八抓法""事故警示教育法""安全约谈法""违章扣分培训法""安全检视发言法""安全生产承诺法""违章与隐患回头看回头查法""岗位清洁能手大比赛法""谈心谈话法""设备维护保养大比赛法""13要素标准化现场管理法""优良传统传承法""全员安全绩效考核法"等有效的安全管理措施与办法；总结出了"三轻、四忌、六勤、八不准的操作行为准则""故障处理口诀""隔离、防护、保护、撤离8字故障处理准则""设备维修三步曲"为核心内容的独特安全文化；同时继承并发扬优良传统，常抓习惯性违章的整治，注重员工行为好习惯的培养；铁心铁面铁管理，坚决克服软拖扯，有效地纠正了违章操作行为，遏制了事故的发生，自2006年以来，已连续安全生产17年，确保了民爆物品生产全过程的安全。

二、民爆行业安全发展简介

民爆行业与宜宾威力公司的发展史就是一部血泪史，那一桩桩、一件件惨不忍睹、四肢不全的事故场面，让每一个民爆人、威力人无不深深的痛惜，无不深深的懊悔。如何吸取事故教训，确保生产安全，是我们每一个民爆人、威力人庄严的职责、神圣的使命。为此，国家在行动、行业在行动、企业在行动，自2010年国家印发《民爆行业技术进步指导意见》以来，研发引进先进生产技术，淘汰落后工艺与设备，淘汰落后生产线，为期一年，民爆行业生产厂从1000余个关停至目前的250个，通过重组整合，民爆生产企业集团的数量缩减至70家；先后淘汰了导火索、火雷管、电雷管、导爆管雷管，全面发展高精度、高可靠性、高安全的电子雷管；民爆行业10多年来的高速、高质量、高安全的发展，超越了西方发达国家100多年的发展历程；民爆行业危险岗位终于实现了无人操作，人机隔离，自动化、连续化生产，提高了民爆行业的本质安全水平，安全事故不断下降，连续8年未发生工业炸药爆炸伤亡事故，工业雷管连续6年未发生爆炸伤亡事故，安全生产创造了历史水平。但是在高速发展的情况下，由于先进的工艺与设备研发及试验的周期过短，在正式生产过程中，工艺与设备都存在着一些缺陷，这

些缺陷需要人去不断磨合、修整、改进，在这个磨合、修整、改进过程中稍有不慎就可能发生事故。

三、民爆行业典型事故发生的原因

纵观民爆行业以及我公司几十年来发生的爆炸事故，都是因为民爆物品在生产、装卸、储存、运输、爆破等环节没有严格做到轻拿轻放或受到静电、雷击、电能、热能、机械能等外界能量的作用导致的。1973年2月19日，发生在我司老厂的雷汞烘房爆炸死亡事故，是采用明火烘烤雷汞导致的；1989年2月28日，发生在老厂的爆炸事故是起爆药掉地导致的；2006年4月11日，发生在我司老厂的导爆索爆炸死亡事故，是维修工具碰撞、摩擦导致浮药爆炸殉爆未转移的太安与导爆索导致的。2008年8月25日，发生在湖南某化工公司的起爆药爆炸事故，是筛药过程中产生的静电导致的；1993年4月23日，发生在辽宁某化工厂的炸药爆炸事故，是轮碾机内混入金属异物与轮碾机摩擦产生的机械火花导致的；2005年5月4日，发生在华东某民爆企业的雷管爆炸事故，是雷管装盒时相互摩擦，浮药爆燃导致的；2017年6月19日，发生在南方某民爆公司的起爆药爆炸事故，是使用铁制工具进行维修时摩擦产生火花，起爆药未转移、未清扫浮药的情况下导致的；1992年6月27日，发生在华中某民爆企业的铵梯炸药爆炸事故，是维修设备时，铵梯炸药未转移、未清扫浮药的情况下进行违章动火导致的；2021年1月10日，发生在山东五彩龙公司笏山金矿的爆炸事故是违章动火引爆了混存乱放的导爆管雷管、导爆索和炸药导致的；1988年9月13日，发生在某民爆化工厂的爆炸事故，是运输工张某端雷管时，身体失去平衡将全盘雷管脱手掉落，雷管相互撞击导致的；2002年3月18日，发生在湖南某公司成品库区的雷管爆炸事故，是运输车辆上的雷管掉地导致的；2018年4月10日，发生在陕西镇安某公司的爆炸事故、2018年6月5日发生在辽宁本溪某公司爆炸事故都是雷管被抛摔导致的；1993年5月26日，发生在某公司的雷管爆炸事故是老鼠咬、啃导致的；2005年4月21日，发生在某公司的乳化炸药爆炸事故是球雷窜入工房导致的；1999年7月27日，发生在重庆某县公路上的运输爆炸事故，可能是雷管在运输车上翻滚或挤压导致的；1992年11月13日，发生在西安火车站的雷管爆炸事故，可能是雷管受到外界撞击等导致的；2009年7月11日，发生在河

北钢铁集团公司石人沟铁矿的炸药爆炸事故，是电器设备漏电产生的电火花导致的；2011 年 12 月 20 日，发生在四川省筠连县某煤矿的炸药爆炸事故，是雷管电器短路打火，引爆违规存放在办公楼上的电雷管导致的；2017 年 8 月，发生在西北某厂的收盒岗位爆炸事故，是照明电器短路产生的电火花，引爆了桌面上的基础雷管导致的。

这些事故的发生，都是违反了民爆物品易燃易爆特性，野蛮操作或受到静电、雷击、电能、热能、机械能等外界能量的作用导致的。为确保民爆物品生产、搬运、装卸、储存、运输、爆破等全过程安全（以下简称生产全过程），就必须教育培训员工始终做到"三轻、四忌、六勤、八不准"。用安全文化来引领员工的安全行为，树立"野蛮操作就是事故，轻稳操作就是平安"的理念，做到每时每刻都要遵章守纪，保障每时每刻的安全；否则亿万分之一的违章违纪会带来百分之百的安全事故，亿万分之一的工作失误会给企业带来百分之百的灭顶之灾。

四、三轻四忌六勤八不准为核心的安全文化背景

宜宾威力公司新建的 DDNP 起爆药自动化生产线、电子雷管全自动化生产线、导爆索自动化生产线的危险岗位都实现了无人操作，人机隔离，自动化、连续化生产，正常生产时非常安全、可靠，达到了国际先进水平。这都是以刘长江总经理为首的公司领导，高瞻远瞩，带领大家共同奋斗的结果。但是无论多先进的设备，无论多先进的工艺，都无法做到所有的岗位人机隔离，还有雷管转运、装卸、运输、爆破等少部分岗位无法实现人机隔离，反而是面对面的操作；自动化设备出现故障后，也需要面对面的处理。前几年云南、四川、南京、陕西在新线试生产过程发生的事故，充分说明人机隔离，自动化、连续化生产，并不是绝对安全的，如何确保全自动化生产线生产全过程的安全，光靠制度是不行的。贯彻三轻四忌六勤八不准为核心的安全文化，引领员工的安全行为，将安全理念、安全文化根植于员工心里，入心、入脑、入行，实现"内化于心、外化于行"，变"要我安全"为"我要安全、我会安全、我能安全"。

五、三轻四忌六勤八不准为核心的安全文化的内容与要求

（一）三轻是指进行民爆物品生产全过程中始终做到轻拿、轻放、轻操作

（1）轻拿：指员工双手紧抱民爆物品，民爆物品底部不得与工作台面、地面、车面发生摩擦、碰撞。

（2）轻放：要求员工将手中的民爆物品完全接触工作台面、车面、地面时才能放手。

（3）轻操作：要求员工在操作过程始终做到轻、平、稳、准。

（二）四忌是指进行民爆物品生产全过程中忌烟火手机、忌设备带病运行、忌恶劣天气作业、忌酒后作业

（1）忌烟火手机：烟火、手机是民爆物品生产的大敌，民爆物品及药剂遇明火最容易发生爆炸事故，接听电话过程中产生的微小火花就可能将雷管引爆。

（2）忌设备带病运行：当设备噪声突然变大、参数超限、设备冒烟、有焦臭味时，就说明设备已出现故障，必须停止生产，采取措施，消除故障后方可生产。

（3）忌恶劣天气作业：民爆物品在生产全过程中突遇雷雨、高温等恶劣天气时，应暂停作业，将人员撤离到安全区域。

（4）忌酒后作业：酒精能使人的反应能力、控制能力、处理能力下降，饮酒后会使人的意识模糊、胆子变大，进行民爆物品生产时，很难按章操作。

（三）六勤是指在生产民爆物品全过程中，员工要做到少量多次勤运走，管理者做到勤提醒、勤检查、勤纠正、勤处理、勤监督

（1）少量多次勤运走：要求员工在工作中不要超量，该两次转运的绝不一次转运。

（2）勤提醒：经常提醒员工按章操作，对习惯性违章者提前打招呼，起到预防的作用。

（3）勤检查：经常检查员工是否按章操作，是否存在隐患。

（4）勤纠正：就是要及时纠正员工的违章操作行为。

（5）勤处理：对违章者一定要严肃处理，不能遗漏。要通过大量的典型事例来教育人、警示人、培养人，通过约谈、谈心、谈话、处罚等多种方式来处理。

（6）勤监督：就是要通过各种方式，监督员工按章操作。有些人不监督他就不自觉，就很难按章操作。

（四）八不准是指民爆物品在生产全过程中不准掉落、不准敲打、不准碰撞、不准拖拉、不准抛摔、不准翻滚、不准摩擦、不准挤压

（1）不准掉落：在工作中要精力集中、精心操作，不准民爆物品从工作台面上、车上掉落在地面上。

（2）不准敲打：处理设备故障时，没有转移民爆物品与彻底打扫干净浮药之前，不允许维修人员用坚硬的工具对设备进行敲打。

（3）不准碰撞：在进行民爆物品生产全过程中，应采取有效措施，防止民爆物品相互撞击。

（4）不准拖拉：搬运、装卸民爆物品时要双手紧抱，严禁单手拖拉民爆物品。

（5）不准抛摔：搬运、装卸民爆物品时，严禁抛掷。

（6）不准翻滚：应将民爆物品固定在车上，码放整齐牢固，严防它在车厢内翻滚、移动。

（7）不准摩擦：要经常清扫浮药，防止浮药与工具之间摩擦，民爆物品与民爆物品之间摩擦。

（8）不准挤压：盛装民爆物品的包装箱与数量要匹配，防止民爆物品在装箱、运输过程中相互挤压。

六、结束语

习近平总书记指出，"应健全风险防范化解机制，坚持从源头上防范化解重大安全风险，真正把问题解决在萌芽之时、成灾之前"。民爆行业10多年来一直在推行危险岗位无人化改造，从源头上解决安全问题；现在民爆行业生产的所有危险岗位都实现了人机隔离，自动化、连续化生产，本质安全水平得到大幅度提高，但是民爆物品生产、搬运、装卸、储存、运输、爆破等环节，始终还需要人去完成，始终需要人去面对面操作民爆物品。只要我们贯彻三轻四忌六勤八不准为核心的安全文化，引领员工的安全行为，将安全理念、安全文化根植于员工心里、入心、入脑、入行，实现"内化于心、外化于行"，变"要我安全"为"我要安全、我会安全、我能安全"，就能确保民爆物品生产全过程的安全。

基于银行安全防范要求背景下地方性农村银行机构安全文化建设探讨

——以村镇银行为例

安徽歙县嘉银村镇银行股份有限公司 孙欢斌 李俊杰

摘 要： 习近平总书记在党的二十大报告中指出高质量发展是全面建设社会主义现代化国家的首要任务，也曾在总体国家安全观论述中指出金融安全是国家安全的重要组成部分，是经济平稳健康发展的基础。银行作为向人民群众提供金融服务的一线窗口，安保工作质量直接关系人民群众的财产和生命健康安全。对于银行而言，塑造健康良好的安全文化至关重要，更有利于防范金融风险和应对安全事故，牢牢守住底线。

关键词： 村镇银行；安全评估；基层网点；安全文化

安全生产工作是一项基础性工程，是银行高质量发展不可或缺的基石。从公安通报和外部报道来看，银行（分支）机构安全事件或外部侵害案件的情况时有发生。这也要求银行机构厚植企业安全文化，一体化推动物防、技防、人防建设。牢牢把握安保的底层逻辑：通过一系列措施来消除或控制风险，应对和防范内外部侵害事件，保护客户及员工的财产和生命健康安全。

一、银行业金融机构安全评估简述

2009年，公安部联合银保监部门开展了全国首轮银行业金融机构安全评估工作，并按照两年一轮的频率持续开展，先后制定了GA 858-2010、GA 38-2015、GA 745-2017等标准，并不断更新完善，目前适用标准为GA 38-2021。相关标准成为银行网点建设、审批验收、日常检查的重要依据，督促和推动银行金融机构从物防、技防、人防等多维度不断提升安防水平。

银行业金融机构历经七轮安全评估工作，整体安防水平得到持续稳步提升，保持了较高水平。从近年黄山市银行业金融机构安全评估结果来看，地方性中小银行评估得分普遍低于大型银行。大型银行安全保卫工作所展现出专业能力强、管理考核规范、经费保障充足、安全文化底蕴浓的优点是值得中小银行借鉴的。同时，随着银行业金融机构安全评估标准的持续更新完善，不少机构存在"老旧"网点部分物防技防设施不达新标的情况。这对银行业网点推进整改提出新的要求，但部分基础设施改造实施起来存在一定的现实困难，这意味着银行营业场所的安保生命周期是偏低的，需要统筹安排。另外，随着自然环境、科技发展、客户需求及区域治安环境等形势变化，给银行安全提出新挑战，安防重点从传统的防盗防抢防火领域向自然灾害、客户信息安全、网络安全等领域扩展。

二、地方性农村银行机构运行特点及安全管理现状

自2007年全国首家村镇银行获批成立以来，农村地区银行业队伍不断扩容，村银等地方性中小银行机构坚持"服务三农"的定位，服务地方经济社会发展。历经十余年的成长，村镇银行队伍不断壮大，截至2022年年末，全国有1645家村镇银行。从村银的经营成果来看，有410家村镇银行披露了2022年年度财务数据，盈利在千万元的有178家，其中盈利超1亿元的仅7家。由此可见，村镇银行的盈利能力相对较弱。

从村镇银行的公司治理层面来看，其大股东绝大多数也是银行业机构，村镇银行也基本上沿用或套用发起行的模式进行管理，可能存在适用性不高的情况。按照监管要求，村镇银行须属地经营，且在金融支持乡村振兴的大背景下，要求业务重心下沉，前往乡镇区域开设网点或自助银行，与农商行、邮政所等金融机构共同为群众提供金融服务，因此，乡镇区域的基层营业网点数量较多且分布较散。

结合历次安全评估工作来看，农村中小银行安保工作存在以下问题。一是重视程度参差不齐。一方面，一些小银行按照达到合格标准即可对外营业的想法，主观上在安防设施设备投入上有所保留。另一方面，小银行普遍面临着自身业务规模小、盈利较低的客观现实，保障安保经费的能力有限，可摆布的空间较小，基层网点的人员配置一般比较紧凑，甚至有些网点未配保安人员。二是乡镇基层网点建设的选择性不多。大多数向当地居民租赁自建房作为营业场所，物理条件有限，房屋质量或多或少存在一些缺陷，在丘陵山区较多存在临河靠山的情况。同时，银行网点建设按照当时的标准执行，但随着新标准的迭新变化，导致部分网点软硬件模块不达标，后续整改投入上未及时跟进落地，一定程度上存在风险隐患。三是安保工作的主动性不足、专业能力有待提升。尤其在乡村振兴纵深推进的大背景下，大型银行业务重心不断向农村市场下沉，农村金融机构面临更加激烈的市场竞争环境，业务发展优先的管理理念根深蒂固。

三、歙县嘉银村镇银行安全保卫工作实践及面临的新形势

歙县嘉银村镇银行作为一家区域性农村地方金融机构，近年来该行大力推动"充满活力，受人尊重"的企业文化建设，以"时时恪守底线"的风险理念推进全面风险管理，扎实开展安全保卫工作并取得良好成效。一是持续建立健全长效工作机制，研究制定安保工作三年发展规划，明确工作目标和举措，并对照梳理完善安保各项规章制度。二是强化责任落实，积极发挥考核指挥棒作用，细化对机构安保条线工作的考核，督促推动分支机构压实责任，认真抓好各项"规定动作"落地，落实"三查"消除隐患。三是重视物防技防建设，不断夯实基础，加大投入建设总行监控中心，上线视频监控管理平台，并完成了辖属基层营业网点视频监控系统高清化改造，实现全机构统一管理；有序推进老旧网点改建改造，2022年按照GA 38-2021新标准完成了三家老网点改造建设。四是认真汲取2020年本地发生"洪灾内涝"的经验，进一步细化各类突发事件应急处置预案，各

支行结合实际形成演练方案并联动公安机关等扎实开展，持续提升应急处置能力。

在2021年黄山市第七轮银行业安全评估中，该行得分首次超过95分，成为市级区域内首家达到"优秀"等次的村镇银行。2022年，该行辖内全部7家营业网点均被当地政府部门评为"平安金融网点"。

四、地方性农村银行机构安全文化建设工作的建议

随着银行业金融机构安全评估工作逐轮推进，银行物防案防硬件基础日渐牢固。但从公安部门案件通报及网络报道来看，不法分子在银行营业场所实施入室盗抢、自助服务区砸抢、厅堂内暴力劫持工作人员等外部侵害事件屡屡发生。另外，极端天气导致的洪涝、地震等自然灾害突发事件更加频发，银行安保工作面临的压力依然不减。如何编织好银行安全生产的"防护网"，需进一步从安全文化建设上着手，推动安全先行的责任意识落地，完善安保工作规范，融入经营管理的全链条，形成"自上而下"的主动重视到"自下而上"的逐级负责的工作状态，形成齐抓共管、左右协同的工作局面，不断营造浓厚的"安全生产，人人有责，人人尽责"工作氛围。

（一）在决策层面把安保工作摆在突出位置

安全生产是一切工作的基础。领导层进一步提高站位，将安全保卫纳入中心工作，及时研究分析机构的安全保卫工作形势和存在的问题与不足，针对性地研究制定本机构中长期发展规划。尤其是在网点建设、网点改造提升等方面，切实保障经费支出，提升物防技防水平，筑牢第一道防线。加大对安保工作的重视力度，以安全责任书为载体压实分支机构责任，多到基层一线现场检查指导，释放传导出积极信号。积极借鉴大型银行安保工作转型发展加速布局智能化的发展方向，考虑加大技防上的投入力度，以弥补物理防范上的现实短板，完善防范预警机制。

（二）在管理层面把安保工作抓实抓细

一是建立和完善安保工作的组织架构，通过"传帮带""人才库"等方式，切实提升员工对安全评估相关标准要求的掌握理解，打造安保专业人才队伍。二是压实责任机构对照标准重点抓好隐患摸排梳理整改，形成常态的长效机制，及时把不稳定因素消除

在萌芽期。把对安防技防设施设备的测试巡检、定期养护作为"规定动作"，确保设备功能正常，最大化推动扎牢"横向到边、纵向到底"防护网。三是重视员工教育管理。抓好业务技能培训，确保安防设施人人会用；经常性开展案件警示教育，推动全员增强安全意识，时刻紧绷安全生产之弦；及时传达学习监管文件，掌握新变化新要求。另外，要加强员工8小时以外的行为管理，多维度关注员工是否存在高频大额异常消费等异常行为或"黄赌毒"违法违纪行为，严防员工利用自身权限或管理漏洞内外勾结作案。四是强化外包管理。对武装押运和保安员管理，严把资质资格审核关，做好现场管理，对照标准推动其规范履职。与外包方建立良性沟通机制，定期反馈外包服务运行中的相关问题及工作建议，把"双重"管理落到实处，进一步增强合力提升外包服务质量。

（三）在制度层面层层扎牢篱笆明确工作导向

安保制度是实施条线管理、开展各项工作、抓责任落实的重要依据和抓手。围绕《安全生产法》等法律法规不断推动制度建设和健全工作体系，确保覆盖经营管理工作的各环节、各领域，让全体员工知道"是什么、为什么、怎么干"。尤其是考核管理上，进一步将条线考核结果纳入综合绩效管理，从安全事故"一票否决制"拓展为更具化细化的奖惩机制，引导各机构增强抓安保工作的主动性和积极性，去思考如何把安保工作"干得好"，把责任压

得更实。

（四）在执行层面依托精细化管理出成效

好的制度安排需要强有力的执行作支撑，它也是建立良好安全文化的最重要一环。所有安保制度中的"规定动作"都是经历一次次惨痛教训后积累的经验，必须一丝不苟地规范执行。塑强执行力对人员紧缺的基层机构而言，是一项非常重要的举措，积极推动"人员复用、岗位协同"落地，形成安保工作从安全员主推延伸到全员参与的良好局面，全员齐心协力抓好各项工作，切实推动安全隐患排查、业务规范操作、设备设施运行、预案演练等重点领域工作保持高水平运行。从现实情况来看，营业网点往往是发生外部侵害事件的"主阵地"，也更加容易对客户、员工的生命健康和财产造成损失，基层乡镇营业网点需因地制宜地组织开展防盗抢、防火灾、防自然灾害、防诈骗等可能性较大的突发事件预案演练，实实在在地提升应急处置能力。另外，要加强与属地公安机关及左邻右舍的沟通，形成联防联控机制，全力打造平安金融网点。

参考文献

［1］李哲.浅析新形势下的银行安全保卫工作［J］.中小企业管理与科技(下旬刊),2020,(02):121-122.

［2］邱日祥.GA 38-2021《银行安全防范要求》解析［J］.警察技术,2022,(05):54-64.

［3］张荣华.银行安全保卫工作的转型与发展［J］.知识经济,2019,(01):64-65.

以人为本安全发展　有效推进企业安全文化建设

山西忻州神达望田煤业有限公司　刘　勇　李仁云　许向楠

摘　要：企业最主要的资源是人力资源，人是生产过程中最活跃的要素，是安全生产的实践者。安全文化建设的关键是"人"，企业要搞好安全生产工作，必须坚持以人为本，树立安全"万无一失"的风险意识，努力构建以"遵规守章，文明有序"为关键理念的安全文化，充分发挥安全文化的导向约束激励凝聚和辐射功效，为企业安全生产提供强有力的文化支撑。

关键词：安全；发展；文化建设；以人为本

一是理念的先导作用。不断提升企业全员安全素养，形成"我要安全"的行为准则，自觉规范管理和施工作业行为，确保企业安全生产的长治久安。心态安全文化是安全文化建设的基础和前提，最能表现人的思想。无论是管理者还是操作者，只有心态安全，才会行为安全，只有行为安全，才能确保安全制度落到实处。以安全价值观为关键的安全理念是心态安全文化建设的灵魂，因此，全体员工要树立正确的安全价值观。安全价值观是安全文化的关键内容，是人生价值观中相关安全行为选择、判定、决议的观念总和。这种观念制约着员工在生产实践中的行为和目标。通常违反安全操作规程的冒险蛮干行为，全部是不正确的安全价值观造成的错误行为。目前，存在于企业中的"三违"现象，表现了员工在安全价值观取向上的混乱。追求健康是人皆有之的基础需求，可是为何"三违"现象屡禁不止？最根本的问题就是观念问题，就是没有树立正确的安全理念。"遵规守章，文明有序"是企业安全文化的关键理念，要更好地进行安全文化建设，首先就要排除人为的不安全原因，遵规守章，做到文明有序。假如错误观念不破除，正确的安全理念不树立，那么安全文化建设就永远是一座空中楼阁。

二是亲情的感染作用。从理论上讲，促进全员树立正确的安全意识，最基础最有效的手段就是宣传教育。安全生产的宣传教育适应了员工对安全生产知识的内在需求，从主观上讲员工是愿意接受的。不过以往的安全教育大多是"我说你听"，不是大道理满堂灌，就是家长式的训斥。要处理安全教育入心入脑的问题，一定要重视情感投入，首先，采取亲情教育法，例如，在区队设置"全家福"牌板，把每个家庭对自己亲人的安全祈盼写在照片的下面，时时提醒员工切记家人的嘱咐。其次，开展安全互保联保活动。基层单位定时向员工家属发放安全承诺书，号召家属发挥好安全第二道防线作用，真诚邀请家属参与到安全共保活动中来。

三是提升企业各级管理层的安全文化素质。望田煤业必须从营造浓厚的安全文化氛围出发，全面落实"以人为本，依法治企，以德治企"的管理思想。不停创新安全管理和教育形式。不但重视员工的安全知识、安全技能、安全意识的教育，更要重视员工的敬业精神、法治观念、职业道德、品德修养的培养；不但要重视法律法规、纪律、制度的制约，确保和奖惩激励相适应的应用，更要重视培育员工正确的安全思想作风、安全行为准则、安全价值观，为员工的生命健康安全提供一个良好的人文环境，使员工在潜移默化中增强安全意识，形成"安全第一，热爱生命"的安全价值观。为了增强管理效果，管理者应该在严格实施刚性制度的同时，重视柔性管理方法的使用。为了提升煤矿安全管理水平，煤矿还要重视对安全管理人才的造就和培养。引进安全工程专业人才，加大专业培训力度，创立学习型安全管理团体，提升各级管理层的安全文化素质。

四是加强职业规范培训工作。煤矿的技术性、系统性和风险性特征要求我们必须有一个统一的职业规范。职业规范的形成，很大程度上依靠安全生产技术培训，强化安全教育的系统性、针对性、实效性。引导全体员工不断学习安全理论知识，提升岗位安全技能水平，杜绝习惯性违章行为，切实增强安全意识和提高行为能力。严格的培训，能够帮助员工形成一个统一的行为准则，使员工各就各位，各负其责，提升工作效率和安全管理水平。

五是营造"团体精神"。安全工作是一项复杂的系统工程，很多事故的发生，往往是一连串人在一连串环境中出了一连串差错。因此，在进行安全管理中要营造"团体精神"，提倡在安全工作中实现自控、他控和互控。自控是基础，他控是进行监督，而互控则应贯穿于生产的全过程。加强安全文化建设，树立安全理念，要经过"团体精神"，形成"安全第一，预防为主"的观念。

六是借助煤矿企业文化载体，丰富安全知识。举行以安全生产、文明生产为专题的书法摄影比赛、诗歌创作比赛，组织开展安全演讲、知识竞赛、格言征集和征文比赛等形式活泼、内容丰富的活动。由于这些创作和活动带有明显的群众性和通俗性特征，员工易于、乐于参加，能够在潜移默化中提升员工的安全文化素质，引导员工自觉形成"我要安全，平安是福"的思维定势。

利用煤矿企业文化进行企业管理是管理的最高境界。利用安全文化进行企业安全生产管理同样是企业管理者不变的追求。安全文化的关键是"人"，安全管理的关键是"预防"，要坚持以人为本，营造浓厚的安全文化气氛，加强安全文化理念的宣传，使员工在心理、思想和行为上形成自我安全意识。同时，要加强安全知识、规则意识和法治观念的宣传，提升各级领导层的安全文化素质，营造"团体精神"，使"严守规程"成为全体员工的基础素养，使"关注安全，关爱生命"成为煤矿企业在安全生产上的基础理念，切实有效地推进煤矿安全文化建设。

企业班组安全文化建设及应用

山东钢铁集团日照有限公司　于　超　刘洋洋　刘新玉　韩晨龙　任志辉

摘　要：班组是构成企业的最小单元，是执行落实各项规章制度的最基层组织，更是贯彻实施各项安全措施的最终落脚点。同时，班组是一切安全生产活动的载体，也是安全文化的具体实施者，因此，企业安全文化建设必须从班组开始抓起。班组安全文化建设中，以人为本是原则，标准化作业是根本，全员参与是基础，亲情化管理是升华，构建班组安全文化，营造浓厚的班组安全氛围能够有效促进和推动企业安全文化的深入和发展，是对企业安全文化的深刻诠释。

关键词：载体；班组安全文化；企业安全文化；亲情化；安全氛围

一、班组安全文化建设的意义

（一）以班组为载体，提升组织凝聚力

企业的所有生产作业活动都在班组中进行，因此，班组凝聚力和执行力直接关系着企业生产经营的成败。班组是构成企业最基本的单位，也是最小单位，是企业最基层的管理组织，班组文化建设对企业文化建设和安全发展至关重要。通过"安全宣誓""亲情化展示"等班组安全文化建设，能够充分调动全员参与的积极性和主动性，培养员工主人翁意识。在"无违章班组"活动建设中，所有班组成员均发挥了不可替代的作用，员工主人翁意识得到了有效体现，也反向建立和完善了企业安全文化建设，推动企业健康发展，促进构成生产安全系统工程[1]。

（二）以人为本，激发团体生命力

安全管理中，人是第一要素，也是最先关注点，在安全管理中起到了决定性作用。从各类事故通报中可以看出，"违章作业""安全意识淡薄"等人为因素是发生事故的主要因素，因此，约束、规范和纠正人的不安全行为至关重要。班组文化建设通过"录制班组标准化操作流程宣传片"和"开展安全行为观察"等方式，潜移默化地影响员工，岗位员工安全意识深入人心、安全能力得到有效提高，从而提高班组队伍整体素质。

（三）以班组为单元，催化企业活力

班组作为最基层的单位，其开展安全文化建设的程度，对企业安全生产局势的稳定有着不可或缺的作用，也能直接反映该企业安全生产管理的水平和安全文化氛围。"帮扶式检查"和"班组互评"在班组文化建设中起到了"多元催化剂"的作用，不仅使班组建设者实现了走出班组看班组、互相学习借鉴优点，达到了"他山之石、可以攻玉"的效果，还使班组成员掌握多种安全生产信息，使企业安全管理工作不断创新和改进[2]，激发企业内在活力。

二、班组安全文化建设的方法与路径

（一）优化改进班前会开展形式，增加员工责任感和仪式感

班前会在排查员工精神状态及劳保护品穿戴、安排部署当班主要工作并落实互保联保人、开展作业危险源辨识及管控措施制定等常规内容的基础上，开创性地增加"微培训"环节，每天利用 1 ～ 2 分钟时间，由员工轮流带领大家学习一个岗位应知应会的知识点，聚沙成塔，每天进步一点点，起到由量变到质变的效果。同时，在班前会最后的环节，增加"安全宣誓"环节，班组结合自身工作实际，总结提炼符合本班组定位的安全誓言并固化，员工班前会集体进行安全宣誓，通过认真严肃的语言、铿锵有力的呐喊，增强员工的仪式感和工作激情。

（二）录制班组员工亲情化视频，提醒员工时刻牢记家人嘱托

成立专门录制小组，到各员工家里进行走访，将员工家人温馨的瞬间、父母对孩子的嘱托、妻儿对丈夫和爸爸的牵挂都凝结成亲情化视频。在召开班组会议时不定期播放，在员工发生违章行为时滚动播放，时刻让员工感受到家人对其"高高兴兴上班来，平平安安回家去"的热切期盼，感受到个人的安危关系到家庭的幸福美满，从而牢记安全规章制度，

增强自身安全责任意识。

（三）打造班组安全文化学习室，营造浓厚的安全文化氛围

为班组提供安全学习室，各班组自行设计规划安全文化学习室，通过制作全体人员精心创作出的班徽，悬挂各种丰富多彩、形式各异的展板，张贴员工安全标语与愿景，收集多方图书资源创建的安全文化读书角，见证和凝聚班组心血与骄傲的荣誉墙等，无不体现出班组的文化底蕴与修养，在集大家智慧于一体的安全文化学习室，在富有文化气息且温馨的班组学习室内，大家步调一致，行动统一，全体员工相互影响，相互借鉴，逐渐形成共同遵守的安全行为准则，在不知不觉中展现出了符合自身气质的安全文化氛围。

（四）制作班组标准化操作流程示范视频，养成安全标准化作业习惯

汇总提炼班组所涉及的重要且操作步骤复杂、作业风险高的作业活动，制作班组标准化操作流程示范视频，班组标准化展开来看就是安全标准化[3]，安全标准化工作在生产活动中的地位越来越重要，标准化作业是对员工作业行为标准的界定[4]，用精益管理5W2H[5]解释就是"谁来执行？什么时间执行？在哪执行？干什么事？为什么做？怎么做？有什么影响？"通过标准化操作视频的制作来告诉班组成员"我什么时间在哪需要干什么，干到什么程度，干不到有什么影响"，标准化的完善也是一个总结提升的过程，录制标准化操作流程示范视频，可以让员工认识到自身存在的不足，及时进行调整改正并固化，养成安全标准化作业习惯。

（五）开展班组作业活动安全行为观察，促进标准化作业行为养成

结合班组标准化操作流程示范视频，持续深入开展作业活动行为观察。作业行为观察要科学选题[6]，首先观察风险高、作业人员多、暴露时间长的作业，并充分做好观察前的准备工作。制定《行为安全观察卡》，参照杜邦安全检查"六步法"，整合安全技术专业力量，跟踪岗位人员作业过程，规范及明确人员站位及作业位置、工作程序、工具和设备、人员作业行为、工作环境、个人防护装备、应急等，同时通过视频抽查，加强"反三违"力度，促进标准化作业行为养成。

（六）丰富班组安全文化活动开展，发挥安全文化的正向激励作用

安全是关系到每一个员工切身利益的大事，安全文化的激励作用就是让员工增强自觉性，明确重要性，提高主动性，使其具备标准化的能力和标准化作业的意愿，并从主人翁的高视角审视自己的工作安全行为。丰富班组安全文化活动开展，能够在实际生产作业环节发挥激励作用。

（1）面向班组员工不定期组织开展"安全金点子"等合理化建议征集活动，选取有针对性或优秀的建议进行立案研究，增强班组员工的认同感和积极性。

（2）班组开展"两讲两评"活动。按照"人人讲安全"的要求，组织班组员工上台讲岗位安全，班组长评；班组长上台讲安全，员工集体评。对讲安全的情况，从"安全风险辨识全面，安全防范措施掌握牢固，应急处置快速准确"三个方面进行评价，同时将该活动作为评选优秀班组长及"安全型"员工的重要依据。

（3）开展"无违章班组""学习型班组"、青年安全监督示范岗创建等活动，激发班组长的头雁效应。班组安全文化建设中，要突出安全文化的凝聚力作用，而在班组中能提升班组凝聚力作用的核心，无疑是班组长，优秀的班组长如同一面旗帜，能使员工自觉簇拥其周围，也能激发员工的信心和增强凝聚力。通过开展一系列班组安全文化活动，激发班组长的头雁效应，班组长得到更多班组成员的认可，形成一荣俱荣、一损俱损的班组核心竞争力。

（七）运用体系思维进行系统思考，锤炼班组"345"安全管理法

一个个具体的安全文化举措的实施共同构成了班组安全文化的雏形，公司通过系统思考，体系运行，总结提炼出班组"345"安全管理法，形成了班组安全文化体系的框架和支撑。

班组"345"安全管理法聚焦做实，将标准化、双重预防机制及设备管理等专业管理体系有效融合在安全文化建设中，涵盖了安全生产重要环节、要素的生产全过程，精简概括出班组三个环节（班前、班中、班后）、四个标准化（管理标准化、操作及检修标准化、现场标准化、检查标准化）、五项规定（班组责任制、班组活动、班组教育、安全确认、班组奖惩），将安全工作"往实里走""往深里走""往

心里走",进一步夯实安全基层基础,确保各项安全防控措施落实到每个岗位、每名员工、每一个作业活动中,助推提升班组安全文化体系构建及企业安全管理水平。

三、班组安全文化建设取得的成效

班组安全文化建设对班组安全管理的带动作用是显而易见的,通过安全文化引领,潜移默化地改变员工的安全观念,规范员工的操作行为,促进人、机、环境和谐统一,从而形成长治久安的良性循环。班组安全文化渗透到班组制度建设、流程建设、管理模式及班组员工的行为规范过程中,实现了制度建立在心理契约的基础上,使员工行为从他律走向自律,从"要我安全"到"我要安全"转变,班组成员安全意识、安全能力逐步提高,安全生产管理水平持续提升,安全生产基层基础进一步夯实,班组安全管理更上一层楼。

在班组安全文化的引领下,2022年,在公司212个班组中有211个班组通过了安全标准化班组创建验收,达标率99.53%,其中77个被评为标杆班组,占比36.32%。纳入公司"四个统一"管理范畴的166个相关方班组全部通过安全标准化班组创建验收,达标率100%,其中5个被评为标杆班组,班组标准化创建工作取得长足进步。

参考文献

[1]吴明玉,杨发杰.岗位安全与职业健康标准化生产研究[J].安全与环境工程,2002,(04):41-44.

[2]刘豫杰.安全管理从"新"开始[N].中国黄金报,2021-09-21(002).

[3]刘毅.安全管理标准化班组评定规范通用要求的九大亮点[J].班组天地,2023,(05):28-30.

[4]林矩鸿.全国首个关于安全管理标准化班组如何评定的规范《安全管理标准化班组评定规范通用要求》团体标准3月22日起实施[J].班组天地,2023,(04):26.

[5]黄治宁.精益管理在钢铁企业的应用思考[J].冶金管理,2023,(10):34-36+51.

[6]范晓刚.开展安全行为观察,提升公司安全管理文化[J].现代国企研究,2018,(18):118-119.

基层班组安全文化建设与安全管理实践探讨

国网天津市电力公司滨海供电分公司 李月月 周昊兵 马全亮 薛 腾 钟文成

摘 要：本论文以习近平新时代中国特色社会主义思想为指导，围绕企业安全文化建设和安全管理实践展开研究，以基层班组安全建设为例，探讨了"安全文化理念与实践创新"主题，通过分析问题、提出对策和提炼经验，为企业安全文化发展提供借鉴和参考。

关键词：安全文化；安全管理；班组安全文化建设；安全发展

一、背景和意义

安全生产是企业发展的基石和保障，也是社会稳定和发展的重要基础。习近平总书记在新时代提出的中国特色社会主义思想为企业安全发展提供了科学指导。企业安全文化建设和安全管理是实现安全生产的关键要素，如何更好地提升安全管理水平，使得安全文化更好地入脑、入心，并积极地保障践行，成为急需解决的问题。因此，本文通过探讨基层班组安全文化建设与安全管理实践，促进安全文化理念和行为的一致性，为电力行业的健康安全发展提供坚实保障，不仅对电力行业具有现实意义，也对相关企业具有一定的借鉴意义。

二、安全文化理念

（一）安全文化的概念与重要性

安全文化是组织内规范、信念、角色、态度与行为的总和，其核心理念是以人为本，并由社会层面与技术层面构成。当前国内外学界基本达成共识，安全文化在人类社会发展过程中，在生产实践领域内，旨在保障人类能够在安全、健康、高效、舒适的环境下从事各类活动，预防和消除灾害与事故的发生，建立起一套安全可靠的人与自然、人与人、人与社会之间的安全规则。这种文化涵盖了物质安全文化和精神安全文化的要素。

近年来，安全事故频发，顽症难除，根本原因在于企业员工的安全观念及行为习惯的巨大惯性，使员工难以自觉响应企业安全管理体系，更难与其融为一体。为了有效地减少人员伤亡和财产损失，以确保安全生产，必须探索与先进的安全价值观相统一的安全管理体系——安全文化。

安全文化的导向力和约束力，使员工的安全意识、安全态度、安全习惯等自觉源自安全管理体系。安全文化的导向力在于激发员工内在的安全意识，使员工在工作中始终将安全放在首位，形成积极的安全行为习惯；而约束力则通过安全文化所建立的规范和制度，约束员工的行为，使其遵循安全规则和程序，不轻易违反安全原则。这种导向力和约束力相互作用，共同促进了员工安全意识、安全态度和安全习惯的培养，从而为企业生产安全提供有力保障。

（二）安全文化构成

安全文化由多个要素组成，包括安全组织文化、安全物质文化、安全制度文化、安全行为文化和安全精神文化等。这些要素在围绕安全生产和活动主题展开时相互联系、相互作用，形成了一个有机的整体，构成了安全文化的系统。

安全文化可以分为三个层次：精神文化、行为文化、物态文化。

精神文化层次由意识文化的内容构成，它决定了整个安全文化系统的性质，起着核心作用。

行为文化层次包括制度文化、行为文化和教育文化三个系统，它们在精神文化和物态文化之间起到桥梁作用，使各要素有机地统一起来，位于系统层次结构的中间位置。

物态文化层次包括组织文化和物质文化两个系统，它们是企业安全文化的实际表现，在安全文化的层次结构中具有基础性的地位。

安全文化系统的三个层次相互联系、相互作用，形成了一个相对稳定的结构。该系统的形成是长期安全生产实践的结果，同时也具有开放性，可以吸收新的经验，注入新的活力，并可以进行调整和改变，以适应不同的实际需求。通过不断地调整，该系统可以从低级、简单的状态逐步发展为高级、复杂的状态。

三、班组安全文化的提升与创新

企业安全文化是企业安全建设的灵魂，是班组安全建设的核心。安全文化的建设不仅关乎员工的行为习惯，更关系到班组整体的安全意识和管理水平。通过注重素养培育、营造安全氛围以及技术革新等手段，班组可以实现安全文化的不断提升与创新，从而构建一个具有学习分享精神、和谐奋进氛围的"学习分享型"安全班组。

（一）制度创新：构建全面有效的安全管理制度体系

安全管理制度是班组安全文化建设的基础和保障，通过制度创新，班组能够更好地规范员工的安全行为，确保安全措施得到有效执行。在安全文化的提升与创新过程中，持续深化"一单三书"等安全责任制度，将安全目标细化到每个岗位，可实现责任的明确化和量化。通过签订的消防、信息和安全目标责任书，安全目标成为每位班组成员共同的责任，将安全意识贯穿于日常工作中。完善的安全管理制度不仅使安全管理具有操作性，还使班组成员在工作中始终保持高度警惕，提升了安全文化的实际效果。

（二）组织创新：强化安全生产主体责任落实机制

组织创新是推动安全文化提升与创新的重要途径，通过建立强化的安全生产主体责任落实机制，将安全管理贯穿于每位员工的日常工作中。班组倡导每位班组成员都清楚了解自己在安全管理中的具体职责，确保人人尽责，每项工作都有安全措施可遵循。此外，通过建立完善的安全奖惩机制，班组对于及时发现、处理各类隐患、缺陷的成员进行绩效加分，激励员工积极参与安全管理，形成班组共同维护安全的合力。

（三）管理创新：推动安全管理从"被动"到"主动"转变

在安全文化的提升与创新中，管理创新是班组实现安全管理从"被动"到"主动"转变的关键一步。通过引入"三点站位，三重保护"的安全管控机制，班组在关键环节实现有针对性的风险管控，从源头上遏制了安全风险的发生。此外，工作前的现场勘查、工作中的严格工作票制度、工作后的问题分析

总结，使安全管理不再是被动应对，而是通过前瞻性预防控制，实现了安全管理的主动推进。这种管理创新不仅提高了安全管理的精准性，还进一步强化了班组成员的安全责任意识。

（四）技术创新：应用先进技术提升安全生产水平

技术创新在安全文化的提升与创新中发挥着重要作用，通过引入先进技术，班组可以更加精准地监测和预防安全风险。通过物联网、GPS定位、人脸识别等新技术应用，实现人员和设备的互联互通，有效降低违章作业的可能性，确保作业风险管控的关键环节得到有效监控和管理。

另外，电力设备的在线监测和故障预测系统的应用，智能防爆设备的开发与应用，以及电缆通道全场景安全防护系统的建设等不仅可以提升电力设备的状态感知能力，还可以增强电缆通道的防护能力，从而全面提升安全生产水平。

四、班组安全文化与安全管理的融合互动

企业安全文化与安全管理是相辅相成的，两者相互促进、相互支撑。安全文化应引导和推动安全管理实践，安全管理实践可反哺和丰富企业安全文化，通过将安全文化与安全管理紧密结合，企业能够实现更高效、更可持续的安全管理，进一步增强员工的安全意识、提高安全素养和安全行为，从而构建一个更加安全和谐的工作环境。

（一）加强企业安全文化的渗透作用

（1）不断更新员工的安全理念。班组积极倡导和宣传安全理念，通过定期组织安全知识培训、安全经验分享会等形式，不断更新员工的安全意识和理念。通过案例分析等方式，引导员工深入了解事故原因，从而形成避免类似事故的自觉行为。

（2）健全安全管理人员体系。班组建立了完善的安全管理人员体系，明确了各级管理人员的安全职责和权限。安全管理人员通过专业培训提升自身的安全管理水平，能够更好地指导员工进行安全生产，形成了安全管理的有力支撑。

（3）完善安全生产制度体系。班组持续完善安全生产制度，确保制度科学合理、操作简便有效。通过制度的规范管理，能够将安全要求融入员工的日常工作，从而在实际操作中形成规范的安全行为。

（4）细化全过程责任体系。班组在安全管理中强调全过程的责任，将安全责任划分为不同层级和岗位，确保每个环节都有明确的责任人。通过责任

细化，促使每位员工在工作中对安全问题有更敏感的察觉和反应，实现安全文化在工作流程中的渗透。

（二）推进企业安全文化的精细管理

（1）实施分阶段安全管理。班组将安全管理划分为不同阶段，针对不同阶段的工作特点和风险，制定相应的安全措施和管理方案。通过分阶段的管理，能够更有针对性地识别和解决安全隐患，提高安全管理的效果。

（2）做好隐患排查和专项治理。班组定期开展隐患排查，借助先进技术手段，对可能存在的隐患进行全面检测。对于发现的隐患，班组制定专项治理方案，并追踪整改情况，确保问题得到彻底解决。

（三）致力于安全管理的全员参与新模式

（1）构建企业安全文化新媒体平台。班组借助现代化通信技术，建立了企业安全文化新媒体平台，发布安全知识、案例分析、安全活动等内容，实现信息的及时传递和互动交流，增强员工对安全文化的认知和参与。

（2）开展实用型安全培训教育。班组针对不同岗位的员工，开展实用型的安全培训教育，突出问题解决和应急处理的实际操作。培训内容紧密结合工作实际，使员工能够更好地应对各类安全风险。

（3）开展群众性安全管理活动。班组定期组织群众性安全管理活动，如安全知识竞赛、安全演练等，吸引员工积极参与，增强安全文化的群众基础，营造全员参与安全管理的良好氛围。

通过以上系列措施，可实现班组安全文化与安全管理之间深度融合互动。不仅在理念层面加强员工的安全意识，也在实际操作中做到了精细化的安全管理，同时通过全员参与的新模式，将安全文化融入每个员工的工作，为企业的安全稳定发展提供了坚实保障。

五、结论与展望

（一）结论

本文通过对企业安全文化建设和安全管理实践的分析，认识到企业安全文化和安全管理是实现安全生产的双轮驱动。安全文化的深入内化，与安全管理的科学实施，相互促进、相互支撑，将为企业营造更加稳定、安全的生产环境，增强班组成员的安全意识和提高成员的综合素质，有效防范和减少安全事故的发生。

（二）展望

在未来，随着企业安全文化建设的不断深化和提升，如何科学、客观地评估安全文化的建设效果将变得尤为重要。建立一个完善的评估指标体系和方法，能够帮助企业更好地了解自身的安全文化水平，发现不足之处并及时进行调整和改进。评估指标体系可以包括以下几个方面：安全文化指标体系、安全管理指标体系、安全绩效指标体系。

参考文献

［1］郭岚.加强基层班组建设筑牢安全发展基石［J］.中国煤炭工业,2022,(12):58-59.

［2］高健.企业安全文化实践与创新探讨［J］.安全、健康和环境,2020,20(05):58-60.

［3］马广平.电力企业安全文化重塑研究［D］.北京：华北电力大学,2006.

［4］陈融军.解析电力工程管理中安全文化的建设［J］.东方企业文化,2013,(01):48.

［5］陈伟炯,吴宇凡,李新,等.一种基于人—机—环境—管理系统理论的安全文化评价方法［J］.安全与环境学报,2022,22(05):2649-2659.

企业安全文化与安全管理效能关系研究

陕西岚河水电开发有限责任公司　刘　洋　王　涛　陈新泉　刘　鋆　吴纯蛟

摘　要：企业安全文化建设对于企业的安全生产、安全管理工作,有极为显著的帮助与促进作用。安全是企业建设发展的核心,构建良好的安全体系可以约束员工的生产行为、构建安全生产氛围、改善安全生产制度,从而帮助企业收获丰厚的经济收益。因此,在企业建设发展过程当中,必须高度重视企业文化与安全管理效能的关系、切实探索企业安全文化建设的有效途径,以便提升企业安全管理效能,让企业在安全的生产发展氛围之中取得丰厚的经济收益。而本文则针对企业安全文化和安全管理效能建设发展的有效途径,进行了论述与分析。

关键词：企业管理；安全文化建设；安全管理效能

一、引言

企业拥有良好的安全管理文化,是促进企业可持续化发展的重要一环。因此,企业在日常的生产管理过程当中,应将安全放置在企业建设发展的核心。近年来,伴随着我国市场经济建设的蓬勃发展,企业在市场当中面临着更加严峻的市场竞争,为了保证企业持续、健康、有效的发展,应高度重视企业安全文化和安全管理工作,在企业建设发展当中需建立起科学管理制度体系,树立正确的安全管理理念,推进安全培训,建立安全惩罚机制,如此才能让企业拥有理想的安全生产环境,帮助企业实现健康良性的发展。

二、企业安全文化概述

现阶段在学术界对于企业的安全文化有着不同的观点,大体分为两类。一部分学者认为安全文化是企业建设发展的价值观体现；另一部分学者认为企业的安全文化是行为的约束和理论实践的有效运用。而笔者认为,文化不单单存在于意识层面,更应当将意识与实际行动相融合,因此,在企业安全文化建设过程当中应通过良好的管理理念、科学的管理体系促进企业安全有序的生产。而且还需要在员工日常生产活动当中,将安全文化烙印在员工的思想意识之中。

企业安全文化的有效性体现为以下几个方面。首先,安全文化应当烙印在员工的思想意识之中；其次,安全保障应作为企业建设发展的内在需求；再次,应通过安全文化约束员工的具体工作行为,让其履行安全责任；最后,需要员工学习和掌握各类安全文化知识,以便对一些简单的事故能够进行恰当的处理。

三、企业安全管理效能概论

安全管理效能是指通过安全管理工作所收获的成效,企业的安全管理效能是通过建立科学管理制度体系、提供安全培训教育、帮助员工树立正确的安全管理理念,并融合安全惩罚机制,降低企业建设发展过程当中发生事故的概率,确保企业顺畅有序地生产建设。

可以说,企业安全生产效能、质量的优劣关乎企业的健康发展、员工的身心健康,因此在企业建设发展过程当中应切实开展一系列的安全管理手段,让企业的安全文化促进安全管理效能有效提升,这样才能为社会主义经济建设蓬勃发展提供卓越的帮助。

四、企业文化与安全管理效能的关系

首先,企业的安全文化是企业建设发展的核心,更是企业生产建设的命脉。切实发挥企业安全文化的主导作用能让相关管理者拥有良好的安全意识,以便在企业的建设发展过程当中提升安全建设的有效认知,运用安全管理理念正确引导员工规范生产,促进企业安全生产效能的有效提升；其次,企业安全文化建设更多强调的是在企业建设发展过程当中,践行安全文化理念,对企业的一系列建设发展形成约束管理,让企业的管理人员、技术人员、工作人员自觉地遵守规章制度、规范化地生产作业,真正实现安全理念与安全管理行为的有效融合，促进企业安全管理效果、管理效率的进一步提升；最后，企业通过安全文化建设可以引导员工、约束员工，营造良好的安全生产氛围。不同企业的安全文化、安全管理制度各不相同。一些企业运用惩罚管理会导致管理效能难以提升，还有的企业更多强调的是安全生产的数量，而不注重安全质量，导致安全管理效能同样不理想。笔者认为，企业安全文化建设应重视安全管理制度的科学建立，恰当地运用安全惩罚机制。一方面，构建管理体系管理企业，让企业的生产发展按章办事；另外一方面，通过安全培训教育以及树立安全理念，帮助员工拥有良好的安全意识，以便促进企业安全管理效能的最大化提升。

五、企业安全文化建设的有效途径

（一）提供持续的安全培训与教育

为企业员工提供持续的安全培训教育是保障企业安全文化氛围建设、促进安全管理效能提升的最佳途径。首先，应定期开展安全意识教育。为员工开展安全意识教育可以结合安全知识和案例对员工进行普法普及，在此过程当中应切实开展安全宣传活动、设立安全标语和海报、定期开展安全培训教育，以便向员工传递风险危害，增强员工的安全保护意识。其次，应切实开展安全操作技能培训和应急预演。除了安全意识教育，还应当为员工提供安全操作培训和应急预案。通过模拟演练、理论实践培训等手段，帮助员工熟悉各类安全设备的操作技巧、事故应急方法，促进员工安全技能的提升。相关的安全培训内容应包含设备的操作方法、应急事故的处理流程、设备安全操作规程等。

（二）实施安全文化建设"六步法"

1.编制安全文化建设规划

在开展企业安全文化建设前，需要结合企业安全文化建设的需求，规划建设安全文化建设方案，而具体的规划周期一般设计为三年，文化建设方案包含了文化总体思路、主要的任务、具体落地路径、资源配置和资金投入，以及绩效考核等内容。

2.确立安全理念体系

安全文化理念是企业安全文化的核心，一般来说，企业需要结合具体的安全需求建立起安全理念，具体包含了安全使命以及安全愿景。而且也是可以

结合一系列的价值标准约束企业的相关安全行为活动，相关的标准包含了安全责任理念、安全规范理念、安全执行理念、安全传播理念等。

3.优化安全管理制度

对于安全管理制度的建立应依据"双项原则"，第一是遵循安全文化建设制度和相关的条例，以便在制度上促进安全文化建设工作的开展，而且还是需要明确各级领导和各个部门在安全文化建设中的具体职责；第二是建立以安全理念为原则的安全管理制度优化机制，对于组织结构和安全职责体系要进行清晰的界定，以便促进安全绩效管理工作的有效开展。

4.编制安全文化宣贯手册

企业需要结合安全文化理念及要素内容制作安全文化手册，并将其作为推进安全文化的重要载体。该手册需要将安全文化理念和要素内容编制进入其中，安全理念更多强调安全是企业生存和发展的生命线，是企业的头等大事，要始终坚持"以人为本、安全第一、预防为主"的指导思想，为此把安全生产放在首要位置，落实各级人员安全生产责任制，不断增强员工的安全意识和安全素养。

5.进行安全文化落地，营造安全文化氛围

安全文化建设不单单是制度和教育的培训，更是要营造出安全生产氛围，为此需要反复地、长期地宣传安全思想、安全责任和安全价值，以便让全体人员从内心建立起安全意识。一方面，倡导"严谨、和谐、奋进"的工作作风，营造安全文化氛围，使员工充分认识到安全生产的重要性，树立起"人人关注安全、人人参与安全"的良好氛围。另一方面，需要领导以身作则，企业的领导者应该通过自身的言行来传递安全意识，以身作则，引导员工重视安全问题。

6.开展安全文化建设评估

一方面要制定安全文化建设评估标准，明确评估的内容、方法和标准，包括安全意识、安全制度、安全责任、安全教育、安全设施、安全监管等方面。另一方面应定期开展安全文化建设评估工作，可以结合企业年度、季度或月度的安全检查结果，对安全文化建设的总体情况和存在的问题进行全面了解和分析。

而六步法的实施，如图1所示。

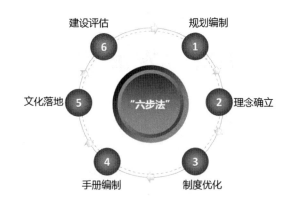

图1 安全文化建设"六步法"

六、结语

综上所述,良好的企业安全文化氛围可以帮助企业建立起内部安全生产环境,促进企业安全高效的生产,增强员工的安全意识。笔者认为企业安全文化建设促进企业安全管理效能的提升,企业应切实做好建立科学管理制度体系的工作,帮助员工建立起安全管理理念,为员工提供安全培训和教育,并建立安全惩罚机制。唯有如此才能让企业在激烈的市场竞争当中实现安全顺畅的生产,帮助其收获丰厚的经济收益。

参考文献

[1]刘焕.企业安全文化与安全管理效能关系研究[J].城市建设理论研究(电子版),2015,(19):7507.

[2]王冬.企业安全文化与安全管理效能关系研究[J].中文信息,2015,(09):91+223.

[3]马红兵.企业安全文化与安全管理效能关系研究[J].商场现代化,2014,(05):87.

"严细实智"文化软实力　筑牢安全发展硬根基

国能京燃热电公司　曹玉平　崔志敏　刘建波　马志强

摘　要： 国能京燃热电公司牢固树立新时代安全发展理念，秉承"严细实智"的安全管理理念，内化于心、外化于行，全面提升企业本质安全生产水平。

关键词： 文化；安全；履职；实干；创新

国能国华（北京）燃气热电有限公司（以下简称京燃热电），是北京四大热电中心之一的东北热电中心的重要组成部分，由国家能源集团全资建设，国电电力运营管理。京燃热电建设一套"二拖一"蒸汽—燃气联合循环机组，总装机950MW，供热面积约1300万平方米。该项目于2013年9月29日开工，于2015年8月7日投产。

作为电力行业唯——家获得"北京市智能工厂"称号的企业，京燃热电是开展现代工业建设成就、智能智慧化生产及管理、城市燃气电站清洁生产等方面教育的重要阵地。身为一家高度负责任的央企，京燃热电不断推进技术革新和管理创新，在"本土化"安全生产实践过程中，通过打造"严、细、实、智"文化软实力，为安全生产提供强大的精神动力和智力支持，有力保障了企业安全生产长治久安。

一、严字当头，强化履职尽责

（一）严格制度体系

制度是管根本、管长远的。京燃热电紧扎制度笼子，结合厂内安全生产实际，先后组织四次系统性制度修编，严格安全生产责任体系、保障体系、监督体系、考核体系、执行体系等要求，明确各级职责，加大重奖重罚力度，形成152项制度，将管理制度化、制度流程化、流程表单化、表单信息化贯穿始终，并严抓制度落地执行，做到有章可循、有规可依。

（二）严抓责任落实

公司意识到安全生产责任不落实就是最大的安全隐患，通过明责、尽责、追责"三步走"严抓责任落实。

一是明责，建立横向到边、纵向到底的全员责任制，上到公司领导，下到消防保安，"人人肩上有责任、责任落实靠全员"，定期进行安全责任制考试，以考促学。

二是细化分工，重点对部门分工和设备管理责任进行梳理，做到设备到人、责任到人，确保分工无死角。例如，燃机罩壳内部布置复杂且进入前须退出气体灭火系统，因此，检查很容易出现疏漏，对此进行了责任分工和检查时间固化，防止出现真空、重复和无效进入，通过此手段及时发现了冷却腔室热电偶泄漏、IGV执行器振动等重要缺陷和隐患。

三是严格考核不放松。培训学习常态化，确保知责尽责。严格承包商入厂把关，三次考试不满85分者立即清退，承包商安全管理人员不满95分者禁止入厂。严格落实班组每周安全学习不间断，每周围绕安全管理某一要求及相应事故案例重点学习，公司领导、安全管理人员参加学习并讨论，提升学习效果；厂内严格实行每季度安全生产知识调考，不合格人员通报考核；严格促进生产部门负责人履职能力提升，注册安全工程师执业资格证取证率达到100%，通过管理人员、班组和承包商三个层次的培训考核，推动全员知责尽责。

四是强化剖析用好追责利器。严格落实"铁心、铁面、铁规、铁腕"四铁精神，实施重奖重罚，坚持刀刃向内、自我加压的管理举措，承包商违章，班组监护人连带考核，重复性违章加倍考核；对包含承包商在内的所有安全生产人员采用违章积分管理，该措施自实施以来，人员违章现象减少40%以上；强化主要缺陷和异常事件管理，限时出具分析报告，深入分析背后的管理原因和岗位失责问题，以罚促管，平均年度安全生产考核金额超过10万元，让员工内心真正受到触动、受到教育、得到提升。

二、细针密织，筑牢安全防线

（一）安全生产细大无遗

古人云：天下大事必作于细。京燃热电抓大不放小，从管理细节入手，不断规范安全生产体系运行，向精细化管理要安全。例如，公司发布《进一步加强安全学习的通知》是为了解决班组未按规定时间组织、安全学习时长不够、安全学习内容不规范、讨论发言少等问题，明确了班组每周四用2个小时进行发言录音、学习拍照、讲故事方式学习事故案例等具体要求，安全学习效果大为提升；发布的《关于进一步规范施工作业前站班会的通知》则是为了解决规范作业前安全交底随意、工作不严肃等问题，明确了必须以列队形式召开站班会，选择在环境相对安静且摄像头能够全覆盖的位置召开站班会。

为规范外委项目高标准开工，制定下发了《外委承包作业首日开工现场安全核查表》，明确了外委项目首日开工时间，安全管理人员对开工条件进行逐项核查，包括检查票证、安全措施、安全宣示系统（安全帽后部张贴个人姓名、承包商马甲、负责人和安全员臂章）、摄像头配置等，并对作业人员进行关键工序和安全措施考核，考核合格，达到高标准开工条件，方准许开工。下发的《关于优化外委项目三措两案编审批的通知》是为了抓细风险管控，优化审批流程，提高工作效率。该通知明确了零星或者单体的外委施工项目，一律要求施工单位现场踏勘，确定施工关键工序，辨识主要风险，并成立以部门中层为组长的风险评估小组，成员包括承包商负责人、工作负责人、班长、部门安全主管、信息分析诊断中心主管和安全消防保卫中心成员，针对中高风险项目，公司领导参加风险辨识评估，将风险辨识结果和具体可执行的安全措施落实到方案中。

通过对安全生产活动规范一系列的要求，将精细化安全管理延伸到每一个环节，落实到每一个细节，明确到每一名作业人员，进而推动安全生产管理向本质型转变。

（二）日常检查细致入微

公司领导严于律己、以身作则，坚持每月带队开展全厂安全消防大检查和每日值班夜查，全年365天不间断，房顶、管沟，哪里偏僻哪里钻，查缺陷、查隐患、查渗漏、查管理，区域查、专项查，交叉查，发现的问题小到法兰微渗油、电缆封堵不严，大到高压旁路减温水管路脱离支架、管道弯曲变形、阀门螺栓松动等缺陷，累计发现5400余项问题；严谨、细致、不怕脏累的工作作风也传递到班组和个人，极大影响和提升了员工的积极性和履职意识，把设备当作自家的东西一样去呵护。

（三）隐患排查细入毫芒

通过事故案例学习、同型机组交流、热控逻辑反推、停备机会检查等多种手段进行细致设备隐患排查，取得了良好效果。例如，机组检修中通过细致隐患排查，及时发现了2台燃机FGH区域天然气管道147道焊口问题；通过逻辑反推深挖控制系统隐患，累计完成逻辑变更215项2042点；开展危化品、起重设备、消防火险等专项隐患排查，发现并消除了如供氢间防爆接线盒螺栓未紧固、燃机房起重机行走轴承损坏、手动火灾报警按钮未工作等多项隐蔽安全隐患。

三、实干笃行，克服空谈浮夸

（一）树立实干精神

安全生产没有捷径可走，京燃热电始终将实干放在首位，坚决克服空谈浮夸，领导班子真抓实干，扎根现场，立足现实和现在，带头树立实干榜样，力戒形式主义作风，下沉一线，每天必深入现场，检修期间每天参加承包商早班会，每周参加班组安全学习，每月带队开展隐患排查，以实干行动带头全员抓安全生产，堵塞漏洞，追求极致安全。

（二）做实风险管控

京燃热电将风险分级管控提升到前所未有的高度，将做实风险全流程管理作为安全生产重要抓手，在思想上高度重视的同时，下大力气抓硬措施的落实。首先借助信息化手段实现每日作业清单制，每日早会进行风险再评估、措施再提醒；其次每周组织专题风险评估和缺陷盘点，对下一周的工作进行全面风险辨识评估、制定防范措施，对重要遗留缺陷风险进行重新评估。再者高度重视高风险作业管控，公司领导亲自参加项目风险评估及安全措施讨论会，每天参加高风险作业安全交底，每天到岗到位、现场督导、措施再检查、风险再评估，将风险管控切实落实到管理和现场。

（三）抓实承包商管理

作为生产企业的合作单位，承包商历来是管理的重点、难点、痛点，京燃热电在实践中多管齐下、抓实承包商管理。一是抓实入厂筛查关，通过信息化随机组卷考试，破解了承包商相互抄题、蒙混过关的难题，筛查工作变得简单高效；二是抓实每日安全技术交底，公司领导和安全管理人员参加承包商每日交底会，通过"三交""三查""三讲"和随机考问，检验交底效果，检查承包商自我管理能力，督促责任制和安全要求落实到基层作业人员；三是抓实作业过程管控，从检查承包商人员安全带佩戴、角磨机使用到脚手架搭设、受限空间气体检测，从厂内人员现场监护到高风险作业视频全程记录，京燃热电以严防死守的态势，全程紧盯承包商过程管控，做到万无一失。

四、智慧安全，创新保驾护航

（1）作为智能示范电站，京燃热电大力培育创新文化，探索自主创新，充分发挥技术装备优势，将智慧脑、智能眼应用到现场安全生产工作中，自主开发的智慧应用大放异彩，设备智能分析平台、智能监盘系统、无源监测系统等一系列智能手段，持续对全厂设备进行 24 小时不间断全方位"扫描"，大大降低了人工监盘强度，提高了生产效率；风险防控方面，利用电子操作票、智能地线、智能压板等系统防止出现失误操作，运用风险云监控系统实时排查作业风险，通过智能识别系统防止高风险作业或重点区域人员非法闯入，保证安全稳定运行。

（2）公司大力推进燃气智能发电平台和智能安防平台建设，实现运行无人巡检、无人值守、自主趋优，传统的安防任务也将由智慧眼、机器人等替代，不久后将在国内率先实现运行和安防无人值守"双首创"。

五、结束语

在"严细实智"文化潜移默化中，国能京燃热电公司不断取得新业绩，员工获评"中国电力优秀青年科技人才""北京优秀青年工程师"等多项荣誉；智能智慧方面，累计完成创新项目 100 余项，创效 8000 余万元，申报专利 40 余项，获得发明专利 8 项；设备管理方面，2022 年获得全国燃机能效对标 5A 企业，并列全国第一，机组运行实现连续五年无非停……

公司将继续恪守"守土有责、守土尽责"职责担当，将"严细实智"理念充分落实到安全生产各个方面，树牢安全发展理念，压实安全职责，细化规章制度，严抓落地执行，创新智能智慧，不断开创智慧电站安全生产新格局。

企业文化建设的三维路向

——以煤炭企业为例

永定庄煤业公司宣传部　白　林　李馥艳

摘　要： 生产安全问题事关经济发展与人民福祉，推动煤矿安全文化建设对于解决安全问题具有突出意义。通过创新安全知识的普及方式、加强幸福观教育、营造安全生产环境氛围以强化安全理念；经由对制度本身落实效度评估制、实施监督制、更新完善制度来构建与完善安全文化制度；运用加强艺术设计、用好矿区故事、加强宣传工作等措施来加强安全物态建设，为煤矿安全建设提供理论、制度、物质的多维支撑，促进煤矿安全文化建设的有序推进。

关键词： 煤炭安全文化；安全理念；安全制度；安全物态

煤炭作为我国能源的主要动力来源，煤炭生产安全事关我国经济发展和人民福祉。但是煤炭生产安全问题伴随着煤炭的生产发展越来越突出，常规性与突发性事故时有发生，企业普遍存在对安全生产的重视不够、对安全问题的认识不足等问题，系列隐患没有得到根本的、有效的解决，因此，煤炭安全文化建设亟须实质性的进展与突破。

一、安全理念

深刻而持久的安全理念是产生稳定安全行为的重要前提和基础。安全理念在安全文化建设中有着隐性的推动力和显性的引导力，这在理论上给予安全文化建设以支持。安全理念需要从创新安全知识普及方式、加强幸福观教育、营造安全生产环境氛围三方面进行提升。

（一）创新安全知识的普及方式

矿工长年累月在熟悉的领域工作，常规性安全知识在具体生产作业的无数次重复中得到了深刻的内化，已然形成了一套固有思维模式与常规性防护工作流程，规避安全风险的观念自然形成。创新规避煤矿安全隐患知识的普及方式极为重要，通过创新安全知识的呈现方式激活矿工疲惫的神经，避免形成安全理念自动化，从而更灵活地运用安全知识进行安全生产和解决突发性问题。永定庄煤业公司运用快手极速版的"公益大课堂"，让员工自主学习应急安全教育，公司通过"公益大课堂"的渠道，将各专业安全知识、典型事故案例分析等相关内容汇总，由每位员工进行选择性学习，来增强个人的安全意识。

（二）加强幸福观教育

每一个煤矿工作人员的背后都是一个家，是矿工幸福的港湾。永定庄煤业公司通过转发安全警示片《回家》《黑色三分钟，生死一瞬间》等，利用微信等媒介传播，确保每一个人观看，将安全理念入脑入心，让每位入井的矿工在入井前想想自己最爱的家人，告诉所有矿工，家是生命的起点，更是幸福的终点。一个矿工的安全，牵动着整个家庭的心，安全是幸福的重要前提。因此，幸福观教育极为重要。加强幸福观教育，让每个下井作业的矿工，在每一次作业时都牢记自己的追求与责任，热爱工作，平安回家。推动幸福观教育常态化，坚持人本价值，生命至上，引导矿工重视安全带来的对个人及家人的幸福。

（三）营造安全生产环境氛围

安全理念要想深入矿工内心，需要全方位、全过程、全角度得以落实。营造安全生产环境有利于将安全理念潜移默化地深入矿工内心。围绕矿工工作环境、生活场所、活动场地等，依托喜闻乐见的形式营造安全生产环境。安全生产管理氛围的营造要有带爱感，避免生硬"灌输"，注重柔性陶冶，盘活现有氛围营造形式，打造线上线下互动模式，推动沉浸式体验建设。

安全理念的培养与形成需要持续发力，更需要精准发力。创新安全知识的普及方式重在安全理念内容的呈现与表达，加强幸福观教育重在引导安全理念的自觉接纳和主动内化，营造安全生产环境氛围重在提供安全理念的情感环境，这三种方式各有侧重，所形成的合力将精准提升安全理念，更好地发挥安全理念作为煤矿企业安全建设理论导向的作用。

二、安全制度

安全制度贯穿于煤矿企业生产的全过程，是安全生产的预防针和调节器。安全制度中文化建设部分，由于受现实的影响，归为柔性制度，存在安全文化制度的体系不够完善、实施缺乏监督、各项内容缺乏协调等系列问题，因此安全文化制度的整体效度和信度较低，难以发挥制度的规范、引导和保障作用。在宏观构建安全文化制度建设时，制定制度效度评估制度、实施监督制度、更新完善制度十分必要。

（一）制定制度效度评估制度

制度是否能够切实应对安全文化现实问题的真实情况，直接影响安全文化建设的效率和质量，因而制度本身的效度极为关键。制定制度效度评估机制，就是要解决制度是否有效这一关键问题。制度效度评估制度的制定要量化评估与非量化评估相结合，数据分析与感性体验相结合。将矿工的需要、矿工的诉求、矿工的感受作为衡量制度效度的重要指标。注重制度的效度具有理性针对性的同时更有温度，由此推动安全文化制度的良性实施与发展。

（二）制定制度实施监督制度

建立制度实施监督制度，有利于通过监控制度实施，推动安全文化制度的落实。制度实施监督制度的建立，需要把握好制度实施的全过程，立足各环节、各层次和各方面，内部监督结合外部监督推动安全文化制度实施。制度实施监督制度要特别注意避免监督人员冗杂、效率低、监督成本高等问题。监督制度的有效性与其适度性具有极大相关性，当监督制度过紧或过松，制度实施的预留空间过大或过小，都难以充分发挥制度预期的作用。监督制度的制定要张弛有度，以有利于安全文化制度的实施为根本出发点。

（三）制定制度更新完善制度

制度活力的发挥，离不开制度服务于现实实践这一根本，因而制度需要跟随实践实际的发展实时更新完善。制度更新完善不是一时兴起的改变与调整，而是在一次次发现问题、分析问题、解决问题中得到循序渐进的发展。安全文化制度自检为制度的更新完善提供了直接的方向。制度自检要注重提升自检自觉性和主动性。制度一旦建成，很容易滋生懈怠情绪，造成自检"落灰"，因此要着力避免制度"坐吃山空"的问题。避免制度沉默，发挥制度应有活力，激发制度促进作用，制度自身的更新完善应当予以重视。

打铁还需自身硬，好制度才能解决好问题。安全文化管理制度自身的建设与完善是发挥煤矿企业安全建设显性规范的重要前提和基础。如果说制度是医生做出预防和治疗，那么针对制度制定的制度则是去建设一家医院。针对制度制定的制度是从制度本身开刀，增强制度自身的力量。制定制度效度评估制度、制度实施监督制度、制度更新完善制度将从制度本身的有效性、实践性、适时性进行建设和规范。

三、安全物态

煤炭安全文化物态作为一种看得见、摸得着的物质实体，一方面承载着安全文化的观念和价值取向；另一方面也成为安全文化观念输出的门户。物质载体为安全文化建设提供了最直接的呈现方式，是矿工安全教育的入口和舞台。安全文化物质载体的建设，需要融合艺术设计，融入矿区故事，并做好宣传工作。

（一）加强艺术设计

艺术是唤醒人心灵的火把，在安全文化物态建设中加强艺术设计，有利于点燃人对安全"美"与事故"丑"的内心思考。安全物态的艺术设计要以人的艺术需要为依据，作品要接地气，符合大多数人的审美和欣赏能力，避免曲高和寡。做出一批优秀的现代化建筑、雕塑、绘画、音乐、舞蹈、宣讲等作品，让艺术直击欣赏者的心灵，加深欣赏者对于安全的重视程度。艺术设计要重视调动起人的各种器官，当一个作品或同一主题下多个作品同时利用人的视觉、听觉、触觉等，往往让人印象深刻，并容易引起触动和共鸣。安全文化经过艺术化加工处理，聚焦某一问题，凝聚于特定物质载体，具有比展板、宣传册、告示等常规展示形式更强、更直接的力量。

（二）利用好矿区故事

物质载体只有打动人心才具有真实的力量，发生在身边的故事便是打动人心最好的素材。永定庄煤业公司利用电视新闻、公众号等载体，收集基层人物故事来宣传煤矿的工匠精神，将他们在工作中的安全事迹整理出来写成文章传递到每位职工手中。故事的选择，要具有一定的覆盖性和代表性，既需要正面的案例，也需要反面的案例。要从优秀工作者中，挖掘安全故事，树立正面典型榜样。着重整理出生产工作中遇难者触目惊心的故事，从遇难者身边人的采访做起，关照故事中的安全细节。讲好一个矿区故事，就是树立起一面安全的镜子。故事的生动性和真实性使得物质载体更有说服力和感染力，更具有安全的警醒作用。

（三）加强宣传工作

物质形态受时空限制，自身不具有扩散性，在宣传上具有一定的局限性。宣传对象的特殊性，要求在宣传主体和宣传方式上下功夫。首先，要选聘一批懂宣传、善于宣传的专业人才来抓住安全物态宣传的主方向，发挥宣传工作的主导作用。永定庄煤业公司各个部门都至少有一名宣传员，负责将宣传工作推进基层。其次，选用合理高效的宣传方式和宣传工具，选好"放大镜"和"扬声器"，如工人班前会、广播、公众号以及微信社交传播等。最后，推动安全物态成为一种时尚，引导受教育者和物态欣赏者成为物态的一部分，将物态承载的安全理念、安全意识、安全思想传播出去。让每个受教育者和欣赏者都成为一粒安全文化的种子，散播在安全生产的每一处，拓宽安全文化宣传的广度。宣传工作既需要大处落笔，也需要细节刻画，兼顾深度与广度。

物质形态作为实在的物质载体，创造性和感染力的塑造是提高其现实影响力的重要手段。加强艺术设计，提升形式美；利用好矿区故事，提升感染力；加强宣传工作，提升影响力。物质载体通过故事提供思想内核，艺术设计披上外衣支持，宣传工作搭建起与受众沟通的桥梁，并在提高三者的适配性和协调性的整体上更好发挥物质载体的客观作用。

参考文献

［1］李洋. 企业安全文化建设方案探讨 [J]. 新疆有色金属,2023,46(05):90-91.

［2］康与涛, 赵茹娟, 陈伟炯, 等. 海工企业安全文化 MMEM-SV 评价模型的构建及实证研究 [J]. 安全与环境工程,2023,30(03):21-27.

［3］郭仁林. 煤炭企业安全文化水平评价 [J]. 企业管理,2023, (06):115-117.

关于安全文化建设的流程化实践

杭州海康威视数字技术股份有限公司 梁一飞 赵 晔 胡宽凤 倪俞辉 蒋 洁

摘 要： 通过分析企业安全文化建设的变迁和现状，找出传统的安全文化建设存在的弊端和不足，进而结合流程化管理理念和方法，搭建安全文化建设流程架构，融合组织管理流程与安全文化业务流程，将其转化为"识别和评价影响—开发和执行程序—培训和教育—监督与改进"的价值流，将安全文化建设真正地融入安全工作和企业文化建设。

关键词： 安全文化；流程；价值

安全文化建设作为安全管理及企业文化建设的重要组成部分，承担着法律和政府监管要求之上的自我安全约束责任，对提升全员安全意识和能力、保障员工生命健康安全和企业财产安全有着重要作用，而流程管理是为了客户需求设计，实现效益和竞争力最大化的管理方法。结合流程管理理念和方法的安全文化建设，可以最大限度地构建安全文化组织及程序建设，也可以通过构造端到端的安全文化业务流程来持续提升安全绩效。

一、传统方式推进

传统的安全文化主要将安全承诺、行为规范与程序、安全事务参与、安全行为激励、信息传播与沟通、自主学习与改进、审核、评估等要素[1]模块化，把问题细化，分级管理，各负其责，呈"金字塔"状，进而实现安全文化建设"四大功能"，即导向功能、凝聚功能、激励功能和约束功能。安全文化建设作为安全生产的基础性工作，坚持"以人为本[2]、齐抓共管、管教结合、与时俱进"的原则，以"总结提炼全员认同并自觉执行的安全文化理念，提升全员安全意识和能力"为目标，紧紧围绕安全生产体系建设，通过"提炼理念""制度管理""宣传活动""物质保障"四方面开展安全文化建设工作，最终构建出安全文化理念体系、安全文化制度体系、安全文化激励体系和安全文化物质体系，保障安全发展、和谐发展、科学发展[3]。

此类方式推进十年左右后，便碰到模块化管理方式的瓶颈期，遇到的问题显而易见，如团队协作差、综合能力弱、成本高、效率低等。安全文化建设基本要素各自为战，独立成以自我为中心的环形

业务，工作目标的完成情况浮于表面，完美的数据和良好的绩效背后都隐藏着众多"纸老虎"，"虚构"和"夸大"层出不穷，"求真务实"和"实事求是"被"两张皮"逐步蚕食，"风险"亦在向"事故隐患"转变。如安全承诺是企业安全文化建设核心的部分，安全价值观、安全愿景、安全使命等在内的一系列举措需要"横向到边、纵向到底"的各级管理者和各岗位员工知晓并实践，事与愿违的是，安全责任书的签署基本流于形式，安全目标的达成基本无实际业务支撑，安全事件的上报更是无从谈起，根本原因是安全意识和能力的不足，而直接原因却是输出价值缺少定义和监督，场景、角色、职责、价值等一系列活动的基础没有被构筑，因而要想在毫无基础的框架上建造摩天大楼，显然是不可能的，为此采用更为贴近实际活动的流程化管理模式，便可重新夯实安全文化建设的地基，保障安全文化建设可持续发展。

二、流程化实践

首先，需要搭建一个深入契合企业人员、规模、业务、安全风险等平台，并且能统筹外部影响和内部资源的安全文化建设流程架构，除了将安全文化建设四大基本要素前后衔接以外，更重要的是将安全文化建设工作融入安全管理业务中去，将流程化建设作为标准化建设和体系化建设的进化版本，按照"收集管理要求—评价影响后果—确认管理范围及业务因子—确认业务目标及规划—制定方案措施—执行落实—监督考核—持续改进"的流程化管理方式进行变革。为此，我们开始搭建更为科学的流程架构，在过渡阶段发布并实施"确定影响—开

发和执行—教育培训—监督和管理"的安全文化建设价值流程,并以此对下一层级的子流程架构和业务架构进行重组调整,确定以影响评价、过程控制、考核改进三方面进行业务划分。影响评价是识别有关的内外部安全风险因素并评价影响结果,主要子流程为安全法规识别及合规性评价、安全目标管理、危险源辨识、安全评价、变更管理、安全信息收集与维护、安全制度及政策等。过程控制是根据识别和评价的内外部安全风险因素制定风险控制方案并实施控制措施,防止安全事故发生,主要子流程为教育培训、风险分级管控、隐患排查治理、风险监测与检测、现场管理、劳动保护、应急管理、事故调查处理等。考核改进是监督、考核、评价企业各级部门、各级人员的安全业务和成本绩效,提出项目改进计划并持续改进,主要子流程为上下级对接和信息传递、档案建设、体系建设、考核评价、优化项目、持续改进等。

其次,为匹配流程化组织及人员的能力,连接起主要负责人的安全职责履行和安全理念落实与基层的趋向"完美主义"的碎片化管理执行,需要将以上主流程和所有子流程进行统一融合,找出内外部相互交叉的业务关系,采用 PDCA 和生命周期法相结合的模式,闭环管理所有安全文化建设业务,形成业务流、数据流,把传统的档案记录转化为以数据为核心的过程指标跟踪和流程跟踪,用数据来驱动业务,用数据分析来判断业务价值。同样在安全文化建设各要素之间,需要搭建起"安全承诺—行为规范与程序—安全实践—评估审核"的业务流程。安全承诺的主要子流程为安全承诺发布、安全承诺实施、安全承诺审查、绩效输出、相关方合作、安全氛围、安全意识、安全能力等。行为规范和程序的主要子流程为组织机构、安全职责、规章制度、操作规范、政策意见、行为安全监督、作业安全、设备安全、活动组织等。安全实践的主要子流程为安全行为激励、安全信息传播与沟通、自主学习与改进、安全事务参与,安全行为激励包括安全绩效考核评价、安全奖惩等,安全信息传播与沟通包括组织建设、信息管理、平台建设等,自主学习与改进包括岗位资格评估、教育培训、团队建设等,而过程遵循"既有知识和能力—预知和反思—概念与方案—实践与实施—评估与总结—新的知识和能力"的模式。安全事务参与主要包括上报机制、相

关方管理、项目改进、安全会议、风险识别分析管控、应急管理等。审核预评估主要子流程为安全文化建设绩效及控制改进。

在以上两方面建立相应的流程架构和业务流程之后,则需要在每个流程架构下根据企业实际情况梳理并完善业务流程,并作为业务、组织、IT 等设计的关联输入,明确每个业务活动的角色和分工,并按照项目"charter 开发—概念—计划—开发—试点—推行"的方式进行业务流程梳理和实施[4]。为此,安全文化建设作为流程项目实施,需求分析阶段需要明确背景,新建或优化原因和明确目标,即总结提炼安全文化理念,得到全员的认同并自觉执行,建立健全安全制度规范并有效执行,安全目标指标达到新的高度。在确定目标之后需要对存在的原始问题进行记录与分析,并以此整理安全文化建设流程的需求,并对业务的边界、上下游的关联业务、场景、活动过程进行识别和分析,即安全文化建设的关联业务为教育培训、宣传活动等各类安全业务,场景为理念的制定和实施、制度规范的制定与实施、宣传活动的开展、物质保障工作等,并结合组织建设、制度方案、信息平台、奖惩激励等职责,让所有的角色作为安全文化建设的宣传者、践行者、受益者和追随者。最终通过业务流程的制定和实践,形成安全文化建设流程的高阶方案和流程视图,并在此基础上规划流程清单,关联周边流程,展示流程关系,即在构建安全文化理念体系方面,将安全文化理念作为安全管理工作的行动指南,让所有实践主体具备相应的思想、认识、观念和意识,总结提炼有特色的、认同的安全文化理念,并通过安全宣传教育培训充分阐释、大力传播、系统灌输、认真实践,引导全员关注、认同、理解、接受并执行,从"要我安全"到"我要安全"转变;在构建安全文化制度体系方面,通过规范化、标准化作业,引导和规范全员在整改研发、生产、办公过程中形成良好的工作习惯,贯彻落实每一个步骤和动作,实现安全的可控、在控。坚持从基础工作抓起、从班组抓起、从生产操作抓起,规范安全行为,杜绝违章作业;在构建安全文化激励体系方面促进基层部门加大对部门、工厂、班组的安全考核与奖惩力度,表彰典型,通报不足,并给予物质和精神激励,结合实际情况持之以恒地开展好各类评比工作;在构建安全文化物质体系方面,安全文化建设确保涵盖到重点部位、

关键岗位，并利用有效的安全技术手段、必要的安全物资和资金投入来完善环境和基础设施、设备和安全防护、消防设备、安全工器具等，保障劳动防护和合理配置安全资源。

安全文化建设是企业文化的基础性工作，在企业可持续发展的战略上具有重大意义，在紧紧围绕企业实际情况的同时，要不断创新安全文化的培训手段和方式，流程化的安全文化建设可以更好地帮助企业做好安全风险控制，建立起可靠的"人—机—环境"管理系统，实现本质安全。

参考文献

［1］毛海峰 . 企业安全文化建设导则 [S]. 北京：煤炭工业出版社, 2009: 1.

［2］张燕 . 企业安全文化建设研究综述 [J]. 河南财政税务高等专科学校学报, 2010, 24(05):16–19.

［3］邱成 . 安全文化学的实践与现实 [J]. 技术与创新管理, 2017, 38(02):226–230.

［4］王巍 . "企业流程再造"：美国管理理论与实践的新突破 [J]. 世界经济, 1996, (01):48–50.

铁路供电系统安全文化体系建设与实践

中国铁路上海局集团有限公司徐州供电段　卢　俊　吴继标　姜　昊

摘　要： 随着铁路供电系统高速发展，新技术、新设备不断更新，加上普速、客专、高铁多种形式轨道交通并存，各种项目交织在一起，铁路供电系统安全管理面临着许多新问题、新考验，安全风险加大。思想决定思维，思维决定行为，行为决定结果。徐州供电段党委结合供电系统实际，对安全文化进行探索与实践，形成安全文化建设体系。

关键词： 铁路供电；安全文化；建设与实践

习近平总书记强调，要以"时时放心不下"的责任感，持续抓好安全生产。新时代新征程对安全工作要求越来越高，铁路供电发展进程中，生产布局、专业化水平也发生了很大变化，必须坚持"责任非责任都要管、都要防范"的原则。因此，以营造安全文化为主线，洞察安全问题的文化本质，善于运用文化的力量，标本兼治抓安全管理，是新形势、新体制下安全工作的突破口。

一、安全文化是做好新时代新征程安全工作的突破口和切入点

铁路供电系统安全隐患、违章违纪、安全事故之所以时有发生，究其根源在于部分干部、职工缺乏在安全上的价值观，缺乏高度的责任感，缺乏自我控制的内动力。只有将安全管理上升到文化驱动，善于运用文化的力量，才有可能标本兼治地抓好安全管理。只有把生产安全真正内化为广大干部、职工的内在需求、人生觉悟、自觉行为，安全才能进入有序可控、基本稳定的状态。

安全文化建设表层上主要指企业面貌、环境等文化的建设；中层上主要包括规章制度、作业标准等安全管理制度机制的建设；深层上主要包括安全思维方式和行为准则、安全价值观等安全理念的建设。深层安全文化建设是核心，起着支配、决定表层和中层安全文化建设的作用。

因此，安全文化的培植首先要强化安全基础，按照"环境影响人、环境改变人"的表层理念入手融入安全管理理念，从基础工作抓起保证安全。要把"安全事故一票否决"烙在心上，细查安全的每一环节措施的落实情况，真正把职工生命安全、企业的财产安全当头等大事来抓，形成行动自觉。其次要推动整章建制，按照"制度管人、制度管事"的原则，在安全与效益发生矛盾时，坚持把安全放在第一位，严格管理，大胆创新，建立一套完整的安全管理机制，以保证安全生产。让根植于制度机制的安全文化固定下来，做到有章可循。最后要倡导文化引领，树立"安全依靠谁、安全为了谁"的人本文化理念，充分尊重人的"生命和价值"，把"要我安全"的约束行为变为"我要安全"的自觉行为，进而再转化为"我会安全"的主动行为。

二、推动供电系统"五位一体"安全文化体系建设取得新成效

结合安全管理的实际情况，徐州供电段党委强化安全文化顶层设计，着力构建风险文化、责任文化、标准文化、团队文化、警示文化"五位一体"的安全文化体系，不断丰富企业安全文化建设内涵，教育引导增强职工安全意识和提高企业安全管理水平。

（一）"风险文化"引领人

供电段按照"识别大风险、排查大隐患、预防大事故"的要求，全面开展规章制定、设备运行、现场作业各环节安全风险识别，通过"识别、排查、评估、治理"PDCA模式，实现对安全风险隐患的动态监测和管理。目前，徐州供电段建立完善了4个等级48项安全风险库，构建安全风险分级管控和隐患排查治理双重预防机制，按照"五定"原则，明确94名管理人员量化指标，纳入系统规范管理运作。供电段应加强"一风险一档案"管理，落实段风险变化集中评价分析和车间班组逐项认领管控措

施，严格段安委会、车间安全例会研究解决方案。供电段还应加强事故管理，对所有的故障实行"一周一分析、一周一定责"，对事故实行"一月一闭环、一月一问责"，分析事故原因，制定防范措施，启动问责处理。

（二）"责任文化"激励人

动态修订完善 205 个岗位安全责任制清单，将安全职责与要求细化到每个具体岗位、每名职工，做到"有岗必有责、上岗必担责"，例如，针对电气化封闭区段通道门管理问题，为 37 个班组配发智能蓝牙钥匙箱，明确责任人和借还管理，实现有效管控。加强面向干部职工的安全责任教育，增强安全责任意识。教育职工认识"我"在家庭和社会中的重要性，正确认识自己的价值，树立正确的安全价值观；认识到安全不仅是企业生产的需要，最主要的还是自己的安全需要；认识到安全不仅是对企业负责、对社会负责，还要对自己负责、对家庭负责；认识到一旦出了事故，就会害了"三代人"。通过"责任文化"入脑入心教育，引导职工珍惜生命，时时处处自觉讲安全、注意安全。

（三）"标准文化"规范人

针对 206 项安全管理制度，开展"你来问、我来答"规章制度专项纠偏活动，收集解决各类规章问题 259 条，既推动规章宣贯解读，又提升规章实操水平。梳理制定 471 项作业指导书，其中安全类 36 项，推动学标、贯标、用标、执标，通过视频化、动漫画等形式开展宣贯，让作业指导书成为现场作业唯一标准，并逐步养成作业习惯。运用现场检查写实、作业票据台账抽查、音视频抽听等手段，以季度为周期分专业进行指标率检查排序，兑现奖惩，实现现场指标率 90% 以上。狠抓 509 名"关键人"管理，架构了工作票关键岗位人员管理模块，与工作票管理模块进行关联，工作票签发使用人工点选，从源头避免作业人员等级与作业项目不匹配或无资质人员从事关键岗位等问题。

（四）"团队文化"融合人

承接集团公司到基层站段直至作业层面的三级应急处置组织体系，发挥"技术上支持、安全上把关"的指挥协调作用，定期开展应急安全培训和演练评价，提高应急处置能力和水平。全段组建铁路沿线外部环境综合治理"双段长"团队，对接 31 个县市单位，深化"五进"宣传，强化区域协作和路地联防。

开展车间、班组、作业现场之间劳动安全协调与卡控，相互影响、相互关心、相互补充、相互提醒，让职工关心集体的荣誉、企业的兴衰，把自己在生产中的行为与集体的荣誉紧密联系起来，明白不安全行为易发生工伤事故，不仅影响班组、车间和段安全成绩、评比和声誉，还会造成经济上的巨大损失，有损企业的形象。通过荣誉感教育，形成具有凝聚力的"团队文化"。

（五）"警示文化"教育人

全面征集车间、班组特色安全警言、警句等具有浓厚教育和启迪作用的文化语言，通过"上铁徐州供电段"微信公众号广泛宣传、渲染安全文化环境。建立实体、网上安全警示室，通过图片、视频，还原事故场面，同时利用一些事故案例，尤其是发生在身边的事故教训，以身边事教育身边人，开展座谈会、研讨会、亲情寄语等警示教育，选树安全先进典型，双向发力形成我要安全的良好局面。研发模块化教学系统、VR 体验设备，通过三维图像模拟现场操作，以及误操作带来的后果，积极开展人员转岗、新入职人员以及触及安全管理红、黄线人员到段警示室接受专项培训，让职工真实体验故障、事故危害，警示职工按标作业，开展好常态化"警示文化"教育，稳定当前、杜绝今后。

三、深化铁路供电系统安全文化体系建设的启示和思考

（一）结合实际，贯彻理念

安全理念是安全发展、科学发展的综合体现，是指导安全生产实践的灵魂和精髓。安全理念的培养、形成和发展，直接影响安全生产的进程和质量，关系着企业的生存和发展。必须结合实际形成自己的特色安全理念，决策层强调重视安全、从严管理、机制创新；管理层强调作风深入、解决问题；职工强调敬业爱岗、标准化作业等，不断提升安全文化驱动力。

（二）注重教化，启迪心智

要在提高人的素质上下功夫，安全教育须常抓不懈，对管理人员、操作人员，特别是关键岗位、特殊工种人员，开展强制性的安全意识教育和安全技能培训，增强全员安全意识和提升技术素质。要在发挥安全文化影响力上下功夫，真正将正确的安全价值观入脑入心，树立遵章守纪的行为规范和习惯，逐步形成"人人讲安全，事事讲安全，时时讲安全"

的良好氛围。

（三）规范制度，约束行为

制度建设具有长期性、稳定性和根本性。建立健全一整套安全管理制度，使安全管理有法可依、有章可循，是搞好安全生产的有效途径。要把安全成效与分配机制紧密结合起来，重奖在工作中发现和避免重大隐患的职工，让安全与切身利益紧密相关，与工资收入、评先晋级挂钩，坚持物质利益和集体荣誉并举，使干部职工深切感受"安全就是效益"的理念。

（四）选树典型，激励上进

在深化安全生产的实践中，鼓励职工增强学习的内在动力，必须注重发挥榜样的力量。要对在安全知识、技能比赛，发明创造的优胜者以及各类安全标兵等先进典型，深挖事迹闪光点和思想价值点，通过大张旗鼓地表彰、奖励、宣传，给予优厚的待遇，用身边人身边事教育引导职工群众，从而激励广大干部、职工为安全生产勤奋学习、拼搏进取、力争上游。

（五）环境熏陶，养成风气

开展丰富多彩的安全文化行动，培养安全意识。通过各种喜闻乐见的活动，向职工灌输和渗透安全观。把安全培训作为企业管理的重要工作，持之以恒地抓紧抓好，生产岗位都要执行先培训后上岗制度，一些重要岗位要坚持资格准入制度，把安全知识和技能的考核经常化，定期实行尾数淘汰、下岗环流培训制度，形成你追我赶、不进则退的工作机制和良性循环。

（六）严肃惩戒，以儆效尤

抓安全生产，光凭正面教育、引导、激励是不够的，必须狠下心来，硬起手腕，严肃惩处。对违章违纪，尤其是对造成事故的直接责任者必须严惩不贷。安全是生产的综合性指标，也是否决性指标，一旦安全发生了问题，不仅要对责任者进行相应的经济处罚，政治上处理，性质严重的还要让其付出更大代价，只有这样，才能保证安全生产的长治久安。

参考文献

［1］赵世民.安全文化建设重在理念塑造[J].理论学习与探索,2006,(02):58-59.

［2］杨月江,傅贵.论安全文化理念是预防事故之根本[J].中国矿业,2007,(05):33-35.

浅谈企业安全文化建设的重要性和实施方法

广东电网有限责任公司汕尾陆丰供电局　张元德　林少波　赖兆威

摘　要：本文总体分析当今社会安全现状，明确国家安全发展理念，剖析企业安全管理存在的问题，探讨企业安全文化建设思路，通过成立安全文化建设组织架构，培育安全文化土壤，营造安全文化氛围，潜移默化将安全意识融入员工思想，强化过程管控和考核，推动企业员工安全观念不断增强，形成"我要安全"的自觉行为。本文重点提出一套适合企业培育安全文化土壤并运用于实际安全管理的工作策略，以促进企业安全生产管理水平不断提升。

关键词：发展理念；安全管理；安全文化；工作策略

一、引言

安全文化产生的背景主要有三方面。一是当今社会的生活特点。由现代科学技术构造的现代社会生活（家庭及办公）特点是：技术含量越来越高，机器及物质的品种越来越多，办公室越来越密集化和高层化，人居环境越来越复杂，交通越来越拥挤和城市规模越来越大等。在提高生活和办公效能的同时也不断发生前所未有的巨大问题。现代社会中的安全问题已不再是手工业时代的安全常识所能解决的，而是需要复杂的现代技术，这就要求公民具有现代安全科学知识、安全价值观念和安全行为能力。二是推动社会发展的生产特点。现代工业生产更是技术复杂、大能量、集约化、高速度的过程，一个液氨罐贮量可达 5000 m³，一个发电厂的控制台有上百个仪表，一家中等企业有上千名员工，一家施工工程有几百号人同时作业，现代工业一旦发生事故，损失就极大，而现代工业设备又非常复杂，生产、运输及贮存都具有很强的技术性，需要多部门、多工种准确地配合，需要高度的责任心和组织纪律，这就要求企业全体人员都具有高度的现代生产安全文化素质，具有现代安全价值观和行为准则。三是安全生产管理特点。企业管理的方法由单纯的制度管理进入了企业文化管理的时代，即以企业整体的经营文化理念来统一企业的经营管理行为。安全文化是企业整体文化的一部分，是企业生产安全管理现代化

的主要特征之一。我国安全生产的形势始终不稳定，不断出现事故突发的严重局面。国家对发展安全高度重视，人命关天，发展决不能以牺牲人的生命为代价①，总结我国几十年安全管理的经验可以看出，传统的单纯依靠行政方法的安全管理已不能适应工业社会市场经济发展的需要，营造实现生产的价值与实现人的价值相统一的安全文化是企业建设现代安全管理机制的基础。

国内对安全文化建设做了很多研究和探讨，如安全学原理是从安全观、安全认识论、安全方法论、安全社会原理和安全经济原理等五个方面论述人的因素、物的因素和环境因素的控制原理和方法[1]，企业安全文化建设一文重点论述安全文化现状和安全文化的建设时机及目标模式以及战略计划[2]；企业安全文化建设体系研究阐述安全文化的意识培养、管理机制和环境与秩序影响等三个层次问题[3]，以及论安全文化建设内容与作用[4]和企业安全文化与安全管理效能关系研究[5]。上述文献对安全文化进行了多角度定义，也提出了安全文化建设的很多措施，但是在涉及人的因素方面、制度对人的影响和环境影响等方面分析还存在欠缺。本文将从企业安全管理现状、员工思想状态以及整个环境对人的影响方面进行综合分析，提出一套适合企业培育安全文化土壤并运用于实际安全管理的工作策略，提升企业安全管理水平。

---

① 2013 年 6 月 6 日，习近平总书记针对 2013 年 6 月 3 日吉林德惠市宝源丰禽业公司特别重大火灾事故就做好安全生产工作作出重要指示。

二、企业安全管理存在的问题分析

（一）安全生产意识淡薄

（1）有些企业负责人安全生产意识淡薄，只注重公司的盈利，关心公司产品的销量。一些企业安全负责人一心想着赚钱，对安全问题不闻不问，同时还抱着侥幸心理，认为不会发生安全事故。

（2）有一些地方政府监管力度不够，有关部门对安全问题视而不见，在开展安全检查时走过场，存在一定程度的形式主义，这些因素叠加往往会酿成事故。

（二）企业生产缺乏保障措施

（1）安全事故的发生往往是人的不安全行为和物的不安全状态导致。有的企业安全隐患还没有排除就开始生产，有的企业厂房年久失修摇摇欲坠，但还是在使用。

（2）有的企业为降低生产成本，没有为员工配置劳动防护用品或是配置低廉的劳动用品，容易导致职业健康伤害。有些生产设备本可以升级提高人机工效，但是为了节约成本，企业不愿意投资改造，依旧耗费大量人力物力，这些因素都会导致安全问题的发生。

（三）劳动者自我保护意识淡薄

（1）大多数偏远地区企业雇佣的员工都是文化素质较低的劳动者，他们在受教育阶段缺少安全培训，而且大部分劳动者考虑的是如何养家糊口，并没有重视安全保护意识的培养。有些是刚刚被聘用还没有经过安全培训的学生，一旦进入工厂就直接上岗，便存在较大安全隐患。

（2）在有些企业，还存在一些员工，他们凭经验干活，凡事随心所欲，认为这样做不会出事，导致麻痹大意，忽视各项安全规章制度。或者还有一些人为了工作效率，没有安全措施就开展工作，最终导致安全事故发生。

（四）相关规章制度落实不到位

（1）安全生产规章制度是企业搞好安全生产的重要手段。很多企业都有一种先入为主的观念，他们认为安全责任制是安全管理部门的事，是安全管理人员的事，与企业本身无关。还有一些企业安全规章制度老旧过时，对人员生产行为根本没有约束力，更严重的是有些企业为了应付检查，拼凑了一些无关的规章制度。

（2）规章制度监管不到位。有些企业出台的规章制度没有专人管理，没有将安全责任制考核到人；部分企业出了事故没有严格追究责任，造成制度成了摆设，对安全生产没有起到任何作用。

三、企业安全文化建设的重要意义

（一）安全文化对人类行为的影响

文化是人类在历史发展过程中创造和积累的物质财富和精神财富的总成果，它涵盖文学、艺术、教育、科学、宗教以及道德等各方面，而安全文化是人类对生存安全的一种行为自觉和生活习惯，就如同触电必亡而不敢伸手靠近，临渊必坠而不敢轻易涉足，换言之，安全文化就是安全理念、安全意识以及在其指导下的各项行为的总称，主要包括安全观念、行为安全、系统安全、工艺安全等。安全文化主要适用于高技术含量、高风险操作型企业，在能源、电力、化工等行业内其重要性尤为突出。安全事故通常是可以防止的，安全操作隐患通常是可以控制的。安全文化的核心是以人为本，这就需要将安全责任落实到企业全员的具体工作中，通过培育员工共同认可的安全价值观和安全行为规范，在企业内部营造自我约束、自主管理和团队管理的安全文化氛围，最终实现持续改善安全业绩、建立安全生产长效机制的目标。企业作为人类活动的组成部分或单元，营造安全文化氛围，可以让每个员工清楚行业安全风险，明确规避和防范的方法。

（二）安全文化建设的必要性

根据对当前企业安全管理普遍存在问题的分析，根本原因是人的心理因素和态度问题，在安全生产的实践中，人们发现，对于预防事故的发生，仅有安全技术手段和安全管理手段是不够的。当前的科技手段还达不到物的本质安全化，设施设备的危险不能根本避免，因此，需要用安全文化手段予以补充。安全管理虽然有一定的作用，但是安全管理的有效性依赖于对被管理者的监督和反馈。如果管理者无论在何时、何事、何处都密切监督每一位员工遵章守纪，就人力物力来说，几乎是一件不可能的事，这就必然带来安全管理上的疏漏。被管理者为了某些利益或好处，例如省时、省力、盈利等，会在缺乏管理监督的情况下，无视安全规章制度，"冒险"采取不安全行为。然而并不是每一次不安全行为都会导致事故的发生，因此这会进一步强化这种不安全行为，并可能"传染"给其他人。不安全行为是事故发生的重要原因，大量不安全行为的结果必然是发生事故。安全文化手段的运用，正是为了弥补安全管理手段不能彻底改变人的不安全行为的先天不足。

四、企业安全文化建设实施方法

（一）企业安全文化的培育

企业安全文化的建设必须先培育安全文化的土壤，如同植物茁壮成长依靠丰沃的大地，安全文化的培育同样需要庞大的系统工程支撑。

（1）开展安全宣传。企业可以组织开展"安康杯竞赛"、"安全生产周（月）"、"反三违月"及"百日安全"等形式多样的安全文化活动，强化安全培训教育。也可以与职工签订"安全协议书""反违章承诺"，围绕"家到企""企到家"两条主线开展家企联动建设，开展"家企同心·安全同行"安全文化主题活动，组织安全漫画征集、安全文艺汇演等活动，积极营造安全工作的氛围。结合安全生产中出现的许多问题进行艺术创造，创作出一幅幅生动有趣、寓意深刻的漫画作品，唤起员工的警觉和注意，预防控制某些安全生产方面的隐患。企业可以以安全生产为主题，将歌舞、小品等文艺形式与安全防护知识测验、安全标志与设施的识别、安全行为的辨识等有机结合起来，寓教于乐。因此，安全文化便可以通过群众喜闻乐见的形式及丰富的内涵，达到安全教育的目的。

（2）建立安全警示体系。企业可以通过强大的视觉冲击力，使员工在耳濡目染中受到教育，如在企业的公共场所悬挂安全标志牌、警示牌、安全警句宣传横幅；利用广播、局域网、宣传橱柜、安全文化走廊等多种教育媒介，开展警示教育；利用微信、微博、抖音等媒体平台创建安全警示小视频；通过多方位多维度的深度熏陶，在思想意识上牢固树立员工"我要安全"的意识。

（二）企业安全文化建设启动

（1）成立安全文化建设组织体系。企业安全文化建设关键是要围绕"建设"做文章，靠有力的组织领导、有序的工作机制、有效的推动措施来保障。其保障措施是根据不同单位的性质、特点、指导单位建立相应的安全文化建设模式，确立安全生产标准化体制，完善安全培训质量考核体系，加强安全文化建设的经费投入，发挥企业内部安全文化骨干单位和教育培训部门的引领作用，鼓励企业党政工团开展安全文化活动，形成多层次、全体员工参与的安全文化建设队伍。

（2）制订安全文化工作计划。以习近平新时代中国特色社会主义思想为指引，牢固树立安全生产的观念，正确处理发展与安全的关系，坚持"发展决不能以牺牲安全为代价"的底线，根据安全文化培育内容，统筹制订企业安全文化工作计划，明确各级业务管理人员职责和完成时间，确保工作取得成效。

（3）强化工作监督和改进。加强安全文化实施过程管理，层层落实责任，每月总结开展情况，及时反馈员工工作建议，持续改进工作管理方式，重视安全文化建设对生产业务的影响，及时调整工作策略，确保生产过程中不影响安全文化的普及，把安全文化建设情况汇报作为月度工作会议的议程，不断加大安全文化的渗透力。

（4）实施安全文化建设考核。企业应当在原有绩效考核的基础上补充建立安全文化建设考核内容，对自觉遵守安全规章制度的员工实施奖励，对员工日常不安全行为进行曝光，促进员工以安全行为为荣，以不安全行为为耻，逐步营造人人要安全的氛围。

五、结语

安全文化建设培养的是一种社会公德，它是文化的长久浸润和积累，最终的作用是反馈企业管理效益，安全文化建设的推动使企业领导和全体职工形成"安全第一"的意识、"生命高于一切"的道德价值观、遵纪守法的思维定势、遵守规章制度的习惯方式和自觉行动；使各单位形成预防为主的政治智慧、以人为本的责任意识、依靠科技支撑保障本质安全的科学眼光、沉着应变的应急指挥能力、自我约束的员工行为操守，从而促进企业的持续、稳定、安全发展。

参考文献

[1]张景林，林柏泉.安全学原理[M].北京：煤炭工业出版社，2009.

[2]罗云.企业安全文化建设[M].北京：煤炭工业出版社，2007.

[3]张晓华，胥燕飞，刘凤弟.企业安全文化建设体系研究[J].科技致富向导，2014(14):1.

[4]许伟俊，叶炜浓.论安全文化建设内容与作用[J].城市建设理论研究：电子版，2014(36):9478.

[5]韩冬.企业安全文化与安全管理效能关系研究[J].中国高新技术企业，2015,(04):162-163.

[6]毛海锋，郭晓宏.企业安全文化建设体系及其多维结构研究[J].中国安全科学学报，2013,23(12):3-8.

浅谈企业安全制度文化建设重要意义与实践方法

国投广西新能源发展有限公司　张赢丹

摘　要：近年来，党和国家高度重视安全生产工作，党的十九大报告明确指出，"文化是一个国家、一个民族的灵魂"的思想。习近平总书记多次对安全生产作出一系列重要论述和重要指示批示，为安全生产工作指明了方向，为安全文化建设开启了新的篇章。安全文化是安全生产的灵魂，是实现安全生产长治久安的"制胜法宝"，对于企业而言，制度本身就是一种文化，本文结合企业安全生产实际，从安全制度文化建设的必要性与意义、我国企业安全生产管理制度建设现状、企业安全生产法治建设实践对策以及企业安全制度文化建设具体措施四个方面入手，浅谈企业安全制度文化建设重要意义与实践方法。

关键词：安全生产；安全文化；安全制度

一、概述

从古至今，有人类生活的地方就会涉及安全生产，安全生产无论在任何时代和任何环境下都是维护人民群众生命财产和整体社会稳定的基本保障。随着国内经济迅速发展，安全生产变得尤为重要。安全生产不仅要综合运用好法规、制度、科技检查等各种管理方法，更应该形成一种文化，使安全管理深入人心，达到"文化管理"，实现思维惯式和无须提醒的自觉行为。因此，安全文化是安全生产的灵魂，是实现安全生产长治久安的"制胜法宝"。

二、安全制度文化建设的必要性与意义

我国是一个文化历史悠久的国家，也是一个制度建设历史悠久的国家，新中国成立以来，以党建为引领的各项制度建设取得了显著成绩。对于企业而言，制度建设本身就是一种文化，而安全文化建设过程就是通过不断完善安全制度进而不断固化安全文化，将安全规章制度从墙上、从纸上走下来，实现安全文化落地生根，因此，企业安全文化建设与安全生产制度建设工作密不可分，是企业发展的重要保障和基础。

三、我国企业安全生产管理制度建设现状

现阶段我国大多数企业安全生产管理制度存在冗余、脱离企业安全生产实际以及"一事多标准"等问题。有的企业为谋求快速发展和经济利益，会将其他企业安全生产管理制度直接生搬硬套，与本企业安全生产实际严重脱节；有的企业制度混乱，同样事情出现在不同制度里会有不同标准，无法给予正确指导；有的企业的安全生产管理制度与现行安全生产相关法律法规不符；有的安全生产管理制度内容中的引用文件是国家已废止的法律法规，没有做到及时更新、与时俱进……

造成上述现象的原因，个人归纳有以下几点。一是企业安全生产法治建设意识薄弱，没有清楚意识到安全生产制度与安全生产法治建设关系以及安全生产法治建设的重要意义。二是企业安全生产法制体系不健全，没有依照企业安全生产实际，及时、准确收集各类安全生产法律法规。三是企业安全生产法律责任制落实不到位，没有形成"全员参与"的法治建设氛围。四是企业安全生产制度没有与国家现行法律法规有机结合，形成"两张皮"现象，让企业安全生产制度仅仅是"纸上谈兵"、应付糊弄各类上级部门安全监督检查的制度，而没有与安全生产实际相结合。五是随着互联网技术逐渐强大，电子版法律法规收集网站没有及时更新现行安全生产法律法规，有的网站存在"收费"现象，使电子版法律法规收集工作更加困难等。

四、企业安全生产法治建设实践对策

（一）工作思路

以习近平新时代中国特色社会主义思想为指导，深入贯彻习近平总书记安全生产重要论述精神，秉持"安全是技术，安全是管理，安全是文化，安全是责任"的总体要求，不断筑牢安全生产防线，为新时代安全生产法治中国建设做贡献。

（二）落实企业安全生产法治建设主体责任

企业应强化法治建设内生动力，把安全生产法治建设工作放在突出重要位置，形成主要负责人全面抓、分管领导亲自抓、安全管理人员认真抓以及各级员工协助抓的安全生产法治建设局面，全面营造企业安全生产法治建设全员参与的良好氛围。

（三）加强组织领导，大力开展安全生产法治建设培训教育

企业应明确安全生产法治建设主体责任，设立安全生产法治建设部门、监督部门等，形成"企业—部门—班组"三级安全生产法治建设教育培训网络机制，大力开展多种形式安全生产法制教育，利用互联网、电视、普法竞赛等多种形式，寓教于乐，使员工真正了解安全生产法治建设的重要性，并从中培养安全行为习惯。

（四）建立健全安全生产法治建设体系

企业应结合安全生产实际，依照"法律—行政法规—部门规章/地方性法规—地方政府规章"的法律体系，收集最新安全生产法律法规及相关要求，安排专门机构和管理人员进行收集，同时建议设立企业法律法规合规免费下载网站，全面、准确、实时收集法律法规，形成法律法规识别清单和法律法规收集库。

（五）安排专业人士准确识别

企业需安排有一定安全管理基础的安全管理人员，结合企业安全生产实际，逐项识别收集法律法规及相关要求，并将识别结果及时公布。同时以识别结果为基础，新订、修订现行安全生产管理制度。

（六）持续改进

每年定期更新安全生产法律法规，定期评估企业现行安全生产管理制度是否与现行的安全生产法律法规要求相一致。

五、企业安全制度文化建设具体措施

（一）以法律法规辨识为基础

通过以上叙述，我们知道，安全生产法治建设是安全管理制度的基础，企业应每年安排相关部门依照"法律—行政法规—部门规章/地方性法规—地方政府规章"的法律体系收集与安全生产实际相关法律法规，逐条辨识相关法条，形成法律法规辨识清单，甄选与公司安全管理相关条款，做好法规和制度

融合工作，为后续安全生产管理制度编制提供保障。

（二）发布安全生产管理制度清单

每年企业应合理制定并发布安全生产管理制度制（修）订计划，明确制（修）订部门、时间及原因，避免出现部门重复制（修）订安全生产管理制度以及"一事多标准"现象。

（三）定期开展安全生产管理制度培训

企业应定期开展安全生产管理制度宣贯，营造良好安全氛围，将安全生产管理制度"入脑入心"，使员工熟悉安全生产管理制度要求和内容，深入理解安全生产管理制度内涵，通过考试、访谈等方式重点解决培训质量和培训效果问题，安全管理部门对考试结果进行奖惩，为安全文化建设奠定基础。

（四）定期开展安全生产管理制度执行检查

企业应定期将安全生产管理制度中重点管理内容与要求进行逐条辨识，形成安全生产管理制度重点管理内容清单，将烦琐、复杂的制度进行清单化，减少大量纸张空间，方便员工第一时间了解安全生产管理制度重要内容，安全管理部门按照清单内容开展制度执行情况检查，完善监督检查链条，通过开展制度执行情况检查来反查制度制定的合理性与实际性，切实将制度文化落到实处。

六、结语

安全制度文化是安全文化建设工作的重要抓手，通过加强安全制度文化建设，规范员工的日常行为，使安全意识和安全行为能内化于心、外化于行。同时进一步提高员工安全素养和实践能力，通过常态化的制度监管，让安全理念牢牢渗入员工头脑，真正实现以文化促管理、以管理促安全、以安全促发展的良好局面，全面提升本质安全水平。

参考文献

[1] 王冬梅. 加强文化法制建设是文化健康发展的保障 [N]. 黑龙江日报, 2011-12-02.

[2] 胡惠林, 胡霁荣. 国家文化安全治理 [M]. 上海：上海人民出版社, 2020.

[3] 赵子林. 中国国家文化安全论 [M]. 长沙：湖南大学出版社, 2012.

[4] 邹吉忠. 文化与制度：自由秩序的两条形成路径 [J]. 人文杂志, 2003, (11):27-28.

县域供电企业"三不违"体系安全文化建设实践

国网河南省电力公司沈丘县供电公司　李卫华　杨坤鹏　许雷涛

摘　要：反违章是电力企业在安全生产中的重要内容，深化反违章能力建设是避免事故发生的重要途径，对于企业安全文化形成具有重要的支撑作用。本文以"三不违"体系安全文化建设为工作思路，通过三个维度的举措落实，系统地推动了违章管理的深层建设，全面提升了违章管理工作质效，确保安全生产局面稳定。

关键词：安全文化；反违章；"三不违"；安全督查；安全管理

国网河南省电力公司沈丘县供电公司（以下简称供电公司）在反违章工作中要坚持"人民至上、生命至上"，将"违章就是隐患、违章就是事故"理念深植于日常作业开展中，充分发挥安全保证体系和安全监督体系的协同作用，才能确保反违章工作的开展持续有效。2022年9月，国网河南省电力公司提出"三不违"（不敢违章、不想违章、有能力不违章）的安全工作思路，县域供电公司不断深化实践"三不违"体系安全文化建设是安全工作的重要内容。

一、营造"不敢违章"的高压态势

（一）完善反违章工作制度

根据上级规章制度，结合本单位工作实际，进一步完善适合的反违章工作制度，重点将各专业的反违章工作职责进行更精准的明确，杜绝出现安全监督体系替代安全保证体系的情况出现。充分利用安全风险管控平台（以下简称平台），将各专业和各班组工作开展的流程进行细化，尤其要把安全生产管理人员到岗到位的落实、安全督查人员现场监督管控作为基层单位反违章制度建设的重点，全方位地发动各方面的管理能力，促使基层作业人员加强作业现场的安全管控。

（二）加强安全生产督查队伍建设

目前，供电公司安全生产督查队伍主要分为两个方面：安全督查中心人员和安全督查队人员，安全督查中心重点开展远程督查，安全督查队重点采取"四不两直"的方式开展现场督查，两者的工作开展形成"远程＋现场"的督查模式。在安全督查队伍建设中，建议从以下几个方面开展：一是加强督查人员业务知识培训，安全督查人员的业务素质直接影响作业现场督查的深度和广度，每周定期组织督查人员开展反违章案例学习，尤其是把各级下发的反违章通报作为学习重点；二是开展安全督查中心与安全督查队的人员轮岗互换，在实践中发现安全督查中心人员在督查中更偏向于工作流程、安全资料的查违管控，督查队人员更多的是对现场安全措施的检查，工作角色的互换能提高督查队对现场安全管控的全面理解，有效提高督查人员的督查能力；三是专业人员参与督查，督查人员受专业限制，往往对更深的专业安全知识存在短板，因此将经验丰富的专业人员纳入督查体系能很好地解决这个问题，在实践中通过考核遴选一批各专业柔性安全专家人员，参与安全督查工作，补全督查短板，也是专业主体责任的有效落实。

（三）改进违章惩处措施

违章处罚常见的是经济处罚和扣除违章积分，实践中发现随着反违章工作的不断深入，效果存在一定的边际递减情况，为进一步优化惩处效果，设计了"红黑榜"制度和安全警训室学习制度。一是"红黑榜"制度，经上级督查未发现问题的列入红榜，作为大家的榜样和标杆来树立优秀典型，被各级督查人员发现违章的现场列入黑榜，作为负面典型进行警告，通过在例会、内部网站、公示栏、电子邮箱等方式张榜公示；二是安全警训室学习制度，对出现违章的班组成员，采用警示片、书籍、制度文件以及专业人员讲解等形式，进行不低于半天的安全警示教育和安全技能知识学习，经考试合格方可结束。通过以上措施让违章的代价从心理上形成必要的高压态势，促使基层作业人员重视现场的安全管理。

二、健全"不想违章"的激励措施

（一）完善安全生产奖惩的激励

安全生产奖惩制度是供电公司的重要奖惩激励依据，结合工作实际开展情况能起到很好的促进作用，我们从以下几个方面进行改进：一是增加安全教育培训方面的激励，鼓励各级单位通过作业现场安全宣讲、专业单位下基层培训、安全知识技能考试等方面强化基层素质建设；二是将无违章积分竞赛活动与奖惩进行深度结合，无违章积分不仅要统计基层作业人员，对其他现场安全参与人员也进行无违章积分，扩大至许可人、签发人、到岗到位和安全督查人员，根据积分对其进行奖励，从而调动各方面人员安全工作的积极性；三是无违章现场激励，作为基层单位，上级督查是对现场安全工作最直接的检验，加大上级督查过的无违章现场的激励具有较强正向示范作用，让基层人员得到实惠，奖励的心动才能打造更多的无违章现场；四是对无违章工作表现优异的个人和班组由安监部门向公司推荐先进班组和个人评选，并在评先评优、绩效考核、岗位晋级等方面优先考虑。

（二）提升班组的反违章能力

县级供电公司作业的单元是供电所和班组，基层安全管理存在一个较为突出的问题，那便是缺少对相关安全工作熟悉了解的人员，导致部分基层班组无法实现作业现场的有效管控，因此提出为中心供电所和核心班组进行安全选角。筛选一批责任心强、能力突出的安全员和班组长，充分利用核心人员培养机制，打造不同层级的安全"明白人"，着力打造一批敢于担当、安全素质过硬的一线核心管理团队。发动"明白人"的引领带头作用，促进基层单位的安全意识，从"明白人"不违章，发展到全团队不违章。在无违章积分竞赛中强化班组的无违章能力，对班组无违章积分进行排名奖励，并在红黑榜中进行通报公示，促使班组集体荣誉在反违章工作中体现。

三、压实"有能力不违章"的素质建设

（一）开展帮扶性安全督查

在公司实践中发现45%的违章情况在作业前就已经发生，为降低违章发生率，采取作业前置督查的形式开展督查工作。一是坚持作业风险会审机制，召集各专业人员对三措、施工方案进行集中会审，从专业角度审查作业中存在的风险点，提出更为准确的预控措施建议；二是作业前资料预审，作业前将相关资料发布在工作群，由专业管理部门和安全督查中心人员分别进行审核，缺少一方审核均不得开展作业；三是安全督查队跟随作业班组一起到达现场，从前期准备、现场安措布置、作业实施等进行全流程的安全检查，发现问题进行及时提醒，对存在严重问题进行叫停作业。

（二）提升基层安全教育培训质效

基层班组开展安全教育培训工作存在较为严重的形式化问题，在检查中发现部分单位规章制度、安全事故等学习不及时、不规范甚至假学习情况，因此提出以下措施：一是学习内容的定期发布，收集上级最新发布的规章制度、反违章通报、事故通报等重要安全资料，每周通过电子邮件和公司网站发布学习计划，划定学习内容，解决最新文件不能及时传达到基层的问题；二是组建安全活动质效评价团队，从各专业中选派对安全工作较为熟悉的人员，建立安全活动评价标准，对其进行安全活动开展标准化培训，定期到基层班组参加安全活动，对活动开展进行指导评价，必要时参与活动，演示规范的活动场景；三是专业人员下基层班组开展培训，基层班组对相关制度标准存在一定的理解偏差，部分班组缺乏实际工作中的培训学习能力，专业人员到基层深入讲解各类安全知识才能有效地提高安全学习质量；四是安全督查中心跟班学习制度，工作中发现部分工作负责人对平台流程和相关工作制度存在不熟悉的情况，采用安全督查中心跟班学习制度可以针对性地学习相关安全知识，同时也可以有效地提高工作负责人对安全督查工作的了解。

（三）大力营造安全文化氛围

一是深化习近平总书记关于安全生产重要精神与安全生产法律法规的学习，各级党支部将安全工作融入日常党建活动，以"党建＋安全生产"创建为抓手，将安全工作与党建工作同部署、同检查、共见效。二是加大领导干部在安全工作中的参与力度，反违章工作的基础是领导干部的重视，不仅要在人、财、物的方面进行支持，还要亲自参与安全管理，深入基层、了解基层，解决安全工作的实际问题，积极参加基层班组活动就是最直观的体现，处处讲安全，使管理层形成良好的安全氛围。三是积极组织各类安全交流活动，为进一步提高安全管控能力，开

展安全技术比武、反违章"挑错"、安全知识竞赛等活动,从中了解各级人员对安全技能的掌握情况,促进大家的安全素质的提升。四是建设安全实训小基地,安全学习更要注重技能的实际应用,在各类安全教育培训活动中组织多样的演练活动,强化安全技能掌握,用"演、练、学、考"营造良好的安全文化氛围。

四、结语

反违章工作是供电公司安全管理中的核心内容,是防止事故发生的重要途径,是安全文化实践的重要载体,必须常抓不懈,把"三不违"体系的建设作为反违章工作的主线,将"不敢违章、不想违章、有能力不违章"融入安全文化,多维度地促进作业现场安全的有效管控,从严从实地解决电力企业在安全管理中存在的问题,为维护电网安全稳定发展贡献力量。

"1+14+N"企业安全文化理念建设实践

中国兵器工业集团江山重工研究院有限公司　牛雪冬　张波涛　胡小龙　蔡光亮　刘海刚

摘　要："1+14+N"安全文化理念建设模型为安全文化建设提供了一种新的思路，这种模型是以企业安全生产标准化为基础，将安全生产标准化的内容提炼成不同的安全文化理念，所有的安全文化理念构成安全文化理念域。不同的安全文化理念通过不同的载体类型加以实施，不同的载体类型又由多种表现形式加以实施落地，最终形成齐全、完善、能够落地并有效指导安全文化理念建设的新模型。

关键词：企业；安全文化；标准化；理念域

随着我国社会经济的迅速发展和生产力水平的不断提高，"四新"的应用成为企业生产经营的常态，竞争的日益激烈，生产节奏的加快，各种因素都增加了安全生产风险。1919 年 Greenwood 和 1926 年 Newboid 提出"事故倾向性格论"，认为事故的发生是因为人的性格缺陷，不稳定性格的人是事故发生的根本原因。1939 年，Farmer 和 Chamber 提出"事故频发倾向论"，认为事故产生的根本原因是具有事故易发特质的人的存在[1]。随着事故致因理论研究的深入，理论逐渐由点状向线状、面状和体状发展，最终系统化的致因观点逐渐成为国内外研究共识[2]，如 1936 年 Heinrich 的"多米诺骨牌理论"，1970 年 Johnson 的"轨迹交叉理论"，1990 年 Reason 的"瑞士奶酪模型"。诸多的致因理论促进企业不断提高设备的本质安全度，建立完善严格的安全制度，但是仍不可避免事故的发生，88% 的生产安全事故是由人的不安全行为导致的[3]，其根本原因是未建立并有效实施良好的安全文化[4]。

一、安全文化理念研究背景

（一）安全文化理念形成背景

安全文化发源于苏联切尔诺贝利事故，是 IAEA 机构基于核电厂的安全对策形成的安全研究领域[5]。安全文化的提出弥补了安全技术和传统安全管理的不足，更高层次上更为本质地避免事故的发生，安全文化是安全管理的最高形式，受到国内外学者的广泛关注。

1951 年，Keenan 等人发表了关于安全氛围的文章；1980 年，以色列 Zohar 在《应用心理学》上首次定义了安全氛围的概念，并提出工业组织安全氛围框架的构建及应用；1986 年，IAEA 机构首次将"安全文化"概念引入核电安全领域；1991 年，《安全文化》丛书的发表对安全文化进行了更为规范的定义[6]。

我国安全文化的研究相对较晚，在 20 世纪 90 年代，核电领域的部分专家、学者进行了安全文化的探索。2008 年，《企业安全文化建设导则》[7]（AQ/T 9004-2008）和《企业安全文化评价准则》[8]（AQ/T 9005-2008）发布之后，我国安全文化建设才走上了规范的道路。

（二）安全文化理念定义

安全文化理念的定义源自国际核安全咨询组（INSAG）对切尔诺贝利事故的调查报告，在报告中对安全文化进行了初步定义：组织和组织成员所共有的态度和特征的总和，它建立了一种超越一切的观念，即核电厂的安全问题应得到超越一切的重视程度[9]。英国安全健康委员会（HSC）则认为安全文化是态度、认知、能力、价值观、行为方式的集合[10]。Wiegmann 在总结报告中指出安全文化是组织内部所有成员长期关于安全价值的共识[11]。

现代丰富的安全文化理念则认为安全文化理念不仅是态度、价值的集合，还包含了行为、制度、宣贯、载体等有关安全全过程、全要素、全周期的安全管控对象及手段。

（三）安全文化理念研究意义

安全文化是企业安全管理的灵魂，安全文化理念的形成不是一蹴而就的，而是一个长期坚持并不断完善的过程。安全文化理念的建设是以人为本的根本体现，是贯彻落实"安全至上、生命至上"的具体体现,安全文化理念内涵丰富、包罗万象,贯穿企业安全管理工作的始终。安全文化氛围一旦形成将会相对稳定,并作用于企业安全管理工作,对事故的发生起到至关重要的作用。

二、安全文化理念模型构建

（一）安全文化理念建设现状

我国现阶段对安全文化的定义、概念、评级方法等研究较多,对安全文化建设研究较少,大多集中在企业对自身安全文化建设工作的感性总结,缺乏理论研究支撑。

（二）安全文化理念建设存在问题

安全文化理念建设是一项复杂的系统工程,既有很强的理论性,又需要实践经验的指导,不同行业、不同企业之间带有很强的个性特点,没有一种固定模式能满足所有的企业。这就导致企业在进行安全文化理念建设时存在以下问题。

（1）具有很大的盲目性,并没有结合企业实际情况建立符合自身特点的安全文化体系。

（2）具有较大的认知局限性,所建立的安全文化体系比较孤立,未与已有安全管理工作较好融合。

（3）推行的安全文化理念系统缺乏组织性、完整性、系统性,体系内部各组成要素间没有有机联系,形成独立元素没有真正发挥安全文化理念的指导、预防、教育、警示等作用。

（三）"1+14+N"：构建基于安全生产标准化框架下的安全文化理念域模型

企业在进行安全文化理念具体建设时,首先应明确安全文化理念建设的理念域,安全文化理念域由若干安全文化理念构成。一般而言,理念域大致从理念文化、制度文化、行为文化、环境文化等几个大的方面着手建设。

安全生产标准化建设是我国企业安全生产工作的基本遵循,是将生产过程的"人、机、料、法、环"全过程进行要素切分管理。安全生产标准化内容涵盖了安全管理的软硬件各方面：目标、职责、制度、资金、信息化、组织机构、教育培训、作业安全、风险管理、隐患排查治理、危险源管理、应急管理、事故管理、绩效评定、机械设备、职业卫生等。安全生产标准化的内容覆盖了安全文化理念指导的具体工作,成为安全文化理念域的基本组成部分,满足安全文化理念域构建的充分性、完整性、系统性,故"1+14"模型中"1"指的是基于安全生产标准化的安全文化理念域构建,"14"指的是根据公司安全生产标准化所建立的理念域中所包含的14项安全文化理念,这些理念包含了企业在安全管理中的方方面面,如安全制度、安全环境、安全行为、安全投入等,对企业建立具体的安全文化具有强烈的实际指导意义。

以兵器行业机械光电制造企业为例,根据安全生产标准化建立的安全文化理念域如表1所示。

表1 安全文化理念域

序号	安全理念域	常见理念
1	目标职责	目标是前进的动力
2	组织机构人员	安全工作必须配置相应机构或人员
3	安全投入	每一笔钱都是安全的保障
4	制度化管理	用制度管事
5	教育培训	分门别类,各有所教
6	作业安全	要作业必须先安全
7	风险管理	多一分管理,多一分安全
8	隐患排查治理	隐患排查人人抓
9	重大危险源及易燃易爆管理	重大危险源管理大于天
10	应急管理	应急应急,临危不惧
11	事故管理	勿以事小而不查
12	绩效评定	安全绩效是促进安全管理的有效手段
13	设备设施	提升设施本质安全度,促进企业安全发展
14	职业卫生与作业环境	职业卫生关乎每个劳动者的健康

公司根据安全生产标准化提炼出安全文化理念域14项，将成为企业安全文化理念建设的基本框架，使得建设工作有了方向及基本遵循。安全文化理念建设不同于安全生产标准化建设，它是站在文化层面的高度进行理念、价值观的取向教育。而安全生产标准化建设是从安全业务分工角度进行安全具体工作。

"N"指的是理念域的建设途径，安全文化理念的传播需要借助一定的载体，诸如报刊、自媒体、劳动竞赛、辩论赛、文化手册、班组园地等。按照活动方式的不同，可以将载体进行分类，如表2所示。

表2　安全文化理念建设载体

序号	载体类型	表现形式
1	竞赛活动类	安全演讲赛、安全辩论赛、征文比赛、摄影比赛、知识竞赛
2	文字音频类	LED显示屏、微信公众号、江山报、横幅、文化手册、宣传海报
3	文化沙龙类	安全文化园地、安全文化长廊、安全文化体验馆
4	小礼品类	安全文化杯、安全手提袋、安全文化衫、安全日历、安全笔记本
...	...	...

三、模型功能实现路径

安全文化理念的传播应该是呈发射状由里向外进行传播，首先基于企业安全生产标准化形成安全文化理念域，安全文化理念域的建立明确了安全文化建设的方向。根据理念域内每个理念的类型搭建不同理念实现载体，如安全文化手册、报刊等纸质途径，辩论赛、演讲赛等竞赛类，安全文化长廊、安全体验馆等安全文化沙龙类。最后根据不同的实现载体开展具体的活动，逐步建立全面完善的安全文化。故"N"指的是多种安全理念的实现载体，通过不同类别的具体表现形式将构建的理念表达出来，形成有效落地的传播途径。企业安全文化理念的传播路径如图1所示。

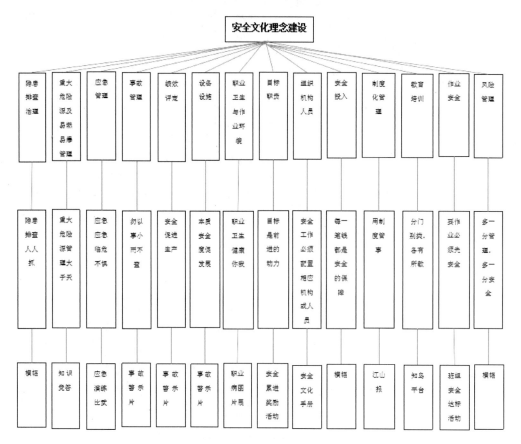

图1　企业安全文化理念的传播路径图

四、实践效果

公司通过多年的探索实践，结合构建的"1+14+N"安全文化理念模型，创新性提出以企业自身所遵循的安全生产标准化为基础，构建齐备、完善的理念域，再通过形式多样的具体表现载体将所有理念呈现出来，从而形成完整、齐全、呈体系化的安全文化。安全文化创建工作与安全生产标准化管理工作深度结合，提升了管理效果，降低了管理成本，且使得安全文化建设工作有的放矢，取得了较好的效果。

五、结论

"1+14+N"的企业安全文化理念建设模式在实践过程中取得良好效果，总结起来主要有以下优点。

（1）安全文化理念建设方向、途径、目标明确，且符合企业自身生产经营特点，减少了创建活动的盲目性。

（2）能够与现有安全管理工作深度融合，与所建立的安全文化理念成体系，减少了认知局限性所带来的不足。

（3）企业安全生产标准化全面、完整、系统地涵盖了安全工作的各方面，以此为基础的安全文化理念能够保证在安全文化创建上无缺项、成体系。

（4）为企业进行安全文化理念建设提供了一种新思路。

参考文献

［1］Hosseinian S S, Torghabeh Z J.Major theories of construction accident causation models[J]. International Journal of Advances in Engineering & Technology, 2012, 4(2):53–66.

［2］许娜. 系统论事故致因理论及其应用[J]. 价值工程,2018, 33:208–209.

［3］Heinrich H.Industrial accident prevention[M].New York:McGraw–Hill, 1941.

［4］Zohar D.Safety climate and beyond:a multi–level multi–climate framework[J].Safety Science, 2008, 46(3):376–387.

［5］Edwards J R D, Davey J, Armstrong K.Returning to the roots of culture:a review and re-conceptualisation of safety culture[J].Safety Science, 2013, 55(6):70–80.

［6］Hale A R, Hovden J.Management and culture: the third age of safety.A review of approaches to organizational aspects of safety, health, and environment.In A.M.Feyer & A. Williamson(Eds.): Occupational Injury:Risk, Prevention and Intervention[J]. London:Taylor–Francis.1998(5):129–165.

［7］国家安全生产监督管理总局. 企业安全文化建设导则：AQ/T 9004–2008[S]. 北京：煤炭工业出版社,2009.

［8］国家安全生产监督管理总局. 企业安全文化建设评价准则：AQ/T 9005–2008[S]. 北京：煤炭工业出版社,2009.

［9］International Nuclear Safety Advisory Group. Safety culture:a report by the International Nuclear Safety Advisory Group[R].Vienna:International Atomic Energy Agency, 1991.

［10］Advisory Committee on the Safety of Nuclear Installations.Organising for Safety–3rd report of ACSNI study group on human factors[M]. London:HSO, 1993.

［11］Wiegmann D A, Zhang H, Thaden T V, et al.A synthesis of safety culture and safety climate research[R].Federal Aviation Administration Atlantic City International Airport, 2002.

浅谈安全文化建设促动车所安全生产

中国铁路上海局集团有限公司南京动车段 吴礼君 曹 超 刘大伟 严 成 吕国平

摘 要：安全是发展的核心要素，随着中国高铁运行里程不断增加，我们必须牢牢守住安全底线，才能将高铁名片不断擦亮。动车所的安全文化建设于运输生产中的作用日益显著，作为高铁人须保持"时时放心不下"的责任感，把保障动车组安全运用检修摆到极其重要的位置，注重安全文化建设促进生产合力，强化科技创新保生产，着重人才培养保安全，充分利用现有资源，大力营造铁路安全文化氛围，才能实现运输生产长治久安。

关键词：铁路运输；动车组运用检修；安全文化；安全生产

截至 2023 年初，中国高铁里程已增长至 4.2 万公里，"四纵四横"高速铁路主骨架全面建成，"八纵八横"高速铁路主通道加快建设，建成世界最大的高速铁路网。安全是铁路永恒的主题，铁路安全文化是铁路长期安全生产实践中凝结起来的一种氛围与传统，是铁路企业安全管理的基础和灵魂，是企业文化建设的重要组成部分。搞好安全文化建设，有助于改变干部职工的精神状态和道德风貌，引导干部职工对安全原则与安全标准的认同，对安全生产行为方式的规范，对实现企业安全生产具有十分重要的现实意义。而南京动车段南京南动车所成立于 2011 年，近 650 名干部职工平均年龄不足 30 岁，如何抓好安全文化建设，落实好"修好车、管好人"的目标，动车所主要完成下列实践。

一、注重安全理念引领，以文化促生产合力

深入阐释解读习近平总书记的"总体国家安全观""人民至上、生命至上""安全责任重于泰山""安全是铁路的政治红线和职业底线，是铁路最大的政治，是铁路最大的声誉"。大力弘扬"人人遵规章、事事讲标准"的上铁安全理念，全面强化干部职工安全意识。

（一）筑牢安全思想防线

安全意识淡薄是发生事故的罪魁祸首，增强安全意识，不仅仅是为了生产生活，更是服务于生命的一种责任。作为动车组运用检修工作中的一员，动车所每一位职工都必须在正常生产组织过程中遵守有关安全生产的法律法规，通过班前安全提示、专项安全培训、跟班写实及视频评价等方式，让干部职工不断接受安全生产教育和培训，消除侥幸心理，时时把安全记在心中，时刻把安全落在实处。

（二）加大安全环境建设

动车所在临修库、轮对库引入安全色标理念，设置安全行走作业区域，改造检修库安全联锁人脸识别系统，监测卡控接触网供断电、人员登顶、车组检修等作业环节，通过加装安全吊索具、警示灯，设置安全风险告知牌，推动厂内机动车"持证上岗、定人定车、规定路线"等方式，规范现场作业、提示作业安全风险。安全生产是动车所的"红线和底线"，持续开展安全风险研判和安全隐患排查工作，持续做好设备设施更新、维护，引进先进安全技术装备，不断提升抗风险能力。

（三）打造安全文化阵地

安全文化阵地是安全管理的有力着力点，动车所率先打造了三级文化阵地，分别是班组生活区、安全文化长廊以及生产作业区提示。在班组生活区，除了电视机用于安全音视频等教育外，各班组还组建了自己的文化墙，职工安全誓言、职工家属照片、安全寄语等，在十门柜、安全文化墙上随处可见。在安全文化长廊，有最新的安全宣传海报、安全应急知识、政策解读等，配备完善消防、疏散等应急基础设施和标识。在生产作业区，安全宣传标语、警示标志等随处可见，语音警示装置、安全警戒绳等在关键处所发挥重要作用，动车组故障案例及安全事故案例等视频全天候滚动播放进一步深入职工内心，督促职工"按标作业""小心翼翼""如履薄冰"。

二、强化数字化发展，以科技保安全生产

随着时代的不断发展，铁路运输尤其是动车组的安全运行也在不断发展更新，也要有与时俱进的精神。不断完善科技创新手段促进安全生产创新引领动车所的安全意识创新、安全技术创新，以科技创新打造安全文化阵地，实现动车所"修好车、管好人"的目标。

（一）以技防手段保安全

针对一直以来作业人员作业过程中易产生安全意识疲劳的问题，在数字化动车所创建的大背景下，动车所努力打造数字化工位，如通过取代现有"棘轮＋固定扭矩扳手"的方式，采用"数显扭矩扳手＋智能扭矩控制系统＋调度管理模块"的数字化作业模式，由作业人员全程对轴端螺栓的预紧、紧固、校核进行视频拍摄和数据上传，并通过调度模块直观查看实时作业进度，实现了作业步骤提示智能化，作业卡控方式高效化，作业进度直观化，作业信息可溯化。近年来，动车所还陆续推出加油注脂小车、轮换作业过程管理系统、多维作业评价系统等，自动化设备启用后充分释放作业人员有效精力，将主要精力集中在关键作业环节安全确认等。

（二）以多维分析保安全

发挥《动车组作业影像多维分析模块》平台，动车所将一二级检修作业、随车机械师作业、接触网供断电作业、质检作业等均纳入该系统模块内，实现作业人员作业关键节点及结果确认自动评价，系统实现作业视频全数评价确认，并实现低于设定标准分数的作业情况自动推送，让管理人员能够更加精准地盯控关键重点人员，较短时间内补齐安全管理短板。

（三）以电子台账保安全

例如，目前动车所轮轴班组台账共计 14 项，其中纸质台账 13 项，涉及轮轴日常探伤、镟轮作业等，长年累月产生相应的大量纸质台账，作业人员每天填写大量台账难免存在信息错误、信息缺失等情况，且因所内档案室场所空间有限导致大量纸质台账无法真正做到分门别类管理，给信息查找追溯带来不便。实现台账电子化后，系统能够获取识别设备内部数据，按规定格式生成相应的表格，有效杜绝人为错误等行为，同时电子化台账能够落实作业过程及结果双卡控，给后续信息查询追溯带来极大的便利。

三、着力主力军培养，将安全融于生产生活

随着动车组运营速度不断提升、动车组累计运行时长不断增大，动车组结构性裂纹风险增加，动车组精检细修要求日益突出，而具有较强安全风险意识、专业精湛技能、高素质的职工队伍缺口却日益增大。动车所可以采取以下措施促进安全。

（一）做好新职工全启蒙

针对动车所入职三年内的新入职人员，从教育、再教育、巩固提升三个方面分别制定培训大纲，确保培训成效。优化培训内容，坚持所长上安全首课，技术专职从规章制度、典型案例等方面进行重点讲解，班组长从岗位安全风险项、常见突出问题等方面进行常态化安全预想。丰富培训形式，利用安全提示卡、安全漫画、安全警示教育视频及典型事故案例等形式开展安全教育，让新职工时刻保持一颗敬畏之心，牢牢守住安全底线。

（二）狠抓青工业务素质

一是系统培训，实训基地。动车所通过现场跟班写实、视频评价、业务抽考及上级检查等维度梳理出重点人员，找短板、补差距，开展"靶向"培训，以小班化形式做好补强培训，同时，充分利用钳工实训间、司机室实训间及车组登顶实训间，最大程度地还原真实的作业场景，避免因作业环境及作业条件巨大差距带来实际作业过程中的不适应，确保作业指标到位、安全管控可控。二是现场实作，师带徒。动车所各班组坚持重点普查项目、重点技术通知等严格落实班前现场实作讲解教训，确保作业人员掌握相关作业标准及作业要求等。同时，挑选班组骨干与新职工进行"师带徒"活动，高标准、严要求督促新职工掌握岗位技能，提升作业人员执标能力，确保动车组安全质量可控。三是技能竞赛，三层选拔。动车所举办"每月一主题"的岗位技能竞赛活动，充分激发各岗位学技练功热情，以更加扎实的业务水平力保动车组运用检修工作。并择优选拔种子选手参加段、集团公司及国铁集团等层面的技能竞赛活动，近年来，我所多名职工均荣获优异的成绩。

（三）传递劳模工匠精神

一是弘扬劳模精神，以领衔人"全国铁路劳模"为核心，同时依托集团公司首席技师、上铁工匠、动车组机械师岗位技能拔尖、技艺精湛并具有较强创新创造能力的高技能人才，成立了陈美平劳模工作室。先后培养出 14 名全路青年岗位能手、劳动

模范等，在全路、集团公司、段技术技能比武中获得较好成绩。二是积极开展传、帮、带，在动车组重点故障排查、处置、研究方面培养出一批批优秀的诊断工程师，并通过技能竞赛等方式，选拔一线班组优秀人员与诊断工程师签订师徒合同，采取一对一师带徒方式，提高业务层次技能培训，提升故障分析研判、处置能力，培养出能够独立分析能够排查 CRH2 型、CRH3 型及复兴号动车组多车型专业诊断工程师，为动车组故障处置及安全风险研判等方面发挥了举重若轻的作用，安监报数量逐年降低，近三年来将动车组百万公里故障分别降低 17%、29%、35%。三是发挥青工作用，结合日常动车组运用检修作业，青年职工积极思考，优化工作流程，创新工具工装，如青年女职工发现第五种检查器不便于现场操作，发明了数显式轮对踏面缺陷测量装置；再如二级修班组车门作业组发现车门尺寸测量需要携带各式各样的工具，创新制作了多功能车门测量尺，极大提升了工作效率，能够将更多的精力放在作业质量上，为动车组安全运用提供青工的力量。

四、结语

高铁事业高质量发展与动车所安全文化建设密不可分，把安全理念传递到每一名职工是动车所常抓不懈的重要工作，通过强化安全意识、打造安全阵地、创新安全装备、培育安全队伍，不断推动安全文化贯穿动车组运用检修全周期、职工生产生活全过程，营造合力共为保安全的良好氛围，为勇当服务和支撑中国式现代化建设"火车头"奠定坚实基础。

参考文献

王涛，侯克鹏 . 浅谈企业安全文化建设 [J]. 安全与环境工程，2008, 15(1):81-84.

浅谈如何建设企业安全文化

内蒙古霍煤鸿骏铝电有限责任公司　汪春雨

摘　要：安全文化是生产企业的核心内容，能够有效促进员工增强安全意识、培养良好安全习惯，安全文化可以通过教育培训、创建安全氛围、监督检查等手段，弥补安全管理上的不足，企业应不断完善员工的安全理念，使其从被动执行转变为主动按照规章制度进行生产活动。本文探讨了教育培训、建立健全规章制度、严格监督检查、培育安全氛围四个方面与建设企业安全文化的关系，对企业安全文化建设具有一定借鉴意义。

关键词：安全文化；教育培训；规章制度；监督检查；安全氛围

习近平总书记强调："安全生产是民生大事，一丝一毫不能放松，要以对人民极端负责的精神抓好安全生产工作，站在人民群众的角度想问题，把重大风险隐患当成事故来对待，守土有责，敢于担当，完善体制，严格监管，让人民群众安心放心。"安全事故不仅影响人民身体健康、生命安全，同时对企业的经济效益也会产生较大的影响。首先，从人的安全方面来讲，企业要担负人员就医产生的医疗费用，可能造成企业停工停产、受伤员工护理、事后赔偿等费用，耗费大量人力、物力、资金等，同时还将对企业形象产生不良影响。安全生产是企业一切工作的基础，对于促进经济发展、维护社会稳定具有重大意义，安全文化通过使员工形成安全第一的意识、遵章守纪的习惯，可以有效规范员工安全生产行为，减少安全事故，降低经济损失。安全文化是企业长期形成的安全观念、安全规范、安全意识等，其核心是坚持以人为本，生命至上，员工经过安全文化的长期浸润，能够有效增强其安全意识，预防事故，提高企业安全管理水平[1]。对于如何建设企业安全文化，笔者认为可以通过以下方式逐步实现。

一、教育培训是安全文化建设的重要方式

生产安全事故产生的原因有三种：人的不安全行为、物的不安全状态和管理上的缺陷，大部分的安全事故都是由人的不安全行为引起的，而人的不安全行为主要是由于员工安全意识淡薄，对此可以通过安全教育培训有效提升人的安全意识。"人"又可以细化为决策层、管理层、员工，企业管理者、领导层的安全教育十分重要，甚至比普通员工的安全教育更重要，因为管理者、领导层如果缺乏安全知识"瞎指挥""不作为"，带来的危害就更严重、更广泛。

决策层是企业安全文化建设最关键的支持者，是最应该接受安全教育、形成高度安全责任感的人员；管理层是企业安全文化建设最关键的执行者，是上层和生产员工沟通的桥梁，安全文化建设需要所有管理层的共同参与、执行。企业决策层、领导层的安全教育要注重方针政策、安全法规、标准的教育，培养其以人为本、生命至上的价值观，引导树立正确的安全思想，形成强烈的安全事业心和高度的安全责任感。对于基层员工的安全教育，要更注重安全操作规程，可以通过进行岗前和在岗安全培训、安全法律法规培训、技术规范标准的教育、安全事故案例的警示教育、安全知识竞赛等方式，使员工了解安全事故带来的危害，产生敬畏之心，掌握预防安全事故发生的手段和方法，逐步形成"安全第一、生命至上"的意识，树立正确的安全观，在生产工作中避免事故的发生。

二、规章制度是安全文化建设的根本保障

企业规章制度是对人员责任和权力的安排，是对所有人员行为方式的原则安排，在企业安全生产过程中，把各项工作制度化、人员行为规范化，才能责权清楚、目标明确。规章制度能够把安全观念转化为员工的安全行为和生产活动中的安全环境，能够把无形的安全文化通过有形的制度载体表现出来，以规范、约束员工的生产行为，久而久之安全制度就会转化为员工的日常行为习惯，安全理念和价

值观念也随之根植在员工的心中。而员工对规章制度的自觉遵守执行，既可以避免出现问题时相互推诿责任，更可以避免"人情"因素对管理工作的干扰，使其真正达到企业安全生产制度的落实。

企业需要建立配套完善管理制度及落实机制，将安全生产责任层层落实，压力层层传递，比如，通过制定制度、执行制度，约束员工的不安全行为；通过针对性培训，增强员工安全意识；通过严格的监督管理、完善的奖惩机制，促进并规范员工的安全行为，同时纠正不安全行为等。企业制定安全管理制度要把握好原则，首先对生产经营的各项活动要有极强的指导性和约束力，要加强顶层规划设计，明确安全生产职责，责任到人，防止出现互相推诿，让员工在生产过程中尽职履责、各司其职。其次要结合企业具体实际，避免生搬硬套，语言要言简意赅、通俗易懂，在标准、细节上力求达到科学准确，考核处罚的尺度要科学明确，使规章制度真正达到"疏而不漏""量化可考"[2]。通过企业规章制度的"法"治，逐步规范员工作业行为，促进员工养成遵章守纪的良好习惯，为企业安全文化建设提供坚强制度保障。

三、严格的监督是安全文化建设的有力手段

制度能否得到有效执行，培训能否达到预期效果，考核能否真正落实，这些都是安全监督管理工作的重要部分。安全监管部门要严格按照规章制度对生产过程中人的违章行为、物的不安全状态、管理上的缺陷进行严格的监督管理，持续改进安全管理措施方法，通过安全监督人员在现场督查发现问题，追溯问题产生原因，了解企业在安全管理工作中存在的短板不足，同时发挥现场安全监督管理人员的专业素养、实际经验等，并结合实际指导企业安全文化建设方向，积极向基层员工传播安全文化理念，进而保障企业安全文化建设的有序推进。

建设企业安全文化的基础在基层生产班组、在普通员工，各级管理人员按照企业相关规章制度规程对生产过程中的各项行为进行督查，同时基层员工之间互相监督、共同进步。通过日常安全监督检查，将安全知识和工作方法"传输"至身边的决策者、管理者及普通员工，进而形成干部、员工之间逐级监督、互相监督的良好氛围，督促员工养成良好安全行为习惯，进而逐步形成"大监督"体系，促进企业的安全健康发展。

四、良好的安全氛围是安全文化建设的坚实基础

通过展板、自媒体、知识竞赛、培训等多种形式方法，深入宣传安全知识，形成处处有提醒、时时能看见的良好氛围，把安全知识内化于心、外化于行，转化为员工的行动自觉，自觉把安全行为贯穿于生产运行、设备检修、应急管理全过程，推动安全文化与生产实践全面融合、相互促进，逐渐形成安全文化理念。

企业应坚持关口前移，重心下沉，深入生产一线调研，倾听基层一线员工的声音，听听他们认为当前安全生产中的安全隐患和风险是什么，什么原因导致违章现象屡禁不止，弄清员工为什么这样做，结合"三会一活动"及典型事故案例、事故通报学习，让员工在学习过程中充分认识到违章行为的危害性、安全生产的重要性，深刻体会到企业在生产过程中严格监督管理是对他们的真心爱护，在思想深处从"要我安全"转变为"我要安全"，逐步营造主动遵章守纪的环境。

改变"查违章仅是安全管理人员的事"这一观念，鼓励人人做"安全管理者"，监督检查违章行为，做到见必管、管必严，对此企业要做到有奖有罚、多查多奖，引导全体员工形成强烈的自主安全意识和自觉安全行为，共同关注安全、确保安全[3]，同时也能够让承包商人员因身处这种环境中，受到感染和同化，进而更加关注安全、重视安全，强化安全文化的内在约束力和感染力。安全环境不仅仅是以上的"软"环境，还包括安全的设备、安全防护装置、员工的生产环境、应急器材等硬件设施，同时还要资金的投入来保障、完善硬件设施，当企业的"软"环境和硬件设施都建立起来，安全文化才会更加完善。

五、结语

企业安全文化对于确保安全生产、预防安全事故、避免重大事故等具有重要作用，能够使企业安全管理变被动为主动、使企业员工更易理解和接受、激发企业员工战斗力和创造力、提高企业整体效率，创建安全文化是一个长期的过程，需要企业中的每个人增强安全意识、遵守规章制度，需要安全监管人员严格的监督管理，需要企业提供一个安全和谐的氛围等。习近平总书记说过："生命重于泰山。各级党委和政府务必把安全生产摆到重要位置，树牢

安全发展理念,决不能只重发展不顾安全,更不能将其视作无关痛痒的事,搞形式主义、官僚主义。"企业要秉承"安全第一"的理念,积极响应国家人民至上、生命至上的号召,安全和发展并重,走出现代化企业新的安全发展之路。

参考文献

[1]黎方向.论企业安全文化建设[J].城市建设理论研究,2014,(15):2095–2104.

[2]刘仁丰.全面强化安全制度管理推进企业安全文化建设[C].北京:中国金属学会冶金安全与健康年会论文集,2014.

[3]战新江.培育全员履责安全文化氛围[J].软实力,2019,(10):74–75.

安全管理中安全文化建设存在的问题与讨论

中交一公局第四工程有限公司　贾宝澄　何云云　王晓理

摘　要： 近些年，各个层面对于党建工作的愈加重视，特别是伴随着"一体化党建""党建+"等理念的陆续提出，党建与安全之间的距离进一步被拉近，全员以党建保安全的思维意识逐步凸显。作为新时代的党务工作者，如何发挥党建思想引领作用，强化全员安全意识，从个人精神层面助力安全管理工作，从而推进安全文化建设，是一道必须面对和探索的问题。

关键词： "一体化党建"；"党建+"；思想引领；安全意识

党的十八大以来，党中央多次就安全工作作出指示批示，越来越多的党务工作者，以党的创新理论成果为依托，积极投身到施工生产经营各项活动中，深刻领悟习近平总书记关于安全生产工作的重要论述和重要指示批示精神，促使从业者摆正"底线"，在敬畏法律的前提下，不断强化规矩意识，以更为平实的语言让安全文化入心入脑，为安全文化建设做出贡献。

一、安全文化的发展与现实之间的矛盾

随着现代化企业建设步伐的推进，以理念文化、制度文化、环境文化和行为文化四要素共同组成的四位一体安全文化体系日臻完善，这无疑是进步的表现，也是包括安全管理者在内全体从业人员的期盼，每个人都是参与者和制定者，也是执行者和受益者。

在现阶段的绝大多数情况下，在安全文化建设的过程中，安全管理者承担了大量的工作任务，甚至是"独角戏"的存在，这无疑是履职尽责的表现，而且在一定阶段内，凭借其个人对于安全文化理解上的个体优势，可以迅速填补在安全文化上的认同空白并形成短暂的共识，实现从"无"到"有"质的飞跃。

以隐患排查为例。源于趋利避害的本能这一最为朴素的认知，绝大多数人对于安全存有一定的敬畏之心，在安全工作者的专业加持下，逐步形成了特定条件下的"不排除隐患不施工"这一理念，这些都需要以"共鸣"为前提，即思想上的认同而形成的合力。

安全检查工作贯穿于安全文化建设的各个阶段，虽然表现形式千差万别，但是其目的最终指向一

定是避免各类安全事故的发生，核心之一是增强人的安全意识。这里所提到的安全意识，不仅仅局限于全体操作人员，还包括全体从业者，即安全管理人员的安全意识，也是其中的一项重要内容，但是现阶段很多企业在此方面差强人意。

全体从业人员在"安全生产"这一共同目标下，尽最大的努力实现安全意识的稳步提升，从而让目标变为现实，这是现阶段绝大多数企业安全文化建设的桎梏和发展的瓶颈所在，仅仅依赖以安全管理人员为主导的传统经验做法，绝大多数情况下又因存在诸多限制而使得效果大打折扣，企业的发展需要与安全文化建设的不匹配是较为突出的矛盾。

二、基于安全管理人员思想认知的分析探索

这一矛盾最为直观的体现便是对于"安全"的理解而产生的不同理念，较为浅显的认知往往与"不出事故"紧密联系在一起，这是绝大多数非安全管理者所处的状态，也在一定程度上影响着安全文化建设，即从业者彼此之间在思想上未能对"安全目标"达成一致，而这便需要发挥党建工作思想引领的作用。

源于所处阶段的不同，致使手段方法的形态各异，进而导致一件事情值得思考——天天都在查隐患，落实隐患整改工作，但是隐患好像一直都存在，由此不由得进行发问，为何会有如此之多的隐患？抛却企业所处阶段的不同，是否存在管理人员的认知差异，这同样存在四个阶段的划分，我们进而大胆地提出假设，部分隐患的出现与隐匿，其中一条重要的原因便是在于安全管理人员与企业所处阶段之间的不匹配，而这也是以党建促安全的核心价值所在。

在探索这一问题之前，首先要明确安全生产工作的意义。"不出安全事故"并非安全的全部内容，这是非安全管理者的认知局限，而作为安全管理者，也往往忽略了一个重要的前置条件，即无生产经营活动，安全事故发生的概率必然大幅度降低，但这绝不是企业所追求的安全状态。换言之，安全不是独立存在的，而是需要和施工生产捆绑在一起，否则便失去了存在的意义。

疫情防控较为直观地说明了问题。从效果上来看，开放后是自疫情突发最好的局面，但同样也是感染人数、感染范围最为"严重"的阶段。如果仅从安全的角度进行评价，各个数据指标的评价是"下降"的，至少是低于政策全面放开之前，但并不能因此而否定安全工作，理由更是显而易见，这体现出了习近平新时代中国特色社会主义思想中系统观念的朴素表达——疫情需要防控，经济也同样需要发展，而这也是党建与安全文化建设融合的关键。

仅从"安全"的角度考虑，开放防疫政策而导致扩散是可以预见的事实情况，这是有悖于"不安全不生产"的，但是之所以还要生产并允许瑕疵缺陷的存在，是因为在绝大多数个人的认知层面，风险是出于可控的，或者说综合发生事故发生的概率所造成的损失，低于不发生事故的概率而产生的效益。

这就解释了为什么在存有感染新冠病毒的可能下，仍然要放开防控政策。毫无疑问，疫情对经济发展造成了严重的影响，依旧保持之前的政策，其对经济的阻碍作用，在直接经济损失方面甚至不亚于几次重大安全事故，因此，综合考量后出现了明知有可能感染新冠病毒却依旧允许其存在，并且在存在风险的情况下依旧要生产，或者说为了经济发展"容忍"了新冠病毒的"瑕疵缺陷"，但是过程中却不是放任不管，而是让风险处于可控状态，确保生产过程中尽可能不发生事故。

这便是党建工作对于安全文化建设的价值所在，目的是可以更安全地生产，辩证地体现了安全与生产之间的关系，在肯定安全工作的同时，明确了安全是为了企业的生产经营服务的，而非简单地局限在不出安全事故。

三、现阶段安全管理存在的误区与不足

现阶段绝大多数公司都建立了较为完备的安全管理体系并在发展中不断健全，各类检查也基本实现了常态化和制度化，这体现出了时代的进步。但是也需要清晰地认识到，各个企业之间都具有独立性和唯一性，所处的发展阶段也不尽相同，这就决定了在具体的安全管理上必然不是千篇一律的存在，而这也是党实事求是的思想路线的具体体现。

在制度执行方面，从党建的角度来看，包括隐患排查在内的一切安全文化建设工作，总体来看即便不是直线前进，也一定是曲折上升，即总体的趋势是进步的，最终一定会达到"互助团队管理阶段"这一必然的结果。在实现这一目标的过程中，各个行业领域内的不同企业所处的阶段不尽相同，个体之间所展现出的安全文化更是千差万别，新的阶段需脱胎于旧的阶段，表现为对制度之间的博弈。

以常见的"体检"进行说明。毫无疑问，定期的体检对于个人是有益的，但是对于一些老年人来说却并不容易接受，刚听到的时候甚至表现出强烈的抗拒，即便同意后也很少主动要求定期体检。这与安全制度的执行非常的类似，现阶段的各类安全检查便是"定期体检"，而被检单位依旧是属于被动式的安全范畴，如何缩短从"被动"到"主动"之间的距离，便是安全文化建设的误区与不足。

对于很多"被体检者"来说，所抵触的并非"体检"本身，而是"以罚代管"等现象仍未完全杜绝，以及所衍生出的"过度留痕"等不良变种，甚至一定数量的检查者过于强调"墨菲定律"而产生的类似"吹毛求疵"的现象，导致了被检者的抵触。这种非主动式的安全在调动积极性方面存在天然缺陷，想要逐步走向主动式的安全，必然少不了安全文化的加持。

四、党建工作对于推动安全文化建设的探索

随着党建保安全的推进，安全管理工作中正向引导的比例稳步提升，越来越多的从业者眼中不只是紧紧盯着安全问题，也同样观察现场在安全生产方面所做出的努力与付出，擦亮现场在安全生产方面存在的进步与闪光点，这便是党建工作对行为文化的影响和输出。

作为社会心理学的基本理论之一，学习理论很好地解释了其中的促进作用。早期的学习决定了行为方式，该理论认为在任何情境下，每个人都会习得某种行为，多次学习后还会稳固为习惯，而以后当相同或类似的情境再次出现时，个体将采取经常使用的方式做出反应。因此，从理论上来说，安全检查中的正向鼓励，对安全文化建设是有积极意义的。

此处现实意义的最直观体现，当属安全绩效概念的推广与普及。对于这个较为新生的概念，一定数量的学者将其划分为安全遵守和安全参与两个维度，其中安全参与所强调的便是自愿性，指出积极的安全氛围传达了团队成员重视和欣赏安全行为的信息，有利于员工接受并提升安全绩效，降低安全事故发生的概率；而消极的安全氛围下安全行为是否会受到其他团队成员或者领导的赞赏和重视具有不确定性，进而可能削弱工作场所安全对员工安全绩效的正向影响。简而言之，安全氛围与员工安全行为呈正相关，也是安全文化的具体体现。

五、以人为本的理念与安全文化建设

在建立现代企业的过程中，法律不等于标准这一理念愈发地深入人心，因此在制定各项规章制度的时候，标准是在法律基础上的进一步升级，指标也是进一步的提高，由此便在法律与标准之间形成了一道缓冲区，从而出现了"违规但不犯法"的情形，体现出了企业层面在安全文化建设方面的努力。

在这两条明确规定线的基础上，又同时存在着一条因人而异看不见的线，即每个人对于安全工作的"底线"，即个人安全意识的体现。如若这条线是处于规章制度所明确的标准与法律法规所决定的红线之间，则可将原本的缓冲区一分为二，而标准与底线之间的区域，便是对"违规但不犯法"范围的缩小，进而提升安全管理水平。基于以上几条线所划分的区域，则是反映出现阶段安全文化对于不同事件的态度，即对标准之上进行日常管理，底线之上重点关注，红线之上督促整改，而红线之下予以坚决制止，如图1所示。

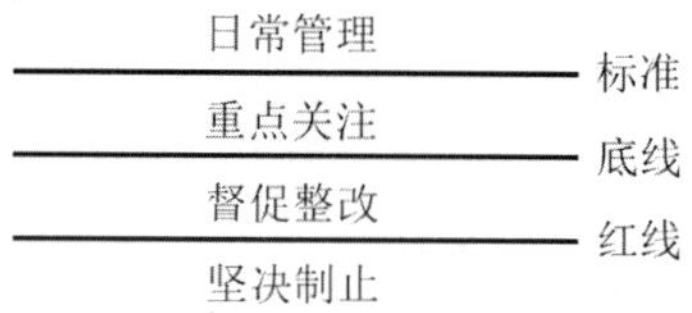

图1　理想的安全行为与管理措施

红线是由国家层面所决定，标准取决于企业自身，而底线则是个人意志的表达。以感性的认识分析，底线处于标准与红线之间是合理的，也是有益于安全文化的建设——如若低于红线，则意味着践踏法律尊严，是非常不负责任的体现；而若高于标准，或是企业制度的落后，或是个人思想的"超前"，特别是当多数底线均超越标准之时，大概率是企业层面出了问题，但若依旧运转良好，却有一定数量的"底线"过高，则应预防"形式主义"和"官僚主义"的风险，而这恰恰是党建工作需要重点关注的问题。

参考文献

［1］中共中央宣传部.习近平新时代中国特色社会主义思想学习纲要[M].北京：学习出版社：人民出版社，2023.

［2］侯玉波.社会心理学[M].北京：北京大学出版社，2002.

以"人物环管"为核心的长大隧道
安全文化体系建设初探

中交一公局第四工程有限公司　陈质涛　王晓理　王贤达

摘　要：随着国家基础建设的推进，长大隧道逐渐成为建设行业领域，尤其是公路工程建设中不可避免的难题。而在安全生产事故频发、安全形势日益严峻的今天，如何做好长大隧道的安全文化体系建设工作，成为行业内各级人员亟待解决和为之不懈努力的问题。本文以"贵州第一长隧"桐梓隧道安全管理经验为基础，结合相关行业特点，尝试从人、物、环、管四个角度解析安全管理核心要素在长大隧道安全品牌打造中的重要性，并以此为角度，提出长大隧道安全管理的意见和建议。

关键词：长大隧道；桐梓隧道；安全文化体系建设；核心；安全品牌

一、引言

长大隧道施工作为现今隧道施工主流，因进尺过深、断面过大，在施工掘进、交通运输、供电排水、人员管控等多方面较常规隧道存在更多的安全风险。而现阶段管理人员的年轻化，在充满朝气的同时，不可避免地存在施工现场管理经验不足的问题，尤其是安全管理领域，青黄不接现象较为普遍。在人才环境不理想、人员配置不齐全的基础上，面对长大隧道施工一线复杂的作业环境和管理通病，如何做好安全管理工作甚至是安全文化体系建设工作，便成了领导和从业人员急需解决和谨慎思虑的事情。

本文在"贵州第一长隧"桐梓隧道施工安全管理的基础上，对长大隧道安全管理过程中需要紧抓的安全文化体系建设核心要素进行总结分析，以期能为长大隧道或一般隧道安全从业人员在初期从事公路行业安全管理工作时可以有的放矢，为之提供部分管理经验和做法借鉴，使之有利于其所在项目安全文化体系建设工作尽早尽快地走向正轨，避免无序、无效的管理导致安全生产事故的发生，同时也希望能让"新手尽快上手"安全管理工作，以有效应对日益严峻的安全生产形势，降低事故发生率和安全人才流失率。

二、长大隧道安全文化体系建设

公路工程行业，在 1000 米以上的隧道即可称为长隧，3000 米以上的即特长隧道，进尺长，则穿越地质就相对复杂。同时由于国家基建政策，现阶段全国各地公路基本已实现全覆盖，目前以及后期的公路行业，多是以扩容工程为主，故多为三车道以上公路，断面大，施工难度高。

（一）工程概况

桐梓隧道位于贵州桐梓县境内，为三车道大跨公路隧道，全长 10.5 公里，同时含 4 座斜井建设，是贵州省在建第一公路长隧，也是全国在建三车道高速公路第二长隧，为兰州至海口国家高速公路重庆至遵义段扩容工程的关键性控制工程。隧道地质情况复杂，12 次穿越不同地层，3 次穿越大断层破碎带，融合了复杂断层、高瓦斯、煤层采空区，以及溶洞、暗河、突泥涌水等各类风险，施工技术要求高、安全风险大。

（二）长大隧道主要安全问题

长大隧道施工过程中，因客观和主观等不同因素影响，加之长期缺乏系统有效的安全管理方法，各处长大隧道施工一线不可避免地存在以下主要安全通病。

一是长大隧道客观存在的超长大跨问题，导致施工过程中的安全管理难点，主要表现在人员管理、工作环境、机械设备缺陷等方面。

二是各级参建人员长大隧道施工作业或管理意识未及时转变。长大隧道虽然施工工艺与常规隧道类似，但工艺细节、质量参数，尤其是安全管控方面却有了飞跃式的提升，但各级参建人员，特别是劳务分包队伍的管理人员和一线作业人员未能及时扭转观念，在质量上应付了事，在安全上得过且过。

三是对长大隧道存在风险认识不足，相应防控措施不到位。长大隧道相较于普通隧道，除了超长大跨外，风险主要表现在隧道坍塌、突泥涌水（尤其是反坡施工时）、有毒有害气体、交通安全等方面，其发生事故灾害频率及其危险程度更高、更大，相应的防治措施的实施管控更难。

（三）紧抓核心要素，安全重点防控

针对长大隧道主要安全问题，结合安全系统管理思想和安全文化体系建设，摒弃管理学上空话、套话，结合桐梓隧道施工全过程安全管理经验及教训，对长大隧道安全管理人、物、环、管等核心工作分析汇总如下。

1. 严抓人员动态管理

安全的管理归根结底还是人员的管理，安全文化亦是对人的文化，因此，要想做好安全文化体系建设工作，其基础工作是准确地掌握参建各方人员信息，其主要涉及的工作包括以下几个方面。

第一，进场人员管理。根据《中华人民共和国劳动合同法》《国务院关于工人退休、退职的暂行办法》等文件要求，男年满60周岁、女年满50周岁，连续工龄满10年的应该退休；从事井下、高空、高温、特别繁重体力劳动或者其他有害身体健康工作的，男年满55周岁、女年满45周岁，连续工龄满10年的，应予退休。即在长大隧道施工中，除了法定年龄要求外，还应注意55岁以上的人员不得安排进入隧道作业或从事繁重体力劳动。同时，在疫情反复存在的节点上，人员管理中必须将地方政府的防疫要求有效落实。此外安全教育培训、安全技术交底等必须开展的工作，在满足全覆盖的同时更应同步完善相关资料。此项工作为安全管理必须工作，也是开展安全文化体系建设工作的基础，同时也是项目责任部门尽职履责、尽职免责的依据，如三级安全教育、交底的开展。据不完全统计，现场伤亡事故中，70%以上的人员都是未有效进行进场安全管理的。

第二，过程中人员管理。主要体现在两个方面，一是人员身体健康管理。受长大隧道掘进面空气质量、机械噪声等多因素影响，从业人员更易出现身体健康问题，除职业病外，还体现在血压、神经、精神等方面，故长大隧道施工，掌子面打钻工人应按

照职业危害接触人员进行管理，做好上岗前、岗中、离岗前的职业健康体检工作。其余人员应由项目综合办公室定期联系进行一般体检或设置信息化体检设备。同时合理安排工作时长，也可通过设置工地"泄压室"、"谈心室"、文学阅读室等方式对人员情绪问题进行疏导。二是习惯性违章管理。因文化素质、安全意识和人的习惯性思维等因素的影响，大部分作业人员甚至是管理人员在保持一段时间的规范安全行为后，就会逐渐松懈、漠视，直至不系安全帽带、高处作业不系安全带、不穿反光背心等习惯性违章的出现。针对此种情况，成效最快的办法是罚款，罚带班班组长不作为。最具质量成效的方式是安全教育，一旦习惯性违章行为冒头，及时组织人员进行安全教育，但教育方式不应教条和呆板，应以人文安全教育为主，摆事实、讲感情。从长大隧道施工难、风险大、出事后的救援困难等实际情况出发，以乡友情、亲情、人情等情感为主线，通过事故案例（甚至可以根据长大隧道实际情况杜撰案例）、隐患照片等进行教育，切忌安全教育照本宣科、流于形式。

2. 做实物的安全状态管理

长大隧道施工涉及较多较杂的物资设备，但于安全管控来说，核心控制点应该是"一机一泵一台车，监测系统加用电"。

"一机"，主要指风机管理。长大隧道因进尺较深，一般会使用压入式风机进行供风，而对通风管理系统检查控制的主要内容包括：风机供风量（专用测风仪）、风带完好性、风带长度、风机自身安全性能等。如果是瓦斯隧道，还要检查风机的防爆改装情况和风带是否阻燃抗静电风带。同时长大隧道施工时，风机的关停必须进行申请审批，防止随意开停导致洞内风量过低、供氧不足或扬尘难以稀释的情况。

"一泵"，是指在长大隧道处于反坡施工开挖时需要重点控制的抽排水管理。当隧道处于反坡施工时，全隧明水都会经二衬排水管和中央水沟等排水设施汇聚到仰拱位置，如抽排水不及时，则会直接导致仰拱、二衬至掌子面段被积水淹没，既易造成围岩软化引发安全问题，又直接影响施工进度。故长大隧道反坡施工时，核心控制要求为：设置专门的排水队伍或班组专职负责隧道抽排水管理，24小时值班；日常检查时对分级抽排水系统（仰拱集水坑、移动

水箱、固定泵站及排水管等）及其水泵性能进行检查。

"一台车"，主要指长大隧道施工时必须配置的开挖台车、挂布台车、二衬台车及养护台车。因隧道施工工序重复性较高，台车磨损较为严重，且台车上作业亦涉及高处作业和交叉作业，故必须将其纳为核心管理要素，其主要控制点为：台车受力结构完整性、连接部件紧固性、安全装置可靠性、临边防护安全性以及配套电气、管线的完好性，同时检查作业时人员是否存在上下垂直作业行为，一经发现，应及时制止。

"监测系统"，指的是长大隧道施工所必需的视频监控系统和有毒有害气体检测、监控量测系统。针对有毒有害气体检测和监控量测系统，主要是检查其运行的正常性，可通过短信预警、人员值班等方法进行管理。视频监控系统，则是对隧道内主要作业点进行 24 小时监控，并将视频监控系统与安全隐患排查治理相结合，由视频监控员对洞内作业人员的习惯性违章行为和洞内车辆设备的不安全状态进行实时管控，并在后台截图保存，由安全部定期对视频监控违章记录进行统计，按照项目安全管理处罚细则进行惩处，此项举措可有效制止人员的习惯性违章行为。同时在中交集团内部体制中，已将视频监控管理纳为常态化考核指标，与项目年度考评结合，所以重要性日益凸显，故必须将其作为项目安全管理核心要素。

"用电"，是指施工现场临时用电管理，这也是影响物的安全状态的核心指标。上述的设备基本涉及用电，而长大隧道用电管理相对一般隧道又更具风险（线路长、电压高、用电设备多）。其主要控制要点应包括：首先是成立层级性用电班组，可以是项目专门组建的电工团队也可以是招标而成的专业发电队伍，负责供电线路的搭设和日常二级配电箱之前的用电管理，队伍电工主要负责二级配电箱之后（三级开关箱及用电设备）的用电管理。安全监督部则监督上述人员／团队是否按要求开展日常巡检、专项巡查，并不定期对三级配电和两级漏保进行检查试验，确保用电安全。同时因长大隧道施工工期普遍较长，在项目中后期的用电管理中，应对线路的绝缘性能进行仔细检查，防止老化开裂从而出现漏电。

3. 狠抓项目安全管理建设

第一，贯彻基本要求，练好长大隧道基本功。任何高风险作业工序的管控都是先从基本开始，对于长大隧道而言，首先应贯彻落实好隧道安全管控的基本要求，从安全风险防控和隐患排查治理的双重机制着手，对长大隧道涉及的安全风险进行辨识、评价和管控，安全部、工程部则在专项风险评估的基础上根据施工进度安排开展每月动态的安全风险分级管控，并延伸至日检查、周检查、月检查和专项检查中，在隐患排查过程中对各项风险防控实时进行检查，确保两者相辅相成。其次严控隧道门禁管理，在长大隧道中，因路况不明、横洞较多，不熟悉施工环境的人员进入容易出现交通事故或造成其他伤害，且如果是瓦斯隧道，违禁物品的进入则会导致瓦斯燃烧或瓦斯爆炸事故的发生，所以必须规范隧道门禁管理。安全部每日检查时必须对进出洞登记、违禁物品管理、车辆管理、外来人员管理等方面进行检查。

第二，落实分级管理，做实一岗双责。"管生产必须管安全、管业务必须管安全"，在长大隧道施工安全管理过程中，因为其工点多、各工序连贯性强，仅靠安全监督部人员远远无法做到全覆盖、全方位、深层次的安全监督管控，因此，必须充分调动全员安全管理积极性、主动性，典型做法便是将一岗双责管理制度落实落地，最实用的就是分级管理：制定项目各级管理人员安全职责清单，明确各级管理人员管理范围内的安全职责。即做到：班组长管好所属工人、主管管好所辖班组长、负责人协调好下属主管，工区长协调好所属队伍负责人，项目各部门严格履行职责范围内的安全工作，同时各级人员积极、主动对安全违章违规行为进行制止、管理，使得长大隧道内形成 1 ~ 3 人作业点有班组长巡回管理、3 ~ 9 人作业点有主管和工区长、9 人以上作业点有团队负责人和项目值班领导带班的生产安全管理模式。并做到只要还有一人在现场、在项目区域范围内，就要履职尽责，对其安全负责。同时，辅之以安全绩效考核和月度安全工作评比的考核机制，对安全管理优秀者（尽职者）进行奖励，对不作为人员进行处罚，且连续考核排名靠后的，及时清退或调离。

第三，持续应急体系建设，强化突发事件处置能力。应急处置是安全管理的最后一道防线，也是事故发生后降低人员伤亡、减少财产损失、规避不良影响的重要手段。在长大隧道安全管理中，应急体系的建设，既要"防得住"、又要"救得了"。前者主要体现在预防方面，充分利用超前地质预报、C6钻机、隧道预警机器人等设备和有毒有害气体自动监测、监控量测、人员定位等信息化系统对危险性较大分部分项工程进行预防处置。后者则是需要从应急仓库的建立、应急物资的储备、应急预案的编制和演练、事故发生后的应急上报和应急处置救援等方面下功夫，应急部分详细内容可搜索本人另一篇论文《高瓦斯极高风险隧道安全管理探索》。此处主要强调应急上报和救援的核心要素。一是上报。上报既要符合法律规定，又要符合企业内部的事故上报流程，层级上报涉及的时间、内容、要求等都必须符合规定，严禁迟报、漏报、瞒报、谎报。二是救援。长大隧道因地理位置和客观隧长，在事故发生后专业应急救援队伍（医疗、救援）可能无法及时赶至现场。因此，需要重点控制的，就是管理人员自救互救能力的培训，必须让相关人员掌握基本的应急救援常识，才能在事故发生后有序处置、及时施救。

4.营造整体安全文化环境

第一，安全文化体系建设贯穿始终，且持续严格要求。长大隧道工期较长，各个时间段面临的安全风险程度不同，主要表现为高风险点工序施工时，安全管理严抓狠抓，但高风险工序完成后的后续常规工序施工时则容易出现管理松懈，据不完全统计，时松时紧的安全管理，反而容易造成安全问题的出现。因此，在长大隧道的长期建设中，应首先在项目管理层和施工一线营造持续性从严从重的安全管理环境和安全文化体系建设环境氛围，使全体参建人员始终对安全保持敬畏，对红线"避之如虎"。

第二，创新安全管理理念，做好安全文化建设。新时代的安全管理，随着民智的开启和从业人员的年轻化，传统的安全管理手段可以实现"要我安全"的管理目标，但若要实现"我要安全"的目的，则必须塑造项目优良的安全文化氛围。如施工现场亲情墙的设置、优秀员工家书、作业人员家信和现场通话、项目领导寄语、评比考核、宿舍座谈会等，让参建人员在严格的安全管理环境中能感受到安全关怀，切实提升其对安全管理的认同感和归属感，主动作为、积极求安。

三、结论

固措强基，文化铺底，经过贵州第一长隧生产实践中的长期沉淀和淬炼，以人、物、环、管为核心的长大隧道安全文化体系建设初见成效。现阶段项目各级管理人员在项目安全文化体系的潜移默化的影响下，均能有效贯彻安全生产"一岗双责"要求，并能深入落实中交集团"1247"安全理念，执行和完善项目长大隧道的安全管理，并能在生产实践中，紧抓安全管理核心要素，以最小的成本，实现了项目建设全过程安全生产"零死亡"的目标，同时形成了一套具备长大隧道施工普适性的安全管理经验，创造了安全效益，打造了公司长大隧道安全品牌。在安全文化体系建设中，实现了用"父母心、夫妻情、儿女愿"筑牢职工心中的安全堤坝，营造了"一人安全、全家幸福"的氛围，形成企业、职工、家庭共保安全的良好局面。故此，希望本文的书写，能为后续的长大隧道施工安全文化体系建设提供借鉴。

参考文献

[1]贵州省交通建设工程质量监督局.山区高速公路工程安全生产标准化指南[M].北京：人民交通出版社，2015.

[2]廖生智.浅析习近平总体国家安全观的传统文化底蕴[J].学理论，2015,(15):1-3.

工程总承包企业强化安全文化在安全生产中的主要途径

中国船舶集团国际工程有限公司　朱晨星　时　萌　李　岩

摘　要：企业是安全生产的主体，实现安全生产必须严格遵守法律法规要求，严格贯彻安全生产工作基本方针、坚持工作原则，理顺安全生产与企业文化、经济效益、标准化管理之间的关系，同时不断强化和完善全员安全生产责任、人才队伍建设、安全投入保障和绩效考核奖惩等机制体制，在合规化、制度化、标准化、信息化和班组规范化等方面不断深化建设，从而达到夯实安全生产主体责任、提升安全生产管理能力、根植安全生产文化的根本目标。本文根据《安全生产法》《建筑法》《建设工程安全生产管理条例》等法律法规要求，归纳工程总承包企业在实际工作中的经验，提炼出"12345"安全生产管理文化。

关键词：工程总承包企业；安全文化；管理机制；管理途径

自2021年以来，国家陆续修订颁布了《刑法修正案（十一）》、《安全生产法》和《关于办理危害生产安全刑事案件适用法律若干问题的解释》等法律法规，特别是在《刑法修正案（十一）》新增加危险作业罪，标志着我国首次采取强硬措施，惩治那些在安全生产领域虽未引起重大伤亡事故或造成严重后果的违法行为，以此来彰显政府坚持预防为主，防范和化解重大安全风险的决心，此举大幅提升了企业安全生产的违法成本。这就促使各企业在遵纪守法、丰富企业安全文化等方面不断深耕。但在工程总承包企业管理实践过程中，安全文化仍然薄弱，领导层、管理层、一线班组对如何正确落实法律法规要求、规避自身法律风险、杜绝生产安全事故的管理机制还比较模糊，意识仍然欠缺，可操作性有待加强。

一、工程总承包企业在安全生产管理中存在的问题

（一）缺乏明确的工程总承包安全管理法律规定

当前，国家现行的《建筑法》《建设工程安全生产管理条例》《房屋建筑和市政基础设施项目工程总承包管理办法》等法律法规以及其他相关规章制度中，对工程总承包的安全管理主体责任仍然停留在对施工总承包单位的监管角度，特别是对于设计与施工形成联合体的管理模式，国家未明确其管理责任归属，部分地方性规定如上海市、河北省的要求虽对联合体管理模式进行确认，但也存在一定的缺陷，难以对工程总承包企业内部和项目实际管理形成有效的约束。

（二）工程总承包企业过度追求经济效益而忽略安全生产的重要性

安全生产是系统性工程，往往伴随着制度、资金、技术、人才、物资等方面的安全投入，对企业来说是一笔沉重的支出，而开展安全生产工作不能带来直接经济效益，且发生生产安全事故又经常伴随着随机性和偶然性因素，这就造成了大多数企业负责人或管理团队，对安全生产抱有侥幸心理，在经济效益与安全生产产生冲突时，要求安全生产管理不断妥协。

二、完善工程总承包企业安全管理的对策与健全企业安全生产文化

（一）贯彻"安全第一、预防为主、综合治理，从源头上防范化解重大安全风险"的基本方针

长期实践的经验总结，要想实现安全、高效、可持续发展，就必须牢固树立"安全第一、预防为主、综合治理，从源头上防范化解重大安全风险"的安全生产基本方针，将此转变为企业的安全生产管理文化，只有这样，企业才能行稳致远。当安全工作与其他生产经营活动发生冲突时，要把人员生命安全放在首要位置，把安全生产的重点放在建立事故隐患预防体系上，将其从事后调查处理的被动模式转

向以风险预防为主的主动管控模式，只有这样，才能有效避免和减少事故发生，实现安全第一。具体而言，严格安全准入，通过法律、经济、行政、运营等手段从发展规划、行政管理、安全投入、科技创新、人才培养、风险双控、绩效奖惩等方面入手，就是要将安全文化理念植入企业管理的各个环节，建立安全生产长效机制，严防风险演变和隐患升级，最终形成标本兼治、齐抓共管的大安全生产格局。

（二）坚持落实"企业安全生产主体责任"和"三管三必须"的两个原则

企业是安全生产工作责任的直接承担主体，要实现安全生产，必须强化落实全员、全过程、全方位的安全生产管理责任，新《安全生产法》明确要求企业建立健全全员安全生产责任制，并根据各自的工作任务、岗位特点，确定其在安全生产方面应做的工作和应负的责任，从而形成一个完整的、有效的、系统的、有序的、高效的安全生产机制。因此，企业需要认真贯彻《安全生产法》，通过全员安全生产责任制，把安全文化与生产在组织上统一起来，把"管行业必须管安全、管业务必须管安全、管生产经营必须管安全"的原则落实到制度层面、文化层面，形成严密的工作体系，确保责任清晰、全面覆盖、权责匹配。实践证明，凡是将安全生产文化融入全员安全生产责任制的企业，领导干部、企业职工在对安全生产的重视程度，对法律法规的执行程度，对安全生产条件的改善程度均较其他企业有明显的优势，生产安全责任事故发生的概率往往较低，反之亦然。

（三）理顺"安全生产与企业文化、经济效益、标准化管理"三个关系

安全生产是一把手工程，只有一把手真正重视和参与管理了安全生产，安全生产工作才会有质的提升。新《安全生产法》明确主要负责人应对本单位的安全生产工作全面负责。然而，在日常的运营过程中，安全生产往往存在一定程度上的形式主义，领导干部作风、职工作业纪律、规章制度执行、设备设施状态等方面都存在一定问题隐患，究其根源，主要还是一把手没有真正理顺安全生产与企业文化、经济效益、标准化管理之间的关系。

企业文化是企业的精神力量，它采取"柔软而强有力的约束"来协调和引导人们的行为，使全体员工自觉遵守共同的价值观，为实现企业目标和衷

共济、协力奋斗，是企业管理的核心要素之一。企业安全文化是企业文化的重要组成部分，是企业文化在安全领域的创新与发展。安全文化对一个企业发展来说，看起来似乎不是最直接因素，但却是最根本、最持久的决定因素。企业安全文化氛围的形成必然推动安全生产的发展，其具有的导向功能、激励功能、凝聚功能、规范功能，能够促进企业员工从"要我安全"到"我要安全"的观念转变，使安全生产成为每个人的自觉行动，真正把安全理念贯穿到企业管理的各个方面，让安全生产管理事半功倍。

安全生产与经营效益是生产经营活动中彼此联系、相互影响，互为作用的两个方面，是保障生产过程中的生命安全与健康，使生产顺利发展从而获得最佳效益的必要基础要求。从这种意义上来说，安全就是经济效益。而经济效益好了，工程建设条件可以不断地改善，就能创造更好的安全生产条件。由此可见，安全生产和效益是统一的。不过，在工程建设过程中，不顾安全生产片面追求进度、偷工减料、忽视管理而造成事故的，那就谈不上经济效益了。

标准化管理旨在确保工程建设的安全、高效、可持续发展，它要求在现场全面执行各项标准、制度、规范，使之成为一个统一的、有序的管理体系，从而消除现场管理和生产操作中的随意性，确保工程建设的顺利完成。通过实践，我们发现，安全生产标准化建设已成为企业提高安全管理水平和保障能力的关键手段。因此，只有坚持不懈地抓好企业安全生产标准化建设，严格落实作业行为标准化、设备安全标准化、现场环境标准化、安全管理标准化才能有效控制隐患，遏制事故发生。

（四）完善"安全制度建设、安全生产投入、安全风险双控、安全考核奖惩"四个工作机制

安全生产规章制度是企业安全生产的内部"法律"和行为准则，包括：全员安全生产责任制、安全操作规程和基本的安全生产管理制度，只有建立健全安全生产规章制度才能明确各岗位安全职责、规范安全生产行为、建立和维护安全生产秩序。

安全生产投入是企业实现安全发展的关键，它不仅仅是保障企业安全生产条件的必要物质基础，而且还包括资金、物资、技术、人员等方面的投入，以确保企业的安全运行。然而，在当今市场经济环

境中，企业主要负责人更加看重经济效益，因此，他们不太愿意在安全方面投入太多。大量的事故分析表明，安全生产投入不足，安全设施、设备陈旧、带病运转，是导致事故发生的重要原因之一。因此，建立和完善有效的安全生产投入机制，是贯彻执行法律规定，确保安全生产的关键措施。

2016年12月，《中共中央　国务院印发关于推进安全生产领域改革发展的意见》（以下简称《意见》），《意见》强调企业要定期开展风险评价和危险辨识，针对高危工艺、设备、物品、场所和岗位，建立分级管控制度，制定生产安全事故隐患分级和排查治理标准。构建安全风险分级管控和隐患排查治理双重预防机制，一是要求企业坚持管控前移，超前辨识岗位、设备、环境、管理风险。二是强化排查治理，加强过程管控、完善技术支持、落实整改闭环。

企业要善于运用经济手段建立安全生产绩效奖惩制度，让奖惩制度与干部职工经济绩效挂钩，直接影响奖金发放、评优评先的资格。对优秀典型企业应该给予它们应有的尊重与肯定，对于违章指挥、违章作业、违反劳动纪律而造成生产安全事故的，要予以严厉处分和惩治，从而树立奖优惩恶的安全生产价值观。

（五）强化"依法合规、培训教育、人才队伍、安全信息、班组规范"五项建设

一是开展安全依法合规建设。依法合规是企业生产经营的底线，必须依法开展生产经营活动，内部决策、评议应严格遵守法律和企业制度流程，要主动教育职工增强法治意识，做到有法必依、违法必究。因忽视安全生产、违法违纪、玩忽职守造成事故的，应依法定程序予以追究问责。

二是开展安全培训教育建设。教育和培训质量是提高从业人员安全素养和安全操作技能的重要保障，企业要不断增强各级领导、管理人员、特种作业人员等全员安全意识和提高他们的操作技能，根据岗位特点推行具有针对性的安全培训教育，同时要结合企业安全文化活动，有效地开展"安全生产月""消防宣传周"等活动，推进安全培训制度化、系统化。

三是开展安全人才队伍建设。人才是企业发展

的根本保障，开展好安全生产必须强化安全队伍建设。工程总承包企业要依法依规设立安全生产管理机构，配齐配强安全生产管理人员，鼓励安全管理人员考取执业资格，畅通安全管理人员晋升通道，保障安全管理人员薪资待遇。同时，企业要结合实际，明确总承包项目安全管理人员任职条件和配备标准，确保安全管理人员能够符合国家和地方标准，满足项目现场管理的需求。

四是开展安全信息化建设。随着经济社会发展和科技进步，工程项目的监督、组织、协调以及安全措施的不断完善，各种各样的数据也在不断涌入，这就要求我们更好地利用信息技术来支持安全生产的各项活动，从而使得企业能够更好地把控安全状况，更快地发现并解决潜在的危机，从而最终达到更高的安全标准。

五是开展班组安全文化规范建设。安全生产重在落实，班组建设是企业开展好安全生产工作的基石。当前，班组建设必须抓好两个重点。一要抓基层、二要抓基础。首先要抓好班组长，树立班组长威信，提升其安全生产责任感和使命感。要建立班组成员主人翁责任意识，人人争当守安全、保安全的标兵。要大力推广一线、基层安全标兵，提升一线员工安全生产荣誉感，通过目标导向，使守规程、保安全的意识变成全体班组员工的行动自觉。

三、结束语

综上所述，工程总承包企业要开展好安全生产工作，必须严守安全生产基本方针，理顺安全生产与企业文化、经济效益和标准化管理的关系；全面落实全员安全生产责任，提升企业负责人安全生产意识，在制度建设、投入保障、风险双控、绩效奖惩等方面不断完善体制机制，最终建立决策合法、机构健全、管理规范的企业安全管理文化。

参考文献

[1]尚勇，张勇.中华人民共和国安全生产法释义[M].北京：中国法制出版社，2021.

[2]王兆林.施工安全理论与实践[M].北京：中国铁道出版社，2003.

[3]邱超奕.《国务安委会办公室、应急管理部：高悬法律利剑 护航安全生产》[DB/CD]，人民日报，2022.

浅谈企业安全制度文化建设

中国十九冶集团有限公司　徐　顺　王一喜　石　明　李德闯　龚　行

摘　要：习近平总书记在二十大报告中鲜明提出"以新安全格局保障新发展格局"的重大要求，为进一步推进企业统筹发展和安全、实现高质量发展和安全稳定，当务之急是切实提升企业安全文化建设水平，从根本上消除安全隐患。安全文化又可分为直观的表层文化、安全制度的中层文化以及意识形态的深层文化三个方面，其中安全制度文化建设更是安全文化建设见效落地的重要方式和载体。

关键词：企业安全文化；制度文化；建设

一、引言

作为安全管理从业人员，能切实感受到只要存在安全生产，就离不开安全文化，但安全文化建设这一理念在基层管理群体中仍如镜里观花，为何很多人认为安全文化建设如海市蜃楼、空中楼阁一般，看得见却摸不着？其实，在《企业安全文化建设导则》《企业安全文化建设评价准则》等规范中已将安全文化进行具化并明确定义，安全文化是被企业组织的员工群体所共享的安全价值观、态度、道德和行为规范的统一体。安全文化分为直观的表层文化、安全制度的中层文化以及意识形态的深层文化，对于企业而言，安全文化中表层的环境与秩序、深层的意识与价值观都只是人文氛围的集中表象，缺乏管理抓手。因此，想要改善安全文化，就需要通过一些载体，让全体人员融入企业安全管理[1]。习近平总书记在关于必须深化安全生产领域改革的论述中指出，"推进安全生产领域改革发展，关键是要做出制度性安排……"，安全制度就是将安全观念转化为安全行为和安全环境的桥梁和纽带，将先进理念固化于制度，提升安全生产执行力，是安全观念落地见效的重要方式和载体[2]。

二、安全制度文化建设的重要性

制度之于企业正如法律之如国家，法律是经济发展和社会稳定的重要保障，法制是国家行使权力和维护公平正义的重要手段，而企业制度正是维系企业内部各种管理行为与工作标准的总和。在当前党和国家安全生产总体方针、政策和法律法规的大前提下，制定企业安全制度是规范企业安全生产各项程序和监督权力的重要方式。好的安全制度可以让员工各司其职、各尽其责，制度不好会让人不能尽其才、才不能尽其能、能不能显其效，当生产过程中出现安全隐患或管理行为缺失，如不从安全制度上去解决程序的根本问题，企业安全生产水平提升将始终是捉襟见肘，各项问题层出不穷。因此，要想从根源上分析和解决安全管理中存在的问题就需要企业以安全制度文化建设作为关键抓手和重要突破口。

三、安全制度文化建设的意义

中层核心的安全制度文化能将无形的安全文化进行固化成有形的条文和规矩，保障安全文化在企业中生根发芽、成长扩大的有效途径。其实，一个企业的安全文化是在长期的生产经营过程中潜移默化形成的，并不是一蹴而就的。它需要通过企业建立完善的组织机构和安全制度，将"以人为本、生命至上"的安全价值观，安全第一的方针以及一岗双责的原则具化为安全管理制度，通过明文规定的统一标准，企业只有切实做到安全管理行为中的公平、公正，确保责权利相匹配，企业安全目标和安全要求才能得到广大员工的认同与落实。当制度内涵已被员工接受并自觉遵守，制度就变成了一种文化，通过规范的员工行为得以体现，这时渗透的安全理念就成为员工主动参与文化建设的软约束[3]。如此，安全制度文化中承载的安全价值观、态度、道德和行为规范将被员工广泛接受并形成习惯，安全文明生产环境与秩序才能得到有效保障，从而逐步渗透深层次意识形态，形成安全文化的全面提升。

四、如何提升安全制度文化建设工作成效

安全制度文化是安全领导体制、安全组织机构

和安全管理制度的具体体现。目前安全制度文化建设中主要存在四个方面的问题：一是企业领导分工主要是围绕生产经营活动并且是以盈利为导向，领导安全责任并未压实、支撑作用缺失；二是组织机构中安全管理理念陈旧，安全责任传递与工作分工未落到实处；三是安全管理体系中责权利不匹配，既有制度执行力度不足；四是企业安全管理习惯性按部就班，管理制度体系一成不变，未按照动态管理原则不断完善提升。因此，想要进一步提升安全制度文化建设成效，则需针对以上四个方面的问题，从进一步发挥领导的承诺与作用、调动广大群众参与的主动性等方面制定针对性改进措施，按照动态管理原则不断提升安全制度适宜性、权威性。

（一）用制度化的形式规定组织系统内领导的架构、职责、作用以及活动方式

安全管理作为"一把手"工程，安全制度文化建设的首要任务就是建立健全安全领导体制。一方面，要通过领导体制对于领导的安全责任进行界定，并对领导特权行为进行限制，目的就是要让员工看到安全的一票否决权，切身感受到实际生产中安全红线的权威。另一方面，企业要按照"党政同责、一岗双责、齐抓共管"的要求建立领导责任田机制，要以企业主要负责人为核心建立安全分管领导系统抓、系统分管领导抓系统的领导结构。企业要结合组织实际成立安全专项领导小组，将各业务系统分管领导纳入小组并签订安全生产责任承诺书将安全管理目标与责任进行分解，确保各系统安全方针与组织战略方向一致，同时将安全管理体系要求融入组织业务过程并获得充足的资源保障。

（二）坚持以人为本的原则构建合理的安全管理机构与分工机制

企业要制定符合本企业实际的安全组织机构管理制度，明确组织分工及安全管理机构配置标准。因为安全组织机构的配置情况，直接影响到安全管理制度的适宜性、可操作性和权威性。虽然在《建筑施工企业安全生产管理机构设置及专职安全生产管理人员配备办法》中明确了安全管理人员配置要求，然而针对企业生产环境、管理水平不同的情况，安全组织机构的配置也各不相同。首先，要改变传统安全管理理念，摒除安全管理只是安全部门的工作思想，积极贯彻全员安全生产责任制，结合各业务系统工作制定岗位责任清单，明确工作分工，充分发

挥技术支撑、资源保障等相关部门职能作用，将安全管理真正穿透到一线，不留安全管理死角与盲区。其次，要做到人尽其才、物尽其用，完善安全管理团队配置机制，要根据特定的组织模式、任务分工、内外环境合理配置管理资源，明确人员数量与质量标准，杜绝"有事没人做、有人没事做"的现象出现，从而保证各项工作能落到实处。

（三）细化完善生产过程保障责权利匹配的各项规定或条例

安全制度文化建设中的管理制度主要指生产经营活动中管控过程风险并能维护共同利益的一种强制手段，其目的是压实责任、维护权益以及保障利益。压实责任是指要确保管理者和管理对象切实扛起安全生产责任，根据各自的责任与义务建立工作清单与评价标准，对于违规违纪、管理缺失等行为明确处罚措施，如编制相应的安全生产指南、安全操作规程、员工安全手册等制度规定安全生产行为，以及通过机械设备管理、教育培训、监督检查等制度明确过程管理要求。维护权益是指要让各员工的权利得到保障，一方面是管理者要有手段、有工具协助其实施安全管理行为、履行安全职责，如建立安全管理协议、安全投入、安全考核以及风险分级管控机制；另一方面是生产作业人员能获得安全防护用品以及反馈信息的渠道，如建立劳动防护用品管理、监督举报等制度；保障利益要通过正向激励的方式激发管理者的积极性与被管理者的主动性，如建立物质奖励、能力提升及职业晋升等机制。

（四）安全制度文化建设中的动态管理

企业安全制度文化水平能直接体现企业安全文化水平，影响企业安全生产管理成效。安全制度文化建设不能墨守成规，一方面是随着企业的发展与进步，对于企业安全文化水平的要求不断提高，安全制度文化建设也将持续向前；另一方面是随着国家政策与法律法规更新，对于越来越多的表面问题提出解决深层次的根本要求，部分程序及标准也必将调整。比如物资、设备、财务、成本等每一项制度的制定，也要以公司文化为出发点和落脚点，在更广泛的执行过程中处处倡导公司文化、体现公司文化、应用公司文化[4]。良性安全制度文化必将与安全文化形成交替上升之势，二者相辅相成。

五、结语

安全管理的核心是人的安全管理，要抓好人的

安全管理就是要实现从"要我安全"向"我要安全"转变。因此，好的安全制度文化更有利于发挥安全文化的导向、凝聚及同化等功能，是促进安全文化提升以实现安全管理水平提升的最有效途径，必须牢牢把握住安全制度文化建设这一着力点，建立健全上层、中层以及基层管理制度，真正将安全管理穿透到安全管理体系的每一层级。

参考文献

［1］唐景鑫, 蔡振华, 徐向前. 浅谈安全文化日常载体 [J]. 现代职业安全, 2023, (05):42–43.

［2］张虎. 国有企业安全文化探索实践与高质量发展 [J]. 活力, 2022, (02):69–71.

［3］苏义鹏. 浅谈企业安全文化建设 [J]. 中国金属通报, 2022, (08):96–98.

四公司安全文化工作深入一线实践

辽港控股（营口）有限公司第四分公司　潘　翔

摘　要：公司作为危险化学品装卸、仓储单位，安全生产是重中之重，而一线员工作为公司最基层的工作人员，始终处于人、机、物、法、环交互作业的最前沿，在安全生产体系中起着至关重要的作用。本文重点阐述了公司以安全文化建设为重要抓手，深入一线，从三个具体方面的建设实践，充分调动一线员工对安全生产工作的积极性和主动性，全面发挥全体员工的智慧，凝心聚力为公司安全生产和发展保驾护航。

关键词：安全文化；实践；发展

危险化学品装卸是一种动态危险源，发生事故危害严重，涉及面广，对人民财产造成不可逆的损害，而一线员工是所有操作的执行者，也是距离风险最近的，更是事故的直接和最大的受害者，同时根据事故统计，人的不安全行为是导致事故诸多因素中占比最高的，因此，如何提高一线员工的安全素质，规范员工安全行为，给公司带来了挑战。为了让一线员工真正地主动参与安全管理，而不是被动地执行管理要求，公司以安全文化建设深入基层为有力抓手，形成特色的安全文化，融入一线日常管理，以安全文化的"春风化雨"，从而实现人人都成为想安全、会安全、能安全的本质型安全人，打造一支安全意识过强，操作技能过硬的队伍，确保长治久安。

一、努力营造富有安全文化特色的浓厚安全氛围

良好的氛围能够起到事半功倍的作用，例如好的学习氛围会提升学习效果，浓厚的节日氛围会提高人们的幸福感，安全生产也需要良好的安全氛围，它可以感染人、激励人、规范人、促进人，尤其是富有企业特色的安全文化氛围，能够让一线员工在日常生活、工作中耳濡目染地学习安全、关注安全，潜移默化地规范操作行为、减少不安全行为。

实践一：公司精心为全体员工打造了一个专业能力提升的平台，构建了公司级安全文化活动中心（图1）、部门级安全文化活动站，走进活动中心，各种安全警示标语和图像让大家感受到浓厚的安全文化氛围。安全之家、安全知识角、安全誓言与规章制度、安全责任落实，四个展现不同安全文化内容的展示板块倚墙而立；各种安全知识、事故分析、应急处置简介在这里可以让你过目不忘；各类法律

法规、应急管理、职业健康类安全工具书一应俱全。活动中心投入使用以来，深受广大员工的欢迎，大家在工闲时间聚集到这里，阅读安全书籍、了解公司安全工作动态、交流工作经验。大家把这里比作加油站，在这里不仅储备了能量，还激发了学习热情。公司充分发挥学习阵地作用，营造浓厚的安全文化氛围，影响和带动着员工安全意识的增强，不断提升全体员工专业能力，锤炼队伍，树立油品作业安全高效的对外形象。

图1　公司级安全文化活动中心

二、全员参与公司特色安全文化活动

安全文化活动是安全管理的重要手段，它能够增强员工对安全观念、安全管理、安全行为的重视，帮助员工形成安全意识，培养安全习惯，提升安全技能，从而防止各类事故的发生。公司多年来开展各类特色安全文化活动，一线员工积极参与，在活动中领悟公司安全文化，不断增强安全意识，使员工"从人人要安全向人人管安全"转变，全面提升广大员工的安全素质。

实践一：安全生产系列活动。"安全隐患大家查""安全生产大家讲""安全管理大家做""安全工作大家议"，以隐患排查治理为先机，保证现场管理标准的提高；以安全文化督导员工行为规范，努

力建设行为规范、环境可靠、管理精细的公司；以全员参与安全管理，落实安全职责，确保安全生产；以集体的智慧与力量，积极推进安全标准化建设，促进公司安全形势持续稳定发展。

"安全隐患大家查"——落实"吹哨人"制度，通过扫二维码的方式，让一线员工能够更加方便上报发现的问题和隐患，组织参与风险辨识和隐患排查治理，创造良好的安全生产环境。

"安全生产大家讲"——组织全体员工针对自己所在的岗位，讲述、分析自己的安全工作经验、岗位风险、预防措施、排除隐患等知识，形成资料，对照学习，提升学安全、查隐患、促管理、保安全的积极性，将贴合实际生产的知识运用到日常工作中去，同时公司员工家属也积极参与活动，制作家属安全寄语，全面增强安全意识，营造出浓厚的"人人懂安全、人人抓安全、人人要安全、人人保安全"的安全生产氛围。

"安全管理大家做"——为实现"要我安全"到"我要安全"的转变，公司充分发挥全体员工的智慧与力量，积极参与"安全管理大家做"活动，为公司安全生产尽力量、做贡献，不断提高安全管理能力水平。

"安全工作大家议"——由公司领导带队，到基层进行调研，与一线员工坐下来议安全，征集员工的安全管理意见，解决问题，有效推动公司安全管理工作，推进安全文化建设工作。

实践二：公司"安全日"活动。结合实际情况，每月拟定"安全日"主题，公司上下围绕活动主题，开展"安全日"活动，突出重点，采取不同形式、不同方式方法、多式多样地开展各类活动，补短板、强弱项，全面强化员工的安全意识与安全技能，不断提升安全管理水平，形成长效机制。

三、建立具有辐射引领作用的"安全技能实训基地"，开展特色安全培训教育

安全第一，警钟长鸣。作为油品储运公司，如何提高员工的操作技能，规范员工操作行为是公司长期以来的重点工作，只有更安全的操作、更规范的行为才能够保证公司的持续安全发展，因此，公司不断努力加强、创新员工的安全培训工作，确保培训工作得到实效，让员工更加直观、容易接受，不断提升员工的安全技能与安全素质。

实践一：公司一线操作和维修员工劳务派遣人员比较多，占比 65.9%，文化水平普遍不高，以往培训一直以传统方式培训为主，一线员工对设备的内部结构、工作原理没有直观感受，实际培训效果一般，在此背景下，为全面提高一线员工的安全知识和安全技能，在公司的大力支持下，建立了"安全技能实训基地"，如图 2 所示。

图 2　安全技能实训基地

公司积极深入基层，根据班组长、一线员工、新员工等不同岗位人员理解能力、知识积累情况，结合数字化规划，寻求突破点，通过查阅整理收集机泵、阀门技术资料，利用报废机泵、阀门进行线切割制作剖解模型，从废旧机泵和阀门中挑选有代表性的，剖解后机泵和阀门内部结构更加直观。同时，针对每一类型机泵和阀门剖解模型布置了培训展板，展板的内容包括此类型泵阀工作原理、常见故障和现象、安全操作规程、安全维修流程等，并利用网络资源制作生成二维码，初步实现了培训数字化，员工培训时通过扫二维码可以了解设备设施的3D视频、剖解图、工作原理、常见故障和处理办法、操作规程和维修保养标准等信息，还可以用手机对二维码进行收藏，随时可以打开了解相关内容进行学习，对员工理解机泵工作原理和构造作用帮助巨大、易于掌握，打造了精品教育课堂，丰富了培训的形式和内容。

"安全技能实训基地"的投入使用，应用4年来已开展96次培训活动，参加培训员工1200余人次。经统计通过数字化赋能培训后，员工操作技能得到提高，机泵阀门故障率下降，参加培训后，员工普遍反映耳目一新，培训的内容印象深刻，参加培训的员工在培训过程中都感兴趣地拿出手机对二维码进行拍照、收藏，方便日后进行更深入的学习和复习。"安全技能实训基地"的建立与精品课堂的打造受到了广大员工的一致好评，切实提高了公司的安全培训教育效果，夯实了公司安全生产工作的基础，大大加强了公司安全文化建设工作。

四、结束语

"君子安而不忘危,存而不忘亡,治而不忘乱"。安全文化建设工作是一项长期、艰巨的任务,需要我们一如既往,始终坚持与时俱进,不断创新,丰富文化载体和加强有效的运行保障机制,不断增强一线员工的安全意识与提升他们的操作能力,着力探索、创建出一套富有油品公司特色的安全文化建设模式,以文化促管理、以管理促安全、以安全促发展,为全力打造本质安全型公司,为建设世界一流强港保驾护航!

企业安全文化传播的方法与重点

北京长峰新联工程管理有限责任公司　姜丽莉　邢占超

摘　要：安全文化的建立和传播对企业的可持续发展至关重要。本论文从安全文化传播现状、传播方法和传播重点三个层次深入探讨了安全文化传播的重要性和方法。通过设立完善的组织机构，强化安全培训、安全活动、安全会议、报告系统、安全标识等传播途径，抓住安全文化传播重点，企业可以建立积极的安全文化，并将其外化于每个员工的行为中，从而实现安全意识的全员普及和企业的安全发展。

关键词：安全文化；安全文化传播；传播机构；传播途径

一、引言

安全是企业和社会发展的基石，而安全文化的建立和传播则是确保工作场所环境和员工的身心健康的重要手段。然而，要真正建立积极的安全文化并将其融入员工的日常行为，不仅需要关注工作环境和操作流程的风险，还需要重视安全教育宣传的力度和方法。本论文旨在深入论述安全文化的传播重要性、传播现状及局限性，提出企业安全文化传播的方法及重点，帮助企业强化安全文化建设，实现全员参与、全方位的安全管理，确保公司的安全稳定和可持续发展。

二、安全文化传播现状

（一）传播重要性

人的价值观深受安全文化的影响，文化是人们对客观世界感性上的认知、知识和经验的升华，安全文化是人们对于安全的价值观、能力、认知、态度、行为方式的一种意识形态综合。企业建设安全文化可以从根源上转变员工的安全意识，约束员工的行为习惯。安全文化传播是指将安全文化的理念、价值观和行为准则传递给全部员工，并促使他们在工作和生活中能够自觉遵守和实践的过程。通过安全文化传播的过程，员工能够更好地理解和接受企业的安全价值观，并将其内化为日常工作中的行为准则。同时，安全文化传播也是安全文化发展的推动力量。通过不断强调和推广安全文化的理念和要求，可以加强员工对安全的认识和积极性，促使其形成安全自觉和安全责任的意识。通过安全文化传播，企业可以塑造良好的安全氛围和工作环境，从而推动安全文化的不断发展和巩固。

（二）传播特点及局限性

企业安全文化传播的重要性逐渐被企业所重视。随着安全意识的增强和法规的改进，企业越来越重视安全文化的传播。许多企业通过培训课程、内部宣传、安全标志等手段，积极推动安全文化的传播。

安全责任被强调。企业逐渐认识到安全工作是每一个员工的责任，而不仅仅是安全人员的责任。企业开始注重在各个层面强调安全责任，并将安全文化融入员工的日常工作。

安全文化的传播方式多样化。企业在安全文化传播方面多样化的方式包括：举办安全培训班、制定安全规章制度、组织安全宣讲会和安全演习、设置安全激励制度等。同时，许多企业还建立了安全热线和安全拍摄等渠道，让员工能够更方便地报告和反映有关安全问题。

虽然安全文化传播越来越受企业重视，但在一些企业中，安全文化的传播仍然存在以下局限性。

（1）缺乏持续性。企业安全文化传播往往只局限于特定的时期或事件，缺乏持续性的传播。一旦特定的宣传活动结束，员工往往会逐渐忽视安全问题，导致安全意识的淡化。

（2）缺乏有效的沟通机制。企业安全文化的传播需要建立有效的沟通机制，但很多企业在这方面存在欠缺。没有建立起畅通的沟通渠道，员工很难及时了解到安全信息，并且无法提出自己的安全建议和反馈。

（3）宣传内容单一。企业安全文化的传播内容往往局限于基本的安全宣传知识，缺乏实际操作指导和实例分享。这导致员工对于安全问题的认识停留在简单的理论层面，缺乏对实际工作中安全事故的关注和思考。

（4）缺乏全员参与。企业安全文化的传播应该是全员参与的过程，但很多企业存在部门间安全意识差异大、安全工作分散等问题。这导致安全意识和安全行为在不同部门之间存在差异，难以形成统一的企业安全文化。

这些问题需要企业不断改进和优化传播方法，以提高安全文化的整体传播效果。

三、安全文化传播方法

安全文化传播方法指安全文化传播的机构和途径，既包括安全培训、安全活动、安全会议等自上而下的传播方式，又包括报告系统这样自下而上的传播方式；既包括上述人与人之间的信息传递，也包括安全标识这样物与人的信息传递。

（一）传播机构

安全文化的传播需要相关的一个或几个部门以及人员进行策划、组织、实施和考核，职能清晰的组织结构能使安全文化顺利地传播下去。

组织结构作为企业资源和权力分配的载体，在人的能动行为下，通过信息传递，承载着企业的业务流动，推动或者阻碍企业使命的进程。由于组织结构在企业中的基础地位，它在安全文化的传播过程中也起到关键的作用，一个健全、流畅的组织结构可以促进企业安全状况的良好发展，而且可以体现企业各部门在安全上所拥有的权利和应承担的责任。

由于安全是整个企业的责任，安全部门必须便捷地获取来自企业各个部门的信息，因而其在组织结构中所处的位置影响着企业的安全文化。安全部门必须方便获取和了解企业从设计、生产、操作和维修等各环节的信息，因而安全机构必须具有一定的组织位置以确保其能直接、优先获取所有可利用信息。

（二）传播途径

1. 安全培训

安全培训是通过讲授法、案例法、讨论法、多媒体教学等方法，由企业的管理者或者外聘专家对企业全体员工进行安全意识、安全知识、安全技能等方面的培训，并及时考核、复训，以提高员工的职业安全和健康素养的安全文化传播方式。安全培训包括安全培训方案的设计、安全培训的实施、安全培训的考核、安全培训方案的持续改进四方面。安全培训是企业安全文化传播的重要途径，企业根据自身的实际需求，科学制订培训计划，使员工获得需要的安全培训内容，从而高效地提升员工的安全素养。

2. 安全活动

安全活动是安全文化传播的另一个重要途径，它寓教于乐，通过各种轻松的方式将安全理念推广宣传，在活动中巩固并检验员工安全意识、安全知识、安全技能的水平和层次，还培养了员工的团队协作观念和竞争意识。安全活动的形式多种多样，不仅包括安全生产月、安全知识竞赛、安全技能比赛等安全活动，还包括安全文艺演出、安全摄影展、安全书画展等文娱活动。

3. 安全会议

安全会议是指企业为研究解决安全生产过程中遇到的实际问题而定期或不定期召开的会议。安全会议根据其解决问题的性质和召开频次的不同可划分为不同的形式，如定期的和不定期的。安全会议也是企业安全文化传播的重要途径，它具有权威性和强制性，能有效地将决策层的安全态度、安全理念、解决安全问题的意见，以及对企业安全生产的总结与规划传递给全体员工，并通过提问、讨论的形式获得员工的反馈意见。

4. 报告系统

报告系统是一个自下而上的反馈过程，与安全培训、安全活动、安全会议等自上而下的传播方式构成一个闭环。报告系统指员工向上级反映工作中遇到的问题，提出解决问题的建议、作业场所出现的安全隐患，以及改善状况的反馈等情况。自下而上的反馈过程非常重要，决策层只有了解了员工层的想法，才能根据实际情况不断调整、完善安全方针、规章制度，并改进操作规程、培训方案等。因此，建立自由的、不被责备的报告系统非常重要。

健全的安全文化传播应包括对伤害、事故的报告以及对其全面调查结果的分析与反馈。通过事故调查，管理层能够确定伤害的根本原因并消除它们，以避免将来再次发生。重要的是当员工看见管理层迅速采取纠正措施时，他们会意识到安全是被优先考虑的事宜。管理层在此方面进行承诺，对做好消除伤害的预防工作有很大的帮助，这样会有效地推动企业的安全文化。

5.安全标识

安全标识是安全文化传播中的重要工具。安全标识指企业通过各种信息载体向员工传递有关安全的信息，包括信息公开栏、安全宣传栏、安全标志、安全牌板等形式。安全标识的设计和放置应与企业的安全文化一致。通过标识的内容和形式，例如安全口号、标志、提示等，强调企业对安全价值观的重视，增强员工对安全的认同感和责任感。同时，通过安全标识，企业可以向员工传达管理层对安全的关注和重视，并提醒员工对自己和他人的安全负责。这种共识和职责的共同认同，有助于营造积极的安全文化氛围，实现从上至下的安全管理。

四、安全文化传播重点

（一）注重持续性教育和培训

安全意识的提高需要长期坚持和不断的持续性教育和培训。企业应该定期组织安全培训，并与员工分享最新的安全知识和最佳实践。此外，通过定期举行安全演练和模拟演练，员工可以增强应对紧急情况的能力和反应速度。

（二）建立奖惩机制激励员工

为了鼓励员工更加重视安全意识，在安全管理中，企业应建立奖惩机制。积极的安全表现应受到公开表彰和奖励，而不当行为则要受到相应的惩罚。这样的机制可以提高员工对安全工作的重视程度和主动性。

（三）倡导安全文化的领导力

企业的高层领导在安全文化的传播中起着关键作用。领导者应该以身作则，示范出安全责任感和行为，通过有效的沟通方式鼓励员工关注和参与安全工作。他们还应该设定明确的安全目标，并为员工提供必要的资源和支持，以确保安全文化的深入根植。

五、结论

安全文化的传播是企业增强员工安全意识和保障工作场所安全的关键。企业和领导者应该重视安全文化传播的重要性，设立完善的组织机构，强化安全培训、安全活动、安全会议、报告系统、安全标识等传播途径，注重持续性教育和培训，建立奖惩机制激励员工，倡导安全文化的领导力，确保安全文化在企业中得到有效传播和实践，将其外化于每个员工的行为中，才能够构建安全稳定的工作环境，实现企业长期成功和可持续发展。

参考文献

［1］丁永刚.中国传统文化与企业文化创新建设探析［J］.现代企业，2019，(12):103-104.

［2］高武，樊运晓，张梦璇.企业安全文化建设方法与实例［M］.北京：气象出版社，2011.

［3］毛海峰，郭晓宏.企业安全文化建设体系及其多维结构研究［J］.中国安全科学学报，2013，23(12):3-8.

"三善"型班组安全文化建设实践

雅砻江流域水电开发有限公司　赵传啸　韩向阳　胡保修

摘　要：班组是企业的细胞，对发电企业来讲班组管理的好坏直接影响企业安全发展，因此，打造良好班组安全文化是企业文化建设的筑基工程，是企业管理的基础。某新投运水电站运行B组根据电站投产初期"设备新、人员新"的特点，总结形成了以问题为导向，引导式培育值班人员"善于发现、善于总结、善于解决问题"的能力，成功建设"三善"型班组安全文化，班组安全管理成效显著，保持了电站投产以来"零违章、零失误、零差错"的纪录。

关键词："三善"；安全生产；运行班组

一、引言

运行B组是某新投产大型水电站的一个新生班组，电站在2021年7月投产发电时，班组成员平均年龄仅26.5岁，超过一半的人员无水电站运行值班经历。面对发电运行与在建机组并行的复杂局面，运行B组紧紧围绕班组"人员年轻经验不足""设备新投性能有待验证""良好工作习惯需要塑造培养"等主要矛盾，以"善于发现、善于总结、善于解决问题"为班组管理提升目标，打造"三善"型班组，切实落实班组安全生产责任，引导青年员工在工作中树牢安全意识、担当岗位责任，扎实开展安全技能培训、规范做好值班工作，积淀出了良好的班组安全文化。

二、"三善"型班组安全文化建设实践

（一）善于发现——夯实班组安全生产基础

"经验不够，分析讨论来凑"，班组定期组织安全生产形势分析，及时发现日常工作中暴露的责任落实不到位、技能积累不足等短板，以"三省吾身"态度及时改进班组工作方法。

班组通过组织开展安全隐患排查、设备设施专项整治、区域巡视排查活动，及时发现可能影响设备设施正常运行的缺陷和隐患，引导员工善于发现问题、主动发现问题的意识。班组通过组织全员分析电力生产主设备一、二次电气回路，对电站"五防"系统、调速器系统、发电机出口PT现状进行评估，形成了《电站设备设施电气防误闭锁排查报告》《调速器控制系统及油压装置控制逻辑及故障专题分析总结报告》《发变组PT断线故障处置分析报告》等

技术报告，提升了全员设备设施问题分析能力及技能水平，对现场设备真正做到"知根知底"。

班组通过分析发现部分值班员风险辨识能力与实际工作需要不相符的风险后，研究制定了对重大复杂的工作采取"核查工作范围、核查不停电（运）设备、核查人员技能""分析对运行设备影响、分析有无人身伤害风险、分析交叉工作面管控措施""追问工作负责人是否清楚风险、追问管控措施""把关'三部曲'措施"，有效控制了工作许可过程中的风险管控漏洞。

根据值班员年轻的特点，班组通过盲演方式检验发现了班组应急能力水平不能满足电力生产应急需要的风险后，组织对电力生产中常见的117种系统或设备故障进行归纳与学习，编制了《事故处置手册》，明确了应急处置原则和科学处置思路并围绕手册开展全员应急处置能力培训，促进年轻员工真正做到"仓里有粮，心中不慌"。

分析发现安全教育培训薄弱点后，班组将员工安全培训教育作为每月工作重点之一，切实发挥班组安全会议、安全活动、专项安全培训作用，将不安全事件案例回顾、应急演练等作为员工日常培训重点，采取盲演的形式检验锻炼人员安全技能、验证应急处置流程，持续提升值班人员的心理素质及事故事件正确处置能力。

（二）善于总结——提升全员安全技能及增强安全意识

运行B组充分发挥党员示范引领作用，着力传承电力生产优良传统，将好的作业习惯逐步规范化、

流程化、标准化，在组内深入推行"一二三四五"操作法则，即一停（再次核对操作任务、观察环境安全）、二看（确认操作对象、核对操作步序）、三操作、四检查（检查操作结果、检查设备闭锁、检查有无遗漏）五汇报（汇报操作过程中出现的问题、汇报关键操作步序执行情况），人员作业行为进一步规范，有效降低了人员误入间隔、误操作、冒险作业概率。

根据新投产电站特点，运行 B 组收集了行业内外典型事故事件案例，组织员工开展案例回顾讨论，深入吸取案例教训，总结经验，防范类似事件在身边发生。通过案例回顾学习，促进员工由"要我安全"向"我要安全"转变，员工安全意识、风险辨识及管控能力得到有效的提升。值长围绕安全教育培训内容进行"回头看"式抽样检查，根据检查结果采取针对性的措施，杜绝安全培训教育项目仅填写效果评估表、技术问答了事，时刻监督组内员工做好总结。优化班组安全活动开展流程，形成班组安全培训教育"策划—实施—讨论—回顾"固定模式，明确值长应梳理学习要点并提醒参会人员提前熟悉，将有限的时间重点学习对运行工作有启发和借鉴意义的不安全事件，并形成班组安全生产形势分析机制，讨论班组现阶段安全生产存在的突出问题，总结并形成改进措施。

针对新投产电站设备出现的典型问题，班组组织开展深入诊断分析，对设备设施曾出现过的危及安全运行的缺陷，如水导振动摆度异常升高、进水口闸门油缸受温度影响报上限位到达、调速器系统各类故障等典型设备问题制定针对性事故预想，组织编制完成《汛期大发专项事故预想》24 份，其他设备典型问题事故预想 18 份，进一步完善了事故处置流程，提高了运行人员事故处置能力。同时对设备现状积极思考，提出针对性合理化建议，并建立技术总结分享培训机制，杜绝人员技能培训"贪大图多"的急进思想。以个人对生产技术某个小点进行总结提炼、在班组以分享讨论的形式开展"蚂蚁搬家式"技能培训，通过长期的坚持，班组人员围绕主要设备设施已开展百余次技术总结及分享讨论，形成 40 余项技术总结、专题分析报告及技术论文等成果，有效促进了全员技能水平及安全意识的巩固提升。

（三）善于解决问题——为电站安全管理水平提升添砖加瓦

运行 B 组值长带头开展管理措施、设备设施逻辑漏洞、生产现场隐患等排查，鼓励人员对排查问题进行研究并形成改进建议报告，竭力做到"既能提出问题，也能找到办法"。比如针对电站由于进水口闸门充水阀无法采取局开运行，只能通过间歇开启以满足充排水速率的实际情况，班组成立了技术攻关小组，通过两年的实践验证，找到了一套高效实用的压力管道充排水方案，既可以保证压力管道安全又可以缩短机组检修工期，并形成了《电站压力管道充排水标准操作方法》。通过这次技术难题攻关，激发了班组成员立足岗位、创新创效的热情和主动解决问题的积极性，也为压力管道充排水提供了一套实用的解决方法。

针对作业风险管控清单辨识不充分、管控措施无针对性等问题，运行 B 组排查人员技能短板，按照"一人一策"的形式开展技能强化培训。对不能做到完全停运、停电隔离以及首次类（工作项目首次开展、人员首次承担工作负责人）工作等风险较高作业进行了梳理，形成了重点管控清单并组织值班人员学习掌握。

在执行双重预防机制工作中，班组建立了集体讨论、分析、辨识风险机制，凝聚集体智慧，全员充分参与。自电站投产以来，组织对运行值班作业活动风险累计开展了 3 轮拉网式辨识，辨识出风险 243 项，制定针对性管控措施 970 条，结合设备定期检修维护及日常工作实践对风险辨识成果不断开展实操验证修订，并形成了风险管控的良性循环。

为保证安全管理水平的提升，切实解决违章操作、违规办理工作票、巡检质量不到位等长期存在于电力行业运行值班人员中的"顽疾"，运行 B 组积极推进工作记录仪在运行值班工作中全过程的应用，运行巡检、工作票办理、操作等日常性工作均使用工作记录仪，结合组内安全检查，对工作记录仪使用情况进行监督，并形成了《工作记录仪管理使用细则》。通过应用工作记录仪，员工日常工作行为切实做到了"有无监管一个样、白天黑夜一个样"。

为保障设备安全稳定运行的同时提高巡检工作效率，运行 B 组通过梳理电站投产以来已导致或可能导致异常及以上事件的设备设施问题，整理出本电站发电设备重点关注问题清单并制定应对预控措施,优化运行设备设施巡检工作流程,对设备同类问题重点巡视并加大巡视频次,形成有层次、有重点、有针对性的设备巡视流程、路线。

三、结语

水电企业作为能源供应的重要组成部分,安全生产工作尤为重要,而运行班组管理与电力行业的稳定运行息息相关,构建和落实运行班组安全文化体系,不仅能弥补企业统筹管理下的不足,也可以减少和遏制不安全事件的发生。

"路虽远,行则将至,事虽难,做则必成"。通过近三年的班组安全文化建设,运行 B 组成功建设实践了"三善"型安全文化体系,并获得共青团四川省委、四川省应急管理厅首届"2021—2022 年度

四川省青年安全生产示范岗"荣誉称号,是公司电力生产方面唯一获此殊荣的班组。通过该体系的运行,运行 B 组切实强化了全员安全生产意识、提升了年轻员工的安全生产技能、营造了浓厚的安全生产氛围。班组员工保持长期工作无差错记录,把安全生产责任压紧压实到最小责任单元,对促进电力企业安全稳定生产有着极其重要的意义。

参考文献

[1]李小亮,赵鹏远,周军,等.大型水力发电厂基层班组安全文化体系建设 [J].人民长江,2023,54(S1):145-148.

[2]许濛,周显壤,弭磊.水电厂运行班组安全文化建设实践 [J].电力安全技术,2023,25(01):28-31.

协同联动　共享共进
推进火电厂外包单位安全文化建设的探索

浙江浙能温州发电有限公司　李继军　陈庆东　黄新荣　陈　珲

摘　要： 火电厂的发展进入成熟发展期，各项管理制度和法律法规非常健全，具体落地实行在行业低迷期遇到巨大的压力。本文通过深入剖析外包单位安全管理存在的问题，探索优化公司内部管理机制、办法，来应对发电行业外包单位管理难度大、安全风险高的问题，协同发力，共享安全资源平台，共同做好外包单位的安全管理工作。

关键词： 火电厂；外包单位；安全管理；安全文化

近年来，能源价格高位运行，自俄乌战争以来，进一步推动煤炭价格上涨，导致2021年以来，煤电厂普遍亏损，经营压力很大。在此背景下，发电行业外包单位安全生产事故频发，安全管理形势不容乐观，而在这些事故中，绝大部分都发生在外包单位当中。因此，提升外包单位的安全管理能力对提升企业的安全管理工作非常重要，且煤电企业外包单位普遍承担企业作业安全风险高、环境恶劣、技术含量相对低的劳动密集型工作，因而发生事故的可能性会更大。因此，共享厂内资源，通过厂内安全文化氛围，引导和激励外包单位强化安全意识，提升外包单位安全管理能力，对火电厂安全管理非常重要。既要发挥外包施工单位的积极主动性，也要发挥业主单位的监督管理作用，双方共同作用，才能更好地推进外包单位的安全文化建设。

安全文化是一种价值观、信仰、态度和行为模式，其核心是强调安全的重要性和优先级。安全文化涉及组织内部对安全问题的认识、态度和行为方式，以及员工对安全问题的责任感和自我约束能力。安全文化强调的是人的因素，即员工的安全意识、安全知识和安全技能，以及组织的安全价值观和安全理念。

一、火电厂安全生产工作的现状及存在的问题

（一）检修公司队伍杂乱多，人员受教育程度低

1. 检修队伍素质较低，可供差异化选择空间不大

改革开放以来，虽然电力行业得到飞速发展，但是检修队伍却没有配套得到发展，难以适应装机容量爆发式增长后检修市场的需要，造成现今检修、施工单位技术人员严重摊薄，整体水平相对较低。施工单位一旦遇到较多业务时，当即东拼西凑，分包现象普遍，大量使用未经严格培训的当地劳务工，安全素养低下，给现场安全管理带来极大困难。另外，由于整个市场检修队伍普遍素质不高，即使企业对此类外包单位实施退出机制，仍然很难找到合格的单位来补充。

2. 企业成本控制不断紧缩，项目低价低质竞争严重

目前，电厂检修、施工外包服务市场中，优秀企业凤毛麟角，更多的是管理粗放、固定管理人员少的公司充斥市场。然而，电厂大部分外包服务项目都不具备单一谈判要求，出于费用控制及廉政风险考虑，基本上都采用低价中标方式选择外包单位。因此，这便给外包安全管理造成雪上加霜的影响。一方面，企业难以选择到优秀的外包单位；另一方面，低价中标单位为了控制成本，也会尽可能地配置工日单价低的作业人员，这样也会使得项目人员的素质得不到有效的保证。

（二）用工制度杂，培训难度大，外包单位用工制度多样，人员流动大

目前，大部分外包单位用人机制均是以项目聘人，自主固定人员较少，用人形式很多是劳务派遣、分包等形式，项目人员没有稳定感，多种用工制度也造成个人收入以及晋升发展空间的诉求均难以得到满足，优秀人才进不来，岗位熟练人员留不住，一些

技能好、素养高的员工跳槽概率高。由于外包人员流动性极大，安监部门和项目管理部门必须付出大量精力对外包人员进行安全培训、安全交底，作业过程中不断进行帮扶指导，在他们刚刚熟悉了企业管理制度，以及安全素养有所提升之后，这个项目也结束了。然而，下次项目的施工人员很可能又换一批，造成安全管理工作始终在低水平进行循环重复。尽管我们加大了安全教育培训力度，对常年维护的项目部人员也能产生一定成效，但零星项目外包单位内部教育培训质量很难把控，教育培训管理仅靠短时入厂教育收效不明显，安全素养难以得到较大提高。

以上问题的存在，一方面，由深刻的社会发展和行业背景，以及更多的市场化行为造成，短期内仅靠企业自身力量，无法改变这些现状。未来只有社会不断向前发展，劳动用工人员的素质得到普遍提高，整体检修市场环境趋好，这种不利境况才有可能发生根本性的改变。另一方面，电力检修服务人员巨大的流动性，也是与发电企业减员增效、运检分离改革密不可分的。新建电厂检修维护大多外包，而一个电厂的业务又难以支撑一个独立检修公司的生存，因此，检修项目人员大幅流动成为必然。着眼于现在，电厂能够做得更多，或是想办法不断提升外包安全管理水平，努力通过组织上的严密性和技术上的有效性，来改善外包管理的不利状况，防止或消除不安全情况的发生。针对上面情况，我们必须从外包队伍选择、人员培训和提升党员人员比例来提升外包单位的管理水平，从而提升整体的安全管理水平。

针对上述问题，本文以习近平新时代中国特色社会主义思想为指导，坚持"以人为本"，坚持"安全第一、预防为主、综合治理"安全生产方针，始终把人的生命安全放在首位，紧紧围绕公司安全生产各项目标任务，营造有利于安全生产的舆论氛围和文化氛围，强化全员安全意识，提高全员安全素质，夯实安全生产基础，推动安全生产主体责任的落实，激发员工主动性和积极性，做到内化于心、外化于行，为实现公司安全生产提供精神动力和文化支撑。公司就具体解决措施进行了如下探索。

二、提升企业安全管理能力的实践探索

（一）充分调研、源头控制，尽量选择市场上较优的外包管理队伍

在外包项目招标前期，进行充分的市场调研，多方了解市场相关队伍的信息，在前期调研的基础上，编写招标文件、技术规范书等材料，排除安全管理不达标、技术不符合要求的企业，选择市场上技术能力强、口碑相对好、价格符合要求的外包供应商来投标，做好外包单位管理的第一道防线。

（二）拉长周期，签订跨年度长期合同

所谓有恒产者然后有恒心。公司通过签订2到3年的跨年合同，让外包单位敢于在安全费用上投入，尽量保持人员队伍的稳定，共同提升外包项目安全管理水平。公司梳理总结外包单位同质化安全管理整治年活动经验，全面推进外包单位融入公司生产部门、班组管理，推广风险作业"双确认"机制、外包单位年度积分制和黑名单制等典型做法，提高公司对外包单位的管控力度。公司应优化外包单位选择和评价模式，进一步提高安全绩效在招标单位选择中的比重，努力培育一批人员稳定、技术过硬、管理有效的长协外包单位，清退安全管理薄弱、技术水平不足、项目违法转包、资质违规挂靠、日常违章频出的外包单位。

（三）成立安全项目管理绩效基金，在源头上提升安全管理考核力度

从资质审查、安全教育培训、出入证办理、开工报告、违章连带考核、安全履责、绩效评价等方面为外包单位、项目、人员建立终身安全档案。根据安全教育、违章、履职等各方面大数据分析，每月在安全例会上对项目、人员和单位进行绩效评价通报。

（四）共享安全教育平台，提升外包单位安全教育管理效果

不断强化全员安全意识，建立立体化、系统化、全覆盖的安全教育培训系统。公司以"安全为天、责任为本、严实为要"的安全观，强化包括外包单位人员在内的安全意识和技能培训，建立VR体验、视频培训、警示教育和考试教育等结合的立体化教育培训系统，增强教育培训效果，建立个人学习培训档案，将教育培训资源共享给外来施工人员，不断强化全员安全生产意识。大力弘扬学安规、守安规，开展安规抽考活动，对安规考试不合格情况，严格纳入安全生产责任制考核。提升骨干人员敬业精神、业务素质，依托公司安全警示教育室和安全生产培训平台，加强对公司中层、主管、班组长、外包单位项目经理等骨干力量的素质能力提升工作，同时，

培训记录无纸化，培训人员的记录和过程可查看可溯源。

（五）前期策划，全程跟踪，做好检修管理工作

开展检修全过程评估，落实《发电设备检修标准化管理办法》，重视项目策划、修前分析、过程监督，规范质检点的设置及验收工作，开展检修安全、质量监督检查，切实提高检修管理水平。检修延期机组应提前做好设备状态评估工作，确保设备安全风险可控。加强机组抢修的质量监督，按照检修标准化管理要求，做好技术文件编制、审核工作，执行质监点验收程序，确保机组抢修质量。

（六）强基固本，完善机制，加强外包管理

对于长期维护单位，公司视它们为电厂同一有机整体，纳入同一管理体系，同步开展班组建设。通过强基固本，提升员工素养，不定期组织各类安全考试和技术考试，并配套相应的考核和奖励，促进他们加强自身教育培训工作。在强化理论培训的基础上，同步开展一些实操技能和模拟场景进行练兵，逐步提升员工素质。

（七）深入推进班组建设和7S管理工作

充分认识当下外包单位7S管理和班组建设存在的思想认识、贯彻执行、全面落实不平衡不充分等问题，树立全员、全面和全过程的7S管理理念，将7S管理工作贯穿维护检修的全过程。充分发挥六星班组、优秀7S样板示范区的辐射带动作用，围绕7S管理提高设备可靠性、提升人员素养，切实提高外包单位本质安全管理水平。根据国家能源局《电力行业班组安全建设专项监管工作方案》《关于印发电力行业班组安全建设现场核查参考清单的通知》，高质量全覆盖开展班组建设常态化监督、检查、竞赛和评价工作，加强对低星级班组的业务指导。

（八）资深员工带队，增强反违章查隐患的力度

增加日常反违章检查组，提升高风险作业管控水平。要加强反违章检查执行力，尤其是要提升对"带电作业、高空作业、有限空间作业"等这几类高风险作业的监管力度，抽调经验丰富的安全管理人员，进行常态化检查、抽查，对发现的问题隐患要立即整治，全面提升各项高风险作业的安全管理能力，有效防范化解安全事故。

（九）以文化人，推动安全文化在外包单位落地生根

在与外包单位签订合同之前，通过制定明确的安全文化准则或行为指南来实现，以确保外包单位了解并遵守企业的安全文化标准。对于进入厂内工作的外包单位，通过提供必要的安全文化培训让外包单位能够更好地理解和实践企业的安全文化。激励和认可外包单位的努力，以及定期评估和审计外包单位的安全文化建设情况。确保外包单位同样遵循和贯彻企业的安全文化理念，共同维护企业的安全生产。

三、结论

经过上述措施的开展，公司的安全生产工作有了很大的提高，安全工作平稳可控。安全生产是公司发展的基石，公司以习近平新时代中国特色社会主义思想为指导，让广大干部职工牢固树立"人民至上、生命至上"的安全发展理念，同时要加强学习宣贯新《安全生产法》，深化全员安全生产责任制，周密策划，协同联动，共享共进，发挥业主和外包单位的协同作用，将安全生产工作层层分解落实，横向到边，纵向到底，确保安全生产体系平稳运行。

安全文化在安全管理中发挥着举足轻重的作用。它不仅能够为安全管理提供思想基础和精神动力，还能够激发员工的积极性和责任感，促进员工之间的团结和协作，规范员工的安全行为。因此，加强安全文化建设是提升安全管理水平、保障企业安全稳定发展的关键所在。

建设"二三五"安全文化

内蒙古超高压供电公司　王轶国　薛　彬　张　毅　方立波　杨国峰

摘　要：本文结合内蒙古超高压供电公司的发展实际，提炼出了"二三五"安全文化模式，这是企业长期安全生产实践的总结，也是安全生产的行动指南。"二三五"安全文化模式既是安全管控的要素，又是安全文化建设的愿景目标、任务内容、路径方法，各要素之间相互支撑、相互作用、相互促进，构成了完整、协同、有生命力、开放式的安全文化建设模式，为企业实现长周期安全生产提供了坚实的理论支撑。

关键词："二三五"；供电公司；安全文化

随着电网建设的迅猛发展，各类检修、施工现场的不安全因素也相对增多，这些危险因素在具体的生产过程中就形成了安全风险，一旦失去管控，就可能导致安全事故的发生。内蒙古超高压供电公司（以下简称内超公司）经过不断的实践、探索，通过用制度、规范和流程加强对人、物、环境、管理等方面的管控，逐渐形成了以停电检修"双核制"、教育培训"三讲堂"、安全管理"五到位"为主要内容的"二三五"安全管理文化。

一、"双核制"形成停电检修文化

内超公司对所有停电检修作业实行生产人员核实、安监人员核准的方式，严格执行现场勘察制度与安全审批单制度，确保现场作业安全生产可控、在控。

（一）现场勘察核实现场条件

工作任务下达后，工作票签发人或工作负责人根据工作计划及任务提前进行现场勘察，核实现场施工，检修作业需要停电的范围，保留的带电部位和作业现场的条件、环境及其他危险点等，做到"四清楚"，即停电线路的名称和位置要清楚、作业任务情况要清楚、所要做的安全措施要清楚、作业的危险点等要清楚，形成详细的现场勘察记录，并根据现场勘察结果，对危险性、复杂性和困难程度较大的作业项目，编制检修（施工）的组织措施、安全措施、技术措施及施工方案（简称"三措一案"），经所在生产单位和有关职能处室逐层审查。

（二）安全审批核准开工作业

在确认作业环境基础上，对生产单位认定作业全过程中的危险点进行现场查点。督促检修（施工）班组补充落实"三措一案"和现场标准化作业指导书，并按照修订后的方案进行准备，最后形成报告

和记录，由安全监察质量部和生产技术部保存备案。对自动化设备重点做到"四个严防"，即严防线路或开关检修时，没有拉开两侧刀闸及没有明确断开点；严防存在电磁合环、相角差合环；严防变电站内设备检修时，拉手开关电源向变电站反送电；严防拉手开关合上后线路设备过负荷。

二、"三讲堂"铺垫教育培训文化

针对以往学习事故通报、事故教训枯燥乏味、有距离感等现象，内超公司结合实际，提出"人人上讲台、个个当专家"的培训理念，创新开展了技术培训大讲堂、作业现场大讲堂、事故分析大讲堂"三讲堂"，将原来一人讲、多人听的灌输式学习，变为人人讲、大家谈的互动式培训，有效增强了全员的安全意识和提高了全员的安全技能。

（一）开展技术培训大讲堂

内超公司每周挑选具有代表性、实用性、普及性的安全规程、规章制度及事故案例等作为培训课程，确定课题后及时公布，让员工提前学习准备。现场讲解时，采取抽签的方式随机确定上台人员，并在讲解结束后，由老师傅、班组长等对讲解情况进行综合打分和点评，当场指出缺点和不足。对于打分低于80分的不合格人员，责令重新进行学习和讲解。做好大讲堂与实际工作的结合，把日常工作中遇到的困难问题搬到讲堂，形成"随机抽、黑板讲、相互学、共讨论"的常态机制。

（二）开展作业现场大讲堂

在检修施工现场，将当天工作任务、带电设备、风险点、安全措施等内容以图文并茂的形式制作成安全看板，在开工会上由工作负责人对照看板进行具体讲解，让每位工作班成员快速做到"四清楚"，即作业任务清楚、危险点清楚、作业程序清楚、安

全措施清楚，便于员工记忆和掌握，牢记作业现场各类危险因素。每次大讲堂结束后，都由工作负责人对工作班成员进行提问，对回答不正确的员工责令退出工作现场，并严格考核。

（三）开展事故分析大讲堂

当电力行业内发生安全事故后，内超公司第一时间组织开展公司领导班子、安全例会、一线班组"三级"安全事故分析大讲堂，举一反三引以为戒，从人员、设备、管理上深挖原因，结合二十四节气生产特点及时分析梳理可能影响当前安全生产的不稳定因素，提前制定相应的防控措施，要求始终做到"三个坚持"，即坚持有票作业、坚持工作监护、坚持危险点专项管理，有效提高了全员风险辨识能力，并实现了安全风险管控"关口前移"。

三、"五到位"夯实安全管理文化

内超公司始终将安全生产放在各项工作的首位，坚持严抓严管，以"五到位"确保人身和电网安全。

（一）责任落实到位

健全完善安全生产责任制，组织好、制定好、实施好各类生产岗位的规章制度和安全规程，明确各单位、各部门的安全职责，层层签订安全目标责任书，形成"一级管一级、一级对一级负责"的安全管理体系。重点加强对"三种人"的责任心教育，确保安全规章制度落实到每一个现场、每一个环节以及每一个成员，形成了"人人有责、责任明确、认真履责、严格问责"的局面。

（二）规范管理到位

内超公司深入开展电网安全性评价系列活动，全面实行"三必须""三同时""三问"要求，严格现场看板管理，主要负责人必须亲自部署生产工作，必须亲自审查停电工作方案和检修计划，亲自到现场监督指导、查处违章；各级管理人员与工作人员到岗到位，同时参加开工会，同时离开现场；在检修工作开始前，自问是否误入带电间隔，工作所触及设备两端是否挂好接地线，所使用的工器具是否安全合格。组织开展了"个人安全靠自己"的安全承诺活动，营造良好的安全文化氛围。

（三）监督检查到位

内超公司持续开展领导下现场"四不两直"监督检查，严格执行领导和管理人员现场到岗到位监督制度，要求所有到位人员必须填写人员到岗到位登记表和《领导和管理人员现场监督检查表》。发挥安全督察巡查作用，采取"四不两直"的方式（不

发通知、不打招呼、不听汇报、不用陪同和接待，直奔基层、直插现场），加强对复杂作业、交叉作业、高空作业的安全检查防控，严肃查处各类违章。根据检查情况编发《安全督查通报》《安全信息传递单》，将查处的违章情况、暴露问题和整改要求进行通报，按照"四不放过"的原则进行分析并提出处罚建议。

（四）措施落实到位

内超公司健全完善安全生产考核标准，建立起个人安全档案，将安全考核内容标准化，考核项目具体化。结合工作实际，组织实施了抢修"八步工作法"，即：第一步，故障巡视，现场方案勘察；第二步，形成抢修方案；第三步，危险点分析，确定老虎口；第四步，填写事故应急抢修单；第五步，停电、验电、接地、装设围栏、悬挂标识牌；第六步，召开开工会，交代危险点、现场安全措施，作业人员确认签字；第七步，专责监护人到位，开始事故抢修；第八步，拆除接地线、验收恢复送电。

严格落实抢修"四个必须"要求，即必须戴手套护目镜、安全帽；必须穿工作服、绝缘鞋；必须使用验电器、绝缘工器具；必须有人监护，全员安全风险意识和安全措施执行力有了明显提高。

（五）资金投入到位

内超公司设立安全生产专项资金，每年组织开展安全教育专项培训、开展安全生产活动月、反违章等活动，及时淘汰、更换不合格的劳动保护用品，购置安全生产设备等，满足安全生产所需的各类保障需求。对不合格的或超年限的安全工器具强制报废。同时，对在安全生产中做出突出贡献的集体和个人进行物质奖励，激发全员安全意识。

"二三五"安全管理文化的推广与实施，有效提升了内超公司安全生产管理水平，确保了安全生产及各项工作稳步开展。公司工作受到上级多次表扬，荣获"全国先进基层党组织""全国文明单位""全国五一劳动奖状""全国模范职工之家""全国电力行业消防安全管理示范单位""全国电力设施保护公共宣传示范单位""全国电力安全防范示范单位""全国电力行业优秀企业""电力行业安全保卫示范单位""自治区卓越绩效先进单位""自治区国资委先进基层党委""自治区国资委最强党支部示范基地""集团公司先进单位""集团公司工程建设先进单位"等荣誉称号，真正实现了安全生产的"可控、在控、能控"。

企业的基本：班组安全文化与安全责任建设

核工业理化工程研究院（公司）　赵冠宇　刘　洁　刘莉萍

摘　要：班组是企业基本单位，是企业的细胞，班组建设很重要。以核工业理化工程研究院（公司）[以下简称核理化院（公司）]为例，公司形成了"党委书记、院长、副院长、各部门处长、副处长、科室主任、副主任、班组长、职工"稳定的企事业单位管理体系。班组安全文化是企业文化的一个组成部分，班组安全文化建设是一项安全系统工程。如果企事业单位是安全生产系统的机体，那么班组就是这一机体的细胞，而班组员工则是企事业单位安全生产的主体。班组安全文化建设的最终目的就是实现安全生产，保护员工生命安全。因此，一个优秀或者合格的班组长对于班组建设尤为重要。

班组安全责任即岗位责任制是指根据班组工作性质，明确规定其职责、权限，并按照规定的工作标准进行考核及奖惩而建立起来的制度。实行岗位责任制，有助于班组安全管理科学化、制度化，责任落实到人，各尽其职，事事有人负责。

关键词：基层；班组；班组长；安全文化；岗位责任制

习近平总书记指出，强化核安全文化，营造共建共享氛围。加强国际核安全体系，人的因素最为重要。而班组又是由人组成的，班组是任何企业的基础，也是整个企业中最繁忙的单位，只有班组这个基础充满了活力，企业的安全生产管理才会万无一失；班组是企业可持续性发展的新鲜血液，具有可持续发展生命力。

安全是核工业的生命线，是中国核工业集团有限公司（以下简称中核集团）的核心价值观。对"安全"的阐释有很多，如"无危则安，无损则全"。安全状态是可控的，是要把风险降低到无限小，归到根源，还是人本身。如何做到人的自制，这就需要从文化层面，用文化规范并统领人的行为。

作家梁晓声用了四句话进行文化概括，即"根植于内心的修养；无需提醒的自觉；以约束为前提的自由；为别人着想的善良"。这四句话恰恰回答了做到安全可控需要建立的安全思维，更是卓越安全文化建设的价值准则。

核工业理化工程研究院（公司）始建于1964年，是中核集团、中国原子能旗下重要的科研单位，是我国唯一专门从事铀同位素分离技术、设备研究和重点实验研究基地单位，如图1所示。核理化院（公司）认真贯彻习近平总书记、国家核安全相关政策要求，不断推进"决策层、管理层、执行层"三个层次安全文化建设，做好领导安全表率，持续提升全员安全素养，营造安全氛围、筑牢安全防线、提升安全水平，扎实推进核安全文化理念在科研生产活动中落地落实，形成了发展与安全相互促进的良好核安全文化。核理化院（公司）遵循中核集团文化思想逐步形成自己的企业文化，如承书精神、念念精神、"三聚""三向""三严""三开""三勇"新文化理念，为构建"一体两翼三专七新"新发展格局贡献智慧力量。

图1　稳定同位素技术研发中心

中核集团"核安全文化提升三年行动"提出了核安全文化"863基本动作要领"，对核安全文化建设中各层级人员的责任和要求作出具体阐述。

一、863 基本动作要领与十项原则

（一）中核集团 863 基本动作要领

1. 领导 8 个坚持：坚持承诺安全第一、坚持以身作则、坚持强化期望、坚持资源保障、坚持关注变革、坚持团队建设、坚持建立组织内部的高度信任、坚持决策体现安全第一

领导是领导者为实现组织的目标而运用权力向其下属施加影响力的一种行为或行为过程，对于基层而言，班组长就是领导，班组长是班组安全生产第一责任人，全面负责班组的质量、保密、安全等工作，通过计划、部署、检查、控制、考核，确保各项工作有条不紊地进行，如图 2 中（a）所示。

2. 员工 6 个做到：做到讲安全、做到守规矩、做到重协作、做到戒自满、做到善沟通、做到多思考

员工是指企事业单位中各种用工形式的人员。员工作为班组构成的基本单元，他们的行为准则，标志着一个班组的安全建设，讲安全就是保护自己、守规矩（遵守各项规章制度）也是保护自己、戒自满戒自骄戒自躁也是保护自己、多思考（工作前思考一分钟）也是保护自己、重协作和分工协作也是保护自己、善沟通（人与人之间的有效沟通）也是保护自己，如图 2 中（b）所示。

3. 组织 3 大法宝：认识核安全的重要性、问题的识别与解决、持续改进

企事业单位是一个组织、部门也是一个组织、班组也是一个组织，都需要持续改进、坚持关注变革、识别与解决问题。

三大法宝的基本原则也是安全，包括坏的地方需要改进，好的地方继续加强；关注新文化新事物，持续改革创新；构建安全风险分级管控和隐患排查治理双重预防机制。公司组织建立健全了风险防范化解机制，提高了安全生产水平，确保了安全生产，如图 2 中（c）所示。

（a）　　　　　　（b）　　　　　　（c）

图 2　中核集团 863 基本动作要领

（二）中国原子能十项基本原则

1. 领导的示范作用：安全承诺、强化期望、现场指导、激励晋升、资源保障

稳定同位素技术研发中心以"党建＋安全"为切入点，将党建活力转化为安全动力，创新思想建设载体，利用安全活动、班前班后会，将政治学习搬进班组，依托班组党员传达习近平总书记安全领域的重要指示批示精神，学习有关安全文件，进一步增强职工安全紧迫感，强化职工履职尽责，如图 3 所示。

图 3　副院长魏恒于稳同党支部进行二十大精神宣讲

2. 决策体现安全第一：保守决策、关注变革、注重长期绩效

室主任及安全管理人员在新系统建设期间优先关注安全问题，坚持安全分析会、风险隐患辨识与评估，评估未开展工作对安全目标的影响。

实行安全行为与绩效挂钩，建立三违档案，对违反人员进行班组会议通报，绩效降档，提高人员对安全工作的重视。

3. 高度信任的氛围：建立通畅的报告渠道、对报告及时响应、加强团队建设

项目制的实行，代表项目是一个小团队，责任人上限决定一个团队的上限，责任人坚持安全工作、设备管理、技能实操等工作的安排下放，即锻炼人也是全员参与安全工作的开始。

4. 严谨的工作作风：秉承高度的责任心、严格遵守程序、坚持两个容忍

公司实行负责人制度，分工协作，责任人应具备高度的责任心和使命感，增强身为管理人员的责任心，须知工作并不是上班完成即可，需要多方面考虑，如图4所示。

图4 学者风范谢全新博士

5. 质疑的工作态度：避免自满、不确定时暂停、对变化保持敏感

长时间单一工作，运行人员就会形成工作如此简单的意识，负责人利用早会时间进行提问，了解当值人员的系统运行情况，避免自满情绪。

6. 良好的工作习惯：协作与沟通、主动报告、使用防人因失误工具

建立有效的沟通是十分重要的，值班员之间、班组组长之间、项目负责人之间、科室领导之间在工作中应充分沟通，避免误会，积极协作配合，共同完成年度任务，主动报告问题，积极解决问题。

积极参与中国原子能举办的防人因失误培训班，把先进的防人因知识带回，为下一步创建创新工作室提供经验、素材。学习核电操作卡制度，一人

监督确认一人操作，同时精简专用设备操作规程卡，按步骤操作，避免人员误操作，保证设备的安全、人的安全，提高工作效率。

7. 认识核安全的重要性：遵守运行限值与条件、使用可靠的设备保证核安全

遵守运行限值是任何核特有企业的严格标准，运行限值并不是安全限值，它是一个严格标准，代表企业遵循它的规定，进行有效的安全生产。同时需安排人员的日常设备巡检表、设备的定期检查、人员的日常巡检，保证设备正常运行。

8. 全面有效的管理体系：职责权限、风险控制、程序质量、变更管理

设立项目负责人，给予项目负责人充分授权，既可以锻炼项目负责人的管理能力，又可以考核项目负责人的责任心。

开展"四新"培训教育，对相关人员进行培训。多位人员可参与安全操作规程的评估，质量体系文件保证其有效性。

9. 培育学习型组织：培训、领导力培育、经验反馈、评估与对标、识别并解决问题

每月组织班组活动及科室培训，学习主工艺、供取料、物料安全、应急与急救知识、现场应急处置，发展全方面型技能人员。

科室领导自我学习、进修培训，学习核电部门优秀管理方式，分管责任，党员优先带头作用，责任到人、设备到人、消防到人、卫生到人，各司其职。

学习其他部门良好实践，进行合理化改进适合本部门的实践，并进行应用，如防汛挡板、自膨胀沙袋、卧式显示屏等。认真开展《中核集团安全生产标准化考核评级标准》评估自评，对标发现安全工作中的不足，积极改进，如图5所示。

图5 学习中

10. 构建和谐的公众关系：强化企业社会责任、加强公众沟通

通过科技日报、中核集团微信公号对核理化院

（公司）成绩进行报道，积极参加国内外新材料、高端产业、重大基础科研、高科技等领域的展览会和研讨会，核理化院（公司）在我国研发新型稳定同位素领域取得的诸多"第一"，良好地展示了核工业优秀的研究院所形象，有力提升了国家基础科研能力。

二、企业与班组

（一）从根本上认识到班组建设和管理是企业发展的基础

班组是企业的"细胞"，是企业生产、经营活动的最基层的组织机构，是企业的核心，是企业发展的奠基石；同时也是搞好安全生产、有效控制事故发生的"前沿阵地"。班组建设在企业发展中具有重要地位。班组建设和管理水平的高低，直接关系到企业是否稳定发展，只有把班组建设搞好了，员工队伍的素质提高了，企业的发展才有希望。班组是企业综合性的基础建设，班组建设工作历来是企业管理的一项重要的基础工作，也是一项有一定难度的系统工程，要从理论和实践结合上阐明班组建设和管理及班组思想政治工作的重要性，从思想上重视班组建设和管理的地位与作用。

（二）加强班组建设和管理是畅通职工参与企业民主管理的途径

强化班组建设工作，稳同中心运行室将班组建设工作纳入考核，力争用现代标准化管理的理念、方法和手段建设好班组。在这个过程中，首先，明确制定班组建设工作考核表，从规范班组制度、流程入手，监督和检查班组年度工作计划落实情况、月度工作完成情况等；其次，通过交接班记录、班前会班后会、班组活动、月度绩效，强化劳动纪律，培养良好的职业道德；再次，为营造温馨的工作和学习环境，逐步做到工作内容指标化、工作要求标准化、工作步骤程序化、工作管理系统化，同时通过"安康杯""安全＋保密"等竞赛；最后，积极融入"工人先锋号"的争创活动，创建和强化质量管理，如图6所示。

图6　基层落实双重预防机制的思考

（三）强化员工培训是夯实企业发展的基石

员工是班组的基本，企业应加强员工的专业技能（图7）和安全质量保密培训，使员工在工作能力上能得到有效的提高。在班组建设中，员工的培训工作也是一项长期的、复杂的、循序渐进的工作。企业要定期有计划地对班组进行系统的、全面的、专业的集中培训，学习兄弟单位的先进技术和优秀的管理经验（图8）。而班组内部也同时让员工在学中干、在干中学。这样，员工从书本中汲取知识营养的同时，也在工作中磨炼自己的意志，在实践中提高自己的能力，在班组内部形成你追我赶、争创佳绩的良好风气。

图7　正压式呼吸穿戴培训

图8　企业负责人及安全管理人员培训

在培训中，班组长的政治和业务素质的培训是重中之重。班组长是企业从事生产经营活动的直接组织者，是生产经营现场的直接管理者，班组长所处的地位和担负的责任，客观上要求他们必须具备相应的政治和业务素质，如图9所示。

图9　"安全＋保密"知识竞赛

三、班组安全文化

班组管理组织是在组织班组生产作业过程中以及班组成员在班组生产过程中，为保护自己免受意外伤亡或职业伤害困扰而创造的各类物质以及意识形态领域成果的总和。班组的安全文化的建设，可以从根本上保障企业的安全和健康发展，旨在加强员工自我保护意识、加强技术培训、完善安全制度等措施。在日常工作中，班组成员应互相监督、互相提醒并着重强化安全意识，做好个人防护，严格遵守安全规定，才能确保每一位员工的人身安全和保障工作质量，为企业的发展打下坚实的基础，如图10、图11所示。

图 10　安全陋习大家谈活动

图 11　荣获 2022 安全工作先进集体

四、班组安全责任

安全生产责任制是企业岗位责任制的一个组成部分，是企业中最基本的一项安全制度，也是企业安全生产、劳动保护管理制度的核心。

责任制是企业班组管理的需要，安全生产责任制是根据我国的安全生产方针"安全第一、预防为主，综合治理"和安全生产法规建立的各级领导、职能部门、技术人员、岗位操作人员在劳动生产过程中对安全生产层层负责的制度，如图12、图13所示。

图 12　现场 6S 管理初步成效

图 13　老带新，培养新人

五、班组长如何有效发挥掌舵者作用

班组长除了过硬工作能力外，良好的领导力也不可或缺，想要成为一名出色的掌舵者，锻炼领导力是关键。首先，学会倾听员工的想法和建议，尊重他们的意见，尽可能帮助他们解决问题。其次，保持冷静和稳定，面对突发事件时要冷静应对，带领团队渡过难关。再次，要善于组织和安排工作，合理分配工作量，并及时跟进工作进度。除此之外，可与同行们多沟通分享经验，不断完善自己的领导力。这样，班组长才能成为一个值得员工信赖、托付的掌舵者，领导整个团队前进到更高的台阶，如图14所示。

图 14　领导的示范，亲自带队下现场

六、如何有效落实与推进班组文化建设与责任制，带动企业文化的前进

成功的企业离不开健康、向上的企业文化，而班组文化和责任制是建设和推动企业文化前进的重要手段。想要有效地落实与推进班组文化建设和责任制，首先，企业要抓好基础建设，将中核集团安全文化融入平时的工作。其次，企业必须制定明确的规章制度，落实责任链条；制定明确的考核标准，落实激励机制等。然后，管理者需要给员工提供必要的培训和资源，培养员工的文化、责任意识和领导能力，提高他们的参与度。管理者还可以设计有趣的文化活动和项目，建立和营造积极向上、团结友爱的班组文化氛围。班组文化和责任制的积极推行，可以激发员工的积极性和创造力，提高生产效率和企业整体实力，使核安全文化融入全体员工血液。

参考文献

［1］孙守仁 . 班组安全责任制 .2016

［2］中核集团 . 核安全文化：863 基本动作要领 .2022

［3］中国原子能有限公司 . 核安全文化原则（征求意见稿）.2023

［4］杨维杰 . 浅谈班组建设和管理与企业发展的关系 .2013

论安全文化建设在企业安全管理中的作用

内蒙古京能康巴什热电有限公司　贾志刚　董曙君　任旭东　党辉辉　柳富强

摘　要：安全生产、安全生活是大众安康的需求，是社会文明进步的必然。"生命至上、平安京能"已成为集团公司响亮的品牌，安全更是新时代的呼唤。企业安全文化是企业安全生产的灵魂，因此，企业和员工在经济生产、生活中必须重视安全文化的建设。俗话说，"人管人气死人，制度管人累死人，文化管人管住魂"。安全文化的作用可见一斑。

关键词：安全文化建设生产管理效益

一、安全文化的思想内涵

安全生产工作非常复杂、广泛，但安全生产管理最根本最重要的还是对作业人员的管理，多年来，电力行业的同类安全事故频发，一是企业的安全管理问题，更重要的是作业人员的安全意识问题，再具体一点就是作业人员的安全素养问题，这就涉及人员的安全文化。安全文化也可以叫作"安全教养"、"安全修养"或"安全素养"。它是在人类生存、繁衍和发展的历程中，在其从事生产、生活乃至实践的一切领域内，为保障人类身心安全健康并使其能安全、舒适、高效地从事一切活动，预防、避免、控制和消除意外事故和灾害（自然的、人为的或天灾人祸的）；为建立起安全、可靠、和谐、协调的环境和匹配运行的安全体系。

安全文化是一种独具特点的文化现象。它以人为本，以文化为载体，通过文化的渗透提高人的安全价值观和规范人的行为。提高作业人员的安全文化水平主要是通过"文之教化"的作用，将人员培养成具有现代社会所要求的安全情感、安全价值观和安全行为表现的人。

企业的安全文化，即"单位和个人所具有的有关安全素质和态度的总和"。换言之，企业安全文化主要就是以员工的安全文化为主体，加以企业的安全理念、安全形象、安全管理，并指导企业员工规范安全行为的总和。

俗话说："基层用制度管事，中层用教育管人，高层用文化管心"，企业的安全文化做好了也就管住了人心，企业便能做大做强，员工的安全文化素养也随之提高。当员工的文化素养达到一定的高度时，

每位员工都会将企业安全文化当成一种信仰，企业文化内涵将会深入每位员工的灵魂深处，实现真正意义上的"顶层用信仰管魂"，到那时的企业安全，也许已经无须再设立专门的部门去管理，将会实现真正意义上的"人人都是安全员"。

二、安全与生产的关系

安全是企业生产的前提，生产又是效益的保障。安全与生产、效益是密不可分的。谈到效益，我们总是想到利润、成本、资金、节支等字眼，很少有人想到安全。但越来越多的现实已经证明，只有安全好了，才是最大的效益；安全不好，出了事故，企业和个人都将受到损失，效益又从何谈起？

三、倡导安全文化的必要性

做好安全工作，首先要提高员工的安全素养。而提高员工的安全素养，仅仅靠公司的制度和一部《安全生产法》，是不能真正发挥作用的。事实上，在大多数的生产作业实践中，总有一部分人爱打擦边球，安全法不犯，小违章不断。对于这类人，唯有对其思想进行彻底的改造，提高其安全素养，使安全变成一种自觉的意识和行为，企业才能真正地实现长治久安。那么，想要改造人的思想，必须从基础工作抓起，从决策到管理、从设施到制度、从教育到素质，全面地、系统地提高决策层、管理层及全体员工的安全文化素质，建立较完善的企业安全文化体系。

大部分企业对安全生产工作都还是比较重视的，都投入了大量的人力、物力、财力和精力，但安全状况往往不如意，极少数员工即使在"违章就下岗"的高压政策下，也有意或无意地以身试法，甚至和安监人员玩"猫捉老鼠"的游戏，使得违章成为

企业安全的顽症，屡禁屡犯。"违章不一定出事，出事一定违章"，在这些人的脑海中，就是存在着"那么一点违章不一定出事"的投机心理。要真正地扭转这种不安全的被动局面，还得治本。多年来，企业的安全管理层已经习惯就事论事地抓安全教育、制定安全措施和消除设备缺陷。而在就事论事的安全管理模式上，由于事故的处理总是会影响某些人或某些局部的利益，这些人或小团体会动用一切力量，想尽一切办法，为自己开脱罪责或者通过说情来减轻处罚。这样，就使事故处理变得困难重重，难以做到惩罚严明。安监人员也由于牵涉方方面面的关系，而感到力不从心，对违章下不了手，使得安全管理乏力，无法震慑那些以身试法者。而事后追究其实也已是无奈而为之，企业或人身受到的伤害远不是一个处分就能弥补的，而处理的结局在少数人眼中并没有起到前车之鉴的作用，这就是悲剧重演的原因所在。做好企业安全文化建设，就是在保护人的身心健康，在尊重人的生命的前提下，实现生产价值和人的价值的和谐统一。

四、企业安全文化的培养

企业安全文化建设的关键在于公司各级领导的安全文化素质。领导者要用自己对安全生产高度的责任意识，确保安全意志和安全价值观，通过言传身教和建立安全教育培训体系来影响每一名员工，同时通过严格的奖惩制度驱使，不断进行培育，才能有效地加快企业安全文化建设，从而形成良好的安全生产局面。对此，企业主要需要从以下几个方面开展安全文化建设。

一是落实制度，"严"字当头。人既是安全工作的受益者，又是发生事故的受害者，搞好安全生产工作必须坚持"以人为本"，因为人的生命只有一次。从每个人成长的艰难性，可以看到父母之心难违；从失去亲人悲痛的难忍性，可以看到亲缘之情亦难违；从党对人民群众生命至上的责任关怀，我们深知党心民心更不可违。因此，抓好安全生产工作是每一位管理人员的基本要求，也是每一个企业搞好安全工作的出发点和落脚点。"以人为本"，抓好安全生产工作必须以"人的生命只有一次"作为基本出发点，看待安全工作的重要性和紧迫性，严格执行各项规章制度。

二是树立良好的企业形象。企业的安全文化是对传统安全管理的一种升华，它在改变那些以往的安全观念过程中，创造和更新了人们的安全观念，使理性的安全意识与管理有机结合起来。企业的形象如何，安全是其重要的组成部分，企业的安全达不到指标，就不能长期立足于行业。统计显示，安全对经济增长的贡献率占 GDP 的 25%，安全投入必然获得对称的安全产出，这是一条最基本的经济规律。因此，《安全生产法》特别强调要加大安全生产的投入，安全投入的增加最突出的表现就是使企业或部门乃至整个国家在一定的时期内安全事故明显减少、安全环境明显改善、个人工作效率明显提高，当然企业的信誉也会随之提升。

三是发挥好亲情感染作用。从理论上讲，促使全员树立正确的安全意识，最基本、最有效的手段就是宣传教育。安全生产的宣传教育适应了员工群众对安全生产的内在需求，从主观上讲，员工是愿意接受的。要解决安全问题入心入脑的问题，企业还应注重情感投入，可采用亲情教育法，时时提醒员工牢记亲人的嘱托，如为员工过生日、送警句、兄弟交心等方法，不失时机、潜移默化地向员工宣传安全思想，开展安全共保活动。基层单位定期向员工家属发出安全承诺书，号召家属发挥好安全第二道防线作用，真诚邀请家属参加安全共保活动。

四是发挥好规范管理作用，不能以罚代管。员工安全素质的高低与安全管理者的方法是有直接联系的。过去，管理者抓"三违"更多依赖的是批评和经济处罚。不可否认，批评和罚款能使违章员工的思想受到触动，但仅仅通过经济手段控制"三违"现象是不现实的。尤其是个别管理人员在执行制度过程中方法简单粗暴，很容易使员工感情上受到伤害，进而对安全管理人员产生抵触情绪和逆反心理，使经济处罚的有效性大打折扣。为了提升管理效果，管理者应该在严格执行刚性制度的同时，注重柔性管理方法的使用，例如，在基层单位会议室设置"不规范行为警示台"，让违章指挥和违章操作者站到台上，将违章经过及危害说清楚，促使其自我反思，自觉遵守规章制度。企业管理人员要发挥示范作用，当生产条件达不到安全标准、危害员工健康时，不得盲目指挥、违章指挥。尤其当威胁到员工生命安全时，要把保障员工的安全放在第一位。此外，企业要为员工创造优美、舒适的工作环境，确保员工心情舒畅、精力充沛地去工作。

五是加强安全教育培训。安全教育培训是确保企业安全生产的重要举措，也是培育企业安全文化之路。安全事故的发生，除了员工安全意识淡薄外，还有一个重要的原因是员工的自觉安全行为规范缺失，自我防范能力不强，应对员工加强安全教育培训，坚持重安全意识、重安全规程、重安全行为规范、重细节养成；应以安全意识教育为先，以提高安全技能为重，以养成安全生产行为规范为目的，培养员工的安全行为规范，全面提升安全防范技能，确保安全生产。生产一线是企业安全工作的着力点和落脚点，要立足班组，提高员工自保互控能力。班组是企业的"细胞"，是安全生产最直接的承担者和参与者；夯实班组安全基础，一方面要加强员工的安全知识培训，提高员工应变能力和安全技能，以适应岗位工作要求；另一方面要建立班组自保互控体系，以自保为主，互控为辅，不断增强员工保安全、反违章的内在驱动力。

五、营造企业良好的安全氛围

为企业营造一个良好的安全氛围，是非常必要的。只要生产运营，系统就存在着固有的风险，但这种风险，通过人机系统的协调作用，是可以控制的。如果有了良好的安全氛围，让"要我安全"变成了"我要安全"，全体员工能够相互监督、相互关心、相互配合，那么不讲安全的行为就成了众矢之的，不讲安全的人就成了"过街老鼠"。那么，怎样才能营造良好的安全氛围，主要有以下几点。

一是要将人们的生命财产安全看得高于一切。强化安全责任是十分必要的，只有从人民的根本利益出发，充分认识并确保安全生产的重要意义，增强责任感和使命感，才会正视管理中存在的漏洞和隐患，才会正确地履行好职能，正确地对待批评和监督，将安全做实管严。

二是要与时俱进，不断创新安全管理的机制和安全文化的培育手段和方式。在坚持过去行之有效的管理制度和措施的同时，根据企业的发展和生产情况，根据员工的思想状况，及时创新方法、创新机制，积极吸收国内外先进的管理理念和管理经验，吸收职业安全管理体系思想，有针对性地加强员工安全意识、安全知识和安全技能的培训；开展技术练兵，以竞争来引导员工安全生产，增强对安全异常和安全中出现的新问题的判断、分析和应对处理能力；同时关心员工的工作和生活，调动员工的积极性，形成团队学安全的良好风气。建立学习型组织，是给安全文化注入永久活力的有效途径。

三是要形成整合力，利用一切手段和设施，加大对安全文化的传播。运用公司内部网络、微信、自媒体等多种宣传媒介，采取安全讲座、安全知识竞赛、安全演讲、事故案例分析会、安全生产大检查、安全活动、安全技术交流会、安全座谈会、安全奖励表彰会和安全图片展览等多种形式贯彻安全文化理念，倡导"安全第一"的观念及宣传安全行为规范。文化的积淀不是一朝一夕的事，但一旦形成，则具有感化人、陶冶人的功能。

四是建立企业安全事故陈列室，经常用正面经验、反面事故和血的教训教育全体员工，使全体员工牢固树立"生产必须安全，安全为了生产"的意识，做到警钟长鸣，安全生产持之以恒，常抓不懈。

总之，安全文化建设的基础还在企业本身，由于企业的文化背景、生产生活条件不同，企业领导管理层及员工的安全意识、文化素养也不一样，但是企业文化建设的基本原理是相通的，形成企业自己的安全文化，首先需要一个良好的企业环境，更需要企业领导者用自己对安全生产高度的责任意识，确保安全意志和安全价值观，通过言传身教和建立安全教育培训体系来影响每一名员工，同时通过严格的奖惩制度驱使，不断进行培育，才能有效地加快企业安全文化建设，从而形成良好的安全生产局面。

参考文献

[1]国家电网公司.安全文化建设指引手册[M].北京：中国电力出版社，2023.

[2]史有刚.企业安全文化建设读本[M].北京：化学工业出版社，2009.

[3]毛海峰，王珺.企业安全文化理论与体系化建设[M].北京：首都经济贸易大学出版社，2013.

[4]山西省电力公司.安全文化建设读本[M].北京：中国电力出版社，2007.

卓越核安全文化引导核电应急文件管理革命赋能核电站核安全

三门核电有限公司 陈国才 杨志明 王晨玮 戴 法 岳振兴

摘 要：核安全是核电事业的生命线、是企业的生存线、是员工的幸福线，基于传统的营运管理，电站核应急文件的准备和监督由多个部门分散管理，这不仅使核电站存在机构臃肿低效，成本浪费等情况，还失去了相互监督的屏障，为核电站带来安全隐患。本文通过卓越核安全文化氛围营造，强化卓越文化引领，指导构建和谐沟通、质疑态度的集约化团队，建立集约化管理制度，以先进技术为利器赋能，实现应急文件管理，规避了传统应急文件管理的弊端，提升了管理的价值及核电站的安全。

关键词：核电；卓越核安全文化；应急文件；核电安全

一、卓越文化理念指导下集约化应急文件管理是核电站安全的必然选择

《中华人民共和国核安全法》有助于保障核安全，预防和应对核事故发生。习近平总书记指出的"核安全是事业的生命线、核安全是企业的生存线"是核设施营运单位的安全理念，各单位要将良好的核安全文化融入生产和管理的各个环节，做到"凡事有章可循、凡事有据可查、凡事有人负责"。文档管理作为核电安全管理的重要一环，同样也必须遵循"核安全高于一切"的思维、感知和行为模式。国内核电厂的生产管理领域多，应急文件数量大、种类多，但管理分散，缺乏监督，承担应急响应任务的设施文件存在诸如缺少文件，存在旧版文件、文件缺页、标识不清晰等情况；同时，文件使用情况问题同样严重，表现在使用未批准的文件、使用旧版文件、使用不完整文件等现象。这些情况是核电安全的巨大隐患。表面上看，是四大原因导致核安全风险增加。首先，核电人对"文档工作是全员工作"的意识有所缺乏，几乎所有核电站的非文档管理者认为文档工作是文档管理人员的工作，没有从"主客体价值运动"辩证的理论角度考虑文档管理工作是全员的工作，从意识上没有重视文档管理工作，更没有意识到文档管理是质量和安全管理的重要内容；其次，"铁路警察各管一段"缺乏系统安全理念，文件从产生到现场使用的层级过多，没有形成系统的安全理念，使人因失误的风险增加；再次，重复劳动

带来了资源浪费；最后，管用是同一部门，缺乏有效监督，文件质量不受控，是核电站安全又一风险。究其深层次原因是没有卓越的核安全文化意识，员工不仅没有认识到文件管理是核安全的一个屏障，更没有将核安全理念内化于心、外化于行的理念深植于心。卓越核安全文化在充分吸收国际先进理论基础上，结合了中国核电事业从无到有，从跟跑到领跑的事业发展实践中从容笃定、追求卓越的冷静思考和清醒认识。卓越核安全文化体现了国家的意志，融合了知行合一、居安思危的中华文化内容，强调了核电人系统的核责任心，体现了核安全文化的实践和创新价值。在其指导下实施集约化应急文件管理创新管理模式，使卓越核安全文化理念内化于心、外化于行，以解决核电站应急文件问题，有效推动核安全管理水平，筑牢核安全屏障。

二、核电实施集约化应急文件管理的策略

核安全文化建设的总目标是以核电"安全第一"为根本方针。作为核电人，必须常怀远虑，居安思危，以空杯心态，秉承持续追求卓越工作作风，行而不辍，方可未来可期。文档管理团队也应深入贯彻核安全文化理念，固化"核安全高于一切"的思维感知和行为模式，要培育文件管理工作是核电人的工作，是核安全屏障的文化氛围，突破传统的分散式管理，打造相互监督的高效联动团队，建立完善集约的制度体系，创新集约化管理方法，踏准科技发展节奏，采用先进赋能工具，构建管用监督促进的合作机

制,成长为全方位引领全球核电安全运行的旗手。

（一）"全员是核电文档管理责任主体"意识使卓越文化内化于心

2022版卓越核安全文化理念相对于2015版来说,最突出的一点是吸收了中国核电事业高速发展的实践经验,增加了"卓越的领导力"等相关要求,"领导做核安全表率"是十大原则之一,其要素包括了安全第一的承诺,能用众力,善用众智的领导力等8个要素。核电文档管理团队要主动作为,把核电文档管理作为影响核安全的重要内容纳入核安全文化培育,不仅要在核安全政策中强调文档的价值,更要在全员范围以"文档主客体矛盾运动论"认识文档之于核安全的价值,培育卓越核安全文化在核电文档管理落地落实的培训和宣贯,从而形成开放、包容、创新、合作、双赢的管理者和使用者的共同价值观,是卓越核安全文化内化于心的具体体现。

（二）营造和谐、质疑的团队是应急文件管理卓越文化组织基础

核电安全的敏感性要求所有核电工作者都要时刻关注安全,保持对当前的各种状态、假设和活动的质疑态度,在和谐的氛围中畅通沟通安全问题。虽然有了卓越核安全文化的培育,但人都是有惰性的,盲目自信也是常犯的错误。为了避免这类问题的发生,使得监督有效服务于核安全,建立应急文件管理者和使用者独立的责任主体是必要的。也就是把应急文件配置管理的责任从各生产部门拿出来,由文档管理团队独立承担,他们用先进、专业的技术和理念管理,配置应急文件,而应急响应人员在生产活动中,监督检验应急文件配置质量。管理者和使用者互为老师,学习文件管理和应急响应方面知识,在和谐的氛围中,践行学习型组织,在学习中认识核电技术的独特性,在质疑的态度、和谐的氛围中,畅通沟通安全,促进文档配置和使用质量的螺旋式提升。

（三）文档是核技术独特性制度卓越核安全文化的制度保障

文档信息资源是核电活动尤其是应急响应活动不可替代的资源,是核电技术独特性的表现之一。没有规矩,不成方圆,健全的制度是开展一切工作的前提和基础,对规范应急文件管理工作具有重要的指导作用。遵从核安全法规,把记录（文档）管理作为核电管理的重要内容,以政策、大纲和程序制度的形式规定,规范各相关部门和人员的行为。从制度上实现保障,从决策和行为中体现高层对核安全的承诺。

（四）防人因失误的举措是卓越核安全文化在文件管理中的关键

行而不辍,未来可期。为了传承"四个一切"核工业精神,大力弘扬"强核报国、创新奉献"的新时代核工业精神,落实好"责任、安全、创新、协同"的核心价值观,核电应急文件要以文档管理的专业知识和技术出发,对标国际先进,对应急文件进行全生命周期的管理,采用不同机组用不同颜色纸张,装订封面用不同色块标识,设立专门存放器具等手段,除了确保电站在失电失网等极端事故工况下有文件可用外,还要开展包括文件配置者和使用者的团队联建、技能比武等活动,营造和谐、畅通沟通氛围,为核安全共同价值实现解决问题,关注安全。建立可考核的绩效指标如配置"0停留",配置"0缺陷",配置问题"0容忍",问题反馈"0停留"等加以考核管理,确保应急文件质量提升是又一个关键举措。

（五）应用先进信息技术是卓越核安全文化应急文件管理的利器

进入第四范式的数字技术,为绩效和安全带来了较大红利。数字转型是国家和核电发展的战略。知识资源、能源和物质是人类发展的三大要素,知识资源是不可替代的生产资源,作为技术和业务活动的载体,不论是核电文档管理也好,还是核电站生产管理也好,都是应用"云、大、物、智、移、链"提升绩效的机遇期和挑战期。应急文件的配置、应用恰好是二者最好的结合点,充分分析二者业务关系,踏准技术发展频率,有机串联先进的信息技术,循序渐进搭建转型系统,实现事故工况下应急文件打破时空的配置、使用和智能推送,甚至应急响应工作的显性化、系统化、知识化、标准化、智能化、图谱化、场景化等都可实现业务的数字化,在保守安全的前提下赋能核电安全,彰显卓越核安全文化的创新理念。

（六）和谐沟通正面问题是卓越核安全文化应急文件发展的生态

没有监督的质量控制是空洞的,没有保障的。集约化应急文件管理可由文档团队根据职能部门的工作性质和文件规划清单,精准定点配置清单,再由

区域使用部门审查，文档团队根据审查后的清单配置文件；使用过程中，使用部门如果找不到所需文件，则可通过电话要求文档人员配置纸质文件，同时通过状态报告这个有效工具记录反馈问题；文档团队也可以定期或不定期检查应急文件站文件的使用情况；如使用文件是否返回、有没有无效文件混入该站点、无效文件回收处置是否及时等。配置部门和使用部门人员的相互监督、相互促进，确保了文件的有效性，避免文件使用的人因失误，使文件管理质量螺旋式上升，凸显了施行精准、一流的集约化文档团队监督在核安全工作中的贡献。

三、集约化应急文件管理方式是卓越核安全文化渗透的实践创新

核电是国家的名片，核电的健康发展是保障国家能源安全，促进碳达峰、碳中和的重要力量，保障核安全是所有核电人的使命。卓越核安全文化是在中国核电发展 30 多年的基础上，吸收国际先进理念，落实国家核电政策，融合国家法规标准精神，展现"知行合一""居安思危"的中华文化，强调核电工作者高度责任心的智慧结晶，卓越核安全文化本身就是中国核电人在持续改进中的创新，是从文化"培育培养"到"实践与创新"的自我革命。在这个文化生态中创新的集约化应急文件管理，从其政策决策、意识培育、组织构建、制度制定、行为约束、工具创新等全方位体现了卓越核安全文化的文化内涵和影响力，该影响力不仅仅可以解决"三重一大"的问题，在"小、实、活、新"的问题解决上，也体现了系统化的思路和方法，是解决核安全风险的及时、有效、可持续发展的良策，是卓越核安全文化良好的实践和优秀案例。

党建为基　引领安全文化建设之路

中国能源建设集团甘肃省电力设计院有限公司　张立涛　郭万年　司旭彤　孙　茹

摘　要： 国家进入新的发展阶段后，习近平总书记对安全生产工作提出了一系列重要指示批示，第一条就是要求社会各界牢固树立安全发展理念，而安全文化建设是树立安全发展理念的重要举措。安全文化建设不仅是国家增强文化软实力的一部分，也是安全生产工作中最有效的措施，它的建设离不开党的引导，党建工作就是安全文化建设的根基，发挥党组织优势，利用党建工作能高效、正确地建设安全文化。

关键词： 安全发展理念；党建；安全文化；文化软实力

一、党在安全生产工作中的重要指示

自新时代以来，国家进入新的发展阶段，习近平总书记站在党和国家发展大局的战略高度，对安全生产作出了一系列重要指示批示，提出了一系列新思想、新观点、新要求。要求社会各界牢固树立安全发展理念，这是习近平总书记关于安全生产重要论述的重要组成部分。在这条论述中，习近平总书记告诫我们坚持以人民为中心，坚持生命至上、安全第一，切实把安全作为发展的前提、基础和保障。安全发展理念是指在经济、社会和环境可持续发展的基础上，注重安全因素的影响和控制，以确保人民的生命财产安全和社会的稳定和可持续发展。在这个理念下，各行各业都应该将安全作为重要的发展指标，加强安全管理和风险防范，不断增强安全意识和提高人员技能，保障人民的生命安全和健康，同时促进经济和社会的可持续发展。这也是一个不断完善和提高的过程，需要政府、企业和公众共同努力，共建安全、和谐、繁荣的社会。

在这样的背景下，国企作为中国特色社会主义的重要物质基础和政治基础企业，是我们党执政兴国的重要支柱和依靠力量，应当最先接收到习近平总书记关于安全生产工作的重要指示，也应当最先研究和学习安全生产领域发展改革路线。同时作为国家经济发展的领头羊和压舱石，国企是否做好安全生产工作，是影响社会大众权利福祉，影响经济社会发展大局的重要组成部分。因此，国企应当将安全生产工作重要指示辐射和传达到社会其他企业和团体，以身作则，输送工作经验，带领社会经济发展力量在安全生产领域持续开拓。应当注意，理念始终是行动的先导和指导，安全发展理念能够有效规范社会及其成员坚持安全生产和发展。鉴于此，安全文化的建设就是树立安全发展理念的重要举措。

二、安全文化建设的意义

首先，什么是文化？文化是指一个社会或群体共同创造、维护、传承并且共同遵守的价值观、信仰、习俗、艺术、科技等方面的精神和物质财富的总和。文化是人类社会发展的重要组成部分，不同的文化背景可以影响人们的价值观、思维方式、行为习惯等。自春秋战国百家争鸣之时，诸子百家便创造了影响中华文明千年之久的思想文化潮流，并最终由儒家兼收并蓄，吸收法、墨、纵横、黄老之术等学派，最终成为中国传统文化并影响世界，直至今日，儒家文化圈这一名词仍是中国传统文化影响力的体现。神州烽火之时，以毛泽东为核心的党的第一代领导人吸收马克思主义，创造了毛泽东思想这一指导思想，时至今日，电仍是中国特色社会主义建设事业的重要指导思想。

因此，文化的影响力是最深远、最广泛的，安全文化建设是安全生产工作最有效的措施。

安全文化建设是指企业或社会组织通过制定一系列的制度、流程、培训等措施，来促进员工在工作或生活中形成一种安全、健康、负责任的价值观和习惯。首先，文化建设可以有效预防和减少安全事故和灾害的发生，对于保障人民身体健康和生命安全具有非常重要的意义，可以提升组织的整体安全水平，增强社会的安全稳定性。其次，文化建设可以促进组织内部和谐发展，文化建设活动的开展可以营造良好的文化氛围，提高员工的工作满意度和幸福感，为组织的可持续发展奠定坚实的基础。再次，文化建设可以通过新媒体在社会上广泛传播，以网络平台为宣传阵地，不仅可以提高企业形象和组织内部员工的自豪感，也是向社会传播先进安全文化建设经验，发挥国企领头羊和压舱石作用的重要手段。

三、党建对安全文化建设的促进作用

党的十七届六中全会提出"中国共产党从成立之日起"，就是"中华优秀传统文化的忠实传承者和弘扬者"。这是党组织在新时代的新定位，是应对国际环境复杂变化的重要举措。当今世界，国与国之间的文化软实力对抗愈发激烈，文化作品已经成为影响他国，攫取经济利益的重要工具。

我国对文化软实力的重视晚于西方国家，但绝不落后于西方。"求木之长者，必固其根本；欲流之远者，必浚其泉源。"中华民族文化博大精深，源远流长，是我国文化软实力的首要资源和重要基础，是我国文化软实力不可动摇的根基，是抵御文化入侵的直接手段。我们要充分发掘中华传统文化的优势，全面认识祖国的传统文化，取其精华，去其糟粕，使其与时代特征相适应，与现代文明相协调，与人民的生活和国家的行为相联系，自觉实现民族文化现代化的转换。

文化建设中理所当然地涵盖国家、社会全领域的文化建设，其中就包括安全文化建设。安全文化建设离不开党组织的领导，首先，党从安全生产的认识论、方法论等方面辩证统一地对新形势下我国安全生产工作提出指引，是我们做好安全生产工作，建设安全文化的根本遵循和行动指南。其次，党建部门作为企业文化的设计者、引导者和推动者，通过主题党日等党内组织活动，在引导员工参与安全生产工作的同时，教育广大员工从"要我安全"到"我要安全"转变的过程就是一场企业安全文化变革的过程。再次，党组织是广大人民群众的密切联系者，党员具有先锋模范和带头示范效应，具有骨干作用、带头与桥梁作用，应当开展党员身边无违章无事故活动，将安全文化建设融入党建活动，充分调动企业员工与党员的积极性和创造性，共同实现安全生产管理目标和落实安全生产要求，促进安全生产工作的开展。

四、党组织建设安全文化的措施

没有党建工作，安全文化建设缺少重要支柱，就会出现方向性错误。在现实工作中，安全管理包括制度上的"硬管理"和安全文化上的"软管理"。"硬管理"对安全工作的影响是外在的、强制的、立竿见影的、被动意义上的，而"软管理"则是内在的、温和的、潜移默化的、主动意义上的，具有其他约束无法比拟的优越性。安全文化建设的作用体现在"软管理"中。党组织应当通过党建工作建设安全文化，在"软管理"中发挥自我优势，带领广大职工共建安全。

（1）发挥长效工作优势，指导安全文化建设。安全文化建设是一个长期且复杂的过程，而企业本身的组织结构和性质决定了其追求效益和效率，企业管理人员难以主动关注安全文化建设。而党建工作是长期的自我完善活动，因此，促使企业安全文化建设长期有效地进行和发挥作用，依靠的是党建工作的引领、指导作用和长期的组织保证机制。

（2）发挥政治工作优势，坚持思想动员。思想政治工作是党建工作的重要组成部分，也是安全文化建设的重要组成部分。党组织是国企的政治领导核心，促使企业安全文化建设不走偏、不变色、不流于形式，需要各级党组织充分发挥思想政治工作优势，坚持宣传教育和思想动员，使安全文化建设真正深入人心。

（3）发挥民主监督优势，落实文化建设工作。把党工团、思想政治工作纳入干部业绩考核体系，同时也把安全文化建设工作成果作为各级干部和组织争先创优的主要条件之一，实现管人、管事与管思想的有机结合。

（4）发挥组织优势，深入一线工作。要深入一线，党员带头，广泛开展有针对性的安全主题活动，如"党员身边无事故""党员安全责任区""党员示范岗"等，充分发挥党组织和党员在安全生产中的典型示范和引领作用，有力引导安全文化建设，在方方面面引导群众加入安全文化建设中来。

（5）发挥思想理论优势，构建安全文化氛围。党组织在安全文化建设中，一定要把握好主线和脉搏，掌控好文化走向，要"内外兼修"，不仅要继承和发扬本单位过去在生产中总结的经验，同时还要借鉴其他兄弟单位的先进做法，相互交流，持续改进，共建安全文化；要与时俱进，建设融媒体平台，借助网络平台，发动广大职工，特别是年轻职工共同参与，通过新的活动形式构建"生命至上，安全发展"的安全文化氛围。

投资平台型企业安全文化建设的探索与实践

中车产业投资有限公司 刘 武 从 鑫 唐凝建

摘 要：投资平台型企业作为新兴产业投资并购管控企业的主体，是连接投资企业的中枢大脑，在安全管理中处于核心地位。本文基于现代安全管理理论，应用系统原理、人本原理、预防原理等现代企业安全管理原理，以专业化、协同化、一体化、生态化为内涵，探索企业安全文化建设，提出了平安产投联防联控保障机制模式。本论文主要思路包括：①开展安全专家协同化，组织系统性检查促提升；②发挥行业安全专业优势，开展安全培训提能力；③聚焦高风险行业难点，一体化突破补漏洞；④形成特色安全文化模式强体系。该模式的应用对投资平台型企业安全文化建设的研究和实践有重要的理论和现实意义。

关键词：投资平台；安全文化；"四化"；联防联控

一、概述

统筹发展和安全，建设更高水平的平安中国，坚持人民至上、生命至上，提高安全生产水平，落实和完善安全生产责任制，建立公共安全隐患排查和安全预防控制体系是我国"十四五"规划中的重要内容。中车产业投资有限公司不断完善安全生产管理体系，构筑人防、物防、技防、智防相结合的安全防范体系，提高本质安全水平，以"零责任死亡事故、零新增现岗职业病、零一类火灾爆炸事故或其他重大影响事故"为安全工作目标，充分发挥专业化安全体系的作用，形成了特色安全文化。

公司现有36家控股子公司，行业跨度大，地域范围广，既有新能源汽车、环保等新产业，也有建筑施工、危化品、铸造锻造等高风险行业，且分布在全国各地，管理难度大，安全基础较弱，子公司实施系统性的安全管理能力不足。作为投资平台型公司，如何建立起特色的安全管理文化模式，弥补子公司安全管理的不足并使新投资的企业尽快地融入公司的安全管理，是管理者需要面对的问题。

二、内涵和做法

（一）文化模式内涵

探索投资平台型企业安全文化，亟须建立一种联防联控保障的机制，形成"平安产投联防联控保障模式"。该模式以系统体系建设、安全责任制落实、安全文化引领为重点，采取安全培训、专项治理、全面检查和安全等级评价等相结合的工作方式，不断提高人防、物防、技防水平，进一步提高公司整体安全管理水平。

该模式主要以"四化"为内涵，具体如下。

一是专业化，根据每个子公司的产业特点，进行分工，培养不同专业的安全技术人才，建立满足产投需要的安全专业化队伍。

二是协同化，由公司搭台，安全技术专家牵头，打破子公司边界壁垒，按专业类别充分发挥专业人员作用，实现专业资源共享、责任主体不变的协同化。

三是一体化，落实安全技术人才一体化策划培养策略，各子公司结合产业特点分类培养，将综合性检查、定期检查和专项检查统筹策划，一体化落实。

四是生态化，通过协同化和一体化的工作开展，确保安全管理网络横向到边，纵向到底，逐步形成适合公司的专业化安全文化生态。

（二）开展安全专家协同化，组织两轮安全检查

公司全年开展两次安全生产大检查，一是由子公司牵头组织，组长从安全技术专家库中选出专家骨干带安全"新手"，以专业化为线条，让专业人员牵头去做专业事情。二是打破单位界限，从各子公司抽取专业人员成立检查小组，各组员充分发挥各自的特长，相互提升。三是提供安全管理队伍成长平台，一方面安全"新手"可以学习和借鉴其他单位安全管理的优势和亮点，快速应用；另一方面加强业务沟通，形成安全体系凝聚力和战斗力。

检查围绕管理难点和弱项开展。安全检查设计重点依据年度安全工作要点要求和围绕日常工作中

安全管理的难点和弱项，重点开展检查责任落实、应急准备、关键环节、相关方管理等中车安全生产等级评价标准要求内容。对全级次子公司进行安全检查，公司做到居中调度，检查组做到安排紧凑、组织有力、不怕困难，勇当"逆行者"，各子公司积极配合、保障有力。通过检查与评价，公司安全生产形势基本稳定，各子公司生产运行保持了良好态势。

（三）发挥行业专业优势，开展安全专业培训

为充分发挥安全专家专业化作用，组织安全管理人员培训，公司内部安全专家成为讲师将走上讲台，讲授安全管理知识，课程涵盖有限空间、相关方、建筑施工安全管理等。课程充分发掘出日常安全生产管理过程中的难点、热点问题，实现"带着工作问题来，带着解决方案回"的目标，充分发挥平安产投联防联控保障机制专业化、协同化的作用。

通过安全培训，可以帮助安全管理人员更全面地了解当前安全生产形势，学习安全生产工作的有关政策、法律法规，明确当前及今后一段时间的安全生产工作重点，掌握在新时期做好安全生产工作的方法，着力提高各子公司安全生产管理水平，以此来推进公司安全生产管理水平提升。

（四）聚焦高风险行业难点，一体化重点突破

为突破公司高风险行业管理难点，发挥安全队伍专业技术优势与特长，公司一体化策划培养安全技术人才，结合各子公司的产业特点，发挥特色安全文化作用，提高各子企业管控能力。

1.聚焦高风险作业管控，提升本质安全化水平

持续推进有限空间本质化改善，一直以来公司将减少有限空间作业作为目标，通过各种改善争取不在有限空间进行作业。公司农污项目进行有限空间作业主要是因为泵堵塞、泵损坏。原先泵均采用UPPC材质硬管连接，需要下井进行有限空间作业疏通和维修，经试验将硬管连接改为直径为50mm的PU钢丝软管连接，PU钢丝软管采用螺旋钢丝缠绕的结构方式，具有重量轻、韧性强、管体柔软、使用灵活的特点。将硬管改为软管后，软管长期浸泡在水中，不会轻易出现损坏现象，这样作业人员不需要进行有限空间作业，就可以将损坏、堵塞的泵直接提出，进行疏通和维修，极大地减少了有限空间作业的频次。

2.从技防、人防、管理着手，强化锻造作业管控

公司所属天力锻业公司现有6台套自由锻设备、5台模锻设备和12台燃气锻造加热炉，分布在轻锻车间和重锻车间，从技防、人防、管理措施三方面发挥企业特色安全文化作用。

技防方面，一是自由锻主要防止断裂的螺栓或松动的螺母从高处坠落砸伤人，采取将相邻的两个或三个螺栓（螺母）串在一起，可有效防止高空坠物；二是模锻设备主要是防呆防错，模锻设备设置双手操作按钮；三是每台加热炉的天然气进气管上设置安全阀和两道电磁阀，以确保加热炉发生故障时能及时切断燃气。

人防方面，一是每天开工前，由专业维修人员对锻造设备进行日常点检，可及时发现设备隐患并处理；二是在班组建立全员安全责任制，即上工步员工对下工步员工的安全负责，班长、带班长对整体安全负责的安全管理机制，有效减少员工犯错的概率；三是设2名燃气安全检查员，每天早上带上手持式气体探测器对燃气管道及加热炉周边进行安全检查，有效堵塞天然气管道泄漏。

管理方面，关注重点人员动态，安全员早班前通过察言观色和唠家常的沟通方式，了解员工当天的身体和心理状态，对异常状态人员进行有效疏导，并提醒班组加强关注。

3.加强人员培训和监测，提升氢安全管理水平

公司所属氢能公司，针对氢气采购、运输、储存及使用过程中的各类风险进行了全面识别，并从人、物、环、管等四个方面抓好氢安全管理，发挥公司安全文化软实力作用。一是加强氢安全培训，涉氢区域人员均经过了专门的氢安全培训并考核合格后方允许进入涉氢区域，作业人员每日开展班前班后讲话。二是加强设施设备本质安全建设，在氢气管路设置齐全的高低压报警、连锁报警切断装置、安全阀、阻火器、止回阀等安全防护设施，氢气管道所有焊缝进行了100%的探伤检查，在涉氢区域设置高于国家标准的可燃气体报警值。三是在防爆区域内均使用了可靠的防爆电气设备，现场设置新风系统、事故通风系统、静电接地系统，并定期开展检测。

三、结果成效

（一）达成了安全生产绩效目标

自探索投资平台型企业安全文化建设以来，连续3年实现了安全生产"零"事故目标。探索形成专业化管理生态，打通安全生产"最后一公里"，同

时提升安全生产管理队伍素质。阶段性检验了各子公司安全管理成效，提升了应对季节性风险的应急防范措施和力度，发现潜在风险隐患并及时进行整改关闭，补缺短板，为建设平安产投提供了有力保障。专家协同，跨行业、跨地区广泛交流借鉴学习，推动子企业安全管理水平上台阶。夏季安全检查与年终安全生产等级评级上下衔接，共建常态化联防联控保障模式。各子公司结合自身行业、专业优势，做强做专安全专业化团队，形成百花齐放的安全文化局面。

（二）提升了企业安全专业能力

各企业安全专业能力得到有效提升，有限空间安全管理取得了良好效果，制定了健全的有限空间管理制度使公司有限空间作业做到有制可依，凡涉及有限空间作业的，实行严格作业审批制度。有限空间提升泵软连接本质安全化改善，既达到了安全要求，又减少了经济支出。氢安全建立高于国家标准的管理标准，自氢能公司投产以来，各项氢气设施设备运行安全稳定，员工按规作业，未发生过氢安全事故，氢安全风险管控可靠，全面保障了企业生产运行安全，为公司高质量发展做出积极贡献。

（三）实现了安全文化引领作用

公司发挥特色安全文化引领作用，实现了由原来的粗放式管理向精益安全本质安全再到安全文化氛围引领的转变，主要体现在三个方面。一是各级领导干部安全认知和思维方式的转变。各级领导干部明确安全管理的"五个基本认知"即"谁来管？管什么？怎么管？怎么评价？事故的根本原因是什么？"二是安全管理体系运行模式与流程方向的转变。以往"自上而下"的管理习惯转变成"自下而上＋上下结合"的管理方式。三是基层员工日常活动行为方式的转变。员工积极落实安全自主管理体系，变被动为主动。公司上下真正形成了领导重视、专业化管理、全员参与的良好安全文化氛围。

建筑工程安全文化建设对提升安全风险防范化解能力的探索与实践

中建六局华北建设有限公司　司为捷

摘　要：随着我国建筑产业规模不断扩大，建筑工程领域的安全问题越发突出。行业安全事故频发，人员伤亡基数不断增长，不仅影响国家经济发展，也对社会稳定和国家形象造成一定的负面影响。从目前我国安全管理情况来看，不管是企业还是项目一线，在全员安全责任落实、双重预防机制建设、风险化解和隐患排查治理等方面仍然存在一些突出问题。因此，本文通过对目前建筑施工安全领域存在的突出问题进行分析，阐述建筑工程安全文化建设对提升安全风险防范化解能力的对策建议，推动企业安全高质量发展。

关键词：安全文化；安全责任；风险化解；风险管控；对策建议

安全生产事关人民福祉，事关经济社会发展大局和企业发展大计。党的十八大以来，习近平总书记高度重视安全生产工作，先后作出一系列关于安全生产的重要论述和指示批示，为全面提升安全发展水平提供了根据和遵循。党的二十大开启了全面建设社会主义现代化国家，以中国式现代化全面推进中华民族伟大复兴的新征程，赋予了中央企业新的更大的历史使命和任务。作为中央企业，我们要牢固树立安全发展理念，坚持人民至上、生命至上的价值理念和以人民为中心的发展思想，坚守"发展决不能以牺牲人的生命为代价"这条不可逾越的红线，站在对党忠诚、对人民负责的政治高度，深度统筹发展和安全，全面提升安全发展水平，以高水平安全为经济社会高质量发展提供坚强保障。

一、当前建筑施工领域安全形势分析

2022年，全国发生事故26257起、死亡20963人，其中建筑业发生事故2701起、死亡2806人，分别占全国事故总量的10.3%和13.4%，建筑业事故总量仍居高位，安全生产形势不容乐观。且自2009年起，全国建筑施工领域每年发生生产安全事故起数和死亡人数超过煤矿领域，仅次于道路运输领域，位列全国各行业领域第二名，是名副其实的"高危行业"。

2023年，全国安全生产形势不容乐观，发生各类生产安全事故12,070起、死亡10,527人，同比分别下降26.5%、18.1%，虽然事故总量、死亡人数保持下降趋势，但一些地方接连发生重特大生产安全事故，较大以上事故呈明显反弹趋势。内蒙古阿拉善"2·22"露天煤矿特大坍塌事故、宁夏银川富阳烧烤店"6·21"特别重大燃气爆炸事故，是新中国成立以来死亡人数最多的露天煤矿和燃气事故。黑龙江齐齐哈尔"7·23"体育馆坍塌事故，也是多年未发生过的校园安全事故。整体来看，全国各行业领域，特别是建筑施工领域安全生产形势严峻复杂。

二、当前建筑施工安全领域存在的突出问题

据统计，全国建筑业总产值从2013年的16.04万亿元增长到2022年的31.2万亿元，翻了将近一番，占国内生产总值（GDP）的比重始终保持在25%左右，作为国家经济的支柱型产业，在为经济社会发展做出巨大贡献的同时，建筑业也因其"高危行业"属性，受到各类事故隐患和安全风险交织叠加等因素影响，安全事故仍呈现易发多发态势，特别是重特大事故还未得到有效遏制，给人民群众的生命财产安全造成较大损失，严重冲击了人民群众的安全感和幸福感。对此，我们要充分认识到当前建筑施工安全领域存在的突出问题，研究解决对策，争取主动，管控风险，消除隐患，保障安全。

（一）安全发展理念不牢固

近几年随着建筑业市场规模持续增大，部分单位过度追求企业发展规模和效益，将工作重心放在了生产经营方面，没有认识到安全生产的极端重要性，忽

视了安全生产,未能正确处理发展与安全、效益与安全之间的关系,对待安全生产往往是说起来重要、干起来次要、忙起来不要的态度。对上级的有关要求仅仅落实在了会议上,没有落实到施工生产一线,安全生产红线意识和底线思维没有树牢,对待安全工作心存侥幸,甚至还存在迟报、漏报、瞒报、谎报生产安全事故等情况,没有把安全生产工作摆在更加突出的位置进行统一谋划、统一部署、统一落实。

（二）安全责任落实不到位

安全管理是一项系统性工程,需要全员各司其职、齐抓共管,才能达到长治久安。新修订的《安全生产法》提出,生产经营单位要建立健全全员安全生产责任制和安全生产规章制度。在实际工作开展过程中,存在安全监管体系不健全、主要负责人对七项法定职责落实不到位、其他负责人对"一岗双责"落实不到位、全员对自身岗位安全生产职责掌握不清楚、安全生产工作开展存在"上热、中温、下冷"等情况。同时在全员安全生产责任考核方面也存在重形式、轻效果的情况,责任考核不能做到精准有效,考核结果的约束激励作用不能充分发挥等问题,以上种种原因导致全员安全生产责任落实还存在较大差距。

（三）隐患排查治理不彻底

近年来,随着我国经济社会发展进程不断加快,开始迈向第二个百年奋斗目标,国家和人民群众对安全的需求越来越高,各类安全生产隐患排查治理行动越来越多,但是部分单位和企业在开展安全隐患排查治理方面存在重检查、轻整改,只盯检查,不盯整改,口号喊得响,具体工作抓得不实不细,整改工作未能做到举一反三、系统整改等问题;同时存在隐患整改治标不治本,没有深挖隐患背后的管理和思想认识上的问题,导致部分安全问题和安全隐患屡查屡犯、屡改屡犯,重复出现,安全隐患治理成效不显著,安全形势得不到根本保障。

（四）重大风险管控不到位

党的二十大报告提出,完善公共安全体系,推动公共安全治理模式向事前预防转型。这进一步指明了公共安全治理的改进方向、前进目标,体现了"主动识变应变求变,主动防范化解风险"的工作理念,体现了人民至上、生命至上的价值追求。但是部分单位在风险分级管控和隐患排查治理双重预防机制建设和运行方面,存在着对重大风险辨识不精准、

识别不全面、管控措施制定和落实不到位等问题,对重大风险的管控处于"事后补救"的滞后管理状态,未能做到风险管控措施前置、关口前移,重大风险管控形势不容乐观。

三、对策建议

2023年是全面贯彻落实党的二十大精神的开局之年,全国上下要高效统筹发展和安全,认真贯彻落实党的二十大精神和习近平总书记关于安全生产的重要论述和重要指示批示精神,压紧压实安全生产责任,坚持"从零开始、向零奋斗",深入开展重大隐患排查整治,以"时时放心不下"的责任感坚决守牢安全生产红线和底线,以讲政治的高度抓好安全生产各项工作,以安全稳定的实际成效践行"两个维护"。

在提升安全风险防范化解能力方面,除了现场各项"硬"措施落实到位之外,更重要的是一线管理人员和作业人员要具备防范化解安全风险的强大意愿和能力。意愿和能力除了靠安全培训教育,更重要的是要通过安全文化建设来打造和巩固,通过安全文化建设和宣传,营造良好的安全生产氛围,在增强全体管理人员和一线作业人员做好安全生产工作责任感和使命感的同时,进一步激发大家做好风险防范化解工作的积极性和能动性。通过探索以下几方面加强安全文化建设,进一步提升安全风险防范化解能力。

（一）提高政治站位,树牢安全发展理念

深入学习贯彻落实党的二十大精神,持续做到第一时间以第一议题等形式学习贯彻习近平总书记关于安全生产的重要论述和重要指示批示精神,将学习成果转化为贯彻落实党中央、国务院各项决策部署的实际行动和成效。要进一步提高政治站位,增强忧患意识,充分认识安全生产工作的艰巨性、复杂性、长期性和反复性的特点,以安全生产"一失万无"、须臾不可放松的高度警醒、"明者防祸于未萌,智者图患于将来"的高度自觉,确保安全生产"万无一失"。要进一步增强行动自觉,主动找差距、查不足、补短板、强弱项,切实解决好思想认识不足、安全发展理念不牢等问题,提高统筹发展和安全的能力,担负起从源头防范化解重大安全风险,推动社会安全稳定高质量发展的政治责任。

（二）落实安全责任,坚定安全发展信心

抓安全生产,关键在于抓责任落实。要着力深

化领导干部安全责任落实，严格落实党政主要领导抓安全、分管领导靠前指挥、班子成员分片包保，以此压紧压实各方安全责任。按照"三管三必须"原则，持续健全安全监管体系，持续完善各级领导人员、职能部门、生产单位及全体员工的安全生产责任清单和工作清单，加大"照单履职、照单考核"力度，形成"能上能下"的安全履职氛围。要着力压实基层分包单位和一线作业人员安全生产责任，通过网格化细化作业面安全生产责任，通过行为标准化杜绝"三违"现象发生，把好分包单位和作业人员入口关，切实推动安全生产"一岗双责"有效延伸至作业面和作业班组，打通安全生产责任纵向到底主动脉。

（三）防范化解风险，守牢安全生产防线

坚持预防为主，深入推动安全生产治理模式向事前预防转型，持续健全风险分级管控和隐患排查治理双重预防机制建设，实现重大风险的精准识别、精准施策、精准管控。深度聚焦大型机械设备、深基坑、高支模、隧道、大型桥梁等超危工程，严肃专项施工方案审批和现场有序施工，坚决杜绝方案和现场出现"两张皮"，杜绝现场管理出现"真空期"。围绕重点时段、重点地区、重大风险、重点项目和重点领域持续开展安全生产隐患排查治理，坚持眼睛向下，狠抓基层治理措施落实，认真落实重大安全生产隐患"零容忍"工作要求，严格执行安全生产"一票否决"，必要时执行安全生产提级管理，坚决杜绝生产安全事故发生。

（四）突出系统治理，提升安全发展水平

致力于安全生产标准化水平提升，进一步深化安全生产制度标准化、行为标准化、防护标准化建设，实现全产业链管理标准升级。致力于安全文化建设水平提升，坚持以高质量党建引领安全高质量发展，以党建特色活动营造浓厚安全生产氛围，深入

实施安全文化建设示范企业、"安康杯"竞赛、"青年安全示范岗"等创建活动，实现安全生产与党建品牌建设同向聚力、深度融合。致力于安全教育培训水平提升，始终将安全教育培训贯穿于企业生产经营全员、全过程，持续狠抓一线作业人员的安全教育培训，持续增强主动安全意识和提升安全作业能力，通过教育培训解决思想上的隐患、消除意识上的差距，规范和形成主动安全行为，筑牢安全生产防线。

四、结语

通过安全文化建设，真正把"时时放心不下"的责任感转化为"事事心中有底"的行动力，以责任到位推动安全制度措施到位，进一步提升安全风险防范化解能力，保障企业安全稳定运行，维护社会稳定大局。

安全生产工作只有起点，没有终点，我们必须认识到安全红线无论何时都不能越界，安全阀门拧得再紧也不为过。我们要牢固树立"任何风险都可以控制，任何违章都可以预防，任何事故都可以避免"的观念，积极践行和培育"从零开始，向零奋斗"的文化理念，以"功成不必在我，功成必定有我"的担当和作为，全力抓好安全生产各项工作，为经济社会高质量发展奠定坚实的安全基础和保障。

参考文献

[1]伏贺红.基于建筑工程安全与文明施工措施的分析[J].大众标准化,2022,(14):167-169.

[2]宋文斌.建筑工程安全文明施工技术及管理措施[J].大众标准化,2022,(05):58-60.

[3]陈凯丽.建筑工程安全文明施工管理分析[J].建材与装饰,2020,(15):143+146.

[4]唐芳东.建筑工程安全文明施工管理问题及对策[J].四川建材,2021,47(11):175-177.

"一源三控"构建电力配网安全文化管理模式

内蒙古电力（集团）有限责任公司阿拉善盟额济纳旗供电分公司　杨学林　袁　芳　李吉存　孙婷婷

摘　要： 近年来，配网安全生产是事故易发和频发的风险点，配电网的安全运行管理课题是一个非常重要的课题。如果配电网维护不及时、不到位，就会引发设备、电网、人身安全问题。配电网运行维护在管理上需要非常严格的控制与把关，这也是安全施工、文明施工、工作标准化和规范化的重要前提条件。"一源三控"（"一源"即铸牢安全文化的源头；"三控"即调度权限把控、票号出口管控、现场安全把控）的管理模式，可以进一步提升电力行业配电网安全管理水平，为提高配电网供电可靠性提供参考和借鉴，良好的电力安全文化，可以增强员工的安全意识和提高员工的文化素养。

关键词： 安全管理；安全文化；管理模式

一、背景

配电网是电力企业与电力客户连接的桥梁，配电网的安全稳定运行与广大人民群众的生产生活息息相关，是服务民生的重要基础设施，对满足人民日益增长的美好生活需要起到重要的支撑保障作用。随着优化营商环境步伐的加快，人们对供电可靠性、供电质量的要求也越来越高，供电企业必须将提高用户满意度和满足用户用电需求作为根本落脚点，全面提升"获得电力"服务水平，快速推进配电网建设进程。我们在工作中发现，在电力配网运行维护安全管理方面仍存在很多的问题，例如，思想和行为不统一、不规范的操作行为得不到有效约束、安全链条不完整、人盯人疲劳管理等，这些问题的存在是电力安全的隐患。本文在公司"坚守安全底线、筑牢发展根基"的发展决策下，结合基层供电单位实际，提出构建电力配网的"一源三控"安全管理模式，为进一步深化研究提供参考和借鉴。

二、"一源三控"安全管理模式

"一源三控"安全管理模式，如图1所示。

铸牢安全文化的源头

县调管辖设备延伸至变台高压跌落管控

所辖供电所工作票实行串号管控

小型作业备案实行双许可制管控

图1 "一源三控"安全管理模式

（一）铸牢安全文化的源头

班组是企业安全管理的关键环节，班组工作人员是具体工作任务的落实者和实施者，是工作质量最早的发现者、各种规章制度的执行者，也是安全责任的最后一道把关者。员工是安全的基础，基础不牢，地动山摇。安全文化引领是行为导向的重要一环，必须从思想源头厚植安全文化，营造"珍惜生命、促进和谐"的安全文化氛围，教育和引导一线员工养成遵章守纪、严肃认真的工作习惯，确保在任何作业环境和条件下，都能自觉遵守安全规章制度，真正实现由"要我安全"到"我要安全"的转变，从根本上避免发生重大事故和人员伤亡。

（二）县调管辖设备延伸至变台高压跌落管控

配网设备停运计划管理，是提高供电可靠性，尽可能缩短用户平均停电时间的重要手段之一。目前，配网设备停运是因为电网设备的预试检修、年度的大修技改工程、新用户接入电网、配合电网基建工程施工和市政建设，比如电力设施的改迁、临近作业的配合停电等。大部分县调的调度权限仅负责35千伏及10千伏主线路、分支线路的出口停送电管理。对10千伏以下的配电线路的停送电不进行管控，交由各基层供电所，造成管理混乱，出现重复停运、临时停运多，停运计划执行力不强的问题。将县调的调度权限延伸，参与所有配电线路、变台的停送电管理，延伸至变台高压跌落，统筹停运，约束临时停运，提升县调对配电网管理的动力。

（三）所辖供电所工作票实行串号管控

工作票制度能在事前计划好工作，提前分析危险点，提前做好防范措施，在纸面上达到安全的状态，事后可以分析该项工作安全措施是否得力到位。电力行业两票管理细则，要求工作票要事先编号，未经编号的工作票不准使用。目前，工作票管理执行不尽人意，各种工作票由各自班组管理，造成管理混乱，安全监督管理部门不能掌握基层班组的工作动态，不能对各类工作现场进行实时安全管控，存在随意办票或不办票的行为，将工作票编号统一管理，避免各种随意停限电的现象发生。

（四）小型作业备案实行双许可制管控

回顾各类电力人身伤亡事故，究其原因，无一不是作业现场不安全行为造成的，无一不是对未遂先兆及习惯性违章行为治理不力造成的。因此，强化作业现场的安全管控工作还将作为一项长期重点工作来抓。大部分小型作业现场在办理工作票后，得到工作负责人的现场许可后即可开始工作，不用通过县调，安监部门和县调对前期工作介入不深，对各类工作现场没有全过程把控。实行小型作业开始工作前向安监部门备案、向县调和现场工作负责人申请许可的"备案双许可"，实现对小型作业现场多方把关，为现场作业人员的人身安全又加了一道"锁"。

三、实现"一源三控"管理模式的路径

（一）丰富安全文化举措，铸牢源头安全理念

建立班组安全文化建设协同机制，实现全员参与，共同凝练价值理念和精神符合专业的融通机制，使班组文化入脑入心，转化为行动自觉，做到知行合一。编制以安全文化理念、安全发展目标、安全文化宣传用语、员工安全行为规范、典型事故案例为

主要内容的《安全文化手册》，强化员工安全思想认识，灌输安全文化理念，营造"和谐守规"的安全文化氛围，以安全文化为抓手，不断强化安全管理。扎实开展"安全生产月"、"安全生产蒙行"、《安全生产法》宣传周、电力设施保护宣传月等专项活动，利用报刊、网络等平台媒体及安全警示教育室，学习宣传安全生产法律法规、规范标准，增强全员安全法律意识和责任意识，凝聚安全发展和防范安全生产事故的共识。深入开展生产单位一线人员"五个一活动"，即讲一场安全公开课、当一天安全监督员、分享一个未遂事件教训、纠正一起违章行为、参与一场安全活动，营造人人关注安全的氛围。结合班组"安全日"活动，积极开展安全技术问答、安全知识竞赛、安全培训、模拟现场安全措施、安全分析、事故预想和反事故演习等内容丰富、形式多样的特色安全文化活动，提高职工参加安全文化活动的积极性，提高安全文化建设水平，从而形成良好的安全氛围。

（二）延伸县调管理权限，变台高压跌落统筹管控

将10千伏配电线路联络开关、分段开关、单一变台高压跌落纳入调度一、二类设备，运行和操作的指挥权限归调度，调度值班员下令后供电所人员方可改变设备的运行状态。将分支开关、分支跌落、变台跌落纳入调度许可设备，归供电所管辖，改变设备运行状态时，必须事先征得调度值班员的许可，事后报告调度值班员。0.4千伏低压设备供电所自调。通过扩大调度管辖范围，可以保证调度对所有高压设备停电工作的统一管控，计划停电、临时停电时须向调度提交停电申请票，有效避免了非计划停电、超范围作业或"干私活"。

（三）延伸安监管理权限，工作票号统一出口

建立配网"两票"统一管理机制，安监部门对所辖供电所配网的一种工作票、二种工作票、低压工作票、配网抢修单统一编号管理，供电所办理工作票或抢修单时须提前向安监部门申请票号，安监部门按顺序统一编号，根除了无票作业和插票作业，做到不缺票、不漏票。供电所对所内操作票统一顺序编号，避免无操作票停送电。

（四）调度、安监全面参与为作业现场安全增加双保险

安全管理不是事后管理，要从被动处理向主动防患转变，向在事前控制安全隐患转变。在这种主

导意识下就要求事故抢修作业现场将安全施工放于首位。配网小型作业前向安监部门备案，开始操作前向县调申请许可，操作后向工作负责人许可工作，落实安全责任管控，将客观的问题实现全过程的可控化，共同促进小型作业现场的安全、健康、有序。

四、结论

本文在梳理研究内蒙古电力（集团）公司和阿拉善供电公司对电网安全管理的目标和要求的基础上，结合目前旗县供电分局配电网安全管理工作实际，提出了"一源三控"的安全管理模式和实现路径。以企业配电网安全管理从不规范、不全面到管理规范化，全面管控安全事故风险为着力点，提出了一个仍需要继续深入研究的课题，希望通过以上措施，实现停电申请票、现场勘查、工作票、操作票、工作日志闭环管理，保证了组织措施和技术措施的落实，有效落实配电网安全运行管理全过程管控。

浅谈企业安全文化建设的重要性

天津国投新能源有限公司　王　月

摘　要：安全文化建设是企业安全管理的重要组成部分，它涉及企业员工的安全意识、安全价值观和安全行为习惯的培养。本文通过分析安全文化建设的背景和意义，探讨安全文化建设对企业安全管理的重要性，并提出一些实施策略和建议，以促进企业安全文化的建设。

关键词：安全文化；文化建设；安全管理

一、企业安全文化建设的意义

党的十六届五中全会明确提出了"安全发展"的理念。随后，党的十七大又提出了"以人为本"的科学发展观，并将其作为核心理念。根据国家的要求和人们的需求，企业必须采取确保安全生产的措施。在这一背景下，"企业安全文化"被定义为人们在企业安全生产中创造出的观念、环境和条件的总和，旨在确保安全生产和安全生活。企业安全生产的成功不仅仅依赖于运气，更需要建立健全的制度，并培育良好的企业文化。因此，良好的企业文化对于企业的安全生产起到至关重要的作用。

二、提升一线员工素质

企业安全文化要求一线员工具备一定的人文素质。在具备良好企业文化的企业中，一线员工的安全知识、安全意识、敬业精神和职业道德等方面会得到重视和培养。通过不同形式的文化引导，激发一线员工对安全文化的热情，从被动变为主动，提升安全防护能力，遵循"四不伤害"原则，树立正确的安全思想和价值观。这样的企业为一线员工的安全生产提供了良好的人文环境，同时也提高了一线员工的综合素质。

三、改善工作环境

企业安全文化不仅仅体现在精神层面，也体现在技术和物质层面。在具备良好企业文化的企业中，不仅会关注人的安全行为，还会重视物的安全状态。这意味着企业会促进生产人员和管理人员对设备进行防护、维修和淘汰，以确保设备的安全性。同时，企业还会激发员工改进技术，以确保操作更加安全。此外，企业还会通过整顿、整理、清扫、清洁和素养的 5S 管理来保持工作现场的安全和整洁，从而控制危险源和降低职业危害。这样的做法不仅能够确保工作环境的安全，还能使工人的操作更加简便和舒适。

四、实现管理规范化、标准化

发生事故往往是由人、机、环之间的不协调造成的，其中环指的就是管理层面。在管理方面，三流企业主要依靠惩罚来推动安全，二流企业则主要依靠制度来保障安全，而一流企业则主要依靠文化来确保安全。安全文化注重的是人的观念、思想、态度和品行等深层次的人文因素，而不仅仅是依靠冷冰冰的制度和严格的监督。

通过教育、宣传、创建小组和营造良好的工作氛围等手段，不断提高员工的安全修养，强化他们的安全意识。这样可以使员工从被动地执行管理制度转变为自觉地按照规章制度操作，以安全操作为荣耀，以违规操作为耻辱。通过员工的自觉遵守和相互监督，可以弥补安全管理手段的不足，提高管理绩效，实现管理规范化、标准化。这种以文化为基础的安全管理方式更加能够有效地促进员工的安全行为，并提升整体的安全水平。

五、树立良好的企业形象

安全管理的整体趋势是逐渐从滞后的总结手段转变为依靠科技和企业安全文化进行预防的方式。在这一转变中，良好的企业安全文化发挥着重要作用。通过建立良好的企业安全文化，可以提升员工队伍的安全素养，确保生产设备的安全运转，并促进管理的规范化。

良好的企业安全文化能够将预防作为主要方针，确保企业的安全生产。教育、宣传和培训等手段，可以增强一线员工的安全意识和责任感，使其在工作中始终保持高度的警惕性和自律性。同时,企业安全文化也能够引导员工主动参与安全管理,积极提出改进建议和风险预防措施,从而有效地减少事故和职业危害的发生。

良好的企业安全文化还能够树立企业的新形象。通过将安全作为企业的核心价值观之一,企业可以向外界传递出"安全第一、人员至上"的形象,增强企业的社会责任感和公众信任度。这不仅有助于提升企业的竞争力,还能够建立良好的企业形象,吸引更多优秀的人才和合作伙伴。

六、安全文化体系的建设

从企业的角度来看,只有确保安全才能实现健康稳定的发展,并谋求更高的发展目标。而从员工的角度来看,他们早已不满足温饱的要求,他们对于获得尊重、个人发展以及良好的工作环境都有着更高的要求。因此,企业需要提供更加宽松、舒适和安全的软硬件工作环境。

为了保障安全生产,实践科学发展,企业必须进行安全文化建设。通过建立良好的安全文化,企业能够增强员工的安全意识和责任感,培养员工自觉遵守安全规定的习惯。同时,安全文化的建设也能够改善工作氛围,增强员工的归属感和认同感,激发员工的积极性和创造力。

良好的安全文化还能够提升企业的竞争力和可持续发展能力。通过将安全作为企业的核心价值观之一,企业能够树立起良好的企业形象,吸引更多优秀的人才和合作伙伴。同时,安全文化的建设也能够提高企业的管理水平和运营效率,减少事故和职业危害的发生,从而降低企业的成本和风险。

七、安全文化建设核心

安全文化体系的核心理念是以人为本,旨在保障人员的安全。在企业安全管理中,员工是最重要和积极的因素,他们不仅是被管理的对象,也是物质财富的创造者。为了调动员工的积极性,在管理中需要实施人性化管理,解决员工的实际问题。

建立安全文化体系应该以员工的利益为核心,将所有生产活动都从员工的切身利益出发,设身处地为员工着想。始终坚持以人为本的理念,积极激发员工的工作热情和主人翁责任感,从而使员工从被动变为主动,从消极变为积极,从"要我安全"变为"我要安全""我懂安全""我能安全",从而提高企业的安全水平。

通过建立安全文化体系,企业能够树立起以人为本的管理理念,关注员工的安全。这不仅能够增强员工的安全意识和责任感,还能够增强员工的归属感和认同感,提高员工的工作满意度和忠诚度。同时,员工在安全文化体系下能够得到更好的培训和发展机会,提高自身的技能水平和职业素质。安全文化体系的建设应以人为本,围绕员工的利益展开。激发员工的工作热情和主人翁责任感,使安全工作从被动转为主动,提高企业的安全水平。

八、加强安全物质文化建设

员工在生产过程中与周围的环境,包括作业环境和各种类型的生产设备密切相关。建立企业文化时,物质文化至关重要,它是企业安全文化的基础,也是考验企业是否真正以人为本的关键。企业需要确保现场清洁整齐,符合安全标准,设备正常运转,并尽量采用先进的工艺和设备,绝不使用国家明令淘汰的设备和工艺。现场是安全管理的起点和落脚点,因此,为了确保员工工作得放心舒适,企业必须加大资金投入,不断采用新产品、新装备、新技术,并依靠技术创新来保障安全。

九、加强精神文化建设

安全精神文化建设面向全体员工,旨在提高员工的安全觉悟和安全素养,唤醒他们对安全生产的需求和渴望。通过持续地引导、教育和宣传,从根本上增强员工的安全意识和提高安全文化水平,让他们始终牢记安全是生产的前提,树立"安全第一"的思想。

加强安全文化建设是一个长期而持续的过程,不能急于求成,也不能断断续续。企业可以利用报刊、网络、宣传栏等媒体工具,宣传安全的重要性,树立安全典型,并通过事故案例进行宣传,开展现场安全教育,让员工深刻体会到安全的重要性和后果。

在安全文化建设中,可以建立以安全文化为主题的长廊、班组,举办知识竞赛、演讲比赛、技术比武、劳动竞赛等活动。通过多样化的形式,吸引广大员工积极参与,教育过程寓教于乐,形成浓厚的安全氛围。此外,还可以采用激励竞赛的方式,提高员工的参与度和学习效果。

十、完善安全管理机制

人的行为需要通过教育引导和约束来实现。约束是为了保障自由,而约束必须建立在标准制度的基础上。在建立企业安全文化时,需要建立一套合适的安全管理机制。安全文化是安全管理的指导思想，而安全管理是安全文化的实践，两者相互促进。

首先，安全管理机制要有明确的法律法规作为依据，并有相应的记录和查证方式，以保障安全管理的有效性。其次，要将管理有效地落实到实际操作中。在检查过程中，对未能有效落实安全制度的人员进行批评，对严重违反规范制度的人员进行惩罚，以此进一步加大监督检查的力度。

此外，对安全工作要进行评比，对表现出色的人员实行奖励制度，通过奖惩相结合的方式，让项目重视规范，让员工遵守规范。这样可以激励员工积极参与安全工作，提高安全管理的效果。

参考文献

［1］毛海峰，王珺．企业安全文化理论与体系化建设［M］.北京：首都经济贸易大学出版社，2013.

［2］蒋庆其．电力企业安全文化建设［M］.北京：中国电力出版社，2005.

安全文化建设引领项目健康发展

——浅谈中建五局柳林城市更新 70 号地项目安全文化建设

中建五局三公司天津城市公司　李　鑫　杨世舟　崔秀峰　吴双武　张振企

摘　要： 柳林城市更新 70 号地项目坚持公司重理念、践三度、强线条的安全管理总体思路，以形成全员有责、体系有效、预控有方、整改有力的安全管理状态，最终构建成安全生产"零事故"的稳定"大安全"格局。

关键词： 重理念；践三度；强线条；"大安全"格局

一、序言

柳林城市更新 70 号地项目位于天津市河西区海河柳林的核心区域，该项目与寻常住宅项目的使命不同，肩负着天津城市更新板块的先行示范区的使命，项目自开工以来就深受各界广泛关注，因此，项目充分开展企业安全文化建设，通过企业文化建设传递，为天津市更新改造项目的发展增添一份活力。

二、企业安全文化作用

通过充分发挥企业安全文化机制的作用，创造企业安全文化形象和营造适宜的安全文化氛围，帮助企业员工建立起正确的安全价值观念和思维方法，形成科学的安全意识和切实的安全行为准则，正确地规范安全生产经营活动和安全生活方式，使企业安全文化向更高的层次发展。企业安全文化对企业、员工及其家庭，甚至全民都会产生深刻的影响，在安全生产中发挥了十分重要的作用。

（一）安全认识的导向作用

企业安全文化的建设，使企业员工逐渐明白了当代科学的安全意识、态度、信念、道德、伦理、目标、行为准则等在安全生存、生活、生产活动中的重要作用，从而为企业员工在日常生活和生产经营中提供科学的指导思想和精神力量，使企业员工都能成为生产和生活安全的创造者和保障人。正确的认识是正确行动的基础，认识与理念来源于文化和实践，安全文化的导向作用是安全行为的重要动力。

没有正确的理念，就会迷失方向。正如"没有革命的理论，也就没有革命的运动，更没有革命的成功"一样，安全文化理念对企业安全生产有着重要的引导作用。

（二）安全思维的启迪和开发作用

企业安全文化建设，实际上是不断地教育、培养、启迪、开发企业员工科学的思维方法，使他们正确掌握人的思维的机理及规律性，不断启迪和开发他们对安全（或不安全）的认知和判断力，最终产生相应的安全反响或行动。没有正确的思维方法，其意识和行为是不完美的，甚至是错误的。安全的思维方法决定了人的安全意识及安全行为，正确认识和科学处理安全生产或安全活动，离不开科学的思维方法。

（三）安全意识的更新作用

企业安全文化建设不仅给企业员工提供适应深化改革、发展市场经济、推动企业安全生产的新理论、新观点、新思路、新方法，而且也提出了关于企业安全生产经营活动的新举措、新观点、新途径、新手段。这就必然要求员工从思维方法、安全的意识和观念等方面进行相应的修正或更新，使他们不断增强安全意识和提升自我保护能力。

安全意识是一种潜在的安全自护器，表现在人们的一切活动中，成为安全习俗、安全信仰的基础，是安全行为的第一道防线。安全意识的更新，标志着人们对安全本质及其运动规律认识的深化以及自我保护意识的增强。通过安全文化的潜移默化作用，安全文化对影响人的安全意识、更新人的安全认识是极为有效的。

社会和企业有了正确的企业安全文化机制，逐渐形成了浓厚的安全文化氛围，员工的安全意识和安全行为成了企业安全生产经营活动的根本保障，安全是员工最基本的需求并受到法律保护。在企业中，人的安全价值和安全权利得到最大限度的尊重和保护。正确的安全理念和安全意识使人的安全行为和活动从被动、消极的状态变成一种自觉、积极的行动，通过安全文化的宣传教育、培训手段，转变人的思维，增强人的安全意识，从而对人的安全行为起到激励和完善的作用。

（四）安全行为的规范作用

安全文化的宣传和教育，使员工懂得安全生产要从自己做起，保护自己的安全与健康是他们的权利和义务。因此，安全文化能使员工加深对安全规章制度的理解和认识的自觉性，并积极学习和掌握安全生产技能，从而对员工在生产过程中的安全操作和生产劳动以及社会公共交往活动起到安全规范的作用或对不安全的行为形成无形的约束力量。

2002 年 7 月的一个夜晚，由北京开往西安的 T41 次列车匆忙地穿过三门峡市，车上的电子表显示的时间是晚上九点一刻。旅客中有人在看书，有人在聊天，也有人早早睡了。突然，一节卧铺车厢里响起一声大喊："着火啦！"随后只见喊话的人迅速跑到车厢连接处，拎起两个灭火器，又转身跑到车厢，用灭火器喷向一个铺位底下正在燃烧着的塑料桶，上蹿的火苗被扑灭了，一场大火被遏制住了。

"你怎么知道着火了？""你是消防员吗？"

"你怎么知道灭火器在哪儿？"

这个人被大家团团围住，问这问那。

这位勇敢的救火者不是消防员，他是陕西咸阳彩虹集团公司的一名普通员工张长安。张长安一上火车就习惯性地看了一眼灭火器放在哪里。当他闻到异常的烟味时便警觉起来，起身四处查找，在一个铺位底下看到蹿着火苗的塑料桶，于是就毫不犹豫地奔向车厢连接处取下灭火器。

据有关报道，彩虹集团的员工和张长安一样，上火车先看灭火器在哪儿，住宾馆先看逃生通道在哪儿，这已成为他们的一种习惯。

（五）安全生产的动力作用

安全文化建设的目的之一是树立安全文明生产的思想、观念及行为准则，使员工形成强烈的安全使命感和成为激励推动力量。心理学表明：越能认识行为的意义，行为的社会意义越明显，越能产生行为的推动力。安全文化建设要提高生产力要素中人的安全素质，员工们科学的安全意识和规范的安全行为，必然成为安全生产的原动力。

倡导安全文化正是帮助员工认识安全文化活动的意义，宣传"安全第一，预防为主""关爱人生，珍惜生命"的理念就是要求员工从"要我安全"转变为"我要安全"，进而发展到"我会安全"。既能不断提高员工的安全生产水平，又能保护员工的安全与健康，同时又推动了文明生产。

（六）安全知识的传播作用

通过安全文化的教育功能，因地制宜地采用各种传统的或现代的文化教育方式，对员工进行各种安全知识的文化教育，例如各种安全常识、安全技能、事故案例、安全法规等安全知识的教育和科普宣传，从而广泛地宣传和传播安全文化知识和安全科学技术，增强员工的安全文化意识和提高员工的自护水平。正如陕西咸阳彩虹集团公司生产一线一位年近不惑的班长所说："我 1983 年进厂，20 年来跟着彩虹一起成长。彩虹对我的人生影响很大，也包括对我家人的影响。一天下班回家，我发现天然气灶旁贴了一张纸条：请随手关煤气！纸条是我女儿写的，问她为什么要写这张纸条，她对我说，你总说车间今天挂什么安全标志、明天挂什么安全标志，这也是安全标志呀。女儿那时还很小，现在已经上初中了。"彩虹集团公司电子枪厂一名 30 来岁的女班长说："我儿子今年 10 岁，有一次和我走在路上看到一个垃圾桶里有烟头在冒烟，他说，妈妈这很危险，快去想办法。我和他找来水，把烟头浇灭。可见，安全对我家人影响真的很大。我们的安全管理管得很细，从工具怎样摆放到女工上下夜班须有人同行等都有要求。咸阳市其他单位的人都知道彩虹人讲安全、讲礼貌，这可能是彩虹安全文化的一种蔓延。"

三、企业文化的建立

中建五局企业安全文化在不断学习、探索、实践中打磨完善，公司近年来深入学习贯彻习近平总书记关于安全生产的重要论述和重要指示批示精神，始终坚持"人民至上、生命至上"，坚持企业发展决不能以牺牲人的生命为代价，最终打造企业安全文化在最基层的项目上落地生根。

中建五局安全管理的总体思路是重理念、践三度、强线条，从而形成整体的"大安全"格局。

（一）安全理念建设

"以人为本，安全第一"是中建五局的安全理念，"以人为本"强调关爱生命、珍惜生命，始终坚持"以人民为中心"，把人的生命安全放在第一位。同时，项目管理人员在现场进行安全管理时要加强对员工的关怀，建立相互之间的情感联系。"安全第一"强调安全发展第一、安全责任第一。企业在发展中，要把安全发展摆在首位，没有安全，企业的其他发展就没有基础。安全责任是企业最大的责任，安全责任也是各级企业第一责任人的责任。

（二）践三度是指安全管理要有温度、力度、深度

"温度"就是牢固树立关爱生命和珍惜生命的意识，不断提升管理温度。项目在执行温度管理中着力落实两个方面内容。一方面是加大行为安全之星评比的表彰力度，每月发放费用的数额控制在项目当月产值的0.1‰~0.2‰，每月由项目安全部牵头制定行为安全之星发放费用计划，一线员工每月按照计划要求对现场安全意识高或主动帮忙提升现场安全环境的作业人员进行行为安全之星卡片发放奖励，作业人员可以通过卡片在项目部食堂或超市兑换10~20元同等价值的产品，每月项目安全部召开月度安全大会，通过月度安全大会对卡片发放最多的几名人员给予200~600元现金奖励，每季度对于表现优异的班组进行平安班组评选，每个班组奖励1000元现金，自行为安全之星活动开展以来，项目作业人员的自我安全意识以及主动安全作为得到显著提升，并得到大家的一致认可。另一方面，项目部为了拉近与作业人员彼此间的距离，制定亲属关怀措施，在每名作业人员进行入场教育期间，项目部会留存每名作业人员亲属的相关信息，针对不同季节、不同环境情况，项目部通过作业人员亲属的联系方式群发相关安全提醒和注意事项等信息，让相关作业人员的亲属也能感受到项目部的关怀，共同沟通交流，保障亲人的安全。除此之外，项目部会针对现场发生违章作业人员的情况通过电话或者短信的形式与亲属进行沟通，通过与家属的沟通共同去纠正作业人员可能会发生的习惯性违章行为。

"力度"强调执行力建设，严肃过程考核，对制度坚决落实，对问题快速响应。我们考虑的是，尽量少制定安全管理强制性规定，但一旦定下来，就要坚决执行，不能变通、不能商量、不能拖延，这就是力度的体现。没有力度，安全管理推行不下去，工作效果也会大打折扣。为了落实各项安全管理措施的执行力度，项目部从两个方面着手。一方面，通过中建智慧平台App落实各项安全管理工作的实施、监督、考核。中建智慧平台App是一款能够通过手机完成隐患下发、日志填写、带班填写、现场视频实时监控、危大工程监督管控、安全线上培训学习等多功能的线上App，通过它的使用不但大幅提高了大家的工作效率，同时也能帮助大家更好地捋清各自安全岗位职责，通过平台App的使用知道自己应该为哪些安全工作履职，如何履职，线上真实数据的反馈就是对项目安全管理工作最好的体现。另一方面，安全管理工作的执行是需要不断通过考核提升的，自2021年9月1日新"安全生产法"实施以来，"三管三必须"被反复提及，为了做好全员安全生产责任制的履职，项目按公司要求每月做好安全生产责任制考核工作，项目安全部每月月初前2日完成各岗位人员当月安全生产工作计划的收集，工作计划根据各部门、各岗位人员安全生产责任制内容细化来的，工作计划尽量以具体的量化数据为准（例如，施工员本月计划开展安全技术交底*次，参与应急演练*次，完成隐患及时整改率*%，……，技术员本月计划编制方案*个，进行方案交底*次，对现场进行方案复核*次……），每月月底由各部门相关责任人员在项目安全领导小组会议室进行工作述职，通过汇报本月工作完成情况，最终得到个人本月安全管理工作得分，通过工作数据完成情况的体现让考核结果更加公平、真实，也正是由于细化的考核才让项目团队整体在安全管理工作的执行上行之有效、管理有方。

"深度"强调系统思维，能够透过现象看本质，深挖影响安全的问题根源，强化本质安全。从根本上消除安全隐患是公司的工作目标，根据近年来屡屡发生的安全事故，公司总结经验教训，分批次推出本质安全清单，在防高坠方面，项目在脚手架搭设过程中强推高处作业安全母绳，方便架子工在搭设过程中使用，强推外架沿墙杆设置，确保外架与主体结构之间的缝隙低于150 mm；项目在塔吊上设置双防坠器，方便塔吊司机以及检查人员上下塔时使

用，杜绝人员上下塔坠落；现场楼栋主体阶段的水平洞口设置预留钢筋等措施，从根本上消除现场易发高坠事故的隐患问题。在消防方面，宿舍强推低压 USB 接口，手持充电工具以及电动车设置集中充电区，宿舍安装烟雾感应器等，杜绝近年来多发的消防安全隐患。设备管理、临时用电、个人防护等方面的项目在本质安全方面也有效提升了。

（三）强线条，提升安全线条整体管理水平

危重管控、调动一线、创新管理、精准服务是公司安全管理的"十六字"方针，这也是公司对各级安全线条人员提出的要求。危重管控是实行安全风险分级管控，安全监督部门要无条件把控较大及以上事故风险，较大及以上事故风险防范要有多重保险机制，不能存在任何侥幸心理。危重管控是企业安全发展、稳定发展的基本前提，要有多线条联动共同管控。调动一线强调项目一线管理人员、作业人员是安全管理的主体，要坚决制止冒险作业、违章作业，充分调动一线人员关注安全、重视安全、落实安全，这也是本质安全的前提。创新管理强调安全管理向系统化、精细化、信息化、智能化方向发展，通过技术创新来解决问题。精准服务既是对局的要求，也是对各单位的要求。各企业、各地域、各项目情况不同，安全管理的薄弱环节不同，所以要精准服务、差异化服务，找到问题的短板。做到精准服务需要安全管理人员考虑问题周全，有丰富的经验和较高的水平。项目从如下三个方面落实做好提升线条整体安全管理水平。第一个方面，落实线条垂直管理方针，针对项目所发现的重大隐患问题直接向公司进行汇报，牢固树立底线思维，通过公司层面最快速度推动隐患消除；第二个方面，掌控项目管理人员责任制考核权，针对项目各管理人员对安全管理工作完成的情况，安全线条每月对相应责任人员进行考核，考核结果直接影响着各责任人员的晋升之路，安全线条可以执行一票否决权；第三个方面，加大安全线条管理人员的学习培训力度，由公司层面组织开展每周一培训，每月一考核，将安全线条所有人员打造成复合型优质的安全管理人才。

（四）最终实现大安全稳定格局

安全是建筑行业稳定发展的重要支撑。建筑行业属于劳动密集型行业，安全问题直接影响着人员生命健康以及自然环境，建筑行业安全文化建设能够树立正确的安全生产理念，建立有效的安全管理制度，提高员工安全保护的主观能动性，在项目全过程中，实现零事故、零伤害，保证工程达到最优的社会经济效益。

人的不安全行为、物的不安全状态是造成事故的直接原因，柳林城市更新 70 号地项目从安全理念推广、人的行为安全管理、本质安全的实施以及安全线条的强化重视四个方面推动企业文化在项目落地生根，最终形成全员有责、体系有效、预控有方、整改有力的安全管理状态，这也是形成"大安全"格局的具体表现。

参考文献

［1］王淑江. 企业安全文化概论 [M]. 徐州：中国矿业大学出版社，2008.

［2］陈正. 浅析我国土木工程安全文化现状 [J]. 科技风，2014，(14):151.

以"四化"安全文化引领矿井高质量发展

山东能源集团枣矿集团田陈煤矿　陈亚东　魏　涛　周家正　李守强　任中伟

摘　要：煤矿领域的安全文化是社会文化与安全生产长期结合形成的一种特有的文化产物，是以全体煤矿职工为对象，采取理念渗透、环境塑造等手段，建立系统规范、结构严谨、层次清晰的安全文化体系，对职工的思想和行为加以影响和规范，最大限度地提高职工安全素质，确保安全生产的一种安全文化机制。煤炭资源日益萎缩，特别是近年来，随着开采深度的不断加深，冲击地压、瓦斯、防治水、顶板管理等安全隐患增多、管理难度加大。田陈煤矿作为一个历经三十多年开采的老矿井，结合自身实际，坚持从严治矿、精细管矿不动摇，立足安全宣教常态化、制度体系规范化、行为管理自主化、闭环落实精细化"四化"建设，建立了系统规范、结构严谨、层次清晰的安全文化体系，形成了井上、井下一体化的"大安全"格局。

关键词：安全宣教常态化；制度体系规范化；行为管理自主化；闭环落实精细化

安全文化体系就是安全理念、安全意识以及在其指导下的各项行为的总称，山东能源集团枣矿集团田陈煤矿（以下简称田陈煤矿）安全文化体系包含安全宣教常态化、制度体系规范化、行为管理自主化、闭环落实精细化等"四化"主要组成部分，将安全文化内化于心、外化于行、固化于制，将安全文化贯穿于生产经营的全过程，推动职工持续深化对安全发展的行动追求。

一、坚持教育为先，以"安全宣教常态化"促进安全深入人心

（一）强化安全理念宣传

田陈煤矿通过印制《安全理念手册》，举办安全文化知识讲座、安全理念宣讲、"安全理念大家谈"征文活动，开展学习标准、应用标准、争做带头人"学法规、知敬畏、提技能""摒弃不良安全行为与习惯""算'三违'成本账""安全大反思大讨论""争当本质安全型职工"等主题教育，持续加大对职工安全理念的宣教工作力度，广泛深入讨论，广大职工提高了对"人民至上、生命至上"安全核心理念的认识，强化了职工的安全生产观、安全行为观、安全效益观和安全价值观。每年组织一次规模较大的安全理念专题调研活动，对阶段性工作及研究成果进行总结，汇编成册，以指导和推进矿井安全文化建设，通过各种形式，大力宣传"少人则安、无人则安"等先进理念及年度安全生产目标，进一步增强职工的安全意识。做到宣传有理念，区队有目标，人人有警言。

（二）健全教育培训体系

以习近平总书记关于安全生产工作的重要指示精神为指引，坚持"管理、装备、素质、系统"并重，不断优化和完善培训计划管理流程，形成了"三个100%、三个清单、三个培训对标"的"三三三"安全培训管理模式，推行五层级讲堂（管理干部、专技人才、专兼职教师、中高级技师、技术状元），推行"三个一"（每专业一汇编、每周一教育、每岗位一案例）事故案例警示教育模式，固化"三个一"（一日一题、一周一案、一月一考）活动，坚持每年开展"三大规程"、"流程操作"擂台赛、"敬畏生命"大讨论、矿区安全知识大赛、安全巡回宣讲等安全文化活动，从不同角度和层面开展宣传教育活动，安全已成为职工的自觉意识、自觉习惯、自觉行为。

（三）重视活动载体建设

突出矿井安全文化主阵地建设，形成了以贯穿到生产作业现场传帮带为主的安全教育"一条线"；以井口到井下运输大巷悬挂安全理念、安全标语为主的安全教育"一长廊"；以地面灯箱、橱窗为主的安全教育"一条街"；以区队、班组学习室每日一题为主的班前安全教育"一园地"；以广播、电视、局域网为主的安全教育"一阵地"。开展了安全一条街、职工书画摄影展等活动，营造了多元立体的安全文化氛围和干事创业环境。

二、坚持规范管理，以"制度体系规范化"夯实安全保障之基

（一）创建层级管理保障体系

全面推行安全朴素质量标准化创建和精细化管理，设置岗位安全红线、底线，建立了安全责任、技术支撑、现场执行、安全监督四大体系，制定了决策层、管理层、执行层、操作层安全生产职责，实行了月度岗位绩效考核和安全绩效考核，对各级管理人员实行年度述职考核，形成了"一级抓一级、一级对一级负责、一级考核一级"的工作机制，创新实施以"专业自管、区队自治、班组自主、个人自律"为内容的全层级自主管理新模式。

（二）创建文明生产保障体系

积极倡树"弯腰捡起一片文明、微笑传递一份真情"文明理念，加强职工思想教育，增强"自觉＋自约"文明生产意识，提升文明素养，养成良好习惯，坚持做到不乱扔生活垃圾、不乱丢物资材料、不人为制造隐患，自觉将衣物、工具、材料等放置整齐。建立形成"1+X"标准模块体系，编制《岗位标准作业指导书》，强化现场文明生产监督考核，加强动态监督、指导服务，实现全流程动态管控，突出作业现场视觉污染、文明生产和定值线性整治，凡发现能随手解决的问题不解决、随手能做到的事情不去做等问题，一律进行责任追究。

（三）创建党管安全保障体系

按照"党政同责、一岗双责"要求履行安全管理责任，把党管安全落实到矿井中心工作全过程，实现党建与安全管理和生产经营的有机融合，把党建工作作为安全生产管理的重要切入点，发挥党组织的政治核心作用、党支部的战斗堡垒作用和党员的先锋模范作用，制定了党委、纪委、工会、团委党管安全制度，形成了群众安全监督机制，切实抓好了党员安全联保，党代表及职工代表安全巡视，女工家属协管安全，群监员、青安岗员巡视行动，做到了安全生产齐抓共管。

三、坚持自主管理，以"行为管理自主化"推动自我保安行为养成

（一）夯实"三基"工程，形成自主保安体系

一是抓基层建设，注重班组自主管理能力培育。把班组建设作为安全文化的一项系统工程来抓，实行民主举荐、竞聘上岗，同时赋予现场管理等权力，全面推行"区队自治、班组自主、个人自律"管理

模式。二是抓基础建设，全面强化基本制度的完善和执行。在矿井层面，建立运行有序的班组作业组织体系；在区队层面，建立安全生产目标考核体系；在班组层面，建立现场生产安全保障体系。这三个层级管理制度，紧密结合、相互支持形成了交互管理体系。三是抓基本功强化，持之以恒开展职工素质登高工程。推广安全分级培训模式，分层级、多形式地对职工进行安全培训；开展技术比武和岗位练兵，激发职工学技术、练本领、比贡献的积极性。

（二）抓好"三行"工程，推动安全标准自我养成

一是抓行为规范学习。采取"线上＋线下"同步学习的方式，强化不安全行为管控，增强职工自主保安、互保联保意识，营造了"学规范、知标准、查落实、正行为、比效果"的浓厚氛围。二是抓行为规范执行。编制了井下56个主要工种的岗位安全行为规范制度，使广大一线职工明白该干什么、怎么干、什么坚决不能干，真正体现了处处有标准、事事用标准、时时按标准，为职工上标准岗、干标准活，提供了规范支撑。三是抓行为规范养成。开展了以"整理、清洁、准时、朴素标准化、安全、素养"为主要内容的提升活动，引导职工形成良好作业、行为习惯，提升职工安全素养和文明素质，营造安全和谐的工作氛围。

（三）推行"三管"工程，提升全员自我保安能力

一是推行精细化管理。按照安全系统管理流程，推行标准作业，分系统、分专业、分岗位对工艺流程、岗位操作、安全、质量等制定作业标准，动态对现场操作情况进行观察分析，定期对作业标准进行梳理修订，通过标准作业实现上下工序衔接顺畅、高效运转，实现安全管理的精细化、标准化、流程化。二是推行干部"5321"工作法管理。把干部"5321"工作法（现场指挥跟班、技术服务跟班、重点工程跟班、特殊时期跟班、零星工程跟班，严格量化考核机制、严格日常督察机制、严格警示约谈机制，实行周三干部岗位巡检日、基层月末岗位自检日，整改销号闭合机制）提升为严密闭环的精细走动管理，依托信息化手段的强力支撑，促进现场管理步入科学化轨道。三是推行安全监察职能管理。安监处依法行使职权，监督国家安全生产法律法规在本单位的贯彻执行，对煤矿井上、井下安全生产实行全方位、全过程的监管，监督和参与安全质量检查、事故分析处理、各类隐患排查、安全责任制等管理

制度的制定和实施,打造"双能五型"过硬安监队伍,提高安全监察水平。

四、坚持闭环管理,以"闭环落实精细化"推进安全举措落地落实

(一)健全完善闭合管理机制

按照上级安全工作部署,结合田陈煤矿自身发展实际,坚持高标准、严要求,有针对性地制定年度安全文化工作规划和重点工作落实。以推进安全生产工作高效落实、严抓各项工作流程管控和闭合管理、全面夯实安全管理基础为根本出发点,以"立说立行、严控流程、闭合管理、持续改进"为基本遵循,将"计划、执行、检查、处置"PDCA闭合管理模式全面应用于安全生产"重点工作、重点工程、风险管控、隐患治理、问题整改、制度执行"等各方面,紧密结合"质量固安、严管强安、层级保安"系统工程建设,构建完善"行政工作计划化、流程管控精细化、管理资料档案化"和"首问制、复命制、问责制"(简称"三化三制")工作机制,保证最大限度发挥安全生产管理效能。

(二)依法明确安全主体责任

明确以矿长为第一责任人的安全生产责任体系,全面压实区队的安全生产主体责任、职能科室的专业管理责任和安全监察处的安全监管责任。根据上级安全生产法律法规,建立和完善了36个安全生产管理制度文件,修订了340个安全生产管理人员中的228个工种岗位和35个班组的安全生产责任制和责任清单,确保了人员全覆盖、责任无空档。严格抓好安全生产管理制度的执行落实,坚决维护制度的严肃性。建立健全安全文化建设评价考核机制,坚持第一时间分解任务,对每项重点工作制定具体实施方案,严格落实"八个明确",要求逐条逐项列出任务清单,分层分级建立工作台账,确保各项工作做好"进度表"、绘好"路线图"。

(三)强化安全生产闭合考核

积极发挥"线上+线下"双路径管理优势,按照专业管理、分级管理原则,第一时间通过平台、微信、内网等形式发布任务、逐级认领,确保责任不落空,落实不走样。突出目标导向、结果导向,推进"三查两验"闭合验收模式,采用专职人员与专业人员相结合的联合验收方式,不断提高办结工作的真实性、实效性。积极构建"正激励、硬约束"考核体系,固化实施"周通报、月考核、季评价"三项考核制度,从"单位被通报人次、个人被通报次数、个人罚款数额、查处问题性质"四个方面进行综合排名,对敢于担当作为、真抓实干、快速完成工作任务的单位和个人,大张旗鼓进行奖励;对工作不落实、慢落实、落实质效差、考核排名末位的单位和个人,责令写出书面检查、早会检讨,并纳入履职能力考核。

参考文献

中国法制出版社.中华人民共和国安全生产法[M].北京:中国法制出版社,2021.

浅谈企业安全文化建设

中国水利水电第十二工程局有限公司　刘　林

摘　要： 生产安全事故的发生往往是由人的不安全行为、物的不安全状态、管理中的缺陷等因素引起的，而目前最难以解决的问题是如何防止人的不安全行为产生。目前，我国传统、常规的安全管理模式只能增长个人应当具备的安全知识，提高个人的安全技能和增强少量安全意识，但这难以从根本上解决问题。若要从根本上控制事故，企业从业人员还应具备良好的安全观念、态度、品行、道德、伦理、修养等更为基本和深层的因素，而要具备这些因素，企业必须建设属于自身的安全文化。本文将浅谈企业如何建设安全文化。

关键词： 企业；安全文化；建设

一、引言

现代安全哲学及认识论的观点认为，自从有了人类生存，就有了最原始的安全文化的萌发。安全知识、自护能力的养成，经历了以下四个阶段：远古安全文化阶段——安全无知论（安全宿命观）；近代安全文化阶段——传统经验论（传统安全观）；现代安全文化阶段——系统安全论（综合安全观）；广义安全文化阶段——安全文化论（预知预控观）。安全文化顺应安全科学的发展趋势已然成为目前人类从事安全生产活动的最高阶段。

二、安全文化的含义

企业的安全文化可以反映出企业的安全管理水平，安全文化建设是一项惠及企业职工生命与健康的重大工程，是保障企业本质安全的重要途径，也是企业文化建设的一个重要课题。在经过人们长期以来深刻的反省和系统科学的分析后可以得出，在影响安全行为的因素中，除了个人应当具备的安全知识、安全技能、安全意识以外，还应具备安全观念、态度、品行、道德、伦理、修养等更为基本和深层的因素和背景。因此，企业安全文化就是企业在安全生产活动中创造的安全生产及劳动保护的观念、行为、环境、物态条件的总和，是人的安全价值观、态度、能力和行为方式的综合产物。企业安全文化的培养和建设，影响并造就着企业安全管理的哲学，提高管理者与被管理者的安全素养，使安全管理的伦理道德等达到更高一层境界。

安全文化所要解决的问题，是形成最大限度地保证工作效率和安全系数在"临界点"以内稳定状态的共识，也就是在生产工作时避免安全事故发生而形成共同的价值取向和行为准则的总和。由此可见，建设企业安全文化是全面落实习近平总书记关于安全生产系列重要论述和重要指示批示精神的具体体现，是企业安全发展的重要基础，它需要与传统的安全管理相结合，推动实现企业长治久安。

三、安全文化建设的目的

安全文化与企业安全管理有其内在的联系，但安全文化并不是纯粹的安全管理，而是企业安全管理中的依靠和背景，是理念和精神支柱。对于企业来讲，任何避免安全事故的政策、制度、机制、措施及方式方法，若能得到全体员工的认同，就是企业安全文化发展与发挥作用的落脚点。要建设企业安全文化，我们要知道做什么、怎么做、达到什么样的效果，才能防止在安全管理工作中出现重形式轻内涵、重眼前轻长远、重个别轻普遍等现象。在安全学原理中，安全生产与管理包含"人、机、物（料）、法、环"五要素，在引发安全事故的诸多因素中，人的因素占绝大多数。因此，在企业生产过程中，解决掉人的不安全行为，安全管理工作的难题也就迎刃而解。而企业安全文化建设正是解决这个问题的重要保证和途径。

四、安全文化怎样建设

建设具有行业特点、独具企业特色的安全文化，必须培育先进的文化。没有先进的安全理念，就不可能有正确的安全意识；没有正确的安全意识，就不可能有正确的安全行为，也就不可能实现企业本质安全。因此，建立健全安全长效管理机制的目的，就是要发展安全文化并使其达到行业内领先水平。然而，塑造企业安全文化是一项长期、艰巨而又细致的工作，优秀企业文化的构建不像制定一项具体的制度、提一个宣传口号那样简单，它需要企业有意识、有目的、有组织地进行长期的总结、提炼、倡导和强化。从我十几年来在施工企业从事安全管理的工作经历、感悟和通过互联网了解到的其他企业长期致力于安全文化建设的实践来看，在推进企业安全文化建设过程中，必须做好以下几项工作。

（一）确立目标，精心规划

安全文化建设是一项长期性的工作，需要循序渐进、从长计议、全面策划，明确好在每阶段要做的工作和应达到的目标，继而按部就班，有序推进。企业把安全文化建设纳入企业安全长效管理机制建设规划中，制定安全管理推进方案，分阶段、分层次、分成效确立目标、明确措施，扎实推进。

（二）建立理念，达成共识

安全文化包含着一些如"安全第一、以人为本、本质安全、安全发展、诚信至上、责任重于泰山"等基本理念，然而不同的行业或同行业里的不同企业对安全生产管理的要求却不一样，要让安全文化在安全管理中发挥潜移默化的作用，就需要在本企业内形成一种共同的认识、理念和价值观。这需要企业根据自身情况综合考虑选择适用于自身的一些理念，并进行融合，就像人们所知"红灯停、绿灯行"已成为常态一般，把理念转化为行动，把"要我安全"转化为"我要安全"，进而升华到"我会安全"的境界。

（三）开展活动，载体带动

安全文化建设要实施就需要通过形式多样的活动载体的带动，才能够有效地形成并逐渐影响到广大员工的思想和灵魂深处。通常国内各企业每年定期开展"安全生产月"活动，组织参与多项围绕安全主题的实践活动，虽然形式新颖、内容丰富但流于形式，并没有完全将安全文化建设作为一项重要内容。除了国家（政府）和上级单位规定的一些安全活动外，企业还要广泛、长期地开展安全教育与安全宣传活动，形成舆论声势，为安全文化奠定思想基础。同时，举办安全演讲比赛、应急救援模拟演练、安全常识比赛、安全技能比武等活动，在职工中唱响本企业的安全理念。并将安全生产的标语在办公室和工作场所悬挂，营造出良好的安全氛围。职工

在良好氛围中将逐渐耳濡目染、养成良好的习惯，而良好的习惯又会在日积月累中积淀为安全文化。

（四）树立标杆，模仿学习

企业安全文化建设是一项既复杂又抽象的工程，必须树立实际的安全标杆，可以是一线遵章守纪比较好的员工，也可以是安全管理一丝不苟的管理人员，抑或是一次能衬托安全的事迹。充分发挥先进典型的示范作用，让全体成员模仿学习，有助于推动整体工作。企业在推进安全文化建设过程中要注意挖掘和培养典型，注意及时总结好的做法积累经验，大力推广，从而使企业安全文化创建成果得到不断巩固和扩大。

（五）完善制度，强势推动

要巩固无形的安全文化，不能单纯靠宣传教育和安全活动，必须寓无形于有形之中，需要建立有形的约束力。何为企业有形约束力？企业制定的一系列安全管理制度就是有形的约束力。制度本身具有严肃性，又明确了职责及工作内容，是全员的工作"依据"。企业要制定完善各类安全管理制度，进行强势推动，使员工在从事每一项生产活动中，都能够感受到制度的引导和控制作用，全员能够遵守落实各类制度便是企业安全文化的一种体现。因此，企业在进行安全文化建设的初期一定要明确；虽然安全文化并不纯粹等同于安全管理，但是安全文化建设必须回归安全管理本身，把制度建设与企业安全文化理念联系起来，并有意识地融入管理工作才能真正内化成为全员的行动指南，保证企业安全文化恒久的活力。

（六）强化教育，创新培训

安全文化是全员文化，员工安全意识、安全素质和安全技能的提高仅靠制度约束和舆论影响是不够的，或者说是"机械的"，必须通过对全员进行思想灌输教育、理论知识培训和安全技能强化，营造"学习型企业"的积极氛围。企业在推进企业安全文化建设中要高度重视员工安全意识教育和素质培训，坚持安全教育培训全覆盖，明确安全培训的目标是各项目部、各班组的一线员工做到"不伤害自己、不伤害他人、不被他人伤害、保护他人不受伤害"四不伤害。此外要完善安全教育培训机制，创新安全教育方法如"互动式安全教育"等，这也是培育和倡导企业安全理念、安全价值观，推动企业安全文化深入人心，巩固企业安全文化建设成果的重要

手段。

（七）落实执行，推动发展

安全工作的重点在于落实，在于制度的贯彻执行。不能仅仅写在纸上、贴在墙上、挂在嘴边、记在心中，更重要的是加以落实，落地见效。安全知识教育的目的在于"知"，安全技能的目的在于"会"，安全态度的目的在于"行"，三者统一才能围绕安全生产实际，这也是推动企业安全文化建设的关键。因此，在未来的安全管理工作中要动态发展，不断完善，并不断加强与各单位和部门的协调配合，才能建设好企业安全文化。

五、结语

企业安全文化建设作为目前最科学的安全管理，它是安全系统工程和现代安全管理的一种新思路、新策略，也是企业事故预防的重要基础工程。要把这项工作深入持久地推进下去，通过构建先进的安全文化进而提升企业安全工作的状态和境界，努力将企业打造成为行业安全管理的强者。

基于管理实践对安全文化建设进行研究

中国水利水电第十二工程局有限公司　王　娟

摘　要： 生产安全事故的发生是人的不安全行为和物的不安全状态导致的，为了从源头上防范事故的发生，必须加强安全文化建设。作为公司发展的关键一环，安全文化可以增强安全文化建设的凝聚力和诚信度，提高员工对安全问题的关注，消除潜在的安全隐患和风险，同时可以加强安全监管，有助于增强企业员工的安全意识以及自我保护技能，此外还能增强员工的归属感。

为了提升安全文化建设，应该加快形成安全理念，以习近平新时代中国特色社会主义思想为指导，坚持"安全第一、预防为主、综合治理"的安全生产方针，树立正确的安全理念，加强安全制度文化建设，分别从决策层、管理层、作业层及监督体系出发制定行为准则，确保公司履行安全生产主体责任。

关键词： 事故统计分析因果连锁模型；安全文化建设；安全理念；安全制度文化建设

根据《安全生产法》第三条规定：安全生产工作应当以人为本，坚持人民至上、生命至上，把保护人民生命安全摆在首位。但在实际生活中，由于作业人员安全意识淡薄、管理人员监管不力造成的安全事故不在少数。1996年3月，东风水电站某施工队的班长在钻机未停的情况下与司钻人员换岗，违章跨越钻机，由于未穿着工作服，衣角绞入钻杆，造成当场死亡。1994年8月，某抽水蓄能电站爆破时，爆破装药量过大，击穿前方施工调度值班室，造成室内避炮人员一人死亡一人重伤。由上述案例可知，安全事故的发生往往是因为员工麻痹的侥幸心理与淡薄的安全意识。安全生产工作必须严格执行安全操作规程，遵循"安全第一，预防为主，综合治理"的安全生产方针，落实安全生产主体责任，大力培育企业安全文化，从源头防范生产安全事故。

由事故统计分析因果连锁模型可知，生产安全事故发生的直接原因是人的不安全行为和物的不安全状态，以及事故背后的原因——管理失误。当人出现不安全行为或者物出现不安全状态时，便会产生安全隐患。无论在哪个行业，工作人员若存在侥幸心理，为了逃避问题或解决问题采取不理智的行为造成管理失误，或者思想麻痹将经常干的工作习以为常，得过且过，放松对危险的警惕，就会产生潜在的安全隐患，而这些隐患与物的不安全状态轨迹交叉，便会发生事故。因此，为了避免发生事故，应该控制人与物的轨迹，必须从安全文化入手。通过

开展安全文化建设，加强安全理念形成与安全制度文化建设，不断改善安全工作环境，培养本质安全型员工，打造本质安全型企业。

安全文化的作用是通过对人的观念、道德、伦理、态度、情感、品行等深层次的人文因素的强化，利用领导、教育、宣传、奖惩、营造群体氛围等手段，不断提高人的安全素质，改进其安全意识和行为，从而使人们从被动地服从安全管理制度，转变成自觉主动地按安全要求采取行动，即从"要我遵章守法"转变成"我要遵章守法"。对于施工企业来说，安全文化是企业文化的重要组成部分，"无危则安，无损为全"，理论上来说，只要控制好"人、机、环境"三要素，就可以阻止事故发生，但事实上，员工安全思想落后，管理工作存在盲区，必然导致安全管理的疏漏。因此，建设安全文化是阻止事故发生的关键一环。

通过安全文化的引导，员工可以培养积极的安全意识和行为，进而掌握实际的安全知识和技能，以便识别和控制潜在的危险，从而进一步降低不必要的事故和损失。安全文化对企业来说是一种无形的生产力。加强员工与安全领导的互动和交流，建立一套机制，使员工能够分享安全故事和经验教训，从而增强安全文化建设的凝聚力和诚信，提高员工对安全问题的关注和认识比例，消除潜在的安全隐患和风险。

加强安全监管的有效手段之一是推广安全文

化，其中包括加强安全检查、提升员工的紧急处置能力，以确保员工能够自主排除安全隐患或及时上报。安全文化也是对员工进行培训教育的一种方式，有助于增强企业员工的安全意识以及提升自我保护技能。通过逐步加强安全管理和监管，公司能够进一步提升员工对安全问题的关注和认识，强化安全行为的要求，同时加强安全文化的建设，以确保公司安全管理的全面性和持续性。

员工的参与感和归属感是公司安全文化建设不可或缺的重要组成部分，而安全文化的实施则能够有效增强员工的安全意识和归属感。安全文化是一种价值观，它要求企业的每一位成员都应该具有良好的职业道德，并将其融入工作当中去。除了具备正确的知识和技能外，员工还需要在安全管理中承担相应的责任和义务，必须在恰当的时间和地点，运用恰当的工具和材料。员工对企业文化的认知程度直接影响其对安全问题的态度以及他们的工作积极性，所以要想提升企业整体水平，就应该注重企业内部文化建设的开展。通过营造一种促进员工自由表达意见和建议的氛围，加强与员工的沟通和交流，公司能够更有效地融入员工群体，同时营造安全文化氛围，增强员工的归属感和参与感。

持续的安全支持源自安全文化，其中涵盖了一套完备的安全程序、至关重要的安全标准，以及不断升级的安全技术。安全文化还能帮助企业识别并消除潜在危险因素。借助这些支持和指引，员工得以借助安全文化建设，巩固并消除各种安全风险，从而确保公司的安全和稳定。

那么，具体应该从哪些方面着手呢？

一是建立正确的安全文化理念。这是提升安全文化的首要步骤，因为安全理念是一个地方、一个群体对安全总的价值选择，对人的思想、思维、思路和决策产生主导和影响。在新时期新形势下，加强安全文化建设要以习近平新时代中国特色社会主义思想为指导，把员工的安全意识作为根本出发点和落脚点。在安全文化建设的进程中，安全理念的灌输和培养是一个需要加强的环节。在当前形势下，要实现经济又好又快地持续健康发展，就必须牢固树立科学发展观，把安全工作放在一切工作的首位。为确保安全，我们必须采取切实有效的措施，秉承"诚信、担当、共赢、感恩"的企业精神，以"创新、协调、绿色、开放、共享"的新发展理念为指引，践行"安全人人抓、幸福千万家"的安全文化核心理念。引导领导干部自觉树立"安全至上，稳定为先，发展为先，群众根本利益为本"的安全发展理念；企业应树立以安全为生命、以安全为效益的安全利益理念；员工应当树立"以安全为重，即对生命、亲人、家庭的珍爱"的安全意识，以此来保障自身的安全。

二是加强安全制度文化建设。作为安全生产的责任主体，企业肩负着不可或缺的使命。为确保公司履行安全生产主体责任，必须增强法治意识，全面贯彻国家有关安全生产的法律法规，加强安全生产管理。

全体员工必须深刻认识到安全生产主体责任地位的重要性，高度重视安全生产责任的落实，并在安全生产方面积极践行真抓实干的良好作风，这是确保安全生产顺利进行的根本要求。

作为公司决策层，决策者应落实安全责任，确立全面的安全责任体系，强化责任评估机制，对于重要的安全工作，应亲自策划、深入研究并积极参与其中。确保资源的安全保障，确保安全投入合规有效，配备完善的安全管理资源，以保障安全，加强双重预防机制的实施，积极推进应急能力的提升。秉持着安全至上的信念去实践带头履行职责，率先遵守规章制度，率领团队展开检查，传达组织的核心理念。

作为管理层，管理者要对员工负责，员工的生命健康和个人利益与安全生产息息相关。在生产活动过程中，必须加强安全管理，只有这样才可以保证安全工作的顺利进行，才能为企业创造更好的经济效益和社会效益。以员工的安全为首要考虑，秉持高度负责的态度，全力保障员工的安全，在安全生产过程中始终坚持以人民为中心，不断加强管理和监督，以确保工作的顺利进行，坚守以生命为中心的信念。好好珍惜自己、好好照顾别人、把公司的核心安全价值观贯彻到实际行动中去。对企业承担责任，确保安全事项得到妥善处理，以公司的安全愿景为指引，确立明确的安全生产目标，并对其进行认可。在全面履行安全职责的过程中，从计划、布置、检查、总结、评比等多个环节入手，确保安全工作得到切实落实，在从事业务工作的同时，必须进行周密的规划、周密的布置、严格的检查、全面的总结以及全面评估，全力以赴，扎实做好安全工作，以确保对企业的责任履行严格的承诺。

作业层应该牢记安全责任,严格履行安全职责,掌握岗位安全知识,提高自己的安全技能,主动辨识安全风险,落实安全防范措施,杜绝违章作业。

三是制定监督体系行为准则。安全生产规章制度在安全生产管理中起着举足轻重的作用,从事安全生产工作的人员直接而又具体地承担着日常安全管理任务,并对各项规章制度的执行情况进行督促检查。不徇私情,坚持独立、客观、公正原则和实事求是的态度,不因个人的好恶而影响工作,这是安全管理人员应具备的根本条件。贯彻安全标准不打折扣,因为安全标准是搞好安全生产的重要技术基础。安全管理人员严格监督安全标准的执行,一丝不苟,不打折扣,是防患于未然,减少或杜绝事故发生的基本条件。

四是保障公司高质量发展。这是安全文化建设的最高目标。安全是发展的保障,发展是安全的目的,要统筹发展和安全。安全生产是企业的生命线,是高质量发展的压舱石。要坚持以习近平新时代中国特色社会主义思想为指导,深入贯彻习近平总书记关于安全生产的重要论述和重要指示批示精神,全面贯彻落实党中央、国务院关于安全生产的重大决策部署,坚持以人为本、生命至上,层层压紧压实安全生产责任,持续深化责任体系、制度体系、监督体系建设,抓好安全科技化、信息化、标准化水平提升,强化监督检查、教育培训、风险防控、应急管理等基础工作,努力实现高质量发展和高水平安全良性互动,以高水平安全保障公司高质量发展。

在确保安全生产的过程中,安全文化扮演着不可或缺的角色,其重要性不言而喻。企业只有通过加强安全文化建设才能提高员工的综合素质,提高其工作热情与效率。在建设和谐社会的过程中,安全文化已被提升至前所未有的高度,成为至关重要的因素之一。企业安全文化建设就是将安全理念融入企业的每一个环节,使员工从自身做起,从小事抓起。通过建立高效的安全管理和监管机制,激发员工的安全意识和行为,提高员工的参与度,增强员工的归属感,并提供持续的安全支持,从而达到促进员工安全意识和行为的目的。安全文化通过对人与环境之间关系的影响,使人们自觉地遵守安全规则、尊重他人利益,从而达到减少事故发生的目的。因此,在企业中树立安全文化是提升安全水平的重要途径之一,以确保员工和企业的安全。随着我国经济的飞速发展以及人们生活水平的不断提高,对安全问题越来越重视。为了确保员工和社会的安全生产,提升公司整体安全管理水平,必须逐步加强安全文化建设,以塑造一种安全至上的企业文化。

安全文化建设与现代企业安全管理研究

中国水利水电第十二工程局有限公司　田云超

摘　要：本文首先对研究企业文化的目的、意义以及方法进行了解释说明，并且对国内外企业文化的研究现状进行回顾总结，通过整理对比国内外有关知名企业的研究现状，再结合研究的目的意义与研究方法说明有关企业文化研究的重要性，本文首先介绍了水电安全文化的概况，并探讨了它的发展历程和重要性，对新时期发展要求进行分析。其次根据水电安全文化的内涵和特征等方面展开论述。在国内外关于水电安全文化是指具有特定功能或特点的人员所从事活动过程中发生的各种行为规范或者规范的总和，包括遵守规则及其他规章制度等。随着社会经济的飞速发展和人民生活水平的显著提高，我国正在大力推行水电行业的建设，我们要重视水电安全文化建设。

关键词：企业安全文化建设；水电安全文化；文化建设与培育

一、企业文化的定义及意义

（一）企业文化释义

文化是我们的基础，它不仅是公司精髓的凝聚表现，更是我们的力量来源。在当今社会，文化已经成为我们的核心支撑，它不仅直接影响着企业内部环境，也直接影响着公司人员的思维和行动。它是一种软管理，以各类管理制度规定的形式制约着公司员工的行动，从而推进整个公司发展，实现公司的持久成长。文化对经济社会建设有着重大意义，它不仅能够影响企业的方向，而且还能够带动中小企业走向成功。伴随世界经济一体化的加速，各国争夺日渐白热化，中国文化的重要性也日渐突显。市场经济也随之发生变化，我国许多中小企业开始向国外学习，并且逐步形成了自己独特的企业文化体系，但是由于缺乏相关法律法规以及行业规范等，很多中小型民营企业都没有建立完善的企业文化体系，因此，这些公司存在严重的问题。为了解决这种情况，我们需要制定出合理有效的企业文化建设方案来确保企业能够健康有序地发展。同时，还要不断加大企业自身的思想道德教育工作力度，使得全体员工认识到企业文化对整个社会产生的深远影响，从而保证企业文化的正常运转。企业文化建设是提升核心竞争力的关键因素。

（二）企业文化的定义

安全管理文化是一种由公司组织机构的员工共同遵守的安全管理核心价值观、方式、道德准则和行为规范组成的完整体系。通过全面的组织管理和其他有效措施，不断提升企业安全文化水平，以实现安全文化的持续发展。安全管理业绩是一种衡量组织安全保证和行为规范的重要指标，它可以通过对进行管理的评估来衡量安全文化建设的成效。

通过有效的组织管理和自身制约，我们可以获得超越法律和政府监管规定的安全生产保障，从而确保安全生产。企业应当公开承诺，以此来表明全体员工对安全的重视，并且致力于实现安全绩效的稳定目标。安全价值观是一种被企业员工广泛接受的，且员工对安全问题的重要性和必要性有着总体评估和看法的价值观念。在安全价值观的指引下，员工应该积极地面对各种安全挑战，并以积极的态度去解决它们。

（三）水电企业中安全文化的定义

安全性是指采取有效的监控、保障和预防，以保证设备、行为、物料和化学物质的安全可靠运行，并尽可能地减少科技因素、人力因素或天然灾难导致的事故，从而保障工作人员、公众和环境免受不良影响。

安全文化是超越一切的价值观、行为和特性的总和，它以"安全性"为基础，旨在保护公民身体健康和社会环境安全性，并将其付诸实施。它涵盖了组织和个人的各种特性和态度，强调企业安全问题的必要性，并要求其受到相应的关注。

（四）企业文化的作用

随着时代的发展，我们对公司管理和核心价值观的认知也在不断深入,这一进程既受到历史的影响,也受市场经济动力的争夺、对抗和较量的转变所推动。企业文化是企业管理从理性界定向非理性界定转变的结果。企业文化的界定更具多样化、复杂化和变数,这使得它的表述更加丰富多彩。

在我国,学者普遍认为,企业文化就是在特定时期内形成的各种社会现象或行为规范,并且其特征与内容有关。关于企业文化内涵的研究主要集中于以下两个方面。首先,学术界针对企业文化的概念进行大量文献资料的收集、整理后发现,国内外都有着较为完整的理论体系,但是由于缺乏系统化的实证分析方法,目前还没有专门针对企业员工群体展开深入研究。其次,国外相关研究大多基于不同的视角来阐明企业文化建设中存在着诸多问题及原因,例如,企业文化建设的现状及影响因素等。科学研究表明,企业文化是发展的组成部分,它不仅涉及公司内部各个方面,还深受外部各种因素的直接影响。经过整理已有的文章,我们可以看到,国内外对于公司文化发展的深入研究相当丰富,其中包括公司文化发展的形成要素及其关系,以及核心价值观怎样影响企业发展,从而提升效益等方面的研究成果。核心价值观不仅能够为公司带来成功和良好的声誉,还能够促进企业的发展和成长,从而使企业获得更好的发展空间。

综上所述,本论文以我国水电安全文化为例,结合当前形势下的实际情况提出相应的解决方案,希望能够给其他企业提供参考借鉴意义。由于全球经济社会的高速发展,当今世界各地相互之间的商贸交往变得更加频繁,全球贸易竞争也更加激烈。尤其是在这种背景下,大公司面临着激烈的挑战和诸多的机遇,因此,如何提高核心技术研发能力成为众多学者关注的焦点。

目前关于企业文化内涵方面的研究主要集中于理论层面上,但是现有的研究大都聚焦于企业文化内涵的探讨,并未将企业文化内涵与企业文化进行深度融合,没有针对具体案例开展详细分析。一些学者认为,公司文化的多元可以增加公司的向心力,从而促进企业的长期健康发展。

二、我国的水电安全文化管理

抽水蓄能与智能化信息技术的发展是我们现代科技文明前进的重大成就,它们为世界提供了巨大的福祉,但也可能伴随着危险。水电安全是蓄能与信息技术发展的基础,是我国信息安全的主要支柱,也是公司发展的生命线,必须加强对水电安全的管控和保障。为了落实"创新、协调、绿色、开放、共享"新发展理念中关于安全发展的观念,我们将积极推进水电安全文化的发展,以提高水电安全水平,确保水电设施的安全建设。水电文化是一种共同的价值观,旨在保护公众的健康和环境安全,是所有参与者和个人共同达成的共识,并将其付诸实践。因此,水电安全文化不仅是一种态度,更是一种体制,它是所有参与水电安全建设的人员共同的价值观和行为准则。

从近年来全国各地的安全生产事故来看,人为失误已经成为水电站发生安全事故的主要原因,超过50%的安全事故都是人为失误引起的。因此,应当将水电安全文化建设当作一种基本管理工作原则,予以推行,以有效防止或尽量减少人为失误的发生。当每个人都致力于提高水电安全水平,并且积极参与其中,以尽量减少或防止人为失误,从而达到共同的安全目标时,水电安全文化就会得到充分体现。因此,要想让水电安全文化真正落实到个人行为中,就需要在多个层面努力,把水电安保的基本理念和基本原则融入日常生活,以确保水电安全文化的有效实施。

(一)水电安全文化管理概述

水电安全文化应当深植于员工的内心,并以实际行动体现出来,使水电安全理念成为公司的核心价值观;重点建立以安全保障为核心的管理体系,完善管理制度,并严格执行;强化教师队伍建设工作,健全培养机制,培养出具有良好的意识、严谨的工作作风以及出色的技术能力的人才队伍。

(二)水电安全文化的培育与实践

1.企业最高管理层的水电安全观和承诺

高层管理者应当牢固树立正确的水电安全意识,在制定发展目标、规划、管理体系、监管机制以及实施安全责任制等决策过程中,要坚持"安全第一"的基本方针和"保守决策"的基本原则,并承诺确保水电安全目标得到有效实施。树立有形的表率,让各级管理者和员工切身感受到最高管理层对承诺的践行。

2.企业各级管理层的态度和表率

管理层应该以身作则,充分展示自己的行为、发挥自己的榜样作用,提升自己的水电安全文化素养，为公司的发展做出贡献。形成严谨的制度化工作方法，营造有益于水电安全的工作氛围，培育重视水电安全的工作态度，应当严格执行安全责任，给予安全岗位充足的权力和资源，以确保安全的可持续发展。

3. 企业员工全面参与

所有人都应该严格遵守各项规章制度，并牢固树立安全责任意识。为了确保水电安全，我们应该时刻保持警惕，并积极报告所有安全异常和事件，严格遵守"对隐瞒虚报零宽容，对非法操纵零宽容"的规定，营造一种人人都有责任创造和维护水电安全的环境。

4. 培育学习型组织

公司在组织新工人技术、岗前技术和在岗技术培训时，应将水电安全文化作为重要的培训内容，确立专门的"安全第一、质量第一"方针，让工人深刻理解水电安全事件或事故的严重性，加强安全意识教育，强调按程序办事的要求，培养他们一次性完成任务的能力，营造一种继承传统、持续改进、戒骄戒躁、创新、崇尚优秀、自主赶超的学习氛围。

5. 构建全面有效的安全、质量保证体系

应建立科学合理的安全、质量管理制度，严格执行"四个凡事"和"两个零容忍"，保证在拟定政策措施、设定组织、分派各种资源、编制规划、组织推进、降低成本等工作方面，不得超越水电安全的范畴，以保证水电安全的有效实施。

6. 营造适宜的工作环境

为了提高效率，我们应该科学合理地确定作业时间和力度，并为员工创造方便的作业环境。此外，我们还应该构建公平公正的机制，促进员工的升迁。同时，我们应该加强沟通交流活动，真实正确地处理利益冲突问题，创造一个互相尊敬、广泛信赖、凝聚合作、平等和谐的员工环境。建立有效的机制，以便对水电安全问题进行质疑、报告和经验反馈。

7. 创建和谐的公共关系

为了确保公众的知情权、参加权和行使权，公司应该采用多种方式，如信息公开、公众参加、科普宣传等，并且管理者应该以公开的态度，多途径听取多样化建议，并妥善处理公司的投诉。

（三）水电安全文化的基本理念

1. 严之又严、慎之又慎、细之又细、实之又实

严代表严字当头，严字在先，严格要求，从严监管；慎代表考虑要慎，决策要慎；细代表考虑细心，办事细致，注重细节；实代表脚踏实地，说实话，做实事，求实效。

2. 蓝色透明文化

蓝色透明文化三要点：坦诚、公开、透明。

无论是出于何种原因，一旦发现建设施工中设施存在安全质量隐患或出现安全质量问题，员工有责任立即停止施工，并及时进行记录和报告。

如果出现安全质量问题，应当立即采取行动，不得隐瞒或私自处置。同时，必须及时准确地向上司汇报出现的问题或潜在的安全隐患，并且在出现图像或资料上的差错或问题时，必须向技术人员进行确认，而不是盲目建造或野蛮施工。

3. "水电安全纵深防御屏障"原则

任何安全质量事件的产生都并非某一个原因，乃是由多个原因联合影响的后果，这些原因可能是人为失误、制度缺陷、不当操作、违反规章制度、管理不善、错误指令等造成的。因此，安全质量事故的发生通常是多个原因共同作用的后果，而并非单一原因造成的。

三、水电安全文化的建设与培育

（一）水电安全文化培育的三个阶段

1. 不自觉状态

我们应该将水电安全性视作外部需求，并严格遵守安全质量标准和法规。我们不应该把信息安全仅仅看作技术问题。

2. 半自觉状态

把良好的安全绩效视为组织的共同目标，我们应遵守安全质量标准、法规，但忽视行为科学分析。

3. 自觉状态

我们将水电安全视为不可推卸的责任，严格遵守，加强风险防范，不断提升安全绩效。

（二）水电安全文化的组成

水电安全文化的表现形式可以归结为两个方面：第一是由社会组织策略和活动构建的水电安全管理体系；第二是其他人在这一管理体系中的行为表现，它们共同构成了水电安全文化的核心内涵。实现水电安全的最终目标取决于双方对此的承诺和努力。

水电安全文化不仅是一种态度，更是一种体制，它既与组织有关，又与个人有关。

（三）决策和管理层的要求

一个组织的水电安全文化，主要是领导人对水

电安全文化理念的理解。因此,水电安全文化主要是领导人的文化。

(1)领导者向组织内部承诺水电安全的重要性,让员工了解领导意图。

(2)加强与员工的沟通,了解员工对水电安全态度的变化。

(3)深入施工现场,了解员工工作状态。

(4)以身作则,带头践行水电安全文化。

(5)提供足够资源。

(6)支持安全监督人员工作。

（四）个人素养要求

1.质疑的工作态度

我对这个工作目标有何理解?我能否获得执行这个目标所需的能力?我是否需要帮助?我的责任是什么?其他人的责任是什么?我的工作有什么安全质量风险?在哪些情况下可能会出错?应该采取哪些措施来避免失误?如果出现失误,会带来什么样的后果?万一出现失误或其他异常情况,我该怎么办?以上这些问题,工作人员要敢于质疑,敢于思考。

2.严谨的工作方法

(1)在工作开始前或问题出现时,先停下来,确保现场处于安全状态。

(2)认真分析问题原因,制定方案。要求做好充分的风险分析,并制定预防措施;要求正确处理质量、安全和进度三者之间的关系,任何时候安全、质量都是首先要被考虑并被确保的。

(3)按照规定的步骤执行,严格遵守流程,培养良好的工作习惯和行为准则,以确保工作的高效进行。

(4)工作结束后,检查结果是否正确,是否满足方案要求,确认操作的准确性和有效性。

3.良好的沟通习惯

(1)积极地从他人那里获取有用信息,积极地向他人传递正确的信息。

(2)所有工作成果都应该在正常或特殊情形下进行报告,并做好书面形式记载;正确填写工作日志和工作单。

(3)善于积累,尝试提出新的建议。

（五）推进与保障

1.规划与计划

为了更好地推动项目部安全文化建设,项目经理应该充分认识到其阶段性、复杂性和持续改进的特点,并制定出一套完善的中长期规划和阶段性计划,以确保项目的顺利实施。

2.保障条件

为了确保安全文化建设的顺利进行,我们必须提供以下保障条件。

(1)确立安全文化建设的领导角色,建立有效的领导机制。

(2)确定负责推动安全文化建设的机构和人员,并确保他们能够有效地履行职责。

(3)保证必需的建设资金投入。

(4)构建一个安全可靠的文化信息传播系统。

3.推动骨干的选拔和培养

为了促进安全文化的发展,我们应该从管理人员和一般人员中挑选和培训一些有能力的骨干。上述核心骨干不仅要充当公司员工、集团和各类管理人员的老师的角色,还要起到引导和鼓励的作用,帮助全体公司员工树立良好的安全意识和行为准则。

4.主要途径

领导层深知项目部安全文化的重要性,因此采取了多种措施,将安全理念融入个人日常行为,以确保项目的安全运行。推动安全文化工作的开展,带头走上讲台进行安全文化的宣贯。

为了提升领导力,我们制订了一份培训计划,并将安全文化建设纳入年度培训计划。我们将统筹安排,有效落实这项工作。此外,我们还对在生产经营活动中体现安全文化理念的行为给予表彰和奖励,以加强员工对企业文化的了解和认识,让企业文化深入人心。

努力发现和培育各类安全文化传播方面的先进典型,并积极进行宣传,传播正能量,起到骨干渗透功效。结合实际旨在通过创新的安全文化建设活动,深入影响和塑造项目部员工的思想、观念和行为,增强内部凝聚力,激发员工的创造力,从而实现业务发展、员工成长和安全文化建设的有机结合。

（六）推进水电安全文化建设的工作要求

安全文化不仅仅是一种心态提问,更是一种制度提问,它既与工作单位相关,也与社会个人相关,它涉及如何准确了解和处置安全问题,并且采用什么样的行为。安全文化与每个人的工作心态、思维习惯及其单位的工作作风息息相关,推动安全文化建设的过程需要长期、系统地努力才能取得成功的任务。

1.创新协同

中国电建集团的价值观是责任、创新、诚信、共赢，安全文化的提升涉及整个项目部，因此，领导层应该积极推动各单位之间、队伍之间的配合与紧密协作，同事在工作中要相互支持、主动协作、相互补充；要有创新思维和大局观念，把自身权益放在团队共享权益之间，自觉服从工作大局，把团队共享权益放在企业共享权益、政府部门共享权益等所有局部共享权益之间，大力推行自主技术创新意识，建立完善的创新机制，以实现安全文化的提升。鼓励创新思维，营造一个充满活力、包容性的创新氛围。在班组建设中，坚持将技术创新理念与实践应用相结合，努力实现班组建设的创新成果，推动班组发展。

2. 卓力全员

从领导力提升、落实岗位职责、增强人员意识、主动担当作为等多维度开展工作，实现决策层承诺示范、管理层渗透辐射、执行层参与贡献。意在提升项目部全体员工安全文化素养，促进项目部安全文化建设持续改进。

3. 用好管理工具

充分利用经验反馈、评估、对标、不同行业交流等管理工具和手段，融合新时代新管理理念和创新思维方式。

四、结束语

水电安全文化实质上是从事核设施行业人员的责任心和敬业精神的体现，是所有参与人员价值观、标准、道德和可接受行为规范的统一体。

安全是水电行业的生命线。七十年来水电安全文化得到了一代代水电工人的坚持和传承。水电人始终将安全作为企业的核心价值观，不断加强安全管理，确保水电安全记录的完整性，避免发生重大超剂量致死事故和造成严重后果的放射性污染事故。近年来，电建集团公司安全环保形势稳定，为科研生产提供了良好的安全保障。水电安全运行取得了显著进步，大大减少了环境污染和生产安全事故的发生，有效控制了职业危害，未发生国资委安全生产考核扣分项。

参考文献

[1] 豆建磊. 安全文化建设与现代制造企业安全管理研究 [M]. 北京：中国科技出版社，2016.

[2] 李苏龙. 浅析安全文化建设与现代制造企业安全管理研究 [M]. 北京：中国人民大学出版社，2017.

[3] 董芳. 对安全文化建设与现代制造企业安全管理研究的几点看法 [M]. 北京：中国教育出版社，2016.

[4] 霍宇. 企业安全文化建设有效途径的探讨 [J]. 中外企业家，2015, (10):208-209.

[5] 李日强. 企业安全文化建设 [J]. 化工管理，2014, (32):6.

[6] 荣显强. 我国企业安全文化建设方法及思路 [J]. 商场现代化，2014, (32)：108.

[7] 薛刚. 论如何开展企业安全文化建设 [J]. 东方企业文化，2014, (11):81.

[8] 马建光. 安全文化建设在安全生产中的地位和作用 [J]. 管理观察，2014, (34):121-122.

[9] 赵明华，孙宇冲. 浅析企业安全文化建设的重要性 [J]. 中国安全生产科学技术，2017, (S2):205-207.

[10] 范有为，陈彬，王文静. 探究企业安全文化建设与安全管理体系运营 [J]. 化工管理，2019, (14):80-81.

[11] 郭宇. 企业安全文化建设与安全管理体系运行研究 [J]. 管理观察，2017, (26):29-30.

[12] 李艳哲. 企业安全文化建设与安全管理体系运行的分析 [J]. 冶金管理，2019, (03):100.

[13] 兰广泽. 企业安全文化建设及员工安全行为转变 [C]// 中国金属学会冶金安全与健康分会.2013, 中国金属学会冶金安全与健康年会论文集. 太原钢铁集团公司炼钢一厂，2013:3.

浅谈安全文化建设保障企业安全发展

——以海口国际免税城项目建设为例

中免（海口）投资发展有限公司　杨卫庆　丁　磊　杨　博　程学奎　董玉强

摘　要：中免（海口）投资发展有限公司在海口国际免税城建设过程中，积极有效地开展安全文化的建设、宣传工作，从公司核心业务板块入手，对房地产开发、建设工程施工安全领域进行学习、探索，总结安全管理、文化建设中好的经验做法，为维护公司安全生产形势稳定做出积极贡献。

关键词：安全生产；党建引领；风险隐患

安全生产是企业发展之基，做好安全工作，重在管理，重在团队，更重在文化。安全文化是"有形"与"无形"的结合，是"外在"同"内在"的统一，是"形式"和"内容"的兼顾，是"量变"到"质变"的跨越，需要通过有形、有效的抓手作为载体，将安全生产融入每一名员工内心深处，逐渐形成员工个人的安全生产习惯，进而铸就公司的安全生产文化。

中免（海口）投资发展有限公司（以下简称海口公司）在海口国际免税城项目建设过程中，秉承"安全第一，预防为主，综合治理，一票否决"的工作方针，从源头上防范化解重大安全风险，紧密围绕国家和属地政府安全生产工作部署，结合上级公司管理及目标要求和海口公司的安全生产形势，发挥党建引领保障作用，牢固树立安全、绿色发展理念，全面夯实安全生产责任，从严从细落实各项安全生产工作，加大隐患排查整改力度，有效防范化解各类安全风险，确保公司健康稳定发展。

海口公司始终严格落实"1234"安全管理要求，即以一个理念（安全文化理念），通过两条路径（安全意识培育、安全行为养成），压实三项责任（主体责任、领导责任、全员责任），实现四大目标（零盲区、零距离、零事故、零容忍），日积月累，最终塑造和筑牢公司的安全生产文化。

一、健全体系，安全生产"零盲区"

"先其未然谓之防，发而止之谓之救，行而责之谓之戒。"海口公司始终把安全生产工作摆在突出位置，将安全生产工作与其他中心工作同部署、同

落实，通过健全管理体系，持续强化组织领导，细化分解安全管理责任，常念安全"紧箍咒"，织密筑牢"安全网"。

（一）层层压实，强化统筹安排

成立由公司领导班子组成的安委会，落实"管业务必须管安全、管行业必须管安全、管生产经营必须管安全"的工作要求，将安全生产责任与年度综合绩效考核紧密挂钩。今年以来，与各部门负责人签订年度安全目标责任书8份，各部门负责人与部门员工签订安全目标责任书62份，明确安全生产管理内容、考核及奖惩要求。同时，在项目现场实行海口公司—项目管理公司—监理单位—总包单位的四级管控体系，实现安全生产责任逐层落实全覆盖，为安全生产的控制与管理奠定了牢固的基础。

（二）以学促落，增强安全意识

发挥领导班子"头雁效应"，海口公司总经理对《重大事故隐患专项排查整治行动》方案进行宣贯部署并作出安全承诺，坚守"发展决不能以牺牲安全为代价"这条不可逾越的红线，以"守初心、担使命"的政治觉悟，切实扛起安全生产工作的政治责任，确保公司安全生产形势稳定发展。

（三）多措并举，开展安全月活动

一是加强宣传教育。召开专题会深入学习领会习近平总书记关于安全生产工作的重要论述和重要指示批示精神，宣贯落实国务院安委会安全生产十五条措施，观看安全警示教育片，对安全生产月进行工作部署。二是开展隐患排查。工程部组织项

目管理公司、监理、总包单位等共同开展"周联合安全检查"，梳理安全管理体系，排查安全生产隐患风险，强化项目现场安全管理。三是组织应急演练。安全生产月期间，开展专项应急演练5次，涵盖物体打击、机械伤害、消防安全、受限空间等多个方面。通过全方位演练活动，深入查找不足，健全组织协同机制，强化应急救援能力，提升各参建方对安全管理工作的重视，绷紧安全这根弦。

二、党建引领，下沉一线"零距离"

"千磨万击还坚劲，任尔东西南北风。"海口支部充分发挥党建在公司安全生产中的引领保障作用，深入开展"党建＋安全"系列活动，组织党员干部职工走进一线，身体力行地落实安全生产工作要求，推动党建与安全管理工作紧密结合，筑牢安全生产红色防线。

（一）强化阵地树先锋

海口党支部成立以党员和入党积极分子为主体的"安全生产党员先锋队"，定期对项目工地各承建单位、各重点区域和关键环节进行安全巡查，包括消防管理、施工现场机械设备、特种作业人员资格审查、易燃材料的保管和使用以及现场对高处坠落、物体打击、触电、动火作业等安全防范措施的落实情况，对现场检查发现的问题，及时反馈责任单位和部门，督促整改落实。

（二）党建联建聚合力

在海口国际免税城项目建设收官的攻坚期，海口支部联合中建一局北京公司第六大项目党支部开展党建共建，双方组织20余名党员、入党积极分子定期深入项目一线开展安全巡检，重点对地块五施工区域的安全隐患情况、工具使用情况、安全用电以及文明施工情况进行全面检查，并会同各相关单位、部门落实问题整改。

2023年安全生产月期间，海口支部根据各地块建设进度，将党员、积极分子和申请人分组安排，在党员责任区责任人的带领下，每天分两个时段深入项目一线开展每日安全巡检行动，重点检查施工现场消防安全管理制度、操作规程以及安全防范措施落实等情况。检查过程中，队员们对照安全检查内容，到相关作业区域逐一进行排查，以"安全随手拍"的方式留下图片资料，第一时间反馈至工作群，通过明确整改责任人，做好销项闭环，力求取得实效。参加安全检查的党员表示，党员要自觉成为想安全、

会安全、能安全、保安全的责任主体，成为推进安全生产的一分子。

三、查改并举，风险隐患"零容忍"

"善除害者察其本，善理疾者绝其源。"海口公司以"安全第一，预防为主，综合治理，一票否决"的工作方针为牵引，理清"防"的工作目标，铺开"防"的排查整改，突出"防"的工作重点，加强"防"的应急预警，将安全风险从"事后抓"变成"门前防"。

（一）常态化管理与专项整治相结合

海口公司组织各参建单位全面开展日检、周检、专项检查、夜间巡查等常态化安全检查工作，监督落实销项整改。聚焦海口国际免税城项目施工高峰期、冲刺期的工作特性，制定《安全生产专项整治落实情况现场检查方案》，持续开展重点领域、关键环节的隐患排查治理工作，对检查中发现的问题，现场立即反馈，要求各参建单位举一反三、落实整改、不留死角。

（二）制定应急预案与建立物资保障相结合

针对海南地区高温天气持续时间长、台风天气多等气候特点，海口公司组织各参建单位建立项目风险清单，系统进行风险排查，编制防暑、防台防汛等5类专项应急预案，并按预案要求组建专业队伍，重点做好"防坠落、防触电、防火、防涝"等预防措施。海南是台风多发地区，海口公司根据以往汛期施工经验，建立灾害性天气预警机制，对塔吊、临时用房等受台风影响较大的工作区域，设置连续、畅通的排水设施，储备相应的防汛应急物资，在现场调拨防汛应急照明灯具20台、排水泵18台、防汛沙袋1500袋，抢修车辆及吊装设备4辆投入使用，有效遏制了极端恶劣天气带来的影响，极大地保障了项目顺利施工。

（三）主题活动与日常宣讲相结合

海口公司安委办依据2023安全管理强化年工作要求，组织开展"安全风险零容忍"主题活动。活动旨在提高企业安全管理水平，保障员工生命财产安全，各级管理人员切实履行职责，鼓励员工发现和报告安全隐患。通过内部宣传、培训、会议等方式，向员工宣传活动的意义和目标，增强员工的安全意识和提升技能水平。定期对活动效果进行评估和总结，对存在的问题进行再检查和再整改，不断完善企业安全管理机制，提高业务口安全管理水平。截至2023年10月，海口国际免税城项目各参建单位

本年度开展安全教育、交底和专项培训 1996 次，总安全工时 4528800 小时，对危险性较大分部分项工程完成专家论证 5 次，海口公司领导带班安全专项检查 7 次。

（四）党员巡查与纪检监督整改相结合

纪检监督是确保企业安全生产的重要环节，通过组织领导、监督执行、制度落实、隐患排查等工作的开展，在执行和监督过程中，建立健全安全生产的长效机制，包括完善管理制度、加强培训教育、强化监督检查等，不断提高海口公司的安全管理水平。海口支部组织党员和派驻纪检人员成立联合检查组，定期对项目工地各承建单位、各重点区域和关键环节进行安全巡查，特别是个人防护用具佩戴使用不规范、设备设施缺少防护、消防器材配备不完善等常见安全生产问题隐患，逐项排查，不留死角，对现场检查发现的问题，立即督促整改落实。

四、结语

安全是企业的生命线，文化建设是保障安全发展的基石，不仅保障了员工的生命安全，也为企业稳健发展提供了有力支撑。让我们坚定信念，将安全义化建设进行到底，以优秀的安全文化推动企业的可持续发展。

践行"五强五化"安全文化　促进消防管理能力提升

中免集团三亚市内免税店有限公司　钤　峰　林芳贵

摘　要： 三亚国际免税城于2014年9月开门营业，总建筑面积约12万平方米，商业面积达7.2万平方米，是全球规模领先的市内免税店。一直以来，三亚国际免税城深入落实习近平总书记"4·11"视察三亚国际免税城的重要讲话精神，以消防安全主体责任为基石，以消防安全"五化"管理为保障，以大型商业综合体标准化建设为抓手，打造特色消防安全文化，树立商业综合体安全文化建设标杆。

关键词： "五强五化"；安全文化；消防安全

安全生产是企业发展永恒的主题，是现代企业文化的重要组成部分。安全文化是企业安全管理的基础，是安全生产工作的精神支柱，对企业安全管理的提升尤为重要。三亚国际免税城规模大、商户多、结构复杂、人员稠密，消防安全成为安全管理的重中之重。三亚国际免税城以习近平总书记考察三亚国际免税城的讲话精神为指引，结合自身特点，总结提炼出"五强五化"的特色安全文化建设模式，即牢固树立"安全第一、优质服务"安全文化理念，以"强化责任落实、强化制度建设、强化安全管理、强化教育培训、强化应急能力"为核心工程，大力抓好"安全排查日常化、管理标识标志化、台账资料规范化、消防设备完好化、应急处置程序化"消防"五化"管理，将安全文化融入企业运营各环节、全过程，突出抓好消防安全，探索出了一条适合免税商业综合体的安全文化建设模式。

一、"五强"核心工程建设

（一）强化安全主体责任落实，扣紧消防安全责任链条

按照"政府统一领导、部门依法监管、单位全面负责、公民积极参与"的原则，逐级落实消防安全主体责任，切实履行单位消防工作职责。印发正式文件明确消防安全工作领导小组、消防安全工作归口管理部门，建立以主要负责人作为消防安全责任人的企业消防安全委员会，落实"党政同责、一岗双责"的消防安全责任制，明确各岗位人员及各部门的消防安全工作职责，确保各部门、各岗位落实好各项消防安全管理工作。组织消防安全责任人与消防安全管理人、部门负责人、部门主管、部门员工逐级签订《消防安全责任书》，免税城责任部门与各商铺之间，商铺消防安全责任人与商铺员工逐层签订《消防安全责任书》，通过"5+2"责任链条模式明晰各责任主体的消防工作职责，将消防工作目标明确到每个工作岗位。

（二）强化安全制度体系建设，建立健全消防安全制度

建立健全消防安全责任制、消防设施管理、安全疏散与避难逃生管理、灭火与应急救援预案及设施管理、消防安全重点部位管理、消防控制室管理、用火用电安全管理、装修施工管理、防火巡查检查和火灾隐患整改、消防安全宣传教育培训、专兼职消防队管理、消防档案管理、消防安全工作考核及奖惩等十余项制度，在日常消防管理过程中贯彻落实、确保各项消防工作有序进行，形成了有标准、有执行、有闭环的管理体系。定期召开各级消防安全工作会议，听取消防工作汇报、研究解决消防重大问题，促进各部门消防安全责任的落实。以合同形式划分安全管理、物业管理和经营商铺的消防管理责任，落实用电动火审批、商铺改建装修、隐患跟踪整改等闭环管理制度，重点抓好源头管控、过程监督及完工验收，针对巡查发现的违规行为和火灾隐患，严格惩处，追究责任，切实防患于未然。

（三）强化安全管理基础工作，夯实企业安全发展基础

健全两个管理团队，细化消防网格责任。以运营、安防、人事为主体的行政管理团队和以工程部、技术服务机构、外聘专业资格人员为主体的技术管理团队，在免税城消防安全委员会的领导下共同负

责企业消防安全管理工作。将免税城划分为6个大网格,12个小网格,由285名网格员分片包干。其中,管理团队负责对公共区域和重点部位的直接管理,各商铺实施"责任田"管理制度,将消防安全职责落实到每一个网格、每一名员工。落实专项经费保障,健全双重预防机制。免税城严格落实消防专项经费,连续9年增长,2022年,消防专项经费已达到300余万元。在全市率先聘请具备注册消防工程师资格的消防管理人才负责日常消防管理。将火灾自动报警系统接入城市远程监控系统,由专业公司24小时协助监督消防设施设备运行情况,邀请专业维保和检测等技术服务机构负责消防设施设备维护保养,确保消防设施设备完好有效。行政管理团队和技术管理团队定期研判梳理本场所存在的风险隐患,分类列出风险隐患清单,实行挂账管理,对账找问题、对账促整改。网格巡查人员负责利用电子巡检设备开展无缝化防火巡查,及时发现和消除火灾隐患,切实做到"风险自知、安全自查、隐患自改"。

(四)强化安全宣传教育培训,着力增强员工安全意识

深入贯彻安全宣传"五进"要求,定点设置消防宣传栏,在显著位置张贴消防公益广告,悬挂消防宣传标语,定时播放消防常识,在免税城内部营造消防宣传"进企业"的浓厚氛围。在各商铺设置火灾风险提示,主要路线设置疏散逃生路线图和荧光指示棒,全方位地为广大群众提供消防安全服务。为实现消防培训的精准性、专业性,挑选业务骨干组建一支消防培训"专业队",采取全岗位分级分类培训的方式,依托"专业队"培育消防责任人、管理层、消防控制室等消防"明白人"。消防"明白人"结合新员工入职、工作例会、安全会议学习等场合,常态化开展岗位消防安全常识培训,集中强化商户员工特定人群培训,从根本上增强员工的消防安全意识。

(五)强化突发事件处置能力,定期开展应急实操演练

免税城微型消防站配备一辆8吨水罐消防车及其他专业消防器材,建立了一支以30名退役消防员为核心的应急处置队伍。广泛开展实操和演练,每月以部门为单位组织开展疏散逃生演练,每半年组织一次全员实战演练,分岗位、分层级提升全员应急处置能力,从根本上增强商户的消防安全意识,提升应急处置能力。

二、"五化"安全文化落地

三亚国际免税城坚持消防安全"五化"管理,实现日常消防管理规范、风险隐患排查精准、初期火灾处置快速,企业消防安全自我管理水平显著提升。

(一)安全排查日常化

一是建立完整的防火巡查、防火检查制度,明确巡查和检查的人员、部位、内容和频次,同时建立火灾隐患整改制度,明确火灾隐患整改责任部门和责任人、整改的程序和所需经费来源、保障措施。二是产权单位、使用单位定期组织开展消防联合检查,每月进行一次建筑消防设施单项检查,每半年进行一次建筑消防设施联动检查,明确建筑消防设施和器材巡查部位、内容,每日进行防火巡查,其中餐饮店、卖场等公众聚集场所在营业时间每2小时巡查一次,夜间每4小时进行一次巡查。三是全面采用电子巡更设备,防火巡查、检查,如实填写巡查和检查记录,巡查检查人员、隐患排查人员及其主管人员在记录上签名。

1. 坚持定期检查

工程物业管理部门定期对电气线路、设备进行检查、检测;对出现故障的电气线路,及时停用检查维修;每日营业结束时,切断营业场所内的非必要电源并安排人员进行夜间巡查;厨房的油烟管道每月至少清洗一次;餐饮场所营业结束时,全面进行检查并关闭电源。

2. 坚持防火巡查

防火巡查检查中发现不能立即改正的火灾隐患,需要及时向安全工作归口管理部门报告,消防安全管理人或消防安全工作归口管理部门负责人及时组织对报告的火灾隐患进行认定,对整改完毕的火灾隐患进行确认,在火灾隐患整改期间采取保障消防安全的措施。

3. 坚持维护保养

每月对建筑消防设施进行维护保养,每季度进行季度检测,每年进行一次全面消防检测,同时做好维保、检测记录存档工作;每年聘请第三方消防技术服务机构开展维保、检测。

4. 严格用火用电

不断完善用火、动火安全管理制度,明确用火、动火管理的责任部门和责任人以及用火、动火的审批范围、程序和要求等内容;电气焊工、电工、易

燃易爆危险物品管理人员（操作人员）均要求持证上岗，执行有关消防安全管理制度和操作规程，落实作业现场的消防安全巡查及管理措施，营业期间严禁进行动火作业；建筑内严禁吸烟、烧香、使用明火照明，严禁使用明火进行表演或燃放焰火。

5.严格防范措施

强化对现场电动清洁车的安全管理，对电动清洁车进行集中存放，满足防火分隔、安全疏散等消防安全要求，加强巡查巡防，安排专人值守，加装自动断电、视频监控等物防装备。建立施工现场用火、用电、用气等消防安全管理制度和操作规程，明确施工现场消防安全责任人，落实相关人员的消防安全管理责任。所有施工人员接受岗前消防教育培训，参加应急疏散演练。

（二）管理标识标志化

按照标识建设标准，全面落实重点部位、重要设备消防标识化管理，确保标识准确、清晰、规范，通过标识和提示，熟练掌握场所的突出风险、危险部位、安全状况情况，增强企业风险管控辨识的准确性和自查自改隐患的主动性。在主要出入口的醒目位置设置消防宣传栏、悬挂电子屏、张贴消防宣传挂图等，对公众宣传防火、灭火、应急逃生等常识，提示该场所火灾危险性、安全疏散路线、灭火器材位置和使用方法。在消防安全重点部位张贴岗位消防安全责任制标识标牌，明确消防安全管理的责任部门和责任人，并设置明显提示、标识；室内消火栓、机械排烟口、防火卷帘、常闭式防火门，均设置明显的提示性、警示性标识；消火栓箱、灭火器箱，均张贴使用方法标识；疏散通道、安全出口设置"紧急出口"标识和使用提示；疏散楼梯通至屋面时，在每层楼梯间内设有"可通至屋面"明显标识；各楼层疏散楼梯入口处、设置本层楼层显示、安全疏散指示图，疏散指示图上已标明疏散路线、安全出口和疏散门、人员所在位置等要素；消防车道按标准完成消防车道标线标志施划工作。

（三）台账资料规范化

在消防控制室存放建筑总平面布局图、建筑消防设施平面布置图、建筑消防设施系统图、消防系统操作说明和完整的消防档案。建立消防设施和器材的档案管理制度；档案中记录消防设施设备配置类型、数量、设置部位、检查及维修单位（人员）、故障报告、修理和消除等有关情况。消防安全管理人员定期对消防台账资料进行审核，确保准确性、时效性和完整性。通过客观真实的台账记录，积累消防管理经验，推动管理水平持续提升。

（四）消防设备完好化

三亚国际免税城以换代修，升级替换526套消防水带和软管卷盘，定做1500个60×20cm型号大型专用疏散指示标志，增设10个消防车通道标志和10个消防车通道网格线条。在每日夜间巡逻时对设备进行测试，分区域每月组织一次消防设施检测，确保第一时间发现并解决设施设备故障问题。

（五）应急处置程序化

根据实际情况制定有针对性的灭火和应急疏散预案，并邀请专家团队对灭火和应急疏散预案进行评估、论证。依托专职消防队建立微型消防站，每班（组）灭火处置人员为6人，值守人员确保24小时在岗在位，灭火处置人员由专业人员担任。微型消防站制定并落实岗位培训、队伍管理、防火巡查、值守联动、考核评价等管理制度，并在微型消防站的醒目位置进行悬挂；微型消防站开展包括体能训练、灭火器材和个人防护器材的使用在内的日常业务训练内容；队员每月技能训练一天，每年轮训4次，岗位练兵超过10天。微型消防站的队员积极参加日常防火巡查和消防宣传教育；实地拉练测试，接到火警信息后，队员能在1分钟左右的时间到达现场，满足"3分钟到场"处置要求；微型消防站人员积极与辖区执勤消防站、社区微型消防站建立联动联防机制，免税城专门设置一名微型消防站站长专职负责总体协调指挥。每半年组织开展一次消防演练，将消防安全重点部位，以及人员集中、火灾危险性较大的部位作为消防演练重点，组织协同演练；消防演练中落实模拟火源及烟气安全防护措施，同时每年与当地消防救援机构联合开展消防演练。

三、结语

通过几年时间的运行，"五强五化"安全文化潜移默化地转变员工思想观念，规范员工的操作行为，提升员工的个人安全素养，持续提升企业安全管理水平。三亚国际免税城将持续全面推进消防安全管理工作，以"五强五化"安全文化建设为抓手，持续深化重大事故隐患排查治理，不断推动安全文化建设走深走实，为海南自由贸易港建设贡献力量和智慧。

以文化人　以文兴产　让安全文化深入人心

中车青岛四方车辆研究所有限公司　王　磊　韩　飞　张　赛　单风俊

摘　要： 生产是每个企业的核心，安全生产则成为企业的核心要务，为了提升安全生产能力，让安全文化深入人心，优质的安全培训是企业所必须重视的，同时安全培训也是安全文化建设工作落地工程中最直接有效的工具之一，中车集团牢记习近平总书记嘱托，践行以人为本的生产观，厚植安全文化理念，创造性地引入市场观念，建立"自选市场"模式，在优化配置资源的巨大优势下吸收市场模式与集团自身相结合，优化了培训内容，加强了安全文化建设，调动了职工群体学习的积极性，从而提升了安全培训的效率与效果。

关键词： 以人为本；创新；"自选市场"；安全文化

一、导言

习近平总书记曾在中央政治局关于健全公共安全体系的集体学习中强调"要切实抓好安全生产、坚持以人为本、生命至上、全面抓好安全生产责任制和管理、防范、监督、检查、奖惩措施，细化落实相关主体监管责任、切实消除隐患"。在习近平总书记的嘱托中，中车集团形成了以人为本的生产观，切实保障职工群体的安全。生产是企业的核心工作，而职工群体是企业生产环节的重要因素，只有保障好职工群体在生产中的安全，才能保障生产工作的推行，才能在新形势下推进企业改革完善，向建立有世界影响力的企业迈进[1]。

中车集团在推进安全生产的过程中，及时进行体制机制改革，建立健全新体系，结合企业自身优势，创新性地在安全培训中建立"自选市场"新模式，防患于未然，便于安全培训，树立安全文化理念，增强全员安全意识，保障职工生产安全[2]。

二、"自选市场"模式的定义

市场是商品和服务价格建立的过程，市场促进贸易并促成社会的资源分配。市场允许任何可交易项目进行评估和定价。传统的安全培训以单纯的讲解为主，存在方式僵化、内容空洞、流于表面等问题，不仅效率低，还会引起职工群体的反感。市场最突出的特点在于资源配置的具体高效，其展现在资源的丰富、机制的完善细分、市场进入的简便自由，而所谓"自选市场"模式，即在安全培训中，吸取市场在资源配置与服务对象的优异能力，更好地推进安全培训，令培训更便利、更快捷、更高效，从

而真正将安全生产的意识根植于职工群体乃至整个集团。

三、"自选市场"模式的优势

（一）培训内容覆盖广，内容丰富

一个真正完善的市场，其内部资源极其丰富，并平等地提供给所有对象。安全培训的"自选市场"模式在市场建立过程中充分吸取市场的积极特点，结合中车集团自身的具体情况，有针对性地对职工的现状进行分析，通过深入基层调查等形式，摸清企业安全现状、职工结构层次、知识水平、技能表现等方面问题，在有了一定的调查基础后，通过在网上搜集的小视频、安全材料，汇总制作了属于中车集团自己独特的培训资料——"自选市场"。"自选市场"中的安全材料覆盖面广，不仅包含了手持电动工具作业篇、防止触电篇、叉车作业篇、吊装作业篇等16个类别300余条短视频，还包含了消防管理办法、安全生产管理规定、班组安全管理标准等360个管理文件，并配套了相对应的试题。能够在较短的时间内使受训人员掌握现场岗位操作的基本要领和突发情况的应对能力。"自选市场"中丰富的培训材料，非常有效地体现了市场体系资源丰富的特点，为职工群体提供丰富的培训资源，更好地推进安全生产理念的学习。

（二）培训体系完善并不断细分

市场体系的完善不单单要求资源丰富，更需要资源配置体系的建立与市场监管模式的确立。因为在安全培训的推进之中需要根据不同的班组、不同的人员，制定不同的培训教学计划与大纲，由班组长

和车间安全员组织实施培训。根据制定好的培训方案，从"自选市场"中选取相应的安全材料，由安全员、班组长对全体员工进行讲解培训。同时，在教学中积极推进教学手段现代化建设。每两个班组之间配备一台高清大电视，采用多媒体教学，将文字、声音、图形、图像等相结合，"自选市场"中灵活优美的画面能抓住学员注意力，使抽象的问题形象化，从而使枯燥的文字叙述变得生动有趣。生动的案例讨论分析和模拟现场模式，变灌输式为启发式教学，达到理论联系实际、学以致用的目的，从而起到强化培训效果的作用，进一步提高了培训质量。

好的市场离不开有效监管，同时好的安全培训也需要及时的考核检查。培训结束后，从"自选市场"中选取相应的配套试题进行考核，考核超过90分即为合格。每人有一次补考机会，补考不合格需停岗继续培训，合格后方可上岗。每个车间配备安全员，对员工上岗后不安全的行为规范进行考核。只有做到理论与实际相结合、集中培训和现场教学相结合、现场应知应会和解决具体问题的能力相结合，才能达到检验安全教育的真实目的。

"自选市场"模式下安全培训层层分配，任务明确，对象明确，细致划分；培训内容丰富、方式方法多样满足实际需要，层层细分体系严密。及时对培训内容进行考核，实时监控学习成果，更好地保障学习质量，有效推进安全培训进程。

（三）培训方式简便、自由

市场之所以能够行之有效地进行资源有效配置是因为市场内部的自由化原则。一个完善、高级的市场内部可超越时间、方式、内容自由选取资源、自由配置资源、自由组合资源。传统安全培训存在培训资源短缺、针对性差、安全培训师培训困难等问题，导致培训师泛泛而谈、无法吸引职工兴趣从而致使安全培训流于表面，最终令培训毫无作用。而"自选市场"模式，充分吸取了市场的特点，结合自身优势形成了安全培训师自由组合培训资源、职工自由学习的新格局。在"自由市场"模式下保留了在传统模式下相对僵硬的培训师制度并对其加以改革，提供给培训师相对丰富且可以自由选取的培训内容，对培训师进行全方位的培训。在培训过程中创新性地给予培训师自主权，可根据时间、班组的不同自由地选取相应的培训视频或是演示文稿，简化培训方式，优化学习模式[3]。同时，"自选市场"

打破了安全培训的空间限制，在车间中每两个班组就设置一个大的显示屏，可对职工群体进行随时随地的安全普及，达到"大家一扎堆"就可以进行安全培训的新格局，极大地提升了安全培训的自由度，显著提高了培训效率，从而保证职工的生产安全。

（四）安全培训充满人文关怀

"自选市场"并非毫无缺点，诚然，"自选市场"可以更好地优化和配置资源，极大地提高效率，但同样在市场竞争体系下会为了效率、为了利润不顾一切，缺少人文关怀，就会造成极恶劣的后果。企业也是一样，职工群体不是机器，而是一个个鲜活的人，并不能像机器一样完美无缺。在以往的安全培训中往往将重心全部放到技术层面，很少考虑职工身心健康或心理因素对于生产安全的影响，同样随着现在知识的普及，每个人的心理情况越来越被重视，因而"自选市场"模式创造性地将职工群体的身心健康纳入培训内容，在培训中引导职工群体关注自身心理情况并及时对其进行疏导，还在日常生产活动中为职工群体营造积极向上的氛围，令其能开心工作、安心工作。"自选市场"中的人文关怀积极把握时代方向，将职工群体放在心中，真正意义上践行以人为本的生产观。

四、"自选市场"模式对于推进生产安全和安全文化建设的重要意义

在安全管理过程中建立企业安全文化，安全培训是重要抓手，也是做好安全管理工作的前提条件，有效促进安全文化建设工作落地，增强安全意识，降低安全风险。为了践行安全生产，减少事故发生，创新安全培训是行之有效的方法。以往的安全培训往往忽视职工群体的主体地位，这种忽视往往会造成安全培训流于表面、泛泛而谈，令本意为维护职工群体利益的行为，受到集体的反感。而"自选市场"模式，注重维护职工群体的主体地位，在安全培训中注重发挥主体的积极作用，更好地实现高效的安全培训，维护生产安全。

（一）"自选市场"模式对安全培训理念的影响

安全培训理念是安全培训的核心，"自选市场"模式创造性地改革培训模式，将广大职工群体放在核心主体的位置，安全培训给予其"自选"的空间，更好地优化培训体系，实现安全培训真正以人为本，以职工群体为核心，推动安全培训理念的改革提升。

（二）"自选市场"模式对于安全培训行为的影响

传统安全培训的内容与现实脱离，方式方法陈旧，"自选市场"模式为培训主体提供丰富多样的原始材料，允许自选内容自由组合，打破时间空间限制。做到激发职工积极性与培训高效性的统一。以理念为主导，通过安全培训行为的转变，更好地实现安全培训的目标，提升安全培训的效果与效率，最终达到维护生产安全的目的，并对全体企业安全培训行为提供积极启示。

（三）"自选市场"模式对于安全培训制度的影响

企业通过制度管理企业，行之有效的制度能够减少企业管理中出现的问题，提升企业管理效能。"自选市场"模式通过制度化安全培训，对安全教育、结果检验、责任划分做了细致的规定，做到权责分明，行为高效。安全培训作为维护企业生产安全的第一道防线，应该扎实建立安全培训制度，令安全培训制度化、体系化、常态化，据此才能将安全生产意识扎根于广大职工群体内心深处，维护生产安全。

（四）"自选市场"模式对于推进安全文化建设工作的重要意义

安全培训模式的创新，更加高效便捷地以寓教于乐等多样化的形式将安全文化理念、态度、知识等要素灌输给广大职工，浸润职工的思想和心灵，激发职工内在潜能，提高其安全素质和增强其安全意识，从而影响其养成良好的安全行为习惯，让安全文化深入人心，向着以文化人、以文兴产的目标前行。"自选市场"模式作为安全培训的创新形式，可以形成可复制的经验做法，并与其他企业交流学习，共同推动安全文化建设工作，营造浓厚的安全文化氛围。

五、结束语

习近平总书记多次就安全生产工作发表重要讲话，作出重要批示，提出要在全社会筑牢生命重于泰山的安全观，重点强调："安全生产是民生大事，一丝一毫不能放松，要以对人民极端负责的精神抓好安全生产工作，站在人民群众的角度想问题，把重大风险隐患当成事故来对待，守土有责，敢于担当，完善体制，严格监管，让人民群众安心放心。"中车集团牢记习近平总书记的嘱托，扎实推进安全培训，防患于未然，创新培训方式，创造性地引入市场概念，建立"自选市场"培训模式，保障职工群体的主体地位，令广大职工更加积极地进行安全培训，增强安全生产的意识，提高安全生产能力，努力践行以人为本，抓实职工安全教育，提升安全文化理论水平，将其作为滋养企业安全文化的土壤，助推安全文化体系的构建。

参考文献

［1］孙燕清.提高安全培训有效性的方法与策略[J].劳动保护,2022,(12):48-50.

［2］雷·普雷斯特,克莱尔·梅耶,张微明.如何设计一个效果持久的安全培训[J].现代职业安全,2022,(12):22-24.

［3］王海娥.化工企业员工安全培训方法探究[J].现代职业安全,2023,(05)：54-55.

电力企业省级调度机构安全文化应用实践创新研究

——以广东电网电力调度控制中心为例

广东电网有限责任公司电力调度控制中心　赵　晨　陈　东　刘　超　吴国炳

摘　要： 随着国际形势风云变幻，国家面临百年未有之大变局，电力安全面临着严峻的挑战，如何保障电力可靠供应是摆在电网企业尤其是电力调度机构面前的一大难题。本文以广东电网电力调度控制中心为例，剖析阐述了电力安全形势以及安全文化对调度机构的意义，介绍了调度机构安全文化四阶段模型及建设经验。

关键词： 电网企业；电力调度机构；电网风险；安全文化建设

电力行业是一个高风险且极端重要的行业，电网安全稳定对国家安全、人民幸福安居至关重要。电力调度机构是电网企业中的大脑和指挥部，对整个电力系统的运行和控制起关键作用，调度机构安全管理水平直接关系到电网的风险运行管控。如何根据电力调度机构具备的实时、集中、协调、应急响应等特点，建立一套科学高效、卓有成效的电力调度机构安全文化体系，对提升电网企业调度机构电网规划、实时风险控制、应急处置等方面安全水平具有重要意义。

一、电力安全生产面临的严峻形势

（一）电力安全的重要意义

习近平总书记指出：电网是国家重要的基础设施、战略设施，电网安全关系国家安全、政治安全，强调将防控大电网安全风险上升到保障国家安全的战略高度，纳入总体国家安全观。电力安全对于国家和人民有着至关重要的意义，这不仅是因为电力作为现代社会运转的基础设施之一，还因为电力安全直接关系到国家安全、经济稳定和人民的生活质量。在国家安全方面，关键基础设施高度依赖电力供应，如交通、通信、医疗、国防等，电力系统与信息技术的高度集成也意味着电力系统可能成为网络攻击目标。在社会与经济方面，缺乏电力可能导致交通信号故障、医疗设备失灵等，直接关系到人民日常生活的方方面面。电力还是工业生产的关键因素，电力不稳定会导致生产中断影响经济增长。综

上所述，电力安全对国家和人民有着广泛而深远的影响，确保电力安全是保障社会稳定、经济持续发展和人民生活质量提高的重要条件。

（二）当前电力安全面临的严峻形势

近年来，随着国际风云变幻，国家面临百年未有之大变局，体现在电力行业方面较为突出的问题就是"大停电事件"风险快速上升，对国家安全、社会稳定以及人民群众生产生活造成影响和威胁。据不完全统计，2009年以来国外公开报道的典型大面积停电事故事件33次，例如2018年巴西"3·21"、2019年委内瑞拉"3·7"等大停电事件，造成重大经济损失。国内虽未发生"大停电"事件，但因能源依赖、网架结构不均、气候变化加剧、网络安全威胁、地缘政治等因素，电网风险持续增加，因此，提升电力安全水平对电网企业显得尤为重要。电力企业为防控电网风险，在设备更新换代、技术升级投入巨大人力物力，技防手段已日趋完善，但人的因素在电网安全中始终是不可忽略的重要组成，如何激发人的主观能动性，从"要我安全"向"我要安全"转变，就需要建设切合本单位的安全文化来发挥潜移默化的影响。

二、安全文化对电力调度机构的现实意义

电力调度机构是电力系统中的一个关键环节，对整个电力系统的运行和控制起关键作用，是防范大面积停电事件及电网冲击的最坚固防线。电力调度机构日常业务复杂且紧迫，既包含了对电网及趋

势的长期持续研究分析，又包含了实时监视和应急处置等，各专业高度协同环环相扣，只要有一个环节出现问题都将影响整个电网的安全稳定，因此，调度机构更加需要一套方法来树立由内而外的主动安全意识，确保防患于未然。积极的安全文化能够促使人们树立安全意识，主动认识和预测潜在的危险和风险，并采取必要的措施来防范和应对安全问题。它不仅关注事故和伤害的发生，还着重于预防和减少潜在的危险源。基于以上电网风险的严峻挑战以及调度机构的复杂性，要想保障电网安全，必须结合调度机构业务特点建立自己的安全文化。

三、电力调度机构安全文化体系建设与实践

广东电网电力调度控制中心（简称广东中调）将确保电网安全作为中心最根本的任务，广东中调从2008年起步正式开展调度机构安全文化建设及应用，经过10年深耕调度机构安全文化，2018年经广东省应急管理部认定，获得省级安全文化示范单位称号。经过实践检验，调度机构安全文化对广东中调各项业务有着深远影响，其中最直观的效果体现为，广东中调作为全国最复杂的省级电网的运营者，在面临台风频发、网架结构不均衡等劣势条件下，实现调控中心安全生产10000天"零事故"，支撑广东电网连续安全稳定运行超过27年。运用文化的力量，安全高效构建新能源占比不断升高的新型电力系统，支撑"双碳"目标实现，目前广东统调装机总量突破1.6亿千瓦，海上风电装机规模累计超过650万千瓦，跃居全国第二，新能源装机总量南网第一。支撑国家电力市场改革战略，率先在全国建成市场化疏导的需求响应交易机制，有效应对了供需关系宽紧变化、一次能源价格高涨、重大节假日负荷波动等多种挑战，疏导发电成本约75亿元，充分发挥了市场保供作用。基于安全文化激发员工"我要安全"的内生动力，中心员工积极开展技术创新，2016年至今，中心共获得省部级以上科技创新一等奖16项，新增专利1065项，建成全国领先的实景化基地和南网新能源研究中心，鉴定获评国际领先。安全文化已经在广东中调方方面面发挥着无可替代的作用。

广东中调在安全文化建设之初，为正确认识和掌握自身安全建设水平，根据杜邦安全管理经验将广东中调安全文化建设划分为四个阶段。第一阶段为自然本能阶段，员工对安全的理解和重视仅是一种自然本能的反映，依靠人的本能和态度，安全可靠性不高。第二阶段为严格监督阶段，建立了必要的规章制度和安全管理机制，各级管理层清楚自身安全责任，但员工的安全意识仍未树立，处于因害怕处罚及问责而被动遵守安全章程的阶段，安全水平有所提升但仍有较大差距。第三阶段为独立自主管理阶段，已建立了完善的安全管理系统，员工具备良好的安全意识并融入日常业务和行为，共同为实现企业安全生产目标而努力。第四阶段为互助管理提升阶段，员工在保证自身安全的同时，还帮助他人遵守各项规章制度，观察其他岗位的不安全行为并帮助改善，将安全视为一项集体荣誉。

广东中调经过多年深耕调度机构安全文化建设，经历安全文化自然本能阶段及严格监督阶段，目前正处于独立自主管理阶段中后期并努力向互助管理提升阶段突破。经过对广东中调安全文化建设历程的回顾与反思，在四个阶段中，从严格监督到独立自主管理过渡的难度是最大的，从被动监督到自主管理之间存在巨大的鸿沟，转变的核心在于人的思想和行为，是安全意识内化于心的过程。要跨越这个鸿沟实现人的"主动安全"，企业需要搭建一座"安全文化"桥梁，通过安全文化的软性力量激发人的主观能动性，契合新《安全生产法》提倡的"以人为本"精神。广东中调为夯实人员自主安全管理理念，实现向团队合作型安全文化企业跨越，依托南方电网安全文化"十四五"建设主体模式，基于南网安全文化"四梁八柱"结构，精心打造了调度机构安全文化"跨越桥"，包括了安全文化领导层顶层设计、管理层策划实施、操作层落地生根三个方面，将安全文化推广深入人心。

（一）开展安全文化领导层顶层设计

广东中调在顶层设计方面致力于打造"有感领导"的调度机构，领导者通过自身的言行和行为示范，以及体现出良好的领导行为和组织行为，向中心员工展示出安全意识和行为的重要性，领导者积极参与并遵守安全规范，让员工能够真正感知到安全生产的重要性，形成良好的安全习惯和行为。在建设"有感领导"中，广东中调开展了"年度领导安全承诺"活动，通过中心领导干部示范带头签订安全承诺，建立"安全承诺墙"实体展板，主动向员工传达安全承诺内容，并自愿接受监督，引导全体中心员工树立"诚信安全"的自律意识。此外，广东中调建立了一年一度的中心主要负责人为员工讲授

"安全生产公开课"机制,率先垂范影响和带动全体员工自觉执行规章制度,形成良好的安全文化氛围。

广东中调在安全理念引领方面,"安全"不是空泛的口号,而是深植人心的文化。广东中调通过对员工一直秉持的安全理念和行为规范的总结提炼,打造了调度机构特色安全文化理念,如图1所示,逐步建立了内涵丰富、员工认同并乐于遵守的安全文化理念。广东中调安全文化理念包含安全品牌调度机构释义、安全理念调度机构释义、调度机构安全愿景、安全生产管理机制、安全生产目标及八大安全价值观。调控中心坚持"党政同责、一岗双责、齐抓共管、失职追责"原则,安全文化理念由中心全体干部员工共同遵循,每年结合"安全生产月",持续强化将安全文化理念内化于心。强化"党建保安"工作主线,促进党建与安全生产工作深度融合,每年在党支部中开展"人人讲安全、人人抓安全、人人保安全"主题党日活动,通过学习讨论,进一步筑牢党支部"安全防线"。

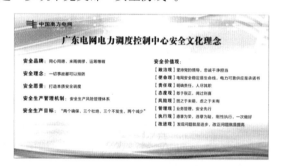

图1　广东电网电力调度控制中心安全文化理念

（二）抓实安全文化管理层策划实施

广东中调以安全生产风险管理体系理念为引领,

持续深化安风体系应用,2018年成为南网首家"五钻"调度机构,以体系思想为驱动打造了国际领先的复杂大电网全过程风险管控体系品牌,总结形成"1358"电网风险管控工作法,如图2所示,建立了"分类、分级、分层、分专业"的风险闭环管控思路,实现风险超前计划、科学定级、协调联动、闭环跟踪,形成"抓早抓小,防微杜渐"的电网风险防范文化。

图2　广东中调"1358"电网风险机制管控

为养成员工良好的安全行为习惯,使员工自发遵守广东中调安全规范及制度,广东中调从细节着手,形成了本单位独特的"行为养成,外化于行"系统运行安全行为矩阵文化。广东中调坚持"管业务必须管安全"原则,组织20个地市局调度单位,以打造"安全行为矩阵"为核心,系统运行领域安全文化。通过梳理系统运行业务的关键风险点及管控措施,提炼形成省地两级系统运行安全行为矩阵,如图3所示。安全行为矩阵覆盖调度、方式等12个系统运行专业日常业务,以"口诀+说明"的形式,力求以最简短的文字揭示风险管控最关键信息。通过海报宣传、设置座位牌、班组学习讨论等形式在全省进行推广应用,将安全理念融入管理、切入业务、植入行为,促进员工培育正确的安全行为习惯。

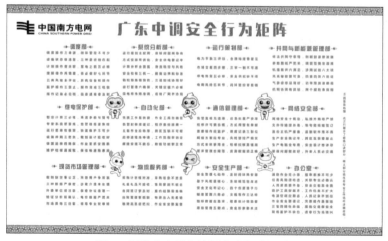

图3　调控中心及各地调安全行为矩阵

在安全文化物态保障方面,广东中调致力于将　安全文化融入工作环境,组织开展并引导员工全员参与形式多样的安全文化活动,促进员工形成统一的安全文化价值观和荣誉感。广东中调自 2017 年以来,每年举办安全文化主题演讲比赛,激发员工主动思考、主动讨论更安全的工作方法和行为。拍摄了《安全青年说唱:安全行为矩阵》视频,如图 4 所示,制作安全文化动漫宣传片,推广安全行为矩阵应用,展现安全价值观;建设了安全文化展厅,宣传安全价值观、安全风险体系思想、实践经验等内容,引领员工规范自己的安全生产行为;制作了广东中调安全义化手册、笔记本、卡座、书签等,如图 5 所示,使安全变得可见,促使员工在潜移默化中养成

良好的安全态度和行为方式习惯。

图 4　制作《广东中调安全青年说唱:安全行为矩阵》视频

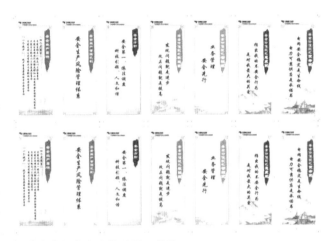

图 5　广东中调安全文化手册、书签

(三)倡导安全文化在班组生根发芽

在基层班组文化建设方面,广东中调也积极推动一线班组结合自身业务特点,孵化培育班组自有的文化理念,让安全文化在班组生根发芽。例如,调度部基于自身实时调度业务具有的"高精度、反应迅速"等特点,形成了"先想后干,忙而不乱,做对做全"的狼性团队文化,打造了一支业务精湛、作风优良的"调度铁军",如图 6 所示。

图 6　广东中调调度班组"狼性文化"

四、结束语

安全文化是一种无形的力量,影响着人的思维方法和行为方式。相对于提高设备安全标准和强制性的安全规章制度,安全文化建设是一种以人为本的管理手段,是企业组织和员工个人的特性和态度的集中表现,利用文化的激励功能,每个人能明白自己存在和其行为的价值,体现出自我安全价值的实现。持之以恒地坚持企业安全文化建设,在企业形成尊重安全的价值观,形成统一的思维方式和行为方式,能够很好地提升企业安全目标、政策、制度的贯彻执行力。

安全文化建设是调度机构电网风险防控的必由之路,实现高水平的电力安全管理,离不开安全文化的潜移默化作用。广东中调通过深刻领悟安全文化作用,从领导层、管理层、操作层建立系统化的安全文化体系,运用 PDCA 闭环管理思维定期开展安全文化回顾,支撑广东电网安全稳定运行 27 年,显著提升了电力调度机构本质安全管理能力,调度机构安全文化的作用已初步显现。下一步广东中调

将加强"互助团队"阶段安全文化建设，从根本上转变员工安全管理理念，让关心他人、跨岗位安全、注重团队安全荣誉的安全文化深入每个员工心中，坚定不移地按照南方电网安全文化"十四五"建设主体模式，在推进中不断总结经验教训，努力提高全员安全管理水平，创建一流的本质安全型调度机构，使企业的安全生产不断迈上新的台阶。

参考文献

［1］崔政斌，张美元，周礼庆. 杜邦安全管理 [M]. 北京：北京工业出版社，2018.

［2］刘刚，王伟. 企业安全生产管理 [M]. 北京：中国石化出版社，2020.

［3］Antonsen, Stian. Safety Culture：Theory, Method and Improvment[M].New York:CRC Press, 2009.

基于"CBMS"模型的发电企业安全文化建设探索与实践

国家电投集团东北电力有限公司抚顺热电分公司　闫　滨　王云龙　冯建国

摘　要：我国安全文化建设的迅速蓬勃发展，以2002年全国"安全生产月""安全生产万里行"活动为重要时间节点。期间涌现出的诸多安全文化示范企业，为国家安全管理水平的提高起到了重要推动作用。本文通过阐述国家电投集团东北电力有限公司抚顺热电分公司探索运用安全观念（Concept）文化建设、安全行为（Behaviour）文化建设、安全管理（Manage）文化建设和安全物态（State of matter）文化建设模型（简称"CBMS"模型），大力开展安全文化建设的实践过程，以工作思路、工作方法的探索与实践，提出发电企业安全文化建设的解决对策。

关键词："CBMS"模型；发电企业；安全文化；探索与实践

一、引言

安全文化是安全理念、安全意识以及在其指导下的各项行为的总称，主要包括安全观念、安全行为、安全管理、安全物态等。多年来，国家电投集团东北电力有限公司抚顺热电分公司通过逐级压实安全责任，举一反三抓安全隐患排查及问题整改，不断提升安全人防、物防、技防水平。截至2023年9月30日，实现连续安全生产4067天。以上成绩的取得，"安全"二字功不可没。

2023年是全面贯彻落实党的二十大精神的开局之年，公司通过反复研究论证，决定以集团公司安全理念为核心，充分发挥安全文化的引领作用，用全新的安全价值观念和务实的情感态度关注安全，体现生命价值、规范安全行为、提升防范能力；以管理创新落地为主要抓手，从安全观念文化、安全行为文化、安全管理文化和安全物态文化共四个维度建设"CBMS"模型，全力打造"开放包容、和谐守规"的安全文化。

二、安全文化建设原则

（一）全面系统

从员工思想引导、教育培训等方面入手，全面推进安全文化建设，通过加强法治建设、强化责任落实、完善标准规范、创新技术措施、保障安全投入等手段，形成系统合力。

（二）开放包容

传承弘扬优秀文化，学习借鉴新兴文化，广泛吸纳新思想、新观念、新技术，结合实际，取长补短，为安全文化建设注入新动力。

（三）整体协同

凝聚各部门、各单位力量，形成安全文化建设联动机制，实现企业宏观引导、各级安全生产第一责任人自律、干部员工全员参与的安全文化建设格局。

（四）形式多样

创新宣传形式，丰富传播载体，结合企业安全生产实际，因地制宜建立长效机制，形成品牌效应。

三、安全文化建设目标

规范公司安全文化建设工作，夯实安全生产管理基础，牢固树立安全发展理念，以全员安全生产意识的显著增强，积极推动实现"本质安全"。

四、安全文化建设思路

（一）加强组织领导

建立领导机制，明确职能，确保从决策计划、组织制度、物资投入、人员选拔及培养使用等各个方面给予支持。

（二）抓好协调推进

着重抓好"三个结合"：一是与安健环管理体系持续有效运行相结合；二是与日常工作相结合；三是与精神文明建设相结合。

（三）着力突出重点

一是引导员工踊跃参与实践，逐渐形成安全素养的氛围和环境。二是尊重安全文化形成的客观规律，消除急功近利的思想。三是在公司内总体理念、形象识别、工作目标与规划、岗位责任制制定、生产过程控制及监督反馈等各个方面、各个环节融入安全文化内容。四是把公司安全文化的宣传教育与员工安全技能、安全管理水平培训紧密结合，实现员工安全生产综合素质与安全生产实操技能共同提高。五是从公司和员工岗位实际出发，加强安全文化的倡导、学习、普及，培育创造出具有鲜明个性、适应公司发展的安全文化。

（四）强化监督检查

相关职能部门切实加强过程监控和指导，及时解决推进过程中出现的突出问题，第一时间汇报工作进展。

（五）加强舆论引导

大力宣传安全文化建设的指导思想、工作目标、主要内容，把公司的安全愿景、安全使命、安全目标和安全价值观渗透到每个岗位、每名员工，营造安全发展的良好氛围。

五、安全文化建设难点

（1）对安全文化建设的重要性认识不足，不清楚安全文化建设的战略作用，没有将安全文化建设当成安全生产工作的重要组成部分，导致工作开展不平衡。

（2）未扎实开展安全文化建设的长期性、基础性工作，热衷于搞形式、走过场。

（3）安全文化建设的体制机制不健全，职能部门、基层单位无法形成合力，不能统筹兼顾、可持续发展。

（4）没有深入一线调查论证，没能充分调动员工力量。

六、安全文化建设实践内容

（一）安全观念文化建设

安全观念文化是安全文化的核心和灵魂，主要是指决策者和大众共同接受的安全意识、安全理念和安全价值标准。

（1）企业总经理、基层单位的主要负责人围绕《安全生产法》、典型事故案例等内容，以"安全课"的形式面向各层级人员开展安全宣讲、培训，进一步增强员工的安全生产责任意识和规矩意识，如图1所示。

图1　企业总经理、党委书记通过"安全课"开展安全知识、事故案例安全宣讲

（2）开展员工"安全承诺"签名活动，如图2所示，进一步明确员工作为家庭、企业的一员，应主动承担安全责任，通过活动提升员工的安全自觉性、主动性和积极性，为企业安全文化建设工作的顺利推进营造良好氛围。

图2　企业组织全员开展安全承诺活动

（3）邀请员工家属实地观摩公司，以"家企共携手，亲情助安全"为主题，创新开展安全亲情体验活动，如图3所示。

图3　企业以"家企共携手，亲情助安全"为主题，邀请员工家属进企业，参加安全亲情体验活动

（4）组织开展安全书法展、安全漫画作品展等形式，如图4所示，进一步充实"安全零伤害，建功创一流"劳动竞赛内容，营造公司安全生产的良好氛围。

图4　企业举办安全生产书法展、漫画展

（5）举办安全宣传咨询日活动，如图5所示，积极宣传安全生产相关法律法规、安全生产事故预防和应急处置等方面的知识，强化员工安全防范意识，营造安全生产氛围。

图 5　企业举办安全宣传咨询日活动

（二）安全行为文化建设

安全行为文化是指在安全观念文化指导下，人们在生活和生产过程中的安全行为准则、思维方式、行为模式的具体表现，是全体员工在生产经营和学习中产生的活动文化。

（1）创新班组安全活动形式，开展"我的安全我做主，安全活动我主持"主题活动，如图6所示，充分激发普通员工参与班组安全事务的意愿和热情，弘扬"我要安全"的安全生产新风正气。

图 6　企业开展"我的安全我做主，安全活动我主持"主题活动

（2）全面纳入外委承包商，共同举办员工安全技能竞赛，如图7所示，进一步提高员工及承包商作业人员的安全生产技能水平。

图 7　企业举办员工安全技能竞赛

（3）组织开展防高空坠落、防受限空间中毒伤亡、防燃油系统火灾及防汛等应急演练，进一步提高员工应急处置能力，如图8所示。

图8 企业举办多种应急演练，提高员工应急处置能力

（三）安全管理文化建设

安全管理文化是企业安全文化中的重要部分，主要包括从建立法治观念、强化法治意识、端正法治态度，到科学地制定法规、标准和规章，严格地执法和自觉地守法等。

（1）组建常态化反违章纠察队，如图9所示，约束并纠察发电设备检修作业过程中发现的各类违章行为，为企业安全发展保驾护航。

图9 企业成立反违章纠察队，以雷霆手段查处各类违章行为

（2）为持续强化安全基础建设，狠抓安全管理薄弱环节，开展"无违章创建"活动，如图10所示。

抚顺热电分公司2023年无违章创建活动积分统计表

序号	单位	基础分	班组	违章发生率=违章次数÷（本分场员工人数+劳务派遣、外包施工人员人数）×100%			
				违章次数	本单位员工人数	劳务派遣和外包施工人员总人数	违章发生率
1	发电分场	100	一值	0	15	0	0
		100	二值	3	15	0	20%
		100	三值	0	14	0	0
		100	四值	0	15	0	0
		100	五值	0	16	0	0
			分场本级	6	12	0	40%
			合计	9	87	3	10%
2	脱除化分场	100	脱硫除灰一班	1	8	5	7.7%
		100	脱硫除灰二班	2	8	5	15.4%
		100	脱硫除灰三班	1	8	5	7.7%
		100	脱硫除灰四班	1	8	5	7.7%
		100	脱硫除灰五班	1	9	4	7.7%
		100	化学一班	0	8	2	0
		100	化学二班	0	9	2	0
		100	化学三班	0	9	2	0
		100	化学四班	0	11	1	0
		100	化学五班	0	10	1	0
		100	化学化验班	0	11	1	0

图10　企业"无违章创建"活动通知及违章发生率排名情况

（3）科学升级《安全通报》模板，创新加入查处问题类别分析，规范界定安全生产短板性质，以精准施策促整改闭环，如图11所示。

图11　企业新版《安全通报》示例

（四）安全物态文化建设

安全物态文化是形成观念文化和行为文化的条件，从安全物质文化中往往能体现出组织或企业领导的安全认识和态度，反映出企业安全管理的理念和哲学，折射出安全行为文化的成效。

（1）以"安全目视化"为有效抓手，积极营造发电机组A级检修浓厚的安全文化氛围，如图12所示。设计制作安全展示板公示检修安全、文明生产承诺及工作标准；以日检查、周通报为手段，及时通报突出问题及良好实践；编制专项安全监督方案，科学研判作业安全风险；多维度开展综合考评并张榜公示，激发参修单位工作积极性；创新设置安全漫画展板，激发参修员工安全正能量；提炼并制作进入检修现场的安全"四确认"提示展板，以人文关怀的角度去激发员工安全主动性。

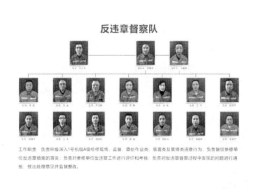
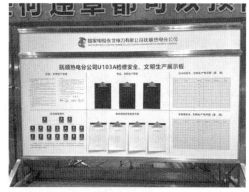

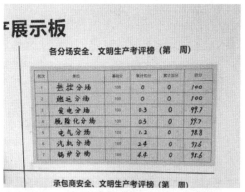

图 12　企业以"安全目视化"为有效抓手，积极营造发电机组 A 级检修浓厚的安全文化氛围

（2）积极探索"安全目视化"新手段，赋予检修作业安全监管新内涵。为 4 个基层单位分别配备红、黄、蓝、绿共 4 种颜色的强磁吸附安全警示灯，如图 13 所示，以鲜明的色彩识别，清晰区分 4 个检修专业，强化安全生产自我防范意识，主动接受安全监督与检查，丰富现场安全监管手段。该举措实施以来，公司人员违章行为及安全、文明生产不符合项发生率较往年同比降低 35.5%，收效显著。

图 13　安全警示灯在企业检修现场实际应用场景的实拍照片

（3）依据国家电投集团的《安全目视化管理指南》，开展厂区安全标志、标识、标语的升级、更新工作，如图 14 所示；以安全口号为主题，为厂区街路命名，营造全员安全氛围。

图 14　企业以"安全目视化"为有效抓手，升级、更新厂区安全标志、标识、标语及路牌

七、工作特色与创新之处

基于"CBMS"模型的发电企业安全文化建设探索与实践，是对发电企业原有安全文化建设工作的一次创新探索，从观念、行为、管理和物态四个方面精准施策，做到了与时俱进，与国际、国内先进的安全管理理念的契合。通过对体制、机制、平台、载体的全维度摸索与实践，将企业安全管理工作通过安全文化建设阵地予以贯彻落实。

创新"1455"安全文化宣教体系
推动本质安全型矿井高质量发展

山东能源集团兖矿能源济宁三号煤矿　郭现伟　张华伟　张　楠

摘　要：2022 年以来，山东能源集团兖矿能源济宁三号煤矿深入学习贯彻习近平新时代中国特色社会主义思想和党的二十大精神，全面落实习近平总书记关于安全生产工作的重要论述和重要指示批示精神，树牢"人民至上、生命至上"的安全理念，认真贯彻落实安全宣传"五进"工作要求，把安全宣教作为保安全、促发展的"一号工程"，在总结发挥矿井安全宣教工作经验和优势基础上，结合矿井实际，创新构建以"一项机制、四季活动、五式宣教、五化目标"为主要内容的"1455"安全文化宣教体系，实现机制管安、载体促安、文化兴安、素质保安，有力推动本质安全型矿井建设。矿井连续 17 年实现安全生产。

关键词：安全文化；安全宣教；国有企业；煤矿；本质安全；高质量发展

一、实施背景

（一）加强和改进安全宣教工作的重要性

习近平总书记指出：人民至上、生命至上，保护人民生命安全和身体健康可以不惜一切代价。煤矿是一个高危险行业，安全工作是各级领导最关注、最重视、投入精力最多的工作，也是年年抓、月月谈、日日管的一项高投入却收效甚微的工作。但是，煤矿企业的重特大事故、零星事故仍时有发生，究其原因是安全宣传教育没有真正融入煤矿企业管理人员和职工的心、眼、言、手、行。忽视或淡化安全宣教工作，必然会影响矿井的发展大局、安全稳定。实现安全生产，就要抓好安全宣传教育，抓好安全宣教工作，就要强化安全思想教育、安全宣传教育、安全警示教育等工作。

（二）树牢做好新形势下安全宣教工作的责任心

党的二十大强调："全面加强国家安全教育，提高各级领导干部统筹发展和安全能力，增强全民国家安全意识和素养，筑牢国家安全人民防线。"多年来，各级组织发挥安全宣教工作优势，为企业改革和发展稳定作出了积极贡献。但在部分煤矿企业，安全宣教工作长期以来是由宣传部门在"唱独角戏"，其他部门和基层区队班组主动性不够、参与积极性不高，难以形成强大合力。部分单位对于安全宣教工作还不同程度地存在认识不足、重视不够、措施不力、方法不新、效果不佳等问题。部分支部书记、管理人员存在"想做不会做"的本领恐慌、"会做不想做"的懈怠行为、"能做不愿做"的消极情绪、"不会做也不想做"的担当缺失等问题，致使安全宣教工作的功能被弱化，难以发挥应有的作用。

（三）增强做好当前安全宣教工作的紧迫感

党的二十大强调："坚持安全第一、预防为主，建立大安全大应急框架，完善公共安全体系，推动公共安全治理模式向事前预防转型。"当前，是矿井贯彻落实两级集团部署要求，做示范、树形象、走在前，再创各项工作新局面的关键时期。矿井又面临着现场条件复杂多变、采场布局摆布困难、安全管控、生产接续等诸多压力。职工思想观念、价值诉求，呈现出多元化、多样化、多变化的特征，必然会在安全生产管理上引发出一些新矛盾、新问题。因此，迫切需要转变观念，以解决安全宣教工作方法陈旧、方式滞后、墨守成规、针对性不强、缺乏活力等问题；迫切需要从维护矿井安全发展稳定大局的高度增强做好安全宣教工作的紧迫感，创新形式内容、方法手段、体制机制，不断提高安全宣教工作的凝聚力和吸引力。

二、具体做法

（一）健全"一项机制"有引领，把牢"机制管安"主抓手

树牢"安全优先于生产、安全优先于效益、安全优先于发展"的大局意识，以"培育本质安全人、

打造本质安全型矿井"为目的，以党政工团齐抓共管为手段，制定《济宁三号煤矿安全宣教工作机制》，规范安全意识、安全行为、安全诚信等13类宣教内容，完善亲情教育、联手教育、"三违"过关惩戒教育等13项宣教制度，制定日常学习、活动落实、特色创新、效果体现等6项考核标准，实现流程制度化、标准科学化、责任明晰化、考核有据化。每月评比安全最差单位、季度评比安全最差科室、年度评比安全生产标兵，每半年开展"算一算、比一比"活动，再算"安全五笔账"，调动全员抓安全的积极性。

（二）做到"四季活动"有主题，打好"载体促安"主动仗

坚持"一季一主题、每月有重点、每周一专题"，定期开展内容丰富、形式多样的主题活动。以"安全生产月""10·20安全生产教育日"等节点为契机，组织开展"保安全争一流、跟党走创佳绩""学习贯彻党的二十大、打赢年终攻坚战"等四个季度主题活动，细化任务清单、强化部门联动，做到有部署、有落实、有考核。定期学习研讨习近平总书记关于安全生产工作的重要论述和重要指示批示精神，利用安全办公会、办公平台等多种载体，层层传达宣贯，确保上级安全指示精神有效落实。集中播放警示教育片、安全微电影，按照每周一专题，严查现场典型问题和违规行为，深挖根源、高压震慑。利用济三网站、微信公众号等媒体，实行"多元化"警示教育，编发《班前五分钟信息》《宣传活页》、"班前小课堂"学习视频，使全员受教育、触灵魂、得警示。

（三）实施"五式宣教"有氛围，唱响"文化兴安"主旋律

深入推进"三为六预""3+6"安全文化体系，坚持"理念融入管理、要素变成规范、行为固化习惯、制度体现文化"，针对安全文化认识上的差距和建设过程中存在的问题，征集形成32条不同层次、不同岗位的安全理念。实施"五式宣教"工作法，通过"引入式"警示，全员触动受教育；"现场式"教育，反面典型强警示；"访谈式"引导，正面典型做示范；"菜单式"服务，有的放矢重实效；"互动式"联手，齐抓共管筑防线。利用安全文化长廊、标语牌板、"每日一题"等形式，使安全理念内化于心、安全规范固化于制、安全效果外化于行。通过情景体验室、知识抢答赛、安全访谈、设置事故案例警示牌等形式，

达到敬畏安全、敬畏制度、敬畏生命的宣教效果。

（四）实现"五化目标"有平台，拓展"素质保安"主阵地

以安全学习制度化、安全宣传特色化、理念覆盖全员化、安全教育亲情化、行为养成规范化，构建全方位、立体化、广覆盖、无缝隙的安全宣教平台，实现"五化目标"保安全。深入推进"四个培训"和山能E学网络培训学习平台，实施"四五级"联动培训和"星级培训竞赛"，建立高标准计算机考试中心，自主开发济三在线考试平台，定期组织"线上+线下"考试，达到以考促学的目的。创新"学宣树""看算悟""查帮促"安全宣教九步特色工作法，不断创新"宣"的形式，增强"教"的效果。开展"1+N"心理帮扶，实现心理帮扶全覆盖，筑牢职工心理健康防护网。构建"荷韵济三"诵读平台，开展"安全故事我讲述""安全伴我行"等诵读活动，架起与职工真诚交流的桥梁。充分发挥劳模创新工作室的示范作用，在营造安全氛围和培养职工创新上下功夫，干部职工综合素质显著提升。

三、实施效果

抓安全宣教归根结底就是要使安全文化转化为生产力，促进矿井安全高效发展。矿井紧紧围绕矿井改革发展稳定大局，本着自我完善、自我发展的原则，不断探索安全宣教工作新方法，在改进中加强，在创新中提高，不断向精细化方向提升，文化力激活了生产力，取得了明显成效。

（一）安全宣教形成整体合力

全矿干部职工对安全宣教工作由不认识到逐步认识、由不认可到普遍认可、由不愿接受到自觉接受，矿井上下抓安全宣教的自觉性、主动性进一步增强，展示了干部职工的共同安全追求。"关爱生命，享受健康生活"成为共同追求的奋斗目标，"安全第一、生产第二"成为全员共识，遵章守纪、远离"三违"成为自觉行动，各级干部职工的问题意识、责任意识普遍增强。

（二）职工安全技术素质进一步增强

经过长期的安全宣教工作实践，锻炼培养了一支符合煤矿实际、符合社会主义精神文明要求、符合岗位要求，具有现代工业文明品格、特别能战斗的煤矿干部职工队伍。领导干部安全管理水平和职工技术业务素质明显提高，树立起"深严细实"的工作作风。

（三）矿井安全管理水平有新提升

随着深入开展安全宣传教育，全矿广大干部职工切实摆正安全、质量、生产三者间的利益关系，矿井发展步入了以质保安、以安促产、以产增效的良性发展轨道。矿井管理创造出新成效，实现了质量、环境、职业安全健康体系三体系并轨运行。"3+6"安全文化管理渗透于矿井全面管理之中，安全生产、经营管理、党建等工作协调推进，呈现出安全稳定和谐发展的良好态势。

（四）安全生产持续稳定健康发展

坚持"两个至上"，树牢安全发展理念，始终把安全摆在高于一切、先于一切、决定一切的位置，重抓"安全生产标准化、双重预防机制和基层基础建设"三条主线，预控机制更加完善、职责边界更加清晰，"本质安全型"矿井成效显著，矿井连续17年实现安全生产。

浅谈房地产建筑行业领导力对
安全文化建设的重要影响

华润置地（合肥）有限公司　杨茂亮　刘明龙

摘　要： 安全文化是预防安全事故的基础性工程，安全文化建设对于任何行业都至关重要，尤其是涉及人的生命财产安全的高危行业。近年来，建筑工程相关的安全生产事故频发，虽然国家、企业均通过制定强有力的措施对建筑工程安全生产加强管控，但仍未有效避免事故的发生。如何将安全生产深入人心，形成人人讲安全的工作状态，笔者认为一个良好的安全文化氛围至关重要，良好的安全文化可以有效减少事故和损失，提高企业效益和员工幸福感。然而，这种安全文化氛围不能单单依赖于条例和规章制度，领导者在建设有效的安全文化体系过程中扮演着至关重要的角色。领导力对安全文化建设的重要作用，在安全学习、安全管理、安全责任、安全考核、安全意识塑造、安全管理创新等多方面均有突出体现。最终能够完成良好安全文化建设的企业，能最大限度地减少和预防事故事件的发生。

关键词： 房地产建筑行业；安全文化；领导力

一、房地产建筑行业安全管理现状

房地产建筑行业在组织生产中面临着人员流动性大、作业环境差、工业化水平低、危大工程及危险作业多、不确定因素多等特点，在生产过程中稍不注意极易导致安全生产事故的发生，这也是近年来房地产建筑行业安全生产事故频发的主要原因。

（一）安全组织架构不健全

在房地产开发项目中，安全组织架构存在的突出问题主要集中在专业分包单位，重点表现在项目经理、安全专职管理人员只挂靠资质但未在场履职，安全专职管理人员配备数量不足，不能满足《建筑施工企业安全生产管理机构设置及专职安全生产管理人员配备办法》（建质〔2008〕91号）中关于安全专职人员的配备要求，安全管理的基础架构未能有效建立。

（二）安全制度体系不完善

房地产开发项目各单位在制定项目层级安全管理制度时普遍存在"复制粘贴"的问题，制度内容未与国家法律法规的更新保持一致，与上级公司的安全制度要求不衔接，不能指导项目按照制度要求开展安全管理工作。

（三）从业人员安全素质低

一方面，建筑行业现场作业人员大部分为农民工，且年龄偏大，仅能满足生产基本需要，对于安全作业的认识存在较大不足，如作业环境的安全风险、作业安全操作要求、安全教育交底等均掌握、了解不到位，违章作业较多。另一方面，一线的现场管理人员对安全的认识存在被动性，没有达到"管生产必须管安全的"法定要求，在安排生产时没有意识到要全面地辨识可能存在的危险源，不能提出和督促作业人员采取必要的安全措施，特别是在进度比较紧张的阶段问题更加突出，甚至存在违章指挥的现象。

（四）安全管理不能保持常态化

目前房地产建筑行业安全标准化、规范化的要求越来越高，但建筑行业存在各种各样的不确定因素，安全管理复杂性高、难度大，实际现场安全管理往往在各类检查中存在突击整改和提升标准化的现象，检查过后安全状态迅速恢复，不能保持常态化安全管理。

以上存在的不足，是企业、人员对安全文化认识不足，也是安全文化建设不到位的一种表现。企业和人员没有安全文化的基础支撑，任何安全管理要求和动作都很难落到实处。

二、房地产建筑行业领导力对安全文化建设的重要影响

领导力在各行各业的安全管理中均扮演着至关

重要的角色。安全文化是实现企业安全管理的重要途径，也是实现国家、行业安全生产的重要因素。在当前房地产大环境下领导力更是凸显出对安全文化建设的重要影响，近期房地产市场持续波动，开发节奏弹性调整，加之受原材料、工期、成本、资金等影响，安全投入难以有效保证，而领导者对安全管理的充分认识很大程度上能够确保项目必要的安全投入和安全管理措施的落地执行，领导力在项目建设过程中能够发挥重要作用，能够有力地保障项目的安全平稳竣工。在建筑行业领导者可以为员工树立明确的安全目标和标准，建立积极的安全文化；领导者可以制定相应的安全规定和程序，以确保员工的安全；领导者还可以将安全纳入业务流程，确保员工在工作中遵循安全规定和程序；领导者可以通过一系列安全文化的建设，打造"人的本质安全"，促进员工从"要我安全"到"我要安全"的升华转变，从而有效杜绝各类安全生产事故，实现企业的本质安全。

三、如何通过领导力建设安全文化

（一）加强安全知识的学习

领导要积极带头组织开展学习习近平总书记关于安全生产重要论述和重要指示精神，了解新《安全生产法》《中华人民共和国刑法修正案（十一）》《建设工程安全生产管理条例》等重要安全法律法规的安全规定，掌握住建部印发的《房屋市政工程生产安全重大事故隐患判定标准》具体内容，清楚掌握自身的安全责任和不履责可能带来的严重后果，让领导和员工牢固树立"安全第一、警钟长鸣"的安全理念，扭转员工的安全意识，改变员工的安全行为。

（二）领导倡导安全意识

领导层发挥着塑造组织文化的重要作用。领导者的态度和行动对员工的行为具有榜样作用。因此，领导应该始终强调安全，并在言谈举止中体现出来。一是领导可以采取多种方式来促进安全意识的培养，比如定期组织各类安全会议和安全活动部署会，开展安全培训、举办安全管理讨论、参加安全活动；二是定期举办"第一责任人讲安全"活动，分析企业内外部安全生产形势，阐述自己对安全的认识，指出企业的突出安全问题，部署重点安全事项的工作要求；三是实时组织相关安全生产事故安全警示教育，做到警钟长鸣。

（三）领导参与安全管理

领导不仅要倡导安全意识，还要积极参与企业的安全管理工作。领导者需要审批安全工作计划，定期组织安全体系评估、制定安全标准和规程、落实安全措施等。在这个过程中，领导者需要深入了解企业的情况，亲自带队开展安全检查、基层调研等，了解一线的安全生产管理状况，发现存在的问题，及时采取有效措施解决问题。对需要安全投入的整改措施，要保证安全费用、人力、物资的足额投入。对不能保证安全生产的人员和单位及时开展安全约谈和惩处，让领导者的身影不断出现在安全管理的各个重要环节。

（四）领导强化安全责任

领导应该将安全作为一项核心价值观，并将其纳入企业的使命和目标中，制定明确的安全考核指标，并层层分解至各部门、各员工。此外，领导还应该制定明确的安全责任体系，建立健全全员安全生产责任制，对管理层和员工都进行责任划分，根据各岗位的安全目标、岗位职责和安全职责要求，"横向到边、纵向到底"全员签订安全责任书，并定期对安全目标完成情况和责任落实情况进行考核，作为工作业绩的重要考核指标，做到奖优罚劣，这样可以明确各级人员的责任，提高管理效率，减少安全风险。

（五）领导践行安全文化

一个良好的安全文化需要从领导开始践行。领导者应该将安全文化融入企业的日常运营中，各项工作的开展都与安全管理紧密联系，处处彰显领导对安全文化的重视。一方面，领导者在部署各项工作或活动时，均要重视安全措施的部署，强调"安全第一"，坚持不安全，不生产；自身在深入一线时要穿戴好防护用品，认真开展检查，对现场问题要寻根问底，对管理问题要思考。另一方面，领导者要建立安全奖励机制，推行安全意识培训，进行安全事故事件调查和分析，开展优秀员工评比，宣传报道安全优秀事迹，推广优秀安全做法等。这些措施有助于引导和激励员工建立安全意识，增强他们的责任感和热情。

（六）领导鼓励员工提出安全建议

领导鼓励员工参与安全管理，并积极听取员工的建议。员工通常是最了解企业实际情况的人，领导者可以采用员工匿名反馈机制，鼓励他们提出问题和建议，这样可以有效发现安全隐患，及时进行改进。也可以一对一开展安全管理访谈，了解员工的安全工作和安全思想动态，侧面了解企业安全问题，并对员工单独提出安全工作要求和需要提升的方面，这样可以更精确地解决员工发现的具体安全问题，帮助员工增强安全意识。

（七）推行安全网格化和生产安全一体化

首先要求执行安全网格化管理，将安全管理化整为零，每个岗位均划分自己的安全责任田，各岗位对自己责任田的安全工作负主要责任，各网格按照具体工作开展针对性的安全管理，最终形成责任明确、层层管控的网格化管理机制。然后，组织、推动生产安全一体化的建设，通过制定工作制度或方案，明确各个岗位的安全责任清单和工作任务清单，相关清单进行可视化管理，促使各级人员铭记自己的安全责任和任务，在安排生产的时候考虑相应的安全管控措施。

（八）领导对安全要避免搞形式、走过场。

虽然笔者认为很多事情是要有"形式"才会有"内容"，安全管理工作也是一样，如果没有各种各样的安全活动形式，可能就更没有实质性的内容。但，安全管理绝不能只注重形式，要让员工切实感受到领导对安全真正重视，才能影响员工的安全行为。如领导带队检查中往往存在现场迎检准备一天，领导到现场门口后简单地了解现场项目情况，十分钟就匆匆赶往下一个目的地，这样不但不能起到领导带头的正向作用，反而员工对此产生不良的看法和影响。虽然领导对安全技术、检查不专业，但可以通过"十个一"等检查工具表，深入了解项目的安全生产和管理状况，做实安全管理工作。

（九）完善用人机制，注重安全至上

在选人用人方面，注重人才在安全意识和业绩方面的考核，让有才能且重视安全的人才能够担当重要的工作岗位，对忽视安全的人员在选拔任用时执行"安全一票否决"。让各级领导拥有安全领导力，勇于担当安全责任，落实安全生产。

四、结语

在房地产建筑行业中，安全生产是永恒的话题，安全文化建设具有特别的重要性，是企业长久发展的基础保障。领导力是安全文化建设的核心驱动力，领导扮演着塑造企业文化和价值观的角色。领导应该从安全学习、安全意识培养、参与安全管理、强化安全责任、践行安全文化、鼓励员工提出安全建议、落实一岗双责、注重安全人才等方面建设企业安全文化体系，营造安全文化氛围，实现"人的本质安全"。只有领导真正主动发挥作用，积极推动安全文化建设，让企业充满安全文化氛围，让员工自然形成安全目标和安全价值理念，才能够确保企业长期向好发展。

参考文献

[1] 侯言新. 安全文化建设在建筑工程管理中的意义 [J]. 新疆有色金属,2013,36(S1):267-268.

[2] 王政伟. 安全文化在建筑工程安全管理中的作用 [J]. 建筑技术开发,2015,42(11):66-69.

扎实安全文化基础　助力企业安全发展

北京京丰燃气发电有限责任公司　南补连　马维军　张　辉　冷刘喜　杨禾秀

摘　要：本文介绍了北京京丰燃气发电有限责任公司在安全文化建设方面的认识及具体行动，从构建安全沟通与反馈机制、安全文化建设基础培训、工作票整治、提高设备可靠性、设备备件精准管理等五个方面介绍了具体做法及成效。

关键词：安全文化；安全沟通；认识；行动；成效

一、引言

公司认真学习习近平总书记关于安全生产的重要论述和重要指示批示精神，宣传贯彻新《安全生产法》，用心领会国务院《"十四五"国家应急体系规划》《"十四五"国家安全生产规划》要求，推动企业树牢安全发展理念，落实安全生产主体责任，扎实开展安全隐患排查整治，有效防范生产安全事故，营造浓厚的安全生产氛围，举全公司之力培育企业安全文化，大力弘扬京能集团"生命至上，平安京能"的安全文化理念。

什么是安全文化？我们认为安全文化就是一个社会在长期生产和生存活动中凝结起来的文化氛围，是人们的安全观念、安全意识、安全态度，是人们对生命安全与健康价值的理解，是企业主要负责人以及员工个人所认同的安全原则和接受的安全生产或安全生产行为方式。

建设企业安全文化，公司层面要树立"安全发展"的科学理念、"以人为本"的价值观念、"知法守法"的行为模式、"人人有责"的公共意识，努力在企业中形成"关爱生命、关注安全"的浓厚安全文化氛围，向"本质安全"看齐。

作为发电企业，需要做好安全基础工作，积极开展设备隐患排查治理，提高设备可靠性，努力改善现场劳动安全作业环境，构建本质安全；加强安全知识和应急救护技能的培训工作；严格执行"两票三制"等安全生产管理规章制度，规范现场作业行为。具体到员工层面，从部门到班组到个人，层层传递，步步落实，从"要我安全"到"我要安全"转变，形成良好的企业安全文化。北京京丰燃气发电有限责任公司在安全文化建设上始终默默耕耘，努力奋进，安全生产形势一直平稳有序。下面就来分享公司开展安全文化活动的生动实例。

二、构建安全沟通与反馈机制

党的二十大报告中，习近平总书记指出"推进安全生产风险专项整治，加强重点行业、重点领域安全监管。"为贯彻这一方针，公司努力构建安全沟通与反馈机制，畅通安全信息传递通道。基层班组安全管理需要及时了解和传递各种安全信息，如事故预警信息、事故案例、安全操作规程等，通过微信安全信息沟通群、安全监察简报、合理化建议、数字化安全管理平台、随手拍等手段和方法建立了安全沟通与反馈机制，可以确保安全信息的及时传递和共享，公司班组、运行值成员能够及时了解和掌握安全相关的知识和信息，加深对安全生产的认识和理解，提高安全觉悟，促进班组安全文化建设，助推企业安全管理水平提升。班组安全管理只有通过员工积极的参与和反馈，才能真正发挥出基层班组安全管理的作用。通过建立安全沟通与反馈机制，班组成员可以向上级提出安全问题和建议，参与安全决策和规划，提高员工的主动性和增强员工的责任感，形成共同关注和共同解决安全问题的氛围，有助于及时发现和整治安全隐患。同时公司领导班子成员定期下沉班组与员工座谈，围绕企业安全生产方方面面可能还存在的不足，让大家畅言心中所思所想，充分听取、收集基层的意见，组织专业人员对反映的问题进行评估并提出相应的解决措施，问题挂账指定专人负责督办。通过领导班子下沉调研，并将成果转化运用，化繁为简，畅通安全信息传递通道，接地气地解决公司安全生产实际问题，筑牢安全生产底线。

三、旁搜远绍，开展形式多样的安全文化建设的基础培训工作

2022 年 4 月 6 日，国务院印发实施《"十四五"国家安全生产规划》，在"提高全民安全素质"章节中提出"积极开展群众性应急培训，普及安全常识和应急知识"。为贯彻这一要求，公司旁搜远绍，开展形式多样的安全文化建设的基础培训工作。

传统方式的安全教育多采用下发文件材料、张贴宣传画等方式督促大家学习，潜移默化式地教育，属于让员工被动式接受。这种培训方式的优点是系统性，能够形成完整的知识网络，不易发生安全知识点遗漏；缺点是员工对此的积极性不高。为有效提高员工的学习积极性，从"让我学"转向"我要学"，安全监察部结合公司班组和运行值的工作特点开展线上安全知识答题、安全指标值际竞赛等，解决运行人员因倒休作息而不易组织集体活动的问题，提高大家的参与积极性；组织人事部和安全监察部相互配合，每年组织员工前往应急培训基地亲身体验正压式呼吸机佩戴、防踩踏训练、火灾扑灭、消防逃生、受伤包扎和心肺复苏等体验式应急培训；发电部组织岗位练兵、应急技能比武等活动，在应急比武中可按值为基本单位，自主选择"抢夺"部门专工当"外援"，根据不同项目"派兵出战"，分析对手实力机动部署"战略"等，将安全教育从桌面转到实践当中去；微信公众号是学习的良好途径，涉及安全方面的内容自然也少不了，公司职能部门关注了各部委、电力行业及安全类的公众号，及时将发布的最新标准规范、事故案例、安全常识、电力新闻等第一手资料，第一时间分享给公司全员，目的是让大家及时了解最新安全动态，对发生的事故可以引以为戒，举一反三查找身边隐患，杜绝事故发生。通过分享，公司在宣传安全、学习安全、落实安全等方面做到全员参与，各生产部门已形成部门领导重安全、安全专责收集资料讲安全、共同讨论促安全的良好氛围。这些不同形式相结合的安全文化建设教培方式激发了员工的参与兴趣，寓教于乐锻炼队伍，提升员工安全文化素质。

四、开展工作票整治，实现工作票管理精准化

执行工作票和操作票的"两票"制度是电力企业安全生产最根本的保障。公司在梳理管理短板时发现"工作票"尚存在一些问题，如工作票退票率和不合格工作票的数量总是不能有效降低。对此，

公司维护部以开展 QC 小组活动为抓手，开展了"降低工作票不合格率"的小组活动，目的是有效减少工作票出现退票或不合格等问题，从而规避因工作票执行问题给人身及设备安全带来的不良影响。公司维护部结合两票管理的要求，梳理近年来部门工作票出现的问题，精准把脉工作票可能出现的各类问题，细化每一种可能性并规定了相应的考核条款及奖励条款，制定完成《维护部工作票考核细则》。这一《细则》实施后退票和不合格票现象明显减少，其间进行动态管理，根据发现的问题持续优化部门工作票管理规定，班组反馈问题部门及时组织讨论并形成讨论意见进行反馈，有效地起到双向激励的作用，体现出制度安全文化的魅力。

公司还在持续开展标准工作票创建工作，通过建立标准工作票，提高开票的准确率和一次通过率，可大幅提高办理工作票的效率，节省审票所需时间。通过工作票的精准化管理，实现降低工作票退票率、提高合格率的目的。标准票的创建更是员工行为安全文化的具体反映。

五、多措并举，提高设备可靠性

1. 检修策划

按照 2023 年度检修计划，3 月 31 日—5 月 4 日进行机组的 C 修工作，统计各专业开展检修工作共计 393 项。检修项目涵盖技改、专修、隐患治理、合理化建议、防磨防爆、消缺等内容。

每个检修项目经过讨论确定施工方案，仅仅是纸上谈兵还远远不够，桌面商讨后还要到现场去实地落实。标准项目要这样准备，技改项目更是需要反复论证。

2. 技改策划

"余热炉内护板改造"工作是今年 C 检的一个重点工作，此次改造面临着施工工程量大、施工作业面交叉、施工窗口期短等不利条件。为顺利完成此项工作，公司维护部由部长统筹组织，由分管副部长具体策划，成立工作专班，打破专工岗位职责，由机务专工承担其中物资采购、施工招标的重点环节的工作，由安全工程师负责审核施工安全措施。

为尽快落实施工队伍，维护部专班抓紧进行余热锅炉入口烟道内护板改造施工招标规范书的编制工作，初稿完成后会同专班人员对投标单位的施工资质、施工业绩、施工组织机构要求、施工资源配置等方面提出了明确要求，确保施工招标工作顺利进行。

专班人员会同公司安生部专工与电科院专业人员对施工前余热锅炉快速降温方案、内护板组件及其原材料的质量控制方案、施工期间各结构焊道的质检方案的可行性及必要性进行充分讨论。多方寻求专业机构的技术支持，以保证施工技术措施制定得全面、合理。

物资招标工作完成后，为落实物资材料的准备情况及技术指导的派遣，公司安全生产分管领导带领专班人员前往锅炉厂进行走访，与锅炉生产厂家的技术人员就设计初衷与安装技术要求等相关内容进行沟通、讨论。

工程开工前，为保证安全、落实施工细节，专班成员与施工单位、锅炉厂代表分别进行了视频会议沟通和现场勘查，就施工单位编写的"四措两案"进行讨论。主要对施工总平面图、施工进度计划、施工准备与资源配置计划、施工工艺步序、质量管理计划、安全管理计划等方面提出要求。讨论确认专项保温施工方案、拆除检查方案、脚手架搭设方案、安全防坠措施、内护板安装方案、运料方案等技术措施。从施工的安全、质量、工期三方面进行充分的交流及确认，以确保技改工作顺利实施。

全面、细致的检修策划既是保证机组检修质量的先决条件，更是体现出了公司深厚的安全文化底蕴。

六、精准管理备品备件，诠释企业安全文化内涵

备品备件是公司维护部技术管理的基础工作。如果备件不能合理地准备，轻者设备缺陷运行，重者影响机组出力，甚至会导致机组无法运行。备件内容"确定"，备件存量统计"正确"才能做到备件的"精准管理"。在 2 号机力塔减速箱消缺过程中我们感受到备件的重要意义，维护部借"推创"工作的开展增加了"设备备件精准管理"内容。备件精准管理工作开展，首先圈定"范围"，即制定不同种类设备应准备哪类备件；班组依据"范围"编写初稿；专业工程师进行初步审核修订；各专业再组会讨论增减内容；班组二次修改存储情况；经过上述过程的推敲，形成思路统一的备件清单。通过此项工作的开展明确应准备的备件，同时可为下年度的费用申报积累素材，保证了检修消缺安全、快速完成。

在此，流程化的备件精准管理工作，也是公司安全文化内涵的一个具体诠释。

七、结束语

安全工作从人身安全、设备安全两方面体现。我们通过几个实例，列举了公司在安全文化建设方面所做的工作。安全文化活动需要的是持之以恒的精神，安全文化的建立更是在安全的基础上形成的一种氛围，需要我们在实践中不断完善。不管春夏秋冬，我们要把安全装在心中，无论酷暑严寒，我们要把安全看成幸福的源泉。一分耕耘一分收获，我们情系安全，安全会回报我们生产的安全；我们关注安全，安全也必将给我们带来美好的明天。

参考文献

[1]中国共产党第二十次全国代表大会报告
[2]国务院安全生产委员会."十四五"国家安全生产规划 [S].2022.

新型安全文化传播方式

——交互式安全体验

广船国际有限公司 陈溢彬

摘 要：为了创新安全教育模式，让安全文化更加深入人心，广船国际有限公司（以下简称广船国际）通过建设安全体验馆探索安全教育新模式，让安全教育更有参与感。本文以广船国际案例进一步阐述安全体验馆教育模式的优越性。

关键词：安全文化；安全体验馆；造修船行业；安全培训教育

一、背景

造修船行业涉及高处作业、起重作业、涂装作业等危险性较高的作业类型，生产过程中容易发生安全事故，这势必会造成人员伤亡，给员工生命健康带来威胁，这就亟须一种先进的安全管理理念去帮助员工树立安全意识，让员工掌握安全知识、掌握工器具的使用。但造修船行业的大部分工人文化水平低，对安全的理解也参差不齐，生产现场存在大量的不安全行为。为此广船国际致力于创新安全文化教育模式，提出构建安全文化互动教学模型，于2017年开始建立安全体验馆，并于2018年正式投入使用，目前，参加安全体验馆教育已达到30000多人次。

二、传统的安全教育模式

（一）教育形式单一

传统的教育形式都是喊口号、填鸭式教育，即通过上课，播放PPT、安全教育视频的方式进行培训，很多员工都是上课学了下课后就忘了，对于安全知识的掌握就停留在听、看阶段，无法真正理解安全操作的重要性，因此，传统教育模式缺少练、思阶段。练即练习，通过实操了解生产中可能存在的危险因素；思即思考，在发生生产事故后如何避免及降低伤害。因此，传统教育形式没有使员工具备相关的安全能力并将其应用于实际工作中。

（二）缺乏教育目的

传统的教育注重培养以知识记忆为主的安全知识教育，员工反映上完课后的直观感觉像是安全知识科普以及安全规则学习，缺乏对安全应急能力的培养和技能训练。

（三）教育环境落后

传统教育均是在大教室内上课，员工坐在座位上听讲，对于课堂上存在的一些风险隐患都是靠自己想象，没有环境模拟的条件，流于表面，容易忘记。

三、体验馆教育模式介绍

（一）安全体验馆功能简介

广船国际安全体验馆分为内场与外场，占地面积共为486.6平方米。广船国际安全体验馆包含综合理论培训室、劳动防护与职业健康体验区、火灾消防体验区、交通安全体验区、应急救援体验区、舱室与受限空间体验区、环境保护体验区、装配作业与起重作业体验区、气瓶气割体验区、工业气体管道体验区、电气安全体验区、工具安全体验区、脚手架与高空作业体验区等15个板块，如图1所示。

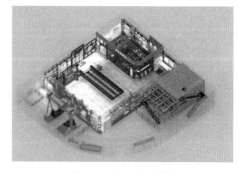

图1 安全体验馆

安全体验馆各体验区通过小尺寸模型模拟生产现场可能存在的危险因素，将现场的危险源、危险行为与事故类型进行具体化，让参加体验的员工能够亲身参与，并通过视觉、触觉真实还原作业现场危险发生的全过程，通过体验让参与者能够感受到危险因素带来的震撼，从而增强从业人员的安全意识、自我保护意识、隐患排查意识[1-3]。

（二）各类体验项目介绍

1. 外区体验场所

外场区包括装配作业与起重作业体验区、工具安全体验区、脚手架与高空作业体验区，这些体验项目都是造修船过程中容易发生事故的项目，该区域主要以起重伤害、高处坠落、物体打击为主。

起重吊装作业是技术活，在船舶建造过程和机械设备安装过程中，离不开起重吊装作业，起重机械的安全防护装置、信号装置、吊索具等的安全状态，起重机械行走轨道与两旁堆放物件的安全间距，起重指挥与司机之间的相互配合、协调一致，起重工的操作技能及熟练程度，吊装方案的具体可靠，都关系到起重作业的安全性。

通过对某大型造修船企业近三年的事故分类进行统计，高处坠落的发生率最高，船舶建造中高处作业都是伴随着我们的，而且随着船型吨位越造越大，高处作业的高度也将越来越高，尤其是箱船给作业人员带来的困难和危险也越来越大，如果对孔洞边栏防范不到位，脚手架及登高台存在缺陷，个体防护没有落实，就极容易发生高处坠落事故，并且高处坠落事故往往也会带来致命的伤害。以上危险源都可在安全体验馆外区进行体验，让员工能够真正掌握并理解安全操作的重要性。

2. 内区体验场所

内区包括综合理论培训室、劳动防护与职业健康体验区、应急救援体验区及各类事故类型体验区。

综合理论培训室是安全体验馆的安全理论学习场所，通过安全理论学习，员工对安全知识有了一定的掌握，为后续体验实操打下理论基础，如图2所示。

图 2　综合理论培训室

劳动防护与职业健康体验区介绍了劳保用品的重要性，如图3所示。员工可以参与体验安全帽防护，由员工佩戴安全帽模拟高空抛物掉落到安全帽上，而模拟掉落的物体是不定时的，员工从站上体验平台就开始处于不安的状态中，直至物体打击事件发生为止，让体验者意识到危险是随时发生的，认识到不佩戴安全帽的危害性；员工还可以参与安全带静态受力体验，模拟安全带在员工失足从高处坠落的保护作用，让体验者体验掉落过程中的不安，体验撞击地面的瞬间危险感受，认识到佩戴劳保用品的重要性。

图 3　劳动防护与职业健康体验区

应急救援体验区设置了 AED 培训项目，如图4所示。员工可通过学习急救知识与伤口包扎知识，掌握基本的应急救护技能，了解应急救护"黄金四分钟"、心肺复苏的重要性及操作流程，加深员工对急救知识的了解与认识，提升应对应急突发状况的能力，掌握正确的急救、应急知识，增强"人人会急救、急救为人人"的救助意识。

图 4　应急救援体验区

各类事故类型体验区包含了造修船中容易出现的事故类型，如车辆伤害、有限空间气体燃爆、触电、机械伤害等，通过实操预设一些 FLASH 小游戏让员工能够真正掌握。其中最受员工欢迎的应属车辆伤害体验项目了，如图5所示。员工可以在等比例设置的小轿车里体验不同时速撞击带来的冲击感，它是一个真实车辆改装后的实体模型，用于模拟不良交通驾驶习惯及注意力不集中时带来的车辆事故，它给驾驶员带来了更完整、更真实的感官体验。

图5　车辆伤害体验区

广船国际安全体验馆建立至今，先后组织新入职的大学生、一线班组员工、管理人员、外部来访人员、船东等约30000人次培训与接待并获得一致好评。近三年，公司的安全生产事故处于可控范围内，说明安全体验馆教育模式取得一定成效。

四、结论

安全文化教育是一个企业生产的基石，其对改善企业安全生产有着至关重要的作用，安全体验馆教育模式可以向广大员工普及安全知识，通过情景再现的原则，多器官协同体验让员工加深影响，增强了员工的安全意识，提高了员工的自我防护能力，对企业安全生产及安全文化发展有着重要的推动作用。本文通过对广船国际安全体验馆的研究，为行业安全文化建设提供了借鉴依据。

参考文献

［1］孙守民.VR体验馆在安全培训中的应用[J].能源技术与管理,2021,46(02):149-150.

［2］陈萍.建筑施工安全监控智慧体验区建设研究[D].武汉：华中科技大学,2021.

［3］朱丽晶.科技改变安全培训[J].劳动保护,2019,(06):35-36.

论企业安全文化建设的"形"与"神"

中国铁路北京局集团有限公司石家庄工务段　苗晓燕　李志学　陈路宽　梁万帅

摘　要：企业安全文化是企业安全生产的灵魂。当前,安全文化建设虽然已引起企业的普遍关注,并取得了一些有益的探索,但是总的来说,还处于较基础的阶段,部分企业的安全文化建设定位不准、重视不足,认识浅层化、片面化,缺少有效的方法手段,发展形式化等问题较为突出,阻碍了安全文化建设体系的发展。本文试从"形"与"神"的角度对企业安全文化建设进行探讨,解析安全文化建设的层次和逻辑,对普遍性问题进行分析,并从思想源头、执行过程、价值产出三方面分析内在原因,探讨解决方法,促进企业安全文化建设形式和内容的统一,提升企业安全文化建设成效。

关键词：安全文化;"形"与"神";思想源头;执行过程;价值产出;建设成效

企业安全文化是企业安全生产的灵魂。良好的安全文化可以促进企业安全管理,提升职工的身份认同感、行为自觉性和生产积极性,营造和谐向上、争先创优的良好氛围;反之,如果安全文化发展水平低,就会使企业安全管理功能减弱,队伍人心不稳,生产混乱失序。安全文化属于企业安全管理的内驱因素,是企业运行安全制度的根本,也是职工进行安全行为的导航。企业只有有意识地进行安全文化的建设和传播,不断进行安全文化的创新,才能从根本上提高企业安全管理水平。当前,对于企业安全文化建设的重要性和必要性大多数企业已有基本认识,并积极开展了一系列探索和实践,但是在企业安全文化建设的过程中,也出现了一些普遍性问题,反映出当下很多企业对安全文化建设的认识和理解浅层化、片面化,特别是缺乏对安全文化建设的"形"与"神"的深刻认知和把握。本文将试从企业安全文化建设的"形"与"神"的角度进行探讨,寻求解决方法。

一、企业安全文化的内涵

企业安全文化是企业在长期生产经营活动中累积形成的或有意识塑造的,为全体职工接受、遵循的,具有企业特色的安全思想和意识、安全作风和态度、安全管理机制及行为规范;体现企业的安全生产奋斗目标、企业安全进取精神;保护职工身心安全与健康而创造的生产和生活环境和条件、防灾避难应急的安全设备和措施等企业安全生产的形象;安全价值观、安全审美观、安全心理素质、企业安全风貌等种种企业安全物质因素和精神因素的总和。

(一)企业安全文化的形态

企业安全文化的内涵十分丰富广泛,从文化形态来看,安全文化的范畴包含安全观念文化、安全行为文化、安全管理(制度)文化和安全物态文化。

安全观念文化是指决策者和大众共同接受的安全意识、安全理念、安全价值标准。如安全第一的思想、预防为主的观念、安全就是效益的观点等。

安全行为文化是指在安全观念文化指导下,职工在生活和生产过程中的安全行为准则、思维方式、行为模式的体现。如学习专业知识和技能、进行科学的领导和指挥、进行规范的安全操作等。

安全管理(制度)文化是指对社会组织和组织人员的行为产生规范性、约束性影响和作用的法治观念、法律意识、规章制度及相关行政手段和经济手段。如企业内部的组织机构设置、部门分工职责、安全生产规章制度建设、安全监督考核等。

安全物态文化是指企业安全价值理念的传播媒介和物质载体。如安全标语、生产生活环境、安全警示文化室、安全宣传视频等。

(二)企业安全文化的层次划分与相互关系

安全物态文化、安全行为文化、安全管理(制度)文化、安全观念文化分别是企业安全文化产生过程中从外化到内化的具体体现。以精神文化为内核,以制度形式和物态部分为外化表现,由内到外形成一个有机整体。

安全物态文化是安全文化的表层部分，它是形成观念文化、管理（制度）文化、行为文化的基础条件。

安全管理（制度）文化、行为文化是安全文化的中层部分，它们既是观念文化的反映和投射，同时又作用于观念文化并改变观念文化。

安全观念文化是安全文化的核心部分，它从思想源头指导管理（制度）文化、行为文化、物态文化的形成和发展，并通过管理（制度）文化、行为文化、物态文化体现和检验。

二、安全文化建设的"形"与"神"

"形"与"神"反映的是现象与本质的关系。"形"是外在的、表象的、具体的、可见的；而"神"是内在的、本质的、抽象的、隐含的。"形"与"神"既是对立的，又是统一的。

显然，对于安全文化来说，安全物态文化是"形"，安全观念文化是"神"。而安全管理（制度）文化和行为文化则兼具"形"与"神"的双重属性，相对于安全物态文化来说，它们是"神"，而相对于安全观念文化来说，它们是"形"。

（一）区分安全文化建设"形"与"神"的意义

区分安全文化建设的"形"与"神"的意义在于有效理解和辨别安全物态文化、安全管理（制度）文化、安全行为文化、安全观念文化各自的属性、功能及相互间的逻辑关系，从而更加科学有效地开展安全文化建设。

（二）从企业安全文化建设"形"与"神"的角度分析存在的普遍性问题

1."形""神"错位

误把外在的、直观的表层部分当作核心和本质来抓。如有的企业没有真正认识到安全文化建设的精神内核，片面地认为安全文化建设不过就是一些标语口号、几本宣传手册、搞些文体活动，徒有其表，没有什么实际内容，对安全文化建设抱有抵触情绪；有的企业混淆安全文化概念，认为安全文化就是安全生产的副产品，可以自发形成，不需要专门建设；有的企业照猫画虎，把别人的口号、制度、管理原样移植到自己企业，结果却因为不符合企业的实际情况而水土不服。

2.重"形"轻"神"

把主要精力放在外在的、直观的表面部分，而对内在本质和规律缺乏深入研究和思考，造成安全文化建设华而不实、貌合神离。如有的企业跟风赶时髦，花大价钱引进先进设备，修缮厂容厂貌，但是对关键的制度漏洞和管理缺陷却无视放任；有的企业花大精力抓安全监督考核，但是对发现的共性问题却没有研究有效的解决方法，以罚代管，致使问题屡禁不止；有的企业抱着完成任务的思想，生搬硬套，东拼西凑，看上去洋洋洒洒很美，实际空洞无物，流于形式。

3."形""神"分离

把安全文化的"形"与"神"看作独立的部分，忽视它们之间的内在逻辑联系。如有的企业只是按照上级要求按部就班地执行，没有真正领会企业安全文化建设的目的和意义，属于无意识地做；有的企业虽然舍得花精力去进行安全文化建设，却把握不住重点，眉毛胡子一把抓，搞不清楚当前的突出矛盾和阶段性重点；有的企业轻率决策，朝令夕改，没有形成系统化、长期性的稳定价值体系，让职工无所适从。

4."形""神"相悖

提倡的价值观念和实际生产中的行为结果相背离，造成信任的崩塌和秩序的混乱。如有的企业干部在会上教育职工要遵章守纪，结果在现场自己却带头违章；有的企业号召职工加班奉献，晋升评优的机会却很少给到这些"老黄牛"；有的企业把企业安全文化建设当作树形象的招牌和幌子，说一套做一套，不反映真实情况，不解决真实问题，形成"两张皮"。

（三）原因分析

1.从思想源头来看

部分企业对于安全文化建设的认识主要来源于书面知识和政策要求，对于安全文化的实质内涵缺少深入思考和内在领悟，因此对安全文化建设的本质把握不清，对看得到的物质部分更容易理解、更愿意投入精力，而对看不到的精神部分则认为是务虚，重视不足。

2.从执行过程来看

表层部分容易模仿和执行，见效快，效果直观，而核心部分的实现途径较为复杂，往往是多种因素交织耦合，需要长时间的文化熏陶和潜移默化的思想塑造，由量变积累引起质变，实施难度较大，时间跨度较长。

3.从价值产出来看

物质部分主要为显性价值，容易被量化，在检查评比、绩效考核中易于发现和评判;而精神部分主要为隐形价值,不易衡量,难以有直观性的认识和价值评判,且精神部分的建设成果存在一定滞后性和普惠性,往往是前人栽树后人乘凉、辛苦自己成全别人。

(四)解决方法

1. 从思想源头入手,强化对"形"与"神"属性功能和逻辑关系的认识

企业安全文化建设人员要加强专业知识的学习,深入思考领会企业安全文化的作用、意义、实施途径和方法。强化思想认识,一是认识到企业安全文化建设要有"功成不必在我,功成必定有我"的长远眼光和大安全观的全局意识。企业安全文化建设意义深远,它逐步推动企业职工由"要我安全"到"我要安全"转变,对安全生产各项制度措施的执行由强制性向自觉性转变,从单个问题的逐个击破到共性源头的统一治理转变,实现以文化促管理、以管理促安全,以安全促发展,从而构建安全生产长效机制,促进企业长治久安。二是认识到企业安全文化建设需要"形""神"兼备。在物态层面,通过物资保障、环境建设、标语口号、文体活动等方式把企业的安全管理理念、价值追求,形象系统地展现出来,让职工看得见、感受得到,职工受情景的约束和引导,自觉遵守安全要求,规范自身行为,实现安全"外化于行"。在制度层面,通过建立完善安全生产责任制、组织领导、操作规范、监督考核等,明确分工职责和生产秩序,强化领导干部的带头作用,建立全员共同遵守的系统性、持续性、强制性的制度规定,实现安全"固化于制"。在精神层面,正向激励、选树典型、宣传教育、营造氛围等方式让安全理念根植于职工的思想深处,使其内化为安全行为的价值尺度,成为指导安全工作的价值判断和行为规范,实现安全文化"内化于心"。三是认识到"形"与"神"的内在逻辑。安全物态文化、安全管理(制度)文化和行为文化、安全观念文化依次为企业安全文化产生的过程中从外化到内化的有机整体。三者相互联系、相互促进,缺一不可。企业安全文化建设过程中既要全面均衡发展,又要把握好三者的内在逻辑关系,搞清楚目的与手段、基础与核心,有的放矢,实现形式与内容的高度统一。

2. 从执行过程入手,强化安全文化建设同安全生产实际的有机结合

安全文化建设不是空中楼阁、另起炉灶,而是要根植于企业的安全生产实际,服务于企业的安全生产实际,这样培植出的安全文化之"形"才能扎实厚重,具有特色和亮点,避免千篇一律、空洞形式,安全文化之"神"才能言之有物,切实发挥实际作用,解决实际问题,满足实际需求。为此,要全面考察企业的文化背景,客观分析当前安全生产状况及事故隐患的失控危险,科学研判存在的突出矛盾和追求的目标导向,预想机制转换过程中职工价值观的取向和心理承受能力,因势利导、因地制宜地推动安全文化建设。特别是有二个误区值得警惕: 是"存在即合理",惯性地认为现有的、例行的安全管理内容、方法、观念始终是合理的,只在执行层面抓落实,忽视了制度的顶层设计和观念的创新变革。时代发展日新月异,现有的、例行的安全管理内容、方法、观念是否能适应当前的工作实际和需求要从安全和效益的角度进行重新认识、重新评价,继承发扬,取长补短,促进安全管理内容、方法、观念的与时俱进。二是"眉毛胡子一把抓",企业安全文化建设是一个庞大的系统工程,涉及方方面面,如果面面俱到,不区分轻重主次,就会精力分散,凌乱无序。因此要科学研判当前的突出矛盾,明确影响安全生产的关键因素,有重点、有先后地开展企业安全文化建设。选择易开展又易见实效的内容为出发点,减少阻力,建立信心,积累经验方法,而后逐步扩展开来,以点带面,逐步推进。三是"拍脑门"决策,考虑问题时片面、激进,没有科学全面地衡量研判需求、成本、适用性、可操性、最优解、效果反馈等相关因素,导致决策在实施过程中水土不服、事与愿违,最终不了了之,朝令夕改,无法形成系统合力,也造成了公信力的下降。因此,做决策一定要慎重周全,切合实际,集思广益,博采众长,注重政策的连贯性和稳定性。

3. 从价值产出入手,强化安全文化建设的组织保障、政策保障和服务保障

一是强化组织保障。把安全文化建设纳入安全生产工作的重要内容,健全组织领导、评审验收、考核奖惩等推进机制,形成齐抓共管、常抓不懈的工作格局,推动安全文化建设常态化、长效化。二是强化政策保障。重视安全文化建设成果,完善安全文化建设评价,推进安全文化建设指标显性化,提升时效性,加大正向激励,对安全文化建设成效明显的企业或部门及时给予通报表扬和物质奖励,加大

宣传力度，推广经验方法，同时积极选树各类先进人物、道德模范、技术标兵、安全之星等先进典型，制作光荣榜，进行全面展示，营造"比学赶超、争先创优"的良好氛围。三是强化服务保障。着力维护职工队伍稳定，进一步加强人文关怀，建立职工与企业"树立共同愿景、结成共同利益、形成共同责任、实现共同发展"的命运共同体。广泛听取、解决职工对生产、生活问题的诉求和建议，及时掌握职工思想动态，重点关注苗头性、倾向性思想问题，对偏远艰苦岗位、常夜班人员、青年职工、困难职工等重点群体加强关怀与帮助，努力营造和谐安宁、团结稳定的良好工作氛围。

三、结语

当前，安全文化建设虽然已引起企业的普遍关注，并取得了一些有益的探索，但是总的来说，还处于较基础的阶段，距离成熟的安全文化体系还有很大差距。本文从"形"与"神"的角度对企业安全文化建设进行探讨，旨在通过解析安全文化建设的层次和逻辑，对安全文化建设中存在的普遍性问题进行分析，并从思想源头、执行过程、价值产出三方面寻找内在原因，探讨解决方法，促进企业安全文化建设的形式和内容的统一，促进企业安全文化建设的作用发挥。

基于安全行为规范管理的安全文化探索与实践助力抽水蓄能水电工程建设

河北丰宁抽水蓄能有限公司　杨圣锐　贾　鑫　陈　磊　周　聪　温雨萌

摘　要：建立科学有效的安全行为规范管理措施，是保障抽水蓄能水电工程安全文化建设的重要环节；加强抽水蓄能水电工程的行为规范管理，对于保障工程安全、提高工程质量具有重要意义。

关键词：安全文化；抽水蓄能；安全行为；规范；管理

一、引言

据统计，我国水能蕴藏量位居世界第一，可开发的水能资源约 5.42 亿千瓦。随着我国经济的快速发展，水电工程作为基础设施建设的重要组成部分，对于经济发展和人民生活水平的提高具有重要作用。截至 2022 年底，还有接近 2 亿千瓦的抽水蓄能电站正在开展前期勘察设计工作。而抽水蓄能水电工程具有设备机构复杂、结构布置特殊、地下工程规模大等特点，涉及众多的工程技术、环境问题、社会问题等，使得抽水蓄能水电工程在安全文化建设中存在的安全行为规范问题形势严峻。因此，建立科学有效的安全行为规范管理措施，是保障抽水蓄能水电工程安全文化建设的重要环节；加强抽水蓄能水电工程的行为规范管理，对于保障工程安全、提高工程质量具有重要意义。

二、抽水蓄能水电工程安全文化建设中安全行为规范管理的特点及现状

抽水蓄能行业近年来发展提速、建设主体增多、建设资源快速单一，建设期的安全文化建设难度和压力持续加大。其中，安全行为规范管控尤为突出，主要存在以下几个特点及现状。

（一）工程建设现场复杂，安全行为管理难度大

抽水蓄能电站的厂房往往都建在偏远山区，交通不便，地理环境恶劣，造成材料设备运输困难，施工时间长。建设期间，涉及机械工程、电气工程、控制工程、水工建筑等众多专业，各专业频繁交叉施工，使得施工现场技术难度大、高风险作业多、安全行为复杂。同时，抽水蓄能电站建设必然会面临土建收尾、安装调试、生产运维多重风险的叠加

期，这些风险因素有短期性、阶段性的，也有长期性、周期性、趋势性的，这使得安全行为规范管理难度攀升，极易发生各类不安全行为。

（二）地下工程规模巨大，安全文化建设及安全行为管理点多面广

典型的抽水蓄能水电工程通常包括上下水库、引排水系统、地下厂房、变电站等，地下开挖规模庞大，涉及大量隧洞开挖、石方爆破、深基坑、高边坡、高空作业、有限空间、大件吊装等高风险作业。大量的地下作业也伴随着工程施工面广、场地有限、材料乱堆乱放、多部位同时施工等问题，这些问题便衍生出冒险作业、使用不安全设备、不安全装束、注意力分散、忽视安全警告和标志、忽视安全装置、在起吊下作业停留、在不安全位置休息等一系列不安全行为的问题。

（三）安全意识淡薄，安全知识欠缺

安全意识的培养及安全知识的学习是安全文化建设的突出环节，也是保证安全行为规范的重要措施之一。据统计，在各类事故中，人为因素占 98%，人为因素中，安全意识占 90%，而安全技术水平所占比例不到 10%。主要原因有以下三点。

一是由于远离城区，往往会在附近临时招聘民工参与工程建设，而民工的安全知识普遍匮乏，又缺少有效的安全培训机制，加之分配工种的多变，安全应变能力也较差。

二是管理人员对安全行为规范管理从思想上认识不到位，认为安全行为规范管理是安监部门的事，是安全员的事，安全工作规程等规章制度束之高阁，对安全行为未存敬畏之心。

三是员工队伍年轻化，虽然均经过严格的培训，但现场经验匮乏，安全知识未能很好地应用于实践当中，而工程现场又要求员工必须承担各类安全行为管理的职责，存在着能力与任务不相匹配的情况。

（四）界面划分不清晰，标准化执行不严格

目前，我国针对水电工程安全行为规范管理已制定了一系列标准，这些标准为水电工程安全文化建设提供了指导及支撑，但仍存在一些较为突出的问题。

一是水电工程安全行为规范管理要求存在一定的地域性，缺乏统一的安全行为规范，没有建立安全长效机制，且安全保障措施不完善，容易形成粗放、随意的安全行为管理模式，忽视对标准化的安全监督。

二是安全行为规范管理存在盲区，安全行为管理制度不健全，"安全工作一阵风"、突击抓、集中抓的情况依然存在，安全行为的风险未实现全面受控。

三是缺乏明确的责任分工和监督机制，不同单位、部门之间的安全行为规范管理职责不明确，管理存在漏洞，要求层层衰减，无法对安全行为规范进行有效的评估和纠正，这些问题都给安全行为规范管理带来了不稳定因素。

（五）自然灾害频发，安全文化建设压力增加

一是防汛风险。受地理位置影响，防汛工作每年都是重中之重。边坡滑坡、库区管控、大坝安全等风险防控都是对安全行为规范管理的巨大考验。

二是重大交通风险。现场道路交通存在大量山路、土路、窄路等，而部分车辆仍超速行驶，货车违规载人，为节约成本租用农用车，使用车况较差车辆等现象时有发生，工程建设现场大小车辆进出频繁，极易引发交通安全事故。

三是重大火灾风险。目前，建设过程中很多区域均涉及动火作业，且工程建设材料中易燃易爆品较多，引发重大火灾风险可能性大，安全行为规范管理显得尤为重要。

三、基于安全行为规范管理的安全文化探索与实践

（一）突出思想统筹引领，全面提升安全文化建设水平

（1）结合"党建＋安全"工作，开展职工合理化建议等实践活动，创建安全行为规范示范班组、示范岗、示范人物。

（2）牢固树立安全发展理念，严格执行事前监督和过程管控，严查管理死角和责任盲区，夯实安全管理基础。主动适应安全管理新形势，牢牢守住安全行为"底线"，解决安全行为规范管理痛点、难点问题。

（3）以"一体四翼"劳动竞赛、"安康杯"竞赛等活动为载体，将安全文化建设融入现场，推进安全行为规范管理建设，对暴露的安全行为问题立查立改，拒绝不安全行为作业，保障人员安全，确保现场工作安全规范开展。

（二）强化安全行为规范管理，安全文化建设在严抓严管上形成新常态

（1）制定典型违章清单，梳理常见的不安全行为清单。以"典型案例＋建设实际"为抓手，推进安全文化建设的定置化、标准化水平提升，建立参建各方自查自纠体系，发挥安全保证体系和安全监督体系作用，推动双重预警机制高效运转。

（2）制定不安全行为整治台账。积极减少各类违章作业，严格整改、督办、报告制度，开展对专项整治成果"回头看"工作，对问题整改举一反三，减少不安全行为数量，构建安全文化建设新常态。

（3）建立安全考核评价体系。树立奖惩分明、严抓严管的鲜明导向，结合电站工程建设特点建立有效的激励手段，对不安全行为整改不彻底、对安全行为规范不落实、安全行为措施落实不到位、习惯性违章重复发生的责任单位和人员，严肃责任追究考核。

（三）实施安全文化建设有效举措，实现安全行为管理工作可控在控能控

（1）以坚持高标准、严要求为根本，依托"区片制""架子队"等管控手段，保证安全行为风险管控和防范治理工作有效开展。

（2）以点带面，突出安全文化建设重点，以大件吊装、高压试验、有限空间、立体交叉、高空作业和带电操作等重点内容为纽带，实现安全行为规范管理全覆盖。

（3）将安全文化建设与业务工作同部署、同推进、同检查、同考核，严格执行安全要求、规定，强化专业部门安全管控能力，主动查找不安全行为的薄弱环节及安全隐患，制定针对性措施。

（4）严格作业人员准入，实施作业队伍入场前

面试和综合评估的措施,严格开展准入考试,保证入场作业队伍的素质能力,夯实作业安全基础。对全部作业人员实施线上实名制管理,严格作业人员违章记分和"负面清单"管理,对反复违章人员及时清出现场。

（四）抓牢安全行为规范过程管控,在安全文化建设上取得新突破

（1）完善监管体系。依托"网格式一体化"管控模式,全面推行日常安全行为检查整改通知单制度,加强各级人员责任制落实和执行力建设。

（2）实施不安全行为违章的周通报、周摘录工作机制,执行质量月度例会制度,加强抽查检验和考核通报,坚决杜绝弄虚作假、蒙混过关行为。

（3）实行"日稽查、夜巡查"的不安全行为检查管理制度,现场督察、监控视频两步走,及时曝光处置作业队伍的不安全行为,对作业队伍不安全行为进行动态纠偏,严禁管理混乱、造成事故的队伍承揽业务。

（五）强化全员安全教育培训,进一步提升安全文化建设

（1）明确各项政府、企业规定,分级分类、多方位开展安全教育培训,统筹环境、职业卫生、交通安全等易忽视的方面,丰富安全文化建设载体,开展 VR 实景、事故模拟、实操演练等多种培训手段,促进安全教育培训效果。

（2）针对性开展安全教育培训,结合现场实际情况,组织安全大讲堂、班组长安全培训班和生产人员岗位安全等级评定等工作。

（3）以考促培,定期组织开展全员应知应会考试及生产人员安规考试,提升全员安全素质和安全技能水平,确保安全能力与岗位任职资格的匹配适应。

四、结语

安全行为规范管理是做好安全文化建设的前提和根本,安全文化建设的核心是既要保障工程建设人员的人身安全,又要保证工程建设安全质量的稳定。在新的时代背景下,一是要有"责"字在心的思想,牢固树立"主人翁"意识;二是要有"严"字当头的担当,杜绝规定、执行"两层皮";三是要有"防"字为先的主动,切实发挥安全行为规范管理的作用。以不断完善和改进抽水蓄能水电工程安全文化建设的方式方法,"强责任、抓教育、反违章、防风险、除隐患、共保平安"的安全管控原则,共同推进水电工程抽水蓄能行业的健康发展。

参考文献

[1] 叶龙. 安全行为学 [M]. 北京: 清华大学出版社, 2005.

[2] 毕作枝. 安全行为规范执行难的原因及对策 [J]. 煤炭经济研究, 2006, (10):85-87.

[3] 刘贵金. 水电工程建设单位项目管理问题及对策探析 [J]. 云南水力发电, 2014, 31(01):154-156.

[4] 刘淑芬, 岳蕾. 我国水电工程标准体系建设的思考与建议 [J]. 电工文摘, 2015, (02):1-4.

[5] 刘恒林, 宋瑞. 电力工程安全管理体系的探究与分析 [J]. 企业管理, 2018, (S2):168-169.

安全文化助力企业安全生产的重要意义

新疆宝新昌佳石灰制品有限公司　郭　川

摘　要：安全生产本身是对人的生命权益的维护。人的安全意识的强弱、安全文化素质的高低，直接决定安全生产的具体过程和结果。企业安全文化是企业及员工在生产经营和变革的实践中，逐步形成的共同思想作风、价值规律和行为准则，是一种具有企业个性的信念和行为方式，是企业倡导的、被员工群众认可的群体意识和行为准则。创建企业安全文化，是提高企业竞争力的一种手段，是保障企业安全生产、保护员工安全与健康、提高广大员工安全生活质量和水平的最根本途径。

关键词：安全文化；途径；方法

安全是企业发展的重要保障，是企业经营管理的头等大事。生产事故对企业生产有严重的影响，要把事故控制在最低限度内，必须全面提高员工的安全素质，大力推行企业的安全生产文化建设。

一、创建有效的安全文化机制，是提升企业安全生产质量的重要保证

当前的科技手段还达不到物的本质安全化，不能根本避免设施设备的危险，因此需要用安全文化手段予以补充。不安全行为是事故发生的重要原因，大量不安全行为必然导致事故发生，安全文化手段的运用，正是为了弥补安全管理手段不能彻底改变人的不安全行为的先天不足。安全文化建设是事故预防的一种"软"力量，是一种人性化的管理手段，是对人的观念、意识、态度、行为等形成从无形到有形的影响，从而对人的不安全行为产生控制，以减少人为事故。利用文化的导向、凝聚、辐射和同化等功能，引导全体员工采用科学的方法从事安全生产活动。利用文化的约束功能，一方面形成有效的规章制度，引导员工遵守安全规章制度；另一方面通过道德规范的约束，创造一种团结友爱、相互信任，工作中相互提醒、相互发现不安全因素的氛围，共同保障安全的和睦气氛，形成凝聚力和信任力。例如，检修施工中存在的 2～5 米的高处作业，如果不采取安全防范措施，冒险作业，只需要仅仅 10 分钟左右的时间就可以完成作业；如果落实安全措施，经过办理许可作业、安全交底、危险源辨识和风险评价后，得知进行此项作业需要搭设一个脚手架，建一个作业平台，再在上面焊接系挂安全带的锚固点，

整套安全措施落实下来，需要的时间和精力远远超过干活的时间。于是，就有了不同人的不同干法，一种是钻管理的漏洞，省去诸多麻烦，心存侥幸心理，违章作业；另一种就是严格落实安全措施，不怕麻烦，不走捷径，严格按照高处作业管理程序作业。结果为了完成此项工作任务，后者付出的成本显然比前者多得多，而前者不安全的作业行为发生事故的风险又会大很多。为何有些单位的有些人会抱有侥幸心理走捷径冒险蛮干，而另一些单位又是另外一种结果，即便安全管理人员或领导不在现场，作业人员依然按部就班不怕麻烦，一步一步按照规程进行作业，究其原因是文化的约束和引导作用。安全文化的作用是通过对人的观念、道德、伦理、态度、情感、品行等深层次的人文因素的强化，利用领导、教育、宣传、奖惩、创建群体氛围等手段，不断提高人的安全素质，改进其安全意识和行为，从而使人们从被动地服从安全管理制度，转变成自觉主动地按安全要求采取行动，即从"要我遵章守法"转变成"我要遵章守法"。

二、打造良好的安全文化氛围，是推动企业安全生产的重要手段

众所周知，"三违"时时刻刻威胁着企业的安全生产，是造成事故的主要原因。因此，遏制住"三违"行为是企业安全生产的重要筹码。而在实际工作中，特别是"三违"现象比较严重的班组，都存在着一种相同的"氛围"，即"三违"氛围。他们认为，在厂区不"三违"就无法干活。职工一到这个"氛围"之中，只要自己稍不注意就会在从众的心理作用下

走上违章作业、违章指挥、违反劳动纪律的道路。结果是在这个人群中，"三违"成为公开的"秘密"，你不说我，我也不监督你，彼此心照不宣。常在这种"氛围"中，职工与班组长对安全检查和安全监督就会采取应付和规避的态度。谁规范操作、照章作业就被视为假清高、弄不清，是离经叛道、不入群，而被讽刺挖苦，被排挤打击，进而被孤立，形成巨大的心理压力，进而被大家推着、被自己"哥们"劝着、拉着，走上"三违"的道路，逐渐融入这个群体，而失去规范操作、照章作业之自我；在这种氛围之中正面的安全教育效果被抵消，安全宣传被错误地曲解为表面文章，即领导的官样文章，取而代之的是如何寻找窍门多挣钱少干活的"言传身教"，是如何应付安全检查和安检员及各级领导的监督的负面教育，是事故分析中的客观辩解和胡搅蛮缠，一致对外。要搞好安全文化建设，就必须提高企业安全管理水平，提高职工的安全素质，增强企业与职工的安全凝聚力、向心力、持久力，将企业各种力量统一于发展企业、体现人的价值观念、尊重人的生命、保护人的健康，形成一个以人为本、关爱生命、关注安全的文化氛围。

三、采取多样的安全文化创建模式，是提升企业安全生产的有力推手

（1）企业安全文化的特点就是重视人的价值，把尊重人、关注人、关心人作为中心内容。在企业中，安全管理的对象是人，起决定性作用的还是人。环境的改变、机器设备状况的改变、设备的操作与管理，都是靠人来实现的。

（2）基于事故的分析，96%的事故是人的不安全行为造成的，因此要开展对企业全体员工的安全生产教育。

（3）企业安全管理的落脚点在班组，防范事故工作的终端是每一个员工，目的就是要努力保证他们的人身安全，培养员工的安全意识，使之实现从"要我安全"到"我要安全"，及"我会安全"的根本性转变，这是企业文化建设的中心任务。

（4）同时对员工进行充分的授权，营造民主参与的氛围，鼓励他们发挥主动性和独创性，充分释放其智慧与才能，规范企业员工安全生产工作规范、增强职工意识和价值观念，员工一旦违背了安全行为标准、安全生产理念，就会自责，会受到大家的谴责。

四、工作思路

（一）首先要真正把安全教育摆到重点位置

首先，在教育途径上要多管齐下；其次，在安全教育的形式和内容上要力求丰富多彩，推陈出新，使安全教育具有知识性、趣味性，寓教于乐，广大职工在参与活动中受到教育和熏陶，在潜移默化中强化安全意识。

（二）创建良好的安全氛围

要通过多种形式的宣传教育逐步形成"人人讲安全，事事讲安全，时时讲安全"的氛围，广大职工逐步实现从"要我安全"到"我要安全"的意识转变，进而达到"我会安全"的境界。

（三）搞好班组安全日活动，是推动企业安全文化建设的有效途径

班组是企业的细胞，而班组安全员是做好最基层监督、检查工作的人员，是企业安全文化的传播者，是员工和企业安全管理人员之间的桥梁和纽带。他们是最容易发现问题和最容易解决问题的人员，要充分发挥他们的作用。

五、具体做法

（一）针对群体特征分类明确安全管理中所扮演的角色，即安全生产责任制及分级管控

各级管理人员是安全管理文化理念的策划者、维护者、监督者、践行者和宣传者，应掌握熟知安全生产知识及法律法规、安全生产规章制度，监督落实及开展风险辨识和对标找差，具备安全管理的基本素质能力；岗位职工是安全管理文化理念的坚定执行者，应具备较强的安全生产意识及事故防范意识，熟练掌握本岗位本专业的安全风险辨识及防控措施，有义务和责任严格对照标准化作业程序开展各项作业。

（二）针对不同群体抓好安全履职能力的巩固和提升，即强化安全绩效评价手段的运用

各岗位员工应掌握本职工作所需的安全生产知识，并能够在具体操作中熟练运用，提高安全生产技能，增强事故预防和应急处置能力。

（1）公司管技人员按照不同形式，持续组织关键岗位对照设备操作画面、电钮、控制柜等实地描述操作步骤、工艺控制参数及过程安全管控措施，评价验证各岗位一岗双责履职能力。

（2）班组落实岗位作业指导书的操作实践，作业指导书是实施标准化作业的核心标准，通过作业

指导书的反复辨识修订、评审、培训、验证、观察、末位追责等方式，反复循环提升，达到全员标准化作业目标。

（3）有效发挥安全履职评价的牵引作用，通过每月的全员安全履职评价，针对存在的问题进行巩固、强化、提升，以"80%强制+20%激励"作为安全管理绩效评价的主要模式。

（三）针对安全管理现状制定严格考核制度及激励手段

通过精神鼓励和物质激励的方式对在日常安全生产过程中表现优异的员工予以嘉奖。精神鼓励可使职工的安全行为进一步自觉自愿化，并能够自发地对自己的安全行为实施自我评价和自我约束；物质激励主要通过对当月绩效奖加分、安全最佳实践者、发红包等举措激励个人的安全生产行为进一步提升。

例如：近日，我公司组织作业区管理人员及关键岗位对煤粉制备系统进行技能评价，让每位参与者对照现场设备实物、操作箱、仪表及操作画面描述设备功能投入情况、作业步骤、控制参数、隐患排查重点及安全防范措施，通过现场讲解及互评，各参与者从彼此身上补齐了知识短板，提高了自身的技能水平，强化了团队的安全文化理念，增强了安全过程管控意识。通过活动，对评为"优秀"的4名关键岗位人员和评为"良好"的2名管理者分别给予了绩效加分和扣分的结果运用，班组间形成良好的安全文化比学赶帮超氛围，管理者充分认识到了技能水平上的差距及不足并能够正确认识不足立行立改。通过开展类似活动，班组内部也形成了提升自我、超越自我的浓厚竞争氛围，进一步强调和加深了安全管理在生产活动中的重要性。我公司总结出：营造浓厚的企业安全管理文化是践行"发展决不能以牺牲人的生命为代价"等习近平总书记关于安全生产系列重要论述的基础，需要全面的策划、全员的参与、全维度的开展及全流程的监督，要以如履薄冰的状态开展好安全管理各项工作，核心在标准，关键在落实，安全管理文化浓厚氛围的营造绝不是简简单单地搞宣传培训就能养成的，扎实开展好各项基础工作本身就是在营造良好安全管理氛围。

企业安全文化是实实在在的，是企业在组织、管理、生产过程中所创造的文化，是积淀于企业及其员工心灵深处的安全意识形态，是企业的安全理念、行为和表现在企业的各个层次的宣扬和推介，是企业员工应遵循的安全行为方式，是安全管理的准则和灵魂，贯穿于企业安全活动的全过程，企业安全文化一旦形成，便会对员工产生强大的影响作用，改变员工的行为，使员工自发地控制作业活动中的不安全行为，从而在根本上达到降低事故的目的。

安全行为激励系统的搭建与实践应用

广东电网有限责任公司佛山南海局　周紫华　陈国俊　叶小东　黎健辉　张晓华

摘　要：企业安全文化是企业文化的重要组成部分，建设企业安全文化，其核心是坚持以人为本。佛山南海局深入践行《南方电网企业文化理念》中"一切事故都可以预防"的安全理念，以"安全发展，风险预控，同心同行，精益求精"安全生产方针为引领，创新探索建立安全行为激励系统，通过"一基础、四支柱、一机制"培育本质安全人，取得了较好的成效，安全生产局面持续保持稳定，并成功获评广东省"安全文化建设"示范企业。

关键词：安全文化；供电企业；安全理念；行为；实践

佛山南海供电局（以下简称南海局）始建于1963年，目前是南方电网公司规模及供售电量最大、客户最多、首个供电量突破300亿千瓦·时的县区级供电局。南海局主要负责佛山市南海区的电网规划建设、电网运行维护、电力供应和供电服务工作。南海局深知安全生产管理过程中"重惩轻奖"的管理方式导致基层生产人员因怕受处罚而不敢上报安全隐患或隐瞒未遂事件，因此，许多潜在的问题未能及时暴露，不利于员工的人身安全风险管控，也不利于电网安全稳定运行。对此，南海局于2012年探索建立了安全正负积分机制，是一种通过在安全生产管理中以积分量化的形式来评定员工的安全表现从而进行绩效考核的创新管理方法。通过对安全正负积分十二年的使用情况统计分析发现，员工通过安全正负积分平台获得正积分的荣誉感及负积分的羞耻感极大地激发了员工工作向好的热情。为此，南海局为进一步发挥安全激励手段改善安全绩效的作用，探索建立了安全行为激励系统，及时激励安全行为、纠正失职行为。

一、主要做法

南海局以塑造本质安全人为目标，通过"一基础、四支柱、一机制"探索系统、全面的安全行为激励系统，如图1所示。将安全管理理念融入员工思想，渗透到行为准则上，引导员工养成良好的行为习惯，塑造"要安全、会安全、能安全"的本质安全人，实现企业持续向好的安全绩效。

图1　安全行为激励系统

（一）固本强基，筑牢安全文化根基。

求木之长者，必固其根本，安全文化不是空中楼阁，实践过程必须有完善的标准体系、牢固的安全基础作为支撑。安全管理制度是安全文化长期有效发挥作用的基础，通过建立和完善科学规范的安全管理制度体系，如图2、图3所示，做到凡事有章可循、凡事有据可依，做到管理制度化，实现依法治企。认真落实各级人员安全生产责任制，把制度规范和行为养成有机结合，狠抓严管，使员工在规范中做到行为养成；持续完善安全生产监督检查、风险辨识、隐患整改和安全绩效考核制度，调动员工的安全工作积极性，形成齐抓共管的安全管理格局。同时，将安全文化融入制度，使安全文化发挥出巨大作用。

图2　春节前开展安全用电检查

图 3　局领导带头开展安全承诺

（二）以人为本，引导安全行为方向

1.增强安全意识

一是举办"安全'童'行家满 Fun（图 4）""亲子安全夏令营""亲人嘱托在身边"等亲子安全教育活动，通过"柔性监督"发挥员工家属的亲情感化作用，从员工内心深处需求着手增强安全意识。二是对严重违章员工进行家访关爱，通过亲人安全寄语、饱含真情的家书为员工与家属之间搭起了安全互动的桥梁，促使安全意识家庭化。三是设置违章曝光台，每季度通过安全文化季刊、班组安全文化墙对典型违章进行曝光，及时纠正曝光的不安全行为，让"红红脸、出出汗"成为常态，切实达到"排毒"的效果。

图 4　举办亲子安全活动

2.培育安全习惯

一是"角色体验"重安全。组织安全表现差的员工脱岗担任一天安全员，从安全管理人员的视角检视现场作业，客观地看待自我，清醒地查找不足，通过沉浸式体验促进生产人员对安全的重视和理解。二是"以考促学"升技能。通过组织班组员工每周进行安规测试，对测试结果进行大数据分析，通过问题导向对薄弱环节进行分析，编制安规错题汇编，提升员工安规知识基础和应用水平。三是"随手拍"查隐患（图 5）。组织全体员工对自认为不安全的设备、线路、作业随手拍后匿名上报至安监部，组织专人对收集的问题进

行跟踪、分析与解决，鼓励人人时时参与安全建设，重视安全。

图 5　积极参与安全隐患"随手拍"活动

3.提升安全能力

一是深化安全文化大讲堂，开展科技兴安、保命技能传授、以史为鉴警示教育等为主题的安全培训和经验分享，全方位提升各专业员工安全管理水平和安全风险防范能力（图 6）。二是开展安全技能竞赛，通过以赛促训、以赛促学的形式促进员工熟悉掌握保命技能，以喜闻乐见的活动凝聚力量，缓解员工的工作压力（图 7）。三是组织开展员工强化安全意识实操培训，针对现场操作人员在实际工作中可能发现的危险情况，开展应急知识、心肺复苏实操、外伤处理实操等应急实操能力培训，增强员工安全意识和提高员工安全技能（图 8）。

图 6　组织开展安全文化大讲堂

图 7　举办安全技能竞赛

图 8　组织开展应急演练

4.营造分享互助氛围

一是提炼总结南海局安全生产大事并对其进行展示宣传,增强年长员工对企业的归属感、新员工对企业安全文化的认同感。二是创建安全文化季刊,设置党建领安、安全警示教育、安全互助互学等栏目,通过身边人、身边事传播安全正能量,通过分享互助平台实现共同进步。三是深化"党员安全责任区""党员安全示范岗"创建工作,结合每季度的"安全榜样"评选大力挖掘并宣传安全生产先进事迹,积极鼓励先进,树立标杆,充分发挥先进典型的示范、教育、引领作用,营造"争安全先进、学安全榜样"的安全文化氛围(图 9)。四是建立安全生产"红黑榜"机制,按照"严管严抓严惩重奖"思路,"严"字当头压实安全主体责任,"红黑"分明,树立奖优罚劣鲜明导向。

图 9　选树安全榜样

(三)坚持"一个机制",量化安全行为表现

建立健全个人和单位安全正负积分机制,将员工的个人能力、工作表现、安全贡献等作为考量维度对员工的安全行为进行量化。定期公示全员安全正负积分,将排名靠前的员工树立为安全先进典型。同时,在评先选优、安全生产专项奖等方面给予实质性的物质奖励与精神激励,体现组织对安全生产的态度,充分发挥先进典型的引领示范作用,促进员工养成自觉遵章的良好行为习惯,促使企业安全绩效持续向好。

二、建设成效

经过深耕厚植、凝心聚力,南海局安全行为激励系统经过数年的沉淀,以润物无声般的浸润,逐步增强了员工的安全意识、提升了员工的安全能力、培育了员工的安全习惯、营造了浓厚的分享互助氛围。安全行为激励不仅充分挖掘了员工的潜力,还创造了良好的安全生产环境,促进企业顺利完成安全目标。安全行为激励系统实施以来,南海局多次荣获网、省公司集体和个人"安全生产先进集体",全国、全省、全网"安全文化建设示范企业"称号。安全正负积分的反馈激发员工向榜样、先进学习的热情,促使安全生产行为进一步规范、企业安全绩效持续向好。

三、结语

十年树木,百年树人,安全文化建设永远在路上。南海局将继续以习近平新时代中国特色社会主义思想为行动指南,贯彻党的二十大精神,坚持"人民至上、生命至上",践行"一切事故都可以预防"的安全理念,坚持通过"一基础、四支柱、一机制"塑造员工良好的安全行为,增强员工安全意识,提升员工安全技能。下阶段,南海局将安全正负积分机制应用到员工的安全信用方面,以安全信用机制作为抓手持续优化安全行为激励系统。同时,将员工的安全信用结果应用到员工的职业晋升、专家评选、责任制评价、人岗匹配等方面,通过客观的信用评价促进全员自觉遵守,形成诚信执行制度规程的良好氛围,全面系统推进"十四五"期间安全文化建设,促进南海局的安全文化建设行稳致远,不断夯实本质安全型企业基础。

参考文献

[1]蒋庆其.电网企业安全文化建设[J].电力安全技术,2004,(10):6-9.

[2]曹琦.关于安全文化范畴的讨论安全文化系统工程[M].成都:四川科学技术出版社,1997.

[3]毛海峰,郭晓宏.企业安全文化建设体系及其多维结构研究[J].中国安全科学学报,2013,23(12):3-8.

[4]王炜.电力企业安全文化建设模式探索[J].贵州电力技术,2014,17(12):80-82.

基于大型项目网格化管理的建筑施工现场安全文化建设研究

中建四局第六建设有限公司　郭仁宝　李孟臣　胡子龙

摘　要：大型项目的建筑施工现场往往存在较多的安全风险因素，如起重吊装、高处作业、交叉作业等，加之施工高峰期作业人员较多，现场安全管理的难度较大。因此，需要通过建立人人管安全的安全文化，层层压实全员安全生产责任，来确保施工生产安全。采用安全生产网格化管理，可以将安全生产管理体系延伸到最基层，确保责任到岗、责任到人，进一步提升安全管理的执行力，建立全员管安全的良好安全文化。本文将以杭州大会展中心项目网格化安全管理为研究对象，深入分析网格化安全管理在项目上的应用，为建筑施工现场安全文化的建设应用探索思路。

关键词：安全文化；网格化管理；管控方法

传统的安全管理模式下，现场的安全管理工作主要由项目安监部通过监督管控来完成，是一种纵向的、单一的管理模式。在大型项目的施工过程中，大面积、多工种的施工作业容易导致安全监管人员的力不从心和监管覆盖范围的不全面，安全隐患、违章作业防不胜防[1]。建立全员管安全的安全文化，可以切实推动各岗位安全责任的主动落实，及时消除不安全因素，保障生产施工安全有序。

网格化管理是一种基于区域划分的管理模式。我们可以将施工现场的安全生产管理工作划分为若干个网格单元，由负有安全管理职责的人员进行网格化管理，这些管理者即网格员[2]。在网格单元的基础上根据区域划分为不同的网格片区，由网格长进行管理，网格片区与网格单元之间相互协作、上传下达，逐步构建一个"全面覆盖、分级负责、责任到人、动态管理"的建筑施工现场安全生产网络，更好地实现"管业务必须管安全"的要求。下面将以杭州大会展项目为载体，详细介绍网格化安全管理在项目上的具体应用。

一、工程概况

杭州大会展中心项目是杭州市的重点工程，位于杭州市萧山区，是一个集展览展会、会议中心、星级酒店于一体的大型会展综合体。项目包括8个钢结构展厅、1个中央廊道以及东西两个登陆大厅，占地面积35.3万平方米，建筑面积64.32万平方米，总投资额约200亿元。

二、实施背景

杭州大会展中心项目体量大，存在深基坑、高大模板、钢结构吊装、幕墙施工等危险性较大的分部分项工程，以及多工种交叉作业，施工高峰期将近5000人在场内施工作业，场内流动设备、运输车辆较多，安全管理组织难度较大。

项目开工建设以来，严格落实网格化安全管理机制，着力构建风险分级管控和隐患排查治理双重预防体系，对存在的安全风险有效落实管控措施，责任到岗，责任到人，建立了全员管安全、人人抓落实的安全文化，目前生产建设情况安全平稳有序推进。

三、具体做法

为确保安全管理工作高效开展，项目全面推行网格化安全管理机制，在原有安全生产管理工作的基础上，以项目大网格—片区网格—网格单元为安全生产责任网格分布，形成分级监管、责任清晰、高效运转的网格化安全监管体系，层层压实全员安全生产责任。

（一）网格区域划分

杭州大会展项目以单个钢结构展厅、中央廊道、东西登录大厅划分为数个网格分区，由项目班子成员任网格长；每个网格分区内按施工作业班组划分为网格单元，由对应责任工程师、技术员、分包负责人任网格员，按工作职责的不同负责网格单元内的对应安全管理工作的落实。网格分区及责任划分跟随施工进度动态调整。

（二）建立网格化安全管理组织机构及职责

1. 网格化总负责人

网格化总负责人由项目负责人担任，全面负责施工现场安全生产管理工作，组织施工现场安全生产检查，督促隐患的整改落实，定期召开项目安全生产工作会议，对网格化安全管理工作的落实情况进行阶段总结评比，结合网格化监督员的意见定期开展网格化管理考核工作。

2. 网格长

网格长由项目班子成员担任，负责网格片区内的安全管理工作，对网格内安全生产情况进行巡查，监督网格员工作职责落实情况，及时协调解决片区内安全隐患整改。

3. 网格员

网格员由责任工程师、技术员、分包负责人担任，按照不同的岗位职责对网格单元内的监管事项负责。网格员主要负责网格单元内的安全管理日常工作，组织开展安全教育、安全技术交底、按要求开展班前会，开展对网格单元内的安全巡查，及时落实隐患的整改销项。

4. 网格化监督员

网格化监督员由项目安全总监、项目安监员及分包单位安全员担任。项目安全总监协助项目经理进行监督管理，项目安监员负责对网格片区进行监督管理，分包安全员纳入总包管理，负责对网格单元进行监督管理。

（三）考核机制及结果运用

1. 对网格员的考核

对网格员实行月度积分制考核，总分100分，对管理不到位的人员进行扣分，对表现优秀的人员进行加分，扣分项及加分项由网格化监督员进行统计，网格长的考核分数等于该片区网格员的平均分，最终成绩纳入季度绩效考核进行奖罚，月度积分最低者应在项目安全生产工作会议上进行安全述职。

2. 对网格片区的考核

项目对月度积分总分最高的网格片区颁发流动红旗"网格化安全管理优秀团队"，给予现金奖励2000元（奖金分配方式由片区确定）。月度积分总分最低的网格片区，由网格长对片区的安全管理工作进行专项汇报，并提出改进计划。

3. 对分包单位的考核

结合项目的安全生产奖罚制度，对分包单位的安全违章行为进行处罚。月度统计安全隐患数量排名第一的分包单位，其分包月度考核评价安全版块为不合格。

针对现场安全隐患拒不配合整改的分包单位，第一次由项目约谈分包单位现场负责人，第二次由项目约谈分包单位法人，第三次将相关情况上报分公司的相关部门进行处理。

4. 对一线作业人员的考核

对于存在违章作业行为的分包作业人员，第一次发现予以警告劝勉，并在人员教育培训档案上备注违章行为记录。第二次发现由分包专职安全员单独对违章作业人员进行安全教育，观看事故警示教育视频或幻灯片，培训时间不得少于1小时，并写下安全承诺书，保证不再有违章作业行为。第三次发现直接清退出场。

（四）持续改进提升

召开月度网格化安全管理总结会议，针对每月发现的安全隐患进行统计分析，结合多发隐患和重点问题制定下个月的网格化安全管控重点清单，不断改进并消除项目安全管理的薄弱环节，推动项目安全管理水平持续向好。

（五）网格化安全管理的信息化

结合"中建智慧安全平台"进一步助力网格化安全管理的高效运转，由监督人员对网格区域存在的安全隐患上传至"中建智慧安全平台"，网格员在平台上按时整改回复，形成线上隐患排查整改闭环管理，同时利用线上平台的对比分析和统计功能，抓住问题走向及安全管理重点、难点，制定针对性的安全管理措施，从而达到更好的安全管理效果，提升了安全管理的工作效率。

四、取得的效果评价

杭州大会展项目在实施网格化安全管理及建立了全员管安全的安全文化后，大幅提高了施工现场安全管理水平，管理人员的安全意识逐渐增强，安全问题的解决效率显著增高，安全隐患大幅降低，形成人人管安全的良好氛围，使得安全管理工作更加及时有效。作业人员在网格化安全管理的机制下，不安全行为得到及时制止，同时受"行为安全之星"活动的正向激励，实现从"要我安全"到"我要安全"的转变，营造了良好的安全生产氛围。项目在

2023年3月成功举办建筑业建筑安全与机械（专业）专家工作经验交流会暨项目观摩会，迎来各地专家学者、行业代表线上线下打卡观摩。

五、结论

实践证明，建立全员管安全的安全文化是推动落实安全生产责任的重要举措，其网格化的管理方法可广泛应用于建筑施工项目，尤其是工期要求紧、大型机械设备及施工人员较多的厂房、场馆类等大型项目。高效运转的网格化安全监管体系，可以有效增强从业人员的责任心，减少作业人员的违章行为，起到事半功倍的效果。建立全员管安全的安全文化是新形势下创新安全生产监管模式、增强安全生产监管效能的迫切要求，对企业的安全发展具有深远意义。

参考文献

[1]罗云.《现代安全管理》（第三版）[M].北京：化学工业出版社,2016.

[2]刘忠孝.网格化在消防安全管理中的重要作用[J].消防界（电子版),2022,8(19):126-128.

[3]韩耀明.安全管理中网格化管理的应用——以曙光泥浆处理站为例[J].劳动保护,2023,(01):63-65.

精诚善建、智能建造

——探讨新时代建筑背景的安全文化

中建四局江苏建设投资有限公司 邢廷辉 陈 敏 黄 勇 叶 亮 王利梅

摘 要： 改革开放四十多年以来，中国建筑的发展日新月异，尤其是 2018 年以来，我国经济发展进入新时代，即由高速增长阶段转向高质量发展阶段，由建筑大国转向建筑强国的新时代。2018 年也是中国建筑第四工程局有限公司（以下简称中建四局）变革图强之年，中建四局在中建集团率先推出立足"十三五"、面向"十四五"的"2+5"战略规划，同时推出"精诚善建、精彩四海"的精诚文化。在新形势下建筑业转型发展阶段，经过建筑业的高速发展，我国的安全管理理念和方法措施也在不断地推陈出新，安全文化的发展也融入了新的内涵。

关键词： 改革开放；建筑业；变革图强；战略规划；安全文化

一、新时代的建筑环境

改革开放四十多年以来，我国国内生产总值已从 1978 年的 3679 亿元，增长到 2017 年的 827122 亿元，占世界经济比重 15% 左右，连续多年位居世界第二。经过四十多年的持续发展，行业实力和地位对经济社会的贡献得到显著提升，我国不仅已经发展成为建筑大国，还向早日建成建筑强国的目标迈出了坚实步伐。

党的十九大提出了习近平新时代中国特色社会主义思想，作出了我国经济已由高速增长阶段转向高质量发展阶段的重要判断，为建筑业改革转型提供了路径指导。近几年，从产值规模增长的情况来看，建筑业经历了从高速到缓慢再到平稳的发展过程；从发展质量提升的情况来看，建筑业在绿色化、智能化等方面取得了一定成效。

二、中国建筑的时代背景

2022 年，中国建筑新签合同额 3.9 万亿元，同比增长 10.6%；实现营业收入 2.05 万亿元，同比增长 8.6%；连续五年持续增长，是建筑行业新签合同额、营业收入达到"双万亿"的企业。2023 年上半年，中国建筑位列《财富》世界 500 强第 13 位，位列中国企业 500 强第 4 位，稳居 ENR "全球最大 250 家工程承包商"第 1 位；继续保持全球建筑行业最高信用评级，国务院国资委年度考核中 18 次获 A 评价。

中国建筑的经营业绩遍布国内及海外一百多个国家和地区，业务布局涵盖投资开发（地产开发、建造融资、持有运营）、工程建设（房屋建筑、基础设施建设）、勘察设计、新业务（绿色建造、节能环保、电子商务）等板块。在我国，中国建筑投资建设了 90% 以上 300 米以上摩天大楼、3/4 重点机场、3/4 卫星发射基地、1/3 城市综合管廊、1/2 核电站，每 25 个中国人中就有一人使用中国建筑建造的房子。

三、中建四局变革图强发展历程

"十三五"期间，中建四局的发展经历过低谷，期末两年逐步恢复，经过中建四局"2+5"战略规划和"十四五"战略规划颁布，以"变革图强、提质发展"为中心，以结构调整和转型升级为重点，积极服务国家战略，持续巩固在粤港澳大湾区的优势地位，向着成为"粤港澳大湾区最具竞争力的投资建设集团"的愿景迈步前进。

中国建筑第四工程局有限公司成立于 1962 年。企业现有员工 3 万余人，历经 60 年的发展，年合同额超 3000 亿元，营业收入近 1500 亿元，拥有房建、市政、公路特级施工总承包，建筑、市政、公路设计甲级资质（三特三甲）等 170 余项资质。坚持科技引领和绿色建造，打造以设计、施工、研发为核心，覆盖建造全过程的产业链，拓展涵盖低碳建筑科技研发、装配式智能建造、数字化设计、绿色新型建材、低碳光伏技术在内的"新城建"产业领域，获得省部级以上科技奖 150 余项、授权专利 2000 余项。

四、安全文化建设

安全文化建设是企业安全生产防线的重要一环，是践行中国建筑"我安全、你安全、安全在中建"安全文化的必然要求。安全文化是指在一个组织或社会中，人们的安全态度、价值观和行为习惯的共同体。它强调个人和集体对安全的重视和关注，并通过积极的安全行为和持续的安全改进来确保人们的安全。安全文化的建立需要全员参与，包括管理层、员工和其他相关方，共同努力营造一个安全、健康和可持续发展的环境。

（一）安全文化的重要性

安全文化的重要性在于它能够促使人们在工作和生活中更加注重安全，减少事故和伤害的发生。它可以增强员工的安全意识，使他们能够主动发现和解决潜在的安全隐患。同时，安全文化也能够增强组织的竞争力和可持续发展能力，因为一个安全的工作环境可以提高员工的工作效率和满意度。

（二）安全文化划分

安全文化可以划分为意识文化、制度文化、环境文化、行为文化

1. 意识文化

意识文化分为被动意识和主动意识，为此，中建集团为化解"人的不安全行为"风险，有效解决可能导致安全生产事故发生"最后一公里"的问题，实施和推行"行为安全之星"活动，同时本着"从根本上消除事故隐患"的目的，在规范"作业行为"的基础上进一步提升日常"安全管理行为"标准，提高安全生产风险管控水平，及时消除事故隐患，将"行为安全七步法"作为"行为安全之星"活动的补充。这些活动开展以来，积极弘扬了中国建筑安全文化，广泛应用了正向激励措施，显著增强了全员的安全意识，有效减少了一线作业人员的违章行为，降低了人的不安全行为导致的生产安全事故。

从行为之星到安全管理之星，是被动意识到主动意识的转变，安全管理之星更是行为之星的延伸，从要我安全到我要安全，这是一个思想意识的转变，但是更应该提高一个层次，使之达到"我会安全"的程度。因此，局、公司、分公司三级单位垂直管理，落实注册安全工程师持证率不低于15%，同时加大雁阵安全学堂安全总监培训计划、全面落实安全宣教进基层制度，确保安全教育和作业培训落实到班组，落实到作业人员。进而从连贯行为安全之星到安全管理之星，形成被动意识到主动意识的良好循环。

2. 制度文化

2013 年 7 月 18 日，习近平关于安全生产重要论述中提出："落实安全生产责任制，要落实行业主管部门直接监管、安全监管部门综合监管、地方政府属地监管，坚持管行业必须管安全，管业务必须管安全，管生产必须管安全，而且要党政同责、一岗双责、齐抓共管。"

2014 版《安全生产法》出台后，中建四局安全管理引入"管生产必须管安全、管业务必须管安全"的原则以及一切事故的可预防理论，建立健全全员安全生产责任制，致力于打造全员管安全的监管体系。

2017 年、2018 年两年间，企业管理标准以及《安全管理、监督手册》两项制度的出台，为企业安全监、管模式的确立提供了坚实的制度支撑，企业各级安全部门也正式更名为"安全生产监督管理部"，正式履行对各级生产单位全业务部门安全履职的监督职能。

2021 年，经过长达七年的发展，中建四局正式形成了"监、管分离，以监促管"的管理、监督双轨运行的安全监管体系，安全理念、制度和管理行为的建设获得企业员工极大认同，企业安全体系建设进入了二阶段依靠严格监督向三阶段自主管理转变的阶段。

3. 环境文化

中建四局在企业发展过程不断推陈出新，紧随时代发展的潮流，根据建筑情况的特点，探索、调研、讨论并归纳总结形成企业的"精诚文化"。"精诚文化"源于历史、立足当下、面向未来。依托"精诚文化"下的中建四局也建立了一系列的安全环境文化，中建四局先后发布《中建四局房屋建筑施工安全生产标准化图册（2022 版）》，公司层面发布现场安全标准化图集，分公司层面发布安全作业指导书。中建四局通过安全标准化三步走实施阶段，年、季度、月安全培训计划以及项目三级安全教育等，营造项目安全氛围浓厚的企业。工作中的警示标语和

个人的晨会教育，以及现场环境中的安全生产标准化，都是在促进和提升环境文化对人的重要性。

4.行为文化

安全文化建设必须始终坚持"安全第一、预防为主、综合治理"的方针，企业必须落实"生命至上、安全运营"第一的安全理念，为此管理层与作业层组织开展安全行为活动。结合今年安全生产月主题，开展"人人讲安全、个个会应急"活动，创新开展企业负责人讲安全、知识竞赛答题及安全健康文化宣传、专题研讨、集中宣讲、培训教育等形式多样、富有实效的活动，不断弘扬安全文化，传播安全知识，增强安全意识，强化安全技能，进一步落实全国安全生产强化年行动要求，为工程局健康持续发展保驾护航。

（1）开展"主要负责人讲安全"活动。结合"安全生产月"活动主题，带头讲安全，加大以案释法和以案说法的宣传力度，组织开展形式多样的安全知识宣讲活动。

（2）开展"安全生产全员讲"活动。组织各业务线条、各岗位人员开展"安全生产全员讲"演讲比赛，尤其是党员干部要带头讲、树标杆，职工广泛参与。以此加深各级人员对国家安全生产法律法规、标准规范的学习、领会和理解，同时加大活动宣传力度，营造良好的安全生产氛围，提升全员安全生产管理水平。

（3）开展企业主要负责人"五带头"宣传活动。开展企业主要负责人"五带头"宣传活动，即带头研究组织本单位重大事故隐患排查整治，带头落实全员安全生产岗位责任发挥管理团队和专家作用，带头对动火等危险作业开展排查整治，带头对外包外租等生产经营活动开展排查整治，带头开展事故应急救援演练活动。

（4）开展"十个一"系列活动。组织开展一次企业负责人讲安全，每周至少开展一次带班检查，各部门要开展一次业务线条安全职责落实情况的检查；各项目负责人要开展一次安全授课，每周至少开展一次晨会喊话、监控一次危大工程实施、组织一次安全教育或安全技术交底、当一次行为安全之星观察员，项目部全体管理人员（安监人员除外）至少当一天安全员、跟踪一次隐患整改。

（5）开展应急演练活动。项目部要根据潜在的各类风险隐患，结合实际情况编制应急演练计划和应急演练脚本，至少组织开展一次综合应急演练或专项应急演练，开展一次从业人员自救互救技能培训，熟知安全逃生出口（或避灾路线），同时开展科普知识宣传和情景模拟、实战推演、逃生演练、自救互救等活动。

（三）安全文化发展

党的二十大以来，随着建筑企业转型加快，建筑业新形势、新业态促使建筑施工内容急剧多样化，建筑智能化、工业化极大地推动了建筑工艺的改革，对企业安全文化建设提出了新的要求。企业安全文化需要培植，重在实践。

企业安全文化是安全生产管理的基础，是伴随企业发展而与时俱进的安全管理的精神支柱。中建四局在发展过程中形成了"精诚善建、精彩四海"的精诚文化，同时，聚焦业务板块，在发展新兴业务过程中，形成了精益求精、智能建造的新特点。中建四局先后印发《中建四局安全管理强化年行动实施方案》，强调"1314+2"安全生产治理模式，即1个核心思想（切实强化安全生产核心思想）；3个治理体系（切实强化全员安全责任落实；切实强化安全风险源头管控；切实强化安全监督体系建设）；1个智慧安全平台；4个专项整治（高处坠落、物体打击、起重伤害及车辆伤害），2项举措（切实强化本质安全建设和切实强化分包安全管理）。《中国建筑第四工程局有限公司安全风险分级管控导则（试行版）》，把强化安全风险分为三个层级、五个档次，根据项目分部分项工程/施工活动安全风险分级判定标准，来制定项目风险等级并按时发布、公示风险等级情况。《中建四局2023年安全生产十条零容忍》的发布则是为项目上了一道"紧箍咒"，对于项目生产过程中可能存在的重大隐患说"否"，对于现场施工过程中可能存在的重大隐患采取零容忍态度。

从零开始，向零奋斗。中建四局对于企业安全文化的发展高度重视，扎实开展"安全生产月""安康杯"、安全生产大讲堂、安全生产咨询日等活动，设置安全文化长廊，打造"以人为本、安全第一"的安全文化。践行"科技创新、绿色施工"的理念，使用新技术，为安全文化的发展注入新的内涵。通过塔吊安装钢丝绳在线监测系统、施工电梯人脸识别系统、智能安全语音播报、中建智慧平台等，中建四局贯彻落实人防、物防、技防、智防四防一体的大循环体系，为企业的安全文化发展注入新的内涵。

五、结束语

安全文化建设对企业管理起着核心作用，建设施工企业的安全文化，改善施工企业内部的安全管理水平，提高施工企业全体成员的综合素质。同时良好的企业安全文化反哺企业，从而提升企业安全管理水平，形成良好的安全管理氛围，这对于新时代建筑下的安全文化建设是必要的。

参考文献

［1］姜洋海，李二保明，郑连英 . 企业安全环境文化建设要点分析与建议 [J]. 品牌与标准化,2021,(4):103-104+107.

［2］李冬喜，聂亚辉 . 建筑施工企业安全文化建设的实践探讨 [C]. 首届中国中西部地区土木建筑学术年会 . 泰宏建设发展有限公司,2011.

油气管网企业本质安全文化建设实践研究

国家管网集团西部管道公司　付明福　郑登锋　张　杰　龚晓凤　刘永奇

摘　要： 石油和天然气关系到国民经济持续、稳定和健康发展，油气长输管道是新时代能源供应的重要命脉之一，油气管网的安全平稳运行关系到民生保障和社会稳定。西部管道公司作为区域性管道建设运营企业，确保油气管网安全高效运行是企业的基本职责。随着公司规模、设备数量和管理难度日益增大，面临的安全挑战日趋严峻。如何从根本上消除事故隐患，确保管道本质安全是一项需要深入研究的重大课题。本文以西部管道公司油气管网为研究对象，开展了油气管网本质安全提升工程建设的研究，通过研究提出的管网本质安全提升路径，能够为企业的本质安全建设提供参考。

关键词： 本质安全；事故；缺陷；提升路径

一、背景

近年来，油气管道严重事故时有发生，引发了严重的社会安全事件，引起政府、公众等对管道行业安全问题的担忧和重视，油气管网安全生产严峻形势日益凸显。据欧洲 EGIG 天然气管道事故统计数据库 2019 年发布的第 11 版报告，1970 年至 2019 年，欧洲共发生天然气管道失效事件 1411 起，平均每年每千公里管道发生失效概率为 0.292 次。国内没有权威机构定期统计油气管道失效数据，但从行业内部事故事件发生情况看，油气管道失效风险较高，油气管网的本质安全建设迫在眉睫。同时国家对安全生产的重视程度越来越高，为深入贯彻落实习近平总书记"四个革命、一个合作"能源安全新战略，及习近平总书记关于安全生产重要论述和生态文明思想，企业加强本质安全建设已逐渐成为国家和企业层面安全生产管理工作的重要内容。

二、油气管网本质安全理论

国家管网集团高度重视安全生产，集团公司领导多次强调，安全生产"先于一切、高于一切、重于一切"，并多次指出：安全生产是国家管网集团生存发展之基，要坚持统筹发展和安全，牢固树立"发展决不能以牺牲安全为代价"的理念，坚决把安全生产作为头等大事来抓，坚持安全生产"先于一切、高于一切、重于一切"，深刻汲取血的教训，以"一年打基础、两年抓巩固、三年大提升"为主线，坚决打好安全生产攻坚战，推动公司安全形势持续好转，夯实公司高质量发展根基。

（一）油气管网本质安全

广义的本质安全是指，以"零缺陷、零伤害、零事故、零污染"为目标，运用系统工程原理，从安全系统的动态特性出发，研究"人—机—管理—文化"四大因素的内在逻辑关系，如图 1 所示。依据本质安全管理原则，油气管网本质安全是指围绕油气管网全生命周期（规划、设计、制造、施工、运营），消除影响本质安全的各类潜在不安全因素，持续提升"人—机—管理—文化"四大因素本质安全化水平，通过四大因素之间的"互补、制约"，实现安全生产系统高度和谐统一。

图 1　本质安全原理图

（二）本质安全发展层次划分

依据事故致因理论的发展，本质安全可以划分为三个层次，如图 2 所示。本质安全应该是基本安全、规范安全及系统安全三者的有机融合，又夹杂着非常复杂的相互作用关系，其发展进程遵循从低级到高级的演变规律，一个系统要实现真正的本质安全一般都要经历基本安全和规范安全两个阶段，最终达到系统安全阶段。

1. 基本安全

基本安全主要是为了解决技术性偏差导致的安全问题。该层次的本质安全主要实现技术和设备可靠。

2. 规范安全

规范安全主要是为了解决程序性偏差所造成的

安全问题。该层次的本质安全主要是达到系统行为规范、技术规范、管理规范、文化规范。

3. 系统安全

系统安全主要是为了解决系统性偏差导致的安全问题。该层次的本质安全主要是实现人、设备设施、管理制度和文化的高度和谐统一。

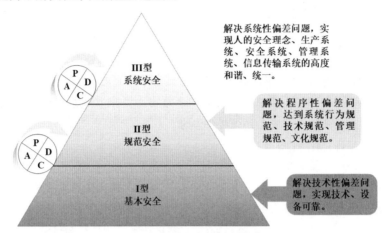

图 2　本质安全的三个层次

（三）本质安全影响因素分析

本质安全的影响因素可以从四个方面进行分析。一是人的本质安全的影响因素，包括心理因素、生理健康、安全素质、个体特征。二是机的影响因素，需将公司设备从管道线路、工艺系统、关键单体设备设施三方面，按照规划、设计、制造、施工、运营等五个阶段进行划分，确定相应的影响因素。三是分析运用 PDCA 管理理论研究管理的影响因素，从安全规划与政策、安全运行管理、安全监测与检查、安全评审、安全管理改进五方面，借鉴国内外企业 HSE 管理体系建设及公司一体化探索实践明确影响因素。四是卓越安全文化的影响因素，包括安全价值观、安全理念和安全氛围三方面内容。

三、油气管网本质安全四大因素发展阶段分析

（一）人的本质安全发展阶段

人是本质安全的主要实施者，与作业人员、管理人员和领导干部的素质相关，包括知识、技术、业务、思想、身体和管理素质等，这些素质能够提高人的自觉性、主动性、业务能力，人自身具有的本质特性能够使人自身重视安全，将安全放在首位。人的本质安全划分为五个发展阶段。

1. 无规则阶段

管理者采用被动应付的管理方式，深入基层研

究活动少；员工规则意识淡薄，不按工艺纪律、操作纪律办事，习惯性违章现象多，冒险蛮干、不讲科学，自我防范和应急处置能力低，现场执行能力低。

2. 强制被动阶段

管理者采取就事论事法，各层级领导有依法管理安全的意愿，但要求多，深层次问题研究少，没有做到举一反三。员工按工艺要求和操作纪律办事的规则意识及相互监督意识逐步被激发，大部分员工开始接受或认同从严执法的管理理念。

3. 依赖引领阶段

管理者实行上级引领指导制度，不断优化整合现行安全管理资源，建立完善高效的体制机制。员工积极主动地探寻先进的安全管理方法和思路，研究制定各管理系统的引领性文件或指导性措施，自我防范和应急处置技能逐步提升。

4. 自我管控阶段

管理者优化整合安全管理资源。员工有较强的风险辨识和预控能力、自我安全防护和应急处置能力，有较强的自律力，主动履行安全职责，自觉地按工艺纪律、操作纪律执行，自觉地实施相互监督工作。

5. 习惯养成阶段

达到本质安全阶段，管理者高度自觉，履行安全

职责、落实领导责任；依法决策、以制度管人管事的良好行为已形成习惯。员工超前预防、预控的行为已经养成，已形成自己周边无违章的良好氛围，群体的安全意识或规则意识已经牢固树立，员工安全成就感强。

（二）机的本质安全发展阶段

作为工业生产的关键要素之一，机的本质安全化尽可能通过从根本上消除物的不安全状态，实现事故的预防和控制。机的本质安全发展主要经历四个阶段：机械化阶段、自动化阶段、智能化阶段、无人化阶段。各阶段在设计水平、技术手段与工艺、施工质量、缺陷检测和防腐技术、作业安全管理以及管道风险预警、诊断等方面都逐步提高。

1. 机械化阶段

该阶段具备部分自动化设备设施技术手段，技术工艺较差，设备设施沿用老旧设计，制造缺陷较多，基于被动运维的方式开展设备故障诊断与检修。

2. 自动化阶段

该阶段采用以自动化为主的技术手段，技术工艺一般。设备设施设计合理，施工质量有所提升，但仍存在一定制造缺陷，主要基于计划性运维方式开展设备本质安全管理。

3. 智能化阶段

该阶段以智能化为主，机械自动化为辅，技术工艺较好。设备设计基本符合本质安全化要求，施工质量高，制造缺陷少。

4. 无人化阶段

该阶段全面人工数字化、智慧化，技术工艺先进。设备设施设计本质安全化程度高，能全面实现管道本质安全化，施工质量极高，无制造缺陷，所用材料高级，由于实现了无人值守，人员误操作风险大大降低。

（三）管理的本质安全发展阶段

管理是本质安全的保障，管理的有效性取决于制度约束，制度的生命力在于执行。严格落实安全生产责任制、严格执行安全生产规程规定，狠抓责任落实、制度执行，以规章制度保障安全行为。有效的管理可以让企业内部实现由要我安全向我要安全、我会安全、我能安全的思想转变。依据企业内部的管理特征，可以将管理的本质安全划分为四个发展阶段。

1. 自然本能阶段

该阶段没有形成安全管理体系，安全制度尚未完善；管理层主要凭借自己的经验进行管理，员工对安全工作的参与度不高。

2. 严格监管阶段

该阶段初步建立安全管理体系，并出台相应的安全管理制度，员工主动参与的意识还是比较薄弱，员工遵守安全规章制度仅仅是害怕被解雇或者受到处罚。

3. 自主管理阶段

该阶段已经建立了完善的一体化安全管理体系，安全管理制度契合公司发展现状；管理层主动地与员工交流安全问题，各部门主动履行直线责任，安全部门真正起到了作为专家或者顾问角色的作用。

4. 团队互助阶段

该阶段企业安全管理体系与制度愈发系统化、科学化与人性化；管理层与基层员工可以达到双向沟通，管理层深入了解、沟通和激发员工的内心情感。

（四）卓越安全文化发展阶段

卓越安全文化是本质安全核心，是现代安全管理的新思路和策略，也是事故预防的重要基础工程，是企业实践本质安全，实现"更加全面、更深内涵、更高标准"安全发展的必要措施。通过企业卓越安全文化的形成，可以让企业内部实现由我要安全向我懂安全、我会安全、我保安全的思想转变。基于安全文化基础理论可以将卓越安全文化划分为以下五个发展阶段。

1. 本能反应阶段

该阶段企业没有意识到安全氛围的重要性，导致员工缺乏安全感，对工作现场和环境缺乏信任。

2. 被动管理阶段

该阶段企业开始重视安全素质培养，多数员工被动学习安全知识与技能。

3. 主动管理阶段

该阶段企业意识到安全氛围的重要性，为员工提供安全、健康、舒适的工作环境。

4. 员工参与阶段

该阶段企业重视安全氛围的营造，意识到员工参与对提升安全生产水平的重要作用，安全互动方式多样，可以方便获取安全信息，增强员工对工作环境的安全感与信任感。

5. 持续改进阶段

该阶段一线员工愿意承担对自己和对他人的安

全健康责任；员工共享"安全健康是最重要的体面工作"的理念；员工认为防止非工作相关的意外伤害同样重要；员工拥有人性化和个性化的安全氛围。

四、油气管网本质安全应用

（一）本质安全发展模型构建

基于油气管网本质安全发展的层次划分及本质安全四大因素发展阶段划分，构建本质安全发展模型，如图3所示。对照本质安全发展模型，西部管道公司本质安全建设从公司、二级单位和基层单位三个层面，围绕油气管网全生命周期（规划、设计、制造、施工、运营），经历三个层次，依次为基本安全、规范安全和系统安全，其中规范安全划分为初级、中级和高级三个阶段。

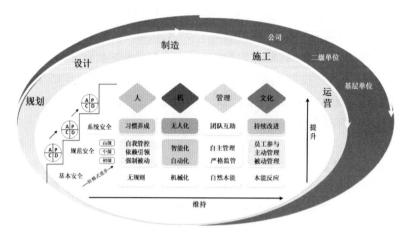

图3　本质安全发展模型

（二）本质安全现状分析

对标人的本质安全发展阶段特征，公司在人的本质安全建设方面主体符合强制被动阶段的特征，少部分具备依赖引领阶段的特征，综合分析，公司在人的方面处于强制被动阶段。对标机的本质安全发展阶段特征，公司在机的本质安全建设方面主体符合自动化阶段的特征，部分设备设施的管理符合智能化阶段的特征，综合分析，公司在机的方面处于自动化阶段。对标管理的本质安全发展阶段特征，公司在管理的本质安全建设方面基本符合严格监管阶段特征，公司在管理的方面处于严格监管阶段。对标卓越安全文化阶段特征，公司在文化方面主体符合被动管理阶段特征，部分表现符合主动管理阶段的特征，综合分析，公司在文化方面处于被动管理阶段。

依据西部管道公司已开展的国际安全评级、安全文化评估、体系量化审核等评估结论。通过上述对标人、机、管理、文化的本质安全发展阶段特征，对照公司本质安全发展模型，综合分析得出，公司当前在本质安全建设方面处于规范安全初级阶段。

五、油气管网本质安全提升路径

（一）人的本质安全提升路径

油气管道及站场环境相对偏远封闭，社会支持系统不够完善，员工的心理和生理健康很难得到充分保障。公司目前处于强制被动阶段，为实现向习惯养成阶段的跨越，提出人的本质安全提升路径有四个方面。

1.心理因素

借鉴世界500强EAP员工帮助计划的经验，公司应在员工满意度、安全意识与态度、公司及行业认可度方面持续发力，对员工安全思维与意识进行引导，培养员工主人翁意识，多措并举缓解员工生活工作压力，改善员工心理健康状态。

2.生理健康

大力宣贯健康生活工作理念，倡导员工积极参与安全健康活动，形成全员健康锻炼良好氛围，改善员工身体健康状况，打造一支体魄强健的管网铁军。

3.安全素质

深入开展员工专业和知识技能背景调查，以流程定岗，以岗定人，全面实现能岗匹配。全面建立以岗位培训矩阵为基础、以满足个性化需求为主的培训体系，全方位提高员工安全知识技能，实现技术人员达到技能级、管理人员达到专家级。

4.个体特征

构建员工个体特征测试体系，在员工入职前开展个体特征测试，筛选出符合公司发展需要的人员。

针对公司现有人员开展摸底测试,掌握员工个体特征,公司通过实践锻炼、学历提升、合理激励等方式,提高人岗匹配度。

（二）机的本质安全提升路径

公司在质量健康、安全环保、生产管控等方面达到国际先进水平初级阶段,在硬件系统建设方面取得长足的进步,但仍然存在一些问题。为提升公司设备本质安全水平,按照"本质安全评估—第一类危险源控制—风险感知—风险预测—安全韧性"的模式,综合运用十四项本质安全原则,提出相应措施,提升设备本质安全水平。

管道线路:重点从选线多路由论证、工艺方案编制和现场勘查质量提升、开展相关专题研究、可研和专项评价成果衔接等入手,尽量确保管道铺设避开高后果区、地质灾害高发区等敏感区域。在初步设计阶段,组织开展多层级现场踏勘,在可研的基础上深度优化线路路由和敷设形式。在施工图设计阶段要依据批复的初步设计,精细管控详勘质量;在设计阶段全面引入专业设计咨询。严把管道制造技术规格书和数据单质量关,压实驻厂监督责任。采用全自动焊接工艺、数字化检测和机械化补口工艺。利用智能监控,并委托专业第三方对防腐质量进行检测和焊口三维坐标采集。

强化管道建设期完整性管理:在检测上,坚持检测全覆盖,系统摸清管道本质安全状态。在判读上,提升自主内检测器数据自动分析判读能力。在验证上,持续落实精准开挖。在评价上,从标准、能力、资质三个方面系统提升。在修理上,落实滚动修复计划管理机制。在防范次生灾害上,强化难点处置技术探究,提升处置水平。

工艺系统:采用 HAZOP、SIL、LOPA 等风险分析方法,在管道仪表流程图（P&ID）基础上开展系统、详尽的风险分析。根据工艺安全信息与工艺危害分析结果,规避高危操作流程,减轻工艺失效的潜在后果。严格把控变更信息的管理,建立工艺试运安全流程,科学指导工艺试运操作。根据试运结果开展专项整治,实现向运营阶段的零问题移交。定期开展工艺危害分析,完善运营阶段变更管理制度,建立工艺安全管理体系。

关键单体设备:应合理确定设备选型,结合工艺流程模拟条件评估管道系统管输效能;选择容错性更好的关键单体设备设施,优化关键单体设备设施的选型与设计;开展设备安装质量与作业风险分析,明确导致安装质量和作业风险的潜在因素。

（三）管理的本质安全提升路径

对标管理的本质安全发展模型,公司当前依然处于严格监管阶段。为持续推进公司一体化建设,实现向团队管理阶段的跨越,提升路径有以下四个方面。

1. 安全规划与政策

对标国内外先进石油行业企业安全管理和体系建设方面先进经验,研判公司安全管理改进的风险和机遇;强化体系建设的顶层设计,以流程为载体,优化、完善流程管理,嵌入质量、环保、职业健康等多种体系标准,实现"合而为一"。

2. 安全运行管理

突出制度的合规性、适用性审查,系统开发相关工具和方法,提升制度的操作性,确保管理要求的落地和一致性。推进运行过程中的数字化、信息化建设,基于运行控制、数据统计和分析需要,规范数据标准,强化数据审核,为运行控制和提升提供科学的数字支撑。

3. 安全监测与检查

优化公司审核管理,建立以业务管理过程为审核对象的、聚焦风险管理质量的常态化审核机制。依托业务管理数字化、信息化平台,建立公司监督信息平台,试点远程在线监督,实现辅助监督、精准监督。

4. 安全评审与改进

充分利用先进的管理评审工具方法,查找公司业务管理流程中存在的偏差和短板,努力打通各部门之间的管理壁垒。逐步建立公司精干高效的流程管理顾问团队,参与公司流程体系的建设。

（四）卓越安全文化提升路径

公司正处于安全文化被动管理阶段,距实现卓越安全文化存在较大差距。为发挥安全文化的引领作用,实现向持续改进阶段的跨越,主要有以下提升路径。

安全价值观方面:公司应凝练以人为本,践行零缺陷的安全价值观,围绕集团公司"安全绿色"的经营理念和公司战略目标进行安全价值观设定,建立全员对安全的共识,全员追求达到最高的安全水平。

安全理念方面:公司应坚持把安全生产作为头

等大事来抓，坚持安全生产"先于一切、高于一切、重于一切"，持续借鉴国际先进安全管理企业的经验，结合公司特色，构建适合管道行业特征和地域特色的五大安全理念。

安全氛围方面：深化职业道德教育，构建全员安全承诺机制，践行"员工参与是关键"的理念，丰富安全互动形式。

六、小结

油气管网本质安全工程建设是一项需要长期坚持的重大工程，以上基于国内外本质安全研究现状和公司实际，初步构建提出了公司本质安全发展阶段、发展模型和提升路径。通过对油气管网本质安全的研究得出以下结论。

人的本质安全发展阶段分为无规则阶段、强制被动阶段、依赖引领阶段、自我管控阶段和习惯养成阶段。机的四个发展阶段分别为机械化阶段、自动化阶段、智能化阶段、无人化阶段。管理的本质安全分为自然本能、严格监管、自主管理和团队互助四个发展阶段。卓越安全文化有五个发展阶段，分别是本能反应阶段、被动管理阶段、主动管理阶

段、员工参与阶段和持续改进阶段。

管网本质安全工程建设真正落地急需实施人、机、管理、卓越安全文化四大要素管理标准的编制及现场应用，及时提炼典型做法进行推广应用，形成本质安全的成熟经验和最佳实践，实现本质安全管理阶段跨越。

本质安全建设是实现企业高质量安全发展的必由之路，需要企业结合自身的特征和现状进行分析，作为重大工程从完善理论和形成最佳实践两个层面持续深入推进本质安全建设，久久为功，才能真正实现企业的长治久安。

按照本质安全建设路径，在国家管网集团安全文化的引领下，西部管道公司狠抓安全生产十五条硬措施落实，始终践行安全生产"三个一切"理念，坚决按照"三个前所未有""六个万无一失"要求，紧紧围绕本质安全建设，打好打赢安全生产攻坚战，紧盯QHSE工作"零缺陷、零伤害、零事故、零污染"目标，通过实施一系列标本兼治举措，圆满完成了"60600"指标，安全环保形势稳中向好。

制度引领 文化相随 固牢安全发展理念

国投云南大朝山水电有限公司 王 奎 侯 华 胡智超 卢玉强 邓文涛

摘 要：以习近平同志为核心的党中央高度重视安全生产工作。近年来，习近平总书记就安全生产工作作出了一系列重要指示批示，提出了一系列新思想新观点新思路，反复强调要牢固树立安全发展理念。同时，《"十四五"国家安全生产规划》明确指出要"加快推进企业安全文化建设"。本文详细阐述了国投云南大朝山水电有限公司近年来在安全文化建设方面的实践与成效。

关键词：安全文化；理念文化；制度文化；环境文化；行为文化

一、安全文化建设的重要性

我国各类事故隐患和安全风险交织叠加、易发多发，安全生产正处于爬坡过坎、攻坚克难的关键时期。一是全国安全生产整体水平还不够高，安全发展基础依然薄弱，一些企业安全发展理念树得不牢固，安全生产法规标准执行不够严格。二是安全生产风险结构发生变化，新矛盾新问题相继涌现。工业化、城镇化持续发展，各类生产要素流动加快、安全风险更加集聚，事故的隐蔽性、突发性和耦合性明显增加，传统高危行业领域存量风险尚未得到有效化解，新工艺新材料新业态带来的增量风险呈现增多态势。三是安全生产治理能力还有短板，距离现实需要尚有差距。重大安全风险辨识及监测预警、重大事故应急处置和抢险救援等方面的短板突出。

我国于1991年开始引进、研究、推广安全文化。2001年，原安全生产监督管理局组织召开了第一届"全国安全文化研讨会"，此后每年都召开一次有关安全文化的研讨会，对安全文化的学术交流和企业安全文化建设经验的交流起到了很大的推动作用。2002年起，我国将"安全生产周"改为"全国安全生产月"，同时开展了安全生产万里行活动，加大了安全生产宣传教育向企业和社会的传播力度。2003年成立宣传教育中心，宣传安全生产法律法规和方针政策、传播安全知识、弘扬安全文化。原国家安全生产监督管理总局将安全文化作为安全生产工作的重要因素抓手，并列为各要素之首，展现出我国对安全文化发展的重要性的认识程度。

基于以上情况，国投云南大朝山水电有限公司

通过认真组织学习习近平总书记关于安全生产的重要论述和重要指示批示精神，开展安全文化建设，树立安全发展理念，提升员工安全文化素养，规范员工作业行为，充分发挥安全文化的引领作用，弘扬"生命至上、安全第一"的思想，形成长治久安的安全生产格局，为实现本质安全提供精神动力和文化支撑，确保生产经营长治久安。

二、安全文化建设的应用实践

（一）统一思想，形成契合公司实际的安全文化理念体系

公司努力学习和落实习近平总书记关于安全生产重要论述和重要指示批示精神、广泛动员全体干部员工积极参与安全文化理念体系征集活动，形成切合公司实际、体现文化底蕴、易于理解记忆、具有感召力的"生命至上、安全第一"公司安全理念，"预防为主、持续改进"的安全方针，"保安全、促发展"的安全使命，"国内水电行业安全标杆企业"的安全愿景，"零违章、零隐患、零事故"的安全目标，同时形成公司决策层"生命健康为先，合法合规为先，保证安全为先"的安全理念；形成管理层"落实安全责任，落实规章制度，落实风险预控"的安全理念；形成操作层"我要守规章制度，我要掌握操作技能，我要做好安全措施"的安全理念；形成安全文化建设联动机制，实现了覆盖全体员工的安全文化建设格局；构建了公司"大山文化"的安全文化理念体系。

（二）追求卓越、以核心安全理念为引领，健全公司安健环管理标准体系

为加强安全生产管理工作，公司以风险预控为

主线，采用持续改进、追求卓越为策略，采取系统管理、全员参与的方法，构建一套科学化、标准化、精细化的安健环管理模式，协同各类管理要素，构建完整的安健环管理体系架构。安健环管理模式以打破部门壁垒、业务壁垒和数据壁垒，构建完整的体系架构、打通全业务管理脉络、疏通各类数据网络，以实现工作的系统联动为手段，以实现消除管理壁垒、实现系统联动构筑多重风险管控壁垒为目标，推动编制并实施《安健环管理体系标准》（以下简称体系标准）。通过全员、全方位、全过程开展危险源辨识和风险评估，全体员工共同参与体系建设和运行，各司其职、各尽其责，预先采取分类梳理、分级管控、分层落实及动态管控，最终实现安全风险超前管控及安全绩效水平持续提升。

公司体系标准采用"策划—实施—检查—改进"和"风险评估—风险管控—体系审核—纠正预防"的双循环模式，持续提升业务管理水平和体系综合管理绩效，定期对体系标准的适宜性、履行情况进行评估和修订完善，保证制度执行效力，追求卓越持续提升安健环管理绩效。公司于2019年修订并印发包含33个安健环管理体系标准，于2022年经修订、外部专家诊断、再修订编制后形成41个安健环管理体系标准。同时，结合电力安全生产工作实际、进一步完善安全生产各项工作细节，公司组织编制安全操作规程、检修规程、风险管控清单、应急预案、岗位应急处置卡等，包含操作步骤和程序、安全技术知识和注意事项、生产设备和安全设施的维修保养、预防事故的紧急措施、安全检查制度和要求等。

2023年，公司进一步强化安健环体系建设工作组织策划和统筹协调，推动落实体系建设"风险预控、系统管理、全员参与、持续改进"理念，完善体系建设推进工作机制和奖惩措施，强化体系建设工作责任落实，加大过程督导、检查和改进力度，加强标准宣贯培训的层次性、针对性、实效性，强力推动标准落地落实，不断提升员工意识能力、风险预控水平和体系运行效能，真正实现安全生产工作从"监督引导"到"标准引领"的工作目标。

（三）强宣传、重引导，营造良好的安全环境文化

公司始终坚持以人为本、从严管理的原则，坚定不移地把确保人身安全、防止人身伤害事故放在安全工作的首位，落实环境保护三同时、安全卫生设施三同时、安全设施三同时，持续改进改善劳动保护措施和劳动保护条件，完善现场生产设备设施，为安全生产营造更加和谐的安全环境。2021年以来，公司组织统计、设计、制作、安装各类标识、标志10000余块，更新完善了区域标识、安全风险告知、区域风险四色图、区域应急疏散示意图、紧急疏散集合点、安全设施标识、设备标志、岗位风险告知与应急处置卡、生产现场"安全禁令"、设备应急处置卡、楼梯踢脚、区域设施设备管理办法、操作规程、节能环保提示、区域电话号码簿、楼层索引、安全文化标语、有限空间标识标志、窨井盖标识等，同时根据检修作业风险，充分开展市场调研后采购安全稳固、承重力强、可模块化安装、拆装便捷、作业环境更加安全的GCB检修平台、主变冷却器检修平台、转子检修平台等，为有效控制风险、减少事故事件发生提供了更加和谐的工作环境，公司安全生产环境明显改善。

（四）凝心聚力保安全，形成上下一心的安全行为文化认知

事故事件发生的重要原因之一是人的不安全行为，公司充分重视安全行为文化建设，结合生产、交通、消防等安全特点研究、总结员工作业规律，制定公司包含电气安全、机械安全、有限空间作业安全、高处作业安全、焊接作业安全、起重作业安全、特种设备及特种作业安全、水上作业安全、潜水作业安全、个人防护用品及安全用具安全、工作许可安全、物资存放安全、消防安全、化学品安全、保卫安全、车辆交通安全等在内的典型违章目录，认真执行生产现场"安全禁令"，并一一对应提出经济考核和安全教育培训意见，对有效预防生产安全事故事件的发生起到了重要作用和积极意义。

同时结合生活安全、运动安全等特点，研究总结员工行为规律，广泛动员全体干部员工积极参与"八小时"之外安全行为规范征集活动，形成切合公司实际生活运动等员工"八小时"之外安全行为规范，为规范员工"八小时"之外的安全行为，培养安全防护意识，加快推进公司安全文化建设，为全面促进公司安全健康发展提供有力保障。

（五）立足基层、夯实基础，系统开展班组安全建设

班组是公司的基层组织，是做好电力安全生产工作的基础，公司自2010年开展班组建设以来就高

度重视班组安全建设工作,多年来涌现出集团卓越班组、标杆班组等高质量班组,为公司安全生产培训输送了大量高素质人才,形成了党政工团齐抓共管的工作格局,切实把班组安全建设落到实处,抓出实效。

2021年以来,公司认真执行国家能源局班组安全建设工作要求,组织开展了班组安全生产责任落实、安全规章制度体系建设和落实、班组安全教育培训、班组应急能力建设、班组安全文化建设等工作,进一步夯实了安全生产的工作基础。同时,结合安全文化建设重点开展班组全家福上墙、班组安全理念上墙、安全奖罚公开上墙、班组事务公开上墙等"四个上墙"活动,让班组成员体验班组温馨与和谐的人文环境,且兼具严肃紧张团结协作的工作氛围。

三、结语

通过创新载体、注重实效,推动构建自我约束、持续改进的安全文化建设长效机制,全面提升安全文化建设水平,充分发挥安全文化的引领作用,全力打造和谐守规的电力安全文化,为实现本质安全提供精神动力和文化支撑的方式,认真组织开展安全文化建设,公司全体干部员工进一步强化了安全意识、规范了安全行为、提升了防范能力、养成了良好的安全习惯、促进了安全生产主体责任落实、夯实了安全生产基础、增强了安全生产保障能力、提高了安全文明素质、提升了安全生产整体水平,为逐步形成长治久安的安全生产格局做出了积极贡献。

参考文献

[1] 国务院安委会办公室《关于大力推进安全生产文化建设的指导意见》
[2] 国务院安全生产委员会《"十四五"国家安全生产规划》
[3] 国家安全监管总局宣教中心《全国安全文化建设示范企业管理办法》
[4] 国家安全监管总局宣教中心《全国安全文化建设示范企业评价标准(修订版)》
[5] 国家能源局关于印发《电力安全文化建设指导意见》
[6] AQ/T 9004—2008,企业安全文化建设导则[S].
[7] AQ/T 9005—2008,企业安全文化建设评价标准[S].

"一带一路"电力工程项目安全文化建设

——以肯尼亚输变电扩建项目为例

航天海鹰安全技术工程有限公司 李 粲 刘 洋 王 波 李永雷 张 磊

摘 要："安全第一、预防为主、综合治理"是我们国家安全生产的基本方针。在共建"一带一路"倡议下，航天海鹰安全技术工程有限公司以肯尼亚输变电扩建项目的安全文化建设实践为基础，结合"一带一路"项目特点，总结出"一带一路"项目安全文化建设的经验，希望能够为"一带一路"项目的安全文化建设提供有效参考。

关键词："一带一路"；安全文化；实践经验

一、引言

2023 年是共建"一带一路"倡议提出十周年。经过十年建设，共建"一带一路"取得的成就有目共睹，造福了沿线国家人民。航天海鹰安全技术工程有限公司积极践行国家"一带一路"倡议，发挥自身业务优势，大力开拓海外市场，以"求实、创新、协同、奉献"的航天精神，秉承"立足航天、面向市场、服务为先、质量取胜"的企业核心价值观，承揽了肯尼亚输变电扩建项目。项目实施过程中，公司把安全工作摆到"高于一切、重于一切、先于一切、影响一切"的高度，积极践行"零隐患、零伤害、零违章"的航天安全文化理念，坚持"安全是生命、安全是责任、安全是效益"的安全生产价值观，实施"依靠科技兴安、实现本质安全"的安全生产发展战略，严格落实安全生产主体责任，防范化解重大安全风险，不断提升安全管理水平。

二、项目安全文化建设的难点

（一）安全文化基础薄弱

肯尼亚输变电扩建项目位于非洲东部，社会经济基础薄弱，生活环境恶劣，地区资源匮乏，而且当地民众受教育程度低，自身接受新事物的能力比较慢[1]。此外，该项目的建设地点多、覆盖范围广、地理环境复杂多变也给项目安全文化建设带来了很大的挑战。

（二）地域文化差异明显

项目所在国家的宗教信仰、语言、文化等差异会给项目安全文化建设带来多种问题。同时，政治局势不稳定、社会动荡不安也会对项目实施造成一定影响。

（三）施工人员安全意识薄弱

项目实施期间聘请当地人进行施工作业，由于受社会发展水平和教育程度影响，施工人员缺乏基本的安全知识和安全技能，无法理解安全文化建设相关要求，导致项目安全文化建设困难重重，严重影响项目施工安全管理。

三、项目安全文化建设过程

安全文化是施工人员安全意识的集中反映，是推动项目安全实施的源泉。在建设过程中，需要传承与创新相结合，适应项目需要，贯彻安全理念，不断增强施工人员的安全感和认同感。

肯尼亚输变电扩建项目安全文化建设分为基础构建、运行改进和深化提升三个步骤。基础构建阶段，项目部成立了项目安全文化小组，组织项目部成员深入分析项目安全文化特点，收集梳理项目安全文化要素，开展专题培训和学习活动，初步构建项目安全文化核心理念，形成项目施工人员广泛认同的理念；运行改进阶段，通过项目安全文化的运行和推广，不断改进，深化对当地思想文化的研究，进一步完善核心理念，培育项目特色文化；深化提升阶段，建章立制，全面深化提升，实现项目安全文化内化于心、外化于行。

四、项目安全文化建设主要措施

（一）强化安全意识，履行安全职责

公司积极践行航天企业安全文化，严格落实集团公司工程分包安全管理六条规定、安全生产标准化、相关方黑灰名单等管理要求。针对肯尼亚输变

电扩建项目，在项目部的基础上成立了安全管理组织机构，由公司主要负责人担任组长，建立健全项目安全生产责任体系，明确各级各类人员的安全职责，对项目安全管理进行总体部署，分解落实安全目标。尤其是针对当地施工人员，在用工前依法依规签订合同和安全管理协议，明确安全生产责任和义务，细化施工作业层目标分解。同时，项目部成立安全管理小组，明确现场安全负责人，将所有管理人员和施工人员纳入网络安全体系，建立了18项安全管理台账，包括：安全技术交底、安全培训、安全例会、安全检查、隐患整改、应急演练等，并按周、按月报送公司和甲方单位，如图1所示。

图1　施工现场安全工作会议

（二）强化教育培训，健全规章制度

项目部积极宣贯航天和公司安全文化理念、安全生产价值观、道德观等，不断加强对项目部全体人员的安全培训，定期组织安全生产警示教育，增强项目部全体人员的安全意识。结合项目实际情况，针对项目建设过程中存在的风险点以及施工现场安全管理要求制定了安全管理守则，进一步提高施工人

员的安全素养，从而改善施工现场安全管理现状。"安全生产月"期间，项目部大力开展宣贯培训，针对劳动防护用品、"三违"行为、风险辨识、危险作业等的安全知识进行了专项培训，增强了当地施工人员的安全意识和提高了施工人员技能，如图2所示。

图2　施工人员学习安全知识

（三）强化监督检查，严格风险管控

项目部管理人员驻扎现场对施工现场的安全、质量、进度等情况实时进行监督，推进隐患排查治理制度化、规范化、常态化，制定项目重点检查内容表和重大隐患检查表，强化精准检查。公司对项目建设过程中存在的隐患和问题敢于较真碰硬，特别是通过信息化手段创新检查模式，利用远程跨国视频会议每周开展项目安全巡检，树立"把隐患当成事故来对待"的理念，对在安全检查中发现的隐患问题整改不及时、不彻底、悬而不决的，坚决予以问责。

项目部充分辨识施工过程中的危险源，梳理总结出了14个施工安全薄弱环节，通过制定现场安全施工纪律、安全施工模块化管理、安全审批管理、配备安全设施、针对性的对策等手段严格做好风险管控，并根据施工进度和施工工艺的进展实时更新，如图3所示。

图3　重大危险源管理台账

（四）强化现场管理，紧盯重要工序

项目部结合项目安全风险评估，充分辨识各类

危险点和危险作业，针对危险性较大的架线工程专门编制了《架线施工管理方案》并通过专家评审，

经报甲方审查批准后实施。方案中针对重要施工工序、特殊作业、危险作业等提出了7大类风险防控措施，方案实施前，技术负责人向项目部全体人员进行安全技术交底，使施工人员掌握施工现场的作业内容、作业环境、作业风险及防控措施，确保施工现场安全风险可控。

为做好施工现场安全管理工作，项目部专门聘请当地取得安全资格证书的安全员从事安全管理工作，每日工作前召开班前会，进行安全教育培训和安全技术交底，由当地安全员宣贯各项安全管理要求，如图4所示。

图4　施工现场安全技术交底

（五）强化实战实训，提升应急能力

项目部根据施工现场易发生的高处坠落、触电、机械伤害、起重伤害、疫情防控等编制了《施工现场应急处置方案》和《事故报告和调查处理程序》，明确了突发事件的应急处置流程和要求。同时，项目部先后组织开展了高处坠落（图5）、机械伤害、绑架劫持等的应急演练，在实训实战中提高快速处置能力；定期组织项目部全体人员参加应急培训，切实增强全体人员的安全意识和提高应急处置能力。同时，项目部与当地医院建立合作关系，确保施工过程中出现伤员时能够及时、快速地送往医院进行急救。

图5　高处坠落应急演练

（六）强化营地治安，推进互融互通

由于当地政治局势不稳定，为确保人员安全，项目部不断完善"物防＋人防＋技防"措施，安排当地保安昼夜值守，加固营地围墙，营地周边安装监控等；每日对营地周边环境、监控报警系统、营地安保力量进行巡视检查，发现问题立即处置，确保营地周边安全及安保设施良好，如图6所示。同时，考虑到当地宗教信仰、语言文化等差异可能给施工带来的潜在安全风险[3]，项目部在施工进行之前积极开展实地考察，对当地的人文环境、风土人情和宗教信仰以及禁忌事项等进行了解，并熟悉当地的相关法律法规，不断推进安全文化与当地人文的融合、发展。

图6　项目部营地安保人员

五、结语

肯尼亚输变电扩建项目安全文化建设充分考虑了项目内部和外部的文化特征，引导了项目全体员工的安全态度和安全行为，持续推动项目安全管理工作，实现安全零伤害目标，为项目顺利完成奠定了安全基础和保障。

通过对肯尼亚输变电扩建项目安全文化建设经验进行提炼、总结，可以帮助中国企业在践行"一带一路"倡议中逐步构建工程项目安全文化建设机制，确保工程项目安全有序实施，提升"一带一路"项目安全管理水平，树立中国企业良好的对外形象。

参考文献

［1］肖将，陈亚莉，刘帅.谈中国企业海外项目安全管理［J］.交通企业管理，2021,36(05):89-91.

［2］孙迎团.肯尼亚海外项目部安全管理探究［J］.绿色环保建材，2020,(01):196-197.

［3］段晓东.海外项目安全管理实践与探讨［J］.石化技术，2020,27(11):261-262.

加强基层供电所安全文化建设
有效管控"小、散、临、抢"作业安全风险

国网河南省电力公司商城县供电公司　桂　恒

摘　要：基层供电所则是国家电网公司组织管理的最底层、面向客户服务的最前端、各项工作落实的第一线，承担电力抢修、线损设备运维、营销服务、电网建设等业务，日常作业的"小、散、临、抢"特点较为突出，安全管控难度大，存在漏管失管的隐患。本文根据基层供电所工作实际，就加强基层供电所安全文化建设，有效管控"小、散、临、抢"作业安全风险，并对其进行探索。

关键词：基层；供电所；安全

党的十八大以来，习近平总书记多次就安全生产工作发表重要讲话，作出重要指示批示，反复强调要统筹发展和安全，指出"发展决不能以牺牲人的生命为代价，这必须作为一条不可逾越的红线""经济社会发展的每一个项目、每一个环节都要以安全为前提，不能有丝毫疏漏"等，为我们做好安全生产工作指明了方向、提供了遵循。国家电网公司是全球最大的公用事业企业，供电服务区域覆盖全国26个省、自治区和直辖市，占国土面积的88%，服务人口超过11亿。基层供电所则是国家电网公司组织管理的最底层、面向客户服务的最前端、各项工作落实的第一线，承担着安全生产、低压检修维护、用电营销服务、电网建设、用电检查和线损指标管理等工作，机构虽小却职责重大。

一、基层供电所"小、散、临、抢"作业概况与风险管控难点

（一）"小、散、临、抢"作业内容

（1）低压故障抢修。对公用变压器低压出线侧至客户端线路设备故障进行抢修，如配电台区低压出线开关（低压刀闸）维护更换、低压线路断线搭接修复、线路绝缘子更换、计量箱维修更换等。

（2）业扩安装。根据客户申请，进行新增表计、计量箱、下户线等线路设备拆装、位移作业。

（3）输配电线路通道巡视维护。对辖区内输配电线路通道进行巡视，清理影响线路安全运行的林木和异物。

（4）低压计量设施巡视维护。对供电辖区内计量资产进行巡视，如箱内电气设备存在缺陷，则进行现场消缺。

（5）分布式新能源接入。将分布式风、光电站上网线路接入电网，包括从低压计量箱接入、低压线路接入、配电变压器低压侧接入等方式。

（6）配网建设改造施工。包括辖区内配网"卡脖子"线路和"低电压"台区治理等作业施工。

（二）"小、散、临、抢"作业方式

（1）计划性作业。准备时间长，施工组织较为严谨，多为业扩施工、设备线路巡视、新能源接入和配网建设等方面作业。现场作业的风险等级不高，工作许可主要是由上级作业管理部门（调度、运检等部门）进行许可，由供电所落实现场安全措施。

（2）非计划性作业。作业计划性差，准备时间短，多为低压线路设备故障抢修、计量设备故障应急处理等。现场作业具有作业突发性强、作业地点分散、作业时间短等特点，工作许可主要是供电所进行许可，由供电所或作业小组落实现场安全措施。

（三）"小、散、临、抢"作业的安全监督方式

（1）对于计划性作业，多采用"视频+现场"的安全监督方式。先由供电所在安全作业管控平台中提报作业计划，经审批后进行作业准备；作业前，现场布放"布控球"，安全督查中心对工作票等资料进行远程检查；作业中，安全督查中心进行远程安全督查，确保作业安全进行。

（2）对于非计划性作业，运检、营销等专业还未将所有抢修类作业纳入安全平台管控，对作业时间、地点和作业内容掌握不全面，视频督查未实现全面覆盖。

（四）"小、散、临、抢"安全管控难点问题

（1）基层作业人员安全观念转变不到位。通过

与基层管理人员和作业人员的交流，发现有三种错误思想较为突出。一是原来都是这么干的，出不了事；二是安全是安全员的事，我只管干自己的活；三是年纪大了，别让我学。充分说明基层作业人员还没有领会新安全生产法中的"三管三必须"和全员安全生产责任制的相关要求，还以老思想、老经验对待新形势、新要求，未能真正推动从"要我安全"到"我要安全"转变。

（2）供电所人员素质和岗位设置与安全管理要求不匹配。省市县三级各专业管理部门为推动专业工作，制定了大量的规章制度、操作流程和考核体系，但最终落实的主体是基层供电所，牵头的是供电所"两长四员（所长、副所长、营销服务员、营销稽查员、安全质量员、运维检修员）"。调研发现，基层供电所"两长四员"业务水平参差不齐，农电服务员工退休数量较大且没有新人员补充，在很多供电所都出现了结构性缺员。更有部分缺员供电所疲于应付各专业工作，无法集中精力做好"小、散、临、抢"安全管控，在安全管理方面存在风险隐患。

（3）安全工器具管理不到位。在日常督查中发现，基层供电所存在安全工器具未按规定存放、未定期对个人防护用具进行预防性试验等情况，个别不合格工器具仍在使用，反映出基层供电所安全工器具管理水平有待提升，安全制度执行力度需要加强。

（4）作业管理不规范。基层供电所作业计划管理的重视程度不高，应用风险管控平台水平不高，制定施工方案存在应付现象，使得个别作业现场存在脱离安全监管的漏洞；尤其是农村地区配网抢修、计量消缺、树障清理等作业，编制作业流程随意性大，习惯性违章频发，现场安全风险较为突出。

二、加强基层供电所安全文化建设的必要性与紧迫性

基层供电所日常进行的供电抢修和电网建设等作业"小、散、临、抢"特点较为突出，即作业量小、风险等级低、施工地点分散、临时性任务多、抢修任务时间紧等，安全管控难度大，存在漏管失管的隐患。加强基层供电所安全文化建设，就是通过培育群体成员一致认可并遵循的安全理念与意识、安全价值观，最终实现持续改善安全业绩、建立安全生产长效机制的目标。

（一）营造浓厚文化氛围，大力转变安全理念

推进基层供电所安全文化宣传阵地建设，实现安全文化到作业现场、办公地点、班组岗位，着力营造浓厚安全文化氛围。持续认真开展安全大学习、大讨论，牢固树立安全生产底线红线意识，使基层人员明确知晓并落实个人的安全职责，在本职工作范围内做到安全生产。

（二）合理优化考核机制，提高安全管理能效

以业务需求为导向，合理优化基层供电所岗位编制，将人力资源配置向基层倾斜，稳固基层安全作业基础。建立与基层作业人员薪酬水平相适应的基层安全考核机制，切实发挥安全考核惩处效力，考核结果要与基层人员待遇、收入、晋级和使用挂钩，全面提升安全履职奖励的正向引导作用。

（三）强化风险隐患排查，夯实安全管理基础

结合工作实际，制订全覆盖无死角的风险隐患排查方案，对生产工器具、作业场所、设备设施进行定时、定点、定责任人巡回检查，及时发现、及时上报、及时整改风险隐患，实现安全隐患闭环管理，确保作业安全。

（四）强化作业计划管理，提高风险预控水平

从源头计划管控入手，明确安全管理体系各级职责分工，准确进行风险评估定级，严格落实风险预控措施，安全督查人员准确掌握作业计划与状态，确保有针对性、有重点地开展现场安全督查工作。

（五）优化安全作业指导，减轻基层作业负担

制定并优化基层供电所各类施工作业指导书，探索建立清单式安全作业体系，优化作业安全管控流程，降低作业方案编制和安全管控平台应用难度，有效减轻基层工作负担。

三、结束语

加强基层供电所安全文化建设，营造自我约束和服从管理的安全文化氛围，增强安全风险防范意识，规范作业行为，是基层供电所管理管控"小、散、临、抢"作业安全风险的有效途径。基层供电所安全文化建设也是解决基层供电所安全生产能力薄弱、责任落实不到位，全力推动安全观念从"要我安全"到"我要安全"转变的重要抓手。各级管理单位也要积极参与和服务于基层供电所安全文化建设，进一步巩固树立"抓安全就是抓发展、抓安全就是抓稳定、抓安全就是抓民生"的理念，紧盯一线、服务一线，全面提升基层安全生产能力，为企业高质量发展奠定坚实基础。

参考文献

国家能源局电力安全监管司.电力安全治理[R].北京：中国电力出版社，2022:145.

企业文化在铁路施工安全环境建设的应用与实践

中国铁路呼和浩特局集团公司包头电务段　刘朝阳　何国芬　刘　宏　薛乔欢　傅　玮

摘　要：企业安全文化与安全环境建设相伴相生，加强铁路施工安全环境建设要求，严格落实营业线施工实施细则，守住施工的质量底线和安全红线，以规范施工流程为切入点，不断完善施工组织、过程控制管理体系，切实做到流程、方案"横向到边，纵向到底"全面覆盖，确保施工安全环境可控，分头施工安全管理基础、加强施工安全管控、强化责任落实，实现铁路运输生产的有序和高效。

关键词：施工；质量；创新；风险管控；安全文化

一、铁路施工安全环境建设实践的创新背景

随着铁路的发展，贯彻新发展理念、构建新发展格局，铁路建设、铁路运输任务变得日益繁重，要确保日渐繁忙的铁路建设和铁路运输生产的安全，离不开铁道设备系统工程的建设和设备维修质量，即铁路安全环境建设。铁道工程施工和维护质量、推动高质量发展，对于铁路建设及铁路安全都有着非常重要的意义。高质量的工程是列车安全运行的保证，如何适应新发展格局把安全环境建设摆在突出位置？如何把好铁路施工及高铁设备质量源头控制？如何将企业安全文化浸透安全生产过程？这些都是亟需解决的问题。

二、施工安全环境建设文化与实践的内涵和主要做法

（一）全程综合分析，充分研判问题

纵观近年设备施工管理工作，规范和标准不可谓不多，施工中排查的问题点不可谓不多、研判得不可谓不通透，但没有提纲挈领的指导性措施，施工管理思路还不顺畅，企业安全文化未能促进施工建设，仍然存在各类问题。

（1）施工方案标准制定和执行不到位。施工安全措施制定针对性不强，各级施工管理人员盲目追求施工进度，忽略施工安全标准的执行。

（2）安全防护管控标准制定执行不到位，既体现在防护员作用发挥不到位，也体现在施工管理人员的粗放式管理，给施工安全带来隐患。

（3）作业标准执行有偏差，劳动安全控制措施执行不到位，暴露出日常施工作业违章存在"干惯了、看惯了"的现象。

（4）邻近营业线施工管理有差距，设备管理单位及监理单位现场人员与施工单位形成"默契"，对施工单位存在的问题视而不见。

（5）精细管理存在差距。车间层专业技术干部和工班长"重干不重管"现象较为突出，存在"一般化、过得去、差不多"的思想，无论是设备按标作业还是内业规范管理，都与精细化的要求还有很大差距。

（二）捋清管理链条，找准重点关键

施工过程中仍然存在的问题主要表现在：一是关键点卡控存在漏洞。关键点虽然在安排布置上也提出明确要求，但由于对其认识上存在差距，导致在安全卡控上缺乏强有力的措施。二是施工组织作用发挥存在不到位、技术交底不细，施工组织方案制定不合理、可操作性不强。现场干部职工不能严格落实主体责任等问题，存在"干惯了、看惯了"的思想，导致工程遗留问题较多，给开通后的设备维护带来诸多困难。三是施工管理落实上存在差距。因工程单位施工技术力量分散，人员业务素质参差不齐，施工单位人员调整频繁，造成施工质量和工艺无法保障，施工周期长。四是存在着管理粗放，施工监管作用发挥不到位的现象。在施工方案的编制、审核和执行上还存在粗放管理。五是存在着施工安全警惕性放松。施工封锁后缺乏对设备运行状态的盯控、检查。

（三）创新管理体系，形成"三三五五"设备施工措施

1.定好"三个方案"，强化源头卡控管理

（1）定好施工组织方案。提前介入调查研究，

明确施工项点、影响范围、作业条件、施工负责人、机具、材料、流程、施工关键点、设备变化、人员分工等，按照施工内容及作业流程详细编制施工组织方案，逐级进行审核，审核通过批准后方可执行。

（2）定好行车组织方案。认真与车务部门、对接工务机械车运行方案，提前核对施工计划、运行径路、影响范围等，对运行径路和关键环节存在的安全风险进行研判，制定安全防控措施以及重点事项提示。

（3）定好安全管控方案。根据施工地点、施工条件、施工流程有针对性制定安全管控措施。邻近铁路既有线施工，车间要做好监管方案，并按照方案进行监管，重点对人机调配、现场作业等施工过程中存在的安全风险进行提前预想，结合作业内容和作业环境情况，制定人身、行车安全防控措施，每次作业要明确防护人员且不得临时调换，确保一次作业防护完整性。

2. 开好"三个会议"，规范日常实际操作

（1）开好施工方案制定会。针对每项施工，根据施工等级召开施工方案制定会，施工前，由段组织车间施工作业人员召开施工技术交底，重点要让参加施工的所有环节人员明确施工安全要求、质量标准、施工计划、施工流程。

（2）开好施工预备会。施工前，以出工会等形式由施工负责人（主管工程师）组织，所有参与施工的人员参加，按照审批后的施工方案进行布置，明确每个人的作业项目，明确这次施工的关键环节，以派工单的形式发给每一名参与施工的人员。

（3）开好施工总结会。施工完毕，施工人员全部参加总结会，重点做好经验总结以及问题分析，针对存在不足，不断完善施工方案，做到次次完善，次次提升，保证下一次施工的施工组织方案更加精细。

3. 落实"五个必须"，全员全方位全过程

一是车间负责人必须做到"三亲自"。二是施工负责人必须做到"三清点、一确认"。三是调度员必须做到"四对照"。四是V型天窗施工必须采取软硬隔离措施。五是Ⅲ级及以上施工必须有干部包保。

4. 狠抓"五个严禁"，切实管控安全风险

一是严禁无计划、无命令、超范围（联锁范围）施工。二是严禁点前（未给点）入网（高速铁路）上道（普速铁路）、进入机械室。三是严禁无防护

或防护中断进行作业。现场作业没有设置室内外防护员绝对不能上道干活，施工前必须由防护员带队抵达作业地点，选择合适地点进行防护，确保防护范围有效。四是严禁没有确认开通条件（联锁试验不彻底）盲目放行列车。五是严禁劳务工没有路工带领上道作业。

（四）创新方式方法，推动实际运用

（1）通过新媒体新课件方式学习标准、掌握办法。充分利用现场机会开展日常管理和专业指导，开发线上技术交流课堂，专业科室定期为一线技术人员指导工作，同时切实负起管理责任，强化专业指导、教育培训和检查考核，创新职工教育培训手段，不断强化队伍管理。

（2）把作业指导书作为强化安全保障严格过程管控的有力抓手。编写《施工作业安全卡控作业指导书》，分解细化施工安全卡控措施。在实施中各项施工相对独立又相互交叉，由于结合部原因，存在大量的配合问题、共用天窗问题、计划铺排协调问题，通过严格落实施工，维修月、周工作会议制度，由调度指挥中心统一协调，既能科学合理地解决这些问题，又能达到集约高效的目的。

（3）把设备施工十六条作为保障施工质量和效率的手段。坚持向施工组织要效率的原则，加强管理，精心组织，提高各专业零散施工的集中度，立足于施工方案制定、审核，施工过程督导，施工后续总结、收尾等工作，成立专门的施工管理小组、抽调专业技术人员、明确管理职责，紧盯现场落实环节，保证施工安全管理各个项点无遗漏，全过程跟踪作业质量，在人力、物力组织方面与生产维修减少冲突并形成互补，统筹推进整体工作。

三、设备施工安全环境建设守正创新的探索实践成效

（一）完善各类标准化规范化方案，提供施工管理依据

（1）形成大修、施工、天窗等各类施工方案。从审核把关方案，提前预判外部因素（专特运、节假日、重大会议等）对施工的影响，合理铺排施工计划；通过交底、会议布置，按照计划对必须必要的内容施工。根据施工分类不同，内容上各有侧重。

（2）充实施工过程监管的方案内容。监管人员明确，监管项目、内容、地点具体严肃，施工不良行为认定和严重问题停工整治；加强计划外施工管理，利

用现场检查、添乘等手段，及时纠偏，严禁违法违章施工。

（3）完善集中修等重点方案。依据集中修统一部署安排，前期与其他部门对接集中修工作量，做好包保、机具材料调配等安排准备工作；日常以电视电话会议等形式组织现场车间召开对话会，对接工作量及人员安排情况，并针对作业项目提示安全隐患风险。

（二）形成施工过程管控链条，实现高效闭环管理

（1）做到工程安排"两头紧中间松"。一"紧"是指施工前期将工程质量验收标准、施工工艺标准、施工方案、学习资料下发到施工单位，限定时间督促施工单位组织学习培训。二"紧"是指施工验收时提前介入，提高验收标准，从施工质量、施工工艺、技术标准以及设备缺点入手，对工程中存在的问题随验随克服，避免出现返工、工程拖沓、施工质量不高等问题。"中间松"是指前后压缩出来的时间让施工单位有充足的施工时间提高施工质量和工艺。

（2）落实施工计划逐日推进、全程可控。开好方案制定会，特别是施工日计划提报制度严肃，督促施工单位按照"干什么、报什么"的原则提报日计划，不能照搬照抄月计划。

（3）确保施工验收克缺和设备质量。施工前组织施工单位和验收人员学习施工标准、施工工艺和验收标准，在施工过程中随工验收，确保每道工序符合验收标准，验收时做好验收记录，统计设备缺点，建立设备缺点问题库，制定克缺计划及时克服设备缺点，确保工程质量。

（三）力保施工质量安全高效，推进企业文化建设

（1）实现施工安全环境高质量。2021年完成4项大修任务，67次大修施工封锁；2022年完成5项大修和9次更改任务，区间10个站综合监控系统（区间逻辑检查功能）施工；2023年已完成5站设备验收、联锁试验、设备开通工作，保证了施工方案符合现场实际、安全管控措施有效。

（2）消除施工过程中发现的安全隐患。针对驼峰减速器缺乏测试手段和有效的故障诊断的问题展开研究，重点实现对减速器机械、电气特性变化现场采集监测，安装完成后对指导日常维修、故障处理起到积极作用，能有效避免夹停车及出口速度大与前车勾车相撞的安全风险。

（3）推进企业文化建设。施工安全环境建设需要我们厘清持顺施工过程。定好方案强化源头卡控管理—开好会议规范实际操作—必须全员全方位全过程—严禁违章切实管控安全风险，施工安全环境建设守正创新是提升作业效率和作业质量的有效途径。

四、结束语

将安全文化内化于心，渗透于安全环境建设中，施工安全环境建设涉及施工管理各个环节，加强对现场风险的识别及管控，及时解决施工作业安全隐患，既要保障人身安全，又要确保工程质量、维修质量，落实施工监管安全职责，实现安全施工、高效施工、高质量施工，适应新发展阶段对铁路施工安全环境建设要求，形成一种安全文化软实力，能够对企业文化建设产生蝴蝶效应。

安全技术创新引领安全文化的发展方向

宝武集团新疆八一钢铁股份有限公司 柴晓慧 尹 林

摘　要：八钢煤气区域用技术创新、管理创新，推进企业安全文化的进步和发展。公司通过采用国内首创的智能机器人取代员工在煤气柜内巡检等技术，实现本质化安全；通过智能旁站机器人、智能安全帽、三维可视化定位等技术措施提高安全监管的效率；通过现场危险预知训练（KYT）、建立安全感知中心等管理措施增强人员的危险辨识意识和危险防范能力。信息技术的发展和进步，促进了安全文化建设朝着智能化的方向前行，随着智能工厂、无人工厂的出现，重点关注安全工作的群体逐渐由生产作业人员向维修作业人员转移，作业活动由正常作业活动向异常作业活动转移。

关键词：煤气柜；安全创新技术；安全文化；建设和应用

一、引言

企业的安全文化建设是企业安全管理能力和水平的关键因素，是建设本质化安全型企业的重要推动力量，表现在企业物的状态、工作环境、员工的行为中，潜藏在企业的基础工作、教育培训、人文环境营造等工作中。

根据国家标准（GB18218—2000）《重大危险源辨识》，八钢煤气柜属于重大危险源，使用有毒有害气体装置储存煤气，其直径约58.5米，高100米左右（图1）。该煤气柜主要由活塞、稀油密封系统和固定圆柱钢结构体组成，活塞在气柜内上下运行，吞吐煤气，柜内部件运行中如果出现异常，便会导致重大安全事故。停运检修时存在有限空间、高空作业、人员数量多且分布广等风险，围绕安全文化建设的核心内容，运行安全管理新方法和使用新工具，应用新技术建设安全物质文化基础；围绕安全生产的核心要素"设备设施"展开实现设备本质化安全，围绕安全管理制度要素、人员素质要素展开人员行为安全环境建设，以保护人的生命健康。宝武集团新疆八一钢铁股份有限公司不断加大安全创新投入和加强安全文化建设，致力于对重大危险源煤气柜区的安全体系建设，筑牢企业安全防线。公司开展技术创新、管理创新，不断推进企业区域安全文化的进步和发展。

公司依靠技术进步和技术改造来不断提高本质安全文化建设的程度，从防范和多维度采取措施两个方面尽可能地预防事故发生。公司采用国内首创的智能机器人取代煤气柜运行中人员柜内巡检，实现本质化安全；应用现场危险预知训练（KYT）、安全检查表和智能旁站机器人多维度措施，控制气柜施工时危险源可能导致的后果。全方位的安全文化建设和投入，以便最终达到煤气柜内人员的巡检、检修安全风险降到最低或零的目标。

图1　20万立方米煤气柜

二、安全文化建设应用现状分析，煤气柜的危险源

八钢煤气柜有5座，是高、危、险的重大危险源，POC型气柜运行时，需每周人员入柜活塞上部巡检；气柜检修时，人员每日入柜检查维修。煤气柜均使用5—15年。运行时，每年人员在爆炸性气体危险1区巡检和处置异常多达160次；退运时，人员按每年定修5—7天，每8年大修约4—60天，每年在煤气柜内高危检修作业约60天，结合所承担的施工和检修的建筑结构、类型、规模、高度、施工环境、施工季节等特点，识别出7种可能造成人

员伤害、财产损失的危险源,它们分别是高空坠落、坍塌、触电、起重伤害、物体打击、中毒与窒息等,无论什么状态,存在的安全风险都极高。

本文主要采用安全创新技术和安全体系的评价方法控制和降低危险源,建立坚持以人为本的企业安全文化,实践应用了新型的安全文化管理形式。

三、安全文化在煤气柜区检修安全的应用

在危化品区域施工,风险倍增,高危、长周期、交叉作业多,危化品区域包含有限空间、一级动火、高空作业等多种危险作业,围绕对高危检修这一异常作业活动,通过现场危险预知训练(KYT)、安全感知中心训练等教育培训措施增强安全意识和提高作业能力;通过安全文化各要素的应用、特有的制度和流程的建设,对流动性和安全意识较差的施工队伍增强意识,开展特殊区域的安全体系建设。

通过反复强化的安全培训、安全演习、总结点评等方式,提高员工对安全的认识和理解,增强安全意识,形成对安全的共同认识和共同责任感。下面针对12万立方米转炉煤气柜大修时(图2),总结

提炼出高危项目、长周期的检修及交叉施工项目的过程安全管控方法。主要坚持问题导向,对施工项目及所处的重大危险源区域人员行为认知、施工过程安全及采取的防控措施等分析研判,将业主的安全文化植入施工队伍的安全体系管理中。

图2　12万立方米转炉煤气柜

(一)建立安全文化机制,健全完善的安全制度和方法(图3)

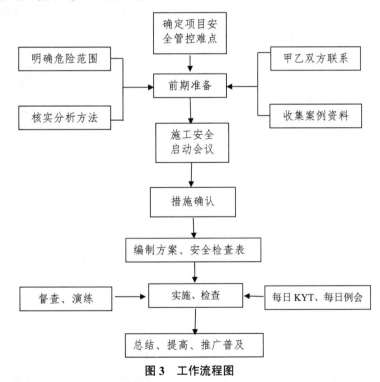

图3　工作流程图

(二)安全文化建设和应用

1. 引用安全文化体系要素辨识存在的问题

(1)安全文化体系中主体人员安全意识的分析:施工人员不稳定,安全技能和意识差,没有安全管控体系,缺乏人员的安全素质教育。依据海因里希法则(1:29:300),若这种现象不及时得到有效管控,容易发生事故。

(2)安全文化体系中环境的分析:煤气柜大修包含的危险作业和危险行为有:有限空间、一级动火、高空作业等,检修工期60天、检修人员50名。

过程安全管控难度大，主要危险点有：煤气柜内动火、煤气飘逸、起吊作业、聚脲喷漆，现场安全隐患及违章行为重复性问题时有发生，仅1天自查自纠现场14个问题点，如钢丝绳散股、电焊机线裸露、气瓶无防倾倒装置、安全带佩戴不规范等，如图4所示。

图4 12万立方米煤气柜大修现场隐患

（3）安全文化体系中控制过程安全分析：煤气区域和高危施工项目过程危险、有害因素分析，煤气柜生产过程中的主要危险因素有：火灾、爆炸、中毒、窒息、机械伤害、振动和噪声危害、高处坠落、电气伤害、起重伤害、车辆伤害、过程失控。

（4）安全文化体系中安全行为分析：过程安全管控凭经验和流于形式的检查，检修人员存在侥幸心理，习惯违章。

2. 建立健全切实可行的安全管理文化和安全理念文化

（1）建立执行安全生产责任制[1]，明确乙方安全责任人、管理人、安全监护人等职责，做到分工明确，责任到人。实行"四全"（即全员、全过程、全方位、全天候）安全管理。在编制施工方案和施工计划时，必须同时制定安全技术措施、计划。对重点、复杂的工程要编制专门安全技术措施。编制高处作业、起重安全防护、夜间施工安全防护、防火消防安全专项、事故应急专项方案。

（2）建立纵向横向责任落实到位的高效运作的生产经营单位安全管理网络，和切实可行、奖惩严明的劳动保护监督体系。安全文化是思想观念和行为准则，要在施工群体中形成强烈的使命感和积极的驱动力，负责人要在施工过程中执行安全教育培训制度并做好登记[2]，网上核查特种作业施工人员，确保高危岗位持证上岗。工程开工前，进行安全生产教育，重点学习有关此次高危项目、长周期交叉检修项目施工安全规则、规定，提问、交流作业方式，增强全员安全生产意识。渗透安全文化，强化安全观念。

（3）宣传安全文化理念。利用多种形式的宣传

教育，形成强大的精神力量，使人员产生认同感、归属感、安全感，从而增强员工的安全生产意识。每日班前、班后会，强化施工人员现场安全培训。班前会进行安全技术交底和注意事项告知，班后会总结当天发生的问题点，事故预防与企业安全预警体系要素结合，宣贯安保部历年违章记分案例，建立"我要安全"的安全氛围。每日危险预知预警训练（KYT），对人员实施头脑风暴。反复强化，使安全行为成为一种习惯，如图5、图6所示。

图5 煤气柜大修KYT

图6 煤气柜大修例会

（4）营造安全文化氛围，通过讲解、示范、演示、实际操作等提高全体职工的安全文化素质。每项高位项目作业前及作业中进行事故演练[3]（图7），倡导和发展安全文化体系，加速提高检修人员的安全文化素质，人人都学会自救、互救并具有安全预警和应急能力。

图7 煤气柜大修事故演练

（5）建立稳定可靠的安全物质文化，落实隐患

治理和现场安全管理。将项目存在的危险源点和易发生的隐患[4]，运用安全标准化13个要素和SCL安全检查表法结合开展实施安全过程管控（图8）。安全监护人每小时巡回检查，执行定期安全检查制度，发现问题及时处理，重大问题制定对策，限期整改，专人复查，例会通报反思，对于违章和重复性隐患实施绩效考核制度。

图8 煤气柜大修安全检查表

（6）确保安全措施的投入，运用新技术智能旁站机器人和智能安全帽安全监督管理，完善安全体系过程管理[5]（图9）。手机APP实时跟踪，实时督查；预警语音播报警示现场人员，及时制止违章行为，帮扶增强施工流动人员的安全意识；另外，合理选择机器人在危险源点的位置，全天候精准监察，做到重点部位重点管控，及时警示及时整改。开发安全技术创新工具，以适应新的安全需求，推进安全文化和体系的高效发展。

图9 智慧旁站机械人

针对危化品区域的重点危险项目，运用形式多样的安全观念文化建设，在宣传、培训、制度、投入和机制上全方位输出和渗透企业安全文化，规范有序的安全行为，采取创新的安全管理方法和安全技术措施，自查发现制止B类违章30项、C类违章35项、D类违章3项及A类违章1项，隐患和发现整改率100%，避免了事故发生；投入资金为0，只需智能设备的应用、科学的管理方法，向相关方传递安全文化理念，实现安全目标。

四、安全设施和安全科技的应用，煤气柜内巡检机器人

安全文化中核心安全目标已制定，分析物的不安全状态，在危险环境投入安全设施和科技创新项目，实现企业的本质型安全发展，安全文化建设不仅要注重培养员工的安全意识和安全行为方式，更要强调技术手段的应用，来推动安全文化建设。对于煤气柜内的安全巡检行为用创新技术替代，是安全管理的必然手段。

（一）安全辨识，人员在柜内巡检危险程度高

煤气柜应用在高危场所。安全风险高的设施选择，煤气柜储存物质毒性最大。成分如表1所示。

表1 20万立方米煤气柜煤气成分

成分	CO	CO$_2$	H$_2$	O$_2$	CH$_4$
含量(%)	50～63	10～35	15～16	0.5	10

煤气柜运行时，每周至少内部巡检1次，活塞上部若出现异常，增加入柜次数。入柜工作量大，巡检人员需佩戴呼吸器、报警仪等救援装备，乘电梯转吊笼到达活塞上部，尤其是在新疆的冬天，厚重的衣物给行走人员带来诸多不便。每次入柜巡检人员多、时间长，工作效率低，检查操作不灵活，视线度影响检查的质量，并且巡检之外的设备状态主要依靠经验判断，安全风险极高，如图10所示。

图10　煤气柜内巡检

（二）分析人员不安全行为轨迹，通过技术创新应用，实现本质化安全

依靠科技，"科技兴安"，保证安全投入。科技的发展给安全文化的提升带来深层次的变革。通过对巡检人员行走路线和巡检内容的分析和模拟，设计1款煤气柜内智能机器人（图11），代替巡检人的眼睛、耳朵和大脑，集成图像识别、红外热成像、噪声检测等技术，综合PLC采集的在线仪表信息，并通过大数据分析和复杂判断，建立分析诊断模型，自主检测运行模式；后台软件可实现科学档案、长期管理，辅助应急处置和人员决策，更大程度地及时掌握煤气柜运行状况，为设备的安全稳定运行提供保障。该技术实现了人机分离，减少了作业人员中毒和窒息的风险，提高了现场安全本质化水平。此技术为国内煤气柜内巡检首创，在"宝罗杯"机器人大赛中获三等奖。安全文化的建设需要科技的支持，科技的发展也需要安全文化的引导。安全文化和科技相互融合、相互促进，以实现企业安全健康发展。

图11　煤气柜内机器人

（三）安全环境输出

创建安全环境，用机器代替人，数字化监控生产，对设备进行智能化改造，减少职工与危险源的接触，用岗位创新技术实现安全保障，让职工用自己喜欢的方式去工作；使安全文化内涵得到进一步充实

和提炼，安全发展理念深入人心。

五、信息技术用于安全管理

企业安全文化是以人为本的核心理念，一是用智慧手段监督和约束人的不安全行为，用技术手段连续警示转变成人的安全行为习惯养成，通过智能旁站机器人、智能安全帽、三维可视化定位等技术措施提高安全监管的效率，缓解"人盯人"可能造成的人文环境劣化，营造透明、高效、智慧的安全管理环境建设等。

六、结语

企业安全文化是企业安全管理的一种力量，通过创新技术实现煤气柜危险区域危险作业过程的本质化安全，宣传、培训和预案演练增强人的安全意识，用先进的安全理念引领全新的安全管理文化，创新管控方法在煤气系统的应用，建立人员遵章守纪的安全行为。高效运作的安全管理体系和安全管理环境，对重点场所安全文化建设起着积极的作用，具有重要参考价值。

习近平总书记关于安全工作，发表了重要讲话，强调"生命至上、安全第一"，树牢安全发展理念。企业必须认真履行安全生产主体责任，做到安全投入到位、安全培训到位、基础管理到位、应急管理到位。牢记习近平总书记对安全的要求，践行创新技术实现本质化安全的愿景，是管安全管技术人员持续不断研究和实践的主题。

参考文献

［1］王昌文，赵志杰.干式煤气柜检修和拆除作业过程中安全措施的探讨［J］.工业安全与环保，2013，39（02）:81-83.

［2］黄清武.陶瓷企业煤气生产主要危险有害因素分析及风险管理对策措施［J］.能源与环境，2015，（05）：96-98.

［3］徐德蜀.安全文化、安全科技与科学安全生产观［J］.中国安全科学学报，2006，（03）：71-82.

［4］刘沛君，于瑞军.系统管理方法在焦化煤气生产安全工作中的运用［J］.山东冶金，1997，(S1):124-126.

［5］赵斌.煤气柜自动化控制系统的开发与应用［J］.自动化应用，2018,(12):24-25.

行车安全文化建设问题及策略研究

中国铁路上海局集团有限公司合肥车务段　熊　志　马　斌　王永革　刘小城　操　伟

摘　要： 自 2017 年铁路总公司印发《关于构建铁路安全风险管控和隐患排查治理双重预防机制的指导意见》以来，双重预防机制备受关注。当前，铁路运输行车安全文化建设存在管理人员综合素质有待加强、安全培训质量不高以及作业现场执标不规范等问题。对此，安全管理人员应在行车安全文化建设中运用好双重预防机制。首先，强化安全责任，提高管理能力，积极更新、理解行车文件制度，提炼出相应的风险项点并制定预防控制措施；其次，健全安全培训，创新教育形式，增强理论培训和应急演练内容的针对性；最后，塑造安全理念，规范无后果违章行为，形成主动参与的安全行为文化，最终实现行车安全形势持续稳定。

关键词： 安全文化；行车安全；双重预防机制；安全管理

在铁路安全管理中，安全风险管控和事故隐患排查治理双重预防机制已成为一种关键的管理方法和理念。行车安全文化建设旨在引导职工自我约束、持续改进，形成自觉的安全意识与安全责任，进而创造安全的行车作业环境。而双重预防机制则是实现安全纵深防御、关口前移、源头治理、超前防范的有效手段，是把风险控制在隐患形成之前，把隐患消除在事故发生之前，实现预防和减少铁路安全事故的发生和降低事故后果的双重"防火墙"。[1]因此，行车安全文化建设能促进安全生产工作水平的提升，落实好双重预防机制是行车安全文化建设的有效途径。

一、行车安全文化建设的必要性分析

安全文化建设是指企业将科学的、系统的安全知识、理念、管理方法和技术融入全体员工的日常工作和生活，使其树立正确的、相对固定的安全理念、安全管理方法、行为规范和行为习惯。[2]

安全文化建设在铁路系统中已经发展得比较完善。然而，部分车站在行车安全文化建设中仅仅依靠上级部门命令和"两违"考核等"外力"进行，未能很好地落实安全风险管控和事故隐患排查治理双重预防机制，这使得车站无法从根源上整改现有的安全隐患，仍存在诸多影响行车安全的问题，主要体现在管理能力、培训质量和意识塑造三个方面，安全现状不容乐观。

要改变这种被动局面，行车管理人员必须高度重视并积极解决当前存在的问题，加强行车安全文

化建设，持续推动双重预防机制在行车安全文化建设中的改进和应用，促进职工安全观的形成，并能运用科学的思维方法践行企业安全文化，确保安全行为，确保铁路运输安全持续稳定。

二、行车安全文化建设中存在的问题

（一）管理人员综合素质有待加强

文件管理工作是安全文化建设中的重要环节，由于近年来车务系统典型事故案例不断发生，作业人员、作业环境、生产组织方式不断变化，特别是黑天鹅、灰犀牛事件时有发生，集团公司和车务站段对《技规》《行规》《行细》《站细》进行了多次修订完善，各类行车办法、电报、通知及会议纪要文件更是铺天盖地。但由于铁路局域网的封闭性，部分现场管理人员不能在第一时间对文件进行学习和传达，造成了无法识别和防控安全风险的状况，还导致安全风险防范措施制定滞后，形成"梗塞"，给安全留下了隐患。

调研结果显示，部分安全管理人员没有积极主动地整合与本站相关的规章制度，这就可能导致车站管理人员在处理特定问题时，仅仅依据一条规章、一种办法或一个通知要求来处理行车问题。例如，对于普速铁路晃车处置规范流程，所涉及的规章有《行规》文件、电报以及会议纪要，如果安全管理人员未对涉及本站的规章制度做好归纳整理，也就很难全面掌握规章文件要求，这极易导致行车风险。

此外，现阶段基层安全管理人员普遍存在学历不高的情况。以合肥车务段为例，笔者对现有 142

位基层安全管理人员的最高学历数据进行收集，这些人员由于缺乏系统的专业理论知识和职业技能，在安全管理能力方面存在一定不足，如面对一些不常见的安全风险问题时难以及时制定出符合本站实际情况的管理制度，制约着行车安全文化的有效构建。

（二）安全培训质量不高

调研报告显示，部分安全管理人员未能很好地预想车站安全生产中可能存在的安全风险事件，或缺乏超前的防范意识，这将直接影响车站安全培训质量，具体表现在安全理论培训、应急演练等内容的针对性不强。

当车站按照培训计划组织开展理论培训时，部分安全管理人员忽视上级下发的规章制度与本车站具体情况之间的关联，培训前准备不充分，培训中解读规章和文件时照本宣科，培训后考试缺乏针对性。培训工作只求培训形式过关，不求培训质量过硬，导致现场作业人员在培训过程中收获甚少，在作业时极有可能因为"无知"而造成安全事故。

在应急演练方面，部分安全管理人员未能很好地融入车站运输组织中存在的风险事件，导致编写的演练脚本缺乏针对性、实操性，实战演练只止步于桌面推导，甚至直接杜撰演练记录，进行"虚假演练"。长此以往，现场作业人员即便是在现场作业中遇到演练过的项目，也难以做出正确反应，甚至由于脚本不准确直接引发事故。

（三）作业现场执标不规范

一方面，现场作业人员并未形成自觉的执标习惯，对于未造成实际后果的违反规章、规范的行为，如车机联控用语不标准、对执行完毕的调度未打钩等无后果违章并不重视。另一方面，由于这些违章对列车运行安全的影响微乎其微，管理人员在召开分析会时也往往没有依据"四不放过"原则来深究这类违章的原因，忽视对违章责任人的教育工作。

然而，在历年来发生的数起铁路安全事故中，现场作业人员的行为差错是绝大多数安全事件中唯一反复出现的固定因素。正如帕布斯·海恩所提出的"海恩法则"①——每一起严重事故的背后都必然有29次轻微事故、300起未遂先兆和1000起事故隐患[3]，该法则同样适用于铁路安全管理。因此，要确保铁路安全万无一失，安全管理人员就必须重视无后果违章这一极易被忽视的个体违章行为，对事故隐患进行有效的排查处理，以防止更严重的事故发生。

三、行车安全文化建设的改进策略

（一）强化安全责任，提高管理能力

面对相关行车办法和规章制度的变化，首先，行车安全管理人员应做到实时关注，及时更新车站规章制度档案库，并按照类别、主题、日期做好分类储存，并指派专人负责其档案管理工作。

其次，安全管理人员还应制定规章制度"使用指南"，对各类常见行车场景进行分类总结，并制订相关培训计划，确保所有作业人员都能通过操作示范、案例分析和互动讨论等形式参加培训，提高对规章制度的理解和应用能力。需要注意的是，"使用指南"不仅要明确各类场景涉及的相应规章，还应保持动态更新，使现场作业人员能够通过该指南轻松应对各种行车问题，降低行车风险。

最后，安全管理人员还应整理各类安全通报，由"这一件"到"这一类"，总结本站可能发生的安全风险点，对相关的风险点和规章制度进行整理并组织作业人员学习，以提高对风险点的识别和控制。

（二）健全安全培训，创新教育形式

组织安全培训和安全教育是提高作业人员安全技能和增强安全意识的关键途径之一。作为降低安全事故影响和提升应急保障能力的传统手段，安全管理人员在组织应急演练时应做到"策划准备充分，组织实施科学，评估总结完善，持续改进有效"[4]。

首先，根据车站的安全风险项制定相应的脚本；其次，让作业人员积极参与脚本的编制，完善应急演练脚本，以提高演练的实用性；最后，在应急演练结束后，安全管理人员还应根据评估结论和演练发现的问题，对应急演练进行总结、分析，针对整改项及时制定改进措施，修订、完善应急预案，改进应急准备工作并确保措施有效实施[5]，切实提升应急演练效果。

此外，安全管理人员还可以创新行车安全培训形式，将安全培训与点名会、总结会相结合，围绕事故通报展开培训。通过和现场作业人员交流讨论，还原事故经过，分析事故原因与涉及的风险点，并结

---

① 德国飞行员帕布斯·海恩在对多起航空事故进行深入分析研究后，提出的著名理论。

合实际情况思考本站应如何预防和制定控制措施，在增强现场作业人员对安全风险的认识的同时，也能增强其参与寻找安全隐患的主人翁意识。

（三）塑造安全文化，规范行车行为

无后果违章的先兆作用和累积效应决定了其闭环管理的必要性。安全管理人员要严格无后果违章的管理，首先，应加强现场作业人员对无后果违章的认识，转变现场作业人员对"无后果"的错误认知，引导现场作业人员将规章作为作业准则而不是考试依据，并通过建立员工安全绩效正向激励机制，树立企业内部的安全榜样，发挥示范引领作用，规范个体行为，共同建设主动参与的行车安全文化。

其次，安全管理人员还应通过构建"三位一体"行车安全管理机制来规范行车行为，利用安全管理平台对无后果违章数据进行统计，制作清单并定期分析，识别常见的违章类型和潜在的风险因素。一方面，通过视频监控、录音抽听等技防手段更好地了解各类违章产生的原因；另一方面，管理人员在现场检查时也能重点发现违章行为，做到及时纠正并对责任人进行教育，防止无后果违章再次发生。

四、结语

在当今复杂多变的铁路运输环境中，双重预防机制在行车安全文化建设中具有重要意义，能预防和减少各类风险。只有不断深入分析和讨论该机制在运行过程中所存在的问题，持续提升行车安全管理人员的安全风险管控和隐患排查治理能力，才能及时发现并整治安全隐患，确保安全风险得到有效管控，从而建设更为坚固的安全文化，实现车站安全形势的持续稳定。

参考文献

[1]曲思源.铁路运营组织与管理系统分析[M].北京:北京交通大学出版社,2019.

[2]李德明.中小工贸企业安全文化建设的探究[J].工业安全与环保,2023,49(12):85–88+93.

[3]汪豪,尹雨诗.极简管理管理进阶的88个定律[M].北京:中国经济出版社,2021.

[4]李文庆.浅谈应急演练[J].班组天地,2021,(04):25.

[5]王海星,陈同喜.铁路安全体系建构与实施评价研究[M].北京:中国铁道出版社,2021.

创建南宁局站车商业有形安全文化的思考探索实践

中国铁路南宁局集团有限公司 广西铁路文旅集团有限公司 罗 浩 罗 军 张 巍

摘 要：本文对创建广西境内铁路列车、车站商业有形安全文化的意义、内涵、措施进行了思考并初步探索实践，阐述了创建铁路站车商业有形安全文化的重要意义、应有内涵及有效实践。

关键词：广西铁路站车商业；创建有形安全文化；研究探索实践

习近平总书记关于安全生产工作的重要论述精神，对新时代包括创建铁路安全文化在内的铁路安全工作提出了更高要求。铁路企业要实现安全发展，既要着力解决工作中存在的突出问题，又要积极创建企业安全文化。本文对创建归属中国铁路南宁局集团有限公司（以下简称南宁局）管理的旅客列车、车站商业有形安全文化（以下简称南宁局站车商业有形安全文化）谈些浅见。

一、创建南宁局站车商业有形安全文化的重要意义

铁路站车商业有形安全文化是铁路企业特别是铁路非运输企业在实现企业宗旨、履行企业使命而进行的长期管理活动和生产实践过程中，积累形成的内部员工和面向社会层面的安全价值观或安全理念、员工职业行为中所体现的安全性特征，以及构成和影响社会、自然、企业环境、生产经营秩序的企业安全氛围的总和，对引导铁路旅客和社会人员通过铁路站车商业安全文化更多地了解铁路、相信铁路，促进铁路企业在实行公司制改革后运输、经营共赢，具有重要现实意义。

（一）可以赢得社会对铁路企业经营层面的信赖

长期以来，社会面对铁路企业的认识主要源自运输。铁路企业实行公司制改革后，所属各单位分为运输业和非运输业两大版块。社会人员对铁路的认识和印象，主要是通过乘降列车、听取车站和列车广播、与铁路服务人员接触获得，而对非运输业（生产经营层面）认识相对较少。其实，自铁路旅客进入火车站或登上列车，就已与非运输业的生产经营层面人员接触，比如进入车站商铺购物用餐、体验座椅按摩、阅读服务、与列车售卖人员接触交流等环节，而火车站商铺、高铁动车餐吧和普速列车餐车、列车销售推车，都不适宜采取广播宣传推销的方式方法，而应通过铁路生产经营场所特有的"进得安心、吃得放心、玩得舒心"等商业安全文化标识进行无形渗透和影响，以此提升旅客对铁路企业经营层面的信赖。

（二）可以增强铁路经营企业人员的安全约束

铁路企业实行公司制改革后，生产经营服务成为企业创收的"半壁江山"。而较长时间以来，铁路非运输业不重视安全标准化规范化建设，站车商业从业人员受到的安全培训教育较少。更多情况下，铁路旅客列车、车站商铺人员不能离岗参加安全集中培训。在这种情形下，就要通过在生产经营场所塑造有形的安全文化对员工进行"润物细无声"的安全文化理念灌输，促使其行为习惯达到安全标准，进而增强对其的安全约束。

（三）可以促进铁路整体形象的快速提升

虽然铁路已经在较长时期未发生重特大事故，但随着国家法治的健全、人民群众对美好生活的向往和追求，铁路货主、旅客对铁路企业的要求和期望值也越来越高，稍有不慎，就会招致投诉。近年来，铁路12306客服平台收到的各种内容的投诉数量有所上升。这种上升并不是由铁路运输和服务质量降低造成，而是由于铁路企业提供的服务一时无法达到其理想的期望值。而铁路站车商业有形安全文化可以通过在站车商业场所的安全文化塑造，比如可以通过列车经营销售、车站商铺、餐饮美食、游戏阅读、座椅按摩、免费充电等场所安全文化熏陶和感染，让旅客体验到铁路非运输业安全文化给其带来的放心、安心、贴心，进而改变对铁路企业的认识，减少投诉。

二、南宁局站车商业有形安全文化的应有内涵

（一）塑造"以人为本，必须安全"的理念

习近平总书记在《坚定不移走中国人权发展道路，更好推动我国人权事业发展》一文中强调：以人为本就是指以人为中心，以人为根本，注重人的生命与价值。铁路既是企业，又是大众化交通工具，必须牢固树立以人民为中心的发展思想，正确处理安全与发展、安全与效益的关系，始终把安全作为头等大事来抓。没有安全和稳定，一切都无从谈起。铁路站车商业有形安全义化的根本在于引导企业员工和铁路旅客牢固树立"以人为本"的安全理念。因而，创建铁路站车商业安全文化，首先应当塑造"以人为本，必须安全"的理念。

（二）塑造"安全第一，预防为主"的理念

保障铁路企业总体安全，是落实习近平新时代中国特色社会主义思想的重要保证，是实现铁路企业改革和发展的前提及基础。而铁路企业总体安全，不仅要保障运输安全，还要保障非运输业生产经营安全。通过创建站车安全文化，向内部员工和社会人员广泛宣传"安全第一，预防为主"的理念，将安全责任重于泰山的意识牢固于心，重视安全工作关口前移，移到以预防为主上来，做到防患于未然，才是安全生产的治本之策，时时处处把安全生产放在首位不动摇。

（三）塑造"路地和谐，要靠安全"的理念

实践证明：铁路安全不好，铁路无宁日，地方无宁日，家庭无宁日，一切都无从谈起，更不可能做到路地和谐。因此，要满足人民日益增长的美好生活需要，促进路地和谐共同奋进中国式现代化，实现中华民族伟大复兴，就要求铁路运输、非运输企业共同创建站车安全文化，通过文化氛围熏陶路地人员高度重视安全，认真研究安全，深刻理解安全，积极把握安全，确保铁路运输和生产经营安全，把对安全的认识提升到安全就是政治、安全就是效益、安全就是形象、安全就是生命、安全就是幸福、安全就是和谐的高度。路地形成共识后，树立齐抓共建的协作理念，贵在体现民意，基层拥护，突出关键，效果明显，上下互动，齐抓共建。

（四）塑造"违章违规，等同违法"的理念

习近平总书记指出，"必须强化依法治理，用法治思维和法治手段解决安全生产问题。要加快安全生产相关法律法规制定修订，着力提高安全生产法治化水平。这是最根本的举措"。要通过塑造铁路站车安全文化，通过"润物细无声"的方式向铁路内部职工和社会人员宣传"安全必须法治，法治就是遵规守法""严是爱，松是害""宁为安全操碎心，不让事故害人民""关注安全，关爱生命"的道理。不仅铁路内部干部职工要遵守安全法规，铁路旅客和社会人员也应遵守，违反安全规章，就等同于杀人。尤其是新时代处处更加注重以人为本，生命是无价之宝，人身安全是重中之重，因此，把对违章违纪的认识必须提升到"违章就是违法，违章就是犯罪，违章就是破坏，违章就是自杀，违章就是杀人"的高度，促使路地共同养成良好的安全道德和安全自律行为，在任何时候、任何岗位、任何地点都必须把人身安全把握好、把握准、把握稳。

三、创建南宁局站车商业有形安全文化的有效实践

（一）建立阶段布局的目标机制，体现安全文化的方向性

铁路列车、车站都是铁路企业的资产和场所，创建站车商业安全文化的责任主体应当是铁路非运输企业。因此，铁路非运输企业特别是列车、车站商业场所生产经营权的公司应当制订创建站车商业安全文化的主要场所、载体阵地、责任主体、资金投入和具体项目的计划。例如，具有南宁局列车、车站商业生产经营权的广西铁路文旅集团有限公司，通过每年公司党委1号文，不仅明确年度安全文化工作任务，还对今后一段时期创建安全文化的目标进行规划，从而体现了创建安全文化的方向性。

（二）建立各具特色的推进机制，增强安全文化的感染性

习近平总书记在中国共产党与世界政党高层对话会上发表的主旨讲话指出，"一花独放不是春，百花齐放春满园"。在各国前途命运紧密相连的今天，不同文明包容共存、交流互鉴，在推动人类社会现代化进程、繁荣世界文明百花园中具有不可替代的作用。这段经典论述，道出了创建文化必须坚持百花齐放，百家争鸣的方向。同理，创建铁路站车商业安全文化也必须结合经营业态和实际场景，区别不同对象，创建不同载体、内容的安全文化，以增强感染性。例如，广西铁路文旅集团有限公司在出租列车餐饮服务、车站商铺时，就在《租赁协议》中明确表示，必须在场所显眼处张贴消防安全承诺醒目

标识、应急安全出口标志牌，从业餐饮商铺还必须张贴食品安全承诺、"民以食为天，食以安为先"宣传标识。总之，就是要突出特色，张贴各种既能引导商铺人员、顾客遵章守规，又能产生互动共鸣的安全宣传标识、标牌，通过有形安全文化感染人。

（三）建立日常检查的整治机制，突出安全文化的有效性

习近平总书记指出，"安全生产，要坚持防患于未然。要继续开展安全生产大检查，做到全覆盖、零容忍、严执法、重实效"。创建铁路站车安全文化也是一样，必须建立常态化的检查整治机制，才能保证安全文化符合党的意识形态，具有正能量。在这方面，广西铁路文旅集团有限公司将安全文化作为检查政治安全的具体项目纳入各部门主要负责人每月的《安全及服务质量检查量化考核表》内容，促进其常态化开展检查，及时发现并纠正一些不符合党的意识形态的内容。比如，今年以来，就专门部署对站车商业场所利用脱口秀演员李昊石、"畸形审美"人员蔡徐坤形象宣传招揽顾客的宣传图片（商品）进行排查，通过排查及时清理下架10多幅图片（商品）。

（四）建立与时俱进的更新机制，凸显安全文化的时代性

习近平总书记在致首届文化强国建设高峰论坛的贺信中指出，"我们要全面贯彻新时代中国特色社会主义思想和党的二十大精神，更好担负起新的文化使命，坚定文化自信，秉持开放包容，坚持守正创新，激发全民族文化创新创造活力，在新的历史起点上继续推动文化繁荣、建设文化强国、建设中华民族现代文明，不断促进人类文明交流互鉴，为强国建设、民族复兴注入强大精神力量"。一个时代有一个时代的文化特征，铁路站车安全文化属于中华优秀传统文化，同样需要守正创新，与时俱进。在这方面，广西铁路文旅集团有限公司根据每次党代会确定的创建企业文化目标，每年要求各分（子）公司对各个主要车站商业场所的安全文化内容进行动态调整。

加强安全文化建设　提升安全管理品质

中国铁路呼和浩特局集团有限公司集宁车站　魏　芳　贾宝成　贾福军　范勃勃　陈欣然　常少华

摘　要：为适应新形势下运输结构调整，提升"公转铁"承接能力和安全管理能力，中国铁路呼和浩特局集团有限公司集宁车站（以下简称集宁车站）坚决贯彻习近平总书记对铁路工作特别是铁路安全工作的重要论述和重要指示批示精神，认真落实国务院安委会坚决遏制重特大事故的若干措施以及国铁集团、中国铁路呼和浩特局集团公司"十四五"安全发展规划，充分发挥新《内蒙古自治区安全生产条例》对车站安全生产工作的规范、引领作用，加强安全文化建设，提升安全管理品质，确保安全生产平稳有序。

关键词：加强安全文化建设；提升安全管理品质；确保安全生产平稳有序

集宁车站位于内蒙古自治区乌兰察布市，地处京包、唐包、集二、集通、京包客专路线的交汇处，始建于1953年，于1955年12月正式开通运营。

2004年11月24日，国家铁路局进行生产力布局调整，将原来的集宁车站、集宁南站、赛汗车务段管辖的七苏木、大陆号、贲红站和呼和浩特车务段管辖的葫芦站，组建成新的集宁车站，2008年将张集线的古营盘站划归集宁车站管理。集宁车站下属的乌兰察布站新建于2015年，于2017年8月3日开通运营，是内蒙古首条高铁沿线最大的新建客运站。如今集宁车站管辖分跨京包、唐包、集二、集通、京包客专线，共8个站，主要担负着大同、呼和浩特、张家口、二连、通辽铁路五个方向车流交汇、解编及乌兰察布市周边地区的客货运输任务，是一个多方向客货列车混跑、交汇的重要综合性枢纽车站。

近年来，随着运输生产作业方式发生的变革，特别是集贲区段电气化铁路开通运营、CTC3.0改造、站段标准化规范化建设等，都对车站的运输安全管理提出了新的更高要求。为适应新形势下运输结构调整，提升"公转铁"承接能力和安全管理能力，集宁车站坚决贯彻执行习近平总书记对铁路工作特别是铁路安全工作的重要指示批示精神，认真落实国务院安委会坚决遏制重特大事故若干措施以及国铁集团、中国铁路呼和浩特局集团公司"十四五"安全发展规划，充分发挥新《内蒙古自治区安全生产条例》对车站安全生产工作的规范、引领作用，加强安全文化建设，提升安全管理品质，确保安全生产

平稳有序。集宁车站先后被评为中国企业文化先进单位、全路安全生产标准化直属站。

一、强化安全理念宣传，构建"上下同欲"文化体系

坚持融入中心、服务大局，充分发挥企业文化建设保障安全持续稳定作用。

（一）提炼安全理念

紧密结合集宁车站工作实际，通过挖掘、培育企业精神，征集安全理念，不断提炼完善具有自身特色的理念体系，最终在车站层面形成了"畅通东部大枢纽，擦亮高铁新名片"的车站愿景、"团结、创新、笃实、进取"的车站精神、"把标准养成习惯，让习惯符合标准"的安全理念。特别是在方向多、车流多、施工天窗多且安全压力极大、枢纽作用十分重要的葫芦站，形成了"站车和谐、团队和睦、环境和美、枢纽安畅、管理顺畅、职工舒畅"的"和畅"目标。葫芦站"和畅"文化在中国铁路呼和浩特局集团有限公司2021年企业文化暨站段标准化规范化建设现场推进会上，被评为企业文化优秀品牌。在"和畅"文化引领下，葫芦站已连续实现安全生产48周年，安全成绩在车务系统名列前茅。

（二）开展形势任务宣讲

在组织干部职工聆听中国铁路呼和浩特局集团有限公司集中宣讲的基础上，结合车站实际和职工需求，设置宣讲模块及职工关心关注的热点问题，形成车站宣讲稿，由领导班子成员和党群办骨干组成宣讲组，深入站内开展巡回宣讲。同时把形势任务大宣讲与政策措施大解读、金点子大征集有机结合，

同步推进。通过分班组预热讨论、宣讲后集中讨论、分主题示范讨论、干部工班长补强讨论，广泛征集金点子，奖励被采用的金点子，激发干部职工心系企业、建言献策热情。

（三）事故案例警示教育

为进一步增强干部职工安全生产意识，把理性灌输融入感性认识，集宁车站梳理了全路近年来车务系统发生过的事故，摘录出365个典型案例，制作成"历史上的今天"——安全警示日历。推送"每日一警"、编印《警示教育漫画册》、开展安全演讲比赛，以强化职工安全意识。此外，还对照《铁路交通事故调查处理规则》基本条目，围绕客车、道口、人身、防溜安全重点，确定一般C类铁路交通事故安全隐患34项，用简洁精准的语言对安全风险和控制措施进行高度提炼，浓缩编成"三字经"，分工种制作视频教学片，让职工通过直观感受理解和掌握本工种安全重点，卡按关键。通过长期积极有效的灌输和引导，全站上下共保安全、共谋发展、共促和谐的安全理念基本形成。

二、培育安全环境文化，营造安全文化氛围

贯彻以人民为中心的发展思想，通过持续优化改善工作环境，实施后勤服务保障体系，广泛开展群众性文体活动，建立完善职工生产生活诉求与思想问题"双闭环"管理机制，实施精准化思想政治工作，营造浓厚安全文化氛围，让干部职工"心齐、气顺、劲足"，进一步增强了归属感和责任感。

近年来，集宁车站积极争取政策、筹措资金，改造了管辖下集宁南站、古营盘站食堂和大陆号站暖气管路，铺设集宁北站Ⅰ、Ⅱ场站台，大修峰尾信号楼、Ⅱ场防溜室，粉刷南北站区围墙，整治集宁南站旅客地道渗水，为南运转西助理待工室安装热源泵，将Ⅰ场防溜列尾作业室接入市政暖气网，改造设备车间庭院，改善职场环境，保障职工安全生产。在落实中国铁路呼和浩特局集团有限公司带薪休假、健康体检、慰问品发放、生日蛋糕祝福等惠民政策的基础上，投入资金开展节日、春暑运、集中修施工慰问活动，常态化开展帮扶救助，举办站区运动会，开展家属保安全活动，民生工作厚惠润心，极大地调动了职工安全生产积极性。

三、培育安全制度文化，强化安全执行力

安全制度文化是安全行为文化的规范和准则，保障运输生产安全。集宁车站强化管理基础，进一步规范技术规章管理，分类建立健全高铁、普速规章体系。修订安全生产责任制，明确安全管理职责，开展《站细》修编纠错征集活动，完善专业管理制度，细化岗位作业标准，提升干部履职效能和职工作业标准。完善"双核双控"多方向卡控措施，补强"五关八要素"施工管控办法，制定实施"三个关键、一个重点"管控责任清单，提升安全风险管控能力。建成行车、调车内外实训场地，满足接发列车两种制式及调车、列尾、防溜等多个科目模拟演练，连结员、货检员、客运员在集团公司技能大赛中取得优异成绩。开展应急培训演练，经受了水害、雪情、故障等非正常情况对行车和客运的多重考验。尤其是乌兰察布站，组织开展"靶向培训""送教上门"，全面提升高铁人员素质，确保高铁绝对安全。2021年，乌兰察布站被中国铁路呼和浩特局集团有限公司评为一防三保ున量先进集体。

四、发挥典型引领作用，打造安全文化品牌

集宁车站坚持镜头对准一线，围绕安全生产、企业文化、经营管理、党风廉政等重点，在全站范围内开展"集站好人"评选工作，培养安全标兵、创效能手、服务明星、技能标兵、道德模范，并持续做好"呼铁好人""内蒙古好人"等各类先进推送工作。自2018年开展"集站好人"评选活动以来，车站共选树"集站好人"378人。其中，客运员甄润喜、张宏、董建国等11名职工入选中国铁路呼和浩特局集团有限公司"呼铁好人"，原乌兰察布站站长纪焕荣、运转车间主任刘明慧等5名职工入选中国铁路呼和浩特局集团有限公司"精彩呼铁年度人物"，调车长李达被评为"集团公司安全标兵"，在中国铁路呼和浩特局集团有限公司安全理念巡回宣讲中，李达用自己的工作经历引导大家践行"把标准养成习惯、让习惯符合标准"的安全生产理念，引起职工共鸣。原集宁南站客运值班员张淑芳曾被评为"内蒙古北疆最美行业女性""全国三八红旗手"，让集宁南站优质客运服务响彻全国。此外，集宁车站利用《集站之窗》站报、车站官方微信两个宣传平台，加大对先进典型的宣传，以典型的影响力与号召力调动和激发干部职工想事、干事、成事的自觉性。

五、注重文化塑形，勇当现代化建设火车头

集宁车站以创建全国文明城市为载体，塑造文明车站形象。积极开展群众性文明创建，全面提升

车站运输管理水平和服务能力，在打造祖国北疆亮丽风景线上的精彩呼铁和建设更加富有活力、更加独具魅力、更加繁荣亮丽的乌兰察布市的实践中，勇当火车头，先行做贡献。以集宁南站、乌兰察布高铁站为重点，扎实开展文明创建活动，深入学习宣传贯彻党的二十大精神，打牢职工思想道德基础。完善车站无障碍设备，推行持证上岗，开展职业道德和技能培训，建设诚信和谐安全出行环境。2022 年 6 月 11 日 3 时 15 分，集宁车站客运车间职工在组织 K895 次检票完毕，发现缺少 1 名旅客上车，及时汇报相关部门并组织巡查，发现该名旅客擅自钻进 3 道 X8119 次保留车第 20 位车底卧轨，立即进行劝阻并移交派出所进行处置，有效防止了一起路外人身事故的发生。中国铁路呼和浩特局集团有限公司颁发安全奖励命令，表扬集宁车站客运职工工作认真，应急处置得当，确保旅客生命安全。推进"窗口"规范化服务，提升旅客群众对行业风气满意度，努力做到站务环境廉洁高效、站区环境洁净优雅、人文环境健康向上、出行环境方便整洁，为广大旅客提供了安全、舒适、便捷、文明的公共交通环境，对外塑造了良好文明车站形象。

九个数学概念丰富安全文化内涵

云南电投绿能科技有限公司 徐声鸿 欧来洪 赵 习 贾世迎 贾启彤

摘 要：本文介绍统筹方法、过程管控、时间、空间、自变量、因变量、集合、映射、圆圈九个数学概念，通过实际案例总结九个数学概念与安全的关系，探索用数学的概念来丰富安全文化内涵。

关键词：数学概念；丰富；安全文化；电力安全

一、概述

云南电投绿能科技有限公司为国家电力投资集团有限公司下属三级单位，国家电力投资集团有限公司自组建以来，认真贯彻落实党和国家关于安全生产工作的决策部署，始终坚持"任何风险都可以控制，任何违章都可以预防，任何事故都可以避免"的安全理念，高度重视安全生产工作。公司以"融合创新"的安全管理文化为手段，以"合规合理"的安全行为文化为抓手，以"天人合一"的安全物态文化为保障，安全生产从"零"开始，向"零"奋斗，建立了安全"和"文化体系，确保了安全管理能力持续提升。

云南电投绿能科技有限公司秉承集团安全"和"文化，加强安全教育、培育安全意识，发展安全"和"文化，通过实际案例总结九个数学概念与安全生产的关系，探索用数学概念丰富公司安全管理文化的内涵。

二、九个数学概念

（1）统筹方法：对整体过程的优化配置，可以减少工作时间和工作量。

（2）过程管控：对单一过程的管理与控制。过程管理包括对单一过程质量和安全的管理与控制。

（3）时间：一种连续的、单向的、不可逆的量，用于衡量事件发生的顺序和持续的长度。

（4）空间：一种三维的、可测量的、可变化的概念，用于描述物体的位置和尺寸。

（5）自变量与因变量：函数关系式中，某些特定的数会随另一个（或另几个）会变动的数的变动而变动，这些特定的数是因变量，另一个（或另几个）会变动的数是自变量。

（6）集合：一般地，我们把研究对象统称为元素，把一些元素组成的总体叫作集合（简称为集）。

（7）映射：映射也叫一一对应。如果集合 A 中每一个元素都与集合 B 中的每一个元素对应，反过来，集合 B 中的每一个元素都与集合 A 中的每一个元素对应，那么称集合 A 与集合 B 建立了一一对应。

（8）圆圈：在一个平面内，围绕一个点并以一定长度为距离旋转一周所形成的封闭曲线叫作圆，全称圆形，通俗地叫圆圈。

三、数学概念与安全管理文化深度融合

（一）统筹方法、过程管控概念与安全管理文化融合

风电场 35kV 集电线路 B 相套管更换。更换方案内容包含时间、地点、停电设备、临近带电设备、材料准备、工器具准备、人员配置、更换过程等。而更换过程又包含拆除间隔柜顶盖板、拆除扁铜连接螺栓、拆除套管与柜体连接螺栓、取出套管、套管下吊至地面、新套管吊至柜顶、套管放置就位、安装套管与柜体连接螺栓、安装扁铜连接螺栓、安装间隔柜顶盖板。

这些过程需要做统筹安排，对单一过程需要做风险管控。更换过程可能危及人身、设备的安全。比如站在柜顶上将套管下吊至地面这一单一过程属于高处作业，需要做两个方面的工作：一方面就是危害辨识；另一方面就是风险分析、风险评估、风险控制。危害辨识是确定危害的存在；风险评估是评估风险程度。柜顶高处作业是危害，存在人员坠落这种可能性是风险。做了危害辨识后，要做风险分析、风险评估、风险控制，风险控制就是制定相应控制措施并有效执行，尽可能把风险值降到最低。过程也就是步骤、工序。对风险进行管控需要从人机料法环入手，人机料法环都要做危害辨识与风险

分析、风险评估、风险控制。

（二）时间、空间概念与安全管理文化融合

2019年10月，某水电站2号发电机组定子接地故障停机，随即该电站对2号机组抢修。抢修的核心作业就是对定子故障线棒更换、焊接。11月6日，在对线棒下端接头焊接过程中，动火执行人失误将绑扎线棒的布条引燃。因火势不大，动火执行人采用口对火吹气的方法想将火苗吹灭，经过多次努力后火苗仍未被吹灭。火势逐渐扩大，工作班成员甲赶紧用准备在动火作业旁的灭火器A灭火，但是当打开灭火器A的安全阀后发现灭火器瓶是空的。

1. 时间改变空间

在11月2日至11月5日这个时间段内，工作人员根据需要对作业空间（环境）做了很大改变。其中，在下机架上搭设了临时作业平台、中盖板恢复、中盖板到下机架之间的绝缘梯绑牢。关键的是11月5日21时至23时，两名工作人员将中盖板恢复、中盖板到下机架之间的绝缘梯绑牢。也就是说，在一个时间段内，机坑作业空间（环境）的结构发生了改变，可以理解为时间改变了空间。

2. 空间改变时间

11月6日，在对故障线棒下端头焊接过程中，动火执行人失误将绑扎线棒的布条引燃。火势逐渐扩大，位于发电机层的安全员发现后，立即跑向墙边的灭火器柜，取出一只灭火器B。此时在下机架上的工作班成员甲迅速朝发电机层爬，爬到中盖板上，安全员将灭火器B传递给工作班成员甲，甲再将灭火器B传递给在下机架上的工作班成员乙，乙迅速走到着火点处，打开灭火器B将火苗扑灭。由于在下机架上搭设了临时作业平台、中盖板恢复、中盖板到下机架之间的绝缘梯绑牢，因此给应急处置人员赢得了宝贵的时间。也就是说，机坑作业空间（环境）结构的改变，缩短了处置应急事件的时间，可以理解为空间改变了时间。

安全无小事，平时把准备工作做足，可能花费的时间更多，几个小时甚至几天，但是在应急事件处置过程中，却能给处置人员赢得更多宝贵的时间。

（三）自变量、因变量概念与安全文化管理的融合

2019年10月，某水电站2号发电机组定子接地故障停机，随即该电站对2号机组抢修。更换定子故障线棒后，为了尽快恢复机组发电，工作人员对定子现场加热除湿处理。

1. 环境

（1）下盖板被用布条封严；中盖板处搭设了钢管支架，支架上用篷布遮严；风洞门关严。以上三个自变量造成因变量为：机坑形成一个完全的封闭空间。

（2）电热丝及其支架上有大量油污和定子清洗液，电热丝发热。以上自变量造成因变量：电热丝及其支架上不断冒着大量油烟，高浓度的油烟、清洗液蒸气、水蒸气填满整个机坑。

2. 人员

2名定子加热员在测量、监视机坑温度，2名接线员在发电机端子箱处接线，2名卫生员在清扫定子铁芯风道碎屑、焊渣、油污。以上自变量造成因变量：各作业小组形成交叉作业。继而，封闭空间的高浓度油烟、清洗液蒸汽可能造成人员中毒。还有，封闭空间内的高浓度油烟可能爆燃或者爆炸，造成人员烧伤，定子烧损。

初始作业环境的改变、人员的改变，也就是自变量的改变，将引起后续作业环境的改变、作业状态的改变，也就是引起因变量的改变。因此，当自变量改变的时候，一定要考虑因变量可能发生的改变。因变量改变，将会新增一些危险因素，那就需要想办法控制这些危险因素。

（四）对应、集合概念与安全管理文化的融合

1. 风电场图实账——对应

风电场的图实账相符指的是图纸、设备、台账三者所包含的信息一一对应。这些信息包括但不限于名称、编号、符号、型号、参数、位置、方向等。风电场在设计、建设、维护、检修、技改过程中，需要图纸、设备、台账所包含的信息正确、唯一，并且三者之间的信息一一对应。而实际情况是，很多信息错误、遗失、不对应。日久天长，问题越来越严重，以致增加工作量、简单的问题变得复杂、误操作设备、损坏设备、危及电网运行，造成人身伤害。

2. 图实账不符造成的事件案例

2015年，某风电场开展更换400V开关柜抽屉断路器电源指示灯的工作。更换时需要将400V Ⅰ段母线和400V Ⅱ段母线分别停电，此时400V Ⅰ段母线和400V Ⅱ段母线分段运行。在断开400V Ⅰ段母线进线断路器时，相关人员发现该母线仍然带

电正常。后排查发现，其 400V Ⅰ 段母线的一条出线与 400V Ⅱ 段母线的一条出线在户外主变检修电源箱内经一空开联络，该空开在合闸位置，其 400V Ⅰ 段母线电源由 400V Ⅱ 段母线经该空开反送电。其图实不符，电场运维人员同时将 400V Ⅰ 段母线和 400V Ⅱ 段母线停运后满足工作要求，但是造成 400V 所供 35kV 无功补偿装置（SVG）冷却器失电从而引起无功补偿装置（SVG）断路器跳闸停运。

风电场应尽可能做到图实账相符，但这是一个任重而道远的工作，需要从规范、制度、设计、建设、运维、检修、技改入手，层层把关，避免问题发展到最后造成严重后果。

（五）圆圈概念与安全管理文化融合

电力安全遮栏（围栏）的使用。悬挂标示牌和装设遮栏（围栏）是电力安全工作规程上保证安全的技术措施之一。装设遮栏是为了将工作场所与带电区域进行空间隔离，防止工作人员走错间隔误碰带电设备。遮栏包括常设遮栏或临时遮栏。室内高压设备的隔离室及室外低式布置的高压设备四周应设有安装牢固的遮栏。在室外高压设备上工作，应在工作地点四周装设临时遮栏。若室外只有个别地点设备带电，可在其四周装设全封闭遮栏。严禁工作人员在工作中移动或拆除遮栏。遮栏可以看成一个圆圈，圆圈内为停电区域代表安全，圆圈外为带电

区域代表危险；圆圈内为带电区域代表危险，圆圈外为停电区域代表安全。

圆圈内代表安全，圆圈外代表危险。反之，圆圈内代表危险，圆圈外代表安全。安全与危险必须通过圆圈进行隔离。将圆圈与安全的关系这种文化渗透到电力安全生产实际中，以不同的视角看安全问题，思路更清晰，也更能做好电力生产安全。

四、结语

云南电投绿能科技有限公司认真贯彻国家电投集团精心提炼的安全"和"文化的核心理念，坚持"零事故、零伤害、零损失"安全目标的执着信念，经过多年的探索和积累，通过实际案例总结九个数学概念与安全生产的关系，探索用数学概念丰富公司安全管理文化的内涵，提升安全管理水平。

参考文献

[1]王敏,罗嘉. 关于培育电力企业安全文化的思考 [J]. 中国电力教育,2007, (04):50-53.

[2]华罗庚. 统筹方法平话及补充（修订本）[M]. 北京：中国工业出版社,1965.

[3]徐天福,彭兴晖. 电网设备"图实相符"专项行动效果显著. 供电行业信息.

[4]王元,文兰,陈木法. 数学大辞典（第二版）[M]. 北京：科学出版社,2017.

圆圈与安全

云南电投绿能科技有限公司　徐声鸿　曾　强　吴文韬　麦　欣　杨忠洪

摘　要：本文通过列举几个圆圈与安全的例子，阐述圆圈与安全的关系，将这种安全文化渗透到电力安全生产实际中。

关键词：安全文化；圆圈与安全；电力安全；渗透

一、概述

2013 年 6 月，习近平总书记就安全生产工作作出重要指示："人命关天，发展决不能以牺牲人的生命为代价。这必须作为一条不可逾越的红线。"

国家电投始终坚持"安全第一、预防为主、综合治理"的安全生产方针，恪守安全第一、生命至上的思想。贯彻落实"任何风险都可以控制，任何违章都可以预防，任何事故都可以避免"的国家电投安全理念，这是国家电投"和文化"的重要组成部分，是企业看待和处理安全问题的观念、态度和行为准则的集中体现。风险无时无处不在，要正确辨识、认真分析、科学应对，有效控制各类风险；违章源于麻痹和侥幸心理，要严格程序、标准作业、正确指挥，有效预防各类违章；事故来自隐患积累，要把握规律、改进管理、消除隐患，有效避免各类事故。切实实行"管行业必须管安全、管业务必须管安全、管生产经营必须管安全"，强化和落实企业主体责任。牢固树立"我要安全"的自主安全意识，做到"四不伤害"（不伤害自己、不伤害他人、不被他人伤害、保护他人不被伤害），对发生的事故事件按照"四不放过"（事故原因未查清不放过、责任人员未处理不放过、有关人员未受到安全教育不放过、整改措施未落实不放过）的原则处理。追求本质安全，追求"零死亡"目标。以质疑的工作态度、严谨的工作方法、相互沟通的工作习惯做好安全生产工作。

国家电投经过多年的探索和积累，已形成完善的企业安全文化和安全管理体系：双重预防机制、班组安全、电站目视化、7S、安健环体系、安全生产标准化、承包商安全、事故经验反馈等。在此基础上，基层又根据现场实际发展充实了集团安全文化。本文提出圆圈与安全的概念，通过几个例子，总结出圆圈与安全的关系，将这种安全文化切实渗透到电力安全生产实际中。

二、例子

（一）孙悟空画的圆圈

《西游记》中，唐僧师徒去西天取经，路上孙悟空离开去化缘给唐僧充饥，孙悟空为防止妖魔鬼怪把师傅掳走，在地上画了一个圆圈以保护唐僧。这个圆圈里面代表安全，圆圈外面代表危险。

（二）阿 Q 画的圆圈

《阿 Q 正传》中，阿 Q 要画押，因不会写字，于是就画了一个圆圈。这个圆圈代表死亡，可以理解为圆圈代表危险。

（三）长城

长城即围城，是中国古代的军事防御工事，是一道高大、坚固而且连绵不断的长垣，用以限隔敌骑的行动。把长城看成一个圆圈，圆圈里面代表安全，圆圈外面代表危险。

（四）新冠疫情防控措施之区域隔离

新型冠状病毒、肺炎病毒基本的防控措施就是隔离，要么是采取个人安全防护措施进行隔离，要么是限制活动区域对人员进行隔离。限制活动区域又分限制病毒携带者活动区域和限制非病毒携带者活动区域。可以把病毒携带者区域边界看成一个圆圈，圆圈里面代表危险，圆圈外面代表安全；也可以把非病毒携带者区域边界看成一个圆圈，圆圈里面代表安全，圆圈外面代表危险。

三、圆圈与安全的关系

圆圈是一条边界、一道屏障。

（一）圆圈内代表安全，圆圈外代表危险

例如，孙悟空画的圆圈、长城、新冠疫情防控方法之区域隔离（限制非病毒携带者活动区域）。

（二）圆圈内代表危险，圆圈外代表安全

例如，阿Q画的圆圈、新冠疫情防控方法之区域隔离（限制病毒携带者活动区域）。

四、将圆圈与安全的关系这种文化渗透到电力安全生产实际中

（一）风电场/光伏电站升压站疫情防控

新冠疫情突发后，风电场/光伏电站升压站以围墙及大门为界限形成一个相对封闭的区域，区域内的工作人员是健康的，区域外的人员是不确定因素被视为危险的。那么升压站内为安全区域，升压站外为危险区域。升压站内外以围墙及大门为界限作为隔离屏障，若升压站内的工作人员与升压站外的人员接触，可能引发升压站内工作人员感染新冠病毒。升压站围墙与大门视为一个圆圈，圆圈内代表安全，圆圈外代表危险，圆圈起隔离保护作用。

（二）风电场/光伏电站设备操作

把风电场/光伏电站升压站高压开关室内的隔离开关和断路器作为一个间隔，在一个封闭的开关柜内，操作该隔离开关必须先断开断路器。隔离开关与断路器之间有机械闭锁装置、电气闭锁装置，有的还有五防系统作为防误操作闭锁装置，在未断开断路器之前，操作不了隔离开关，是安全的。但是，升压站高压开关室内断路器与升压站外分接箱内隔离开关之间无机械闭锁装置、电气闭锁装置、五防系统闭锁装置，在未断开断路器之前操作隔离开关，是危险的。风电场升压站外集电线路塔上隔离开关操作也是同样的道理。以围墙和大门为边界，围墙和大门可以看成一个圆圈，圆圈内代表安全，圆圈外代表危险。

（三）电力安全遮栏（围栏）的使用

悬挂标示牌和装设遮栏（围栏）是电力安全工作规程上保证安全的技术措施之一。装设遮栏是为了将工作场所与带电区域进行空间隔离，防止工作人员走错间隔误碰带电设备。遮栏包括常设遮栏或临时遮栏。室内高压设备的隔离室及室外低式布置的高压设备四周应设有安装牢固的遮栏。在室外高压设备上工作，应在工作地点四周装设临时遮栏。若室外只有个别地点设备带电，可在其四周装设全封闭遮栏。严禁工作人员在工作中移动或拆除遮栏。遮栏可以看成一个圆圈，圆圈内为停电区域代表安全，圆圈外为带电区域代表危险；圆圈内为带电区

域代表危险，圆圈外为停电区域代表安全。

（四）风电场/光伏电站防火区域管理

对风电场/光伏电站各防火区域进行火灾风险辨识和评估，可以按照三个方面来分析：一是人+可燃物+点火源，二是设备+可燃物+点火源，三是人+设备+可燃物+点火源。以上三个方面，每一个方面全部要素是与人的关系、乘积的关系、并列的关系。当全部要素乘积数值大时为高风险，乘积数值小时为低风险。风电场/光伏电站防火区域边界可以视为一个圆圈，圆圈内代表危险，圆圈外代表安全。对圆圈内进行火灾风险防控，可以从很多方面采取措施。比如可以从人防、物防、技防方面，可以从人、物、环、管方面，也可以从人、机、料、法、环方面，还可以从三措两案方面采取防控措施。不同的维度或角度都可行，只要防控好各要素就可以达到火灾风险防控的目的。

围墙、区域边界、狭小空间边界可以抽象为一个圆圈。安全与危险必须通过圆圈进行隔离。区域内外是以圆圈进行区分，区域内与区域外是一种层次观、空间观。将圆圈与安全的关系这种文化渗透到电力安全生产实际中，以不同的视角看安全问题，思路更清晰，也更能做好电力生产安全。

五、总结

国家电投坚决贯彻总体国家安全观，加强企业安全文化建设，不断通过安全健康环境管理体系的建设运行，发挥体系的文化载体作用，持续提高安全生产管理水平和绩效。贯彻落实国家安全生产方针、政策、法律法规、国家标准、行业标准，建立和完善安全生产责任体系、监督体系和应急管理体系，改善安全生产条件，提高安全生产水平。贯彻"党政同责、一岗双责、齐抓共管、失职追责"的原则，落实"保证体系、监督体系、支持体系"职责，依法依规制定安全生产权力和责任清单，建立包括项目立项、规划、设计、施工、生产等经营全过程安全责任追溯制度，明确安全责任追究标准，做到"尽职照单免责、失职照单问责"。制定中长期安全生产发展规划，并将其纳入企业总体发展战略规划，实现安全生产与企业发展的同步规划、同步实施、同步发展。坚持安全生产与建设、经营和发展同计划、同布置、同检查、同总结、同考核。以班组建设为着力点，加强"三基"工作，做好人防、物防、技防建设，落实各项措施，提高本质安全，不断提升安全

生产治理能力。按照《企业安全生产标准化基本规范》推进安全生产标准化建设,加强安全生产基础工作,提高安全生产水平和事故预防能力。实现安全管理、操作行为、设备设施和作业环境的标准化。动员和支持全体员工参与安全生产工作,并接受各级政府及相关安全监督管理部门的监管和工会组织的监督。鼓励员工客观真实地举报生产安全事故、安全生产重大事故隐患和违法违规行为。定期组织全体员工开展全过程、全方位的危害辨识、风险评估,严格落实管控措施,建立分级管控制度。制定生产安全事故隐患分级和排查治理标准,及时发现并消除事故隐患。利用安全生产有关协会、服务机构提供的安全生产信息、安全教育和安全技术促进安全生产管理。

同时,公司鼓励员工积极对安全生产工作提出合理化建议,营造出安全文化建设百花齐放的氛围。

参考文献

[1]吴承恩. 西游记 [M].汕头:汕头大学出版社,2016.

[2]鲁迅. 阿 Q 正传:鲁迅小说全集 [M].北京:中国华侨出版社,2013.

[3]杨宗,温志宏. 中国文化丛书:长城 [M].南昌:百花洲文艺出版社,2012.

[4]叶小燕. 长城史话 [M]. 北京:社会科学文献出版社,2011.

[5]中国南方电网有限责任公司. 安全生产风险管理体系(2017 年版)[M]. 北京:中国电力出版社,2017.

[6]国家电力投资集团有限公司. HSE 管理工具实用手册 [M]. 北京:中国电力出版社,2019.

浅议中远海运"三个习惯、两个做法"安全文化

中远海运集团船员管理有限公司上海分公司　张庆高

摘　要： 中远海运船员管理有限公司（以下简称中远海运集团）自2020年提出"三个习惯"培养要求以来，在各类安全会议、安全过程考核中对"三个习惯"培养进行了阐述和强调。2021年，中远海运集团编制下发了《安全风险管控和船舶防碰撞"三个习惯"的要点和检查要求解读》。2023年，中远海运集团下发了《"三个习惯""两个做法"基本规范及推进要求》，详细阐述了"三个习惯""两个做法"的企业安全文化内涵。

关键词： 中远海运企业安全文化；"三个习惯"；"两个做法"

一、企业安全文化的概念

（一）安全和安全文化

安全是从人身心需要的角度提出的，是针对人以及与人的身心直接或间接的相关事物而言。然而，安全不能被人直接感知，能被人直接感知的是危险、风险、事故、灾害、损失、伤害等。

安全文化就是安全理念、安全意识以及在其指导下的各项行为的总称，主要包括安全观念、行为安全、系统安全、工艺安全等。事故是可以防止的，安全操作隐患是可以控制的。安全文化的核心是以人为本，这就需要将安全责任落实到企业全员的具体工作中，通过培育员工共同认可的安全价值观和安全行为规范，在企业内部营造自我约束、自主管理和团队管理的安全文化氛围，最终实现持续改善安全业绩、建立安全生产长效机制的目标。

（二）企业安全文化

企业安全文化是指企业物质财富与精神财富的总和，它包括：企业（或行业）在长期安全生产和经营活动中，逐步形成的或有意识塑造的又为全体职工接受、遵循的，具有企业特色的安全思想和意识、安全作风和态度、安全管理机制及行为规范；企业的安全生产奋斗目标、企业安全进取精神；为保护职工身心安全与健康而创造的安全而舒适的生产和生活环境和条件、防灾避难应急的安全设备和措施等企业安全生产的形象；安全的价值观、安全的审美观、安全的心理素质和企业的安全风貌、习俗等。企业安全文化是企业在实现企业宗旨、履行企业使命而进行的长期管理活动和生产实践过程中，积累形成的全员性的安全价值观或安全理念、员工职业行为中所体现的安全性特征，以及构成和影响社会、自然、企业环境、生产秩序的企业安全氛围等的总和。

企业安全文化也是多层次的复合体，由安全生产物质文化、安全制度文化和安全行为文化组成。当今的企业安全文化的中心是以人为本，表现为职工中的激励安全生产和敬业精神。建立起"安全第一，预防为主""尊重人、关心人、爱护人""爱惜生命，文明生产""保护劳动者在生产经营活动中的身心安全与健康"的安全文化氛围是企业安全文化的出发点，也是最终的归宿。要使企业职工建立起自保互爱互救、心和人安，以企业为家，以企业安全为荣的企业形象和风貌，要在职工的心灵深处树立起安全、高效的个人和群体的共同奋斗意识，最根本的方法和途径就是通过安全知识和技能教育、安全文化教育来完成。

二、中远海运企业安全文化

党的二十大报告中提出，"要建设更高水平的平安中国，以新安全格局保障新发展格局"。中远海运集团始终把安全生产工作放在优于一切、高于一切的位置上，抓好安全生产工作，守牢安全生产底线，彰显国有企业的责任与担当。

中远海运集团自2020年提出"三个习惯"培养要求以来，在各类安全会议、安全过程考核中对"三个习惯"培养进行了阐述和强调。2021年，集团编制下发了《安全风险管控和船舶防碰撞"三个习惯"的要点和检查要求解读》。2023年，集团下

发了《"三个习惯""两个做法"基本规范及推进要求》,详细阐述了"三个习惯""两个做法"的企业安全文化内涵。

（一）"三个习惯"基本规范和推进要求

1. "管理人员每日辨识和管控安全风险"的习惯

（1）航运和陆岸单位各级安全管理人员、船舶领导（包括船长、政委、轮机长、大副等），每天对本单位、船舶的安全风险进行梳理、识别、记录，做好管控安排，并将主要安全风险在本单位、船舶公共场所或利用信息平台进行公布。目的是针对安全风险存在动态变化的特点，培养安全管理人员，船舶领导每天识别评估面临的主要安全风险，提前做好准备、布置并落实管控措施，努力使各种安全风险，尤其重要风险由于已知、被知而可控、在控。

（2）推进时要将本习惯要求融入公司安全管理制度，建立健全安全生产长效机制。组织开展相关层级管理人员安全风险培训，开展好船长、政委、轮机长、大副等的上船前培训，推进各职人员深入理解"管理人员每日辨识和管控安全风险"的目的、意义、具体做法和要求。通过持之以恒深入推进，不断增强各职安全管理人员安全风险管控意识，养成良好习惯。

2. "操作人员每作业前提醒和规避安全风险"的习惯

（1）一线作业人员每次作业前对有关安全风险进行识别、提醒、防范，对安全措施进行确认。该习惯适用于所有作业人员尤其船舶、基层一线班组作业负责人、班组人员等。目的是在安全风险必须在各项管控措施落实的情况下，才能受控、在控。培养作业人员在开展作业前，对作业风险和作业要求进行自我提醒和互相确认的习惯，防止仓促盲目行动，对安全风险认识不清、安全措施落实不到位，而导致事故险情的发生。

（2）推进时要将本习惯要求融入公司安全管理制度，建立健全安全生产长效机制。组织有关人员尤其船舶、基层一线班组作业负责人和班组人员开展专题培训，推进现场作业人员深入理解其目的、意义、具体做法和要求。在实际工作中，现场作业负责人要在作业前，结合现场情况，简明扼要地讲解作业安全风险及注意事项，做好提醒提示；作业人员操作前要主动停一停、看一看、想一想，回顾相关的风险提示，落实、确认相关防范措施，做到行动之前先观察、动手之前先思考。

3. "船舶在海上开阔水域避让至少1海里距离"的习惯

（1）船舶（驾驶人员）在海上开阔水域避让来船，只要条件允许，要保持至少1海里的会遇距离；如果避让距离小于1海里，船长、值班驾驶员又没有合理解释，将作为危险避让行为对待；船长或驾驶员如果多次发生危险避让行为，将被认为有危险避让习惯。"合理解释"是指在海上开阔水域避让船舶时，由于受到各种内、外部因素的不利影响，船长、驾驶员结合自己的合理判断，认为采取早让、宽让和主动避让操作受到了一定的限制，条件已不允许保持避让距离至少1海里的情况。目的是在要求船舶驾驶员遵守避碰规则、做好早让宽让、保持良好船姿的同时，提出了最小避让距离的要求，明确了避让红线，以纠正个别值班驾驶员在海上避让来船会遇距离太小、长期形成的"能让过去就行"的危险避让习惯，同时也为评估船舶驾驶员避让行为提供可衡量、可督查的依据。

（2）推进时要将本习惯要求融入公司安全管理制度，建立健全安全生产长效机制。将本习惯纳入驾驶人员上船前培训、船长和驾驶员船舶操纵和避碰能力提升两个培训的必培项目，推进驾驶人员深入理解"船舶海上开阔水域避让至少1海里距离"的目的、意义、具体做法和要求。船舶避碰操作要严格遵守"1972年国际海上避碰规则"，做到早让、宽让来船，运用良好船艺，确保驶让清。在实际工作中，为纠正个别值班驾驶员存在的"近距离避让"习惯，要求船舶在海上开阔水域，只要条件许可，与他船要保持至少1海里的会遇距离；要将本习惯的推进和培养作为公司对船舶航行审核、驾驶台视频抽查的必查项目。

（二）"两个做法"基本规范和推进要求

1. 清单管理

（1）一线作业现场的各种操作，尤其是关键操作、危险作业等重要作业，应该把操作要点以检查清单的形式梳理好，并在作业前逐一对照确认。该做法适用于船舶、陆岸各级安全从业人员尤其是一线作业人员。目的是使一线人员的作业操作更加规范、简单、便捷，对照清单逐项检查核对，确保作业安全。

（2）各单位推进时，要梳理本单位尤其是船舶、陆岸一线的关键操作、危险作业，整理出操作要点并形成清单；清单应简洁明了、通俗易懂，抓住主要关键点。组织船舶、陆岸一线人员开展关键操作、危险作业的培训，包括其清单内容的学习，熟悉关键要点。在实际工作中，船舶、陆岸一线人员在作业前，应对照检查清单，逐项核实相关的风险是否已知，相关的指标数据是否已满足或达到，相关的要求、措施是否已落实，是否确保安全作业。鼓励将检查清单数字化、信息化，使清单检查核对操作简便。通过持之以恒深入推进，进一步强化"清单管理"做法在安全工作中得到有效落实。

2.闭环管理

（1）闭环管理是全链条安全管理过程。该做法适用于各级安全管理人员。目的在于安全工作的关键要抓落实、重实效。安全管理工作不仅要发现问题、分析问题、找到办法，而且要解决问题、防止问题、举一反三；不仅要布置工作、检查工作、落实工作，而且要评估效果、反馈效果、持续改进等。通过强化"闭环管理"，强调要更加注重做好后半部分工作，即推动问题、工作真正得到有效解决、落实，保持安全链条的层层传递、层层压紧、层层有力。

（2）各单位推进时要将"闭环管理"做法的相关要求融入公司安全管理制度，建立健全安全生产长效机制。组织各级安全管理人员就如何有效落实"闭环管理"做法进行培训，尤其要结合实际案例，比如工作中可能存在的口头布置、文件布置只讲问题、不讲对策，只管布置、不管落实等情况，强调这些情况对安全管理工作带来的严重危害，推动各级安全管理人员深入理解"闭环管理"的目的、意义、具体做法和要求。对"闭环管理"做法的推进落实和应用情况进行监督检查，对发现的问题进行提醒、督促，对整改的效果进行验证，保持"闭环管理"的做法真正融入工作、落到实处。

三、企业安全文化规范推进的途径

（一）坚持开展丰富多彩的安全文化活动

开展丰富多彩的安全文化活动，是增强员工凝聚力、弘扬企业安全文化、培养安全意识的一种好形式。因此，针对"三个习惯、两个做法"基本规范的推进工作，要广泛地开展认同性活动、娱乐活动、激励性活动、教育活动；张贴安全标语、提合理化建议；举办安全知识竞赛、安全演讲、事故安全展览活动；评选最佳班组、先进个人；开展安全竞赛活动，实行安全考核，一票否决制。定期组织企业员工和船员通过各种形式学习安全预防重点和安全防范常识，努力养成"三个习惯"，让体系规定成为保护船员成长的"金钟罩"，让事故教训成为肃清思想盲区的"活教材"。通过各种活动方式向员工灌输和渗透企业安全观，取得广大员工的认同。结合开展的"安全生产月""船舶安全风险隐患大排查、大整治"等一系列活动，其活动最根本的落脚点都要放在基层和现场班组，只有基层认真地按照活动要求并结合自身实际，制定切实可行的实施方案，扎扎实实地开展工作，不走过场才会收到实效，才能使安全文化建设尽善尽美。

（二）坚持安全管理规范化

建立健全一整套安全管理制度和安全管理机制，是搞好企业安全生产的有效途径。集团"三个习惯""两个做法"基本规范的推进，正是顺应了形势的发展而推出的安全规章制度，也是中远海运集团企业安全文化的重要组成部分。

（1）健全安全管理法规，对管理人员、操作人员，特别是关键岗位、特殊工种人员，要进行强制性的安全意识教育和安全技能培训，使员工真正懂得违章的危害及严重的后果，增强员工的安全意识和提高员工的技术素质。解决生产过程中的安全问题，关键在于落实各级干部、管理人员和每个员工的安全责任制。

（2）在管理上实施行之有效的措施，从公司到船舶、部门、现场班组建立一套层层检查、鉴定、整改的预防体系，公司成立由各专业的专家组成的安全督查检查部门，每季度对公司和船舶重点场所和部位进行检查，并对各部门、船舶提出的安全隐患项目进行核查，按照公司、船舶整改项目进行归口及时整改。公司各部门也相应成立安全检查自查小组，每月对所管辖的区域进行安全自查并及时进行整改，不能整改的上报公司安委会，由上级部门鉴定进行协调处理。各船舶也相应成立安全检自查小组，每月对船舶各场所区域、设备、现场作业以及驾驶和机舱值班情况进行安全自查，并对各部门上报的安全隐患项目进行评估，对船舶可自行整改的项目，落实责任人进行及时整改。船舶各部门的主管人员，针对发现的安全问题和隐患，能整改的立即整改，不能整改的上报公司海务安全监督主管，由公司进行协调处理或提供岸基支持帮助船舶完成整改。

（3）将"三个习惯"的推进和培养以及"两个做法"的推进和落实，作为各单位重点和攻坚补强工作之一，纳入安全检查、考核必查项目，边检查、边培训、边宣贯。通过持之以恒深入推进，一是不断增强各职安全管理人员以及船舶、基层一线人员安全风险管控意识，养成良好习惯；二是不断培养和强化驾驶人员安全避碰意识，纠正不良避让习惯，减少、避免船舶碰撞事故的发生。三是进一步强化"清单管理"做法在安全工作中得到有效落实，推动安全监管工作全面落实"闭环管理"。高度重视"安全风险隐患大排查、大整治"工作，加大力度对安全风险隐患进行排查，扎实推进船舶安全生产。深入理解、推进"三个习惯"的养成，坚持"问题隐患清单、制度措施清单"两个清单动态管理，形成安全措施制度化、布置落实常态化。

四、结束语

加强企业安全文化宣传引导、示范引领、总结提炼、文化传承，用企业文化凝聚人、感染人、培养人、锻炼人，让贴在墙上的安全文化落地生根，让"同舟共济"的企业精神成为大家的指南，让"三个习惯""两个做法""STOP 5 秒"等安全习惯成为大家的自觉行动，从而不断增强大家的安全意识和安全本领，以高度的责任心做好各项工作，确保船舶安全、和谐、稳定。

安全生产无止境，警钟长鸣在日常。深入贯彻新发展理念，加快构建新发展格局，紧盯安全发展目标，以更强的责任感、更有力的措施抓紧抓实安全生产工作，进一步落实好意识到位、制度到位、硬件到位。全体员工不断提高安全生产政治站位，在日常工作中牢固落实"三个习惯"、坚持"两个做法"的安全理念，增强"时时放心不下"的责任担当，认真落实安全生产规章制度，严格执行公司各项安全生产操作规程，为企业生产经营安全平稳运行保驾护航。

"党建＋安全"助力企业高质量发展

——企业党建引领安全文化建设工作的探索与实践

泉州市上实投资发展有限公司 陈 文 邹 黎 王文聪 蔡莹莹

摘 要： 本文从国有企业党建工作与安全文化建设工作有机融合的角度，基于公司的相关探索与实践，提出"党建＋安全"的生产工作模式，通过严把"组织关""责任关""思想关""行动关""文化关"等措施，推动安全生产能力稳步提高，助力企业高质量发展。

关键词： 党建；安全生产；安全文化

一、引言

安全生产事关人民福祉，事关经济社会发展大局。党的十八大以来，习近平总书记高度重视安全生产工作，作出一系列关于安全生产的重要论述，一再强调要统筹发展和安全。

中共泉州市上实投资发展有限公司支部委员会（以下简称泉州上实支部）长期高度重视安全文化建设工作。加强对安全文化建设工作的领导，健全安全生产责任体系，落实安全生产责任制，牢固树立安全发展理念，形成安全生产文化，根据《泉州市党政领导干部安全生产责任制实施细则》、集团《贯彻落实上海市党政领导干部安全生产工作责任制实施细则的实施方案》，结合集团《关于开展安全生产标准化建设的通知》等相关文件要求，泉州上实党支部、公司、工会联合探索"党建＋安全"的生产工作模式。在工作实践中，严格落实党对安全文化建设工作的领导，通过严把"组织关""责任关""思想关""行动关""文化关"等措施，推动安全生产能力稳步提高，护航企业高质量发展。

二、"党建＋安全"生产工作模式的具体探索与实践

（一）坚持加强党建引领，严格把好"组织关"

泉州上实支部严格落实上级党组织各项安排部署，一手抓发展，一手抓安全，保持党建和安全工作平稳有序的发展态势。大多数党员同志同时也是安全生产和消防工作领导小组、安全文化建设领导小组的成员，有效地打通了支部工作与安全生产工作的屏障，实现了两者的有机融合。支部切实加强对安全生产工作的领导，将安全生产工作纳入议事日程，在支部党员大会、支委会等会议上研究安全生产工作重大问题，及时解决制约安全生产发展的体制、机制、政策等方面的重大问题，坚持做到党建与安全文化建设工作同谋划、同部署、同落实、同检查、同考核。

（二）坚持抓好体系建设，认真夯实"责任关"

党政领导班子共同担负起加强安全管理、遏制各类事故发生的领导责任，坚持"管行业必须管安全、管业务必须管安全、管生产经营必须管安全"，坚持激励与惩戒相结合。建立健全公司安全生产"党政同责、一岗双责、齐抓共管、失职追责"责任体系和工作机制。制定《党政领导干部安全生产工作责任制实施方案》，明确支部书记、总经理、安全分管负责人、各职能部门负责人的安全生产职责；制定《全员安全生产和消防责任制》，明确所有部门岗位职责，制定考核办法，实行安全生产工作"一票否决制"。

此外，公司还采取多种措施夯实安全生产责任：一是全体党员签订党员承诺书，履行安全生产工作职责；二是公司与集团签订年度安全生产和消防工作目标责任书、承诺书；三是公司党政领导干部签订《党政领导干部安全生产和消防责任、权力、监管、任务清单》；四是全体员工签订岗位安全生产和消防责任清单、承诺书；五是党员主动亮身份，在岗位上设置"党员岗"标识，激励党员在本职岗位上

树起一面旗帜，成为群众学习的榜样；六是设置党员责任区，充分发挥基层党员的示范引领作用。做到关键岗位有党员领着、关键工序有党员盯着、关键环节有党员把着、关键时刻有党员顶着。

（三）坚持推动以学促行，切实筑牢"思想关"

支部书记带头开展安全生产主题宣讲，开展习近平总书记关于安全生产的重要论述的深入学习，在员工中宣传贯彻习近平总书记关于应急管理、安全生产特别是安全红线的重要论述，并对安全生产工作进行传达和部署；在集团组织开展的"安全生产大家谈"会上就安全生产、安全文化建设工作进行交流发言。

1.组织开展一系列安全培训，并取得了积极成效

一是在党员大会上，组织全体党员学习新《安全生产法》、安全生产相关政策；二是组织员工参加主要负责人、安全管理员持证上岗培训；三是组织党员参加党史知识、安全知识竞赛；四是组织员工开展季度安全培训、安全文化手册、安全文化建设专题培训，进行安全宣誓，开展事故案例警示教育，形成"案例库"；五是组织员工参加应急救护技能培训，并取得救护员证；六是组织公司兼职应急救援队、志愿消防队，开展应急救援培训；七是对公司相关方建立"一户一档"，对现场作业人员进行安全教育，对来访者进行安全告知；八是邀请消防队教官、医院医师为员工开展消防安全知识、医疗急救知识培训。

通过开展一系列有针对性的培训，公司现持有主要负责人、安全管理员证书18人，持有救护员证3人，并有4人入选集团安全文化建设"专家库"。

2.组织开展一系列安全宣传活动，牢固树立安全文化建设底线思维

一是在党员会议室设置党建园地、党务公开栏，宣传上级党组织有关安全生产工作的通知精神；二是在员工活动室设置安全宣传栏，设置学习专栏，配备安全书籍，为员工发放安全文化手册；三是在公司户外LED屏滚动播放安全生产公益广告、宣传片。

经过培训与宣传，充分激发了员工参与安全管理工作的动能，员工全面树牢安全底线思维和红线意识。

（四）坚持严格标准执行，深入狠抓"行动关"

支部主题党日活动结合"安全生产月"活动要求，组织员工开展安全竞赛。通过"担架救护""穿越烟道""搭桥过河灭火""齐心协力""安全传声筒"等五个比赛项目，员工掌握了火灾疏散逃生、火灾扑救、运送伤员等安全技能，全方位提升了团队协同处理安全事件的应变能力。同时，公司定期组织开展防台防汛、消防、防中暑、防高处坠落、防触电等应急演练，提高了员工应对突发情况的应急处置能力，提升了员工安全自救互救技能。

支部定期开展各类事故隐患排查，认真做好风险防控：一是支部书记、主要负责人、安全分管负责人每月带队开展安全检查；二是根据实际情况开展节假日、防台防汛、防暑降温、冬季施工、消防安全、停复工等专项安全检查；三是工会组织从业人员开展定期检查；四是各职能部门对所属区域定期自查；五是开展员工安全隐患自查自纠，进行安全文化建设"随手拍"，发现问题及时上报。对检查中发现的问题，限时整改闭合，及时消除隐患。

（五）坚持做到久久为功，持续巩固"文化关"

如果说制度的约束对安全工作的影响是外在的、冰冷的、立竿见影的、被动意义上的，那么文化的作用则是内在的、温和的、潜移默化的、主动意义上的，具有其他约束无法比拟的优越性。安全文化是企业文化的重要组成部分，是企业科学、安全发展的需要，是可持续发展的重要基础。为此，公司始终坚持"安全第一、预防为主、综合治理"的安全生产方针，秉承科学发展、安全发展的理念，努力创建安全、健康、和谐的企业氛围，逐步将安全文化理念渗透到每位员工思想中，潜移默化地转变员工的安全思想观念，规范员工的操作行为，提升员工的安全素养。

重点推进公司的安全文化建设工作：一是成立安全文化建设领导小组，指导安全文化建设工作；二是编制安全文化建设规划和实施方案，作为安全文化建设的指引；三是根据《全国安全文化建设示范企业评价标准》，扎实开展丰富多彩的安全文化创建活动；四是组织材料，积极申报安全文化建设示范点；五是定期总结评估，持续改进，形成有效闭环。

三、取得的成效

公司以党建引领凝聚合力，以习近平新时代中国特色社会主义思想为指导，深入贯彻党的二十大精神和习近平总书记关于安全生产的重要论述和重要指示批示精神，进一步建立健全安全生产"党政

同责、一岗双责、齐抓共管、失职追责"责任体系，形成"党建＋安全"的长效机制，以支部工作助力公司安全生产稳定的良好局面。

（一）初步形成一系列制度措施和典型做法

1.在制度措施方面

建立健全包括《全员安全生产和消防责任制》《安全文化建设工作制度》等33项公司安全生产制度和《项目安全生产管理规定》《项目安全例会制度》等多项工程现场安全生产制度，使公司和工程现场安全生产工作有章可循。

2.在典型做法方面

支部书记、主要负责人每年为员工上"安全生产公开课"；每年组织开展全员安全知识竞赛、应急救援演练；定期开展法律法规辨识、危险源辨识，完成安全生产"四库"建设；主要负责人、安全分管负责人定期主持召开安全生产例会，带队开展安全生产检查；定期开展全员安全教育培训等。

（二）通过持续努力，支部做法获得相关肯定

泉州上实支部多次获评"五好"党支部的称号，公司连续多年荣获集团年度安全文化建设示范点、"百日安全生产"主题竞赛优胜单位等荣誉称号，获集团安全知识竞赛一等奖、党史学习教育知识竞赛三等奖。支部党员先后荣获上级党组织优秀党员、优秀党务工作者称号。员工在各类学习和竞赛中，形成你追我赶、创先争优的良好氛围，员工责任意识增强、能力素质得到有力提升。

四、结语

长期以来，泉州上实支部、公司决策层始终高度重视安全文化建设工作，坚持发展和安全并重，确保安全生产投入，落实"一岗双责"要求，亲自督促、检查安全生产工作，实现高质量发展和高水平安全的良性互动；管理层对分管部门的安全文化建设工作全面负责，督促部门员工落实安全生产职责；员工熟知企业安全文化理念，知晓岗位安全职责，能够正确识别岗位风险并有效防范，能正确、自觉使用劳动防护用品，掌握应急处置、自救互救和逃生知识技能，自觉遵守安全生产法律法规、规章制度，形成"人人讲安全、个个会应急"的良好局面，公司生产活动更加安全规范有序，安全生产形势持续稳定。经过探索与实践，"党建＋安全"的安全生产工作模式行之有效，公司将继续深化长效机制，进一步深化党建引领作用，有效强化支部"凝心聚力"功能，充分发挥党员在安全生产工作中的示范带头作用，严格把好安全关口，共同助力企业高质量发展。

浅谈后勤服务保障单位安全文化建设

北京航天华盛科贸发展有限公司　张　辉

摘　要：安全文化是企业整体文化的一部分，是企业生产安全管理现代化的主要特征之一。企业安全文化是后勤服务保障单位发展的内在需求，后勤服务保障单位应该积极构建适合自身实际情况和发展的安全文化。

关键词：后勤服务保障单位；安全文化；建设

一、企业安全文化在后勤服务保障单位发展中的作用

（一）后勤服务保障单位安全管理的特点及现状

1. 后勤服务保障单位的行业安全特点

后勤服务保障单位承担着企事业单位和社会的服务保障功能，是企业和社会发展不可或缺的一部分，具有较强的保障性、服务性和社会性。其工作内容主要涉及餐饮住宿、交通运输、车辆维修、物业管理、油料销售、幼儿教育以及其他各项综合性服务工作，具有工作面广、作业点分散、工作繁重、任务多等特点。

后勤服务保障单位大多属于人员密集型产业，涉及行业种类宽泛，既有物业、餐饮、幼儿教育等人员密集的行业，又有运输、汽修、加油服务等相对较高风险的行业及岗位。同时服务保障单位作业岗位多为职业技能工种，各个岗位的服务保障内容不同，工作特点各异，很多服务保障岗位作业过程中会涉及一些危险物质和高风险作业，任何一点疏忽和不当行为都可能引发严重事故，造成人员和财产损失。同时由于后勤服务保障单位多以提供劳务服务为主，组成人员文化素质相对较低且年龄偏大，人员流动性大，用工形式也多以外聘或外包为主，行业内科技含量不高，但是涉及的服务范围广，安全风险点较多，涉及设备操作、特种作业等，如餐饮服务就涉及厨房设备，有的岗位有行业取证要求，这些特点也说明服务保障单位安全管理的重要性，且有不同于其他行业的安全管理特点，其中人的因素是安全管理的重要因素。

2. 后勤服务保障单位安全管理过程中出现的问题

随着国家对于安全管理越来越重视，后勤服务保障单位在安全管理上也取得长足的发展，尤其是对于一些承担着大型国企或央企的后勤服务保障单位，也跟随上级单位推行职业健康管理体系、安全生产标准化、安全班组等安全建设，但是由于后勤服务保障单位自身的一些特点，其在安全管理过程中暴露出一些问题，具体表现如下。

（1）员工安全意识不足

在后勤服务保障单位，由于主客观原因，某些岗位员工的安全意识薄弱，尤其是一线岗位的员工安全培训参与度不高，对后勤服务保障单位安全风险性认识不足，容易产生麻痹大意思想。例如，在厨房设备操作中忽视安全操作规范，私拆安全防护装置、不按照安全操作规程操作设备等，从而导致事故发生。

（2）检查中低层级的问题较多，且重复出现

服务保障单位一般为主业单位提供后勤服务保障，作业岗位科技含量低，多为人员密集型产业，人员流动性大，人员素质较低，日常安全管控有效性落地效果较差，安全管理有效性较低，管理难度大。在日常安全检查中经常出现低层级问题，且重复出现。

（3）岗位安全管理两极分化

由于后勤服务保障单位各个岗位安全风险等级、行业监管不尽相同，后勤服务保障单位不同行业的不同岗位的安全管理差距较大。在危险性相对较高的岗位，安全管理相对较好；在危险性相对较小的岗位，往往容易出现这样那样的安全管理问题。例如，加油站，安全危险系数较大，行业监管频繁，岗位安全管理规范；而对于物业服务，相对作业风险系数较少，安全管理难度相对较大。

（二）企业安全文化是后勤服务保障单位发展的内在需求

安全技术对于安全管理的提升有着特殊的作用，但是由于后勤服务保障单位科技含量相对低，安全技术对于安全管理提升的空间有限。除此之外，行政手段、法制手段、经济手段，这些手段有其特有的作用，企业员工在制度的约束下有序工作。但是这些手段如果不能内化为员工的价值观，就会出现员工并不是真正在自主、自发地安全工作，只是因为制度约束不得不做，有时甚至发生员工"用脚投票"的现象。反观近年来我国发生的安全事故，忽视安全文化手段的建设，是造成我国一些安全制度建设规范的企业也会发生安全事故的深层次原因。

在后勤服务保障单位的安全管理中，人的管理既是安全管理的重点也是安全管理的难点。而安全文化是可以从根本上解决对人管理的难题。安全文化，就是人类在生产、生活中，为了保障身心安全，避免、控制和消除灾害、意外事故，创造和谐、安全、健康的环境，是逐步积累的物质财富和精神财富的总和。企业通过安全文化建设，培育员工共同认可的价值观和行为规范，具有凝聚功能、导向功能、激励功能、约束功能、协调功能，从而实现企业建立安全生产长效机制的目标。安全文化是一种有效地、科学地、持久地提升企业安全管理的手段。相比其他安全管理手段，安全文化通过树立核心安全价值观，把安全理念深植员工心中，可以更加有效地约束员工的不安全行为。

后勤服务保障单位要想向现代服务业转型升级，从而实现质的发展，一定离不开安全生产和员工素养的提高。这就要求后勤服务保障单位营造企业安全文化，使员工形成助力后勤服务保障单位发展的安全意识和行为，积极构筑适合自身发展的安全文化，积极发挥安全文化的作用，为后勤服务保障单位持续的发展提供源泉。安全文化能增强企业的社会责任感和信誉，提升企业的竞争力和效益，实现经济效益与社会效益的统一。

二、如何构建企业安全文化

（一）充分发挥班组长的作用

安全文化建设要在后勤服务保障单位中推行顺利，一定要充分发挥班组长的作用。在后勤服务保障单位，班组长是一个团队有核心凝聚力的角色，往往是所在服务保障行业的技术能手担任班组长，班组成员比较信服，他的一言一行对于班组成员影响比较大。在企业安全文化建设中，班组长承担着日常安全管理的组织者的重任，班组长安全文化理念影响着班组其他成员，班组长利用安全日、技术培训、班前会等班组活动，将安全文化的理念灌输到班组日常管理中，从小事做起，从点滴做起，不断丰富班组安全文化建设的内涵，持续推动班组安全文化建设。要把班组长树立为典型，充分利用其示范效应，使安全文化理念形象化，只有班组长对安全文化建设重视，班组长安全意识增强了，班组成员理解并认同这些理念，安全文化建设才会真正落地。

（二）要坚持"以人为本"

安全文化建设最终要形成"人人要安全，人人抓安全，人人管安全"的安全局面，安全文化建设针对的对象是一个个有血有肉有思想的人，而后勤服务保障单位的"劳动者"相对来说文化素质较低，更需要在安全文化建设时尊重他们、理解他们、关心他们，从他们自身的需求和特点中去寻找安全文化建设的突破口，充分发挥他们的主观能动性，让他们参与安全文化核心价值观的提炼。同时发挥企业引导作用，对员工在长期的生产实践中形成的行为特征、心理动因进行系统的梳理、提炼、整合，最终形成了安全目标、价值观、安全誓词、安全行为、安全操作等，建立了一套适合后勤服务保障单位的安全文化体系。

（三）形式要多样化

如何将企业安全文化理念深入后勤服务保障单位员工的心中，开展各种形式多样的活动是必然选择。一是充分利用班前会、展板、电视、手机、横幅、标语等各种舆论工具，多形式、多层次广泛宣传安全法律法规、上级关于安全生产的指示精神、企业安全生产管理制度，在班组中营造处处讲安全的文化氛围，让员工知晓安全生产并不是对他们生产行为的约束与纠正，而是对他们人身的真正关心与体贴，不断强化员工安全意识。二是加强员工业务技术培训，采取走出去、请进来和理论与实践相结合的方法，避免因管理粗放导致员工不会操作、不理解规程的含义，没有认识到违章操作的严重性而发生安全事故。借助员工学习业务技能的积极性，在业务学习中贯穿安全操作规范等安全文化建设，充分调动员工学习安全文化的积极性。三是活动形式要寓教于乐，多采用适合后勤服务保障单位员工特点的活动形式。多开展一些岗位安全知识趣味竞赛、安全知识快问快答、安全技能演习、安全参观学习、安全情景模拟等互动性强的活动形式，切忌理论性过强，否则容易让后勤服务单位的员工感到枯燥乏味和难于接受。

参考文献

［1］陈百兵. 建设安全文化全面提升企业安全管理水平——访中南大学特聘教授王秉 [J]. 现代职业安全,2022,(01):12-17.

［2］何克奎. 安全文化在企业安全管理中的地位和作用探析 [J]. 现代职业安全,2023,(04):31-33.

安全文化与双重预防机制建设实践

新疆水发水务集团有限公司　王建国　李洋渊　杨德丽　台天云　王梓渊

摘　要： 水利工程作为国家的公共事业，水利事业的安全生产与管理工作与国民经济发展存在着直接的关系，并且与人民群众的生活息息相关。根据《中华人民共和国安全生产法》，生产经营单位必须建立安全生产隐患排查制度，并通过一系列的措施，消除生产中存在的安全隐患。水利工程运行管理单位在水库调度、安全生产、运行管理、城乡供水等多个板块均存在风险，必须建立企业的安全文化以及双重预防机制，在潜移默化中引导员工树立安全观念，培育员工安全生产的内生动力。

关键词： 安全生产；运行管理；双重预防机制；风险隐患

一、水库管理单位安全文化建设及双重预防机制建设

（一）安全文化建设

水利枢纽运营部严格执行"安全第一、预防为主、综合治理"的安全工作方针，认真贯彻执行《中华人民共和国安全生产法》及安全生产相关的法律法规，全面夯实安全生产管理工作。自 2016 年按《水利工程管理单位安全生产标准化评审标准》开展安全生产标准化创建工作并达到一级，一直以安全生产标准化体系为抓手并同步开展职业健康安全管理体系有效运行，动态管理。2019 年 12 月通过第一次复审并保持一级，2023 年 1 月通过第二次复审并保持一级，生产安全零事故。为夯实安全文化的基层基础，健全安全生产长效机制，形成具有特色的恰海运营部安全文化。运营部组织员工前往周边乡镇吉尔格郎乡开展安全宣传教育活动，针对乡镇居民生活中涉及的安全知识，开展防溺水安全、用电安全、触电急救、交通安全、防震常识、电梯安全、防火逃生及灭火器使用等知识宣传教育；结合 2023 年度"世界水日""中国水周"活动主题，广泛宣传"强化依法治水 携手共护母亲河"，形成浓厚的宣传教育氛围，不断提升工程安全管理水平和依法治水兴水能力。

（二）双重预防机制建设原则

根据《水利水电工程（水库、水闸）运行危险源辨识与风险评价导则（试行）》》（办监督函〔2019〕1486 号）及《水利部办公厅关于印发水利水电工程施工危险源辨识与风险评价导则（试行）的通知》（办监督函〔2018〕1693 号）精神，查找风险点。水利枢纽运行过程中涉及的危险类别包括：自然灾害类，如洪水、上游水库大坝溃决、地震、地质灾害等；事故灾难类，如因大坝质量问题而导致的滑坡、裂缝、渗流破坏的溃坝或重大险情，工程运行调度、维修养护中管理不当等导致的溃坝或重大险情，影响生产生活、生态环境的水库水污染事件；社会安全事件类，如人为破坏等。这些可能造成的事故类型涉及淹溺、机械伤害、起重伤害、触电、车辆伤害及其他伤害等。

水利枢纽运营部在安全风险分级管控与隐患排查治理工作中始终坚持关口前移、源头防范、系统治理、依法监管原则，落实运营部生产经营责任主体，建立并落实双重预防工作机制，成立双重预防机制工作领导小组，部主任、书记担任组长，明确主要负责人、各科室负责人、各岗位人员责任，建立部级、科级、岗位三级组织保障体系。每月结合月度工作例会召开安全风险分级管控与隐患排查治理专项工作会议，专题研究落实风险分级管控和隐患排查整改工作。

通过落实安全生产主体责任，全员过程参与，建立并保持安全生产管理体系，全面管控生产经营活动各环节的安全生产工作，实现安全管理系统化（管）、岗位操作行为规范化（人）、设备设施本质安全化（物）、作业环境器具定制化（环），制定安全管理制度和操作规程，排查治理隐患和监控重大危险源，建立预防机制，进一步规范从业人员的安全行为，提高专业化和信息化水平，促进现场各类隐患

的排查治理,推进安全生产长效机制建设,有效预防和坚决遏制事故发生,使得各生产环节符合有关安全生产法律法规和标准规范的要求,人、机、物、环等都处于良好的生产状态,并实现持续改进,不断提升安全生产绩效,预防和减少事故的发生,保障人身安全健康,保证生产经营活动有序进行。从而不断加强安全生产标准化和规范化建设,促进水利枢纽运营部安全生产管理水平不断提升,安全生产形势持续稳定。

二、双重预防机制建设实践

双重预防机制指的是对风险进行管理、对隐患进行排查。如何抓好安全生产管理工作,从哪儿入手,怎样管,管什么,双重预防机制的提出和法治化,给出了明确答案,那就是管控安全风险,排查治理隐患。

(一)管控安全风险

风险辨识工作是对生产过程、工作环境、人员行为和管理体系进行全方位、全过程辨识的一种行为。以辨识和管控风险为基础,从源头上对风险进行辨识、分级管控,将各种风险控制在能够接受的范围内,减少可能会存在的事故隐患。随着新《中华人民共和国安全生产法》的颁布实施,安全生产管理进入了新阶段,那就是风险管理阶段。其中,双重预防机制就是安全生产管理进入新阶段的主要标志,风险分级管控,对于安全生产管理这个专业管理来说,管控的范围更加全面,关口前移更加接近本质安全,对于杜绝安全生产事故的发生更加有效。运管单位应对可能会存在的安全风险进行梳理,并将风险划分成不同的类别,根据风险评估方法将其分类,针对分类中的重大风险,要高度关注,并有效管控与之相关的制度、组织、技术以及应对策略等,应在醒目的位置粘贴安全风险公告栏,对风险点、风险因素等有效排查。

1.管控措施

风险分级管控遵循"风险越高,管控层级越高"的原则,对于操作难度大、技术含量高、风险等级高、可能导致严重后果的危险源应重点进行管控。上一级负责管控的风险,下一级必须同时负责管控,并逐级落实具体措施。

(1)重大风险。由部门管理层级分管或上级有关部门的领导组织管控,分管安全管理部门的领导协助主要负责人监督。

(2)较大风险。由部门管理层级分管组织管控,分管安全管理部门的领导协助主要负责人监督。

(3)一般风险。由管理部门层级负责人组织管控,安全管理部门负责人协助其分管领导监督。根据工程实际情况,凡各科室存在的一般风险,均应由各部门负责人组织管控,安全管理部门负责人协助其分管领导监督,运行管理人员负责落实管控措施。

(4)低风险。由风险运行部门运行管理人员自行管控。根据工程实际情况,凡各科室存在的低风险,均应由运行管理人员自行管控,并负责落实管控措施。

2.实施路径

运营部在开展危险源辨识与风险评价后,针对存在的重大危险源和不同风险等级的一般危险源,从安全管理制度、技术措施、管理措施、教育培训措施、个体防护措施、监测监控措施、应急处置措施、警示标志措施等方面提出安全管控措施,并形成《水库运行风险分级管控清单》,并依据危险源类型和风险等级形成的风险数据库,绘制了水库运行"红橙黄蓝"四色安全风险柱状比较图。

(二)隐患排查治理

运营部常态化开展安全检查和隐患排查治理工作,落实日巡检、旬巡检、月检查、月例会制度。在各科室做好日巡检、旬巡检、特殊巡检的基础上,由恰海运营部安全生产领导小组牵头组织开展月检查、专项检查、季节性检查、节假日检查等隐患排查。

各类隐患排查方案翔实、范围明确,确保隐患排查的系统性、全面性,全方位地排查,做到横向到边、纵向到底,不留死角、不留隐患。恰海运营部对查找出来的安全隐患实行分级管理、动态管理,建立隐患排查治理台账,明确整改期限、责任科室、责任人,对现场整改情况跟踪监督检查、验收,闭环管理。

在对风险进行管控的过程中,积极地排查和管控存在的各种风险漏洞,及时消除隐患。运用科学的隐患排查策略,合理高效的隐患治理跟踪方式,把风险、隐患管理责任落实到位,很大程度上防止了企业安全事故发生。

三、安全文化与双重预防机制联动建设的关系及意义

(一)安全文化建设有利于促进运营部双重预防机制的建立

水库管理单位属于高危行业,安全文化是这类行业管理的基础。制定企业安全文化,可以提升企

业对安全的认识，让安全深入每一个员工的内心，保证工作人员能够不折不扣完成各项安全工作。同时也能够及时对现场的安全状态进行识别，一旦出现违规的行为，第一时间进行制止并处理。双重预防工作机制，就是通过建立安全风险管理的制度，约束企业生产活动，保证生产的安全性。而双重预防机制的建立是离不开企业现有的安全文化的，安全文化就是一种基础，可以帮助各类预防机制更好地在企业中应用。

（二）双重预防机制有利于充实运管单位的安全文化内涵

安全生产持续改进，需要文化支持，确定运营部的安全文化，是实施文化创新战略的重要组成部分，也是在安全生产中实施创新战略的必然选择。多年实践经验告诉我们，众多规章制度，健全的安全网络，仍然无法杜绝事故的发生，仅仅靠监督与被监督的传统模式，仍然难以确保防止安全事故的发生，忽视"以人为本"的安全管理，将无法形成主动、自觉的安全文化氛围。安全生产必将长期处于"发生事故—整改—检查—再发生事故—再整改—再检查"的不良循环中，只有超越传统安全监督管理的局限，用安全文化去塑造每一位员工，在参与各类风险防范的过程中，员工经过专业的培训，逐步掌握安全生产的技能，在无形中丰富了企业安全文化内容，从更深的文化层面来激发员工"关注安全、关爱生命"的本能意识、责任意识，实现了本质安全目标。

（三）安全文化与双重预防机制联动建设有利于保证单位的可持续发展

双重预防机制属于一种硬文化，安全文化属于软文化。在运管单位中，将安全文化与双重预防机制联动建设是相辅相成的，能够促进企业的可持续发展。例如，通过培训，员工了解企业安全生产的重要性，在意识中提高警惕。利用 OA 办公系统、微信群等渠道，大力营造浓厚的文化氛围，持续构建具有运营部特色的文化。通过组织开展"党建＋安全生产"、民法典宣传、"应急救援演练"、建言献策等丰富有力的活动，充分利用信息化手段宣贯好、固化好安全文化理念，有计划、有步骤、有针对性地开展文化建设工作。再通过双重预防机制对风险识别并处理，实现全体员工的积极参与，就可以大大降低可能存在的风险隐患，也能够为海洋石油企业的可持续发展奠定基础。

（四）安全文化与双重预防机制联动建设有利于促进激励机制建设

对运管单位而言，安全文化以及双重预防机制的联动建设，可以对这类风险有效进行防范。当然，在双重预防机制执行的过程中，对员工以及部门主管生产过程中的不合理行为，还需要定期进行监督和评价，员工有了基础的安全意识和防范风险的能力之后，在审查和评估自身安全绩效时，除使用事故发生率等消极指标外，还应使用旨在对安全绩效给予直接认可的积极指标。建立员工安全绩效评估系统，将安全绩效与工作业绩相结合。审慎对待员工的差错，应避免过多关注错误本身，要以吸取经验教训为目的。应仔细权衡惩罚措施，避免因处罚而导致员工隐瞒错误。在组织内部树立安全榜样或典范，发挥安全行为和安全态度的示范作用。从而提高员工安全文化素质以及安全管理的思想、认识、观念、意识，激励员工发现问题、解决问题的能力。

综上所述，安全文化有利于促进双重预防机制的建设，双重预防机制又可以进一步对运营部的安全文化进行丰富，两者是相辅相成，共同促进的。双重预防机制即风险和隐患，识别评价管控风险之后再排查治理安全隐患，然后再识别评价风险，如此往复，循序渐进，不断进行，实现了安全管理人人参与和安全文化入脑、入心、入行，建立了自我检查、自我纠正、自我完善的安全生产长效机制，从而对运管单位日常生产实现安全隐患的有效管控，避免事故发生，有效提升水库运行管理的安全管理水平，防止安全事故的发生。

新形势下企业安全文化对构建企业本质安全生产长效机制的探讨

焦作煤业（集团）开元化工有限责任公司 张友谊 任 斌 张文勋 王庭林 崔媛媛

摘 要： 随着化工行业安全规范化、标准化、多元化飞速发展，焦作煤业（集团）开元化工有限责任公司（以下简称开元化工）的首要任务就是立足市场、实现可持续发展，"消除事故隐患，筑牢安全防线"构建企业本质安全生产长效机制势在必行。本文就如何构建企业本质安全生产长效机制，探索双重预防机制与安全文化在安全生产中的相互作用，提出构建本质安全生产长效安全机制的途径和方法。

关键词： 本质安全；安全文化；双控预防机制

一、企业概况

开元化工在生产经营过程中，严格遵守国家、省、市等安全生产法律法规及技术规范要求，曾先后被评为焦作市工业项目建设先进企业、焦作市工业企业突出贡献先进企业、焦作市园林单位、河南省二级危化品安全生产标准化达标企业、河南省煤炭系统安康杯竞赛优胜单位、河南省双预控标杆企业、河南省安全生产和职业健康协会理事单位、河南省"职业健康管理"示范企业、河南省"零泄漏工厂"示范企业、国家级安全文化建设示范企业、国家级两化融合管理贯标单位等。

二、企业安全生产现状主要问题分析

安全文化，是存在于组织和个人中的安全意识、安全态度、安全责任、安全知识、安全方法、安全行为方式等的总和，安全文化具有更新观念、传播知识、规范行为等功能。加强企业安全文化建设，对实现企业本质安全有一定的促进作用。

开元化工存在以下问题。

（1）各岗位的人员安全意识差，违章违纪现象时有发生。

（2）外委施工一直是安全管理的难点及薄弱点，由于人员不稳定，存在安全措施执行不到位等情况，对外委施工的安全监管有待加强。

（3）各岗位部室的安全管理能力有待提高，上级部门检查存在一定问题。

问题给安全管理带来了新的挑战，也提出了更高的要求。开元化工若要提升经济效益，增强其市场竞争力，就必须持续改进安全生产管理机制，建设企业安全文化，为开元化工安全生产提供强有力的保障。

三、加强安全文化建设，促进企业本质安全体系建立

从安全文化建设入手，构筑"五自"管理模式，健全安全管理制度，建立安全生产长效机制，全面增强职工安全防范意识，实现安全生产目标。

（一）构筑"五自"管理模式

在开元化工安全文化建设过程中，扎实推进公司自主、系统自控、分厂自治、班组自理和员工自律的"五自"管理模式，自上而下地体现了"以人为本、立足防范、一切风险皆可控，一切事故皆可预防"的安全文化理念，将安全观挺在了前面。通过学习事故案例，旨在举一反三，坚持和落实安全第一，把企业安全文化管理的十个单项理念作为安全第一要素。将安全理念放置在显眼的位置，加大安全第一的可视化提醒力度，从思想源头上杜绝一切安全隐患。

（二）建立安全生产管理制度

在安全文化建设中，建立健全安全生产管理制度，牢固树立"从零开始、向零奋斗"，树立安全零事故的安全责任观。各部门紧紧围绕安全目标，对安全工作严抓共管，落实安全生产责任制。每天安全生产调度会上，各部门、各分厂负责人按岗位职责汇报安全生产情况，出现异常立即解决，切实形成下管一级、上联一级，级级监管，使安全生产在制度

化、标准化、规范化的科学管理轨道上良好运行，既强化了监护人的责任意识，又进一步对作业人员的行为进行了约束，从而避免安全事故的发生，使作业安全得到有效管控。

四、建立安全生产长效机制，加强安全本源管理

近年来，安全生产事故频发，暴露出当前安全生产领域"认不清、想不到"的突出问题。构建双重预防机制就是针对安全生产领域"认不清、想不到"的突出问题，从隐患排查治理前移到安全风险管控，实现关口前移、注重安全本源管理。

（一）建立双重预防机制

公司依据《企业安全生产标准化基本规范》《危险化学品从业单位安全标准化通用规范》等规范要求，结合公司自身特点，建立并完善安全生产标准化与双重预防体系。按"自上而下"的原则开展分层次、有针对性的人员培训：第一层次由安全副总对专业技术人员、骨干力量进行培训；第二层次由专业技术人员、骨干力量对企业所有岗位员工进行培训。每年两次组织公司领导、各部室相关管理人员及各分厂班组长以上人员，优化安全应急综合管理数字化平台。

为持续深化和提升双重预防体系运行效果，根据应急管理部《危险化学品双重预防机制建设扩大试点的通知》要求，按照职责业务分工下发风险巡查任务，分别是公司领导每月、专业部室及分厂管理人员每周、工段长每天、班长及岗位员工每班，对系统派送的任务进行风险巡查。按照上级巡查的风险下级必须巡查的原则，有序地推进双重预防机制建设提升工作。

（二）建立风险分析分级管控机制

制定下发《巩固提升双重预防体系实施方案》等管理文件，形成管理体系。参照《企业安全风险评估规范》DB41/T1646-2018 要求，以"疑险从有、疑险必研，有险要判、有险必控"的原则，建立覆盖企业全员、全过程无死角的安全风险研判工作流程。各专业根据公司风险管理制度及风险作业指导书，列出作业活动清单和设备设施清单，对其认真开展风险辨识，进行风险管控。通过风险识别、分析、评价、管控工作，建立了开元化工自主的风险评估队伍，实现了安全风险的自辨自控。

（三）建立信息化、智能化信息管理机制

公司建立了一系列信息化、智能化信息管理机制，通过安全应急综合管理数字化平台、设备管理系统加强生产管理。厂区视频全区域、全过程监控系统，智能化管理门禁系统，将安全生产标准化体系和双重预防机制深度融合，各取所长，使安全管理体系运行更为科学合理。各生产环节更加符合安全生产法律法规和标准规范的要求，人、机、环、管等处于良好的生产状态，形成信息通畅、全员参与、规范有效和可考核、可智控的双重预防体系。

五、筑牢设备设施本质安全管理基础、全面提升企业本质安全

开元化工高度重视设备安全管理，通过建立健全设备设施安全管理制度，加大技术改造，确保设备设施处于安全状态，从根本上提升了企业的本质安全。

（一）建立健全设备管理制度

公司结合设备管理的实际情况，修订完善《设备管理制度》《设备使用维护保养管理办法》《设备管理考核办法》《设备检修规程》等设备管理制度，健全、完善设备安全管理考核机制。强化设备管理责任分工，做到设备类型分级管理，针对设备实施重点维护保养和使用管理，健全从购置、安装、使用、维修直至报废的全过程管理，使设备的管理程序得到进一步规范和加强。

（二）提升设备管理人员整体素质

设备管理水平的高低由设备管理人员的素质决定。为提高设备管理水平，以内部培训、线上培训等方式为员工提供设备操作、维修、保养等方面的交流、学习平台，提升员工设备管理及应急处理能力。一是要求各分厂的培训内容要有针对性；二是要求各分厂充分利用现有资源，提高职工的业务水平；三是严格管控设备操作流程，避免误操作引起设备损坏等问题。

（三）利用信息化手段强化设备管理工作

依托现代化诊断手段、设备点巡检技术、专业服务团队以及设备综合管理平台提升设备管理水平，及时发现设备异常信息，做到设备的预防性维护与维修。建立所有设备的电子技术档案，对设备进行详细的记录，坚持"预防为主、综合治理"方针，及时消除设备运行隐患。

（四）重点加强特种设备的安全管理

制定特种设备安全管理制度，对制度的贯彻落实进行监督与检查，对所有特种设备都应明确责任人,建立运行日志、维护保养和检查制度,并认真做好记录。同时应编写各种特种设备的安全操作规程,经常组织学习并严格执行。特种设备使用单位在对使用特种设备进行自行检查和日常维护保养时发现异常情况的,应当及时处理。对使用特种设备的安全附件、安全保护装置、测量调控装置及有关附属仪器仪表进行定期校验、检修,并做出记录。建立和完善特种设备安全技术档案,建立特种设备分类、作业人员数据库及各种特种设备的定期检验周期一览表,做到对本企业特种设备状况了如指掌。

(五)强化设备"三化、三零、三勤、三严"管理

以设备"三化三零"标准进行管理,做到"设备操作标准化、设备本质安全化、设备运行合理化",消除设备"跑、冒、滴、漏、松"等缺陷,力争达到设备零缺陷、零故障、零事故的目标,确保设备平稳运行;在日常工作中,要注重对设备做到"三勤"管理,即对设备勤维护、勤观察、勤巡查,从源头上消除设备"脏、松、漏、缺、锈"等问题,杜绝设备带病运行;要对设备保养实行"三严"管理,即严格设备日常点检、严格设备异常信息反馈、严格设备故障处置,做到及时检查、及时发现、及时处理。

六、结束语

企业的本质安全生产是长期的过程,通过确立"安全第 "的原则,加强安全培训和教育,建立全面的安全管理制度,强化监督和问责机制,以及引入现代安全管理技术,可以有效地构建企业本质安全生产长效安全机制。通过开元化工全员共同努力,以打造本质安全、环保节能、优质高效、国内领先、行业一流现代化企业为目标,成为河南能源骨干企业、国内知名的化工企业。

浅谈特色安全文化之"一站体验式"安全教育培训的途径与作用

浙江宁海抽水蓄能有限公司　孙志鹏　郑贤喜　黄志绪　顾倬铭　崔　雄

摘　要：近年来安全事故时有发生，如高空坠落、坠物伤人、触电、土方坍塌、机械倾覆等，酿成人员伤亡，造成不同程度的经济和财产损失。纵观其原因，主要是施工企业内部管理弱化，管理人员和施工人员未进行有效的教育培训，缺乏应有的安全技术常识，违章指挥、违规操作等。浙江宁海抽水蓄能有限公司（以下简称宁海公司）落实安全生产的领导责任、监督责任和现场管理责任，创新推出"一站体验式"安全教育培训模式。本文主要介绍"一站体验式"安全教育培训工作途径、方法及主要用途。

关键词："一站体验式"安全教育培训模式；安全管理；创新；虚拟现实；安全文化

随着建筑业改革深化，工程建设机械化程度越来越高，而参加施工的人员素质参差不齐，更显示出强化企业安全文化建设的紧迫感、必要性、重要性。企业安全文化建设，通过对员工的观念、意识、态度、行为等影响，实现本质安全。

如何控制或减少伤亡事故的发生，是我们急需解决的一项重要课题。数十年的实践摸索和归纳总结认为，控制和减少伤亡事故的核心是打造本质安全型企业文化，创造一套切实可行的安全管控制度，其中最关键的是对人的安全教育培训。

一、安全教育培训的必要性

伤亡事故发生的本质原因：人的不安全行为和物的不安全状态。

通过分析我们了解到伤亡事故的发生主要是人的不安全行为的结果，或者更具体地说是人的失误所造成。对每起事故进行解剖分析，发现事故是由员工安全知识欠缺，没有安全技术，不遵守操作规程导致。要消除人的不安全行为，最重要的是教育与培训，通过各种形式的教育和培训，施工作业人员树立"安全第一，预防为主"的思想，同时掌握安全施工所必需的知识和技能。因此，在企业安全文化建设过程中，切实可行的安全教育培训势在必行。

二、"一站体验式"安全教育培训的具体实施

宁海公司深刻认识当前工程管理作业人员入场培训的重要性，为全面践行"安全第一、预防为主、综合治理"的安全生产方针，结合"大标段"优势，创建了"一站体验式"安全教育培训模式，建设"一站体验式"培训基地，实现了从作业人员入场登记、培训学习、入场考试、安全体验、施工作业工艺学习、证件办理等工作"一站体验式"集中管理，开展"一条龙"教育培训模式，从根源杜绝"未培训入场""培训无针对性"等问题。

（一）安全教育培训的目的

宁海公司打造的体验式教学，力求在培训基地内为员工营造浓厚的主动学习氛围，创造更多的自主学习机会。努力提高作业人员的安全素质，提高广大员工对安全生产重要性的认识，增强安全生产的责任感；提高企业人员遵守规章制度和劳动纪律的自觉性，增强安全生产的法治观念；让员工熟练掌握操作技术要求，提高预防和处理事故的能力。

（二）"一站体验式"安全教育培训创新

一是创新了教学方式和学习方式。体验教学倡导个体的实践与体验，通过员工主动的实践与体验，改变了原有的说教式的学习方式，员工在生动的教学情境中，在自主的认识中进行学习。二是体验式教学法让员工体验、认识，再体验、再认识，以动手操作，直观感受，模拟真实等方式，获取知识。用"试一试""比一比""做一做"等体验方法，促成自己行为和认知的统一。三是把原有的刻板式教学由安全管理人员灌输知识转化为以学员自我体验、感悟知识为主体；把教学区域转变为人员主动参与、亲身体验、自主探究的场所；把注入式教学转变为参与式教学,使安全教育充满生机和活力,调动人员的学习兴趣,形成安全氛围,促进本质安全形成。

（三）"一站体验式"安全教育流程

宁海公司秉承简洁、高效、流程化的安全教育培训理念,引进信息系统采集学员信息,利用微信系统平台对务工人员进行维权、岗位危害、职业危害、责任书等相关信息的告知,并基于岗位信息依靠视频、动画、事故案例分析等方式开展针对性培训,同步引入考试系统筛分学员掌握程度,同时该系

统提供自动核卷、错题解析、动画演示等功能全方位增强学员安全意识;培训合格后进入安全体验中心、工艺展示中心,通过视觉、听觉、触觉全面了解安全重点及施工要点,在体验过程中设置安全知识答题礼品机及隐患排查体验机,鼓励学员积极答题;完成基地内所有培训后,学员进入制证中心进行人脸识别,确认各项成绩合格后配发合法工作证及考试合格证,如图1所示。

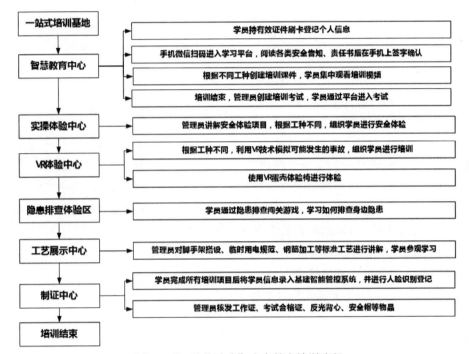

图1 "一站体验式"安全教育培训流程

（四）"一站体验式"安全教育特色

1. 全智能信息化录入人员信息,实现全员实名制

随着网络技术的迅猛发展和电脑的普及运用,安全教育手段可以实现多样化,培训集约化对培训过程要求越来越高,而培训方式、内容、手段、计划评估不能适应新形势的要求,安全生产监管人员不能得到较高水平的培训内容,从而与形式脱轨,造成培训效果不佳。在对生产一线工人安全教育培训时,宁海公司采用实物、音像、讲解、现场参观、事故分析、现身说法等生动形象和直观的教育方法,同时利用多媒体教育培训箱自动采集新进场人员信息,进行实名制登记,同步设置工种类型,录入针对性课程;学员信息生成后,可以通过特定的二维码进行微信扫码,登录"小筑天下"学习平台,并依次阅读务工人员须知、维权、岗位危害、职业危害和"十

不干"告知,并签字确认后,登入学员课程进行学习。

2. "一站体验式"安全教育模式主要特点

通过"视、听、体验、比赛、考试"的做法,充分发挥智能化、信息化管控优势,切实提高教育培训效率,确保一线作业人员施工安全。

（1）"视",精心打造视频试题库,提倡可视化理论学习,提高教育效率

当前,一线作业人员安全意识薄弱,科学文化素质较低,水平层次多样化,难以理解培训课程,同时原有的培训课题与实际不符等,针对这些现象,宁海公司精心打造课程试题库,以历年施工事故经验教训所产生的大数据为基础,结合调研报告、现场实际作业内容及电站实际情况等进行归纳分析,通过广泛调研确立工种范围,凝聚各方力量确定题库内容,确保满足现场三级教育培训要求。目前共设立

9大工种，173例教学视频，1783道典型试题。坚决杜绝安全教育培训走形式、安全教育内容针对性不强等问题发生。同时为方便作业人员理解，理论学习主要以观看视频、动画、事故案例分析为主，理论讲解为辅，便于一线作业人员理解，系统会根据人员信息自动匹配课程，开展针对性培训；同时采取事故追忆记录的方法开展培训。对本行业近年来典型事故案例进行事故追忆，将事故案例汇编成视频进行播放，使其深刻汲取事故教训，以史为鉴，警钟长鸣。视频内容包括：事故经过、原因分析、事故处理要点和防范措施等。

（2）"听"，邀请专家授课，提高预控能力

通过"请进来"培训模式，邀请安全领域的专家或有丰富实践经验的主任进行授课，并开设线上微信群进行互动，解决关于安全预防措施的热点难点问题，新进学员在学习中相互交流、取长补短、共同成长。同时公司轮流安排相关员工进行授课，定期组织新进场人员的业务学习，如月度例会学习新下发的文件和规范，学习没落实到位的文件和规范；在生产例会上要求做得好的区域的相关员工介绍经验、做得差的项目的相关员工进行剖析和总结；推行员工授课，授课员工必须先掌握拟授课内容的相关知识，促使其学习、提高；采取轮流授课，参加学习的一线作业人员会更加认真地学习，一是听别人是如何讲，二是随时可能轮到自己讲，自己将如何讲，会促使员工更加认真地听讲，实现授课员工和参训员工均得到成长。

（3）"体验"，开展针对性体验式教育，增强学员安全意识

目前在施工过程中，对员工的操作技能水平及反事故能力的要求也越来越高，增强学员安全意识，提高实际动手能力迫在眉睫。宁海公司创新性地开展体验式教学项目，充分利用体验式教育开展教学工作，通过开展实操演练及VR体验培训，可以检验一线作业人员安全培训效果，同时提高员工的安全素质，以便做到"有备无患"。

针对不同工种，模拟不同作业风险进行实操体验。学员考试合格后进入安全体验中心，管理员宣讲体验过程中需注意的各类安全事项，并根据培训学员工种类型、可能接触到的事故类型组织学员开展针对性实操体验和VR体验。例如：学员通过安全帽撞击体验，充分意识到物体打击等危险因素对下方

作业人员可能带来的危险，了解到佩戴安全帽在施工现场的重要性，如图2所示；在触电体验过程中，通过小电流击打学员，强化了学员的安全用电意识。

图2　安全帽撞击体验综合用电体验

一是虚拟体验强化安全意识，隐患闯关激发学习兴趣。学员通过VR事故体验器及VR蛋壳体验椅，如图3所示，模拟事故发生全过程，真切地感受到事故所带来的伤害。事故结束后，VR模拟系统将根据事故类型，自动生成事故发生原因。

发挥员工的主观能动性，让员工多动手、动口、动脑，适当的时候，组织开展有相关管理人员参加的安全学习活动，请一线作业人员上台讲解自发风险有关安全知识，开展趣味有奖竞答调动人员积极性，学员通过隐患排查闯关小游戏，学习如何排查身边隐患，提高培训效率。

图 3　隐患排查小游戏 VR 蛋壳体验椅

二是创立"小黑屋"管理模式,对违章人员进行再教育。为解决现场作业人员重复性违章等问题,在 VR 体验室内设置"小黑屋",利用虚拟 VR 体验技术模拟事故发生现场,使违章者意识到不安全行为可能导致的严重后果,将传统"说教式"教育转变为"体验式""互动式"教育,提升教育培训效果。

（4）"比赛",隐患排查比赛

组织一线作业人员开展知识竞赛,对安全知识掌握较好的个人进行一定的奖励,提高一线作业人员的学习积极性,建立健全安全培训的激励机制及考核奖惩机制,对培训效果产生积极的促进作用,对消极的效果产生抑制作用,通过比赛过程,达到"一点带动一线,一线带动一面"的目的,实现全体员工"要安全"的整体目标。

（5）"考试",电子化考试,自动阅卷

学员通过体验、观摩后,管理员根据现场培训效果模拟创建培训考试,生成二维码,新进场人员进行扫码答题在线考试,系统进行自动阅卷。考试过程进行人脸识别技术,确保答题人与登记人保持一致,杜绝了冒答、替答等现象的发生。

3. 信息化管理应用

（1）智能化审查人员信息,规范现场准入证明

学员完成理论学习、VR 安全体验、实操体验、工艺观摩及考试合格后,多媒体培训系统将学员信息自动导入基建智能管控系统,基建智能管控系统对新进场人员培训学时、符合性审查、特种作业证件等相关信息进行二次审核,确保其安全准入。统一核发工作证件,规范现场准入证明。学员完成培训基地全部培训内容后,进入制证中心进行人脸识别登记,并核发工作证和安全培训合格标志,实现进场人员全员实名制。

（2）电子化监管,确保安全教育培训工作取得实效

目前,由于安全教育培训涉及资料过多、人员造假等情况频繁出现,监督管理机制和协调机制未能形成有效的监督管理,安全教育培训监管难度大。宁海公司使用电子化信息采集录入,通过电子信息的自动后台采集,建立科学的培训评估体系,未满培训学时的学员不得参与考试,考试过程中,进行人脸识别及笔迹甄别,利用先进灵活的培训手段实现过程电子化监督。同时利用"一站体验式"多媒体系统的兼容性,"智能管控系统"手机终端,监督检查现场施工作业人员"一站体验式"培训情况,对没有信息的现场人员进行清退或经过"一站体验式"教育培训后再准入;通过"智能管控系统"对现场特种作业人员进行特种作业培训及其他专项培训的核对检查（如有限空间作业）,通过现场核查掌握现场作业人员的培训状况,及时反馈"一站体验式"培训系统,制订再培训计划,开展施工人员再教育,增强培训效果。

（3）电子化信息档案留存

电子信息录入可确保实现人员电子档案全方位自动留存,进场人员的个人信息、培训记录及考试情况将永久保存在系统平台中,并依托此平台对学员后续的培训持续跟踪,实现过程档案存储一体化;同时支持为其他系统预留接口,方便后续管理人员对一线作业人员进退场情况进行统计分析,大大提高了培训效率。与原有培训模式中"一人一本"档案形成鲜明对比("一人一本"即每位进场人员进场后设置一本进场终身档案,内部记载告知内容、考试成绩、人员信息,但都需要管理人员协助填写个人信息、批改考试内容、考试内容无法及时根据工种信息更新变更,造成针对性不强等问题出现),大大提高了培训效率;同时由于系统自动生成培训信息,对培训的时长、人员信息、违规代考等造假行为造成致命打击,确保培训工作取得实效。

目前,系统已留存作业人员档案 1376 份,详细记载了作业人员进场培训、复工培训、安全日活动等相关内容。极大地提高了资料整合效率,减缓了管理人工作压力。

4. 建立反馈机制,不断完善培训体验

强化安全教育培训体验,定期组织一线作业人

员开展安全专题大讨论，查找本质原因，提出改进方案等，为安全培训工作提供好的建议；同时在进场人员培训结束后进行问卷调查，统计分析培训效果，采纳一线作业人员合理化建议。同时以安全生产为主线，结合实际开展活动。

三、结语

综上所述，建立企业安全文化，促进安全生产，是构建和谐社会的需求，是维护人民生命财产安全的需要。因此，企业要通过强化企业安全生产意识，制定完善的企业安全生产体系，遵循安全文化建设原则，最终才能实现企业的安全生产。而充分推行实施"一站体验式"安全教育培训就是实现企业安全重要手段，牢牢抓住安全文化建设的着力点，才能确保企业健康持续快速发展。

浅析安全护航高质量发展

江西省电力装潢有限责任公司　廖柳云　曹　科　熊　贤

摘　要：党的二十大报告中指出，高质量发展是全面建设社会主义现代化国家的首要任务。国有企业要实现高质量的发展，必须牢固树立安全发展理念，统筹好发展和安全的关系，把握新发展阶段，贯彻新发展理念，构建新发展格局，以新安全格局保障新发展格局，安全护航企业高质量发展。

关键词：安全文化；护航；高质量；发展

江西省电力装潢有限责任公司隶属中国电建，系中国电建集团江西省水电工程局有限公司全资子公司。2024年2月2日下午，中国电建集团江西省水电工程局有限公司在南昌召开2024年安全生产工作会议，深入贯彻落实党的二十大精神，认真落实党中央、国务院关于安全生产的决策部署，总结2023年安全生产工作，安排部署2024年安全环保重点工作，推动安全生产形势持续稳定向好。

中国电建集团江西省水电工程局有限公司党委书记、董事长胡国清作了题为《坚定不移强化安全生产 筑牢公司高质量安全绿色发展基石》的讲话，深入分析当前安全生产形势，深刻解读做好当前安全工作的极端重要性和紧迫性，要求各级人员学深悟透习近平总书记关于安全生产重要论述的丰富内涵和核心要义，将其持续转化为推动安全生产工作创新发展的强大动力，深刻认识到安全是最大的政治、安全是最大的发展、安全是最大的效益。中国电建集团江西省水电工程局有限公司副总经理刘军作了题为《锚定三零目标强治本 坚持问题导向促攻坚 为全方位推动公司高质量发展提供坚实的安全保障》的年度安全生产工作报告，强调要持续强化安全文化引领作用，不断提升员工安全素质和能力。江西省电力装潢有限责任公司坚持"安全第一、预防为主、综合治理"的安全生产方针，落实全员安全生产责任制，强化安全生产"四个责任"体系履职。

一、完善安全理念文化，促进高质量发展

理念是行动的先导，一定的发展实践都是由一定的发展理念来引领的。推动创新发展、协调发展、绿色发展、开放发展、共享发展，前提都是国家安全、社会稳定。没有安全和稳定，一切都无从谈起。国有企业在推进高质量发展中，要牢固树立安全发展理念，坚持"安全第一、预防为主、综合治理"的方针。贯彻以人民为中心的发展理念，坚持人民至上、生命至上，始终把保护人民生命安全摆在首位，坚守发展决不能以牺牲安全为代价这条不可逾越的红线，守住安全管理底线。不断增强风险意识，树立底线思维，把困难估计得更充分一些，把风险思考得更深入一些，有效防范化解各类风险挑战。切实增强安全法治意识，运用法治思维和法治方式，深化安全工作向纵深发展，把依法管理贯穿安全生产全过程，依法依规加强安全管理，依法依规追究安全责任，依法依规治理安全环境，推进安全理念创新、管理创新、机制创新和科技创新，把现代管理理念和方式贯穿到安全生产过程之中，引领安全管理科学发展。所有企业都必须认真履行安全生产主体责任，做到安全投入到位、安全培训到位、基础管理到位、应急救援到位，确保安全生产。坚持安全生产防患于未然，把安全生产责任落实到岗位，落实到人头。采用"四不两直"方式暗查暗访，开展安全生产大检查和隐患排查活动，做到"全覆盖、零容忍、严执法、重实效"，为企业高质量发展护航。

江西省电力装潢有限责任公司树立"零伤害、零事故、零损失"工作目标，认真总结多年来安全生产管理经验，积极推进安全文化建设，从安全理念、管理标准、安全设施、行为规范等方面入手，对公司安全管理进行了创新性研究。

二、夯实高质量发展的安全基础

"十四五"规划建议把安全问题摆在非常突出的位置，强调要把安全发展贯穿于国家发展各领域和全过程，如果安全这个基础不牢，发展的大厦就会

地动山摇。安全是企业高质量发展的基础和保障，安全生产必须树牢底线思维和红线意识，以"时时放心不下"的责任感，增强员工安全生产意识，让安全理念深入人心。

江西省电力装潢有限责任公司制定85项规章制度，从安全理念、职业健康与环境目标及考核管理、安全生产责任制度、安全文明施工奖惩管理等，用制度深化理念文化落地生根，培养员工安全意识与行为习惯。不断深化安全生产"有感领导"建设，落实全员安全责任，强化全面安全管理，落细全方位安全措施，抓好全过程安全管控。切实绷紧安全生产这根弦，细化安全管理措施，推动安全生产强基提质。要精准辨识面临的安全风险，分层级、分领域建立安全风险管控重点，将重点管控责任分级落实到岗位。落实"四个责任体系"网格管理人员的安全管理责任，强化班组安全建设，落实三级隐患排查治理分级管控，推动"一岗一清单"常态化监督检查、安全生产标准化自查、应急能力建设复审，HSE信息化建设，切实把安全生产、安全经营、安全工作落到实处。

树立"安全承载效益，预防创造价值"的理念，提升"科技兴安"能力。安全基础的关键是人才，人才是社会经济发展的第一资源，世界的竞争本质就是人才竞争，上至国家，下至企业，人才是最关键的变量。明确人才引领发展的定位，夯实创新发展人才基础。通过人才引领创新发展，助力"科技兴安"能力提升。在科技的助力下，提升生产装备本质安全；借助先进科学技术，不断提升企业智能化水平；利用科技创新支撑，安全管理将持续受控。坚持"科技兴安"战略，全面提高安全风险智能防控和实时监管能力，筑牢企业高质量发展之基。

三、结语

新时代孕育新思想，新思想引领新发展。国有企业在推进中国式现代化的进程中，要紧密地团结在以习近平同志为核心的党中央周围，学思想、强党性、重实践、建新功，立足新发展阶段、贯彻新发展理念、构建新发展格局，以新安全格局保障新发展格局，安全护航国有企业高质量发展行稳致远！江西省电力装潢有限责任公司将从安全理念、安全制度、员工安全行为、安全环境氛围等方面着手，完善安全文化体系，为公司高质量发展保驾护航！

基于"党建＋安全生产"的"五项工程"创新实践

国网山西省电力公司长治市潞州区供电公司　宁晋兵

摘　要： 国网山西省电力公司长治市潞州区供电公司（以下简称国网潞州区公司）把安全责任既作为经济责任、社会责任，又作为一份政治责任来主动担当；既作为一种安全文化积极倡导，又作为党建引领和"党建＋"的重要内容。始终坚持旗帜鲜明讲政治、居安思危保安全，为更好地发挥党建在安全管理中的引领作用，国网潞州区公司充分发挥党员在安全管理中的先锋模范和积极助力作用，推动"党建＋安全生产"在企业内部落地实践。

关键词： 电力企业；"党建＋安全生产"；创新实践

一、实施背景

国网潞州区公司以企业安全文化建设为抓手，强化组织领导、健全组织机构、创新文化载体，融合"党建＋安全生产"，实施"五项工程"。

企业安全生产工作"说起来重要、做起来次要、忙起来不要"的现象仍然存在。谈安全的多，管安全的少；聚焦安全结果的多，管控安全过程的少；懂得安全重要性的多，懂得安全技能的少。安规学习效果不好，安全工器具使用不够规范，安全教育培训实效不大，安全奖惩没有起到警示作用，现场安全管理差距较大。

"党建＋"的内容很多，但真正找准切入点的较少，真正起到实效的更少。问题的关键是党组织的带领和党员的带头作用发挥不够明显，工作中书面总结的多，付诸行动的少；组织提倡的多，党员行动的少；安排部署多，检查考核少。

如何找准"党建＋"和安全管理的结合点，如何发挥党组织的战斗堡垒作用和党员的先锋模范作用，如何为企业安全管理增加一道坚实的防线，国网潞州区公司聚焦党员主体、理论武装、技能提升、前期管控、现场助力五项重点，实施"五项工程"，坚定"党建＋安全生产"的创新实践。

二、具体做法

（一）实施"理论武装工程"，抓住"高严细实"主基调

提高政治站位，各级党员领导干部务必旗帜鲜明地将安全责任扛在肩上。是否抓好安全、管好安全作为评价共产党员是否讲政治的重要内容。始终将严格管理、严肃考核、严明纪律作为安全管理的主色调，就是要用好"望远镜""显微镜""放大镜"三面"镜子"，就是要小题大做、以小见大、防微杜渐。始终将细节管理、细微管控、精准执行作为安全管理的常态化要求。积极倡导"细节决定成败"的安全管理理念，善于"斤斤计较"，做到谨小慎微。始终将老实做人、踏实做事、务实作风作为安全管理的基本面，坚决反对"大概也许差不多"，坚决反对惯性思维、形式主义，做到办实事、务实效。

坚定执行"第一议题"制度。党总支、党支部、党小组将坚定不移地执行"第一议题"制度，将学习习近平新时代中国特色社会主义思想和习近平总书记指示批示作为"三会一课""主题党日活动"等党内活动的"第一议题"。积极推行月度主题制度。生产管理党支部、各生产党小组要结合工作实际，将习近平总书记关于安全生产工作的重要论述和重要指示批示与本部门、本班组的安全生产工作实际有机结合起来，针对具体问题，开展月度主题活动。探索推行"党员述安"制度。将抓好管好安全工作作为衡量党员讲政治讲大局的主要标准，要求党员对抓好安全工作中发挥的作用进行年度述职，部门（班组）人员、工作班成员要对其述职情况进行评价。

通过践行执行"第一议题"制度、积极推行月度主题制度和党员年度"述安"制度，聚焦旗帜鲜明讲政治、居安思危保安全的主题主线，确保"党

建＋安全生产"在政治站位上有高度。

（二）实施"技能提升工程"，依靠"安全生产和安全监督"这支主力军

专业的队伍干专业的事，永远是干好专业工作的基本思路。抓好安全生产工作，必须紧紧依靠安全生产人员和安全监督人员。这支队伍必须在状态，必须负责任，必须敢以"三铁"反"三违"，勇于在安全管理上"亮旗"，敢于在违章作业上"亮剑"，这是做好现场安全的基本力量。

将安全技能培训与安全技能提升作为安全工作的根本保证，各级党组织和共产党员主动作为、主动发挥作用，积极推动"技能提升工程"。党支部每年举办技能提升竞赛活动，通过制度化组织技能竞赛，提升安全技能、培养安全技能人才。党小组每月组织安规考试，提前下发题库，强化日常培训，注重考试质量，同步加强考核奖惩，不断增加安全知识。党员每周宣讲安全，党小组内的共产党员围绕"安规""两票"、安全简报、安全通报、安全理念、安全法规制度等进行常态化制度化宣讲工作。

聚焦党支部、党小组、党员三个维度，每年组织技能竞赛、每月组织安规考试、每周进行安全宣讲，既突出了党组织和党员的主体地位和作用，又关注了过程管控和技能提升，在党建与安全生产之间找到了最佳的结合点。确保了"党建＋安全生产"在技能提升上有力度。

（三）实施"前期管控工程"，掌握"预防为主、未雨绸缪、防患未然"主动权

牢固树立"准备不充分宁可不开工"的理念，精心做好现场勘查、用心开好班前会、细心观察工作人员的精神状态，认真检查好各类安全工器具和安全措施的布置情况，将"预防"工作做到实处。

安全生产、预防为主，居安思危、未雨绸缪。党组织牵头开展安全合理化建议征集活动，针对年度安全重点工作，面向全员开展安全合理化建议征集活动，专门收集专题研究专项解决。党小组党员进行常态化安全工器具检查活动，助力班组安全员常态化检查安全工器具，确保安全工器具始终处于合格备用状态。党小组长与班组成员每月进行谈心谈话，认真细致做好班组成员的思想政治工作，确保安全生产入脑入心。

通过开展安全合理化建议征集活动、安全工器具常态化检查活动、党小组长谈心谈话活动，筑

牢安全生产的思想政治工作和安全工器具管理两道防线，整体管控安全工作，将预防为主做实做细做到位。确保了"党建＋安全生产"在前期管控上有温度。

（四）实施"现场助力工程"，紧盯"生产作业现场"主阵地

生产作业现场永远是安全生产管控的主阵地，因此必须系统回答"有多少现场""现场是否规范""现场危险点有哪些""谁在现场总体负责""谁在现场安全监督"等问题。积极倡导生产作业现场军事化管理和精益化管控，以"一丝不苟"确保"万无一失"。

实施"现场助力工程"，就是要充分发挥参与工作（作业）现场的共产党员（非现场负责人或工作负责人）的作用，让现场共产党员为现场"助力"，同时也起到现场负责人（或工作负责人）"助理"的作用。要求参与作业的共产党员与工作负责人实现"三个同步"：一是同步进出作业现场，确保助力共产党员与工作负责人第一个进入现场，最后一个离开现场。二是同步检查安全措施，对现场所布置的安全措施进行全方位的核对和检查，确保安全措施检查环节"双保险"。三是同步签字认可，对于开工前现场安全措施的布置、现场工作人员的精神状态、工作过程中的安全管理状况、工作接收后人员的撤离、安全工器具的拆除等情况要进行签字认可。

实施"现场助力工程"，推行现场助力共产党员与工作负责人同步进出、同步检查、同步签字，既充分发挥了共产党员的先锋模范作用，又为现场安全增加了一道"防护网"。确保了"党建＋安全生产"在现场管控上有角度。

（五）实施"'三亮一保'工程"，打好"党员作表率、全员保安全"主动仗

落实安全责任、确保安全生产，主体永远是"人"，实施"党建＋安全生产"，必须充分发挥党员的先锋模范作用。在安全管理上，就必须牢固树立"99＋1＝0"的理念。营造浓厚的安全文化氛围，必须调动"党员"和"全员"的力量参与进来，才能做到思想认同、文化引领。

工作（作业）现场的党员主动亮身份、亮职责、亮承诺，主动亮明身份、主动率先垂范、主动遵章守纪，确保自己零违章、身边零违章、整个作业现场零违章。党员在工作现场佩戴明显标识，亮明自

己的身份。将党员的工作职责与现场责任进行量化明确,亮明自己的职责。党员主动担当作为,以率先垂范的行动兑现自己的安全承诺。

通过党员现场亮身份、亮职责、亮承诺,确保现场安全管理井然有序,达到准军事化管理的目的。确保"党建＋安全生产"在"三亮一保"中有亮度。

三、工作成效

(一)营造了一种氛围

找准了"党建＋"的结合点和切入点,突出了党组织和党员的主体作用,营造了党员带领、全员争先讲安全保安全的良好氛围。

(二)选树了一批典型

充分发挥各部门、各班组党员的先锋模范作用,在抢修报修、常态保电、重大工程等活动和工作中精准实施"五项工程",选树一批先进党员和先进党小组的典型。

(三)固化了一种制度

精准实施并常态化推进"五项工程",固化了党内活动结合安全生产、安全生产突出党组织和党员主体作用的制度和流程,形成了事前防控、事中管控、事后总结的常态化制度。

(四)突出了一种导向

实施"党建＋安全生产""五项工程",突出了结果导向。聚焦安全生产"主战场"和安全生产管理中国共产党党员的"主力军",以结果为导向,在过程管控、前期管理上下足功夫。

(五)探索了一条路径

国网潞州区公司实施"五项工程",探索了"党建＋"的有效路径和安全管理的创新实践方法,不仅为安全管理增添了有效砝码,更彰显了党建融入业务的有效作用。

四、收获和感悟

(一)既要有想法更要有办法

安全管理是科学管理,是严格管控"管"出来的,

而不是"等"出来的、"靠"出来的。思路决定出路,有想法就必须有办法。在《安规》"两票"的基础上,结合企业自身实际做一些有效的有用的创新举措,是必要的。推行"党建＋安全生产"既是党建管理创新实践,又是安全管理落地实践。

(二)既要管过程更要保结果

安全管理上,最忌讳的就是"只要结果、不管过程"。可以说,没有精准精细精益的过程管理,就没有安全管理的结果和目标。聚焦"人员、设备、器具、环境"等因素,着力做好过程管理。唯如此,才能确保安全管理可控在控能控。"五项工程"就突显了过程管控与结果导向的有机统一。

(三)既要抓技术更要抓队伍

安全管理,要解放思想与时俱进,不断应用新理念、采用新设备、推广新技术,但与此同时始终不能忘记"人"这个根本。抓好人员的安全教育和安全培训,强化队伍的安全意识和安全技能,形成企业的安全文化和安全氛围。在这个过程中,突出党组织和党员的带动和带领作用,将业务技能提升与理论武装工作做好做实。

(四)既要保指标更要盯目标

对标是为争先服务的,指标是为目标服务的。在所有的指标中,安全是前提是基础,没有了安全这个指标,一切都等于零。在这个意义上,抓好安全是"指标"和"目标"的前提条件。始终不能忘记,在保指标和保目标的过程中,发挥党组织的战斗堡垒作用和党员的先锋模范作用是根本保证。

(五)既要谋创优更要谋创新

创先争优争创一流是企业发展的根本要求,也是实施"党建＋安全生产"工作、推进"五项工程"的行动目标。怎么创优,安全是保证。如何创新,既要不断思考并精心实践安全管理方面的创新,又要推动"党建＋"在企业各个方面的精准对接、有效引领,大力营造创优创新的浓厚氛围。

安全文化建设中的"温水煮青蛙效应"和"破窗效应"及其应对

国家能源集团　国能双辽发电有限公司　葛　朋　杨庆君

摘　要： 生产安全事故的发生往往与人的不安全行为、物的不安全状态、环境的不安全条件以及管理漏洞有关。如果违章行为在发生后得不到及时的制止和处理，就可能触发"破窗效应"。如果说"破窗效应"是对人们行为"底线"的挑战，那么，"温水煮青蛙效应"则是对人们行为"上线"的挑战。为了应对这两种效应，本文深入剖析了它们的产生原理，并提出了有效的安全管理策略。通过实施这些策略，企业可以预防现场事故的发生，从而提升企业的安全管理能力。

关键词： "温水煮青蛙效应"；"破窗效应"；事故预防；安全管理；安全教育

一、引 言

随着我国经济的飞速发展，发电厂的装机容量不断扩大，人员结构也在不断优化。然而，与此同时，外委队伍的人员素质却存在一定的差距。面对这样复杂多变的安全环境，笔者通过对"温水煮青蛙效应"和"破窗效应"的研究，试图寻找企业安全形势变化的原因，并探讨如何打造一个良好的安全生产文化生态。通过严格执行纪律和规定，我们可以校正安全形势的运行机制，更有效地防止安全事故的发生，从而提高作业的安全管理水平。

二、"温水煮青蛙效应"的启示

"温水煮青蛙"这个典故最早出自 19 世纪末美国康奈尔大学科学家做的一个著名的"水煮青蛙实验"，实验讲的是：将青蛙直接放到热水里面，青蛙感觉到烫会直接跳出来。但是当把青蛙先放入装着冷水的容器中，一点一点地慢慢将水加热，青蛙就不会蹦出来了，等到温度升高到一定程度，青蛙察觉到危险的时候，它已经没力气跳出来，直到被活活煮死[1]。

"温水煮青蛙"的现象在安全文化建设中也屡见不鲜。诸多事故的发生就是因人们放松警觉，失去戒备，在习惯及"适应"中对隐患"熟视无睹"，造成不该发生的事故发生。

笔者认为，安全事故类似"温水煮青蛙"的具体表现主要在以下几个方面。首先，规章制度的执行力度不够。在企业的日常生产中，规章制度是保障安全生产的基础。然而，执行力的偏差，规章制度在有些情况下并未起到应有的作用，导致一些员工将自己置于制度之外，从而为安全事故的发生提供了条件。其次，对"三违行为"的打击力度不够。"三违行为"是安全事故的主要诱因，对"三违行为"的打击力度不够，导致这类行为屡禁不止。企业虽然已经制定了一系列打击"三违行为"的措施和方法，但在实际执行中，往往存在留情面、讲交情的现象，这无形中纵容了"三违行为"人员的违规行为。就像青蛙在温水中生活，逐渐"适应"了危险环境，从而导致事故的发生。最后，缺乏科学的操作规范。只要电力企业的各项工作都能按照科学规范进行操作，就可以有效防止事故的发生。但在实际工作中，侥幸心理和经验主义的影响，往往导致事故的发生。有人总是抱着侥幸心理，在工作中图省事，认为偶尔违规也不会出问题。但他们不知道的是，这种麻痹的思想其实就是事故的隐患，一旦习惯成自然，不仅会将自己置于危险之中，还会威胁到他人的安全，这是对生命的不负责任。作为企业员工，尤其是安全管理人员，我们应时刻警惕"温水煮青蛙"的现象，不忘初心，谨慎行事，始终保持危机意识，不能贪图安逸。只有这样，才能防止自己落入"温水煮青蛙"的陷阱，为企业创造一个安全的生产环境。

三、"破窗效应"的启示

"破窗效应（Broken windows theory）"是由詹姆士·威尔逊（James Wilson）及乔治·凯林（George Kelling）共同提出的一个犯罪学的理论，刊于《The

Atlantic Monthly》1982 年 3 月版的一篇题为《Broken Windows》的文章[2]。

"破窗理论"认为人们所处环境中的不良现象如果被放任不管，人们就会争相仿效，甚至肆无忌惮。这个就是犯罪心理学中的"破窗效应[3]"。

在我们企业的日常安全生产活动中，"破窗效应"的现象屡见不鲜：如果现场角落里的一个烟头没有及时清理，很快就会有更多的烟头出现；如果一个员工进入生产现场不戴安全帽或不系帽带，而没有人进行制止，那么不久之后，工作现场就会有许多员工不戴安全帽；如果一个员工在登高作业时，不系安全带或者不正确使用，而没有人进行管理，那么其他人就会认为系不系安全带都无所谓。这些不良行为就像"破窗"一样，如果没有得到及时的制止，就可能迅速扩散，形成不良风气。这种风气会让员工受到某些暗示性的纵容，导致他们去打破更多的"窗户"[4]。

"破窗效应"的教训主要可以从以下三个方面进行理解。

首先，要从问题的根源上进行控制。在日常的安全管理中，我们需要及时发现并处理任何可能出现的违规行为。例如，如果安全监管人员不能及时有效地阻止早期的违规行为，员工可能会认为这样的行为是可以接受的，这就会产生负面的示范效应，从而导致更多的违规行为发生。因此，在安全监管过程中，我们需要对初期的违规行为进行及时的制止和劝导，以防止问题变得更加严重和复杂。

其次，我们需要对其他的"完好窗户"进行保护，防止它们被破坏。如果出现了"破窗"，我们需要及时思考如何保护那些还没有被破坏的窗户。例如，当我们在日常的安全监管工作中发现违规行为时，一方面，我们需要对违规者的行为进行合理的处罚，另一方面，我们也需要对那些还没有违规的人员进行预防性的教育，让他们了解违规作业的危害，从而避免更多的人出现违规行为。

最后，我们需要寻找防止"好窗"被破坏的方法。人们看到"破窗"后，可能会因为从众心理而去破坏其他的窗户。例如，过马路时，如果红灯亮起，本来打算遵守规则等绿灯再走的人，看到有一两个人闯红灯，可能会跟着闯红灯，这就是从众心理的体现。因此，在日常的安全管理中，我们需要把握员工的这种心理，进行相应的教育和培训，提高他们的识别能力和增强他们的防范意识，这样才能有效地解决这类问题[5]。

总之，"千里之堤，溃于蚁穴"，为避免后续可能发生严重损失，就要及时修缮第一扇"破窗"。若是从安全管理与规章制度的关系看"破窗效应"，那么给我们的启示则更为深刻："天下之事，以渐而成；天下之事，因积而固"。员工的日常违章行为必须及时纠正，否则日积月累就会产生大问题；遵守纪律没有例外，一个企业要想拥有良好安全文化环境必须严格执行规章制度。"不以权势大而破规、不以问题小而姑息、不以违者众而放任"，做到违章必究，阻止"破窗"违规违纪，破坏法规制度踩"红线"、越"底线"、闯"雷区"。

如果说"破窗效应"是对人们行为"底线"的考验，那么，"温水煮青蛙效应"则是对人们行为"高线"的考验。自 2021 年 9 月 1 日起施行的《中华人民共和国安全生产法》和《企业安全生产标准化基本规范》，为破解两个效应提供了制度性的安排和保障。企业实现安全生产目标，就要大力营造良好的安全生产氛围，净化安全生态环境，同时积极优化安全管理手段，切实把《中华人民共和国安全生产法》和《企业安全生产标准化基本规范》贯彻好。

四、守住"底线"，充分发挥新《中华人民共和国安全生产法》在营造良好安全生产氛围中的作用

如何消除"破窗效应"给安全管理造成的不良影响？首要任务，就是阻止人们持续"破窗"。那么如何做到有效阻止"破窗"？办法就是"把纪律挺在前面"，正如习近平总书记所要求的，"要加大贯彻力度，让铁规发力、让禁令生威，确保各项法规制度落地生根"。充分发挥新《中华人民共和国安全生产法》在营造良好安全生产氛围中的作用[6]。

习近平总书记强调，"安全生产是民生大事，一丝一毫不能放松，要以对人民极端负责的精神抓好安全生产"。只有驰而不息抓落实，才能久久为功保安全。通过近阶段的事故通报我们可以看到，部分企业安全管理有一定程度的"失之于宽、失之于松、失之于软"，目无法纪、胡作非为、不讲规章，致使一些员工安全意识淡薄，甚至失去生命；一些安全管理人员也因此被罚款、查处、降职、撤职甚至深陷牢狱。这也从反面证明，只有全面从严抓管理，守制度讲规矩方可保证一个企业的长治久安[7]。

《中华人民共和国安全生产法》列出并加大了

对违法行为的处罚力度，不仅明确告知企业管理者和员工哪些行为不能做，同时清晰地给出了处罚依据，使违章行为不再有投机取巧的可能，并划出了"四条线"，即工作行为的准则线，安全思想意识的警戒线，电力安全生产的高压线，生命安全的保障线。这四条线贯穿于"关爱生命、关注安全"的管理理念，是对每个人安全行为的约束，也是企业安全文化的补充。

从日常生产活动中的"破窗效应"看，一些人之所以安全意识淡薄甚至违章作业，是因为主要责任人管理松懈，首先在管理上出现了问题[8]。一些企业发生安全事故，也说明安全环境生态的恶化，首要原因就是管理松懈，破坏了新《中华人民共和国安全生产法》规定。为此，贯彻好新《中华人民共和国安全生产法》，要强化主体责任和加大监督管理力度，加大对违法行为的处罚力度，坚决守住底线，营造良好安全生产氛围。

五、追求"高线"，充分发挥《安规》在优化安全生态中的激励作用

《电业安全工作规程》（以下简称《安规》）是电力系统对安全生产管理从细节入手实施"精细化管理"并提高管理水平的有效途径。

一个企业要想有一个良好的安全环境，一是要营造良好的安全生产氛围，把纪律和规章制度摆在首位；二是提高企业员工整体安全素质，安全管理人员要充分发挥《安规》在优化安全生态中的激励作用，确保有能力识别和避免"温水煮青蛙效应"。

近些年，为数不少的企业安全生产主体责任落得不实，企业安全意识、风险意识淡薄，风险辨识能力差，外包作业、检维修作业中不按规程标准要求作业等过程管理存在重大安全漏洞；对安全生产专项整治工作不重视，抓落实不认真、不严格、不到位，麻痹大意。沉湎于"马马虎虎，得过且过，敷衍了事"的管理方式，结果被温水给煮熟了[9]。

通过对历次安全事故通报的学习，可以发现，事故发生的原因并不复杂，往往是因为忽略了安全文化建设中的某个细节。例如，责任不明确、措施执行不力，存在侥幸心理、粗心大意、过分注重形式而忽视实质等消极的工作态度，才是导致安全事故发生的真正原因。正如那句俗语所说，"态度决定一切，细节决定成败"。那么，如何才能提高管理者的责任心，确保安全措施得以有效执行呢？答案就是带着感情

去关注安全，这样才能及时发现并消除安全隐患。千万次的侥幸和运气，都可能由于一次意外而毁掉过去和未来。近期的天津港瑞海公司和响水321爆炸事故中的天嘉宜公司，就是很好的例子[10]。

确保人的生命、健康和企业财产的安全，是安全工作的核心目标。对于企业来说，安全工作必须小心翼翼、精细入微地进行，因为这涉及人的生命安全。那些厚厚的制度文本、详细的规程，以及醒目的标语，都应该深深地印在每个员工和安全管理者的心中，而不能仅仅停留在纸面上。

在安全管理中，有一句名言，那就是生产现场从不缺少隐患和缺陷，而是缺少发现它们的眼睛。这就要求我们要培养员工的风险意识，让他们学会用风险的思维去处理事务。只有这样，我们才能真正做到防患于未然，确保企业的安全运行[11]，我们就可以有效规避风险，避免意外事件的发生。

贯彻落实好《安规》，要注重安全管理工作的"超前意识"，风险辨识和管控是一切工作的前提。杜邦的布莱德利安全文化模型告诉我们，安全是企业的核心竞争力之一，积极向上的安全文化氛围，是企业安全管理高水平的体现，也是企业生产效率提升的推动剂。

"安全文化"是对人的关心和关爱，是各级领导干部身体力行的结果，做有感领导，就是要做可见、有感的事情。从而促使所有人员表现出较高的重视安全工作的自觉性和积极性，员工不仅仅关心自己的行为，还会留心他人，当其他人有违章时，他会去提醒他人，关注整个团队的安全业绩，关注集体的荣誉。他不想任何人受到伤害，并帮着他人遵章守纪。

企业安全文化的最终形成是一种个性心理的积累过程，这一过程需要系统的管理。我们的安全活动要创造让员工正向的、愉悦的、舒服的体验[12]。这样员工的正确行为受到鼓励和肯定认同以后，工作的劲头更足了，效率更高了，凝聚力也更高了，也为企业创造了更高的价值。不仅如此，对正确的行为进行鼓励，让员工更有参与感，更愿意从"要我安全"到"我要安全"转变，最终实现企业的长治久安。因此，只有认真贯彻《安规》，才能从根本上杜绝麻痹思想的滋生，充分发挥《安规》在优化安全生态中的激励作用。

六、凝聚人心，有效激励

很多人说安全文化是虚的，不如在现场加装防

护装置来得实际。这是因为他们把安全文化当作体系去做了，领导写承诺书、安全标语上墙、安全生产月组织活动，没有结合生产现场的改善去做安全文化，没有用一些落地的方法去做安全文化，这样就把安全文化做成了"两张皮"，安全文化怎么发挥作用？在很多企业，安全文化没有起到指导作用，没有起到指引性作用。如果企业的安全文化指导性作用不大，企业就需要更多地将安全文化和现场实际管理做法结合起来，这时安全文化就能推动现场的管理做法做得更好，这是安全文化的一个作用。

（一）营造良好的工作氛围

国能双辽发电有限公司（以下简称双辽公司）以人为本，重视环境建设。职工文体中心，为职工提供锻炼和阅读的场所和设施；职工公寓，可供职工休息、女职工哺乳；职工食堂，严把食品"入口关"，员工吃得放心、舒心。设立职工服务站爱心小屋，配备自动售卖机、健身器材、冰箱、餐桌、微波炉等硬件设施，使员工在上班疲劳时可得到充分的休息及放松。倡导"人人平等，心态开放，相互尊重，坦诚沟通"的价值观，对"职场霸凌""职场性骚扰""歧视"等行为做出零容忍的处理规范，通过倡导有序、得体的职场行为，共建健康舒适和谐的企业环境。

（二）关心员工心理健康

为职工书屋配备心理健康相关书籍，双辽公司不定期组织开展心理健康讲座及心理健康测试调查问卷活动，及时了解和掌握职工的心理健康状况，通过开展谈心活动，帮助职工解决实际问题。

（三）开展丰富多彩的教育活动

一是深入落实"四个专项行动"。公司机组大方式运行，人员力量、设备维护时刻面临着挑战，把抓好安全生产作为首要任务，提升安全管理工作水平。二是以"人人讲安全、个个会应急"为主题，开展警示教育活动，扎扎实实做好安全生产工作。通过活动，干部职工深刻理解了安全是企业最大的政治、最大的效益，是全体干部职工最大的福祉，也是推动企业高质量发展的最根本前提，没有安全就没有尊严等安全理念的内涵。

（四）培训方式育人育心

双辽公司积极改善员工培训教学环境，对公司仿真机室、多媒体教室、学习室等进行升级改造，配备了LED显示屏、电脑、电视、监控等设备，大大提高了员工工作学习的幸福感、获得感、安全感。

（五）重视员工建议

按照科学发展和企业长远发展的要求，生产设备不断地改造和优化，为员工创造了更加卫生、健康的工作条件。比如根据职代会提案，今年公司花了近9万元在集控室配备了三台AED设备等措施使员工真切感受到自己的意见被尊重，自己的安全与发展被关心，从而焕发出巨大的创造力。

（六）集体荣誉感召

2023年是双辽公司成立三十周年，公司党委在主题教育广场组织开展"三十载峥嵘岁月·新时代再续华章"主题党日活动暨公司成立三十周年系列活动启动仪式。通过举办"风雨同舟三十载，青春无悔映忠诚"光荣退休主题活动、"羽你同行三十载，聚力奋发谱新篇"羽毛球赛、员工文艺大赛等活动，不仅达到了员工强身健体的目的，同时也为大家提供了一个展现自我和相互交流的平台，增强了职工的团队意识和奋斗精神，提升了员工的仪式感、荣誉感和归属感。

七、结束语

古人云："安者，国之存亡也；全者，人之生死也。"电力产业作为基础产业，关系着千家万户、民族经济和国家安全。面对安全文化建设中"温水煮青蛙效应"和"破窗效应"两个问题，解决之道就是坚守底线，远离"红线"，筑牢防线，树立"高线"，优化和净化安全生产生态环境，抓好制度建设和思想建设。

三十年追风逐日、春华秋实，三十年上下求索、砥砺奋进。双辽公司历经三十年艰辛创业辛苦耕耘，靠的是勇于拼搏的老一代新一代干部；靠的是热诚奉献的老一代新一代共产党员、共青团员；靠的是勤勤恳恳、默默无闻工作的老一代新一代工人。在建设区域一流电力企业实践中，双辽公司党委将带领全体员工以艰苦创业的激情、昂扬向上的斗志、焕然一新的风貌，向着"资产更加优良、管理更加精益、有为更加有位、作风更加过硬、职工更加幸福"新双电的奋斗目标阔步迈进。

参考文献

[1]张菊香.安全工作要严防"三种现象"[J].湖南安全与防灾，2016，(03)：55.

[2]王金涛."破窗效应"对安全管理的启示[J].石化技术，2016，(06)：205.

［3］曹贤龙. 警惕"破窗效应"［J］. 现代职业安全. 2018,（11）: 37.

［4］冀成楼. 培养安全意识, 改变不安全行为［J］. 中国安全生产科学技术, 2009,（S1）: 84-87.

［5］王秉, 吴超. 安全文化学的研究进展及其科学发展模式［J］. 中国安全科学学报. 2019,29(06): 25-31.

［6］胡艳, 许白龙. 安全氛围对安全行为影响的中介效应分析［J］. 中国安全科学学报. 2014,24(02): 132-137.

［7］孙峻, 颜森, 杜春艳. 建筑企业安全氛围对员工安全行为的影响及实证［J］. 安全与环境学报. 2014,14(02): 60-64.

［8］NEAL A, GRIFFIN M A, HART P M. The impact of organizational climate on safety climate and individual behavior[J]. Safety Science, 2000, 34(1): 99-109.

［9］Glendon A I, Stanton N A. Perspectives on safety culture[J]. Safety Science, 2000, 34: 43-72.

［10］Wu T-C, Chen C-H, Li C-C. A correlation among safety leadership, safety climate and safety performance[J]. Loss Prev Process Ind, 2008, 21(3): 307-318.

［11］刘林, 梅强, 常志朋. 国内 70 年来员工不安全行为研究: 发展阶段、研究热点及趋势分析［J］. 中国安全科学学报. 2021,31(03): 1-12.

［12］王秉, 吴超. 安全文化生成机制研究［J］. 中国安全科学学报. 2019,29(09): 8-12.

加强安全文化建设　提升本质安全水平

湖北白莲河抽水蓄能有限公司　方创新　李　彬

摘　要：湖北白莲河抽水蓄能有限公司（以下简称莲蓄公司）紧紧抓住安全文化建设这个核心要素，结合安全文化建设有关要求，利用和发挥电站自身资源，大力加强安全文化建设。通过耳闻目染、潜移默化的方式和强烈的视觉效应，安全文化逐步渗透到每个员工的思想深处，融入各类工作、各项操作和具体行为，安全文化氛围日益浓厚，安全生产持续保持稳定，为莲蓄公司安全健康发展提供了有力保障和坚强支撑，各项工作取得新成绩。

关键词：安全文化理念；培训阵地；党建；创新机制

莲蓄公司位于湖北省黄冈市罗田县境内，安装 4 台 300 MW 可逆式抽水蓄能机组，总装机容量 1200 MW。主体工程于 2005 年 8 月 1 日开工建设，2010 年 12 月，4 台机组全部投产，在电力系统中担负着调峰、调频、调相、储能、系统备用和黑启动等任务，对保障大电网安全、服务清洁能源消纳和促进电力系统优化运行等发挥了重要作用。

近年来，莲蓄公司紧紧抓住安全文化建设这个核心要素，结合安全文化建设有关要求，利用和发挥电站自身资源，大力加强安全文化阵地建设，在电站区域形成整体的视觉文化效应。建设安全文化长廊，完善安全警示标语、安全设施标志，使安全文化逐步渗透到每个员工的思想深处，融入各类工作、各项操作和具体行为中，安全文化氛围日益浓厚。公司提高了员工安全素质和安全技能，形成了和谐稳定的队伍。企业安全健康的良好态势，为莲蓄公司安全健康发展提供了有力保障和坚强支撑。

一是注重理念引导，强化安全文化理念。莲蓄公司始终把安全生产放在一切工作的首要位置，以对社会负责、对企业负责、对员工负责和敬畏生命的态度，站在讲政治的高度抓安全，在全员思想深处筑牢"两个至上"。结合党委会、安委会、主题教育等，利用专题培训、例行会议、安全日活动、宣传媒体等形式，深入学习习近平总书记关于安全生产的系列重要讲话和重要指示精神、《安全生产法》、《刑法修正案》和国网公司《安全工作奖惩规定》、《安全事故调查规程》等重要法规制度，每月安全例会学习一部法律法规要点，让全体干部员工深刻领会各自岗位安全工作的法律责任和工作要求，增强全员安全生产法律意识、责任意识。结合《安规》全员考试、"四种人"资格考试，开展全员安全责任清单宣贯培训；将安全责任清单印发成册，组织开展宣贯学习，并对自己的安全责任签字确认。通过深入宣贯学习，各级人员熟悉自身岗位职责、领会"三管三必须"的内涵，做到入脑入心，提高履行岗位安全责任的主动性和积极性，营造人人"讲安全、要安全、会安全"的安全文化氛围。

二是加大阵地建设，丰富安全文化体系。安全文化建设是安全生产的重要组成部分。莲蓄公司根据国网公司企业安全文化有关要求，建设安全文化长廊，完善安全警示标语、安全设施标志。在所有生产区域的进出口，设置显眼的安全提示标示牌和安全生产警示标语，提醒进入生产现场的作业人员落实"安全准入"和"两穿一戴"等要求，同时，外来人员需经值班点保安人员核实确认后方可进入生产区域。在地下厂房进厂交通洞打造安全文化长廊，从国家、法律法规、习近平总书记安全生产重要论述等方面，介绍、宣传安全生产的重要性，增强全体员工的安全生产法律意识；在生产现场放置国网公司安全文化理念展板，利用现场电子显示屏，在线滚动播放安全生产宣传标语，发布当日工作计划、风险预控措施及典型风险作业控制流程图，营造良好的安全工作氛围；筹划建设智慧安全警示教育基地，设置安全文化展示区、事故警示教育区、安全培训学习区、安全认知学习区、安全技能训练区、应急处置实训区等六大分区，在增强员工安全意识和提升员工技能的同时，进一步强化安全文化影响力。

三是创新培训方式，践行安全发展理念。开展安全教育培训是实现安全文化与安全生产紧密结合的有效途径。莲蓄公司在严格落实三级安全教育、事故反思教育、专项安全教育等基础上，利用安全例会、班前班后会等安全例行工作，开展安全规章制度每周一学、安全微课堂等活动，营造"人人讲安全，事事讲安全，时时讲安全"的浓厚氛围，将安全理念与典型事故案例有机融合，使安全理念通俗易懂，具体形象，深入人心。开展"分管领导讲安全课、全员安全考试、班组专题安全日"等"安全三个一"活动，强化春秋检安全警示教育，组织开展"两个案例"学习及安全知识普考，深刻汲取案例教训，多形式开展"安全生产月"活动，丰富全员安全知识，提升安全素养。在地下厂房配置电子显示屏，收集法律法规、安全技能、安全警示等5个层面50余部警示片，定期开展集中警示教育，营造安全文化氛围，在公司生产经营区域形成整体的视角文化效应，使安全文化逐步渗透到每个员工的思想深处，融入各类安全管理和具体行为，安全文化氛围日益浓厚。

四是加强机制建设，促进安全责任落实。制度执行的刚性是良好安全文化的直接体现。莲蓄公司坚持把制度"硬管理"与文化"软管理"有机结合，不断健全与完善各类安全管理制度，逐级签订安全目标责任书，修订完善《到岗到位》《运行值守》《两票管理》等十余个制度；针对外包外委单位、部门及班组不熟悉现场反违章检查重点，组织编制《反违章口袋书》《安全检查重点手册》，检查条目简明扼要、重点突出。完善安全生产责任体系，健全安全"两个"体系，织密"三级"安全管理网络，公司抓网，部门抓岗，班组抓人，实现安全联保互保。充分发挥安全奖惩激励和约束作用，修订《安全工作奖惩实施细则》，调动全员做好安全工作的积极性、主动性。坚决以"三铁"反"三违"，严肃查纠各类违章行为，建立反违章检查通报机制，在生产现场设置反违章通报栏，及时通报反违章查处情况及考核情况，定期编发反违章通报，起到较好的震慑作用。全年未发生严重违章，一般违章大幅降低，确保各项规章制度、管理要求和安全措施落到实处，促使员

工认同公司安全文化理念，主动规范安全行为。

五是坚持党建引领，推进安全文化赋能。党建工作与安全生产深度融合是企业生产经营的必然选择。莲蓄公司始终坚持党建引领，充分发挥公司党员和党支部的战斗堡垒作用，实施"党建＋安全生产"工程，聚焦安全生产重难点，把党建优势转化为发展优势。在机组检修、设备运维、重点施工项目等安全生产关键位置、重点场所设立党员责任区、党员示范岗，积极开展"无违章班组""无违章员工""党员身边无违章"等创建活动，结合现场作业，组织开展党员无违章创建活动，组织工匠、党员服务队深入现场开展无违章检查，发挥党员示范引领作用。在应急抢险救灾、高风险作业、重大保电等作业现场，举行党员服务队、突击队授旗活动，开展党员集体宣誓承诺，强化安全责任落实，发挥党员先锋模范带头作用。积极选树安全生产先进典型，宣传安全生产感人事迹，推广行之有效的安全生产典型经验，落实"文化铸魂、文化赋能、文化融人"行动，通过文化浸润，根植主动安全意识，实现"文化铸安"。

六是不断开拓创新，助力安全健康发展。安全文化建设要有创新意识，与时俱进。打造学习型企业的"学"文化、干事创业的"行"文化、万众创新的"创"文化，形成"比、学、赶、帮、超"的良好局面。扎实开展安全生产标准化建设，争创检修无违章示范点，安全生产标准化、安全性评价等工作受到检查组高度肯定。大力开展QC、青创赛等科技创新活动，获得科技进步奖、专利授权、管理与技术创新等奖项70余项。实行三年管理提升行动、双设备主人制、设备健康管理台账、缺陷隐患拉网式排查等举措，提升设备健康水平和人员技能素质，多名员工获得湖北省产业工匠、荆楚工匠、"五四青年奖章"等称号。莲蓄公司先后荣获全国五一劳动奖状、第六届全国文明单位、国家优质工程、国家能源局安全生产标准化一级达标企业、国家电网公司管理提升标杆企业等荣誉称号，连续10年保持全国"安康杯"竞赛优胜单位称号、全国工人先锋号，2020—2022年连续三年在新源系统企业负责人业绩考核中名列前茅。

矿产公司员工安全意识培养与安全文化建设

青海盐湖工业股份有限公司　陈文强　权太明　邓　文　郑　玮　李志恒

摘　要： 本文旨在探讨矿产公司员工的安全意识培养与安全文化建设的重要性和有效方法。通过对相关文献的综述和调研分析发现，强化员工安全意识和培养良好的安全文化对于预防事故、保障员工安全健康至关重要。为了实现这一目标，需要从多个层面出发，包括培训教育的加强、安全奖惩机制的落实等。此外，组织内部的沟通和合作也是构建安全文化的关键。

关键词： 矿产公司；员工安全；安全文化

矿产公司作为资源开发行业的重要组成部分，员工面临着诸多安全风险和挑战。如何增强员工的安全意识，培养良好的安全文化，成为矿产企业不可忽视的课题。只有当员工具备了正确的安全意识，并始终将安全放在首位，才能有效避免事故的发生，保障员工的生命安全和身体健康。

一、矿产公司员工安全意识培养与安全文化建设的重要性

矿产公司员工的安全意识培养与安全文化建设的重要性不可低估。其重要性主要表现为以下几点。

（一）保障员工生命安全

矿产公司的工作环境常常存在着各种潜在的危险和风险，如塌方、爆炸、有毒气体泄漏等。员工的安全意识培养和安全文化建设可以提高员工对这些危险的认识和防范能力，从而降低事故发生的概率，有效保障员工的生命安全。

（二）提高工作效率和质量

员工在安全意识培养和安全文化建设中接受相关的培训和教育，能够更好地理解和履行自己在工作中的责任，遵守安全规程和操作流程。这将有助于减少工作中的错误和失误，提高工作效率和质量。

（三）降低事故损失

员工的安全意识培养和安全文化建设可以帮助发现和排除潜在的安全隐患，并及时采取相应的措施进行预防和控制。这将有助于减少事故的发生，避免人身伤亡和财产损失，保护公司的利益。

（四）建立良好的企业形象

矿产公司在安全意识培养和安全文化建设中注重员工的安全责任意识和团队合作精神，体现了公司对员工生命安全和福利的关注和重视。这将有助于公司树立良好的企业形象，吸引和留住人才，提升品牌价值。因此，矿产公司应该加强员工安全意识培养和安全文化建设，通过不断地培训、宣传和实践，提高员工对安全的认知和重视程度，形成全员参与、共同维护的安全文化氛围。

二、矿产公司员工安全意识培养与安全文化建设的有力措施

（一）建立明确的安全政策和标准

建立明确的安全政策和标准是矿产公司员工安全意识培养与安全文化建设中的重要步骤。

（1）安全政策包括：安全目标和要求，明确公司的安全目标，并详细阐述员工应遵守的安全要求，包括工作场所安全、安全操作规程、紧急情况处理等；安全责任，明确各级管理人员和员工在安全方面的责任和义务，强调个人安全责任的重要性，并要求每个员工积极参与并遵守公司的安全政策；风险评估和控制，要求所有相关工作环节进行风险评估和控制措施，并确定必要的安全设施和装备，以确保员工在工作过程中的安全；培训和教育，明确员工接受安全培训和教育的要求，包括新员工入职培训、定期安全培训等，以提高员工对安全的认识和应对能力；事故报告和调查，强调员工对事故和不安全行为的及时报告，并规定事故调查的程序和责任，以促进事故预防和对不安全行为的追究[1]。

（2）制定明确的安全标准是确保员工遵守安全行为准则的关键。这些标准具体而清晰，涵盖员工在工作中需要遵守的具体安全规定：个人防护设备使用，要求员工根据工作环境和风险情况正确佩戴

个人防护设备，如安全帽、护目镜、耳塞等；安全操作规程，明确各类设备和机械的安全操作规程，包括安全启停步骤、操作禁忌、事故预防措施等；紧急处理程序，规定员工在紧急情况下的应急处理程序和逃生路线，包括火灾、泄漏、事故等情况的安全逃生方法和联系方式；工作场所安全，要求员工保持工作场所的整洁、安全，及时清理隐患并报告危险源[2]。

（二）提供全面的安全培训

为了增强员工的安全意识和促进安全文化建设，矿产公司应该提供全面的安全培训，并定期进行。这些培训应涵盖安全操作规程、事故预防、紧急处理等方面的知识。通过演示和案例讨论等形式，帮助员工更好地理解和应用安全知识。同时，培训课程应结合实际情况，注重实用性和操作性，让员工能够在实际工作中应对不同的安全场景。通过这种方式，矿产公司可以提高员工的安全素养和应对能力，形成良好的安全文化氛围，从而保障员工的生命财产安全。

（三）强化安全意识教育

为了进一步增强员工的安全意识和加强安全文化建设，矿产公司应该开展定期的安全意识教育活动。这些活动可以采用多种形式和渠道，如安全宣传、安全知识竞赛、安全经验分享等。通过这些活动，向员工灌输安全意识，提高员工对安全的关注和重视。例如：可以定期组织安全宣传活动，使用生动形象的图片、视频等方式向员工进行安全知识宣传；同时，在日常工作和值班中，也可以开展小型的安全知识竞赛，鼓励员工积极学习和掌握安全知识；此外，定期邀请员工分享安全经验和教训，也能够有效促进员工安全意识的强化和行为习惯的改善。

（四）建立安全监督机制

为了强化员工的安全意识和促进安全文化建设，矿产公司应该建立一个专门的安全监督机制。安全监督人员应具备专业的安全知识和技能，并要求他们严格执行监督职责。安全监督机制的目的是监督员工的安全行为并对违规行为进行纠正和处理。监督部门或人员应定期巡视工作场所，核查员工是否符合安全操作规程和规定，发现问题及时进行整改和教育。同时，他们还应与员工进行沟通和交流，提醒员工关注安全风险，促使员工更加自觉地遵守安全规章制度。通过建立安全监督机制，员工将认识到他们的行为受到监督，并意识到违反安全规定可能会受到相应的处罚。这将增强员工的安全意识，并帮助他们更加自觉地遵守安全规章制度。此外，安全监督机制还能够及时发现和纠正安全隐患，确保工作场所的安全环境。通过这一系列措施，矿产公司可以有效增强员工的安全意识和责任感，形成稳定且可持续的安全文化。

（五）鼓励员工参与安全管理

为了增强员工的安全意识和培养安全文化，矿产公司还可以采取措施鼓励员工积极参与安全管理。首先，建立员工参与安全管理的机制，包括设立安全委员会、安全小组或安全工作组等组织形式，由员工代表参与其中。这些组织可以负责安全检查、隐患排查、安全问题的提出和改进等工作。其次，通过奖励机制或表彰制度激励员工积极参与安全文化建设。公司可以设立安全表彰奖励计划，奖励那些积极关注安全、提出安全问题和改进建议的员工。奖励可以是物质奖励，如奖金、礼品等，也可以是荣誉性的奖励，如荣誉证书、荣誉称号等。这样能够激励员工更加主动地投入安全管理中，并形成一种良好的安全意识[3]。通过鼓励员工参与安全管理，矿产公司可以激发员工的积极性和创造性，形成良好的安全文化。员工将更加关注安全事务，主动提出改进建议，共同维护良好的工作环境和安全生产。这样的参与机制和激励措施能够促进员工的自我保护意识和安全责任感的形成，为安全文化的建设提供有力支持。

（六）定期进行安全演练和应急演练

矿产公司可以定期组织这些演练活动，通过实际操作来训练员工应对突发情况的能力。安全演练可以包括模拟各种事故场景，如火灾、爆炸、泄漏等，让员工在真实环境中体验并应对这些情况。演练中，员工需要按照应急预案和操作规程进行逃生、救援和灭火等工作，以提高应急处理的效率和准确性。同时，演练还可以让员工熟悉紧急通信设备的使用和各种安全设施的操作，提升应对危险情况的能力。在演练结束后，公司应该总结演练中发现的问题，并加以改进。例如，可以针对演练过程中的不足之处和存在的问题进行讨论和分析，提出相应的改进方案。这样能够不断完善应急预案和操作规程，提高员工的安全素养和应对能力。通过定期进行安全演练和应急演练，矿产公司能够有效地训练员工的应急反应和处理能力,提高他们在危险情况下的应变能力。同时,演练还可以加深员工对安全事务的认识,增强他们主动采取措施保障自身安全的意识。

（七）建立安全信息共享机制

矿产公司可以通过建立安全信息共享平台,及时向员工发布相关的安全信息。安全信息共享平台可以包括内部网站、电子邮件通信、移动应用程序等形式,以便员工随时获取安全警示信息、安全事故案例和安全知识等内容。平台上可以发布近期的事故案例分析,包括事故原因、后果和教训,以引起员工的警觉性和对安全风险的关注。同时,平台还可以定期发布安全知识、操作规程和紧急预案等内容,帮助员工不断学习和改进。通过建立安全信息共享机制,矿产公司能够促使员工形成持续学习和改进的习惯,增强他们对安全风险的识别和防范能力。员工可以通过平台了解最新的安全情况和行业动态,并从中获取安全知识和经验。这有助于增强员工的安全意识,让他们在工作中更加注重安全,主动采取措施预防事故的发生。此外,安全信息共享平台还可以鼓励员工主动参与安全管理和建设。员工可以通过平台发布自己的安全意见、建议和改进

方案,分享自己的安全经验和教训,以及参与讨论和交流[4]。这样可以形成一种良好的安全文化氛围,激发员工的积极性和创造性,共同致力于安全生产。

三、结束语

矿产公司员工安全意识培养与安全文化建设是一项重要且复杂的任务,需要全员的共同努力和长期的持续推进。矿产公司必须树立正确的安全理念,为员工树立榜样;加强员工的培训教育,提高他们对安全风险的认识和处理能力;建立健全的安全奖惩机制,激励员工积极参与安全管理工作;加强内部沟通和合作,构建积极向上、互相关心和互相支持的安全文化。

参考文献

［1］王全勇.采矿工程中采矿技术与安全管理的策略探讨［J］.世界有色金属,2023,(11):43-45.

［2］张晓波.采矿工程施工中不安全技术因素及对策探讨［J］.矿业装备,2023,(03):104-106.

［3］彭利军.新形势下的煤矿采矿安全管理工作［J］.当代化工研究,2023,(04):194-196.

［4］杨蕾,王盼盼.新形势下煤矿采矿安全管理工作［J］.内蒙古煤炭经济,2023,(03):92-94.

党建工作和企业安全文化融合的探索与实践

浙江浙能台州第二发电有限责任公司　袁伟中　金宏伟　黄士雷　江海军　郑　耸

摘　要："党管安全""党政同责、一岗双责"等理念逐渐深入人心，党建工作和安全文化双融合，是将党组织政治优势转化为安全文化落地的强大动力，已经成为企业安全工作的重要探索内容。围绕中心工作，结合企业实际情况，聚焦安全发展，突出"双融共促"，进一步促进安全文化落地，为企业持续有效的和谐发展提供坚强的组织和思想保障。

关键词：党建工作；安全文化；双融合

一、安全文化在企业发展中的作用

文化是一种无形的力量，影响着人的思维方法和行为方式。相对于提供设备设施安全标准和强制性安全制度规程来讲，安全文化建设是事故预防的一种"软"力量，是一种人性化管理手段。安全文化建设通过创造一种良好的安全人文氛围和协调的人机环境，对人的观念、意识、态度、行为等形成从无形到有形的影响，从而对员工的不安全行为产生控制作用，以达到减少人为事故的效果。企业安全文化是"以人为本"多层次的复合体，由安全物质文化、安全行为文化、安全制度文化、安全精神文化组成。利用安全文化的力量，可以利用文化的导向、凝聚、辐射等功能，引导员工采用科学的方法从事安全生产活动。利用文化的约束功能，一方面形成有效的规章制度的约束，引导员工遵守安全规章制度；另一方面通过道德规范的约束，创造一种团结友爱、相互信任，工作中相互提醒、相互发现不安全因素，共同保障安全的和睦气氛，形成凝聚力和信任力。利用文化的激励功能，使每个人能明白自己的存在和行为的价值，实现自我价值。持之以恒地坚持企业安全文化建设，在企业形成以人为本的价值观，形成统一的思维方式和行为方式，进而提升企业安全目标、政策、制度的贯彻执行力，为当前的企业生产与经营创造安全稳定的环境。

二、党建工作与企业安全文化融合的必要性

在企业实践中，党建工作对于企业的发展至关重要，是企业思想政治工作中不可替代、不可或缺的组成部分，有助于提升企业的整体组织和管理效率。

（一）双融合是贯彻落实习近平新时代中国特色社会主义思想的政治要求

党的十八大以来，习近平总书记发表了一系列关于安全生产的重要讲话，深刻阐述了安全生产的重大理论与实践问题。习近平总书记指出，"坚持统筹发展和安全，坚持发展和安全并重，实现高质量发展和高水平安全的良性互动，既通过发展提升国家安全实力，又深入推进国家安全思路、体制、手段创新，营造有利于经济社会发展的安全环境，在发展中更多考虑安全因素，努力实现发展和安全的动态平衡，全面提高国家安全工作能力和水平"。实践党建工作和安全文化融合是企业各级党组织贯彻落实习近平新时代中国特色社会主义思想的政治要求，发挥党建引领作用，坚持党的全面领导不动摇，坚持服务生产经营不偏离。这为企业强化党建工作和安全文化的融合提供了根本遵循，必须认真学习和深刻领会，扛起责任抓好双融合工作。

（二）双融合是推进新时代安全生产管理工作的重要保障

党建工作是企业内部的思想政治建设，可以增强员工的凝聚力，树立企业的品牌形象。推进党建工作与安全文化建设融合，是推进新时代安全生产管理工作的一项重要任务。安全文化落地是保障企业可持续发展的关键元素，严格遵循党中央和政府要求，发挥好党建工作的引领作用，高起点谋划，高标准定位，高质量推进党建工作与安全文化深度融合，逐项落实企业安全生产问题，企业的安全堤坝才会越筑越牢。在落实党建与安全文化融合的过程中，党员领导干部和党员先锋充分发挥模范带头作用，

亲赴一线抓安全抓生产,在增强企业员工安全意识的同时,也能为企业的安全运行夯实工作基础。

(三)双融合是促进新时代企业高质量发展的重要动力

在新技术革新背景下,企业面临新旧技术、设备的衔接,安全生产是保障稳定生产的前提,是新时代企业发展的形势要求。近年来,国家出台《中华人民共和国安全生产法》等法律法规,不断强化安全生产法治建设,充分体现了国家守牢安全生产红线的坚定意志和决心。要站在"高于一切、重于一切、先于一切、影响一切"的高度,深刻认识抓好安全生产工作的极端重要性,没有安全,何谈高质量发展。在新形势下深化党建与安全文化的融合模式,是坚持以习近平新时代中国特色社会主义思想为指导,以党建为引领,发挥党委领导作用、党支部战斗堡垒作用和党员先锋模范作用,是夯实企业高质量发展安全基石的重要手段和途径。

三、党建工作与企业安全文化融合的实践

(一)突出党建品牌引领

培育和创建党建品牌体系,是加强和改进党的建设的重要举措之一。习近平总书记指出:"党建工作的难点在基层,亮点也在基层。"党建品牌是基层党组织、党的建设坚强有力的直接呈现和亮点展示,更是企业改革发展的总结体现。通过构建一个符合实际企业党建品牌体系,达到"规范有序、目标明确、措施精准、保障到位、落地见效"的目的,实现以高质量党建引领保障企业高质量发展。企业完善党建品牌体系,主要做法如下:高质量加强政治建设,落实全面从严治党;高质量加强思想建设,筑牢意识形态防线;高质量加强组织建设,发挥战斗堡垒作用;高质量加强作风建设,营造干事创业氛围;高质量加强队伍建设,激发职工内生动力;高质量加强纪律建设,建立防腐有效屏障;高质量加强制度建设,提升工作管理效能。党建品牌的建设,为企业有效落实全面从严治党要求、提升党建工作的规范化、科学化水平建立了一套系统的管理方法和手段,进一步增强了基层党组织的服务保障功能,为企业高质量发展提供了坚强的组织保障和支撑。

(二)党管安全,推动安全文化落地

企业党委及其所属党支部,深入贯彻习近平总书记关于安全生产和应急管理的重要论述精神,扎实、稳定、长期地落实好各级政府安全生产重要指示,在继承和发扬长期安全生产活动中对安全价值理念、定向思维方式、行为习惯准则等的总结和提炼宝贵经验的基础上,融入新时代安全的新思路、新理念,通过不断加强安全培训、教育、宣传工作,增强全员安全意识,提高安全技能;不断加大安全投入力度,提高安全装备水平和数字化管控,确保作业过程和生产系统的本质安全,引导广大员工树立企业安全价值观,真正使员工"内化于心、外化于行"地正确理解安全工作,使之成为全员共同的安全价值取向。

企业成立安全文化落地推进组织机构,分为感知、磨合、转化、升华四个阶段逐步推进安全文化落地。

1. 感知阶段

采取各种宣教方式大力宣贯安全理念,将安全理念融入组织各项工作环节和内容。理念宣教和理念渗透,使全员知道与理解企业安全文化是什么,及安全文化的内涵是什么。

2. 磨合阶段

梳理企业安全生产制度与安全文化的契合和实施情况,完善并严格执行相关制度。通过一系列活动如制定企业安全文化落地实施方案,制定企业安全文化制度,召开安全文化落地动员会议、企业内部部门联动会、班组安全文化落地交流会与专家咨询整改会,开展安全文化各级培训,开展领导讲安全课、生产一线员工代表谈安全生产,使企业各级成员认同安全文化理念。

3. 转化阶段

通过树立典型(榜样塑造——学习标兵、践行标兵、企业安全能手等),树立各级领导干部安全形象(安全画像、安全承诺),开展"安全警句、语录与标语"激励、安全文化知识竞赛、安全文学作品优胜评比及安全演讲比赛等,编制安全可视化手册,开展安全文化LOGO标识形象设计、安全文化衫活动,举办组织安全文化节(主题宣传周)及全员"要安全、能安全、会安全"互学互助等活动,探索"互联网+安全教育"和科技兴安项目建设等举措,使企业全员的日常行为与安全文化保持一致,积极践行安全理念所倡导的行为。

4. 升华阶段

通过重复强化、持续改进,对符合企业安全理念的组织成员的安全价值观与行为等进行重复强化

与持续改进，全员在长期践行安全文化的基础上，习惯成自然，直至形成与安全文化相符的安全信仰。

四、小结

企业安全是一项需要常抓不懈的重要工作。将安全文化列入企业党委、基层党支部进行专题学习、推进，充分发挥党委"把、管、保"作用、党支部战斗堡垒作用、党员的先锋模范作用，全员齐头并进，形成有组织保障、制度保障、物质保障、内容丰富、形式载体多样、有自身特色的基层文化建设长效机制，促进员工综合素质的提高，调动员工的积极性，推动生产经营任务的完成，为企业的建设和发展打下扎实的基础。

参考文献

［1］何克奎.企业党建工作与安全文化融合的机制构建与路径选择[J].现代职业安全,2023,(07):34-37.

［2］何克奎.安全文化在企业安全管理中的地位和作用探析[J].现代职业安全,2023,(74):31-33.

［3］尹忠昌,唐小磊,赵冰.安全生产管理[M].北京：应急管理出版社,2020.

加强安监队伍素质 强化安全文化建设 提高安全监察水平

太原煤炭气化集团有限责任公司 任靖洲 董卫峰 王 坚

摘 要：企业安监队伍是大型企业安全监管中人数最多、工作最直接的中坚力量，他们的工作质量、工作效果直接关系到企业各项安全管理的规章制度的落实，进而影响着企业安全生产形势的好坏。通过调研收集有关数据和资料，分析了太原煤炭气化集团有限责任公司地面生产单位安监队伍的现状。分析结果表明：目前，公司存在安监队伍人员从事安全监管工作年限较短、主体专业不符、与安全管理相适应的业务知识不足、待遇较低等问题，在一定程度上影响了安监队伍的执行力、安全监察的深度、工作热情的吸引力，此外，企业的安全文化对安监队伍的影响较弱。最后从人员结构、提高队伍素质、加强安监人员专业化学习以及强化安全文化教育等方面，提出了相应的建议。

关键词：安全生产；人员素质；安全文化；队伍建设

安全生产关系到人民群众的生命财产安全，是党和政府对人民利益高度负责的体现。党的十八大以来，习近平总书记多次针对坚持安全发展、健全安全生产责任体系、夯实安全生产基础、遏制重特大事故等方面发表重要讲话、作出重要指示批示，并提出了一系列新思想、新观点和新要求。为了进一步落实、践行习近平总书记在安全生产方面的重要论述，加强集团公司对各生产单位安全生产过程的把控和安监队伍的建设，在安全管理中心的安排下，监察二室组织相关人员对主要地面生产单位的安监队伍建设情况进行了全面调研，经深入研究分析，现将调研情况总结如下。

一、安监队伍现状分析

单位在职职工总计约 1472 人，安监队伍人员总计 58 人，约占总从业人员的 4%。其中，专职安全管理人员 30 人，占安监人数的 52%，兼职安全员 28 人；学历方面，大学以上学历的有 14 人占 24%，大中专学历的有 29 人占 50%，高中学历的有 15 人占 26%；所学专业方面，安全管理、机电等专业的有 20 人占 34%；持证情况，取得安全管理资格证（含注册安全工程师证）有 8 人；从事安监工作年限 3 年以上的有 32 人，占 55%。

（一）安监队伍"五多五少"

有安全生产工作经历者少，对安全生产工作了解只停留在表象者多；有丰厚专业知识者少，只掌握一般管理原理及从事事务性工作者多；既懂专业又懂管理的人少，只有业务专业知识者多；受到过系统安全生产法律法规规章制度教育与训练者较少，对安全生产法律法规规章制度只是一般了解或者极少了解的人多；既懂专业或经验丰富又有精力体力的人少，有经验无精力缺少激情的人多。

（二）问题存在的原因

1. 近半数人员从事安全工作年限较短

根据统计，46 岁以上的安监人员有 34 人，约占 59%，30 岁以下的有 6 人，安全管理工作年限 3 年以下的占 45%，既懂专业或经验丰富又有精力体力的人少，有经验无精力缺少激情的人多，安监队伍老化的趋势比较严重。这些现象造成了要么没精力进行监督检查，要么监督检查不到位，制约了安监系统安全监管水平的提高和安全生产管理工作的向前发展。

2. 与安全管理工作相适应的业务知识匮乏

企业的安全管理工作综合性很强，要求管理人员不仅要有机械、电气、化工、燃气及事故处理等方面的安全技术知识，还要及时了解国家安全生产方面的政策，掌握一定的管理学、行为学及教育学等较多方面的管理知识。

58 名安监人员持安全管理资格证（含注册安全

工程师证）的有 8 人，仅占 14%，还有 66% 的其他专业人员，这部分人员未受过安全管理相关专业知识的系统教育。有 26% 的高中学历人员从事安监工作，这部分人员文化程度相对较低、综合素质不高、技术标准把握不到位、安监业务不熟悉、事故隐患分辨不清、兼职较多等现象在较大范围存在着。这些问题不能完全适应新时期的新形势、新任务、新要求，还影响到了安全管理工作的广度和深度。

3. 与安全管理相适应的专业人员匮乏

专业的安全管理人员应该对生产工艺、设备较熟悉，安全知识和技能、经验较丰富的人员，能为企业的安全生产提出切实有效的意见和建议，能够指导安全规章和安全措施的落实以及协调各方实现生产作业的安全实施。

统计显示，约有 66% 的人员所学专业为经济管理或工商管理，大部分人员未深度接受过有关安全生产的法律法规、规章及标准方面的专业培训，也不具有安全生产管理、机电和化工安全生产技术、职业卫生等专业背景。国家注册安全工程师报考条件规定的其他专业人员从事安全管理工作的年限最少要 7 年，这说明非主体专业人员要有相对较多的安全管理知识和安全方面工作经验，才能较好地从事安全管理工作，否则就会限制安全监督检查的深度和力度。

4. 安监队伍人员待遇相对较低

基层安监队伍处在安全监管的最末端，在安全生产事故责任调查中一般都被认为是较明显的责任者，在责任追究中也是最容易受到指责的对象，他们在工作中所处的位置和工作环境现状，就会造成只要发生安全生产事故，首先就会检查基层安监人员的责任落实情况，致使他们的工作如履薄冰，精神压力极大。其实有些问题在当时的条件下，是一名基层安监人员无法解决的，安监人员的免责范围、免责条件却在事故的问责环节中很少有明确和体现，有些基层安监人员都是兼职，没有什么补助，形成了责权利事实上的不对等，制约了基层安监人员作用的发挥，同时也影响了安监队伍的稳定。有些单位支付给安全人员的工资在同级管理人员中是较低的，有的还没有班组长的工资高；把安全人员当作应付上级检查的一个挡箭牌而使他们有职无权。在领导不重视、人员不足而且有职无权、工资又低的情况下，能有几个人把安全生产工作搞好？这也是安全生产不能长治久安和生产安全事故频发的重要原因之一。

5. 企业安全文化对安监队伍的影响甚微

企业安监人员的工作是一项责任重、压力大、待遇低、风险高的工作。比如，检查中，未发现隐患，但出了事故是安监人员失职渎职；查出了隐患，但车间、班组未及时整改也是安全员失职渎职。近年来，一些基层安监人员因失职渎职而被追究刑事责任的事例已屡见不鲜。安全员委屈与无奈、倍感压力！

一是工作部署与执行脱节。一些单位的领导安全意识淡薄，侥幸心理严重，轻投入、重产出，说起来重要，做起来次要，忙起来不要。对上级领导布置工作或检查，表面"好好好、行行行，马上就办"，领导一走，立马就抛到九霄云外。一头扎在车间、班组生产建设现场忙碌的安监人员，对领导"截留"的工作部署丝毫不了解，谈何贯彻落实。

二是安监人员执法力度低。调查发现，绝大多数企业未按照法律规定的比例配备专兼职安全员，即使配备了，也没有达到要求，多数安监人员只是普通工人的身份，其权力还不如一个班组长。试想，工人管工人都不听，别说工人管干部了。要说安全员有"权"也是隐形的，因为这要看"一把手"对安全的重视程度。重视了，安监人员就有"脸"，说话办事就有权威；如果不重视，安全员就是聋子的耳朵——摆设，说话也不灵。再就是对隐患的整改、违章人员的查处，有的人认为安全员很威风，遇到违章行为可以随时开罚单。其实，这种权力是极其有限的，是有较大风险和代价的。轻者，仇视性远离或当面讽刺挖苦；重者，随时会遭遇人身伤害及家庭财产损失。为此，一些人视安全管理工作为"定时炸弹"，导致击鼓传花，机构缺失缺位现象越来越严重。

三是安检人员压力大。一些人把个别安监人员的腐败现象看成普遍现象，片面地认为安监人员都利用职权吃拿卡要，看谁不顺眼想罚谁就罚谁，无事生非，专找"出力人"的茬。只要一出事故，就认为是安监人员收受贿赂、不负责任造成的；安监人员的付出和努力全然不见，正面的东西弘扬的少，批评问责的多，理解鼓励的少。发生一个事故，上下哗然一片、不明舆论一大堆、领导批示一大片，"失职""渎职"的帽子满天飞，压得安全管理人员抬不起头。

四是追责方式欠妥。生产经营单位是安全生产的责任主体，应当对本单位的安全生产承担主体责任，并对未履行安全生产主体责任所导致的后果负责。生产经营单位的主要负责人是本单位安全生产的第一责任人，对落实本单位安全生产主体责任全面负责。政府及其有关部门是监督生产经营单位安全生产的管理主体，承担本行政区域、本部门职责范围内安全生产工作的监督管理责任。面对法律明确规定，为什么事故追责时，相关决策层的"第一责任人"和"直接责任人"却相安无事或仅仅给一个警告处分，让一个小小的管理员扛下所有的问题和处罚。

五是缺乏工作激情。不合理、不客观的追责方式，让安监人员忧心忡忡、消极被动、束手束脚、得过且过，不敢管也不想管。即使管了也多是抱着"多一事不如少一事"的思想，敷衍了事，严重影响了企业的安全生产工作。主要表现在相当一部分人不能通过书面或口头的表达，来说明自己对工作要求、职责及义务的理解。造成的后果就是在日常的安全监督检查中对设备、环境中存在的隐患熟视无睹，对人员的"三违"认识混淆不清，延缓了隐患的整改，客观上纵容了职工习惯性"三违"行为的形成，整体上影响了安全管理的深度，使安全管理工作流于形式。

二、提升安监队伍整体素质的对策与建议

（一）培育"四种能力"

专业素养决定着安监工作的质量。在注重业务培训、加大对基层安监队伍培训力度的同时，应该考虑建立合理的激励机制，鼓励自学，加强业务学习。有计划地组织不同层次人员的培训和轮训，切实掌握监管监察和行业管理所必需的安全生产法律法规、规程标准、专业理论、新知识、新技术及应急管理等方面知识，提高安监人员综合素质，提高履职能力。

作为一名安监人员，首先必须具备四种能力。

第一，要具备"熟知政策"的能力。安监人员必须懂得企业安全管理的大政方针，熟练掌握各项安全规章制度、操作规程、安全生产隐患排查知识、安全应急救援知识等。因此，各项安全生产法律法规、规章制度的学习与应用是安全管理人员素质拓展中首先需要提升的。

第二，要具备"精通业务"的能力。要当好安监人员，必须有扎实的基本功，而精通技术则是关键。只有通过自己的业务技能水平加上政策的熟悉掌握，才能以"理"服人。我们的专职安全员，技术水平是有的，但存在业务不精、技术不全的现象，单打一的局面是很难适应现代企业安全生产发展需要的。因此，不断加强专业技能学习才能带动全员实现安全管理目标。

第三，要具备"大公无私"的能力。一个企业安全生产如何，离不开安全监督体系的贯彻执行。要真正实现这一目的，关键是每位安监员要摆正心态，以"三铁"（即铁的纪律、铁的制度、铁的责任心）为指导思想去履行安全管理职责。而在实际工作中，一些安监员却缺少严格的管理作风，怕得罪人，老好人思想在作怪，安全监督机制虽健全，但执行起来往往力度不够，这种思想制约了安全监管水平的提高。因此，提升执行力，加强责任心，铸就钢铁般坚实的管理作风已经成为企业安全生产管理工作的重中之重。

第四，要有"反应敏捷"的能力。企业的安全生产形势千变万化，即使安全管理再严格，手段再到位，网络再健全，都有不可预测的风险存在。这就要求安监人员要有"反应敏捷"的意识，无论何时、何地，遇到何人，事故发生后都能迅速出击，及时处理，最大限度地降低损失。

（二）增强"三种意识"

作为安监人员要具备以下三种意识。第一，问题意识。管理者是因为问题的存在而存在，没有问题就没有管理。管理者应该是问题的终结者、矛盾的化解者。管理者的问题意识表现在三个层面：①发现问题；②解决问题；③预防问题。问题的存在是一个常态，要善于从平常中去发现问题所在，发现问题等于解决了问题的一半，下决心解决问题，使问题扼杀在早期，不再进一步加深，是一种技能的体现，是对产生问题根源的探究，促成事物向更好的方向发展。更为高级的问题意识是要有一定的预见性，能够预知问题的存在，并做好相关预案，做好万全的准备。第二，目的意识。当我们把目标制定得越来越高的时候，我们却忘记了最初的本源，只是一味地奔跑，却离最根本的需求相去甚远。我们必须清楚工作目的是什么，要有的放矢，为使命而战。第三，价值意识。价值的意识就是要求我们必须正确地安排指导，正确地解决问题。从这个意义上说，管理更多的就是担负责任，拥有责任心就是管理者最为重

要的价值意识。

（三）提升综合素质

首先安监人员要加强业务学习，不断提高自身素质。要干一行、爱一行、钻一行，积极参加安全生产业务培训，全面学习并掌握安全生产法律法规及上级指示精神，严格按照法律法规要求及行业规范，制定、完善和落实安全生产各项管理制度，强化企业内部管理，规范从业人员行为。要树立理论联系实际的观念，找准理论学习与实际工作的结合点，深入研究如何贯彻安全生产方针，努力在推进企业安全文化、安全制度、安全责任、安全科技、安全投入、建立安全生产长效机制上下功夫，不断提高分析问题、解决问题的履职能力，以扎实认真的工作作风赢得公司干部职工的信赖和支持。

安监人员的素质，受内在主观因素和外部客观因素综合影响。因此，提高企业管理者的素质，还必须做到内外结合。一是加强自我修养。这是对自身素质的自我培养、锻炼和提高的过程。其中主要途径就是加强专业理论、安全科学与管理科学等相关知识的学习。要针对自身实际，制定切实可行的学习计划，坚持向他人学习，不断更新知识，丰富内涵，改造主观世界。二是勇于实践。安全管理者的许多素质能力是在长期的工作实践和管理实践中培养锻炼出来的。管理者提高自身素质，离不开实践。三是勤于自我检查。安全管理者提高自身素质主要靠自身。我们的安监人员要经常做到自我评价、反躬自问、自我校正，时刻警惕自己是否有不良行为产生。如果经常检查自己工作中的失误，时刻对不良意识、不良行为保持警惕，就能充分发挥表率作用，由内到外提升自我素质，只有这样才能使我们企业的安全管理工作上升到一个新的台阶。

（四）稳定安监队伍

企业决策层要多关心、理解、支持安全管理人员的工作，要建立健全安全生产管理体系，明确企业安全生产管理职责，客观公正对待安全管理人员的功与过；要树立安监人员的权威性，合理提高安监人员的待遇，让肩负保护职工生命财产安全重任的安全管理人员感到企业的温暖，激励他们安心、尽心、热心地投入工作，以坚定的信念、高昂的斗志全身心投身于安全生产管理工作。

安监工作要常抓不懈就需要一支稳定的队伍，目前基层的安监人员的较低待遇现状，会造成安监队伍的不稳定，不利于安监工作的长期有效开展。改善安监人员的待遇，是提高安全管理人员积极性和创造性的一个组成部分，建立付出与得到相统一的安全工作激励机制，有助于增加基层安监队伍的吸引力与认同感，同时增强队伍的稳定性。要对成绩显著或有突出贡献的安监人员，进行表彰和奖励；同时对工作不力、问题突出的安监人员，要给予批评教育或组织处理。我们要通过培训、宣传、教育、激励的方式方法，将企业安全责任中的权与利根植于每个安监人员的观念深处，发挥安全责任文化在人员意识导向方面、工作组织凝聚力方面和人员行为约束方面的作用，强化每个安监人员正确的安全理念和安全价值观，提高自身的安全素养，从而提高安全管理效率和安全管理水平。

三、创新企业安全文化建设载体，提升安全监察水平

安全文化是在企业安全生产过程中，用文化的形式来统一人员的安全理念和安全价值观，约束人员的行为，提高人员的职业素养，以保证企业良好的生产运行环境。要通过安全活动牵引，大力营造企业安全文化氛围。安全文化建设必须不断创新和探索新的方法和载体，通过职工喜闻乐见的特色活动，把企业安全文化融入日常管理和行动，才能收到良好的效果。一是要广泛开展各类各式的安全竞赛活动。以"百日安全无事故""优秀安全员评比"等竞赛活动为载体，大力开展安全知识竞赛、安全知识培训、安全演讲比赛、安全业务比武等丰富多彩的群众性安全特色活动，把干部职工吸引到安全活动中来，营造安全文化氛围。二是要广泛开展安全实践活动。应不断拓宽安全警示教育渠道，及时与学校、教育中心等单位联合开辟"安全警示教育基地"，适时组织干部职工开展现场观摩，参观学习，干群共创安全实践教育，让职工在安全实践中提高安全素质，在潜移默化中加强安全养成。三是要现场教育，广而告之。应在生产现场中树立"三违亮相台""安全生产光荣榜""妻子、儿子、妈妈安全寄语墙"等安全文化长廊，把"荣与耻"文化纳入评先评优、个人成长进步范畴，并制定一系列奖罚措施，以此来表彰先进、鞭策后进，激发干部群众抓好企业安全文化建设热情。四是要广泛开展群防群治活动。在纵向上健全党委统揽、分管专司、机关合力各司其职的运行机制。在横向上发挥团组织、工会女委的协同作用,同时要借助家庭的力量抓好双重预防预控,努力构建全员发动、上下互动、群团联动等群管群防的安全网络。

总之,通过各方面的提升加强安监队伍的建设,打造一支监察作风硬、业务素质高、敬业爱岗、经验较丰富、充满活力的安监队伍,是促进安全管理工作更上一个台阶的关键,是保证高效开展安全监察工作,提高企业安全管理水平的长久之计。

参考文献

[1]陈国华,李云泉.安全生产执法监察规范化过程及评价标准研究 [J].中国安全生产科学技术,2014,10(08):58-63.

[2]张森.我国安全生产基层执法队伍建设问题与对策 [J].中国安全生产科学技术,2014,10(08):113-118.

轨道交通企业仓库文化系统建设的探索与研究

广州地铁集团有限公司 黄舒鹏 陈 朗 杨浩玉 郭子瑞 丘志忠

摘 要：轨道交通是现代城市交通的重要组成部分，其运行离不开各种设备和物资的保障。仓库作为存储和管理设备和物资的场所，其管理的成效，对轨道交通运营和发展有着重要影响，而仓库的安全管理又是重中之重。本文就仓库安全文化系统建设的重要意义、实施策略等方面进行探索、研究，旨在研究构建仓库安全文化系统模型和管理体系，从而筑牢仓库安全防线，推动轨道交通高质量发展。

关键词：轨道交通；仓库；安全文化

安全文化是指企业在长期安全生产和经营活动中逐步形成的或有意识塑造的为安全生产服务的思想、意识、观念、态度、作风、行为以及环境、物态条件等的总和。轨道交通企业仓库储存管理着保障轨道交通正常运营的各项物资，安全文化系统建设的质量对保障轨道交通的发展具有重要作用。

一、轨道交通企业仓库特点分析

（一）仓库工作人员素质参差不齐

地铁建设、地铁运营、资源开发等是轨道交通企业的核心业务，对人才的选拔、培养等方面的重视程度一般高于非核心业务。仓库业务对人才的技能要求相对不高，在招聘仓库工作人员时，往往会降低学历等方面的要求，且入司后，对仓库人员培养的重视程度也不够，导致部分人员技能未能达到要求，影响团队管理效能。

（二）轨道交通物资种类繁杂多样

为了保障线路运营，一般情况下，一条线路都会设立一个仓库，而每个仓库存贮的物资品种均有上万种，从大到几吨重的大型设备到小到一厘米的螺丝，包括备品备件、电料、劳保、工具、化工用品、电脑备件、仪器仪表等，且物资用途性能不同，存放条件不同，这些因素叠加在一起，导致管理难度较大。

（三）仓库人员工作环境时常变化

一是受自然因素影响，如高温、暴雨、寒冷天气，如果管理不当，会导致出现设备老化、故障等问题，甚至会引发火灾、爆炸等事故。二是受施工等影响，员工会面临噪声、空气污染，因此需要根据环境变化加强员工健康防护。

（四）仓库安全管理链条相对较长

仓库既是成千上万家供应商的送货地，又是内部单位的领货地，从某种意义上可以说仓库是轨道交通的"物流中心"。在高质量发展的要求下，安全管理不仅仅是对内部人员、物资、设备和消防的管理，还应与供应商、服务单位等一起筑牢整个物资链条的安全管理，确保物资的源头到物资使用的末端都安全。

二、轨道交通企业仓库安全文化系统建设的重要作用

（一）仓库安全文化建设是提升人员安全素质的有效途径

仓库安全文化最核心的问题就是人员安全素质，包括安全意识、安全技能、安全观念、安全行为等。针对仓库人员素质参差不齐的情况，须加强安全文化建设，来强化人员思想意识，形成共同的价值取向和行为准则，把"要我安全"转变成"我要安全"。

（二）仓库安全文化建设是实现仓库安全管理的重要手段

仓库安全风险较高，存在着机械伤人、火灾、泄漏、爆炸等多种安全风险，一旦发生事故，后果不敢想象。加强仓库安全文化建设，就是以系统观念，从安全物质文化、行为文化、制度文化、精神文化入手，避免出现人的不安全行为、物的不安全状态、管理措施不到位等问题，全面做好安全预防。

（三）仓库安全文化建设是推动企业高质量发展的必由之路

仓库单位是基层单位，和轨道交通企业管辖的

其他部门一样，安全工作绝对不容有失。必须建立具有特色的仓库安全文化，保护好员工身心安全与健康，保障好企业物资供应及时高质高效，确保以安全强大的物资供应推动企业高质量发展。

三、轨道交通企业仓库安全文化系统建设模式及举措

（一）树立"大安全"观念，仓库安全文化建设实行"链条共筑"

物资全周期须经验收、入库、保管、配送、使用等阶段。树立"大安全"观念，就是要保障物资、人员、设备设施等在全流程中的"安全"。物资质量决定使用安全，直接影响着轨道交通企业所服务的乘客，把握物资质量关、入库关是仓库把握安全的第一道关口。使用部门要及时反馈物资的安全性能等，以推动更优品质的物资服务生产。因此，应形成供应商、仓库、服务部门、采购部门等的安全文化共筑模式（见图1），共同增强安全意识，提升安

全品质。

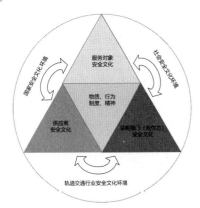

图1　仓库安全文化共筑模式

（二）着力"全方位"管理，仓库安全文化建设实行"多措并举"

全面提升仓库安全管理水平，要着力从内部全方位管理，从安全物质文化、行为文化、制度文化、精神文化四个方面采取举措（见图2）。

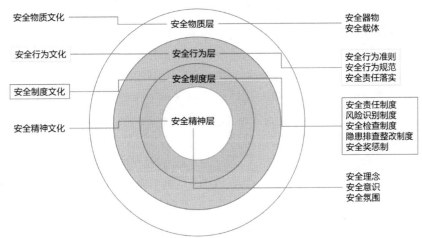

图2　仓库安全文化建设模式

1. 构建仓库安全物质文化，确保"物"的安全状态

仓库安全物质文化是指生产经营活动中所使用的保护职工身心健康与安全的工具、设施、材料、工艺、护品护具等安全器物、安全载体，包括自动化立体仓库、电瓶车、劳保用品、安全标志等。构建仓库安全物质文化的核心，就是要确保防护用品安全、设备使用安全、作业环境安全，要防止各种设备工具或防护用品质量不合格、失灵、故障、坠落、起火等风险，要避免天气变化带来的泄漏、渗水、火灾、爆炸、驾驶事故等风险。

2. 构建仓库安全行为文化，确保"人"的安全行为

仓库安全行为文化是指人员在安全行为准则、思维方式、行为模式等方面的表现。影响员工行为的因素，除了工作环境、技术能力外，还包括人的情绪、心理、性格等因素。构建仓库安全行为文化，就是要分析员工的特点，用教育、监督、检查等来控制和调整员工行为，不断提升员工的安全素质和安全作业行为。特别要加强仓库员工的安全培训，包括安全形势、安全法规、安全理论知识和行为规范等，开展"安全案例剖析""安全风险识别"等活动，不断提升员工对安全的认知。

3.构建仓库安全制度文化,确保"管"的科学规范

仓库安全制度文化是为了保障人和物的安全而形成的各种安全规章制度、操作流程、防范措施,包括安全责任制度、安全风险制度、隐患排查整改制度等,其作用就是指引科学规范标准作业,并对人员行为进行刚性约束。管理部门要对接国家、省、市要求,并结合实际,以仓库专业管理的视角制定出切实可行的安全制度文化。同时,要加强制度的宣贯,确保仓库全体员工都掌握并全面贯彻落实制度要求,提升制度的执行力。

4.构建仓库安全精神文化,确保"干"的同心同向

仓库安全精神文化,包括安全理念、安全意识、安全氛围等,体现在安全生产宗旨、方针、目标等方面,如"仓库重地、严禁烟火",就是一种旗帜鲜明的文化理念。对仓库来说,要引起全员的重视,除了宣贯"安全第一、预防为主"等通用的文化理念外,还应结合仓库特色提炼更能引起仓库人员共鸣的文化理念,如"仓库安全就是企业效益""守卫仓库平安就是我们的价值"等,引发员工对安全的重视。另外,要加强员工安全意识教育,加强安全氛围营造,通过开展库容库貌建设、安全文化进家庭、仓库安全知识竞赛等,让员工随时随地都能接受到安全文化熏陶。

（三）紧盯"高风险"清单,仓库安全文化建设实行"高效治理"

仓库文化系统建设时,应全面摸查仓库安全管理中存在的问题,特别是仔细梳理存在的安全隐患和风险点,围绕仓库安全物质文化、行为文化、制度文化、精神文化,编制"高风险"清单,着力抓好三个关键方面,推动安全工作治理取得成效。

1.及时把握员工思想情绪

很多安全事故发生,是员工思想意识导致,如对苗头不够重视,存在侥幸心理,或思想松懈、工作马虎等。一方面,仓库管理者每天要及时了解员工思想动态,关心他们的家庭情况,员工出现情绪波动时,要及时给予安抚;员工工作和生活里遇到困难时,要及时给予帮助,坚决避免带"病"上岗。另一方面,安全宣传教育要常态化,督促员工高度重视安全的重要性,不能掉以轻心,要时刻保持对风险的警惕,杜绝违章指挥、违章作业、违反劳动纪律,始终警钟长鸣。

2.加强仓库应急体系建设

仓库存放化工物资、蓄电池、易燃材料,生产作业过程频繁使用特种设备、起重设备等,如何应对发生的"高风险",是仓库管理者须积极思考和研讨的课题。一方面,要把应急制度和预案融入安全制度文化建设,明确处理流程、责任分工等,确保应急处置工作的快速有效。另一方面,在日常要加强仓库人员应急处置技能培养,组织火灾逃生、紧急救援、设备操作等应急演练,提升现场指挥能力、应急响应能力、组织协调能力以及实操能力。

3.提升仓库安全监管水平

随着组织变革、流程调整、环境影响等诸多原因,仓库安全风险也会随之发生变化,需根据变化定期进行安全风险评估,将风险评估基准的判断标准加入问题发生频次、日常影响程度、事件现象等,识别出更切合实际工作中的潜在安全风险和问题点,不断提高风险辨识能力,并及时识别新的风险发生。特别要加强仓库安全行为的监管,包括涉及安全帽、劳保鞋、安全带等安全防护的监管以及装卸货、驾驶配送、登高作业、物资摆放等作业监管,加强重要作业的巡检和跟踪,确保风险作业审批、作业现场预警等工作落实到位。要加大违章作业的惩治力度,全面贯彻落实"有章可依、有章必依、遵章必严、违章必究"的安全纪律。

四、结束语

企业安全文化建设是近年来安全科学领域提出的一项企业安全生产保障新思路、新策略。作为轨道交通企业来讲,仓库是推动企业发展的重要基础,其安全文化建设不可忽视。应把安全工作提高到文化的高度予以认识,特别要关心仓库工作人员的观念、思维和行为,以仓库安全文化系统建设及时发现物的不安全状态,阻止人的不安全行为,建立健全适应发展的制度,培育人心所向的安全精神文化,共同为推动轨道交通企业高质量发展贡献力量。

参考文献

[1]李清.我国铁路企业安全文化测评研究[D].北京:北京交通大学,2009.

[2]方叶祥,秦龙,张琳,等.安全文化、工作满意度对员工安全行为的影响——基于结构方程模型的实证研究[J].安全与环境学报,2019,19(06):2022-2032.

［3］孔恒,郭飞,吕北方,等.基于行为安全"2-4"模型的地铁工程安全管理研究[J].安全,2020, 41(12):59-62+68.

［4］王丰,刘友庚,康立忠,等.仓库安全文化建设[J].物流科技,1999,(04):25-27.

［5］李文山,辛建彬.加强后方仓库安全文化建设[J].军队政工理论研究,2009,10(01):81-82.

［6］杜学胜.煤矿企业安全文化系统化建设研究[D].徐州:中国矿业大学,2010.

［7］谢中清.道路交通安全文化建设及评价研究[D].武汉:武汉理工大学,2018.

［8］宋四新,吴红艳,任庆祝,等.企业安全文化建设模式的有关问题探讨[J].中国安全生产科学技术,2017,13(S2):208-212.

［9］郑浩.电力企业安全文化体系的构建与评价[D].北京:华北电力大学,2013.

［10］黄刚.高危行业企业安全文化成熟度研究[D].北京:中国矿业大学,2019.

文化系列园区领域下如何开展创新安全管理工作的实践研究

中国印刷有限公司 刘 砚 白云峰 缪勇兴

摘 要： 文化创意产业园是一系列与文化关联的、产业规模集聚的特定地理区域，是以具有鲜明文化形象并对外界产生一定吸引力的集产业、消费、休闲、文化于一体的多功能园区。近年来，园区经济发展驶入快车道，园区的安全发展不容忽视，安全文化作为企业文化建设中的重要组成部分，衍生出的丰富安全管理的手段、实践护航着园区高质量发展。本文以"新华1949"文化金融与创新产业园（以下简称新华1949园区）为主体，通过抓责任、抓制度、抓标准、抓数字智能技术，剖析文化园区如何开展创新安全管理工作，用安全文化理念引领企业安全生产，发挥文化为安全赋能的作用。

关键词： 文化系列园区；安全创新；实践

一、企业简介

中国印刷有限公司（以下简称印刷公司）是国务院国资委所属企业——中国国新控股有限责任公司的下属单位，前身为中国印刷公司，2003年2月为实现政企分开，与新闻出版总署脱钩，经党中央、国务院批准，组建了中国印刷集团公司（现中国文化产业发展集团有限公司），中国印刷总公司成为中国印刷集团公司的国有全资子公司。2017年，按照国务院国资委要求，实现了公司制改革，名称变更为中国印刷有限公司，同时也是新华1949园区的产权运营单位。

新华1949系列园区所管辖范围辐射位于东城区板桥南巷的人民美术印刷厂、海淀区翠微路2号院的中国印刷科学技术研究院及车公庄地区的鸿儒大厦、彩印大厦及器材大厦，下属两个出资企业，为北京新华分公司及北京文华园物业管理有限公司。除园区企业内部设立安全生产管理部、物业管理等责任部门外，为进一步提高安全生产管理水平，园区企业联合成立安全生产管理委员会，一体化协同园区开展部署安全专项活动，充分发挥安全生产管理以强带弱、互相促进、共同提升的作用，保证公司安全管理系统化、规范化、科学化。

二、创新安全管理的研究实践

发展是安全的基础和目的，安全是发展的条件和保障，"大安全"是坚持总体国家安全观的重要依托。园区内丰富多样的业态使安全管理工作具有点多面广、安全风险较高、安全管理难度大的特点。在当前经济快速发展条件下，传统的安全管理方法和手段已不能满足园区现代安全管理的需要，园区企业以"大安全"新格局保障"大发展"新格局，健全安全治理体系，提高安全治理能力，研判内外部安全发展形势，突破传统安全管理模式，探索用文化管控企业安全，从安全建设标准化、制度化、信息化、规范化四方面着手，全方位、多途径开展安全生产工作，总结实践经验，创新方式方法，促进安全文化建设新提升。

（一）树立安全理念，深化安全生产建设标准化

安全理念是安全文化的核心，园区企业不断深化安全理念内涵，更好引领职工思想，紧密结合"人民至上，生命至上"安全发展理念、习近平总书记关于安全生产的重要论述以及上级单位安全管理要求，推动安全认识内化为安全意识。

1. 强化学习习近平总书记关于安全生产的重要论述

安全是企业发展的基石，党的十八大以来，习近平总书记多次就安全生产工作发表重要讲话，作出一系列关于安全生产的重要论述，反复强调要统筹发展和安全，为我们做好安全生产工作指明方向，提供遵循。园区企业始终高度重视安全管理，不断提高政治站位，坚持"安全第一、预防为主、综合治理"

的方针,注重事前预防、防控结合,防范、杜绝各类事故的发生,将公众、客户及职工的生命财产安全置于首位,立足安全,把控风险,进一步增强抓好安全生产工作的责任感与紧迫感。

园区企业部署开展党委会、专题会集中学习传达习近平总书记关于安全生产的重要论述以及历次全国安全生产电视电话会议精神、国资委和中国国新关于安全生产的一系列工作部署和要求,重点研究部署园区等关键场所的安全管理工作,听取安全生产管理部门专项工作汇报等。坚决把习近平总书记关于安全生产的重要指示批示精神和党中央、国务院决策部署落到实处,不断推动安全生产工作上台阶,切实筑牢高质量发展根基,以实际行动捍卫"两个确立"、做到"两个维护"。同时,园区结合实际情况加强"安全风险辨识",在重大节日、雨季汛期、提前组织召开安全部署会,将安全责任落实到个人,确保园区能够安全度险。

2. 强化安全生产思想观念

园区企业认真落实各项安全生产责任,始终以时时放心不下的责任感筑牢安全底线,确保所管辖区内不出现重大安全问题,认真履行安全生产综合监管职责,强化全过程安全管理,部署开展经常性、系统性的宣贯活动,在安全生产领导小组群、职工群及时转发国务院安委会、应急管理部、中国气象局及上级单位会议精神、通知,并开展常态化安全事故警示教育活动,促使企业全体干部职工进一步牢固树立安全发展理念。今年以来,北京长峰医院消防火灾、宁夏银川富洋烧烤店燃气爆炸、黑龙江齐齐哈尔市第三十四中学体育馆屋顶坍塌、暴雨袭击村落受灾等重大事故接连发生,园区企业深刻汲取事故血的教训,始终坚持预防、从严从实,绷紧安全之弦,将安全生产事故消灭在萌芽状态。

3. 开展丰富多彩的教育活动,提高全员安全素质

安全工作强调以人为本,人员的安全素质高低、安全意识强弱直接影响到企业的安全生产,园区企业不断创新教育形式、活动内容,引导全员"人人管安全,人人注重安全"的思想认识及安全行为。通过开展新入职员工安全培训,在安全月发放安全手册、张贴主题海报、观看警示视频、推送公众号等宣传阵地开展主动式安全宣教,让全员注重自己、他人、企业的健康和安全;开展园区、办公区安全隐患随手拍、体验馆教学等情景式安全体验等,突出全员的参与性。同时,对于外租外包服务队伍、施工队伍等人员也定期开展常态化安全教育活动、检查培训工作、安全技术交底工作。安全教育培训不只限于一堂课,多种宣传教育方式,使全员的安全意识在潜移默化之间进一步得到提升。

以每年6月"安全生产月"、11月"全国消防安全宣传教育日"、12月"安全生产法宣传周"及新员工入职月为载体,组织开展形式新颖、内容丰富的主题活动。例如:本年度围绕"人人讲安全、个个会应急"主题,深入开展安全宣教、"新安法"网络问答竞赛、沉浸式安全教育体验等活动,并利用微信公众号、微信群等为职工、客户推送安全方面的知识;张贴宣传海报,悬挂横幅、借助电子屏幕循环播放安全宣传视频等形式,向园区企业广泛宣传安全生产有关政策法规和最新动态。通过实施全员安全生产教育培训,提升员工安全素质及应急处置能力,树牢"风险无处不在、成绩每天归零"的安全风险意识。

(二)建章立制,推进安全管理工作制度化

园区企业突出安全生产管理顶层设计,从加强制度建设、强化安全管理措施、创新工作机制入手,守牢安全生产底线。

1. 修订完善安全制度

安全制度是安全理念具体体现在安全工作中的桥梁和纽带,是安全文化建设落地的保障。为进一步规范安全管理工作,切实加强安全生产责任制的落实,提高管理水平,近年来,园区企业以国家和行业相关安全法律法规及相关要求为依据并结合自身实际情况,按照"科学性、可操作性、实用性"原则,制定和完善各项安全管理制度,细化量化制度中的工作程序和具体标准。通过制度修订与完善,明确人员的行为规范,提升管理的效能,推动各园区安全生产基础管理工作制度化、规范化、科学化的发展,切实建立起系统完备、科学规范、运行有效的安全管理制度体系。

2. 全面落实安全生产责任制

园区各企业始终以安全生产制度为准则,形成完整的金字塔形安全管理体系。每年年初,按要求与上级单位签订年度《企业安全生产责任书》,坚持把安全工作作为重要的考核内容,并将责任有效传导、压实到各单位、各部室以及园区入驻企业,实现与全体职工、全体租户签订安全协议及责任书,

签订率达到100%。在外包外租管理上，与针对外包外租单位和劳务人员签订安全管理协议并建立安全管理台账，纳入企业统一安全管理，与骑电动车的员工专门签订安全协议，落实电动车充电安全管理责任。实施岗位安全责任制，建立起全员、全过程、全方位的"明责、知责、尽责"的安全生产责任体系，做到安全生产责任全覆盖，以此实现"层层抓安全、事事重安全、人人想安全"。

（三）建立动态监控预警，实现文化园区安全管理智慧化

随着社会经济和科学技术的进步，安全生产工作越来越需要信息技术支持，亟须与"互联网+"深入融合。为提升新华1949园区安全管控水平，实现对设备、人员和环境的精细化管理和服务，减少人工成本，达到智慧化管控的目的，借助物联网技术、大数据及人工智能等先进信息技术和手段，建设园区大脑系统，让数据说话，实现园区运营监测的三维可视化、指挥智能化，解决传统管理手段给园区带来的一系列问题。平台建设智慧安防、智慧能源管理等多个方面的风险防范预警应用，对异常状况及时响应预警，通过"智防"赋能"人防、物防、技防"，有效提升园区安全等级，提升园区企业服务获得感。

（四）多措并举抓管理，促进安全行为规范化

1. 网络安全

网络安全，人人有责，保障网络信息安全稳定是企业的社会责任，尤其是在全国重大活动期间，园区企业组建网络安全指挥组，按照网络信息安全管理机制，严防网络攻击事件发生，快速反应，科学处置，确保不发生重大网络信息安全事件。

2. 食品安全

民以食为天，食以安为先，食品安全是重大的民生问题，守牢舌尖上的安全是企业的责任。园区企业制定食品安全管理办法、食堂管理制度等，规范改进食堂管理工作，共同营造整洁有序、卫生、安全、健康的用餐环境，保障大家的用餐质量。通过开展食品安全事故应急演练，有效预防、及时控制和消除突发食品安全事件及其危害。

3. 消防安全

园区企业定期开展消防应急演练，模拟实景应急抢险，检验安全管理人员业务素质及处置突发火情的能力，确保各种应急力量在关键时刻拿得出、

上得去。同时，增强辖区内人员安全意识和应急逃生自救本领，达到增强入驻客户消防安全意识、掌握应知应会消防技能及逃生自救本领的目的。

4. 恶劣天气安全

夏季炎热多雨，冬季寒冷多雪。园区企业结合天气变化，开展重大气象灾害应急演练并24小时值班，提前对物资、设备进行全面检查、清点，确保防汛设施安全有效。模拟极端天气园区内出现积水倒灌及园区路面水流不畅情况的抢险过程，坚持"预防为主、常备不懈、全力避灾、抢险"的方针，检验《防汛应急预案》的可操作性，增强大家的防汛意识，确保一旦出现险情能够快速、高效、有序地实施救援工作，严防死守、能战能胜，保证国有资产和入驻客户安全，做到各司其职，将险情及时排除、人员及时转移，最大限度降低灾害损失。

（五）加强安全管理，强化风险管控

在生产经营过程中，严格遵循重大安全生产、环境保护、突发环境事件等有关政策规定执行，加强日常检查、专项检查、定期检查、季节性检查及督导检查等排查活动，筑牢园区安全屏障。

在安全生产活动中，安全检查是做好安全管理工作的重要措施之一，其重要性在于通过安全检查可以及时、尽早地发现存在的事故隐患，消除不安全行为，并对发现的事故隐患及时整改，将隐患苗头消灭在萌芽状态中。

园区企业根据实际情况，聚焦园区、在建工程项目施工现场、外包外租等生产经营活动场所、办公场所、特种设备间等地开展涉及动火作业、高空作业、用电安全等内容的日常检查、专项检查、定期检查、季节性检查及督导检查等排查活动。并对园区、楼宇消防设备设施进行检测，确保设备设施正常运行，做到全覆盖、无死角、无盲区，并对检查中发现的问题和安全隐患指定专人督查，下发整改通知书，相应责任部门制定应急方案和整改计划，各项整改应有整改标准、完成时间、责任人、责任部门等记录，形成限期整改落实的闭环管理模式，确保整改效果，保障园区、楼宇运行安全总体受控，关注在建工程施工工人的情绪状态，做好防暑降温措施的安排。同时，园区企业积极配合属地安全管理部门工作，完成安全检查、消防检查等一系列工作，受到属地消防、公安部门的一致好评。

针对重点工程建设项目，由公司组成安全工作

小组,设置专职安全管理人员,坚持每周对施工现场、生活区进行全面安全检查,做到立行立改并存档记录。结合现场实际施工情况,坚持每天对施工现场安全文明施工情况进行巡查,检查施工单位规范性操作,在动火作业、高空作业等环节实施全过程监督,并按规定在危险部位设置安全警示标志,做好安全防护工作,切实消除盲区。

三、结语

生命高于一切,安全重于泰山,安全生产管理工作是一项长期的系统工程,园区企业始终绷紧安全生产这根弦,正确处理安全与发展之间的关系,将安全文化融入安全生产,通过创新安全管理手段,突出文化导向、落实全员安全责任、提升园区环境、提高本质安全水平,安全生产管理工作进一步向标准化、制度化、信息化和规范化方向迈进,推动园区企业安全生产整体水平迈上新台阶,共同维护安全生产稳定大局。

参考文献

[1]渠皓.以多措并举方式提升企业安全管理水平[J].现代商贸工业,2021,42(28):166-168.

[2]姜洋海,李二保明,郑连英.企业安全环境文化建设要点分析与建议[J].品牌与标准化,2021,(04):103-104+107.

[3]陈建飞.如何进行安全管理理念及方法创新[J].建筑工人,2019,40(02):40-41.

[4]杨威.集团企业安全管理存在的问题及对策探讨[J].管理研究,2021,(21):14-16.

[5]王荣.事故事件与排查隐患——《企业安全生产标准化基本规范》解读[J].中国安全生产科学技术,2011,7(09):216-220.

[6]王秀东,熊卫东.企业安全工作规范化管理建设的思考[J].中国市场,2022,(09):103-104.

[7]苏海芳.分析企业安全生产管理和标准化建设[J].各界,2018,(08):91-92.

浅谈情绪化管理在EPC海外项目安全文化建设中的创新实践

哈尔滨电气国际工程有限责任公司　胡腾霄　张钊溢

摘　要： 哈尔滨电气国际工程有限责任公司（以下简称哈电国际）深耕海外市场40年，至今已完成60多个大型项目，始终坚持"人民至上、生命至上"，坚持统筹发展和安全，落实安全生产主体责任。安全文化建设是安全管理中的重要组成部分，EPC海外项目的安全文化建设因涉及不同国家的法规标准、环境人文而面临着种种挑战。本文以该公司承建的墨西哥曼萨尼约Ⅲ期联合循环项目为例，介绍了通过情绪化管理模式消除安全文化差异导致的隔阂，就项目执行过程中安全文化建设的创新实践作出一些思考。

关键词： EPC；情绪化管理；安全文化建设；安全管理；安全文化创新

哈电国际成立于1983年，隶属哈尔滨电气集团有限公司。作为我国大型电力工程总承包以及机电成套设备出口的龙头企业，哈电国际主要经营火电站、水电站、联合循环电站工程的总承包和设备成套业务，并可承建大型输变电设施和公用设施，为电厂提供完善专业的售后服务，于2022年第九次入围ENR"全球最大250家国际承包商"百强，排名第85位。哈电国际深耕电站建设施工服务领域四十载，足迹遍布世界各地，在巴基斯坦、越南、孟加拉国、印度、土耳其、厄瓜多尔、乌兹别克斯坦、迪拜、塞浦路斯、墨西哥等国家和地区承建大型电站交钥匙工程或提供电站成套设备。

2022年，在中墨建交50周年之际，哈电国际与墨西哥国家电力公司（CFE）在墨西哥首都墨西哥城签订了曼萨尼约Ⅲ期联合循环项目总承包合同。墨西哥曼萨尼约Ⅲ期联合循环项目现场位于墨西哥西南部，科利马州曼萨尼约市。现场所有分包商均选用属地公司，属地员工占全体员工90%以上。针对两国安全理念和管理模式上的差异，哈电国际以情绪化管理为抓手，形成符合现场实际、和谐有效的安全文化，营造了浓厚的安全生产氛围。

一、EPC海外项目的安全文化

安全生产管理基本理论发展至今，世界各地的安全管理在总体框架上大致相同，但是在具体做法上却呈现出截然不同的形式。因此，EPC海外项目在工程建设项目中显得较为特殊：既要满足国内安全生产标准，又要符合项目所在地的法律法规要求；同时，不同国家的管理模式、风俗习惯、人文素养，也形成了各自截然不同的安全文化。EPC海外项目的安全管理因属地员工的风俗习惯、宗教信仰、身体机能、性格气质等方面的差异，表现出更强的适应性和更难的挑战性的特点。

在曼萨尼约Ⅲ期联合循环项目建设过程中，哈电国际基于人产生情绪的原理，将自身安全文化与当地安全文化不断碰撞融合，形成了具有项目特色的安全文化管理模式。

二、通过情绪化管理进行安全文化建设的创新实践

人的大脑对周边环境信息的持续刺激产生了认知和意识，在这个过程中对外界事物态度的体验导致了人的情绪也不断发生着变化，反映出人脑对客观外界事物与主体需求之间关系的反应。近年来，学术界对情绪与劳动生产的研究，发现这种私人隐蔽的心理活动一直在影响着企业的生产劳动，员工积极饱满的心理健康状态对企业高质高效的发展起正相关的作用。

（一）润物无声式的安全提示和警示标识

人在转换至新环境的过程中，大脑需要一定的时间适应周围的物理条件，并产生符合当前环境的认知和意识。员工在上班途中，并没有完全摆脱早起的困倦感、家中的舒适感等放松型情绪。在进入现场作业前，厂区大门处的安全须知可以提前让员

工进入预工作状态,增强安全防范意识,在满足个人劳动保护用品穿戴整齐的物理条件的同时,具备一定程度的心理条件,在潜意识中端正安全生产的工作态度。

根据现场各区域场所的施工作业类型和作业风险,在醒目位置悬挂安全警示标语、设立风险告知牌,通过短时但持续的视觉刺激帮助作业人员更清晰地辨识当前作业存在的风险与隐患,从而自觉纠正不安全行为。

（二）具有辐射和同化功能的人际交流心理暗示

墨西哥人民热情奔放,开朗健谈,无论是每日轮换的安保警卫,还是日常的保洁和司机,凡是对迎面而来的人都会互相简短问候,对熟悉的人也有着独特的寒暄方式。基于此风俗习惯,现场在普通的"早上好"问候语中,加入了一句"安全工作"或"注意安全"等安全问候语。通过简短有力的句子,让员工体会到被关心照顾的认同价值,在关注员工工作情绪的同时,自发地将安全问候语向下一位接触的员工传达,让"安全工作"和"早上好"成为同一级别的习惯,从而实现良性的情绪提升和安全意识增强的辐射和同化功能,在全场营造出良好的安全文化氛围。

（三）调动情绪的培训宣讲

2001年,国际劳工组织（ILO）正式将4月28日定为"世界安全生产与健康日",并作为联合国官方纪念日。确立世界"工作安全和健康日"的想法起源于1989年由美国和加拿大工人发起的工人纪念日（Workers Memorial Day）,以纪念死亡和受伤的工人。

哈电国际作为现场的总承包方,强化央企责任担当,牢固树立安全红线意识,以"健康安全环境是工作的基本原则,是每一位员工所享有的权利"为主题,积极组织业主、属地分包商、急救人员等现场全体员工参与安全生产大讲话培训宣讲活动。通过科普安全知识、现场常见危险源,加强员工安全生产意识,强化"我要安全"的思想;通过集体安全宣誓,鼓舞员工士气,调动安全生产工作热情;通过热身活动,以较轻的运动量激活身体各部位肌肉和关节,让全体员工做好心理和生理准备,提升工作表现并减少受伤概率。

（四）身临其境的应急演练

应急演练指在事先拟定的突发事件背景之下,应急指挥体系中各相关部门、单位人员根据各自职责,做出应对反应的一种模拟演习。大量实践表明,应急演练能在各种突发事件发生时有效地减少人员伤亡和财产损失。但在应急演练过程中,员工参与热情不高导致应急演练流于形式始终是安全管理的难题之一,归根结底是因为在组织的过程中员工没有参与感、紧张感。

针对此问题,现场在策划应急演练时,着力营造真实的感官刺激以还原突发事件发生时的真实感,让员工产生紧张、焦虑、惊慌、恐惧等发生突发事件时可能产生的情绪。例如,在火灾应急演练中,首先利用声情并茂的旁白进行简短的情景介绍,将员工带到情境之中,再由外向的参演人员营造出紧张混乱的场景,辅以高分贝的警笛声、铁桶中真实燃烧的物品等环境要素,模拟出火灾现场中可能发生的真实场景。在这种情况下,才能暴露出员工在应对突发事件的心理状态、团队间的沟通协调、自救互救知识和实操等方面存在的问题,从而有效地增强员工应对突发事件的风险意识,增强突发事件应急反应能力。

三、结语与展望

每个国家、每个企业的安全管理模式可能不同,但对于"安全第一"的方针有着一致的追求。人是项目建设的主体,纵使不同国家有着不同的安全文化,但这并不影响人产生情绪的科学原理与机制,也不影响各国的安全工程师秉持着相同的理念。他们共同坚守着对这份工作的热爱与奋斗,为项目现场的安全管理工作开创了新的局面。

在构建人类命运共同体思想的指引下,愿中国所有远赴他乡的安全工作者携手共进,在保障项目安全高效建设的同时,展现出更加鲜明的中国特色、中国风格,让世界更好地了解中国企业和中国安全文化。

参考文献

[1]何正标.央企境外工程安全文化建设研究——以非洲地区为例[J].安全,2016,37(06):55-57.

[2]刘浩.试论企业员工情绪劳动的影响因素及情绪管理[J].营销界,2021,(05):191-192.

班组自主安全管理文化评价体系的构建及应用

广西中烟工业有限责任公司柳州卷烟厂　黄啟华　李文好

摘　要：本文旨在研究班组自主安全管理评价体系的设计及应用。文文在参考现有班组自主管理研究成果的基础上，结合企业高质量发展目标，对标安全文化建设示范企业评价标准，提出设计定量评价模型，分级分类设计评价指标，明确每类指标评价内容，重点就关键指标、过程指标进行系统性阐述。通过对标自查、整改、评估、改进，推进班组自主安全管理文化评价体系的落地，班组自主安全管理实现了动态改进和持续提升，为同行业班组安全文化建设提供理论参考和实践应用。

关键词：班组；自主安全管理；安全文化；评价；重复隐患率；对标

2022 年 11 月，广西壮族自治区应急管理厅组织专家对柳州卷烟厂省级安全文化建设示范企业成果进行了复评验收，专家组一致通过了审核验证，对企业在安全文化建设中积极探索并实践的班组自主安全管理文化给予充分肯定，认为班组自主安全管理文化建设规定动作到位，成效显著，建议企业对班组自主安全管理文化进行巩固和深化，打造特色品牌。

一、背景和研究现状

安全自主管理是近年来企业安全文化建设中的一个热点，自我发现问题，自我约束、控制、创新，预防为先，本质安全[1-5]，这些都是自主安全管理要点。近年来，各行业陆续开展班组自主安全管理的探索和实践[6-7]，很多企业统筹在企业安全文化建设、安全标准化建设中实施，通过实施全员安全绩效管理量化评价来保障实施效果[8-12]，一些研究取得了明显成效[13-16]，具有很强的借鉴意义，但对班组自主安全管理的评价只限于定性，评价标准大多直接引用《企业安全文化建设评价准则》[17]，未能结合企业实际进行定量识别。本文在借鉴现有成果的基础上，对标安全文化建设示范企业评价标准，对班组自主安全管理评价指标及实施应用进行了研究，构建了评价模型并实施应用。

二、评价体系的构建

评价体系的构建涉及诸多环节，第一步就是要设计标准，确定评价指标，明确评价内容。一套行之有效的评价标准，必须能系统地、全面地反映所要瞄准、关注的内容和对象，应该能够涵盖班组自主安全管理的关键因素和环节。

那么，反映班组安全管理水平的关键因素和环节有哪些？从结果导向来说是安全零事故，从过程分析来说，落实好安全生产责任制是前提，风险管控和隐患排查治理是重点，员工的安全意识、技能、职业素养是关键。因此，评价标准的设计应该以分级、分类为原则，从过程和结果两个不同维度实现不同层级的管控。

（一）目标指标

目标指标主要指生产安全、消防安全、交通安全等事故指标，上述这些评价指标是结果性指标，作为监控使用。

（二）关键评价指标

关键评价指标是防止安全事故发生的重要评价指标，主要包括三个指标。

1. 风险管控执行率

风险管控执行率是指风险管控措施的落实程度。比如，某项风险管控措施共计 10 条，落实了 8 条，风险管控执行率就是 80%。该指标的设计初衷是在总结近年来烟草行业一线员工安全生产事故（事件）的基础上得出的评价指标，对风险管控的有效落地具有很明显的导向作用。

2. 隐患整改率

隐患整改率是指排查的隐患能在规定事件内完成整改。比如，某次安全检查发现 10 条一般隐患，计划一个星期内完成整改，如果在规定时间全部完成，则隐患整改率为 100%。

3. 重复隐患发生率

重复隐患发生率是以一定周期进行统计，同类型隐患发生的频次,分为岗位级、部门级、厂级重复隐患(见表1)。设定该项指标旨在继续追踪隐患排查的治理成效,是否达到由点及面、举一反三效

果,避免脚痛医脚,以持续改进的方法提升隐患治理成效。

表1 重复隐患分类

序号	分类	具体内容
1	岗位级	指在一定周期内,同一岗位(员工)反复发生的相同隐患
2	部门级	指在一定周期内,同一个部门反复发生的相同隐患
3	厂级	指在一定周期内,厂内各部门发生的相同隐患

(二)过程评价指标

《企业安全文化建设评价准则》《安全文化建设示范企业评价标准》对目标实现的各个过程要素进行了界定,我们重点对组织保障、安全制度、安全行为、安全教育、安全环境等模块进行了识别,细化为更具体、更有针对性的评价标准,如表2所示。

1. 班组安全组织机构和安全责任制

反映班组安全责任体系是否健全,安全目标和计划是否具体、可测量、可达到、具有相关性、明确时限性,体现持续改进。

2. 安全管理制度操作规程和台账

安全操作规程是班组使用频率最高的文件和资料,文件的规范性、合规性及执行程度直接关联班组安全生产的运行状态。

3. 班组安全检查和教育培训

安全检查和培训是班组最常开展的安全活动,是增强员工安全意识、技能的重要手段,也是提升班组安全管理水平的一个非常重要的手段。

4. 作业现场管理

班组安全管理活动最终都要通过现场来完成,该指标及时反映现场是否处于安全、规范、受控状态。

5. 相关方安全管理

有研究报告指出,近年来,安全事故中相关方占据了很大比重,将外来相关方施工纳入评价是基于相关方作业安全的系统考虑,是从班组开始建立相关方风险管控的第一道防线。

表2 某项过程指标评价指标及考评细则

项目	标准要求	分数	考核评比办法
班组安全组织机构和安全责任制	班组安全组织机构健全	10	查看是否设置班组的内部安全管理组织机构,不符合要求扣2分
	建立班组全员安全生产责任制,明确班组长、安全员及每个员工的安全职责及工作分工		查看班组全体成员的安全职责及分工情况,未明确每人扣0.5分
	班组长是班组安全工作的第一责任人,对班组安全工作负全责;班组分散作业时,班长应指定每个作业区的安全负责人		查看班组所有成员职责落实情况,未有效落实,扣2分
	认真组织参加厂部和车间举办的各种安全知识培训、技术交底、应急预案的演练等,员工熟知车间避险路线		查看各种记录,每发现一处不合要求扣0.5分。员工不熟知避险路线,一人扣1分
	班组至少设1名兼职安全员,协助班组长抓好班组安全管理。班组长不在岗时,指定一名安全负责人负责班组日常安全管理工作		未落实扣4分
	实行安全生产目标管理,制订量化、细化的安全目标,并以安全责任书形式签订到个人		查看安全责任书签订情况,每一人未签订扣1分

三、评价体系的应用

班组自主安全管理评价体系设计好之后,下一步就要进行系统策划,科学统筹实施,充分利用企业

现有资源,推进班组安全管理各环节、要素良性互动、协同配合,使各生产环节人、机、物、环处于良好的受控状态,如图1所示。

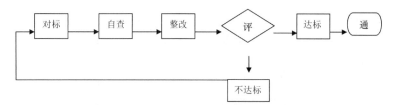

图 1　班组自主安全管理流程图

（一）对标自查

对标自查是一个动态的过程，不限于 1 次活动，只要班组安全运行存在不足，即可视为问题点进行再对标，并以此启动对标循环。

班组以问题导向，对照《班组安全自主管理标准》进行逐项自查，全面、系统地查找、梳理安全生产工作中存在的问题、差距和短板。自查既是班组安全管理自我诊断的检查活动，也是学习管理标准的培训活动，找出问题、找准问题，形成问题清单。

在对标自查过程中，因不同车间、不同班组安全管理水平有差异，对存在的问题和不足要进行合理的评价，对基础管理比较扎实的班组，在做好问题整改的同时要鼓励班组追求更高的目标，对存在问题比较多的班组，可以进行合理的整改规划，分步实施，只有这样，才能将对标工作持续开展，否则不顾实际一开始就要求所有部门在同一个时间同时达标，既不现实也不可取，很难确保取得实效，更有甚者会打击班组的积极性，导致整项活动前功尽弃。

（二）自查整改

本阶段工作要充分应用系统思维，由点及线、由线到面进行开放式自查和整改工作。比如，A 车间甲班对标自查发现的问题在本车间内是否存在，其他车间班组是否也存在同样的问题，是基础管理的问题，还是现场的问题，存在的问题还要从人的不安全行为、物的不安全状态、环境的不安全因素、管理的缺陷、活动和作业等方面进行分类，只有这样整个对标活动才能更快、更好地取得实效。

A 车间班组针对部分安全操作规程针对性不强、流程不够清晰的问题，组织各层级人员进行梳理，搭建好安全操作规程框架，明确适用范围、人员资质，主要危险源及其风险，劳动防护用品配置和穿戴，安全作业前、中、后等环节的具体风险控制，隐患自查和操作要求。目前，编制、修订 29 份安全操作规程，4 份现场安全制度，5 份文件记录。

B 车间班组对车间涉及的设备设施操作、危险作业、维护检修等方面进行再梳理、再排查，统筹抓好整改，完成整改 12 项（类），作业现场更加规范。

C 车间针对班组安全培训载体不够丰富的问题，先后组织开展"互联网＋安全"线上安全知识竞赛、安全微视频竞赛，更契合了当下员工学习、工作的实际需求，提高学习乐趣，在一定程度上解决了日常安全培训中重灌输轻互动、缺少针对性等问题。

（三）过程评估和持续改进

对各班组对标自查自改情况要及时进行评估和验证，这样才能及时捕捉、获取活动开展情况，对活动开展卓有成效的可复制、借鉴的好做法、好经验进行推广，对活动开展暂时未见成效的进行技术服务、诊断，及时纠偏。

企业组建以设备技术员、安全工程师、工会代表、班组长、员工代表为成员的技术队伍，采取"互评"的方式，即 A 车间对 B 车间、B 车间对 C 车间、C 车间对 A 车间，通过查看资料、探讨座谈、现场检查、个别交流等方式进行诊断和辅导。同时，他们以季度为单位对班组安全管理运行状态进行评价，评分 85 分以上为达标，成绩纳入年度安全绩效考评兑现，同时通过制定奖励实施方案，将对标纳入日常管理工作，逐步形成常态工作机制。

在完成规定动作的基础上，各班组充分总结班组自主安全管理经验，将该项工作延伸到安全行为、安全信息传播、安全事务参与，加强员工自主学习引导，强化改进与创新，引导员工转变安全态度、改进安全行为，构建富有企业特色的安全文化体系。

（四）实施效果

标准实施后，广大员工积极参与班组安全管理对标活动，班组与班组之间开展评价标准对标，机台与机台之间开展岗位安全对标，积极献言献策，安全隐患整改率 100%，重复隐患发生率控制在 10% 以内，实现安全事故零发生，涌现 200 项创新与改善成果，发表论文 6 篇，获得专利授权 3 项，班组自主安全管理评分均在 85 分以上，安全管理水平不断提高。

参考文献

[1] 刘亚民. 班组安全 [J]. 现代职业安全,2021, (08):10–11.

[2] 叶景熙. 基于自主管理模式的企业安全文化建设研究 [J]. 企业改革与管理,2020,(16):197–198.

[3] 栾建伟,董明. 创新"1375"管控模式打造安全自主管理标杆区队 [J]. 班组天地,2020, (12):46–47.

[4] YC/T 384.1–2018,烟草企业安全生产标准化规范 [S].

[5] 董俊顺. 预防为先可控在控——安徽电建一公司构建"大建安"安全文化体系 [J]. 企业管理, 2021,(03):88–90.

[6] 王勇. 自主管理在班组安全管理中的探索与实践 [J]. 现代企业,2013,(11):13–14.

[7] 胡敏. 班组自主安全管理能力提升方法与实践 [J]. 电力安全技术,2023,(01):45–47.

[8] 杨振兴. 汽车制造厂进阶式班组安全建设探索与实践 [J]. 安全与健康,2022,(02):59–63.

[9] 高艳芬. 工贸企业班组安全生产标准化建设及运行 [J]. 劳动保护,2023,(08):90–91.

[10] 谢林,周超文,唐智帆,等. 全员安全绩效管理量化评价模式在烟草基层车间的探索与实践 [J]. 湖南安全与防灾,2019,(07):46–49.

[11] 刘素霞,梅强,沈斌,等. 安全绩效研究综述 [J]. 中国安全生产学报,2010,20(05):131–139.

[12] 孙桂泉. 南纤"012345"安全管理模式 [J]. 企业管理,2022,(04):90–94.

[13] 孙建. 班组安全文化建设四大误区 [J]. 企业管理,2022,(09):31–33.

[14] 谢光明,杨彦岭,刘惠超. 安全管理班组为基——中铁十六局四公司构建"378"班组安全文化体系 [J]. 企业管理,2021,(03):87–89.

[15] 李云飞,方发齐,邱俊,等. 中建三局二公司作业行为安全管理模式创新 [J]. 企业管理,2021, (01):92–93.

[16] 冯宏涛. 浅析企业安全文化基层运作的"四步法则" [J]. 企业管理,2016,(S2):560–561.

[17] AQ/T 9004–2008,企业安全文化建设导则 [S].

顺北油田撬装注天然气现场安全文化建设实践

中国石油化工集团有限公司西北油田分公司采油四厂 田 疆 翟青岳

摘 要： 油田企业安全文化建设是提升安全管理水平的重要基础工程，也是油田企业向人本管理转变的重要标志。顺北碳酸盐岩断溶体油气藏具有高温、高压、高含硫的特征，在开发过程中，需要实施注气补能措施保持油田高质量发展，而撬装注天然气现场存在高压、爆炸、管线刺漏等安全风险，技术人员运用工程领域的分析方法，以"安全—技术—成本"为坐标轴，以构建成"三位一体"的空间概念模型为指导，借鉴全局 Moran 计算公式进行计算，最终计算得出井场管理、设备管理、岗位管理、资料管理、施工管理和应急管理 6 个要素的莫兰指数值相关性程度为正相关，并针对性地开展管理提升工作。通过现场标准化建设与安全文化建设相融互促，把"标准化"作为安全文化建设的关键工作来做，内化于心、外化于行，努力用浓厚的标准化氛围，夯实安全文化建设的基础，让文化落地、让安全持续。并总结形成《撬装注天然气现场标准化手册》指导注天然气工程现场作业，实施以来现场无安全事故发生，为油田增储上产提供了坚实保障。

关键词： 顺北油田；撬装注天然气；莫兰指数评价；安全文化建设

一、引言

顺北油田[1]地层具有高温（初始温度 160℃）、高压（初始压力 80 MPa 以上，部分注气井地层压力 70 MPa 以上，地面注气压力 55MPa 以上）、高含硫[2]（注气井生产期间天然气硫化氢含量大于 1000 mg/m³ 占统计井数的 70%）的特点。同时，在开发过程中面临流体压力递减快、补能不及时的问题，地层优势通道明显的结构特征，传统的注水工艺易造成注入水快速水窜，导致油井复产难，无法满足补能和驱油效果的要求，自 2021 年底开始，采油厂开展了单井注天然气吞吐工艺和单元注天然气驱工艺试验，油气田产量稳产、增产取得明显效果。

安全文化是安全科学发展之本，是实现安全生产的基础和灵魂。推进油田企业安全文化建设是提升安全管理水平的重要基础工程，也是油田企业向人本管理转变的重要标志。油田企业长期以来，始终把安全生产放在突出、重要的位置，不断完善规章制度，建立健全监督管理网络，加大安全投入力度，更新先进设备，为确保企业安全稳定运行，确保员工的安全与健康奠定了坚实的基础。

二、现场安全风险评估

撬装注天然气/注氮气现场存在着高压、易燃、易爆、窒息、管线刺漏伤人、腐蚀对管柱安全的影响、闸门内泄等风险，严重情况下甚至可能导致井喷、火灾、爆炸等事故的发生。

通过对采油井口、完井管柱完整性和井筒作业环境进行分析[3]，依据《HSE 风险矩阵标准》（Q/SH 0560-2013）将风险进行定性分析，按重要性等级来确定风险后果和可能性，划分为三个级别：高风险、中风险、低风险（见表 1）。

表 1 风险识别矩阵

风险级别	风险识别评估	风险描述
高风险	A、B 环空高套压风险	注气期间，因管柱断脱、封隔器失封等原因，油套连通，套压快速上升，当 A、B 环空套压大于套管头承压 50%，存在地表窜气、着火风险
高风险	井场地面注气管线刺漏伤人风险	注气井场管线出现天然气泄漏，当泄漏天然气积聚超过临界浓度，存在火灾或爆炸风险
高风险	采气树 1 号主阀以上管汇刺漏风险	注入过程中，高压管汇及采气树 1 号主阀以上管汇长时间承受高压，各阀门、法兰密封面可能存在高压刺漏风险
中风险	火灾爆炸	天然气属于一级可燃气体，如注入过程中存在泄漏，遇到火源易发生爆炸风险

风险级别	风险识别评估	风险描述
中风险	采气树1号主阀及以下刺漏风险	高压注入过程中，采气树一号主阀及以下存在刺漏风险
中风险	防硫化氢中毒	顺北注气井生产期间取样监测天然气硫化氢质量体积浓度多数大于 1000mg/m³，若硫化氢泄漏存在中毒风险
低风险	吊装安全规定	设备吊装过程中，若人员操作不当，存在安全风险
低风险	防电击（用电安全）	现场高压电用电操作以及与箱式变压器相接的部分高压电缆存在不同程度的拖地情况，如遇雷雨天，均有较大电击的风险

三、安全体系框架建模

体系是企业或组织用于建立方针、目标以及实现这些目标的过程中相互关联和相互作用的一组要素[4]。体系管理是通过事前识别与评价，确定在活动中可能存在的危害及后果的严重性，从而采取有效的防范手段、控制措施以及应急预案防止事故的发生或把风险降到最低程度以减少人员伤害、财产损失和环境污染的有效管理方法。体系管理要求覆盖企业内部管理各个方面，做到"横向到边、纵向到底"，用一套制度支持全方位管理，既能满足多个体系标准认证要求，又能促进各项管理职能有机融合，形成集合管理协同优势、资源共享协调发展，建立起自我完善的运行机制，有利于提高和促进企业整体管理的效率和效果，实现企业安全生产方针和目标。

结合工程领域分析方法，以"安全—技术—成本"为坐标轴，构建成"三位一体"的空间概念模型（见图1）。三条管理主线，以安全为底线，互为边界条件，协同发展，保障领域内的注气业务活动规范化运行。

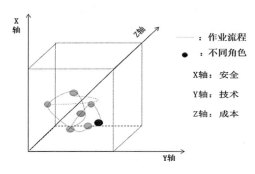

图1 撬装注天然气安全管理体系化建设模型

对安全管理因素中各个分类影响进行安全—技术—成本三位赋值，设置二维影响图板（见图2），借鉴全局 Moran 指数 I 的计算公式进行计算，将撬装注天然气现场安全生产相关性要素赋值后，代入 Moran 公式进行计算。能够描述一个空间单元与其领域的相似程度，能够表示每个分类影响的局部点服从全局总趋势的程度（包括方向和量级），反映了空间异质性，说明空间依赖是如何随位置变化的。全局莫兰指数值的取值范围为 [-1,1]，指数值越接近于 -1，表明研究对象负相关性越显著，分布越随机；指数接近于 0，表明研究对象之间相互独立；指数值越接近于 1，表明研究对象正相关性越显著，分布越密集。具体计算公式如下：

$$I = \frac{n}{S_0} \frac{\sum_{i=1}^{n} \sum_{j=1}^{n} W_{ij}(x_i - \bar{x})(x_j - \bar{x})}{\sum_{i=1}^{n}(x_i - x_j)^2} \qquad (1)$$

其中：I 表示全局莫兰指数；x_i、x_j 分别为位置 i、j 的属性值；$\bar{x}$ 为所有 i、j 点属性的平均值；W_{ij} 为 i 和 j 之间的空间权重矩阵，当 W_{ij} 为 0 时表示两地区不相邻，当 W_{ij} 为 1 时表示两地区相邻，n 为所有研究对象的个数[5]。

环境管理	井场管理	井下管理
岗位管理	设备管理	资料管理
施工管理	经营管理	应急管理

图2 不同安全影响要素平面莫兰指数图板

借鉴全局 Moran 计算公式进行计算，最终计算得出井场管理、设备管理、岗位管理、资料管理、施工管理和应急管理 6 个要素的莫兰指数值相关性程度为正相关，并针对性地开展管理提升工作。

四、安全文化建设实践

（1）"安全依靠员工"的主人翁意识，是企业安全文化建设的基本准则。人员定位管理，主要用于实时定位监控油田内部员工的位置，保障员工的安全。注气项目部及队伍人员配置应满足《高压注气投标资格基本要求》的岗位配置要求，同时要求专业评估方进行综合能力评估并采取考核上岗。

（2）"安全为了员工"的人本观念，是企业安全文化建设的基本原则。所有的政策和措施都应首先考虑员工的安全和健康。在三维模型中定义危险区域，当人员接近或者进入这些区域时，系统会自动报警，防止事故的发生。每小时对低压区进行巡检并填写检查记录，操作人员通过数据采集远传终端和视频监控系统对高压区域进行线上巡检。

（3）"安全服务于生产"的安全理念，是企业安全文化建设的出发点。生产现场压缩机控制柜（数采房）具备为气体压缩机供电、采集和显示压缩机电机的运行参数（电压、电流）等功能，并可以接收值班室紧急停机信号，实现远程停机。控制柜内部配置灯具、空调、轴流风机等用电设备必须为防爆电器。

（4）"安全服务于员工"的安全使命，是企业安全文化建设的落脚点。设备搬迁施工由施工单位自主组织（吊装作业票的开票、审批）和管理，搬迁公司必须具备西北油田分公司入网资质。搬迁前，由开票人确认风险和防控措施落实情况，并进行现场安全确认，验收通过后方可施工；搬迁中，实施全过程视频监控、自动报警和录像，并实时上传监控大厅；搬迁后，现场设备摆放按照《注天然气井场平面布局图》摆放，留出井口左前方作为应急通道（宽度不小于 6 米），保证应急车辆可以快速进入设备区开展工作。

五、结论与建议

现场实践过程中把人、机械和环境作为一个系统（整体），研究人、机、环境之间的相互作用、反馈和调整，从中发现事故致因，揭示出事故预防的途径系统理论。相应的安全管理手段，持续改进和创新现场安全管理文化，持续削减注气全流程各个环节可能存在的风险隐患，不断总结经验，并对注气设备、人员、资料、现场设备标准化、目视化、施工过程及结果评估与考核提出标准化要求。

按照标准化手册，落实远传及自动化升级，实现现场高压区无人操作、紧急处置远程关断。实施以来对现场风险重新划定矩阵分级，风险级别达到由高中风险向中低风险的转化。在日常生产管理中，有助于安全管理的力度加大和效率提高，有效地杜绝安全隐患，压缩应急处置时间，体现了以人为本和安全服务于员工的安全管理理念，将安全生产工作真正意义上落实到位。

顺北油田在标准化管理基础上，持续强化安全信息工程建设，逐步形成以统一平台、信息共享、多级监控、集中控制为核心，基于工业互联网云平台，进一步强化企业安全运转高效运行，提高现场安全管理水平。

参考文献

［1］伍齐乔，李景瑞，曹飞，等. 顺北 1 井区奥陶系断溶体油藏岩溶发育特征 [J]. 中国岩溶，2019，38(03):444–449.

［2］崔龙兵，刘练，周生福，等. 顺北油田"三高"油气井试井工艺技术 [J]. 油气井测试，2020，29(03):57–63.

［3］GB/T 27921–2023，风险管理 风险评估技术 [S].

［4］李丁丁. 石油化工企业 HSE 体系化管理建设实践 [J]. 化工设计通讯，2019，45(01):177.

［5］王帅军，高岳林，王苗苗. 中国数字经济发展空间格局及影响因素研究 [J]. 合肥工业大学学报（社会科学版），2022，36(03):19–27+131.

国有煤炭企业安全培训文化体系建设创新研究

淮北矿业集团有限责任公司　方良才　孙　方　刘　杰　卜晓忠　许肖峰

摘　要: 近年来,淮北矿业集团有限责任公司(以下简称淮北矿业集团)坚持以习近平新时代中国特色社会主义思想为指导,认真贯彻落实习近平总书记关于安全生产的重要论述和重要指示批示精神,坚持党管培训,旗帜鲜明地提出并贯彻"培训是安全生产的第一道工序""培训是软实力、硬基础""培训事半功倍""培训工作十年磨一剑"等安全培训理念,深入推进安全培训科学化、市场化、数字化、品牌化,形成了具有特色的安全培训文化体系,有力地促进了员工安全素质持续提升,为企业高质量发展贡献了力量。

关键词: 煤炭;企业;培训;文化;创新

一、坚持党管机制,让安全培训文化体系建设更有合力

建立健全安全培训文化责任体系,压紧压实党管培训责任,形成党委"高举手"、党委书记"攥紧手"、班子成员"不缩手"、部门之间"手联手"的齐抓共管局面。

(一)党委"高举手"

旗帜鲜明地把培训工作纳入党委重要议事日程,列入年度工作计划,与中心工作同规划、同部署、同落实;将培训工作纳入党委工作目标考核,基层党委书记抓党建述职评议考核、中层领导班子和领导人员年度履职考核;建立党委安全生产巡查制度,把培训工作作为安全生产巡查的重要内容,切实发挥巡察利剑作用,促进培训责任落实落地。

(二)党委书记"攥紧手"

党委书记严格落实"一把手"责任,每年年初集团党委书记、煤矿党委书记分别主持召开党委常委会、党委会,对培训工作进行全面部署;定期听取培训文化体系建设情况汇报,研究解决重大问题,尤其是确保培训"机构、人员、经费、计划"四个落实到位。

(三)班子成员"不缩手"

按照"谁主管,谁负责"原则,做到工作职责管到哪里,培训职责就延伸到哪里,培训文化就建设到哪里;强推煤矿班子成员垂直培训,要求班子成员充分发挥专业优势,面对面地为分管范围内的员工授课,每人每年不低于8个学时。

(四)部门之间"手联手"

按照"管业务必须管培训"原则,明确每个部门的培训职责;党委宣传部门具体负责培训文化体系建设的计划制订、日常管理、政策指导、督促检查,其他职能部门负责对口业务培训,让各部门各司其职,车马炮各展其长,形成抓好培训的强大合力。

二、坚持市场拉动,让安全培训文化体系内容更有价值

把培训工作当作"产品"来经营,形成了"两级考核+五项收购"的培训市场化运行模式。

(一)两级考核

一级考核指各矿厂将市场化工资总额的10%作为培训工资进行切块考核,让基层科区更直观地看到"抓培训就是创效益"。二级考核指科区对一线员工、班队长参加的各类培训和考试核定单价并考核兑现,使员工感受到"参加培训既能提技能又能增收入"。

(二)五项收购

一是技能水平收购。对员工提升技能等级和"师带徒"培训效果进行收购,对首次取得中级工、高级工、技师、高级技师的员工分别给予500~3000元的一次性奖励,师傅每带出1名中级工、高级工、技师,分别给予500~2000元的一次性奖励。二是技术能力收购。根据员工处理问题、解决问题的难易程度和完成质量实行技术收购,让员工感受到"技术就是工资、技术就是效益"。三是品牌课程收购。定期开展"品牌课程""精品微课"征集评选活动,最高分别按5000元、4000元收购,让教师体会到"精

心备课也能增加收入"。四是培训工资收购。对员工参加脱产培训期间的工资进行收购，考核合格的执行当月所在岗位员工平均工资待遇。五是学历收购。对学历水平低的班组长及以上管理人员进行学历教育，并对相关费用全额收购。

三、坚持品牌带动，让安全培训文化体系基础更有品质

高标准建设培训基地、锻造一流师资、开发品牌课程、培育工匠大师，软件、硬件齐头并进，以品牌的力量引领培训工作走深走实、取得实效。

（一）建设品牌基地

2012 年以来，投资近 3 亿元建成煤炭行业一流的安全实训基地，建筑面积 2.38 万平方米，地下建有总长 890 米的模拟井下巷道，设有矿山机电、矿井提升、综采综掘等 30 多个实训车间，涵盖了煤矿工种 58 个。同时，分片区建立了综合采掘维修、工程钻探、瓦斯防治等 10 个实操教学点，形成了"1+X"实操培训网络。2019 年投入 2000 余万元新建 11 个特种作业实操室、1 个智能化综合实训室。2020 年投入 600 余万元建成煤矿安全警示教育体验馆。2021 年投入 400 余万元建成安全仪器检测、瓦斯检查、盾构掘进实训室和工匠大师视频直播室。2022 年投入专项资金 310 万元充实了煤矿智能开采实操培训基地建设。

（二）锻造品牌师资

大力实施"培训者再培训"工程，推行专兼职教师"双向"实践锻炼，每年组织集团安全技术培训中心教师到矿井实行跟班式实践锻炼，煤矿专兼职教师到集团安全技术培训中心顶岗实践锻炼，推进教学理论与生产实践的深度融合。提高品牌教师待遇，对初次获得集团公司品牌课程的主讲人聘为初级内训师，授课酬金由 80 元／学时提升至 300 元／学时；对连续两年被评为集团公司品牌课程的主讲人晋升为中级内训师，授课酬金按照 400 元／学时计算；对连续三年被评为集团公司品牌课程的主讲人晋升为高级内训师，聘任期间授课酬金按照 500 元／学时计算。这有力促进了教师队伍从传统授课型向集授课、培训策划、课程开发于一体的企业内训师转变。

（三）培育品牌队伍

一是建立机制，畅通工匠成长通道。制定出台《关于加强新时期工人队伍建设的实施意见》《淮北矿业工匠建设行动计划》《淮北矿业工匠工作室、工匠大师工作室管理办法》等制度，为加快建设一支高技能人才队伍提供制度保障。把理论学习与岗位练兵、技术比武有机结合起来，形成科区季度有练兵、煤矿年度有比武、集团两年有大赛的"比武练兵"机制，让员工在实践与竞技中提升技能素质。二是提待遇，加大工匠激励力度。对工匠大师、工匠实行聘任制，聘期内分别给予 25 万元、20 万元年薪待遇。被评为工匠大师的技能等级直接认定为高级技师，被评为工匠的技能等级直接认定为技师。2017 年以来，累计评选表彰 20 名工匠大师、116 名淮北矿业工匠。三是搭载体，发挥工匠引领作用。成立 6 个工匠大师工作室，每年分别给予 20 万元专项研究经费，并为每名工匠大师配备 60 名优秀技能人才组建工匠大师团队。开办以工匠大师姓名命名的"冠名班"，以工匠大师为带头人，通过高品质课堂传绝技、带高徒。充分发挥工匠大师及其团队的集成优势，针对重大技术难题开展科研攻关，同时为各矿提供远程诊断，排除设备故障服务。

四、坚持平台互动，让安全培训文化体系载体更有趣味

充分利用网络平台、仿真平台、实训平台，开展情境化、体感式互动培训，把枯燥的课堂搬上"云端"，把生硬的教学变成"游戏"，把抽象的理论转化为"实景"，进一步增强培训的吸引力、感染力。

（一）推动自主学习兴趣化

创新实施"互联网＋培训"，根据员工岗位、技能等级精准推送培训内容。强化"淮矿培训"手机 App 建设，将精品课程、绝技绝活、事故案例等录制成教学视频，并上传至"云平台"，实现了"资料随时看，名师在身边"。建立培训积分商城，员工参与日常学习、考试、培训需求调研等可获得相应积分用于兑换礼品。与三大网络运营商合作，年投入 300 余万元用于手机流量兑换，员工通过线上学习培训，每月最多可免费兑换流量 12G，有效解决了员工网上冲浪、手机流量无后顾之忧。

（二）推动警示教育情景化

通过 VR 技术模拟井下各种事故、工况及险情，让员工身临其境"体验"事故惨烈，重返现场"亲历"事故经过，让员工真正认识到违章作业的危害。2018 年以来，聚焦煤矿生产中易发、多发的各类安全事故，制作 37 个典型 VR 案例，投入 1000 余万元建立安全警示教育馆、安全警示教育室,并配发520台VR安全警示教育一体机,常态化开展观看体验。

（三）推动实操实训网络化

建设实操仿真培训平台,让员工线上直观了解设备操作、维护保养、拆解组装、排除故障等每一个步骤、环节,并且实现模拟操作。目前,已完成采煤机、掘进机、主提升机、单轨吊、锚杆钻车、防爆开关等43项演练功能的开发。紧跟煤矿智能化开采发展趋势,把煤矿智能化开采集控系统、电液控系统及乳化液泵站的实操实训搬上网络,解决了智能化开采培训实战不够的问题。

（四）推动培训管理规范化

实施培训全流程线上管理,实现了员工安全培训需求统计分析、计划制订、课程设计、培训实施、效果评估、考核激励等培训过程线上运行,"一人一档""一期一档"同步生成、实时更新,足不出户就能对培训工作"了然于胸"。将"人证比对""人脸识别""异常行为检测"等技术应用在培训签到、在线学习、上机考试等场景,从源头上杜绝代培、代考、代学等造假行为。

淮北矿业集团安全培训经验主要体现在"六个好":一是培训理念好,二是工作体制好,三是培训机制好,四是准入制度好,五是工匠品牌好,六是实操基地好。自全国煤矿安全培训现场会以来,淮北矿业集团安全培训文化体系建设的经验做法在行业内迅速传播开来,300余家单位前来交流煤矿安全培训工作经验。

参考文献

［1］何伟.煤矿安全培训工作的创新与实践［J］.管理观察,2011,（04）:85-86.

［2］周兴玲.浅谈煤矿安全培训工作模式的创新［J］.现代企业教育,2012,（13）:47.

［3］郭玉梅.煤矿安全培训创新研究［J］.管理学家,2010,（11）:59.

［4］陈瑛权.煤矿安全培训创新形式研究［J］.企业文化旬刊,2015,（1）:99.

［5］刘霞.对企业员工培训模式创新的研究［J］.人间,2016,（19）:151-152.

浅谈工会在企业安全文化建设中的作用

贵州习酒投资控股集团有限责任公司　桂晓莉

摘　要：安全是企业发展的根本保障，关系到广大职工的切身利益和根本利益。安全文化建设作为企业文化建设的重要部分，逐渐被越来越多的企业重视起来。它从思想上引导、促使职工自觉树立安全生产观、安全生产意识，主动履行安全生产责任制，从而对职工的工作行为发挥显著的约束作用，最终达到企业安全生产的目的。

职工群众是企业文化建设的主体，是安全工作的实践者、监督者、受益者。职工的生命健康安全是每个职工最根本的权益。工会是中国共产党领导的职工自愿结合的工人阶级群众组织，是党联系职工群众的桥梁和纽带，是企业与职工沟通的桥梁，承担着维护职工权益，促进企业发展的重要职责和使命，在安全文化建设中发挥着不可替代的作用。企业应以企业安全文化建设为载体，充分发挥工会的监督、教育、引导、服务作用，不断筑牢企业安全防线，促进企业可持续发展。

关键词：工会；安全文化

一、工会在企业安全文化建设中的独特优势

（一）群众优势

《中国工会章程》中对工会工作作了明确规定：中国工会坚持群众化、民主化，保持同会员群众的密切联系，依靠会员群众开展工会工作。工会是职工自愿结合起来的群众组织，始终秉持以人为本的理念，坚持维护职工权益的基本原则，将全心全意为人民服务作为工会工作的生命线，深入职工，关心职工，帮助职工，是职工的"娘家人"，具有广泛的民主性和群众基础，在职工心中的地位不可撼动，让职工思想教育工作有更好的影响力和渗透力。工会参与安全文化建设，更容易打开职工心灵，更好团结职工、吸引职工、凝聚职工，提高职工参与的主动性。

（二）组织优势

工会作为企业重要组织，具有健全的组织体系。工会组织从企业到车间、班组，覆盖整个企业，拥有一个自上而下、完整的工作网络。各级工会组织密切联系职工，履行工会组织参与、维护、建设、教育四项基本职能，常态化组织开展群众性活动，引导和教育职工增强安全意识，使工会工作拥有覆盖面广、号召力强、传播性好的特性。工会参与安全文化建设，能更好地调动职工参与的积极性，助力企业安全文化建设，实现职工从"要我安全"到"我要安全"的思想转变。

（三）阵地优势

安全文化建设不是一次性工程，是一个持续引导、教育职工转变思想的漫长过程，需要多种实物载体来支撑。而工会拥有着职工小家、工人讲习所、职工书屋、创新工作室等文化阵地，它们是工会履行职能、开展活动的重要实物载体。企业可依托工会阵地，不断加强安全文化宣传，开展安全文化教育活动，为职工营造一个浓厚的安全生产氛围，使职工在潜移默化中接受教育熏陶。

二、发挥工会作用，助力企业安全文化建设

（一）充分发挥工会服务作用，强化职工"主人翁"意识

维护职工合法权益、竭诚服务职工是工会的基本职责。工会要把握以职工为中心的工作导向，竭诚为职工服务，深入职工群众中，想职工之所想，急职工之所急，办职工之所盼，真正让职工感受到企业"大家庭"的温度，牢固树立"主人翁"意识，化"被动"为"主动"，积极参与到安全文化建设中来。一是提升职工安全感。落实安全生产和劳动保护等制度，发挥职工代表巡视检查作用，深化职工生产安全和职业健康权益保障，做好群众性安全保护监督检查工作。二是提升职工参与感。通过职代会、职工满意度调查、合理化建议、职工挂牌上岗等有效途径，切实维护好职工代表参与企业管理的权利。三

是提升职工获得感。做好职工困难帮扶、婚丧嫁娶等关心慰问工作，开展好金秋助学、夏送清凉、冬送温暖等慰问活动，让广大职工在关心关怀中，进一步增强工会组织的吸引力和凝聚力。四是提升职工幸福感。通过走访、座谈、谈心谈话等形式，及时了解职工心理动态，掌握职工心理诉求，帮助职工脱困、解困；建立心理咨询室，培养心理咨询员，打通职工心理疏导渠道，为职工提供情绪发泄、缓解压力的平台，切实维护职工心理健康；提升工会工作者调解矛盾、化解纠纷的能力，帮助职工化解矛盾纠纷，构建和谐劳动关系。

（二）充分发挥工会监督作用，维护职工生命健康权益

监督职能是工会参与安全文化建设的重要渠道。《安全生产法》第七条就规定了工会依法组织职工参加本单位安全生产工作民主管理和民主监督，维护职工安全生产方面的合法权益。《安全生产法》第五十二条规定了工会有权对建设项目的"三同时"进行监督，提出意见，有权参加事故调查，向有关部门提出处理意见，并要求追究有关人员的责任。工会有监督权，有纠正权，有提出解决问题的建议权等。作为一个群众性组织，工会要充分发挥广大职工的聪明才智，广泛深入开展群众性安全生产监督活动。一是积极参与企业安全生产制度的制定与实施，监督企业执行安全生产方针政策情况。二是充分发挥职代会作用，广泛征集职工涉及安全生产的提案，并跟踪好提案的落实情况。三是在职工代表大会闭会期间，组织专门委员会和职工代表就企业职工代表大会决议执行情况、职工代表大会提案落实情况、厂务公开实行情况以及企业在职工福利、职业健康保护等各方面的实行情况等开展巡视、检查、质询等监督活动；四是通过激励的方式，鼓励广大职工开展隐患排查、岗位自查，发现身边安全生产隐患，保障企业生产安全。

（三）充分发挥工会宣教作用，增强职工安全防范意识和提高自我保护能力

思想决定行为。教育职能是法律赋予工会的重要职能。在参与企业安全文化建设中，工会组织作为职工的"娘家人"，要充分运用自身优势，当好安全宣传员，宣传、教育职工强化安全生产意识，提高安全保卫能力，从根源上规避安全事故发生，维护职工生命财产安全。一是深入充分利用职工之家、职工书屋等阵地，推动安全文化知识上墙，购置安全学习书籍等，营造安全文化宣传氛围。二是结合书香企业建设，开展安全相关阅读活动等，动员职工学习国家安全法律法规、企业安全管理相关制度、企业安全文化等内容。三是定期组织开展安全文化宣讲、安全知识讲座等活动，活动应具有普及性和互动性，激发员工学习主动性。四是结合工作岗位安全风险，把安全生产理论知识与生产操作实际相结合，开展安全技能培训等实践活动，让职工亲身了解岗位安全风险点，提高自我保护能力。

（四）充分发挥工会组织作用，调动职工参与安全文化建设积极性

在现代各种社会组织中，工会是由劳动者组成的特殊的社会组织，具有较强的组织性和号召力。因此，工会要把增强职工安全防范意识、引导职工参与安全文化建设主动性作为出发点和落脚点，通过组织开展多样的活动，调动职工积极性和创造性。一是组织开展广大职工喜闻乐见的群众性安全文化活动，比如通过持久深入开展"安康杯"安全生产知识竞赛，打造安康杯竞赛品牌，提高职工参与度，提升品牌影响力。二是发挥工会文体活动组织优势，融入安全文化元素，比如开展"人人讲安全"演讲比赛、"安全与我同行"趣味运动、安全文艺汇演等创新活动，让职工在寓教于乐中树牢安全文化意识。三是依托"五小""六个一"、绿色增效等技术创新活动，引导和激励职工参与安全生产科技创新，提高企业安全管理水平。四是组织开展全员安全隐患排查、争当安全吹哨人等群众性安全监督活动，引导职工主动参与安全监督，查找隐患、消除隐患，保障职工生产安全。

先进的企业文化是企业发展的灵魂，优秀的职工队伍是企业可持续发展的不竭动力。安全文化作为企业文化的一个重要内容，必须融入企业全局工作。企业要充分利用工会在文化建设中的优势，找准工会在企业文化建设中的定位，充分发挥工会在安全文化建设中不可替代的作用，真正发挥职工在安全文化建设中的主体作用，保障企业安全、和谐发展。

参考文献

[1]崔金和,秦砖.中国工会的五大优势[J].天津市工会干部管理学院学报,2013,21(03):16-18.

[2]李洪伟,向会诊.发挥工会组织优势,助力安全文化建设[J].工会工作,2014,(02):17-18.

[3]陈莹.浅谈工会如何在企业安全文化建设中发挥作用[J].经营管理者,2016,(21):1.

深入推进安全文化建设
促进企业高质量安全发展

成县祁连山水泥有限公司　黄彦文　王工农　朱照康　殷　杰

摘　要： 安全文化是企业文化的重要组成部分，是企业员工和相关群体所共享的安全价值观、态度、道德和行为规范所组成的统一体，是企业安全管理的灵魂。深入推进安全文化建设，是企业安全管理理念和安全核心价值观广泛传播和不断深化的重要举措，是增强全员安全意识、从根本上实现安全生产长治久安的重要基础和保证，是提升企业安全管理水平的有效手段，是企业实现安全健康、可持续发展的重要途径。

近年来，成县祁连山水泥有限公司结合企业现状和自身特点，不断革新理念，积极探索、创新实践，多措并举加强安全文化建设，走出了一条安全高效、和谐稳定、创新管理的新路子。通过安全文化建设，扎牢了安全文化的根，筑牢了安全文化的魂，规范了员工的安全行为，企业向心力和凝聚力进一步增强，核心竞争力明显提升，取得了良好的经济效益和社会效益，促使企业实现了高质量发展。本文主要对成县祁连山水泥有限公司安全文化建设及取得的成效做了综合论述。

关键词： 安全文化建设；高质量安全发展

一、引言

近年来，随着"生命至上、安全发展"理念不断贯彻落实和深入人心，全国安全生产形势持续向好。安全生产工作通过生产经营单位负责，职工参与、政府监管、行业自律和社会监督，安全生产形势持续向好。但从全国范围内发生的安全事故和伤亡人数来看，总体形势不容乐观。从发生的生产安全事故统计数据反映出，企业主体责任落实不到位、员工安全意识和技能不高、安全理念缺失、部分企业安全管理水平低下是造成事故频发的主要原因，事故的发生不仅给社会和家庭造成严重损失，也给企业的声誉造成了不良影响。因此，从企业长远发展来看，持续加强安全管理已成为企业管理的核心课题，而推进安全文化建设是企业凝聚共识、汇集力量，增强安全生产意识，提高全员安全素质，促进安全生产工作创新发展，建立安全生产长效机制，提升安全管理水平的重要手段，对实现安全生产形势持续稳定好转，具有十分重要的现实意义和长远意义。

二、实施背景

（一）深入推进安全文化建设，是职工安全理念和安全认知提升的需要

安全管理思想决定安全意识，意识形态决定安全行为，而行为最终决定结果。海因里希法则表明，

每发生330起意外事件，有300件未产生人员伤害，29件造成人员轻伤，1件导致重伤或死亡。从近年发生的事故来看，安全事故不仅仅是因为安全防护设施缺失、安全管理制度不完善，职工安全意识淡薄、频繁违规操作也是事故发生的重要原因。因此，作为企业，有效增强职工安全意识、统一安全理念、规范员工安全行为、实现安全稳定发展，加强企业安全文化建设迫在眉睫。

（二）深入推进安全文化建设，是公司生产力水平持续提升的重要手段

安全生产事故频发多发与生产力发展水平、安全生产条件、从业人员精神状况息息相关。生产力水平决定了安全生产的总体状况。现如今，大力发展机械化、自动化、信息化是全行业发展的总体方向，但还需要一个漫长的过程。在生产技术装备不够完善的情况下，提高从业人员的安全素质，规范安全行为，减少人为事故的发生显得尤为重要。必须坚持两手抓，一手抓安全生产设备设施的改进，一手抓职工安全素质的提高，以完备的安全文化体系和设备设施体系促进企业生产力水平不断提高。

（三）深入推进安全文化建设，是公司实现安全发展、长治久安的基本条件

长期以来，在国家安全生产高压态势下，抓好安

全文化建设、提高企业安全管理水平、实现长周期稳定运行已成为社会和企业长治久安的迫切需求，只有不断发扬创新精神，响应时代号召，不断对安全文化进行归纳、总结、提炼，才能创建出具有企业自身特色的安全文化，为企业安全管理提供动力源泉。

三、公司安全文化创建历程

（一）第一阶段：起始阶段（2010—2014 年）

公司于 2010 年 2 月投产。当初，只是单方面注重利润的增长和指标的提升，安全生产重心以国家法律法规和上级部门的要求为主，人员安全意识不强，安全生产氛围不浓。2011 年、2013 年发生了两起一般生产安全事故为公司全员敲响了警钟，安全生产的重要性在全员心中留下了深深的烙印，为吸取事故教训，公司加强职工行为管理，逢会讲安全，逐渐传播安全文化理念，安全生产氛围逐步浓厚，安全逐步成为全体员工的本质需求，"生命安全是一切工作的前提"逐渐成为全体职工的一致共识，至此，公司安全文化悄然兴起。

（二）第二阶段：形成固化阶段（2015—2018 年）

2015 年 10 月，公司安全一级标准化通过评审验收，企业本质安全水平得到大幅提升。通过安标体系的创建和有效运行，员工安全意识不断增强，安全行为不断规范，在"写我所做的，做我所写的"理念的感召下，在岗位达标的推动下，各项安全管理制度和要求得到有效落实和落地，安全内化于心、外化于行、固化于制的局面全面形成。公司初步提炼出了安全目标、安全价值理念、安全愿景和安全誓词等，编制下发了《安全文化手册》，形成了具有企业特色的安全文化。

（三）第三阶段：创新发展阶段（2019—2021 年）

公司不断创新安全文化培育方式，将安全文化建设思想渗透到每一个环节以及每位职工，在厂区设置安全文化墙和安全生产宣传专栏，开展"安全征文比赛和宣讲活动""安全肩并肩小品比赛""安全主题演讲比赛""讲述身边的安全故事"等丰富多彩的活动，促使安全文化落地生根，职工安全意识全面增强，安全素质全面提升，实现了"要我安全"到"我要安全"的转变，安全文化得到全面深化发展，公司被中国安全生产协会评为"全国安全文化建设示范企业"。

（四）第四阶段：高质量提升阶段（2022—2023 年）

几年来，公司牢固树立"安全是压倒一切的头等大事"的思想，始终把安全文化传播和安全知识培训摆在管理活动的重要位置，搭建起了广阔的宣教平台，多方位、多层次地开展安全宣教活动，建立起了鲜明特色的企业文化，营造了"人人要安全、人人参与安全，人人管安全"的浓厚氛围。全员参与、全员共建的安全文化体系不断完善，安全文化内容不断丰富，内涵不断深化，安全文化得到深入传播和升华发展，促使企业高质量安全发展之路行稳致远。

四、深入推进安全文化建设的具体做法

（一）构建"以人为本"的安全文化体系

安全生产理念是安全管理工作者的指南，也是实现高效安全管理的重要手段。近年来，公司坚持安全生产高于一切、重于一切、先于一切、严于一切的基本原则，弘扬"生命至上、安全第一"的安全文化价值观，秉承中国建材企业文化特点和祁连山"十大安全理念""十大行为规范"，依据《企业安全文化建设导则》的要求，结合企业实际，不断总结提炼和探索、实践，逐步形成了独具特色的安全文化。

一是在安全文化建设过程中，形成了"精神文化、制度文化、物质文化、行为文化和亲情文化"模块，确立了"安全高效、文明和谐"的安全愿景，"生产无隐患，安全零事故"的安全目标，形成了"安全为基，生命无价"的安全价值理念和"我的安全我负责、你的安全我有责"的安全道德理念，确定了"敬畏生命、牢记责任、严守制度、杜绝违章、保障安全、从我做起"的安全誓词，明确了"保护员工在生产中的安全和健康，促进公司健康可持续发展"的安全使命，公司安全文化已悄然兴起、润物无声，不断指引员工强化安全意识和规范安全行为，夯实企业安全管理基础，推动企业本质安全水平持续提升。二是公司通过不断创新、提炼，总结出了"一级一准则"的行为标准，形成"决策层安全行为六准则""管理层安全行为六准则""安全管理人员五坚持""班组长安全行为六准则""员工安全行为六通则""五思而行"等系列准则，以上准则正在潜移默化、润物无声地影响着每位员工的思想和行为。三是 2023 年再次总结提炼下发第三版《安全文化

手册》，企业安全文化体系全面形成，内容更加完善，成为引领公司安全发展的灵魂。

（二）健全横向到边、纵向到底的安全责任网络

为深入贯彻落实国家法律法规，确保各层级职责清晰，公司建立了从总经理到班组的四级安全生产管理网络，成立了安全生产管理委员会，制定了清晰的安全管理组织网络，以员工落实安全责任为合格标准，以全面推动高、中、基层落实安全生产责任为终极目标。

首先，公司每年总结上年度安全目标达成情况，提出更高的要求和标准，层层签订安全目标责任书，压实责任，年终对安全目标、愿景、指标的完成情况进行考核，对每位员工进行奖励兑现，提高了员工的参与安全管理的积极性，增强了员工的获得感。

其次，加强隐患排查治理不仅是全面消除安全风险的措施之一，更是推进安全文化建设过程的关键环节。为切实提高隐患整改效率，公司制定了《隐患排查制度》《网格化管理制度》，并严格执行；公司领导率先垂范带队开展夜班值班巡查和周值班检查，发现问题及时沟通并讨论整治方法，对存在问题较多的部门负责人进行约谈和问责，确保责任全面落实。

最后，承担社会责任是公司安全文化建设的重要模块之一，通过开展"关爱农民工子女""关爱特殊少年儿童""捐资助学""矿山道路铺油""规上企业突出贡献"等系列活动，履行企业的社会责任，彰显央企的责任担当，提升企业的知名度和美誉度。

（三）建立健全完备的安全制度体系

建立健全安全管理规章制度是企业开展安全文化建设的基础。公司根据国家安全法律法规和相关标准要求，结合岗位设置情况，建立安全管理制度87个、岗位安全操作规程218个、安全生产责任制126个，安全生产事故应急预案30个，公司制度体系健全完备。同时，各部门强化培训，全体员工做到熟知和掌握，实现"写我所做的，做我所写的"，达到知行合一，为全面推动安全文化建设奠定了坚实基础。

（四）建设先进适用的安全设备设施体系，增强安全保障能力

1. 整改提升安全防护设施

持续整改提升现场安全防护设施，不断进行生产设备设施优化升级改造是安全物质文化建设的重要举措之一，是确保人、机、料、法、环处于良好状态的基础，是有效消除作业风险、保障员工作业安全、促进公司安全管理水平持续提升的有力保证。

2023年以来，公司持续加强对现场安全防护设施的整改落实，在原一级安标的基础上，累计投入380余万元安装和完善各类防护罩、防护网、防护栏杆、道路隔离桩等安全设施，更换防烫服、防化服、防毒面具、安全带等防护用品，更换正压式呼吸器等应急器材，配备微型消防站；改造和更换洗眼装置，完善氨水罐房喷淋装置和应急设施等，切实提高了公司安全防护设施的完整性和有效性，确保了生产现场各要素处于良好的运行状态，实现了安全生产。

2. 持续推动安全目视化建设

2023年以来，公司在对现场各类安全防护设施完善的同时，持续推进现场标识、标牌、标线等目视化建设，更换各类安全警示牌、风险告知牌、应急处置措施牌、安全操作规程牌、事故案例警示牌、有限空间风险告知牌等2500余张，并根据国家新颁布的相关标准要求对标识牌相关内容进行了修订，使之更符合生产实际。重新对厂区道路划线2次，更新安全文化墙和安全展板8处，在窑头等醒目位置悬挂各类安全宣传标语，在中控楼前摆放安全宣传牌，定期对厂内的安全宣传栏和标语等进行更新，营造了浓厚的安全文化氛围。

3. 推动"两化"融合，提升本质安全水平

"两化融合"是推进产业结构优化升级、加快企业转型、增强产业核心竞争力、助力安全生产的必由之路。公司将安全物质文化建设与"智能化""信息化"工作紧密结合，充分利用信息化技术，积极推进技术改造。

公司先后上线运行能源管理系统、水泥窑、水泥磨专家操作系统、无人装车系统（部分）和出入厂无人值守系统，在此基础上，公司持续加强"两化"融合建设。

一是2023年年初，建立了中控智能安全巡检系统，进一步优化了人员配置，减少了员工现场作业时间和劳动强度，降低了安全和职业健康风险。

二是公司投资400余万元建成了5G+数字化矿山智能管控系统，以信息化、自动化和智能化实现了传统矿业的转型和升级，工作效率提高20%，生产成本降低15%，实现了边坡监测、人员位置监控、

矿山生产过程全局实时掌控、远程指挥生产和安全管控等,公司 5G 数字化矿山被甘肃省应急厅评为"5G+ 数字矿山示范矿"。

三是按照中国建材集团的统一部署,公司建立了智能安全管理系统,人员行为管控、人员运动轨迹监控、人员不安全行为预警提示、教育培训、隐患排查等功能已投入使用,运行效果良好,以上系统使公司安全生产由事后处理转变为事前预防和事中警示,有效提升了生产效率,进一步提升了公司本质安全水平。

（五）强化现场管理,规范安全行为

安全行为是安全文化的外在表现,也是安全文化引导的结果,因此,规范安全行为是企业安全文化建设的重要目的。多年来,公司结合中国建材、甘肃祁连山水泥集团安全管理理念和企业特点,不断在生产工作中运用和实践,最终提炼出了适合公司的一整套安全行为标准,包括"决策层、管理层、员工层"安全行为要求、"五安全"理念、"三知道"细则、"三部曲"细则、"三保 3"细则及"作业原则""危险作业审批流程"等具有针对性、实用性的安全行为规范,科学地指导员工从事安全生产活动,实现了安全生产。

同时,为使安全文化广泛传播,公司筹拍了"企业宣传片""矿山宣传片""安全告知片""厂歌MV",并在公司办公区多媒体大屏滚动播放,不断传播安全理念、宣传安全思想、规范员工安全行为。

（六）以亲情文化为感召力,实现安全生产

1. 深入推行亲情文化,筑牢思想防线

亲情文化体现在安全管理工作的方方面面,亲情文化的推行与实践对安全管理工作意义非凡。公司不断创新管理方法,将亲情文化与企业安全管理活动相融合,做好事前预防,未雨绸缪,防患于未然。几年来,在"无论你在事业上掘进多远,别忘了你是我们家庭的依靠"的感召下,形成了"安全是离家最近的路""爸爸、妈妈:你们要平安回家!"的亲情寄语,公司上下形成了安全高效的亲情文化氛围,促使职工从"要我安全"向"我要安全"的思想转变,作业现场"三违"现象及"隐患"持续下降,"敬畏生命,牢记责任,严守制度,杜绝违章,保障安全,从我做起"的安全誓词深入人心,有效促进了安全生产,为公司成为地区内标杆建材企业打下了坚实基础。

2. 亲情文化让员工正向回馈企业

在企业生产过程中,违章的主体是员工。所以,如果员工思想能够认识到位,将积极正向的安全行为回馈企业,这种无形的回馈就是减少违章、消除事故的核心所在。公司员工在安全文化的导向和指引下,做到时时注意安全,处处确保平安,用安全行为回馈企业。

公司每年举办"善用资源日"活动,邀请员工家属、子女走进工厂,认识公司安全管理现状,感受公司安全文化氛围,增强家属对员工工作的放心度,进而得到家属的理解与支持。通过开展入厂参观学习活动,把安全文化建设延伸到社会层面和员工家庭,充分彰显了安全亲情文化的作用。

（七）建立正向激励机制,使安全文化落地生根

安全正向激励的目的是帮助员工向"零事故"目标迈进,降低事故隐患风险。公司践行"企业为人、企业爱人、企业是人""以人为本"的人本发展理念,充分关心、信任、尊重每一位员工,积极采纳员工的合理化建议,努力满足员工的物质和精神生活等多方面的需求。

一是公司陆续为员工新建住宅小区、改造升级员工宿舍,解决了员工多年来关注的住宿问题,提高了员工的归属感和幸福感;同时,公司为员工开放阅览室,供员工阅读学习,不仅丰富了员工业余文化生活,同时提高了安全文化素养。

二是公司通过开展"安全知识竞赛""安全网络答题""撰写心得体会""安全目标兑现""零违章个人及组织评选""隐患排查奖励""隐患随手曝""安全标兵评选""未遂事故上报奖励""应急救援技能比赛""安全让家庭更幸福、安全让生活更美好演讲比赛"等活动,发放安全激励奖金,调动了员工参与安全管理的积极性和主动性。

三是公司秉承"让员工与企业共同成长"的经营发展理念,建立起了一整套人才发展和激励机制,充分发挥员工的主人翁作用,让个人价值得到充分体现,全员参与公司利润分红,让员工的收入与企业经营效益挂钩,有效提高了员工对企业文化建设的认同度与参与度,提升了员工的获得感、幸福感和自豪感。

五、取得的实效

公司通过完善安全管理机制、强化责任落实、加强教育培训、完善安全防护设施、加强沟通交流

等手段，持续推进安全文化建设。同时，深入贯彻落实中国建材集团"三精管理"要求，将深入推进安全文化建设与生产经营工作有机结合、深度融合，促使企业管理向"精益化、精细化、精健化"迈进，企业在生产运营、产销量、产值和利润、全员劳动生产率等方面逐年提高，综合能耗逐年下降，实现了高质量安全发展。

（1）2018 年 8 月，原国家安监总局四司领导到公司调研，对公司安全管理及取得的成效充分肯定，由此，公司应邀参加第九届中国国际安全生产论坛《企业安全管理体系》分论坛会议，并作主旨发言，提高了企业的知名度和美誉度。

（2）公司安全文化建设工作得到各级领导的充分肯定，中材股份被授予"安全生产先进集体"荣誉称号，中国建材集团被授予"六星企业"称号，2019 年 12 月被中国安全生产协会评为全国"安全文化建设示范企业"。

（3）公司不断加强安全物质文化建设，深入推进"两化"融合，在机械化换人，信息化、智能化减人方面和安全管理信息化、数字化方面持续上档升级，进一步提升了公司本质安全水平，提高了安全生产保障能力，为安全生产奠定了基础。

（4）公司自加强安全文化建设以来，扎牢了安全文化的根、筑牢了安全文化的魂，安全文化氛围浓厚、深入人心，润物无声，有效提升了公司安全管理水平，实现了长周期安全稳定运行，截至目前实现安全生产 3800 天以上。

（5）安全管理成效显著，政府机关、人大代表、同行企业代表、职工家属对公司安全管理和安全文化建设取得的成绩给予充分肯定和高度认可，公司已成为践行安全发展的行业典范和当地政府对外宣传推介的一张亮丽名片。

六、结语

持续深入推进安全文化建设，可持续提升企业安全管理水平，是企业实现安全生产的重要手段。持续深入推动安全文化建设，通过与企业经营工作有机结合、深度融合，可促使企业整体管理水平有效提升，是企业实现高质量安全发展的重要举措，对提高企业经营效益，实现可持续安全发展具有十分重要的积极意义。

参考文献

［1］孙斌 . 论企业安全文化建设 [J]. 矿业安全与环保，2007,34(04):85–87.

［2］祖淑燕 . 新时期加强企业安全文化建设的思考 [J]. 中国安全生产科学技术，2006,2(03):60–63.

提升员工安全文化意识 是企业安全发展的重要因素

安徽荻港海螺水泥股份有限公司 高 岩 贾树堂 周为民 黄 翔

摘 要：安全生产是企业发展的重点，也是难点，而员工是企业安全发展的基础和保障。以安全文化的传承为导向，着力提升员工自主安全风险辨识能力，是企业健康良性发展的重要因素。本文阐述了提升员工安全风险辨识能力的重要意义，并从多个角度说明以安全文化为引领，逐步提升员工风险辨识能力的方式方法和验证考核，以供企业参考。

关键词：风险辨识；安全文化；培训教育；技能比赛；多措并举

2021年9月1日颁布实施的新《中华人民共和国安全生产法》明确提出：生产经营单位必须遵守本法和其他有关安全生产的法律法规，加强安全生产管理，加强安全生产标准化、信息化建设，构建安全风险分级管控和隐患排查治理双重预防机制，健全风险防范化解机制，提高安全生产水平，确保安全生产。当前，行业体系复杂多变，作业环境千形万态，再健全的安全管理制度和操作规程也不能将所有岗位的安全作业环境囊括其中。因此，企业应当把安全文化的养成作为切入口，关注从业人员的身体、心理状况和行为习惯，在提升员工自主辨识安全风险的能力上下功夫，以达到企业长治久安的效果。本文对此进行了探讨，以期对企业和从业人员有所借鉴。

一、提升员工的安全风险辨识能力的重要意义

安全是一切生产活动的前提，近年来，随着我国法律法规体系的日益健全以及人民对安全、健康、美好生活的向往，企业不断健全和完善安全管理规章制度、操作规程和安全生产责任制，在企业上下推行安全生产标准化建设，取得了显著成效。但是全国安全生产形势依然严峻，尤其涉及矿山、危险化学品、交通、建筑等重点行业领域，安全生产事故呈现多发、高发的态势。

滴水穿石，非一日之功，提升员工安全风险辨识能力不是一朝一夕就能出成效，而是员工对安全生产习惯性思维的养成，是汲取各类安全事故教训的积累，只有全员发挥主观能动性，能够辨识安全生产风险，并采取有效的管控措施排除隐患，规避可能突发的安全事件，学会应急救援技能和措施，才能从根本上保障企业安全发展稳定受控。

二、作业环境辨识安全风险的方式方法

安全风险辨识能力，就是从业人员在开展某项实践活动过程中，从中发现可能危及人员和财产安全的风险点并加以规避，从而使这项活动安全顺利地完成的一种能力。

对该作业安全风险进行分析并根据风险分析的结果布置落实安全防范措施：防高空坠落、物体打击、起重伤害、坍塌、触电等，如表1所示。

表1 高空吊装作业安全风险分析与防范措施落实清单

风险类型	安全风险分析	安全防范措施	责任人	是否落实了措施	确认人签字
高处坠落	登高作业未佩戴安全带、安全绳等防护用具	登高作业规范穿戴五点式双钩安全带和安全绳（防坠器），建立双保险	作业人员		
	安全带、安全绳等防护用具损坏	作业前检查是否有磨损、断股、破损等缺陷	作业人员		
	站在脚手架上作业时踩空，导致高空坠落	作业平台的脚手架铺设坚固跳板并扎牢	作业人员		
	脚手架下方未规范铺设安全网导致人员高空坠落	在高空作业车下方的脚手架上，铺设密码式安全网	作业人员		

续表

风险类型	安全风险分析	安全防范措施	责任人	是否落实了措施	确认人签字
物体打击	高处平台放置杂物掉落导致砸伤	规范佩戴安全帽，检查脚手架是否有扣件和杂物摆放，及时清理	作业人员		
起重伤害	因吊装过程中视线不良，导致吊物伤人	雷雨、大风、大雾以及夜间等影响视线的环境禁止开展吊装作业	作业负责人		
	吊装过程中因吊物晃动或者捆绑不牢固导致掉落	吊装作业前，清空吊装区域作业人员，拉设安全警戒线，并悬挂"吊装作业禁止靠近"的标识牌，安排专人在吊装区域外监护作业，配合吊装人员使用安全绳控制吊物稳定	监护人员		
	吊装过程中钢丝绳或吊带等工器具损坏断裂	吊装过程中检查钢丝绳、吊带等吊装工器具是否存在缺陷，吊物棱角处使用卸扣吊装或者使用垫层保护钢丝绳	作业负责人		
	未安排专人指挥或者多人指挥信号不明确	吊装过程中，安排专人指挥，驾驶员和指挥人员持证上岗	作业负责人		
	吊物过重，汽车吊无法吊起	选用合适的吊车进行吊装，吊装作业前，要对吊物进行试吊	吊装驾驶员		
	因吊车支腿设置不当导致车辆倾翻	吊车的支腿必须全部伸出，支腿增设坚固垫层	吊装驾驶员		
坍塌	因脚手架搭设不牢靠或者不规范导致的坍塌	人员登高作业前，必须检查脚手架是否牢靠，是否按照《建筑施工扣件式钢管脚手架安全技术规范》开展验收	作业负责人		
	吊物晃动导致房基坍塌	吊装过程中，吊物的最底端必须始终在房基的上方，人员使用安全绳稳定吊物，吊物落地前，要进行试放，将吊物固定牢靠后方可松紧摘钩	吊装驾驶员作业人员		
触电	现场使用临时用电或者电焊机线路破损	作业前检查临时用电的线路、接地、漏电保护是否正常，使用焊机是否绝缘检测，线路是否存在破损	电工作业人员		
其他伤害	吊装作业区域存在易燃易爆气瓶，吊物砸击造成爆炸风险	吊装作业前，将吊装区域的易燃易爆气瓶移位至警戒区域之外	作业人员		

企业营造良好安全文化氛围，作业环境中各角色主动辨识安全风险，形成一套对该作业环境行之有效的安全实施方案并加以贯彻落实，是企业在每个生产环节保持健康安全的保障。

（1）结合风险分析的结果，制定行之有效的安全施工方案，明确人员、工器具、施工流程、风险分析、安全防范措施以及应急救援措施等内容。

（2）作业负责人对吊装驾驶员、吊装指挥人员、监护人员、作业人员以及应急救援人员开展安全技术交底，布置工作内容和安全防范措施，明确安全职责并记录，全体参加作业人员确认签字。

（3）作业负责人、安全管理人员、企业负责人逐级审定安全技术措施，现场监督检查安全防范措施的落实情况，确认无误后，共同签发作业令。作业

负责人全过程监控作业安全措施落实。

从以上案例不难看出，15项安全风险中，有11项需要作业人员（含作业人员、监护人员、吊车驾驶员）做好风险辨识和防范措施的落实，有一项未落实的，都可能会导致不可估量的后果。

三、循序渐进、多措并举提升员工安全生产意识和风险辨识能力

（一）强化安全生产警示教育，是提升员工风险辨识能力最有效的途径

"一厂出事故、万厂受教育，一地有隐患、全国受警示"，企业要紧紧抓住安全事故案例这个重要的培训教材，通过学习每日一案例等方法，在班组每日早会后，展开广泛的讨论，深刻剖析安全事故后的各种诱因，结合本岗位的实际，分别从"人—机—物—

法—环"五个角度还原事故本质,以此积累,员工就能够在长时间的学习积累中掌握大量的风险辨识点,从而应用到岗位中。

同时,企业应充分重视员工的"三违"培训教育,发挥各级各专业管理人员的专业知识能力,深入作业现场讲解安全风险点。很多企业制定了详细的"三违"考核管理办法,安全管理人员对照标准,对现场开展检查发现问题就制止并纳入考核,但是却忽视了最重要的培训教育,是谁告诉他我为什么不能这样操作?是谁告诉他这样操作可能带来的严重后果?是谁告诉他应该怎么做才能保障作业安全?最终的结果,员工掌握不了相关知识,反而造成安全管理的抵触心理。因此,让员工知道错在什么地方,应该怎样做。不能让员工怕犯错,怕批评,主动暴露自己的不足,才能使得班组形成良性的学习竞争力。

(二)营造齐抓共管安全氛围,是提升员工安全生产意识最有效的途径

安全文化是一个企业安全发展的驱动力,是企业保持稳定长效运行的基本保障,企业营造了什么样的安全文化氛围,是否将安全优先的理念深入全体员工,决策层或者管理层是否在布置各项工作时同时布置生命安全保障措施,决定了企业是否能够持续安全稳定运行。

1.健全体系,完善制度,全体员工参与企业安全规划

在日常安全管理工作中,企业应注重落实安全生产责任制,做到制度与方法并行,将"管生产必须管安全"的原则落到生产一线的每一个细节中。同时,将安全责任落实到岗位,建立互联互保、安全信用积分考评机制,确保目标与承诺融合,做到"工作有标准,事事有人抓,全员齐参与"的安全管理氛围。

2.强化培训,文化引领,全体员工参与安全文化活动

企业要形成完善的培训教育体系,制定年度安全培训教育方案,将主要负责人、专业领导、技术骨干、班组长纳入培训教育范畴,明确企业各岗位培训教育责任。

基层班组方面,通过推行班前会、周安全例会等沟通平台,检查员工安全状态,落实安全联保互保确认,讲评当班安全要点,实行班前安全预想,开展安全宣誓。将能量隔离、作业分级审批、停送电制度等常挂于口,促使员工养成了岗前安全确认、按

章作业的良好安全行为习惯,从源头上防控安全事故发生。

3.扎实推进,以人为本,共同营造良好的安全管理氛围

企业充分利用横幅、宣传展板、微信群等信息传播载体广泛宣贯安全文化理念、安全价值观、安全愿景等;为职工订购安全、环境报刊,编制安全制度汇编、事故案例汇编等书籍,坚持每周开展安全知识学习活动;公司各级部门定期组织参与安全检查、员工行为观察,推行对职工家人安全告知、家属座谈会等活动,时刻督促大家严防思想松懈,切实引导员工从要我安全,到我要安全、我会安全,最终向我能安全、互助式安全转变,使安全文化真正深入人心。

(三)加强技能培训与考核,是企业安全培训教育的重要组成部分

工欲善其事,必先利其器。在作业中,采取必要的防范措施,掌握足够的安全技能是必不可少的。所谓的安全技能是指员工在实践中,能够采取有效的措施,保障全过程作业安全。

1.师带徒安全技能学习

师带徒安全技能学习比较适合对一些行业的新进、转岗的员工或者安全技能掌握较落后的员工采取的一种技能学习手段,侧重于员工之间的互帮互助。师傅的人选必须是现场实践经验丰富、安全意识和技能较强的员工。师与徒签订师徒安全互帮互助协议,在有限的时间内,师傅对徒弟进行专业技能手把手教育。

2.以班组为单位,分专业开展安全技能培训考核

班组技能培训考核是当前比较普遍的一种技能学习方法,企业排定班组培训时间、周期、专业内容,由本班组的班组长或者经验丰富的师傅作为讲师,对本班组的员工开展专项技能培训考核。这种方法的培训注重学习专业知识的普遍性,比较适用于人员基数较大的企业。

3.开展每周(月)一课题,闭环验证专项知识掌握情况

每周(月)一课是指在一个循环周期内(可以是一周或者一个月),企业专业管理人员或者专家针对一个专业知识点,系统讲解专业知识,形成学习材料,在周期内进行学习,周期快结束时,验证员工的学习情况,以此达到周期内掌握一个专业知识内容

的目的。此方法的学习可以让员工在每个周期内系统地掌握一个专项技能，专业知识较强。

4. 对班组长等重点人群开展专题技能培训

突出重点人群开展专题安全技能培训是指企业从基层岗位中，抽出班组长或者特种专业人员，脱岗集中开展技能培训教育，企业聘请各专业的技术骨干、外请专家进行系统的培训。

（四）强化应急救援技能培训，形成突发事件自救能力

企业应提供全面的培训和教育，包括急救技能、灾害知识、应急预案等方面的培训，提高救援人员的专业素养和应对能力。定期组织应急演练和实战训练，模拟真实的灾害场景，让救援人员在实践中熟悉应急流程和操作技能。及时更新救援装备和应用最新的技术手段，提高救援的效果和安全性。最后通过宣传教育活动，加深公众对应急救援的认识和意识，培养大家的自救互救能力。

四、采取有限的措施，检验员工安全风险辨识能力

当企业动用大量的人力、物力、财力在员工的安全风险辨识能力上，定期的考核验证是必不可少的，验证后并给予奖惩能够让员工产生浓厚的学习兴趣，从而达到企业安全闭环管理的目的。

（一）定期开展理论和技能考评

企业以月度或者季度为周期，对本周期内开展的培训教育进行验证。考评分为理论答题或者实践考评。理论答题侧重于方式方法，可以通过看图辨识风险，也可以专业知识考核。实践考评侧重员工实践能力，给定一个本专业的作业项目，在实践操作中辨识风险并落实安全防范措施。

（二）开展岗位场景模拟考评

各专业各部门自组一队，企业给定特定的作业项目，以桌面演练或者实践的方法合力完成安全风险辨识和落实安全防范措施的，针对各专业、各部门的完成情况，由专业管理人员给予必要的考评打分，从而达到以考代培的目的。

（三）在实践中，观察员工行为规范并总结指导

各专业管理人员或者安全管理人员，深入现场，旁站时监督检查员工安全风险辨识行为，验证防范措施的落实，或者员工根据作业项目主动阐述本作业存在的安全风险，结合现场实际给定安全评价，指出风险辨识的不足，从而达到全面掌握风险辨识的能力。

五、结束语

"发展决不能以牺牲人的生命为代价，这必须是一条不可逾越的红线。"习近平总书记给全国安全生产工作指明了方向。企业只有在全员上下营造人人管安全、人人要安全的浓厚安全文化氛围，并通过加强培训教育，不断夯实员工安全意识和技能，提高安全风险辨识能力，才能从根本上预防和减少安全事故发生。

参考文献

［1］丛玉峰. 化工企业安全风险管理和隐患排查管理措施［J］. 企业管理，2021，（03）:159-160.

［2］陈伟斌. 机电安装工程项目施工安全风险管理研究［J］. 市场周刊：商务营销，2020，（85）:147.

［3］JGJ130-2011. 建筑施工扣件式钢管脚手架安全技术规范.

［4］GB30871-2022. 吊装作业安全规范.

［5］JGJ80-2016. 建筑施工高处作业安全技术规范.

牢固树立"中老铁路无小事"的安全理念 推进专业融合促发展 深化精检细修保安全

中国铁路昆明局集团有限公司普洱基础设施段 段兴迅 李武贵 邓 勇 姚 川 王 智

摘 要: 中国铁路昆明局集团有限公司普洱基础设施段(以下简称普洱基础设施段)建段两年以来,认真学习贯彻落实习近平总书记关于安全生产的重要论述和对铁路工作的重要指示批示精神,坚持人民至上、生命至上,牢固树立"中老铁路无小事"的安全理念,始终秉承"人民的铁路为人民"的宗旨和服务理念,立根固本、强基育人,统筹国内段和国外段基础设备的检查维修管理,不断探索推进集工务、电务、供电、机修等多专业于一体的融合维修管理模式,打破专业壁垒,促进中老铁路运营标杆站段和安全标准示范线取得新成效。深入推进实践以检查、检测监测、分析、计划、作业、验收的"六精养护"法组织开展设备精检细修,打造安全优质设备服务于中老铁路的黄金大通道。

关键词: "中老铁路无小事";安全标准示范线;"人民铁路为人民";专业融合促发展;精检细修保安全

中老铁路开通以来,普洱基础设施段认真学习贯彻落实习近平总书记关于安全生产的重要论述和对铁路工作的重要指示批示精神,坚持人民至上、生命至上,始终牢记习近平总书记关于"把中老铁路建成'一带一路'中老友谊标志性工程""把铁路维护好、运营好,把沿线开发好、建设好"的殷殷嘱托,牢固树立"中老铁路无小事"的安全理念,以"立根固本、强基育人"为核心,以将中老铁路打造成为全路时速160公里安全标准示范线为目标,不断完善安全理念、制度、行为和环境建设,先后荣获"全国五一劳动奖状、云南省工人先锋号、全路防汛救灾先进单位、全路标杆示范站段"等荣誉。

普洱基础设施段认真落实中国国家铁路集团有限公司和昆明局集团公司持续巩固标志性工程成果工作部署,全段上下统筹国内段和国外段共39个站,正线1002.738公里基础设备的检查维修管理(中国境内玉溪站至磨憨站共19个站场和10个中继站,正线506.007公里,老挝境内磨丁站至万象站20个车站,正线496.731公里)。不断探索推进集工务、电务、供电、机修等多专业于一体的融合管理模式,打破专业壁垒,促进中老铁路运营标杆站段取得新成效。深入推进实践以检查、检测监测、分析、计划、作业、验收的"六精养护"法组织开展设备精检细修,打造安全优质设备服务于中老铁路黄金大通道。

一、深入实践,坚定不移推进多专业融合

经过摸索逐渐形成并成熟运用"四统一、两坚持"(统一天窗安排、统一作业组织、统一机具使用、统一防护管理,坚持作业组织的专业主体地位不动摇,坚持安全分析考核的专业主体不放松)的多专业融合基调,形成以工电供为主体的一体化融合管理思路、专业化规模维修和集中修组织模式。

(一)以增能创效为目标,创新生产组织融合管理

以"思想融合、专业融合、组织融合、分配融合"为原则,持续探索国内段3专业、国外段6专业跨专业完成体力劳动能处理的11项通用作业项目,形成多专业协调联动,高效互补的作业体系,资源得到充分的整合运用,劳动效率大幅提高。

(二)强化综合天窗运用管理

大力推进一体化天窗管理,实践大天窗、综合用,充分利用轨道车用铁路出行作业,较单专业站段大大降低用汽车出行带来的道路交通安全隐患风险(普洱、西双版纳地区多雨,道路泥泞、崎岖)。2023年上半年一体化天窗计划兑现967条,占总维修作业计划的38.1%。

(三)高效能合署办公

充分发挥普洱两段(普洱基础设施段、普洱车务段)调度中心合署办公优势,每日联合交班、每周施工维修联审、应急协调联动等机制有效运转,

大幅缩减因协调产生的时间。如：发生的 4 次地震、92 次降雨限速及封锁等得到高效处置；针对宁洱、西双版纳、野象谷货场、磨憨等大站场天窗给点受限，共同研究制定"维修天窗＋站批天窗"及"站场片区化"的作业组织模式，确保生产、运输、安全统筹兼顾。

二、高标定位，坚定不移深化"六精养护"

中老铁路固定设备高标开通难，常态化保持运营标杆更难，一直以来，普洱基础设施段各专业在"精"字上下功夫，不断深化"六精养护"模式，提升设备维修质量、养护水平保运输安全。

（一）钻在深处，在精细检查上持续补强

把现场检查、检测监测作为各专业最重要的工作来抓，通过人工、仪器、检测车、视频、信息设备监测等方式，全面准确获取设备状态基础数据。在 4 个综合维修车间抽调精兵强将，分别成立车间级检查分析工区，组成专业检查队伍。各专业根据实际，采用周期检查与关键设备、薄弱处所加密检查相结合，充分发挥科技保安全的作用，改移 6 处风监测至桥梁中部收集更加准确的数据，依托 6C、SCADA、信号集中监控系统、红外测温、无人机视频巡视等手段，对设备运行状态实时监控，工务专业以 6 种方式、电务专业以 4 种方式、供电专业以 7 种方式充分运用，实现对基础数据全覆盖、全链条、全要素收集。

（二）抓在细处，在精准分析上走深走实

强化调度指挥中心工电供综合分析室作用发挥，按照"六结合"原则开展综合分析（即均值与峰值相结合、整体趋势与部分缺陷相结合、动态与静态相结合、设备基础与分析结果相结合、单专业与多专业相结合、检测监测数据与人工干预相结合），既能体现数据的精准性，又能体现人工干预的专业性，更能科学反映设备状态，精准为现场提供科学作业依据。工务专业扭转重尺寸、轻结构的传统理念，建立结构病害关联分析机制，发现了 K308+050 过渡段路基下沉的突出安全隐患。电务专业首次尝试在信号集中监测系统上按照"一区段一方案"设置报警区间，实现数据分级处理，增加道岔功率及动作时长报警功能，由周期修向状态修转变，预防性消除会导致设备故障的安全隐患 7 次。供电专业对人工检查、监测缺陷进行逐条分析，按轻重缓急分类定级，纳入综合维修生产管理信息系统、6C 数据中心闭环管理。

（三）分级管控，在精研计划上严格把关

作业计划是作业的唯一依据，设备问题处理要把握"红灯、黄灯、绿灯"的关系，根据分析结果按轻重缓急认真研究，项目单一、相对简单的由综合维修车间完成；项目复杂、工作量较大的由专修队完成；结合部综合整治由多专业联合作业完成；调度中心融合同一区间、同一站场作业计划，严格按规定逐级审批技术方案、作业组织、安全措施、干部把关等项点，确保计划全面准确落实落地。

（四）落实工序，在精实作业上注重成效

工务坚持以"精确修、精准修"为原则，强力推行精测、精调、精捣生产组织模式，结合惯导测量系统、0 级轨检仪等精密设备的运用，建立健全科学精准作业模式，在原有专业修工班基础上，成立 2 个道岔专业维修工区，突出道岔精养细修，确保设备质量均衡稳定。电务制定专项监测分析表，实施重点分析与差时分析，根据检测系统分析结果开展设备"预防修、状态修"，对重点难点问题组织"集中修、专业修"，不断提高设备基础质量。公司严格执行标准化作业组织的"十大环节"开展现场作业，在保证作业安全、提升作业效率的情况下有效处理缺陷。

（五）严格考核，在精确验收上创新管理

严格质量回检或复核，确保现场作业达标，建立健全目标考核制度、作业质量责任追究制度，通过跟班、抽查、监测检测数据对比、视频、照片、设备信息等有效手段，检验、监督作业质量，确保现场问题"真处理"、设备质量"真改善"。工务专业 2023 年上半年下达生产维修任务 211 条，验收合格率达 90%。信号、电力、接触网专业作业完成后，利用信号集中监测、网管监测、供电复视终端等系统确认设备运行正常，无异常报警信息后方可撤离。杜绝处理一个缺陷，次生更多、更严重的隐患，严防作业干出来的问题，2023 年，未发生作业质量不达标而造成设备劣化的问题。

（六）高标定位，在精心打造上树立目标

坚持目标导向，立足打造精品设备，各专业明确精品、优等品、合格品、不合格品等评价标准及范围，强化专业技术管理，补强设备短板弱项。工务主要完成道岔提质修理 50 组，有砟轨道精调 44.2 公里，无砟轨道精调 155.6 公里，动态检测 TQI 均值玉磨段 2.69mm、磨万段 4.36mm。电务专业开展动接点防松整治处理严重隐患 24 个,完成工电道岔整治 175 组。国内外动态检测信号设备、轨道电路、补偿电容合格率 100%。供电专业主要开展大型站场设备专项整修、电力外电源架空线绝缘子更换等专项工作。动态弓网综合检测接触网 CDI 管理值玉磨段 0.86、磨万段 0.68。

三、取得的成效

随着专业融合和"六精养护"法推进的不断深入,设备故障得到有效控制和大幅压缩,安全情况稳中向好发展,2023 年 1—6 月份发生责任设备故障 1.5 件,较 2022 年 1—6 月份减少设备责任故障 4.5 件,同比下降 75%。如图 1 所示。

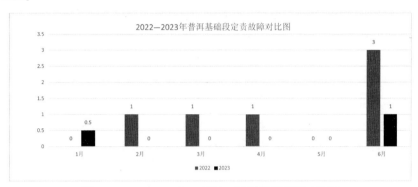

图 1 2022—2023 年 1 月至 6 月份定责故障对比图

四、统筹兼顾,坚定不移发挥好大后方保障作用

普洱基础设施段坚决落实昆明局集团公司"磨万段的事也是昆明局的事"的要求,为国外段维管部门(琅勃拉邦维保管理中心)努力、尽力做到有求必应,统筹好国内段和国外段固定设备运营维护管理,在统一标准落实"六精养护"模式的基础上,全面发挥好大后方的保障作用。

(一)做好技术援助工作保安全

在国内分专业建立工电供专家团队共 62 人,定期或不定期开展疑难问题研讨交流和会诊,对质量缺陷问题,段部专业科室及时提供技术指导,及时解决缺陷问题。

(二)做好物资材料供给保安全

根据中心年度物资需求,积极汇报集团公司相关业务部,做好道路运输合同报签,办理管制物资出口许可证,上半年已办理物资出境 416 项,确保境外维修物资足够及适当储备。

(三)建立日周月工作安全机制

日、周境内外全部纳入同步交班,月度视频参加段部安全生产会,重点工作同步安排部署,技术管理国内外统一标准,清单化解决实际问题,适时抽调领导干部跨境指导检查,固定设备跨境维管体系初步形成。

在上级正确领导和大力指导支持下,中老铁路基础设备维修养护、多专业融合生产取得了阶段性成果,下一步我段将认真持续贯彻落实上级的工作部署,以"时时放心不下"的责任感、谋尽干的思路、穷尽干的招数,在专业融合、设备精检细修上不断探索、创新、运用,坚决确保中老铁路固定设备优良、安全稳定,持续巩固设备质量服务于中老铁路的黄金大通道。

电力企业基于"四化"的安全文化体系建设

贵州乌江水电开发有限责任公司乌江渡发电厂 令狐争争 甘胜男 何雪松

摘 要：满足企业现代化管理的时代需要、企业自身安全挑战的客观需要，是企业高质量发展的必然选择。贵州乌江水电开发有限责任公司乌江渡发电厂（以下简称乌江渡发电厂）大力倡导"生命至上，本质安全"理念，健全新形势、新业态、新技术下的安全生产管理，创建适合电力企业、行业特点的规范化、标准化、流程化、图示化的"四化"安全管理体系；以创建世界一流水电厂为目标，将"上标准岗、干标准活"贯穿安全生产体系全周期各环节，切实全面提升企业本质安全水平，为企业有效防范生产安全事故、促进安全生产形势稳定，为同类发电企业建立安全生产管理体系提供了参考，起到了辐射带动作用。本文以乌江渡发电厂基层企业为例，分析当前传统安全文化体系与新形势、新业态下的电力企业基于"四化"的安全文化体系建设路径。

关键词：安全文化；规范化；标准化；流程化；图示化；体系建设

一、概述

乌江渡发电厂位于贵州省遵义市播州区，是我国在喀斯特岩溶地区自行规划建设的首座大型水电厂，1979年年底，首台机组投产发电，1983年完建，当时装机容量630 MW，约占整个贵州省装机容量的一半。2000年，乌江渡发电厂进行了扩机增容，成为贵州省和中国华电集团有限公司（以下简称中国华电）的首座百万级大型水电厂，现总装机容量已达到1280 MW。自2000年以来，贵州乌江水电开发有限责任公司（以下简称乌江公司）抢抓西部大开发、西电东送的机遇，加快梯级开发，乌江渡发电厂充分发挥母体电站人才优势、资金优势，为乌江水电建设融资优化提供了可靠保证，为新厂从建设向生产实现无缝连接的过渡提供了技术、人才支持。乌江渡发电厂目前承担4个电站18台机组的A、B级检修和乌江流域事故抢修工作。企业投产至今安全生产态势持续稳定，截至8月3日，安全生产突破6700天，累计完成发电量超过500亿千瓦·时，为贵州省经济发展和社会进步做出了重要贡献。乌江渡发电厂始终坚持"安全第一，质量第一"方针，经过40多年的生产运行，在安全生产管理方面，总体上沿袭了传统的管理体系和模式，基本上保障了安全生产总体平稳局面。但也存在诸多问题，乌江渡发电厂通过总结传统安全管理存在的问题，建立了规范化、标准化、流程化、图示化安全管理体系，为适应新形势、新业态下的现代安全管理提供了思路。

二、"四化"安全文化体系构建策略

（一）查问题，梳理安全文化建设存在的问题及原因

乌江渡发电厂根据全国各行各业、上级公司、行业通报安全管理问题，结合自身实际对标对表找差距，发现安全文化管理存在的共性问题。一是落实安全责任制、安全履责管理不到位；二是安全活动学习不规范，安全教育培训走过场；三是班组安全管理不规范；四是现场图示不准确、不完整、不明显等。

通过深层次查找和分析，产生问题的主要原因：一是企业安全发展理念贯彻不到位；二是安全责任制落实不到位；三是安全生产管理基础薄弱；四是风险隐患排查治理不到位。

（二）定目标，优化安全生产管理思路

安全管理目标："零违章、零伤害、零事故、零污染"。

生产管理目标："零非停、零异常、零开停机不成功"。

安全管理思路："规范化、标准化、流程化、图示化"。"规范化"主要解决有和无的问题。安全工作，重在一线班组落实。规范化解决班组安全管理五花八门、缺项漏项，安全活动学习不规范，安全教

育培训内容不全,培训档案管理不规范,两外"四统一"管理不严格等问题。"标准化"主要解决怎么做的问题。将安全工作进行标准化,明确各项安全工作的标准,将安全管理进行清单量化,确定各级落实指标,主要解决安全职责履职不到位、监督不到位、日常管理不到位等问题。"流程化"主要解决什么时候做,做什么的问题。将重点领域工作进行全过程梳理,建立人、机、环、管各项流程,使重点领域安全管理落实到各环节,提高了安全管理落实的效率,解决了流程不清、管理跳项等问题。"图示化"主要解决现场人员不知道的问题。在作业现场将安全管理进行具象化,将反违章、风险隐患、安规等具体要求进行图示化并在作业现场进行展示,使人人达到知风险、知违章、知隐患、知措施的全员安全能力,系统构建了安全文化体系。

(三)定标准,全方位构建安全生产管理体系

从制度、规章、标准、操作、检查等各要素,制定具体可量化的标准,将其逐一落实到每位员工、每个岗位,形成全员"上标准岗、干标准活",各环节符合安全生产法律法规和生产标准规范要求,并固化到流程中,展示在作业现场,筑牢安全生产管理基础,有效防范生产安全事故,全面提升企业本质安全水平。

三、"四化"安全文化体系实施

(一)安全管理工作规范化

对照国家能源局、集团公司、乌江公司等上级各项工作要求,建立《乌江渡发电厂2022年安全生产动态工作清单表》,以"一张表"整合相关文件,编制形成各类安全管理规范化手册,以指导企业全年安全管理各项工作。一是根据班组建设要求编制形成了《班组安全管理规范化手册》,包含21项班组安全管理规范性文件,统一了全厂13个班组安全管理,做到了安全管理有计划、有落实、有监督、有考评。二是对照《电力安全工作规程》《防人身事故本质安全措施重点要求》等,结合实际编制形成《外委工程管理规范化手册》《水轮发电机组检修全过程规范化管理》,强化外委工程及检修技改重点领域安全管理。三是强化班前班后会实效,录制班前班后会标准示范视频,规范六交四查双述,班组将每日会议视频上传至厂安全监督管理群进行实时监督。四是主要参与了集团公司《发电企业交通安全监督规范》《防止水淹厂房重点技术防范要点》《水

电站大坝安全风险分级管控标准》编制,为集团公司规范安全管理做出了突出贡献。

(二)安全管理工作标准化

将安全管理内容进行量化,形成可执行标准指标,制定形成《责任落实清单》《监督体系管理清单》《重点领域工作清单》,通过标准化建设,以谁签字谁负责倒逼责任落实,确保安全要求在各级有效落实。2022年,取得"安全生产标准化一级达标发电企业"称号。一是根据集团公司《安全生产责任制落实评价管理办法(试行)》进一步修订完善乌江渡发电厂《安全生产责任制》,明晰全员岗位安全职责,量化各级安全指标,并以此为基础,编制完善"一岗一表",即全员安全生产责任表、设备主人责任表,并对责任落实情况定期进行逐级考评。二是编制形成《监督体系标准化监督清单》《项目巡查标准化清单》《安全工器具标准清单》,芭蕉沟项目《监护标准表》,对各级监督人员、监督事项、监督要求、监督标准进行明确,实行照单监督。三是狠抓每日风险分级管控,完善了《风险辨识评估及防范措施清单》,明确了各级每日巡查人员,未到位、未尽职的按照"失职照单追责、尽职照单免责"进行追责,形成了各级履职的良好氛围。

(三)安全管理工作流程化

梳理检修技改、外委项目等重点工作,建立关键节点的时间表,通过以时间流方式对各项任务进行流程划分,明确保证体系、监督体系的每个流程节点的工作标准,形成了《检修项目流程图》《工程项目流程图》《应急管理流程图》。一是对照《检修管理规范化手册》,梳理检修前、检修中、检修后安全管控要求,形成检修项目流程图,并将流程运用到《水轮发电机组数字化检修全过程智能管理系统》中,加强流程验收工作,确保落到实处。二是将工程项目按照4个阶段、22个节点进行全寿命流程化管理,形成"一表、一图、一个标准模板库"的《工程项目流程图》,在各流程图中明确了各部门职责。三是根据应急管理工作、生产事故报告等工作要求,编制形成《应急管理流程图》,对82项应急预案应急处置流程进行了规范。

(四)安全管理工作图示化

在作业现场将安全管理进行具象化,将反违章、风险隐患、应急管理等具体要求进行图示化并在作业现场进行展示,使人人达到知风险、知违章、知

隐患、知措施的全员安全能力，系统构建了安全文化体系。编制形成《外委工程反违章指导手册》《发电机组检修现场反违章指导手册》《反违章警示教育手册》《老渡"漫"说违章图册》《电力安全工作图册》，并印发至全厂每一位员工学习，指导实际作业，并在生产现场、施工现场、设备设施上进行张贴、悬挂，开展安全文化规范化改造工作，将安全标识进行完善，强化现场安全文化氛围，系统构建安全文化体系。

四、取得的成效

乌江渡发电厂通过开展"四化"安全管理，安全管理进一步规范，标准进一步落实，流程进一步清晰，现场图示进一步强化，夯实了安全生产基础，安全生产天数突破 6500 天，年发电量 27.7 亿千瓦·时，完成利润总额 4.31 亿元、净利润 4.04 亿元。荣获了"安全生产标准化一级达标发电企业"、集团公司"安全环保先进单位"、本质安全型星级企业、乌江公司"安全环保先进单位"等称号以及乌江公司专项贡献奖一等奖。2018—2021 年，乌江渡发电

厂机组非停次数为 4 次，按机组非停平均数及设备维修等损失计算，可节约机组非停导致的电量损失1.8 亿千瓦·时，经济损失约 4100 万元；因作业违章等导致的人员受伤等不安全事件间接效益不可估量，所以安全文化体系的建设对企业发展和个人家庭幸福起到了积极的作用，营造了系统安全文化氛围。目前，在发电规模快速扩张而用工规模总体平稳的情况下，当前的安全生产管理体系在管理模式、管理效率、管理机制等方面已不能适应新形势、新业态、新技术的要求。加快推进构建国际一流、行业领先的一流安全生产管理体系，是当前和今后一个时期最重要的任务之一。2023 年，乌江公司集中式光伏、屋顶式光伏、水上光伏将大规模密集开工，现场用工多样，施工环境复杂。同时，风电、电化学储能等新领域也给公司安全管理带来了新课题。"四化"安全管理思路为新形势、新业态下的现代安全管理提供了思路，为电力行业提供了可借鉴的推广价值。

"金盾－五星安全力"管理模式为安全生产赋能助力

国投金城冶金有限责任公司　苏灵军

摘　要：有色金属冶炼在我国工业体系发展中占据重要地位。在企业生产中,安全生产是企业生产过程中的重中之重。但从当前生产的实际情况来看,安全生产形势依然严峻复杂,安全管理基础不完善、安全监管不到位等突出问题仍长期存在。基于此,本文提出"金盾　五星安全力"的管理模式,以强化党建引领,推进党建和安全生产深度融合为抓手,加强企业安全文化建设,筑牢企业安全防线。

关键词：冶炼；党建；安全；生产；安全文化；"金盾－五星安全力"

一、引言

随着我国经济实力不断提升,在安全生产方面的管理力度不断加大,但生产事故仍不时发生,说明企业在生产过程中的安全管理工作不完善,这给企业效益和发展带来了阻碍。国投金城冶金有限责任公司以"党建＋安全"为核心管理理念,强化党建在安全生产中的引领作用,提出以推进党建和安全生产深度融合为核心思想的"金盾－五星安全力"创新型安全生产管理思路,通过探索党建与安全管理深度融合,不断完善企业安全文化建设,实现了企业生产和安全管理目标。

二、"金盾－五星安全力"管理模式实施

(一)党建引领促安全管理

(1)党建是企业之魂,安全是发展之基。通过落实"金盾－五星安全力"管理模式,坚持党建和安全生产深度融合,强化党建在安全生产中的引领作用,把安全指标作为公司检验党组织"堡垒指数"的重要标准。

(2)"金盾－五星安全力"管理模式秉承"安全生产在哪里,党建工作就开展到哪里"的原则,以"抓党建、保安全、增效益"为切入点,采用党委会、党委理论中心组学习等形式,学习宣贯习近平总书记关于安全生产的重要指示批示精神,将安全生产宣贯纳入党组织生活。强化公司班子成员的安全生产意识,推动党建工作与安全生产工作深度融合。

(3)"金盾－五星安全力"管理模式提出"党政同责、一岗双责、齐抓共管、失职追责",严实安全生产管理体系。党委班子成员严格落实《领导带班制度》,在值班期间亲自巡查生产区域,落实各项安全防范措施,带领党员学习习近平总书记关于安全生产工作的重要论述摘编、安全法律法规和岗位安全操作技能,增强党员的安全意识和隐患排查能力,促进党建与安全生产融合。

(二)文化建设促习惯养成

(1)公司自成立以来,在不断探索过程中,形成了以"生命至高无上、安全责任为天"为安全使命,以"做本质安全型员工、创本质安全型企业"为安全愿景,以"安全从点滴做起、事故从细微防范、素养从日常修炼"为安全口号的公司安全文化理念。"金盾－安全五星力"管理模式与安全文化理念是相辅相成,和谐共生的。"金盾－安全五星力"管理模式的形成是立足公司安全文化理念基础,在长期安全生产实践中摸索积累的结果;"金盾－安全五星力"管理模式的运作,从另一方面有效反哺了公司的安全文化理念建设。

(2)公司党组织采用参与安全生产周例会,建设安全文化长廊,带头开展安全宣讲和安全宣誓;深度参与、编制、实施安全教育培训计划,并对培训效果进行跟踪评价;组织学习行业的典型事故案例,带头开展"青年安全示范岗""人人都是宣讲师""车间大讲堂""安全生产大讲堂"、公司党组领导带头讲安全公开课等党建安全活动,利用电子显示屏、微信公众号、报纸、网站等载体宣传安全知识,促进党建与安全文化深入融合。

(3)深入推进"改革发展、党员先行"工程落实,开展"一名党员就是一名安全员""为每名党员分配具体工作任务"活动,通过落实"一亮四带头"举措(即亮出党员身份,党员带头学安全、党员带

头讲安全、党员带头查安全、党员带头抓安全)，加强党建与安全深度融合，织密公司安全生产防护网，筑牢安全生产防线。

（三）班组建设铸安全之基

（1）不断强化安全基础，公司党委狠抓"党建进班组"工作，想方设法消除党员空白班组，以党建进班组激发班组活力。以"结对子"形式，从思想、工作、技术等多方面对班组人员进行帮带，通过"师带徒"等形式，党员带领班组员工参加公司党委组织的各项活动，形成"党建带班建""一名党员带动一个班组"创先争优的良好氛围，实现党员、职工、班组共同成长。

（2）党委不定期召开班组建设工作会议，每月组织开展班组建设考核，把党委决策部署、党委重点工作落实、班组隐患排查、双预防体系建设等作为班组考核的重要内容，考核结果以《班组建设工作简报》进行通报，对存在的不足提出改进建议，并纳入部门月度绩效考核，激励各班组不断改进工作方法，提高班组管理水平。

（3）党委积极推动班组创先争优，聚焦安全生产关键指标，围绕安全生产重点任务完成情况，开展季度"流动红旗班组"、年度"红旗班组"评选活动，展示优秀班组的特色做法及工作亮点。

（四）责任落实助推管理提升

（1）为拓展和深化党建与安全生产深度融合，强固公司安全基础，公司党委按照"领导班子成员包区域、党支部包单位、党员包员工"的思路，分级分类做好安全结对帮扶工作，筑牢安全生产基础。

（2）建立领导安全包区域责任制，由公司党组领导带头落实安全生产主体责任，通过参加承包区域安全风险评估和安全隐患排查活动，对日常巡查、检查中发现的问题提出整改意见，督导责任区域落实整改措施，不断提升责任区域的安全管理水平。

（3）在党支部层面，公司党委下发《党支部与承包商单位安全结对帮扶制度》，要求各党支部充分发挥"安全堡垒"作用，支部党员主动查找问题点、分析困难点、改善薄弱点、堵住出血点，通过思想帮扶、培训帮扶、业务帮扶、谈心帮扶、志愿帮扶、文化帮扶等形式与公司各承包商单位进行安全结对帮扶，使承包商单位的安全管理水平得到进一步提升。实现党建紧扣安全生产任务，提升党员安全业务水平，推进党建质量新提升。

三、实施具体要求

（一）统一思想，提高认识

"金盾－五星安全力"管理模式的创建与实施，是公司探索党建工作与安全生产工作互促互融的一项创新工程。领导小组要加强工作统筹部署，严肃工作要求，提高干部职工扎实开展活动的思想自觉和行动自觉，保障活动落实地、出实效。实施工作办公室要围绕实施目标，规范工作程序，创新方式方法，引导干部职工把自己摆进去、把工作摆进去，确保此项工作与公司战略高度统一，与实际业务高度关联，与企业文化高度契合。

（二）精心组织，科学安排

实施过程中，各党支部要认真组织，党员要积极参与，保证实施工作按计划稳步推进、圆满收官、取得实效。生产一线各班组要注重实施工作内容的收集、梳理、甄选，让"金盾－五星安全力"模式落到实处。党群工作部、安全健康环保部要加强工作策划和党支部、部门之间的沟通协调，推动各项工作开花结果。

（三）广泛宣传，营造氛围

党群工作部加强对实施工作中先进事迹收集、挖掘、报道等宣传工作，充分利用微信公众号、网站、视频等方式，广泛宣传各党支部、班组的典型做法，总结有效经验，营造良好氛围，推进各项实施工作顺利开展。

（四）及时总结，保证实效

实施工作开展过程中，既要加强对开展实施工作的过程管理，又要加强对具体情况与取得成效的总结，确保实施工作落实、落地，取得实效。党群工作部、安全健康环保部及时总结实施管理模式过程中的好思路、好做法、好成效，及时提炼出可观摩、可借鉴、可复制的样板经验并加以推广。

四、取得的成效

（一）公司安全管理水平得到明显提升

"金盾－安全五星力"管理模式运行以来，公司全体党员干部能够拓展工作思路，创新工作方法，不断推进党建与安全生产深度融合，公司安全管理水平取得了明显的提升。公司先后获得河南省2022年重污染天气重点行业绩效评级A级企业、三门峡市"无废工厂"、灵宝市2022年安全生产工作"先进单位"等荣誉称号。

（二）公司安全文化理念得到有效增强

"金盾－五星安全力"管理模式将党建工作与安全生产紧密结合，发挥党建品牌引领作用，积极推动干部职工由强制型安全行为向自觉型安全行为转变，实现党建工作与安全发展同向同行、双赢双促，有效强化了公司的安全文化理念。

（三）公司社会效应取得良好评价

"金盾－安全五星力"管理模式自运行以来，受到了上级主管单位的高度关注和认可。2023年7月20日，三门峡市政府副秘书长、市应急管理局党委书记、局长刘向东带领局领导班子成员及相关县（市、区）应急管理局局长一行30余人莅临公司开展应急管理系统观摩调研，详细了解了公司党建与安全深度融合的做法与"金盾－安全五星力"党建子品牌管理模式，对公司的做法和成效给予了高度的评价。

五、结束语

有色金属冶炼企业安全风险点多、作业环境复杂、生产技术持续创新，促使安全管理要不断创新。"金盾－五星安全力"管理模式的推出，探索出一条党建与安全生产共同协作、深度融合的路径，完善了有色冶炼行业安全管理体系，推进了有色冶炼行业安全文化建设，促进了有色金属冶炼企业的可持续发展。

基于党管安全视角下的煤矿企业安全文化建设"五位一体"模式研究

山西焦煤霍州煤电霍宝干河煤矿公司　任文永　闫军华　吴志勇　李　强　郭慧敏

摘　要：党建工作与企业文化建设深度融合，通过宣传教育、建章立制、活动载体、干部作风、典型选树五个方面，探索构建"五位一体"融合模式，发挥党组织在健全安全规章制度、开展安全教育培训、推进安全责任落实等方面的核心作用，为企业安全发展、稳定发展提供坚强的政治组织保证。

关键词：党管安全；安全文化；五位一体

习近平总书记指出，"安全生产要坚持党政同责、一岗双责、齐抓共管"、"失职追责，管行业必须管安全，管业务必须管安全，管生产经营必须管安全"。党对安全生产工作的高度重视，以及党管安全领域的系列制度措施、重大改革，已经成为新时期国有煤矿企业安全生产管理体制建设的新方位、新起点。因此，我们需要在"党建+安全"方面不断探索，在党建工作与安全文化建设方面深度研究，充分发挥企业党组织的独特优势和政治核心引领作用，努力形成一套行之有效又具备针对性、常态化的"五位一体"融合模式，推进党建工作与安全文化建设的深度融合，实现以文化兴企、以文化育人、以文化保安全的文化管理目标。

一、从宣传教育入手，为安全文化建设奠定思想基础

一是要将日常安全宣传、教育及培训等工作，纳入党的宣传思想工作全年计划，通过学懂弄通做实党的安全宣传思想工作，旗帜鲜明地反"三违"、除隐患、反事故，积极营造安全生产浓厚氛围，有效引导广大职工重视安全生产、遵章操作。一方面要充分发挥各类宣传媒体阵地作用，常态化开展针对性强的安全警示教育活动，营造安全宣传的浓厚氛围。例如广泛开展安全形势任务宣传教育活动，制定安全宣传教育工作方案，围绕国家、省、市地方政府有关安全生产方针政策，全方位、多层次开展安全宣传教育活动，做到全年分阶段推进、分步骤实施，持续召开安全反思座谈会、"三违"人员恳谈会、井口安全大签名大宣讲等安全警示教育活动。

人人谈认识作承诺写体会，利用"警示教育＋亲情教育"双模式，进一步将安全价值化，引导职工算清安全账，将职工对企业安全文化的感受与认知转化为自我安全意识和行为的养成，不断强化干部职工履行"安全第一"的责任意识和工作理念。组织开展"知情知心、解忧解难"的安全思想隐患排查活动，组织政工干部、支部书记与职工谈心交心，全面掌握职工思想变化，尤其是新分配大学生、退伍军人、女职工等群体，切实解决其在安全工作中的思想困惑和实际困难，确保干部职工安全思想情绪稳定。

二是要注重安全文化理念重塑，深入开展调查研究，广泛征集意见建议，对各系统、各单位的安全文化理念进行重新梳理、系统凝练，总结提炼出切合企业实际、具有煤矿特色、干部职工认同的安全文化理念。比如开展安全文化"进区队、进班组、进岗位、进家庭"活动，提炼矿、科、队三级安全文化理念，建设针对不同区队、不同岗位人群的安全子文化和亚文化，组织广大职工结合自身岗位特点确定个人安全口号、座右铭等，形成"一队一口号，一队一特色"的安全子文化。通过理念渗透、精细管理、安全警示等方式，进一步强化干部职工安全生产意识，形成广大干部职工共同的价值取向和安全道德观，凝聚安全生产共识，唤醒广大干部职工对安全理念、安全文化的深切认同。

二、从建章立制抓起，为安全文化建设提升管理成效

一是把党建融合化作切入点、落脚点，充分发挥企业党委的政治核心引领作用、基层党支部的战斗堡垒作用和党员的先锋模范作用,从健全和完善党管安全各类制度抓起,在日常考核、活动项目、载体形式等多方面深度融合、丰富内容、创新实施,不断充实完善企业安全文化建设的内在精华。比如建立健全党委安全专题会议制度,定期组织召开党委安全专题会议,研究安全工作形势,分析安全工作问题,部署党管安全措施,考核安全工作落实。

二是建立健全干部安全履职考核制度,严格各级干部安全担当履职考核,把各级干部参加安全会议、落实安全制度、履行安全职责的各项工作要求细化、量化,实行月考核、季讲评、年度安全述职等措施。

三是健全和完善党员"一区两无"制度,将党员抓安全工作纳入党员日常管理,充分发挥党员在安全生产中的骨干作用、先锋模范作用,建立党员安全责任区,实现党员本身无事故、无三违,影响和带动责任区职工遵章守纪、安全生产,以积分制形式月打分、月考核、月通报,共同构筑安全生产防线。

三、从活动载体切入,为安全文化建设打造人文环境

一是注重活动载体形式创新,充分发挥群团组织优势,利用安全生产月、安全警示教育日、安全演讲赛、安全知识竞赛等形式载体,广泛开展形式多样的安全文化活动。注重运用图文并茂的可视化宣教方式,潜移默化地增强职工安全思想意识,积极深入基层捕捉新闻素材、发掘典型事迹、拍摄专题视频,将安全文化理念由抽象变为具体,通过推进安全文化理念、口号上墙,制定《安全文化手册》等安全文化宣传片、PPT,利用电子显示屏轮流播放等形式广泛宣传。

二是注重硬件投入,建立安全教育活动室,配备投影仪、计算机等电化教学设备,购买各类安全技术、安全管理、安全宣传等书籍。在井上下安全文化长廊、副井底车场等主要场所,设立警示牌、限高牌、安全文化建设宣传牌板,在显著位置安装电子屏,以更具冲击力的宣传方式,定期播放安全宣传标语、安全知识漫画等内容,营造浓厚的安全文化氛围。

四、从干部作风发力,为安全文化建设强化纪律保障

一是通过加强干部安全作风建设,使用监督检查等手段来督促各级党员干部有效地履行安全职责,确保安全生产的相关决策得到有效的贯彻与执行。企业党务政工部门对党员干部安全素质提升、安全作风建设、安全任务完成等情况进行重点督查,动态考核党员干部跟值带班、联系点包保、安全教育等工作,量化考评干部安全履职能力。

二是加大干部作风考核力度,将干部值班、带班等安全管理考核、安全责任落实情况纳入干部作风考核范畴,实现量化考评,定期公示通报,从严从实开展考核。加强安全生产领域监督执纪问责,将安全生产工作纳入纪委日常监督重点,加强安全制度落实情况的监督,督促各级干部认真落实安全生产责任制和"一岗双责"职责,坚持问题导向、目标导向,对于安全工作不担当、不作为、慢作为、乱作为的干部一律严肃追究问责,形成重实绩、办实事、说实话、求实效的良好风气。

五、从典型选树引领,为安全文化建设释放榜样动力

一是利用"先锋党员""六型班组"等平台载体,每季度挖掘选树一批肯下苦功夫、乐于笨功夫、常下勤功夫、坚守制度、本分做事的"老实人"作为安全明星和安全榜样,并通过新闻报纸、宣传栏等载体广泛宣传其先进典型事迹,用模范典型的示范作用,引导广大职工树立"遵章光荣、违章可耻"的安全荣辱观,不断强化安全思想意识,规范安全行为,同时从重惩处一批惜力使巧走捷径、偷懒耍滑图省事的"精明人"等"三违"典型、反面典型,扬善惩弊。

二是通过宣传教育、建章立制、活动载体、干部作风、典型选树五个方面,抓考核促落实、抓载体促提升、抓宣传造氛围,积极构建党建工作与安全文化建设"五位一体"融合模式。内容和形式有机结合,相得益彰,互相促进,使得企业党组织参与安全生产各项工作步入经常化、制度化、规范化轨道,不断筑牢安全生产坚固防线,最终形成党政工团齐抓共管安全的良好局面。

参考文献

[1]李涛.电力公司安全文化体系建设的有效措施探讨[J].企业改革与管理,2022,(13):171-173.

[2]张娟.煤电企业安全文化建设工作初探[J].中国安全生产,2022,17(04):58-59.

多措并举开展安全文化创建
全面提升安全管理软实力

中国葛洲坝集团机电建设有限公司 王志平 陈兴平 仇娜娜 王敦贵 陆了然

摘　要： 安全文化建设是企业文化建设的重要组成部分，是安全管理工作的深化和延伸，是公司可持续发展的重要基础。安全文化的核心是以人为本，主体是企业员工，关键是安全职责的落实，目的是增强全员的安全意识和提升员工的安全技能，让人人都能"懂安全、要安全、会安全、能安全、保安全"。基于此，本文就企业安全文化创建典型经验进行论述。

关键词： 安全文化；安全管理

安全文化是一种力量，是一种影响安全生产的推动力；安全文化是一种行为习惯，是企业员工潜意识素养的体现；安全文化是一种信仰，是企业安全管理的灵魂。

一、公司安全文化建设背景

公司高度重视安全文化建设工作，主要负责人多次在会议上提出要培育建设具有机电公司特色的安全文化，经过多年的基础沉淀，公司全员安全意识有了显著提高，作业环境有了明显改善，于2016年取得水利部安全标准化一级企业，连续获得上级集团安全生产先进单位荣誉，具备了创建安全文化示范企业基础。

二、安全文化创建工作举措

（一）安全管理理念"四入"

（1）"入眼"。公司及各单位车间墙壁、上班通道、班组活动场所等位置设置醒目的安全警示、温馨提示；公司网站开设安全文化建设专栏宣传；鼓励员工以抖音视频等为载体，就安全活动、应急演练、隐患排查治理、安全知识等内容创作短视频，增强全员的安全意识，其中《幸"盔"有你，"带"你回家》安全短视频被选入应急管理部宣教中心微信公众号；组织广大员工关注并参与"应急管理部""四川应急"微信公众号、微博等新媒体发布的安全科普知识互动并组织员工持续转发、互动，持续传播安全知识。

（2）"入脑"。在全公司范围内召开安全文化建设启动会，为全面启动安全文化建设造势，选派公司本部人员至项目现场讲解宣传。组织安全文化培训

班，选取各单位安全系统骨干人员50人参加培训，培养了一批安全文化宣讲员，在各自单位深入宣传安全文化。

（3）"入心"。举办"遵守安全生产法，落实安全主体责任""人人讲安全，人人会应急"多样式演讲、辩论赛，宣传法律法规等安全知识，立足岗位，讲好安全故事，强化"一岗双责"，切实增强人员安全意识。

（4）"入行"。组织公司全员开展全员践诺，参与安全行为观察活动。通过全员及时发现、纠正身边的违章行为，不断规范人员作业行为、完善安全设施、杜绝指挥性违章和管理性违章行为，促使全员养成"严守规程、按章办事"的良好习惯，营造良好的工作环境和氛围。

（二）抓实员工教育培训

安全教育培训是提升员工素质，防止和减少安全事故的重要途径。接受三级安全教育、岗前培训、应急知识培训、相关资格及持证培训是公司员工上岗的必要条件，是安全管理中的重要一环。

（1）注重课程设计。强化培训的顶层设计，分析培训任务、需求，通过多媒体教育培训工具箱、外委培训，邀请专业老师现场授课，强化培训的组织、内容、效果等。

（2）注重日常培训。通过安全生产大讲堂、大家讲公开课、专项培训、会议等形式定期通报安全生产动态、学习事故案例、解读安全法律法规、分享安全技术知识和感悟、征集安全生产建议，制定

安全生产管理措施。

（3）注重员工提升。设置员工安全生产教育学习室，学习室内有各类安全知识书籍、安全生产音像教育资料，安全生产教育学习室学习书籍达到1000册，同时公司编制安全文化手册，指导全体员工积极学习实践。

（4）注重培训手段。一是运用两级集团安全信息平台，上传安全视频，引导广大职工拓展知识；二是开展VR沉浸式培训，通过亲身感受不同风险和伤害，从感性上加深对安全重要性的认识，增强安全意识，掌握安全技能；三是开展"安康杯"竞赛《安全生产法宣传周》和《事故警示教育周》知识竞赛，营造浓厚的安全文化氛围；四是开展不定期的"四抽"活动（抽问、抽考、抽写、抽练），对开展的安全教育培训实施验证，保障效果入脑入心。

（三）构建安全管理体系

安全管理须秉承以规促行、以规促建要求，建立完整的制度体系，做到安全生产有章可循、有规可守。

（1）强化制度建设。公司建立覆盖公司部门、子（分）公司及项目部全面、科学、合理的规章制度体系，在实施过程中注重制度建设的连续性、稳定性、适用性。目前，公司共建立安全生产相关制度25项。

（2）推行智慧工地建设。公司全力践行科技兴安、科技保安，围绕人、机、料、法、环等关键因素，以可控化、数据化及可视化的智能系统，辅助施工现场安全管理。公司在白鹤滩机电项目部、天池机电项目部等单位开展推行智慧工地，实现了人员人脸识别、人工智能（AI）隐患识别、（AI）安全培训系统及工地广播等功能，取得较好效果。

（3）创新管理模式。公司新编了全员安全履职标准、项目安全管理手册、安全行为观察活动等安全管理文件，规范性开展安全生产管理工作，提升管理质效。

（4）推进项目安全生产标准化建设。公司每年制定标准化建设方案，明确标准化建设重点单位，对照行业标准，开展安全生产标准化检查、指导，通过创建安全生产示范项目、标准化班组，以点带面，推动项目标准化水平和事故防范能力提升。

（四）强化安全过程管理

安全管理首先要做到知责、明责，才能履职尽责。运用清单化管理，进一步规范公司安全管理行为、各级管理人员及广大员工的安全行为。

（1）强化安全目标管理。公司每年制定年度安全生产工作目标任务，将年度安全生产工作目标层层分解，层层签订安全生产目标责任书，层层传递安全工作压力，建立起安全生产工作"人人有责、层层负责、各负其责"的责任体系。

（2）强化特色活动开展。组织全员开展"安全承诺我承担"活动，每位员工都要签署个人《安全承诺书》，要求每个人对本职岗位上如何落实组织的安全承诺，给出具体的安全观点和实践要求。

（3）强化全员履职尽责。编制完成全员安全履职清单，明确所有岗位安全履职标准与工作要求，做到底数清、责任明。公司及各单位按照清单开展履职督查，严查严处不履职、乱作为、尽责不到位人员。

（4）强化分包方管理。各单位与分包单位均签订安全管理协议，明确各自责任，同时将分包统一纳入各单位日常安全管理。

（5）强化创优班组建设。公司大朝山检修项目部根据各班组专业特点、工作作风提炼具有班组特点的班组名称（阳光班组、集结号班组、前进ING班组）、LOGO标识等，每月组织召开班组安全例会交流分享，取得较好的效果。倡导安全技术创新，项目部各班组以事故预防为出发点，积极开展QC活动、"五小"活动（小发明、小革新、小设计、小改造、小建议），极大减少了安全风险隐患。

（五）完善安全管理机制

公司充分发挥安全文化激励导向和辐射功能，突出"人、岗、责"相匹配。通过行为激励和安全生产举报，公司杜绝了行为性违章，装置性违章也大幅减少。

（1）配齐配强安管人员。公司各单位依据四个责任体系人员配置要求，配备专职管理人员，并编制岗位责任清单，设置举报箱和举报热线，做到了所有作业有监管，所有违章有纠正。

（2）强化激励制度执行。建立完善《安全生产工作考核办法》《安全生产奖惩办法》《安全生产举报管理办法》等制度，从物质激励、荣誉激励、短期激励、长期激励等不同层面，充分发挥正激励与负激励的作用。

（3）建立互保联保机制。坚持自保、互保、联保制度的执行，作业班组指定互保联保对象，实行同奖同罚，增强员工互保联保意识，并真正在现场管理中起到监督制约的作用。

（4）建立家企联动机制。将员工违章情况同其家庭联系，并及时了解员工的困难诉求，采取多种形式为其排忧解难。

三、结语

安全文化建设不是"从无到有"，而是一个"从劣到优"的过程，通过扎实开展安全文化建设各项工作，大力营造关注安全、关爱生命的安全氛围，稳步推进、注重实效。公司在 2022 年顺利实现创建

目标，获得"四川省安全文化示范企业"称号。

安全生产责任重于泰山，为真正让安全文化在全公司范围内落地生根、开花结果，公司将扎实纵深推进安全文化建设，强化基层基础，坚持安全文化引领聚合力，全面提升安全管理软实力。

参考文献

［1］罗云. 企业安全文化建设 [M]. 北京：煤炭工业出版社，2007.

［2］宋守信. 安全文化三元内涵与三段创建方法 [J]. 中国安全生产，2015，6(111)，24-25.

航空装配生产线安全管理存在的问题及对策

成都飞机工业（集团）有限责任公司　赵　轶　刘俊宝

摘　要： 航空装配专业厂由于其产品生产工艺的特殊性，在日常生产作业过程中涉及高处作业、吊装作业、易燃易爆、有毒有害、高温高压等危险作业，生产过程中也大量使用新工艺、新材料、新技术、新设备，管理模式与科研生产规模匹配度的差异性导致安全生产管理难度相当大，稍有不慎，就会酿成大的事故。基于此，本文以180厂安全管理过程中存在的主要问题为切入点，着重探讨加强安全文化建设的有效措施，以期实现专业厂安全管理水平的不断提升。

关键词： 装配生产线；安全文化建设；全员参与；宣传教育；安全意识增强

根据安全风险管理"四要素"理论，任何一起安全事故的发生，都是由人的不安全行为、物的不安全状态、环境的不安全条件或管理的缺陷所导致。而人的不安全行为因素占比最大，解决人的因素最终要回归安全文化。安全文化体现为每一个人、每一个单位、每一个群体对安全的态度、思维和采取的行为方式。通过研究有关事故数据发现，造成安全事故的原因大多是指挥人员凭经验盲目作业、作业人员安全知识匮乏、作业人员安全意识不足等。为减少安全生产事故，将事故控制在最低限度内的总目标，企业应当遵循"安全第一、预防为主、综合治理"的安全生产方针，服务于安全生产大局，努力促使职工安全观念转变，有效遏制事故的发生。目前，航空工业成都飞机工业有限责任公司把安全管理工作提升到红线的高度，结合单位自身特点，180厂力求实现从"要我安全"向"我要安全""我会安全"的转变，切实提升全员安全文化素质，进而打造稳定生产、和谐发展的安全环境，提升专业厂的核心竞争力，促进公司的高质量发展。

一、180厂安全管理现状

安全管理是一套基于"人、机、料、法、环"动态循环完善运作机制的管理模式，各级管理者要在生产经营决策和组织管理全过程进行安全管理和全员参与，来实现企业安全水平的持续提升。但装配生产线的作业活动中，新改扩建违规、工艺技术缺乏、设备设施简陋、规章制度不完善、作业人员安全意识不足、作业环境改变等方面，导致安全管理工作取得的成效大打折扣。因此，我们必须通过全流程的管理风险梳理，紧盯重难点问题，认真开展安全文化建设，建立安全生产长效机制，全面落实安全生产责任制，推动安全发展。

二、180厂在安全管理工作中存在的主要问题

（一）安全管理机制有待进一步健全

所有政策法规的落实执行要靠人来实现，关注人、激发人，这也正契合了新安全生产法提倡的"以人为本"的精神。然而，目前按章操作、排除隐患、预防事故作为职工的本职工作，应该按要求完成，没有或者很少给予激励。但是，为了约束职工的不安全行为，180厂更多采用的是安全管理的最终手段——考核的"负向激励"。这造成职工多是被动接受管理要求，在安全管理方面缺少主动参与安全活动的意愿，即使遵守安全规章制度也仅仅是害怕被处罚，导致180厂目前仍处于"要我安全"的安全管理阶段。

安全检查效率低下，检查工作流于形式。领导带队安全检查，缺乏标准化执行规范，往往出现领导在前面带头，一群人跟在后面"溜达"的现象，导致很多安全隐患没有被及时发现，事故链依然在延续发展。企业未采取责任到人、标准化的带队检查方法，导致安全风险感知能力差，安全管理工作收效甚微。

（二）职工安全意识不强

安全意识是安全管理的灵魂，是长期积累和沉淀在职工中约定俗成的安全价值取向和安全行为习惯，它就像一只无形的手，潜移默化地影响着人们的行为。180厂职工安全意识薄弱主要有三个方面的原因。

（1）180厂的生产作业活动基本是重复性作业活动，职工在日常工作中多会产生"认知放松"的心理，自恃久经沙场、经验丰富，在工作中无所顾忌，安全意识薄弱。

（2）受制于各方面的因素，导致目前生产任务不均衡。有时职工为了保生产、赶任务，加班加点作业，超负荷运转，不能较好地平衡生产与安全的关系，造成职工的安全意识薄弱。

（3）现场操作人员存在侥幸心理，认为自己运气好，安全事故不会发生在自己身上。在职工侥幸心理的驱使下，现场操作人员面对日常安全巡查，往往利用"你来我停，你走我干"的游击战术应付了事。

（三）安全培训方式落后，安全意识引导偏差大

增强安全意识、掌握操作要领、正确使用劳动防护用品，是每一名职工上岗操作的必备技能，因此，良好的安全培训是企业安全生产的重要保证。但目前，180厂安全培训方式偏向于传统填鸭式的课堂教学，课堂气氛沉闷，没有吸引力。同时，授课人讲授的安全知识面向本部门全体人员，职工处于被动接收"大而空"的安全知识的局面，生产作业活动缺乏高效和精准的安全应知应会的支撑。

（四）先进安全文化融入不足，管理场景混乱

（1）安全风险管理，整治生产现场各类隐患是重中之重，但由于产品结构的特殊性，生产现场涉及的高处作业、狭窄空间作业等存在的安全隐患时有发生，社会上没有一例成功的管理经验可供参考借鉴，全靠安全管理人员根据现有的管理现状，因地制宜，摸索前进。

（2）生产作业工序执行模式复杂，在"一专多能"——人人都要精通多专业工作的管理机制号召下，涉及危险源因素和重要危险源因素的作业工序岗位人员不定期更换，培训教育的不及时和不到位，导致作业人员安全意识分散，安全管理难度和管控风险急剧增大。

三、提升180厂安全管理工作的有效措施

（一）健全和完善适应180厂的安全管理机制

安全生产管理是一个复杂的长期工作，需要立足实际管理现状，完善安全激励、安全标准和安全制度等，对影响安全生产的人员、设备和管理等基本因素施加有效影响，使之达到可控。

（1）增加安全管理"正向激励"政策，通过制定一系列的行为标准以及与之配套的激励政策，重

奖在工作中发现和避免重大安全隐患的员工，调动每一位员工的积极性，形成一个从上到下的安全预防体系，鼓励职工更加积极主动地参与到安全管理工作中来，在管理上堵塞安全漏洞。

（2）以组织安全绩效为牵引，对各部门的安全管理工作进行季度绩效评价，并与各级管理者的绩效工资对接，以此来引导和鼓励各部门积极主动地参与安全管理和改善，营造全员参与安全管理的氛围。

（3）一个企业是否安全，首先表现在生产现场是否安全，现场管理是安全管理的出发点和落脚点。因此，加强现场管理，健全厂部长级、科级、安全员级和班组级"四级"安全监督检查机制，使员工在安全、舒适的作业环境及严密的监督控制管理中，没有违章的条件。

（4）建立标准化安全巡查机制，改变以往走马观花式的检查。建立和实施"115"安全巡查机制，每天进行一次干部专家现场安全检查、每天进行一次兼职安全员对本部门责任区的安全检查和每周五进行一次各部门安全互查互纠。将带队检查小组按人员分组，对照安全管理要素标准划定区域逐项检查，提出问题隐患并从"本质安全"的角度出发给予整改建议。使被检查者参与检查，跟踪提出问题的整改情况等，养成隐患问题闭环归零的良好工作习惯。让被检查者熟悉检查的标准、明白检查的目的，最终达到人人都是安全管理人员的自主化管理目标。

（二）加强舆论宣传，开展丰富多彩的活动，增强职工安全意识

现代安全管理的一个重要特征就是强调以人为中心的安全管理，把工作重点放在激励人的士气和发挥其能动作用方面，而人的意识、价值观、认知、信念等都是管理的基础。现代安全管理应是系统的安全管理，把重点放在整体效应上，实施全员、全过程、全方位的管理。充分调动每个劳动者的主观能动性和创造性，让劳动者人人主动参与安全工作，使其达到最佳的安全状态。180厂结合工作实际，通过开展丰富多彩的安全活动，提高职工的安全知识储备和技能，增强职工的安全意识，开展的活动如下：

（1）在全体职工中开展"人人提出一条安全隐患"活动，隐患不仅包括工作中的安全，也包括工作

外的安全。培养职工的安全意识，让安全意识融入每名职工的行为习惯，深入每名职工的内心。

（2）通过安全知识竞赛、工组长"吓一跳"的安全授课等活动，让全体参与人员轮流讲述安全心得，形成人人重视安全、人人为安全尽责的良好氛围。

（三）创新安全培训形式，精准引导安全生产

生产任务形势的转型升级，促使实施高标准、严要求的安全管理方法，创新安全培训模式，才能满足新环境下的安全管理的需求。180厂梳理安全培训工作现状，结合信息化的方法，精准落地安全培训和安全风险管理。

（1）优化培训方式。将新进和转岗员工的授课培训模式，优化成现有的"现场＋授课"的模式，即首先带领新进和转岗员工到达生产现场，对照实物手指口述讲清楚安全要素标准，然后再带领新进和转岗员工进入培训室，进行理论授课。这样就能保证新进和转岗员工在安全授课中将理论知识与生产现场相结合，确保安全培训效果。

（2）立足实际管理问题，编制安全培训信息模块需求报告，组织使用人员、工艺人员和安全管理人员研讨信息模块开发需求符合性，逐步开发实施安全培训模块，最终实现系统上线运行。职工通过个人账户登录安全培训系统，直观查看国家、集团、公司和专业厂的各类安全文件，更好地支撑安全管理要求的执行。系统每天根据当日生产作业工序派发数据信息，自动推送作业工序所涉及的危险源因素及其管控措施，确保作业人员精准获取所从事作业工序的安全风险，从而高效增强安全意识，保障生产安全。

（四）齐抓共管促提升，调整优化简流程

引进先进安全文化和优化安全管理机制，保障安全隐患的高效整改和高风险作业的有效管控。

（1）组建联合研发团队。针对生产现场产品特殊结构导致的高风险作业，对安全管理风险较大但社会上没有类似成功整改案例的项目，提出整改计划、落实整改方案。持续探索先进、成熟的改进方法，或直接引进新型工装设备，投入生产使用，彻底消除无法采取安全防护措施的高风险作业，大大降低生产作业安全风险。

（2）精准化管控危险作业点。在"一专多能"的管理机制号召下，更多的"新人"进入危险性较大的工序岗位，导致安全管理风险增大。减少高风险作业点的人员流动性，是安全管理的趋势。180厂优化安全管理机制，梳理工艺流程，调整生产作业工序顺序，确定涉及危险点的工序范围，进而定岗定员、以岗定人，实现危险点作业人员范围最小化、管理精准化，最大限度保障了作业人员安全。

四、结语

总之，实现本质安全是企业追求的终极目标，而安全文化是企业实现人的本质安全的根本途径。通过完善管理机制、加强舆论宣传和精准引导意识等举措，夯实了单位的安全文化建设，推进了安全生产管理，助推了180厂高质量发展。

安全文化助力煤矿外委
施工单位"五统一"管理体系建设

京能（锡林郭勒）矿业有限公司 梁云海 高 江 马同生 蒋继山

摘 要：随着市场经济的蓬勃发展，煤炭行业对外委施工的需求不断上升，如何提高煤矿施工质量和安全管理水平，确保煤矿安全生产，成为当前煤矿企业管理的重要课题。本文从统一体系建设、统一生产调度、统一安全培训、统一监督检查、统一考核奖惩五个方面，对煤矿外包施工单位"五统一"管理模式进行深入研究，旨在为煤矿外包施工单位提供一种科学、合理的管理方法。

关键词：煤矿安全生产；施工单位；"五统一"管理

一、引言

随着煤矿企业的规模不断扩大，施工单位在煤矿生产行业的存在已经成为一种常态，煤矿安全生产形势日益严峻。为了提高煤矿安全生产水平，促进煤矿安全生产管理，提升煤矿井下工程施工质量，保障矿工的生命安全，各级政府对煤矿企业都在实行严格的监管。

近年来，我国矿山安全生产形势持续稳定向好，但矿山外包工程管理仍是矿山安全生产的薄弱环节之一。如何有效管理，提高施工单位的工作效率、施工质量和安全生产水平，一直是业界关注的焦点。

"五统一"管理模式作为一种新型的管理模式，对煤矿施工单位的管理体系进行了全面的改革和优化。本文将对"五统一"管理模式进行深入研究，为煤矿外包施工单位提供一种新的管理思路和方法。

二、"五统一"管理模式的建立

煤矿施工单位"五统一"管理是指将外委施工纳入重大风险点管理，对外委队伍施工资质、安全组织机构、人员素质、制度措施全面把关，实行"五统一"管理（统一体系建设、统一生产调度、统一安全培训、统一监督检查、统一考核奖惩）。这种管理模式可以有效地规范煤矿施工单位的安全生产行为，提高安全生产水平，保障人民群众的生命财产安全。

（一）统一体系建设

施工单位与企业统一体系建设是指在煤矿生产过程中，将施工单位纳入企业的管理体系，实现各项工作的统一规划、协调和管理。这一体系的建立有助于提高煤矿安全生产水平，降低生产成本，提高资源利用率，实现煤矿企业的可持续发展。具体来说，施工单位与企业统一体系建设主要包括组织架构的整合和管理制度的融合两个方面。

组织架构的整合。施工单位应按照企业的组织架构，设立相应的管理机构，完善对应的安全生产管理体系，明确各部门的职责和权限，建立各部门、各单位之间的协同机制。这包括设立安全生产管理部门、质量管理部门、人力资源管理部门等，确保施工单位与企业的组织体系相对接，拓宽沟通交流、协同合作的渠道，实现信息共享。

管理制度的融合。施工单位应根据企业相关制度内容，制定相应的管理制度。包括安全生产管理制度、质量管理制度、人力资源管理制度等。这些制度应与企业的制度相一致，同时优化管理流程、加大制度执行力度，确保制度得到有效落实，保证施工单位的各项工作符合企业的要求。

（二）统一生产调度

施工单位与企业统一生产调度是指在煤矿生产过程中，将施工单位纳入企业的生产调度体系，实现生产任务的统一下达、生产进度的统一掌握和生产资源的合理配置。这一体系的建立有助于提高煤矿生产效率，降低生产成本，实现煤矿企业的可持续发展。具体来说，施工单位与企业统一生产调度主要包括以下几个方面。

统一下达生产任务。施工单位应与企业的生产管理部门建立密切的沟通和协调机制,确保生产任务的统一下达。这包括根据企业的生产计划,对施工单位进行生产任务的分解、下达和跟踪,确保生产任务的顺利完成。

实时掌握生产进度。施工单位应与企业的生产管理部门建立实时的生产进度信息共享机制,确保生产进度的实时掌握。这包括定期汇报生产进度情况,及时反馈生产中的问题和困难,共同协调解决,确保生产任务的按时完成。

优化资源配置。施工单位应根据企业的生产需求,合理配置生产资源,包括人力、物力、财力等。这有助于提高生产效率,降低生产成本,实现资源的合理配置。同时,施工单位还应与企业的采购、仓储等部门进行协同,确保生产所需资源的及时供应。

共担生产风险。施工单位应与企业共同承担生产过程中的风险。这包括安全生产风险、质量风险、供应链风险等。双方应建立风险防范和应对机制,共同制定应急预案,确保生产过程中的风险得到有效控制。

共享生产信息。施工单位应与企业的信息化建设相衔接,实现生产信息的共享。这包括生产管理信息系统、质量管理信息系统、人力资源管理信息系统等。通过信息共享,企业可以提高管理效率,降低管理成本,实现资源的优化配置。

（三）统一安全培训

施工单位与企业统一安全培训是为了确保施工现场的安全,增强施工人员的安全意识和提高施工人员的操作技能,预防和减少安全事故的发生。培训模式主要包括以下几个方面。

制定统一的安全培训计划和内容。企业和施工单位需要根据具体的生产实际情况,人员素质素养,共同制订安全培训计划,明确培训的目标、内容、时间、地点等,并选用统一的教材,制定统一的安全培训内容。这样可以确保培训内容的一致性,避免因培训内容不同而导致的安全隐患。

定期进行安全培训。除组织班前会学习外,还需根据施工进度和安全风险,双方共同确定安全培训的时间和频率,确保施工人员定期接受安全培训。培训内容应包括安全生产法律法规、施工现场安全管理要求、安全操作规程、施工作业规程、应急救援知识等。

安全培训可以采取多种形式。如现场教学、视频教学、网络教学等。同时,可以采用讲座、案例分析、模拟演练等方法,丰富培训内容,促进员工参与培训学习的热情和积极性,让员工乐于培训,学有所得,提高培训的效果。

建立安全培训考核制度。为了确保培训效果,双方应共同建立安全培训考核制度,对施工人员进行定期安全培训考核。考核内容包括理论知识和实际操作技能,考核合格后方可上岗作业。

加强安全培训的督导和检查。企业和施工单位应共同加强对安全培训的督导和检查,确保培训计划的落实和培训质量的提升。对于培训中出现的问题和不足,应及时进行整改和完善。

建立安全培训档案。为了方便查询和管理,企业和施工单位应建立安全培训档案,记录施工人员的基本信息、培训内容、考核结果等,为安全管理提供依据。

通过以上措施,施工单位与企业可以实现统一安全培训,提高施工现场的安全管理水平,降低安全事故的发生率,保障施工人员的生命安全和企业的正常运营。

（四）统一监督检查

施工单位与企业统一监督检查是指由企业的相关部门对施工单位的施工过程进行监督和管理,以确保施工质量、安全和进度符合要求。同时,这也有助于提高施工单位的管理水平,促进双方建立良好的合作关系。这种监督检查可以分为以下几个方面。

施工计划和进度管理。企业应与施工单位共同制订施工计划,明确工程目标、施工内容、进度要求等。在施工过程中,双方应定期召开协调会议,了解施工进度,及时解决施工中出现的问题,确保工程按期完成。

施工质量监控。企业应对施工单位的施工质量进行严格把关,定期对施工现场进行检查,发现问题及时提出整改意见。同时,企业还应邀请第三方检测机构对工程质量进行抽检,确保工程质量符合相关标准。

安全生产管理。企业应与施工单位共同制定安全生产责任制,明确各方在安全生产中的职责和义务。在施工过程中,双方应加强安全管理,定期进行安全检查,及时发现并消除安全隐患,确保施工现场安全无虞。

环境保护管理。企业应要求施工单位严格遵守环保法规，采取有效措施减少施工过程中对环境的影响。在施工现场，双方应共同加强对噪声、粉尘、废水等污染物的控制，确保施工现场环境整洁、有序。

施工人员管理。企业应对施工单位的施工人员进行培训和管理，确保其具备相应的技能和素质。在施工过程中，双方应共同加强对施工人员的考勤、劳动保护等方面的管理，维护施工人员的合法权益。

合同履行监督。企业应对施工单位的合同履行情况进行监督，确保其按照合同约定的时间、费用和质量完成工程。如发现合同违约情况，应及时与对方沟通协商，寻求解决方案。

（五）统一考核奖惩

煤矿施工单位与企业统一考核奖惩是指在煤矿生产过程中，将部分工程任务交由外部施工单位承担，同时对这些施工单位进行统一的考核和奖惩制度。这一制度的实施旨在提高煤矿施工质量和效率，降低安全风险，保障煤矿生产的稳定运行。

1.煤矿施工单位与企业统一考核奖惩的原则

公平公正：考核奖惩制度应当保证各方在同等条件下接受考核，确保考核结果的客观性和公正性。

激励与约束并重：考核奖惩制度既要对优秀施工单位给予奖励，激发其积极性和创造力；同时也要对不合格施工单位进行惩罚，促使其改进工作，提高施工质量。

动态管理：考核奖惩制度应根据煤矿生产的实际情况和施工单位的工作表现进行动态调整，以确保考核制度的有效性和针对性。

全过程管理：考核奖惩制度应覆盖煤矿施工的全过程，包括前期准备、施工过程和竣工验收等环节，确保各个环节的工作都能得到有效的考核和奖惩。

2.煤矿施工单位与企业统一考核奖惩的内容

工程质量及进度。考核施工单位在煤矿施工过程中的工程质量及进度，包括施工质量、安全生产、环境保护等方面的表现；也按时完成工程任务、合理调配资源、有效控制成本等方面的表现。

安全生产及环境保护。考核施工单位在煤矿施工过程中的安全生产表现，包括严格执行安全生产规程、加强安全管理、预防事故等方面的表现；还

包括施工现场环境卫生、噪声控制、废弃物处理等方面，体现企业的社会责任感。

创新能力。包括施工方法改进、新材料应用、新技术引进等方面，体现企业的技术水平和发展潜力。

3.煤矿施工单位与企业统一考核奖惩的方式

定期考核。煤矿企业应定期对施工单位进行考核，包括自评、互评和专家评审等方式，确保考核结果的客观性和公正性。

奖惩措施。根据考核结果，对优秀施工单位给予相应的奖励，如提高合同金额、优先选择合作项目等；对不合格施工单位进行惩罚，如扣减合同金额、暂停或取消合作资格等。

信息共享。煤矿企业应将考核结果及时通报给施工单位，促使其了解自身工作的优点和不足，为今后的工作提供参考和改进方向。

持续改进。煤矿企业应根据考核结果和施工单位的反馈，不断完善和优化考核奖惩制度，提高煤矿施工质量和效益。

4.煤矿施工单位与企业统一考核奖惩新模式的探索

处罚只是一种方式，且是一种比较低级的方式。很多时候，处罚可以达到立竿见影的效果，但未必最佳。对于施工单位不是"一包代管""一罚了之"的处罚，更需要探索正面引导、正向激励，这更能营造一种积极向上的安全氛围，从而有效促进安全生产。

（1）对安全方面好的做法加以奖励，树典型、立标杆，一方面让这种好做法做得更好，另一方面也让这种好做法能更好地推广。

（2）定期总结并分享安全先进经验，让其他部门、人员能从中借鉴。

（3）将安全工作数据化，定期统计分析，让真正参与并对安全做出贡献的人显现出来，予以表彰，让安全奖励真正发挥作用。

（4）人不可能不犯错，关键是看犯错是主观的还是客观的，有无产生不良后果，要审慎对待员工的差错，避免过多关注错误本身，而应以吸取经验教训为目的。惩罚措施要适度甚至免予处罚，避免因处罚而导致员工隐瞒错误。

（5）建立基于信任和免责的差错报告机制，鼓励员工主动承认错误的行为；成立员工安全改进小

组,鼓励员工关注安全问题,辨识、分析、改进或提出建议,作为典型案例开展讨论和教育,从而引导实现正确的安全行为和安全态度。

(6)将与安全相关的任何事件,尤其是人员失误或管理失误事件,作为能够从中汲取经验教训的宝贵机会,改进行为规范和管理程序,获得新的知识和能力。

三、结论

"五统一"管理模式为煤矿施工单位的管理提供了一种新的思路和方法。通过实施这种模式,可以有效地提高施工效率和安全性,降低管理成本,提高工程质量。然而,这种模式的实施也需要考虑到具体的环境和条件,因此,需要进一步的研究和实践。

在未来的研究中,我们将进一步探讨如何在实际操作中落实"五统一"管理模式,以期达到更好的管理效果。

参考文献

[1] 王永勤. 关于煤矿安全管理存在的问题及解决策略探析 [J]. 当代化工研究,2023,(09):188–190.

[2] 魏建,张裕文,马菲菲. 浅析煤矿安全管理工作的重要性 [J]. 内蒙古煤炭经济,2021,(01):107–108.

[3] 张于祥. 新形势下煤矿企业外包工程安全管控模式研究 [J]. 能源与环保,2020,42(03):17–19+23.

[4] 王永峰. 基建矿井安全管理途径的探讨 [J]. 内蒙古煤炭经济,2015,(07):71–72.

[5] 李孝迁. 煤矿企业外包工程安全管控模式研究 [D]. 徐州:中国矿业大学,2014.

培育安全理念　厚植安全文化
以主要负责人带头履职　推动落实安全主体责任

中国石油天然气股份有限公司西北销售分公司　侯　莉　张锡年　王玉梅　梁龙龙　丁　博

摘　要： 企业高质量发展，短期靠产品，中期靠人才，长期靠文化。本文以中国石油西北销售公司（以下简称西北销售分公司）主要负责人发挥引领带头作用，推动落实安全生产主体责任为例，结合企业实际，根据新《安全生产法》颁布实施以来，对公司的实践和成果进行系统归纳、总结，从建立全员参与意识、压紧压实各级责任、提升员工履职能力、培育安全理念、提供资源保障筑牢安全发展根基、主要负责人履职尽责等方面展开探讨，以主要负责人带头履职推动落实安全主体责任，培育安全理念厚植安全文化，进一步促进企业高质量发展。

关键词： 安全文化；安全主体责任；安全资源保障

安全生产是企业发展的生命线，关系着企业和员工的切身利益，是保障人民群众生命和财产安全的根本要求。企业的安全文化建设，只有通过长期的规范管理和宣贯培训，在潜移默化中让每位员工从思想上充分认识到安全生产的重要性，形成企业文化。企业负责人如何履职尽责，调动全员参与安全生产，不断培育安全文化，是社会各界关心的重要话题。

西北销售公司作为成品油仓储物流型企业，运行的油库基本分布在重点城市周边、沿江沿河等重点区域，点多面广，重大危险源多，安全管理难度大。公司坚持一体化体系管理思维，将"三管三必须""安全风险分级管控和隐患排查治理双重预防机制建设"等最新要求融入其中，形成了体系更健全、责任更清晰、防控更精准、措施更有效的安全管理文化，加强安全管理，确保安全生产平稳受控。

一、建立安全管理体系

公司融合安全生产、环境保护、油品质量、健康管理等多种管理体系，建成基于业务流程的风险综合防控体系，秉持将一切工作纳入体系管理，实现安全生产的全流程有效管控。在每日交接班上明确了"一切风险全识别、一切风险全防控、一切行为无风险"的安全生产管理目标。公司秉持"一切风险可防可控、防比控更前置更重要"的安全管理理念，通过强化宣传教育持续增强安全文化的渗透力。

在公司层面，每周党政综合办公例会第一项内容就是安排安全经验分享；在公司网页上开辟"安全生产"专栏，发布习近平总书记关于安全生产最新讲话、法律法规解读、事故案例分析等，供全员参阅学习。在基层油库，每日交接班上设置了"安全微课堂"，让员工自己开展安全教育和事故案例教训分享；设置安全文化墙，展示每个员工家庭照片和安全寄语等，营造"理念先进、制度完善、操作规范、领导带头、员工参与、风险受控、业绩优良"的安全生产氛围。

二、全员参与安全管理

"安全生产人人都是主角，没有旁观者"。新《中华人民共和国安全生产法》在主要负责人职责第一项"安全生产责任制"中增加了"全员"两字，充分说明安全生产是一项系统性的综合管理工作，需要全体员工的广泛参与。企业的主要负责人，必须采取切实可行的措施，把全体员工的主动性、积极性和创造性调动起来，让每位员工都做好自己职责范围内的安全生产工作，努力形成"人人关心安全、人人参与安全、人人能够安全"的工作局面，才能整体上提升安全生产水平。

西北销售公司主要负责成品油的配置、储运和销售工作，就是我们大家日常接触的车用汽油、车用柴油和航空煤油，其主要特性就是易燃、易爆、易挥发，因此，在油品输转、储存、运输等各个环节必须严格按照一整套标准规范来操作。特别是油库作为能量最集中的地方，始终是我们安全防控的重中之重，安全生产的主要工作就是防控好油库生产作业中人的不安全行为、物的不安全状态和管理上的缺陷。防控人的不安全行为就是规范一线作业人员的工作行为，必须严格按照操作规程实行标准化操作；防控物的不安全状态就是加强设备设施的维护保养，保证每一台设备设施始终处于良好的运行状态；防控管理缺陷就是通过综合防控体系"无形的手"和各级安全管理人员"有形的手"，加强对制度规程执行情况、设备运行状态、员工工作状态的监督，保证安全生产全过程、各环节严格受控，切实避免各类安全事故事件。截至2023年12月，公司已经实现连续安全生产6400多天，这就是营造安全文化、健全完善的管理制度和全体员工共同努力的结果。

三、压紧压实各级责任

安全生产贵在责任落实，包括领导责任、直线责任、监管责任、属地责任等，一个都不能少。只有各类责任落实了，决策部署、制度措施才有付诸实施的保证。西北销售公司主要从"明责知责、履责尽责、考责问责"等方面从严抓好责任落实。

1. 明责知责，人人肩上有担子

以风险综合防控体系为载体，建立系统全面的安全生产制度体系、操作规程和岗位说明书，从管理要求、执行流程、操作标准、风险控制等层面进行规范。按照"一岗双责"要求，细化每位员工的《安全生产责任清单》，每年度组织各层签订《风险防控目标责任书》，将安全职责、目标要求和工作措施进行分解，确保人人肩上有责任。

2. 履职尽责，多措并举促落实

主要从三个维度进行落实，一是践行有感领导，让每个领导干部根据工作职责和任务要求，制订实施个人安全行动计划，主动参与到安全生产当中，接受全员监督。二是落实属地责任，实施重大危险源包保责任制，给每个重大危险源明确一名主要负责人、技术负责人和操作负责人，每月下发包保任务，保证生产运行状态良好。三是常态化安全生产检查，以岗位日检、部门周检、基层单位月检和公司层面半年度体系审核相结合，辅助以智能视频监督和"四不两直"检查，实现公司各个作业现场全天候无死角安全监管。

3. 考责问责，营造高压态势

主要是实施全员年度安全生产能力考核评估，以《安全生产责任清单》为基础，每年对员工的安全环保工作绩效和工作表现等进行综合评价，评价结果纳入员工综合绩效测评，与评先选优、选拔任用等个人利益直接挂钩。在日常的生产运行过程中，参照交通违法处罚方式，对员工在生产过程中出现的"三违"行为进行记分管理，年度记分超过12分要给予严肃的考核问责，持续营造反违章高压态势。

四、提升员工履职能力

员工能力素质和技能水平是企业发展的内生动力，西北销售公司制定了《员工教育培训管理程序》《安全生产能力考评培训大纲》等相关制度，每年度制订三级培训计划，根据不同层级管理者、操作人员需要具备的专业知识和能力素养，明确培训内容、开展频次和学时，通过强化培训提升员工履职能力。每年开展"送培训下基层"活动，聚焦基层岗位人员知识技能需求，利用公司高级专家、安全管理部门专业人员到基层调研时机，面对面与岗位人员进行安全技术交流，解决运行中的实际问题。同时建立"结对子"帮扶活动，安排公司高级专家、技能专家、高级技师等与基层单位、岗位员工"结对子"，共同开展安全生产类课题研究、"五新五小"技术革新等工作，提升队伍整体技能素养。公司应定期开设专业讲座，加强与地方政府职能部门、国内知名院校合作，邀请安全生产管理方面的专家学者对最新法律法规和标准规范进行解读，拓宽员工视野，提升专业能力。

五、筑牢安全发展根基

资源的保障是开展任何工作的必备前提，安全投入不仅是开展安全生产工作所需要的费用、隐患治理所需要的资金，还包括人力资源的投入，以及组织机构的保障。在人力资源和组织机构保障方面，西北销售公司严格按照《安全生产法》《全国安全生产专项整治三年行动计划》等管理要求，在所属分公司设置安全环保管理部门、安全总监、安全副总监；公司设置的安全相关管理岗位专业均满足规范要求，公司现有专职安全管理人员注册安全工程师持证率超过60%。在资金投入方面，公司建立健全隐患治理投入常态化优先保障机制，坚持按需设投，严格投入效果监督，实时跟踪隐患治理进展，将重点项目纳入年度监督检查计划，确保隐患治理取得实效，保证隐患治理专项投入到位。

六、抓住主要负责人这个关键核心

队伍强不强，关键看"头羊"，企业的主要负责人履行主体责任，保障安全生产是职责、更是使命。主要负责人要提高政治站位，充分发挥党委引领作用，把学习习近平总书记关于安全生产的重要论述和指示批示精神成效转化为抓好安全生产工作的具体举措和成效，坚持召开 QHSE 专题党委会，及时跟进安全环保工作推进进度，协调解决风险防控、隐患排查整治重点事项，及时提供资源保障。主要负责人要注重提升本领，重点强化以安全"影响力、示范力、执行力"为核心内容的安全领导力建设，建立公司各级领导"安全能力标准"和"安全行动准则"，指导和规范各级领导者自觉强化自身安全领导力，用规定动作体现安全领导力。主要负责人要躬亲力行、真抓实干，作为领导干部，特别是"一把手"，抓安全生产工作必须下沉重心、关口前移，熟悉生产作业运行全过程，对各类安全风险和各项防控措施心中有数，深度参与并指导各油库安全环保专业管理工作。要扎实开展调查研究，深入基层、多到现场，与基层的安全管理和操作人员一起发现问题、解决问题，着力提升公司本质安全水平。

七、结束语

安全生产最根本的目的是保护人的生命和健康。企业安全文化的培育是通过文化不断增强员工安全意识和提高我要安全的自觉性，落实安全生产主体责任也是围绕这一目的去展开的，涉及企业全局的工作，渗透企业管理的各方面，需要实行全员、全过程的管理，需要企业各级领导和职工以及各部门、各方面分工负责去做。公司员工必须理解安全管理，这是每一个员工自身利益的需要；管理人员务必模范执行安全管理，这是素质的表现。只有落实每个人在安全生产工作的主体责任，才能真正做好安全生产各项工作，减少各类事故的发生，实现安全生产。

安全制度管理与文化建设融合
提升一线班组内生动力

大唐三门峡发电有限责任公司　汤　萌

摘　要： 近年来，大唐三门峡发电有限责任公司秉持高质量、可持续发展理念，坚持把班组建设作为夯实"基层、基础、基本功"的重要载体，突出"较真"安全文化引领，增强安全文化的认同感，以"保安全"为核心，坚持"安全第一、生命至上"，坚持结果指标和过程指标相结合，坚持自主管理和评价评比相结合，坚持制度管理和文化建设相结合，激发生产一线班组内生管理动力，推动班组管理能力提升和本质安全型企业建设。

关键词： 安全文化；制度管理；打造安全型班组

一、公司简介

中国大唐在豫发电企业大唐三门峡发电有限责任公司坐落在三门峡市一体化示范区内，东距市区27公里，南依陇海铁路、209国道，北临连霍高速公路、310国道、郑西高铁，西邻运宝高速（即将建成通车），建设中的蒙西至华中铁路毗邻公司建设，华中、西北两大电网在此交汇，地处豫、陕、晋三省金三角，同时被豫西、陕西、山西煤炭基地环绕，交通十分便利。

大唐三门峡发电有限责任公司设备部继电保护班，现有人员16人，平均年龄33岁，其中党员5名，技师资格人员6名，主要承担公司5台机组继电保护及自动装置维护和管理工作。继电保护班是一支技术力量过硬、安全管控严格的优秀团队，更是一支凝心聚力、"家"文化氛围浓厚的"青年主力军"。班组积极倡导全员进行"岗位安全，青年当先"的主题创建活动，发挥青年职工在安全生产中的示范带头作用，持续践行"爱岗敬业、创优争先"的班组文化，大胆创新，积极进取，同时抓好生产现场安全风险防控，突出设备管理，按照双重预防机制要求，注重安全文化建设，强化责任落实。在安全管理、隐患排查、应急管理、技术攻关和人员培训等方面取得了一定的收获，逐步成长为"学习、思考和研究"的新型班组。

班组先后被评为"全国工人先锋号"、"河南省工人先锋号"、集团公司"青年安全示范岗"、河南省"青年文明号"、三门峡市"青年文明号"、三门峡公司"巾帼建功示范岗"、河南公司"能源保供突击队"、河南公司"科技创新"先进班组、"三门峡市工人先锋号"，获得公司"5星级班组"、"青创工作室"、公司"明星集体"等多项荣誉。其中2022年，设备部继电保护班荣获"河南省工人先锋号""河南省青年安全生产示范岗"，2023年，设备部继电保护班荣获"全国工人先锋号"。

二、安全管理与文化建设融合举措

（一）安全理念，运用宣传造势，强化思想引领

一直以来，该班组不断强化安全文化目视系统建设，在生产现场设置了多处安全警示文化海报和安全漫画；在班组各工位布置了以"较真、高严细实、平安责任、奉献感恩"等为主题的图文并茂、赏心悦目的安全文化长廊；借助公司网页，在"安全大家谈""平安三电、你我同行"板块开展主题宣传；在职工工位上制作了包含家庭合影和亲人安全嘱托的"安全寄语同心贴"，布置了不同主题的安全文化展板；结合中国大唐安全设施标准化有关要求，在生产现场绘制了各种警示线和色带标识，创造安全作业的良好环境。

随处可见、内容丰富的安全文化目视系统，使职工在潜移默化中提高了对安全理念的认知，受到了安全文化的熏陶和启迪，增强了为企业、为家庭、为自己的意识，主动由"要我安全"向"我要安全"转变。

（二）安全第一，强化安全管理，打造安全型班组

通过加强制度学习，进一步完善了班组各岗位的安全职责、工作标准、工作流程，使全体成员对岗位安全责任有了明确的认识，并将安全职责落实到各岗位人员的日常行为规范和日常工作中；通过每月的安全活动、年度的"安全月"以及各类"安全生产大讨论"活动，组织全员参与讨论，增强了大家的安全意识和安全责任感，同时通过讨论还找出了许多自身的不足并在工作中积极纠正，进一步提高了全体成员的安全素质；牢固树立"违章就是事故"的安全管理理念，严抓人员违章，做到"思想不麻痹、管控不松劲"。全年班组未发生不安全事件，圆满完成了年度安全目标。

（三）立足岗位，解决现场难题，打造技能型班组

坚持将科技创新与破解生产难题相结合，引导全员创新思维，以全新的视角融入技术攻关。针对检修和年度技改项目，班组按照精品工程的标准，立足本质安全工作建设，结合大唐集团管理强化年要求，在修前成立检修机构，组织全员参与，各项准备事无巨细；修中安全管控全程监督，严格落实防范措施，狠抓习惯性违章；质量验收实施"谁检查、谁签字、谁负责、可追溯"的工作要求，严格执行作业文件，高质量完成标准检修及技改项目；修后设备再鉴定合格率100%，改造设备安全稳定运行，至今"零缺陷"。

根据年度计划，开展深度隐患排查工作，按照专人、专业、专项的要求，坚持"专、深、细、实"工作原则，重点查找和解决"想不到""管不到""治不到"的深度隐患，2022年发现设备隐患和问题共34项，其中重点问题7项，如：发现并解决了1号主变套管CT二次回路开路的隐患；1号机发电机中线点消弧线圈二次线断线问题、存在定子接地保护拒动隐患；其中1项工作获得河南公司"红点"奖励。

（四）打破常规，发挥专业优势，打造创新型班组

为进一步实现本质安全，定期对设备频发的故障或缺陷进行统计分析，并在检修实施优化，以提高设备的安全可靠性。2022年，继电保护人员通过自主设计、自主施工、自主调试，完成了56台380V开关保护装置的更换工作，节约资金20余万元。同时为确保3、4、5号机380V重要油泵的可靠性，通过自主创新，完成了36台开关的回路优化工作，节约资金12余万元。

在这一年当中，该班组人员同心携手、用辛勤的汗水和不懈的努力攻克一道道技术难关，为保障公司的安全稳定生产做出了突出的贡献，该班组以辛勤的工作和卓越的成绩赢得了部门、公司领导的高度认可，并荣获众多荣誉。该班组在2022年河南公司年度科技项目评选中，收获颇丰，获得万众创新三等奖1项；获得QC成果三等奖1项；高亮亮、吕璐等人获得国家实用型专利证书5项；王豪博、石岩、常秋玲等9人共对外发表论文12篇，其中王豪博获得河南电机协会优秀论文三等奖。

（五）加强培训，注重人才培养，打造学习型班组

人才是事业进步的保证，公司高度重视梯队建设，电气二次班以建设职工高素质队伍为目标，利用劳动竞赛平台、结合检修技改契机，积极开展岗位练兵和技能培训，设法为青年职工搭建各类学习平台，不断提高劳动技能和业务素质。同时，在安全培训方面，一是对所有外来人员严格执行三级安全教育，全员发放《外包单位管理手册》《公司安全教育培训手册》，观看安全教育视频；严格执行工作票双负责人制度，加强施工过程的专项安全监督；对承包长期维护的单位，实行每月安全管理评分制度，定期公布排名情况，调动各单位加强内部管理的主动性和积极性，使承包商队伍的安全管理切实融入公司的安全管理体系。二是按照大唐河南发电有限公司制定的"安全生产十二条高压线"逐项做成视频短片，演示违章行为和不安全事件，进行"反违章"宣传；执行过程中对违章行为毫不姑息、从严查处，以制度执行的刚性确保管理实现"可监督、可控制"。三是制定了班组轮值安全员制度，由职工每月轮流做班组安全员，将发现问题、开展活动对标排序，调动人人关心安全、为安全生产献计献策的积极性，营造了浓郁深厚的安全责任氛围。

近年来，班组成员加强培训后，多次取得了优异成绩，其中陈珊珊、赵增林、吕璐、高亮亮、常秋玲、石岩、王豪博等人多次获得大唐集团"中国大唐技术能手""中国大唐优秀技能选手""巾帼建功标兵"；河南公司"河南公司先进标兵""大唐河南公司技术能手""大唐河南公司优秀技能选手""技术监督先进个人""优秀科技工作者"、第九届继电保护技能竞赛第一名、第十一届继电保护技能竞赛第二名、河南省电力系统电气二次技能竞赛团体一等奖、个人优秀奖、河南公司"青春杯"安全生产知识竞赛

三等奖；三门峡市"三门峡市五一劳动奖章""五一巾帼标兵"等多项荣誉。多人次入选三门峡市优秀高技能人才，创立三门峡市示范性劳模和工匠人才创新工作室，班组多篇论文获得河南电机协会优秀论文。

（六）落实责任，完善管理机制，确保管理闭环

1. 建立内部管理环

运用网络将各级人员进行闭环链接，建立了监督和激励机制，完善了绩效考核体系，做到"设备状态和运行状况尽在掌握之中，人员作业行为尽在规范之列"，确保内部管理规范有序。

2. 搭建内部责任环

在尊重、信任、发掘人才的基础上，强调责任、高效和及时响应，建立了各负其责的运行管理体系、设备管理体系、安全监督体系和检修管理体系。

3. 拓宽延展外部环

按照"四不放过"的要求把他人的事故当作自己事故认真分析，扎牢自身的安全"篱笆"，杜绝"事故后现象"的发生。

三、安全文化管理启示

经过近年来较为系统化的安全文化体系建设，该班组在安全管理方面总结出切实有效的、有针对性的安全"意识"管理文化。

（一）要有超前意识

要提高预判安全风险点和隐患的能力；要提高在他人出现安全"亡羊"事故时、及时整改"补牢"的意识；要提高根据作业时间、场所、人员、对象超前谋划安全管理工作的能力。

（二）要有监督意识

加强对周围环境和设备的安全监督；加强对关键作业人员安全防护准备工作的监督，扎实开展"三讲一落实"和危险点分析；加强对班组成员在工作过程中执行安全规章制度的监督。

（三）要有管理意识

将系统化、规范化、平台化的动态管理模型引入安全管理工作，将日常安全管理融入作业流程、作业行为和作业规范，增强人员的自我安全意识。

基于杜邦安全理念的企业安全文化建设

国网江苏省电力工程咨询有限公司　邢晓雷　王文祥　何　鹏　孙硕锴

摘　要：随着社会不断发展，国际冲突、卫生事件、自然灾害、交通安全、消防安全、生产安全、信息安全、经济安全、食品安全逐渐交织成网。随着新型电力系统建设方案出台以及后续执行落地，新环境、新装备、新技术、新理念对电力工程建设安全提出了更高要求。努力践行"两个至上"理念，全力守护员工生命财产安全，是企业的基本行为准则。任何一起安全事故都是由人的不安全行为、物的不安全状态以及管理缺陷导致，追根溯源都是人的因素。解决人的因素要回归企业安全文化建设。构建基于杜邦安全理念的企业安全文化建设，将安全生产观念根植员工内心，形成普遍一致的安全观和共同遵循的行为规范，能最大限度防范安全生产事故，持续保持安全生产平稳局面。

关键词：杜邦安全理念；企业安全文化

一、国内安全生产及安全文化建设现状

（一）国内安全生产现状

国家统计局国民经济和社会发展统计公报数据显示，2013 年至 2022 年，全年各类生产安全事故死亡人数如表 1 所示。

表 1　全年各类生产安全事故死亡人数

年份	2013	2014	2015	2016	2017	2018	2019	2020	2021	2022
死亡人数	69434	68061	66182	43062	37852	34046	29519	27412	26307	20963

从上表中可以看出，我国生产安全事故死亡人数逐年下降，全国生产安全事故总体上呈下降趋势。但是，受限于各种因素，传统安全隐患仍然没有完全消除，安全思想依旧不能松懈。同时新发展阶段、新发展理念、新发展格局又对安全生产工作提出了更高的要求，因此，安全生产工作仍处于爬坡期、过坎期。企业安全文化构建作为安全生产的有效管理手段，需要得到重视，并付诸探索与实践。

（二）企业安全文化建设现状

面对日趋复杂的安全生产环境，人们对安全文化的认识不同，安全文化在不同企业、不同地区之间发展不平衡。企业在一定程度上存在安全文化建设浅表化现象，具体表现在四个方面：一是存在思想偏差。企业对安全文化建设不重视，认为安全文化建设仅仅是安全管理人员的宣传工具。二是存在认识偏差。员工片面认为安全文化建设就是制作宣传册、播放警示教育片、举办安全讲座，安全文化建设是管理人员的事情，没有认识到安全文化建设是一项系统工程、一项全民工程。三是存在水土不服。照猫画虎，安全文化建设生搬硬套，画虎不成反类犬，不适合自身企业。四是存在形式主义。安全贴在墙上、挂在嘴上、不放心上。企业领导者没有起到表率作用，不能率先垂范地推动安全文化建设。

二、构建基于杜邦安全理念的企业安全文化

（一）杜邦公司与杜邦安全文化

杜邦公司被称为世界上最安全的公司之一，其高层领导认为"安全"和"文化"融合一体是公司生存和发展的重要战略。公司要求每位员工不仅要对自身的安全负责，同时也要对同事的安全负责，以实现"零违章、零伤害、零事故"安全生产目标。公司在发展过程中逐步总结出了为人熟知的"四大核心理念"和"十大安全管理原则"，形成了特色鲜明的安全理念文化、安全管理文化、安全行为文化，不断推动安全文化建设的持续改进。

（二）杜邦安全理念与安全文化建设

在政府的大力倡导和推进下，国内企业也在各个领域内纷纷开展企业安全文化建设，杜邦安全理

念正在逐步被众多企业接纳、学习、吸收。

1. 企业安全文化理念建设

理念是思想的指引，思想是行动的内驱。安全文化理念是安全文化建设的核心，是企业安全生产总的指导思想，决定着企业的安全格局，左右着员工的安全思想，指引着员工的行为选择方向。

（1）所有安全事故都可以预防

世界上没有一个环境是安全的或者不安全的，世界上也没有一个人是安全的或者不安全的，安全和不安全是人与环境共同作用的结果。安全是战胜一切危险的结果。战胜一切危险的前提是相信自己能够战胜一切危险，并为之付诸努力。作为电力建设管理人员，伴随新型电力系统布局、落地，我们将面临诸多新问题、新风险、新挑战。我们不仅要做因看见才相信的"追随者"和"践行者"，还要做因相信才看见的"探路者"和"领路人"。面对未知风险，有必胜的信念，有敢于亮剑的勇气，才有战胜未知风险的可能。

（2）各级管理层对各自的安全直接负责

安全管理是一项系统工程，必须坚持安全生产责任制。在职责划分上，不能有"交圈地带"，不能有"无人区"，人人管等于没人管。结合企业安全生产流程，明确各部门在各环节的安全责任是理清安全生产责任的"笨办法"。在制度执行上，不能搞"一言堂"，智者千虑必有一失，个人力量再大，事无巨细亲力亲为必然错漏百出。也不能越俎代庖，下属如坐针毡，基层无所适从。更不能搞"层层分包"，分出去的任务，分不去的责任，责任权利不统一必定干不成事。各级管理层对各自的安全直接负责，上率下效，必将形成人人管安全的良好局面。

（3）发现事故隐患必须及时消除

所有操作隐患都是可以控制的。假设操作隐患不可控制，那相应的社会生产就不可能存在并持续。所有操作隐患可以控制也必须及时控制，这是防范安全事故最直接有效的手段。海因里希法则告诉我们，只要防控所有安全隐患，就能消灭所有安全事故。当前，隐患排查治理执行情况不容乐观，隐患发现不易、定级不易、治理不易。我们作为电力建设工作者，应始终秉持人民电业为人民的企业宗旨，不断锤炼知识技能，练就一双火眼金睛，及时发现并指出隐患，积极开展隐患排查治理，最大限度保障生命和财产安全，为万家灯火贡献力量。

（4）各级主管必须进行安全检查

破窗效应告诉我们，环境中的不良现象如果被放任存在，会诱使人们效仿，甚至变本加厉。良好的安全检查机制是企业安全生产的免疫系统，是自愈机制。当前，建立了层层安全检查体系，但缺少真正的安全检查，各级安全检查解决不了长期存在的，且急需解决的问题。部分安全检查更是"为赋新词强说愁"，带着指标下基层，大的不抓，小的严打，检查搞不清主次，基层搞不清方向。各级主管应该下沉基层，多做调研，实事求是，应用 STOP 法帮助员工改变某些工作行为，以达到安全目的，而不是一味批评处罚员工，让管理层和执行层割裂开来，将不知兵，兵不识将，让安全生产一步步走向更加艰难的局面。

2. 企业安全文化载体建设

"高高兴兴上班、平平安安回家"，厂房墙上的大幅标语是企业安全文化载体，也是企业对 20 世纪 70 年代和 80 年代企业安全文化的具体而不失温暖的回忆。它既是企业对员工最真挚的祝福与关切，又是每个人朴素的渴求，每个家庭由衷的期盼，更是你我最偏爱的祈求、最亲切的问候、最温暖的心意。

企业安全文化建设需要通过活动方式、组织形式、物态实体和形象方法及手段来承载。安全文化需要在生产经营活动和企业管理实践中表现出来，这种形象的、有形的、具体的方式和手段，成为企业安全文化载体。通过对企业安全文化载体的建设，让员工能够在生活与工作中接受、理解、记忆企业安全理念，最终实现从安全认知到安全实践的转化。同时，企业需不断拓展安全文化载体的类型，综合运用多种载体来使企业安全理念体系入脑、入心。

3. 企业安全文化机制建设

企业安全文化建设体系的定义：为有效促进企业安全文化持续发展而建立的一组相互关联的要素整体。这个整体的组成部分包括：组织与人、个人和集体的安全文化，各类安全文化的载体，机制与职责，程序，资源以及活动等。在安全文化建设中，企业需要建立一套包括安全文化要素、企业组织机构、安全文化载体、安全文化运行系统等相互关联的整体，通过体系的、科学的模式和思维应对安全生产所呈现的多变、冗杂的特点，帮助企业更好地面对安全生产的困难与压力。

企业为员工安全着想，认识到安全是被雇佣的必要条件，在合同签订、安全投入、教育培训等方面，从体制机制上构建安全文化，引导员工重视安全，保障员工生命安全。员工为企业安全着想，严格执行企业规章制度，认真接受严格的安全培训，积极参与安全生产，保障公司安全局面。安全是企业和员工双向奔赴的一段旅程。事故是最大的成本，安全是最大的效益。营造"人人重视安全生产、人人关心安全生产、人人做好安全生产"的浓厚氛围不光是企业的责任和义务，也是每个员工的责任和义务。爱出者爱返、福往者福来，"人人为我，我为人人"是安全生产最美的诠释。

三、结论

安全是需求，又是要求。安全是我们幸福生活的屏障与基石，忽视安全的背后是一条条鲜活的生命和一个个破碎的家庭。君子不立危墙之下。企业安全文化建设在事故预防方面起着至关重要的作用，与身在其中的每个人都息息相关。我们塑造它，它在完善我们，人人都是参与者，也是责任人。愿我们在追求幸福美好生活的同时，能时时不忘安全。

综合服务管理工作中企业安全文化的创新

内蒙古送变电有限责任公司　赵骆昕　高　智　程广通　侯国卿　郝　佳

企业是社会的细胞,是社会稳定和谐的基础,安全文化是企业文化的重要组成部分,是企业在长期安全建设管理中的中心目标。"兵马未动,粮草先行",综合服务中心是维持送变电公司后勤保障稳定发展的"先行官"。

近年来,伴随着我国社会经济和人民日益增长的物质文化需求,后勤管理工作面临着新的挑战与困难,必须通过创新服务理念,加强企业安全文化建设,增强安全意识,破除陈旧思维,运用新型科技手段,让后勤管理更加科学化、规范化、标准化。

一、贯彻安全文化理念,优化工作流程

内蒙古送变电有限责任公司围绕安全生产管理科学化、标准化、规范化这一主线,以保证年度各项工作顺利开展,把增强职工安全生产工作的思想意识作为核心,优化后勤服务保障的工作流程,全面推进安全标准化运行工作质量,增强党员干部和职工队伍安全工作意识和提高本领。

1. 原工作模式概述

综合服务中心是由原物业管理处和车队组合而成,其中50岁以上职工12人,45～50岁职工8人,45岁以下职工8人。后勤服务各项流程需进行层层上报纸质版,并找相关领导签字同意后方可开展后续工作。由于职工年龄普遍较大,对新型科技运用形式接受性不强,思想有所陈旧,工作思路有所保守,有时会存在期间流程不及时,难免会造成安全隐患、工作无法开展现象,造成工作停滞,给公司财产与安全保障带来不可挽回的损失。

2. 原后勤维修申请工作流程

原后勤维修申请流程图如图1所示。

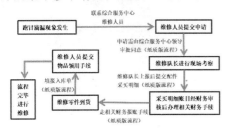

图1　原后勤维修申请流程图

3. 创新后后勤维修申请流程图

创新后后勤维修申请流程图如图2所示。

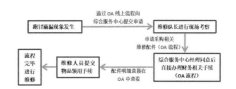

图2　创新后的后勤维修申请流程图

综合服务管理整体工作流程是覆盖送变电公司后勤保障服务的有效手段,充分运用现阶段OA流程的便利性,联系网络相关负责人,设置了维修配件申领、办公用品申领等线上流程板块,工作人员通过OA线上流程即可开展各项申领工作,年龄较大的员工也可通过手机进行操作,保障了后勤服务管理中的安全方针和目标,破除了原有纸质版繁杂的工作流程,大幅度缩短申请时间,从而避免了安全隐患的发生,如图2所示。

4. 新型科学技术工作模式对企业的影响

自2022年6月启用OA线上流程手续开展工作项目有维修材料领用、办公用品领用、会务申请、公务用车申请,大幅度地提高了后勤工作人员整体工作效率。OA线上流程的优点如下:一是维修材料配件及时进行申领,确保"跑冒滴漏现象"能够及时进行维修,缩短了维修周期,保障了职工办公环境安全,确保了生命财产不受损失;二是有效地与"无纸化办公"绿色环保理念模式相结合,省去了办公用品、纸张与打印机的使用量,为企业节约了办公成本,更有助于企业职工系统化、秩序化地开展工作;三是会务申请和公务用车流程大幅度地节约了人工成本,更加便捷、快速地为企业职工提供会务服务和用车服务,提升了工作效率。

二、创新餐厅服务理念,提升餐厅服务质量

职工餐厅作为最能体现后勤服务保障安全的"窗口","舌尖上的安全"一直是送变电公司领导关心的重点,更是企业安全文化的"放大镜",综合服务中心针对职工餐厅经营模式和服务理念也进行了改进，如图3所示。

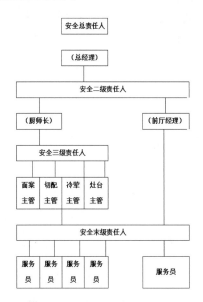

图3 职工餐厅安全管理机构图

1. 创新服务理念，增强安全意识

企业安全文化对于职工餐厅的经营管理至关重要。具有良好安全文化的企业会重视职工餐厅的食品安全管理，通过制定严格的卫生标准和操作规程、设置清洁措施和设备、培训职工的食品安全意识等方式来保证餐厅食品的质量和卫生安全。除了管理措施，企业还应当建立健全监督检查机制，确保职工餐厅各项操作符合食品安全要求，如图4所示。

图4 职工餐厅食品安全培训

（1）传统经营模式

送变电公司职工餐厅经营模式是自主经营方式，由综合服务中心职工进行管理，餐厅服务人员以劳务外包形式进行聘用，签订临时聘用劳务合同，需综合服务中心人员统一安排办理《健康合格证》。就餐时间内由职工在规定时间内到达餐厅进行排队自主订餐，根据菜品价格单独计算，由专人进行打餐放置就餐盘中，每日六菜一汤两主食。

（2）转变经营模式，硬件的改善

经走访并参考集团公司、电力设计院的职工餐厅和其经营模式，将送变电职工餐厅转变为由第三方公司承包的经营模式，同时进行了内部设施改造，重新订购了就餐设备，将就餐形式改成自助餐模式，职工根据所需进行自主选餐，每人早餐8元/人，午餐18元/人。

由第三方公司承包后，他们以团队形式通过层层考核选拔，经过一个月的试用期，期间由专人进行餐饮方面的培训，合格后方可进入送变电职工餐厅进行上岗，工作全程统一制服，配备口罩、厨师帽。餐厅工作人员每日会按时将菜单发送至餐厅微信群中，据主厨介绍，每周都会召开一次例会，商量下周的食谱及采购计划，然后交由综合服务中心审核，确保餐品的营养价值。

2. 两种经营模式方法比较

传统的经营模式中，由于职工餐厅建设时间较早，硬件设备老化严重，有时会造成菜品加热不及时现象。职工每日饭点需有序进行排队打餐，但由于职工多，打餐人员少，造成了排队现象严重，职工个人时间的严重浪费，同时出现有些菜品补充不及时，职工不愿意等待现象发生，餐品浪费现象严重。由于企业对服务人员没有进行相应的培训，后厨环境卫生餐厅整体服务质量不高，对企业的可持续发展造成不良影响，如图5、图6、图7所示。

图5 自主经营餐厅后厨

图6 自主经营餐厅打餐窗口

图7　设备老化进行维修

第三方公司经营模式中,综合服务中心为做好职工与餐厅间的桥梁,迅速成立了《后勤伙食管理委员会》,重新规范了各项规章制度并上墙,粘贴"光盘行动"宣传图,每月对职工餐厅经营状况和食品营养进行检查,让职工吃得放心、吃得舒心。同时自助餐就餐形式解决了以前职工排大队,打不上餐的现象,职工可根据每日菜单,按需进行就餐,少拿多取,避免了食物浪费现象发生,如图8、图9、图10所示。

图8　第三方管理餐厅后厨

图9　第三方管理的基础设施（选餐区）

图10　第三方管理的基础设施（就餐区）

食品安全方面,公司由传统经营模式中的零星采购方式,变更为由统一供应商集中采购机制,并签订为期一年的食品购买合同,避免了不符合国家食品安全要求的食材流入职工餐厅。同时,按照后厨操作规范流程,公司改善了生熟食品混放的形式,砧板按食物分类进行配比,对冰箱进行定期清理,根据食材分类进行有序摆放,避免生熟交叉感染而导致食物中毒,并做好每日食品留样,为职工身体健康提供有力保障。

食物中毒和企业安全文化存在着密切关系。在一个企业中,安全文化是指职工对于安全事务的认识、态度和行为的总体表现。而食物中毒通常是由食品加工或供应链中出现了安全隐患或不当操作引起的。因此,企业的安全文化宣传对于预防食物中毒事件起到至关重要的作用,如图11所示。

图11　食物中毒应急演练

企业应该积极培养和践行良好的安全文化,确保企业内部所有职工都清楚意识到食物安全的重要性,并将其纳入日常工作中。只有通过建立健全安全管理体系、加强培训和监督机制等措施,才能最大程度地减少食物中毒事件的发生,保障公众健康和企业可持续发展。

3.职工餐厅服务质量全面提升

首先,企业安全文化会促使企业重视职工餐饮服务的品质和安全,注重职工的营养需求、饮食健康和个人喜好,努力为职工提供多样化、均衡的餐饮选择,确保餐厅提供符合卫生标准和食品安全要求的食物,并及时调整和改进菜单,以满足职工的需求。这种重视职工餐饮服务的态度将促进餐厅服务质量的全面提升。

其次，企业安全文化将考虑职工在用餐过程中的健康和安全。企业可能会制定相关的安全操作规范和培训计划，确保餐厅职工熟悉正确的食品处理和卫生操作流程。同时，企业也可能会投资餐厅设施和设备的更新和维护，以确保食物的卫生安全。这种对职工健康和安全的关怀将直接提升服务质量，带来更好的餐饮体验。

此外，企业安全文化也会促进职工对职工餐厅服务的重视和参与。如果企业倡导安全、健康的生活方式，并将其纳入企业价值观中，职工将更加重视餐厅服务质量和食品安全。他们会及时提出改进建议、参与食品选择和营养计划等方面的决策，从而推动餐厅服务质量的提升。

（1）服务质量全面提升

综合服务中心始终对标规范职工餐厅标准，修订完善餐厅管理制度，使职工餐厅就餐环境不断得以改善、餐厅服务质量不断得以提升。在硬件设施上，做到按需合理配置，餐厅宽敞明亮，布局合理，器具桌椅配套齐全，专人负责清扫整理。职工自助取餐，就餐后将餐盘碗筷等统一送至指定地点，由专人进行清洗。在软件管理上，做到餐厅管理制度上墙，职工对饭菜满意度通过意见箱、意见栏等方式进行及时反馈。在餐厅账务公开上，按照企务公开要求，对餐厅账目开支、公务接待情况进行公示，接受职工监督，堵塞"滴漏"现象。

（2）进行职工餐厅满意度调查

为进一步了解职工需求，提高职工餐厅服务质量，综合服务中心于2022年12月22日—25日发放职工满意度调查问卷，共收回122份问卷，10条整改意见，职工满意度达98.5%，后续将根据职工意见进行不断完善改进，如图12、图13所示。

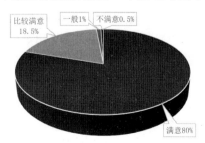

图12 职工餐厅满意度调查数据图

1	保证品种，保证食品卫生安全
2	进一步提高菜品质量和种类
3	加强卫生状况
4	合理调整价格，职工超市物价较高
5	品种有些单调，外带不方便
6	多考虑下工地职工，研究可行性方案
7	取餐时佩戴口罩，推广文明就餐
8	加强价格的监督管理
9	厨余垃圾及时地进行分类
10	合理调整开餐时间

图13 职工餐厅整改意见图表

三、结语

综合服务中心作为送变电公司后勤保障部门，在这个充满挑战、充满机遇的时代，需要把握创新型的服务理念，围绕企业安全文化体系建设，谋求新形势、新境界的思维定势，把综合服务管理工作中的安全方针和目标以及安全改进和创新，作为恒久不变的话题进行研究，同时肩负起后勤保障的重大责任，推动服务核心文化理念的宣贯，切实增强团队组织力和凝聚力，主动履行职责，明确定位，打造一支适应企业发展和需要的强有力队伍。

参考文献

[1]曹海云.新形势下企业经济管理的创新策略解析[J].商场现代化,2014,(01):93-94.
[2]朱华伦.新形势下的企业经济管理创新与实践[J].现代经济信息,2012,(09):113.

推动安全生产"两个体系建设"
创新发展安全文化理念

华能左权煤电有限责任公司　张艳文　李海平　刘维纲　贺江瑜　张广杰

摘　要：习近平总书记在党的二十大报告中明确指出："全面建设社会主义现代化国家，必须坚持中国特色社会主义文化发展道路，增强文化自信，围绕举旗帜、聚民心、育新人、兴文化、展形象建设社会主义文化强国，发展面向现代化、面向世界、面向未来的，民族的科学的大众的社会主义文化，激发全民族文化创新创造活力，增强实现中华民族伟大复兴的精神力量"。多年来，党中央、国务院高度重视安全生产，高度重视安全文化建设在安全生产中的根基作用。习近平总书记、李克强总理多次对安全生产作出重要指示、批示和一系列重要论述。"发展不能以牺牲人的生命为代价"的红线意识、"安全第一"的思想、"以人为本、关爱生命、安全发展"的理念等作为安全文化的核心理念已深入人心。

关键词：安全文化；两个体系建设

一、电力企业安全管理存在的薄弱环节分析

（一）安全生产意识薄弱

火电企业管理形式单一、生产模式固化，受固有思维模式影响，员工对安全、生产、进度的关系缺乏正确认识，弱化了生产过程中的安全红线。安全生产保障体系成员对"管业务必须管安全"的认识不到位，没能把"管安全"作为管理"底线"，没有把"管安全"纳入整个"业务"过程，而是以"管业务"的结果去衡量"管安全"的成效，安全生产监督体系人员工作动力不足，老好人思想突出，对生产管理盲从，从而导致火电企业中的管理者和员工安全生产意识不强，安全风险预控管理松懈。

（二）安全生产管理松懈

火电企业安全生产管理执行不到位，安全基础工作特别是电力企业经历史验证、经验教训积累下的有效管理措施也不能坚持执行，在两票管理、反违章管理、隐患排查管理、班组安全活动、危险点分析等方面走形式，甚至当作"负担"来做，久而久之导致安全工作出现较强的随意性，制度规矩变成了摆设，特别是遇到工期紧、任务重的时候，容易发生安全管理被当成生产的阻力而彻底舍弃，大多数安全生产事故都是因无票作业、安全措施布置不到位等安全基础工作缺失造成安全底线丢失，安全风险管理失控。

（三）安全生产技能不足

火电企业是技术、设备密集型企业，对员工的安全技能和生产技能要求较高，近几年，企业接收了系统内停建项目大量分流学生，同时因区域公司转型发展又输出大量人才，企业人员结构发生了大幅变化，导致安全生产岗位员工的安全生产技能水平参差不齐，受员工自身专业知识、业务素质的限制，无法准确地运用科学的方法对生产中的潜在问题、难点问题进行检查，加之对环境变化不熟悉，及对新型设备结构和原理不够精通，使得在安全生产工作中存在较大的主观性、盲目性。从公司往年发生的不安全事件来看，一类、二类障碍发生频次依然较高，因安全措施不落实导致的不安全事件和违章事件时有发生，作业人员安全风险辨识能力欠缺，导致不安全事件原因分析不透彻、防范措施针对性不强。

二、安全生产"两个体系"的定义

安全生产保障体系和安全生产监督体系是保障安全的两块基石。保障体系通过调配生产的各种资源，对每一个生产过程进行控制，保障生产过程的安全，履行安全管理主体责任，最终实现企业的安全生产，而监督体系则对电力生产的各种基础进行监察，履行安全监督责任，监督安全生产保障体系发挥作用。搞好企业安全生产工作就是要加强保障体系和监督体系建设，发挥两个体系最大效能。

在安全生产和全员安全责任制落实的过程中，每个员工要搞清楚自己隶属于"保障体系"和"监督体系"中的哪一个体系，这样才能更好地知责明责、履职尽责，但每个员工的安全生产责任都不是孤立的，保障体系不可以将安全与生产简单剥离开来，监督体系也不能抛开生产只谈安全。从企业安全管理上讲，安全生产保障体系与监督体系是密不可分的，是相辅相成的，监督体系是促进、是督导，保障体系来落实，安全监督作用的发挥不是替保障体系去监督，而是监督保障体系管理得怎么样，保障体系要自觉接受监督、发挥主体责任。从体系成员个体上讲，每个成员都有落实好安全生产的主体责任，也有监督其他成员落实主体责任的义务，每个人都是一岗双责，既是保障，又是监督，不仅要监督自己，还要监督别人。

三、两个体系建设在安全文化建设中的作用

安全文化从广义上来说是人类为防范（预防、控制、降低或减轻）生产、生活风险，实现生命安全与健康保障、社会和谐与企业持续发展，所创造的安全精神价值和物质价值的总和。安全文化建设通过创造一种良好的安全人文氛围和协调的人机环境，对人的观念、意识、态度、行为等产生从无形到有形的影响，从而对人的不安全行为产生控制作用，以达到减少人为事故的目的。

华能左权煤电有限责任公司领导班子致力于两个体系建设，推动企业安全文化建设，具体举措阐述如下。

（一）以强化两个体系建设为基础，打造"向安全要效益"的安全文化

一是把"防范人身伤亡事故"作为安全文化建设的核心目标，把"向安全要效益"作为安全文化建设的价值理念，大力开展企业安全文化建设，将党建工作、企管工作纳入保障体系，通过党建引领、企业文化引领，营造全员要安全的安全文化氛围。二是加强作风建设，扩展纪检监察、党风廉政建设的监督职能，鼓励"严、细、实"，杜绝"慵、懒、散"的工作作风。三是加强安全生产先进典型的选树，把"安全生产"纳入各类评选表彰、选人用人和岗位晋升的先决条件，把安全转化为员工的内在需求和自觉行动。四是安全生产与工作绩效挂钩制，量化月度安全绩效指标、量化安全生产基础管理内容，压实两个体系履职责任。

（二）强化两个体系人才队伍建设

一是着力增强各级人员安全"监督、保障"意识和提升履职能力，选拔生产部门的副主任、主任助理去安监部挂职工作，并形成轮流机制，着重生产管理干部安全管理能力的提升。开展班组长、生产骨干"安监部以干促训"，以点带面有效促进班组安全管理双提升工作。加强监督体系运作，安监部专职安全员派驻生产部门加强直线部门安全管理。二是大力推进企业双通道人才队伍建设，从管理层和技术层两方面畅通生产职工岗位发展通道。

（三）深入开展两个体系建设，培养"向安全要效益"的能力

组织安全生产保障体系和监督体系，对公司现行本安体系文件全面梳理，开展本安体系内审，完善本安体系制度，制订本安体系文件宣贯学习计划，开展多种形式的宣贯学习，加强各级人员制度刚性执行的能力，实现安全管理工作的规范化、科学化和标准化，确保安全生产保障体系运行良好，做好反违章、隐患排查、危险点分析和预控管理。安全生产监督体系围绕安全标准化、安全性评价、技术监督、双控建设、安全检查，推进隐患排查工作，按照本安体系规范，加强各部门、专业、班组执行情况的监督检查，做到个人无差错、班组无违章、系统无缺陷、设备无障碍、机组无非停，确保安全生产闭环管理，有效杜绝各类事故的发生，切实提高本质安全水平。

（四）完善隐患排查治理工作长效机制，发挥两个体系风险预控能力

建立保障体系与监督体系隐患双排查长效机制。在安全生产专项整治三年行动基础上，围绕"提升隐患排查质量、确保安全生产稳定"建立部门负责人、专业管理人员带头查隐患和隐患排查治理周通报、月度评价考核长效机制。各生产部门和安全监督部门主任，发挥带头作用和表率作用，深入现场、班组，带头查隐患，检查、督促隐患治理情况和防范措施落实情况，切实压实部门各级人员隐患排查责任、提升隐患排查质量、消除安全风险。

（五）安全管理与技术管理相结合，为安全生产提供坚实基础

安全管理与技术管理要结合起来，技术管理提升了，人员技术水平提高了、现场设备的可靠性提高了，现场作业就会减少，风险自然而然就少了，意外事件发生的概率也就降低了。在日常的生产运行中，运行管理、检修管理、设备管理、技术监督管理、配煤掺烧管理应常抓不懈，切实履行好安全生产主

体责任,确保经营价值最大化目标完成。

四、结束语

安全生产只有起点没有终点,安全生产每天从零开始到零结束。华能左权煤电有限责任公司全体干部职工将把党中央、国务院、华能集团公司、分公司的决策部署落实到行动中,齐心协力、众志成城,不断深化两个体系建设,巩固两个体系建设成果,推进企业安全文化建设,推动安全生产专项整治三年行动效果再提升,咬定目标不动摇,坚定信心勇作为,发扬"自信自强"左电精神,团结一致攻难关、控风险、迎挑战、促转型,迎接新任务、落实新要求、适应新形势、追求新发展,以梦想为帆,以奋斗为笔,答好新的时代课题。全面推进公司高质量转型发展取得新的更大成果,为华能在晋事业发展创造新辉煌做出更大贡献!

参考文献

[1]罗云.企业安全文化建设[M].北京:煤炭工业出版社,2018.

[2]中国安全生产科学研究院.安全生产管理[M].北京:应急管理出版社,2022.

构建共创共享的"守规矩"安全文化

新疆生产建设兵团红星发电有限公司　吴海金　曾祥峰

摘　要：安全文化建设通过创造一种良好的安全人文氛围和协调的人机环境，对人的观念、意识、态度、行为等形成从无形到有形的影响，从而对人的不安全行为产生控制作用，以达到减少人为事故的效果。安全文化建设是提升企业安全管理的有效手段，建设潜移默化的、使人乐于接受的企业安全文化是企业安全管理的最终目标。

关键词：发电企业；守规矩；安全文化；建设

一、引言

习近平总书记在党的二十大报告中强调，"以新安全格局保障新发展格局"。构建新发展格局是当前和今后一个时期党和国家工作中一项重大战略任务，对各方面工作提出了新的更高的要求。以新安全格局保障新发展格局，体现了统筹发展和安全的根本要求，明确了构建新安全格局的战略任务。

社会心理学家马斯诺曾提出"五大层次需求理论"，分别是生理需求、安全需求、社交需求、尊重需求和自我实现需求。随着社会的发展，人们在解决了基本生理需求后，首要的需求就是安全需求。而企业安全的管理，一般会经历病态管理阶段、经验管理阶段、制度管理阶段、体系管理阶段和文化管理阶段。因此，为满足人们和企业对安全的需求，安全文化建设的重要性显而易见。

相对于提高设备设施安全标准和强制性安全制度规程来讲，安全文化建设是事故预防的一种"软"力量，是一种人性化管理的手段。发电企业作为国家和社会的重要支柱，其安全生产管理的重要性不言而喻。因此，如何有效地进行安全管理，保障生产的顺利进行，是发电企业面临的重要问题。在这个背景下，"守规矩"的概念应运而生，它强调在生产过程中严格遵守各项安全规定，以此来保障生产的安全。"守规矩"不仅仅是一种行为规范，更是一种安全文化，"守规矩"安全文化的建设，有效引导全体员工从"要我安全"到"我要安全"理念的转变。

二、"守规矩"安全文化建立的策略

首先，应建立一套适合企业自身的安全管理制度及体系，做到凡事有章可循、凡事有据可查、凡事有人监督、凡事有人负责，引导各层级员工在日常工作中遵守规范、使用规范，确保各项工作安全有序开展。

其次，人的不安全行为管控是发电企业安全管理的重要内容，人是电力安全生产的基础，但也是最不稳定的因素，要充分发挥安全生产保障体系和监督体系的作用，确保人尽其用。

再次，应加强"守规矩"的教育和培训，定期组织系统性的安全教育培训，旨在增强员工的安全意识和责任感，提高他们对"守规矩"的理解和执行能力。

最后，要定期开展严谨的安全监督检查，能够及时发现和纠正各类不安全行为和安全隐患，保障生产的安全。

三、制度建设是"守规矩"意识养成的基础和保障

企业只有建立完善的安全生产制度，才能确保"守规矩"的顺利执行。发电企业规章制度应包括操作规程、安全生产管理制度、安全生产目标管理制度、安全生产责任制管理制度、安全生产事故事件管理制度、安全生产事故事件责任追究管理制度、安全生产监督检查管理制度、作业票管理制度、应急管理制度、事故调查处理制度等，以指导员工的日常工作。这些规章制度不仅要详细、具体，还要易于理解、操作，以便员工能够准确、快速地执行。制度建设使"守规矩"有法可依、有据可查，制度管理促使企业规范化管理，使员工清楚知道自己的职责和权利，从而提高员工的工作积极性和归属感。

四、"守规矩"促进安全管理体系的形成

安全文化管理体系是一个非常全面的管理体系。"守规矩"的前提是要健全完善以生产技术为核心的安全生产保障体系，充分发挥技术管理在安全生产中的关键作用。同时，在执行制度的过程中，可以不断地补充和完善体系建设。"守规矩"可以梳理评估技术管理方面是否存在机构不全、人员不齐、制度缺项、标准老旧等短板弱项，有针对性地制定计划措施。企业要完善检查、考评、通报、奖惩等机制，监督安全生产各项管理制度的正确执行，管控生产过程中人的不安全行为、物的不安全状态、环境和管理上的不安全因素，督促安全生产保障体系发挥作用。

五、安全教育培训是"守规矩"的重要一环

安全教育培训是安全文化建设的基础和前提，安全教育培训不仅需要包括基本的安全知识和技能，还需要包括各种可能的安全风险和应对措施，以便员工能够在面对各种复杂、突发的情况时，也能够做出正确的判断和反应。它可以增强员工的安全意识，增强员工的安全责任感，培养员工的安全习惯，传授员工的安全技能，从而有效地预防和减少事故的发生。安全教育培训应该贯穿于员工的入职、在岗、转岗等各个阶段，形成一个系统化、规范化、持续化的过程。安全教育培训的方法应该多样化和灵活化，根据不同的对象、内容、目标和环境选择合适的方式和手段，如讲座、培训班、现场教学、模拟演练、案例分析等。安全教育培训的效果应该定期评估和反馈，通过考试、检查、问卷等方式检验员工的安全知识水平和技能水平，并根据评估结果进行调整和改进。

六、安全监督检查是"守规矩"的关键环节

安全监督检查是"守规矩"安全文化建设的重要手段和保障，它可以及时发现和消除安全隐患，督促和指导员工遵守安全规定，评价和奖惩员工的安全表现，从而有效地促进安全生产管理的落实。

（1）全面性原则，即要对企业内部的所有部门、岗位、设备、环境等进行覆盖式的检查，不遗漏任何一个可能存在风险或问题的地方。

（2）周期性原则，即要根据不同的检查对象和内容制定合理的检查周期，如日常检查、定期检查、专项检查等，保证检查的及时性和有效性。

（3）目标性原则，即要根据不同的检查目的和要求制定具体的检查标准和指标，如安全生产责任制、安全生产规范、安全生产绩效等，保证检查的针对性和可操作性。

（4）参与性原则，即要充分发挥各级管理人员、安全专业人员、一线员工等的作用，形成上下联动、内外协作的检查的深入性和广泛性。

七、"守规矩"促进安全文化建设

"守规矩"是安全文化的重要组成部分，培育"守规矩"安全文化，对文化管理意义重大。

（1）通过加强员工对规章制度的教育和培训，使其深刻理解安全规定的重要性，养成"积极遵守规定"的意识，逐渐培养员工的安全意识。

（2）"积极遵守规定"强调的是尊重规定、重视安全的价值观，这种价值观可以通过多种方式在组织中传播和倡导，进而形成一种积极的安全文化。

（3）对规定的执行情况进行监控，可以发现和纠正各种问题，推动安全规章制度的完善，从而提升安全文化水平。

（4）通过"守规矩"安全文化的建立，员工能够自觉约束自己的行为，减少发生意外事故的可能性，增强员工的安全自我约束力，从而确保工作场所的安全和稳定。

综上所述，"守规矩"不仅可以增强员工的安全意识，还可以有效防止事故的发生，同时也是安全文化的重要组成部分。发电企业应在安全管理中积极弘扬"守规矩"价值观，使其成为企业文化的一部分，对于企业的安全生产管理和安全文化建设具有重要的意义。

参考文献

[1]中华人民共和国制造业安全标准.AQ/T 9004–2008《企业安全文化建设导则》[S].北京：应急管理出版社,2008.

[2]安全生产管理,2019版/中国安全生产科学研究院.全国中级注册安全工程师职业资格考试辅导教材《安全生产管理》[M].北京：应急管理出版社,2019.

[3]企业安健环管理标准,2021年新疆生产建设兵团红星发电有限公司.安健环管理标准[M].哈密：新疆生产建设兵团红星发电有限公司发布,2021.

安全网格化管控体系在仓储物流行业的应用研究

中国外运东北有限公司　王玉忠　戚成鑫　孙宇鹏

摘　要： 随着中国经济的快速发展和全球化的深入推进，仓储物流行业在供应链中的地位日益重要。但与此同时，该行业面临的安全风险也日益增加。虽然近些年公司的安全基础管理理念与方法得到了有效的改进，但与发达国家相比，安全系统的管理仍然存在不足。为了有效应对这些风险，进一步探索企业综合安全文化建设，逐步通过网格化安全管理提升全员安全文化参与度，增强全员安全意识，以公司安全理念"夯实安全基础，安全筑梦未来"推进安全生产工作，建立安全生产长效机制，有效遏制较大及以上安全生产事故，实现安全生产形势持续稳定向好。本文将探讨仓储物流行业网格化安全管理的概念及实施方法，以期为行业提供一些参考和启示。

关键词： 安全管理；仓储物流；网格规划；安全文化

中国疫情防控取得了举世瞩目的成就，其中社区网格规划治理发挥着不可或缺的作用。将疫情防控的网格规划治理经验与安全管理深度融合，夯实安全管理基础，做到无遗漏、无脱节、无盲点，筑牢安全管理"防火墙"是安全网格规划管理建设的初衷。国内仓储物流企业普遍存在业务类别多、区位分布广、安全管理人员少、管理难度大的特点。本文提出企业实行网格化管理的构想，目的是实现安全管理的"一杆到底"，推动安全生产监管工作关口前移、重心下移，形成全员齐抓共管、上下联动的良好氛围，形成有人监督、有力处置、有效落实的常态化管理模式，构建有效务实、独具特色的安全文化氛围，进而打通安全生产的"最后一公里"问题，为企业实现高质量发展注入新动能。

一、网格规划管理概述

（一）网格规划管理定义

网格规划管理是一种行政管理改革，依托统一的管理、数字化的平台，将管理辖区按照一定的标准划分成单元网格。通过加强对单元网格的部件和事件巡查，建立监督和处置互相分离的形式。

（二）网格规划的背景

社区利用网格化管理进行管理，基本方法是把辖区内的社区划分为一个个的网格，每一个网格都有对应的网格员，即有社区人员负责相应的网格，社区人员负责这个网格内所有的政府服务等事宜。政府相关职能部门也可以通过信息管理平台主动发现问题，及时处理，将问题解决在居民投诉之前，加强政府对城市的管理能力[1]。

（三）网格规划与安全文化相结合

建立安全生产管理长效机制，以"一级指挥，两级联动"为建设原则，搭建三级网格运行平台，并以此为载体，整合管理资源、优化管理流程、细化督导检查，形成精细化管理、人性化服务、多元化参与、信息化支撑"四位一体"的网格规划管理运行体系，增强全员安全意识，丰富安全文化内涵，全面提升仓储物流企业安全管理效能，逐步构建起"人人共建、人人共保"企业安全文化，有效推动安全生产监管工作重心下移，提升基层安全生产监管的精细化、信息化和长效化水平。

二、仓储物流行业安全管理中存在的问题

仓储物流行业近年来迅速发展，企业的数量也急剧增加。仓储物流企业将为其他生产企业、销售企业以及最终消费者的生产和消费提供支撑内容服务，将其作为自己的主营业务，从而获取丰厚的营业利润。在实际操作中，仓储物流企业将货物的装卸搬运、储存、运输、包装、配送和物流信息传递等环节有机结合，从而有效地降低了企业的生产流通成本，提高了利润收入[2]。与此同时，由于仓储物流涉及业务的全过程性，也给企业的安全生产带来了巨大的风险。由于供应链的复杂性和全球化特性，物流仓库经营储存的货物周转周期较快，货物种类繁多，来往的车辆人员数量较多，还包含自然灾害等

影响。诸多因素给安全管理工作带来了巨大挑战，实际的安全管理中，安全风险主要有以下几点。

一是场站仓库建筑基础条件不足。物流场站仓库基础条件较差，部分仓库建筑年代久远，建筑时无相关消防技术标准，或存在无消防验收资质的违规经营情况，部分场站仓库即使具备消防验收资质，由于维护不当导致消防系统无法正常使用。此类场站仓库的使用往往带来诸多安全隐患，整改需要大量人力物力财力，给安全管理工作带来了诸多困难。

二是仓库场站面积人，管理复杂。部分现场人员及外来人员安全意识薄弱，一些基层一线员工可能缺乏安全培训教育和意识，存在违规操作、误操作等行为，同时仓库设施设备可能存在老化、故障等问题，易导致生产安全事故的发生。

三是专业安全管理人员能力参差不齐。仓储物流企业的管理人员一般为库管员、理货员等业务人员，专职从事安全管理工作的人员比较少，安全管理工作职责通常由业务人员进行履行，但业务人员没有从事安全管理工作的经验，安全管理方面能力不足，应急处突能力较弱，处理安全管理的"最后一公里"能力较弱，应急救援"黄金30秒"的有效利用能力较弱，往往会由于业务繁忙而忽略安全管理，违章作业、违章指挥现象偶有发生，安全生产事故产生概率大大增加。

三、网格化管理在仓储物流行业中的应用

网格化管理建设是一项有一定难度的系统工程，企业需要将安全网格化管理作为"一把手"工程来抓，坚持上下一盘棋，以上率下，积极开展全员网格化理念培训，形成"全员抓安全"的安全文化氛围，为安全网格化管理提供全方位保障。

（一）设置"三级""五员"工作机制

一级网格组建（公司总部）：公司总部设置一名网格管理员，总体负责公司整体网格建设及运行，及时传达工作要求，分析网格安全形势并协调解决网格安全管理中的重大问题。

二级网格组建（基层单位）：各单位设置一名网格管理员，负责本网格建设及运行，及时传达工作要求，梳理网格员回报事宜，确定报送重点事项。

三级网格组建（作业现场）：在作业现场根据实际情况设置数名网格员，负责该区域内的隐患排查、监督及环保等工作，并及时上报二级网格管理员。

同时在区域网格内配备网格长、副网格长、网格监察员、网格巡查员、网格员，通过"五员"的配备，形成了有人巡查、有人报告、有人负责、有人解决、有人督查的"五有"工作机制。

在网格划分时，需要严格根据网格划分标准，实现妥善分配。无论是网格划分的范围，还是网格划分的区域，都需要相关人员正确评估与合理科学划分。在网格化管理模式下，利用互联网信息技术，经过资源优化组合，提升网格划分辖区信息接收速度，进而保证紧急事件的快速性和时效性。网格划分需要利用标准化划分形式，提供消防安全管理便捷、优化的服务，提升消防安全管理中网格化的作用，突出网格化管理模式价值。

（二）科学划分网格，实行精细化管理

合理划分网格：根据地域环境、设备状况、工作难易程度等因素，以地域、服务面积，或以相邻的设备为要素，以单位为层级，科学合理划分网格区域，实施网格层级负责制。结合网格化管理区域划分要求，制作单位网格化管理服务分布图。统筹人员划分：各级网格人员配置根据员工素质、技术水平、业务能力，统筹安排人员划分，力争做到确保完成生产任务，确保安全生产守规章，力争无事故无违章。明确岗位职责：推行网格化管理工作制，实现安全上互相监督，工作上互相补位，相互协调解决相邻网格区域内工作中存在的问题，做到网格、职责、岗位、人员"四定"，实现责任明确、人员联动、资源共享。

（三）网格化安全管理中系统平台的作用

网格化安全管理系统平台要重点关注现场隐患排查以及突发状况处置，以突出"实战化"为建设目标，全员抓安全，切实做到"人人讲安全、个个会应急"。网格化平台的建设使用，提高了对安全隐患的辨识能力和初期应急处突能力和水平。

（1）巡检巡查。营造安全"人人共建，人人共保"的良好氛围，充分利用科技化技术手段，主动排查、上传安全隐患，固化基层网格员定期巡检模式、个性化制订巡检计划、明确任务清单，使安全生产网格化管理更有针对性、更贴近工作实际、更能充分发挥网格化管理效用。

（2）安全确认。安全确认模块是从人防和技防相结合的角度，保证电气、燃气及其他设备设施应关尽关、应断尽断，有效避免因人的不安全行为导

致事故的发生。利用 APP 以打卡形式进行安全收尾性工作确认也是一种培养员工安全行为习惯的良好方式。

（3）应急联动。通过应急救援联动报警模块，实现以"警示提醒、科学分配"为主导的应急指挥，以网格管理员在线"云指挥"为辅助，以"反应迅速、功能落地"为原则实现安全生产动态应急管理，提升全员应急处突能力。依托应急预案及各网格联动关系，构建"能科学调度、能快速出击、能正确处置、能善后处理""横向整体联动、纵向一体贯通""反应迅速、运行高效"的救援体系。

（4）报警迅速。现场人员第一时间利用"网格化管理信息平台"APP 进行险情上报，切实提升险情第一时间应对效果。

（5）分工有序。参与应急联动的网格员在收到险情信息后，在应急提示内容的引导下，按照既定的职责分工，有序、高效地实施抢险救援工作。

（6）高效联动。网格监察员和网格巡查员接到险情信息后，迅速赶赴现场进行指挥和抢险救援。以现场网格员为主要力量，充分发挥网格间联动作用，畅通信息渠道，解决传统事故应急逐级上报再由现场指挥下达抢险指令后再进行救援的弊端。在面对突发事件时，至少可为通讯联络节省 3 ~ 4 分钟的时间，真正做到"救早""救小"，为后续救援奠定良好基础。

四、网格化管理的未来展望

随着科技的不断进步和物流行业的持续发展，安全网格化管理在仓储物流行业的应用前景非常广阔。未来，我们可以预见以下几个方面的趋势。

（1）安全网格化管理的智能化程度将逐步提高，随着物联网、大数据、人工智能等技术的不断发展，网格化管理将更加智能化，实现更加自动化、智能化的风险管理和人员控制。

（2）安全网格化管理的协同性将逐步增强，通过云计算、云存储等技术的应用，可以实现跨地区、跨企业的网格化管理和协同作业，提高整体管理效能和服务质量。

（3）安全网格化管理的可持续性将逐步增强，网格化管理更加注重环保和可持续发展，通过优化仓储管理布局、降低能源消耗与人工成本等方式，实现更加环保、可持续的仓储物流运营。

五、结束语

仓储物流行业面临着复杂多变的安全挑战，而安全网格化管理作为一种创新的管理模式，丰富了企业安全文化建设，能够有效地应对这些挑战。仓储物流行业通过建立完善的安全网格化管理系统和制定相应的管理制度，使全员参与的安全文化内化于心、外化于行，结合现代技术手段，可以实现提高安全性和效率的目标。

然而，安全网格化管理仍需在实际运作中不断探索和完善。未来，可以通过加强数据共享与信息沟通，推动技术创新与应用，优化管理流程，加强人才培养与团队建设，以更好地应对各种安全挑战与风险。随着科技的不断进步和社会的发展，安全网格化管理将在仓储物流行业中发挥更加重要的作用，推动行业实现更加高效、安全、可持续的发展。

参考文献

[1]张雨.基层网格化管理模式研究[J].合作经济与科技,2019,(03):169-171.

[2]侯豪峰.物流企业安全生产风险管理研究[D].大连：大连海事大学,2008.

长江大保护运营安全文化建设的深入实践

长江生态环保集团有限公司　李天智　程　昊　张玉峰　吴　岩　陈雪峰

摘　要：长江生态环保集团有限公司（以下简称长江环保集团）经过5年的发展，大量项目投入运营，运营安全面临巨大挑战。通过推动设备双编码、危险源辨识、风险分级管控，以作业指导书落实安全管控要求，以信息化"两票三制"提高便利性和约束力建立"隐患说清楚"机制，推动隐患管理走深走实，建立周安全学习机制，推动员工思想从"要我安全"向"我要安全"转变。通过深入探索，勇于实践，力求感性认识理性化、零散经验系统化、有效做法制度化，不断增强安全工作的科学性，目前已形成良好的安全文化氛围。

关键词：环保；长江大保护；污水处理；水务行业；两票三制；安全文化

长江环保集团是在深入学习贯彻习近平新时代中国特色社会主义思想、生态文明思想、长江大保护和推动长江经济带发展的历史背景下诞生，是中国长江三峡集团有限公司开展长江大保护工作的核心实体公司，于2018年12月13日在湖北武汉注册成立。

一、企业安全文化建设的必要性

水处理行业生产过程涉及高处作业、动火作业、有限空间作业、有毒有害气体，极易造成较严重的坠落、火灾、中毒窒息等安全生产事故，安全生产风险高、管理难度大，需要不断改进安全管理体系和管理手段，确保员工和企业财产的安全。

企业管理核心是战略，必须有文化内涵，"短期安全靠运气、中期安全靠管理、长期安全靠文化"，要将安全文化建设纳入企业文化建设的总体规划，并且突出安全文化建设的地位，使安全文化与企业文化相融共生、协同发展。

随着业务不断发展，公司安全生产面临的形势和任务非常艰巨，不仅要依靠严格的制度和有效的监管，还需要文化理念的引领，不断创新工作思路，改进安全文化的内涵和做法，最终形成一套具有战略意义的安全管理体系，推动企业向更高层次、更加文明的方向发展。

二、企业安全文化建设主要内容

安全生产"五要素"中，安全文化是核心，安全文化即安全意识，是存在于员工头脑中，支配员工行为是否安全的思想。安全意识不强是企业安全生产较薄弱的环节。为解决这个问题，在安全生产实践中，坚持一手抓安全管理体系建设，一手抓安全文化建设，丰富和发展安全文化建设的手段和内容，使安全文化充满生机与活力。

（一）确立一个理念

安全理念是企业安全文化的核心和灵魂，它是指导、支配全体员工共同持有的价值标准、信念、态度和行为准则，要在长期安全生产的实践中确立"以人为本，全员管理"的安全文化核心理念，逐步得到全体职工的认可。"以人为本"就是设法把职工的积极性调动起来，"全员管理"就是塑造"员工互保、团队贡献、荣誉共享"的团队型员工，实现团队安全工作目标。

（二）突出安全文化建设

企业的发展在于管理，管理的优劣在于文化，"安全文化"是企业长周期安全生产的历史经验总结。

1. 加强安全宣传

利用厂区随处可见的安全展板、安全标语和现场安全栏、警示牌等形式对员工进行长期宣传，以强烈的视觉、听觉冲击力，潜移默化地加强员工的安全意识；收集历年的事故案例进行学习，起到随时提醒的作用。

2. 组织安全活动

定期组织技能竞赛、应急预案演练，举办安全征文、安全班前会视频、安全知识竞赛等活动；宣传报道安全生产经验动态，形成人人想安全、人人抓安全、人人保安全的良好氛围。

3. 做好正向激励

灌输宣传"企业安全生产是每一个员工的责任，

企业安全责任实际上就是岗位员工的责任"，得到广大员工的高度认可，并化为自觉的参与意识和协作行为。充分应用"正激励"机制，设立安全专项奖、安全生产责任金对"安全先进集体""安全先进个人""安全生产标兵"的单位和员工给予奖励。这些方式激励员工热爱企业、奋发向上，增强员工的凝聚力和营造团队保安全的文化氛围。

4. 建立周安全学习机制

人的因素是企业安全管理中的主体、是重要的组成部分。在现阶段及较长的时间内，作业还是主要依靠人的操作来完成的，机器和智能化不能完全取代人类。因此，认识到人的因素在企业安全管理中的决定性作用，有利于企业安全管理的平稳、持续化发展。长江环保集团建立运营业务人员周安全学习机制。基层班组长或专职安全管理人员组织学习，积极开展安全大家谈，谈对学习材料的认识以及谈工作中面临的安全问题。安全工作，没有止境，只有持续不断地学习，才能从思想上引起重视，从被动式"要我安全"到主动式"我要安全"转变。

5. 加强现场目视化管理

现场脏乱差是事故隐患的罪魁祸首，要营造良好的安全文明生产环境，培养员工良好的作业习惯，将文明生产和定置管理作为现场安全管理的一项重点工作，坚持开展"6S"活动，切实创造出整洁、文明的生产作业环境。长江环保集团发布《长江大保护运营目视化管理标准》，对现场管理和安全文化都起到积极作用。

（三）重点抓安全体系建设

1. 标准化开展设备双编码

编写发布设备、设施管理制度，制定设备标准化双重编码（编码＋名称）规则，指导投运项目对管辖设备规范化、信息化管理。公司通过发布《水质净化厂及管网设备设施编码标准规范》和《水质净化厂及管网主要设备设施名称范例》，指导和规范设备设施台账编码及命名工作，并将26021项设备录入系统，实现规范管理。

2. 强化危险源辨识与风险管控

公司编制印发《运营项目危险源辨识清单参考模板》和《运营项目风险控制清单参考模板》，制定危险源编号规则，全面梳理运营厂站存在的危险源清单并发布模板。各单位结合设备双编码形成的设备清单成果，全面开展运营项目危险源辨识工作，并

将识别的危险源录入系统，通过LEC法计算得出的数值来进行判定，针对较大风险和重大风险制定控制措施，并进行动态危险源辨识，及时进行更新，有针对性地进行安全管控，做到投运厂站、管网、水体涉及的危险源辨识和风险管控全覆盖。

3. 规范编制作业指导书

长江环保集团为规范一线人员作业，提升运营安全作业水平，规范作业人员安全行为，增强安全意识和能力，将安全作业要求融入作业指导书，组织编制《排水管网运行维护作业指导书（模版）》，各区域公司、水管家公司组织运维单位对照危险源辨识清单和风险管控清单，结合项目实际情况编制发布307项作业指导书，实现运营业态全覆盖。

4. 全面推行"两票三制"

长江环保集团充分借鉴三峡集团电力生产成熟应用的"两票三制"，结合水务行业的特点，形成适用于自身的管理模式，保障检修、维护等工作的安全。通过"两票"把危险源辨识成果和作业指导书的安全要求，落实到运营工作中，改变传统水处理行业靠个人经验作业的落后模式。

对危险性较大的检修维护作业，如动火、起吊、高处作业、临边临水作业、有限空间作业必须办理工作票。"两票三制"引入长江环保集团以来，检修工作和设备操作的规范性、安全性明显提高。通过流程化管理，长江环保集团严格落实了作业过程中安全组织措施和技术措施，实现运营安全"双零"目标。

5. 强化业务信息化管理

长江环保集团在运营管理系统中开发了安全管理模块，主要包括危险源管理、应急预案管理、"两票"管理模块、特种作业人员证书管理和安全培训等功能。主要实现了如下几个方面：一是将所有辨识的危险源进行唯一编码，并导入危险源管理模块，实现危险源识别、管控的全流程管理；二是在系统中的工作票上管理工作负责人、工作签发人、工作许可人等权限，确保不出现越权开展工作的情况；三是严控特种作业人员管理，并在系统中根据证书时间对证书有效性进行动态管控，在办理安全工作票流程中验证人员资质；四是通过系统实现工作票的模板化填报和全过程管控，提高便利性与有效约束；五是信息化管理各类应急预案，按时间推送演练计划，并对演练进行全过程记录；六是开发安全

培训模块,每月推送培训及考试。

6.进出水质在线监测和视频监控全覆盖

为确保出水安全,防范水质净化厂站篡改、伪造、瞒报监测数据等重大风险行为,加强运营单位水质监测数据管理,长江环保集团组织开展投运厂站在线监测水质数据及视频接入工作。目前运营的133个厂站在线监测数据及视频监控已全部实现接入运营管理系统,各级管理部门、单位按管辖范围可实时查看在线监测数据和视频,并根据分工及时收到水质预警提醒,了解工艺调整等应对措施执行情况。实现水质在线站房及设备的实时视频监控和非法入侵告警,及时阻止非法入侵行为,并为调查保留有效证据。相关部门实时掌握出水数据,做到心中有数,提前预警,确保出水达标合格,坚守出水达标底线。

7.建立隐患"说清楚"工作机制

长江环保集团建立隐患"说清楚"工作机制,对违章行为、防护措施不到位以及反复出现的典型(重大)隐患问题进行"说清楚"。实施典型隐患"说清楚"以来,隐患总量、重大隐患数量、典型隐患数量均显著下降。同时鼓励员工上传发现隐患,经核实给予奖励,大大提高了员工抓安全工作的积极性,形成了全员抓安全的良好氛围。

三、企业安全文化建设效果

(一)促进企业经济发展

安全文化建设,对企业安全生产稳定和健康发展起到了巨大的推动作用,能够有效减少安全生产事故,促进企业的经济发展,使企业的经济效益不断提升。

(二)提高企业本质安全程度

企业在建设安全文化中,始终贯彻"以人为本"的理念,为了广大员工的健康安全,群策群力,丰富和繁荣了企业安全文化,企业的安全管理机构也更加完善、职责更加明确、制度更加科学系统、生产更加安全合理,作业环境更加安全洁净,人员素质持续提高,企业整体的本质安全程度逐步提升。

(三)赢得社会的肯定和认可

安全文化建设推动企业向更高层次、更加文明的方向发展,树立起一个良好的现代企业形象,赢得了社会的肯定和认可。

参考文献

刘长寿.论企业安全文化建设的深入实践"123456"安全文化建设方案[C]//中国金属协会冶金安全与健康分会,2019.

浅谈班组安全文化建设的重要性

上海中远海运重工有限公司　郭晓东

安全文化是企业员工在长期安全生产实践中，逐渐形成的一整套具有企业安全生产特色的行为规范和安全价值准则，它的核心是人，实质是关心人、爱护人、尊重人，以人为本体现生产价值和人的价值的安全管理模式。安全文化建设的目的，就是要把被动的安全管理模式转化到企业文化管理的自觉上，把"要我安全"转化成"我要安全"，为企业安全生产提供强有力的精神动力和思想保证。班组作为一个企业的最小管理单元，是企业的重要组成部分，是企业安全文化建设的扎根点，是培养员工自律、自省意识，营造良好安全文化氛围的温床，是确保企业协调发展和安全稳定的重要前提和基础。

一、班组安全文化建设的重要性

班组是企业的最基层组织，一方面，企业大部分机械设备都集中由班组管理和使用，企业的生产任务也都要靠班组去完成，安全风险相对较高，所以班组是企业安全管理的重要关注点；另一方面，企业的各类管理制度，施工操作方法，劳动组织安排，安全措施落实等方面，也都要靠班组去贯彻执行，因此，班组又是企业安全管理的主要落脚点。

以往大量事故资料统计显示，95%以上的事故都发生在生产作业班组中，其中，80%以上事故的原因直接与班组人员的行为有关，因此，企业安全文化建设的重心必须放在班组上。各级管理者有责任指导和帮助班组抓好安全文化建设，班组特别是班组长，则应充分认识安全文化建设在班组建设中的地位和作用，自觉主动带领全体组员抓好班组的安全文化建设。

二、安全文化建设在班组管理中的作用

当前依然有人认为班组安全文化建设只是抓虚的，不是抓实的，是走过场的一种形式，这是一种严重错误的理念。安全文化建设的基本要求，归根到底要落实到班组，落实到每个员工身上，只有班组的安全文化建设加强了，整个企业的安全文化建设才会有牢固的基础，更何况安全文化建设具有不同层次性的要求，只有消除"上下一般粗"的做法，形成各自层次的特色，才能保持企业安全文化的生机与活力。

当然也有人认为班组安全文化建设这个课题太大，应达到什么标准不好把握。实际上加强班组安全文化建设的标准与日常安全管理工作的标准是一致的。比如，在安全目标上，应实现控制未遂和异常事件的发生，实现事故零目标；在安全教育上，应实现教育内容、时间、人员和效果的四落实；在安全防护上，应做到劳动防护用品、用具齐全；在作业环境上，应实现隐患和危险处于受控状态。但是，推行班组安全文化建设不能始终走在老路上，要勇于坚持改革和创新，不断总结安全实践经验，努力探索提升班组安全文化建设的新思路。

班组是企业的一个细胞，是所有管理理念的最终落脚点，也是企业安全文化建设的最终执行体，班组文化建设直接影响到企业安全文化发展的质量，因此，加强和提升班组安全文化建设刻不容缓。

三、如何开展班组安全文化建设

班组安全文化建设就是要持之以恒地向员工灌输正确的安全理念，建立一支强有力的班组长队伍，组织员工学习安全技术知识和安全规章制度，提高员工的自我防护能力，规范员工的安全行为；既要增强安全观念，固化良好的安全习惯，也要抓好安全物质文化建设，配齐防护用品、安全工器具，完善各项安全设施，改善作业环境，把安全培育培训和现场执行落实两条路都走扎实。

（1）坚持在企业安全文化影响的带动下加强班组安全文化建设。通过增强员工的思想意识，积极营造出良好的班组安全文化氛围，逐步实现"要我安全"到"我要安全"和"我会安全"的转变，这也是班组安全文化和企业安全文化建设的核心。

（2）建设优秀的安全物质文化，提高班组安全管理的硬件水平。持之以恒地加大班组安全装备和文化设施的投入，不断引进新技术，提高安全监测水

平，改善员工工作环境，留住班组留住人员，减少流动，为班组安全文化建设奠定坚实的物质基础。

（3）开展好各种形式的培训教育和文娱活动，为提高员工业务素质和思想装备搭好平台，其中重点解决好班组长的思想定位问题，不断为实现安全工作目标去管理员工，为维护员工的切身利益去加强管理，从而确保企业各项目标的顺利实现。

（4）强调加强班组现代安全文化建设的重要性，要始终把安全文化建设与日常安全管理工作有机结合起来，让班组员工了解什么是现代安全文化，包括哪些内容，怎样加强这方面的建设。

（5）加强安全管理意识建设，提高安全文化建设的执行力。根据安全生产法的要求加大加强"三管三必须"的意识建设，使安全管理深入每个人的心中，形成一种习惯上的自觉、骨子里的执着、行动上的担当。

四、班组安全文化建设的主要途径和方法措施

班组是企业的最基层组织，是企业的重要组成细胞，其建设的好坏严重地影响着一个企业的方方面面。班组，特别是班组长，则应充分认识安全文化建设在班组建设中的重要地位和作用，想方设法自觉抓好安全文化建设。

（一）全面树立"安全第一、预防为主"的理念

首先要在班组内树立"安全第一、预防为主"的理念，形成浓厚的安全生产氛围，针对在生产实践中还存在的诸多问题，如员工安全生产意识薄弱、安全生产知识缺乏、安全生产培训力度不够、安全生产宣传只注重形式而不注重与生产实践相结合、安全生产制度只挂牌而无实用等方面，发动班组员工参与制定加强班组安全文化建设的规划，形成短期和长期的目标，让每一位员工参与其中，感受到达到目标时的喜悦和尊重。

（二）建立一支强有力的班组长队伍

班组长是兵头将尾，起着承上启下、不可替代的重要作用，要根据班组所承担的作业任务，进行一定的选拔和考核，定期组织开展综合管理技能培训，配齐配强基础指挥人员。

（三）开展多种形式的教育培训方式

1.坚定理念定位教育培训法

班组长要向员工讲清安全生产方针，安全法律法规，安全规章和班组、企业的安全生产目标，坚定信念；可以通过一定形式考试，强化记忆内容，使之明确基本要求和应努力的方向，班组长要以理性传播真理，做到警钟长鸣，目标常新，强化意识，严守规程。

2.情感互动教育培训法

研究作业者的心理活动特征，发现异常现象，通过细致的思想政治工作消除非理智行为，针对不同对象的不同原因，因地制宜、有的放矢，耐心地帮助作业者克服心理障碍。以情感人，以理服人，以实际行动关爱员工，消除其后顾之忧，通过情感交流，讲道理、摆事实、明后果、言利害，使之懂得如何规范作业，以达到启发的目的。

3.影像摄入教育培训法

在公共场所轮转放映安全劳动保护科教电影、各种标准化作业和事故现场影视，把视觉形象和声音两种信息同时作用于受教育者的感性器官，形声俱在，情理鲜明，有利于提高受教育者对安全知识的理解和记忆。

4.以身作则教育培训法

建立安全管理示范岗，各级管理人员、班组长等，要做好示范工作，用模范行为来形成示范带动效应，激发、增强员工的安全自觉意识，先让自己成为"安全第一、预防为主"方针的模范执行者，成为名副其实的"安全生产第一责任者"。

5.活动参与教育培训法

开展多层次的主题活动，让员工乐于参与、喜于参与，在寓教于乐的活动中，开展安全操作无差错比武，看图找隐患，救护演习，安全生产书法、漫画、摄影展及安全知识竞赛等各种各样的活动，让员工于活动中不断提升技术水平和增强安全意识。

（四）倡导人性化管理

在班组安全管理中，员工是最积极的因素，他们不仅是被管理的对象，同时也是管理者。从管理的角度看，不能忽略员工作为社会人所具有的思想、情感需要，不能忽视员工在安全管理上的主观能动作用。

体现人性化管理，就要牢固树立服务员工的观念，设身处地为现场操作的员工着想，为生产一线着想，尽力解决员工面临的实际问题，激发员工的工作热情和主人翁责任感，使安全工作从被动变成主动，从而提高班组的生产安全水平。因此，要在安全管理中坚持"以人为本"，突出"为自己、为他人、为企业、为班组"的"四为"思想，在管理中发挥员

工的潜力和作用。

（五）健全安全保障机制

安全管理是一项系统工程，安全文化建设是一项长效任务，必须有一整套保障措施，否则，安全文化建设势必缺乏动力和后劲。安全情况的多变、技术与环境的复杂性等因素，也决定了要使安全文化建设真正纵向到底、横向到边，就必须在保证和监督两大体系的建设上下功夫。首先要落实安全责任制，形成良好的安全机制，达到长效管理，把经济效益和员工的利益结合起来，在安全绩效上形成责、权、利的共同体；其次是坚持"全员、全过程、全方位"的"三全管理"，坚持奖励、处罚和教育相结合，加强安全监督，把危险隐患消灭在萌芽状态，让安全文化建设的花开起来，水流动起来。

（六）积极开展群众性安全文化活动

群众性安全文化活动是培育浓厚安全氛围的主要抓手，是灌输安全价值观念，增强员工安全意识的重要载体。公司要通过开展安全文化活动，培育、激发和不断增强员工遵守安全管理规定的自觉性，使安全管理步入良性循环的轨道，以群众喜闻乐见的文化活动，促进安全教育的成果，以开展安全主题活动日、安全警示教育等提升安全管理的深度和广度。

（七）培养良好的行为习惯

安全无小事，安全文化建设更需要从日常小事、工作细节抓起，培养员工自觉遵守安全管理规定的习惯。一是把治理不规范行为与遵章守纪结合起来，约束员工的言行，教育员工从自身做起，从身边小事做起。二是把治理不规范行为与安全作业结合起来，培养良好的工作作风和行为习惯。三是把治理不规范行为与安全整改工作相结合，减少事故隐患，使安全管理向深层次发展。

五、安全文化建设路径

安全文化建设，不仅要应需，更要务实，使安全精神文化与安全物质文化共同进步、协同发展。上海中远海运重工有限公司（以下简称上海重工）结合现场作业实际，组织班组员工积极开展作业环境、使用工具、作业方式、操作流程、管理行为等各方面的安全改善活动，通过一线员工自己的感受，寻求最佳的安全实践，提高安全实践基础，提升班组员工参与安全文化建设的积极性，对全面推动企业总体安全文化建设起到了积极的作用。

（一）教育培训全员化、多样化

（1）每周二全公司统一停产1小时，开展全员安全培训教育，不少一个班组，不漏一人，做到全员全面覆盖。班组点评上周安全工作情况，组织组员进行安全经验分享，传达公司安全管理精神，学习典型案例，梳理班组安全文化建设的思路。

（2）组织班组开展6S评比、消防技能比武、安全隐患辨识、看图找隐患、起重知识安全答辩赛、TBM月度对决赛和年度大决赛等多种群体性活动，通过多种多样群众喜闻乐见的主题活动，行之有效地推动安全文化建设，培养良好的安全氛围。在进行多层次的教育开展中，员工对安全生产法律法规有了一定深度的理解，安全意识和素养有了明显提高。

（二）强化风险源辨识能力

建立风险辨识制度，定期组织班组开展危险源辨识，针对性地开展隐患排查。结合企业的任务特点，不定期开展专项风险排查，消除安全隐患。近两年，公司通过现场作业指导班组结合每日的任务清单组织班前交底会，通过讲作业任务、讲安全风险、讲防范措施、提问交底内容等七步工作法，细化了班前交底流程。班组长能做到安全工作布置全面化，员工班前交底信息接收不丢失，现场安全措施落实准确有效。

（三）强化班组应急处突的能力

完善应急预案，落实到班组进行演练，结束后分专业进行点评，找出不足之处，完善预案，汇编成学习材料，组织全体生产人员学习，有针对性提高事故情况下班组运行人员的应急反应能力、处置能力。

（四）专题教育培训

利用橱窗等进行专题安全宣教，每年结合"119消防日""全国安全生产月"，采取行之有效的手段，使全体员工受到安全教育。在生产现场，悬挂安全宣传标语，开展安全承诺会签、网上知识竞赛活动，营造安全气氛，使全体员工在工作、生活中随时受到安全教育。

班组定期对特种作业人员进行岗中再教育专门培训，突出技能实操，掌握相应岗位业务技能后并考核；公司对机械驾驶等工种建立了内部持证考评制度，采取内部实操证后方准上岗。

结合新《安全生产法》等对法规进行宣贯学习，请外部专家召开专题学习，组织班组长、班组负责人进行交流增强理论学习基础,组织进行开展网上知识竞答等活动,把规范理解透,把要求梳理细,把安全意识统一到一起来。

（五）科技兴安，精细管理

不断引入信息安防系统、消防管理系统、单兵巡检系统、环保信息平台系统等科技手段，提升科技兴安的手段；同时还引入了无线检测、无线气象等系统，以科技手段提升安全管理，逐步实现安全生产动态等一目了然，安全管控全天候、无死角。

六、取得的成效

一直以来，上海重工始终坚持"以人为本"，开展班组安全文化建设，不断完善安全生产责任制，强化安全生产教育培训工作，不仅实现了生产规模的逐步扩大，修船总量不断上升，也实现了安全生产稳定发展的管理目标。近两年来，通过党建与安全融合、6S 工作的推进、安全实践改善、安全激励管理等主题活动的推动，以班组安全文化建设有效促进了企业安全文化建设的总体提升，取得了三个方面的成果。

（1）导向作用明确。对员工安全观念的形成起到了引领作用，员工统一思想、心往一处想、劲往一处使，心中有安全、肩上有责任，形成了自上而下一级抓一级和自下而上一级保一级的群体防线，员工由过去被动的"要我安全"逐步转向"我要安全"的良好氛围，掌握了"我会安全"的实操技能，从而在效果上基本达到了"我能安全"的目的。

（2）激励作用明显。通过持之以恒的班组安全教育，增强了全体员工的安全意识，提高了安全技能水平和防范能力，也调动了员工参与企业安全文化建设和安全管理的积极性，使员工为实现工作目标而百倍努力，充分发挥了主动性和创造性。

（3）凝聚力作用得到体现。把全体员工的意愿凝聚在"我们的事业"中，从根本上改变了"打工者"的身份，从而使全厂员工心中充满"厂兴我荣，厂衰我耻"的主人翁意识，自觉参与到企业安全管理、安全文化建设中。

七、结束语

安全文化建设是一项持之以恒、不断完善的系统工程，对班组日常安全管理工作具有非常明确的指导作用，通过班组安全文化建设，可以营造良好的安全氛围，宣传和传播安全知识，增强员工的安全观念，把安全作为生活与生产的第一需要，自觉地保护自己和他人；通过班组安全文化建设，员工可以牢固掌握科学的安全操作技能，减少事故的发生，为家庭幸福生活提供扎实的保障；通过班组安全文化建设，可以实践、开发和创新班组日常安全管理工作，提升安全管理基础，为企业健康发展保驾护航。由此可见，加强安全文化建设与抓好班组日常安全管理工作的需求是一致的；实践也证明，班组建设需要安全文化，安全文化建设也只有与班组建设的实践相结合，才能充满生机和活力。

电解铝企业安全文化实践与应用

广西百色广投银海铝业有限责任公司　欧朝宇　龚学德　黄剑鸣　江军　何昌锐

广西百色广投银海铝业有限责任公司（以下简称百色广投银海铝）立足新发展理念，扎实推进企业安全文化建设，落实安全生产主体责任。通过建立公司安全防控体系，强化安全生产管理，提升安全生产整体预控能力。百色广投银海铝创建"以风险防控为中心，以过程管控为重点，持续优化创新，推动全员安全风险共担"的安全文化体系，形成良好的安全文化氛围，保障员工生命健康和公司安全平稳运行。

企业安全文化不仅是安全管理手段，更是潜移默化的行为规范和态度意识的培养，是保障企业员工生命财产安全的重要保证。企业安全文化建设作为企业现代安全管理的一种新思路、新策略，是企业提升安全管理水平的重要基础工程。

电解铝行业属于高危行业，大型预焙铝电解槽生产特点是电流强度大、日产量高、自动化程度高。但由于槽型大生产过程中热辐射量大，厂房环境温度高，对员工体能和配套设备性能是一个极大的考验。国内外电解槽母线打火、短路口爆炸和整流机组元件爆炸、电解槽漏炉、铸造铝液爆炸等各种事故时有发生，给所属企业带来巨大的损失，对员工的生命安全造成巨大的威胁，电解铝行业的危险特性决定了其健康安全环保管理的艰巨性、复杂性和长期性。安全文化体系的有效建立，对促进电解铝企业安全发展、和谐发展具有极其重要的意义。

百色广投银海铝持续探索企业安全文化创建目标、方向和措施，2012年首次获得"全区安全文化建设示范企业"称号，历经多年优化，最终形成以"风险防控为中心，以过程管控为重点，持续优化创新，推动全员安全风险共担"的安全文化体系。

一、建立安全管理责任制，创建"全员担责"安全文化

深入贯彻落实《中华人民共和国安全生产法》，编制各层级、各岗位共计244项安全生产责任制，将安全生产责任逐项落实到具体岗位、具体人员，并明确考核标准，推动全员明责、履责和尽责。

公司每年与各车间、车间与各班组、班组与岗位员工签订《安全健康环保消防目标责任书》《承诺书》，明确全体员工的年度安全生产目标，完成目标安全绩效双倍奖励。

2021年印发公司级《安全生产十条禁令管理规定》，各车间组织制定车间级《安全生产十条禁令管理规定》，建立安全管理底线，规范员工作业行为，实行安全管理"一票否决制"。

全员安全责任体系的建立，形成了"管业务必须管安全，管生产经营必须管安全"，"谁主管谁负责、谁违章谁担责"的"全员担责"安全文化，推动了全员共筑安全堤坝。

二、建立安全生产管理体系，创建安全风险"预防"文化

（一）持续开展安全生产标准化建设，提升安全管理水平

以《企业安全生产标准化基本规范》（GB/T 33000-2016）和标准化评定标准为导向，从目标职责、制度化管理、教育培训、现场管理、安全风险管控、隐患排查治理、应急管理、事故管理和持续改进等方面，创建与电解铝企业匹配的安全生产管理体系，实现安全生产现场管理、操作行为、设备设施和作业环境规范化。百色广投银海铝2012年通过安全生产标准化二级企业评定，并持续固化和改进，不断提升公司安全管理水平。

（二）稳步推进双重预防机制创建，实现风险超前防控

双重预防机制是安全生产标准化的重要内容却又自成体系，公司2018年印发双重预防机制建设方案，并于2020年8月再次印发双重预防机制深化运行方案，坚持"分阶段、分级别、全过程"推进双重预防机制建设实施落地，历经多年初见成效。一是编制实施双重预防机制运行指南、安全风险分级管控制度、隐患排查治理制度、考核制度及安全教

育培训制度等 7 项双重预防机制管理制度。二是精心组织实施,落实全员宣贯培训,岗位人员参与风险点,确认风险单元划分,开展作业活动类、设备设施类和环境与职业健康风险辨识、设置 61 个单位风险告知栏等工作,2023 年共辨识风险 1588 项。三是建立隐患排查治理项目清单,完善岗位级、班组级、车间级、公司级隐患排查表等 84 册,坚持风险预控关口前移,实现安全风险自辨自控、隐患自查自治,形成风险分级管控和隐患排查长效机制。

安全生产标准化和双重预防机制的创建,规范了安全管理流程,实现了安全风险超前防控。

三、夯实安全管理基础,创建"过程管控"文化

（一）强化隐患排查,规范流程管理

"隐患就是事故,事故就要处理",公司建立隐患排查机制,每年初编制印发公司隐患排查实施方案,以车间自查、公司周检查、设备专项检查、工艺排查、季度检查为基础,以隐患全员扫码上报为辅助,深入开展环境、制度、工艺、设备的隐患排查,及时消除各项隐患。

（二）开展"反三违除隐患"活动,遏制人的不安全行为

建立"反三违除隐患"网络举报系统,发动全员对作业过程中存在的违章行为进行举报,落实违章人员处罚和举报人员的奖励,三年来三违举报共计处罚 13 万余元,奖励 10 万余元。

（三）推行"7S"管理,消除物的不安全状态

制定《广西百色广投银海铝业有限责任公司管理建设常态化推进方案》和《广西百色广投银海铝业有限责任公司 7S 管理手册》,推进"7S"管理(整理、整顿、清扫、清洁、素养、安全、节约)落地实施,通过《清扫点检基准书》、红白单运动等多种手段,优化现场区域划分、设备管理、工艺流程管理,消除现场物的不安全状态。公司发挥员工智慧,开展"金点子""小发明"的评比,实施新增设备状态二维码、捞渣工器具冷热端识别管理、自制工具架等优秀案例;定期开展"7S"检查并发布"7S"简报,助力公司安全管理、设备管理、流程管理上台阶。

（四）抓细安全教育培训,增强全员安全意识

公司始终坚持"培训不到位就是重大安全隐患"的理念,持续开展全员安全教育培训工作,建立立体式、分层级的安全培训体系,提升全员安全素质,筑牢安全思想防线。

（1）全员培训。每年编制年度安全教育培训方案,组织开展全员安全警示教育、事故案例、应急管理知识及用电安全等全员培训。

（2）负责人教育培训。公司领导及安全管理人员三年来 59 人次参加主要负责人和安全管理人员安全教育培训,每年参加继续教育培训,落实新安法宣贯执行年及企业负责人、安全管理人员能力提升培训 6 次。

（3）强化新员工培训。三年来开展新员工三级安全教育培训 280 人次,增强新员工安全意识。

（4）开展班组长安全专项培训和任职前安全谈话,公司近 150 名班组长,每年进行安全专项培训,夯实安全管理基础。

（5）组织公司内部安全管理人员开展安全宣讲活动 14 期,分享优秀安全管理经验,不断增强安全管理人员自主安全意识和提升管理水平。

（6）开展特种(设备)作业新取证和复审培训,提升特殊岗位人员安全技能。

（7）建立"安全体验式基地",通过员工体验"有限空间""高处坠落"等作业风险,感受意外事故的发生,增强风险防范意识。

四、持续改进安全管理工具,创新安全管理文化内容

（一）"科技助安",提升安全管理水平

（1）构建视频监控平台,全方位管控安全风险。配置视频监控系统,设立 10 个监控单元,形成生产现场全覆盖的视频监控系统,全方位管控现场风险,着力防范事故发生。

（2）推行"反三违除隐患"举报系统,强化人人都是安全员。2021 年,公司制定"反三违除隐患"活动方案,建立网络举报系统,发动全员参与举报。三年来,三违举报共计处罚 13 万余元,奖励 10 万余元,激发全体员工主动参与安全管理的积极性,形成全员自觉遵章守纪、共同参与安全管理的良好氛围。

（3）设立人脸识别系统,有序管理人员出入。公司设立人脸识别系统,有效消除无关人员私自进入生产现场带来的风险,保障现场安全、平稳、有序。

（4）建立车辆管理系统,保障车辆稳定运行。工艺车辆安装定位和自动测速系统,实时测速监控厂内工艺车辆位置和车速,消除超速行驶的隐患。

（5）推进设备技改创新,完善设备本质安全。完善铝导杆自动焊接代替人工焊接,建立中频炉水

温水压流量自动检测报警，推进设备二维码扫码点检，持续开展各项报警装置、联锁装置的更新换代，推进设备本质化安全管理。

（二）创新安全文化宣贯载体，保障安全文化入脑入心

公司持续创新安全文化宣贯载体，建立安全"体验式"基地，开展全员"安全大谈论"，开展"人人发言人人献策"，进行"安康杯"、安全生产月、百日安全无事故、主要负责人安全生产公开课、安全演讲，举办安全宣传栏、安全知识竞赛及"亲情助安全"等活动，组织拍摄安全宣贯微视频，全方位开展安全文化宣贯，积极参加全国性的各项安全活动，2018年，公司获得全国"安康杯"竞赛安全文化宣传工作先进单位，荣获2020—2021年度全国"安康杯"竞赛活动优胜单位，2012年获得自治区"全区安全文化建设示范企业"荣誉称号，并持续通过复审。

（三）创新"党建＋安全"融合推进，建立绿色攻坚队

坚持新发展理念和安全发展理念，打造公司安全环保、科学高效、绿色发展新路。公司充分发挥党员"绿色攻坚队"在安全管理工作中的引领作用，抓牢抓实安全生产工作，积极寻找治理企业安全生产隐患的各种"良方"，健全风险防范化解机制，构建安全风险分级管控和隐患排查治理双重预防机制，从源头上防范化解公司重大安全风险，切实将安全生产隐患消除在萌芽状态，确保公司一系列

10万吨技改项目安全平稳启动。同时，公司奋力打好碳达峰碳中和硬仗，坚持"立""破"结合，努力探索企业绿色低碳发展之路，确保公司各项环保设施、监测设施稳定运行，确保"三废"依法依规达标排放。公司引导激励广大党员擦亮忠诚底色、锤炼过硬本领、奋力担当作为，带领广大员工迎难而上、攻坚克难，解决安全生产各环节的重点难点问题，充分发挥党员先锋模范作用和支部战斗堡垒作用，让党建引领成为助推公司发展的最强引擎，为推动公司更高质量、更有效率、更可持续、更为安全的发展奠定绿色安全底色。

企业安全文化创建是一个持续完善创新的过程，需要全方位的参与和努力。只有通过企业全体成员的共同努力，才能够形成真正有效的安全文化，保障企业的稳定和可持续发展。多年来，在百色广投银海铝安全文化建设中，公司高层持续引领、示范，中层高效实施推进，员工积极参与，同时通过政府、咨询机构和专家指导，建立起科学有效的安全管理体系，不断优化安全文化建设，最终形成"以风险防控为中心，以过程管控为重点，持续优化创新，推动全员安全风险共担"的安全文化体系。

在今后的安全文化体系创建过程中，公司将致力于安全管理、生产管理、设备管理、工艺管理等各项业务的有效融合，保障公司能够在竞争激烈的市场中立于不败之地，并为员工和社会创造更大的价值。

以"融合创优"文化体系　助推基层安全氛围营造

内蒙古电力（集团）有限责任公司包头供电公司信通处　崔美兰　臧志艳　张智慧　崔　敏　焦　阳

企业的发展壮大，安全文化不可或缺，更离不开良好的安全氛围，基层班组是企业安全生产的根基。在日常生产工作中，可以通过人、机、物料、环境和谐运作，使生产过程中潜在的各种事故风险和伤害因素始终处于有效控制状态，最终实现保障人身、电网、设备安全的良好愿景。

一、建立安全文化体系

内蒙古电力（集团）有限责任公司包头供电公司信通处（以下简称信通处）总结安全生产规律、经验、教训，在实践中探索，传承博通理念，弘扬安全文化，逐步形成"融合创优"文化体系，营造更高层次基层安全氛围。

"融"，即融合、融洽、和谐。信通处根植融通、博通文化，通过举办讲座、宣贯等活动，形成"领导小组牵头抓总、综合办公室统筹联动、全处干群积极参与"的安全文化建设格局。信通处将安全文化理念融入日常实际生产工作，增强员工的安全意识，提高员工的自我约束能力，使人人成为明事理、讲安全、懂得融会贯通的信通人，形成安全和谐的班组安全文化氛围。

"合"，即聚合、和睦。信通处通过落实党小组＋班组的双堡垒联动，凝心聚力，提振精神，利用党员主题活动、职工文体活动等方式促进班组成员间协调配合，增强所队、班组的凝聚力。"博通"党员服务队、党员突击队本着服务全公司、服务社会、奉献爱心的宗旨，开展进单位、进站点、进班组，开展指导、宣传安全工作特色服务活动，增进干部与职工、党员与群众团结互助、共同进步的情感关系。心往一处想、劲往一处使，用心、用情解决班组及职工的急难愁盼问题，增强职工归属感、向心力和凝聚力。职工没有了后顾之忧，就会全身心投入安全生产工作，班组安全氛围日渐浓厚。

"创"，即开创、进取、卓越、杰出。信通处多措并举，坚持把调查研究作为"第一课题"，围绕"以'党建＋'促进党建与科技创新工作深度融合"大方向，党员干部带头真抓实干。信通处通过营造浓厚的学习氛围，师带徒等方式，激发职工创新活力，培养更多岗位技术能手。领导班子成员主动深入一线班组考察，攻坚克难，解决实际工作中存在的各种问题，用创新意识提升班组安全管理能力，使其最终转化为合理化建议及科技创新成果。

"优"，即美好、出众。信通处通过"融、合、创"三位一体，围绕实干担当、促进发展扎实推进主题教育。党支部将创建"大党建"工作措施融入安全生产各项工作，围绕推动高质量发展这一重要着力点，结合数字化转型，加大力度推进"消缺陷、除隐患、控风险"专项提升活动的落地实施，推动班组安全提档升级，打造五型星级优秀班组——安全型、服务型、数字型、学习型、技能型，力争营造最优班组安全氛围。

二、用匠心诠释信念，创建"五型"班组文化

信通处以服务全公司为主线，根植于"融合创优"文化体系，从学习、技能、服务、数字、安全五个方面提升全员能力，以这五个维度为抓手，提升班组综合实力，打造五型星级班组，扎牢安全根基，营造和谐稳定、积极向上的班组安全氛围，确保公司各单位信息通信传输网络安全运行。

（一）比学赶帮，追求卓越，创建学习型班组

信通处紧抓理论学习，开展主题教育，营造全处上下比学赶帮的浓厚学习氛围，积极推进学习型班组创建。一是坚持领导带学、个人自学、支部共学"三学联动"，推进主题教育走深走实；二是倡导终身学习理念，充分肯定和尊重职工学习热情、学习成果和科技创新；三是通过落实设备主人制，激励职工尽快熟练掌握本岗位专业技能；四是理论联系实际，全面排查生产作业现场危险和有害因素，提高职工维护作业现场安全的自觉性、主动性，变"要我安全"为"我要安全"，增强安全意识。

（二）勤学多练，奋勇争先，创建技能型班组

信通处弘扬学习"执着专注、精益求精、一丝

不苟、追求卓越"的工匠精神，积极推进技能型班组创建；通过技能鉴定和各项竞赛，激励职工，检验职工真正的技术水平和实战能力。信通处表彰、奖励那些在公司、国际大赛中获奖的突出职工，尽全力培养安全管理专家、岗位能手、劳动模范，带动全体职工不懈进取、努力奋斗，传播正能量，激发周围职工以工匠精神做好每一件小事、每一项工作，为安全生产打下坚实基础。

（三）爱岗敬业，甘于奉献，创建服务型班组

信通处强化服务理念，提升服务效能。公司建立新改扩报资、通信检修计划全流程精细化管理方案，方便相关所队及用户进行业务、工作对接。疫情期间，居家办公，急用户所急，主动联系沟通，全力配合光伏、多晶硅等新能源企业安全启动送电。日常做好物资储备，设备定期巡检。信通处提前编制信息通信网络、设备专项应急预案，通过演练、评估进行完善，圆满完成上级下达的各项重大保电任务。

通信检修涉及停退线路保护时，通过安监部向各相关所队或用户发出通信系统风险预警，作为抵御事故风险，降低危害后果的关键手段，避免突发事故时措手不及。公司保障了通信系统运行率，为电网安全保驾护航。

（四）数字转型，智能管理，创建信息型班组

基于信息网络管理，信通处带头实现数字化转型。信息、报资、检修计划等通过 NAS、精益化、生产系统等平台实现数据化应用。公司建成"智能巡检＋远程监控"双重检定模式，实现对光缆、各机房环境、电源状态等 7×24 小时全天候不间断监测。数字化转型不但提升了工作效率，业务、流程准确率，网络安全运行率更是迅速提高。

（五）齐抓共管，共创安全，创建安全型班组

信通处通过年初签订保证书的形式严格落实信息通信各岗位安全责任制，提醒职工牢记"安全第一、预防为主、综合治理"方针，反复进行相关专业安全警示教育宣传学习，开展常态化安全行为监督检查，通过周报、月报、月度运行分析会形式进行全面反馈处理。信通处鼓励职工对安全生产建言献策，积极申报各项合理化建议和科技创新成果，充分利用生产精益化平台完善业务资料，通过作业现场反馈，实现资料核对闭环管理，提高了光缆基础资料的准确性，避免光缆切改等重大检修工作因通信原因造成晚送电或严重停电事故，营造事事讲安全、能安全的良好氛围。

安全生产必须保证充足的专项资金投入，包括生产作业现场基础设施、安全工器具，办公场所宣传图表、派出去请进来安全培训、应急演练等方面。所到之处，除了讲安全，就是敲警钟，安全宣传分外"抢眼"，营造了浓厚的安全氛围。

"融合创优"文化体系是信息通信干部职工多年智慧的结晶，信息通信必须不断创新求变，才能跟得上瞬息万变的时代步伐。未来，信通处将继续以融通为心法、以技能为抓手、以创优为目标，丰富五型班组文化内涵，打造一支技术过硬、精细严谨、创新求变的过硬班组队伍。

安全生产必须"以人为本"，以精细贯穿始终，踔厉奋发，开创安全生产新局面。只有充分调动基层职工的积极性、主动性，配合主题教育，领导党员深入基层调查研究，与职工互动学习、共同进步，才能切实抓好安全生产管理，让安全理念扎根于基层实际工作中，增强班组安全意识，营造"人人讲安全、个个会应急"的浓厚安全氛围，有效提升基层职工的安全生产意识，保障信息通信网络安全畅通，为持续推进安全生产打下坚实基础，为公司数字化转型发展贡献力量。

参考文献

[1]中国安全生产科学研究院.安全生产管理 [CIP].北京：应急管理出版社,2019:1.

[2]中共中央党史和文献研究院，中央学习贯彻习近平新时代中国特色社会主义思想主题教育领导小组办公室.习近平关于调查研究论述摘编[M].北京：党建读物出版社,2023:87-96.

[3]王成.加强班组安全文化建设 提高企业安全生产水平 [J].现代班组,2012,(01):12-13.

安全信息化助力企业安全文化高质量发展

中煤科工集团北京华宇工程有限公司　刘兴武　张增强　王　刚　刘　丹　刘浩洋

摘　要：中煤科工集团北京华宇工程有限公司（以下简称北京华宇）的安全监控及安全自控平台，是一个管理加应用的安全类信息化平台。平台是实时、动态的分级安全管理信息化系统，实现了安全制度体系、责任体系、执行体系"一张网"；实现了各分、了公司和各级项日全覆盖、全穿透；实现了常态化的管控月标，履职运行通过"电脑＋手机"；实现了各分、子公司和各项目安全履职自动考核评分。

关键词：安全监控；安全自控；安全履职；自动考核

一、案例背景

安全信息化建设和安全文化建设相辅相成、互相促进，对增强员工安全意识，促进企业安全文化高质量发展有重要意义。北京华宇历来重视在企业内部营造安全文化氛围，先后印发《习近平总书记关于安全生产领域重要讲话、指示批示精神》《安全管理常用制度速查手册》《相关行业生产安全事故案例及预防措施警示教育手册》口袋书千余册，可供员工随时温习，效果良好。口袋书促使安全理念在员工心中生根发芽。受口袋书的启发，在进行安全信息化建设时，必须考虑如何将安全文化和安全信息化更好地深度融合。在安全信息化平台建设中，一方面要考虑单独设置安全文化宣传模块，另一方面要考虑安全信息化平台的安全驾驶舱页面突出显示，使安全文化宣传在安全信息化的加持下，促进企业安全管理水平的提高。

（一）国家关于安全生产信息化的要求

为加快推进全国安全生产信息化，提高信息化建设和应用水平，加强信息系统互联互通，促进跨地区、跨部门的信息共享和业务协同，国家安全监管总局组织编制了《全国安全生产信息化总体建设方案》等8项安全生产信息化技术文件，明确提出全面落实企业安全生产主体责任，企业相关的管理者将承担起更大的责任。然而，企业管理制度与作业规程可操作性差、管理责任不清、风险管控工作落实不到位、大量法定工作未落实、员工对安全管理工作重视度不高等问题，成为众多企业的安全隐患。

新修订的《中华人民共和国安全生产法》要求生产经营单位必须加强安全生产标准化、信息化建设。现代信息化技术在安全领域的应用，可以解决企业安全管理人力不足和专业技术水平不足等问题。根据企业"双重预防机制"工作要求，建设以安全风险自辨自控、隐患自查自治，全员参与为核心的常态化工作格局，构建点、线、面等安全有机结合，持续改进的安全风险分级管控和隐患排查治理双重预防性工作机制，推进事故预防工作科学化、信息化，切实提高防范和遏制各类事故的能力和水平。因此，建立基于安全风险分级管控与隐患排查治理的安全监控和安全自控信息化管理平台，实现双重预防管理的数据共享、业务互联及综合性统计查询，从而提升企业风险预控及隐患排查管理能力。

（二）企业提升安全管理的需求

为了满足公司安全生产管理和安全生产监管的工作需要，结合集团公司安全信息化建设要求，北京华宇规划并着手建设安全监控及安全自控信息化平台，致力实现"人人懂安全、人人会安全、人人管安全"。2021年，北京华宇形成了安全监控平台制度体系、责任体系、执行体系和基础信息四大模块的基本框架。2022年，北京华宇按照安监平台的状况和实际需求，二期建设实现了一期整体架构迁移到二期平台，优化隐患排查、项目安全管理等功能，增加安全驾驶舱和APP等移动端等模块的主要目标。从而在满足集团公司监控的基础上，更大程度地提高了华宇公司安全自控的实用性。

二、主要经验做法

（一）安全监管效能提升

信息化平台建设前，工作任务的下发主要依靠微信、电话通知，同一项任务需要多次传达至各单位，各单位上报任务材料时则通过邮箱或微信接收，工作效率较低，日后查看任务材料也很不方便。信息化平台工作任务系统的应用大大提高了发布任务的效率，明确了各单位责任人，同时各下级单位可在主任务下继续派发子任务，层层落实安全生产责任；对任务完成较差的单位可以在线驳回，督促改进工作质量。截至目前，北京华宇累计接收并按时完成集团公司工作任务 21 项，下发华宇本部工作任务 14 大项，华宇公司安全工作任务全部通过信息化平台下发并执行。

（二）安全管理公开透明

按照《工程总承包项目 HSE 管理职责和安全检查规定》《工程总承包项目安全生产管理人员考核细则》要求，工程总承包项目安全管理人员日常履职和安全检查等资料需按月度汇总统一报送公司安全监管部，增加了项目管理人员的工作量，同时也存在着项目人员后补资料的情况。尤其是公司安监部每个月审查 6000 余页资料，任务极为繁重。

华宇安全信息化平台完善"项目级安全履职"功能，利用平台数据抓取、智能分析计算等手段能够实现项目部安全履职自动考核，提升管理效能。项目部安全管理资料上传至平台后不需要再打包报送，公司安监部可以登录平台直接穿透到每个项目查看资料，了解项目情况。项目安全管理模块自动生成月、周、日检查任务，如项目安全人员未进行当日检查则显示逾期，杜绝了项目后补检查资料的情况，达到了安全监管目的。截止 2023 年 8 月底，项目日、周、月检查任务累计完成 2395 次。

（三）双控预防标准统一高效

信息化平台建设前，领导干部现场检查隐患通常开具纸质整改通知单，由公司安监部进行登记并跟踪隐患整改情况。项目三级检查由项目部安全员带着纸质检查表单对分包单位进行检查。这种方式首先不利于数据统计，当需要统计一段时间内的隐患数量时，需要逐项去计算汇总。另外对隐患整改情况不能实时掌握。

信息化平台应用后的数据统计功能提高了工作效率，可以根据不同的搜索条件去检索统计需要的数据。现场检查时利用移动端 APP 对发现的隐患拍照并上传平台，指定整改责任人，整改人收到整改消息后去治理隐患，整改完成后由检查人去验收整改情况。实现了隐患排查—治理—验收闭环管理。截

止 2023 年 8 月底领导干部排查总计 140 条，项目部排查隐患 400 余项，已全部在整改期限内完成整改。

（四）履职考核数据自动抓取

安全信息化平台已实现"安全履职考核"功能，包含"日常检查履职考核""项目级安全履职考核""公司级安全履职考核"功能，利用平台数据抓取、智能分析计算等手段能够实现安全履职自动考核，提升管理效能。目前，平台备案的项目履职情况，各分子公司平台履职情况均已考核几个月的履职情况，考核结果较为客观，基本能公正地反映履职情况。自动考核功能的上线，可以使安全管理人员的精力投入其他加强安全管理水平的事务，避免大量重复的劳动。

三、实施效果

（一）建立健全安全生产全覆盖的信息化管理体系

安全信息化平台的一期和二期建设，目前，系统基本实现了涵盖安全生产全业务、全流程的信息化管理平台，实现了公司、分子公司、现场项目部三级安全信息管理系统的互联，形成了上下协同、动态监管的安全管理网络。分公司向上可与公司对接，向下可与各部门及现场项目部对接，提高了公司、分子公司、现场项目部三级之间的安全业务协作效率，使公司安全监管迈上了一个新台阶。

（二）建立了公司级安全数据库

公司可利用安全信息平台形成的数据库形成大量有效的安全信息资源，经分类整理利用，辨识分析，制定针对性的措施，从而提高公司整体安全管理水平，降低公司整体的安全风险。安全信息平台形成的数据库方便查找，同时也避免了存储在本地电脑造成丢失的弊端。

（三）实现了安全信息共享

长期以来，各分子公司或项目部的安全数据资源仅限于各分子公司或项目部，无法与其他分子公司或项目部实现资源共享，安全信息化平台完善了各分子公司或项目部之间的安全信息共享机制。

安全信息化平台打通集团公司平台和公司平台的数据壁垒，实现全面数据共享，重点安全培训的全集团的安全生产学习。加强平台数据的安全性，进一步完善平台数据的审核管理功能。

（四）提高了安全管理人员的工作效率

各单位及所属项目部的安全管理资料上传平台

后,可避免大量重复性的汇总工作,同时日常履职的表单统一填报,也更加规范。

（五）提高了业务安全标准化水平

公司工程总承包项目安全管理人员大多数为设计人员兼职且流动性大,安全管理专业知识参差不齐,不能完全满足总承包项目安全管理的要求。安全信息化平台"项目安全管理模块"有工程总承包项目从立项、开工、执行、停复工、竣工过程中各阶段要求安全管理人员履行的职责,有效指导安全管理人员进行履职,如安全准入评估、安全生产协议、安全组织机构、安全责任书、项目相关方、人员清单与证书、特种设备、安全教育培训、安全会议、应急与事故管理等,从而提高项目安全管理水平,降低项目安全风险。

（六）公司安全管理数据质量提升

安全信息化平台扩大数据应用面,针对公司工程总承包、运营、监理、机械制造、技术服务五大领域的安全业务特点,在二期平台数据管理基础上,明确各业务领域关键业务流程的数据要求,实现关键业务流程及数据过程可穿透、数据来源可追溯,真正能够动态反映公司安全生产情况。例如:工程总承包项目数据从现有的大部分数据填报备案的系统中,转变为项目安全准入、安全资质备案、风险辨识、隐患排查、整改闭合等全流程实时安全监管数据链。

安全信息化平台实现数据质量监控,建立数据合规模型,重点对数据的准确性、及时性等方面匹配监控措施、设置预警。具备查摆纠错功能,自动形成"数据质量月度分析报告""数据质量年度分析报告"。

（七）全面提升了企业安全文化建设

安全信息化平台在安全培训方面得以全面应用。一是安监平台系统实现线上安全教育培训功能,通过线上制订安全培训计划进行培训学习,同时线上有各类安全警示教育课件和培训材料500多个,满足了各项目部专业培训的需要。二是实现项目部线上三级安全教育培训功能,新员工入职后自动匹配学习,考试内容、试卷可自动打分。根据岗位不同,三级安全教育培训及考核的内容不同,满足了企业落实全员安全生产责任制的要求。

今年,企业在安全生产月期间组织了安全生产知识竞赛,共9家生产单位组队参加了比赛,1200多人线上观看了比赛。安全消防日当天组织了火灾应急消防培训,通过竞赛和培训,增强了企业员工的安全意识和提升了员工的应急处置能力,推动了企业安全文化建设。

四、经验与启示

综上所述,在企业的安全生产管理中,利用信息化、智能化手段大大提高了管理质量和管理效率,强化了全员安全生产的责任意识,形成了全员重视安全的文化氛围。

华宇安全信息化平台建立了公司、分子公司、项目/班组全层级的安全管理体系,应用于安全管理现场,实现了项目全生命周期的安全管理,实现了项目安全履职自动考核评分,提高了公司各层级安全管理人员工作效率,保证了公司安全履职的基本合规性,实现了公司业务板块关键风险管控和隐患治理的有效管理。企业管理层依据在平台录入现场的各种数据信息,分析企业安全生产管理存在的问题,便于企业管理层针对性地做出决策,从而解决相应问题,进一步降低了企业的整体安全风险。

总之,安全信息化可以助力企业安全文化高质量发展,安全信息化可以产生巨大的社会效益,提升企业的安全管理水平。

发挥企业安全文化作用　加强安全生产管理思考

国家电投贵州金元公司纳雍电厂　朱　洪　郑　亿　焦明勇　刘乡林

摘　要： 在当今的工业化社会，企业的安全生产管理对于整个社会的安全和稳定有重要的影响。然而，面对各种复杂的生产环境和难以预测的安全风险，如何确保企业的安全生产，是我们必须面对的一个重要问题。本文将围绕企业安全文化理念的形成、安全制度文化建设、安全行为规范与管理、安全文化宣贯传播、安全文化建设评价、安全氛围营造等问题进行深入探讨，旨在通过对这些问题的理论分析和实践探索，提出解决问题的对策，以期为企业的安全生产管理提供理论参考。

关键词： 企业安全文化；安全制度；安全行为规范；安全文化宣贯

企业安全文化不仅仅是企业内部员工对于安全的认识和理解，更是企业对于安全生产重要性的内在认知，以及在日常生产活动中贯彻和实施安全规范的行为方式。它可以引导和激励员工积极参与安全生产，提高企业的安全生产水平。习近平新时代中国特色社会主义思想深刻指出，安全是发展的前提，发展是安全的保障。因此，我们必须将这一思想贯穿到企业的安全生产管理中，促进企业安全文化的创新和发展，以实现企业的安全、稳定和持续发展。

一、企业安全文化理念的形成

企业的安全文化理念是企业文化的重要组成部分，主要源于企业对安全重要性的认识和理解。企业安全文化理念的形成过程通常包含以下几个阶段。

（一）初级阶段：安全意识的萌生

在企业运营的初期，企业的安全意识通常源于法律法规的要求或者经历过的安全事故。企业开始认识到安全生产的重要性，并开始制定初步的安全规章制度，但此阶段的安全管理主要依靠硬性规章制度，员工缺乏自觉性。

（二）中级阶段：安全文化的建设

在经历一定时间的发展后，企业开始认识到单靠硬性规章制度并不能有效地保障企业的安全生产，而且可能会带来一定的负面影响。此时，企业开始重视软性的安全文化建设，例如开展安全教育，丰富员工的安全知识，加强员工的安全意识，以此来提升企业的安全管理水平。

（三）高级阶段：安全文化的深化

在安全文化建设的基础上，企业开始深化安全文化，形成一种深入人心的安全理念。企业的每一位员工都清楚自己在安全生产中的职责和义务，愿意主动参与到安全生产中来，形成良好的安全生产习惯。此阶段的安全管理不仅仅是依靠规章制度，更重要的是员工的自觉性和主动性。

企业安全文化理念的形成并不是一蹴而就的，需要企业长期的坚持和努力。企业应当根据自身的特点和实际情况，适时地进行安全文化建设，持续地提升安全管理的水平，以此来保障企业的稳定发展。习近平新时代中国特色社会主义思想深刻指出，人民是历史的创造者，是决定历史方向的决定力量。这为我们提供了一种理念，即安全生产应由企业的每一位员工共同参与，共同创造。这种理念的贯彻实施，将有力推动企业安全文化理念的形成，提升企业的安全生产管理水平。

二、安全制度文化建设

安全制度是安全文化的重要组成部分，它规定了企业在安全生产中的行为规范，确保了生产活动的安全进行。安全制度文化的建设，旨在将这些硬性规章制度融入企业文化之中，使员工能够自觉遵守并积极执行。

制定安全制度是建设安全制度文化的第一步。首先，企业应根据自身的生产特点和安全风险，制定一套全面而实用的安全制度。同时，安全制度应该明确、易于理解，并且对于违反制度的行为，应该有明确的处罚规定。其次，需要对员工进行制度宣贯。

通过培训、会议、通知等方式，使每一位员工都了解并理解这些制度，并知道如果违反这些制度将会面临何种后果。再次，安全制度的执行是检验安全制度文化是否成功的关键，企业应建立一套完善的制度执行和监督机制，以确保每一位员工都能遵守制度。同时，对于违反制度的行为，企业应该严肃处理，以示警效。最后，为了保证安全制度的实效性，企业应定期对安全制度进行检查和评价，收集员工的反馈，并根据实际情况对制度进行改进。

企业的安全制度文化建设，需要长期的坚持和细心的落实。只有这样，才能够使员工真正理解并接受这些制度，将安全生产融入日常工作之中，形成良好的安全生产习惯。企业的安全制度文化建设，不仅是为了保障生产的顺利进行，更是为了保护每一位员工的生命安全。这种理念的贯彻实施，将有力推动企业安全制度文化的建设，提升企业的安全生产管理水平。

三、安全行为规范与管理

安全行为规范是企业安全文化的一种体现，旨在规范员工在工作中的行为，减少安全事故的发生。有效的安全行为管理则可以确保这些规范得到贯彻执行。

安全行为规范应根据企业的生产特点和实际需要制定，内容要求具体、明确、易懂。例如，对于易产生危险的操作，应明确规定操作流程，避免发生安全事故。制定的安全行为规范需要通过多种形式进行宣贯，确保员工理解和掌握，如可以采用培训、演示、模拟等形式，使员工充分理解和熟悉各项规范。企业应建立一套完整的安全行为管理制度，明确责任人，设定定期的监督检查机制，对违反规范的行为进行严肃处理。同时，企业应鼓励和表扬那些遵守安全规范、积极参与安全生产的员工，以形成良好的安全文化氛围。安全行为规范不是一成不变的，企业应根据生产实际和员工反馈，定期进行规范的评估和优化，以适应生产的发展和变化。

安全行为规范与管理是企业安全文化建设的重要内容，它可以引导员工养成良好的安全行为习惯，从而有效降低安全事故的发生率。企业必须严格执行安全生产责任制，加强安全工作的全过程和各方面的管理。这为我们的安全行为规范与管理提供了理论依据和行动指南，是我们建立和完善企业安全文化的重要依据。

四、安全文化宣贯传播

安全文化的宣贯传播是实现安全文化内化的关键环节，其目的是使全体员工深入理解企业的安全文化理念，积极参与到安全文化的实践活动中来，形成强烈的安全意识和做出良好的安全行为。

有效的宣贯策略是实现安全文化传播的前提，企业需要根据自身的实际情况和员工的特点，制定具有针对性的宣贯策略。例如，可以通过员工培训、安全教育、演讲、宣传册等形式，进行安全文化的宣传。企业应通过各种方式创造一个支持安全文化的环境，让员工在日常工作中能够感受到企业对安全的重视。例如，可以定期举行安全主题活动，发布安全信息，提供安全培训，等等。员工是安全文化的主体，只有他们积极参与，安全文化才能真正得到传播。企业可以通过激励机制，鼓励员工参与到安全文化的宣贯和实践中来。例如，可以设立安全奖励，表彰那些在安全生产中做出突出贡献的员工。

安全文化的宣贯传播是一个持续的过程，企业需要定期对其进行跟踪和评价，根据实际效果进行相应的调整和改进。企业安全文化的宣贯传播不仅是企业责任的体现，也是企业文化建设的重要组成部分。只有通过有效的宣贯和传播，才能让全体员工深入理解和接受安全文化，从而提高企业的安全生产管理水平。

五、安全文化建设评价

在当今社会，安全文化建设已成为企业经营管理中不可或缺的一环。它不仅关乎员工的生命安全和身体健康，更直接影响到企业的可持续发展和竞争力。因此，对安全文化建设的评价显得尤为重要，安全文化建设评价的根本目的在于通过科学、系统的评估手段，全面了解和掌握企业安全文化建设的现状，发现存在的问题和不足，进而提出改进和提升的建议和措施。这一评价过程不仅有助于完善企业的安全管理体系，还能增强员工的安全意识和责任感，为企业的长远发展奠定坚实的基础。

安全文化建设评价的内容主要包括以下几个方面：一是安全理念，即企业对安全问题的根本认识和态度；二是安全制度，包括企业制定的各项安全规章制度和操作规程；三是安全管理，涉及安全管理的组织架构、职责划分、资源配置等方面；四是安全教育，包括员工的安全培训、宣传教育等；五是安全行为，即员工在日常工作中的安全表现；六是安全环境,包括企业的生产环境、工作环境等。

安全文化建设评价是提升企业安全管理水平、保障员工生命安全的重要手段。通过科学、系统的评价,可以及时发现和解决企业安全管理中存在的问题和不足,为企业的可持续发展提供有力保障。未来,随着科学技术的不断进步和企业管理理念的更新,安全文化建设评价的方法将不断完善和创新。我们期待在这一领域取得更多的突破和进展,为构建更加安全、和谐的社会环境贡献智慧和力量。

综上所述,企业安全文化是一个涵盖企业安全理念、安全制度、安全行为规范、安全文化宣贯等多方面的复杂系统,它在提高企业安全生产管理水平、减少安全事故、保护员工生命安全和身体健康方面发挥着至关重要的作用。企业需要全方位、全过程地推进安全文化建设,形成安全的生产环境。企业应坚持以人为本,尊重生命,坚定不移地走安全发展道路。通过深入研究和探索,我们将找到更有效的方法和途径,以实现企业安全文化的持续创新和发展,提高企业的安全生产管理水平,为企业的持续、健康、安全的发展提供坚实的保障。

参考文献：

［1］潘武龙.在安全文化建设中发挥党建引领作用的思考[J].安全、健康和环境,2021(7):58-60.

［2］张杲.加强企业安全文化建设 提高安全生产管理水平[J].电力安全技术,2011,13(7):4-5.

［3］黄文元.加强安全文化建设 提升企业安全管理水平[J].安全与健康,2013(9):43-44.